博学而笃志，切问而近思。

（《论语·子张》）

博晓古今，可立一家之说；
学贯中西，或成经国之才。

复旦博学·复旦博学·复旦博学·复旦博学·复旦博学·复旦博学

作者简介

梁励芬 广东省中山市人，1946年生。1970年毕业于复旦大学物理系。现任复旦大学教授，兼任上海市物理学会物理竞赛委员，曾从事半导体集成电路和半导体表面的研究，现主要从事大学物理教学工作。担任过国际奥林匹克竞赛中国代表队的培训工作。获2001年上海市育才奖。合作主编《大学物理简明教程》、《大学物理核心概念和题例详解》、《大学物理简明教程习题详解》、《基础物理学》，合作出版《英汉双解物理词典》。

蒋　平 江苏省如皋市人，1938年生。1993年任复旦大学教授，1994年任博士生导师，历任上海市物理学理事、秘书长，现任上海市物理教育教学研究基地副主任。长期从事固体物理方面的理论研究，20世纪70年代进行无定型半导体的理论研究，80年代开展半导体表面吸附和金属表面结构的研究，90年代初进行介观物理的理论研究。发表论文70余篇。合作编写出版《群论及其在物理学中的应用》、《固体物理简明教程》、《大学物理简明教程》、《大学物理核心概念和题例详解》、《大学物理简明教程习题详解》、《固体物理学》，合译出版《表面和薄膜的分析基础》。获国家教委科技进步二等奖两项、上海市教学成果三等奖一项。

复旦博学 · 物理学系列

大学物理简明教程

第四版

A Concise Course in University Physics

梁励芬　蒋　平◎编　著

复旦大学出版社

内容提要

本书以一卷本的形式简明介绍普通物理学的基本知识，兼顾物理学在当代其他自然科学和生命医学以及工程技术领域内的应用。内容覆盖经典物理的力学、热学、电磁学与光学以及近代相对论和量子物理的基本规律，同时以阅读材料的形式有选择地介绍近年物理学的重要进展、有趣的物理现象，以及杰出物理学家的事迹、生平。

本书可作为理工医农以及师范等各类高等院校基础物理课程的教材，亦可作中等学校教师的教学参考书。

第 二 版 序

本教材自2002年面世后,承蒙读者青睐,连印两次都很快售罄。在本教材再版之前,我们在复旦大学出版社的支持下对本书进行了修订。一是纠正了书中文字和图表中的印刷错误;二是对书中包括的所有数据进行了核实和修正。此外,根据首印之后使用本教材的师生的反馈意见将一些只需泛读的章节加标“*”号,便于根据实际教学计划取舍,以利读者学习使用。

在本书首印一年后,我们编撰出版了配套教学参考书《大学物理核心概念和题例详解》,帮助读者透彻理解本书涉及的物理学的基本概念和学习相关的解题方法,该书同样得到广大读者的欢迎。为了进一步方便教师的课堂讲授和学生的课外学习,值本书再版之际我们又制作了本教材的电子教案(光盘)配合发行。

同时,我们藉此机会感谢使用本书的教师和学生对本书所提出的宝贵意见。复旦大学出版社的龚少明和梁玲同志对于本书的出版给予了许多帮助,我们在此表示衷心的感谢。

限于编者水平,尽管经过本次修订,书中错漏或不妥之处仍在所难免,恳请读者继续批评指正。

编　者

2004年春于复旦大学

第一版序

编写本书的意向萌动于3年之前,初衷是要为非物理专业的本科生提供一本适用于新世纪伊始的物理学基础课教材。编者长期在复旦大学从事非物理专业的物理课教学,讲授对象包括理科数、化、生、医学及电子工程等系科、专业的学生,编者从中积累了丰富的教学经验。在实际的教学实践中,编者深切体会到如何使基础物理的教学适应学生对后续课程的学习以及毕业后从事新世纪建设的要求是一个亟待解决的紧迫问题。这突出表现在过去沿用的教材已显陈旧,越来越难以满足教学的需要。一方面,现代科学和工程的发展使其同物理学的关系更为密切,物理学实际上已渗透到当代科学技术的各个领域,从研究方法、检测设备与技术等方方面面给以基础性的支持;无疑要求在新世纪工作的科学家、医生和工程师具备必需的物理学知识。另一方面,近年来物理学本身也有许多重要的发展。有的重大成就甚至已对当代人类的进步和社会发展表现出积极的影响,相关的知识已相当普及,作为常识也应使学生有所了解;但这些内容都是原有教材未能包括的。同时,新世纪的建设者在知识结构方面有其区别于既往的特点,这自然也要求教材的内容、结构、教学方式与课时都要作相应的调整。正是基于这样的认识,我们才决定重新编写一本适用本世纪之初的基础物理教材。

在着手编写前后,上海医科大学与复旦大学正式合并,现在复旦大学又已启动全学分制计划,基础物理的教学分成基础学科、技术学科与医学院三大片,这又对教材的适用性提出了新的要求。因此在实际编写过程中,我们尽量注意使教材有最广的适用面。

近年来,国内出版了不少适用于理、工科的大学物理教材,但鲜见适用于医学及生命科学类系科的基础物理教材。本教材恰好在一定程度上适应了这一需求。这些已出版的教材相对于传统的教材而言,大多数作了许多革新,包括教材的体系和知识结构。在仔细研究权衡利弊的基础上,本书仍保留经典物理在前、近代物理在后的顺序,以适应大多数读者的需求与使用习惯。此外书中以阅读材料的形式介绍了若干物理学的最新进展及其在技术上的应用,以扩大读者的视野。同时附加了若干著名科学家的简介,以期学生在培养自己严谨的工作作风和科学的思维方式方面能获得有益的启示。

在编写过程中除借鉴国外发达国家的最新教材外,广泛参考了国内新近出版的基础物理教材,在本书最后专门以附录形式列出,以志谢忱。

编　者

2002年春

第四版前言

本书的这次修订沿袭了第三版的精神，除去修正一些印刷差错和叙述不甚妥当之处外，仍主要集中于阅读材料的更新和调整。2016 年国际物理学界的一件大事便是人类首次探测到期待已久的引力波，第四版相应地将阅读材料“引力波”作了修订补充。此外，增补了关于电场力做功和静电场能量的两则阅读材料“电场力做功和电势能”及“电荷体系的电场能和电势能”；并特别约请赵利教授撰写了“慢光和快光”与“光子的自旋和轨道角动量”两篇阅读材料，约请关放先生撰写了阅读材料“3D 打印”。借此机会向两位对本书修订的贡献致以诚挚的谢意。

复旦大学出版社的梁玲女士一直对本书的修订改版关怀备至，在此一并致以谢忱。

编者谨识

2022 年 2 月

第三版前言

本书属大学物理基础性教材。作为高校采用的普通物理型教材,国内外同类教材数不胜数,但主要包含的知识范畴往往基本上大同小异,并无太明显的区别。因此,本书第二版印行至今的五、六年里编者一直在思考、研究如何使新版有所改进,略显新意而不落窠臼这一问题;并在此基础上修订全书,最终完成新版。

现在呈现在读者面前的本书第三版保留了原有编排简明、紧凑、可读性较强的特点;修改了若干知识内容的叙述,使之更为贴切、更为合理;变更了相当数量的例题和习题,以利于读者更好地理解和应用物理概念和物理规律。此外,本版对阅读材料部分作了较大调整。删去了若干已显过时或已不尽合适的阅读材料,增补了不少新的阅读材料。增补的内容大致可分为如下几个方面。

一是自第二版发行以来物理学的重要进展和研究前沿,例如光子晶体、石墨烯和喷泉式原子钟等。二是在其他学科领域,例如生物医学领域,由于采用物理学的研究方法和研究手段而取得的重要成果,例如对大肠杆菌的研究和将适应光学应用于眼科诊疗等。三是日常生活中常见的现象,涉及的物理规律是简单而众所周知的,但对这些现象的解释和认识却又往往是不甚妥当或是不甚完善的,例如地球表面的电场和闪电以及人耳对声源的定位机理等。四是对伟大科学家的介绍,例如对居里夫人和二度获得诺贝尔物理学奖、被誉为20世纪最有影响的100个美国人之一的巴丁的介绍。着重反映科学巨匠之所以伟大除了其取得的杰出的重大科学成果外,更在于其淡泊明志、关心社会、服务人类的高尚情怀。五是一些重大的科学发现所包含的必然性与偶然性关系的哲理,例如著名的斯特恩-盖拉赫实验和电子自旋的关系。

调整阅读材料总体而言旨在体现科学教材应该具备的人文精神,使学生在学习物理课程的同时,能充分认识物理学的意义和价值以及物理学家的崇高品德,进一步培养学习物理的兴趣和应用物理规律认识世界、解释世界、发现世界的志向和能力。

同时,与本书配套的《大学物理核心概念和题例详解》也相应改版并更名为《大学物理简明教程习题详解》同步发行。

几年来,不少读者来信、来电对本书提出了宝贵的意见、建议和期望;复旦大学出版社的梁玲女士更是对本书新版关怀备至,给予编者很大的促进和帮助。编者在此一并致谢。

编者谨识

2010年10月

目　　录

第一篇　力　　学

第三篇 电 磁 学

第五篇　近代物理

第一篇

力　　学

第一章 运 动 学

力学研究的是物体的机械运动，分为运动学和动力学两部分；描述物体运动的内容称为运动学，探究引起运动及运动变化的原因则是属于动力学的范畴。

§1.1 参照系和坐标系

描述任何物体的空间位置，都必须以另一个物体作为参考；因此，描述由位置变化引起的运动过程就需要选定作参考的物体，这物体就称为参照系。同一运动过程，相对于不同的参照系有不同的描述。例如，在地面附近自由下落的物体，以地球为参照系，作直线运动；而以匀速行驶的火车为参照系，则作曲线运动。在运动学中，参照系的选择是任意的，一般可以视描述运动的方便来选择参照系。参照系的特殊性在动力学中才会显露出来。

选定参照系后，还必须在其上建立适当的坐标系。坐标系是由固定在参照空间的一组坐标轴和一组坐标组成。

要定量描述物体的运动状态，必须进行时间和长度的测量。目前国际通用的时间单位是秒。1967 年国际计量大会决定采用原子的跃迁辐射作为计时标准，并规定 1 秒是铯 133 原子基态中两个超精细能级之间跃迁辐射周期的 9 192 631 770 倍。这样的时间标准称为原子时。

国际通用的长度单位是米，1983 年第十七届国际计量大会正式通过了米的新定义："米是光在真空中，在 1/299 792 458 秒的时间间隔内运行距离的长度。"

表 1.1-1 和表 1.1-2 给出了典型的空间和时间标度。

表 1.1-1 典型的空间标度 (单位：米(m))

已观测的宇宙范围	$\sim 10^{27}$	珠穆朗玛峰高度	8.8×10^{3}
星系团半径	10^{24}	儿童高度	1
星系间的距离	$\sim 2\times10^{22}$	尘埃线度	10^{-3}
银河系的半径	7.6×10^{20}	人类红细胞直径	10^{-6}
太阳到最近恒星的距离	4×10^{16}	原子线度	10^{-10}
日地距离	1.5×10^{11}	原子核线度	10^{-15}
地球半径	6.4×10^{6}		

表 1.1-2 典型的时间标度 (单位：秒(s))

宇宙年龄	10^{18}	太阳光到地球的传播时间	5×10^{2}
太阳系年龄	1.4×10^{17}	人的心脏跳动周期	1
原始人诞生至今	$\sim 10^{13}$	中频声波周期	10^{-3}
人类平均寿命	10^{9}	中频无线电波周期	10^{-6}
地球公转(一年)	3.2×10^{7}	原子振动周期	10^{-12}
地球自转(一天)	8.6×10^{4}		

§1.2 质点和刚体

实际物体都有一定的大小、形状和内部结构,在运动过程中,物体各部分的运动状况一般并不相同。为了抓住问题的主要特点,人们提出了种种物理模型来处理各类具体问题。

若在所研究的问题中,物体的形状、大小不起作用,或者物体本身的大小比所考察的线度小很多时,可将物体看成只有质量而没有大小和形状的点,称为质点。质点是力学中一个重要的理想模型。例如,作平动(物体上任意两点的连线在运动过程中始终保持平行的一种运动)的物体,由于其上任一点的运动情况都相同,所以不论其大小和运动范围如何,总可以把它看成质点。

刚体是力学中另一种理想模型,是实际物体(常指固体)的抽象,刚体是在外力作用下形状和大小都保持不变的物体。实际物体在外力作用下形状和大小或多或少会有些变化,但只要这种变化与物体的几何线度相比很小,在所讨论的问题中可以忽略,就可以把这物体看成是刚体。刚体可以看成是由许多质点(或质元)组成的,在运动过程中,刚体内任意两点之间的距离始终保持不变。

§1.3 位矢、速度和加速度

1.3.1 位置、位矢和位移

在直角坐标系中,质点的位置可以用 3 个坐标 x、y、z 来表示。当质点运动时,它的坐标随时间而变,可表示为时间 t 的函数。

$$x = x(t),\ y = y(t),\ z = z(t) \tag{1.3-1}$$

此即质点位置的运动学表达式。在质点运动过程中,其空间位置所经过的曲线,称为轨迹。

质点的位置也可以用一个特殊的矢量来表示,以选定的原点 O 为起点,作矢量 $\boldsymbol{r}=\overrightarrow{OP}$,方向指向质点所在的 P 点,该矢量就给出了质点的位置,因此叫位置矢量,简称位矢,如图 1.3-1 所示。

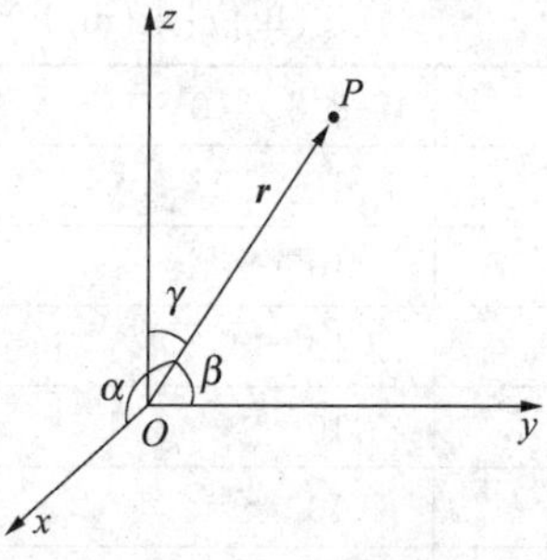

图 1.3-1 位矢

在直角坐标系中,设 $\boldsymbol{i}$、$\boldsymbol{j}$、$\boldsymbol{k}$ 分别为沿 x、y、z 方向的单位矢量,则位矢表示为

$$\boldsymbol{r} = x\boldsymbol{i} + y\boldsymbol{j} + z\boldsymbol{k} \tag{1.3-2}$$

位矢 $\boldsymbol{r}$ 与一般矢量不同,它与坐标原点的选择有关。

也可以用位矢随时间的变化表示质点的运动过程,即

$$\boldsymbol{r} = \boldsymbol{r}(t) \tag{1.3-3}$$

$\boldsymbol{r}$ 的大小(即它的模)表示质点到原点的距离,$\boldsymbol{r}$ 的方向由方向余弦 $\cos\alpha$、$\cos\beta$、$\cos\gamma$ 决定,它们之间满足关系式

$$\cos^2\alpha + \cos^2\beta + \cos^2\gamma = 1 \tag{1.3-4}$$

(1.3-2)和(1.3-3)式表明:质点的运动是各分运动的矢量和,这种由空间的几何性质所决定的各分运动和实际运动的关系称为“运动的叠加原理”。

在一段时间内质点位矢的增量叫做它在这段时间内的位移。如图 1.3-2 所示,在时刻 t,质点位于 A 点,在时刻 $t+\Delta t$,质点位于 B 点,则称

$$\Delta \boldsymbol{r} = \boldsymbol{r}(t+\Delta t) - \boldsymbol{r}(t) \tag{1.3-5}$$

为质点在此时间间隔 Δt 内的位移;它是从质点的位置 A 指向位置 B 的矢量。

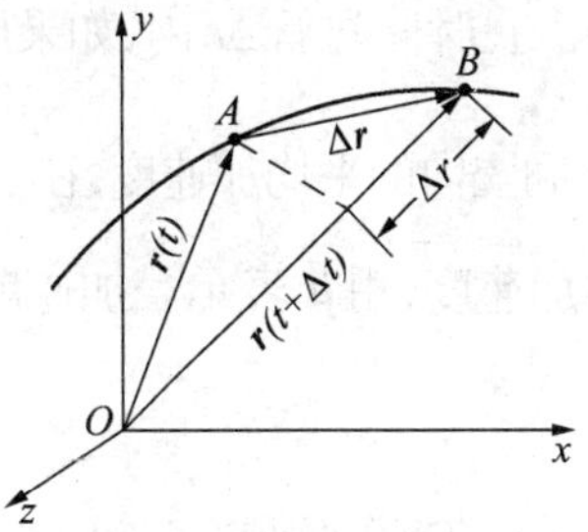

图 1.3-2 位移

位移与路径不同,位移是矢量,是一段有方向的线段;一般情况下这一线段不表示质点运动的实际轨道,而路径则代表了质点实际运动的轨道。位移的大小为该矢量的长度,记做 $|\Delta \boldsymbol{r}|$,一般情况下 $|\Delta \boldsymbol{r}| \neq \Delta r$,因为 $\Delta r = r(t+\Delta t) - r(t)$,是位矢的大小在 Δt 时间间隔内的增量。(1.3-5)式在直角坐标系中的具体表示式为

$$\begin{aligned}\Delta \boldsymbol{r} &= (x_2 - x_1)\boldsymbol{i} + (y_2 - y_1)\boldsymbol{j} + (z_2 - z_1)\boldsymbol{k} \\ &= \Delta x \boldsymbol{i} + \Delta y \boldsymbol{j} + \Delta z \boldsymbol{k}\end{aligned} \tag{1.3-6}$$

式中足标 1 和 2 分别代表时刻 t 和 $t+\Delta t$。

$$|\Delta \boldsymbol{r}| = \sqrt{(\Delta x)^2 + (\Delta y)^2 + (\Delta z)^2} \tag{1.3-7}$$

1.3.2 速度和加速度

速度的定义为质点的位矢随时间的变化率。速度反映了运动的快慢和方向。规定质点在时刻 t 到 $t+\Delta t$ 这段时间间隔内的平均速度为

$$\bar{\boldsymbol{v}} = \frac{\Delta \boldsymbol{r}}{\Delta t} \tag{1.3-8}$$

方向与位移 $\Delta \boldsymbol{r}$ 相同。

一般情况下,平均速度与 Δt 的取值有关,在 Δt 取得充分小时,它粗略反映了质点在时刻 t 的运动状态,只有在 $\Delta t \to 0$ 时,其极限 $\lim\limits_{\Delta t \to 0} \dfrac{\Delta \boldsymbol{r}}{\Delta t}$ 才精确地反映了质点在时刻 t 的运动状态。此极限称为质点在时刻 t 的瞬时速度,简称速度,用 $\boldsymbol{v}$ 表示,写成

$$\boldsymbol{v} = \lim_{\Delta t \to 0} \frac{\Delta \boldsymbol{r}}{\Delta t} = \frac{\mathrm{d}\boldsymbol{r}}{\mathrm{d}t} \tag{1.3-9}$$

速度的大小 $|\boldsymbol{v}|$ 称为速率 v,当 $\Delta t \to 0$ 时,位移的大小 $|\mathrm{d}\boldsymbol{r}|$ 与这段时间内质点经过的路程 $\mathrm{d}s$ 相同,所以

$$v = \left|\frac{\mathrm{d}\boldsymbol{r}}{\mathrm{d}t}\right| = \frac{\mathrm{d}s}{\mathrm{d}t} \tag{1.3-10}$$

速度的方向由位移的极限方向决定,当 $\Delta t \to 0$ 时,位移趋于轨道的切线方向,因而速度的方向沿质点运动轨道的切向,并指向前进的方向。

一般情况下,速度的大小、方向都可能随时间变化,为了研究速度的变化要引进加速度的概念。

在时间间隔 Δt 内,如果质点速度变化为 $\Delta \boldsymbol{v}$,则在 Δt 内速度的平均变化率$\frac{\Delta \boldsymbol{v}}{\Delta t}$称为质点在该 Δt 间隔内的平均加速度,在 $\Delta t \to 0$ 时的极限 $\lim\limits_{\Delta t\to 0}\frac{\Delta \boldsymbol{v}}{\Delta t}=\frac{\mathrm{d}\boldsymbol{v}}{\mathrm{d}t}$ 称为质点在时刻 t 的瞬时加速度,简称加速度,用 $\boldsymbol{a}$ 表示。加速度是速度对时间的一阶导数,

$$\boldsymbol{a}=\frac{\mathrm{d}\boldsymbol{v}}{\mathrm{d}t} \tag{1.3-11}$$

也是位矢对时间的二阶导数,

$$\boldsymbol{a}=\frac{\mathrm{d}\boldsymbol{v}}{\mathrm{d}t}=\frac{\mathrm{d}^2\boldsymbol{r}}{\mathrm{d}t^2} \tag{1.3-12}$$

加速度的方向与 $\mathrm{d}\boldsymbol{v}$ 的方向相同。

1.3.3 速度、加速度的直角坐标分量表示式

在直角坐标系中,由质点位矢的分量式(1.3-2)对时间求导,可得速度 $\boldsymbol{v}$ 的分量表示式如下:

$$\boldsymbol{v}=\frac{\mathrm{d}\boldsymbol{r}}{\mathrm{d}t}=\left(\frac{\mathrm{d}x}{\mathrm{d}t}\right)\boldsymbol{i}+\left(\frac{\mathrm{d}y}{\mathrm{d}t}\right)\boldsymbol{j}+\left(\frac{\mathrm{d}z}{\mathrm{d}t}\right)\boldsymbol{k}=v_x\boldsymbol{i}+v_y\boldsymbol{j}+v_z\boldsymbol{k} \tag{1.3-13}$$

其中

$$v_x=\frac{\mathrm{d}x}{\mathrm{d}t},\ v_y=\frac{\mathrm{d}y}{\mathrm{d}t},\ v_z=\frac{\mathrm{d}z}{\mathrm{d}t} \tag{1.3-14}$$

也可采用牛顿用于表示对时间导数的符号,把求导的符号"$\frac{\mathrm{d}}{\mathrm{d}t}$"写成在变量上方的一点"·",则(1.3-13)式又可写成

$$\boldsymbol{v}=\dot{\boldsymbol{r}}=\dot{x}\boldsymbol{i}+\dot{y}\boldsymbol{j}+\dot{z}\boldsymbol{k} \tag{1.3-15}$$

同样可以用此方法表示加速度的分量式,用变量上方的两点"‥"表示二阶导数:

$$\boldsymbol{a}=\dot{\boldsymbol{v}}=\ddot{\boldsymbol{r}}=\ddot{x}\boldsymbol{i}+\ddot{y}\boldsymbol{j}+\ddot{z}\boldsymbol{k}=a_x\boldsymbol{i}+a_y\boldsymbol{j}+a_z\boldsymbol{k} \tag{1.3-16}$$

其中

$$a_x=\mathrm{d}v_x/\mathrm{d}t=\mathrm{d}^2x/\mathrm{d}t^2,\ a_y=\mathrm{d}v_y/\mathrm{d}t=\mathrm{d}^2y/\mathrm{d}t^2,\ a_z=\mathrm{d}v_z/\mathrm{d}t=\mathrm{d}^2z/\mathrm{d}t^2 \tag{1.3-17}$$

速度的大小为

$$v=\sqrt{\left(\frac{\mathrm{d}x}{\mathrm{d}t}\right)^2+\left(\frac{\mathrm{d}y}{\mathrm{d}t}\right)^2+\left(\frac{\mathrm{d}z}{\mathrm{d}t}\right)^2}=\sqrt{v_x^2+v_y^2+v_z^2} \tag{1.3-18}$$

同理,加速度的大小为

$$a=\sqrt{a_x^2+a_y^2+a_z^2} \tag{1.3-19}$$

1.3.4 质心

当把物体看成是由许多质点组成的体系时,可发现空间存在一个特殊的点,在一定的程度上这个点的运动能代表体系的整体运动,是体系的质量分布中心,我们称之为质心。一个物体质心的位置取决于物体的质量分布,可以在物体内,也可以在物体之外。

既然质心是质量分布中心，其位矢 $\boldsymbol{r}_C$ 就应该是体系内所有质点位矢 $\boldsymbol{r}_i$ 的加权平均，所加的权就是各质点的质量 m_i，即

$$\boldsymbol{r}_C=\frac{m_1\boldsymbol{r}_1+m_2\boldsymbol{r}_2+\cdots+m_n\boldsymbol{r}_n}{m_1+m_2+\cdots+m_n}=\frac{\sum_i m_i\boldsymbol{r}_i}{\sum_i m_i}=\frac{1}{M}\sum_i m_i\boldsymbol{r}_i \tag{1.3-20}$$

其中 $M=\sum_i m_i$ 为物体的质量。体系的质心速度和加速度分别为

$$\boldsymbol{v}_C=\frac{\mathrm{d}\boldsymbol{r}_C}{\mathrm{d}t},\ \boldsymbol{a}_C=\frac{\mathrm{d}^2\boldsymbol{r}_C}{\mathrm{d}t^2} \tag{1.3-21}$$

对质量连续分布的物体，其质心位矢可由(1.3-20)式推广而得

$$\boldsymbol{r}_C=\frac{\int\boldsymbol{r}\mathrm{d}m}{\int\mathrm{d}m}=\frac{\int\rho\boldsymbol{r}\mathrm{d}V}{\int\rho\mathrm{d}V} \tag{1.3-22}$$

式中 ρ 为密度，$\mathrm{d}V$ 为体积元。(1.3-20)式和(1.3-22)式的分量形式分别为

$$x_C=\frac{\sum_i m_ix_i}{\sum_i m_i},\ y_C=\frac{\sum_i m_iy_i}{\sum_i m_i},\ z_C=\frac{\sum_i m_iz_i}{\sum_i m_i} \tag{1.3-23}$$

和

$$x_C=\frac{\int x\mathrm{d}m}{\int\mathrm{d}m},\ y_C=\frac{\int y\mathrm{d}m}{\int\mathrm{d}m},\ z_C=\frac{\int z\mathrm{d}m}{\int\mathrm{d}m} \tag{1.3-24}$$

当刚体作平动时，一般用质心的运动代表整体的运动；当刚体作其他形式的运动时，可把运动分解为质心的运动和刚体相对于质心的运动，在第二章和第三章中将详细论述。

例 1　已知长为 l 的杆的质量分布不均匀，其线密度 $\lambda=cx$，x 为离杆一端的距离，c 为常量，求杆的质心(图 1.3-3)。

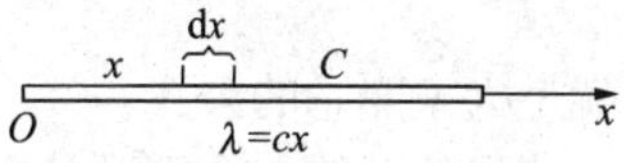

图 1.3-3　不均匀杆的质心

解　取 x 轴沿杆，杆具有线分布质量，故

$$y_C=z_C=0,\ \mathrm{d}m=\lambda\mathrm{d}x$$

$$x_C=\frac{\int_0^l x\mathrm{d}m}{\int_0^l\mathrm{d}m}=\frac{\int_0^l x\lambda\mathrm{d}x}{\int_0^l\lambda\mathrm{d}x}=\frac{\int_0^l cx^2\mathrm{d}x}{\int_0^l cx\mathrm{d}x}=\frac{\frac{1}{3}cl^3}{\frac{1}{2}cl^2}=\frac{2}{3}l$$

§1.4　曲线运动、切向加速度和法向加速度

1.4.1　曲线运动、已知加速度求速度和位矢

若已知质点的加速度，则可用积分的方法求速度和位矢。由加速度的定义，

$$\boldsymbol{a} = \frac{\mathrm{d}\boldsymbol{v}}{\mathrm{d}t}$$

化为

$$\int_{v_0}^{v(t)} \mathrm{d}\boldsymbol{v} = \int_{t_0}^{t} \boldsymbol{a}\mathrm{d}t$$

得

$$\boldsymbol{v}(t) = \boldsymbol{v}_0 + \int_{t_0}^{t} \boldsymbol{a}\mathrm{d}t \tag{1.4-1}$$

式中 $\boldsymbol{v}_0$、$\boldsymbol{v}(t)$分别是质点在初始时刻 t_0 和任一时刻 t 的速度。由速度的定义，

$$\boldsymbol{v}(t) = \frac{\mathrm{d}\boldsymbol{r}}{\mathrm{d}t}$$

化为

$$\int_{r_0}^{r_t} \mathrm{d}\boldsymbol{r} = \int_{t_0}^{t} \boldsymbol{v}\mathrm{d}t$$

得

$$\boldsymbol{r}_t = \boldsymbol{r}_0 + \int_{t_0}^{t} \boldsymbol{v}\mathrm{d}t \tag{1.4-2}$$

式中 $\boldsymbol{r}_0$、$\boldsymbol{r}_t$ 分别是质点在初始时刻 t_0 和任一时刻 t 的位矢。

作为一个重要的特例，若质点的加速度 $\boldsymbol{a}$ 是常矢量，即质点作匀变速运动，并取 $t_0 = 0$，则有

$$\boldsymbol{v} = \boldsymbol{v}_0 + \int_{0}^{t} \boldsymbol{a}\mathrm{d}t = \boldsymbol{v}_0 + \boldsymbol{a}t \tag{1.4-3}$$

及

$$\boldsymbol{r}_t = \boldsymbol{r}_0 + \int_{0}^{t} (\boldsymbol{v}_0 + \boldsymbol{a}t)\mathrm{d}t = \boldsymbol{r}_0 + \boldsymbol{v}_0 t + \frac{1}{2}\boldsymbol{a}t^2 \tag{1.4-4}$$

这就是大家熟悉的公式。

曲线运动的一个重要特例是抛体运动，其运动的加速度是重力加速度 $\boldsymbol{g}$，该运动是匀变速曲线运动。

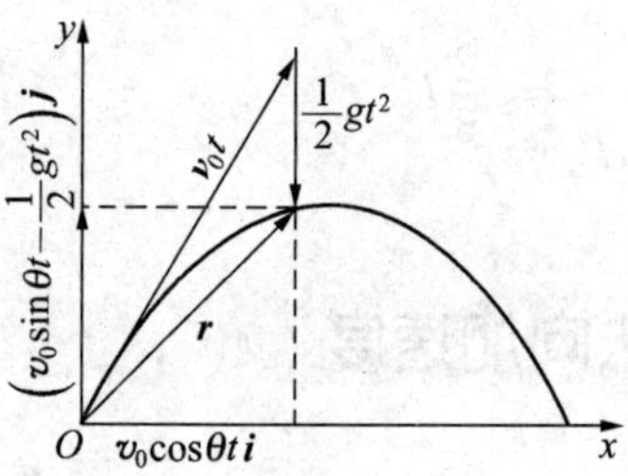

图 1.4-1

运动叠加原理指出，质点所作的任一运动均可看成是由若干个各自独立进行的运动叠加而成。由此，可把抛体运动看成是两个直线运动的叠加，常用的有两种叠加形式。

(1) 初速度为 $\boldsymbol{v}_0$ 的抛体运动可看成是速度为 $\boldsymbol{v}_0$ 的匀速直线运动和沿竖直方向的自由下落运动的叠加，如图 1.4-1 所示。

(2) 把抛体运动看成是沿 x 方向的速度为 $v_0\cos\theta$ 的匀速直线运动和沿 y 方向的初速为 $v_0\sin\theta$，加速度为 $-g$ 的匀变速直线运动的叠加。

对第一种情况

$$\boldsymbol{r} = \boldsymbol{v}_0 t + \frac{1}{2}\boldsymbol{g}t^2 \tag{1.4-5}$$

对第二种情况

$$\boldsymbol{r} = x\boldsymbol{i} + y\boldsymbol{j}$$

可写成

$$\boldsymbol{r} = (v_0 t\cos\theta)\boldsymbol{i} + \left(v_0 t\sin\theta - \frac{1}{2}gt^2\right)\boldsymbol{j} \tag{1.4-6}$$

上式的两个分量中消去 t,即得抛体运动的轨道方程

$$y = x\tan\theta - \frac{1}{2}\frac{gx^2}{v_0^2\cos^2\theta} \tag{1.4-7}$$

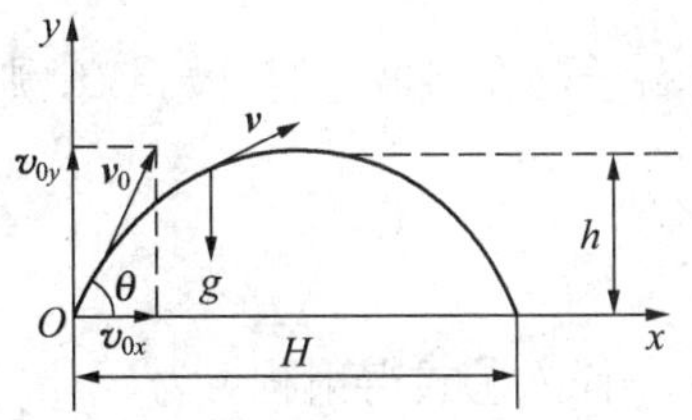

图 1.4-2

如图 1.4-2 所示,这是抛物线。令上式中 $y=0$, 求得抛物线与 x 轴的交点坐标为

$$x_1 = 0,\ x_2 = \frac{v_0^2\sin 2\theta}{g} \tag{1.4-8}$$

x_2 即为抛射体的射程 H。若 v_0 确定,则当 $\theta = 45^\circ$ 时射程最大。物体在空中任意时刻的速度为

$$\boldsymbol{v} = (v_0\cos\theta)\boldsymbol{i} + (v_0\sin\theta - gt)\boldsymbol{j} \tag{1.4-9}$$

当 y 方向速度为零时,物体达最大高度 h,h 称为射高。由(1.4-9)式得

$$v_0\sin\theta - gt = 0,\ t = v_0\sin\theta/g$$

代入(1.4-6)式的右面第二项,即 y 方向运动表达式

$$h = v_0 t\sin\theta - \frac{1}{2}gt^2 = \frac{v_0^2\sin^2\theta}{2g} \tag{1.4-10}$$

上述公式在初速较小的情况下和实际情况相符;初速较大时,空气阻力也较大,实际飞行曲线与抛物线有较大差别。

例 1 图 1.4-3 表示一小石子在与水平面成 α 角的斜坡底端以 $\boldsymbol{v}_0$ 的初速度作斜抛运动。

(1) 若石子的抛射角为 θ_0,试求沿斜坡方向的射程 s。

(2) 抛射角为多大时,沿斜坡方向的射程最大? 并求出此最大射程 $s_{\max}$。

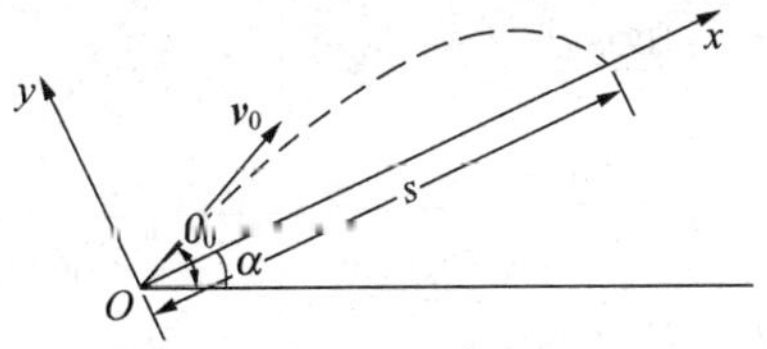

图 1.4-3

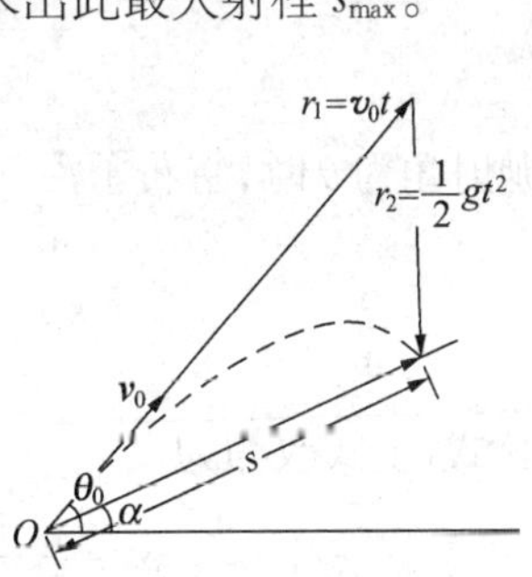

图 1.4-4

解 (1) **解法一** 如图 1.4-3 所示,设沿斜坡方向和垂直于斜坡方向分别为 x 轴和 y 轴

的方向,斜抛运动可看成是沿这两个方向的匀变速直线运动的叠加。两直线运动的加速度分别为

$$a_x = -g\sin\alpha,\ a_y = -g\cos\alpha$$

在时刻 t,由抛体运动公式小石子在该两方向上的位移分别为

$$x = v_0\cos(\theta_0 - \alpha)t - \frac{1}{2}g\sin\alpha \cdot t^2 \qquad ①$$

$$y = v_0\sin(\theta_0 - \alpha)t - \frac{1}{2}g\cos\alpha \cdot t^2 \qquad ②$$

当石子落在斜坡上时, $y = 0$, 则由②式得

$$t_1 = 0(\text{舍去}),\ t_2 = \frac{2v_0\sin(\theta_0 - \alpha)}{g\cos\alpha}$$

将 t_2 代入①式得射程 s 为

$$s = \frac{2v_0^2\cos\theta_0\sin(\theta_0 - \alpha)}{g\cos^2\alpha}$$

解法二 此斜抛运动也可看成是速度为 $\boldsymbol{v}_0$ 的匀速直线运动和沿竖直方向的初速为零的自由落体运动的叠加。在时刻 t,两运动产生的位移分别为

$$\boldsymbol{r}_1 = \boldsymbol{v}_0 t,\ \boldsymbol{r}_2 = \frac{1}{2}\boldsymbol{g}t^2$$

由图 1.4-4 的几何关系得

$$v_0 t\sin\theta_0 - \frac{1}{2}gt^2 = s\sin\alpha \qquad ③$$

$$v_0 t\cos\theta_0 = s\cos\alpha \qquad ④$$

由③和④式解得

$$t = \frac{2v_0\sin(\theta_0 - \alpha)}{g\cos\alpha} \qquad ⑤$$

$$s = \frac{2v_0^2\sin(\theta_0 - \alpha)\cos\theta_0}{g\cos^2\alpha} \qquad ⑥$$

(2) 当抛射角为 θ 时,将石子沿斜坡方向的射程⑥式中的 θ_0 改为 θ,即

$$s = \frac{2v_0^2\sin(\theta - \alpha)\cos\theta}{g\cos^2\alpha}$$

由三角函数公式,上式改写为

$$s = \frac{v_0^2}{g\cos^2\alpha}[\sin(2\theta - \alpha) - \sin\alpha]$$

当 $2\theta - \alpha = \frac{\pi}{2}$, 即 $\theta = \frac{\pi}{4} + \frac{\alpha}{2}$ 时,射程最大,其值为

$$s_{\max}=\frac{v_0^2}{g\cos^2\alpha}(1-\sin\alpha)$$

1.4.2 切向加速度和法向加速度

在曲线运动中,还可以把质点的加速度分解为沿着轨道的切向和垂直于轨道切线的法向,这种分解法可加深我们对曲线运动矢量特征的理解。

当质点运动轨道为曲线时,速度沿着轨道的切向,可写成

$$\boldsymbol{v}=|\boldsymbol{v}|\boldsymbol{\tau} \tag{1.4-11}$$

$\boldsymbol{\tau}$ 是沿着轨道切向、指向运动方向的单位矢量。$\boldsymbol{v}$ 没有法向分量。如图 1.4-5 所示,质点在 t 和 $t+\Delta t$ 时刻分别位于 P 点和 Q 点,速度分别为 $\boldsymbol{v}(t)$和 $\boldsymbol{v}(t+\Delta t)$, 速度的增量

$$\Delta\boldsymbol{v}=\boldsymbol{v}(t+\Delta t)-\boldsymbol{v}(t)$$

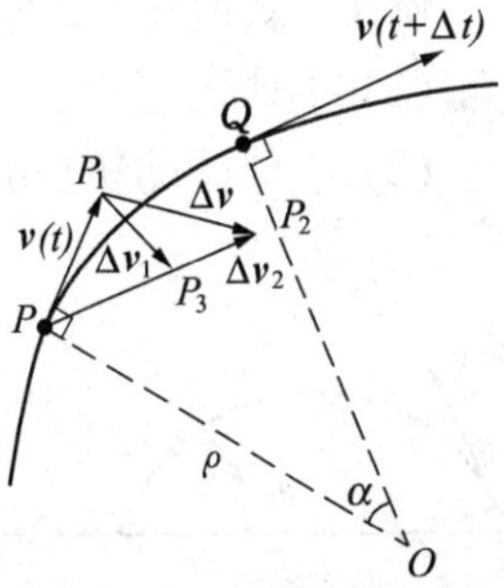

图 1.4-5 加速度的切向分量和法向分量

图中,$\overrightarrow{PP_1}$、$\overrightarrow{PP_2}$、$\overrightarrow{P_1P_2}$分别表示 $\boldsymbol{v}(t)$、$\boldsymbol{v}(t+\Delta t)$ 和 $\Delta\boldsymbol{v}$。在$\overrightarrow{PP_2}$上取 $PP_3=PP_1$, 自 P_1 到 P_3 画一矢量 $\Delta\boldsymbol{v}_1$,则

$$\Delta\boldsymbol{v}=\Delta\boldsymbol{v}_1+\Delta\boldsymbol{v}_2$$

式中 $\Delta\boldsymbol{v}_2$ 在图上用$\overrightarrow{P_3P_2}$表示,于是

$$\lim_{\Delta t\to 0}\frac{\Delta\boldsymbol{v}}{\Delta t}=\lim_{\Delta t\to 0}\frac{\Delta\boldsymbol{v}_1}{\Delta t}+\lim_{\Delta t\to 0}\frac{\Delta\boldsymbol{v}_2}{\Delta t} \tag{1.4-12}$$

当 $\Delta t\to 0$ 时,$\Delta\boldsymbol{v}_2$ 与 $\boldsymbol{v}(t)$平行,故

$$\Delta\boldsymbol{v}_2=[v(t+\Delta t)-v(t)]\boldsymbol{\tau}=\Delta v\cdot\boldsymbol{\tau}$$

$\Delta\boldsymbol{v}_2$ 反映了在 Δt 时间内速率的变化

$$\lim_{\Delta t\to 0}\frac{\Delta\boldsymbol{v}_2}{\Delta t}=\lim_{\Delta t\to 0}\frac{\Delta v}{\Delta t}\boldsymbol{\tau}=\frac{\mathrm{d}v}{\mathrm{d}t}\boldsymbol{\tau}$$

此即加速度的切向分量,称切向加速度,用 $\boldsymbol{a}_\tau$ 表示:

$$\boldsymbol{a}_\tau=\frac{\mathrm{d}v}{\mathrm{d}t}\boldsymbol{\tau} \tag{1.4-13}$$

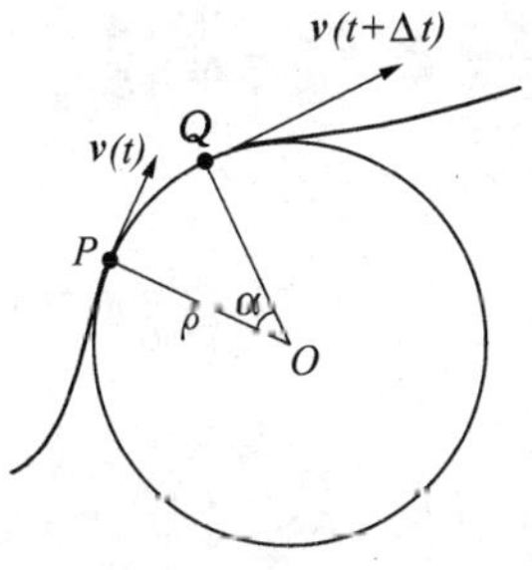

图 1.4-6 密切圆和曲率半径

$\boldsymbol{a}_\tau$ 表示了速度大小的变化率。

当 Δt 很小时,$\Delta\boldsymbol{v}_1$ 几乎与 $\boldsymbol{v}(t)$垂直。如图 1.4-6 所示,$\overset{\frown}{PQ}$可以看成是某圆的一段弧,该圆称密切圆,设其半径为 ρ, ρ 称为曲线在 P 点的曲率半径。于是, $\overset{\frown}{PQ}=v\cdot\Delta t$, 由图 1.4-5 的几何关系知,$\overset{\frown}{PQ}$所对的圆心角 α 应等于 $\boldsymbol{v}(t+\Delta t)$ 和 $\boldsymbol{v}(t)$的夹角,即 $\angle P_1PP_3=\alpha$,

$$|\Delta \boldsymbol{v}_1| = v\alpha = v\frac{\widehat{PQ}}{\rho} = v\frac{v\Delta t}{\rho}$$

当 $\Delta t \to 0$ 时，$\Delta \boldsymbol{v}_1$ 与 $\boldsymbol{v}(t)$ 垂直，因而沿着法向，由上式可得

$$\boldsymbol{a}_n = \lim_{\Delta t \to 0} \frac{\Delta \boldsymbol{v}_1}{\Delta t} = \frac{v^2}{\rho}\boldsymbol{n} \tag{1.4-14}$$

$\boldsymbol{n}$ 是沿 P 点曲线法向、方向指向密切圆曲率中心的单位矢量。$\boldsymbol{a}_n$ 称为法向加速度，它反映了质点运动方向变化的快慢。综合上述结果，可得

$$\boldsymbol{a} = \boldsymbol{a}_\tau + \boldsymbol{a}_n = \frac{\mathrm{d}v}{\mathrm{d}t}\boldsymbol{\tau} + \frac{v^2}{\rho}\boldsymbol{n} \tag{1.4-15}$$

例 1 从地面上以初速度 $\boldsymbol{v}_0$ 向上斜抛出一个小球。已知 $\boldsymbol{v}_0$ 与水平方向的夹角为 θ，求：

(1) 小球运动轨道上任一点的切向加速度与其高度的函数关系；

(2) 小球运动轨道的曲率半径与高度的函数关系。

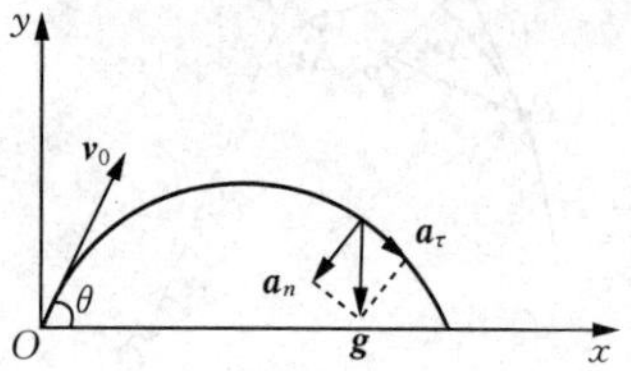

图 1.4-7 a_τ 和 ρ 随高度的变化

解 (1) 如图 1.4-7 所示，以抛射点为原点，水平方向为 x 轴，竖直方向为 y 轴，建立直角坐标系。小球作抛体运动，其初始速度的分量分别为 v_{0x} 和 v_{0y}，任一时刻的速度为 $\boldsymbol{v}$，分量为 v_x 和 v_y，由抛体运动公式知

$$v_y^2 = v_{0y}^2 - 2gy = v_0^2\sin^2\theta - 2gy \quad ①$$

$$v_x = v_{0x} = v_0\cos\theta \quad ②$$

$$v^2 = v_x^2 + v_y^2 \quad ③$$

由①～③式可得

$$v = \sqrt{v_0^2 - 2gy} \quad ④$$

小球在轨道上运动的切向加速度为

$$a_\tau = \frac{\mathrm{d}v}{\mathrm{d}t} = \frac{\mathrm{d}v}{\mathrm{d}y}\cdot\frac{\mathrm{d}y}{\mathrm{d}t},$$

由④式得

$$a_\tau = \frac{1}{2}\cdot\frac{-2g}{\sqrt{v_0^2 - 2gy}}\cdot v_y$$

由①式得

$$a_\tau = -g\sqrt{\frac{v_0^2\sin^2\theta - 2gy}{v_0^2 - 2gy}} \quad ⑤$$

(2) 由④式，上式可写成

$$a_\tau = \frac{-gv_y}{v}$$

小球运动的加速度为 g，因此法向加速度为

$$a_n = \sqrt{g^2 - a_\tau^2} = g\,\frac{v_x}{v}$$

轨道的曲率半径为

$$\rho = \frac{v^2}{a_n} = \frac{v^3}{g v_x} = \frac{(v_0^2 - 2gy)^{3/2}}{g v_0 \cos\theta}$$

可知 ρ 随 y 增大而减小。在 $y = 0$ 处 ρ 有最大值

$$\rho_{\max} = \frac{v_0^2}{g\cos\theta}$$

在最高点，$v_y = 0$，$v_x = v$，

$$\rho = \frac{v_x^3}{g v_x} = \frac{v_0^2 \cos^2\theta}{g}$$

1.4.3 圆周运动、角位移、角速度和角加速度

设质点在 $O\text{-}xy$ 平面内作圆周运动，以圆心 O 为坐标原点，Ox 轴为参考轴，质点的位矢和 x 轴的夹角为 θ，质点的位矢 $\boldsymbol{r}$ 的大小 R 不变，故要确定任一时刻质点的位置，只需要一个角量 θ，θ 称为质点的角位置。角位置 θ 的单位为弧度(rad)。

若质点在 $t \to t + \Delta t$ 时间间隔内角位置由 θ 变到 $\theta + \Delta\theta$，$\Delta\theta$ 就是质点在该时间间隔 Δt 内对 O 点的角位移。为进一步描述转动的快慢，引进角速度。质点在 Δt 时间间隔内的平均角速度的大小为

$$\bar{\omega} = \frac{\Delta\theta}{\Delta t} \tag{1.4-16}$$

当 $\Delta t \to 0$ 时，上式的极限为质点在 t 时刻的瞬时角速度（简称角速度）的大小，即

$$\omega = \lim_{\Delta t \to 0} \frac{\Delta\theta}{\Delta t} = \frac{\mathrm{d}\theta}{\mathrm{d}t} \tag{1.4-17}$$

角速度的单位为弧度每秒(rad/s)。为描述质点转动的方向，引进角速度矢量 $\boldsymbol{\omega}$，其方向由右手螺旋法则确定：取右手四指弯曲的方向沿着质点转动的方向，伸直的拇指所指的方向即为角速度 $\boldsymbol{\omega}$ 的方向，垂直于质点运动的平面，如图 1.4-8 所示。

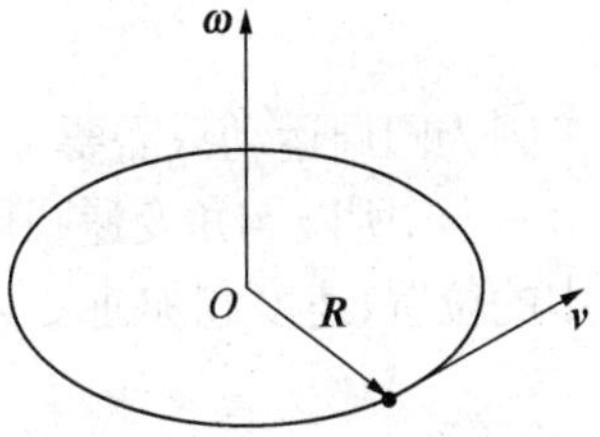

图 1.4-8　角速度矢量

若质点在 $t \to t + \Delta t$ 时间间隔内角速度由 $\boldsymbol{\omega}$ 变到 $\boldsymbol{\omega} + \Delta\boldsymbol{\omega}$，则规定质点在 Δt 内的平均角加速度为

$$\bar{\boldsymbol{\beta}} = \frac{\Delta\boldsymbol{\omega}}{\Delta t} \tag{1.4-18}$$

当 $\Delta t \to 0$ 时，平均角加速度的极限称为瞬时角加速度，简称角加速度。角加速度也是矢量，单位足弧度/秒^2。

$$\boldsymbol{\beta} = \lim_{\Delta t \to 0} \frac{\Delta\boldsymbol{\omega}}{\Delta t} = \frac{\mathrm{d}\boldsymbol{\omega}}{\mathrm{d}t} \tag{1.4-19}$$

$\boldsymbol{\beta}$ 的方向是角速度变化的方向。在圆周运动情形,如 $\boldsymbol{\omega}$ 数值大小增加,则 $\boldsymbol{\beta}$ 与 $\boldsymbol{\omega}$ 同向;否则 $\boldsymbol{\beta}$ 与 $\boldsymbol{\omega}$ 反向。

1.4.4 角量和线量的关系

质点沿圆周运动时的速率通常称为线速度,若以 s 表示弧长,则线速度为

$$v=\frac{\mathrm{d}s}{\mathrm{d}t} \tag{1.4-20}$$

以 θ 表示这段弧长对应的圆心角,则 $s=R\theta$, R 为圆半径,代入上式,得

$$v=\frac{\mathrm{d}(R\theta)}{\mathrm{d}t}=R\frac{\mathrm{d}\theta}{\mathrm{d}t}$$

即

$$v=R\omega \tag{1.4-21}$$

由 $\boldsymbol{v}$, $\boldsymbol{\omega}$, $\boldsymbol{R}$ 三者的方向,又可将(1.4-21)式写成矢量式:

$$\boldsymbol{v}=\boldsymbol{\omega}\times\boldsymbol{R} \tag{1.4-22}$$

质点的切向加速度表示速率变化的快慢,其大小为

$$a_{\tau}=\frac{\mathrm{d}v}{\mathrm{d}t}=\frac{\mathrm{d}(R\omega)}{\mathrm{d}t}=R\frac{\mathrm{d}\omega}{\mathrm{d}t}=R\beta \tag{1.4-23}$$

由 $\boldsymbol{a}_{\tau}$, $\boldsymbol{\beta}$, $\boldsymbol{R}$ 三者的方向关系,可写成矢量形式:

$$\boldsymbol{a}_{\tau}=\boldsymbol{\beta}\times\boldsymbol{R} \tag{1.4-24}$$

法向加速度

$$\boldsymbol{a}_{n}=\frac{v^{2}}{R}\boldsymbol{n}=\omega^{2}R\boldsymbol{n} \tag{1.4-25}$$

因为圆周运动只需要一个角量 $\theta=\theta(t)$ 就可知其他变量,和直线运动中只需要知道 $x=x(t)$ 一样,所以匀角变速圆周运动中的角位置、角速度和角加速度间的关系,与匀变速直线运动中的位置、速度和加速度间的关系在形式上完全类似,可表达为

$$\begin{cases}\omega=\omega_{0}+\beta t\\ \theta=\theta_{0}+\omega_{0}t+\dfrac{1}{2}\beta t^{2}\\ \omega^{2}=\omega_{0}^{2}+2\beta(\theta-\theta_{0})\end{cases} \tag{1.4-26}$$

式中 θ_{0}, ω_{0} 表示 $t=0$ 时的初始角位置和角速度。

1.4.5 刚体绕固定轴的转动

当刚体上各质点在运动中都绕同一直线(称为转轴)作圆周运动时,称为刚体绕轴线的转动;而转轴在空间的位置固定不动时,称为刚体的定轴转动。

刚体的一般运动可以看成是刚体上某一基点 A(一般取质心)的平动和绕通过该点的轴

的转动的叠加运动。平动和定轴转动是刚体最基本的运动形式,平动与质点的运动相当,不必另外讨论;下面只对刚体的定轴转动作运动学描述。

当刚体绕固定轴转动时,刚体上各点将以不同的半径作圆周运动,这些圆的圆心都在固定轴上,圆周所在的平面都与轴线垂直。这时,刚体上各点的位移、速度和加速度可能不相同,但是刚体上各点到转轴的垂直线在相同的时间内所转过的角度都相同,所以可以用角位移、角速度和角加速度描述刚体的转动,描述方法与质点作圆周运动时一样。

例 1 一半径为 $R=0.1\,\text{m}$ 的砂轮作定轴转动,其上某点的角位置随时间 t 的变化关系为 $\theta=(2t+3t^3)\text{rad}$, 式中 t 以秒计,试求:

(1) 砂轮上任一点的角速度和角加速度随时间 t 的变化关系。

(2) 砂轮边缘上一点在 $t=2\,\text{s}$ 时的切向加速度和法向加速度。

解 (1) 角速度和角加速度分别如下:

$$\omega=\frac{\mathrm{d}\theta}{\mathrm{d}t}=\frac{\mathrm{d}}{\mathrm{d}t}(2t+3t^3)=(2+9t^2)(\text{rad}\cdot\text{s}^{-1})$$

$$\beta=\frac{\mathrm{d}\omega}{\mathrm{d}t}=18t(\text{rad}\cdot\text{s}^{-2})$$

(2) 砂轮边缘上一点的切向加速度和法向加速度如下:

$$a_t=R\beta=0.1\times18t=1.8t$$

$$a_n=\omega^2R=(2+9t^2)^2\times0.1$$

当 $t=2\,\text{s}$ 时,

$$a_t=1.8\times2=3.6(\text{m}\cdot\text{s}^{-2})$$

$$a_n=(2+9\times2^2)^2\times0.1=144.4(\text{m}\cdot\text{s}^{-2})$$

§1.5 相 对 运 动

前面§1.1中已指出,物体的运动都是相对于一定的参照系而言的,同一物体的运动,在行驶的船上观察与在岸上观察有不同的表现。我们在这里只讨论一种简单的情况,即当我们选定基本参照系(也称静止参照系)S后,所选的另一个参照系 S'相对于 S 系只作平动而不转动的情况。如图 1.5-1 所示,质点在 S 和S'系中的位矢$\boldsymbol{r}$ 和$\boldsymbol{r}'$以及S'系中的坐标原点对S 系中的坐标原点的位矢 $\boldsymbol{R}$ 有如下关系:

$$\boldsymbol{r}=\boldsymbol{r}'+\boldsymbol{R} \tag{1.5-1}$$

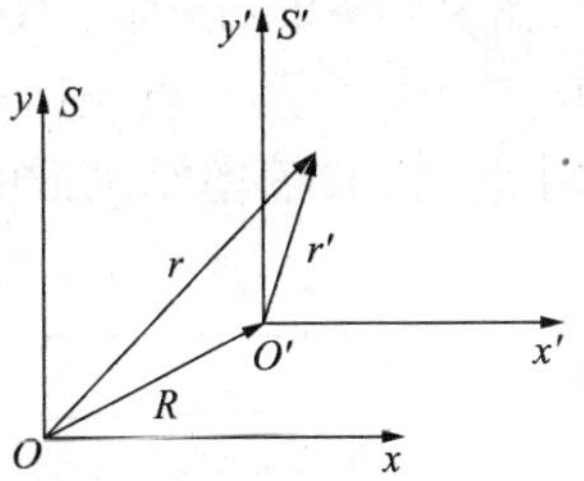

图 1.5-1 相对运动

上式对时间求导,得到 S, S'系中观察到的物体的速度 $\boldsymbol{v}$, $\boldsymbol{v}'$,以及 S'系相对于 S 系的速度 $\boldsymbol{u}$ 三者之间的关系

$$\frac{\mathrm{d}\boldsymbol{r}}{\mathrm{d}t}=\frac{\mathrm{d}\boldsymbol{r}'}{\mathrm{d}t}+\frac{\mathrm{d}\boldsymbol{R}}{\mathrm{d}t}$$

即

$$\boldsymbol{v}=\boldsymbol{v}'+\boldsymbol{u} \tag{1.5-2}$$

通常把质点相对于 S 系的速度 $\boldsymbol{v}$ 称为绝对速度,相对于 S'系的速度 $\boldsymbol{v}'$称为相对速度,S'系相对于静止参照系的速度 $\boldsymbol{u}$ 称为牵连速度。上式对时间 t 再求导,即可得到

$$\frac{d\boldsymbol{v}}{dt}=\frac{d\boldsymbol{v}'}{dt}+\frac{d\boldsymbol{u}}{dt}$$

或

$$\boldsymbol{a}=\boldsymbol{a}'+\boldsymbol{a}_0 \tag{1.5-3}$$

即质点相对于 S 系的加速度 $\boldsymbol{a}$(绝对加速度)等于质点相对 S' 系的加速度 $\boldsymbol{a}'$(相对加速度)与 S' 系相对于 S 系的牵连加速度 $\boldsymbol{a}_0$ 之矢量和。

若 S' 系相对 S 系作匀速直线运动,则有

$$\boldsymbol{a}=\boldsymbol{a}'$$

例 1 地面上的枪口对准挂在高墙上的靶心,在子弹离开枪口的瞬间靶恰好自由脱落,试问子弹能否击中靶心,设靶落地以前子弹能打到墙上。

解法一 子弹离开枪口后作斜抛运动,设 $t=0$ 时,初速度为 $\boldsymbol{v}_0$,则在 t 时刻,子弹相对于地面的速度为

$$\boldsymbol{v}_1=\boldsymbol{v}_0+\boldsymbol{g}t$$

从子弹离开枪口开始,靶作自由落体运动,速度为

$$\boldsymbol{v}_2=\boldsymbol{g}t$$

取地面为 S 参照系,靶心为运动参照系 S',则 $\boldsymbol{v}_1$, $\boldsymbol{v}_2$ 分别为绝对速度和牵连速度,子弹相对于靶心的相对速度为

$$\boldsymbol{v}'=\boldsymbol{v}_1-\boldsymbol{v}_2=\boldsymbol{v}_0$$

因此,子弹相对于靶心作速度为 $\boldsymbol{v}_0$ 的匀速直线运动,只要子弹在离开枪口时是对准靶心的,则一定能击中靶心。

解法二 子弹离开枪口后作斜抛运动,加速度 $\boldsymbol{a}_1=\boldsymbol{g}$, 靶心作自由落体运动,加速度 $\boldsymbol{a}_2=\boldsymbol{g}$, $\boldsymbol{a}_1$ 和 $\boldsymbol{a}_2$ 分别为绝对加速度和牵连加速度,则子弹相对靶心的相对加速度

$$\boldsymbol{a}'=\boldsymbol{a}_1-\boldsymbol{a}_2=\boldsymbol{0}$$

说明子弹相对于靶心作匀速直线运动,在子弹离开枪口时,子弹的速度为 $\boldsymbol{v}_0$,靶心速度为零,子弹相对于靶心的速度为 $\boldsymbol{v}_0$,故此匀速直线运动的速度就是 $\boldsymbol{v}_0$,只要 $\boldsymbol{v}_0$ 的方向是指向靶心的,子弹就一定能击中靶心。

例 2 小船渡河,从 A 点出发,如果保持与岸垂直的方向划行,10 min 以后到达对岸 C 点,如图 1.5-2(a)所示。C 点与正对着 A 点位置的 B 点之间的距离是 $BC=120$ m。如果要使小船正好到达 B 点,则小船必须向着 D 点方向划行,这时需要 12.5 min 才能到达对岸。试求小船划行的速率 u,河面的宽度 L,水流速度 v 以及角 α。

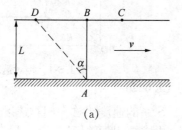

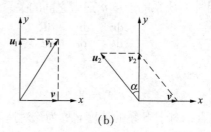

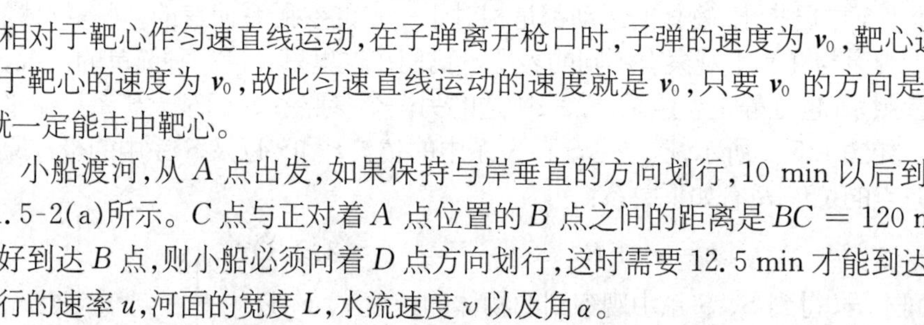

图 1.5-2

解 设小船第一次划行相对于水的速度为 $\boldsymbol{u}_1$，相对于岸的速度为 $\boldsymbol{v}_1$；小船第二次划行相对于水的速度为 $\boldsymbol{u}_2$，相对于岸的速度为 $\boldsymbol{v}_2$，小船的划行速率不变，即

$$|\boldsymbol{u}_1| = |\boldsymbol{u}_2| = u$$

水相对于岸的速度为 $\boldsymbol{v}$，则

$$\boldsymbol{v}_1 = \boldsymbol{u}_1 + \boldsymbol{v}$$

$$\boldsymbol{v}_2 = \boldsymbol{u}_2 + \boldsymbol{v}$$

分别沿平行于岸和垂直于岸的方向取坐标轴 x，y，并根据以上两式中各矢量的方向写出分量式(见图 1.5-2(b))，有

$$v_{1x} = v,\ v_{1y} = u$$

$$0 = -u\sin\alpha + v \qquad ①$$

$$v_2 = u\cos\alpha \qquad ②$$

设小船第一、第二次划行的时间分别为 t_1 和 t_2，则有

$$BC = v_{1x}t_1 = vt_1 \qquad ③$$

$$L = v_{1y}t_1 = ut_1 \qquad ④$$

$$L = v_2t_2 = u\cos\alpha \cdot t_2 \qquad ⑤$$

由④和⑤两式得

$$ut_1 = u\cos\alpha \cdot t_2$$

所以

$$\cos\alpha = \frac{t_1}{t_2} = \frac{10}{12.5} = 0.8,\ 即\ \alpha = 36°52'$$

由③式得水流的速率 v 为

$$v = \frac{BC}{t_1} = \frac{120}{10\times 60} = 0.2(\mathrm{m\cdot s^{-1}})$$

由①式得小船划行的速率 u 为

$$u = \frac{v}{\sin\alpha} = \frac{0.2}{\sin 36°52'} = 0.33(\mathrm{m\cdot s^{-1}})$$

由④式得河宽

$$L = ut_1 = 0.33\times 10\times 60 = 200(\mathrm{m})$$

§1.6 力学单位制、量纲

1.6.1 力学单位制

在物理学的实验测量和理论计算中，首先必须规定物理量的单位。不同的物理量有不同

的单位。由于各物理量之间存在着规律性的联系,各个物理量的单位也有着自然的联系。因此不必对每个物理量的单位都独立地作出规定,而是可以选定几个基本的物理量为基本单位,然后通过一定的物理关系导出其他物理量的单位(即称为导出单位)。所有的物理过程都是在一定的空间和时间中进行的,因而长度和时间总被选作基本的物理量。例如,由长度的单位米和时间的单位秒可导出运动学中速度的单位——米/秒和加速度的单位——米/秒^2。但在动力学中,仅有上述两个基本单位还不够,由动力学的基本方程 $\boldsymbol{F}=m\boldsymbol{a}$ 可见,除了运动学量 $\boldsymbol{a}$ 之外,还出现动力学量:质量和力。在这两个量中,如果把质量选为基本量,则力的单位就可相应地由基本方程导出。这些被选定的物理量的单位(基本单位)及由其导出的其他物理量的单位(导出单位)就构成了一定的单位制。

目前通用的单位制是国际单位制,或称 SI。在本书附录中列出了 SI 所规定的基本物理常量和相应的单位。在力学范围内,基本物理量只有 3 个:长度、时间和质量。长度单位是米(符号为 m),时间单位是秒(符号为 s),质量单位是千克(符号为 kg)。

m, kg, s 作为长度、质量、时间的 3 个基本单位,也称为 MKS 制或米-千克-秒(metre-kilogram-second)制。

在国际单位制(SI)中,加速度的单位是 $\mathrm{m\cdot s^{-2}}$;并以方程 $\boldsymbol{F}=m\boldsymbol{a}$ 为依据,规定力的单位是使 1 kg 质量的物体获得 $1\ \mathrm{m\cdot s^{-2}}$ 加速度的力,这样规定的力的单位称作牛顿(或称牛,N),即

$$1\ \mathrm{N}=1\ \mathrm{kg}\times 1\ \mathrm{m\cdot s^{-2}}$$

1.6.2 量纲

前面讲到,在选定了几个基本物理量后,其他的物理量即可由此导出。因此,我们可以把任一物理量表示成几个基本物理量的一定幂次的乘积。例如,在 MKS 制中以长度、质量和时间为基本单位,并分别用 L, M, T 代表长度、质量和时间,则除去一些无单位的纯数值以外任一物理量 Q 与基本量之间的关系可表示为

$$[Q]=\mathrm{L}^p\mathrm{M}^q\mathrm{T}^r$$

这里 $\mathrm{L}^p\mathrm{M}^q\mathrm{T}^r$ 就称为物理量 Q 在 MKS 单位制中的量纲,以速度 $\boldsymbol{v}$、加速度 $\boldsymbol{a}$ 和力 $\boldsymbol{F}$ 为例,

$$[\boldsymbol{v}]=\mathrm{LT}^{-1}$$
$$[\boldsymbol{a}]=\mathrm{LT}^{-2}$$
$$[\boldsymbol{F}]=\mathrm{LMT}^{-2}$$

量纲可用于检验公式。因为只有单位相同,即量纲一样的量才可以互相加减或用等号相联。例如,对匀加速直线运动有方程

$$x=v_0t+\frac{1}{2}at^2$$

很容易看出,上式每一项的量纲都是 L,所以按照量纲的检验,上式是正确的。可见,推导一个公式后,从量纲上可以初步判断其正确与否。

量纲分析还有另一用途。在研究一个新的物理现象时,常常先从实验上发现在这个现象中某几个物理量之间存在着某种联系,可并不知道这种联系的确切形式。运用量纲分析有时

能帮助找出这些物理量之间的函数关系。在物理上和技术科学上,都常用到这种研究方法。

附录 1.1 微积分简介

1.1.1 导数

一、函数

有两个互相联系的变量 x 和 y,每当 x 取了某一数值后,按照一定的规律就可以确定 y 的值,就称 y 是 x 的函数,记作 $y = f(x)$ 或 $y = y(x)$, x 为自变量,y 叫因变量。

例 自由落体运动,物体从离地面为 h_0 高度处开始下落,则物体与地面的距离依赖于时间 t 的规律是

$$h = h_0 - \frac{1}{2}gt^2$$

这里 t 为自变量,h 为因变量,也可记为

$$h = h(t)$$

二、极限

当自变量 x 无限趋于某一数值 x_0(记作 $x \to x_0$)时,函数 $f(x)$的数值无限趋于某一确定的数值 a,则 a 叫做 $x \to x_0$ 时函数 $f(x)$的极限值,记作

$$\lim_{x \to x_0} f(x) = a$$

例 在三角函数中,当 x 无限向正向增大时,$\arctan x$ 无限接近$\frac{\pi}{2}$,用极限表示:

$$\lim_{x \to +\infty} \arctan x = \frac{\pi}{2}$$

类似有

$$\lim_{x \to -\infty} \arctan x = -\frac{\pi}{2}$$

三、导数

当自变量 x 由一个数值 x_0 变到另一个数值 x_1 时,后者减去前者叫做该自变量的增量,记作 $\Delta x = x_1 - x_0$。与此对应,因变量 y 的数值由 $y_0 = f(x_0)$ 变到 $y_1 = f(x_1)$, 增量为

$$\Delta y = y_1 - y_0 = f(x_1) - f(x_0) = f(x_0 + \Delta x) - f(x_0)$$

增量可正可负,Δy 与自变量的增量 Δx 密切相关,两者之比

$$\frac{\Delta y}{\Delta x} = \frac{f(x_0 + \Delta x) - f(x_0)}{\Delta x}$$

称增量比。

定义：如果极限 $\lim\limits_{\Delta x\to 0}\dfrac{\Delta y}{\Delta x}=\lim\limits_{\Delta x\to 0}\dfrac{f(x+\Delta x)-f(x)}{\Delta x}$ 存在，则该极限就称为函数 $f(x)$ 在 x 点的导数，记为 $\dfrac{\mathrm{d}y}{\mathrm{d}x}$，$f'(x)$ 或 y'。

四、导数的意义

(1) 导数是函数在一点(而不是一个区间里)的变化率，物理中的瞬时速度和瞬时加速度即导数的例子。

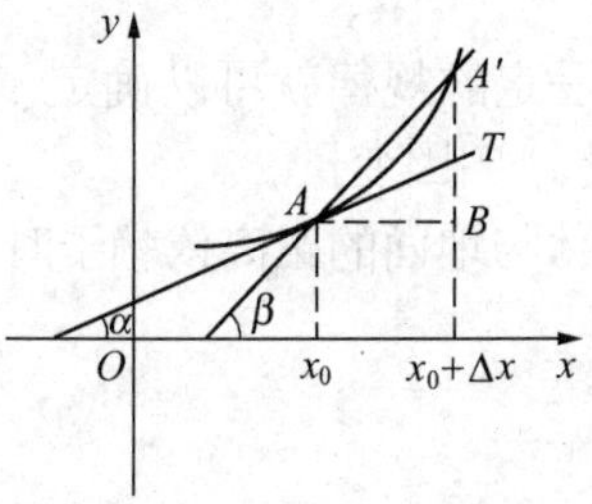

附图 1.1.1-1 导数的几何意义

(2) 几何意义：函数的曲线上任意一点的切线的斜率，就是函数在这一点的导数值。

设函数 $y=f(x)$，在附图 1.1.1-1 的曲线上取一点 A，横坐标为 x_0，A' 是曲线上另一点，横坐标为 $x_0+\Delta x$，割线 AA' 和 x 轴的夹角记为 β。当 A' 点沿着曲线趋近于 A 时，割线 AA' 趋于某一极限位置 AT，显然，直线 AT 就是曲线在 A 点的切线，AT 与 x 轴所成的夹角 α 即为变角 β 的极限。所以

$$\tan\alpha=\lim_{A'\to A}\tan\beta=\lim_{\Delta x\to 0}\frac{\Delta y}{\Delta x}=f'(x_0)$$

由此可知，曲线上横坐标为 x_0 的一点 A 处的切线斜率就是函数 $f(x)$ 在 x_0 处的导数值 $f'(x_0)$。

1.1.2 导数的运算

一、基本函数的导数运算举例

1. $y=f(x)=x^2$，求 $\dfrac{\mathrm{d}y}{\mathrm{d}x}$。

解 $\dfrac{\mathrm{d}y}{\mathrm{d}x}=\lim\limits_{\Delta x\to 0}\dfrac{\Delta y}{\Delta x}=\lim\limits_{\Delta x\to 0}\dfrac{(x+\Delta x)^2-x^2}{\Delta x}=\lim\limits_{\Delta x\to 0}(2x+\Delta x)=2x$

2. $y=\sin x$，求 $\dfrac{\mathrm{d}y}{\mathrm{d}x}$ 及 $\left.\dfrac{\mathrm{d}y}{\mathrm{d}x}\right|_{x=\frac{\pi}{4}}$。

解 $\Delta y=\sin(x+\Delta x)-\sin x=2\sin\dfrac{\Delta x}{2}\cos\left(x+\dfrac{\Delta x}{2}\right)$

$$\frac{\mathrm{d}y}{\mathrm{d}x}=\lim_{\Delta x\to 0}\frac{\Delta y}{\Delta x}=\lim_{\Delta x\to 0}\frac{\sin\dfrac{\Delta x}{2}\cos\left(x+\dfrac{\Delta x}{2}\right)}{\dfrac{\Delta x}{2}}$$

当 $\Delta x\to 0$ 时，$\sin\dfrac{\Delta x}{2}\approx\dfrac{\Delta x}{2}$，上式改为

$$\frac{\mathrm{d}y}{\mathrm{d}x}=\lim_{\Delta x\to 0}\cos\left(x+\frac{\Delta x}{2}\right)=\cos x$$

当 $x=\dfrac{\pi}{4}$ 时，有

$$\left.\frac{\mathrm{d}y}{\mathrm{d}x}\right|_{x=\frac{\pi}{4}}=\cos\frac{\pi}{4}=\frac{\sqrt{2}}{2}$$

二、常用初等函数的导数公式

几个常用的初等函数导数见附表 1.1.2-1。

附表 1.1.2-1

函数 $y=f(x)$	导数 $y'=f'(x)$	函数 $y=f(x)$	导数 $y'=f'(x)$
C(C 为常量)	0	$\cos x$	$-\sin x$
x^{α}(α 为任意实数)	$\alpha x^{\alpha-1}$	$\ln x$	$\frac{1}{x}$
$\sin x$	$\cos x$	e^x	e^x

三、导数运算法则

以下设 u, v 为 x 的函数,且导数 u', v'存在。

(1) 和(差)的导数,由极限的求和法则知

$$(u\pm v)'=u'\pm v'$$

(2) 积的导数

$$(uv)'=u'v+uv' \text{ 及 } (Cu)'=Cu'(C\text{ 为常量})$$

(3) 商的导数

$$\left(\frac{u}{v}\right)'=\frac{u'v-uv'}{v^2}, \text{但 } v\neq 0$$

(4) 复合函数的导数法则,设 $y=f(v)$, $v=\varphi(x)$ 均有导数,则

$$y'(x)=f'(v)\cdot v'(x) \text{ 或 } \frac{\mathrm{d}y}{\mathrm{d}x}=\frac{\mathrm{d}y}{\mathrm{d}v}\cdot\frac{\mathrm{d}v}{\mathrm{d}x}$$

例 1 $y=2\sqrt{x}-\frac{1}{\sqrt[3]{x}}+3$, 求 y'。

解 $y'=(2x^{\frac{1}{2}}-x^{-\frac{1}{3}}+3)'=(2x^{\frac{1}{2}})'-(x^{-\frac{1}{3}})'+(3)'$

$=x^{-\frac{1}{2}}+\frac{1}{3}x^{-\frac{4}{3}}$

例 2 $y=\tan x$, 求 y'。

解 $y'=\left(\frac{\sin x}{\cos x}\right)'=\frac{(\sin x)'\cos x-\sin x(\cos x)'}{\cos^2 x}$

$=\frac{\cos^2 x+\sin^2 x}{\cos^2 x}=\frac{1}{\cos^2 x}=\sec^2 x$

例 3 $y=\sqrt{1+x^2}$, 求 y'。

解 $y'=[(1+x^2)^{\frac{1}{2}}]'=\frac{1}{2}(1+x^2)^{-\frac{1}{2}}\cdot(1+x^2)'$

$=\frac{1}{2}(1+x^2)^{-\frac{1}{2}}\cdot 2x=\frac{x}{\sqrt{1+x^2}}$

例 4 求双曲线 $\frac{x^2}{2}-\frac{y^2}{7}=1$ 在任意点的切线斜率。

解 切线斜率为 $\frac{\mathrm{d}y}{\mathrm{d}x}$,在方程中逐项对 x 求导,得

$$\frac{2x}{2}-\frac{2y}{7}\cdot y'=0$$

于是 $y'=\frac{7x}{2y}$,此即曲线在坐标为 (x, y) 的点的切线斜率。

1.1.3 单变量函数的微分

一、微分概念

定义:若 $f(x)$ 在 x 处有导数,则称 $f'(x)\mathrm{d}x$ 为 $f(x)$ 在 x 处的微分,记为 $\mathrm{d}y=f'(x)\mathrm{d}x$。$\mathrm{d}y$ 与 $\mathrm{d}x$ 分别为函数微分与自变量微分,因此,导数亦称微商。

二、微分的几何意义

如附图 1.1.3-1,P, C 是曲线上两点,当 $\Delta x\to 0$ 时 $\mathrm{d}y=f'(x)\mathrm{d}x=\tan\alpha\mathrm{d}x\approx BD$,函数在 x 处的微分 $\mathrm{d}y$ 就是曲线在 x 点的切线的纵坐标的无限小增量。

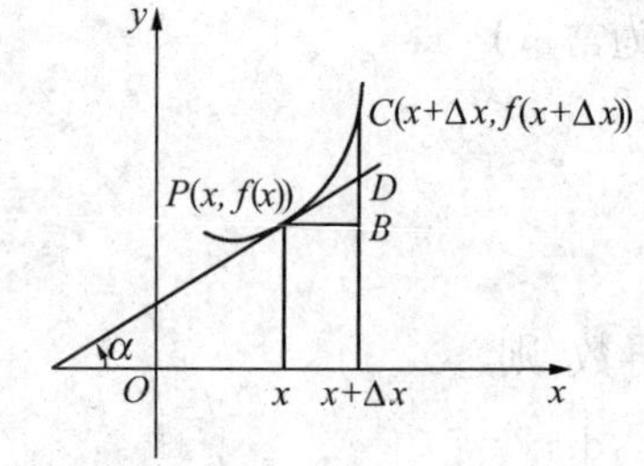

附图 1.1.3-1 微分的几何意义

三、微分运算法则

根据微分定义,可直接由导数公式求微分,相应地,微分运算法则与导数运算法则相同,如:

(1) $\mathrm{d}(Cu)=C\mathrm{d}u$;

(2) $\mathrm{d}(u\pm v)=\mathrm{d}u\pm\mathrm{d}v$;

(3) $\mathrm{d}(uv)=v\mathrm{d}u+u\mathrm{d}v$;

(4) $\mathrm{d}\left(\frac{u}{v}\right)=\frac{v\mathrm{d}u-u\mathrm{d}v}{v^2}$;

(5) 若 $y=f(x)$, $x=\varphi(t)$, 则

$$y=f[\varphi(t)]$$

$$\mathrm{d}y=y'\mathrm{d}t=(y'_x\cdot x'_t)\mathrm{d}t=f'_x\varphi'_t\mathrm{d}t$$

四、微分在近似计算中的应用

当 Δx 很小时, $\Delta y\approx \mathrm{d}y$

$$\Delta y=f(x_0+\Delta x)-f(x_0)\approx f'(x_0)\Delta x$$

改为

$$f(x)-f(x_0)\approx f'(x_0)(x-x_0) \text{ 或 } f(x)\approx f(x_0)+f'(x_0)(x-x_0)$$

当取 $x_0=0$ 时, 即有近似公式

$$f(x)\approx f(0)+f'(0)x$$

x 应限于较小的值,这样可得到一系列的近似公式:

$$(1+x)^N \approx 1+Nx$$

例如,

$$\sqrt{1+x} \approx 1+\frac{1}{2}x$$

$$e^x \approx 1+x;\ \ln(1+x) \approx x$$

$$\sin x \approx x,\ \tan x \approx x, \cdots$$

1.1.4 积分

一、定积分

微分和积分互为逆运算。先看一个例子,物体作匀速直线运动,路程=速度×时间,即 $s=v\times t$, 在 v-t 图中,路程 s 为附图 1.1.4-1 中阴影的面积。

若物体作变速直线运动,速度 $v=v(t)$, 可以把 t 分成许多均等小段 Δt,只要 Δt 充分小,每段时间中的速率近似看成是不变的,把各小段时间内走过的路程相加,即近似为总路程,如附图 1.1.4-2,曲折的图线下的面积即近似为总路程。

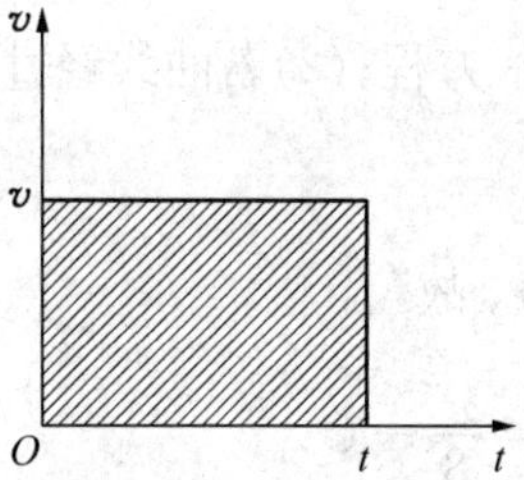

附图 1.1.4-1 v-t 图

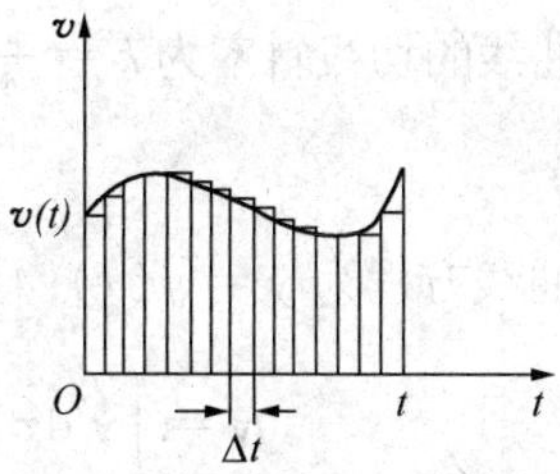

附图 1.1.4-2 $v(t)$-t 图

$$s \approx v(t_1)\Delta t+v(t_2)\Delta t+\cdots+v(t_n)\Delta t=\sum_{i=1}^{n} v(t_i)\Delta t$$

当 $\Delta t \to 0$ 时,$n\to\infty$,上式右边的极限值就是所求总路程,

$$s=\lim_{\substack{\Delta t\to 0\\ n\to\infty}} \sum_{i=1}^{n} v(t_i)\Delta t$$

其几何意义相当于从 0 到 t 这段时间中 $v(t)$曲线下的面积。

上式可用积分形式表达:

$$s=\int_0^t v(t)\mathrm{d}t$$

此即定积分形式。定积分的一般形式为

$$\int_a^b f(x)\mathrm{d}x$$

$f(x)$称为被积函数,x 为积分变量,b, a 分别叫定积分的上、下限。

二、基本定理

如果被积函数 $f(x)$是某一个函数 $\phi(x)$的导数, $f(x)=\phi'(x)$, 则在 $x=a$ 到 $x=b$ 区间

内 $f(x)$对 x 的定积分等于 $\phi(x)$在这区间内的增量，即

$$\int_a^b f(x)\mathrm{d}x = \phi(b) - \phi(a)$$

这里 $\phi(x)$称为原函数。可见积分是导数的逆运算。

例 1 求$\int_0^2 x^3\mathrm{d}x$。

解 找 x^3 的原函数，因为 $\left(\frac{1}{4}x^4\right)' = x^3$，故原函数 $\phi(x) = \frac{1}{4}x^4$；上式为

$$\int_a^b x^3\mathrm{d}x = \left(\frac{1}{4}x^4\right)\Big|_0^2 = \frac{1}{4}(2^4 - 0^4) = 4$$

三、不定积分

不定积分是不定出上、下限的积分，可写成

$$\int f(x)\mathrm{d}x = \phi(x) + C$$

式中 C 为常量，可根据具体问题所给的条件定出此常量。

例 2 已知曲线的切线斜率为$k = \frac{1}{4}x$，(1)求曲线方程；(2)若曲线经过点$\left(2,\ \frac{5}{2}\right)$，求此曲线方程。

解 (1) 设曲线方程为 $y = f(x)$，已知 $y' = \frac{1}{4}x$，故

$$y = \int y'\mathrm{d}x = \int \frac{1}{4}x\mathrm{d}x = \frac{x^2}{8} + C$$

不同的 C 对应不同的曲线。

(2) 曲线经过$\left(2,\ \frac{5}{2}\right)$点，把 $x = 2$，$y = \frac{5}{2}$ 代入曲线方程，

$$\frac{5}{2} = \frac{2^2}{8} + C$$

得

$$C = 2$$

则曲线方程为

$$y = \frac{x^2}{8} + 2$$

四、基本积分公式

$$\int \mathrm{d}x = x + C \qquad \int k\mathrm{d}x = kx + C$$

$$\int \cos x\mathrm{d}x = \sin x + C \qquad \int \sin x\mathrm{d}x = -\cos x + C$$

$$\int \mathrm{e}^x\mathrm{d}x = \mathrm{e}^x + C \qquad \int x^\alpha\mathrm{d}x = \frac{x^{\alpha+1}}{\alpha+1} + C\ (\alpha \neq -1)$$

$$\int \frac{1}{x}\mathrm{d}x = \ln x + C \qquad \int_0^{\infty} x^2 \mathrm{e}^{-bx^2}\,\mathrm{d}x = \frac{1}{4}\sqrt{\frac{\pi}{b^3}}$$

$$\int_0^{\infty} x^3 \mathrm{e}^{-bx^2}\,\mathrm{d}x = \frac{1}{2b^2} \qquad \int_0^{\infty} x^4 \mathrm{e}^{-bx^2}\,\mathrm{d}x = \frac{3}{8}\sqrt{\frac{\pi}{b^5}}$$

附录 1.2 矢　　量

一、矢量定义

物理量可以按其是否具有空间方向性来分类。只有大小而无方向的量称为标量。如温度、质量、体积等是标量。需要以大小和方向表示的物理量称为矢量。如速度、加速度、力等是矢量。

用带箭头的字母表示矢量,如$\vec{A}$, $\vec{B}$等;也可以用黑体字母(如 **A**)来表示矢量。矢量的大小称为矢量的模,用$|\vec{A}|$或 A 表示。模等于 1 的矢量称为单位矢量。

也可以用图表示矢量,即用有向线段表示,长度表示其大小,箭头表示其方向。如附图 1.2.1-1,当两个矢量 **A** 和 **B** 的大小和方向都相等时,可说 **A** = **B**, 当 **A** 和 **B** 大小相等而方向相反时,写成 **A** = − **B**。矢量平移时大小和方向不变。

(a) 矢量相等　　(b) 矢量相反

附图 1.2.1-1　矢量

二、矢量的合成

1. 三角形法

两矢量 **A** + **B** 的求法:以矢量 **A** 的末端为起点,作矢量 **B**,由 **A** 的起点画到 **B** 的末端的矢量就是合矢量 **C**,如附图 1.2.1-2。用余弦定理可得到合矢量 **C** 的大小,

$$C = \sqrt{A^2 + B^2 + 2AB\cos\alpha}$$

合矢量方向由图 1.2.1-2 的几何关系可得,

$$\theta = \arctan\frac{B\sin\alpha}{A + B\cos\alpha}$$

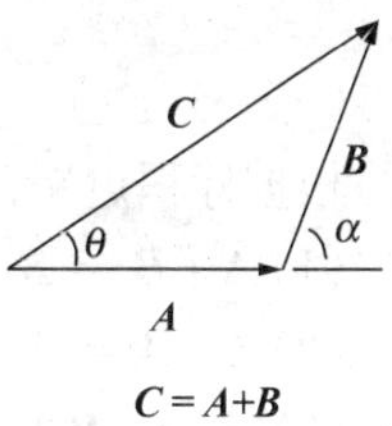

附图 1.2.1-2

若两个以上的矢量相加,如求 **A**, **B**, **C** 和 **D** 的合矢量,则可根据三角形法则,在第一个矢量末端画出第二个矢量,再在第二个矢量末端画第三个矢量,依此类推,把所有的矢量首尾相连,由第一个矢量的起点到最后一个矢量的末端作一矢量,即为合矢量 **R**,如附图 1.2.1-3 所示。

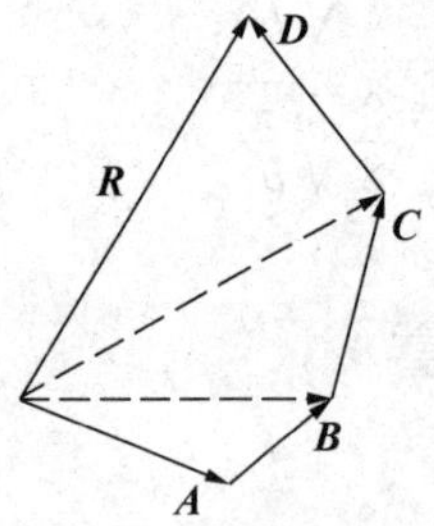

附图 1.2.1-3　多矢量合成

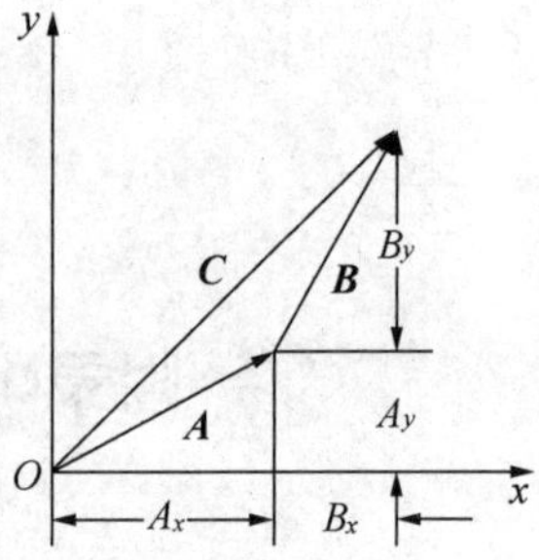

附图 1.2.1-4　矢量合成的解析法

2. 解析法

将矢量沿直角坐标轴分解,各分矢量叫分量,只需用带正号或负号的代数值表示,这样,合矢量在任一直角坐标轴上的分量等于各矢量在同一坐标轴上的分量的代数和。

如附图 1.2.1-4 为 $\boldsymbol{C}=\boldsymbol{A}+\boldsymbol{B}$ 的合成图,$\boldsymbol{C}$ 的分量为

$$C_x=A_x+B_x$$

$$C_y=A_y+B_y$$

三、矢量的标积(点乘)

两矢量相乘得到一个标量的叫标积(或称点乘)。其定义为

$$\boldsymbol{A}\cdot\boldsymbol{B}=AB\cos\theta$$

其中 θ 为两矢量间的夹角。上式说明,标积 $\boldsymbol{A}\cdot\boldsymbol{B}$ 等于矢量 $\boldsymbol{A}$ 在 $\boldsymbol{B}$ 方向上的投影 $A\cos\theta$ 与矢量 $\boldsymbol{B}$ 的模的乘积,或矢量 $\boldsymbol{B}$ 在 $\boldsymbol{A}$ 方向上的投影 $B\cos\theta$ 与矢量 $\boldsymbol{A}$ 的模的乘积,如附图 1.2.1-5。

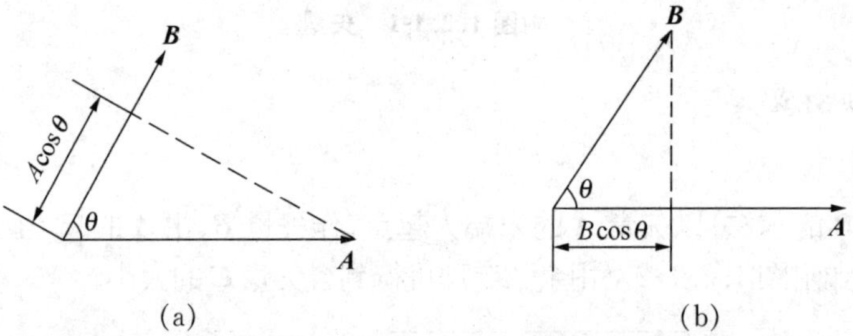

附图 1.2.1-5　矢量的标积

根据标积定义,可得以下推论:

(1) $\boldsymbol{A}\cdot\boldsymbol{B}=\boldsymbol{B}\cdot\boldsymbol{A}$;

(2) $\boldsymbol{A}\cdot\boldsymbol{A}=A^2$;

(3) 若 $\boldsymbol{A}$, $\boldsymbol{B}$ 两矢量垂直,则

$$\boldsymbol{A}\cdot\boldsymbol{B}=0$$

(4) 直角坐标系的单位矢量 $\boldsymbol{i}$, $\boldsymbol{j}$, $\boldsymbol{k}$ 分别表示 x, y, z 轴的正方向,它们具有正交性,即

$$\boldsymbol{i}\cdot\boldsymbol{i}=\boldsymbol{j}\cdot\boldsymbol{j}=\boldsymbol{k}\cdot\boldsymbol{k}=1$$

$$\boldsymbol{i}\cdot\boldsymbol{j}=\boldsymbol{j}\cdot\boldsymbol{k}=\boldsymbol{k}\cdot\boldsymbol{i}=0$$

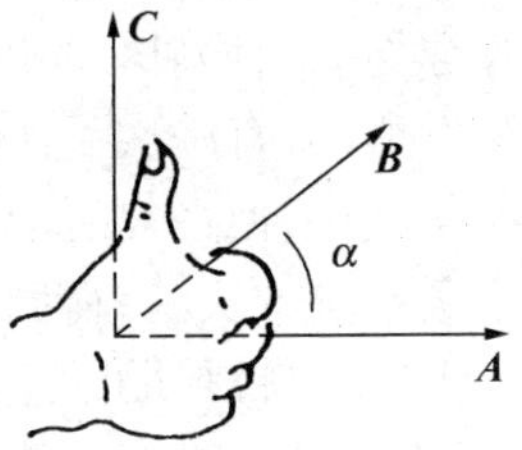

附图 1.2.1-6 矢量的矢积

四、矢量的矢积(又称叉乘)

两矢量相乘得到一个矢量叫做矢量的矢积(或叉乘),写成 $\boldsymbol{C}=\boldsymbol{A}\times\boldsymbol{B}$,规定 $\boldsymbol{C}$ 的大小为 $C=AB\sin\theta$,式中 θ 为 $\boldsymbol{A}$,$\boldsymbol{B}$ 两矢量间的夹角,$\boldsymbol{C}$ 的方向垂直于 $\boldsymbol{A}$ 和 $\boldsymbol{B}$ 所组成的平面,指向由右手法则决定,即右手 4 个手指弯曲的方向从 $\boldsymbol{A}$ 经由小于 180° 的角转向 $\boldsymbol{B}$ 时伸直的大拇指所指的方向,如附图 1.2.1-6。

由矢积定义可得如下推论:

(1) $\boldsymbol{A}\times\boldsymbol{B}=-(\boldsymbol{B}\times\boldsymbol{A})$;

(2) 若 $\boldsymbol{A}\parallel\boldsymbol{B}$,则 $\boldsymbol{A}\times\boldsymbol{B}=\boldsymbol{0}$;$\boldsymbol{A}\perp\boldsymbol{B}$,则

$$|\boldsymbol{A}\times\boldsymbol{B}|=AB$$

五、矢量的导数

设矢量 $\boldsymbol{A}$ 为时间 t 的函数,规定其对时间的导数为

$$\frac{\mathrm{d}\boldsymbol{A}}{\mathrm{d}t}=\lim_{\Delta t\to 0}\frac{\boldsymbol{A}(t+\Delta t)-\boldsymbol{A}(t)}{\Delta t}$$

在直角坐标中,$\boldsymbol{i}$,$\boldsymbol{j}$,$\boldsymbol{k}$ 为常矢量,故

$$\frac{\mathrm{d}\boldsymbol{A}}{\mathrm{d}t}=\frac{\mathrm{d}A_x}{\mathrm{d}t}\boldsymbol{i}+\frac{\mathrm{d}A_y}{\mathrm{d}t}\boldsymbol{j}+\frac{\mathrm{d}A_z}{\mathrm{d}t}\boldsymbol{k}$$

一般情况下有以下性质:

(1) $\frac{\mathrm{d}}{\mathrm{d}t}(\boldsymbol{A}+\boldsymbol{B})=\frac{\mathrm{d}\boldsymbol{A}}{\mathrm{d}t}+\frac{\mathrm{d}\boldsymbol{B}}{\mathrm{d}t}$;　(2) $\frac{\mathrm{d}}{\mathrm{d}t}(C\boldsymbol{A})=C\frac{\mathrm{d}\boldsymbol{A}}{\mathrm{d}t}$ (C 为常量);

(3) $\frac{\mathrm{d}}{\mathrm{d}t}(\boldsymbol{A}\cdot\boldsymbol{B})=\boldsymbol{A}\cdot\frac{\mathrm{d}\boldsymbol{B}}{\mathrm{d}t}+\boldsymbol{B}\cdot\frac{\mathrm{d}\boldsymbol{A}}{\mathrm{d}t}$;　(4) $\frac{\mathrm{d}}{\mathrm{d}t}(\boldsymbol{A}\times\boldsymbol{B})=\boldsymbol{A}\times\frac{\mathrm{d}\boldsymbol{B}}{\mathrm{d}t}+\frac{\mathrm{d}\boldsymbol{A}}{\mathrm{d}t}\times\boldsymbol{B}$。

六、矢量的积分

一般采用直角坐标分量式计算。

矢量的线积分:

$$\int_L\boldsymbol{A}\cdot\mathrm{d}\boldsymbol{l}=\int_L(A_x\mathrm{d}x+A_y\mathrm{d}y+A_z\mathrm{d}z)$$

矢量的曲面积分,就是计算矢量 $\boldsymbol{A}$ 通过曲面的通量 N,

$$N=\int_S\boldsymbol{A}\cdot\mathrm{d}\boldsymbol{S}=\int_S A_n\mathrm{d}S$$

式中 A_n 为 $\boldsymbol{A}$ 在曲面面元 $\mathrm{d}S$ 的正法线 $\boldsymbol{n}$ 方向的分量。

阅读材料　　科学家介绍——伽利略

伽利略(Galileo Galilei)是意大利天文学家、哲学家、数学家和物理学家,1564 年 2 月 15 日生于意大利比萨市。父亲是音乐家和数学家,兴趣广泛,主张学术自由。伽利略在 10 岁以

前由父亲教授语文、数学和音乐。11 岁时进入佛罗伦萨附近的修道院所属的学校学习，主要学习逻辑学、修辞学、希腊语和拉丁语。1581 年父亲送他进入比萨大学学医；但他对医学不感兴趣，却对自然科学的兴趣与日俱增。他很喜欢观察和思考问题。18 岁那年，有一次到比萨教堂去做礼拜，他注意到教堂里挂着的油灯在摆动，其摆动的幅度在不断减小，但往复运动的时间（他按自己的脉搏计时）却是相等的。他回家后便用细绳悬挂一个金属块做实验，得到了摆长和摆动周期的经验定量关系式。不久，他就利用这一规律制成脉搏计时器，帮助医生测量病人心跳一次的时间。这表现了他从观察到的自然现象中总结出规律的科学研究方法以及努力将科学原理应用于实际的思想。

伽利略在大学期间除了学习医学专著外，还学习了亚里士多德的自然科学著作，这些都是规定的课程。在课余时间，他学习了意大利著名学者 N·达塔格里亚（Tartaglia）的古希腊数学和物理译著，又受达塔格里亚的学生里奇的指导，打下了扎实的数学和物理基础。他常用实验来验证亚里士多德的学说，并就其中的错误向老师提出质疑，他因"胆敢藐视权威"而受到学校的警告处分，甚至拒发给他医生文凭，因此他于 1585 年离开了比萨大学。回家后他当过家庭数学教师，在公立学校教过两个学期，期间他自学了数学和物理。1587 年他的单摆、脉搏计时器、小天平（能精确测出二元合金含量）、固体重心定理等研究成果得到学术界代表人物的承认。

1588 年伽利略应邀在佛罗伦萨主讲了有关但丁的《神曲》中炼狱的地点和图形尺寸的研究，他的文学鉴赏水平和数学才能得到高度评价。1589 年，他得到关心科学发展的贵族推荐，由托斯卡纳公国的弗底朗德一世（Ferdirand Ⅰ）指派他为比萨大学的首席数学教授。在任职期间，他编写了《论运动》一书。1590 年他通过研究几何学发现了滚线。以后又利用滚线设计了比萨的阿诺河上新桥主架的外形。他还做了许多实验以检验当时被奉为金科玉律的亚里士多德的学说，驳斥了比萨大学中一些顽固派的论点，因而冒犯了他们，最终于 1591 年在诽谤声中愤然辞职。其后，他在友人帮助下到威尼斯的帕瓦大学任数学教授。

威尼斯离教皇所在地罗马较远，那里的教会势力和亚里士多德学派的势力较小，有着学术自由的良好氛围。伽利略在这里工作了 18 年（1592—1610 年）。这是他在物理学和天文学上取得丰硕成果的时期。他在大学讲授欧几里得几何学、球面几何学和天文学，还讲授了军事建筑、防御工事、力学、日晷计时术等特设课程，表现了他多方面的杰出才能。1593 年，他研制了一种由一匹马便可带动的小型高效提水机械，可将水分送到 20 个渠道。威尼斯政府为此授予他有效期长达 20 年的发明专利权。1594 年他发表论文《论机械》。1597 年发明了用途广泛的两脚规尺，可用于计算利息、查找平方根值、方变圆的数值查寻等，有计算尺的功效。伽利略还发明了原始的半定量温度计。1609 年伽利略研制成第一架天文望远镜，第二年又把放大倍数提高到 33 倍。用这望远镜观察天空时，他发现月亮表面是凹凸不平的，有着高山和深谷，并非如亚里士多德所说的"天体都是平滑光亮的"。他从日光对月球升降所产生的阴影估算出月球表面的山顶和谷底之间的高度差约 6.4～8.0 km，和现今的估算值大致相符。他还发现有 4 个卫星围绕着木星旋转，表明有不以地球为中心的天体，这些发现是对哥白尼观点的有力支持。

他将这些天文观测的新发现写成一本书《星空信使》，该书出版后引起全欧洲的轰动，使他声名大振。这些打破了亚里士多德天尊地卑的思想，也动摇了封建神权的思想统治。1610 年，新的国王科西摩二世（曾是伽利略的学生）邀请伽利略到佛罗伦萨担任宫廷哲学家和首席数学家。他有了更充裕的时间致力于科学研究。1611 年，伽利略观察到太阳黑子及其运动规律,还发现了太阳自转的现象。由于他宣传了日心说,1611 年,宗教裁判所向他发出警告。后来,教皇保罗五世下达了著名的“1616 年禁令”,禁止伽利略以口头或文字的形式保持、传授或捍卫日心说。1624 年,他研制成功显微镜。1632 年,他的著作《关于托勒密和哥白尼两大世界体系对话》出版了,该书表明了他支持哥白尼的观点,影响极大。6 个月后,罗马教廷便勒令停止出售该书,并将伽利略召到罗马受审,结果被判处终身监禁。

伽利略在监禁期间仍坚持研究科学,1635 年,他撰写了《关于两门新科学与数学证明对话集》。两门新科学是指材料力学和动力学。

1637 年伽利略双目失明。1639 年夏,伽利略获准收维维安尼为他的最后一名学生,并照料他生活。1641 年 10 月托里拆利(E. Torricelli)也前往陪伴他。伽利略和他们一起讨论设计机械钟、碰撞理论、大气压下矿井水柱高度等问题。伽利略于 1642 年 1 月 8 日病逝,终年 78 岁。他的葬礼简陋草率,直到下一世纪遗骨才迁到家乡的大教堂。伽利略被认为是教会的罪人,直到 300 多年后的 1979 年 11 月 10 日,罗马教皇在公共集会上才承认伽利略受到的教廷审判是不公正的。1980 年 10 月,教皇又在梵蒂冈举行的世界主教会议上提出需要重新审理这个冤案。此后,一个由不同宗教信仰的著名科学家组成的委员会(由意大利核物理研究院院长吉基齐教授任主席,杨振宁、丁肇中等 6 名诺贝尔物理学奖获得者为委员)为伽利略的沉冤昭雪。

思考题与习题

一、思考题

1-1 设质点二维运动的坐标为 $x=x(t)$, $y=y(t)$, 有人先求出位矢的大小为 $r=\sqrt{x^2+y^2}$, 然后根据 $v=\frac{\mathrm{d}r}{\mathrm{d}t}$, $a=\frac{\mathrm{d}^2 r}{\mathrm{d}t^2}$ 求得它的速度和加速度;另外,有人先计算速度及加速度的分量,再将它们合成,得出质点的速度及加速度分别是 $v=\sqrt{\left(\frac{\mathrm{d}x}{\mathrm{d}t}\right)^2+\left(\frac{\mathrm{d}y}{\mathrm{d}t}\right)^2}$, $a=\sqrt{\left(\frac{\mathrm{d}^2 x}{\mathrm{d}t^2}\right)^2+\left(\frac{\mathrm{d}^2 y}{\mathrm{d}t^2}\right)^2}$, 试问这两种结果在什么情况下是一致的? 在什么情况下不一致? 一般情况下哪一种正确,为什么?

1-2 下列问题中,哪些说法是正确的? 哪些说法是错误的?

(1) 物体具有恒定的速度,则其速率必为常数。

(2) 质点沿某一方向的加速度减少时,该方向的速度也随之减少。

(3) 在直线运动中,物体的加速度愈大,其速度也愈大。

(4) 质点作匀速运动,则它的运动轨迹一定是一条直线。

(5) 质点具有恒定不变的加速度,则它的运动轨迹是一条直线。

1-3 试判断下列情况是否可能:

(1) 物体具有零速度,但仍处于加速运动中。

(2) 物体的速率在不断地增加,而加速度的值则不断地减小;

(3) 物体的速率在不断地减小,而加速度的值则不断地增加。

1-4 物体在空气中运动,受到空气阻力作用所获得的加速度与物体的速度大小成正比而方向相反。试分析该物体以一定的初速度由地面开始竖直上抛,直到重新落回地面的过程中速度及加速度的变化情况。(重力加速度 g 视为常数)

1-5 你能否找到一种加速度等于零的曲线运动? 你能否找到一种加速度等于常矢量的曲线运动?

1-6 判断下列说法是否正确:

(1) 质点作圆周运动的加速度指向圆心。

(2) 匀速圆周运动的加速度为常矢量。

(3) 只有法向加速度的运动一定是圆周运动。

(4) 只有切向加速度的运动一定是直线运动。

1-7 在斜抛运动中忽略空气阻力,试问:

(1) 哪一点的切向加速度最大,哪一点最小?

(2) 法向加速度如何变化?

(3) 轨迹各点的曲率半径如何变化?

1-8 矢量导数的绝对值与矢量绝对值的导数是否相等? $\left|\frac{\mathrm{d}\boldsymbol{v}}{\mathrm{d}t}\right| = 0$ 和 $\frac{\mathrm{d}\,|\,\boldsymbol{v}\,|}{\mathrm{d}t} = 0$ 各代表什么样的运动?两者有无区别?

1-9 一个作平面运动的质点,它的运动学表达式是 $\boldsymbol{r} = \boldsymbol{r}(t)$, $\boldsymbol{v} = \boldsymbol{v}(t)$, 如果(1) $\frac{\mathrm{d}r}{\mathrm{d}t} = 0$, $\frac{\mathrm{d}\boldsymbol{r}}{\mathrm{d}t} \neq \boldsymbol{0}$, 质点作什么运动? (2) $\frac{\mathrm{d}v}{\mathrm{d}t} = 0$, $\frac{\mathrm{d}\boldsymbol{v}}{\mathrm{d}t} \neq \boldsymbol{0}$, 质点作什么运动?

1-10 一斜抛物体的水平初速度是 v_0,它的轨迹的最高点处的曲率半径是多大?

1-11 圆周运动中质点的加速度是否一定和速度方向垂直? 任意曲线运动的加速度是否一定不与速度方向垂直?

二、习题

1-1 一质点沿 x 轴运动,其坐标随时间的变化关系为 $x = 10t^2$, 式中 x 和 t 的单位分别是 m 和 s,试计算该质点在 3 s 到 4 s 内的平均速度以及 $t = 3$ s 时的瞬时速度和瞬时加速度。

1-2 一质点沿 x 轴运动,其速度随时间的变化关系为 $v = 4t - 8$, 式中 v 和 t 的单位分别是 $\mathrm{m \cdot s^{-1}}$ 和 s,当 $t = 1$ s 时,质点在原点左边 2 m 处,试求:

(1) 质点的位置及加速度随时间变化的表示式。

(2) 质点的初速度。

(3) 质点到达坐标原点左边的最远位置。

(4) 质点何时经过坐标原点? 此时速度多大?

1-3 已知质点沿 x 轴运动的加速度为 $a = 6t$, 式中 a 和 t 的单位分别是 $\mathrm{m \cdot s^{-2}}$ 和 s,当 $t = 2$ s 时,质点以 $v = 12\ \mathrm{m \cdot s^{-1}}$ 的速度通过坐标原点,试求:

(1) 质点的速度及位置随时间变化的表示式。

(2) 质点的初始位置及初速度。

1-4 一列以速率 v_1 沿直线行驶着的客车,司机意外发现前面与他相距 d 处有一列货车在同一轨道上以速率 $v_2(v_2 < v_1)$ 沿相同方向行驶,于是他立刻刹车,使客车以加速度 a 作匀减速运动,问 a 应满足什么条件才能使两车不相撞?

1-5 如图所示,竖直上抛一小球,测量小球上升时经过 A 点到下落时经过 A 点的时间间隔 T_A,以及上升时经过 B 点到下落时经过 B 点的时间间隔 T_B, $T_A > T_B$; 如果 A 点与 B 点的高度差为 h,求证重力加速度 g 可表示为 $g = \frac{8h}{T_A^2 - T_B^2}$。

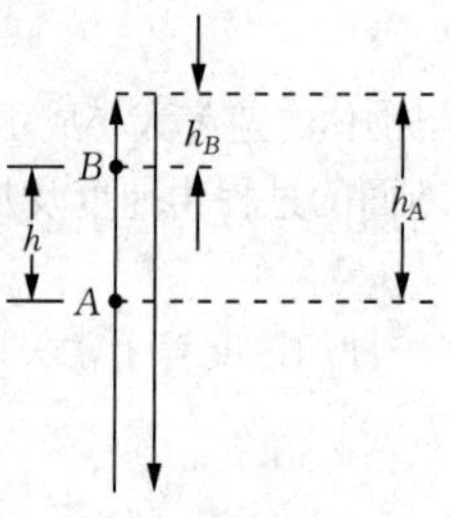

习题 1-5 图

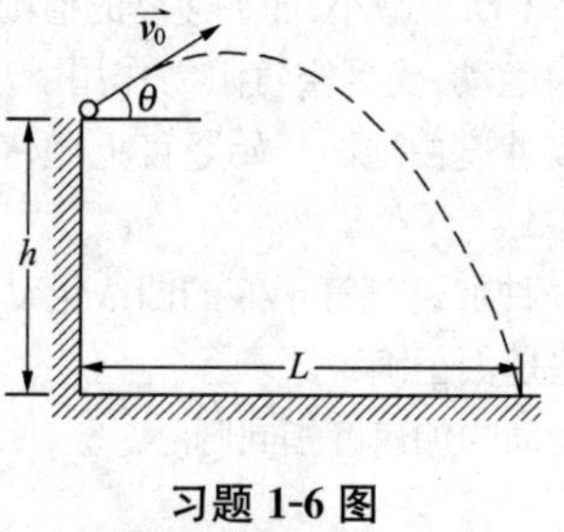

习题 1-6 图

1-6 在离地面高为 h 处，一小球以初速 v_0 作斜抛运动，如图所示。问：当球的抛射角 θ 为多大时，才能获得最大的水平射程？并求出此最大水平射程 L_{max}。

1-7 一物体以初速度 $v_0 = 20\ \mathrm{m \cdot s^{-1}}$ 被抛出，抛射角(仰角)是 $\alpha = 60°$，略去空气阻力，试问：

(1) 物体开始运动后的 1.5 s 末，运动方向与水平面的交角 θ 是多少？

(2) 物体抛出后经过多少时间，其运动方向与水平面成 45°仰角，这时物体所在高度是多少？

(3) 在物体轨迹最高点处和落地点处，轨迹的曲率半径各为多大？

1-8 北京正负电子对撞机的储存环的周长为 240 m，电子沿环以非常接近光速的速率运动，问：这些电子运动的向心加速度是重力加速度的几倍？

1-9 已知一质点沿半径为 R 的圆周运动，角速度 $\omega = bt$ (b 为常量)，试用直角坐标写出质点的位置矢量和速度与时间的关系式。

1-10 直线 AB 以恒定速度 v_0 在图示平面内沿 y 方向平动，在此平面内有一半径为 r 的固定的圆，求直线与此圆周的交点 P 的位置变化引起的速度和加速度与 θ 的函数关系。

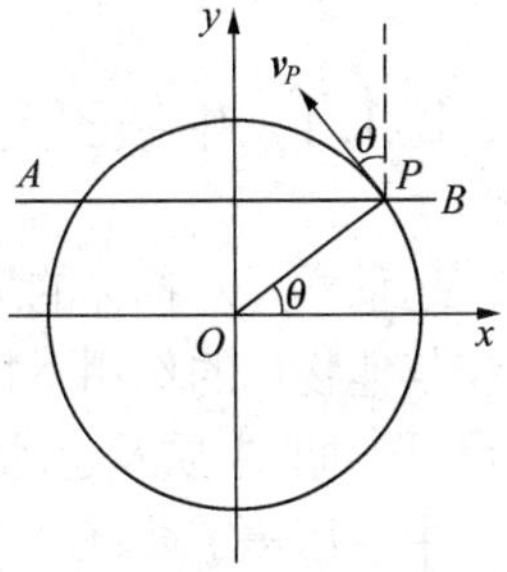

习题 1-10 图

1-11 一物体从静止出发沿半径为 $R = 3.0$ m 的圆周运动，切向加速度为 $a_t = 3.0\ \mathrm{m \cdot s^{-2}}$，试问：

(1) 经过多少时间它的总加速度 $\boldsymbol{a}$ 恰与半径成 45°角？

(2) 在上述时间内物体所通过的路程 s 等于多少？

1-12 一质点以初速度 v_0 作直线运动，所受阻力与其速度的三次方成正比，试求质点速度随时间的变化规律及速度随位置的变化规律。

1-13 一人欲横渡 500 m 宽的江面，他的划行速率(相对于水)为 $3\,000\ \mathrm{m \cdot h^{-1}}$，江水以 $2\,000\ \mathrm{m \cdot h^{-1}}$ 的速率流动着，此人若在岸上步行，速率为 $5\,000\ \mathrm{m \cdot h^{-1}}$。求：

(1) 此人应取什么路径(划行和步行结合)，才可以使从出发点到达正对岸一点所用的时间最短？

(2) 他通过这条路径用了多少时间？

1-14 在空气中以相同的速率 v_0 由足够高的同一点向各个方向把若干小球同时抛出。证明在略去空气阻力的情况下，任意时刻 t，所有小球都位于一个球面上，这球面的中心则作自由落体运动，其半径等于 $v_0 t$。

1-15 有一汽车的顶篷只能盖到 A 处(如图)，乘客可坐到车尾 B 处，AB 联线与竖直方向成 $\varphi = 30°$ 角。汽车正在平直的公路上冒雨行驶，当其速率为 $u_1 = 6\ \mathrm{km \cdot h^{-1}}$ 时，C 点刚好不被雨点打着，若其速率为 $u_2 = 18\ \mathrm{km \cdot h^{-1}}$ 时，B 点刚好不被雨打着，求雨点的速度 $\boldsymbol{v}$。

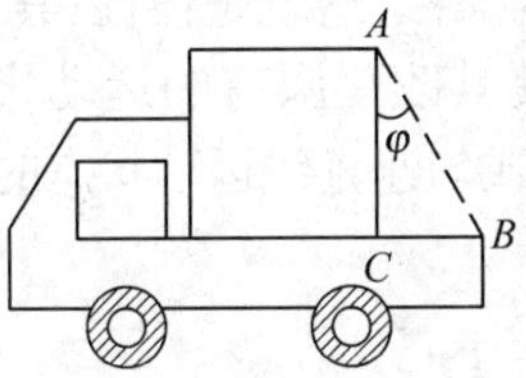

习题 1-15 图

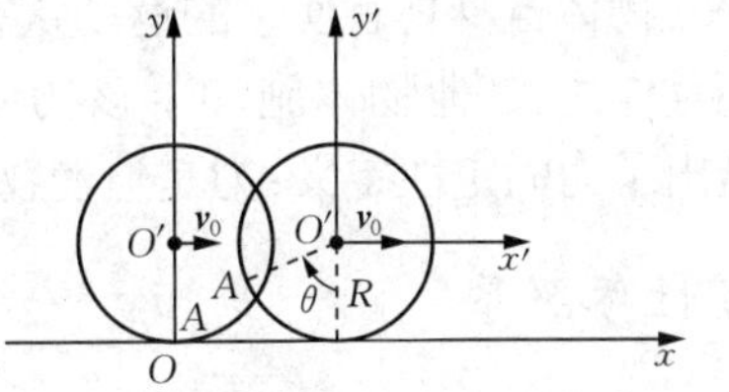

习题 1-16 图

1-16 如图所示，一轮胎在水平地面上沿着一直线无滑动地滚动(这种情况下轮胎边缘一点相对轮心的线速度等于轮胎中心对地的速率)，轮胎中心以恒定的速率 v_0 向前移动，轮胎半径为 R，在 $t = 0$ 时，轮胎边缘上的一点 A 正好和地面上的一点 O 点接触，试以 O 为坐标原点写出轮胎上 A 点的位矢、速度、加速度和时间的关系式。

第二章 动 力 学

§2.1 牛顿三定律

2.1.1 牛顿三定律

运动学只对物体的运动进行描述,而动力学则进一步研究物体为何会作这样的运动,以及在其他物体的作用下物体的运动如何变化。牛顿的3个运动定律全面概括了物体(其实是质点)运动的本质及运动的内在规律,是动力学的基本定律。

牛顿第一定律:任何物体都保持其静止或匀速直线运动状态,除非有力作用于其上迫使它改变这种状态。

牛顿第二定律:物体所获得的加速度的大小与合外力的大小成正比,与物体的质量成反比,加速度的方向与合外力的方向相同。其数学表达式为

$$\boldsymbol{F} = m\boldsymbol{a} \tag{2.1-1}$$

牛顿第三定律:两物体间的相互作用力总是大小相等、方向相反并沿着同一直线。

下面对牛顿3个定律中有关的概念作些说明。

一、惯性和力

牛顿定律把物体的运动分为两类:一类是运动状态不变的,包括静止状态和匀速直线运动;另一类是运动状态发生变化的,即有加速度的运动。物体运动状态的变化取决于两方面的因素:其一,物体自身具有使它的运动状态保持不变的属性,这就是惯性;其二,物体与周围其他物体相互作用,其他物体施加于该物体上的力迫使其改变原有的运动状态而获得加速度。这就给出了力的定性定义:力是迫使物体改变静止或匀速直线运动状态的一种作用。

二、惯性参照系

牛顿第一定律的内容,部分是给定的定义,部分是实验事实的概括和推论;其中隐含了一个重要的概念,就是我们讨论的运动只有相对于特定的参照系才有意义。如果已知某物体 A 不受到力的作用,并观察到 A 在参照系 S 中作匀速直线运动,那么,在相对于 S 参照系作加速运动的参照系 S' 中看,物体 A 就不是作匀速直线运动;在 S' 参照系中,牛顿第一定律不成立。我们把牛顿第一定律在其中成立的参照系称为惯性系;第一定律在其中不成立的参照系称为非惯性系。

如果物体是孤立体,不受到其他物体的作用力,就可构成一个惯性系,相对于惯性系作惯性运动的参照系也是惯性系。地球是常用的惯性系,但不是严格的惯性系,因为地球绕太阳有公转加速度,大约为 $5.9\times10^{-3}\ \mathrm{m\cdot s^{-2}}$,而地球自转造成的加速度更大,约 $3.4\times10^{-2}\ \mathrm{m\cdot s^{-2}}$。但

对于大多数精度要求不很高的情形，地球自转的加速度可以忽略。太阳系和恒星系是更好的惯性系。马赫(E. Mach, 1838—1916 年)曾指出，所谓惯性系，其实是相对于整个宇宙(或说整个物质分布)的平均加速度为零的参照系。由于宇宙的无限性，这样的理想惯性系只能逐步接近。

三、质量

质量是描述物体惯性大小的量。当物体的运动速率比真空中光速小得多时，牛顿力学是适用的，物体的质量可视为不随运动而改变。用惯性大小规定的质量称惯性质量，它和由引力定律规定的引力质量是相等的，可以说这是同一质量的两种表现，可不必区分。

第二定律反映了物体所受的力和所产生的加速度之间是矢量关系，两者同时存在，同时消失。实验证实了力遵守矢量叠加原理。由于第二定律和物体运动状态的改变有关，第二定律只在惯性系中成立。

第三定律揭示了力必定是两个系统之间相互作用的表现，力总是成对出现的，互为作用力和反作用力。这说明物体运动状态的变化不会孤立地发生，总是互相联系的。由于第三定律不涉及运动，所以对参照系没有限制。

第三定律的成立是有条件的，例如一对运动着的带电质点之间的相互作用力就并不是相等而方向相反的，这是由于电磁力要经过电磁场的传递的缘故。

牛顿运动定律是以牛顿力学时空观为基础的，有广泛的适用性，可是牛顿运动定律适用的范围并不是无限的。在速度接近真空中的光速 c 时，要考虑相对论的时空性质，因此要用相对论讨论物体的运动。另外，在微观领域里牛顿力学也存在局限性，要用量子力学才能解决。

2.1.2 4 种基本相互作用

物质从宏观到微观有各个层次的结构，相互作用也有在各个层次上的不同表现。总的可归结为 4 种相互作用。

从表 2.1-1 中可看出，引力相互作用和电磁相互作用都是长程作用，能在很远的距离上起作用。万有引力只有相互吸引力，电磁相互作用既有吸引力，又有排斥力。但在彼此分开的电中性物体之间电磁力往往相互削弱以至互相抵消，所以在宏观层次上较少直接显示作用。特别在天体的范围内，大质量的天体之间的万有引力起支配作用。

表 2.1-1 4 种基本作用

相互作用类型	相对强度	力程
引力相互作用	10^{-40}	长程 $\left(\propto \frac{1}{r^2}\right)$
弱相互作用	10^{-14}	$\sim 10^{-15}$ m
电磁相互作用	10^{-2}	长程 $\left(\propto \frac{1}{r^2}\right)$
强相互作用	1	10^{-18} m

但是,深入到原子和分子层次,构成分子和原子的带电粒子之间的电磁力与它们之间的万有引力相比要强得多。以氢原子中电子与质子之间的这两种相互作用为例,电磁力约为万有引力的 2×10^{39} 倍。因而在这个层次,起支配作用的是电磁力。

电磁力不仅决定了固体、液体等的微观物质结构,宏观上也表现为性质不同的多种接触力,如绳子的张力、桌面的支承力、相对滑动表面之间的摩擦力和运动流体中的黏滞力等。从微观上看,这些力都是由构成固体、液体的微观粒子之间的相互作用力所引起的;从本质上说,都是电磁相互作用的结果。在这个意义上,可以说我们周围的世界很大程度上由电磁力所支配。

强相互作用和弱相互作用都是短程作用,它们的直接影响不超出原子核的尺度。

2.1.3 接触力

接触力是指在物体之间以短程的原子或分子的相互作用而传递的力。从物质结构看,接触力是大量原子、分子之间的力累加起来的结果。原子、分子都是由带正电的核和电子组成的电中性体系。异种电荷之间的吸引力和同种电荷之间的排斥力共同作用的结果,使体系在一定的电荷分布下达到平衡。外加的影响可以迫使这种电荷分布改变并经过调整而达到新的平衡。我们在这里的探讨着重于这些力的性质及处理有关物理问题的方法。

一、弹性力

一对电中性的原子之间的作用力与它们之间距离的关系,可用图 2.1-1 表示,以其中一个原子为参照系,并位于坐标原点上,横坐标 r 表示两原子之间的距离。当距离 $r>r_0$(平衡点)时,原子之间作用的是吸引力,阻止原子分离,当距离 $r<r_0$ 时,原子之间作用的是斥力,阻止原子接近,大致可表示为

$$F=\frac{a}{r^{13}}-\frac{b}{r^{7}} \tag{2.1-2}$$

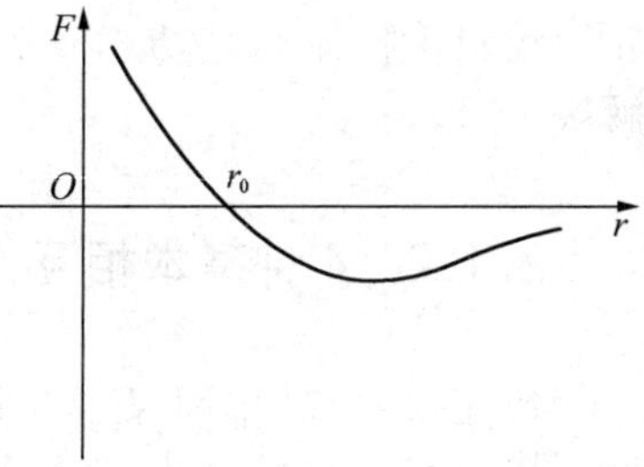

图 2.1-1

式中 a, b 为正常量。在 $r=r_0$ 附近,当原子之间的距离只有很小的改变($\Delta r\sim0$)时,F-r 曲线近似于直线,这就相应于物体在外力作用下发生弹性形变引起的弹性恢复力。

当相互接触的物体发生形变时所产生的恢复形变的力称为弹性力,这是宏观上的定义。胡克(R. Hooke, 1635—1703 年)定律表明:当物体形变不太大时,弹性力与形变成正比。弹簧的弹性力 F 与弹簧相对于原长的形变(拉伸或压缩)x 成正比,方向指向平衡位置,即

$$F=-kx \tag{2.1-3}$$

k 称为弹簧的倔强系数,或劲度系数,负号表示弹性力与形变反方向。

一个物体与一表面接触,该表面作用于物体上的力可以分解为两个分量:一个分量与表面垂直,一个分量与表面相切。与表面垂直的力通常称支承力或正压力,是弹性力,是由物体与支承面相互作用而发生形变的力。一般情形下相应的 k 很大,因而形变很小,正压力的大小常由求解物体的运动来确定。

与表面相切的力叫摩擦力,留待下面说明。

绳子的张力也是一种弹性力，绳子和与之连接的物体之间有相互作用时，不仅绳子与物体之间有弹性力，而且在绳子内部也因发生相对形变而出现弹性力，这时，绳子上任一横截面的两边互施作用力，这一对作用力和反作用力称为绳子的张力。一般情况下，与绳子相应的 k 很大，形变很小，可忽略。所以，通常绳子的张力并不由绳子的形变规律确定，而是由求解力学问题而定。

二、摩擦力

当两物体的接触面有相对滑动或有相对滑动的趋势时，会产生一种阻碍相对滑动的切向力，这种力叫摩擦力，前者称为滑动摩擦力，后者称为静摩擦力。

两块干燥固体之间的摩擦力服从以下规律：

(1) 动摩擦力与正压力成正比，与两物体的表观接触面积无关。

(2) 当相对速度不很大时，动摩擦力与速度无关。

(3) 静摩擦力可在零与一个最大值(称为最大静摩擦力)之间变化，视相对滑动趋势的程度而定。最大静摩擦力也与正压力成正比，一般情况下稍大于动摩擦力。

上面 3 条规律称库仑(C. A. de. Coulomb, 1736—1806 年)摩擦定律。其中第一、三条定律可写成

$$f_k = \mu_k N \tag{2.1-4}$$

$$0 \leqslant f_s \leqslant \mu_s N \tag{2.1-5}$$

式中 μ_k，μ_s 分别称为动摩擦系数和静摩擦系数，通常 μ_k 在 0.15～0.5 之间，μ_s 略大于 μ_k。

2.1.4 牛顿三定律的应用

在实际问题中，常会遇到有两个或两个以上相互作用的物体同时运动，而运动又各不相同的情况。我们应对物体作逐个分析。每次确定一个物体为对象，把该物体与周围其他物体隔离开来研究，这种方法称为隔离法。用隔离法解题大致可分几个步骤：

(1) 取隔离体，即划分研究对象。

(2) 选参照系，分析隔离体所受的力和画受力图。

(3) 在选定的参照系上建立适当的坐标系，根据牛顿运动定律列出各隔离体的运动方程分量式。

(4) 若物体的运动受到限制(如限制在一平面或曲面上运动)或不同物体的运动之间存在某种联系，则把这种限制条件称为约束。每个约束条件可用一个方程描写，称为约束方程。

(5) 求解方程，有时还要对所得结果作分析和讨论。

例 1 质量为 m、长为 l 的均匀绳索在光滑的水平面上以匀角速度 ω 绕其一端 O 匀速旋转，如图 2.1-2 所示，在其自由端系有一质量为 M 的小球，求绳中各点的张力。

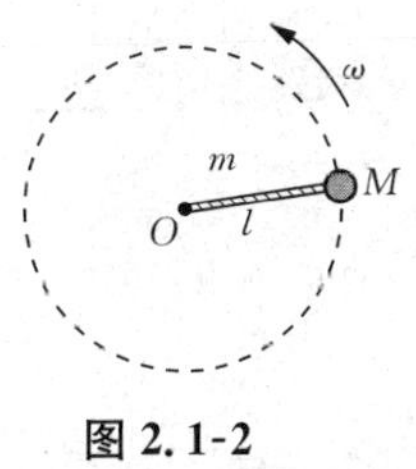

图 2.1-2

解 如图 2.1-3(a)所示，把绳子分割成许多小段，每段长度 Δr 都很小，其质量为 $\Delta m = \frac{m}{l}\Delta r$。设当绳作匀角速度转动时，$\Delta r$ 两端的张力分别为 $T(r)$ 和 $T(r+\Delta r)$，如图 2.1-3(b)所示。对该段绳索列出其法向

方程:

$$T(r)-T(r+\Delta r)=\Delta m\cdot\omega^2 r \qquad ①$$

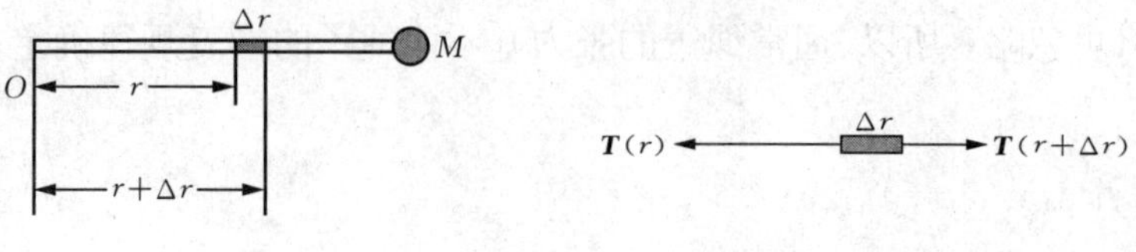

(a) (b)

图 2.1-3

把 $\Delta m=\frac{m}{l}\Delta r$ 代入上式,取其极限,得

$$\lim_{\Delta r\to 0}\frac{T(r+\Delta r)-T(r)}{\Delta r}=\lim_{\Delta r\to 0}\left(-\frac{m}{l}\omega^2 r\right)$$

即

$$\frac{\mathrm{d}T}{\mathrm{d}r}=-\frac{m}{l}\omega^2 r$$

将上式写成

$$\mathrm{d}T=-\frac{m}{l}\omega^2 r\mathrm{d}r \qquad ②$$

将②式积分,

$$\int_{T(r)}^{T(l)}\mathrm{d}T=\int_r^l-\frac{m}{l}\omega^2 r\mathrm{d}r$$

得

$$T(l)-T(r)=-\frac{m}{2l}\omega^2(l^2-r^2) \qquad ③$$

因 $T(l)=M\omega^2 l$, 代入上式,得到距离 O 点为 r 处的绳子的张力为

$$T(r)=\frac{m\omega^2}{2l}(l^2-r^2)+M\omega^2 l$$

例 2 如图 2.1-4 所示,一质量为 m 的物体 A,处于质量为 M 的劈形物体 B 的斜面上,B 因受外力 $\boldsymbol{F}$ 的作用沿光滑的水平桌面运动,物体 A 和 B 之间的滑动摩擦系数为 μ,试求物体 B 相对于桌面的加速度,物体 A 相对于物体 B 的加速度,并分析当力 $\boldsymbol{F}$ 不太大时,物体 A 和 B 之间的静摩擦系数 μ_0 需多大,才能保证物体 A 随同物体 B 一起运动而不沿斜面下滑?

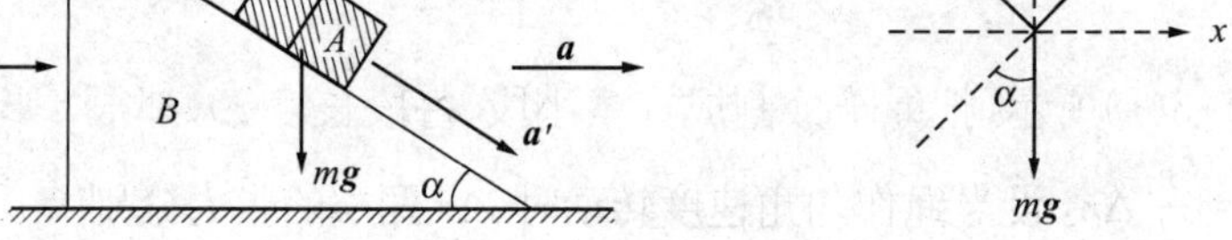

(a) (b)

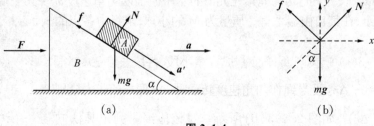

图 2.1-4

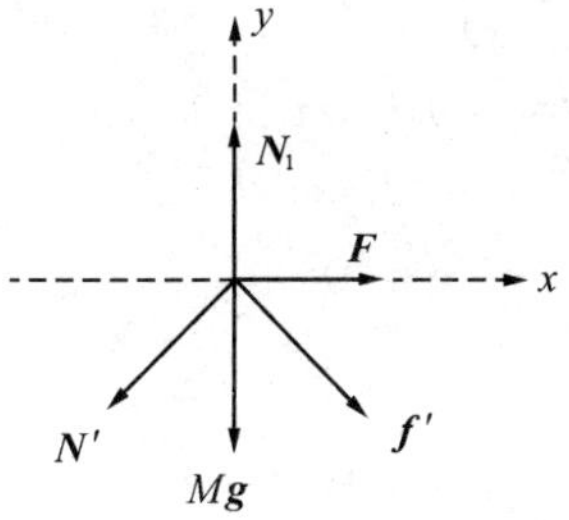

(c)

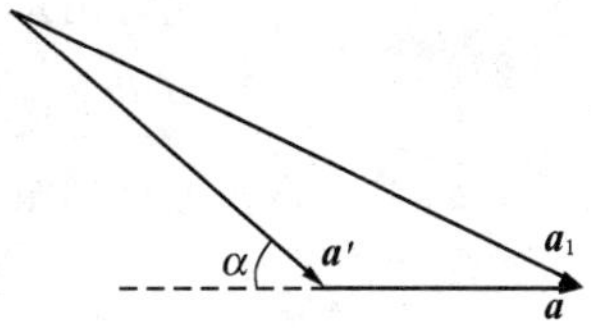

(d)

图 2.1-4

解　分别取 A 与 B 为隔离体，A 受到斜面的支承力 $\boldsymbol{N}$，静摩擦力 $\boldsymbol{f}$ 和地球的吸引力 $\boldsymbol{W}' = m\boldsymbol{g}$。假设 $\boldsymbol{F}$ 不太大，物体 A 将沿物体 B 的斜面下滑，因此摩擦力 $\boldsymbol{f}$ 的方向沿着斜面向上，如图 2.1-4(b)所示。物体 B 除了受到外力 $\boldsymbol{F}$ 作用外，还受台面的支承力 $\boldsymbol{N}_1$、物体 A 对它的正压力 $\boldsymbol{N}'$ 和摩擦力 $\boldsymbol{f}'$ 以及重力 $\boldsymbol{W} = M\boldsymbol{g}$ 作用，如图2.1-4(c)所示。

两物体的运动方程分别是

$$m\boldsymbol{g} + \boldsymbol{N} + \boldsymbol{f} = m\boldsymbol{a}_1$$

$$M\boldsymbol{g} + \boldsymbol{N}' + \boldsymbol{f}' + \boldsymbol{N}_1 + \boldsymbol{F} = M\boldsymbol{a}$$

式中 $\boldsymbol{a}_1$ 和 $\boldsymbol{a}$ 分别表示物体 A 和 B 相对于桌面的加速度。

取直角坐标系的 x 轴为水平方向，并写出运动方程的分量式：

$$\begin{cases} N\sin\alpha - f\cos\alpha = ma_{1x} \\ -mg + N\cos\alpha + f\sin\alpha = ma_{1y} \\ -N'\sin\alpha + f'\cos\alpha + F = Ma_x \\ -Mg - N'\cos\alpha - f'\sin\alpha + N_1 = Ma_y \end{cases}$$

由于物体 B 被限制在水平桌面上运动，故有

$$a_y = 0,\ a_x = a$$

物体 A 则被限制在物体 B 的斜面上运动，假设 A 相对于 B 的加速度为 $\boldsymbol{a}'$，并考虑到 A 沿斜面下滑，加速度 $\boldsymbol{a}'$ 在 y 方向上的分量 $a'_y < 0$，故有

$$\frac{-a'_y}{a'_x} = \tan\alpha$$

又由于 $\boldsymbol{a}_1 = \boldsymbol{a}' + \boldsymbol{a}$，如图 2.1-4(d)所示，写成分量式，

$$a_{1x} = a'_x + a$$

$$a_{1y} = a'_y = -a'_x\tan\alpha$$

此外，因为 $\boldsymbol{N}$ 与 $\boldsymbol{N}'$，$\boldsymbol{f}$ 与 $\boldsymbol{f}'$ 是两对作用力和反作用力，根据牛顿第三定律知

$$N = N',\ f = f'$$

摩擦力 f 可表示为

$$f = \mu N$$

将以上关系式代入运动方程，可得到

$$\begin{cases} N\sin\alpha - \mu N\cos\alpha = m(a'_x + a) \\ -mg + N\cos\alpha + \mu N\sin\alpha = -ma'_x\tan\alpha \\ -N\sin\alpha + \mu N\cos\alpha + F = Ma \\ -Mg - N\cos\alpha - \mu N\sin\alpha + N_1 = 0 \end{cases}$$

以上方程中 a'_x, a, N, N_1 为未知量,由方程可解得

$$a = \frac{F - mg\cos\alpha(\sin\alpha - \mu\cos\alpha)}{M + m\sin\alpha(\sin\alpha - \mu\cos\alpha)}$$

$$a'_x = \frac{(M+m)g\cos\alpha(\sin\alpha - \mu\cos\alpha) - F\cos\alpha(\mu\sin\alpha + \cos\alpha)}{M + m\sin\alpha(\sin\alpha - \mu\cos\alpha)}$$

物体 A 相对于物体 B 的加速度为

$$a' = \frac{a'_x}{\cos\alpha} = \frac{(M+m)g(\sin\alpha - \mu\cos\alpha) - F(\mu\sin\alpha + \cos\alpha)}{M + m\sin\alpha(\sin\alpha - \mu\cos\alpha)}$$

物体 A 随 B 一起运动而不沿斜面下滑,即 A 相对于 B 的加速度 $a' = 0$,这时需要满足的条件可由上式求得为

$$\mu = \frac{(M+m)g\sin\alpha - F\cos\alpha}{(M+m)g\cos\alpha + F\sin\alpha}$$

注意:上式中的 μ 不是滑动摩擦系数(因这时物体 A 与 B 没有相对滑动),而应理解为实际需要的静摩擦力 f 与正压力 N 的比值,即保持物体 A, B 相对静止的静摩擦力为 $f = \mu N$。而这个摩擦力 f 必须小于或等于物体 A, B 之间的最大静摩擦力 $f_{max} = \mu_0 N$, 即相当于 $\mu \leqslant \mu_0$, 因此得

$$\mu_0 \geqslant \frac{(M+m)g\sin\alpha - F\cos\alpha}{(M+m)g\cos\alpha + F\sin\alpha}$$

这就是物体 A 随 B 一起运动而不沿斜面下滑的条件。

如果外力 $F = 0$, 上述条件变为

$$\mu_0 \geqslant \tan\alpha$$

例 3 两个质量分别为 m_1 和 m_2 ($m_2 > m_1$) 的物体叠放在水平桌面上,另一质量为 m 的物体通过细绳及滑轮系统与 m_1 和 m_2 相连,如图 2.1-5(a)所示,忽略绳与滑轮的质量以及轴承处的摩擦,若桌面光滑而 m_1 与 m_2 之间有摩擦力,求 m_1 与 m_2 之间无相对滑动时它们之间的静摩擦系数 μ 应满足的条件。

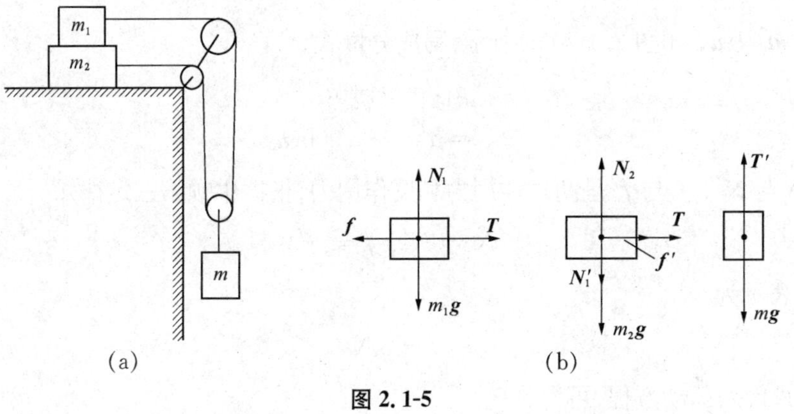

图 2.1-5

解 分别隔离 3 个物体,要 m_1 与 m_2 之间无相对滑动,则它们之间存在静摩擦力,方向可作如下判断:若两者之间无摩擦,则在水平方向两者均只受绳子张力 T 的作用,由于 $m_1 < m_2$,故有 $a_2 < a_1$,即 m_1 相对于 m_2 将向右滑动。因此,在有摩擦情况下,m_1 受到的静摩擦力方向必向左,而 m_2 受到的静摩擦力方向必向右,三物体的受力情况如图 2.1-5(b)所示。由于 m_1 与 m_2 无相对运动,$\boldsymbol{a}_1 = \boldsymbol{a}_2 = \boldsymbol{a}$,这样,在动滑轮两边的绳子的加速度为 $\boldsymbol{a}$,m 的加速度 a_3 也就等于 a。

根据牛顿第二定律,三物体的运动方程为

$$\begin{cases} \boldsymbol{T} + \boldsymbol{f} + \boldsymbol{N}_1 + m_1\boldsymbol{g} = m_1\boldsymbol{a}_1 \\ \boldsymbol{T} + \boldsymbol{f}' + \boldsymbol{N}_2 + \boldsymbol{N}_1' + m_2\boldsymbol{g} = m_2\boldsymbol{a}_2 \\ \boldsymbol{T}' + m\boldsymbol{g} = m\boldsymbol{a}_3 \end{cases}$$

取直角坐标系的 x 轴为水平方向,写出运动方程的分量式,并把 $a_1 = a_2 = a_3 = a$,$f = f'$,$N = N'$ 代入得

$$\begin{cases} T - f = m_1 a \\ N_1 - m_1 g = 0 \\ T + f = m_2 a \\ N_2 - N_1 - m_2 g = 0 \\ T' - mg = -ma \end{cases}$$

由于忽略 m 上方动滑轮的质量,故 $T' = 2T$,代入上式,可解得

$$f = \frac{(m_2 - m_1)m}{2(m_1 + m_2 + m)}g$$

由于 f 是静摩擦力,其最大值不能超过 $m_1 g\mu$,即

$$\frac{(m_2 - m_1)mg}{2(m_1 + m_2 + m)} \leqslant m_1 g\mu$$

由此得 μ 必须满足的条件是

$$\mu \geqslant \frac{(m_2 - m_1)m}{2m_1(m_1 + m_2 + m)}$$

例 4 如图 2.1-6(a)所示。质量为 m_1 和 m_2 的两物体,以不可伸长的细线相连,挂在滑

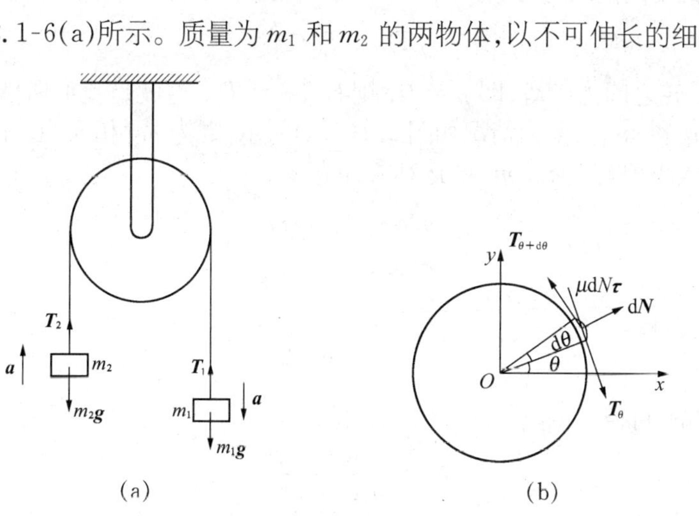

图 2.1-6

轮的两边,设滑轮被卡住不能转动,细线在滑轮上滑动的摩擦系数为 μ。试分析当 m_1 下落、m_2 上升时的运动加速度 a 和两边细线的张力 T_1 和 T_2,并讨论其结果。

解 本题的难点是,当细线在固定的滑轮上滑动时,细线受到滑轮的切向摩擦力。因此,线中各点张力不相等,而且在不同位置,线段与滑轮间的正压力 $\mathrm{d}N$ 不同,摩擦力也不同。

(1) 分析细线所受的摩擦力,如图 2.1-6(b)所示,考虑在 θ 处对圆心张角为 $\mathrm{d}\theta$ 的一段线元,该线元受 4 个力作用: $\boldsymbol{T}_\theta$, $\boldsymbol{T}_{\theta+\mathrm{d}\theta}$, $\mathrm{d}\boldsymbol{N}$, $\mu\mathrm{d}N\boldsymbol{\tau}$。由于线细,可略去线元质量,因此这 4 个力的合矢量应为零。因假定 m_1 下落、m_2 上升,略去细绳质量,则沿切向和法向的力的平衡方程为

$$(T_{\theta+\mathrm{d}\theta}-T_\theta)\cos\frac{\mathrm{d}\theta}{2}=-\mu\mathrm{d}N$$

$$(T_{\theta+\mathrm{d}\theta}+T_\theta)\sin\frac{\mathrm{d}\theta}{2}=\mathrm{d}N$$

因为 $\mathrm{d}\theta$ 很小, $\sin\frac{\mathrm{d}\theta}{2}\approx\frac{\mathrm{d}\theta}{2}$, $\cos\frac{\mathrm{d}\theta}{2}\approx 1$, $(T_{\theta+\mathrm{d}\theta}-T_\theta)$ 为 T 的增量 $\mathrm{d}T$, $(T_{\theta+\mathrm{d}\theta}+T_\theta)$ 近似为 $2T$,故上两式可写成

$$\mathrm{d}T=-\mu\mathrm{d}N$$

$$T\mathrm{d}\theta=\mathrm{d}N$$

消去 $\mathrm{d}N$ 可得

$$\frac{\mathrm{d}T}{T}=-\mu\mathrm{d}\theta$$

积分可得

$$T=C\mathrm{e}^{-\mu\theta}$$

式中 C 为积分待定常数。在 $\theta=0$ 处, $T=T_1$ (或取 $\theta=\pi$ 处, $T=T_2$), 由此定出 $C=T_1$。于是

$$T=T_1\mathrm{e}^{-\mu\theta}$$

因为只有细线与滑轮相接触处才出现滑动摩擦力,故上式只适用于 $0\leqslant\theta\leqslant\pi$, 上述结果表明,在相接触的半圆范围内,张力 T 随 θ 增大而指数下降,最大值为 T_1,最小值为 T_2,且

$$T_2=T_1\mathrm{e}^{-\mu\pi}$$

若细线与滑轮之间为光滑,即 $\mu=0$, 则有 $T_2=T_1$, 这就是我们所熟知的结果。

(2) 隔离 m_1 和 m_2,其受力情况如图 2.1-6(a)所示,因为 m_1 和 m_2 由不可伸长的细线相连,两者加速度大小相同。m_1, m_2 的运动方程为

$$m_1g-T_1=m_1a$$

$$T_2-m_2g=m_2a$$

连同前面得到的方程

$$T_2=T_1\mathrm{e}^{-\mu\pi}$$

3 个方程联立求解,可得

$$a=\frac{m_1\mathrm{e}^{-\mu\pi}-m_2}{m_1\mathrm{e}^{-\mu\pi}+m_2}g$$

$$T_1 = \frac{2m_1m_2}{m_1 e^{-\mu\pi} + m_2}g$$

$$T_2 = \frac{2m_1m_2}{m_1 + m_2 e^{\mu\pi}}g$$

(3) 若摩擦力可忽略,把 $\mu = 0$ 代入以上结果,可得

$$a = \frac{m_1 - m_2}{m_1 + m_2}g,\ T_1 = T_2 = \frac{2m_1m_2}{m_1 + m_2}g$$

这就是忽略摩擦力时常见的结果。

其次,要满足加速滑动条件,必须有 $a > 0$,因此 $m_1 > m_2 e^{\mu\pi}$;如果此条件不满足,使 $a = 0$,这时 $T_1 = m_1 g$,$T_2 = m_2 g$。如初始静止,细线与滑轮之间为静摩擦力。

2.1.5 伽利略相对性原理

牛顿运动定律适用于所有的惯性系。同一物体的运动,在不同的参照系中表现为不同的形式,但从动力学来看,在各个惯性参照系之间是没有差别的。

设参照系 S' 相对于参照系 S 以匀速 v 沿 x 轴方向运动,在 S 系中,一质点 P 于时刻 t 在直角坐标系中的坐标为 $x,\ y,\ z$,通常称这为一"事件",用 $(x,\ y,\ z,\ t)$ 表示,P 点的运动就包含一连串这样的事件,在 S' 系中这同一事件表示为 $(x',\ y',\ z',\ t')$。按牛顿力学中的时间、空间性质,并使这两个坐标系在 $t' = 0$ 时刻刚好重合,则这两组时间和坐标之间有如下变换关系:

$$\begin{cases} x = x' + vt' \\ y = y' \\ z = z' \\ t = t' \end{cases} \tag{2.1-6}$$

这称为伽利略变换。显然在 S 和 S' 中,质点的加速度 $\boldsymbol{a}$ 和 $\boldsymbol{a}'$ 是相同的,而 x 方向的速度分量 v_x,v'_x 不相同,即

$$\boldsymbol{a} = \boldsymbol{a}',\ v_x = v'_x + v$$

从惯性系 S 变换到惯性系 S',加速度 $\boldsymbol{a}$ 不变,又因为力和质量都不随参照系而变化,所以第二定律 $\boldsymbol{F} = m\boldsymbol{a}$ 在伽利略变换下保持不变。牛顿定律是动力学的基础,牛顿定律不变,动力学中的各种规律也不会变。因此要想通过在无窗的车厢中做力学实验来判断车厢在地面上是静止不动还是匀速行驶,是完全不可能的。

牛顿运动定律(包括从它导出的各种力学定理)在所有的惯性系中都有相同的形式,这规律称为力学相对性原理。

直到 19 世纪,电磁学的研究取得了巨大进展,才发现在伽利略变换下,电磁场定律并不满足相对性原理。因为光是电磁波,科学家通过检测光速的实验发现,无论在哪一个惯性系中测出的真空光速总是一样的,这不符合伽利略变换中 $v_x = v'_x + v$ 的结论。之后,爱因斯坦创立了狭义相对论,才对这些实验结果作出了合理的解释。

2.1.6 非惯性系中的惯性力

牛顿第二定律只在惯性参照系中适用,如果在非惯性系中,其加速度将与惯性系中的加速度不同,但物体间的相互作用力则与所选择的参照系无关,因此,牛顿定律在非惯性系中不再成立。为了在非惯性系中研究动力学问题,可以引进惯性力。

一、平动加速参照系的惯性力

若在惯性参照系中观察到某物体的加速度为 $\boldsymbol{a}$,而在相对于惯性系以加速度 $\boldsymbol{a}_0$ 作平动的非惯性系中观察到此物体的加速度为 $\boldsymbol{a}'$,则由相对运动可知

$$\boldsymbol{a}=\boldsymbol{a}'+\boldsymbol{a}_0$$

设物体的质量为 m,所受的力为 $\boldsymbol{F}$,由牛顿第二定律

$$\boldsymbol{F}=m\boldsymbol{a}=m\boldsymbol{a}'+m\boldsymbol{a}_0$$

说明在非惯性系中 $\boldsymbol{F}\neq m\boldsymbol{a}'$,牛顿第二定律不成立,但是如果将上式改写为

$$\boldsymbol{F}+(-m\boldsymbol{a}_0)=m\boldsymbol{a}' \tag{2.1-7}$$

并把 $-m\boldsymbol{a}_0$ 看成是某种力,则上式又回到牛顿第二定律 $\sum\boldsymbol{F}=m\boldsymbol{a}'$ 的形式。不过现在是在非惯性系中看问题,等式左边不仅有物体实际所受的作用力 $\boldsymbol{F}$,还加上由于参照系加速运动引进的一项($-m\boldsymbol{a}_0$),我们称之为惯性力。因为惯性力不是物体之间的相互作用,没有施力物体,也就没有反作用力。用符号 $\boldsymbol{f}^*$ 表示惯性力,即

$$\boldsymbol{f}^*=-m\boldsymbol{a}_0 \tag{2.1-8}$$

由上式可知,惯性力的大小与物体本身的质量及非惯性系的加速度大小成正比,惯性力的方向与非惯性系加速度的方向相反。

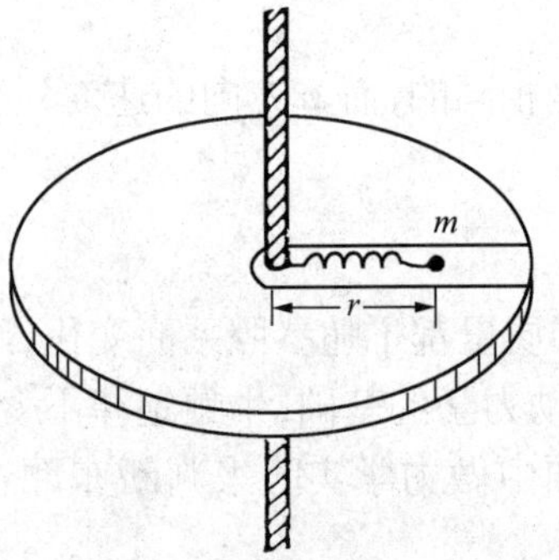

图 2.1-7 惯性离心力

二、匀速转动参照系中的惯性离心力

在一个绕垂直轴旋转的水平圆盘上,沿半径方向开一条光滑的直槽,槽中放质量为 m 的小球,并用弹簧将小球与轴相连,当圆盘以匀角速度 ω 旋转时,小球将同时沿直槽向外运动一定的距离,于是弹簧被拉长,最后小球在一定位置上随圆盘一起转动,如图 2.1-7 所示。从地面上看,小球在水平面上作匀速圆周运动,其向心力由弹簧伸长的弹性力提供,小球在垂直方向所受的重力 $m\boldsymbol{g}$ 和圆盘的支承力 $\boldsymbol{N}$ 相互抵消,故有

$$\boldsymbol{F}_{弹}=m\boldsymbol{a}_r=-m\omega^2r\boldsymbol{r}^0 \tag{2.1-9}$$

式中 r 表示小球与转轴的距离,$\boldsymbol{r}^0$ 为沿半径方向指向外侧的单位矢量。如果以转盘为参照系,小球仍受弹性力的作用,但小球相对于圆盘静止不动,即加速度为零。所以牛顿第二定律在旋转的圆盘参照系中不成立。但可以引进一个惯性力

$$\boldsymbol{f}^*=-m\boldsymbol{a}_r=m\omega^2r\boldsymbol{r}^0 \tag{2.1-10}$$

此力沿半径向外，所以称为惯性离心力，这样，可认为小球除了受到真实力 $\boldsymbol{F}_{弹}=-m\omega^2 r\boldsymbol{r}^0$ 作用外，还受到惯性离心力 $\boldsymbol{f}^*$ 的作用，这两力之和为零，所以在圆盘上看到小球静止。

必须注意，以上的讨论只适用于非惯性系相对于惯性系作平动，或者非惯性系相对于惯性系作匀速转动，但物体相对于非惯性系是静止不动的情况；否则，惯性力的表达将更复杂，这里不予讨论。

例 1 一光滑的劈，质量为 M，斜面倾角为 α，并位于光滑的水平面上；另一质量为 m 的小块物体沿劈的斜面无摩擦地滑下，如图 2.1-8(a)所示。求劈的加速度。

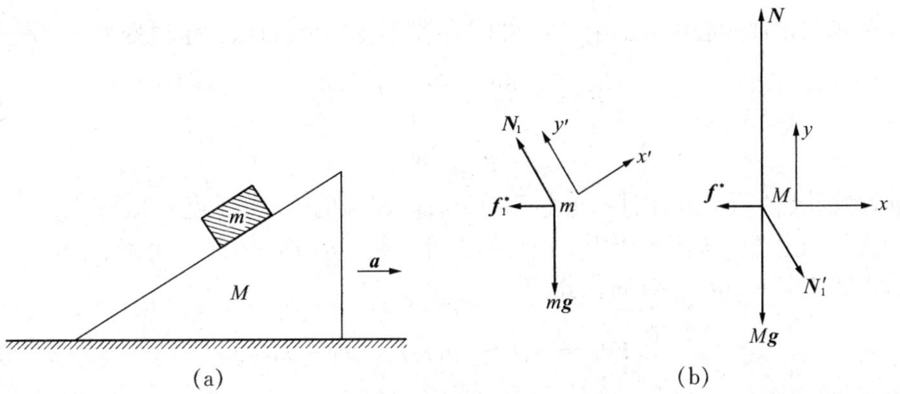

图 2.1-8

解 设劈的加速度为 $\boldsymbol{a}$，并以劈为参照系，m 和 M 所受的力如图 2.1-8(b)所示，式中 $\boldsymbol{N}$ 为水平面对 M 的支承力，$\boldsymbol{N}_1$ 为 M 对 m 的支承力，$\boldsymbol{N}_1'$ 为 m 对 M 的正压力，此外还有惯性力 $\boldsymbol{f}^*=-M\boldsymbol{a}$，$\boldsymbol{f}_1^*=-m\boldsymbol{a}$，设 $\boldsymbol{a}_1$ 为 m 相对于 M 的加速度，方向沿斜面向下，m 和 M 的运动方程为

$$m\boldsymbol{g}+\boldsymbol{N}_1+\boldsymbol{f}_1^*=m\boldsymbol{a}_1$$

$$M\boldsymbol{g}+\boldsymbol{N}+\boldsymbol{N}_1'+\boldsymbol{f}^*=\boldsymbol{0}$$

将上述矢量式分别在如图所示的坐标系中写出分量式，有

$$-mg\sin\alpha-f_1^*\cos\alpha=-ma_1 \quad ①$$

$$-mg\cos\alpha+N_1+f_1^*\sin\alpha=0 \quad ②$$

$$N_1'\sin\alpha-f^*=0 \quad ③$$

$$-Mg+N-N_1'\cos\alpha=0 \quad ④$$

由于 $\boldsymbol{N}_1$ 和 $\boldsymbol{N}_1'$ 是作用力和反作用力，$N_1'=N_1$。又有

$$f^*=Ma,\ f_1^*=ma,$$

代入②和③式，有

$$N_1=mg\cos\alpha-ma\sin\alpha$$

$$N_1\sin\alpha=Ma$$

消去 N_1 得

$$a=\frac{mg\sin\alpha\cos\alpha}{M+m\sin^2\alpha}$$

§2.2 动量和动量守恒定律

2.2.1 动量、冲量和动量定理

在牛顿第二定律的应用范围中，质点的质量是不变的量，可以把定律变为另一种形式：

$$\boldsymbol{F}=m\frac{\mathrm{d}\boldsymbol{v}}{\mathrm{d}t}=\frac{\mathrm{d}(m\boldsymbol{v})}{\mathrm{d}t}=\frac{\mathrm{d}\boldsymbol{p}}{\mathrm{d}t} \tag{2.2-1}$$

$$\boldsymbol{p}=m\boldsymbol{v} \tag{2.2-2}$$

上式中 $\boldsymbol{p}$ 称为质点的动量，由质量和速度相乘而得；其 SI 制的单位是千克·米/秒($\mathrm{kg\cdot m\cdot s^{-1}}$)。

第二定律的上述形式表示作用于质点的力等于质点动量的瞬时变化率。把(2.2-1)式改写成微分形式 $\boldsymbol{F}\mathrm{d}t=\mathrm{d}\boldsymbol{p}$，对时间积分，得

$$\int_{t_0}^{t}\boldsymbol{F}\mathrm{d}t=\boldsymbol{p}(t)-\boldsymbol{p}(t_0)=m\boldsymbol{v}-m\boldsymbol{v}_0 \tag{2.2-3}$$

$\int_{t_0}^{t}\boldsymbol{F}\mathrm{d}t$ 是力 $\boldsymbol{F}$ 作用在质点上一段时间($t_0\to t$)的累积效应，称为力 $\boldsymbol{F}$ 在这段时间内的冲量，用 $\boldsymbol{I}$ 表示为

$$\boldsymbol{I}=\int_{t_0}^{t}\boldsymbol{F}\mathrm{d}t \tag{2.2-4}$$

(2.2-3)式也可以表示为

$$\boldsymbol{I}=\boldsymbol{p}-\boldsymbol{p}_0=\Delta\boldsymbol{p} \tag{2.2-5}$$

上式表明：在一段时间内质点所受合力的冲量等于这段时间内质点动量的增量。这就是质点的动量定理。(2.2-1)和(2.2-3)式分别是质点动量定理的微分形式和积分形式，由此可见，力作用于质点的时间累积效应就在于把动量传递给质点。

在国际单位制中，冲量的单位是牛·秒(N·s)。

冲量的概念常用于反映作用时间很短(可看作 $\Delta t\to 0$)和冲击力很大($F\to\infty$)的情况，这时，起显著作用的将只是这些特别大的力，其余有限大小的力的作用就都可忽略不计了。

质点的动量定理是矢量式，质点所受冲量在某方向上的分量等于质点动量在该方向上分量的增量，在坐标轴方向可写成

$$I_x=\int_{t_0}^{t}F_x\mathrm{d}t=mv_x-mv_{0x} \tag{2.2-6a}$$

$$I_y=\int_{t_0}^{t}F_y\mathrm{d}t=mv_y-mv_{0y} \tag{2.2-6b}$$

$$I_z=\int_{t_0}^{t}F_z\mathrm{d}t=mv_z-mv_{0z} \tag{2.2-6c}$$

质点的动量定理是从牛顿第二定律导出的，因此只在惯性系中成立。

若有若干个质点组成的系统,我们把质点系外的物体对质点系内质点的作用力称为外力,用 $\boldsymbol{F}$ 表示;质点系内质点之间的相互作用力称为内力,用 $\boldsymbol{f}$ 表示。对质点系内每个质点应用质点的动量定理,然后把这若干个方程相加,得

$$\sum_i \boldsymbol{F}_i \mathrm{d}t + \sum_i \boldsymbol{f}_i \mathrm{d}t = \sum_i \mathrm{d}\boldsymbol{p}_i = \mathrm{d}\sum_i \boldsymbol{p}_i$$

式中 i 表示第 i 个质点。因内力是成对出现的,每对内力大小相等、方向相反,

$$\sum_i \boldsymbol{f}_i = \boldsymbol{0}$$

故

$$\sum_i \boldsymbol{F}_i \mathrm{d}t = \mathrm{d}\sum_i \boldsymbol{p}_i$$

以 $\boldsymbol{F}$ 表示外力的矢量和,$\boldsymbol{p}$ 表示质点系总动量,则

$$\boldsymbol{F} = \sum_i \boldsymbol{F}_i,\ \boldsymbol{p} = \sum_i \boldsymbol{p}_i$$

从而

$$\boldsymbol{F}\mathrm{d}t = \mathrm{d}\boldsymbol{p}$$

两边积分,得

$$\int_{t_0}^{t} \boldsymbol{F}\mathrm{d}t = \boldsymbol{p} - \boldsymbol{p}_0 \tag{2.2-7}$$

此即质点系的动量定理。上式表明:质点系动量的增量等于外力矢量和的冲量,内力可改变质点系内部各质点的动量,但不会改变质点系的总动量。

例 1 如图 2.2-1 所示,一根均质绳,其质量为 m,长为 l,盘绕在一张光滑的水平桌面上。

(1) 设在 $t=0$ 时绳端在 $y=0$ 处,$v=0$,今以一恒定的加速度 a 竖直向上提绳,当提起的高度为 y 时,作用在绳端的力为多少?

(2) 若以一恒定的速度 v 竖直向上提绳,求作用在绳端的力 F 和时间 t 的函数关系。

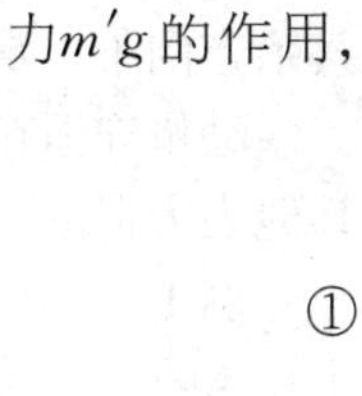

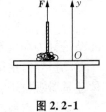

图 2.2-1

解 当 $y<l$ 时,取绳被提起的部分为研究对象,它受到拉力 F 和重力 $m'g$ 的作用,$m'=\frac{m}{l}y$,其运动方程为

$$F - \frac{m}{l}yg = \frac{\mathrm{d}P}{\mathrm{d}t} \quad ①$$

$$P = \frac{m}{l}y \cdot v \quad ②$$

$$\frac{\mathrm{d}P}{\mathrm{d}t} = \frac{m}{l}v\frac{\mathrm{d}y}{\mathrm{d}t} + \frac{m}{l}y\frac{\mathrm{d}v}{\mathrm{d}t} = \frac{m}{l}v^2 + \frac{m}{l}ya \quad ③$$

把③式代入①式,得

$$F = \frac{m}{l}(v^2 + ay + yg) \quad ④$$

(1) a 恒定, $v^2 = 2ay$,代入④式得

$$F = \frac{m}{l}(3a + g)y$$

(2) 当 v 恒定时, $a = 0$。由④式得

$$F = \frac{m}{l}(v^2 + gy)$$

绳端的高度 y 和时间 t 的关系为

$$y = vt \qquad ⑤$$

因此

$$F = \frac{m}{l}(v^2 + gvt)$$

当 $y \geqslant l$ 时, $m' = m$, $P = mv$,则

$$\frac{\mathrm{d}P}{\mathrm{d}t} = 0$$

由①式得显而易见的结果 $F = mg$。

2.2.2 动量守恒定律

(2.2-7)式中,若 $\boldsymbol{F} = \boldsymbol{0}$, 则质点系的总动量保持不变,

$$\boldsymbol{p} = \sum_i m_i \boldsymbol{v}_i = \text{常矢量}$$

此结论称为动量守恒定律。

动量守恒定律是自然界最基本和普遍的规律之一,实验和理论都已证明,无论对宏观物体还是微观粒子、低速运动还是高速运动,动量守恒定律都是适用的。

如果质点系沿某方向所受的外力矢量和的分量为零,则沿该方向的总动量的分量守恒,其余方向不一定守恒。

动量守恒在粒子碰撞一类问题中应用很广,在碰撞时粒子之间的相互作用比它们所受的其他力大得多,动量守恒的条件一般可以满足。

例 1 放射性核钕($^{144}_{60}\mathrm{Nd}$)衰变为核铈- 140($^{140}_{58}\mathrm{Ce}$)时发射 α 粒子($^{4}_{2}\mathrm{He}$)。Nd 核原来静止,α 粒子以速率 $9.28 \times 10^6\ \mathrm{m \cdot s^{-1}}$ 射出,求子核 Ce 的反冲速率。

解 衰变前 Ce 核和 α 粒子束缚在一起构成 Nd 核,总动量为 0,在衰变中总动量守恒,Ce 核和 α 粒子的动量之和为零,即

$$M_{\mathrm{Ce}}V_{\mathrm{Ce}} + M_\alpha V_\alpha = 0$$

由此可得 Ce 核的反冲速度

$$V_{\mathrm{Ce}} = -\frac{M_\alpha}{M_{\mathrm{Ce}}}V_\alpha = -\frac{4}{140} \times 9.28 \times 10^6 = -2.65 \times 10^5 (\mathrm{m \cdot s^{-1}})$$

负号表示 Ce 的反冲速度与 α 粒子的运动方向相反。

例 2 如图 2.2-2 所示，设炮车以仰角 α 发射炮弹，炮身和炮弹的质量分别为 M 和 m，炮弹在出口处相对炮身的速率为 u，试求炮身的反冲速度 V，设地面摩擦力可以忽略。

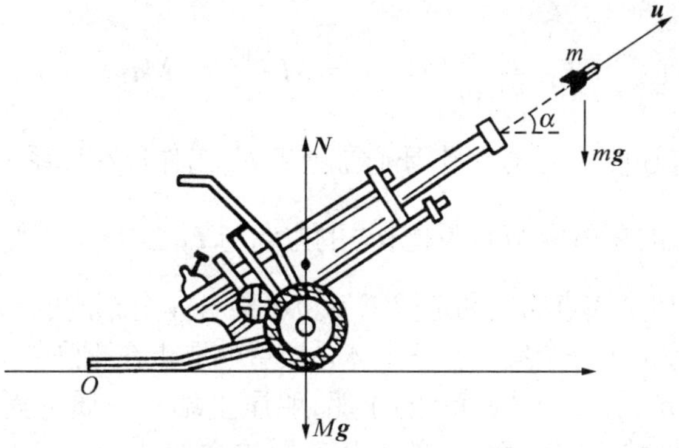

图 2.2-2 炮车的反冲

解 选取炮身和炮弹为体系，体系在竖直方向受重力和地面支承力作用。水平方向不受作用力，因此在水平方向体系的动量守恒。取水平为 x 方向，发射炮弹前后体系的动量为零，由于炮弹的速度是相对炮身而言的，必须将它化为相对地面的速度。炮弹相对地面的速度 $\boldsymbol{v}_1$ 可由相对运动公式求得，

$$\boldsymbol{v}_1 = \boldsymbol{u} + \boldsymbol{V} \quad ①$$

水平方向动量守恒要求

$$mv_{1x} - MV = 0 \quad ②$$

由①式得

$$v_{1x} = u\cos\alpha - V$$

代入②式，得

$$mu\cos\alpha - mV - MV = 0$$

因此

$$V = \frac{m}{m+M}u\cos\alpha$$

2.2.3 质心运动定理

由质心的定义式(1.3-20)，可求得质心的运动速度为

$$\boldsymbol{v}_C = \frac{\mathrm{d}\boldsymbol{r}_C}{\mathrm{d}t} = \frac{\mathrm{d}}{\mathrm{d}t}\left(\frac{\sum m_i\boldsymbol{r}_i}{\sum m_i}\right) = \frac{1}{M}\sum m_i\frac{\mathrm{d}\boldsymbol{r}_i}{\mathrm{d}t} = \frac{1}{M}\sum m_i\boldsymbol{v}_i \tag{2.2-8}$$

上式改写为体系总动量 $\boldsymbol{p}$ 与质心速度 $\boldsymbol{v}_C$ 的关系

$$\boldsymbol{p} = \sum m_i\boldsymbol{v}_i = M\boldsymbol{v}_C \tag{2.2-9}$$

(2.2-9)式表示体系的总动量可以看作是全部质量集中于质心 C 的一个质点所具有的动量，

因此质点系的动量定理可写成

$$\boldsymbol{F}_{外}\,\mathrm{d}t=\mathrm{d}\left(\sum m_i\boldsymbol{v}_i\right)=\mathrm{d}(M\boldsymbol{v}_C)=M\mathrm{d}\boldsymbol{v}_C \tag{2.2-10}$$

由上式得

$$\boldsymbol{F}_{外}=\frac{\mathrm{d}}{\mathrm{d}t}(M\boldsymbol{v}_C)=M\frac{\mathrm{d}\boldsymbol{v}_C}{\mathrm{d}t}=M\boldsymbol{a}_C \tag{2.2-11}$$

式中 $\boldsymbol{a}_C=\frac{\mathrm{d}\boldsymbol{v}_C}{\mathrm{d}t}$ 是质心加速度。上式表明,质心加速度 $\boldsymbol{a}_C$ 与作用在体系上所有外力的矢量和 $\boldsymbol{F}_{外}=\sum\limits_i\boldsymbol{F}_i$ 成正比,与体系的总质量 M 成反比,$\boldsymbol{a}_C$ 的方向与 $\boldsymbol{F}_{外}$ 的方向一致。这一结论称为质心运动定理。(2.2-11)式与单个质点的运动定律 $\boldsymbol{F}=m\boldsymbol{a}$ 具有完全相同的形式,表明在外力作用下的体系,其质心的运动等价于一个集中了整个体系质量的质点在相同外力作用下的运动。

例 1 有一长为 4 m、质量为 200 kg 的小船,船尾上站着一质量为 50 kg 的人,小船的船头靠岸,船身与岸垂直地静止在水面上,若人从船尾走向船头,当人到达船头时,船头离岸的距离是多少?(水的阻力忽略不计。)

解 设船和人的质量分别为 M 和 m,开始时船的质心离岸的距离为 x_1,人离岸的距离为 x_2,如图 2.2-3(a),船和人组成的体系的质心位置为

$$X_C=\frac{Mx_1+mx_2}{M+m} \qquad ①$$

当人走到船头时,船的质心离岸的距离为 x_1',人离岸的距离为 x_2',这也就是船头离岸的距离,如图 2.2-3(b),这时体系的质心位置是

$$X_C'=\frac{Mx_1'+mx_2'}{M+m} \qquad ②$$

由于体系在水平方向上没有受到外力作用,由质心运动定理,体系的质心应该不动,即

$$X_C=X_C'$$

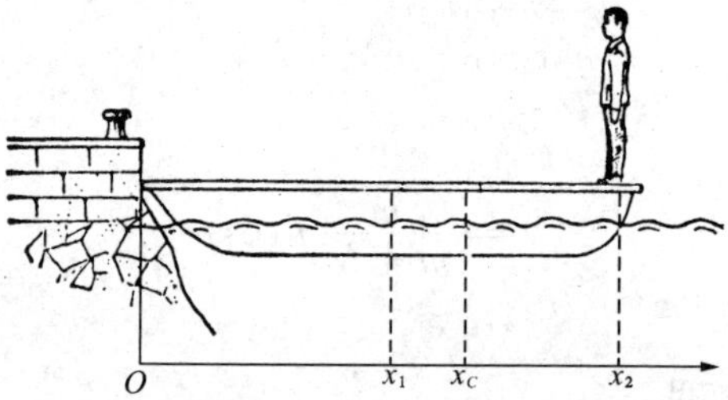

(a)

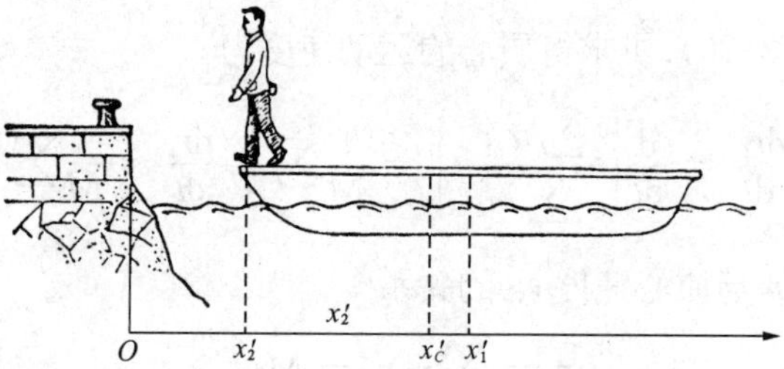

(b)

图 2.2-3

将①和②两式代入上式，得

$$Mx_1 + mx_2 = Mx'_1 + mx'_2$$

由图可见

$$x'_1 = x_1 + x'_2$$

代入上式，得

$$x'_2 = \frac{m}{M+m}x_2$$

将 $m = 50\ \mathrm{kg}$，$M = 200\ \mathrm{kg}$，$x_2 = 4\ \mathrm{m}$ 代入，得

$$x'_2 = \frac{50}{200+50} \times 4 = 0.8(\mathrm{m})$$

*2.2.4 变质量体系的运动方程、火箭

变质量体系是不断与外界交换质量的体系，所以直接用牛顿定律和体系的动量定理具有一定的困难。

但是，可以把体系变化的过程分成一系列元过程，在每个元过程的起始时刻 t，原来的体系（称为主体）和即将进入（或离开）主体的物体（称为附体）是分离（或合并）的，经过 Δt 时间，在元过程的末了时刻 $t+\Delta t$，附体并入（或离开）主体，对于主体和附体组成的体系，在元过程中是确定的，质量也是不变的，体系的动量变化服从体系的动量定理。在下一个元过程，该体系变成新主体，体系动量定理又可用于此新体系。这样，整个体系变化的过程可看成是一系列组成不一的确定体系的元过程的总和。在每一元过程中，对相应的体系均可应用动量定理，由此可导出主体的运动方程。

以火箭为例，这是质量连续减小即 $\mathrm{d}M/\mathrm{d}t < 0$ 的情况。在时刻 t，设火箭具有质量 M 和速度 $\boldsymbol{v}$，动量为 $M\boldsymbol{v}$，到了时刻 $t+\mathrm{d}t$，由于喷出了气体 $|\mathrm{d}M|$（注意 $\mathrm{d}M$ 是负值），火箭的质量减为 $M-|\mathrm{d}M|$，速度变为 $\boldsymbol{v}+\mathrm{d}\boldsymbol{v}$，火箭的动量为 $(M-|\mathrm{d}M|)\cdot(\boldsymbol{v}+\mathrm{d}\boldsymbol{v})$，在 $\mathrm{d}t$ 这段时间内，火箭所喷出的气体的绝对速度几乎是一样的，记作 $\boldsymbol{u}$，因而所喷出的气体的动量为 $|\mathrm{d}M|\boldsymbol{u}$。由质点组动量定理，

$$[(M-|\mathrm{d}M|)(\boldsymbol{v}+\mathrm{d}\boldsymbol{v}) + |\mathrm{d}M|\boldsymbol{u}] - M\boldsymbol{v} = \boldsymbol{F}\mathrm{d}t$$

式中 $\boldsymbol{F}$ 是火箭所受外力，$\boldsymbol{F}\mathrm{d}t$ 就是外力在这段时间内的冲量，上式改为

$$M\mathrm{d}\boldsymbol{v} - \boldsymbol{v}|\mathrm{d}M| - |\mathrm{d}M|\mathrm{d}\boldsymbol{v} + \boldsymbol{u}|\mathrm{d}M| = \boldsymbol{F}\mathrm{d}t$$

$|\mathrm{d}M|\mathrm{d}\boldsymbol{v}$ 是二级小量，可略去，上式化为

$$M\mathrm{d}\boldsymbol{v} = -(\boldsymbol{u}-\boldsymbol{v})|\mathrm{d}M| + \boldsymbol{F}\mathrm{d}t$$

即

$$M\frac{\mathrm{d}\boldsymbol{v}}{\mathrm{d}t} = (\boldsymbol{u}-\boldsymbol{v})\frac{\mathrm{d}M}{\mathrm{d}t} + \boldsymbol{F} \tag{2.2 12}$$

这就是减质量体系的运动方程。

现在讨论 $(\boldsymbol{u}-\boldsymbol{v})\dfrac{\mathrm{d}M}{\mathrm{d}t}$ 的意义。喷出去气体 $|\mathrm{d}M|$ 速度的变化为 $(\boldsymbol{u}-\boldsymbol{v})$，因此 $(\boldsymbol{u}-\boldsymbol{v})\,|\,\mathrm{d}M\,|$ 为这部分气体受到火箭给予它的冲量，除以 $\mathrm{d}t$，得 $(\boldsymbol{u}-\boldsymbol{v})\,|\,\mathrm{d}M\,|\,/\mathrm{d}t$，此即火箭将这部分气体喷射出去的力，而这部分气体给火箭的反作用力则为 $(\boldsymbol{u}-\boldsymbol{v})\dfrac{\mathrm{d}M}{\mathrm{d}t}$。

若质量是连续增长的，$\mathrm{d}M/\mathrm{d}t>0$，在时刻 t，主体具有质量 M 与速度 $\boldsymbol{v}$，到时刻 $t+\mathrm{d}t$，由于附加了质量为 $\mathrm{d}M$ 的物质，主体质量增加到 $M+\mathrm{d}M$，速度变为 $\boldsymbol{v}+\mathrm{d}\boldsymbol{v}$，而时刻 t，即将进入主体的物质绝对速度为 $\boldsymbol{u}$，动量为 $\boldsymbol{u}\mathrm{d}M$，则由动量定理，

$$(M+\mathrm{d}M)(\boldsymbol{v}+\mathrm{d}\boldsymbol{v})-[M\boldsymbol{v}+\boldsymbol{u}\mathrm{d}M]=\boldsymbol{F}\mathrm{d}t$$

式中 $\boldsymbol{F}$ 是体系所受外力，上式化简(略去二级小量)，

$$M\mathrm{d}\boldsymbol{v}+\boldsymbol{v}\mathrm{d}M-\boldsymbol{u}\mathrm{d}M=\boldsymbol{F}\mathrm{d}t$$

可得

$$M\frac{\mathrm{d}\boldsymbol{v}}{\mathrm{d}t}=(\boldsymbol{u}-\boldsymbol{v})\frac{\mathrm{d}M}{\mathrm{d}t}+\boldsymbol{F}\tag{2.2-13}$$

这是增质量体系的运动方程，和(2.2-12)式比较，形式上完全一致，两者不同在于(2.2-12)式中 $\mathrm{d}M/\mathrm{d}t<0$，(2.2-13)式中 $\mathrm{d}M/\mathrm{d}t>0$。

假设火箭不受外力作用，火箭初始质量为 M_0，初始速度为零，设所有燃料用完时质量为 M_s，气体以相对火箭为 v_r 的速率向后喷射出去，求火箭燃料用完时的速率 v_s。

取 x 轴平行于火箭轨道并指向运动前方，则

$$\boldsymbol{u}-\boldsymbol{v}=\boldsymbol{v}_r$$

在所取坐标轴中 $\boldsymbol{v}_r$ 的投影为 $-v_r$，把 $\boldsymbol{F}=0$ 代入(2.2-12)式，并化为一维运动，得

$$M\frac{\mathrm{d}v}{\mathrm{d}t}=-v_r\frac{\mathrm{d}M}{\mathrm{d}t}$$

两边乘以 $\mathrm{d}t$，由此得

$$M\mathrm{d}v=-v_r\mathrm{d}M,\ \mathrm{d}v=-v_r\frac{\mathrm{d}M}{M}$$

两边积分，

$$\int_0^{v_s}\mathrm{d}v=-v_r\int_{M_0}^{M_s}\frac{\mathrm{d}M}{M}$$

得

$$v_s=-v_r\ln\frac{M_s}{M_0}=v_r\ln\frac{M_0}{M_s}\tag{2.2-14}$$

由式可见，要提高火箭的速率应提高喷射速率 v_r，或质量比 $\dfrac{M_0}{M_s}$。但是，由于火箭上需装备仪器设备，存放燃料也需要容器，所以 M_s 不可能太小，一般 M_0/M_s 约为 6。另外，v_r 也受到一定限制，通常可达 $2\sim3\ \mathrm{km\cdot s^{-1}}$，故用一级火箭时 v_s 最多达 $4\sim5\ \mathrm{km\cdot s^{-1}}$，达不到第一宇宙速度(约 $8\ \mathrm{km\cdot s^{-1}}$)。因此，发射人造卫星或宇宙飞船必须用多级火箭。

事实上,火箭在运行中受到地球的引力,发射时在重力作用下作竖直上升运动。设火箭在加速过程中引力不变,由(2.2-12)式,有

$$M\frac{\mathrm{d}v}{\mathrm{d}t}=-v_r\frac{\mathrm{d}M}{\mathrm{d}t}-Mg \tag{2.2-15}$$

改为 $M\mathrm{d}v=-v_r\mathrm{d}M-Mg\,\mathrm{d}t$,有

$$\mathrm{d}v=-v_r\frac{\mathrm{d}M}{M}-g\,\mathrm{d}t$$

各项分别积分,$\int_0^{v_s}\mathrm{d}v=-v_r\int_{M_0}^{M_s}\frac{\mathrm{d}M}{M}-\int_0^{t_s}g\,\mathrm{d}t$,得

$$v_s=-v_r\ln\frac{M_s}{M_0}-gt_s$$

即

$$v_s=v_r\ln\frac{M_0}{M_s}-gt_s \tag{2.2-16}$$

与(2.2-14)式比较,由于重力的作用,火箭所能达到的速率降低了 gt_s,这称为速度损失。速度损失与喷射时间 t_s 成正比,喷射时间越少,速度损失也越小。

例 1 当货车以匀速 v 前进时,砂子从固定的漏斗里落进货车(图 2.2-4)。单位时间内落进货车的砂子质量为$\frac{\mathrm{d}m}{\mathrm{d}t}$,需用多大的力才能保持货车以匀速 v 运动?

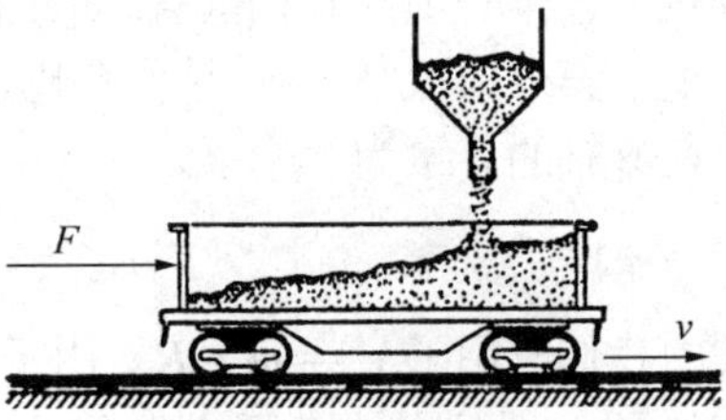

图 2.2-4 货车与漏斗

解 这是增质量体系的运动,砂子水平方向的初速 $\boldsymbol{v}_0=0$,由(2.2-13)式有

$$m\frac{\mathrm{d}v}{\mathrm{d}t}=-v\frac{\mathrm{d}m}{\mathrm{d}t}+F$$

由题意可知,保持货车匀速,v 不变,即 $\frac{\mathrm{d}v}{\mathrm{d}t}=0$,故得所需之力 F 为

$$F=v\frac{\mathrm{d}m}{\mathrm{d}t}$$

§2.3 角动量和角动量守恒定律

2.3.1 质点的角动量和刚体定轴转动的角动量

角动量是描述转动的力学量。在物质世界中,从宏观到微观,每一层次上的物质都在有限的空间范围内聚集成团,它们内部的运动都包含转动,可以用角动量反映其运动特征。

在惯性参照系中,一个动量为 $\boldsymbol{p}$ 的质点相对于某一固定点 O 的角动量 $\boldsymbol{L}$ 的定义为

$$\boldsymbol{L}=\boldsymbol{r}\times\boldsymbol{p}=\boldsymbol{r}\times m\boldsymbol{v} \tag{2.3-1}$$

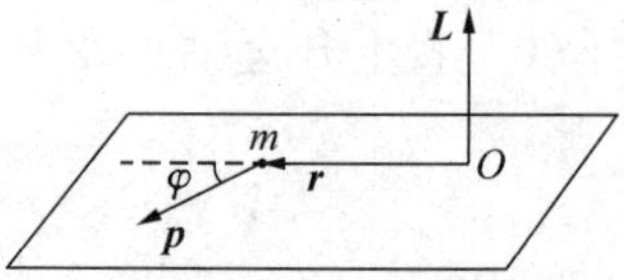

图 2.3-1

式中 $\boldsymbol{r}$ 是质点相对于 O 点的位矢。如图 2.3-1,由矢积的定义,角动量的大小为

$$L = rp\sin\varphi$$

式中 φ 是 $\boldsymbol{r}$ 和 $\boldsymbol{p}$ 两矢量之间的夹角,$\boldsymbol{L}$ 的方向垂直于 $\boldsymbol{r}$ 和 $\boldsymbol{p}$ 所决定的平面,其指向可用右手螺旋法则确定:用右手四指从 $\boldsymbol{r}$ 经小于 180°角转向 $\boldsymbol{p}$,伸直的拇指所指的方向即为 $\boldsymbol{L}$ 的方向。

在国际单位制中,角动量的单位是 $kg \cdot m^2/s$ 或 $J \cdot s$。

当刚体绕固定轴转动时,以轴上一点 O 为参照点,则刚体的角动量 $\boldsymbol{L}$ 是其所含的各质点角动量 $\boldsymbol{L}_i$ 的矢量和。这里,我们主要关心角动量在转轴方向(取为 $\boldsymbol{k}$ 方向,即转轴为 z 轴)的分量,

$$L_z = \sum_i L_{iz} = \sum_i (\boldsymbol{r}_i \times m_i \boldsymbol{v}_i) \cdot \boldsymbol{k} \tag{2.3-2}$$

由图 2.3-2 可见,刚体绕 $\boldsymbol{k}$ 方向的 z 轴以角速度 $\boldsymbol{\omega}$ 转动时,其上的质点 P_i 以轴上 O' 为圆心作圆周运动,P_i 的位矢为

$$\boldsymbol{r}_i = z_i \boldsymbol{k} + \boldsymbol{R}_i$$

$$\boldsymbol{r}_i \times m_i \boldsymbol{v}_i = (z_i \boldsymbol{k} + \boldsymbol{R}_i) \times m_i \boldsymbol{v}_i = z_i \boldsymbol{k} \times m_i \boldsymbol{v}_i + \boldsymbol{R}_i \times m_i \boldsymbol{v}_i$$

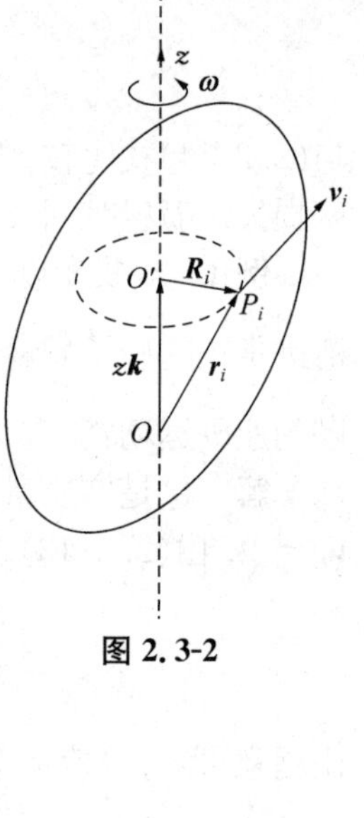

图 2.3-2

等式右边第一项与 $\boldsymbol{k}$ 相垂直,因此在 $\boldsymbol{k}$ 方向上的分量为零,在 L_{iz} 中不出现。第二项 $\boldsymbol{R}_i \times m_i \boldsymbol{v}_i$ 是作圆周运动质点的角动量,方向为 $\boldsymbol{k}$ 方向,其在 z 轴的分量为

$$L_{iz} = m_i R_i^2 \omega \tag{2.3-3}$$

其中我们应用了 $\boldsymbol{v}_i = \boldsymbol{\omega} \times \boldsymbol{R}_i$,由于刚体上任一质点都具有相同的角速度矢量 $\boldsymbol{\omega}$,故刚体中各质点的角动量 z 分量的总和为

$$L_z = \sum_i L_{iz} = \sum_i m_i R_i^2 \omega = (\sum_i m_i R_i^2)\omega$$

即

$$L_z = I_z \omega \tag{2.3-4}$$

式中 $I_z = \sum\limits_i m_i R_i^2$ 称为刚体绕固定轴转动的转动惯量。由于刚体上各质点的 R_i 在转动中长度是不变的,所以对于确定的转轴来说,转动惯量是一个常量。(2.3-4)式说明:绕 z 轴转动的刚体在 z 轴方向上的角动量分量 L_z 与转动角速度 ω 和转动惯量 I_z 成正比。

对于质量连续分布的刚体,转动惯量表达式应改为积分形式

$$I = \int R^2 \mathrm{d}m = \int_V \rho R^2 \mathrm{d}V \tag{2.3-5}$$

式中 $\mathrm{d}m = \rho \mathrm{d}V$ 表示任一质元的质量,ρ 为刚体的密度,$\mathrm{d}V$ 为质元所占体积,R 为该小质元到转轴的垂直距离,符号 $\int_V$ 表示对整个刚体所占的体积 V 求积分。

在国际单位制中,转动惯量的单位是 $kg \cdot m^2$。

例 1 试求质量为 m、长为 l 的均匀细棒对于通过其质心 C(即棒中心)的垂直轴的转动惯量和通过棒一端并和棒垂直的轴的转动惯量。

解 如图 2.3-3(a)所示,在棒上离轴 O 为 x 处取长度元 dx,设棒的质量线密度为 λ $\left(\lambda=\frac{m}{l}\right)$,则质元的质量为 $dm=\lambda dx$,棒绕通过其质心的轴的转动惯量为

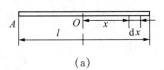

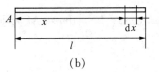

图 2.3-3

$$I=\int x^2 dm=\int_{-\frac{l}{2}}^{\frac{l}{2}}\lambda x^2 dx=\frac{\lambda l^3}{12}=\frac{ml^2}{12}$$

对于转轴在端点的情况(如图 2.3-3(b)所示),有

$$I=\int x^2 dm=\int_0^l \lambda x^2 dx=\frac{\lambda x^3}{3}\Big|_0^l=\frac{ml^2}{3}$$

此例题表明,同一刚体对不同位置的转轴有不同的转动惯量。

2.3.2 平行轴定理

如图 2.3-4 所示,假如已知某刚体对通过其质心 C 的轴(设为 Oz 轴)的转动惯量为 I_C,则该刚体对于任意一条与 Oz 轴平行的轴(设为 $O'z'$轴)的转动惯量I 为

$$I=I_C+Md^2 \tag{2.3-6}$$

式中 M 表示刚体的质量,d 为 Oz 轴与 $O'z'$轴之间的垂直距离。(2.3-6)式就是平行轴定理。

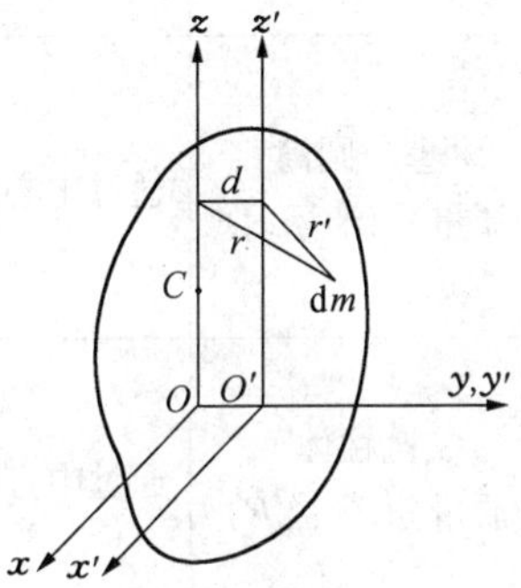

图 2.3-4

证明如下:如图 2.3-4 所示,Oz 轴通过质心 C,Oy 轴通过另一坐标系的原点 O',这样,质心在不带撇的坐标系中的坐标 $x_C=y_C=0$,刚体上任一质元 dm 到 Oz 轴的垂直距离 r 可表示为

$$r=\sqrt{x^2+y^2}$$

刚体对 Oz 轴的转动惯量为

$$I_C=\int r^2 dm=\int(x^2+y^2)dm$$

另一方面,质元 dm 离开 $O'z'$轴的垂直距离是

$$r'=\sqrt{x'^2+y'^2}$$

刚体对 $O'z'$轴的转动惯量为

$$I=\int r'^2 dm=\int(x'^2+y'^2)dm$$

由图 2.3-4 可知

$$x' = x,\ y' = y - d$$

代入上式，得

$$I = \int [x^2 + (y-d)^2]\mathrm{d}m = \int (x^2+y^2)\mathrm{d}m - 2d\int y\mathrm{d}m + d^2\int \mathrm{d}m$$

式中 $\int (x^2+y^2)\mathrm{d}m = I_C$，$\int \mathrm{d}m = M$ 为刚体质量，$\int y\mathrm{d}m = My_C$，而 $y_C = 0$，所以 $\int y\mathrm{d}m = 0$，上式可化为

$$I = I_C + Md^2$$

表 2.3-1 列出了一些典型物体的转动惯量，这些物体都是质量均匀分布且具有规则形状的物体。

表 2.3-1　一些物体的转动惯量

物　体	转轴位置	转动惯量	图　示
细棒 （质量 m，长 l）	通过中心 与棒垂直	$I = \frac{1}{12}ml^2$	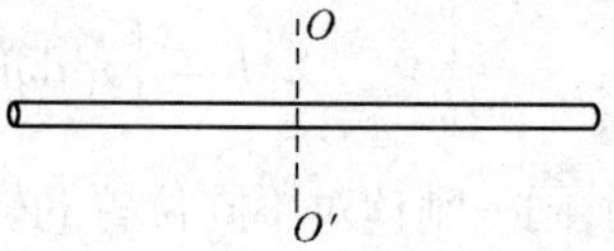
	通过一端 与棒垂直	$I = \frac{1}{3}ml^2$	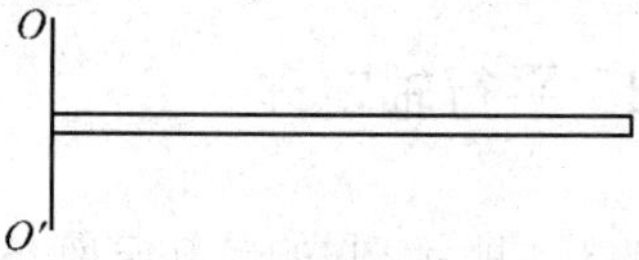
薄壁空圆筒 （质量 m，半径 R）	通过中心轴	$I = mR^2$	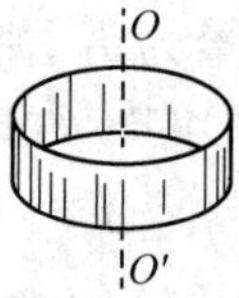
实圆柱体 （质量 m，半径 R）	通过中心轴	$I = \frac{1}{2}mR^2$	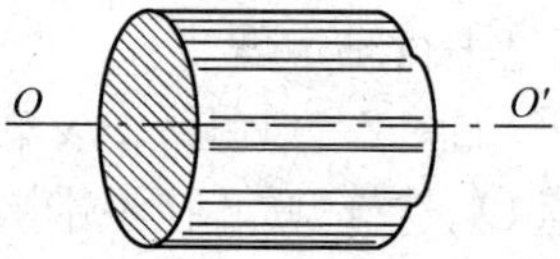
球体 （质量 m，半径 R）	沿直径	$I = \frac{2}{5}mR^2$	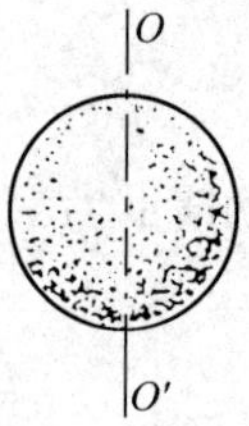

2.3.3　力矩

物体转动状态所发生的变化不仅与它所受作用力的大小和方向有关，而且与力作用点的位置有关。因此，我们引进一个新的物理量力矩。

在选定的参照系中,从参照点 O 指向力的作用点 P 的矢量 $\boldsymbol{r}$ 与作用力 $\boldsymbol{F}$ 的矢积称为作用力对于参照点 O 的力矩 $\boldsymbol{M}$,即

$$\boldsymbol{M}=\boldsymbol{r}\times\boldsymbol{F} \tag{2.3-7}$$

当质点 m 受力 $\boldsymbol{F}$ 作用时,$\boldsymbol{F}$ 对参照点 O 的力矩即为质点受到的力矩,这时,上式中的 $\boldsymbol{r}$ 就是参照点指向质点的矢量。

对于有固定轴的刚体,由于转轴的约束,平行于转轴的力或作用线通过转轴的力都不能使刚体转动。设力 $\boldsymbol{F}$ 作用于刚体上的某质点 P,且在其转动平面上,转动平面与转轴相交于 O 点,如图2.3-5所示,转轴与力的作用线之间的垂直距离 d 称为该力对转轴的力臂。力的大小与力臂的乘积称为力对转轴的力矩,用符号 M 表示,

$$M=Fd \tag{2.3-8}$$

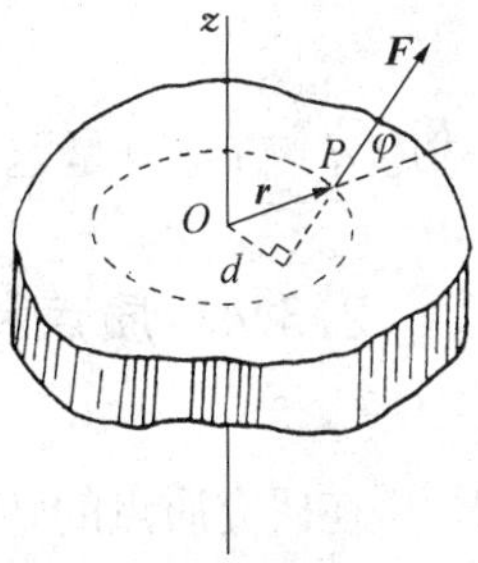

图 2.3-5　对轴的力矩

若以 $\boldsymbol{r}$ 表示 P 点对 O 点的位矢,以 φ 表示 $\boldsymbol{r}$ 与 $\boldsymbol{F}$ 之间的夹角,则 $d=r\sin\varphi$, 上式也可改为

$$M=Fr\sin\varphi=F_t r \tag{2.3-9}$$

$F_t=F\sin\varphi$ 是 $\boldsymbol{F}$ 的切向分量。

刚体定轴转动时,为了更明确地表示力矩、力和作用点位置三者之间的大小和方向关系,可用矢积:

$$\boldsymbol{M}=\boldsymbol{r}\times\boldsymbol{F} \tag{2.3-10}$$

与(2.3-7)式形式完全一致。上式表明,力 $\boldsymbol{F}$ 对于参照点 O 的力矩矢量 $\boldsymbol{M}$,等于从参照点 O 到力的作用点的位矢 $\boldsymbol{r}$ 与 $\boldsymbol{F}$ 的矢积,如图 2.3-6 所示。(2.3-10)式的定义式比(2.3-8)和(2.3-9)式的含义更丰富。在国际单位制中,力矩的单位是米 · 牛顿(m · N)。

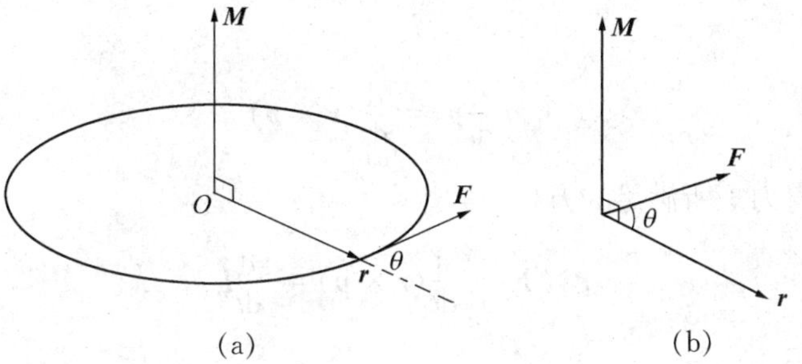

图 2.3-6　力矩矢量

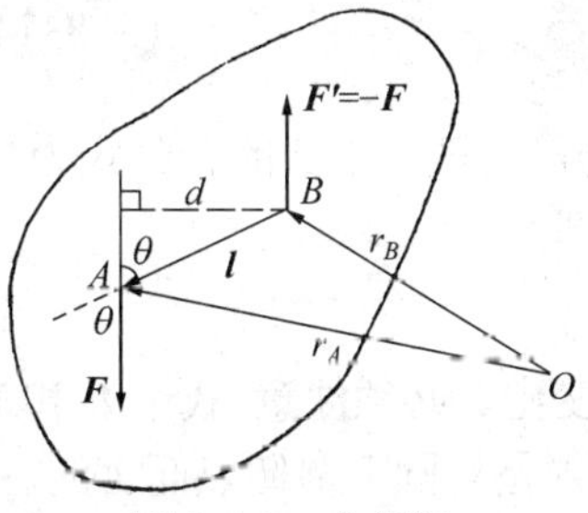

图 2.3-7　力偶矩

例 1　两个大小相等、方向相反,但作用线不在同一直线上的力称为力偶,如图 2.3-7。设从力 $\boldsymbol{F}'$ 的作用点 B 指向力偶中另一个力 $\boldsymbol{F}$ 的作用点 A 的矢量为 $\boldsymbol{l}$,试证此两力对于空间任一参照点的合力矩为 $\boldsymbol{M}=\boldsymbol{l}\times\boldsymbol{F}$。

解　力 $\boldsymbol{F}$ 和 $\boldsymbol{F}'$ 对于空间任一参照点 O 的力矩分别为

$$\boldsymbol{M}_1=\boldsymbol{r}_A\times\boldsymbol{F}$$

$$\boldsymbol{M}_2=\boldsymbol{r}_B\times\boldsymbol{F}'$$

已知 $\boldsymbol{F}' = -\boldsymbol{F}$，两力对点 O 的合力矩为

$$\begin{aligned}\boldsymbol{M} &= \boldsymbol{M}_1 + \boldsymbol{M}_2 = \boldsymbol{r}_A \times \boldsymbol{F} + \boldsymbol{r}_B \times \boldsymbol{F}' = \boldsymbol{r}_A \times \boldsymbol{F} - \boldsymbol{r}_B \times \boldsymbol{F} \\ &= (\boldsymbol{r}_A - \boldsymbol{r}_B) \times \boldsymbol{F} = \boldsymbol{l} \times \boldsymbol{F}\end{aligned} \tag{2.3-11}$$

$\boldsymbol{l} = \boldsymbol{r}_A - \boldsymbol{r}_B$ 是由 B 指向 A 的矢量，与参照点 O 的选择无关。所以，力偶 $\boldsymbol{F}$ 和 $\boldsymbol{F}'$ 对于 O 点的合力矩 $\boldsymbol{M}$——又称力偶矩——也与参照点的选择无关，它的大小为

$$M = lF\sin\theta = Fd$$

式中 $d = l\sin\theta$ 是这一对力的作用线之间的垂直距离。

2.3.4 质点和定轴转动刚体的角动量定理、转动定律

在研究质点的转动问题时，可以找到一个与牛顿第二定律 $\boldsymbol{F} = \dfrac{\mathrm{d}}{\mathrm{d}t}\boldsymbol{p}$ 相对应的基本定理。

设质点相对某一固定参照点 O 运动，为了考察力矩的作用，我们取牛顿第二定律的“矩”，即作点 O 指向质点的位矢 $\boldsymbol{r}$，并取 $\boldsymbol{r}$ 与方程 $\boldsymbol{F} = \dfrac{\mathrm{d}}{\mathrm{d}t}\boldsymbol{p}$ 的矢积，得

$$\boldsymbol{r} \times \boldsymbol{F} = \boldsymbol{r} \times \frac{\mathrm{d}}{\mathrm{d}t}\boldsymbol{p} \tag{2.3-12}$$

上式等号右边又可写成

$$\boldsymbol{r} \times \frac{\mathrm{d}}{\mathrm{d}t}\boldsymbol{p} = \frac{\mathrm{d}}{\mathrm{d}t}(\boldsymbol{r} \times \boldsymbol{p}) - \frac{\mathrm{d}\boldsymbol{r}}{\mathrm{d}t} \times \boldsymbol{p}$$

而 $\dfrac{\mathrm{d}\boldsymbol{r}}{\mathrm{d}t} = \boldsymbol{v}$ 和 $\boldsymbol{p} = m\boldsymbol{v}$ 在同一方向上，因此

$$\frac{\mathrm{d}\boldsymbol{r}}{\mathrm{d}t} \times \boldsymbol{p} = \boldsymbol{0}$$

得

$$\boldsymbol{r} \times \frac{\mathrm{d}}{\mathrm{d}t}\boldsymbol{p} = \frac{\mathrm{d}}{\mathrm{d}t}(\boldsymbol{r} \times \boldsymbol{p})$$

代入(2.3-12)式，得力矩所满足的方程

$$\boldsymbol{r} \times \boldsymbol{F} = \frac{\mathrm{d}}{\mathrm{d}t}(\boldsymbol{r} \times \boldsymbol{p}) = \frac{\mathrm{d}}{\mathrm{d}t}\boldsymbol{L} \tag{2.3-13}$$

或

$$\boldsymbol{M} = \frac{\mathrm{d}}{\mathrm{d}t}\boldsymbol{L} \tag{2.3-14}$$

上式表明角动量对时间的导数等于力矩，此关系称为质点的角动量定理。上式的积分式为

$$\int_0^t \boldsymbol{M}\mathrm{d}t = \boldsymbol{L}_t - \boldsymbol{L}_{t_0} \tag{2.3-15}$$

上式表示力矩作用在质点上的时间积累效应引起质点角动量的变化。必须注意，式中 $\boldsymbol{L}$ 和 $\boldsymbol{M}$ 都与参照点 O 的选择有关，因此上面几个式子中的 $\boldsymbol{L}$ 和 $\boldsymbol{M}$ 都必须是对同一参照点而言的。

设刚体绕 z 轴转动，刚体上任一质元所受到的力可分为内力和外力。图2.3-8中的 m_i 和

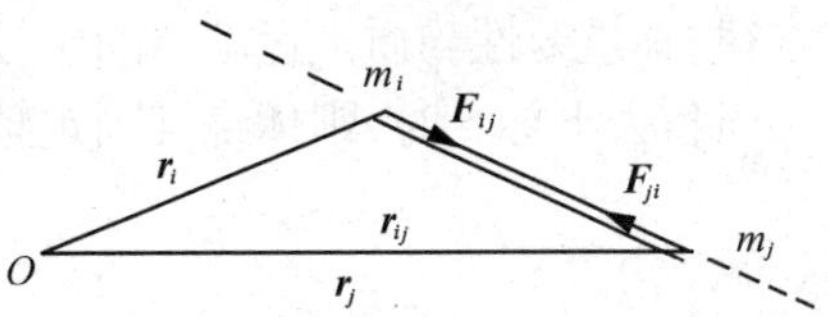

图 2.3-8

m_j 是刚体内的任意两个质元,它们受到对方的作用力分别为 $\boldsymbol{F}_{ij}$ 和 $\boldsymbol{F}_{ji}$,且两力在 m_i 和 m_j 的连线上。这一对质元对任一参照点 O 的位矢分别为 $\boldsymbol{r}_i$ 和 $\boldsymbol{r}_j$,它们相互作用的内力对 O 点的力矩之和为

$$\begin{aligned}\boldsymbol{M}_{内} &= \boldsymbol{r}_i \times \boldsymbol{F}_{ij} + \boldsymbol{r}_j \times \boldsymbol{F}_{ji} = \boldsymbol{r}_i \times \boldsymbol{F}_{ij} - \boldsymbol{r}_j \times \boldsymbol{F}_{ij} \\ &= (\boldsymbol{r}_i - \boldsymbol{r}_j) \times \boldsymbol{F}_{ij} = \boldsymbol{r}_{ij} \times \boldsymbol{F}_{ij}\end{aligned}$$

式中 $\boldsymbol{r}_{ij}$ 是从 m_j 所在处指向 m_i 的矢量,因而与 $\boldsymbol{F}_{ij}$ 在同一直线上。所以

$$\boldsymbol{M}_{内} = \boldsymbol{r}_{ij} \times \boldsymbol{F}_{ij} = \boldsymbol{0}$$

由于刚体质元之间的内力总是成对出现的,因此对任意参照点,刚体的内力矩之和为零。

刚体上任一质元 m_i 受到的外力为 $\boldsymbol{F}_i$,为简单起见,设 $\boldsymbol{F}_i$ 在与转轴垂直的平面内,对每个质元 i,把方程(2.3-14)在 z 轴上的分量关系式列出,则为

$$M_{iz} = \frac{\mathrm{d}}{\mathrm{d}t} L_{iz}$$

对于绕 z 轴转动的刚体上所有的质元均列出方程并相加,就得到刚体受到的 z 轴方向的力矩M_z 为

$$M_z = \sum_i M_{iz} = \sum_i \left(\frac{\mathrm{d}}{\mathrm{d}t} L_{iz} \right) = \frac{\mathrm{d}}{\mathrm{d}t} \sum_i L_{iz}$$

即

$$M_z = \frac{\mathrm{d}}{\mathrm{d}t} L_z \tag{2.3-16}$$

在一般情形,M_z 为刚体所受的所有外力相对于转轴上的任一参考点的力矩沿转轴分量的代数和。通常省去脚标,刚体绕固定轴转动的角动量定理可写成

$$M = \frac{\mathrm{d}}{\mathrm{d}t} L \tag{2.3-17a}$$

或其积分形式

$$\int_{t_0}^{t} M \mathrm{d}t = L_t - L_{t_0} \tag{2.3-17b}$$

同样,(2.3-4)式略去脚标,写成

$$L = I\omega$$

代入(2.3-17)式,得

$$M = \frac{\mathrm{d}}{\mathrm{d}t}(I\omega) = I \frac{\mathrm{d}\omega}{\mathrm{d}t}$$

或

$$M = I\beta \tag{2.3-18}$$

上式表明:刚体绕定轴转动时,角加速度 β 与合外力矩在 z 轴上的分量 M 成正比,与转动惯量 I 成反比。这关系式称为刚体定轴转动的转动定律,简称转动定律。它是刚体定轴转动的基

本定律,其重要性与质点运动中的牛顿第二定律相当。

当省去下标 z 时,刚体绕某固定轴的转动惯量为

$$I = \sum_i m_i R_i^2$$

式中 R_i 是质元到转轴的距离,在转动中转动惯量的地位与牛顿第二定律中的质量相当,它反映了刚体转动状态改变的难易程度,即反映了刚体转动的惯性。转动惯量不仅与质量有关,而且与质量分布有关,质量越大,质量分布离轴越远,转动惯量就越大,同一刚体对不同的转轴有不同的转动惯量。

2.3.5 角动量守恒定律

由质点的角动量定理(2.3-14)式和刚体绕定轴转动的角动量定理(2.3-16)式可知,当作用于质点或定轴转动的刚体上的合外力矩为零时,质点和刚体的角动量都不随时间变化而保持恒定。对质点,当 $\boldsymbol{M} = \boldsymbol{0}$ 时,

$$\boldsymbol{L} = \boldsymbol{r} \times m\boldsymbol{v} = \text{常矢量} \tag{2.3-19}$$

对定轴转动刚体,在沿轴的方向上,当 $M = 0$ 时,

$$L = I\omega = \text{常量} \tag{2.3-20}$$

(2.3-19)和(2.3-20)式分别为质点的角动量守恒定律和定轴转动刚体的角动量守恒定律。

例 1 一质量为 m 的小球悬挂在长为 l 的轻绳一端,绳的另一端固定于 A 点,设小球以角速度 ω 在水平面内作匀速圆周运动,悬线与铅垂线的夹角是 α,试分析小球对于圆心 O 的角动量和所受的合外力矩。

解 先看小球对于圆心 O 的角动量,如图 2.3-9(a)所示,

$$\boldsymbol{L} = \boldsymbol{r} \times \boldsymbol{p}$$

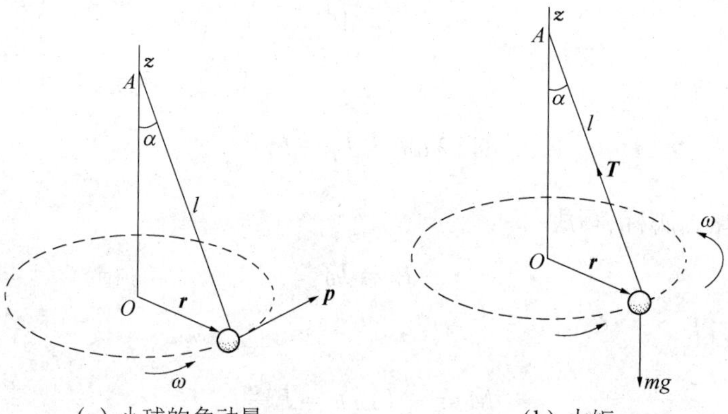

(a) 小球的角动量 (b) 力矩

图 2.3-9

小球运动时 $\boldsymbol{r}$ 与 $\boldsymbol{p}$ 的方向都在不断地变化,但 $\boldsymbol{r} \times \boldsymbol{p}$ 的方向总是指向 z 轴的正方向,$\boldsymbol{L}$ 的大小为

$$L = rmv = mr^2\omega$$

写成矢量式，

$$\boldsymbol{L}=mr^{2}\omega\boldsymbol{k}=ml^{2}\omega\sin^{2}\alpha\boldsymbol{k} \qquad ①$$

可见角动量 $\boldsymbol{L}$ 是常矢量。

再看小球受到的力矩作用，如图 2.3-9(b)所示，小球受到的力是绳子的张力 $\boldsymbol{T}$ 和重力 $m\boldsymbol{g}$，由于小球在水平面内作匀速圆周运动，在垂直方向所受合外力应等于零，即

$$T\cos\alpha-mg=0 \qquad ②$$

因此，小球所受合外力 $\boldsymbol{F}_{合}$ 在水平面内，是 $\boldsymbol{T}$ 的水平分量，提供小球作圆周运动的向心力，方向指向圆心，

$$\boldsymbol{F}_{合}=-T\sin\alpha\boldsymbol{r}^{0}=-m\omega^{2}r\boldsymbol{r}^{0} \qquad ③$$

合外力矩

$$\boldsymbol{M}=\boldsymbol{r}\times\boldsymbol{F}_{合}=\boldsymbol{0}$$

由角动量定理 $\boldsymbol{M}=\frac{\mathrm{d}}{\mathrm{d}t}\boldsymbol{L}$，得

$$\frac{\mathrm{d}}{\mathrm{d}t}\boldsymbol{L}=\boldsymbol{0}$$

即角动量 $\boldsymbol{L}$ 是常矢量。这就是①式的结果。

例 2 已知一滑轮的质量为 M，用一轻绳跨过滑轮，在绳的两端分别挂着质量为 m_1 和 m_2 ($m_1>m_2$) 的重物，如图 2.3-10 所示。这一装置通常称为阿脱武德机。设滑轮的质量是均匀分布的，且绳子与滑轮之间没有相对滑动，滑轮与轴之间的摩擦力可以忽略，试求重物的加速度和绳的张力。

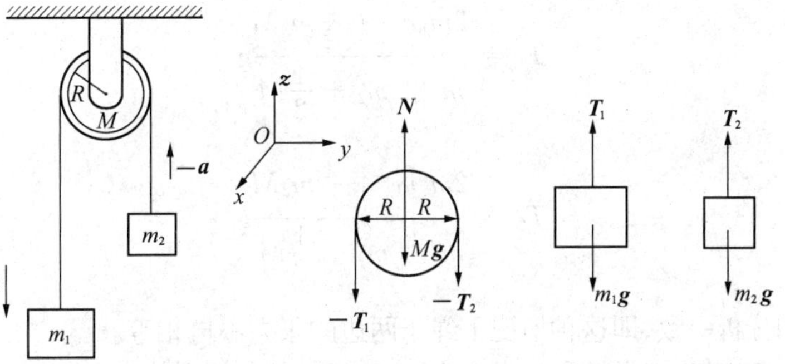

图 2.3-10

解 图 2.3-10 中给出 3 个物体 m_1、m_2 和 M 的受力情况及坐标轴取向。由于绳子与滑轮间无相对滑动，必存在摩擦力。与图 2.1-6(b)类似，考察一段对滑轮轴心张角 $\mathrm{d}\theta$ 的绳元，如图 2.3-11 所示。设绳元长 $\mathrm{d}l$，

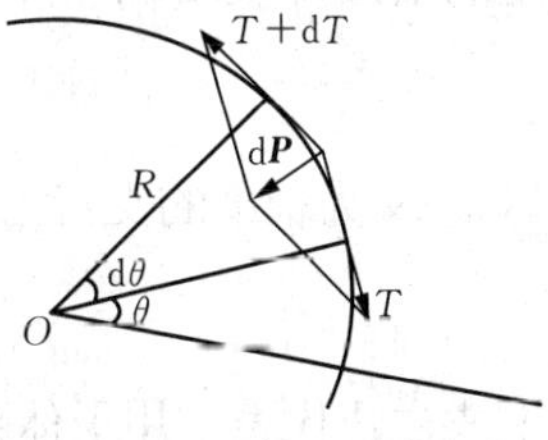

图 2.3-11

$$\mathrm{d}l=R\mathrm{d}\theta$$

由图 2.3-11 可见，$\mathrm{d}l$ 两端张力并不沿同一直线，造成指向滑轮轴心 O 的正压力 $\mathrm{d}\boldsymbol{P}$。在细绳质量不计的情形，$\mathrm{d}l$ 两端的张力差恰为由 $\mathrm{d}\boldsymbol{P}$ 形成的摩擦力抵

消，

$$dT = df$$

正是细绳和轮缘之间的摩擦力是使滑轮转动的动力。df 对轴心的力矩为 $Rdf = RdT$，对细绳与轮缘接触的全部范围积分得摩擦力矩为 $R(T_1 - T_2)$。由此得滑轮的转动方程

$$T_1R - T_2R = I\beta$$

以及

$$m_1g - T_1 = m_1a$$

$$m_2g - T_2 = -m_2a$$

以上 3 个方程实际上是将滑轮和二重物各自隔离开来的动力学方程。

由于绳子在滑轮上没有滑动，因此重物的加速度 a 和滑轮的角加速度 β 之间有一约束关系

$$a = R\beta$$

滑轮半径为 R，其对于过中心的轴的转动惯量为

$$I = \frac{1}{2}MR^2$$

代入方程并解之，得

$$a = \frac{m_1 - m_2}{m_1 + m_2 + \frac{1}{2}M}g$$

$$T_1 = \frac{2m_1m_2 + \frac{1}{2}m_1M}{m_1 + m_2 + \frac{1}{2}M}g$$

$$T_2 = \frac{2m_1m_2 + \frac{1}{2}m_2M}{m_1 + m_2 + \frac{1}{2}M}g$$

上面计算结果和分析一致，即这种情况下绳子两边的张力不再相等。

从另一个角度出发，将滑轮和细绳作为一个体系，不包括重物 m_1 和 m_2，则在略去细绳质量的情形，体系的平动和转动方程为

$$-N + Mg + T_2 + T_1 = 0$$

这里 N 为轴承的支持力，以及

$$T_1R - T_2R = I\beta$$

上式左边代表作用于体系的总外力矩，而右边则为体系对轴心角动量的变化率。该式同将滑轮隔离时得到的完全一样。值得注意的是，当提及图 2.3-10 所示的阿脱武德机时人们往往直接根据转动定律列出该式，而不加任何适当的说明。虽然这并不影响获得正确的结果，但

容易使人误以为细绳中的张力是使滑轮转动的动力。事实上张力存在于绳内,并未作用于滑轮。使滑轮转动的动力只能是绳与轮缘间的摩擦力。如无摩擦力,滑轮便不成其为滑轮,任由细绳沿轮缘滑动,滑轮本身兀自不动。

当然,我们也可将 3 个物体 m_1、m_2、M 和细绳一起看作一个体系。容易证明,任一体系对某一参考点角动量的变化率同所有外力对该点力矩之和相等。在题设 $m_1 > m_2$ 情形,将轴心作参考点,由此便直接得出整个体系的转动动力学方程:

$$m_1Ra + m_2Ra + \frac{1}{2}MR^2\beta = m_1gR - m_2gR$$

上式左端为体系相对轴心的总角动量变化率,而右端则为所有外力对轴心的力矩和。在题设细绳与滑轮间无相对滑动情形,上式直接给出加速度 a。

从图 2.3-11 还可看出,绳元 $\mathrm{d}l$ 对滑轮施加的正压力 $\mathrm{d}P = 2T\sin\frac{\mathrm{d}\theta}{2} \approx T\mathrm{d}\theta$。在张力不变的情形,积分可得

$$P = T\Delta\theta$$

由此便能理解人们用绳子将包裹扎紧往往要在打结前拉紧并多绕几圈的原因。前者增加 T,后者则增加 $\Delta\theta$。对圆柱形物体,若捆扎 n 圈,$\Delta\theta$ 当为 $2n\pi$。二者都使绳子对被包裹物施加的压力加大,从而增加最大静摩擦力,包装外层便不易滑动。

例 3 如图 2.3-12 所示,质量为 M、长为 l 的均匀细杆,静置于光滑的水平面上,可绕过杆中点 O 的固定铅垂轴自由转动,一质量为 m 的子弹以 v_0 的速度自杆的左方沿垂直于杆的方向射来,嵌入杆一端的 A 点,求子弹嵌入杆后杆的角速度。

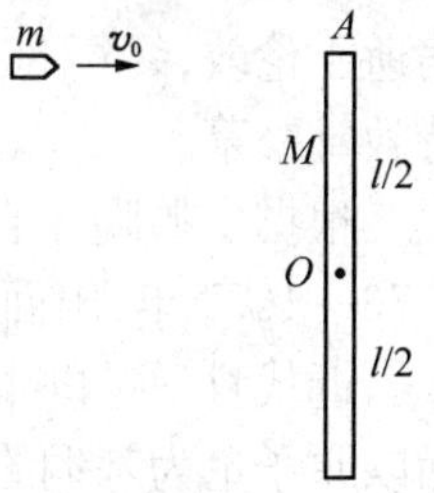

图 2.3-12

解 子弹和杆组成的体系只受轴承上的外力作用,此力对 O 轴无力矩,体系对 O 点的角动量守恒,即

$$mv_0 \cdot \frac{l}{2} = \left[I + m\left(\frac{l}{2}\right)^2\right]\omega$$

其中

$$I = \frac{Ml^2}{12}$$

得

$$\omega = \frac{mv_0 l/2}{I + ml^2/4} = \frac{6mv_0}{(M+3m)l}$$

要注意,子弹和杆相互作用过程中,体系的动量是不守恒的,因为在轴上受到外力作用。

阅读材料 2.1 科学家介绍——牛顿

1642 年 12 月 25 日依萨克·牛顿(Issac Newton)诞生在英格兰林肯郡格兰瑟姆镇的伍尔斯索普村。这一年正是伽利略逝世之年。牛顿的父母是农民,他是遗腹子,从小家境清贫。幼年时牛顿学习成绩一般,但爱好制作机械模型,到 12 岁左右,他开始发奋学习,并有着强烈

的求知欲。他的舅父是牧师,曾在剑桥大学的三一学院读书,当他看到牛顿强烈的读书愿望后,决心让他进入剑桥学习。经过努力,1661 年 6 月牛顿进入了剑桥三一学院并享受了减费生待遇,从 1664 年起,牛顿因成绩优异而获得奖学金,为集中精力学习创造了条件。

1663 年学院根据卢卡斯(H. Lucas)的遗嘱,创设了一个特别讲座,规定专门讲授地理、物理、天文等自然科学知识和数学,博学多才的巴罗(I. Barrow, 1630—1677 年)被选为第一任讲座教授,成了牛顿的老师。巴罗精通光学和数学,对牛顿悉心培养,牛顿在他引导下在 1664 年一年中广泛阅读了数学、物理、天文学和哲学方面许多名著,并着手用实验和数学计算验证前人的结果,1665 年他获得了三一学院学士学位。

1665 年伦敦流行鼠疫,学校停课,牛顿回乡,直到 1667 年才重返剑桥。牛顿一生中最重要的创造发现,如微积分、动力学理论、万有引力、光的色散等,几乎都是在这一时期形成的。1668 年他获得硕士学位。巴罗认为牛顿的数学水平已超过自己,为了让牛顿能充分展示才能,巴罗将自己的荣誉职位让给牛顿,1669 年,年仅 26 岁的牛顿成了剑桥大学第二任卢卡斯教授。

牛顿在 1667 年发明了第一架反射望远镜,1671 年被选为英国皇家学会候补会员,第二年转为正式会员。他在剑桥任教 26 年,他的光学和代数讲稿、《自然哲学和宇宙体系的数学原理》的一部分及其他一些手稿保存在剑桥大学图书馆。1696 年牛顿任英国造币局督办,对制币技术和币制进行了改革,1701 年任造币局局长。1703 年任皇家学会会长。1705 年英国女王安娜为奖励牛顿改革币制有功,封他为爵士,成了贵族。牛顿终生未婚,1727 年 3 月 20 日病逝于伦敦,终年 85 岁。女皇为他举行了国葬,他的灵柩被安葬在英国伟人的墓地威斯敏斯特教堂公墓。

根据牛顿晚年自己的回忆,万有引力定律的发现始于 1666 年,详细的数学计算完成于 1676—1677 年,出面递交给皇家学会记录在案则是在 1684 年。

近代科学是以牛顿的思想理论为基础发展起来的,牛顿的思想指的是:①自然哲学观:包括以原子论为基调的物质观,以无限、均匀、各向同性为特征的绝对时空观,以动力学三定律和万有引力定律为中心的运动观。②牛顿的科学研究方法,这可分为 3 个方面:(a)指导思想是哲学中的推理法则;(b)在技术上采用归纳法和演绎法;(c)作定量研究时采用模型和数学结合的方法。

归纳法是英国哲学家 F·培根提出的,演绎法是法国哲学家和数学家笛卡儿提出的,两种方法虽都不是牛顿首创,但他把两者作了最完美的结合。在他之前,认为这两种方法是互相排斥的,用了实验归纳法,就不能再用逻辑演绎法。牛顿的贡献是结合这两种方法用于科学研究,具体是:局部问题用归纳法,全局问题用演绎法。事实上,发现万有引力定律和牛顿三定律的过程就是运用两种方法的结合。

要定量研究物理问题,必须建立数学模型,把复杂事物的主要因素保留下来,去掉次要因素,这样可直接运用数学。从牛顿创建力学模型开始,物理学成为定量的学科,这模型就是“质点”。以后又建立了理想流体模型,牛顿以后的欧勒建立了刚体模型。牛顿首创的建立力学模型的方法成为物理学其他分支学科使用的传统方法,也是当代科学研究的基本方法之一。

阅读材料 2.2 关于惯性力——从月亮绕地球转还是地球绕月亮转说起

通常我们都说月亮绕着地球转，如说地球绕着月亮转可能会有人质疑思维的正常性。不过从运动学的相对运动看来，这两种说法都是等价的，只是后一种说法不太习惯而已。A 相对 B 运动和 B 相对 A 运动一样都能用来描述 A、B 间的相对运动。

但是如果我们考察月、地这一二体系统的动力学还的确会发现问题。设地球、月亮的质量分别为 M 和 m，由于月地之间的距离 d 远大于地球、月球的半径，月、地均可视作质点，d 即为月心到地心的距离。

设在月球围绕地球旋转的习惯模型中，月球的向心加速度为 $a_{月地}$，由牛顿第二定律

$$ma_{月地} = G\frac{mM}{d^2} \qquad ①$$

G 为引力常数；因此

$$a_{月地} = G\frac{M}{d^2} \qquad ②$$

由圆周运动定律，设月绕地的转动角速度为 ω，则

$$\omega^2 d = a_{月地} = G\frac{M}{d^2} \qquad ③$$

在地球围绕月球旋转的模型中，地球的角速度也是 ω，因而向心力就应为 $M\omega^2 d = G(M/d)^2$。然而这一向心力只能由地—月间的万有引力提供，仍应为$G\frac{mM}{d^2}$，不应为 $G(M/d)^2$。

问题出在牛顿第二定律的适用范围。牛顿定律适用于惯性系，而上面的计算是分别将地球与月球均取为惯性参考系。事实上，二者相比较，将月球取作惯性参照系会引进很大的误差。

如忽略太阳和其他天体对月—地系统的作用，月—地系统的质心为一惯性系。在这一惯性系里，地球和月球均绕体系的质心作圆周运动。月球的牛顿方程为

$$ma_{月} = G\frac{mM}{d^2}$$

$$a_{月} = G\frac{M}{d^2} \qquad ④$$

同理可得地球的向心加速度

$$a_{地} = G\frac{m}{d^2} \qquad ⑤$$

显然，因为 $m \ll M$，$a_{地} \ll a_{月}$。

注意在此二体系统中，月心、地心和质心始终在同一直线上，$\boldsymbol{a}_{月}$ 和 $\boldsymbol{a}_{地}$ 方向相反。注意月球相对于地球的加速度 $\boldsymbol{a}_{月地}$ 为 $\boldsymbol{a}_{月地} = \boldsymbol{a}_{月} - \boldsymbol{a}_{地}$，便有

$$a_{月地} = a_{月} + a_{地} = G\frac{(M+m)}{d^2} \qquad ⑥$$

这一结果同②式相近。同样，地球相对月球的加速度

$$\boldsymbol{a}_{地月} = \boldsymbol{a}_{地} - \boldsymbol{a}_{月} = -\boldsymbol{a}_{月地} \tag{7}$$

由上式可得月球绕地球旋转的角速度同地球绕月球旋转的角速度相等，符合运动学的相对运动规律。但④式和⑤式表明 $a_{月}$ 和 $a_{地}$ 有很大差别，其原因为尽管月球和地球以相同的角速度绕质心旋转，但它们各自到质心的距离则因 m、M 相差悬殊而有很大差异。

以上讨论表明，由于 $M \gg m$，在此月、地系统中，将地球选为惯性系是一个相当不错的近似；而将月球当作惯性系必然带来太大的误差。不过，如在月球参照系里计及惯性力也应得出正确结果。这样，地球的牛顿方程应写为

$$Ma_{地月} = G\frac{mM}{d^2} + Ma_{月}$$

从而得

$$a_{地月} = G\frac{(m+M)}{d^2}$$

这一结果同⑥式与⑦式完全一致。

应该强调说明的是，牛顿的三大运动定律只适用于质点。这里关于月-地相对运动的讨论也都是基于将地球和月球均看作质点的前提。事实上，月球在绕月-地体系质心转动的同时，还以相同的角速度绕过自身中心垂直于轨道平面的转轴自转，这就是为什么月球永远以同一面对着地球的原因。计入这一因素，将月球视为刚体，可以证明在这样的月球参照系内，地球所受的惯性力恰和月球的万有引力方向相反、数值相等。也就是说，在这一月球参照系里地球的位置固定不变。如果有人从月球上观看地球当像一颗同步卫星。

由上面这一例子我们明显看出惯性力的动力学效果，在非惯性系中同样对物体的加速度有贡献。惯性力还能引起形变。设想一车厢内有一光滑桌面靠壁放置，其上置一方形简谐振子，一端固定于壁上，如图 RM2-1 所示。设车厢静止时弹簧处自然状态。今车厢突然以加速度 a 启动，容易想到车厢内的观察者会发现弹簧被压缩 d，$d = ma/k$，m、k 分别为振子的质量和劲度系数，恰如弹簧受压缩力 ma 作用一般。显然这正是惯性力所为。

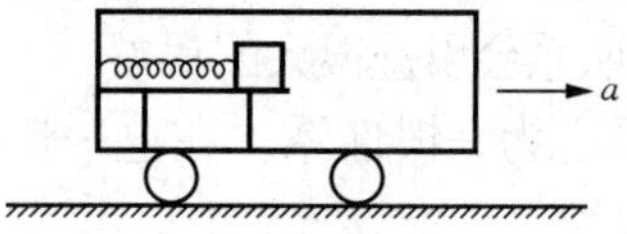

图 RM2-1

不仅如此，惯性力同样能做功。同样针对这一例子，只是将弹簧撤去，只剩滑块置桌上。车厢加速时，车厢内观察者发现 m 反向加速，加速度数值为 a。在运动 s 距离后速度达到 v，动能相应增加至 $E_k = \frac{1}{2}mv^2$。显然，这是惯性力做功的结果。惯性力的功 $W = -m\boldsymbol{a}\cdot\boldsymbol{s}$，$\boldsymbol{s}$ 为滑块位移，很容易算得 $W = E_k$，即惯性力做功同样符合功能原理。如果桌面不光滑，则滑块在桌面滑行过程中会因摩擦损失一部分动能转变成热能，表示惯性力做的功也同样能转换成机械能以外的能量形式。

惯性力是因为参照系相对惯性系加速引起的，因而并无“施力者”，因此也无从应用牛顿第三定律。但除此而外，惯性力的所有的力学效果、力学规律都和传统的牛顿力完全一样。如此，毋宁从力的效果出发对力下定义，而不必拘泥于物体间相互作用的传统观念；惯性力也不必视为异类而套上诸如赝力之类的帽子。

思考题与习题

一、思考题

2-1 如图所示,用两根长度同为 L 的轻绳将重物 W 吊起,试问你能否将绳子拉成水平,为什么?

2-2 "物体所受摩擦力的方向总是和它的运动方向相反",这种说法是否正确?

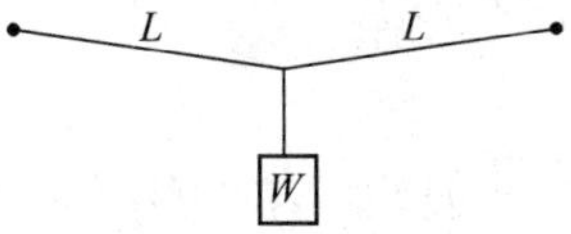

思考题 2-1 图

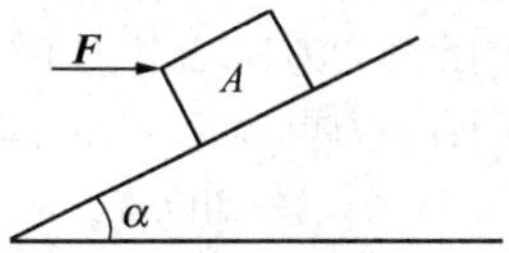

思考题 2-3 图

2-3 如图所示,在一与水平面成 α 角的光滑斜面上放置一质量为 m 的物体 A,有一水平力 $\boldsymbol{F}$ 作用于物体 A 上,求物体 A 对斜面作用力的大小和方向。

2-4 在加速运动着的升降机中,用天平和用弹簧秤称同一物体的重量是否相等? 为什么?

2-5 试判断下列说法是否正确?

(1) 如果物体具有很大的速度,则其所受的合外力一定很大。

(2) 如果物体同时受到几个力的作用,它的速度一定要发生变化。

(3) 物体所受合外力的方向与其运动方向相同。

2-6 人拉车,车也拉人,根据牛顿第三定律,两者的相互作用力大小相等、方向相反,为什么车能被人拉走而人不被车拉走?

2-7 如图所示,用一根轻绳将质量为 m 的小球悬挂起来,并使小球以匀速率 v 沿一水平圆周运动,这时绳与竖直方向的夹角 θ 不变,有人求竖直方向的合力,得到

$$T\cos\theta - mg = 0$$

另有人沿绳子拉力 $\boldsymbol{T}$ 的方向求合力,得到

$$T - mg\cos\theta = 0$$

显然,两者不能同时成立。试问哪个式子是错误的,为什么?

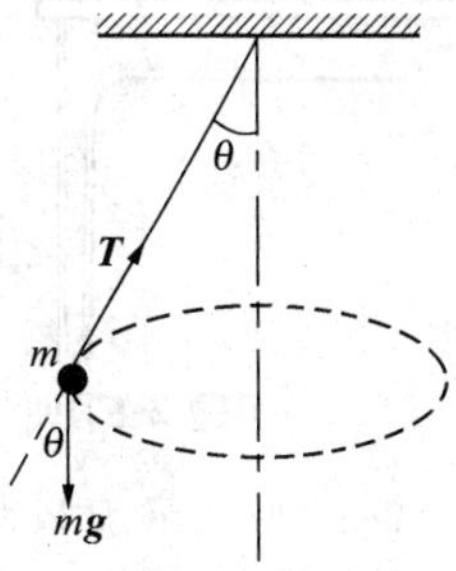

思考题 2-7 图

2-8 下述情况是否可能,试说明之:

(1) 一个物体具有能量而无动量。

(2) 两个质量相同的物体具有相同的动能,但动量不同。

(3) 两个质量相同的物体的动量相同,而动能不同。

2-9 一个物体的动量与参照系的选择有关吗? 力的冲量与参照系的选择有关吗? 在不同的惯性参照系中,动量定理是否都成立? 为什么?

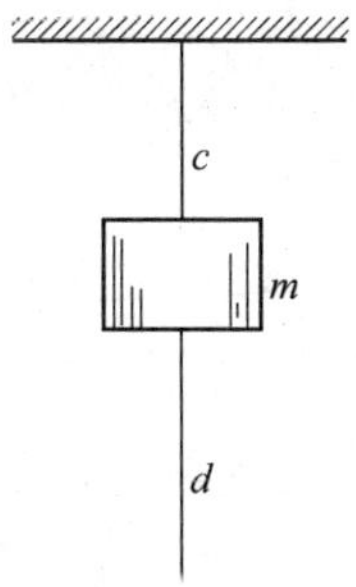

思考题 2-10 图

2-10 如图所示,用一根线 c 将质量为 m 的物体悬挂起来,再用另一根相同的线 d 系在这物体的下面,试解释如下事实:如果突然用力向下拉 d, d 就断;如果慢慢向下拉 d, c 就断。

2-11 质心与几何中心这两个概念有无关系? 在什么情况下两者重合? 什么情况下不重合? 试举例说明。

2-12 判断下述各过程中体系的动量是否守恒?

(1) 一细绳的一端固定,另一端系着一质量为 m 的小球,小球在光滑的水平面上作匀速圆周运动,把绳和小球作为一个体系。

(2) 一小球与光滑的墙壁相碰后,以同样的速率被弹回来,以小球为体系。

(3) 两个球在桌上相碰,以两小球作为一个体系,小球和桌面间无摩擦力。

2-13 一质量为 m 的人站在质量为 M 的小车上,开始时,人和小车一起以速度 $\boldsymbol{v}$ 沿着光滑的水平轨道运动,然后人在车上以相对于车的速度 $\boldsymbol{u}$ 跑动,这时车的速度变为 $\boldsymbol{v}'$,有人根据水平方向动量守恒,得到

(1) $M\boldsymbol{v} = m\boldsymbol{u}$; (2) $M\boldsymbol{v} = M\boldsymbol{v}' + m\boldsymbol{u}$;

(3) $(M+m)\boldsymbol{v} = M\boldsymbol{v}' + m(\boldsymbol{u}+\boldsymbol{v})$; (4) $(M+m)\boldsymbol{v} = M\boldsymbol{v}' + m(\boldsymbol{u}+\boldsymbol{v}')$。

试判断哪个式子是对的? 或者全不对?

2-14 讨论一个质点或物体受外力作用下的运动:

(1) 如果它所受的合外力为零,合外力矩是否一定为零?

(2) 如果它所受的合外力矩为零,合外力是否一定为零?

2-15 我们已学过的许多矢量,如位置矢量、位移矢量、速度、加速度、力、动量、力矩、角速度、角加速度、角动量等,哪些矢量的定义与参考点(原点)的选择有关,哪些与参考点的选择无关?

2-16 试证明:

(1) 如果一个质点系的总动量为零,则此体系对于任意参照点的角动量都相同。

(2) 如果一个质点系所受的外力的矢量和为零,则该体系所受的合外力矩对于所有参考点都相同。

2-17 在计算物体的转动惯量时,可否将物体的质量看作集中在其质心处?

2-18 将一根直尺竖立在光滑的冰面上,如果它倒下来的话,其质心将经过怎样一条轨迹。

二、习题

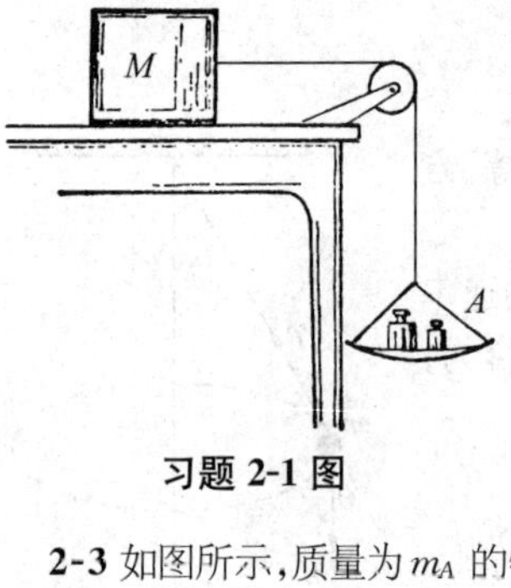

习题 2-1 图

2-1 为了演示木块与水平桌面间的摩擦力,可以利用如图所示的装置,开始时木块静止不动,逐步增加 A 处吊着的盘子中的砝码,直到木块开始在水平桌面上滑动。经过一段时间 t,木块在水平桌面上滑过一段距离 s。如果木块质量为 M,盘子和砝码的总质量为 m,绳子和滑轮的质量可以略去不计,滑轮轴承处光滑,试求木块和桌面的静摩擦系数 μ_0 和动摩擦系数 μ。

2-2 一甲虫在一半球形碗内向上爬,已知球面半径为 R,甲虫和碗的内表面的摩擦系数为 $\mu = 0.25$, 问它可以爬多高?

2-3 如图所示,质量为 m_A 的物体 A 静止放在质量为 m_B 的物体 B 上,物体 B 放在光滑的水平桌面上,A, B 之间的静摩擦系数为 μ_0,若要在 A, B 之间不发生相对运动的条件下,使它们沿水平方向作加速运动,试问:

(1) 当水平外力作用在物体 A 上时,允许施加的最大外力是多少?

(2) 当水平外力作用在物体 B 上时,允许施加的最大外力是多少?

(3) 如果 $m_A = 4\,\text{kg}$, $m_B = 5\,\text{kg}$, 并且当对 B 施加 27 N 的水平外力时,A, B 两物体刚刚开始发生相对滑动,那么如果把水平力施于 A 上,使它们不致发生相对运动的最大水平力是多少?

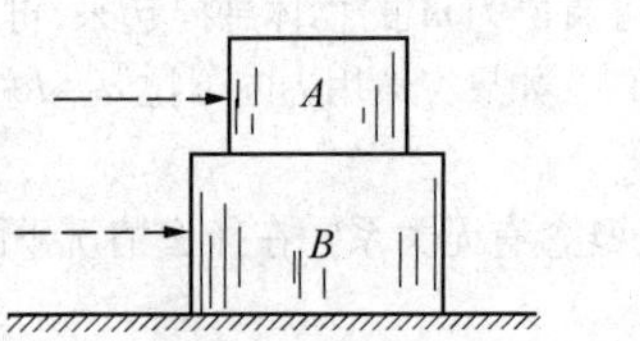

习题 2-3 图

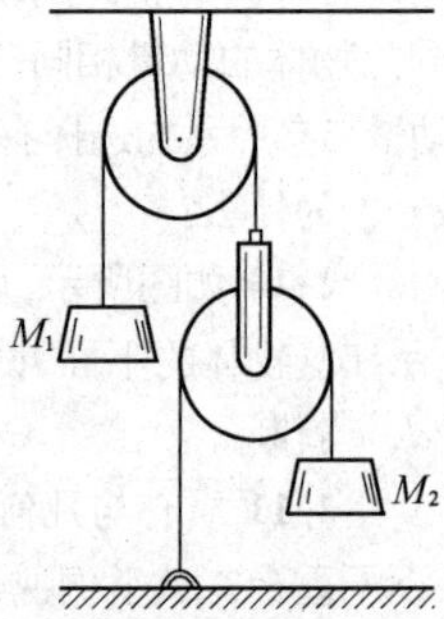

习题 2-4 图

2-4 质量为 M_1 和 M_2 的物体用绳子和滑轮连接成如图所示的系统,若绳子的质量可以忽略且不能伸长,滑轮的质量和轴上的摩擦力也略去不计,求 M_1 的加速度。

2-5 用引力定律证明开普勒第三定律:各行星的公转周期的平方和它们的轨道半径的立方成正比。又

已知火星的公转周期为1.88地球年，地球公转半径 $r_1 = 1.5\times10^{11}\,\mathrm{m}$，试求火星轨道的半径 r_2。

2-6 如图所示，质量为 m 的小球系于长为R 的细绳一端，绳另一端固定于 O 点，小球在竖直平面内绕 O 点作半径为R 的圆周运动，已知小球在最低点时的速率为 v_0，求在任意位置时，小球的速率和绳中的张力。

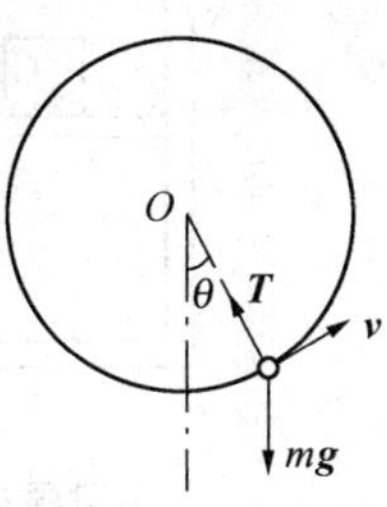

习题 2-6 图

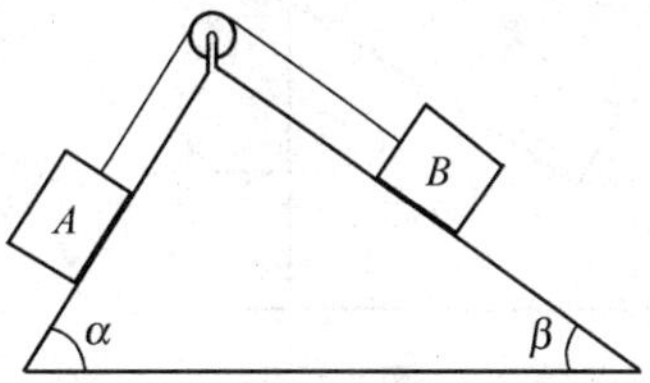

习题 2-7 图

2-7 如图所示，一不会伸长的轻绳跨过定滑轮将放置在两边斜面上的物体 A 和B 连接起来，物体 A 和B 的质量分别为 m_A 和m_B，物体和斜面之间的静摩擦系数为 μ，两个斜面的倾角分别为 α 和β，设 A，B 的初速度为零，试求$\frac{m_A}{m_B}$在什么范围内体系处于平衡状态。

2-8 如图所示，一辆玩具车从一个半径为 R 的半球形的冰堆顶端自由滑下，初速度很小可略去不计，试问：如果忽略摩擦力，则玩具车在离地面多高处离开球面？

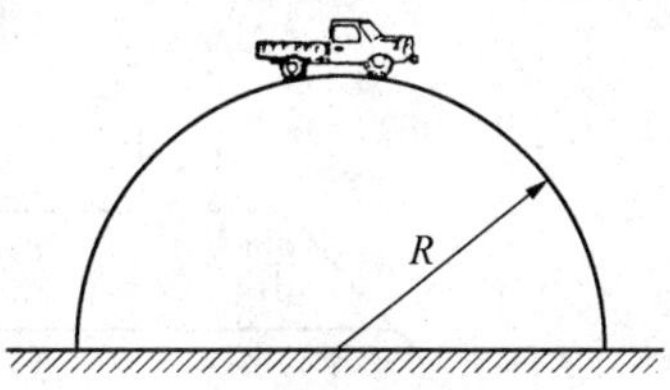

习题 2-8 图

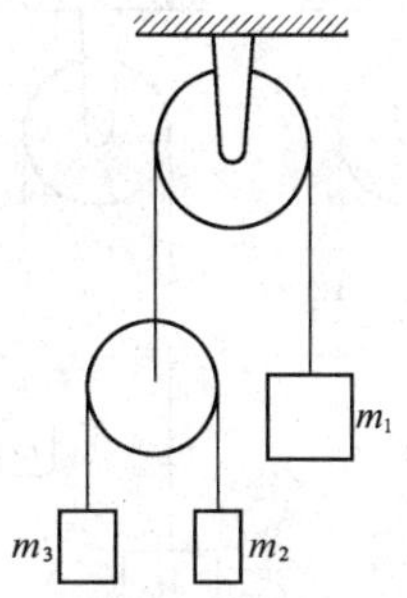

习题 2-9 图

2-9 如图所示，设 $m_1 = 500\,\mathrm{g}$，$m_2 = 200\,\mathrm{g}$，$m_3 = 300\,\mathrm{g}$，滑轮和绳子的质量可略去不计，试问：m_1 是否有加速度，如果有加速度，m_1 以多大加速度、向什么方向运动？（滑轮轴承处都是光滑的且绳子不会伸长）

2-10 如图所示，在光滑的桌面上有一光滑的劈形物体，它的质量是 M，斜面的倾角是 α，在斜面上放一质量为 m 的小物体，试问：

(1) 劈形物体 M 必须相对于桌面有多大的水平加速度，才能保持 m 相对于 M 静止不动？

(2) 对此系统必须施加多大的水平力，才能获得(1)所述的结果？

(3) 如果没有外力作用，求 m 相对于 M 的加速度，以及 m 和 M 相对于地面的加速度。

2-11 如图所示，将一质量为 m 的很小的物体放在一绕竖直轴以每秒 n 转的恒定角速率转动的漏斗中，漏斗的壁与水平面成 θ 角，设物体和漏斗壁间的静摩擦系数为 μ，物体离开转轴的距离为 r，试问：使这物体相对于漏斗静止所需要的最大和最小的 n 值是多少？

2-12 如图所示，升降机里的水平桌面上有一质量为 m 的物体 A，它通过一根跨过位于桌边定滑轮的细线与另一质量为 $2m$ 的物体 B 相连，如图所示。升降机以加速度 $a = \frac{g}{2}$ 向下运动，设 A 物与桌面间的摩擦系数为 μ，略去滑轮轴承处的摩擦及绳的质量，且绳不能伸长，求 A，B 两物体相对地面的加速度。

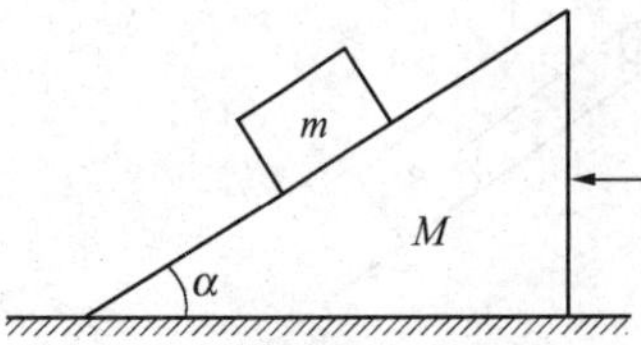

习题 2-10 图

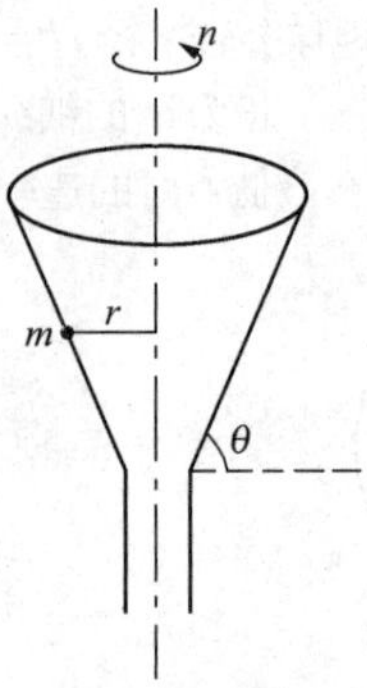

习题 2-11 图

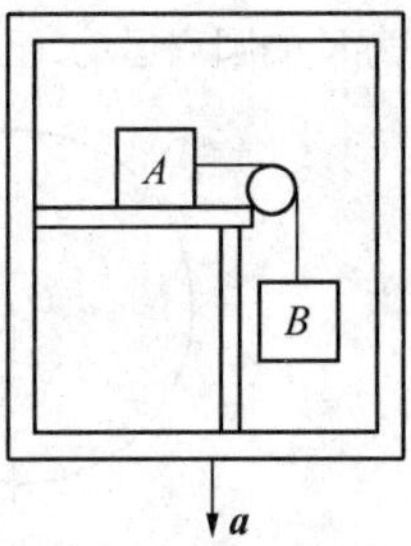

习题 2-12 图

2-13 质量为 m 的小球与光滑的墙壁相碰，假设球在碰撞前、后的速率 v 不变，且入射角 α 等于反射角 β，试求该球在碰撞中动量的改变，并求作用在球上的冲量。若 $m = 0.2\ \text{kg}$，$v = 5\ \text{m} \cdot \text{s}^{-1}$，$\alpha = \beta = 60°$，结果如何？

2-14 如图所示，一质量为 m 的物体，与绳连接，起先绳子是松弛的，用手托住物体 m，以后手移开，m 在自由下落 s 距离后将细绳拉紧，并开始举起系在细绳另一端的一较重的物体 M，设绳和滑轮的质量可略去不计，滑轮轴承处的摩擦力也可忽略，细绳不会伸长，求物体 M 能够上升的高度。

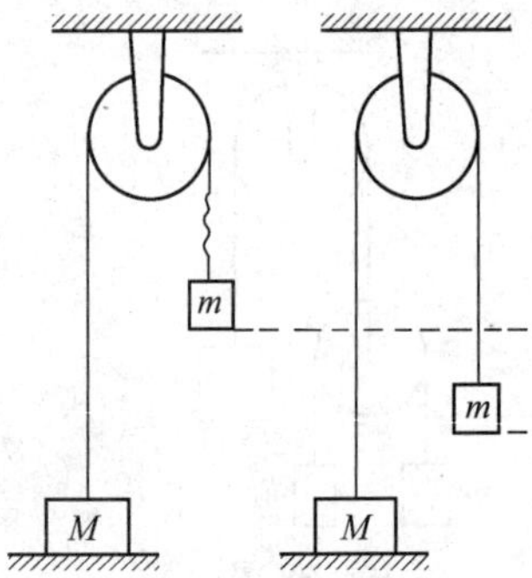

习题 2-14 图

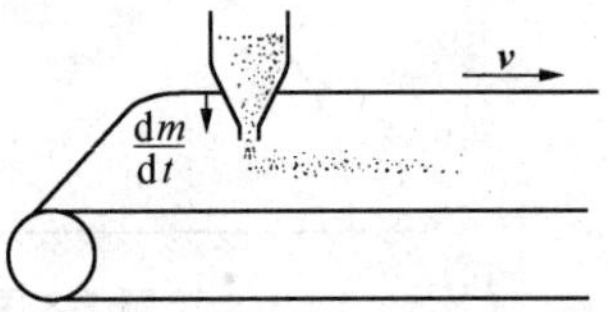

习题 2-15 图

2-15 如图所示，黄沙从料斗垂直下落在水平传送带上，传送带以速率 $v = 1.5\ \text{m} \cdot \text{s}^{-1}$ 向右运动，如果每秒钟落下黄沙 20 kg，试问要维持传送带以恒定速率 v 运动至少需要多大的功率？

2-16 如图所示，将一根质量为 M、长度为 L 的匀质链条用手提着，使其另一端恰好碰到桌面，然后突然放手，链条自由下落。假如每节链环与桌面撞击后就静止在桌面上，试问当链条的上端下落的距离为 l 时，链条作用在桌面上的力为多大？

2-17 如图所示，质量为 M，半径为 R 的四分之一圆弧形滑槽原来静止于光滑水平地面上，质量为 m 的小物体由静止开始沿滑槽从槽顶滑到槽底。求这段时间内滑槽移动的距离 l。

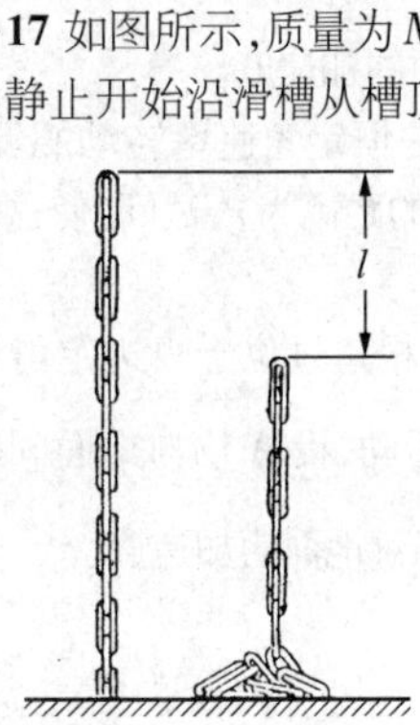

习题 2-16 图

习题 2-17 图

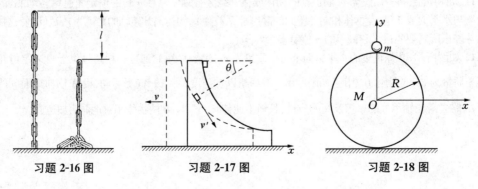

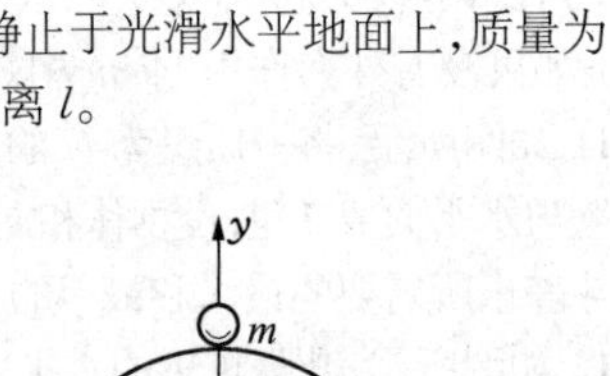

习题 2-18 图

2-18 如图所示，一半径为 R 的光滑球，质量为 M，静止放在光滑的水平桌面上，在球顶点上有一质量为 m 的质点，m 沿 M 球下滑，开始时速度非常小，可略去不计，求 m 离开 M 以前的轨迹。

2-19 一炮弹从炮口以 $400\ \mathrm{m \cdot s^{-1}}$ 的速度与水平方向成 $60°$ 夹角射出，在达到最高点时炸成相等质量的两块，其中一块的速率为零，因而垂直下落，试问另一块在水平方向前进多少距离后着地？（假设空气阻力以及炮口的高度都可忽略不计）

2-20 假设在氢原子中，电子在半径约为 $5.3\times10^{-11}\ \mathrm{m}$ 的圆周上绕氢核作匀速转动，已知电子的角动量为 $h/2\pi\ (h = 6.63\times10^{-34}\ \mathrm{J \cdot s}$，称为普朗克常量），试求其角速度。

2-21 一个形状为实圆柱体的飞轮，半径为 0.5 m、质量为 1 200 kg，以 $150\ \mathrm{rad \cdot s^{-1}}$ 的角速率在轴承上自由转动（轴承的摩擦力可略去不计），在制动过程中，用制动片压住飞轮边缘使它因摩擦而停止转动。设制动片的压力为 392 N，制动片和飞轮间的摩擦系数为 0.4，并假设摩擦系数与两表面的相对速率无关。试问：

(1) 从开始制动时起飞轮转过多少角度后停止转动？

(2) 飞轮达到静止需要多少时间？

2-22 一个质量为 2.0 kg、半径为 4.0 cm 的实圆盘只能绕其自身的轴转动，该轴是光滑的，并水平地搁置着。有一根不会伸长的轻绳缠绕在它上面，绳的一端固定在圆盘上，另一端自由下垂并挂有一质量 m 为 0.15 kg 的物体，如图所示，求：

(1) 下垂物体的加速度。

(2) 圆盘的角加速度。

(3) 绳子的张力。

(4) 支持圆盘的轴所需的竖直向上的力。

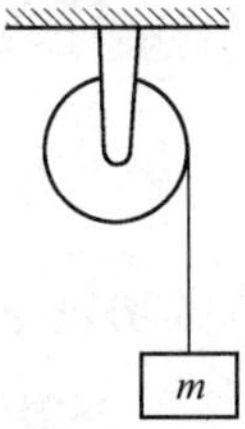

习题 2-22 图

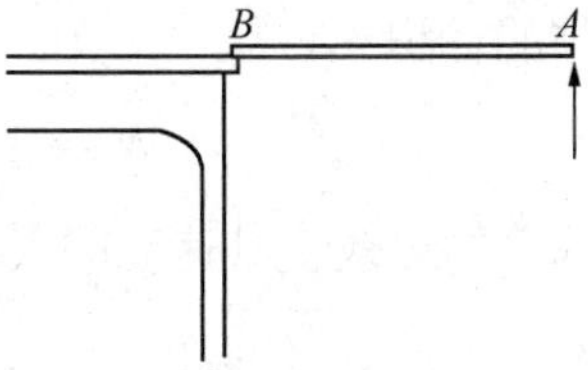

习题 2-23 图

2-23 如图所示，一根质量为 m、长度为 l 的均匀细杆，其一端 B 水平地搁在桌子边沿上，另一端 A 用手托住。问在突然撒手的瞬时：

(1) 绕 B 点的力矩是多少？

(2) 绕 B 点的角加速度是多少？

(3) 杆的质心的铅直加速度是多少？

(4) 作用在 B 点的铅直力是多少？

2-24 利用角动量守恒定律证明有关行星运动的开普勒第二定律：行星相对太阳的矢径在单位时间内扫过的面积（面积速度）是常量。

2-25 质量为 m、线长为 l 的单摆，可绕点 O 在竖直平面内摆动，如图所示。初始时刻摆线被拉至水平，然后自由放下，试求：

(1) 摆线与水平线成 θ 角时摆球所受到的对点 O 的力矩及摆球的角动量；

(2) 摆球到达点 B 时角速度的大小。

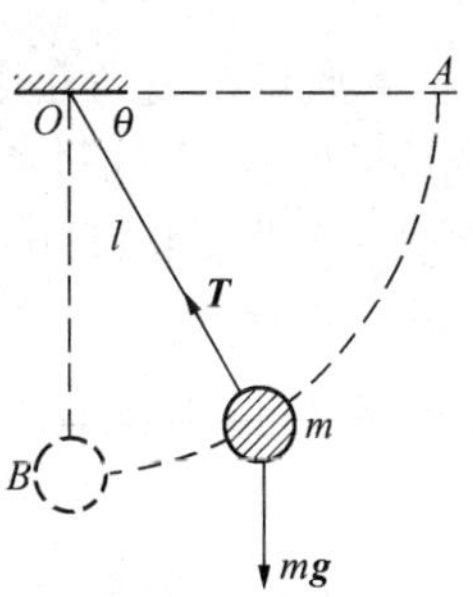

习题 2-25 图

第三章 功与能、机械能守恒定律

§3.1 功和功率

3.1.1 力的功和功率

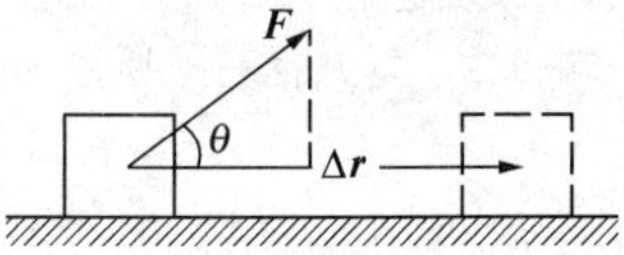

图 3.1-1 恒力做功

前面已经说过,改变质点的运动状态需要有力的作用,还需要经历一个过程。力的作用在时间上的累积表现为冲量,而力的作用在空间上的累积表现为功。设质点在恒力 $\boldsymbol{F}$ 作用下沿一直线运动,位移为 $\Delta\boldsymbol{r}$,力 $\boldsymbol{F}$ 的方向与物体位移间成 θ 角,则力 $\boldsymbol{F}$ 对质点所做功 W 的定义为力在质点位移方向上的分量与质点位移的乘积,如图 3.1-1 所示,

$$W = F\cos\theta \mid \Delta\boldsymbol{r} \mid$$

或表示为力与质点位移的标积:

$$W = \boldsymbol{F} \cdot \Delta\boldsymbol{r} \tag{3.1-1}$$

因为在质点位移方向的分力只改变其速度的大小,所以对物体做功只与物体速度的大小变化相联系。

功是标量,没有方向,但有正负。当 $0 \leqslant \theta < \frac{\pi}{2}$ 时, $W > 0$, 力 $\boldsymbol{F}$ 对质点做正功;当 $\frac{\pi}{2} < \theta \leqslant \pi$ 时, $W < 0$, 力 $\boldsymbol{F}$ 对质点做负功,或说质点反抗外力做了功;当 $\theta = \frac{\pi}{2}$ 时,力对质点不做功,例如系着小球作圆周运动的绳中的张力对小球不做功。

在国际单位制中,功的单位称为焦耳,符号为 J,

$$1\,\mathrm{J} = 1\,\mathrm{N \cdot m}$$

若质点在变力作用下沿曲线运动,如图 3.1-2 所示,在从 a 点移动到 b 点的过程中,将质点的运动轨道分成许多小段,使任一小段都很短,可近似看成直线。每小段上质点所受的力可看作恒力,则在任一小段位移 $\Delta\boldsymbol{r}_i$ 上,力对质点所做的元功可用(3.1-1)式表示为

$$\Delta W_i = \boldsymbol{F}_i \cdot \Delta\boldsymbol{r}_i$$

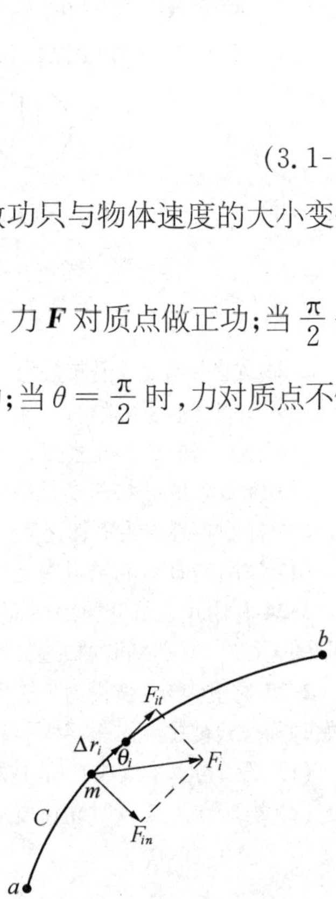

图 3.1-2 变力做功

质点从 a 沿曲线移动到 b 的过程中,力 $\boldsymbol{F}$ 对物体所做的功等于元功之总和,可写成

$$W = \sum_{i=1}^{n} \boldsymbol{F}_i \cdot \Delta \boldsymbol{r}_i$$

上式在 $|\Delta \boldsymbol{r}_i| \to 0$ 的极限情况下可写成积分形式

$$W = \int_a^b \boldsymbol{F} \cdot \mathrm{d}\boldsymbol{r} \tag{3.1-2}$$

当质点受几个力 $\boldsymbol{F}_1$, $\boldsymbol{F}_2$, … 共同作用时,力对质点所做的功可写成合力 $\boldsymbol{F} = \sum_i \boldsymbol{F}_i$ 的功或分力的功的代数和:

$$W = \int_a^b \boldsymbol{F} \cdot \mathrm{d}\boldsymbol{r} = \int_a^b \boldsymbol{F}_1 \cdot \mathrm{d}\boldsymbol{r} + \int_a^b \boldsymbol{F}_2 \cdot \mathrm{d}\boldsymbol{r} + \cdots \tag{3.1-3}$$

在直角坐标系中,功可用下式计算:

$$\begin{aligned} W &= \int_a^b (F_x \boldsymbol{i} + F_y \boldsymbol{j} + F_z \boldsymbol{k}) \cdot (\mathrm{d}x \boldsymbol{i} + \mathrm{d}y \boldsymbol{j} + \mathrm{d}z \boldsymbol{k}) \\ &= \int_a^b (F_x \mathrm{d}x + F_y \mathrm{d}y + F_z \mathrm{d}z) \end{aligned} \tag{3.1-4}$$

力在单位时间内所做的功称功率,用符号 P 表示,若在 $\mathrm{d}t$ 时间内力所做的功为 $\mathrm{d}W$,则

$$P = \frac{\mathrm{d}W}{\mathrm{d}t} = \boldsymbol{F} \cdot \frac{\mathrm{d}\boldsymbol{r}}{\mathrm{d}t} = \boldsymbol{F} \cdot \boldsymbol{v} \tag{3.1-5}$$

即作用力对质点做功的瞬时功率等于作用力与质点在该时刻速度的标积。

在国际单位制中,功率的单位为瓦特,符号为 W。

$$1\ \mathrm{W} = 1\ \mathrm{J} \cdot \mathrm{s}^{-1}$$

3.1.2 力矩的功和功率

讨论质点在平面上绕固定轴 O 转动的情况。设力 $\boldsymbol{F}$ 在质点转动的平面内,从 O 指向质点 P 的位矢 $\boldsymbol{r}$ 在力 $\boldsymbol{F}$ 的作用下转过一无限小角度 $\mathrm{d}\varphi$,如图 3.1-3 所示,这时 P 点的位移 $\mathrm{d}\boldsymbol{r}$ 与位矢 $\boldsymbol{r}$ 垂直,大小为 $|\mathrm{d}\boldsymbol{r}| = r\mathrm{d}\varphi$, 因此力 $\boldsymbol{F}$ 所做的功为

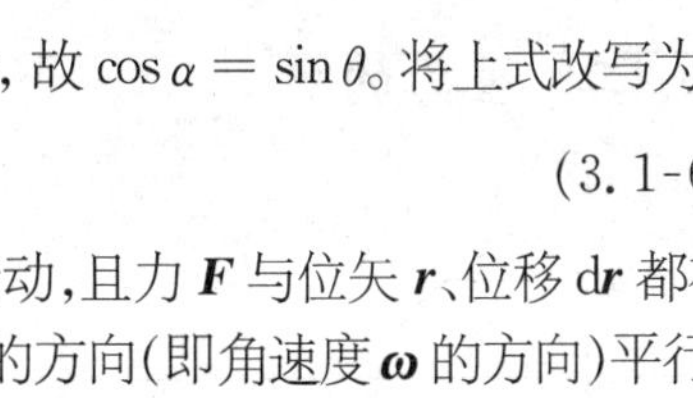

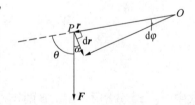

图 3.1-3 力矩的功

$$\mathrm{d}W = \boldsymbol{F} \cdot \mathrm{d}\boldsymbol{r} = F\,|\mathrm{d}\boldsymbol{r}|\cos\alpha = F(r\mathrm{d}\varphi)\sin\theta$$

式中 α 为 $\boldsymbol{F}$ 与 $\mathrm{d}\boldsymbol{r}$ 间的夹角,θ 是 $\boldsymbol{F}$ 与 $\boldsymbol{r}$ 之间的夹角,由于 $\mathrm{d}\boldsymbol{r} \perp \boldsymbol{r}$, 故 $\cos\alpha = \sin\theta$。将上式改写为

$$\mathrm{d}W = rF\sin\theta\mathrm{d}\varphi = M\mathrm{d}\varphi \tag{3.1-6}$$

式中 M 为力 $\boldsymbol{F}$ 对转轴 O 的力矩。上式适用于质点绕固定轴转动,且力 $\boldsymbol{F}$ 与位矢 $\boldsymbol{r}$、位移 $\mathrm{d}\boldsymbol{r}$ 都在同一个平面内的情况。这时力矩 $\boldsymbol{M} = \boldsymbol{r} \times \boldsymbol{F}$ 与角位移矢量 $\mathrm{d}\boldsymbol{\varphi}$ 的方向(即角速度 $\boldsymbol{\omega}$ 的方向)平行。

从形式上看, $\mathrm{d}W = M\mathrm{d}\varphi$ 与 $\mathrm{d}W = \boldsymbol{F} \cdot \mathrm{d}\boldsymbol{r}$ 相对应,$\boldsymbol{M}$ 对应于 $\boldsymbol{F}$, $\mathrm{d}\boldsymbol{\varphi}$ 对应于 $\mathrm{d}\boldsymbol{r}$, $M\mathrm{d}\varphi$ 可看成在质点绕固定轴转动的情况下力矩的空间积累效应。

力矩在单位时间内的功亦为功率,

$$P = \frac{\mathrm{d}W}{\mathrm{d}t} = M\frac{\mathrm{d}\varphi}{\mathrm{d}t} = M\omega \tag{3.1-7}$$

式中 ω 为质点绕固定轴转动的角速度。上式和力的功率(3.1-5)式在形式上也彼此对应。

§3.2 几种力的功、势能

3.2.1 保守力的功

由功的计算式 $W=\int_a^b \boldsymbol{F}\cdot d\boldsymbol{r}$ 可知,一般情况下力 $\boldsymbol{F}$ 所做的功不仅与力 $\boldsymbol{F}$ 以及物体的初、末位置 a, b 有关,而且与物体所经过的路径有关。但在分析了各种力作功的情况后发现,有些力的功只与物体的初、末位置有关,而与物体所经过的实际路径无关。具有这种性质的力称为保守力,不具备这种性质的力称非保守力。下面分析几种力做功的性质。

一、弹性力的功

如图 3.2-1 所示,弹簧一端固定,另一端连接质量为 m 的物体,放在光滑水平面上,取物体的平衡位置为 x 轴的原点。将弹簧拉长或压缩,当物体处于位置 x 时,弹簧的弹性力为

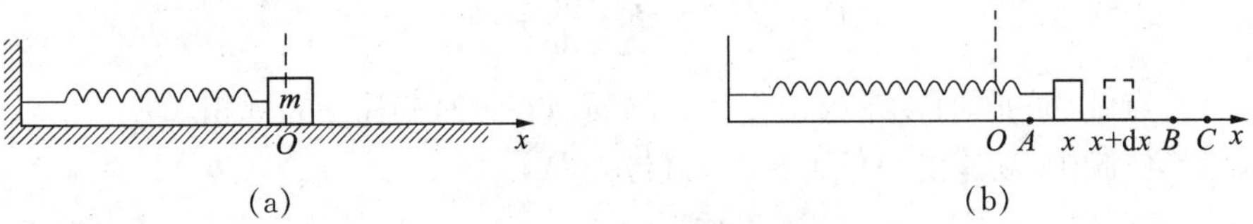

图 3.2-1 弹性力的功

$$\boldsymbol{F}=-kx\boldsymbol{i}$$

在物体由 A 点移动到 B 点的过程中弹性力所做的功为

$$W=\int_{A\to B} dW=\int_{A\to B}\boldsymbol{F}\cdot d\boldsymbol{r}=\int_{x_A}^{x_B}(-kx)\boldsymbol{i}\cdot(dx\boldsymbol{i})$$

$$=\frac{1}{2}kx_A^2-\frac{1}{2}kx_B^2 \tag{3.2-1}$$

式中 x_A, x_B 分别表示 A, B 两点位置的坐标。此结果表明,弹性力的功与物体始、末位置有关,与具体路径无关。

二、重力的功

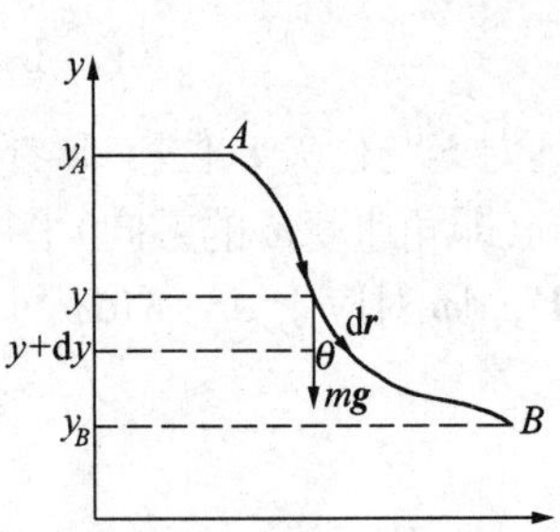

图 3.2-2 重力的功

质量为 m 的物体在重力场中沿任一曲线从 A 点移动到 B 点,如图 3.2-2 所示。重力 $m\boldsymbol{g}$ 所做的功为

$$W=\int_{A\to B}\boldsymbol{F}\cdot d\boldsymbol{r}=\int_{A\to B}m\boldsymbol{g}\cdot d\boldsymbol{r}=\int_{A\to B}-mg\boldsymbol{j}\cdot(dx\boldsymbol{i}+dy\boldsymbol{j}+dz\boldsymbol{k})$$

$$=\int_{y_A}^{y_B}-mg\,dy=mg(y_A-y_B) \tag{3.2-2}$$

重力所做的功也只与始、末两点的位置有关,与所经过的路径

无关。

三、万有引力的功

设有两个质量分别为M和m的质点，M静止不动，$\boldsymbol{r}$表示任一时刻t由M指向m的位矢，如图3.2-3所示。质点m受到M的万有引力为$\boldsymbol{F}=-G\dfrac{Mm}{r^2}\boldsymbol{r}^0$，$\boldsymbol{r}^0$为沿$\boldsymbol{r}$的单位矢量，当质点$m$从$A$点沿任一曲线运动到$B$点的过程中，万有引力的功为

$$W=\int_{A\to B}-G\frac{Mm}{r^2}\boldsymbol{r}^0\cdot \mathrm{d}\boldsymbol{r}=\int_{r_A}^{r_B}-G\frac{Mm}{r^2}\mathrm{d}r$$

$$=GMm\left(\frac{1}{r_B}-\frac{1}{r_A}\right) \tag{3.2-3}$$

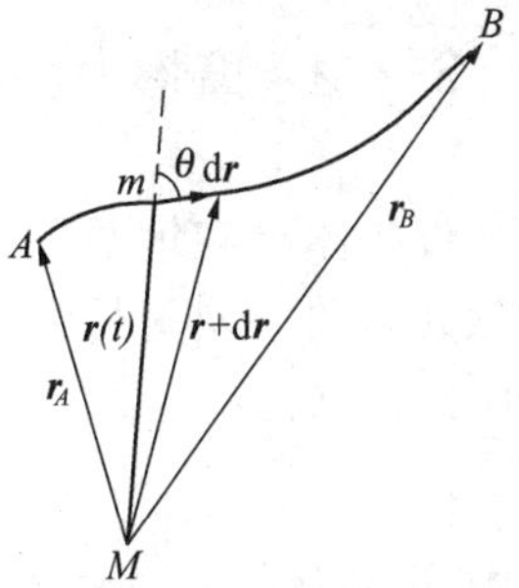

图3.2-3　万有引力的功

上式中$\boldsymbol{r}^0\cdot \mathrm{d}\boldsymbol{r}=|\mathrm{d}\boldsymbol{r}|\cos\theta|\boldsymbol{r}^0|=\mathrm{d}r$，$\mathrm{d}r=\mathrm{d}|\boldsymbol{r}|$是位矢$\boldsymbol{r}$的模的微分，勿与位移$\mathrm{d}\boldsymbol{r}$的数值相混。由上式可见，万有引力的功只与$G$，$M$，$m$及质点$m$的初始和末了位置有关，与$A$到$B$点的具体路径无关。

对引力的功的结论，可以推广到一般的各向同性的有心力，即力的方向沿质点与力心(取为原点)的连线，大小只与质点与力心的距离有关的力。

从以上讨论可知，弹性力、重力和万有引力(包括有心力)都是保守力，用数学形式表示为

$$\int_{L_1(A\to B)}\boldsymbol{F}_c\cdot \mathrm{d}\boldsymbol{r}=\int_{L_2(A\to B)}\boldsymbol{F}_c\cdot \mathrm{d}\boldsymbol{r} \tag{3.2-4}$$

式中$\boldsymbol{F}_c$表示保守力，L_1，L_2是从初始位置A到终了位置B的任意两条曲线，如图3.2-4所示。若以L_2'表示L_2的反方向路径，即从B到A，则$\boldsymbol{F}_c$沿L_2'所做的功为沿L_2的功的负值

$$\int_{L_2'(B\to A)}\boldsymbol{F}_c\cdot \mathrm{d}\boldsymbol{r}=-\int_{L_2(A\to B)}\boldsymbol{F}_c\cdot \mathrm{d}\boldsymbol{r}$$

代入(3.2-4)式，则

$$\int_{L_1(A\to B)}\boldsymbol{F}_c\cdot \mathrm{d}\boldsymbol{r}+\int_{L_2'(B\to A)}\boldsymbol{F}_c\cdot \mathrm{d}\boldsymbol{r}=0$$

或

$$\oint\boldsymbol{F}_c\cdot \mathrm{d}\boldsymbol{r}=0 \tag{3.2-5}$$

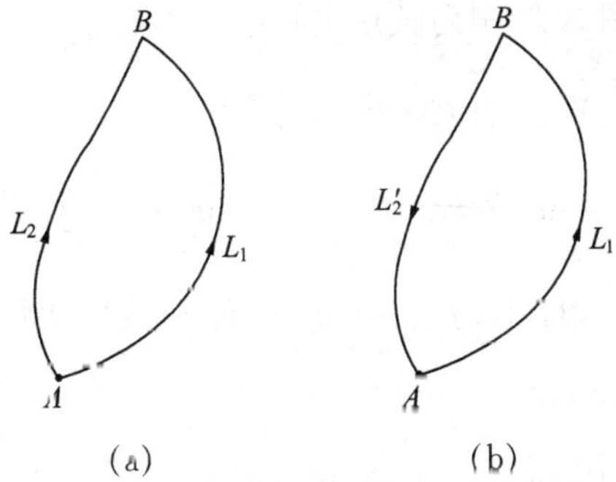

图3.2-4

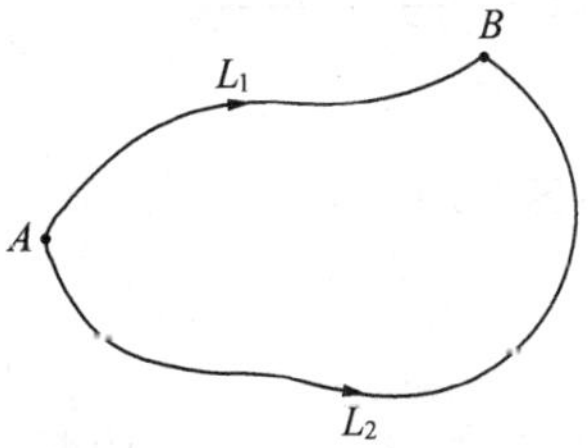

图3.2-5　摩擦力的功

符号$\oint$代表沿任一闭合路径的曲线积分，(3.2-5)式表明保守力沿任一闭合路径的线积分为零。这是保守力的判据。

3.2.2 摩擦力的功

设物体 m 在地面上由一点 A 移到另一点 B，如图 3.2-5 所示。m 与地面之间的滑动摩擦系数为 μ，在运动过程中 m 受地面摩擦力为 $f=\mu mg$，方向永远与位移 $\mathrm{d}\boldsymbol{r}$ 的方向相反，摩擦力所做元功为

$$\mathrm{d}W=-\mu mg\mid \mathrm{d}\boldsymbol{r}\mid=-\mu mg\,\mathrm{d}s$$

式中 $\mathrm{d}s$ 为路径上的线元。若物体沿路径 L_1 从 A 到 B 点，则摩擦力的功为

$$W_1=\int_{L_1}\mathrm{d}W=-\mu mg\int_{L_1}\mathrm{d}s=-\mu mgs_1 \tag{3.2-6}$$

式中 s_1 表示沿 L_1 从 A 点到 B 点的路程。若沿 L_2 路径从 A 到 B，则有

$$W_2=\int_{L_2}\mathrm{d}W=-\mu mg\int_{L_2}\mathrm{d}s=-\mu mgs_2 \tag{3.2-7}$$

式中 s_2 是沿 L_2路径从 A 到 B 的路程。可见，摩擦力做功不仅与始、末位置有关，而且与所经过的路径有关。路程越长，摩擦力所做的功越大。因此，摩擦力是非保守力。

3.2.3 功和参照系的关系

一、一对内力的功之和与参照系无关

如图 3.2-6 所示，设 m_1 和 m_2 两质点间的相互作用力分别为 $\boldsymbol{f}_1$ 和 $\boldsymbol{f}_2$。于某参照系 S 中考察，在时刻 t，两质点的矢径分别为 $\boldsymbol{r}_1$ 和 $\boldsymbol{r}_2$，在内力作用下经过 $\mathrm{d}t$ 时间，位移分别为 $\mathrm{d}\boldsymbol{r}_1$ 和 $\mathrm{d}\boldsymbol{r}_2$，两者受到的作用力和反作用力做功之和为

$$W=W_1+W_2=\int\boldsymbol{f}_1\cdot\mathrm{d}\boldsymbol{r}_1+\int\boldsymbol{f}_2\cdot\mathrm{d}\boldsymbol{r}_2$$

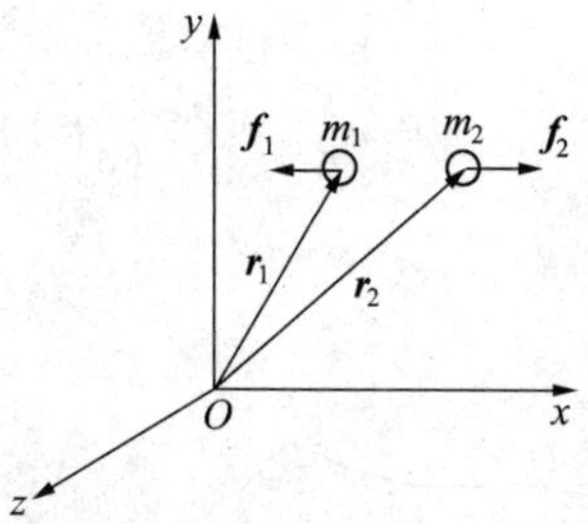

图 3.2-6

若另有一个参照系 S'，相对于 S 系的速度为 $\boldsymbol{v}$，则在 $\mathrm{d}t$ 时间内，m_1 和 m_2 相对于 S'的位移分别为

$$\mathrm{d}\boldsymbol{r}'_1=\mathrm{d}\boldsymbol{r}_1-\boldsymbol{v}\mathrm{d}t,\ \mathrm{d}\boldsymbol{r}'_2=\mathrm{d}\boldsymbol{r}_2-\boldsymbol{v}\mathrm{d}t$$

在 S'系中作用力和反作用力做功之和为

$$\begin{aligned}W'&=W'_1+W'_2=\int\boldsymbol{f}_1\cdot\mathrm{d}\boldsymbol{r}'_1+\int\boldsymbol{f}_2\cdot\mathrm{d}\boldsymbol{r}'_2\\&=\int\boldsymbol{f}_1\cdot(\mathrm{d}\boldsymbol{r}_1-\boldsymbol{v}\mathrm{d}t)+\int\boldsymbol{f}_2\cdot(\mathrm{d}\boldsymbol{r}_2-\boldsymbol{v}\mathrm{d}t)\\&=\int\boldsymbol{f}_1\cdot\mathrm{d}\boldsymbol{r}_1+\int\boldsymbol{f}_2\cdot\mathrm{d}\boldsymbol{r}_2-\int(\boldsymbol{f}_1+\boldsymbol{f}_2)\cdot\boldsymbol{v}\mathrm{d}t\end{aligned}$$

由牛顿第三定律，$\boldsymbol{f}_1=-\boldsymbol{f}_2$，故得

$$W'=W'_1+W'_2=\int\boldsymbol{f}_1\cdot\mathrm{d}\boldsymbol{r}_1+\int\boldsymbol{f}_2\cdot\mathrm{d}\boldsymbol{r}_2=W_1+W_2=W \tag{3.2-8}$$

由于参照系 S 和 S' 是任意选取的，它们之间相对运动的速度可取任意的值，因此，(3.2-8)式表明：在任何参照系里(不论是惯性参照系还是非惯性参照系)一对内力做功之和相同。

根据上面结论，计算一对作用力与反作用力做功的最简单方法是选取相对于其中一个质点为静止的参照系，任何力对该质点的功一定为零，只需计算反作用力对另外一个质点的功就可以了。例如，选相对于 m_2 为静止的参照系，则 m_1 相对于 m_2 的位移为 $\mathrm{d}(\boldsymbol{r}_1-\boldsymbol{r}_2)$，一对内力的功之和为

$$W'=W_1'+W_2'=\int \boldsymbol{f}_1\cdot(\mathrm{d}\boldsymbol{r}_1-\mathrm{d}\boldsymbol{r}_2)=\int \boldsymbol{f}_1\cdot \mathrm{d}\boldsymbol{r}_1' \tag{3.2-9}$$

式中 $\mathrm{d}\boldsymbol{r}_1'$ 是在 m_2 为静止的参照系中选取 m_2 的位置为坐标原点时 m_1 的位移。

二、外力的总功与参照系有关

设作用在物体系第 i 个质点上的外力为 $\boldsymbol{F}_i$，该质点的位移为 $\mathrm{d}\boldsymbol{r}_i$，则 $\boldsymbol{F}_i$ 对第 i 个质点所做的功为

$$W_{i外}=\int_{\boldsymbol{r}_{i0}}^{\boldsymbol{r}_i}\boldsymbol{F}_i\cdot \mathrm{d}\boldsymbol{r}_i$$

式中 $\boldsymbol{r}_{i0}$、$\boldsymbol{r}_i$ 是该质点初始和终了时的位矢，因此外力对体系所做的总功

$$W_{外}=\sum_i W_{i外}=\sum_i\int_{\boldsymbol{r}_{i0}}^{\boldsymbol{r}_i}\boldsymbol{F}_i\cdot \mathrm{d}\boldsymbol{r}_i \tag{3.2-10}$$

设 S' 系相对于 S 系以速度 $\boldsymbol{v}$ 运动，由于 $\mathrm{d}\boldsymbol{r}_i$ 与参照系有关，$\mathrm{d}\boldsymbol{r}_i=\mathrm{d}\boldsymbol{r}_i'+\boldsymbol{v}\mathrm{d}t$，则

$$\begin{aligned}W_{外}&=\sum_i\int \boldsymbol{F}_i\cdot(\mathrm{d}\boldsymbol{r}_i'+\boldsymbol{v}\mathrm{d}t)=\sum_i\int \boldsymbol{F}_i\cdot \mathrm{d}\boldsymbol{r}_i'+\int\Big(\sum_i \boldsymbol{F}_i\Big)\cdot\boldsymbol{v}\mathrm{d}t\\&=W'_{外}+\int\Big(\sum_i \boldsymbol{F}_i\Big)\cdot\boldsymbol{v}\mathrm{d}t\end{aligned}$$

可见 $W_{外}\neq W'_{外}$，即外力总功与参照系有关。

若将各质点的位矢写成质心位矢与相对于质心的位矢之和，则

$$\begin{aligned}W_{外}&=\sum_i\int \boldsymbol{F}_i\cdot \mathrm{d}\boldsymbol{r}_i=\sum_i\int \boldsymbol{F}_i\cdot(\mathrm{d}\boldsymbol{r}_C+\mathrm{d}\boldsymbol{r}_i')\\&=\int\Big(\sum_i \boldsymbol{F}_i\Big)\cdot \mathrm{d}\boldsymbol{r}_C+\sum_i\int \boldsymbol{F}_i\cdot \mathrm{d}\boldsymbol{r}_i'\end{aligned} \tag{3.2-11}$$

上式表明：外力的总功等于外力矢量和对质心所做的功(上式右边第一项)与外力在质心系中对各质点所做总功(上式右边第二项)之和。

若外力的大小与质点质量成正比，且所有的外力方向相同，如重力那样，则上式右边第二项为零：

$$\begin{aligned}\sum_i\int \boldsymbol{F}_i\cdot \mathrm{d}\boldsymbol{r}_i'&=\sum_i\int m_i\boldsymbol{g}\cdot \mathrm{d}\boldsymbol{r}_i'=\boldsymbol{g}\cdot\Big(\sum_i\int m_i\mathrm{d}\boldsymbol{r}_i'\Big)\\&=\boldsymbol{g}\cdot\Big(\sum_i m_i\Big)\boldsymbol{r}_C'=\boldsymbol{g}\cdot 0=0\end{aligned} \tag{3.2-12}$$

因此，对于只有重力作用的体系，重力的总功等于重力之和对体系质心所做的功。

3.2.4　势能

由以上讨论可知，各种不同保守力的功的具体形式虽不同，但都可以表示为某种仅与物

体位置有关的标量函数在初始和终了位置的数值之差。因此,存在一个由系统内部质点之间的相对位置决定的状态函数,我们称之为势能,并规定:系统相对位置变化的过程中,成对保守内力做功之和等于系统势能的减少量。对于 M 和 m 组成的两质点体系,采用(3.2-9)式,即以 M 的位置为坐标原点,则 m 的势能就可以表示体系的势能。用 E_p 表示势能,则

$$W = \int_a^b \boldsymbol{F}_c \cdot \mathrm{d}\boldsymbol{r} = -(E_{pb} - E_{pa}) = -\Delta E_p \tag{3.2-13}$$

要选定一个位置作为势能零点,才能确定任一位置系统的势能值,例如,当把上式中 b 点选为势能零点时,即 $E_{pb} = 0$, m 在任意位置 a 处的势能为

$$E_{pa} = \int_a^b \boldsymbol{F}_c \cdot \mathrm{d}\boldsymbol{r} \tag{3.2-14}$$

上式说明:m 在任一位置的势能等于 m 从该位置沿任意路径移动到势能零点的过程中,保守内力所做的功。

由势能的定义可知,势能是属于相互作用的系统的,且只有在保守内力作用下才能引进势能,但是求解势能一般都采用上面这种最简单的方法。

把(3.2-1)、(3.2-2)、(3.2-3)式与(3.2-14)式进行比较,可得各种势能的表达式:

(1) 弹性势能

$$E_p = \frac{1}{2}kx^2 \tag{3.2-15}$$

式中选弹簧为自然长度时振子的位置作为弹性势能零点和坐标原点。

(2) 重力势能

$$E_p = mgh \tag{3.2-16}$$

式中选地面为重力势能零点,h 为质点离地面的高度。

(3) 引力势能

$$E_p = -G\frac{m_1 m_2}{r} \tag{3.2-17}$$

式中选两质点相距无穷远处为引力势能零点。

§3.3 动能定理

3.3.1 质点的动能和动能定理

合力的时间积累效应改变了质点的动量,合力的空间积累效应则改变了质点的动能。讨论质点 m 受合力 $\boldsymbol{F}$ 的作用沿曲线从 a 点移动到 b 点过程中合力的功,

$$\begin{aligned} W &= \int \mathrm{d}W = \int \boldsymbol{F} \cdot \mathrm{d}\boldsymbol{r} = \int m\frac{\mathrm{d}\boldsymbol{v}}{\mathrm{d}t} \cdot \mathrm{d}\boldsymbol{r} = \int m\boldsymbol{v} \cdot \mathrm{d}\boldsymbol{v} \\ &= \int m(v_x \mathrm{d}v_x + v_y \mathrm{d}v_y + v_z \mathrm{d}v_z) \\ &= \frac{1}{2}m\int \mathrm{d}(v_x^2 + v_y^2 + v_z^2) = \frac{1}{2}m\int_{v_0}^{v} \mathrm{d}v^2 \end{aligned}$$

$$= \frac{1}{2}mv^2 - \frac{1}{2}mv_0^2 \tag{3.3-1}$$

式中$\frac{1}{2}mv^2$ 称为动能,用 E_k 表示。动能反映了运动物体做功的本领,上式中 v_0 和 v 分别表示质点在合力作用的初始和终了时的速率,因此(3.3-1)式表示合力对质点所做的功等于质点动能的增量。这就是质点的动能定理,可表达为

$$W = E_k - E_{k_0} = \Delta E_k \tag{3.3-2}$$

由于动能定理是在牛顿第二定律的基础上导出的,因而只在惯性系中成立。另外,由§3.2的讨论知道,功的数值与参照系有关,而动能与速率有关,故也与参照系有关。但在同一惯性系中,功与动能之间的关系仍满足动能定理。这就是力学相对性原理在质点的动能定理中的体现。

3.3.2　刚体定轴转动的动能定理

对绕固定轴转动的刚体,其上任一质元质量为 m_i,速率为 $v_i = \omega R_i$, 其动能为

$$E_{ik} = \frac{1}{2}m_i v_i^2 = \frac{1}{2}m_i R_i^2 \omega^2$$

整个刚体的动能等于所有质元的动能之和,即

$$E_k = \sum_i E_{ik} = \sum_i \frac{1}{2}m_i R_i^2 \omega^2 = \frac{1}{2}\left(\sum_i m_i R_i^2\right)\omega^2 = \frac{1}{2}I\omega^2 \tag{3.3-3}$$

式中$\frac{1}{2}I\omega^2$ 是刚体绕固定轴转动所具有的动能,也称转动动能,形式上与一个质点的动能$\frac{1}{2}mv^2$相对应。

对绕 z 轴转动的刚体有

$$M = \frac{\mathrm{d}L}{\mathrm{d}t} = I\frac{\mathrm{d}\omega}{\mathrm{d}t}$$

力矩的功为

$$W = \int M\mathrm{d}\varphi = \int I\frac{\mathrm{d}\omega}{\mathrm{d}t}\mathrm{d}\varphi = \int_{\omega_0}^{\omega} I\omega \cdot \mathrm{d}\omega$$

$$= \frac{1}{2}I\omega^2 - \frac{1}{2}I\omega_0^2 \tag{3.3-4}$$

式中 ω_0, ω 分别为刚体在力矩作用过程的初始和终了时刻的角速度。上式表明:合外力矩对定轴转动刚体所做的功等于刚体转动动能的增量。这就是刚体定轴转动的动能定理。

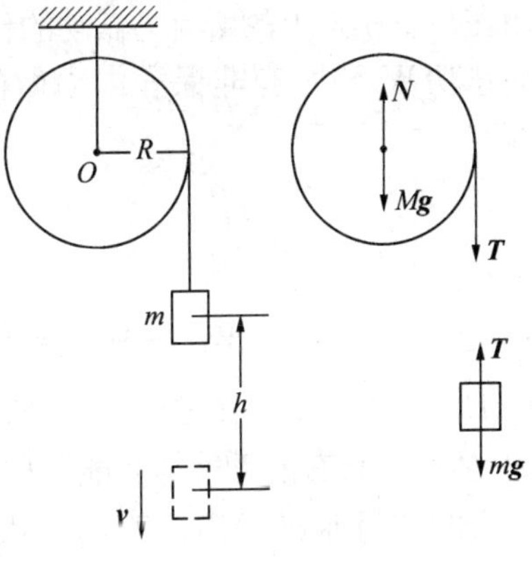

图 3.3-1

例 1　如图 3.3-1 所示,质量为 M、半径为 R 的均质圆柱形定滑轮可绕光滑的水平轴转动,滑轮上紧绕轻绳,绳的一端挂着一质量为 m 的物体。物体由静止释放,求物体下落 h 时的速度。

解　物体在运动过程中受重力 mg 和绳子张力 T

的作用。应用动能定理,有

$$(mg - T)h = \frac{1}{2}mv^2 \qquad ①$$

滑轮和细绳组成的体系受 3 个外力 $\boldsymbol{T}$, $\boldsymbol{Mg}$ 和轴的约束力 $\boldsymbol{N}$ 的作用。$\boldsymbol{Mg}$ 和 $\boldsymbol{N}$ 两个力通过转轴,对定轴转动的滑轮不做功。张力的力矩 TR 对体系做功。由转动的动能定理

$$W = \int_0^\theta TR\,\mathrm{d}\theta = \frac{1}{2}I\omega^2 \qquad ②$$

式中 θ 为物体下落 h 高度时滑轮转过的角度,$I = \frac{1}{2}MR^2$ 为滑轮的转动惯量,因绳子与滑轮间无相对滑动,故有

$$v = \omega R \text{ 及 } h = R\theta \qquad ③$$

解以上 3 式,得

$$v = \sqrt{2gh\left(\frac{m}{m + M/2}\right)}$$

讨论:若滑轮质量可忽略不计,则 $v = \sqrt{2gh}$,相当于物体自由下落,这时有 $\frac{1}{2}mv^2 = mgh$,重力势能全部转化为物体的动能。

§3.4 机械能守恒定律

3.4.1 功能原理

在质点系中,对其中每个质点应用动能定理,

$$W_i = E_{ik} - E_{ik0}$$

推广到质点系,

$$\sum W_i = \sum E_{ik} - \sum E_{ik0} = E_k - E_{k0} \qquad (3.4\text{-}1)$$

式中 $E_{k0} = \sum E_{ik0}$, $E_k = \sum E_{ik}$ 分别表示整个体系初态及终态所具有的总动能,$\sum W_i$ 表示作用在每个质点上的所有力做功的代数和,可将其分类为:所有外力的总功 $W_{外}$,所有保守内力的总功 W' 和所有非保守内力做的总功 $W_{非}$。保守力所做的功应等于体系势能的减少量,即

$$W' = E_{p0} - E_p$$

于是,(3.4-1)式可写成

$$W_{外} + W_{非} = (E_k + E_p) - (E_{k0} + E_{p0}) = E - E_0 \qquad (3.4\text{-}2)$$

式中 $E_0 = E_{k0} + E_{p0}$ 及 $E = E_k + E_p$ 分别表示体系初始状态及终了状态所具有的动能与势能之和,体系所具有的动能与势能之和称为体系的机械能。(3.4-2)式说明:作用在体系上的所有外力的功与非保守内力的功的代数和,等于体系总机械能的增量。这个关系称为功能原理。

3.4.2 机械能守恒定律

由功能原理，当只有保守内力做功，而外力和非保守内力不做功或其做功的代数和为零时，系统的机械能保持不变，此即机械能守恒定律，用数学式可表达为

$$E = E_0 = \text{常量}(\text{当}\ W_{\text{外}} + W_{\text{非}} = 0) \tag{3.4-3}$$

考察两质点组成的孤立体系。在任一给定的惯性系中，质量分别为 M 和 m 的两质点的位矢和速度分别为 $\boldsymbol{R}$，$\boldsymbol{r}$ 和 $\boldsymbol{V}$，$\boldsymbol{v}$，相互作用势能 $E_p = E_p(\boldsymbol{r}-\boldsymbol{R})$ 是两质点相对位置的函数，该体系不受外力及非保守内力作用，机械能守恒

$$\frac{1}{2}MV^2 + \frac{1}{2}mv^2 + E_p(\boldsymbol{r}-\boldsymbol{R}) = \text{常量} \tag{3.4-4}$$

当 $M \gg m$ 时，质心差不多与大质量质点相重合，由于孤立体系的质心相对于惯性系处于静止或匀速直线运动状态，若以质心为参照系坐标原点，在质心系中体系的机械能仍守恒，在我们所选的质心系中，M 的 $\boldsymbol{V} \approx \boldsymbol{0}$，$\boldsymbol{R} \approx \boldsymbol{0}$，于是体系的势能实际上仅由小质量质点的位矢决定，(3.4-4)式简化为

$$\frac{1}{2}mv^2 + E_p(\boldsymbol{r}) = \text{常量} \tag{3.4-5}$$

其中 $\boldsymbol{r}$ 实际上是小质量的质点 m 相对大质量质点 M 的位矢。于是，质量悬殊的两质点体系的机械能守恒表现为小质量质点的动能与势能之和为恒量。而作为体系的另一部分，在守恒定律中并不显现，如物体在地球重力场中运动的机械能守恒定律

$$\frac{1}{2}mv^2 + mgh = \text{常量}$$

就属这种形式，但是，从根本意义上来说，此机械能仍是物体与地球体系的机械能。

*3.4.3 功和能的定理与参照系的关系

一、摩擦力作功与参照系的关系

当摩擦力作为体系外力时，对体系可以做正功或负功，也可以不做功。摩擦力作为体系内力时，必定是成对出现的。若摩擦力对一个物体做正功，则其反作用力对另一个与之发生摩擦的物体必做负功，这一对摩擦力对两个发生摩擦作用的物体所做的总功只能为负(动摩擦)或零(静摩擦)。根据§3.2节(3.2-9)式，一对内力的功只与两物体的相对位移有关，与参照系无关。在静摩擦的情况下，物体无相对位移，故总功为零。在动摩擦情况下物体之间有相对位移，一对滑动摩擦力做功之和不为零；做功的结果总是损失机械能，所以这功也称为摩擦力耗散功。因为摩擦生热，故这功是机械能转化为热能的量度。因此，机械能与热能之间的转化与守恒不依赖于所选取的参照系。

例 1　一个物体在地面上滑动，地面上的观察者认为，摩擦力对物体做了负功，而在相对于物体静止的车上的人认为物体没有位移，因而摩擦力不做功。两个不同参照系的观察者关于摩擦力对物体做功有不同的结论，从他们各自的参照系上看，都是正确的。但若从“摩擦生

热”的角度分析，就出现了矛盾，因为物体温度升高这个结果应对任何观察者都是一样的。问题出在当参照系变为车子以后，摩擦力虽对物体不做功，但其反作用力对地面要做功，因为这时地面相对于车有位移，所以讨论“摩擦生热”问题时，必须同时考虑一对摩擦力做功之和。一般讨论上述情况下“摩擦生热”中的摩擦力做功常在地面参照系中计算，因为这样算得的摩擦力对物体所做的功等于一对摩擦力做功之和。

二、功和能的定理与参照系的关系

功和能的定理都是在牛顿定律基础上导出的，因而只在惯性系中成立，在任何惯性系内动能定理、功能原理和机械能守恒定律都可应用。但由于外力的功及动能都与参照系有关，而物体系的势能与参照系无关，力的功、体系的动能、机械能在不同参照系中就有不相同的数值。因此，一个体系在某个参照系中机械能守恒，在另一个参照系中机械能未必守恒。

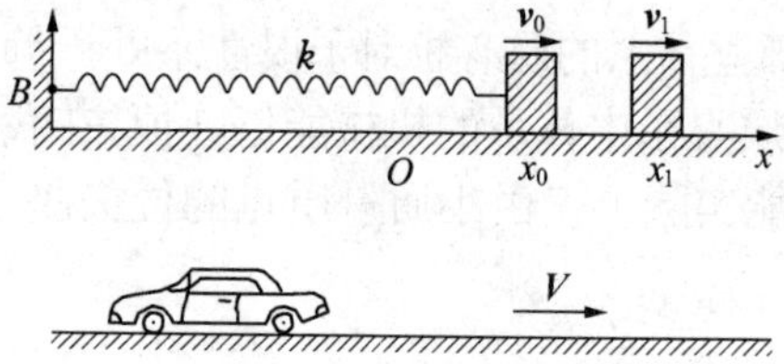

图 3.4-1 不同参照系中的机械能

例 2 有一个弹簧振子系统，如图 3.4-1所示，忽略地面的摩擦力，对地面的观察者来说，以弹簧 k 和质点 m 为体系，地面支持力和重力不做功，墙壁的连接点 B 没有位移，墙壁对弹簧的作用力不做功，系统内部无非保守力，因此，系统的机械能守恒：

$$\frac{1}{2}kx_1^2+\frac{1}{2}mv_1^2=\frac{1}{2}kx_0^2+\frac{1}{2}mv_0^2 \quad ①$$

如果从相对地面以水平速度 $\boldsymbol{V}$ 运动的车(此参照系仍为惯性参照系)上来观察，质点相对汽车的初态和终态动能分别为 $\frac{1}{2}m(v_0-V)^2$ 和 $\frac{1}{2}m(v_1-V)^2$，系统势能不受参照系变换的影响，但墙壁对弹簧的作用力由于 B 点以 $-\boldsymbol{V}$ 运动而做功，故汽车上观察者认为系统的机械能不守恒，因有外力做功。以 W_B 表示墙壁力对弹簧所做的功，则

$$W_B=\left[\frac{1}{2}kx_1^2+\frac{1}{2}m(v_1-V)^2\right]-\left[\frac{1}{2}kx_0^2+\frac{1}{2}m(v_0-V)^2\right] \quad ②$$

其实，①和②式是等效的，根据功的定义，

$$W_B=-\int_0^t F_BV\mathrm{d}t=-V\int_0^t F_B\mathrm{d}t$$

而 $\int_0^t F_B\mathrm{d}t$ 为外力冲量，等于系统动量的增量 $m(v_1-v_0)$，故 $W_B=-Vm(v_1-v_0)$。代入②式，得

$$\frac{1}{2}kx_1^2+\frac{1}{2}mv_1^2=\frac{1}{2}kx_0^2+\frac{1}{2}mv_0^2$$

和①式一致。

例 3 如图 3.4-2 所示，质量为 M、宽度为 l 的木块静置于光滑水平台面上，质量为 m 的子弹以速度 v_0 水平地射入木块，以速度 v 自木块穿出，求从子弹进入木块到离开木块的整个过程中木块行进的距离 L。(设子弹在木块中受到的摩擦阻力

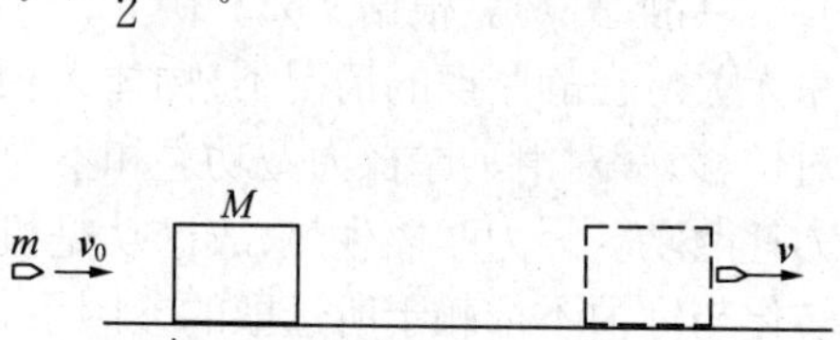

图 3.4-2

为常量)

解　子弹和木块体系水平方向动量守恒

$$mv_0 = MV + mv$$

解得木块末速度为

$$V = \frac{m}{M}(v_0 - v) \qquad ①$$

因为内力做功与参照系无关,故一对摩擦力的功之和只与子弹和木块的相对位移 l 有关,由动能定理(对体系)

$$-fl = \frac{1}{2}mv^2 + \frac{1}{2}MV^2 - \frac{1}{2}mv_0^2 \qquad ②$$

以①式代入②式,得摩擦力

$$f = \frac{1}{l}\left[\frac{1}{2}mv_0^2 - \frac{1}{2}mv^2 - \frac{1}{2}M\frac{m^2}{M^2}(v_0 - v)^2\right]$$

$$= \frac{m}{2l}\left[v_0^2 - v^2 - \frac{m}{M}(v_0 - v)^2\right] \qquad ③$$

对木块用动能定理,摩擦力对木块做正功 fL,

$$fL = \frac{1}{2}MV^2 \qquad ④$$

以①和③式代入④式,求得

$$L = \frac{MV^2}{2f} = \frac{ml(v_0 - v)^2}{M(v_0^2 - v^2) - m(v_0 - v)^2} = \frac{l}{\frac{M}{m}\left(\frac{v_0 + v}{v_0 - v}\right) - 1}$$

3.4.4　刚体的平面运动

假如刚体的质心被约束在一平面内运动,且刚体上所有质点都在与上述平面平行的平面内运动,则称这种运动为刚体的平面运动。刚体绕固定轴的转动是平面运动的一种特殊形式。常用通过质心并平行于该平面的剖面来代表作平面运动的刚体。一般刚体的平面运动可分解为质心运动和绕通过质心且垂直于该平面的轴的转动。刚体的动能等于质心的平动动能 $\frac{1}{2}mv_C^2$ 与绕通过质心的轴转动的动能 $\frac{1}{2}I_C\omega^2$ 之和:

$$E_k = \frac{1}{2}mv_C^2 + \frac{1}{2}I_C\omega^2 \qquad (3.4\text{-}6)$$

求解刚体的平面运动可用质心运动定律和过质心的轴的转动定律,

$$\boldsymbol{F} = m\boldsymbol{a}_C \qquad (3.4\text{-}7)$$

$$M_C = I_C\beta \qquad (3.4\text{-}8)$$

式中 M_C 是对通过质心并与剖面垂直的轴的合外力矩,I_C 为刚体对该轴的转动惯量。

例 1　如图 3.4-3,一个质量为 m、半径为 R 的均匀圆柱体,由静止开始沿倾角为 α 的斜面无滑动地滚下(称纯滚动),求圆柱体的质心高度下降 h 时,质心的速率 v_C。

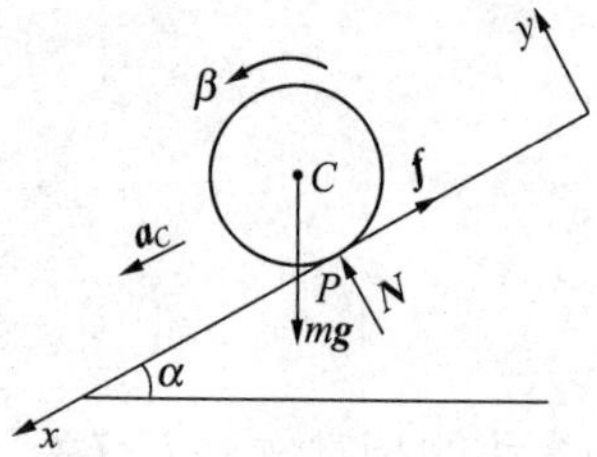

图 3.4-3

解法一 由动力学方程解:取与斜面平行的方向为 x 轴,与之垂直的方向为 y 轴,如图 3.4-3。圆柱体受到的外力有:重力 $\boldsymbol{mg}$,竖直向下,作用在质心上;斜面的支承力 $\boldsymbol{N}$,垂直于斜面向上。由于重力的分量 $mg\sin\alpha$ 沿斜面向下,使圆柱体与斜面接触处有向下滑动的趋势,故摩擦力方向向上(沿斜面)。列出圆柱的质心运动方程分量式及其绕过质心的轴的转动方程:

$$mg\sin\alpha - f = ma_{Cx} = ma_C \quad ①$$

$$N - mg\cos\alpha = ma_{Cy} = 0 \quad ②$$

$$fR = I\beta = \frac{1}{2}mR^2\beta \quad ③$$

圆柱作无滑动的滚动时,边缘上点的线速度 v 等于质心速度 v_C,而 $v = \omega R$,故

$$v_C = \omega R$$

两边对时间求导,得

$$a_C = R\beta \quad ④$$

解①~④式,得

$$a_C = \frac{2}{3}g\sin\alpha \quad ⑤$$

因 $h = l\sin\alpha$,而

$$v_C^2 = 2a_C l \quad ⑥$$

式中 l 为圆柱质心在 x 方向上移动的距离,由⑤和⑥式,得

$$v_C = \sqrt{\frac{4}{3}gh} \quad ⑦$$

解法二 由功能关系解:外力的功使质心平动动能增加,即

$$(mg\sin\alpha - f)l = \frac{1}{2}mv_C^2 \quad ⑧$$

式中 $l = \dfrac{h}{\sin\alpha}$ 为圆柱质心在 x 方向的位移。合外力矩的功使刚体转动动能增加,力矩 $M = fR$ (对绕过质心的轴),则

$$\int_0^\theta fR\,\mathrm{d}\theta = \frac{1}{2}I_C\omega^2 \quad ⑨$$

式中 θ 为圆柱滚下 h 高度时边缘上一点绕过质心的轴转过的角度。对无滑移的滚动,

$$R\theta = l \text{ 及 } v_C = \omega R \quad ⑩$$

以⑩式代入⑨式,得

$$fl = \frac{1}{4}mR^2\omega^2 = \frac{1}{4}mv_C^2 \quad ⑪$$

以⑪式代入⑧式，得

$$mgl \cdot \sin\alpha - \frac{1}{4}mv_C^2 = \frac{1}{2}mv_C^2$$

$$v_C = \sqrt{\frac{4}{3}gh} \tag{⑫}$$

讨论：从方程⑧看，摩擦力 f 做负功使平动动能的减少的量为 fl，但从方程⑨看，因 $\int_0^\theta fR\,\mathrm{d}\theta = fR\theta = fl$，摩擦力矩做功使转动动能增加同样的数量 fl。所以，在圆柱体下滚过程中，摩擦力仅仅是把机械能从一种形式变成另一种形式，即在无滑移的滚动中，摩擦力 f 是静摩擦力，对体系所做总功为零。

解法三　用机械能守恒定律解：从解法二中已知，纯滚动中摩擦力所做总功为零，圆柱体所受正压力 $\boldsymbol{N}$ 与位移垂直，也不做功，故只有保守力做功，机械能守恒。以开始运动处为势能零点，则有

$$0 = -mgh + \frac{1}{2}mv_C^2 + \frac{1}{2}I_C\omega^2$$

以 $v_C = R\omega$ 及 $I_C = \frac{1}{2}mR^2$ 代入，得

$$v_C = \sqrt{\frac{4}{3}gh}$$

例 2　如图 3.4-4，质量为 m、半径为 r 的均质球置于粗糙的水平桌面上，球与桌面的摩擦系数为 μ，球在水平冲力作用下获得一平动初速度 v_0，问球经过多少距离后变为纯滚动？纯滚动时质心的速率为多大？

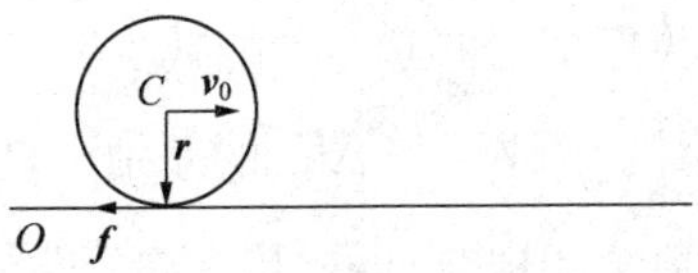

图 3.4-4

解　球在受冲击后水平方向只受摩擦力 $f = -\mu mg$ 的作用，由质心运动方程及转动方程，有

$$ma_C = -\mu mg \tag{①}$$

$$\mu mgr = I_c\beta \tag{②}$$

达到纯滚动以前，小球的质心速度和角速度由下面方法求得：由①式得

$$a_C = -\mu g$$
$$v_C = v_0 + a_C t = v_0 - \mu g t$$

由②式得

$$\beta = \frac{\mu mgr}{I} = \frac{\mu mgr}{2mr^2/5} = \frac{5}{2}\frac{\mu g}{r}$$

$$\omega = \beta t = \frac{5}{2}\frac{\mu g}{r}t$$

随着时间增加，v_C 逐渐减小，ω 逐渐增大，经过时间 t 后，使 v_C 和 ω 满足纯滚动条件 $v_C = r\omega$，即

$$v_0 - \mu g t = \frac{5}{2}\mu g t$$

得

$$t = \frac{2v_0}{7\mu g}$$

质心在 t 时间内移动的距离

$$s = v_0 t + \frac{1}{2}a_C t^2 = \frac{12}{49}\frac{v_0^2}{\mu g}$$

纯滚动时质心的速率

$$v_C = v_0 - \mu g t = \frac{5v_0}{7}$$

* 讨论：小球从开始运动到变为纯滚动，动能减少了 ΔE_k：

$$\begin{aligned}\Delta E_k &= \frac{1}{2}mv_0^2 - \left(\frac{1}{2}mv^2 + \frac{1}{2}I_c\omega^2\right) \\ &= \frac{1}{2}mv_0^2 - \frac{1}{2}m\left(\frac{5}{7}v_0\right)^2 - \frac{1}{2}\times\left(\frac{2}{5}mr^2\right)\left(\frac{5v_0}{7r}\right)^2 \\ &= \frac{1}{2}m\left(\frac{14}{49}\right)v_0^2 = \frac{7}{49}mv_0^2\end{aligned}$$

若按质心运动的位移计算，摩擦力所做的功的大小为

$$W_f = fs = \mu mg \times \frac{12}{49}\frac{v_0^2}{\mu g} = \frac{12}{49}mv_0^2$$

可见摩擦力的功与动能减少量在数量上并不相等。动能下降 ΔE_k 表示摩擦力做负功转变为热能。而 W_f 与 ΔE_k 的差别正是转动能的增量 $\frac{1}{2}I_c\omega^2 = \frac{5}{49}mv_0^2$。即摩擦力做的功 W_f 一部分转变为小球转动能，其余部分即耗散功转化为热能。

耗散功也可以这样计算：从 $t=0$ 到 $t=\frac{2v_0}{7\mu g}$ 的时间内，小球又滚又滑，小球和地面接触的点 A 与地面的相对滑动的速度为

$$v_A = v_C - \omega r = (v_0 - \mu g t) - \frac{5\mu g}{2}t = v_0 - \frac{7}{2}\mu g t$$

所以耗散功为

$$\begin{aligned}W_{耗} &= \int_0^t f_\mu \cdot v_A \mathrm{d}t = \int_0^{\frac{2v_0}{7\mu g}} \mu mg\left(v_0 - \frac{7}{2}\mu g t\right)\mathrm{d}t \\ &= \frac{1}{7}mv_0^2\end{aligned}$$

§3.5 碰 撞

3.5.1 碰撞与守恒定律

两物体在运动中相互靠近，或发生接触时，在较短的时间内发生较强的相互作用的过程

称为碰撞，如打桩，α 粒子受原子核的散射，彗星与木星的相撞等。对于参与碰撞的物体系，只要没有外力作用，体系的动量就守恒；只要没有外力矩的作用，体系的角动量就守恒。一般情况下，由于碰撞时物体之间的相互作用力很大，外力往往可以忽略，因此可以认为体系的动量守恒。而对于质点与定轴转动的刚体之间的碰撞，则由于碰撞过程中刚体受到转轴处的冲力作用，动量不守恒。若冲力是通过转轴的，冲力的力矩为零，此时体系的角动量守恒。

碰撞过程中物体因相互作用而发生弹性形变，动能转变为弹性势能。

若碰撞结束后物体能完全恢复原来的形状，弹性势能又全部转变为动能，碰撞前后体系机械能保持不变，这类碰撞称为弹性碰撞。

若碰撞后物体的形变不能完全恢复，有部分机械能变为热能，这类碰撞称为非弹性碰撞。

若物体碰撞后不再分开，以相同的速度共同运动(或静止)，则称为完全非弹性碰撞。这类碰撞损失的机械能最大。

3.5.2 弹性碰撞和完全非弹性碰撞

一、弹性碰撞

以两球的弹性碰撞为例。为简单起见，设两球在碰撞前、后的速度都在两球的中心连线上，这种碰撞称为对心碰撞或正碰撞。用 $\boldsymbol{v}_{10}$ 和 $\boldsymbol{v}_{20}$ 分别表示两球在碰撞前的速度，$\boldsymbol{v}_1$ 和 $\boldsymbol{v}_2$ 分别表示两球碰撞后的速度，m_1 和 m_2 分别表示两球的质量。设两球在光滑水平桌面上运动，体系水平方向动量守恒，又由于是弹性碰撞，体系的动能守恒(这里不必考虑势能)，选坐标轴沿物体的运动方向，则有

$$m_1 v_{10} + m_2 v_{20} = m_1 v_1 + m_2 v_2 \tag{3.5-1}$$

$$\frac{1}{2}m_1 v_{10}^2 + \frac{1}{2}m_2 v_{20}^2 = \frac{1}{2}m_1 v_1^2 + \frac{1}{2}m_2 v_2^2 \tag{3.5-2}$$

式中速度的方向由其数值的正负来表示，求解上述两方程得如下结果：

$$v_1 = \frac{(m_1 - m_2)v_{10} + 2m_2 v_{20}}{m_1 + m_2} \tag{3.5-3}$$

$$v_2 = \frac{(m_2 - m_1)v_{20} + 2m_1 v_{10}}{m_1 + m_2} \tag{3.5-4}$$

讨论：(1) 若 $m_1 = m_2$，则有

$$v_1 = v_{20},\ v_2 = v_{10}$$

说明两个质量相同的物体发生弹性正碰撞时，碰撞后两个物体的速度(动量)互换。

若再进一步有 $v_{20} = 0$，则碰撞后 $v_1 = 0$，$v_2 = v_{10}$，相当于 m_1 的动量转移到 m_2 上。

(2) 若 $m_1 \gg m_2$，$v_{20} = 0$，则有 $v_1 \approx v_{10}$，$v_2 \approx 2v_{10}$，即质量很大的物体 m_1 以一定的速度 v_{10} 和一质量很小的静止物体 m_2 作弹性正碰时，碰撞后 m_1 的速度无显著改变，而 m_2 却几乎以 2 倍 v_{10} 的速度被弹开。

(3) 若 $m_1 \ll m_2$，且 $v_{20} = 0$，则有

$$v_1 \approx -v_{10},\ v_2 \approx 0$$

说明用小质量物体去碰撞大质量的静止物体时，小质量物体以约等于入射时的速率被反弹回来，而大质量物体保持静止不动。

在核反应中，利用铀原子核裂变所产生的中子轰击其他铀原子核，产生新的裂变，实现链式反应。一般需要慢速的中子，可是裂变中产生的中子速度都很快，因此，为提高产生新裂变的效率，必须使中子减速。在反应堆中常采用含有较低原子质量元素的材料(如重水，石墨等)作减速剂，和中子发生碰撞以降低其速度。

例 1 当空间探测器从星球旁边绕过后，由于引力作用而速率增大的现象叫弹弓效应，如图 3.5-1 所示。设土星质量为 5.67×10^{26} kg，其相对于太阳的轨道速率为 9.6 $km\cdot s^{-1}$，一空间探测器质量为 150 kg，其相对于太阳的速率为10.4 $km\cdot s^{-1}$，并迎着土星飞行，由于土星的引力，探测器绕过土星沿着和原来速度相反的方向离去，求它离开土星后的速度。

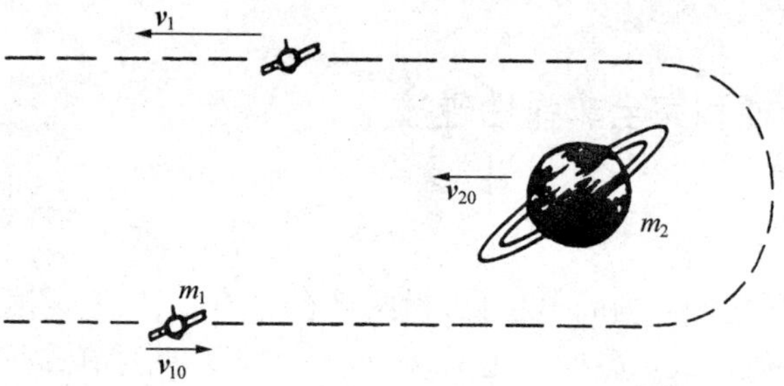

图 3.5-1 弹弓效应

解 如图 3.5-1，探测器从土星旁飞过的过程可视为一种无接触的碰撞过程，和两球的弹性碰撞相似，由于土星质量 m_2 远大于探测器质量 m_1，利用(3.5-3)式及忽略 m_1，可得探测器离开土星后的速度为

$$v_1 = -v_{10} + 2v_{20}$$

以 $\boldsymbol{v}_{10}$的方向为正，$v_{10} = 10.4\ km\cdot s^{-1}$，$v_{20} = -9.6\ km\cdot s^{-1}$，得

$$v_1 = -10.4 - 2\times9.6 = -29.6(km\cdot s^{-1})$$

说明探测器从土星旁边绕过后由于引力的作用速率增大了很多。

现在，在航天技术中对空间探测器的轨道设计都考虑到弹弓效应，并利用这种效应作为增大探测器速率的有效方法，这样可以减少从航天飞机上发射探测器所需要的能量。例如，1989 年 10 月发射并于 1995 年 12 月到达木星的“伽利略探测器”，1996 年 12 月发射并于 1997 年 7 月 4 日降落在火星上的“火星探路者”航天器都利用了弹弓效应。

二、完全非弹性碰撞

完全非弹性碰撞只有动量守恒。(3.5-1)式可改写为

$$m_1\boldsymbol{v}_{10} + m_2\boldsymbol{v}_{20} = (m_1 + m_2)\boldsymbol{v}$$

式中 $\boldsymbol{v}$ 为两物体碰撞后具有的共同速度。由上式可得

$$\boldsymbol{v} = \frac{m_1\boldsymbol{v}_{10} + m_2\boldsymbol{v}_{20}}{m_1 + m_2} \tag{3.5-5}$$

例 2 图 3.5-2 的冲击摆是一种测定子弹速率用的装置，A 是一个质量很大的沙箱，用两

条平行的绳子将它悬挂在水平位置上，子弹沿水平方向射入沙箱，使沙箱摆动并升至一定的高度 h。如果已知子弹和沙箱的质量分别为 m 和 M，试从高度 h 求子弹速率 v。

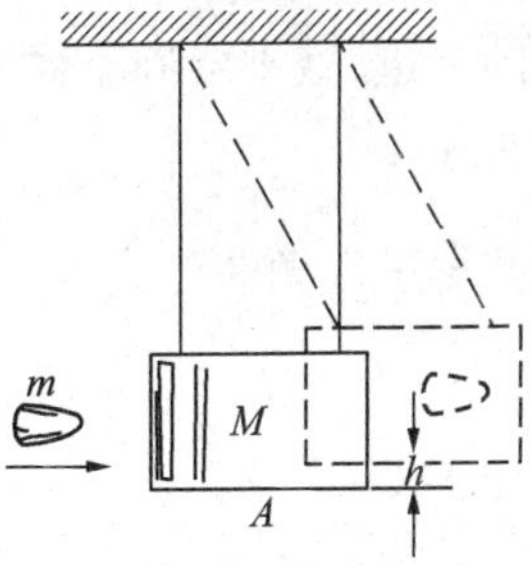

图 3.5-2　冲击摆

解　首先，子弹射入沙箱是完全非弹性碰撞过程，子弹在沙箱内遇到很大阻力，很快和沙箱达到共同速度 V，这段过程经历的时间极短，虽然沙箱得到了速度，但实际上几乎还没来得及离开原来位置，因此这阶段重力和绳子张力的合力近似保持在铅垂方向，沙箱和子弹组成的体系在水平方向动量守恒。利用(3.5-5)式可得碰撞后子弹和沙箱的共同速率为

$$V=\frac{mv}{m+M} \quad ①$$

碰撞过程结束后，体系像双线摆一样摆动，张力不作功，机械能守恒，摆动到最高位置时，动能全部转换为势能：

$$\frac{1}{2}(m+M)V^2=(m+M)gh \quad ②$$

由①和②两式求得

$$v=\frac{m+M}{m}\sqrt{2gh}$$

由于沙箱质量一般比子弹质量大得多，于是有

$$v\approx\frac{M}{m}\sqrt{2gh}$$

*§3.6　进　　动

当刚体的转动轴不固定时，运动规律又是如何的呢？如图 3.6-1(a)为演示实验用的飞轮，由一个绕轴自由转动的自行车轮子或飞轮和一个带凹槽的支架组成。若轮子没有自转，在重力矩的作用下横轴将下倾落下；若先使飞轮绕自己的对称轴高速旋转(称之为自旋)，然后松手，则轮轴将绕竖直轴作水平转动，这种转动称为进动。设开始时自旋角动量为 $\boldsymbol{L}$，沿水平方向，飞轮对支点有一重力矩作用，$\boldsymbol{M}=\boldsymbol{r}\times m\boldsymbol{g}$，在 $\mathrm{d}t$ 时间内角动量的增量为

$$\mathrm{d}\boldsymbol{L}=\boldsymbol{M}\mathrm{d}t$$

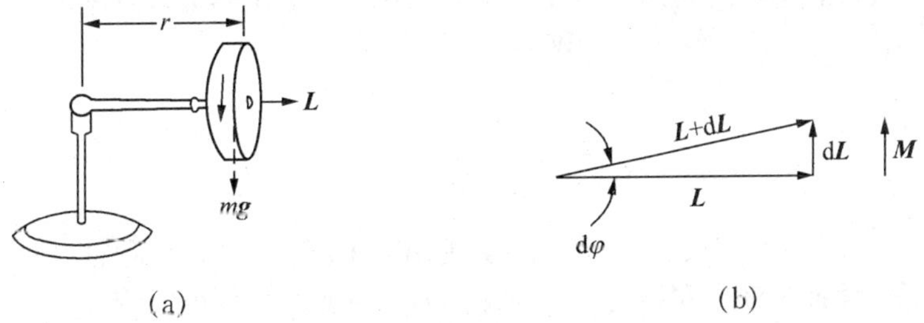

(a)　　(b)

图 3.6-1　进动

如图 3.6-2(b)所示，$\boldsymbol{M}$ 的方向为水平且垂直于 $\boldsymbol{L}$ 的方向，即指向纸里，因此 $\mathrm{d}\boldsymbol{L}$ 的方向也水平

且垂直于 $\boldsymbol{L}$，故 $\boldsymbol{M}$ 的作用只改变 $\boldsymbol{L}$ 的方向而不改变其大小，结果使横轴在水平面内按逆时针方向旋进，就不会向下倾斜了。设在 dt 时间内 $\boldsymbol{L}$ 进动的角位移为 dφ，则

$$L\mathrm{d}\varphi = dL = M\mathrm{d}t$$

由此得进动角速度为

$$\Omega = \frac{\mathrm{d}\varphi}{\mathrm{d}t} = \frac{M}{L} = \frac{M}{I\omega} = \frac{mgr}{I\omega} \qquad (3.6\text{-}1)$$

Ω 的方向竖直向上。

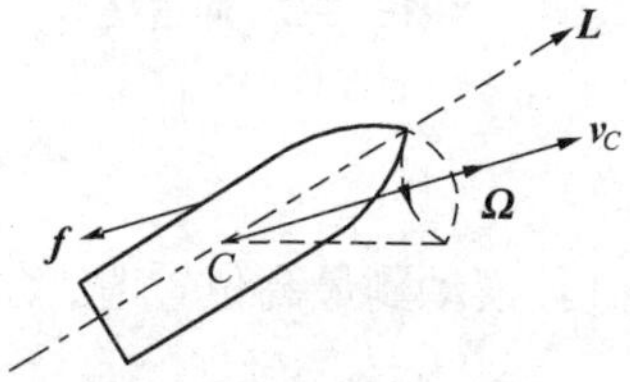

图 3.6-2 炮弹的进动

在航空和航海中使用的自动驾驶仪就是根据进动的原理设计的。炮弹的飞行也利用了进动原理。炮弹受到空气阻力 $\boldsymbol{f}$，其方向与炮弹质心速度 $\boldsymbol{v}_C$ 相反但不一定过质心，如图 3.6-2所示。阻力对于过质心的轴有力矩，使炮弹在空中翻转，这样，炮弹有可能失去准确的飞行方向，或者当炮弹击中目标时弹尾先触到目标而不引爆。为此，在炮筒内壁刻出螺纹线(即来复线)，当炮弹被强力推出炮筒时，除了有很大的向前速度外，还有绕自己对称轴高速旋转的角速度，当受到空气阻力矩时，炮弹就绕着质心前进的方向进动，轴线只与前进方向有很小的偏离，弹头则总指向前方。

阅读材料　　人为何能前行

在 § 3.4.4 例 1 的圆柱沿斜面向下作纯滚动情形，看上去摩擦力既是(转动)动力又是(平动)阻力，但总的来说摩擦力对圆柱并不做功。其实，由于是纯滚动，圆柱与斜面接触处 P 无相对滑动，摩擦力的作用点相对于地面参照系无位移，当然不应做功。摩擦力的作用只是将圆柱的一部分重力势能转化为绕质心转动的转动能，起能量转化或转移的中介作用，自身并不形成也不损耗机械能。从另一个角度分析这一问题，可将摩擦力的作用归结为使圆柱和斜面接触处成为和圆柱轴线平行的瞬时转轴。重力对此转轴的力矩 $\tau = mgR\sin\theta$ 使圆柱绕瞬时转轴转动，如图 RM3-1 所示。由图，设想圆柱绕 P 轴旋转角度 dφ，力矩做元功

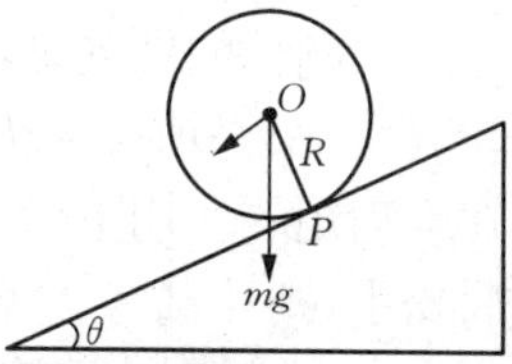

图 RM3-1

$$\mathrm{d}W = \tau\mathrm{d}\varphi = mg\sin\theta R\,\mathrm{d}\varphi$$

dφ 其实就是圆柱绕中心轴转过的角度，因此 $R\mathrm{d}\varphi = \mathrm{d}s$，d$s$ 为圆柱质心沿斜面向下运动的距离，

$$\mathrm{d}W = mg\sin\theta\,\mathrm{d}s$$

积分得

$$W = mgs\sin\theta = mgh$$

W 其实就是重力的功，数值与质心下降 h 时势能减少相等。W 应和圆柱绕瞬时轴转动的动能相等。注意绕瞬时轴转动的角速度就是圆柱绕中心轴转动的角速度 ω。当质心速度为 v_C 时 $\omega = v_C/R$，因此动能

$$E_k = \frac{1}{2} I' \omega^2$$

I'为圆柱绕过 P 点的瞬时轴转动的转动惯量，由(2.3.6)式

$$I' = \frac{1}{2} mR^2 + mR^2 = \frac{3}{2} mR^2$$

因此得

$$v_C = 2\sqrt{gh/3}$$

和§3.4.4 例 1 的⑦式相同。

另一类问题中摩擦力也不做功，同样起能量转换的中介作用。人的步行即为最普通而又典型的一个例子。

除去婴儿和卧床的病人而外，人几乎天天要走路，这已是天经地义。但是人为什么能走路，这一问题看似简单，可从物理学的角度来看回答并不太直截了当。

从静止开始走路是一个加速过程，需要外力作用。即使匀速前进也要克服空气等阻力，也应有外力与之抗衡。唯一的外力来自鞋底和地面的摩擦力 $\boldsymbol{f}$。人走路时脚底要向后蹬，对地面施以向后的摩擦力 $\boldsymbol{f}'$，$\boldsymbol{f}'$的反作用力 $\boldsymbol{f}$ 作用于鞋底，并且向前，方向上也符合加速、平衡阻力的要求。于是，摩擦力应是使人前进的动力；因为事实上除此而外也找不到其他外力。摩擦力是唯一的动力。

但问题接踵而至。由于正常情况下鞋底和路面间并无滑动(除非路滑，那也便走不成了)，力的作用点相对地面(选为参照系)并无位移，于是摩擦力不做功。然而，加速或克服阻力都要求外力做功。

这一矛盾可如下处理。假想在人体质心 C 处施加一对平行于前进方向即平行于 $\boldsymbol{f}$ 的平衡力 $\boldsymbol{F}$ 与 $\boldsymbol{F}'$，且 $F = F' = f$，如图 RM3-2 所示。将 $\boldsymbol{F}$ 视为动力，当在水平方向质心 C 移动 $\mathrm{d}x$ 时 $\boldsymbol{F}$ 做正功 $F\mathrm{d}x$。而 $\boldsymbol{F}'$与 $\boldsymbol{f}$ 这一对力大小相等、方向相反，对平动并无影响，但构成力偶，其力偶矩 $\boldsymbol{\tau}$ 的方向指向人体右方。人行进时身体各部分速度并不相同。例如着地的脚速度为零，而质心速度 $v_c \neq 0$。可以将质心 C 水平方向的运动看作绕过脚底左、右向水平瞬时轴的转动，转动角速度指向人体左方。当质心沿水平方向位移 $\mathrm{d}x$ 时转过的角度为 $\mathrm{d}\varphi = \mathrm{d}x/h$，$h$ 为质心高度。对于力偶矩 $\boldsymbol{\tau}$ 而言，此转动角速度方向同 $\boldsymbol{\tau}$ 方向相反，力偶矩做负功，其数值为 $\tau\mathrm{d}\varphi = fh\,\mathrm{d}\varphi = f\mathrm{d}x$，恰与 $\boldsymbol{F}$ 所做正功数值相等，彼此相消。即 $\boldsymbol{f}$、$\boldsymbol{F}$ 和 $\boldsymbol{F}'$所做的总功为零；此即摩擦力 $\boldsymbol{f}$ 所做之功，符合摩擦力 $\boldsymbol{f}$ 做功为零的事实。然而力偶矩 $\boldsymbol{\tau}$ 必应有另一反向力矩与其抗衡，否则在其作用下，人体终将向后倾倒。但人在正常行走时人体并不后仰。原来人们在行走时往往无意识地使身体略向前倾。这在加速奔跑时更为明显，人会向前弓起身子。这时重力 $\boldsymbol{G}$ 和作用于脚底的地面支持力 $\boldsymbol{N}$ 并不在同一直线，在匀速前行时恰恰构成一同 $\boldsymbol{\tau}$ 相等相反的力矩。

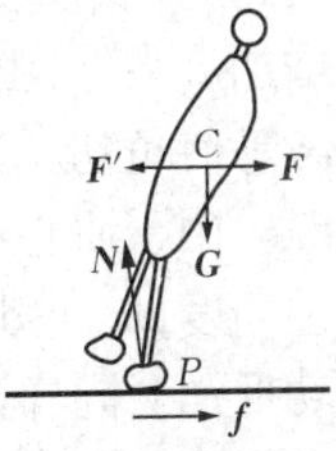

图 RM3-2

由此可见，相对人体质心，摩擦力可视为既对平动做正功又对转动做负功。实际上，摩擦力是起将人体的生化能转化为前进动能的中介作用。其自身既不消耗体系的机械能也不对人体动能的增加作任何贡献。

其实，这同撑船时用船篙撑河底、滑雪时用滑雪杖撑地的作用是完全类似的。同样的分

析也适用于骑自行车。值得注意的是自行车的后轮是主动轮,作用于后轮的地面摩擦力是平动动力;而其转动动力学效果则由人踩踏脚构成的动力矩抵消。即使是杂技演员骑独轮自行车表演也适用这里的分析,甚至物理图像更简单清晰。又如,对机动车而言,作用于主动轮上的摩擦力也有同样的作用。总之,这一类例子中对体系做功的是人体或机器,而并非和地面接触的摩擦力。摩擦力只起能量转换的中介作用。

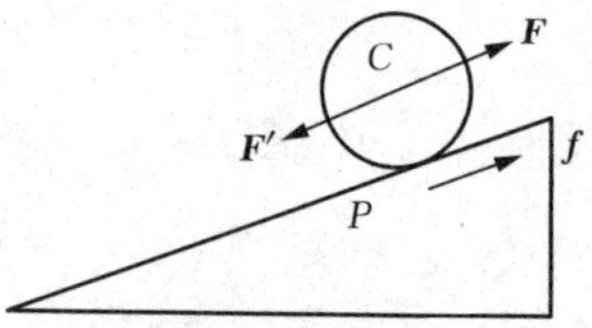

图 RM3-3

行走的例子同§3.4.4例1有些相似,在圆柱沿斜面向下滚的情形也可看成摩擦力对平动和转动做数值相等、符号相反的功,只是对平动做负功,对转动做正功。事实上,我们也可对§3.4.4的例1作类似上述的处理,即在圆柱质心处加一对平行并等于摩擦力 $\boldsymbol{f}$ 的平衡力 $\boldsymbol{F}$ 和 $\boldsymbol{F}'$,如图 RM3-3 所示。易见,随着圆柱质心 C 向下加速运动 $\boldsymbol{F}$ 做负功;而 $\boldsymbol{F}'$ 和 $\boldsymbol{f}$ 构成的力偶矩 $\boldsymbol{\tau}$ 则对转动做等值正功。二者同样彼此相消。如果圆柱同斜面接触处并无摩擦力,圆柱不会滚,只是沿斜面加速下滑。重力势能全部转化为平动能。存在摩擦时摩擦力的作用可看成是将一部分平动能转化为绕质心的转动能。当然,如像这里一开始所说的将圆柱向下滚动看作绕过接触处的瞬时轴的转动当更为合理,因为摩擦力的作用只是形成瞬时固定转轴,自然也无所谓做功一说。

其实,像人走路这样摩擦力作为体系的平动动力但却不做功的情形几乎每一本基础物理教材,包括中学教科书里都能找到;一滑块沿静止在地面上的光滑斜面 M 下滑即为一典型的例子,如图 RM3-4 所示。随着滑块沿斜面向下运动,滑块和斜面构成的体系的质心 C 在水平方向加速向左运动,表明体系必受水平方向外力作用。这一外力同样只可能是斜面受到的地面摩擦力 $\boldsymbol{f}$,并且 $\boldsymbol{f}$ 应做正功使体系水平方向动能增加。当然,由于斜面静止在地面,$\boldsymbol{f}$ 不应做功,说明应同时做等值负功。为此,同样在体系质心 C 处添加一对同 $\boldsymbol{f}$ 等值平行而指向相反的平衡力 $\boldsymbol{F}$ 和 $\boldsymbol{F}'$。由于质心水平位移,$\boldsymbol{F}$ 做正功。另一方面,当质心水平位移 $\mathrm{d}x$ 时 M 的底面相对质心转过角度 $\mathrm{d}\varphi=\mathrm{d}x/h$, h 为质心高度。这一转动使 $\boldsymbol{F}'$ 和 $\boldsymbol{f}$ 组成的力偶矩做负功,恰与 $\boldsymbol{F}$ 做的正功抵消。同样符合摩擦力不做功的事实。当然这一力偶矩 $\boldsymbol{\tau}$ 也必须有反向力矩与之平衡。事实上,由于滑块的运动地面支持力的分布发生变化,相对体系质心的力矩恰可平衡力偶矩 $\boldsymbol{\tau}$。

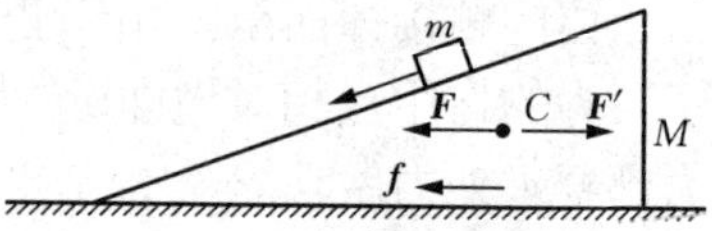

图 RM3-4

如果斜面和地面间不存在摩擦力,体系在水平方向便不受任何外力作用,则质心在水平方向的位置当保持不变。换言之斜面 M 应向右方运动。于是滑块重力势能的一部分应当转化为 M 的动能。可见摩擦力的存在是将这部分本应为 M 所有的动能"转赠"给了滑块,犹如圆柱沿斜面下滚情形摩擦力的作用是将一部分平动能转给了转动一样。

概括起来,这里讨论的摩擦力作为体系平动的动力或阻力但不做功的情形可以分为两类。一类是将无摩擦时体系的一部分动能转化为另一部分动能,滑块沿斜面下滑和圆柱沿斜面滚动均属此类。另一类是将其他形式的能量,包括化学能、生物能或机械能转化为动能。人走路或骑车是将人体的生化能转变为机械能;机动车行驶时通过主动轮和地面的摩擦力将燃油的化学能转变为动能;而卷曲弹簧驱动的玩具小汽车则是将弹簧的弹性势能转变为玩具车的动能。无论何种情形,有一点是共同的,摩擦力只是中介,本身不做功。这种作用可同化学反应中催化剂的作用相类比。

思考题与习题

一、思考题

3-1 用一根绳子系在重物 m 上,并拉动绳子使重物 m 沿粗糙的斜面匀速向上运动,试分析在这过程中哪些力做正功?哪些力做负功?哪些力不做功?并讨论作用在重物上的合力的功与各分力的功有什么关系?

3-2 以两个相同的力 $\boldsymbol{F}$ 分别作用在两个物体 A 和 B 上,使它们从静止开始沿同一方向移动相同的距离 s,假如:

(1) 物体 A 和 B 的质量相同,但分别放在光滑的和粗糙的水平面上。

(2) 物体 A 的质量比物体 B 的质量大一倍,它们都放在光滑的水平面上。

试问:在上述情况下,作用在 A 和 B 上的两个力 $\boldsymbol{F}$ 所做的功是否相同?物体 A 和 B 的运动状态是否相同?

3-3 试判断关于摩擦力的功的下列几种说法中,哪些是正确的,哪些不正确,为什么?

(1) 摩擦力总是做负功,因为摩擦力总是与物体运动方向相反。

(2) 摩擦力总是阻止物体之间的相对运动,所以任何摩擦力所做的功永远为负值。

(3) 单个摩擦力所做的功可以为负值或零,也可以为正值,但一对摩擦力(作用力和反作用力)所做的总功不可能为正值。

3-4 试讨论下列说法是否正确,并说明为什么?

(1) 在人推小车匀速前进的过程中,小车的运动状态没有发生变化,故人对小车的推力不做功。

(2) 若某力对物体不做功,则它对物体的运动状态将没有影响。

(3) 物体动能的变化量等于合外力的功,因此任一个分力的功不可能大于物体动能的变化量。

3-5 有人把动能定理推广到由若干物体所组成的体系,他说:"由于体系内各物体之间的相互作用力(内力)总是成对出现,并且两力大小相等、方向相反,因此所有内力的功相互抵消,体系总动能的增量等于作用在体系上所有外力的功的代数和。"试问:这种说法的错误在哪里?

3-6 如图所示,一个竖直悬挂着的轻弹簧,它的下端在 $y=0$ 位置,如果将一质量为 m 的物体连接在弹簧末端,然后让 m 自 $y=0$ 处由静止下落,弹簧因而伸长。

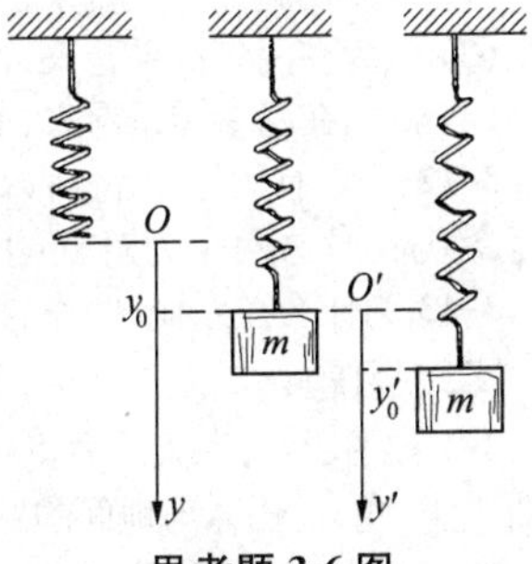

思考题 3-6 图

(1) 设弹簧伸长 y_0 时,体系达到新的平衡位置,此时体系的重力势能减少了 mgy_0,但得到相同数量的弹性势能,所以,

$$mgy_0=\frac{1}{2}ky_0^2$$

则平衡时弹簧伸长

$$y_0=\frac{2mg}{k}$$

(2) 如果以体系平衡时 m 的位置 O' 为坐标原点,则当 m 离开 O' 的距离为 y' 时,体系的弹性势能等于 $\frac{1}{2}ky'^2$。

试问:以上两点分析对吗?若不对,错在哪里?

3-7 3 个质量都是 m 的小木块,分别自 3 个光滑的形状不同的斜面顶端由静止开始滑下(如图),斜面顶点的高度都是 h,由于斜面是光滑的,斜面对木块的作用力永远垂直于木块运动的方向,不做功,因此在木块沿斜面滑下的过程中,只有重力对木块做功。试问:下列两种说法是否正确,为什么?

(1) 重力是保守力,它所做的功只与木块始、末位置的高度差有关,而与木块所经过的路径的形状无关,所以 3 个木块到达斜面底部时具有相同的速率。

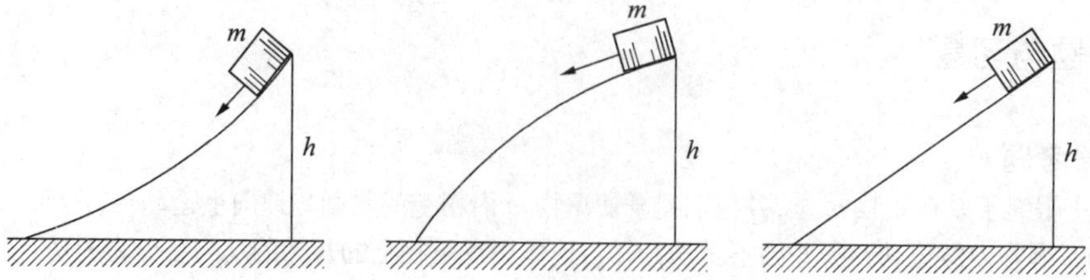

思考题 3-7 图

(2) 重力在竖直方向上,它只能改变木块在竖直方向的速度,所以 3 个木块在下滑同样高度到达斜面底部时,其竖直方向的速度分量相同。

3-8 试判断下述各体系机械能是否守恒?

(1) 物体自由下落,以物体和地球为体系,不计空气阻力。

(2) 物块沿固定于地面的斜面下滑,以物块和地球为体系,分别考虑有摩擦和无摩擦两种情况。

(3) 小球沿固定于地面的斜面作无滑动滚动,以小球和地球为体系,分别考虑有摩擦和无摩擦两种情况。

3-9 一个质点系的总动量与各质点的相对于体系质心的运动无关,试问:质点系的总动能是否也与各质点相对于体系质心的运动无关?

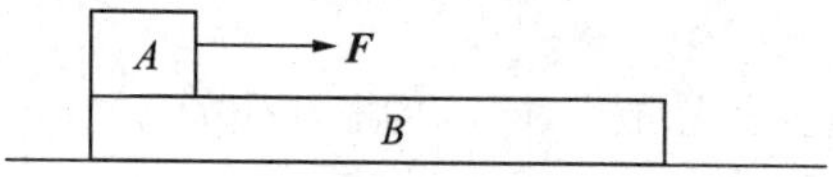

思考题 3-10 图

3-10 在水平桌面上放着一块木板 B,在木板上的一端放着木块 A,木块 A 在恒力 $\boldsymbol{F}$ 作用下沿木板运动,如图所示。问在下列两种情况下,木块 A 从木板一端移到另一端的过程中,因摩擦而放出的热量及力 $\boldsymbol{F}$ 所做的功是否相同?

(1) 木板固定在桌面上不动。

(2) 木板在桌面上无摩擦地滑动。

3-11 一个物体系在参照系 S 中观察,其机械能守恒,在参照系 S' 中观察,其机械能不守恒,下列几条理由中,哪些可以解释这一点?

(1) 因为在两参照系看来,外力对体系所做的功不同。

(2) 因为在两参照系看来,保守内力对体系所做的功不同。

(3) 因为在两参照系看来,非保守内力对体系所做的功不同。

3-12 一个有固定轴的刚体,受两个力的作用,当这两个力的矢量和为零时,它们对轴的合力矩也一定是零吗?当这两个力对轴的合力矩为零时,它们的矢量和也一定是零吗?举例说明之。

3-13 为什么在碰撞、爆炸、打击等过程中,可近似应用动量守恒定律?

二、习题

3-1 如图所示,一人用力将 60 kg 的物体以恒定速率水平地沿地面向前推进了 60 m,力的方向向下,与水平面成 45°角,设物体与地面的摩擦系数为 0.20,试问:

(1) 人对物体做了多少功?

(2) 摩擦力做了多少功?

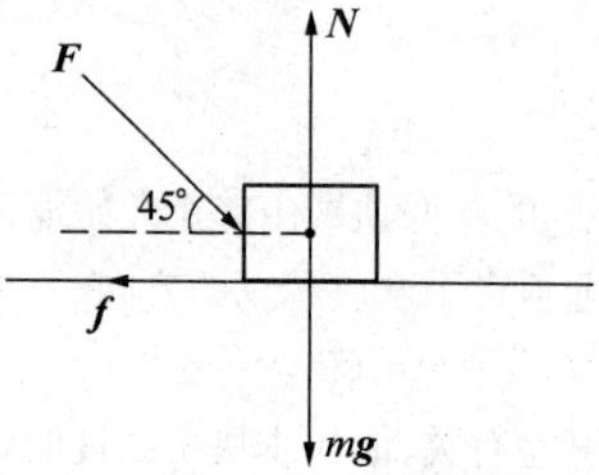

习题 3-1 图

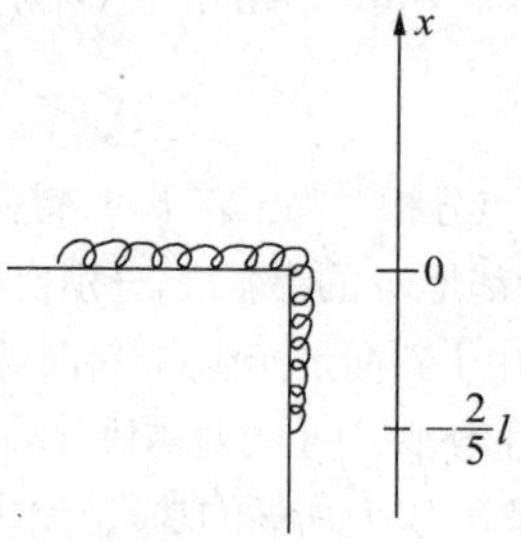

习题 3-3 图

3-2 一质量为 1 kg 的物体,在外力作用下沿 x 轴运动的规律是 $x=3t^2$，物体在运动过程中所受的阻力与其速度的平方成正比，$f=-\frac{1}{12}v^2$ (x 以 m 为单位，f 以 N 为单位)，试求物体由 $x_1=1.0$ m 运动到 $x_2=2.0$ m 的过程中，外力和阻力做的功各为多少?

3-3 如图所示，一根长为 l、质量为 m 的均匀链条，其长度的 2/5 悬挂在桌边，其余部分放在光滑的水平桌面上，若将悬挂部分拉回桌面，问至少需要做多少功?

3-4 一质量为 1 000 kg 的汽车，发动机的功率 P 不变，在水平路面上，这汽车的最大速率为 36 m·s^{-1}，但在爬坡度为每 20 m 路面升高 1 m 的山坡时，其速率仅为 30 m·s^{-1}，设摩擦阻力 f 的大小不变，试问:

(1) f 和 P 的大小各为多少?

(2) 这车子沿原路下山时的速率为多少?

3-5 如图，一倔强系数为 k 的弹簧，一端固定在 A 点，另一端连一质量为 m 的物体并靠在一光滑的柱体表面上，柱体上半部是一半径为 a 的半个圆柱，弹簧原长为 AB，在变力 $\boldsymbol{F}$ 作用下，物体匀速地沿柱体表面从位置 B 移到 C，求力 $\boldsymbol{F}$ 所做的功。

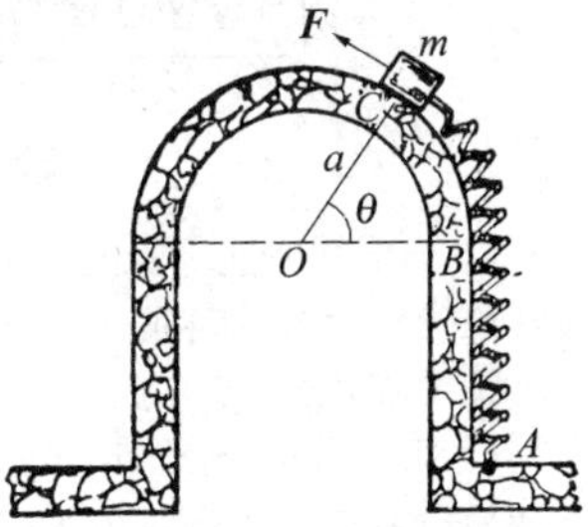

习题 3-5 图

3-6 一机车的功率为 1.5×10^6 W，在满功率情况下，于3 min内将列车的速率由 10 m·s^{-1} 加速到 20 m·s^{-1}，试求:

(1) 列车的质量。

(2) 列车的速率与时间的关系。

(3) 加速列车的力与时间的关系。

(4) 列车经过的路程。

3-7 一总质量为 M 的火车在平直轨道上匀速前进时，最后一节质量为 m 的车厢突然脱落，这节车厢在走了 l 长的路程后停下来。设机车的牵引力及列车与轨道间的摩擦系数都不变，问当脱落的那节车厢停止时，列车距此车厢有多远?

3-8 有两个观察者，一个站在地面上，另一个站在以恒定速度 $\boldsymbol{u}$ 运动着的火车上，火车上有一质量为 m 的质点，开始时相对于车厢静止不动，然后在恒定外力 $\boldsymbol{F}$ 作用下作加速运动，试分别讨论上述两个观察者所看到的:

(1) 质点的加速度。

(2) 在 t 秒钟内，力 $\boldsymbol{F}$ 所做的功。

(3) t 秒钟内，质点动能的增量。

根据你所得的结果，证明动能定理对于任何惯性参照系都是正确的。

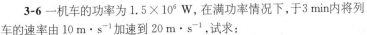

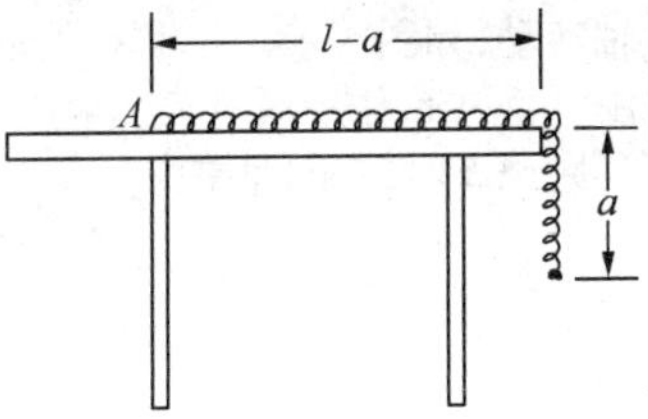

习题 3-9 图

3-9 一根质量为 m，总长为 l 的均匀细链条，开始时长为 a 的一段从桌面边缘下垂，另一部分放在光滑的水平桌面上，并用手拉住 A 端使整个链条静止不动，如图所示，然后放手，链条开始下滑，求链条刚好全部离开桌面时的速率。

3-10 上题中若链条与桌面之间的摩擦系数为 μ，试问:

(1) 下垂长度 a 为多大时，链条开始下滑?

(2) 当链条以(1)所求得的下垂长度开始下滑，则链条全部离开桌面时的速率为多大?

3-11 如图所示，倔强系数为 k 的轻弹簧一端拴在墙上，另一端拴住质量为 m 的木块，m 与水平桌面间的摩擦系数为 μ，开始时 m 不动，弹簧处于自然长度，然后以恒力 $\boldsymbol{F}$ 向右拉 m，则 m 自平衡位置开始向右运动，试求:

(1) m 达到的最大速度。

(2) 体系弹性势能所能达到的最大值。

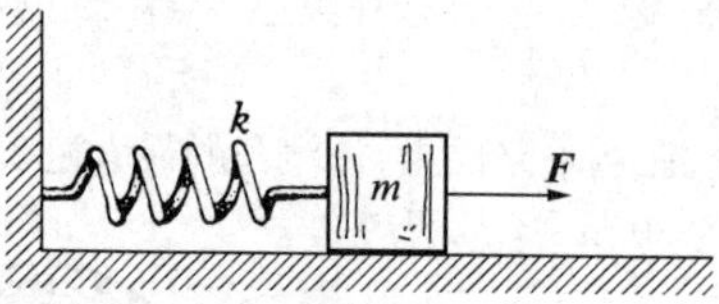

习题 3-11 图

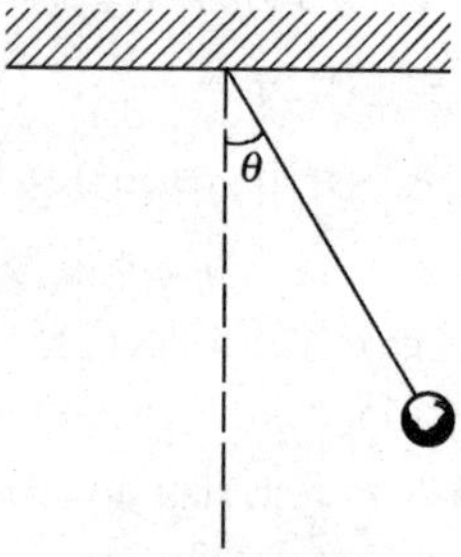

习题 3-12 图

3-12 一根线所能承受的最大张力为 11.8 N,现使线的一端固定,另一端系一质量为 600 g 的物体,将物体拉开使线与铅直方向成一定角度 θ,如图所示。然后放手,让物体自由摆动。试问:欲使此线不致断掉,允许 θ 角最大等于多少?

3-13 如图所示,有一摆长为 l,摆锤质量为 m 的单摆,在铅垂线上距悬点 O 为 x 处的 C 点有一小钉,起始摆线与铅垂线的夹角为 θ,当摆线运动到铅垂位置后便绕 C 点运动,试问:x 至少等于多少,才能使摆以 C 为中心作完整的圆周运动?

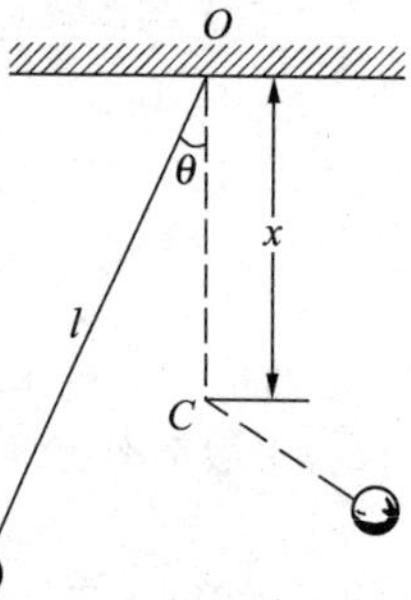

习题 3-13 图

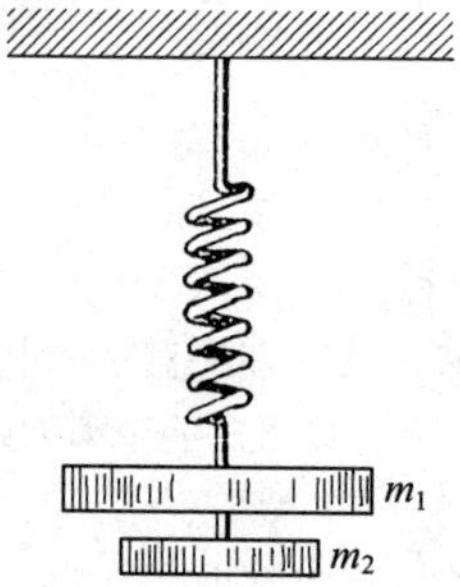

习题 3-14 图

3-14 如图所示,一倔强系数为 $9\ \mathrm{N\cdot m^{-1}}$ 的弹簧下端,悬挂着 $m_1 = 1\,\mathrm{kg}$, $m_2 = 300\,\mathrm{g}$ 的两物体,开始时它们都处于静止状态,若突然把 m_1 和 m_2 的连线割断,试求 m_1 的最大速度。

3-15 如图所示,质量分别为 m_A 和 m_B 的两物体 A、B,固定在倔强系数为 k 的弹簧两端,竖直地放在水平桌面上,用一力 $\boldsymbol{F}$ 垂直地压在物体 A 上,并使其静止不动,然后突然撤去 $\boldsymbol{F}$,试问欲使物体 B 离开桌面,$\boldsymbol{F}$ 至少应为多大?(弹簧的质量可忽略)

3-16 一均匀薄球壳质量为 M、半径为 R,可绕装在光滑轴承上的竖直轴转动,如图所示。一根不会伸长的轻绳绕在球壳赤道上,又跨过一滑轮(半径为 r,转动惯量为 I),然后自由下垂并系住一质量为 m 的小物体,此小物体在重力作用下下落,绳与滑轮之间无滑动,试问当它从静止下落距离 h 时,它的速率为多大?

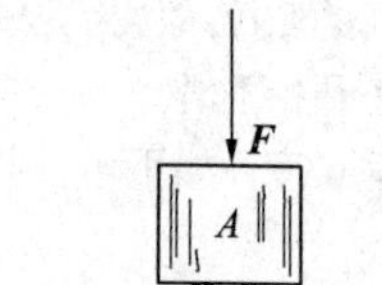

习题 3-15 图

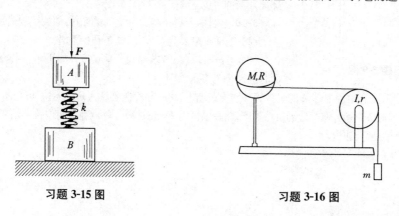

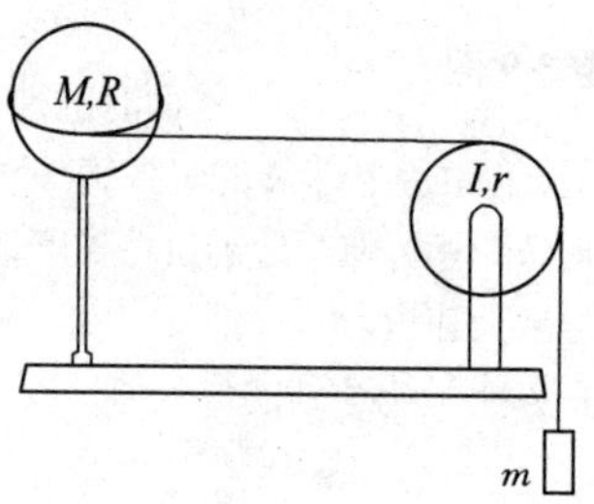

习题 3-16 图

3-17 如图所示，一根长为 $l=1\ \mathrm{m}$、质量为 $M=2\ \mathrm{kg}$ 的均匀细杆可绕通过其一端 O 的水平轴自由摆动，当杆静止时被一质量为 20 g 的子弹在离 O 点 70 cm 处击中，子弹即埋在杆内，杆的最大偏转角度是 60°，试问子弹的初速度是多大？

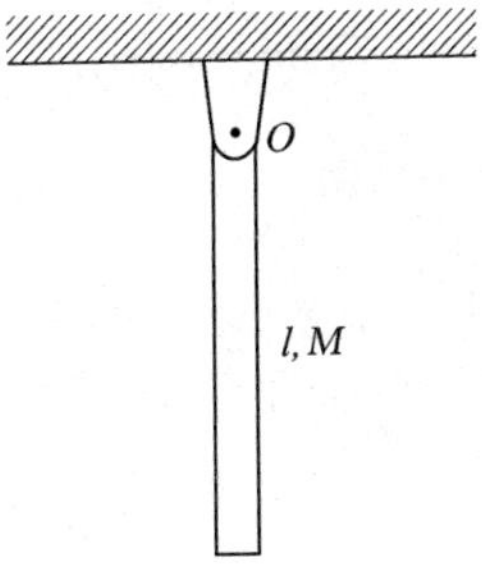

习题 3-17 图

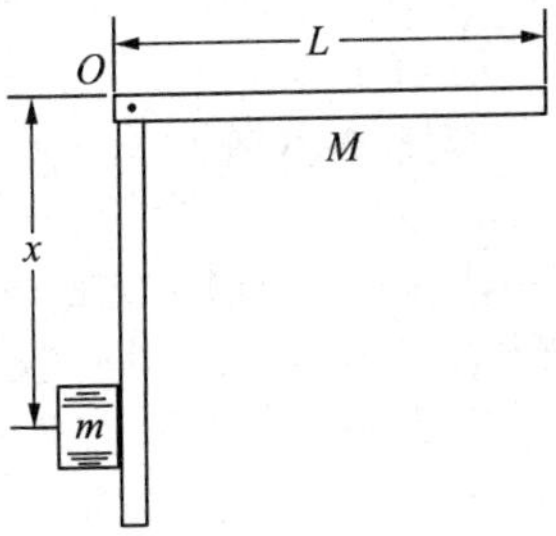

习题 3-18 图

3-18 如图所示，一根长为 L、质量为 M 的均匀细棒，可绕通过其一端的水平光滑轴 O 自由转动。今棒从水平位置由静止开始落下，当它转到竖直位置时，正好与另一边飞来的质量为 m 的小物体相碰，碰后两者正好都停下来，并知这时轴不受侧向力作用，试求：

(1) 小物体 m 的速度 v。

(2) 小物体 m 在棒上的碰撞位置 x。

3-19 如图所示，一长为 l、质量为 M 的均匀直尺，放在光滑的水平桌面上，它可以在桌面上自由运动，一质量为 m 的橡皮小球以速率 v 向着直尺运动，设球与尺的碰撞是弹性碰撞，试问：为使球在碰撞后静止下来，它的质量应为多大？

3-20 如图所示，半径为 R 的圆筒以某一速度 $\boldsymbol{v}_0$ 在水平面上沿 AB 作纯滚动。BC 是与水平面成 θ 角的斜面。试问：当 v_0 为何值时，圆筒能从水平面无脱离地滚到斜面上？

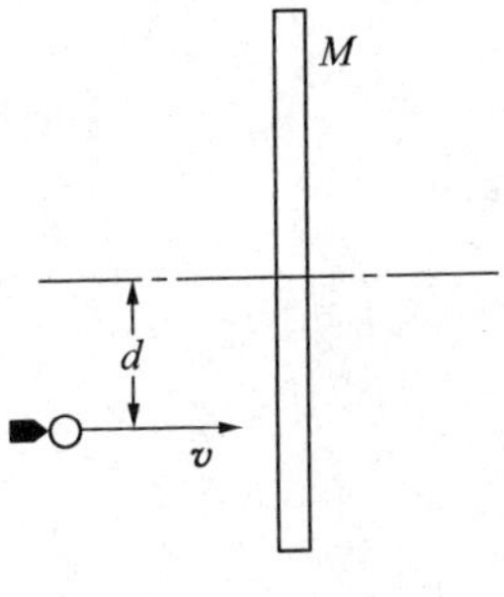

习题 3-19 图

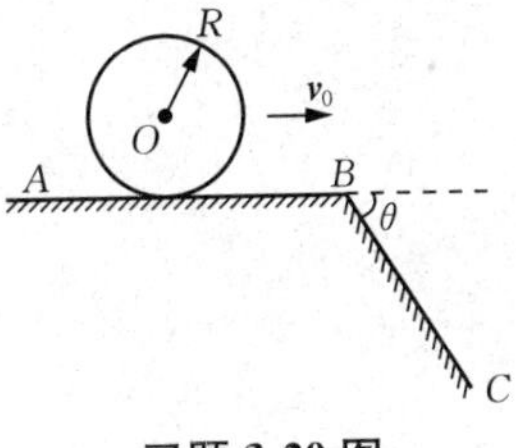

习题 3-20 图

3-21 一个速率为 v_0、质量为 m 的运动粒子，与一质量为 am 的静止靶粒子作完全弹性对心碰撞，试问 a 的值为多大时，靶粒子所获得的动能最大？

3-22 两个弹性小球 A 和 B，A 的质量为 0.05 kg，B 的质量为 0.1 kg，B 球静止在光滑的水平面上，A 球以 $0.5\ \mathrm{m\cdot s^{-1}}$ 的速率与 B 球作对心碰撞，在碰撞过程中，A 球的速率逐渐减少，B 球的速率逐渐增大，试问在两球的速率相等时，它们的动量之和是多少？动能之和是多少？弹性势能是多少？

3-23 质量分别是 m_1 及 $m_2(m_2=2m_1)$ 的两个小球，用两根长为 $l=1\ \mathrm{m}$ 的轻线悬挂起来。现将 m_1 拉到水平位置，如图所示，然后放手任其落下，并与 m_2 作完全弹性对心碰撞，试求此后 m_1 与 m_2 各弹多高？

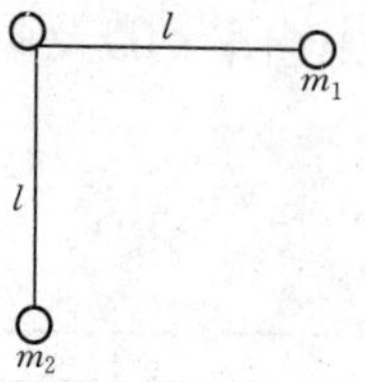

习题 3-23 图

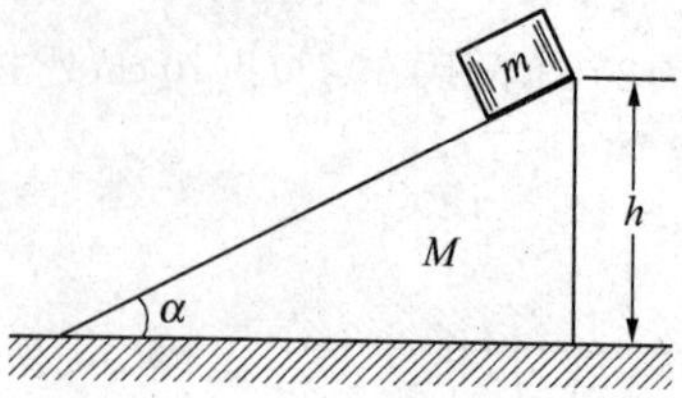

习题 3-24 图

3-24 如图所示,质量为 m 的木块放在一质量为 M 的楔的斜面上,楔放在一水平桌面上,开始时,木块和楔都处于静止状态,当木块沿斜面下滑时,楔将沿水平桌面运动,设所有的表面都是光滑的,木块从离桌面 h 高度处开始下滑,试求:当它碰到桌面时,楔的速度为多大?

第四章　狭义相对论基础

§4.1　狭义相对论的基本假设

4.1.1　爱因斯坦的基本假设

19 世纪末，经典力学已发展为系统的理论并解决了许多实际问题，但其应用范围只限于速度比光速小得多的情况。随着科学的进一步发展，许多课题深入到运动速度接近或等于光速的物理过程。这时，麦克斯韦的电磁场理论已经建立，它的一个重要成果是预言了电磁波的存在，并证明了电磁波在真空中的传播速度等于真空中的光速 c，是一个普适常量，

$$c=\frac{1}{\sqrt{\varepsilon_0\mu_0}}$$

式中 ε_0 和 μ_0 是电磁学常量(参见第八章与第九章)，与参照系无关。而在伽利略变换中，速度是与参照系有关的，经典力学的理论与电磁学规律之间出现了矛盾。爱因斯坦(A. Einstein，1879—1955 年)对此问题进行了深入的研究，他冲破了传统观念的束缚，创建了相对论。1905 年 9 月，德国《物理年鉴》发表了爱因斯坦的《论运动物体的电动力学》一文，首次提出了狭义相对论的两个基本假设：

(1) 相对性原理：物理定律的表达形式在所有惯性系中都相同。

(2) 光速不变原理：在所有的惯性系中，真空中的光速都相等。

在牛顿力学中，长度和时间的量度都与参照系无关，这就是牛顿的绝对时空观。伽利略坐标变换((2.1-6)式)就是绝对时空观的直接反映，但是，电磁学规律却不符合伽利略变换。爱因斯坦的第一个假设是牛顿力学相对性原理的推广，使相对性原理适用于所有物理规律，同时也是对绝对时空观的否定。第二个假设，关于光速不变原理，更直接地针对伽利略变换的缺陷，因此必须修改伽利略变换式。在这两个基本假设的基础上，爱因斯坦创立了狭义相对论。这里涉及的是无加速的惯性系，所以称为狭义相对论，后来他又进一步讨论了作加速运动的参考系的情况，这部分理论称为广义相对论。

4.1.2　洛伦兹变换

爱因斯坦的两个基本假设否定了伽利略变换，他认为绝对的时间和长度都不一定是正确的。要建立新的时空变换关系，必须满足相对性原理和光速不变原理，且当质点运动速率远小于真空中光速 c 时，新的变换关系应能回到伽利略变换的形式。因此，他认为以 x 方向的速度 v 作相对运动的惯性系 S 和 S' 之间的变换关系应改为

$$\begin{cases} x' = Ax + Bt \\ y' = y \\ z' = z \\ t' = Cx + Dt \end{cases} \tag{4.1-1}$$

这样,两个惯性系的坐标和时间之间仍保持线性关系,就能保证当物体在 S 系中作匀速直线运动时,从 S' 系中的观测者看来该物体也是在作匀速直线运动。

假设当两个惯性系 S' 和 S 的坐标原点 O' 和 O 重合时,位于原点 O 处的点光源发出一光脉冲,并将此时刻作为 S 系和 S' 系的计时起点。在 S 系中,光脉冲以速率 c 传播,在 t 时刻到达一点 $P(x, y, z)$,则从原点到这点的距离应等于 ct,即有

$$x^2 + y^2 + z^2 = (ct)^2 \tag{4.1-2}$$

在 S' 系中看,光速不变,则

$$x'^2 + y'^2 + z'^2 = (ct')^2 \tag{4.1-3}$$

考虑到 S' 的原点 $O'(x' = 0)$ 在 S 系中的坐标 $x = vt$,由(4.1-1)～(4.1-3)式可定出 A, B, C, D 等系数,得到以下变换关系,称为洛伦兹变换:

$$\begin{cases} x' = \dfrac{x - vt}{\sqrt{1 - \dfrac{v^2}{c^2}}} \\ y' = y \\ z' = z \\ t' = \dfrac{t - \dfrac{v}{c^2}x}{\sqrt{1 - \dfrac{v^2}{c^2}}} \end{cases} \tag{4.1-4}$$

在 $v \ll c$ 的情况下,洛伦兹变换就过渡到伽利略变换。

x 和 t 的逆变换为

$$\begin{cases} x = \dfrac{x' + vt'}{\sqrt{1 - \dfrac{v^2}{c^2}}} \\ t = \dfrac{t' + \dfrac{v}{c^2}x'}{\sqrt{1 - \dfrac{v^2}{c^2}}} \end{cases} \tag{4.1-5}$$

为了书写方便,常令

$$\beta = \frac{v}{c},\ \gamma = \frac{1}{\sqrt{1 - \beta^2}} \tag{4.1-6}$$

则 x, t 的洛伦兹变换和逆变换就简写为

$$
\begin{cases}
x' = \gamma(x - vt), \\
x = \gamma(x' + vt'), \\
t' = \gamma\left(t - \dfrac{v}{c^2}x\right) \\
t = \gamma\left(t' + \dfrac{v}{c^2}x'\right)
\end{cases}
\tag{4.1-7}
$$

4.1.3　狭义相对论的时空性质

洛伦兹变换反映的时空性质不同于牛顿力学，其特点分别讨论如下。

一、“同时”的相对性

设有两个惯性系 S 和 S'，S' 系(例如列车)相对于 S 系(例如地面)以速度 v 沿 x 轴的正方向作匀速直线运动，如图 4.1-1 所示。若在 S 系的 x 轴上坐标分别为 x_1 和 x_2 的两处 A 和 B，在 t 时刻同时发生两个事件，即同时发出闪光，在 S' 系中观察时，由洛伦兹变换(4.1-7)式，这两个事件发生的时刻分别为

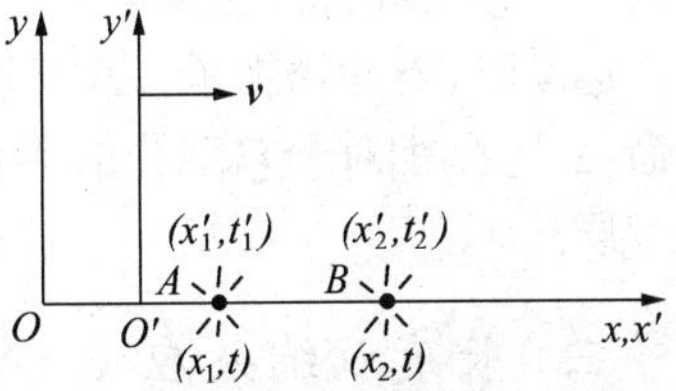

图 4.1-1　“同时”的相对性

$$t'_1 = \gamma\left(t - \frac{v}{c^2}x_1\right)$$

$$t'_2 = \gamma\left(t - \frac{v}{c^2}x_2\right)$$

当 $x_1 \neq x_2$ 时，$t'_1 \neq t'_2$，说明 S 系中不同地点发生的两个“同时”的事件，在 S' 系中是不同时的。这就是“同时”的相对性。只有在 S 系中同时同地发生的事件，在其他惯性系中才同时。

当 $v \ll c$ 时，$t'_2 = t'_1$，回到伽利略变换。

二、时间延缓

设在 S 系中同一地点先后发生两个事件，时空坐标分别为$(x,\ t_1)$和$(x,\ t_2)$，两个事件的时间间隔为

$$\Delta t_0 = t_2 - t_1$$

式中 Δt_0 称为原时或固有时，指惯性系中发生于同一地点的两个事件之间的时间间隔。设 S' 系相对于 S 系以速度 v 沿 x 正方向运动，则由(4.1-7)式，在 S' 系中两事件发生的时刻分别为

$$t'_1 = \gamma\left(t_1 - \frac{v}{c^2}x\right)$$

$$t'_2 = \gamma\left(t_2 - \frac{v}{c^2}x\right)$$

两事件的时间间隔为

$$\Delta t' = t'_2 - t'_1 = \gamma(t_2 - t_1)$$

或

$$\Delta t' = \gamma \Delta t_0 = \frac{\Delta t_0}{\sqrt{1 - v^2/c^2}} \tag{4.1-8}$$

反之,若在 S' 系中同一地点发生两个事件,则在 S' 系中测得这两个事件的时间间隔为原时

$$\Delta t'_0 = t'_2 - t'_1$$

在 S 系中这两事件的时间间隔为

$$\Delta t = \gamma \Delta t'_0 \tag{4.1-9}$$

(4.1-8)、(4.1-9)式表明:若在某惯性系中两事件发生于同一地点,则测得的两个事件的时间间隔最短,为原时;在其他惯性系中测量这两个事件的时间间隔都大于原时,这种相对论效应称为时间延缓。

时间延缓效应在 μ 介子衰变的实验中得到了验证。μ 介子的平均寿命(相对于 μ 介子静止的参照系)只有 2.2×10^{-6} s,即使它们的速率达到光速,按寿命乘速率计算,μ 介子在衰变之前的平均行程也只有 600 m。但实际上,在地面参照系中可以观察到宇宙射线在大气层顶部与大气中分子碰撞产生的 μ 介子,它们至少穿越了上万米的空间。这是因为当 μ 介子以很高的速率运动时,寿命增加了,由(4.1-8)式可算得当 μ 介子速率达 $0.9999c$ 时,在地面参照系中的寿命 Δt 比在相对于它静止的参照系中的寿命 Δt_0 增大了 70 多倍,从而有足够长的时间穿过大气层。

三、长度收缩效应

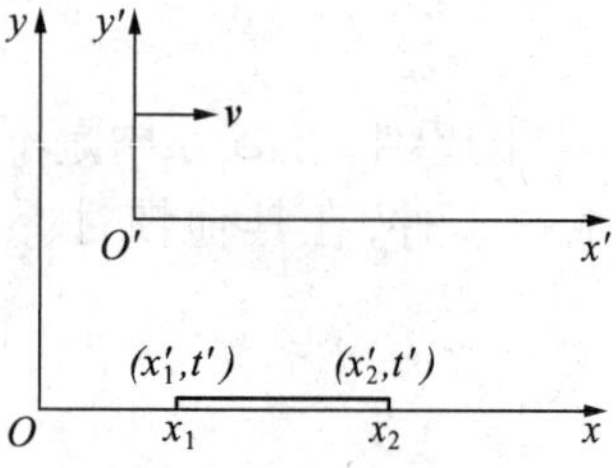

图 4.1-2 长度收缩

如图 4.1-2 所示,设在 S 系中沿 x 轴放一静止的杆,杆两端点的空间坐标分别是 x_1 和 x_2,杆在 S 系中的长度为

$$l_0 = x_2 - x_1$$

由于杆在 S 系中是静止的,x_1 和 x_2 不随时间变化,是否同时记下 x_1 和 x_2 的读数是无所谓的,在与杆相对静止的参照系中测得杆的长度称为固有长度或静长,用 l_0 表示。设 S' 系相对于 S 系以速度 $\boldsymbol{v}$ 沿 x 轴方向运动,若在 S' 系中测杆的长度 l',则必须在同一时刻 t' 测杆两端的坐标 x'_1 和 x'_2。由(4.1-5)式

$$x_1 = \frac{x'_1 + vt'}{\sqrt{1 - v^2/c^2}},\ x_2 = \frac{x'_2 + vt'}{\sqrt{1 - v^2/c^2}}$$

得

$$l' = x'_2 - x'_1 = (x_2 - x_1)\sqrt{1 - v^2/c^2}$$

即

$$l' = l_0 \sqrt{1 - v^2/c^2} \tag{4.1-10}$$

上式表明:在相对于杆静止的惯性系中杆的长度最大,等于杆的静长 l_0;在相对杆运动的惯性系中,杆沿运动方向的长度必小于静长,这称为长度收缩。长度收缩并非杆的内部材料结构改变了,而是空间间隔测量的相对性引起的。

四、时空间隔和因果事件时序的绝对性

在洛伦兹变换中,时间和空间是紧密联系的。在爱因斯坦建立狭义相对论后不久,数学

家闵可夫斯基(H. Minkowski, 1864—1909 年)就提出把时间和 3 个空间坐标结合成为包含 x, y, z, ct 的四维空间-时间,因为空间坐标的单位都是长度,ct 的单位也是长度,这样 4 个坐标就对称了。将四维时空几何化,则四维时空中任意一个点 $P(ct, x, y, z)$表示在时刻 t 发生于空间(x, y, z)点的一个事件,四维时空中任意两个时空点的间隔 Δs 规定为

$$\Delta s^2 = c^2\Delta t^2 - (\Delta x^2 + \Delta y^2 + \Delta z^2)$$

Δs^2 与参照系无关,是一个不变量,例如,在相对于 S 系以速度 $\boldsymbol{v}$ 沿 x 轴方向运动的惯性系 S'系中有两个时空点(0, 0, 0, 0)和(ct', x', y', z'),且 $t=0$ 时 S 系和S'系的坐标原点重合,则由洛伦兹变换可得

$$\begin{aligned}\Delta s'^2 &= c^2\Delta t'^2 - (\Delta x'^2 + \Delta y'^2 + \Delta z'^2)\\ &= c^2\gamma^2\left(t - \frac{v}{c^2}x\right)^2 - \gamma^2(x - vt)^2 - y^2 - z^2\\ &= c^2t^2 - x^2 - y^2 - z^2 = \Delta s^2 \end{aligned} \tag{4.1-11}$$

上式表明:两个事件的时空间隔 Δs 在所有惯性系中都相同,因而是绝对的不变量,揭示了时空的内在联系。

因果事件之间的先因后果的时间顺序不会因参照系的不同而改变。设在 S 系中"因"事件 A 和"果"事件 B 之间的信号传播速度为 u,则

$$u = \frac{x_B - x_A}{t_B - t_A}$$

在以速度 v 相对于 S 系作 x 方向运动的 S'系中,此因果事件的时间间隔为

$$\begin{aligned}t'_B - t'_A &= \gamma\left[(t_B - t_A) - \frac{v}{c^2}(x_B - x_A)\right]\\ &= \left(1 - \frac{vu}{c^2}\right)\frac{t_B - t_A}{\sqrt{1 - v^2/c^2}}\end{aligned}$$

因为 v 和 u 均小于 c,故 $1 - vu/c^2$ 恒为正,所以 $\Delta t'_{BA}$ 和 Δt_{BA} 永远同号,保证了在 S 系中的因果事件 A 和 B 在 S'系中也仍然是先因后果的时序。

§4.2　相对论速度变换

设 S'系相对于 S 系以速度 $\boldsymbol{v}$ 沿 x 轴正方向运动,质点在 S'系和 S 系中的速度分别为 (u'_x, u'_y, u'_z)和(u_x, u_y, u_z),则由洛伦兹变换(4.1-4)式

$$\begin{cases} u'_x = \dfrac{dx'}{dt'} = \dfrac{dx - v\,dt}{dt - \dfrac{v}{c^2}dx} = \dfrac{u_x - v}{1 - \dfrac{v}{c^2}u_x} \\ u'_y = \dfrac{dy'}{dt'} = \dfrac{dy}{\gamma\left(dt - \dfrac{v}{c^2}dx\right)} = \dfrac{u_y}{1 - \dfrac{v}{c^2}u_x}\sqrt{1 - v^2/c^2} \\ u'_z = \dfrac{dz'}{dt'} = \dfrac{dz}{\gamma\left(dt - \dfrac{v}{c^2}dx\right)} = \dfrac{u_z}{1 - \dfrac{v}{c^2}u_x}\sqrt{1 - v^2/c^2} \end{cases} \tag{4.2-1}$$

其逆变换为

$$\begin{cases} u_x = \dfrac{\mathrm{d}x}{\mathrm{d}t} = \dfrac{u'_x + v}{1 + \dfrac{v}{c^2}u'_x} \\ u_y = \dfrac{\mathrm{d}y}{\mathrm{d}t} = \dfrac{u'_y\sqrt{1 - v^2/c^2}}{1 + \dfrac{v}{c^2}u'_x} \\ u_z = \dfrac{\mathrm{d}z}{\mathrm{d}t} = \dfrac{u'_z\sqrt{1 - v^2/c^2}}{1 + \dfrac{v}{c^2}u'_x} \end{cases} \tag{4.2-2}$$

由速度的相对论变换式可知，当 S 系中质点的运动速度为 $u_x = c$, $u_y = u_z = 0$ 时，在 S' 系中的速度为

$$u'_x = \frac{c - v}{1 - \dfrac{v}{c^2} \cdot c} = c$$

$$u'_y = u'_z = 0$$

即光速 c 在任何惯性系中保持不变。另外，当 v 与 u_x 都接近光速时，合成的速度仍有 $u'_x < c$，所以光速 c 为极限速率。

例 1 在宇宙射线中有一种 $\pi^{\pm}$ 介子是不稳定粒子，其固有寿命为 2.603×10^{-8} s，若 $\pi^{\pm}$ 介子产生后立即以 $0.920\,0c$ 的速度作匀速直线运动，问它能否在衰变前通过 17 m 的路程？

解法一 设地面参照系为 S 系，而与 $\pi^{\pm}$ 介子一起运动的惯性系为 S' 系，则 S' 系相对于 S 系的运动速度为 $v = 0.920\,0c$，在地面 S 系中观测 $\pi^{\pm}$ 介子的寿命为

$$\tau = \frac{\tau_0}{\sqrt{1 - v^2/c^2}} = \frac{2.603 \times 10^{-8}}{\sqrt{1 - (0.920\,0)^2}} = 6.642 \times 10^{-8}(\mathrm{s})$$

$\pi^{\pm}$ 介子在衰变前可通过的路程为

$$s = v\tau = 0.920\,0c \times 6.642 \times 10^{-8} = 18.32(\mathrm{m}) > 17\ \mathrm{m}$$

所以 $\pi^{\pm}$ 介子在衰变前可通过 17 m 的路程。

解法二 在 S' 中看，$\pi^{\pm}$ 介子不动，地面参照系 S 相对于它运动，在 $\pi^{\pm}$ 介子的固有寿命期间，S 系运动的距离为 l'，

$$l' = v\tau_0 = 0.920\,0c \times 2.603 \times 10^{-8} = 7.179(\mathrm{m})$$

但从 $\pi^{\pm}$ 介子参照系观测，空间路程 $l_0 = 17$ m 要收缩为 l，

$$l = l_0\sqrt{1 - v^2/c^2} = 17.00 \times \sqrt{1 - (0.920\,0)^2} = 6.663(\mathrm{m})$$

$$l' > l$$

故 $\pi^{\pm}$ 介子在衰变前可通过地面参照系中的 17 m 路程。

§4.3 相对论质量、动量和能量

4.3.1 相对论质量和动量

按爱因斯坦的相对性原理，动量守恒定律在不同的惯性参照系中都应成立。如图 4.3-1

所示，设在 S' 系中有一粒子原来静止于原点 O'，在某时刻粒子分裂为完全相同的两半 A 和 B，分别沿 x' 轴的正向和反向运动，由动量守恒定律，这两半的速率应相等，设为 u。又设 S' 系以 u 的速率相对于 S 系沿 x 轴正方向运动，则在 S 参照系中，A 的速度由(4.2-2)式可得(只有 x 方向速度)

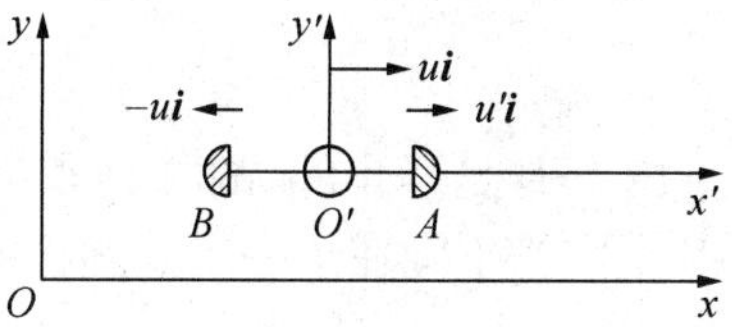

图 4.3-1

$$u_A = \frac{u'_A + v}{1 + \frac{v}{c^2}u'_A}$$

式中

$$u'_A = u,\ v = u$$

所以有

$$u_A = \frac{u + u}{1 + \frac{u^2}{c^2}} = \frac{2u}{1 + \frac{u^2}{c^2}} \tag{4.3-1}$$

同理，B 的速度为

$$u_B = \frac{u'_B + v}{1 + \frac{v}{c^2}u'_B}$$

式中

$$u'_B = -u,\ v = u$$

故

$$u_B = \frac{-u + u}{1 - \frac{u^2}{c^2}} = 0$$

即在 S 系中 B 是静止的。在 S 系中看，粒子分裂以前随原点 O' 运动，速度为 $u\boldsymbol{i}$、动量为 $Mu\boldsymbol{i}$，粒子分裂后，B 静止，只有 A 运动，总动量为 $m_A u_A \boldsymbol{i}$。假定在 S 系中粒子在分裂前后质量守恒，即 $M = m_A + m_B$，则在 S 系中用动量守恒定律 $Mu\boldsymbol{i} = m_A u_A \boldsymbol{i}$，把(4.3-1)式代入，得

$$(m_A + m_B)u = \frac{2u \cdot m_A}{1 + u^2/c^2} \tag{4.3-2}$$

若按牛顿力学，质量和速率无关，应有 $m_A = m_B$，代入上式，发现上式不成立，即动量守恒定律也不成立，这是违背相对性原理的，所以只可能 m_A 和 m_B 不同，其值可由(4.3-2)式解出：

$$m_A = m_B \frac{1 + u^2/c^2}{1 - u^2/c^2} \tag{4.3-3}$$

再由(4.3-1)式得

$$u = \frac{c^2}{u_A}\left(1 - \sqrt{1 - u_A^2/c^2}\right) \tag{4.3-4}$$

代入(4.3-3)式并消去 u，得

$$m_A = \frac{m_B}{\sqrt{1-u_A^2/c^2}} \tag{4.3-5}$$

由于 B 是静止的,故称其质量为静质量,以 m_0 表示。m_A, m_B 在 S' 系中是完全相同的,在 S 系中的不同在于一个是静止的,一个是运动的,u_A 为 m_A 相对于 S 系的速度。为写出一般表达式,以 v 代替 u_A、m 代替 m_A,则 m 表示粒子以速度 v 运动时的质量,也称为相对论质量,(4.3-5)式可写成

$$m = \frac{m_0}{\sqrt{1-v^2/c^2}} \tag{4.3-6}$$

上式给出了质点的相对论质量和其速率的关系,也称质速关系。当 $v \ll c$ 时,$m \approx m_0$,此即牛顿力学的情况。

由以上讨论的结果,质点的相对论动量可表示为

$$\boldsymbol{p} = m\boldsymbol{v} = \frac{m_0 \boldsymbol{v}}{\sqrt{1-v^2/c^2}} \tag{4.3-7}$$

质点所受的力仍可用动量的变化率来规定,即

$$\boldsymbol{F} = \frac{\mathrm{d}\boldsymbol{p}}{\mathrm{d}t} = \frac{\mathrm{d}}{\mathrm{d}t}(m\boldsymbol{v}) \tag{4.3-8}$$

由于 m 随 v 变化,故和牛顿力学中第二定律的表达式

$$\boldsymbol{F} = m\boldsymbol{a} = m\frac{\mathrm{d}\boldsymbol{v}}{\mathrm{d}t}$$

不再等效。

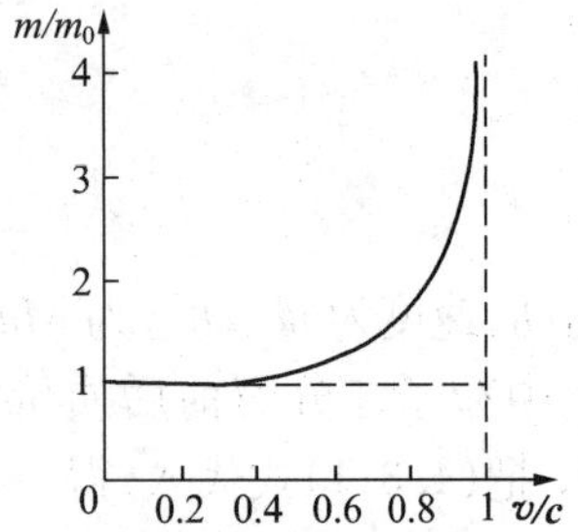

图 4.3-2 质速关系

考夫曼(W. Kaufmann, 1871—1947 年)用加速器加速电子,观测不同速度的电子在磁场中的偏转,由此测定电子的质量,验证了质速关系。图 4.3-2 为质-速关系曲线,当 $v \ll c$ 时,$m \approx m_0$;当 v 接近光速时,m 急剧增大。光子的速度等于光速,则其静止质量 m_0 必为零,否则质量将成为无限大。

由(4.3-7)和(4.3-8)式可知,外界给质点的作用力,在低速时主要使其速度增加,在高速时则主要使其惯性增加。

4.3.2 相对论能量

下面由相对论动量和力的关系及动能定理来推导相对论的动能和总能量。在相对论中动能定理仍应成立,所以,质点动能的增量应等于外力对质点所作的功,即

$$\mathrm{d}E_k = \boldsymbol{F}\cdot\mathrm{d}\boldsymbol{r} = \frac{\mathrm{d}\boldsymbol{p}}{\mathrm{d}t}\cdot\mathrm{d}\boldsymbol{r} = \mathrm{d}\boldsymbol{p}\cdot\boldsymbol{v} = \frac{\boldsymbol{p}}{m}\cdot\mathrm{d}\boldsymbol{p}$$

利用 $\mathrm{d}p^2 = \mathrm{d}(\boldsymbol{p}\cdot\boldsymbol{p}) = 2\boldsymbol{p}\cdot\mathrm{d}\boldsymbol{p}$,上式化为

$$\mathrm{d}E_k = \frac{1}{2m}\mathrm{d}p^2 \tag{4.3-9}$$

由 $p^2 = m^2v^2$ 及 $m\sqrt{1-v^2/c^2} = m_0$ 得

$$m^2c^2 - p^2 = m_0^2c^2$$

上式两边微分，得

$$\mathrm{d}p^2 = 2mc^2\mathrm{d}m \tag{4.3-10}$$

以(4.3-10)式代入(4.3-9)式，得

$$\mathrm{d}E_k = c^2\mathrm{d}m$$

对上式积分，取初态为静止状态，$E_k = 0$，则得

$$\int_0^{E_k}\mathrm{d}E_k = \int_{m_0}^{m}c^2\mathrm{d}m$$

$$E_k = mc^2 - m_0c^2 \tag{4.3-11}$$

上式为相对论质点的动能公式。质点的动能等于质点因运动而引起的质量的增量 $\Delta m = m - m_0$ 乘以光速的平方。

在 $v \ll c$ 的情况下，

$$E_k = mc^2 - m_0c^2 = \frac{m_0c^2}{\sqrt{1-v^2/c^2}} - m_0c^2$$

$$= m_0c^2\left(1-\frac{v^2}{c^2}\right)^{-1/2} - m_0c^2 \approx m_0c^2\left(1+\frac{v^2}{2c^2}\right) - m_0c^2 \approx \frac{1}{2}m_0v^2$$

这又回到牛顿力学中的动能表示式

(4.3-11)式中 m_0c^2 是质点因静质量 m_0 而具有的能量，称为静能，以 E_0 表示，则

$$E_0 = m_0c^2 \tag{4.3-12}$$

mc^2 表示粒子以速率 v 运动时所具有的能量，在相对论意义上，这是粒子的总能量，以 E 表示：

$$E = mc^2 \tag{4.3-13}$$

这样，(4.3-11)式可写成

$$E_k = E - E_0 \tag{4.3-14}$$

即粒子的动能等于粒子的总能量和静能之差。

(4.3-12)和(4.3-13)式是相对论最重要的结论之一，这两式表明，一定的质量相应于一定的能量。这就是质能关系。1907 年 4 月，爱因斯坦写了两篇论述狭义相对论和质能关系的论文：《关于相对性原理所要求的能量惯性问题》和《关于相对性原理和由此得出的结论》，进一步明确提出了“同惯性有关的质量 m 相当于其量为 mc^2 的内能”。“我们无论如何也不可能明确地区分体系的‘真实’质量和‘表观’质量。把任何惯性质量理解为能量的一种储藏，看来要自然得多”。“对于孤立的物理体系，质量守恒定律只有在其能量保持不变的情况下才是正确的……”。关于最后一句话，可以简单证明如下：若有几个粒子在相互作用(如碰撞)过程中，能量守恒应表示为

$$\sum_i E_i = \sum_i (m_ic^2) = \text{常量} \tag{4.3-15}$$

因为 c 是常量,故立即可得出

$$\sum_i m_i = 常量 \tag{4.3-16}$$

上式即为质量守恒式。在历史上能量守恒和质量守恒是分别发现的两条相互独立的自然规律,现在由相对论统一起来了。

例 1 氢弹爆炸时,其中一个聚合反应为一个$^2_1$H(氘)与一个$^3_1$H(氚)聚合生成一个$^4_2$He(氦),并放出一个$^1_0$n(中子):

$$^2_1\mathrm{H} + ^3_1\mathrm{H} \rightarrow ^4_2\mathrm{He} + ^1_0\mathrm{n}$$

已知氘、氚、氦和中子的静止质量分别为 $m_\mathrm{D} = 2.013\,55\ \mathrm{u}$, $m_\mathrm{T} = 3.015\,45\ \mathrm{u}$, $m_\mathrm{He} = 4.001\,51\ \mathrm{u}$, $m_\mathrm{n} = 1.008\,67\ \mathrm{u}$, 其中 u 为原子质量单位, $1\ \mathrm{u} = 1.660\,54 \times 10^{-27}\ \mathrm{kg}$。求此核反应所放出的能量。

解 反应前后总能量守恒,即

$$m_\mathrm{D}c^2 + m_\mathrm{T}c^2 = m_\mathrm{He}c^2 + m_\mathrm{n}c^2 + E_k$$

E_k 为核反应放出的能量

$$\begin{aligned} E_k &= \Delta m_0 c^2 = [(m_\mathrm{D} + m_\mathrm{T}) - (m_\mathrm{He} + m_\mathrm{n})]c^2 \\ &= [(2.013\,55 + 3.015\,45) - (4.001\,51 + 1.008\,67)] \\ &\quad \times 1.660\,54 \times 10^{-27} \times (3.0 \times 10^8)^2 \\ &= 2.81 \times 10^{-12}(\mathrm{J}) = 17.6(\mathrm{MeV}) \end{aligned}$$

即有 17.6 MeV 的静止能量转化为动能释放出来。式中 Δm_0 是反应前后体系静止质量之差,称为质量亏损。可见,反应前后静止质量是不守恒的,总质量是守恒的,

$$m_\mathrm{D} + m_\mathrm{T} = m_\mathrm{He} + m_\mathrm{n} + \Delta m_0$$

由质能关系和质速关系有

$$E = mc^2 = \frac{m_0 c^2}{\sqrt{1 - v^2/c^2}}$$

上式两边平方且以 $p = mv$ 关系代入,得

$$E^2 = p^2c^2 + m_0^2c^4 \tag{4.3-17}$$

(4.3-17)式为相对论中的能量和动量关系。当粒子的静质量为零时,由上式可得

$$E = pc \tag{4.3-18}$$

由 $E = mc^2$ 及 $\boldsymbol{p} = m\boldsymbol{v}$ 又可得

$$\boldsymbol{v} = \frac{c^2\boldsymbol{p}}{E} \tag{4.3-19}$$

对 $m_0 = 0$ 的粒子,将(4.3-18)式代入(4.3-19)式,可得

$$v = \frac{c^2 p}{pc} = c$$

即静质量为零的粒子在任一惯性系中都只能以光速运动,永不停止。此结论与前面由质速关系得出的推论一致。

爱因斯坦的狭义相对论把相对性原理从牛顿力学推广到整个物理学，当物体的运动速度可与光速相比拟时，牛顿力学的物质观、时空观和运动观应按相对论作出修正。狭义相对论揭示了时间和空间、物质和运动的统一性，由其导出的质能关系是核能利用的理论基础。在近代物理学的发展中日益显示出相对论的重要性。

阅读材料 4.1 科学家介绍——爱因斯坦

爱因斯坦(Albert Einstein)于1879年3月14日出生在德国乌耳姆的犹太人家庭，父亲是经营电器作坊的小业主，第二年全家迁居慕尼黑。1884年他进入小学，这年他父亲给他看指南针，他对此感到很惊奇，心想一定有什么神秘的东西深藏在里面。指南针给他留下深刻而持久的印象，也是对他的科学成长道路起着重要作用的第一件事。12岁那年进入慕尼黑的卢伊特波尔德(Luitpold)中学读书，他对朋友塔尔迈给他看的两本科学通俗读物《力和物质》、《神圣的几何学读本》很感兴趣，因为书中的证明清晰可靠，这些读物对他的世界观产生了深刻的影响，他由此而中止了宗教信仰。在他所写的《自述》中提及："由于读了通俗的科学书籍，我很快就相信了，《圣经》里的故事有许多是不真实的，其结果就是产生狂热的自由思想……"在13岁就开始读康德的哲学及伯恩施坦的《自然科学通俗读本》；这是一套写得很好的科普读物，使他知道了整个自然科学领域里取得的主要成果和研究方法。他自学了全部基础数学，到16岁时已读完微积分。他还爱好拉小提琴，而且拉得很好。总之，在中学阶段他通过自学培养了很强的、为传统教育所忽视的独立思考、独立解决问题的创造能力。

1894年，爱因斯坦的父亲在慕尼黑的工厂破产了，全家迁往意大利的米兰。1895年他去瑞士报考苏黎世联邦工业大学，由于他的法文程度太差没录取，结果进了这所大学的预科班。过去有许多报刊文章说爱因斯坦中学时是个笨孩子，学习成绩不好，等等，但在爱因斯坦档案馆新发现的材料表明，这纯属误解和臆断，应予以澄清。档案馆中保存了一封爱因斯坦在慕尼黑卢依特波尔德中学读书时该校校长维莱特纳(H. Wieletner)在1929年给慕尼黑报纸的信，信中驳斥了关于爱因斯坦是笨孩子的报道。他说，成绩评分开始时以1分为最高，爱因斯坦的希腊文、拉丁文和数学总在1分和2分之间，到后来数学总是1分；后来，学校当局把学生记分法倒转了过来，最高为6分，他的分数也变为6分。由于记分法的改变，使一些作家错误地报道了爱因斯坦的成绩，使大家造成误解。但他的法语仍是不太好。

1896年爱因斯坦进入苏黎世联邦工业大学师范系，攻读物理和数学，1902年6月到瑞士联邦专利局工作。在1901年莱比锡的《物理学杂志》上，爱因斯坦发表了他的第一篇论文《由毛细管现象所得的推论》，在1901—1904年期间，他又发表了3篇有关热学方面的论文。在此期间，即1903年，他与大学同学米列娃·玛丽琦(Mileva Maritsch, 1875—1948年)结婚。

1905年，爱因斯坦同时在当时物理学的3个最主要前沿研究领域作出了杰出贡献，在物理学史上，这一年可称为爱因斯坦年。1905年6月，爱因斯坦写了论文《论运动物体的电动力学》，9月又完成了《物体的惯性同它所含的能量有关吗?》，提出了质能关系的基本思想。这两篇文章创建了狭义相对论，是爱因斯坦10年思考和探索的结果，解决了19世纪末出现的古典物理学的"危机"，推动了整个物理学的革命，具有划时代的意义。

1905年3月，他在论文《关于光的产生和转化的一个推测性的观点》中提出了光量子假说，把普朗克在5年前提出的量子概念扩充到光在空间的传播，揭示了光的波粒二象性，并用光量子概念解释了光电效应。由于这项工作，爱因斯坦于1921年荣获诺贝尔物理学奖。

爱因斯坦的第三方面的工作是关于热运动理论方面的研究。他在1905年4月、5月和12月分别发表了《分子大小新测定法》、《热的分子运动论所要求的液体中悬浮离子运动》和《关于布朗运动的理论》,为分子运动论的最终确立作出了贡献。3年后(1908年),法国实验物理学家J·B·佩兰的实验证实了爱因斯坦的“布朗运动定律”,并由此而荣获诺贝尔奖。

以后,爱因斯坦又在1906年建立了固体的比热容理论,1907年提出广义相对论的等效原理,1912年建立了光化学定律。1913年他受聘为柏林威廉皇家学会物理研究所所长兼柏林大学教授,同时被选为普鲁士皇家科学院院士。

1914年,第一次世界大战爆发,当时德国93个科学文化界名流联名发表宣言,为德国的侵略罪行辩护,爱因斯坦则在一份针锋相对的仅有4人赞同的反战宣言上签了名。

1916年,他发表《关于辐射的量子理论》,奠定了激光技术的理论基础。1919年对爱因斯坦来说又是个重要的年份,一是他的生活上的改变,2月与妻子离婚,6月与表姐爱耳莎(Elsa Lowethal, 1876—1936年)结婚;二是他的理论被验证,9月英国科学家观察日食的结果证实爱因斯坦广义相对论预言的“光线通过太阳附近发生弯曲”的理论的正确性,消息公布后全世界为之轰动。1917年根据他的广义相对论又建立了现代宇宙学。1924年他与印度的S·玻色建立了“玻色-爱因斯坦量子统计”。从1925年到1955年的30年中,他除了研究关于量子力学的完备性问题、引力波及广义相对论的运动问题外,集中精力于统一场论的探索。

1933年,为逃避希特勒纳粹的暗杀,爱因斯坦逃亡美国,应聘为普林斯顿高级研究院教授。1940年10月取得美国国籍。第二次世界大战后,他大声疾呼,要尽全力防止核战争,领导组织了“原子科学家非常委员会”。

1952年以色列第一任总统魏斯曼死后,以色列政府请他担任第二任总统,他拒绝了。1955年4月18日爱因斯坦在普林斯顿医院病逝,19日遗体火化。遵照其遗嘱,骨灰被秘密保存,不举行葬礼,不做坟墓,不立纪念碑。

爱因斯坦曾说:“人只有献身社会,才能找到那实际上是短暂而有风险的生命的意义。”这正是他一生的光辉写照。

1979年全世界科学文化界隆重纪念一代科学巨匠爱因斯坦的百年诞辰,他的名字将永垂青史。

阅读材料 4.2 引力波

一、引力波的预言及其特征

爱因斯坦在1915年创建了广义相对论。在广义相对论中,引力不再以“力”的形式出现,而是定义为时空的弯曲。即:当一个有质量的物体放在时空中,周围的时空就会发生弯曲,其他物质会向它靠拢,就像一个等效的“吸引”作用。

1916年,爱因斯坦在他的广义相对论中预言了引力波的存在。引力波实际上就是时空曲率上的涟漪。其主要特征是:引力波是横波,在真空中以光速传播,辐射强度极弱,而贯穿性极强。

引力波的辐射强弱可从一个例子说明,两个以光速相撞的黑洞,辐射的引力波通过地球上的1台1 km长的检测器时,会使检测器的长度作小于10^{-18} m的改变,这还不到原子核的直径的1/1 000,可见其强度很弱。但引力波与电磁波不同,引力波不会被星体和宇宙碎片等阻挡,若它到达地球,也不受地球的阻挡,因此说引力辐射的贯穿性强。

二、寻找引力波源的途径

由于引力波与物质的相互作用太弱，极难探测，因此直到 20 世纪 70 年代，在非量子物理领域内几乎所有的理论预言均已被证实，唯独引力波深藏不露。科学家分析认为，只有在天然的宇宙实验室中寻找引力波源才能做实验检测。宇宙间大致有 3 类引力波，第一种是引力波背景辐射，是由宇宙在多个时期各种物理过程遗留下来的引力辐射叠加而成，但这种引力波的作用有如一种噪声，与其他噪声难以区分，故无从测量。第二种是脉冲式或扰动式的引力波，如超新星爆发、致密天体的坍缩、活动星系核中的剧烈扰动等，都可以发出引力波，且强度较大，但时间短暂，频带很宽，使探测变得很困难。第三种是稳定的、频率确定的引力波，例如双星的两颗子星互相绕转时所发出的引力辐射属于这类，也是目前为止所能找到的最好的引力波源。

三、引力波存在的证据

1. 引力波存在的间接证据

自从引力波理论提出以后，经过整整 60 年的探索，终于获得了第一个间接的定量的证据，引力波源是一个脉冲双星系统，称为"PSR1913＋16"，位于天鹰座内。这里"PSR"是"脉冲星"的标识符，"1913"表示它的赤经，"＋16"表示其赤纬，用赤经和赤纬标记一个天体在天空中的坐标，方法与用地理经纬度标记一个地点在地球上的坐标一样。

彼此间在引力作用下相互绕转的两颗恒星称为"双星"，两颗星都是系统的一个子星；有时把双星中质量较大，或因其他缘故而居主导地位的那颗子星称为"主星"，另一颗就称为它的"伴星"。若双星中有一颗子星是脉冲星，则这系统称为脉冲双星，这是非常罕见的。脉冲星是几乎完全由中子构成的天体，也称"中子星"，主要特征是密度大，自转特快，有特强的磁场。当带电粒子在中子星的强磁场中运动时，顺着中子星的两个磁极方向各发出一束射电波，一般情况下，中子星的磁轴和自转轴不重合，因此电磁辐射束在空间扫过一个锥面，如图 RM4-1 所示。若辐射锥扫过地球，地球上就能接收到它扫过时形成的电磁脉冲，故称之为脉冲星，脉冲周期就是中子星的自转周期，实验测出其脉冲周期具有高度的稳定性。

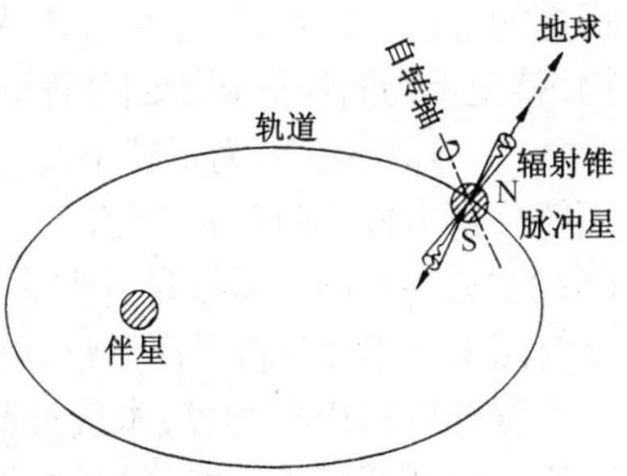

图 RM4-1　中子星

美国天文学家小约瑟夫·胡顿·泰勒(Joseph Hooten Taylar. Jr)和他的研究生拉塞尔·艾伦·赫尔斯(Russell Alan Hulse)从 1974 年到 1978 年用著名的阿雷西博天文台 305 m 直径的巨型射电望远镜，对 PSR1913＋16 进行了上千次观测。由于这双星系统的两个子星质量均约为太阳质量的 1.4 倍，彼此之间距离又足够近，是地球和太阳间的距离的 1/100，脉冲星最高速度达 $4.0\times10^5\ \mathrm{m\cdot s^{-1}}$，因而加速度也很大。由于辐射引力波会失去能量，从而使轨道缩小，周期变短的效果就相当明显，通过观测此脉冲双星的轨道周期变化率可以检验相关理论，实测变化率为 -2.422×10^{-12}，而广义相对论的预言值是 -2.402×10^{-12}，实测和理论值相差在 10^{-2}以内，由此间接证实了引力波的存在。

2. 引力波存在的直接证据

2016 年 2 月 11 日，美国激光干涉引力波观测台(简称 LIGO)正式宣布探测到引力波。

引力波激光干涉仪的原理如图 RM4-2 所示。由于激光干涉仪的检测灵敏度很高，有可能测出引力波引起的重物形变。这里还有许多具体问题要考虑，如抗干扰问题及灵敏度进一

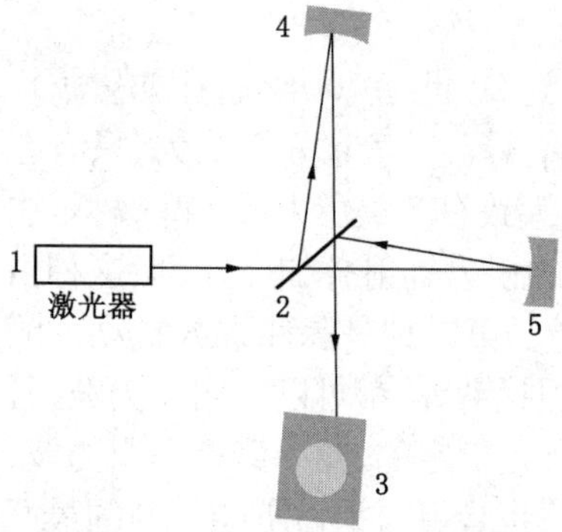

图 RM4-2 引力波激光干涉仪原理

1—激光器 2—分束镜 3—光检测器

4，5—两个完全相同的重物及反射镜组合系统

步提高的问题。我们期待在不久的将来能直接检测出引力波。激光器发出的激光束经过分束镜被分成两束相互垂直的光束，分别射向悬吊着的重物 4 和 5(重物应选用容易受引力作用产生形变的材料制成)，重物悬吊起来是为了消除附近的人或机器的活动造成的运动以及地球内部运动所引起的低水平地震活动产生的背景噪声。安装在重物上的反射镜将光束反射，使其在分束镜处重新会合，两束光叠加所得的输出光束的强度与合成波振幅的平方成正比，根据光检测器测得的强度可得到两个重物到分束镜的距离之差。在没有引力作用时，此距离之差为零，若有一列沿垂直方向进行的引力波射到实验装置上，因为引力波是横波，可引起重物产生切向形变。若某时刻引力波引起重物 4 在光行进的方向上压缩，则垂直于光行进的方向上就伸长，与此同时，重物 5 也在同样的方向上压缩和拉伸，但因重物 4 和 5 相互垂直放置，故前者使激光束经过的路程增加，而后者使路程缩短，两重物的反射光束就有一定光程差，干涉的结果使输出光强发生变化。过了半个周期，重物 4 在光行进的方向上拉伸，而在垂直于光行进的方向上压缩，重物 5 则相反；引力波连续地穿过重物，就使重物的拉伸和压缩过程周期性交替变化，其形变的相对变化量反映了引力波的强度。

在实际测量中，为了减小误差，在美国华盛顿州利文斯顿和相距 3 000 km 的新译西州汉福德分别安置了两个完全相同的 LIGO 观测台。每个观测台设置了两条相互垂直各长达 4 km 的“臂”，其内部装置是巨大的真空腔，激光束在 4 km 长的真空腔中穿梭，并被底部的镜面反射回来。通过分析干涉条纹，就能得到引力波的数据。

据计算机模拟测算，本次被监测的引力波是由质量分别为 39 个太阳的质量和 29 个太阳质量的两个黑洞互相之间快速旋转并融合成 65 个太阳质量的大黑洞，此过程中辐射出引力波，损失了 3 个太阳的质量。这些引力波实际上在宇宙中穿越了 13 亿光年的距离，经过了无数星系，最终抵达地球。两个实验分测到的信号时差经计算证明了引力波以光速传播。

由于构思和设计 LIGO，对直接探测引力波做出杰出贡献，美国物理学家雷纳・外斯、基普・索恩和巴里・巴里什被授予 2017 年诺贝尔物理学奖。

四、探索引力波的意义

第一，引力波是爱因斯坦广义相对论时空理论的核心预言。引力波的直接探测是广义相对论最后也是最重要的实验验证，由此开启了引力波天文学和宇宙学的新时代。

第二，探测到引力波可获得有关其辐射源的情况。例如，超新星产生的引力波能揭示出坍缩核心的详细情况。因为引力波能无衰减地逸出恒星大气，借助于引力波还可以发现被星际尘埃所遮住的天体，如银河系的中心；又如，黑洞的存在也是广义相对论所预言的，探测到黑洞发出的引力辐射就可以找到黑洞的位置，并证明黑洞的存在。另一个要推测的引力波源是大爆炸，即在大约距今 150 亿年到 200 亿年间发生的导致宇宙诞生的原始爆炸。这些重要信息来源于对宇宙微波背景辐射的观测，探测到引力波背景辐射将会使人们了解到大爆炸的另外一些方面，揭示出星系形成的剧烈开端。

第三，实验也证明了广义相对论中引力波传播速度等于光速的预言。

参考资料

[1] 卞毓麟,“脉冲双星与引力波”,现代物理知识,6卷3期。
[2] 何常,“捕捉引力波”,现代物理知识,6卷3期。
[3] 胡恩科,“引力波及其检测”,世界科学,1994年1月。

阅读材料　　4.3　宇宙大爆炸理论和实验证据

一、宇宙大爆炸

宇宙之谜千百年来一直受到人类的关注,引起人们无限的遐想。然而,由于科技手段贫乏,人们也只好望空兴叹。直到20世纪,伴随着科学技术的飞速发展,才逐步揭示出这无穷奥秘的一部分。

1948年,俄裔美籍物理学家伽莫夫(G. Gamov, 1904—1968年)提出大爆炸理论,认为宇宙是从一个大爆炸的火球开始的,他预言在大爆炸后,宇宙空间存在着微波背景辐射。当时很少有人认真看待他的理论。随着哈勃红移定律的确证、3开微波背景辐射的发现以及粒子物理研究的进展,人们越来越认识到伽莫夫的大爆炸理论的重要性。经过许多科学家的工作,当代的大爆炸理论对宇宙起源的描述是:宇宙开始于一个尺度极小的“原始火球”的大爆炸。设爆炸开始时 $t=0$,在 $t=10^{-44}$ s以前,量子效应十分显著,此时刻以后,是经典宇宙的开端。火球的爆炸离现在已有150亿年。原始火球温度高达 10^{32} K,已知能量在 10^{15} GeV(对应于 10^{28} K温度)以上的高温条件产生出来的各种粒子具有高度的对称性,弱、电磁和强相互作用的强度彼此相等,这叫“大统一”,所以一开始处于“大统一”时期。宇宙的“暴胀”从 10^{-35} s开始,很快地由于某种至今未知的原因,出现了重子(即质子和中子等)的不对称性。随着宇宙膨胀,温度下降,到 10^{13} K时,具有分数电荷和分数重子数的“夸克”(至今仍未在实验上发现以游离的状态出现)开始结合成各种强子(重子和介子的总称),现测到宇宙中的重子数密度为 2×10^{-7} 个 $\cdot$ cm^{-3},而反重子数几乎为零,是不对称的。现代物理定律在火球爆炸开始的0.1 s内是失效的,但从0.1 s到150亿年后的今天,现有物理定律都有效。在0.1 s时,火球的密度是水的3 000万倍,温度是300亿开。以后,火球急剧膨胀冷却,1 s后(即1.1 s时)密度下降到水的38万倍,温度下降到100亿开。4 min时,宇宙中的物质中有75%为氢核,25%为氦核,还有快速运动的游离电子。第34 min,宇宙温度下降到3亿开,密度为水的1/10。30万年后温度降到4 000 K,这时原子核与电子已可结合在一起,形成稳定的原子,开始出现现在宇宙中存在的各种物质元素。这些物质逐渐凝聚成星云,进而演化成各种天体。100亿年后,地球形成。

二、大爆炸理论的依据

1. 哈勃红移——宇宙膨胀的证据

1868年,英国天文学家哈金斯(Hawkins)测出天狼星光谱线的微小红移。与地球上同种物质的光谱线波长相比较,天狼星的光谱线波长变长,表现为向红色一端移动。到1929年,美国天文学家哈勃(E. Hubble, 1889—1953年)用2.5米望远镜对远距离星云进行观测,发现绝大多数星系都存在光谱线的红移。根据多普勒效应,谱线红移意味着这些星系都在远离地球而去。他还观测到,离地球越远的恒星,其谱线的红移越大。

设某谱线在地球实验室中测定的波长为 λ_e,从恒星上发出的同样谱线被我们接收到时变为 λ,令红移量为

$$Z=(\lambda-\lambda_e)/\lambda_e \qquad ①$$

哈勃发现 Z 与恒星离地球的距离 R 成正比,

$$Z=HR \qquad ②$$

式中 H 为比例系数,当恒星以速度 V 远离地球运动(称为退行)时,根据光谱频率、波长和速度之间的关系可得

$$\lambda-\lambda_e=\frac{V}{\nu} \qquad ③$$

代入①式,得

$$Z=\frac{\lambda-\lambda_e}{\lambda_e}=\frac{V}{\nu\lambda_e}=\frac{V}{c} \qquad ④$$

由②和④式得

$$HR=\frac{V}{c} \qquad ⑤$$

或

$$V=H_0R \qquad ⑥$$

式中 $H_0=Hc$,称为哈勃常量,⑥式称哈勃定律。H_0 的近似值为

$$H_0=100h_0\ 千米\cdot秒^{-1}\cdot(兆秒差距)^{-1} \qquad ⑦$$

式中兆秒差距为长度单位,与 3.26×10^6 光年相等。1994 年 h_0 的观测值为 0.80 ± 0.17。最近用大型哈勃空间望远镜 HST(主镜口径 2.4 m,总重 12.5 t,于 1990 年送上离地 600 km 的空间轨道)测出的 h_0 在 0.7～0.8 之间。由哈勃定律可知,离地球越远,退行速度 V 越大,当 V 接近光速 c 时,上面的讨论要应用狭义相对论,并要考虑广义相对论的时空弯曲效应,这里从略。

宇宙不断膨胀,半径 R 随之增大。若把这一切倒推回去,则半径 R 在 $t=0$ 时刻收缩到 0,这就是宇宙诞生时刻。若作粗略估计,先设膨胀速度 V 不变,如目前观察到宇宙半径为 R_0,则从宇宙诞生到现在经过的时间为

$$\tau_0=\frac{R_0}{V}=\frac{1}{H_0}$$

因为实际上收缩应是减速的,故宇宙应在比 τ_0 更长的时间内收缩为零,由 H_0 的观测值估计宇宙年龄应是

$$1.0\times10^{10}\ 年<\tau_0<2.5\times10^{10}\ 年$$

另外,从古老的球状星团观测数据得宇宙年龄参考值为

$$\tau_0=(1.5\pm0.3)\times10^{10}\ 年$$

故现在认为宇宙年龄在 130～200 亿年之间。

2. *宇宙背景辐射的发现——大爆炸火球冷却后的余辉*

物理学家由他们从高能粒子加速器的应用中得到的知识,去探究粒子最初的形成过程,

并由此预言在大爆炸火球30万年后,宇宙温度冷却到可使原子产生,这时,氢核和氦核迅速地扫荡了宇宙中所有的自由电子。这导致了一个引人注目的结果。因为自由电子易于散射或改变光子运动方向,在自由电子存在期间,光子一直不断地与电子碰撞,弯弯曲曲地横穿宇宙。但在自由电子和氢核及氦核结合后,光子突然能够自由飞行,无阻碍地穿过宇宙空间,这样,光子就能保持其黑体辐射谱并随着宇宙膨胀而一直冷却到现在的3 K左右。所以当今宇宙中应处处充满了等效温度为3 K左右的黑体辐射,常称为3 K微波背景辐射,这是几十亿年前的宇宙留存到今天的遗迹,也是大爆炸宇宙模型的一个最重要的预言。在20世纪60年代,此预言被观测所证实。微波背景辐射的发现成为大爆炸理论最重要的实验支柱,但它的发现却具偶然性。

1964年,美国贝尔电话实验室的两位工程师彭齐亚斯(A. A. Penzias, 1933—　)和威尔逊(R. W. Wilson, 1936—　)安装了一台用来接收"回声"号人造卫星微波信号的喇叭形天线。为了检验这台天线的低噪声性能,他们将天线指向天空测量大气的噪声。按理大气层噪声应与大气层厚度有关,故强度应与天线的方向有关。出乎他们意料之外的是,在7.35 cm波长上他们收到了相当大的与方向无关的微波噪声。在随后一年里,他们发现这种天电噪声既在一日之中没有变化,也不随季节而涨落。这种噪声显然不像是来自银河系的,似乎产生于更广阔的宇宙深处。他们发现收到的天电噪声的等效温度在2.5～4.5 K之间,后来他们在《天体物理杂志》上发表论文,宣布"有效天电噪声温度的测量值比预期值高3.5 K"。此后,许多射电天文学家在不同的波长上作了测量,结果表明辐射谱符合3 K的等效温度黑体辐射。自此,大爆炸宇宙模型逐渐被广泛接受,并称之为宇宙的"标准模型"。彭齐亚斯和威尔逊也由此获得1978年的诺贝尔物理学奖。1989年11月宇宙背景探索卫星升空,实测到微波背景辐射强度随波长的变化,使大爆炸宇宙模型获得了最强有力的证明。

3. 氦丰度的观测值与理论预言一致

大爆炸后3 min,宇宙温度下降到10^9 K,中子和质子通过碰撞形成氘核,中子和氘核本身都不稳定,但两个氘核碰撞后形成氦核就稳定了,在宇宙可见物质中,按质量计算,氢原子核(即质子)占3/4,氦占1/4。氦的质量分数称为氦丰度,按大爆炸理论预言的1/4氦丰度和实测值是一致的,因而也成了大爆炸理论的实验证据。

三、宇宙之谜

目前,人们对宇宙的认识还很局限。许多难解之谜仍有待探索。例如,大爆炸前的宇宙是什么样的,大爆炸是怎么引起的,宇宙有限还是无限,目前宇宙正在膨胀,它是否会一直膨胀下去,等等,都等待着人们进一步的研究。

参考资料

[1] 苏中启,"宇宙的起源与未来",现代物理知识,1995年2月。

阅读材料　　4.4　正、负电子对撞机

一、对撞机

近代高能物理学为了研究微观粒子的结构、相互作用及反应机制,需要用加速器把粒子加速到很高的能量去碰撞静止靶中的粒子,然后观测反应的结果及有关粒子的行为和规律。入射粒子的能量越高,越能反映出更深层次的信息(如靶粒子的内部结构等)。但是在实验室参照系中的两粒子质心的动能E_{kc}在反应前后是不变的,并不参与粒子间的反应,真正有用的

能量是能引起粒子发生转变的能量,这部分能量叫资用能,也称有效作用能,在数值上等于高能粒子与靶粒子相对于其质心的总能量。下面先计算一下这种情况下的资用能。

设一个静质量为 m_0、动能为 $E_k(E_k \gg m_0c^2)$ 的高能粒子撞击一个静止在实验室中的静质量为 M_0 的靶粒子,由于高能粒子速度很大,要用相对论力学求解。

粒子碰撞后,先形成一个复合粒子,然后立即分裂转化为其他粒子。以 M_0' 表示此复合粒子的静质量。

碰撞前,入射粒子能量为

$$E_{in} = E_k + m_0c^2 = \sqrt{p^2c^2 + m_0^2c^4}$$

即

$$p^2c^2 = E_k^2 + 2m_0c^2E_k \quad ①$$

式中 p 为入射粒子的动量。

碰撞前,两个粒子的总能量为

$$E = E_{in} + E_{M_0} = E_k + (m_0 + M_0)c^2 \quad ②$$

碰撞后所形成的复合粒子的能量为

$$E' = \sqrt{p'^2c^2 + M_0'^2c^4} \quad ③$$

式中 p' 为复合粒子的动量,由动量守恒定律知 $p' = p$。将①式代入③式得

$$E' = \sqrt{p^2c^2 + M_0'^2c^4} = \sqrt{E_k^2 + 2m_0c^2E_k + M_0'^2c^4} \quad ④$$

由能量守恒,有 $E' = E$, 故由②和④式得

$$\sqrt{E_k^2 + 2m_0c^2E_k + M_0'^2c^4} = E_k + (m_0 + M_0)c^2 \quad ⑤$$

上式两边平方并整理,得

$$M_0'c^2 = \sqrt{2M_0c^2E_k + [(m_0 + M_0)c^2]^2} \quad ⑥$$

式中 M_0' 是复合粒子的静质量,故 $M_0'c^2$ 也就是它在自身质心系中的总能量,即资用能,用 E_{av} 表示,则

$$E_{av} = \sqrt{2M_0c^2E_k + [(m_0 + M_0)c^2]^2}$$

例如,实验中用 100 GeV 能量的质子轰击静止质子(质子静能量为 938 MeV $\approx$ 1 GeV),则按上式计算资用能为

$$E_{av} = \sqrt{2 \times 1 \times 100 + (1+1)^2} = 14.3(\text{GeV})$$

总入射粒子能量

$$E_{in} = E_k + m_0c^2 \approx E_k = 100\ \text{GeV}$$

$$E_{av}/E_{in} = 14.3/100 = 0.14$$

可见高能粒子的能量利用率是很低的。

如果用两束相同的高能粒子沿相反方向运动,加速到很高的能量后进行对撞,由于其质心不动,故实验室参考系即质心系,相撞粒子的能量可全部利用。我们把产生高能粒子束并

使它们进行对撞的加速器叫对撞机。当采用对撞机时,两粒子的动量之矢量和始终为零,故复合粒子的能量由③式可得

$$E' = M_0' c^2$$

由能量守恒,入射粒子在碰撞前后能量相同,$E_{in} = E'$,即

$$2E_k + 2m_0 c^2 = M_0' c^2$$

资用能为

$$E_{av} = M_0' c^2 = 2E_k + 2m_0 c^2 \approx 2E_k$$

入射粒子的能量全部可利用。由上面例子可知,若要得到同样的资用能14.3 GeV,则只需要提供每个粒子 7.2 GeV 的能量。可见,对撞机在资用能上有显著的优点。

二、正、负电子对撞机

近年来建造最多的高能加速器是正、负电子对撞机,因为它和质子对撞机相比,具有规模、投资较小,技术比较成熟等优点,并且正、负电子对撞时没有强作用参加,反应简单。

以北京正、负电子对撞机为例,这是我国的第一台高能对撞机。对撞机由注入器、储存环和束流输运线、北京谱仪、计算中心和同步辐射光束系统 5 大部分组成。

注入器能产生 1.1～1.4 GeV 的正、负电子束,电子从电子枪发出后,经预注入器加速到具有 30 MeV 的能量,再经 120 MeV 直线加速器进一步加速到具有 150 MeV 的能量,当需要产生正电子时,把钨靶推到电子轨道上,电子束和钨靶作用,产生正、负电子。收集正电子后,经后面的一台直线加速器加速到 1.1～1.4 GeV的能量。正或负电子束从直线加速器末端出来后,经过一块磁铁偏转,正、负电子束偏转方向相反,分别进入各自的束流输运线。正、负电子束经过各自的输运线聚集后,输运到储存环注入点。

储存环是一个周长约为 240 m 的近似椭圆形的环形加速器,能储存最高达2.8 GeV的正、负电子束,并使它们对撞。

北京谱仪是探测器,用来鉴别反应粒子种类,定出粒子的电荷、动量、能量、径迹和自旋,从而进行高能物理实验研究。

同步辐射光束系统是利用回旋电子束产生的同步辐射光来进行各种学科实验研究的设备,计算中心则处理由探测器获取的大量实验数据。

北京正、负电子对撞机能量为 2.8×10^9 eV + 2.8×10^9 eV,主要工作在 τ 轻子和 c 夸克能量区域,现已精确测得 τ 子的质量为 $m_\tau = 1\,776.96^{+0.31}_{-0.21}$ MeV,这是目前国际上最精确的数据。

参考资料

[1] 徐建铭,"高能粒子加速器",物理,18 卷 4 期。

思考题与习题

一、思考题

4-1 有一火箭以接近光速的速度相对于地球飞行,在地球上的观察者将测得火箭上的物体长度缩短,过程的时间延长,有人因此得出结论说:火箭上观察者将测得地球上的物体比火箭上同类物体更长,而同一过程的时间缩短,这个结论对吗?

4-2 两个事件在一个惯性系中同地同时，在另一个惯性系中是否同地同时？

4-3 什么是静长？什么是原时？

4-4 长度的测量和同时性有什么关系？为什么长度的量度会和参照系有关？长度收缩效应是否因为棒的长度受到了实际的压缩？

4-5 在相对论中，垂直于两个参照系的相对速度方向的长度的量度与参照系无关，为什么在这方向上的速度分量却和参照系有关？

4-6 相对论动能公式与经典力学的动能公式有何区别和联系？

4-7 什么叫质量亏损？它和原子能的释放有何关系？

4-8 对于不同的惯性系，两事件的时间顺序相同吗？

二、习题

4-1 S'系相对S系运动的速率$v = 0.6c$，时钟调节得使在$x = x' = 0$处，$t = t' = 0$。现在S系中发生两件事：事件1发生于$x_1 = 10\ \mathrm{m}$，$t_1 = 2\times10^{-7}\ \mathrm{s}$；事件2发生于$x_2 = 50\ \mathrm{m}$，$t_2 = 3\times10^{-7}\ \mathrm{s}$，问：在$S'$系中测得此两事件的空间间隔是多少？时间间隔又是多少？

4-2 在惯性系S的同一地点发生A，B两事件，B晚于A 4 s，在另一惯性系S'中观测到B晚于A 5 s，问：

(1) 这两个参照系的相对速率是多少？

(2) 在S'系中这两个事件发生的地点间的距离是多少？

4-3 有一航天员乘速率为$1\,000\ \mathrm{km\cdot s^{-1}}$的火箭由地球前往火星，航天员测得他经过40 h到达火星，求地面上观测者测得的时间与航天员测得的时间差。

4-4 一空间飞船以$0.5c$的速率从地球发射，在飞行中飞船又向前方相对自己以$0.5c$的速率发射一火箭，问地球上的观测者测得火箭的速率是多少？

4-5 原长为L_0的棒静止在惯性系S'中，S'系相对于S系以匀速v沿公共x轴运动，棒在S'系中与x'轴的倾角为θ'，问棒在S系中多长？它与x轴的倾角为多少？

4-6 甲乙两人所乘飞行器沿x轴作相对运动，甲测得两个事件的时空坐标为$x_1 = 6\times10^4\ \mathrm{m}$，$y_1 = z_1 = 0$，$t_1 = 2\times10^{-4}\ \mathrm{s}$；$x_2 = 12\times10^4\ \mathrm{m}$，$y_2 = z_2 = 0$，$t_2 = 1\times10^{-4}\ \mathrm{s}$，如果乙测得这两个事件同时发生于$t'$时刻，问：

(1) 乙对于甲的运动速度是多少？

(2) 乙所测得的两个事件的空间间隔是多少？

4-7 一支火箭在实验室坐标系S中以匀速运动，在S中测出火箭沿运动方向的长度为原长的一半，问火箭相对实验室坐标系运动的速度是多少？

4-8 原长60 m的火箭直接从地球以匀速起飞，一束光(或雷达)脉冲由地球发出，并在火箭的尾部和头部的镜上反射。如果第一束光(或雷达)脉冲发射后200 s在基地回收到，而第二束脉冲在此后$1.74\ \mu\mathrm{s}$收到，计算：

(1) 当第一束光到达火箭尾部时，火箭离地球的距离。

(2) 火箭相对地球的速度。

4-9 如果静止时μ介子的平均寿命是$2.2\times10^{-6}\ \mathrm{s}$，计算它在真空中衰变前走过的平均距离，假如$\mu$介子相对于观测者的运动速度是：(1)$0.9c$；(2)$0.99c$；(3)$0.999c$。

4-10 一事件在$t_1 = 0$时发生在惯性系S的原点，第二个事件相对于S系在$t_2 = 4\ \mathrm{s}$时发生在点$x_2 = 1.5\times10^9\ \mathrm{m}$，$y = z = 0$。求另一惯性系$S'$相对于$S$系的速度，如果在$S'$系中：

(1) 两事件同时发生。

(2) 事件1比事件2早1 s。

4-11 一事件在$t = 0$时发生在惯性系S的原点，另一事件相对于S系在$t = 5\ \mathrm{s}$时发生在$x = 1.2\times10^9\ \mathrm{m}$，$y = z = 0$处。

(1) 在S'中两事件发生在空间的同一点，试求惯性系S'相对于S系的速度。

(2) 在S'系中两事件的时间间隔是多少？

4-12 在 S' 系中静止，但在 S 系中沿 x 轴以 $c/4$ 速度运动的放射性核放射出一个 β 粒子，其速度相对于 S' 为 0.8c，并与 S' 系的 x' 轴成 45°角，β 粒子相对于 S 系的观察者的速度是多少？

4-13 在参照系 S 中，有两个静质量都是 m_0 的粒子 A、B 分别以速度 $\boldsymbol{v}_A = v\boldsymbol{i}$，$\boldsymbol{v}_B = -v\boldsymbol{i}$ 运动，相撞后合在一起成为一个静质量为 M_0 的粒子，求 M_0。

4-14 大麦哲仑云中超新星 1987A 爆发时发出大量中微子，以 m_ν 表示中微子的静质量，以 E 表示其能量 ($E \gg m_\nu c^2$)。已知大麦哲仑云与地球的距离为 d，求中微子发出后到达地球所用的时间。

第五章　流体力学

流体是气体和液体的总称，流体的基本特征是具有流动性，即各部分之间很容易发生相对运动，没有固定的形状。流体力学是研究流体的运动规律以及流体与相邻固体之间相互作用规律的一门学科。本章只介绍不可压缩流体的动力学方面的一些基本知识及应用。

§5.1　流体运动的描述

5.1.1　流场、流线和流管

由于流体的流动性，各部分质元(指宏观小、微观大区域中分子的集合)的运动不一定都相同，因此处理流体的运动问题时，并不着眼于各个流体质元在各时刻的运动状态，而是考察流体所在的空间中各点，研究流体的各质元在流经这些点时所具有的速度、密度和压强等，以及这些量随时间的变化关系，这种方法称为欧拉(Leonhard Euler, 1707—1783 年)法。

在流体运动过程的每一瞬时，流体在所占据的空间每一点都具有一定的流速，通常将这种流速随空间的分布称为流体速度场，简称流场，流场是矢量场。

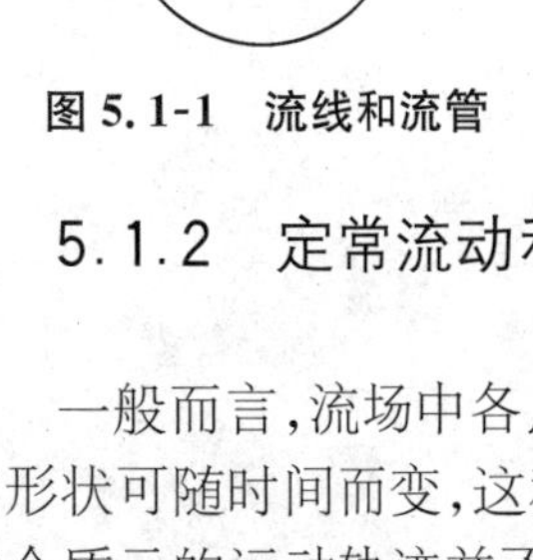

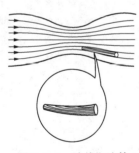

图 5.1-1　流线和流管

为了形象地描述流场，引进流线。这是流场中一系列假想的曲线，每一瞬时流线上任一点的切线方向，和流经该点的流体质元的速度方向一致。由于任一瞬时在空间任一点流体的流速方向是唯一的，所以各条流线不会相交。

在流体内由流线所围成的细管称为流管，如图 5.1-1所示。因为每一流体质元的运动方向都沿着该点流线的切线方向，所以流管内的流体不会流出管外，管外流体也不会流入管内。

5.1.2　定常流动和不定常流动

一般而言，流场中各点的流速 $\boldsymbol{v}$ 是该点的位置和时间的函数，$\boldsymbol{v}=\boldsymbol{v}(x, y, z, t)$，流线的形状可随时间而变，这种随时间而变化的流动称为不定常流动。这种情况下流线与流体单个质元的运动轨迹并不重合。但在实际问题中也常遇到整个流动随时间的变化并不显著，或可以忽略其变化的情况，这时就可以近似认为流场是不随时间而变化的，即 $\boldsymbol{v}=\boldsymbol{v}(x, y, z)$；于是流场中任一固定点的流速、压强和密度等都不随时间变化，这种流动称为定常流动。在定常流动的情况下，流线和流体质元的运动轨迹重合，流体的各流层不相混合，只作相对滑动。

§5.2 定常流动的连续性方程

流体在作定常流动时,沿同一细流管内任意两点之间的速度具有确定的关系。如图5.2-1所示,在一细流管内取与流管垂直的两个截面 S_1 和 S_2,与细流管组成封闭曲面,流体从 S_1 端进入,从 S_2 端流出。由于作定常流动,流体内各点的密度不变;因此封闭曲面内的质量不会变化,即在同一段时间 Δt 中,从 S_1 流入封闭曲面的流体质量应与从 S_2 流出的流体质量相等。只要选取的流管截面积足够小,则流管任一截面上各点的物理量都可视为均匀的。设截面 S_1 和 S_2 处的流速分别为 v_1 和 v_2,流体密度分别是 ρ_1 和 ρ_2,在 Δt 时间内流入封闭曲面的流体质量为

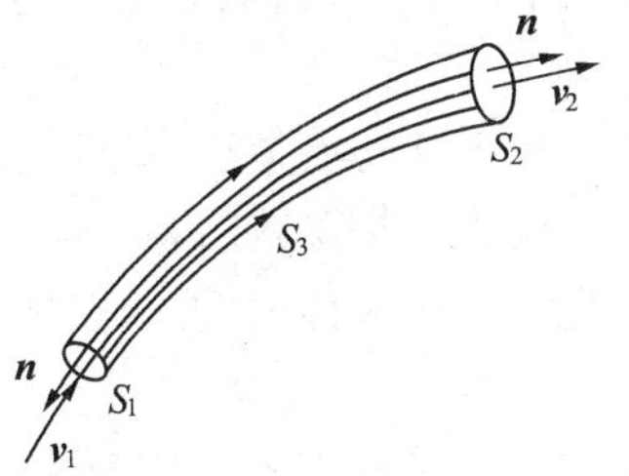

图 5.2-1

$$m_1 = \rho_1(v_1\Delta t)S_1$$

同样时间内从封闭曲面内流出的流体质量为

$$m_2 = \rho_2(v_2\Delta t)S_2$$

对于定常流动, $m_1 = m_2$, 因此有

$$\rho_1 S_1 v_1 = \rho_2 S_2 v_2$$

上述关系式对于流管中任意两个与流管垂直的截面都是正确的,因此,一般可写成

$$\rho S v = 常量 \tag{5.2-1}$$

上式说明:在定常流动中,细流管各垂直截面上的质量流量相等,关系式(5.2-1)称为定常流动的连续性方程,又可称为质量-流量守恒定律。

对本章所讨论的不可压缩的流体,ρ 为常量,则由(5.2-1)式又可得出

$$Sv = 常量 \tag{5.2-2}$$

上式说明:在不可压缩流体的定常流动中,单位时间内通过同一流管的任一截面的流体体积相同,这一关系又可称为体积-流量守恒定律。一般用 Q_m 和 Q_v 分别表示质量-流量和体积-流量,则(5.2-1)和(5.2-2)式可分别表示为

$$Q_m = 常量 \tag{5.2-3}$$

$$Q_v = 常量 \tag{5.2-4}$$

上面的结论在日常生活中常可见到,如在河道宽的地方水流比较缓慢,河道窄的地方水流比较疾速,这是尽人皆知的常识。

§5.3 伯努利方程

5.3.1 理想流体

理想流体是绝对不可压缩且完全没有黏性的流体,这是一种理想化的模型。任何实际的

流体都是可压缩和有黏性的。但是,液体在外力作用下体积的变化很微小,一般可忽略其可压缩性;气体虽然在静态时可压缩性大,但因其流动性好,很小的压强差就可使气体迅速流动,使各处密度差异减到很小,因此在研究气体流动的许多问题中仍可视为不可压缩,即各处的密度不因压强差异而明显变化。实际流体由于具有黏性,当各流层之间相对流动时,相邻两层之间就存在内摩擦力,互相牵制。但当流体的黏性较小时,由内摩擦力造成的影响很小,亦可忽略。这样,决定流体运动的主要因素只有其流动性,从而可以采用理想流体的模型讨论问题。

由于理想流体在运动时没有和运动方向平行的切向力作用,所以其内部应力与静止流体内部应力有相同的特点,即任何一点的压强大小只与位置有关,而与计算压强所选截面的方位无关。但流体运动时,其内部任意两点之间可能存在压强差,这是与静止流体不相同之处。

5.3.2 伯努利方程

伯努利(D. Bernoulli, 1700—1782 年)方程是理想流体作定常流动的动力学方程。我们利用功能关系来分析理想流体在重力场中作定常流动时压强和流速的关系。

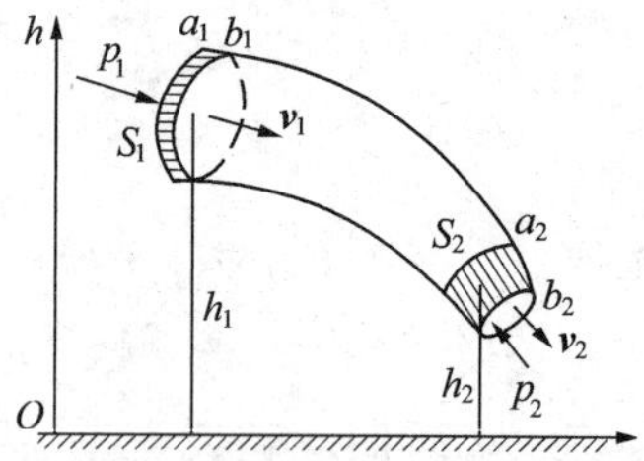

图 5.3-1 伯努利方程

如图 5.3-1 所示,在流场中取一细流管,设在某时刻 t,流管中一段流体处在 a_1a_2 位置,经过很短的时间 Δt,这段流体到达 b_1b_2 位置,由于是定常流动,空间各点的压强、流速等物理量均不随时间变化,因此从截面 b_1 到 a_2 这一段流体的运动状态在流动过程中没有变化,即这段流体的动能和重力势能是不变的,实际上只需考虑 a_1b_1 和 a_2b_2 这两段流体的机械能的改变。由流体的连续性方程,这两段流体的质量相等,均为 m,设 a_1b_1 和 a_2b_2 两段流体在重力场中的高度分别为 h_1 和 h_2、速度分别是 $\boldsymbol{v}_1$ 和 $\boldsymbol{v}_2$、压强分别是 p_1 和 p_2、密度为 ρ_1 和 ρ_2,这两段流体机械能的增量为

$$
\begin{aligned}
E_2 - E_1 &= \left(\frac{1}{2}mv_2^2 + mgh_2\right) - \left(\frac{1}{2}mv_1^2 + mgh_1\right) \\
&= m\left[\left(\frac{1}{2}v_2^2 + gh_2\right) - \left(\frac{1}{2}v_1^2 + gh_1\right)\right] \qquad (5.3\text{-}1)
\end{aligned}
$$

对理想流体来说,内摩擦力为零,这段流体从 a_1a_2 流到 b_1b_2 过程中,后方的流体推动它前进,压力 p_1 做正功,而前方的流体阻碍它前进,压力 p_2 做负功,外力的总功为

$$A = (p_1S_1v_1 - p_2S_2v_2)\Delta t$$

由于 a_1b_1 和 a_2b_2 两段流体体积相等,

$$S_1v_1\Delta t = S_2v_2\Delta t = \Delta V$$

故可得

$$A = (p_1 - p_2)\Delta V \qquad (5.3\text{-}2)$$

根据功能原理,这段流体机械能的增量等于外力所做的功,即

$$A = E_2 - E_1$$

将(5.3-1)和(5.3-2)式代入上式并考虑流体的不可压缩性，a_1b_1 与 a_2b_2 处的流体密度均为 ρ，$m=\rho\Delta V$ 得

$$(p_1-p_2)\Delta V=\rho\Delta V\left[\left(\frac{1}{2}v_2^2+gh_2\right)-\left(\frac{1}{2}v_1^2+gh_1\right)\right]$$

即

$$p_1+\frac{1}{2}\rho v_1^2+\rho gh_1=p_2+\frac{1}{2}\rho v_2^2+\rho gh_2 \tag{5.3-3}$$

考虑到所取横截面 S_1，S_2 的任意性，上述关系还可写成一般形式：

$$p+\frac{1}{2}\rho v^2+\rho gh=\text{常量} \tag{5.3-4}$$

(5.3-3)或(5.3-4)式称为伯努利方程。上式给出了作定常流动的理想流体中同一流管的任一截面上压强、流速和高度所满足的关系。伯努利方程实质上是能量守恒定律在理想流体定常流动中的具体表现。由于 ρ 表示单位体积的流体质量，故 $\frac{1}{2}\rho v^2$ 和 ρgh 分别相当于单位体积的流体所具有的动能和势能，而外力对单位体积流体所做的功为

$$\frac{pS\Delta l}{S\Delta l}=p$$

其中 $\Delta l=v\Delta t$，因此压强 p 可视为单位体积流体所具有的静压能。所以(5.3-4)式又可称为理想流体定常流动的能量方程。

5.3.3 伯努利方程的应用举例

一、空吸作用

如图 5.3-2 所示，在容器 A 的下部开口，与一水平管道相接，管道中间 c 处是收缩段，截面积为 S_c，两端截面积为 S_d，水平管道的中心线与容器 A 的液面高度差为 h，与容器 B 的液面高度差为 h_b，管道水平放置，先想象拿掉图中连接在收缩段上的垂直管子，研究从容器 A 的液面到水平管道出口 d 的一条细流管中流体流动情况。设容器 A 截面积很大，液面下降速度 $v\approx 0$，对容器液面处和管道出口处应用伯努利方程，有

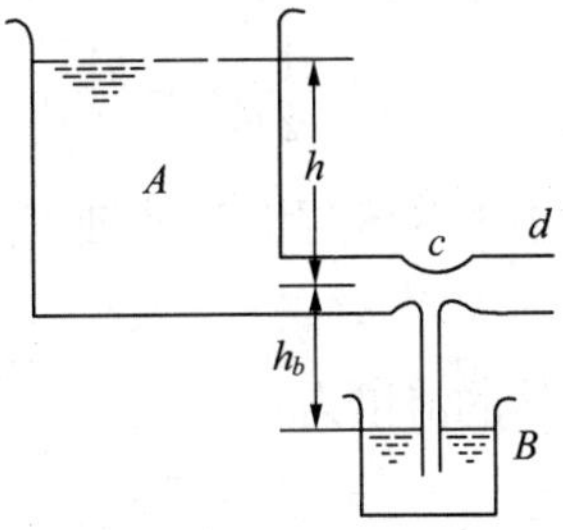

图 5.3-2 空吸原理示意图

$$\frac{1}{2}\rho v_d^2+p_0=\rho gh+p_0$$

得到

$$v_d=\sqrt{2gh} \tag{5.3-5}$$

上式说明：液体从管道流出的速度与质点自由下落 h 高度所达到的速度相等，此速度也称射流速度。

c，d 两截面处的中心线等高，由伯努利方程得

$$\frac{1}{2}\rho v_c^2 + p_c = \frac{1}{2}\rho v_d^2 + p_0 \quad (5.3\text{-}6)$$

由连续性原理,

$$v_c S_c = v_d S_d \quad (5.3\text{-}7)$$

由(5.3-5),(5.3-6)和(5.3-7)这3式可得 c, d 两点的压强差为

$$p_c - p_0 = \rho g h\left[1-\left(\frac{S_d}{S_c}\right)^2\right] \quad (5.3\text{-}8)$$

当 $\left(\frac{S_d}{S_c}\right)^2 > 1$ 时, $p_0 > p_c$, 即 c 处压强小于大气压,这时如果在 c 处开孔插一根细管,则水平管道中的流体不会流出,外面的空气或流体反而会被吸上来,如图5.3-2所示,当所插细管放入容器 B 的液体中时,只要满足

$$p_0 - p_c > \rho g h_b \quad (5.3\text{-}9)$$

容器 B 中的液体就会被吸到水平管道中,这就是空吸作用。将(5.3-9)代入(5.3-8)式,得到发生空吸作用的条件是

$$\frac{S_d}{S_c} > \sqrt{1+\frac{h_b}{h}} \quad (5.3\text{-}10)$$

水流抽气机及各种射流真空泵、喷雾器等都是利用了这种空吸作用。

二、汾丘里流量计

汾丘里流量计是用来测流量的仪器,如图5.3-3所示。它是一段中间小两头大的管子,在管子的粗、细部分分别开口接一垂直于管子的细管,把流量计安装在待测流量的管道中。

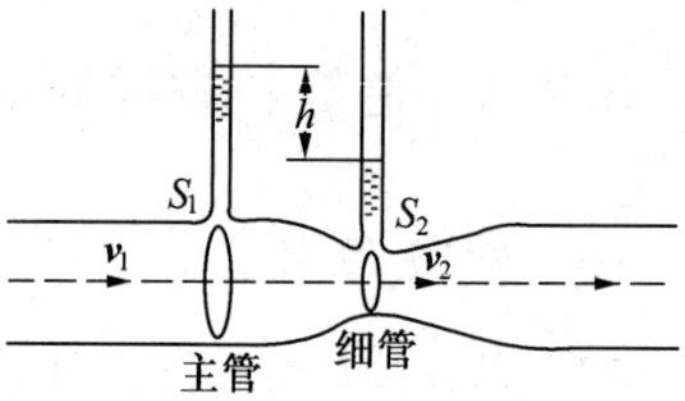

图5.3-3 汾丘里流量计示意图

在粗、细截面积 S_1 和 S_2 处应用伯努利方程,可得

$$\frac{1}{2}\rho v_2^2 - \frac{1}{2}\rho v_1^2 = p_1 - p_2 = \rho g h$$

式中 h 为 S_1 和 S_2 处细管内液面的高度差。又由连续性方程,得

$$v_1 S_1 = v_2 S_2$$

流体的流量为

$$Q = S_1 v_1$$

由以上3式可得流量

$$Q = S_1 S_2 \sqrt{\frac{2gh}{S_1^2 - S_2^2}} \quad (5.3\text{-}11)$$

一般情况下流体不是真正的理想流体,在流动过程中有一定的能量损耗,所以在实际应用时,由上面公式算出的结果需要经过实验校正。

三、流速的测量

在均匀的平行流动中有障碍物存在时,流场的流线分布就会发生变化。如图5.3-4所示,

有一条流线要撞到障碍物上的 **A** 点，流体质元在 **A** 点处速度减小到零，即 $\boldsymbol{v}_A = 0$。A 点称驻点或滞止点，A 点处的压强 p_A 称为驻点压强。对流线上 O、A 两点应用伯努利方程，由于两点等高，故得到

$$p_A = p_0 + \frac{1}{2}\rho v_0^2 \tag{5.3-12}$$

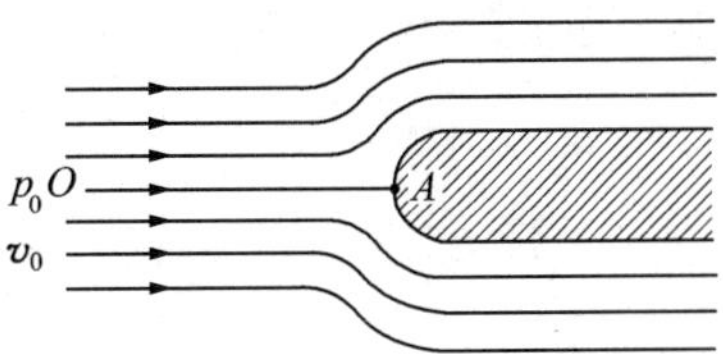

图 5.3-4 驻点压强

驻点压强比未扰动处的压强 p_0（称为静压）增高 $\frac{1}{2}\rho v_0^2$，而 $\frac{1}{2}\rho v_0^2$ 相当于未扰动处流体中单位体积流体的动能，故又称动压。静压与动压之总和称总压。要测量流体的流速，只要测出动压即可。图 5.3-5 是直接测出总压与静压之差（即动压）的两种装置，称为皮托管。在这两种皮托管中，开口 B 处的流体不受阻碍，故此处为静压，开口 A 处是驻点，故 A 处压强为总压，A，B 分别与 U 形压强计的两臂相连，设 ρ 和 ρ' $(\rho' > \rho)$ 分别为待测流体密度和压强计工作液密度，则由 U 形管中液面的高度差 h 可知总压与静压之差为

$$p_A - p_B = (\rho' - \rho)gh \tag{5.3-13}$$

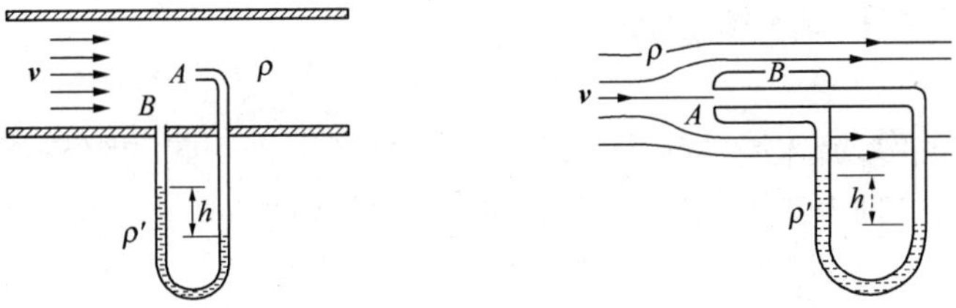

(a) U 形皮托管　　(b) 普朗特管

图 5.3-5 测流速的皮托管

再由(5.3-12)式可知

$$p_A - p_B = \frac{1}{2}\rho v^2$$

由以上两式可得流速

$$v = \sqrt{\frac{2gh(\rho' - \rho)}{\rho}} \tag{5.3-14}$$

例 1 一柱形容器，高 1 m、截面积为 $5\times10^{-2}\ \mathrm{m}^2$，储满水，在容器底部有一面积为 $2\times10^{-4}\ \mathrm{m}^2$ 的水龙头，问使容器中的水流尽需多少时间？

解 设某时刻水面到龙头的深度为 h，由连续性方程，

$$S_1 v_1 = S_2 v_2$$

式中 S_1，v_1 和 S_2，v_2 分别为容器截面积和液面流速及龙头截面积和流速。伯努利方程为

$$p_0 + \frac{1}{2}\rho v_1^2 + \rho g h = p_0 + \frac{1}{2}\rho v_2^2$$

解上述方程，得

$$v_1 = S_2\sqrt{\frac{2gh}{S_1^2 - S_2^2}}$$

式中 h 为变量。$v_1=-\frac{\mathrm{d}h}{\mathrm{d}t}$，负号表示液面高度随时间下降，代入上式，得

$$-\frac{\mathrm{d}h}{\mathrm{d}t}=S_2\sqrt{\frac{2gh}{S_1^2-S_2^2}}$$

上式改写成

$$\int_0^t \mathrm{d}t=\frac{-\sqrt{S_1^2-S_2^2}}{S_2\sqrt{2g}}\int_H^0\frac{1}{\sqrt{h}}\mathrm{d}h$$

得

$$t=\frac{1}{S_2}\sqrt{\frac{2(S_1^2-S_2^2)H}{g}}=\frac{1}{2\times10^{-4}}\sqrt{\frac{2[(5\times10^{-2})^2-(2\times10^{-4})^2]\times1}{9.8}}=1.1\times10^2(\mathrm{s})$$

§5.4 实际流体的运动规律

5.4.1 黏滞流体的能量方程

在很多实际问题中，流体流动时相邻两层之间会产生沿切向的阻碍相对滑动的力，称为内摩擦力或黏滞力，这种流体为非理想流体，也称为黏滞性流体。运动流体之间的内摩擦力主要来源于两层流体分子之间的吸引作用。

实验表明，如各层流体的流速不同，相邻两层流体之间黏滞力的大小 f 正比于流体的速度梯度和两层流体相互接触的面积。如图 5.4-1(a)所示，z 轴垂直于流速方向，观察图中相距为 Δz 的两流层，设彼此间的相对速度为 Δv，则速度梯度为

$$\frac{\mathrm{d}v}{\mathrm{d}z}=\lim_{\Delta z\to0}\frac{\Delta v}{\Delta z}$$

这两层流体之间作用于面元 ΔS 上的黏滞力可表示为

$$f\propto\frac{\mathrm{d}v}{\mathrm{d}z}\Delta S$$

写成等式

$$f=\eta\frac{\mathrm{d}v}{\mathrm{d}z}\Delta S \tag{5.4-1}$$

这就是黏滞定律。式中比例系数 η 称为黏滞系数(或黏度)，在国际单位制中，η 的单位是帕斯卡·秒(Pa·s)或牛顿·秒·米$^{-2}$($\mathrm{N\cdot s\cdot m^{-2}}$)。

当有黏性的流体流过固体表面时，靠近固体表面的一层流体附着在固体表面上不动，而流层之间由于黏滞力而层层牵制，造成各层流速不同，如图 5.4-1(b)所示为黏滞流体在管道中流动时的流速分布。

通常气体的黏度随温度升高而增大，液体的黏度随温度升高而减小。但实验发现，液态氦的同位素^{4}He 和^{3}He 在温度低到 2.19 K 时黏度为零，这种现象称为超流性。

黏度与物质分子结构有关，如血液黏度的变化就反映出某些疾病的发生，因此在医学和

化学工业中,测定黏度可对流体的分子结构或病情诊断提供有用的信息。表 5.4-1 列出了几种液体在不同温度时的黏度。

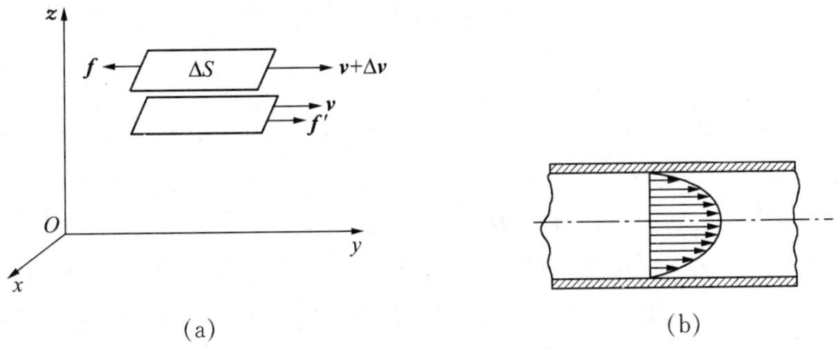

图 5.4-1 流体的黏滞性

表 5.4-1 几种液体在不同温度时的黏度

液体	温度(℃)	η(Pa·s)	液体	温度(℃)	η(Pa·s)
水	0	1.792×10^{-3}	蓖麻油	17.5	1.225
	20	1.000×10^{-3}		50	0.1227
	40	0.656×10^{-3}	甘油	14.3	1.387
	100	0.284×10^{-3}		20	0.830
汞	0	1.68×10^{-3}	血液	37	$(2.5\sim3.5)\times10^{-3}$
	20	1.57×10^{-3}	血浆	37	$(1.0\sim1.4)\times10^{-3}$
	100	1.22×10^{-3}	血清	37	$(0.9\sim1.2)\times10^{-3}$

当黏滞性流体作定常流动时,必须考虑由内摩擦引起的能量损耗,因此伯努利方程应修改为

$$p_1+\frac{1}{2}\rho v_1^2+\rho g h_1=p_2+\frac{1}{2}\rho v_2^2+\rho g h_2+w \tag{5.4-1}$$

式中 w 是单位体积的流体在从位置 1 运动到位置 2 的过程中克服黏滞力而消耗的机械能。

对于粗细均匀的水平细管中的定常流动,由于 $v_1=v_2$, $h_1=h_2$,所以有

$$p_1-p_2=w \tag{5.4-2}$$

即上游压强必须大于下游压强,流体运动即靠此压强差推动。

若黏滞流体在开放的粗细均匀的管道中维持定常流动,由于 $v_1=v_2$ 及 $p_1=p_2=p_0$(大气压),应有

$$\rho g h_1-\rho g h_2=w \tag{5.4-3}$$

即必须有高度差。

5.4.2 湍流和雷诺数

当流体流速增大到一定数值时,定常流动的状态被破坏,流动成为不稳定的,不再分层流动,流体质点运动形成旋涡,称为湍流。1886 年雷诺(Osborne Reynolds, 1842—1912 年)对

流体在管道中流动的情况进行了研究，总结出判断由层流向湍流过渡的依据，引进一个无量纲的参数——雷诺数，其定义为

$$R_e = \frac{\rho v r}{\eta} \tag{5.4-4}$$

式中 ρ 为流体密度，η 为流体的黏度，r 为圆管的半径。当 $R_e < 1\,000$ 时，流体作层流；$R_e > 1\,500$ 为湍流；$1000 < R_e < 1500$，流体可以是层流或湍流或相互转化的状态。从上式可见细管不容易发生湍流。在生物传输系统中，对圆形血管而言，R_e 很小，不应产生湍流，但如果管子是弯曲的或产生分支的地方，较低的 R_e 值也可发生湍流。湍流的特点是消耗的能量中一部分转化为热能，另一部分转化为声能，这对了解血液流动状况有重要意义。人体血管中的血液流动大多是层流状态，但在心脏收缩期或每次搏动输出血量增加时，血液流速明显加大，可能会出现湍流。动脉中出现肿瘤及心脏瓣膜变狭窄时，血流速度也会加大到出现湍流的程度，医生便可借助听诊器听取湍流的响声，从而据以判断心血管系统的疾患。

许多昆虫都有在空中悬停的本领。此时，它们不停地上下扇动着翅膀，在周围空气中形成旋涡，恰如用汤匙搅汤水形成旋涡一样。正是这些旋涡的产生才使昆虫得以悬停空中。

昆虫飞行和悬停的空气动力学原理一直是个十分有趣的课题。研究表明，像蜜蜂之类的昆虫在悬停时双翅作"8"字形运动，既像人踩水时手臂的运动，也像摇船时船桨的运动。这种运动包含了翅膀的平动和绕轴转动两种方式。近年的研究表明在昆虫向下拍翅的开始阶段，翅膀快速向内扭转，在翅膀的上方因此产生所谓前缘涡，从而在翅膀上方形成低压区，便对翅膀产生悬停所需的升力。另一方面，只要翅膀的平动和转动彼此同步，翅膀转动在周围空气中形成环流也能产生相当的升力。还有一个可产生较大升力的机理，就是当向上拍翅过程中产生的旋涡会同翅面发生作用从而在向下拍翅的开始时产生升力。

5.4.3 泊肃叶定律

法国医生泊肃叶(Jean Louis Poiseuille, 1799—1869 年)做了大量实验，总结出黏滞流体在长为 l 的圆管中流量 Q 和管道半径 R、压强差 $(p_1 - p_2)$ 及流体黏度 η 的关系：

$$Q = \frac{\pi(p_1 - p_2)R^4}{8l\eta} \tag{5.4-5}$$

上式称为泊肃叶公式。

黏滞流体在水平圆管中作定常流动时，流速只与离轴的距离有关，在管壁处流体质元的速度 $v = 0$，离管壁越远，流速越大，中心轴处达到最大，速度在截面上的分布如图 5.4-1(b)所示。

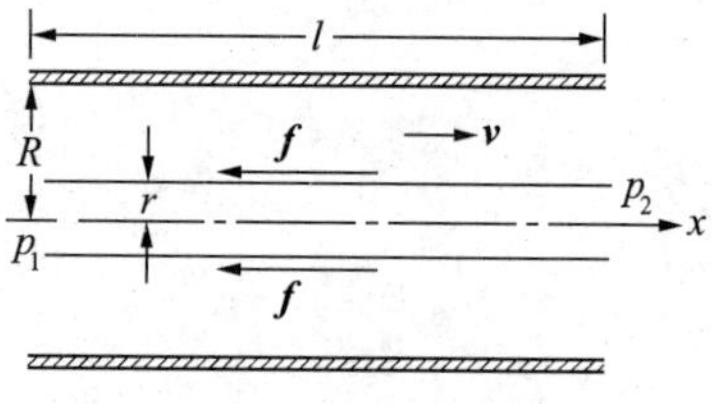

图 5.4-2 泊肃叶公式推导

要维持黏滞流体在水平圆管中作定常流动，$Q \neq 0$，两端必须有压强差。设流体自左向右流动，如图 5.4-2 所示。

在圆管中心取半径为 r 的一段圆柱形流体，其两端的压力差为

$$F = (p_1 - p_2)\pi r^2$$

这段流体受到四周其他流体的黏滞力作用，由于中心速度大，此力必为阻力，由黏滞定律，

阻力为

$$f = \eta \cdot 2\pi r l \cdot \frac{\mathrm{d}v}{\mathrm{d}r}$$

在定常流动时，这段流体的动量不随时间改变，所以它所受的水平外力的合力为零。由上面两式可得

$$(p_1 - p_2)\pi r^2 = -2\pi r l \eta \frac{\mathrm{d}v}{\mathrm{d}r}$$

负号表示 v 随 r 的增加而减小。整理得

$$\mathrm{d}v = -\frac{p_1 - p_2}{2l\eta} r \mathrm{d}r$$

将上式两边从 $r = 0$ 到 $r = r$ 积分，得

$$v - v_0 = -\frac{p_1 - p_2}{4l\eta} r^2$$

式中 v_0 为 $r = 0$ 处的流速，其值由 $r = R$ 处 $v = 0$ 求得：

$$0 - v_0 = -\frac{p_1 - p_2}{4l\eta} R^2$$

最后得到管中速度的径向分布：

$$v = \frac{p_1 - p_2}{4l\eta}(R^2 - r^2) \tag{5.4-5}$$

下面再计算流量，如图 5.4-3 所示，在截面上取半径为 $r \sim r + \mathrm{d}r$ 的一个圆环，单位时间内流过此圆环的流体体积为

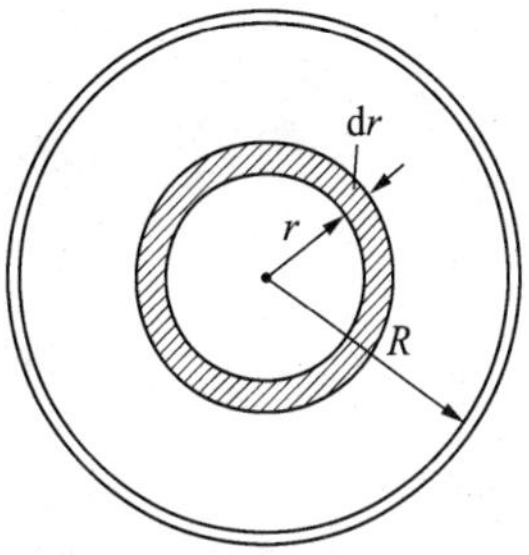

图 5.4-3 流量的计算

$$\mathrm{d}Q = v \cdot 2\pi r \mathrm{d}r = \frac{\pi(p_1 - p_2)}{2l\eta}(R^2 - r^2) r \mathrm{d}r$$

两边积分得总流量为

$$Q = \int_0^R \frac{\pi(p_1 - p_2)}{2l\eta}(R^2 - r^2) r \mathrm{d}r = \frac{\pi(p_1 - p_2)R^4}{8l\eta} \tag{5.4-6}$$

此即泊肃叶公式。泊肃叶公式又可写成

$$Q = \frac{\Delta p}{Z} \tag{5.4-7}$$

式中 $\Delta p = p_1 - p_2$，$Z = \frac{8\eta l}{\pi R^4}$。上式中，$Q$ 类似于直流电路中的电流，Δp 类似于电压，Z 则与电阻类似，故称为流阻。

血管可以看成流阻系统。当血液通过不同半径的血管时，若是依次通过每个流阻，则可认为这些流阻是串联的，总流阻等于各流阻之和，即

$$Z = Z_1 + Z_2 + \cdots + Z_n \tag{5.4-8}$$

若流阻是并联的，则总流阻的倒数等于各流阻倒数之和，即

$$\frac{1}{Z} = \frac{1}{Z_1} + \frac{1}{Z_2} + \cdots + \frac{1}{Z_n} \tag{5.4-9}$$

阅读材料　　血液的流动和血压

我们身体中的循环系统就像一个复杂的交通网,分布在全身各处,把各个器官和组织连接起来,其中最重要的是血液循环系统。血液能供给生命活动所需要的营养,在肺与组织间输运 O_2 和 CO_2,血管是通道。推动血液进行循环的是心脏,其功能是利用心肌的收缩和舒张把血液从心室压出。在一定的近似条件下,血液循环可看作不可压缩流体在管道中作定常流动,因此可用流体力学的定律来探讨血液循环的特征。

一、血液流速和血管截面的关系

在人体血液的体循环中,血液从左心室出发,经主动脉、大动脉、小动脉、毛细血管流入静脉和上、下腔静脉,回到右心房。根据血管中血液的流动情况,可以把同类血管看成是并联在一起的,而不同类的血管则是按顺序串联起来的。主动脉的横截面积最小,约为3 cm^2;腔静脉的总截面积约为 18 cm^2,毛细血管由于分支很多,虽然单个毛细血管的截面积很小,但总截面积最大,约高达900 cm^2。根据流体的连续性原理,$Sv=$ 常量。因此,血液在主动脉中流速最大,血流平均速度约为 30 $cm\cdot s^{-1}$,在毛细血管中约为 0.1 $cm\cdot s^{-1}$,而在腔静脉中约为 5 $cm\cdot s^{-1}$,图 RM5-1 为血液流速与各类血管总截面积的关系示意图。

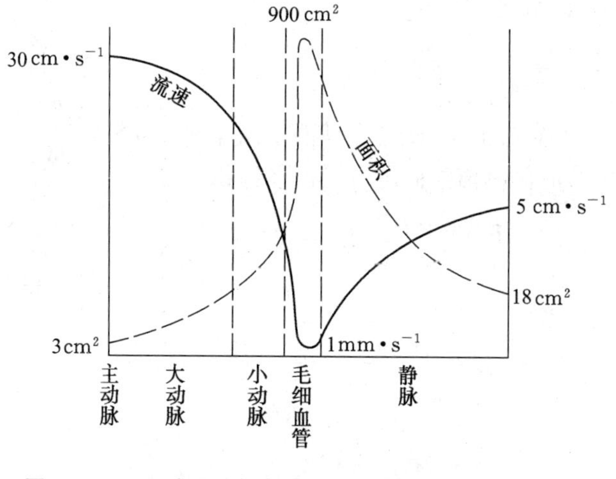

图 RM5-1　血液流速与各类血管总截面积的关系示意图

血管在某些生理或病理因素作用下变窄,血流速度就要增大,在势能一定的情况下,伯努利方程可写成

$$\frac{1}{2}\rho v^2+p=\text{恒量}$$

即流速的增大将引起压强 p 减小,这时,在血管外周压力不变的情况下,血管的扩张变小,使血管进一步狭窄,形成恶性循环。

二、血压的分布

血液是黏滞液体,在输送过程中有内摩擦阻力,因此需要压力差使血液流动,心脏就是提供压差的"液泵"。临床上,血压是指血管内血液对管壁的侧压强,测量血压时以此压强与大气压强之差来表示血压的大小。

当心脏收缩时，从心室射出相当数量的血液进入原已充满血液的主动脉中，这时主动脉血压达到最大值，称为收缩压。此压力使主动脉的弹性血管撑开，心脏推动血液所做的功除克服内摩擦阻力外，转化为血管的弹性势能和血液的动能。心脏停止收缩后，扩张的主动脉血管也随之收缩，驱使血液向前流动，结果使前面的管壁扩张，这样，血流过程就像波动在弹性介质中传播一样。当心脏舒张时，主动脉瓣关闭，血管容积减小，动脉血压下降到最低值，称舒张压。收缩压与舒张压之差叫脉搏压，它随着血管远离心脏而减小，到小动脉处几乎消失。为了说明主动脉中血压的平均情况，常取整个心动周期中各瞬时动脉血压的总平均值，称平均动脉压。血压的高低与血管的柔软程度有关，通常是心脑血管系统健康状况的一个指标。图 RM5-2 为血压在血管中变化的示意图。虚线为平均动脉压。

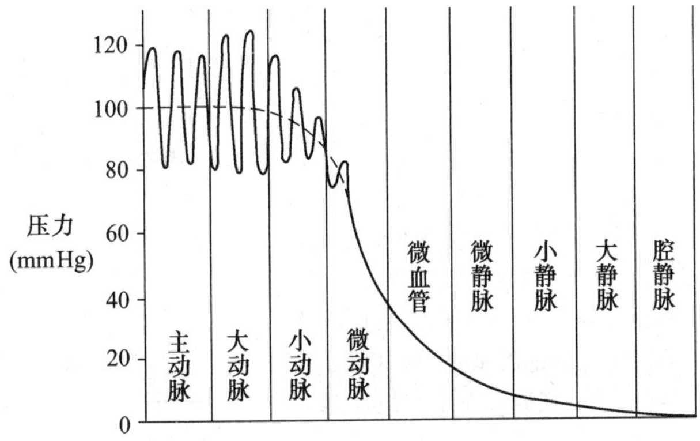

图 RM5-2 血压在血管中变化的示意图

血压的波动可用泊肃叶定律讨论。由 $Q=\frac{\Delta p}{Z}$，当流阻 Z 不变时，若心脏每分钟收缩次数增加而使血流量 Q 变大时，Δp 将增加，即收缩压升高，体循环中的 Δp 表示主动脉压与腔静脉压之差，由于腔静脉压近似等于零，故主动脉压就常称血压。由于流阻 $Z=\frac{8\eta l}{\pi R^4}$，与管半径的四次方成反比，半径的微小变化都会对流阻产生很大的影响，像血管那样可以收缩和舒张的管子，管径的变化对血压的影响也是显著的，当血管壁变硬，如动脉硬化时，管径变小，要维持一定血流量则 Δp 增大，即血压升高。

参考资料

[1] 顾启秀，余建国，《医用物理学》，上海科学技术出版社，1991 年。

思考题与习题

一、思考题

5-1 试简要叙述下列各种名词所代表的物理意义：

(1) 可压缩流体与不可压缩流体。

(2) 理想流体与黏性流体。

(3) 定常流动与不定常流动。

(4) 层流与湍流。

5-2 伯努利方程的适用条件是什么？

5-3 若两只船平行前进时靠得较近,为什么它们极易碰撞?

5-4 如图所示为一喷雾器,从 D 管吹气,气体经小口 B 喷出时便将容器中的液体由 A 管吸出,并吹成雾状飞散,试说明其原理。

5-5 虹吸现象在真空中是否可能实现(忽略液体分子之间的内聚力)? 为什么?

5-6 如图(a)所示,虹吸管的 AB 段中水由低处向高处流,其动力是什么? 如果 B 处为虹吸管的出水口(见图(b)),水能否到达 B 处?

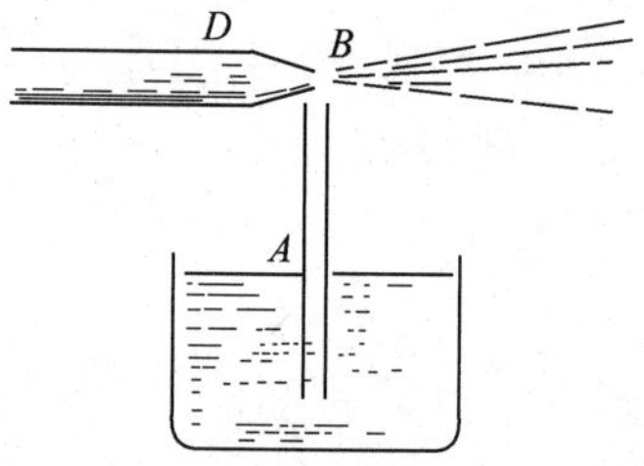

思考题 5-4 图

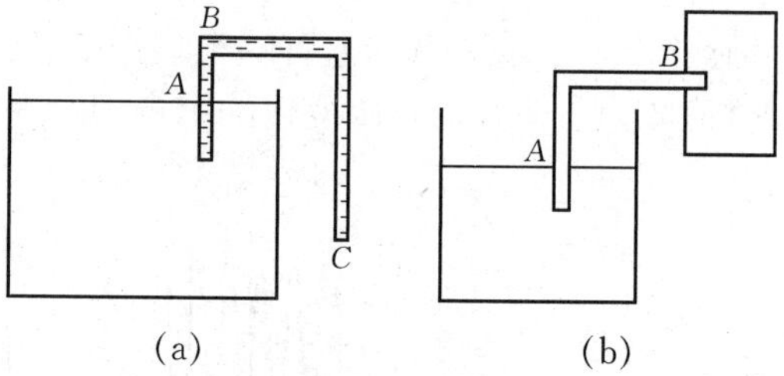

思考题 5-6 图

5-7 在定常流动中,空间任一确定点流体的速度矢量 $\boldsymbol{v}$ 是恒定不变的,那么,流体质元是否可能有加速度?

5-8 如图所示,有 3 根竖直的管子连在一等截面的水平管道上,水平管道中流动着不可压缩的液体,但 3 根竖直管中的液面高度却表明压强沿着管道逐步下降,试说明之。

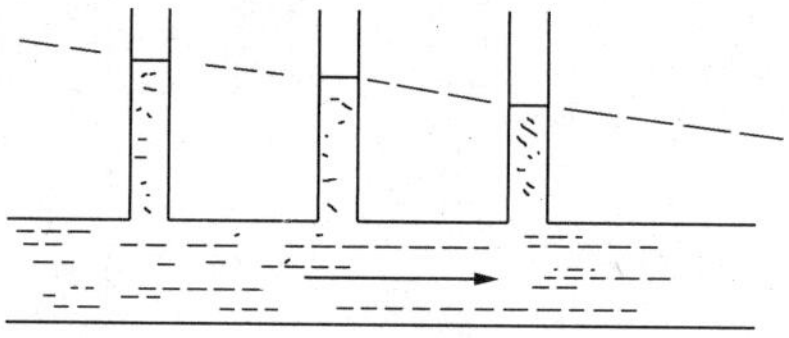

思考题 5-8 图

二、习题

5-1 将内半径为 1.0×10^{-2} m 的软管连接到草坪洒水器上,洒水器上装了一个有 24 个小孔的莲蓬头。每个小孔的半径均为 0.6×10^{-3} m。如果水在软管中的速率为 $0.9\ \mathrm{m\cdot s^{-1}}$,试问洒水器各小孔喷出的水的速率为多大?

5-2 从受淹的地下室中,以 $5\ \mathrm{m\cdot s^{-1}}$ 的速率通过半径为 1.0×10^{-2} m 的均匀软管把水不断地抽出来,软管要从比水面高 3.0 m 的窗口穿出来,试问水泵所供给的功率为多大?

5-3 在有水流动着的水平圆管内用鱼雷模型进行试验,设管道的内半径为 0.15 m,顺着管道中心轴放置的鱼雷模型的半径为 0.03 m,现用速率为 $2.44\ \mathrm{m\cdot s^{-1}}$ 的水流流过,试问:

(1) 在管道内鱼雷模型两侧的水流平均速率是多大?

(2) 在管道内放鱼雷模型的两侧和未放鱼雷模型的地方的压强差是多少? (忽略黏滞阻力)

5-4 如图所示,一水平管下面装有一 U 形管,管内装有密度为 ρ' 的液体,水平管中有密度为 ρ ($\rho<\rho'$) 的液体流过,已知水平管中粗、细处的横截面积分别为 S_A 和 S_B,水流作定常流动,测得 U 形管中液面的高度差为 h,求水流在粗管中的流速 v。

5-5 液体在一水平管道中流动,如图所示,A 和 B 处的横截面积分别为 S_A 和 S_B,管口 B 和大气相通,压强为 p_0,已知管中液体的体积流量为 Q,若在 A 处用一细管与容器相通,问当 h 为何值时能将下面容器中的同种液体吸上来?

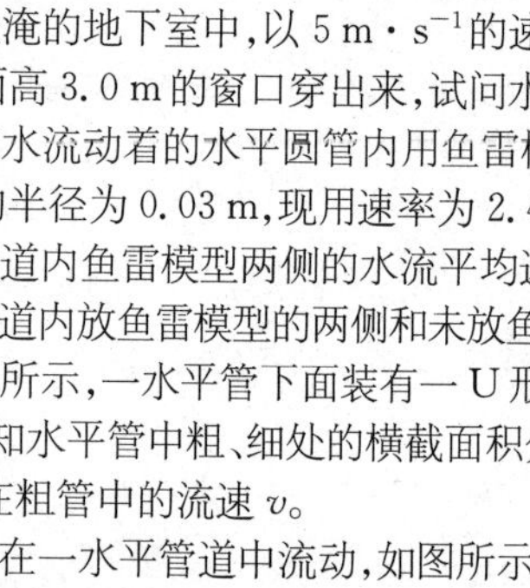

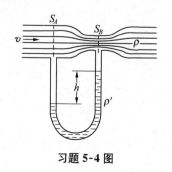

习题 5-4 图

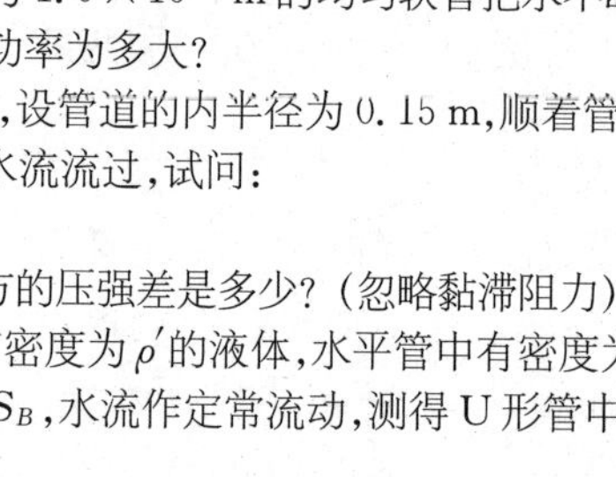

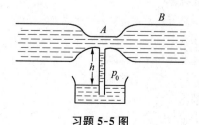

习题 5-5 图

5-6 利用一根跨过水坝的粗细均匀的虹吸管，从水库里取水，如图所示。已知水库的水深 $h_A = 2.00$ m，虹吸管出水口的高度 $h_B = 1.00$ m，坝高 $h_C = 2.50$ m。设水在虹吸管内作定常流动。

(1) 求 A、B、C 3 个位置处管内的压强。

(2) 若虹吸管的截面积为 7.00×10^{-4} m^2，求水从虹吸管流出的体积流量。

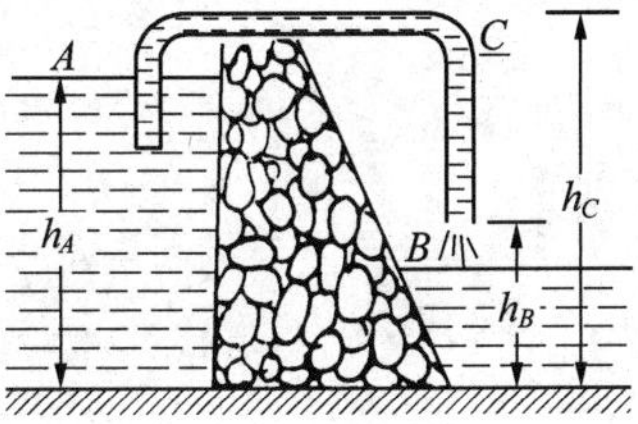

习题 5-6 图

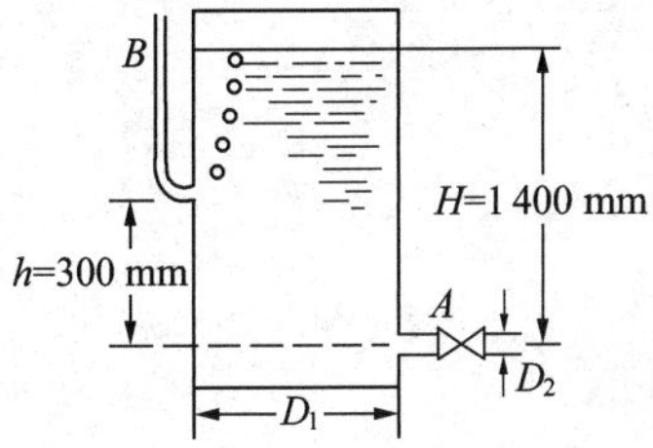

习题 5-7 图

5-7 如图所示为一封闭贮槽，液体经 A 管流出，贮槽壁有一细管 B 与大气相通，使贮槽内与 B 管相接处的压强保持为一个大气压，设贮槽直径 $D_1 = 0.8$ m，A 管直径 $D_2 = 0.025$ m，贮槽内开始时液面离 A 管的高度 $H = 1\,400$ mm，B 管和 A 管相距 $h = 300$ mm，试求：

(1) 液面离 A 管的高度大于 h 时，液体从 A 管流出的速度。

(2) 液面离 A 管的高度从 H 下降到 h 所需的时间。

(3) 如果贮槽是开口的，则情况又如何？

5-8 一注射器水平放置，其活塞的横截面积为 $S_1 = 1.2$ cm^2，喷口的面积为 $S_2 = 0.1$ mm^2，如用 $F = 4.9$ N 的力推活塞，使活塞移动 $l = 4.0$ cm，则注射器中的液体流尽，问液体从注射器中流尽所需的时间是多少？（略去活塞与管壁的摩擦，设流体密度为 $\rho = 10^3$ kg · m^{-3}）

5-9 血液是黏滞流体，为维持血液的流动，心脏必须做功。已知主动脉中的平均血压为100 mm汞高，平均血流速度为 0.4 m · s^{-1}，心脏每分钟输出的血量为 5 000 mL，求心脏每分钟在体循环过程中所做的功。（体循环中，血液由左心室流出，经动脉、毛细管、静脉回到心脏的右心房。）

5-10 一条半径为 3.0 mm 的小动脉内出现一硬斑块，此处的有效半径为 2.0 mm，平均血流速度为 0.5 m · s^{-1}，求：

(1) 小动脉血管内未变窄处的平均血流速度。

(2) 变狭窄处会不会发生湍流？（已知血液的黏度 $\eta = 3.0 \times 10^{-3}$ Pa · s，密度 $\rho = 1.05 \times 10^3$ kg · m^{-3}）

(3) 血管狭窄处血流的动压强。

第二篇

热　　学

第六章　气体分子运动论

§6.1　理想气体状态方程

热学研究物质的热运动以及热运动与其他运动形式之间相互转化的规律。热现象是物体中分子热运动的表现。根据对热现象研究方法的不同,热学可分为宏观理论和微观理论两大部分。热力学是在大量实验事实的基础上,概括了自然界有关热现象的共同规律而建立起来的宏观理论,主要研究热力学体系的宏观特性,常用宏观物理量,如温度、压强、体积、热容量等表征体系特性;统计物理学则是从物质的微观模型出发,应用力学规律和统计方法研究大量粒子热运动规律的微观理论,揭示了粒子的微观运动与宏观热现象之间的深刻联系。两种理论相辅相成。本章介绍以统计方法为基础的气体分子运动论。

6.1.1　状态参量

一、热力学体系

在热力学中,常把作为研究对象的包含大量分子或原子的物理体系称为热力学体系,处于体系之外的一切,称为外界。外界可与体系有相互作用。

热力学体系可分为3类:

(1) 孤立体系——体系与外界既无物质交换,也无能量交换。例如,刚性绝热壁所包围的气体。

(2) 封闭体系——体系与外界无物质交换,但有能量交换。例如,缸壁可以导热,或带有不漏气活塞的气缸内的气体。

(3) 开放体系——体系与外界既有物质交换,又有能量交换。例如,一个开口容器中的气体。

二、平衡态和非平衡态

体系在不受外界影响,即体系和外界没有物质和能量交换,或外界物理条件恒定(不随时间变化),包括存在恒定的外力场,其内部也不发生化学反应或核反应的情况下,经过足够长时间后会达到一确定的宏观状态。在此状态下,体系的一切宏观性质都不随时间变化,这样的状态称为平衡态,反之,就称为非平衡态。

系统处于平衡态时,其内部的分子仍在不停地作无规热运动,但在宏观上,对体积不太大的体系,其各部分温度、压强、密度均匀,因此这种平衡是热动平衡。

三、状态参量

体系处在平衡态时,可以用几个独立的宏观物理量来描述其宏观状态,这些宏观物理量就称为状态参量。例如,对于质量为 M 的一定量气体,可用气体的体积 V、压强 p 和温度 T

中的任意两个作为独立状态参量。以独立状态参量为坐标所作的图称状态图,在热学中用得较多的是 p-V 图。

四、温度和温标

温度是客观地定量衡量物体冷热程度的物理量。与外界没有能量交换的两个冷热程度不同的物体相互接触时,热的物体要变冷,冷的物体要变热,最后两者要达到热平衡,即冷热程度相同且不再变化,我们就说这两个物体具有相同的温度。至于温度的进一步的物理意义将在后面阐明。

温度的数值表示,包括测温物质的选择以及温度计的分度法,称为温标。目前国际上规定以热力学温标作为标准温标,也称绝对温标或开尔文温标。热力学温度 T 的单位是开尔文(Kelvin),国际符号为 K,中文符号为开,规定水的三相点(冰、水和水蒸气三相平衡共存时的状态)的温度为 273.16 K,温度的分度法与常用的摄氏分度法相同,即热力学温度相差 1 K 时摄氏温度相差 1 ℃,摄氏温度 t 与热力学温度 T 的数值关系为

$$T = t + 273.15 \tag{6.1-1}$$

6.1.2 理想气体状态方程

理想气体是一个重要的理想模型,它反映了各种气体在压强趋于零时具有的共同性质。在很多情况下往往可以把实际气体当作理想气体来处理。对于质量为 M、摩尔质量为 μ 的理想气体,其压强 p、体积 V 和温度 T 之间满足下面的关系:

$$pV = \frac{M}{\mu}RT \tag{6.1-2}$$

上式称为理想气体状态方程。式中 R 称为普适气体常数,是对各种理想气体都一样的常数。在国际单位制中,p 的单位是帕(Pa),V 的单位是米³(m^3),R 的单位是焦耳·摩尔⁻¹·开⁻¹($J \cdot mol^{-1} \cdot K^{-1}$),

$$R = 8.31\ J \cdot mol^{-1} \cdot K^{-1}$$

通常在压强不太高和温度不太低的情况下,各种实际气体都近似地遵守理想气体状态方程,且温度越高,压强越低,近似程度就越好。

1 mol 的任何气体中都含有 N_A 个分子,N_A 称为阿伏伽德罗常数,其值为

$$N_A = 6.022 \times 10^{23}\ mol^{-1}$$

引入另一个普适常量 k,

$$k = R/N_A = 1.38 \times 10^{-23}\ J \cdot K^{-1}$$

称为玻耳兹曼常量。若以 N 表示体积 V 中的气体分子总数,ν 表示气体分子的摩尔数,$n = \frac{N}{V}$ 表示单位体积的分子数即数密度,则

$$\frac{M}{\mu} = \nu = \frac{N}{N_A}$$

理想气体的状态方程式(6.1-2)又可写成

$$pV = NkT$$

或

$$p = nkT \tag{6.1-3}$$

上式说明:理想气体的压强和气体的数密度成正比,和温度成正比。由此也可看出实际气体的分子数密度较低时即可近似地看作理想气体。

对于混合气体,通常把某种组分的气体在相同温度下单独占有混合气体原有体积时的压强,称为该组分气体的分压强。设 n_i 为第 i 种组分气体的数密度,则具有 m 种组分的混合气体的数密度 n 为

$$n = n_1 + n_2 + \cdots + n_i + \cdots + n_m$$

由(6.1-3)式可得混合理想气体的压强为

$$p = p_1 + p_2 + \cdots + p_i + \cdots + p_m \tag{6.1-4}$$

上式表示:混合理想气体的总压强等于各组分气体分压强之和。此即道尔顿分压定律。

§6.2　理想气体的压强公式

6.2.1　理想气体的微观模型和等概率假说

人们通过对气体分子运动的长期观察和实验,概括和总结了分子运动的规律,创建了气体分子运动论。在探索物质运动规律的过程中,建立"模型"和提出"假说"是必不可少的科学方法。假说是以已有的事实为依据,对所研究的现象所作的理性猜测。通常可由假说出发进行数学计算,得出一定的结论。如果此结论与进一步的实验相符,假说就在一定程度上得到证实,便可上升为理论。模型就是把复杂事物的主要因素保留下来,忽略次要因素而得到的抽象替代。根据模型进行定量计算时,假说往往是逻辑演绎法的前提,所以"模型"和"假说"是相辅相成的。

理想气体微观模型具有以下特征:

(1) 分子本身占有的空间体积可忽略不计,因为在一般情形分子的线度比分子之间的平均距离小得多。

(2) 分子在不停地运动着,分子之间及分子与容器壁之间不断地进行着弹性碰撞。

(3) 除了碰撞的瞬间外,分子之间、分子与容器壁之间均无相互作用。于是体系的能量只包括分子运动的动能。

(4) 分子运动遵从经典力学规律。

对理想气体分子体系来说,其中任一个分子的运动状态都由于碰撞而发生难以预测的变动,造成体系中分子运动的杂乱无章,常称此为无规热运动。但实验发现,体系整体却呈现确定的规律性。从大量实验结果总结出适用于包含大量分子的热力学体系处在平衡态时的所谓等概率假设,可表达如下:

(1) 平衡态时,若忽略重力的影响,处在地面附近容器内的气体,每个分子处于容器包围的空间中任一点的机会(称为概率)是相同的,即分子的数密度 n 处处相同。

(2) 平衡态时,每个分子速度按方向的分布是完全相同的,此即速度方向的等概率假说。

由以上假设可知,速度的每个分量的平方的平均值应该相等,即

$$\overline{v_x^2} = \overline{v_y^2} = \overline{v_z^2} \tag{6.2-1}$$

其中各速度分量的平方的平均值为

$$\overline{v_x^2} = \frac{v_{1x}^2 + v_{2x}^2 + \cdots + v_{Nx}^2}{N} = \frac{\sum v_{ix}^2}{N} \tag{6.2-2a}$$

同理

$$\overline{v_y^2} = \frac{\sum v_{iy}^2}{N} \tag{6.2-2b}$$

$$\overline{v_z^2} = \frac{\sum v_{iz}^2}{N} \tag{6.2-2c}$$

由于每个分子的速率 v_i 和速度分量有下述关系：

$$v_i^2 = v_{ix}^2 + v_{iy}^2 + v_{iz}^2$$

所以对 N 个分子求速率的平均值，可得

$$\overline{v^2} = \overline{v_x^2} + \overline{v_y^2} + \overline{v_z^2}$$

由(6.2-1)式，又可得

$$\overline{v_x^2} = \overline{v_y^2} = \overline{v_z^2} = \frac{1}{3}\overline{v^2} \tag{6.2-3}$$

等概率假设是平衡态统计理论的基础，其正确性已被大量的实验所证实。平衡态统计理论的唯一出发点只是这样一个极为简单而又合理的假设，这就是统计理论的美妙之处。上面各式中的 $\overline{v^2}$, $\overline{v_x^2}$, $\overline{v_y^2}$, $\overline{v_z^2}$ 称为统计平均值，只对大量分子的集体——热力学体系才有确定的意义。

6.2.2 理想气体的压强公式

容器内的气体分子不停地作无规热运动，每时每刻都有大量气体分子与器壁发生碰撞，其平均效果就表现为器壁受到一个均匀的持续的压力。因为气体处于平衡态时器壁各处压强相同，因而只需计算施于某一个器壁或器壁某一处的压强。

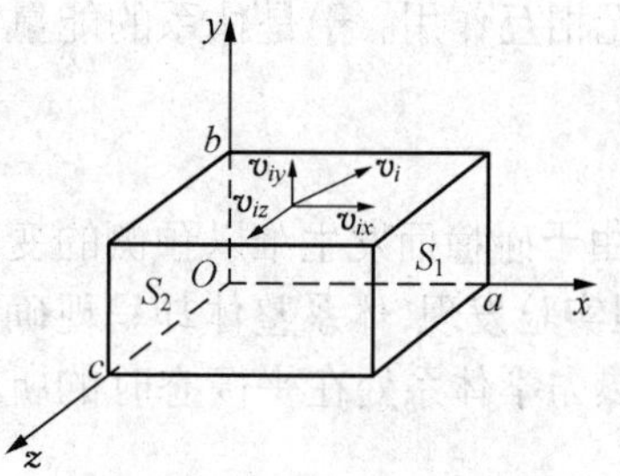

图 6.2-1 压强公式推导

图 6.2-1 表示一个边长为 a, b 和 c 的长方体容器，内有质量为 m 的分子共 N 个，设其中第 i 个分子的速度为 v_i，其在直角坐标系中的 3 个分量为 v_{ix}, v_{iy}, v_{iz}，考虑该分子与 S_1 面碰撞的沿 x 方向的分运动。由于碰撞是完全弹性的，故必以速度 $-v_{ix}$ 被 S_1 面弹回，其动量增量为

$$\Delta p_i = (-mv_{ix}) - mv_{ix} = -2mv_{ix}$$

根据动量定理，Δp_i 等于碰撞中器壁施于该分子的冲量。由牛顿第三定律，分子施于器壁的冲量是 $2mv_{ix}$；分子在 x 方向只与 S_1 和 S_2 面相碰，所以在与 S_1 面相继发生两次碰撞之间所走过的距离是 $2a$，单位时间内和 S_1 面的碰撞次数是 $v_{ix}/2a$，施于 S_1 面的总冲量是 $(v_{ix}/2a) \cdot 2mv_{ix} = mv_{ix}^2/a$，这就是该分子施于 S_1 面的冲力在单位时间内的平均值 F_i，容器内 N 个分子给 S_1 面的总平均冲力为

$$F_{S_1}=\sum_{i=1}^{N}F_i=\sum_{i=1}^{N}\frac{m}{a}v_{ix}^2=\frac{m}{a}\sum_{i=1}^{N}v_{ix}^2=\frac{Nm}{a}\overline{v_x^2}$$

S_1 面上所受的压强等于 F_{S_1} 除以 S_1 的面积 bc，

$$p=\frac{F_{S_1}}{bc}=\frac{Nm\,\overline{v_x^2}}{abc}=nm\,\overline{v_x^2}=\frac{1}{3}nm\,\overline{v^2}$$

或

$$p=\frac{2}{3}n\overline{\varepsilon_k} \tag{6.2-4}$$

式中 $\overline{\varepsilon_k}=\frac{1}{2}m\overline{v^2}$ 表示气体分子的平均平动能。上式表示宏观量 p 和微观量平均值 $\overline{\varepsilon_k}$ 之间的关系，这是大量分子统计平均的结果。(6.2-4)式是理想气体的压强公式。

气体处于平衡态时，压强的瞬时值 p_t 并不一定精确等于统计平均值 p，而可能有一定偏差，在 p 值附近不断起伏变化。这种宏观量瞬时值偏离统计平均值的现象称为涨落。涨落总是和统计规律相伴出现的。系统的分子数越多，涨落就越小，一般的热力学系统分子数 N 很大，涨落是不明显的。

6.2.3 温度的统计意义

由(6.1-3)式和(6.2-4)式，得

$$\overline{\varepsilon_k}=\frac{3}{2}kT \tag{6.2-5}$$

上式说明：系统的温度越高，分子的平均平动能就越大；也就是说，温度是分子平均平动能的量度，或者说温度是表征物质内部分子不规则运动激烈程度的物理量。温度是大量分子热运动的统计平均的表现，因而对个别分子而言，不存在温度的概念。

例 1 求在标准条件 ($p=1\ \text{atm}, T=273.15\ \text{K}$) 下，$1\ \text{m}^3$ 气体所含的分子数。

解 由(6.1-3)式得单位体积的气体分子数 $n=p/kT$，采用国际单位制得

$$n=\frac{p}{kT}=\frac{1.013\times10^5}{1.38\times10^{-23}\times273.15}=2.68\times10^{25}(\text{m}^{-3})$$

通常称 $n=2.68\times10^{25}\ \text{m}^{-3}$ 为洛喜密脱(James Loschmidt, 1821—1895 年)常量。

例 2 设想太阳是一个由氢原子组成的密度均匀的理想气体体系，若已知太阳中心的压强为 1.35×10^{14} Pa，试估计太阳中心的温度(已知：太阳质量为 $M=1.99\times10^{30}$ kg；设想太阳为一球体，太阳半径为 $R_s=6.96\times10^8$ m；氢原子质量 $m_\text{H}=1.67\times10^{-27}$ kg)

解

$$n=\frac{N}{V}=\frac{M/m_\text{H}}{4\pi R_s^3/3}=\frac{3M}{4\pi m_\text{H}R_s^3}$$

$$\begin{aligned}T&=\frac{p}{nk}=\frac{4\pi m_\text{H}R_s^3p}{3Mk}\\&=\frac{4\times3.14\times1.67\times10^{-27}\times(6.96\times10^8)^3\times1.35\times10^{14}}{3\times1.99\times10^{30}\times1.38\times10^{-23}}\\&=1.15\times10^7(\text{K})\end{aligned}$$

这是足以维持稳定热核反应的温度。

§6.3 麦克斯韦速率分布律

6.3.1 统计规律性与分布函数

统计规律是对大量偶然事件整体起作用的规律。统计规律不仅对研究热现象有重要意义,在其他自然现象甚至社会现象中也是普遍存在的。

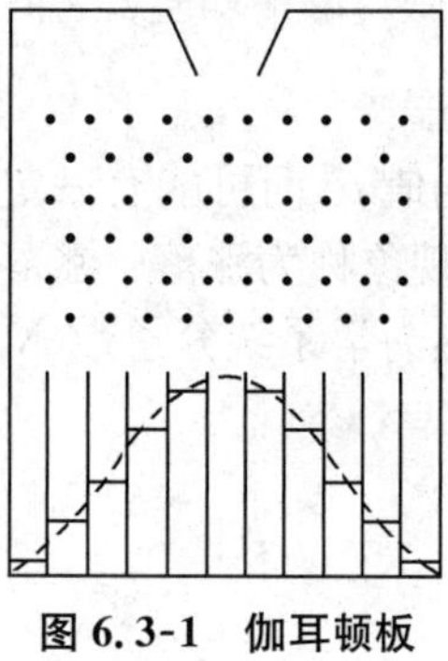

图 6.3-1 伽耳顿板

先介绍一个说明统计规律的演示实验。在一块竖直放置的木板上部,随机地钉上许多铁钉,下部用隔板分隔成许多等宽的竖直狭槽,从木板顶部的漏斗形入口处可以投放小球。为使落下的小球留在狭槽内并便于观察,在板前装以玻璃,这样的装置称为伽耳顿板,如图 6.3-1所示。

如果从入口处投入小球,则小球在下落过程中先后与许多铁钉碰撞,最后落入某个狭槽,重复几次实验,可以发现,每次小球落入狭槽的位置是不完全相同的,这表明在一次实验中小球落入哪个狭槽是偶然的。无论同时投入大量的小球,抑或长时间相继投入同样数量的小球,结果都可看到,最后落到各狭槽的小球数目是不相等的,靠近入口的中间狭槽内小球较多,两端狭槽内小球较少,可以把小球按狭槽的分布用笔在玻璃上画一条曲线来表示,重复此实验发现,在小球数目较少的情况下,每次画得的分布曲线彼此有显著差别,而当小球数目较多时,每次所得的分布曲线彼此近似地重合。

实验结果表明,尽管单个小球落入哪个狭槽是偶然的,但大量小球按狭槽的分布情况则是确定的,遵从一定的统计规律。

如果要用数学函数来描述小球按狭槽的分布,可以先在坐标纸上取横坐标 x 表示狭槽的水平位置,纵坐标 h 表示狭槽内积累小球的高度,得到图 6.3-2(a)的分布图。设第 i 个槽宽为 Δx_i,槽内小球数目 ΔN_i 正比于面积 $\Delta A_i = h_i \Delta x_i$,即

$$\Delta N_i = C\Delta A_i = Ch_i \Delta x_i$$

式中 C 为比例系数。令 N 为小球总数

$$N = \sum_i \Delta N_i = C\sum_i h_i \Delta x_i$$

式中 $\sum_i h_i \Delta x_i$ 是小球占据的总面积 A。于是,每个小球落入第 i 个狭槽的概率为

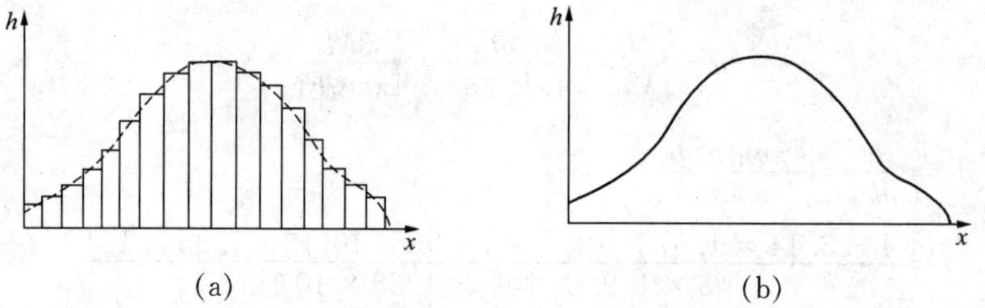

图 6.3-2 小球按狭槽的分布

$$\frac{\Delta N_i}{N}=\frac{\Delta A_i}{A}=\frac{h_i\Delta x_i}{\sum_i h_i\Delta x_i}$$

小球经多次与铁钉碰撞后落下来的最后位置 x 实际是连续取值的，只不过因为狭槽有一定宽度，才使图 6.3-2(a)的曲线呈阶梯状。若一步步把狭槽的宽度减小，数目加多，在 $\Delta x_i\to 0$ 的极限情况下，曲线就变成连续分布，如图 6.3-2(b)所示，因此上式中增量应改为微分，求和改为积分，

$$\frac{\mathrm{d}N}{N}=\frac{h(x)\mathrm{d}x}{\int h(x)\mathrm{d}x}=\frac{h(x)\mathrm{d}x}{A}$$

令 $f(x)=\dfrac{h(x)}{A}$，则

$$\frac{\mathrm{d}N}{N}=f(x)\mathrm{d}x$$

或

$$f(x)=\frac{\mathrm{d}N}{N\mathrm{d}x} \tag{6.3-1}$$

式中 $f(x)$称为小球沿 x 的分布函数。上式表明：小球落在 x 附近 $\mathrm{d}x$ 区间内的概率$\dfrac{\mathrm{d}N}{N}$正比于 $\mathrm{d}x$ 的宽度；分布函数 $f(x)$表示小球落入 x 附近单位宽度狭槽内的概率，或者说 $f(x)$是小球落在 x 处的概率密度。

6.3.2 麦克斯韦速率分布律

一、麦克斯韦速率分布律

在平衡状态下，气体分子不断碰撞，速率可能取各种数值。麦克斯韦(James Clark Maxwell，1831—1879 年)在 1859 年首先应用概率的概念导出气体分子数按速率的分布规律，得到速率在 v 到 $v+\mathrm{d}v$ 范围内分子数 $\mathrm{d}N$ 在总分子数 N 中所占的比率为

$$\frac{\mathrm{d}N}{N}=f(v)\mathrm{d}v=4\pi\left(\frac{m}{2\pi kT}\right)^{3/2}\mathrm{e}^{-mv^2/2kT}v^2\mathrm{d}v \tag{6.3-2}$$

式中 m 为气体分子质量，T 为气体处于热平衡下的温度，k 为玻耳兹曼常数。(6.3-2)式称为麦克斯韦速率分布律，相应的分布函数

$$f(v)=4\pi\left(\frac{m}{2\pi kT}\right)^{3/2}\mathrm{e}^{-mv^2/2kT}v^2 \tag{6.3-3}$$

称为麦克斯韦速率分布函数。对应于速率分布函数的曲线称为麦克斯韦速率分布曲线，如图 6.3-3所示。

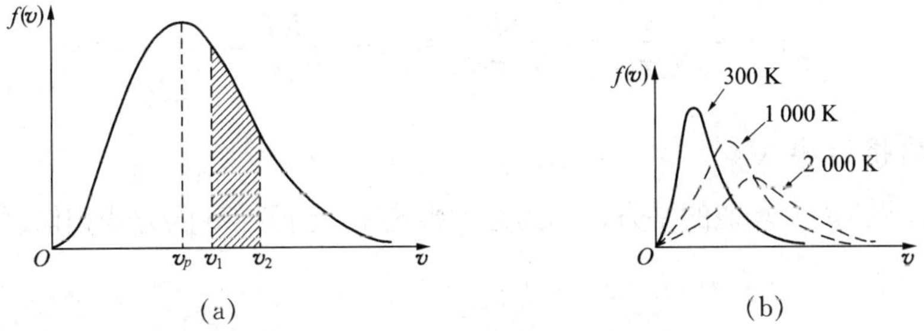

图 6.3-3　速率分布曲线

速率在 v_1 到 v_2 之间的分子数与总数的比 $\Delta N/N$ 为

$$\frac{\Delta N}{N}=\int_{v_1}^{v_2}f(v)\mathrm{d}v \tag{6.3-4}$$

这也是一个分子的速率介于 v_1、v_2 之间的概率。任何分子的速率总是介乎于 0 到无穷大之间,所以

$$\int_0^{\infty}f(v)\mathrm{d}v=1 \tag{6.3-5}$$

这是 $f(v)$必须满足的条件,称为分布函数的归一化条件。由此条件可知,图 6.3-3中速率分布曲线下的全部面积应等于 1,图中阴影部分的面积表示(6.3-4)式所示的 $\Delta N/N$。

速率分布函数 $f(v)$意义的另一种表达是,一个分子的速率出现在 v 附近的单位速率间隔内的概率。

6.3.3 最概然速率、平均速率和方均根速率

一、最概然速率 v_p

由图 6.3-3a 可见,麦克斯韦分布曲线有一峰值,与峰值 $f(v_p)$对应的速率 v_p 称为最概然速率。对于同样的速率间隔 Δv,其中心速率在最概然速率处的分子数目最多。

最概然速率 v_p 可由麦克斯韦速率分布函数 $f(v)$取极值的条件求得,即

$$\left.\frac{\mathrm{d}f(v)}{\mathrm{d}v}\right|_{v_p}=0$$

于是

$$v_p=\sqrt{\frac{2kT}{m}}=\sqrt{\frac{2RT}{\mu}}\approx 1.41\sqrt{\frac{RT}{\mu}} \tag{6.3-6}$$

(6.3-6)式表明:v_p 随温度 T 的升高而增大,随分子质量 m 的增大而减小。图6.3-3(b)表示同一种分子在不同温度下的速率分布。

二、平均速率 $\overline{v}$

分子速率的算术平均值称为平均速率。因为 $\mathrm{d}N=Nf(v)\mathrm{d}v$ 是速率在 $v\sim v+\mathrm{d}v$ 区间内的分子数,$v\mathrm{d}N=vNf(v)\mathrm{d}v$ 就是速率在 $v\rightarrow v+\mathrm{d}v$ 区间内的分子速率的总和,所以根据平均值的定义,平均速率

$$\overline{v}=\frac{\int v\mathrm{d}N}{N}=\frac{\int_0^{\infty}vNf(v)\mathrm{d}v}{N}=\int_0^{\infty}vf(v)\mathrm{d}v \tag{6.3-7}$$

$$=\sqrt{\frac{8kT}{\pi m}}=\sqrt{\frac{8RT}{\pi\mu}}\approx 1.60\sqrt{\frac{RT}{\mu}} \tag{6.3-8}$$

三、方均根速率 $\sqrt{\overline{v^2}}$

分子速率平方的平均值的平方根称为方均根速率,与推导 $\overline{v}$ 的方式相似,分子速率平方的平均值为

$$\overline{v^2} = \frac{\int v^2 \mathrm{d}N}{N} = \int_0^\infty v^2 f(v)\mathrm{d}v$$

故

$$\sqrt{\overline{v^2}} = \sqrt{\int_0^\infty v^2 f(v)\mathrm{d}v} \tag{6.3-9}$$

求得

$$\sqrt{\overline{v^2}} = \sqrt{\frac{3kT}{m}} = \sqrt{\frac{3RT}{\mu}} \approx 1.73\sqrt{\frac{RT}{\mu}} \tag{6.3-10}$$

由此，平均平动能$\overline{\varepsilon_k} = \frac{1}{2}m\overline{v^2} = \frac{3}{2}kT$，和(6.2-5)式一致，这也从另一个侧面证明了麦克斯韦分布律的正确性。

这 3 个速率都与$\sqrt{\frac{RT}{\mu}}$成正比，大部分常见气体分子在室温下的 3 个速率的数量级都是每秒几百米。通常在不同的情况下可用不同的速率讨论问题。如在讨论速度分布时，常用最概然速率；计算分子的平均自由程时，要用平均速率；而在计算分子的平均平动能时，则要用方均根速率。

例 1　已知氢和氧的摩尔质量分别为$\mu_{H_2} = 2\times10^{-3}\ \mathrm{kg\cdot mol^{-1}}$和$\mu_{O_2} = 3.2\times10^{-2}\ \mathrm{kg\cdot mol^{-1}}$，计算它们在 20 ℃时的方均根速率。

解　已知$T = 273 + 20 = 293(\mathrm{K})$，$R = 8.31\ \mathrm{J\cdot mol^{-1}\cdot K^{-1}}$，得

$$\left(\sqrt{\overline{v^2}}\right)_{O_2} = \sqrt{\frac{3RT}{\mu_{O_2}}} = \sqrt{\frac{3\times8.31\times293}{3.2\times10^{-2}}} = 4.78\times10^2(\mathrm{m\cdot s^{-1}})$$

$$\left(\sqrt{\overline{v^2}}\right)_{H_2} = \sqrt{\frac{3RT}{\mu_{H_2}}} = \sqrt{\frac{3\times8.31\times293}{2.0\times10^{-3}}} = 1.91\times10^3(\mathrm{m\cdot s^{-1}})$$

例 2　试计算气体分子热运动的速率介于$v_p - 0.01v_p$和$v_p + 0.01v_p$之间的分子数与分子总数的百分比。

解　按题意$\Delta v = (v_p + 0.01v_p) - (v_p - 0.01v_p) = 0.02v_p$，因为所求速率间隔很小，可作近似计算，分布函数式中用v_p代v，

$$\frac{\Delta N}{N} = f(v_p)\Delta v = 4\pi\left(\frac{m}{2\pi kT}\right)^{3/2} \mathrm{e}^{\frac{-mv_p^2}{2kT}} v_p^2 \cdot 0.02v_p$$

以$v_p = \sqrt{\frac{2kT}{m}}$代入上式，得

$$\frac{\Delta N}{N} = 4\pi\left(\frac{m}{2\pi kT}\right)^{3/2} \mathrm{e}^{-1} \times 0.02\left(\frac{2kT}{m}\right)^{3/2} = \frac{4}{\sqrt{\pi}} \times 0.02\mathrm{e}^{-1} = 1.66\%$$

气体的运动是三维的，在无外力场情况下各向同性，分子按速度的分布在 3 个相互独立的方向上应该有相同的规律，这 3 个分布是：

$$\begin{cases} f(v_x) = \left(\dfrac{m}{2\pi kT}\right)^{1/2} e^{-mv_x^2/2kT} \\ f(v_y) = \left(\dfrac{m}{2\pi kT}\right)^{1/2} e^{-mv_y^2/2kT} \\ f(v_z) = \left(\dfrac{m}{2\pi kT}\right)^{1/2} e^{-mv_z^2/2kT} \end{cases} \tag{6.3-11}$$

*6.3.4 验证麦克斯韦速率分布律的实验

麦克斯韦速率分布律是理论导出的结果，后来斯特恩(O. Stern)、蔡特曼(Zartman)与葛正权、密勒(Miller)与库什(P. Kusch)等人分别用实验证实了理论的正确性。下面介绍蔡特曼-葛正权实验，为两人于1930—1934年所完成。

图6.3-4是测定分子速率分布的实验装置示意，金属银在小炉O中熔化并蒸发，银原子束由炉上小孔射出，通过狭缝s_1，s_2变成准直原子束进入真空区域，圆筒C可绕中心轴A旋转，转速为100 rad/s，通过狭缝s_3进入圆筒的银原子束射到弯曲的圆弧状玻璃板G上并被黏附，若圆筒以顺时针方向旋转，进入s_3的分子在穿过管的直径的时间t内玻璃板已转过一个角度θ。设筒直径为d，角速度为ω，

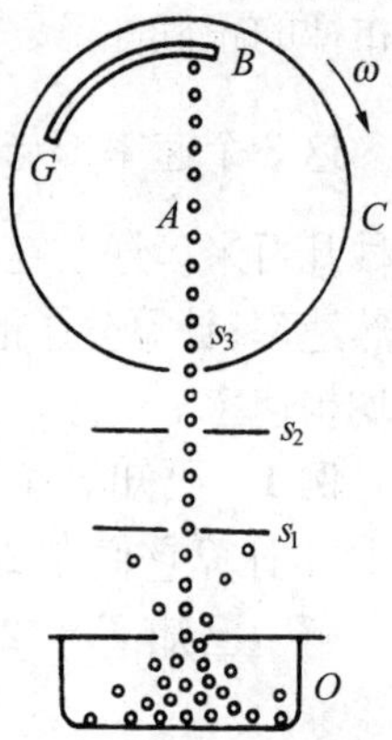

图6.3-4 测定分子速率分布的实验装置

$$\theta = \omega t = \omega \frac{d}{v}$$

则转过的弧长为

$$s = \frac{d}{2}\theta = \frac{\omega d^2}{2v}$$

可见分子速率v越小，在玻璃板上的位置离B端越远，经过一段时间后取下玻璃板，用自动记录的测微光度计测定玻璃变色的程度，就可以确定射到玻璃上任一区域的分子数的概率。实验结果与理论值极为接近。

§6.4 玻耳兹曼分布律

6.4.1 重力场中大气密度和压强随高度的分布

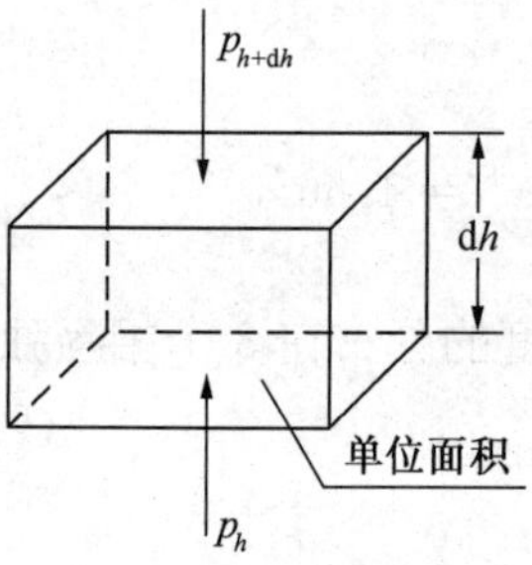

6.4-1 气体分子按高度的分布

前面没有考虑重力场的作用，可认为气体的密度在空间是均匀分布的。当存在重力场时，气体分子的数密度n应该是空间高度的函数。

如图6.4-1所示，考虑在大气层中高度为h处有一底面积为单位面积，高为dh的小体积元，设气体分子的质量为m，该处的分子数密度为n，则该体积中分子的总重量为$mgndh$。在力学平衡时，作用在该体积元上、下两边的压力差与气体所受重力必须

相等，即

$$p_h = p_{h+dh} + mgn\,dh$$

得

$$-dp = p_h - p_{h+dh} = mgn\,dh$$

将大气看成是理想气体，并忽略大气层上下的温度差，则由(6.1-3)式得

$$-dp = -d(nkT) = -kT\,dn$$

代入上式得

$$-kT\,dn = nmg\,dh \quad 或 \quad \frac{dn}{n} = -\frac{mg}{kT}dh$$

两边积分，$\int_{n_0}^{n}\frac{dn}{n} = -\frac{mg}{kT}\int_0^h dh$，得

$$n = n_0 e^{-mgh/kT} = n_0 e^{-\varepsilon_p/kT} \tag{6.4-1}$$

式中 n_0 是地面 $h=0$ 处的气体分子数密度，$\varepsilon_p = mgh$ 是分子在重力场中的势能。(6.4-1)式表示在重力场中气体分子数密度按高度的分布，称为玻耳兹曼密度分布律。

已知 $k = R/N_A$，$N_A m = \mu$，将(6.4-1)式两边乘以 kT，得到气体压强随高度的分布

$$p = p_0 e^{-mgh/kT} = p_0 e^{-\mu gh/RT} \tag{6.4-2}$$

式中 p_0 是地面 $h=0$ 处的大气压强。

由于大气层温度随高度而变，故(6.4-1)和(6.4-2)式与实际情况略有出入，只有当高度差不大时，近似程度较好。(6.4-2)式表明：地球表面附近的大气压强随高度按指数减小，减小的快慢与气体分子本身的质量和气体的温度有关。

第一次观察随高度的升高而气压降低的实验在1648年进行，这是托里拆利(E. Torricelli)发明水银气压计8年后，佩尔尼(Perier)根据帕斯卡(B. Pascal)(1623—1662年)的建议，登上一座法国中部的火山进行测量，该山峰的高度是1 365 m，当他登高时，看到了水银柱的高度随山的高度上升而减小。

有人曾用(6.4-2)式计算出珠穆朗玛峰的高度为海拔8 841 m，1975年中国测绘工作者在登山队员协助下测得珠穆朗玛峰的精确高度为海拔8 848.13 m，理论和实验之间的误差很小。2005年10月9日，国家测绘局公布珠穆朗玛峰的最新测量结果为8 844.43 m。

例1　求重力场中气体分子密度比地面减少一半处的高度，设此范围内重力场均匀且温度相同。

解　以 $n = \frac{n_0}{2}$ 代入(6.4-1)式，得

$$\frac{n_0}{2} = n_0 e^{-mgh/kT}$$

于是

$$\ln 2 = \frac{mgh}{kT}$$

所求高度为

$$h=\frac{kT}{mg}\ln 2 \quad 或 \quad h=\frac{RT}{\mu g}\ln 2$$

此高度称为特征高度。氢气的分子质量比氧及氮的分子质量小很多,所以大气中氢在高空中的相对含量比地面大。

气体在重力场中的有规律分布,反映了气体分子是在两种相对立的作用下达到平衡。一方面由于热运动作用使气体分子在整个空间趋于均匀分布,另一方面重力驱使全部分子向地面集中,两者共同作用的结果导致气体分子按高度 h 分布的规律性。式中 g 体现了重力场的影响,T 体现了热运动的作用。

*6.4.2 麦克斯韦-玻耳兹曼分布律

在麦克斯韦速率分布律中,指数项只包含分子的平动能,

$$\varepsilon_k=\frac{1}{2}mv^2$$

微分元只有 $\mathrm{d}v$,表示所考虑的是分子不受外力影响的情形。玻耳兹曼把麦克斯韦分布律推广到分子在保守力场(如重力场)中运动的情形,这时应以总能量 $\varepsilon=\varepsilon_p+\varepsilon_k$ 代替 ε_k,ε_p 是分子在保守力场中的势能。同时,由于一般情况下势能随位置而定,分子在空间的分布是不均匀的。综合这两种情况,把麦氏分布律改为:当系统在保守力场中处于平衡状态时,其坐标介于区间 $x\sim x+\mathrm{d}x,\ y\sim y+\mathrm{d}y,\ z\sim z+\mathrm{d}z$ 内,同时速度介于 $v_x\sim v_x+\mathrm{d}v_x,\ v_y\sim v_y+\mathrm{d}v_y,\ v_z\sim v_z+\mathrm{d}v_z$ 内的分子数为

$$\mathrm{d}N=n_0\left(\frac{m}{2\pi kT}\right)^{3/2}\mathrm{e}^{-(\varepsilon_k+\varepsilon_p)/kT}\mathrm{d}v_x\mathrm{d}v_y\mathrm{d}v_z\mathrm{d}x\mathrm{d}y\mathrm{d}z \tag{6.4-3}$$

式中 n_0 表示在势能 $\varepsilon_p=0$ 处单位体积内具有各种速度的分子总数。上式称为麦克斯韦-玻耳兹曼分布律。

如果用上式对分子所有可能的速度积分,考虑到麦克斯韦分布函数应满足归一化条件:

$$\iiint_{-\infty}^{\infty}\left(\frac{m}{2\pi kT}\right)^{3/2}\mathrm{e}^{-\varepsilon_k/kT}\mathrm{d}v_x\mathrm{d}v_y\mathrm{d}v_z=\int_0^{\infty}\left(\frac{m}{2\pi kT}\right)^{3/2}\mathrm{e}^{-\varepsilon_k/kT}\cdot 4\pi v^2\mathrm{d}v=1 \tag{6.4-4}$$

则可将(6.4-3)式写成

$$\mathrm{d}N'=n_0\mathrm{e}^{-\varepsilon_p/kT}\mathrm{d}x\mathrm{d}y\mathrm{d}z \tag{6.4-5}$$

这里的 $\mathrm{d}N'$ 表示分布在坐标区间 $x\sim x+\mathrm{d}x,\ y\sim y+\mathrm{d}y,\ z\sim z+\mathrm{d}z$ 内具有各种速度的分子总数,再以 $\mathrm{d}x\mathrm{d}y\mathrm{d}z$ 除上式,则得此坐标$(x,\ y,\ z)$附近单位体积内的分子数

$$n=n_0\mathrm{e}^{-\varepsilon_p/kT}$$

这就是分子按势能的分布律,和(6.4-1)式一致。

如果把(6.4-3)式对位置积分,就可得到麦克斯韦速度分布律(6.3-11)。

麦克斯韦-玻耳兹曼分布律是一个普遍的规律,它对任何物质的微粒(气体、液体、固体的原子和分子、布朗粒子等)在任何保守力场中运动的情形都成立。

例 2 已知悬浮液中液体的密度为 ρ',粒子的密度为 ρ、质量为 m,求悬浮液中粒子数密度随高度的分布。

解　设悬浮液中的微粒体积为 V,则粒子所受的力为

$$F = mg - f_{浮} = \rho gV - \rho' gV = (\rho - \rho')gV$$

在高度为 h 处,分子的势能为

$$\varepsilon_p = (\rho - \rho')gVh$$

由玻耳兹曼分布律 $n = n_0 e^{-\varepsilon_p/kT}$,得

$$n = n_0 e^{-\frac{(\rho-\rho')}{kT}gVh} = n_0 e^{-\frac{mg\left(1-\frac{\rho'}{\rho}\right)h}{kT}} \tag{6.4-6}$$

把悬浮液中的粒子的质量用有效质量 $m\left(1-\dfrac{\rho'}{\rho}\right)$ 代替,则悬浮液中的粒子数密度分布和气体分子按高度的分布形式一样。

1909 年皮兰在显微镜下对悬浮液中不同高度处的粒子进行了计数,直接验证了上述分布规律,并求出阿伏伽德罗常数 $N_A = (6.5 \sim 6.8) \times 10^{23}\ \text{mol}^{-1}$。他的方法是测得与高度为 h_1, h_2 相应的密度分别为 n_1, n_2,按(6.4-6)式得

$$N_A = \frac{RT\rho \ln \dfrac{n_1}{n_2}}{mg(\rho - \rho')(h_2 - h_1)}$$

§6.5　能量按自由度均分定理

6.5.1　自由度

一般分子的运动(除单原子分子外)不限于平动,还有转动和振动。为了确定能量在各种运动形式间的分配,引入"自由度"的概念。

决定一个物体空间位置所需要的独立坐标的数目,称为该物体的自由度数。一个质点在空间运动,在直角坐标系中用 x, y, z 这 3 个坐标变量描述,因此有 3 个自由度。若被限制在一个平面内运动,则有两个自由度;沿一直线或圆周运动,就只有一个自由度。

刚体的运动可分解为质心的平动和绕通过质心的轴的转动,用 3 个独立坐标决定质心的位置,两个独立坐标决定转轴的方位,一个坐标决定转角,所以有 6 个自由度。若刚体绕定轴转动,则只有一个自由度。对双原子分子而言,如果两原子之间还有相对微振动,则还需要有一个振动自由度。因此,略去绕分子轴线的转动双原子分子共有 6 个自由度。一般说来,一个由 $n\,(n > 2)$ 个原子组成的分子,自由度数最多只能有 $3n$ 个,其中 3 个是平动自由度,3 个是转动自由度, $3n - 6$ 个是振动自由度。

6.5.2　能量按自由度均分定理

由理想气体的平均平动动能

$$\frac{1}{2}m\overline{v^2} = \bar{\varepsilon}_k = \frac{3}{2}kT$$

以及

$$\overline{v^2}=\overline{v_x^2}+\overline{v_y^2}+\overline{v_z^2},\ \overline{v_x^2}=\overline{v_y^2}=\overline{v_z^2}=\frac{1}{3}\overline{v^2}$$

可得

$$\frac{1}{2}m\overline{v_x^2}=\frac{1}{2}m\overline{v_y^2}=\frac{1}{2}m\overline{v_z^2}=\frac{1}{3}\left(\frac{1}{2}m\overline{v^2}\right)=\frac{1}{2}kT$$

即分子在每一个平动自由度上都具有相同的平均平动动能，数值为$\frac{1}{2}kT$，分子的平均平动动能是均匀地分配在每一个平动自由度上的。

上述结论可以推广到分子的转动和振动。根据玻耳兹曼统计规律，可以导出一个基本定理：在温度为 T 的平衡态物质(气体、液体或固体)中分子的每一个自由度都具有相同的平均动能，其大小为$\frac{1}{2}kT$。这称为能量按自由度均分定理，简称能量均分定理。如果某种气体分子有 t 个平动自由度，r 个转动自由度，s 个振动自由度，则分子的平均平动、转动、振动动能就分别为$\frac{t}{2}kT$，$\frac{r}{2}kT$，$\frac{s}{2}kT$，分子的平均总动能为$\frac{1}{2}(t+r+s)kT$。

分子振动时除了动能外还有势能，一般情况下，分子内原子的振动都是微振动，可以近似地看作简谐振动。由振动理论知道，作简谐振动的系统在一个周期内的平均动能和平均弹性势能是相等的，所以对于每一个振动自由度，分子除了具有$\frac{1}{2}kT$ 的平均振动动能外，还具有相同的平均振动势能。若分子具有 s 个振动自由度，则平均振动动能和平均振动势能各为$\frac{s}{2}kT$。由此，每个分子的平均总能量$\bar{\varepsilon}$为

$$\bar{\varepsilon}=\frac{1}{2}(t+r+2s)kT \tag{6.5-1}$$

对于单原子分子，$t=3,\ s=r=0,\ \bar{\varepsilon}=\frac{3}{2}kT$；

对于双原子分子，$t=3,\ r=2,\ s=1,\ \bar{\varepsilon}=\frac{7}{2}kT$。

能量均分定理是对大量分子热运动进行统计平均的结果。对个别分子来说，每一瞬间它的某种形式的动能与平均值可能有很大差别。能量按自由度的均分是靠分子间的无规碰撞实现的，通过碰撞，一个分子的能量可以传递给另一个分子，一种形式(如平动)的动能也可以转化为另一种形式(如振动和转动)的动能。

6.5.3 理想气体的内能及热容量

一般情况下，气体分子除了具有动能外，分子之间以及分子内部还有各种相互作用势能，这些能量的总和就是气体的内能。理想气体分子之间无相互作用，不存在分子间的势能，但是组成分子的各个原子之间可以有相互作用，存在振动势能，所以理想气体的内能是每个分子的动能和势能之和。

1 mol 理想气体的内能为

$$U = N_A \bar{\varepsilon} = \frac{1}{2}(t + r + 2s)N_A kT$$

$$U = \frac{1}{2}(t + r + 2s)RT \tag{6.5-2}$$

上式表明理想气体的内能仅是温度的函数。

对 1 mol 单原子理想气体，

$$U = \frac{3}{2}RT$$

对 1 mol 双原子理想气体，

$$U = \frac{7}{2}RT$$

如果某物理量的数值由系统的状态唯一地确定，而与系统如何达到这个状态的过程无关，这样的物理量是"态函数"。内能就是态函数，这个状态当然是指热平衡态。对理想气体，内能只由温度决定，是温度的单值函数。而且，只要温度的变化相同，内能的变化也相同。

气体在升温过程中所需要的热量与它所处的外部条件有关。规定使物体温度升高 1 K 所需的热量为该物体的热容量，而使具有 1 mol 质量的物质温度升高1 K所需的热量称为该物质的摩尔热容量。

最常见的过程是升温或降温时维持物体的体积不变或压强不变，与这两个过程相应的热容量分别称为定容热容量或定压热容量。

设使 1 mol 物质升高温度 $\mathrm{d}T$ 所需的热量为 $\mathrm{d}Q$，在定容过程中 $\mathrm{d}Q$ 全部用于增高内能(参见§7.2)，则 $\mathrm{d}Q = \mathrm{d}U$，定容摩尔热容量为

$$C_V = \frac{\mathrm{d}Q}{\mathrm{d}T} = \frac{\mathrm{d}U}{\mathrm{d}T} \tag{6.5-3}$$

将(6.5-2)式代入上式，得

$$C_V = \frac{1}{2}(t + r + 2s)R \tag{6.5-4}$$

可见 C_V 只与分子运动自由度的数目有关。

对于单原子分子，

$$C_V = \frac{3}{2}R$$

对于双原子分子，

$$C_V = \frac{7}{2}R$$

以上是根据经典的能量均分定理得到的结论。将经典理论值与实验数据比较，发现单原子分子气体的理论值与实验值符合得很好；双原子则与实验不符，在常温下 $C_V = \frac{5}{2}R$，且因气体不同而稍异，在高温下才是$\frac{7}{2}R$，这是因为双原子分子在常温下不会振动，其中的机理要用量子理论才能解释。

*§6.6 气体的输运过程

气体分子要由高密度处向低密度处扩散转移;热量要由高温区向低温区传递以及气体分子作定向运动时的内摩擦都是常见的发生在气体中的输运现象。扩散是质量输运过程,热传导是能量输运过程,而内摩擦则是动量输运过程。

6.6.1 气体分子碰撞频率和平均自由程

常温下,虽然气体分子的平均速率约每秒几百米,但实际的过程往往进行得很慢,例如在房间的一角落打开香水瓶,要过相当一段时间才能在另一角落闻到香味。这是因为分子在行进过程中不断相互碰撞,结果只能沿着迂回的折线前进的缘故。显然单位时间内一个分子与其他分子碰撞次数是描述这类输运过程的重要参量,其统计平均值称为分子的平均碰撞频率。

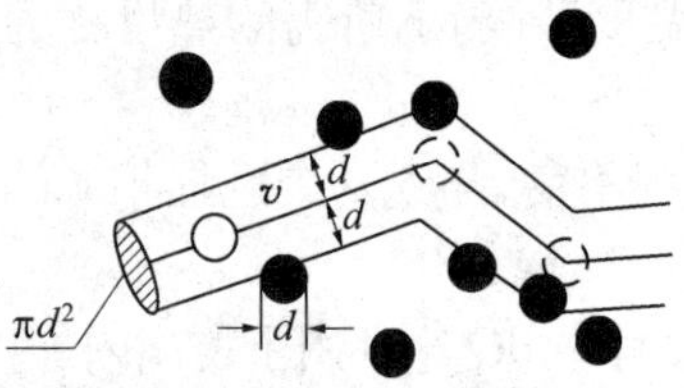

图 6.6-1 碰撞频率(空心球为分子 A)

为简单计,将分子看成是有效直径为 d 的弹性小球。设想跟踪某分子 A,且设其他分子均静止,而 A 以平均速率$\bar{v}$相对于其他分子运动。分子在运动过程中每碰撞一次就改变一次方向,小球中心的运动轨道应是一条不规则的折线,如图6.6-1所示。以折线为中心轴,作一个半径为 d、长为$\bar{v}$的曲折圆柱体,显然中心处于圆柱体内的分子都会与分子 A 相碰,$\bar{v}$恰为单位时间内分子 A 通过的距离,体积为 $\pi d^2\bar{v}$的柱体内共有 $n\pi d^2\bar{v}$个分子,故分子的平均碰撞频率为

$$\bar{Z}=n\pi d^2\bar{v} \tag{6.6-1}$$

以上假设除去分子 A 外所有其他分子都静止,实际上所有的分子都在运动,因此上式中的$\bar{v}$应代之以分子间平均相对运动速率。可以证明平均相对速率$\bar{v}_r$和平均速率 $\bar{v}$ 的关系为 $\bar{v}_r=\sqrt{2}\,\bar{v}$。上式遂改写为

$$\bar{Z}=\sqrt{2}\pi d^2 n\bar{v}=\sqrt{2}\sigma n\bar{v} \tag{6.6-2}$$

式中 $\sigma=\pi d^2$ 称为分子的碰撞截面。

一个分子在两次连续的碰撞之间所走过的直线路程,称为分子的自由程。自由程的长短不一,具有偶然性,但对大量分子的自由程进行统计平均,则给出确定的数值,称为平均自由程$\bar{\lambda}$。易见

$$\bar{\lambda}=\frac{\bar{v}}{\bar{Z}}=\frac{1}{\sqrt{2}\pi d^2 n} \tag{6.6-3}$$

对于理想气体,$p=nkT$,上式又可写成

$$\bar{\lambda}=\frac{kT}{\sqrt{2}\pi d^2 p} \tag{6.6-4}$$

从(6.6-4)式可见,当理想气体的温度 T 一定时,分子的平均自由程$\bar{\lambda}$与气体的压强 p 成反比。

由(6.6-2)与(6.6-4)式可得,在标准状态下,各种气体分子的平均碰撞频率$\overline{Z}$的数量级在$10^9\ s^{-1}$左右,平均自由程$\overline{\lambda}$的数量级在$10^{-9}\sim10^{-7}$ m左右。$\overline{\lambda}$随着压强降低而增加,但当压强很低时,平均自由程不会无限增大,当按(6.6-4)式算出的$\overline{\lambda}$值大于容器线度时,气体分子在运动过程中基本上只与容器壁碰撞,分子之间已很少碰撞,这时,分子的平均自由程$\overline{\lambda}$实际上就是容器的线度,而不再随压强变化,因此(6.6-4)式不再适用。

例1　求N_0个分子中自由程大于l的分子数与平均自由程$\overline{\lambda}$的关系。

解　分子总数为N_0,其中在一次碰撞后经历路程l仍未再碰撞的分子数为$N(l)$,在以后的$\mathrm{d}l$路程中由于碰撞而减少了$\mathrm{d}N$个分子,其数值应与N及$\mathrm{d}l$成正比,设比例系数为K,则有

$$-\mathrm{d}N = N(l) - N(l+\mathrm{d}l) = KN\mathrm{d}l$$

改写为积分式,得

$$\int_{N_0}^{N}\frac{\mathrm{d}N}{N} = -\int_0^l K\mathrm{d}l$$

解得

$$N = N_0 \mathrm{e}^{-Kl} \qquad ①$$

上式表示在N_0个分子中自由程大于l的分子数。自由程在$l \rightarrow l+\mathrm{d}l$中的分子数为

$$-\mathrm{d}N = KN_0 \mathrm{e}^{-Kl}\mathrm{d}l \qquad ②$$

由平均自由程定义

$$\overline{\lambda} = \frac{-\int_0^{N_0} l\mathrm{d}N}{N_0} = \int_0^{\infty} Kl\,\mathrm{e}^{-Kl}\mathrm{d}l = \frac{1}{K} \qquad ③$$

将③式代入①式,得

$$N = N_0 \mathrm{e}^{-\frac{l}{\overline{\lambda}}} \qquad ④$$

6.6.2　气体的输运过程

本章前面所讨论的是气体处于平衡态时的性质,这时气体的宏观性质不随时间变化,内部分子的运动是完全无序的状态。如果热力学系统受到扰动而偏离平衡态,或者从一个平衡态向另一个平衡态过渡,原有的平衡态被破坏,分子间的频繁碰撞可使系统向平衡态趋近,最后达到平衡态,这样的过程叫弛豫过程;如果由于外部条件使气体的某些宏观量(如速度、温度、密度)维持稳定的梯度,则分子间的碰撞会引起动量、能量和粒子数的定向传递,这样的过程称为稳态输运过程。显然,输运是在非平衡态中发生的过程。

一、黏滞现象——动量输运

当流动气体内各流层(参见流体力学)的流速不均匀时,相邻流层中会由于分子的交换而引起动量的迁移,并通过相互碰撞而交换动量,使各流层的流速有趋于一致的倾向。在宏观上就反映为黏性或内摩擦。

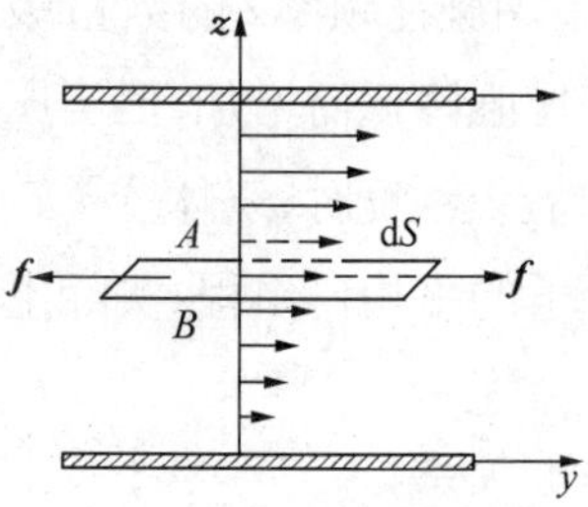

图 6.6-2 气体的黏滞现象

设想在两块大平板之间充满气体，如图 6.6-2 所示，下板固定不动，上板以恒速沿 y 轴正方向运动，则上面的气流层速度较高，下面流层的速度较低。每一层内的气体都以相同的流速 u 流动，不同的流层 u 不相同，流速随 z 轴逐渐增大，形成一个沿 z 方向的流速梯度$\frac{\mathrm{d}u}{\mathrm{d}z}$。气体流速是气层整体的宏观定向运动速度。

与液体一样，各流层的流速不同，相邻流层之间就有宏观的相对运动，从而产生阻碍相对运动的黏滞力。由§5.4 知作用于面积 $\mathrm{d}S$ 上的黏滞力为

$$f=-\eta\frac{\mathrm{d}u}{\mathrm{d}z}\mathrm{d}S$$

根据动量定理，$\mathrm{d}p=f\mathrm{d}t$，上式又可改写为

$$\mathrm{d}p=-\eta\frac{\mathrm{d}u}{\mathrm{d}z}\mathrm{d}S\mathrm{d}t \tag{6.6-5}$$

式中 $\mathrm{d}p$ 为流层面两边动量的变化，也就是 $\mathrm{d}t$ 时间内沿 z 轴正方向通过 $\mathrm{d}S$ 所迁移的动量。

依照气体分子运动论的观点，当气体有定向的运动时，除了具有定向运动的速度 $\boldsymbol{u}$ 以外，还有热运动的速度 $\boldsymbol{v}$，对于每一个分子，实际速度应为 $\boldsymbol{u}$ 与 $\boldsymbol{v}$ 的矢量和。考虑单纯的黏性现象时，可假设气体内部各处的密度和温度都相同，因而分子的热运动速度 $\boldsymbol{v}$ 的分布处处相同，只是不同的气层有不同的定向流速 $\boldsymbol{u}$。由于分子热运动，分子之间不断碰撞，$\mathrm{d}S$ 面两侧具有不同定向速度的分子不断地相互交换动量，使动量逆着速度梯度的方向输运，这正是产生黏滞力的机理。设气体分子数密度为 n，粗略地认为分子沿 x，y，z 轴的正、负共 6 个方向运动的概率相同，均为$\frac{1}{6}$，则 $\mathrm{d}t$ 时间内 A、B 两侧通过 $\mathrm{d}S$ 面交换的分子数相同，应是

$$\mathrm{d}N=\frac{1}{6}n(\mathrm{d}S\,\bar{v}\mathrm{d}t) \tag{6.6-6}$$

平均地看，只有与 $\mathrm{d}S$ 面距离为平均自由程 $\bar{\lambda}$ 的分子才会在 $\mathrm{d}S$ 面附近与由另一侧过来的分子相碰，因为根据简化假设，通过 $\mathrm{d}S$ 面的分子最后一次碰撞在离 $\mathrm{d}S$ 面为 $\bar{\lambda}$ 的地方，都具有此处的定向动量 $m\boldsymbol{u}_2$（A 侧）及 $m\boldsymbol{u}_1$（B 侧），所以这些分子从 B 到 A 交换的净定向运动动量为

$$\mathrm{d}p=\mathrm{d}p_B-\mathrm{d}p_A=\frac{-1}{6}n\mathrm{d}S\cdot\bar{v}\mathrm{d}t\cdot m(u_2-u_1)$$

而

$$u_2-u_1=\frac{\mathrm{d}u}{\mathrm{d}z}\cdot 2\bar{\lambda} \tag{6.6-7}$$

上式中 u_2，u_1 分别是 A，B 两侧离 $\mathrm{d}S$ 面为 $\bar{\lambda}$ 处的流速。于是

$$\mathrm{d}p=-\frac{1}{3}n\mathrm{d}S\cdot\bar{v}\mathrm{d}t\cdot m\cdot\frac{\mathrm{d}u}{\mathrm{d}z}\cdot\bar{\lambda}$$

将 $mn=\rho$ 代入上式，得

$$\mathrm{d}p=-\frac{1}{3}\rho\bar{v}\bar{\lambda}\left(\frac{\mathrm{d}u}{\mathrm{d}z}\right)\mathrm{d}S\mathrm{d}t \tag{6.6-8}$$

和(6.6-5)式相比,得

$$\eta=\frac{1}{3}\rho\bar{v}\bar{\lambda} \tag{6.6-9}$$

由 $\rho=mn$, $\bar{v}=\sqrt{\frac{8kT}{\pi m}}$ 及 $\bar{\lambda}=\frac{1}{\sqrt{2}\pi d^2 n}$ 知,η 与 $\sqrt{T}$, $\sqrt{m}$ 成正比而与 d^2 成反比,而 m, d 是与单个分子结构有关的物理量,故黏度与分子结构有关。

应当指出,以上采用的沿确定指向运动的分子密度为分子总密度的 1/6 以及认为 $\mathrm{d}S$ 面两侧距其垂直距离为 $\bar{\lambda}$ 的分子携带的动量在该面处交换是比较粗略的,但更仔细的讨论也给出与(6.6-9)式相同的结果。

二、扩散——质量输运

当气体内部某种分子的密度不均匀时,就会出现气体分子从密度高的地方向密度低的地方转移,即质量输运,这种现象称为扩散。这也是在非平衡态发生的过程。下面讨论单纯的扩散现象。

为简单计,考虑两种分子质量相等的气体(如 N_2 和 CO),它们彼此的温度和压强都相同,放在同一容器内用隔板隔开成 A, B 两部分。抽去隔板后,两种气体将相互渗透,由于原先两部分气体压强相同,故没有宏观气流,又两者温度相同,平均动能和平均速率相等。这样,抽去隔板后唯一发生的过程便是由于 CO 和 N_2 两种气体的密度分布不均匀引起的单纯扩散,每种气体分子都向着自身密度低的方向扩散。实验表明在 $\mathrm{d}t$ 时间内从 B 到 A 通过界面上面积 $\mathrm{d}S$ 输送的质量为

$$\mathrm{d}M=-D\left(\frac{\mathrm{d}\rho}{\mathrm{d}z}\right)\mathrm{d}S\mathrm{d}t \tag{6.6-10}$$

式中 $\frac{\mathrm{d}\rho}{\mathrm{d}z}$ 为密度梯度;D 称为扩散系数,与气体的性质和状态有关。(6.6-10)式是扩散现象的宏观规律,负号表示扩散向低密度方向进行。

从分子运动的观点出发,可用讨论黏度相类似的方法算出 $\mathrm{d}t$ 时间内自 B 向 A 输运的净质量为

$$\mathrm{d}M=-\frac{1}{3}\bar{v}\bar{\lambda}\left(\frac{\mathrm{d}\rho}{\mathrm{d}z}\right)\mathrm{d}S\mathrm{d}t \tag{6.6-11}$$

与(6.6-10)式相比,可得

$$D=\frac{1}{3}\bar{v}\bar{\lambda} \tag{6.6-12}$$

D 与 $T^{3/2}$ 成正比,与 p 及 $\sqrt{m}$ 成反比。

三、热传导——能量输送

当气体内部各处温度不均匀时,就有热量从温度较高处传到温度较低处,这种现象称为热传导。实验表明,$\mathrm{d}t$ 时间内通过与热量传递方向垂直的面积 $\mathrm{d}S$ 传递的热量 $\mathrm{d}Q$ 为

$$\mathrm{d}Q=-\kappa\left(\frac{\mathrm{d}T}{\mathrm{d}z}\right)\mathrm{d}S\mathrm{d}t \tag{6.6-13}$$

式中 κ 称为热传导系数，和气体的性质及状态有关，$\frac{dT}{dz}$为温度梯度，负号表示热量传向低温。

考虑到质量为 M 的气体在温度变化 ΔT 时的内能变化为 $Mc_v\Delta T$（c_v 为定容比热容），用讨论黏度相类似的方法，可算出

$$dQ = -\frac{1}{3}\rho c_v \bar{v}\,\bar{\lambda}\left(\frac{dT}{dz}\right)dSdt \tag{6.6-14}$$

比较(6.6-13)式和(6.6-14)式，可得

$$\kappa = \frac{1}{3}\rho c_v \bar{v}\,\bar{\lambda} \tag{6.6-15}$$

上式说明气体的热传导系数由气体的性质及温度决定。

* §6.7 物质透过生物膜的输运

细胞膜和细胞膜内各种细胞器（如内质网膜、线粒体膜、核膜、高尔基复合体膜等）都具有膜性结构且均可分为内、中、外 3 层，内、外两层是电子密度大的致密带，中层为电子密度小的疏松带，每层厚约 2.5 nm。膜的 3 层结构被认为是细胞中普遍存在的基本结构，称为单位膜或生物膜。

生物膜一般具有能让某些物质分子通过而不让另外一些分子通过的特性，具有这种特性的膜称为半透膜。

6.7.1 物质透过生物膜的输运

分子和离子透过生物膜的输运是最基本的生理过程，如营养物质或药物透过肠黏膜被吸收，再由血液转运并透过毛细管进入组织；肺泡中的空气透过肺泡膜和毛细血管壁与血液交换氧气和二氧化碳；二氧化碳和废料透过细胞膜排出体外，等等。

在肺泡与血液间的气体交换是由扩散过程完成的，呼吸时肺泡内 O_2 分压高于静脉血液中的 O_2 分压，而 CO_2 分压则低于静脉血中的 CO_2 分压，即肺泡内 O_2 分子密度高，而静脉血中 CO_2 分子密度高，因此 O_2 由肺泡向静脉血扩散，而 CO_2 则由静脉血向肺泡扩散。由于肺的呼吸不断在进行，肺泡气的成分保持相对稳定，就使 O_2 和 CO_2 进行扩散的分压差保持恒定，这就是气体交换的动力，故气体可以不断从分压高处向分压低处扩散。

肺换气时 O_2 和 CO_2 的扩散必须通过肺泡上的呼吸膜，呼吸膜的通透性及其面积都会影响气体的交换效率。若发生病理性变化，如肺纤维化、尘肺、肺炎等都会使呼吸膜厚度增加而使通透性下降。

6.7.2 膜电位

在人体组织中，细胞内外的溶液均为电解质，含有一定量的阳离子及相同浓度的阴离子。在正常情况下，在细胞膜的内膜面聚集少许过量的阴离子，而细胞膜外膜面则聚集同数量的过量阳离子，于是细胞膜内外形成膜电势差，常称之为膜电位。形成膜电位有两种机理：

(1) 细胞膜内、外有离子浓度差，导致离子通过细胞膜扩散，在膜内外产生正负电荷的不

平衡。

(2) 离子透过细胞膜的主动运输造成细胞膜两侧电荷的不平衡。这是靠体内钾、钠“泵”起作用，从而维持细胞膜两侧 Na^+，K^+ 浓度差。

阅读材料 血液透析

人体的血液循环系统是体内最主要的物质输运系统，人体组织的细胞吸收来自血液中的养分，产生的废弃物经过扩散和渗透回到血液中，这些废弃物必须及时排出体外，否则会危害身体内的各种细胞或组织。在血液循环系统中，肾脏起着很重要的作用：一是有选择性地移走血液中的水与溶质以控制血液的浓度与容积；二是帮助调节血液的酸碱值，还要滤除血液中的毒性废物。下面介绍肾脏的工作原理及肾脏失去功能时进行血液透析的治疗方法，血液透析的目的是人工过滤血液中有害的物质，其基本原理是扩散和渗透。

一、扩散与渗透

扩散原理在§6.6中已有介绍，发生扩散的必要条件是存在浓度差，即浓度梯度。可见若两种溶液混合，则会互相往对方扩散。如果控制物质扩散只沿单方向进行，就是渗透。下面举例说明渗透的作用。

如图 RM6-1(a)所示，在容器当中有一个隔膜(半透膜)把容器分为两部分，膜上有许多细小的孔，只允许较小的水分子通过，较大的糖分子不能通过，容器两边有不同浓度的糖水，由扩散原理，水分子将由右边透过隔膜向左边浓糖水处扩散以平衡两边的浓度差异。在此过程中，稀糖水由于水分减少而浓度增加，体积下降，浓糖水由于增加了水分而浓度下降，体积上升，经过足够长的时间后，左、右两边的扩散达到动态平衡，即单位时间内转移到左边的水分子数等于转移到右边的水分子数。但此时左边浓度仍高于右边浓度，且左、右两边液面高度有一个差值 ΔH，如图 RM6-1(b)。我们称因 ΔH 所产生的压强差为两种不同浓度溶液间的渗透压，其大小为

$$p = \rho g \Delta H$$

式中 p 是渗透压，ρ 是平衡后浓糖水溶液的密度。这时右边溶液中的水分子仍有向左边溶液扩散的趋势，但是由于左、右两边溶液因液面高度差而产生的静压强差，故使水分子无法向左边扩散，就像用力堵着水龙头出口不让水流出来一样。这时溶液的渗透压和溶液液面高度差所形成的静压强互相平衡。

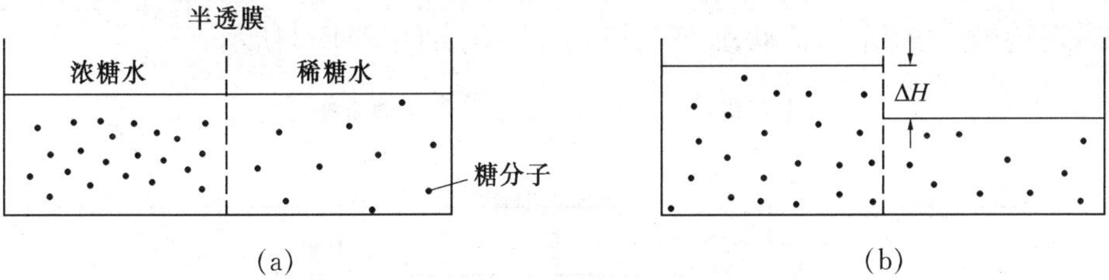

图 RM6-1 渗透作用

人体组织内的细胞膜具有选择性渗透的特性，可以只让某些物质通过而阻止其他物质通过，借此交换细胞所需要的养分并排出细胞所产生的废物。

二、肾脏工作的物理原理

肾脏的生理活动是配合血液循环系统进行的。血液在离开左心室以后由大动脉输送出去，其中部分血液进入肾脏，由肾脏滤除血液中的废物，滤除废物后的血液再经肾静脉送回循环系统中，其他血液直接送往各组织或器官。正常人每分钟大约有 1 200 ml 的血液流入两个肾脏，经血管分支再经微血管而分配到各个肾元。肾元是肾脏中的功能单位，一个肾脏中约有 100 万个肾元。肾元由肾小体和肾小管组成，肾小体又由肾丝球和鲍氏囊构成。当血液进入肾丝球时，血压迫使血浆中的水与溶于血液的成分通过微血管的内皮孔以及鲍氏囊的网状结构(可起过滤作用)，经透析以后形成过滤液。过滤液的成分除了不含血球以及大部分的蛋白质外，其他成分都和血液相同。在形成过滤液过程中剩余的血浆、血球及蛋白质循着微动脉血管直接进入静脉回到心脏。

过滤液在形成后进入肾小管，此时过滤液中的水分以及其他的物质成分大部分会渗透出肾小管再被附近的微血管吸收流回到血液中，这些水分的数量以及回流的速度依身体维持平衡所需而决定，多余的形成尿液排出体外。由上可见，血液经过滤产生尿液的过程和液体的扩散和渗透一样。

三、血液透析

若肾脏因受伤或病变失去功能，就无法调节水分、电解质和平衡酸碱度，造成水肿、高血钾和酸中毒；同时，身体内由于新陈代谢所产生的废物也无法排出，累积在体内导致尿毒症，严重的甚至死亡。这时必须借助换肾手术或人工血液透析才能维持生命。血液透析的目的是过滤血液中有害的物质。

图 RM6-2 是透析器示意图，血液及透析液分别流经透析器，两者以透析膜隔开，透析液中含有相当于或略低于人体血液正常含量的盐类离子(钠、钙、钾、镁等)以及葡萄糖。利用血液和透析液里物质的浓度差异进行渗透扩散，让血液中的有害物质及多余的水透过透析膜进入到透析液中，由透析液带走，此过程中血液和透析液都不断地流动。

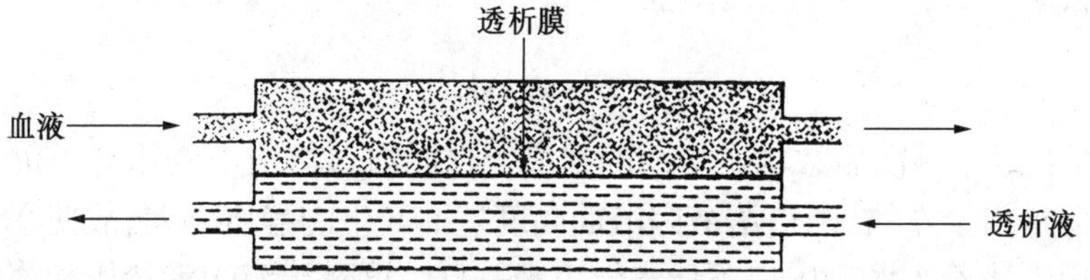

图 RM6-2　透析器示意图

目前，最常用的方法是把透析膜做成非常细小的管子，一个透析器由数千条这样的细管子组成，使用时透析液在细管外流动，血液在细管内流动，如图 RM6-3 所示。

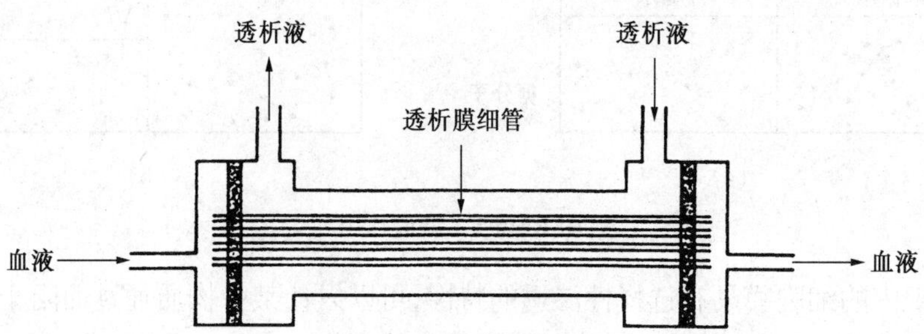

图 RM6-3　洗肾机

进行血液透析时必须保证绝对安全，因此要加一些监测仪器及安全防护设施。血液透析是由洗肾机完成的。图 RM6-3 是洗肾机的主要构造，除了透析器外，可以分成两个流路系统，一个是透析液的流路系统，另一个是血液的流路系统，两系统各自独立，在透析器中交会而过。透析时由手臂上的静脉将血液导流到洗肾机，处理后再引流回静脉中。

参考资料

[1] 陈金德，吕重明，《医护物理》，[台湾]科学技术文献出版社，1999 年。

思考题与习题

一、思考题

6-1 有哪些现象可以证明气体分子在不断地运动。

6-2 容积相等的甲、乙两容器分别贮有气体，若它们的温度相等，试指出在下列几种情况下它们的分子速率分布函数是否相同：

(1) 甲、乙两容器中贮有同种气体，但它们的质量不相等，即 $M_{甲} \neq M_{乙}$。

(2) 甲、乙两容器中贮有不同种气体，但它们的质量相等，即 $M_{甲} = M_{乙}$。

(3) 甲、乙两容器中的气体为同种气体，且质量相等，即 $M_{甲} = M_{乙}$，但使甲容器中的气体等温压缩至原来的一半，使乙容器中的气体等温膨胀至原来的两倍。

6-3 判断下述讲法是否正确："相同温度下，不同气体分子的平均动能相等"，"氧分子的质量比氢分子的大，所以氧分子的速率一定比氢分子的小"。

6-4 解释为什么大气中氢气在地面的百分含量远比高空为低。

6-5 一个分子的速率在 $v \to v+\Delta v$ 区间内的概率是多少？

6-6 两种不同种类的理想气体，分子的算术平均速率相同，问：

(1) 均方根速率是否相同？

(2) 分子平均平动动能是否相同？

(3) 最概然速率是否相同？

6-7 气体分子热运动的速率相当大(每秒几百米)，为什么在房间里打开一瓶酒精要隔一段时间而不是马上就能嗅到酒精味？

6-8 质点运动学中的平均速度和分子物理学的平均速度有何不同？

二、习题

6-1 若实验室中可获得的最低压强是 1.01×10^{-8} Pa，试问：在此压强和 300 K 温度下，1 cm^3 体积内有多少个分子？

6-2 有一容积为 V 的容器，中间用隔板分成体积相等的两部分，每部分分别装有质量为 m 的分子 N_1 和 N_2 个，它们的方均根速率都是 v_0，试求：

(1) 两者的密度和压强各为多少？

(2) 取走隔板，平衡后最终的密度、压强是多少？

6-3 上题中，若两边分子的方均根速率不同，各为 v_1 和 v_2，则情况如何？

6-4 在标准条件下氦的方均根速率为 1.30×10^3 m·s^{-1}，试求这时氦的密度是多少？

6-5 求在什么高度上大气压强是地面处的 75%(设空气温度 $t=0$ ℃，且不随高度变化，空气的 $\mu = 2.89\times10^{-2}$ kg·mol^{-1})？

6-6 试求分子速率倒数的平均值$\overline{v^{-1}}$(用 kT 表示)。

6-7 设氢气的温度为 300 ℃，试求速率在 3 000～3 010 m·s^{-1}之间的分子数 ΔN_1 与速率在最概然速率 v_p 到 v_p+10 m·s^{-1} 之间的分子数 ΔN_2 之比。

6-8 试求速率在与最概然速率 v_p 相差 $0.01v_p$ 范围内的分子数占总分子数的百分比。

6-9 设一体系的速率分布函数为 $f(v)$,已知

$$Nf(v)=\begin{cases}(5\times 10^{20})\sin\dfrac{\pi v}{10^3}\ \mathrm{m^{-1}s} & (0\leqslant v\leqslant 10^3)\\ 0 & (v>10^3)\end{cases}$$

试求:(1) 体系的粒子总数。

(2) 平均速率。

(3) 方均根速率。

6-10 导体中自由电子的运动可看作类似于气体中分子的运动。设导体中共有 N 个自由电子,其中电子的最大速率为 v_m,电子在 $v\sim v+\mathrm{d}v$ 之间的概率为

$$\frac{\mathrm{d}N}{N}=\begin{cases}Av^2\mathrm{d}v & (v_m\geqslant v\geqslant 0)\\ 0 & (v>v_m)\end{cases}$$

式中 A 为常量。

(1) 画出电子气速率分布函数图。

(2) 用 v_m 定出常量 A。

(3) 求导体中 N 个电子的平均速率。

6-11 试由麦克斯韦速度分布律求证每秒和单位面积器壁相碰的分子数是 $\frac{1}{4}n\bar{v}$(这里 n 是容器单位体积内的分子数,$\bar{v}$是分子运动的平均速率)。

6-12 已知大气温度为 27 ℃且处处相同,求海拔 3 600 m 高处的氧气分子数密度 n 与海平面处氧气分子数密度 n_0 之比为多少?

6-13 已知单位时间内气体分子对单位面积器壁的碰壁数为 $\nu=\frac{\mathrm{d}N}{\mathrm{d}t\mathrm{d}S}=\frac{1}{4}n\bar{v}$,若一宇宙飞船的体积为 $V=27\ \mathrm{m^3}$,舱内压强为 $p_0=1\ \mathrm{atm}$,温度为与 $\bar{v}=300\ \mathrm{m\cdot s^{-1}}$ 相应的值,在飞行中被一陨石击中而在壁上形成一面积为 $1\ \mathrm{cm^2}$ 的孔,以致舱内空气逸出,试问需经多久舱内压强降到 $p=\frac{1}{\mathrm{e}}p_0$?(假定过程中温度不变。)

6-14 热水瓶胆的两壁间距为 $w=5\ \mathrm{mm}$,中间是 $t=27$ ℃ 的氮气,氮分子有效直径 $d=3.1\times 10^{-10}\ \mathrm{m}$,试问瓶胆两壁间的压强应为多大才能起到较好的保温作用?

6-15 一容积为 $10\ \mathrm{cm^3}$ 的电子管,管内空气压强约为 6.67×10^{-4} Pa、温度为 300 K,试计算管内全部空气分子的平均平动动能的总和、平均转动动能的总和、平均动能的总和各为多少?

6-16 设体积为 V 的容器内盛有质量为 M_1 和 M_2 的两种不同单原子理想气体,此混合气体处于平衡态时两种气体的内能相等,均为 E,试求两种分子的平均速率$\bar{v}_1$ 和$\bar{v}_2$ 的比以及混合气体的压强。

第七章　热　力　学

§7.1　热力学第一定律

7.1.1　热力学过程

热力学系统的状态随时间变化的过程称为热力学过程。从平衡态 1 过渡到平衡态 2 时，原则上总要经过非平衡态，这时，整个体系的宏观物理参量(如 p, V, T)就没有确定的数值，这种过程称为非静态过程。应该说实际过程都是非静态过程。

当讨论热力学过程时，通常都考虑理想的极限过程，即假定状态的变化进行得充分缓慢，从而使体系在变化过程中每时每刻都处于非常接近平衡状态的准平衡态，这样的过程称为准静态过程。在实际过程中，如果系统状态发生变化的时间远长于系统趋于平衡的弛豫时间，就可以近似地将该过程看成是准静态过程。

例如，以与外界绝热的气缸中的气体作为研究对象，设气缸长度 L 的数量级为 10^{-1} m，若将活塞往外拉出一段距离，则靠近活塞处压强变小，其他部位的气体分子要向活塞处运动。设使系统的压强恢复均匀，即系统恢复到平衡态所需的时间为弛豫时间 τ，有理由认为 τ 在 L/v 的数量级，v 为分子热运动的平均速率，即 τ 约为 $10^{-3}\sim10^{-4}$ s 的量级。可见，即使实际过程中活塞往复运动的频率高达每秒几次，每往返一次所花的时间 Δt 不过在 10^{-1} s 量级，仍可视为满足准静态过程的条件($\Delta t\gg\tau$)。因此，这样的过程可看作准静态过程。在准静态过程中，由于系统每时每刻均可视为处于平衡态，可以用 p-V 图上的点表示过程经过的每一个状态，因此，p-V 图上的一条曲线就表示准静态过程。反之，一个准静态过程总可以用 p-V 图上的一条曲线表示。显然，非静态过程无法用 p-V 图上的曲线表示。

7.1.2　功和热量

在热力学中，准静态过程的功具有重要意义。为研究的方便，进一步假设理想过程是无摩擦的准静态过程。在实际过程中，有时摩擦的影响的确是可以忽略的。图 7.1-1 表示一个带有活塞的圆柱状容器，活塞面积为 S，容器内装有一定量的气体，设初始时刻压强为 p_1，体积为 V_1(状态 1)，然后气体膨胀到体积 V_2，压强变为 p_2(状态 2)。设膨胀过程为准静态过程，考虑此过程中的任一时刻，其压强为 p，对应的体积为 V。使活塞移动一小位移 Δl，体系对外所做的元功为

$$\Delta W = F\Delta l = pS\Delta l = p\Delta V \tag{7.1-1}$$

由状态 1 到 2，体系总共对外做功为 $W=\sum\Delta W$，用积分计算

$$W = \int \mathrm{d}W = \int_{V_1}^{V_2} p\mathrm{d}V \tag{7.1-2}$$

只要知道 p-V 的变化关系,就可具体算出功的数值。图 7.1-2 的 p-V 图上从 1 到 2 的曲线表示上述的准静态过程,体系对外所做的元功 $\mathrm{d}W$ 就是带斜线的狭长形面积,总功 W 就是横轴上方整条曲线下面的面积。

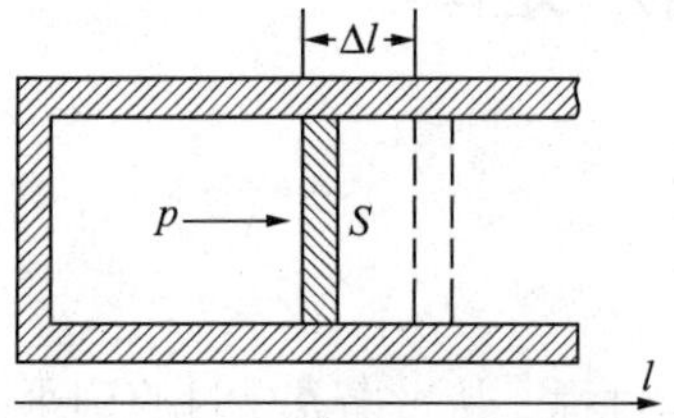

图 7.1-1 气缸内气体膨胀作功

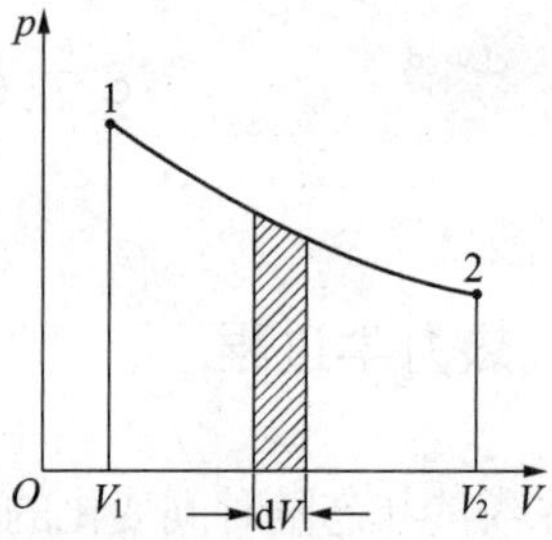

图 7.1-2 准静态过程的功的计算

功的数值与过程有关,所以功不是态函数。在 p-V 图中,状态 1 和 2 之间可以画无数条不同的曲线,曲线下面的面积也就不同。每一条曲线对应一个过程,其下的面积又相应于体系所做的功,所以同样在状态 1, 2 之间过渡,体系可做各种数值的功。

做功是系统与外界交换能量的一种方式,这种能量交换是通过宏观的有规则运动(如机械运动、电流等)来完成的。

热量可看作是体系与外界间可直接传递的能量。与做功相对照,这种交换能量的方式是通过分子的无规则运动来完成的。

做功和热量传递只有在过程发生时才有意义,其数值也与过程有关,所以称为过程量。

7.1.3 热力学第一定律

如果以 $\Delta U = U_2 - U_1$ 表示体系由状态 1 变到状态 2 的过程中其内能的增量,以 W 表示此过程中体系对外界所做的功,以 Q 表示此过程中外界传给体系的热量,根据能量守恒定律,有

$$\Delta U = U_2 - U_1 = Q - W \tag{7.1-3}$$

这就是热力学第一定律。定律表明,系统从外界吸收的热量,一部分使系统的内能增加,其余部分用于系统对外做功。在(7.1-3)式中,规定体系吸收热量时 Q 为正, $Q>0$; 放出热量时, Q 为负, $Q<0$。体系对外做功,W 为正, $W>0$; 外界对体系做功,W 为负, $W<0$。(注意:此处根据热工学的习惯,以 W 表示体系对外做功,与力学中的符号相反。)无疑式中各量都要用同样的单位,在国际单位制中都用焦耳作为功和热量及各种能量的单位。

应该注意:内能是态函数,或者说 U 是系统状态的单值函数,即对应于系统的一个状态,只有一个内能值。当系统的初态 1 和终态 2 给定后,内能之差就有了确定值。另一方面,热力学第一定律是包括热现象在内的能量守恒定律,因此其适用范围与过程是否为准静态过程无关。由于非平衡态很难用少数几个状态参量作定量表示,非静态过程便难以准确计算。不过(7.1-3)式的成立只要求初态和终态是平衡态,而过程所经历的中间状态并不重要,即对非静态过程也是适用的,因为普遍的能量守恒与转换定律是适用于任何宏观过程的。

§7.2 热力学第一定律的应用

7.2.1 理想气体的等容过程

等容过程即体积不变的过程，$V=$ 常量，$dV=0$，所以 $W=0$，体系对外界不做功，由热力学第一定律 $\Delta U=Q$。在§6.5中已提到过，理想气体的内能只与温度有关，若在此过程中温度由 T_1 上升到 T_2，则

$$Q=\Delta U=\frac{1}{2}(t+r+2s)\frac{M}{\mu}R(T_2-T_1)$$

$$=\frac{M}{\mu}C_V\Delta T=\nu C_V\Delta T \qquad (7.2\text{-}1)$$

式中 $\nu=\dfrac{M}{\mu}$ 为体系摩尔数。上式表明体系从外界吸收的热量全部转变为内能的增量。

等容过程在 p-V 图上是一条和 p 轴平行的直线，如图7.2-1所示。

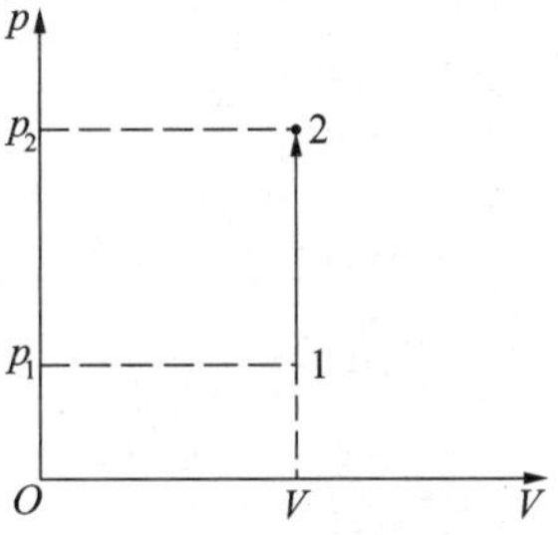

图7.2-1 等容过程

7.2.2 理想气体的等压过程

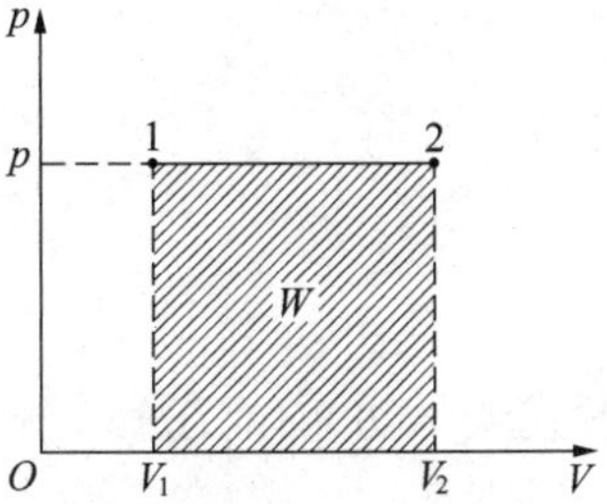

图7.2-2 等压过程

等压过程是压强不变的过程，$p=$ 常量，在 p-V 图上是一条和 V 轴平行的直线，如图7.2-2所示。

在等压过程中体系对外所做的功为

$$W=\int_{V_1}^{V_2}p\,dV=p(V_2-V_1) \qquad (7.2\text{-}2)$$

式中 V_1，V_2 分别为此过程的初态和末态的体积。在此过程中内能的增量为

$$\Delta U=\nu C_V(T_2-T_1)$$

式中 T_1，T_2 分别为此过程初态和末态的温度。

如用 C_p 表示气体在等压变化过程中的摩尔热容量，称为定压摩尔热容，则

$$Q=\nu C_p(T_2-T_1)$$

由热力学第一定律

$$\nu C_V(T_2-T_1)=\nu C_p(T_2-T_1)-p(V_2-V_1)$$

由状态方程 $pV=\nu RT$，即

$$p(V_2-V_1)=\nu R(T_2-T_1)$$

由此得

$$\nu C_V(T_2-T_1)=\nu C_p(T_2-T_1)-\nu R(T_2-T_1)$$

于是
$$C_p = C_V + R \tag{7.2-3}$$
对单原子理想气体，$C_V = \frac{3}{2}R$，则$C_p = \frac{5}{2}R$，这个结论已为实验所证实。在定压条件下，体系在升温的同时还要对外做功，吸取的热量必然比定容过程多，从而$C_p > C_V$。

7.2.3 理想气体的等温过程

等温过程是温度不变的过程，T=常量，$\Delta T = 0$，故内能不变，$\Delta U = 0$。

为计算等温过程中体系对外所做的功W，可由状态方程$pV = \nu RT$出发，将$p = \nu RT\frac{1}{V}$代入(7.1-2)式得
$$W = \int_{V_1}^{V_2} \nu RT \frac{1}{V}\mathrm{d}V = \nu RT\ln\frac{V_2}{V_1} \tag{7.2-4}$$
由热力学第一定律，$\Delta U = Q - W = 0$，得
$$Q = W = \nu RT\ln\frac{V_2}{V_1} \tag{7.2-5}$$
上式表示在等温过程中体系吸收的热量全部用来对外做功。由于等温过程中$pV = \nu RT =$常量，所以该过程在p-V图上应是双曲线，如图7.2-3中的实线所示。

7.2.4 理想气体的绝热过程

绝热过程指体系和外界无热量交换的过程，$Q = 0$。由热力学第一定律，
$$\Delta U = Q - W = -W$$
上式说明此过程中若要体系对外界做功，必以减少内能为代价。

下面推导绝热过程中气体压强和体积之间的关系。用微分形式表示功、内能在一个微过程中的关系（为简单计，本书仍用$\mathrm{d}W$的形式表示元功），有
$$\mathrm{d}U = -\mathrm{d}W$$
其中
$$\mathrm{d}W = p\mathrm{d}V$$
$$\mathrm{d}U = \nu C_V\mathrm{d}T$$
得
$$\nu C_V\mathrm{d}T = -p\mathrm{d}V \tag{7.2-6}$$
另外，对状态方程$pV = \nu RT$两边求微分，可得
$$p\mathrm{d}V + V\mathrm{d}p = \nu R\mathrm{d}T \tag{7.2-7}$$
由(7.2-6)和(7.2-7)式消去$\mathrm{d}T$，得
$$(C_V + R)p\mathrm{d}V = -C_VV\mathrm{d}p$$

改写成

$$\frac{\mathrm{d}p}{p}=-\frac{C_V+R}{C_V}\frac{\mathrm{d}V}{V}=-\frac{C_p}{C_V}\frac{\mathrm{d}V}{V}=-\gamma\frac{\mathrm{d}V}{V}$$

式中 $\gamma=\frac{C_p}{C_V}$ 称为比热比或绝热比。对上式积分可得

$$\ln p+\gamma\ln V=\text{常量}$$

或

$$pV^{\gamma}=\text{常量} \tag{7.2-8}$$

(7.2-8)式是理想气体在绝热过程中压强和体积之间的关系,称泊松(Simeon Denis Poisson,1781—1840 年)公式。在 p-V 图上,绝热过程对应的曲线称绝热线,如图 7.2-3 中的虚线所示。因为 $\gamma=\frac{C_p}{C_V}>1$,所以绝热线比等温线陡。绝热过程还可以表示为另外的形式,如

$$TV^{\gamma-1}=\text{常量} \tag{7.2-9}$$

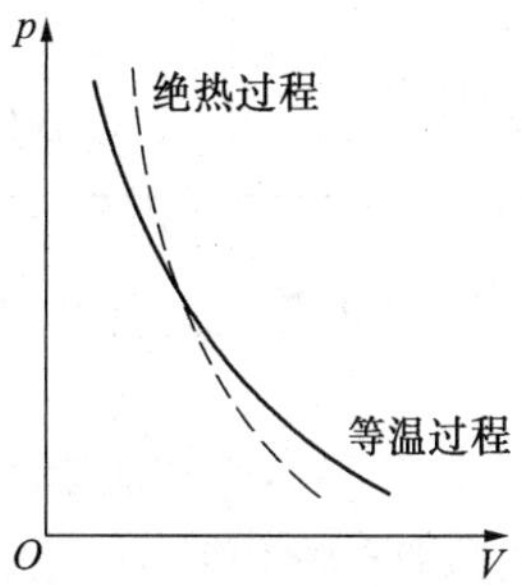

图 7.2-3

或

$$\frac{p^{\gamma-1}}{T^{\gamma}}=\text{常量} \tag{7.2-10}$$

注意:以上 3 个有关绝热过程的表达式中的常量无论是数值还是单位都是不同的。

综上所述,可以用一个统一的表达式表示理想气体的这些过程,称多方过程方程。

$$pV^{n}=\text{常量} \tag{7.2-11}$$

式中 n 是一个常量,n 称多方指数。在热工设备中和大气中进行的热力学过程大多数属于多方过程,而等容、等压、等温和绝热过程都是多方过程的特例。多方过程有重要的实用价值。不难推出多方过程的 n 和过程相应的摩尔热容 C 的关系为

$$n=\frac{C-C_p}{C-C_V} \tag{7.2-12}$$

或

$$C=\frac{n-\gamma}{n-1}C_V \tag{7.2-13}$$

表 7.2-1 归纳了理想气体的几个主要的热力学过程的过程方程以及功、热量和内能之间的关系。

表 7.2-1 理想气体的热力学过程

过程名称	等压过程	等温过程	绝热过程	等容过程	多方过程
多方指数	0	1	γ	$\pm\infty$	n
过程方程	p=常量	pV=常量	pV^{γ}=常量	V=常量	pV^{n}=常量

(续表)

p-V 曲线斜率	$0\left(\frac{p}{V}\right)$	$-1\left(\frac{p}{V}\right)$	$-\gamma\left(\frac{p}{V}\right)$	$\pm\infty\left(\frac{p}{V}\right)$	$-n\left(\frac{p}{V}\right)$
摩尔热容	C_p	$\pm\infty$	0	C_V	$C=\frac{n-\gamma}{n-1}C_V$
气体对外界所做的功 A	$p\Delta V=\nu R\Delta T$	$\nu RT\ln\frac{V_2}{V_1}$ $=p_1V_1\ln\frac{p_1}{p_2}$	$\frac{\Delta(pV)}{1-\gamma}=$ $-\nu C_V\Delta T$	0	$\frac{\Delta(pV)}{1-n}$
气体吸收的热量 Q	$\nu C_p\Delta T$	$\nu RT\ln\frac{V_2}{V_1}$	0	$\nu C_V\Delta T$	$\nu C\Delta T=\nu C_V\Delta T$ $+\frac{\Delta(pV)}{1-n}$
气体内能的增量 ΔU	$\nu C_V\Delta T$	0	$\nu C_V\Delta T=\frac{\Delta(pV)}{\gamma-1}$	$\nu C_V\Delta T$	$\nu C_V\Delta T$

*7.2.5 人体的新陈代谢

人体是一个开放系统,人与外界之间有能量交换(如散热,对外做功等),也有物质交换(如摄取食物和氧,排出废料)。热力学第一定律是自然界普遍的规律之一,也适用于人体的新陈代谢过程。人不断地把食物中储藏的化学能转变为人体所需要的各种形式的能量,以维持体内器官、组织或细胞的功能,这称为分解代谢过程。在此过程中,包括食物能量和脂肪能量在内的人体内能不断减少,ΔU 为负。部分分解代谢所消耗的能量用于身体对外做功,部分成为传导到体外的热量,故 Q 为负值。由热力学第一定律,有

$$\mathrm{d}U=\mathrm{d}Q-\mathrm{d}W$$

其中 $\mathrm{d}U$ 为人体内储存能量即人体内能的变化。

在生物和医学中,考虑人体能量随时间的变化率更有意义,故上式改为

$$\frac{\mathrm{d}U}{\mathrm{d}t}=\frac{\mathrm{d}Q}{\mathrm{d}t}-\frac{\mathrm{d}W}{\mathrm{d}t} \tag{7.2-14}$$

式中 $\frac{\mathrm{d}U}{\mathrm{d}t}$ 称为储存能量的速率或分解代谢率,$\frac{\mathrm{d}Q}{\mathrm{d}t}$ 称为产热率,$\frac{\mathrm{d}W}{\mathrm{d}t}$ 是人体对外做功的机械功率。

人处于身体静止不做功时的分解代谢率称为基础代谢率。代谢速率的测定由测量氧的消耗率来完成,这是由于食物中有机化合物经由分解代谢转化为二氧化碳、水、尿素和能量的过程中必伴随着氧的消耗。平均来说,消耗 1 L 氧气约产生 2.0×10^4 J 的能量。在人不做功时,

$$\frac{\mathrm{d}U}{\mathrm{d}t}=\frac{\mathrm{d}Q}{\mathrm{d}t}$$

而

$$\frac{\mathrm{d}U}{\mathrm{d}t}=2.0\times10^4\times\frac{\mathrm{d}O_2}{\mathrm{d}t}$$

只要测得耗氧率 $\frac{\mathrm{d}O_2}{\mathrm{d}t}$,就可知道基础代谢率。

测量基础代谢率对某些疾病的诊断有重要意义,如甲状腺功能异常时,基础代谢率可发生20%~70%的变化。

代谢率一般还与体温有关,如体温变化1℃,代谢率约变化10%。因此当体温达40℃时,其代谢率就比正常体温时约增加30%。做心脏手术时,有时要把病人的体温降低,就是为使消耗内能的速率下降。

§7.3 循环过程、卡诺循环

7.3.1 循环过程和热机的效率

在生产实践中使用的各种热机,如蒸汽机、内燃机、喷气发动机等的基本原理都大同小异,都可看成热机的工作物质不断从某一状态出发,经过一系列过程又回到原来的状态,形成循环过程。在每一个循环过程中,工作物质都从热源吸取热量,对外作功。

现以蒸汽机为例,其工作原理如图7.3-1所示,水在锅炉A中被加热成高温高压的蒸汽,输入气缸B,经绝热膨胀推动活塞对外作功,蒸汽的内能减少,温度下降,成为废气。废气进入冷凝器C,经冷却放热而凝结成水,再由水泵D打入锅炉加热,如此循环不息。

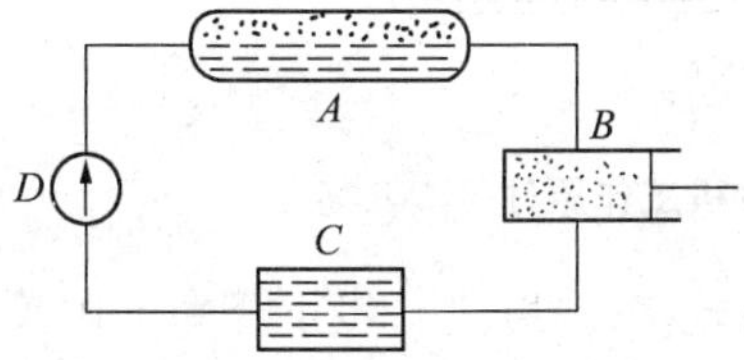

图7.3-1 蒸汽机工作原理

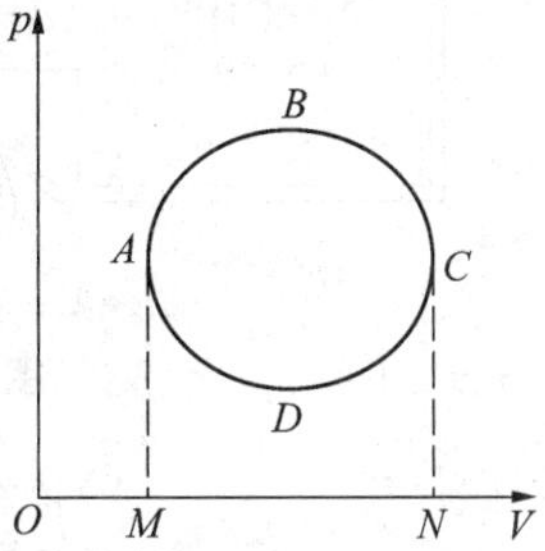

图7.3-2

对于准静态循环过程,可用p-V图上的一条封闭曲线描述。如图7.3-2所示,实线表示准静态循环过程,若循环过程沿顺时针方向进行,称为正循环;反之,称为逆循环。图示情形如作正循环,则在过程ABC中系统对外做正功,其数值等于$ABCNMA$所包围的面积;在过程CDA中系统对外做负功,其数值等于$CNMADC$所包围的面积,因此,在整个循环过程中系统对外做正净功,其数值等于$ABCDA$所包围的面积。同理可知,逆循环对外界做负净功,或者说外界对系统做正功,其数值等于表示逆循环的逆时针闭合曲线所包围的面积。热机的工作过程就是正循环的过程。

由于经过一个循环过程热力学体系(在热机情形即工作物质)回到原来状态,内能的改变为

$$\Delta U = 0$$

由热力学第一定律,

$$Q = W$$

如在一个循环中,体系吸收总热量Q_1,放出总热量为$|Q_2|$,规定热机的效率η为对外所做的

净功 W 与吸收热量 Q_1 之比，即

$$\eta=\frac{W}{Q_1}=\frac{Q_1-|Q_2|}{Q_1}=1-\frac{|Q_2|}{Q_1} \tag{7.3-1}$$

逆循环对应于致冷机的工作过程。致冷设备在工业生产、医药、食品工业及家庭生活中都得到了广泛的应用。致冷机的工作物质一般选取凝结温度或沸点较低的气体，如氨（沸点为－33.5 ℃）、氟里昂（代号 R-12，分子式 CCl_2F_2，沸点为－29.8 ℃）等，它们在室温（20 ℃），常压（1 大气压）下是气体，在室温、高压（10 大气压）下是液体，现以一典型的以氨气为工作物质的致冷机为例，其工作原理如图 7.3-3 所示。工作时，一定量的干燥饱和氨气在压缩机 A 中被绝热压缩成压强为 8.74 大气压，温度为 70 ℃的液体，经热交换器 B，氨向冷却水放出热量后成为温度为 20 ℃的高压液体，然后经减压阀 C 绝热膨胀，压强下降到 2.97 大气压。此时，

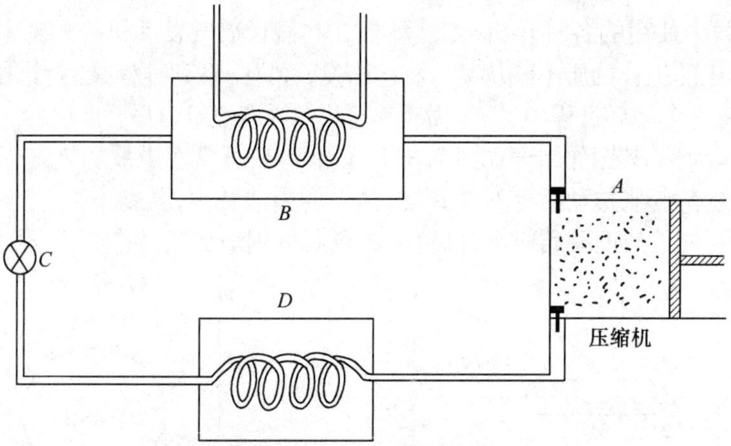

图 7.3-3　氨致冷机工作原理

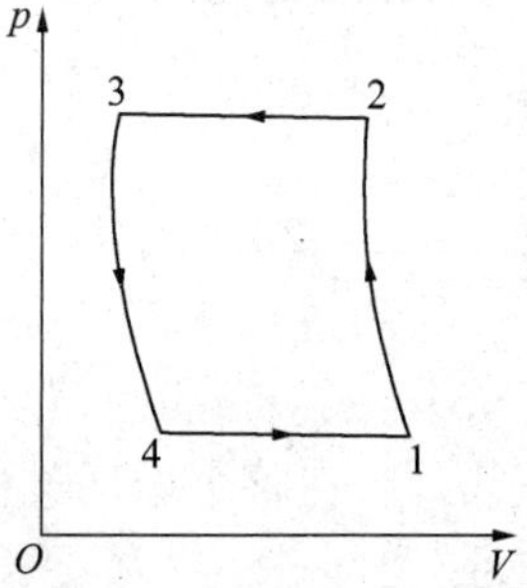

图 7.3-4　氨致冷机循环过程

液体在低压下沸腾气化，温度进一步下降到－10 ℃，室 D，可使其周围温度下降到－5 ℃，同时氨从冷却室吸热，温度上升，这种低温气体进入冷却然后进入压缩机，再被压缩，重复循环过程。简言之，每一致冷循环可归纳为：在 A 中进行绝热压缩，B 中是等压冷却，C 中为绝热膨胀，D 中为等压升温。如图 7.3-4，一个循环后，外界对系统做功的数值为图中曲线所围的面积，氨在冷却室中从周围物体吸收的热量为 Q_2。

致冷机的效能用致冷系数 ε 表示，其定义为

$$\varepsilon=\frac{Q_2}{W_{外}}=\frac{Q_2}{-W} \tag{7.3-2}$$

式中 $W_{外}$ 表示外界对致冷机所做的机械功。设工作物质在等压降温过程（在 B 中进行的过程）中放出的热量为 Q_1，则系统对外所做的功

$$W=Q_2-|Q_1| \tag{7.3-3}$$

代入(7.3-2)式，得

$$\varepsilon=\frac{Q_2}{|Q_1|-Q_2} \tag{7.3-4}$$

用氟里昂作致冷剂虽在价格和化学成分稳定等方面有其优势，但因全世界使用致冷设备的地方太多，大量氟里昂泄漏到大气中去，已严重破坏大气层上的臭氧层，从而减弱阻挡太阳光中紫外线入侵地球的能力，对人类造成危害，所以现在世界环境保护组织要求各国停止使用氟里昂作致冷剂。

7.3.2 卡诺循环

19 世纪初蒸汽机的效率很低，仅约 3%～5%，大量能量被浪费。为提高热机的效率，法国工程师卡诺(Nicholas Leonard Sadi Carnot, 1796—1832 年)于 1824 年研究设计了一种理想热机——卡诺机。卡诺机的循环由两个等温过程和两个绝热过程组成，称卡诺循环。

如图 7.3-5 所示，T_1，T_2 分别为高温热源和低温热源的温度，工作物质与高温热源接触，从状态 1(p_1, V_1, T_1)开始等温膨胀到状态 2(p_2, V_2, T_1)，从高温热源吸收热量 Q_1：

$$Q_1 = \frac{M}{\mu} R T_1 \ln \frac{V_2}{V_1} \tag{7.3-5}$$

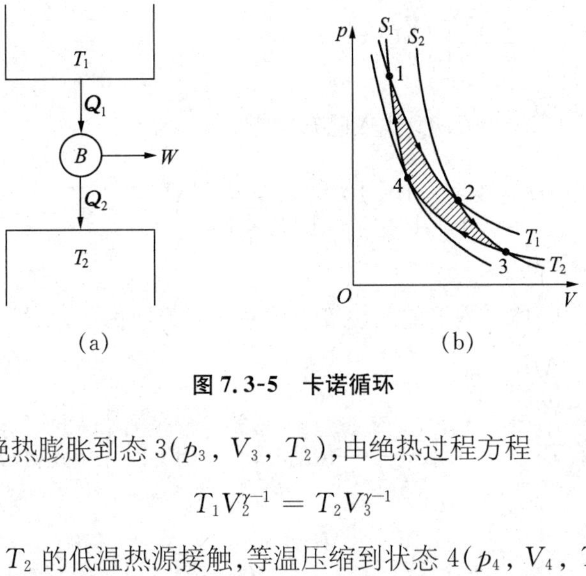

(a) (b)

图 7.3-5 卡诺循环

然后脱离高温热源，绝热膨胀到态 3(p_3, V_3, T_2)，由绝热过程方程

$$T_1 V_2^{\gamma-1} = T_2 V_3^{\gamma-1} \tag{7.3-6}$$

表示。接着与温度为 T_2 的低温热源接触，等温压缩到状态 4(p_4, V_4, T_2)，外界对气体所做的功全部转变为放给低温热源 T_2 的热量 Q_2：

$$| Q_2 | = \frac{M}{\mu} R T_2 \ln \frac{V_3}{V_4} \tag{7.3-7}$$

由状态 4 回到状态 1 为绝热压缩过程，因此 V_4 应满足

$$T_1 V_1^{\gamma-1} = T_2 V_4^{\gamma-1} \tag{7.3-8}$$

将(7.3-6)和(7.3-8)两式相除得

$$\frac{V_2}{V_1} = \frac{V_3}{V_4}$$

由(7.3-5)和(7.3-7)两式得

$$\frac{Q_1}{T_1} = \frac{|Q_2|}{T_2} \tag{7.3-9}$$

由此得热机的效率为

$$\eta = 1 - \frac{|Q_2|}{Q_1} = 1 - \frac{T_2}{T_1} \tag{7.3-10}$$

卡诺热机中 T_1 越大和 T_2 越小,效率越高,但效率总是小于 1。

例 1 将压强为 1 大气压,体积为 100 cm³ 的氢气绝热地压缩到 20 cm³,需要做多少功?

解法一 由绝热方程

$$p_1 V_1^\gamma = p V^\gamma$$

得

$$p = \frac{p_1 V_1^\gamma}{V^\gamma}$$

体系对外界作功为

$$W = \int_{V_1}^{V_2} p \mathrm{d}V = \int_{V_1}^{V_2} \frac{p_1 V_1^\gamma}{V^\gamma} \mathrm{d}V = -\frac{p_1 V_1^\gamma}{\gamma - 1}\left[\frac{1}{V_2^{\gamma-1}} - \frac{1}{V_1^{\gamma-1}}\right]$$
$$= -\frac{p_1 V_1}{\gamma - 1}\left[\left(\frac{V_1}{V_2}\right)^{\gamma-1} - 1\right]$$

氢气是双原子气体, $\gamma = \frac{C_p}{C_V} = 1.4$, 代入已知数据,得

$$W = -\frac{1.013 \times 10^5 \times 1 \times 10^{-4}}{1.4 - 1}\left[\left(\frac{1 \times 10^{-4}}{2 \times 10^{-5}}\right)^{1.4-1} - 1\right] = -22.8\ (\mathrm{J})$$

外界对体系作功为 22.8 J。

解法二 绝热过程中体系内能的减少等于体系对外界所做的功,即

$$W = -\Delta U = -\frac{M}{\mu} C_V \Delta T$$
$$= -\frac{M}{\mu}\frac{5}{2}R(T_2 - T_1) = -\frac{5}{2}\frac{M}{\mu}RT_1\left(\frac{T_2}{T_1} - 1\right) = -\frac{5}{2}p_1 V_1\left(\frac{T_2}{T_1} - 1\right)$$

双原子分子

$$C_V = \frac{5}{2}R,\ \gamma = \frac{C_p}{C_V} = 1.4$$

又由绝热方程

$$T_1 V_1^{\gamma-1} = T_2 V_2^{\gamma-1}$$

得

$$\frac{T_2}{T_1} = \left(\frac{V_1}{V_2}\right)^{\gamma-1}$$

因此

$$W = -\frac{5}{2}p_1 V_1\left[\left(\frac{V_1}{V_2}\right)^{\gamma-1} - 1\right] = -22.8(\mathrm{J})$$

外界对体系做功为22.8 J。

例2 内燃机的循环过程可近似视为两个绝热过程和两个等容过程，体积分别为V_a与V_b，如图7.3-6所示，称为奥托循环，试求其效率。

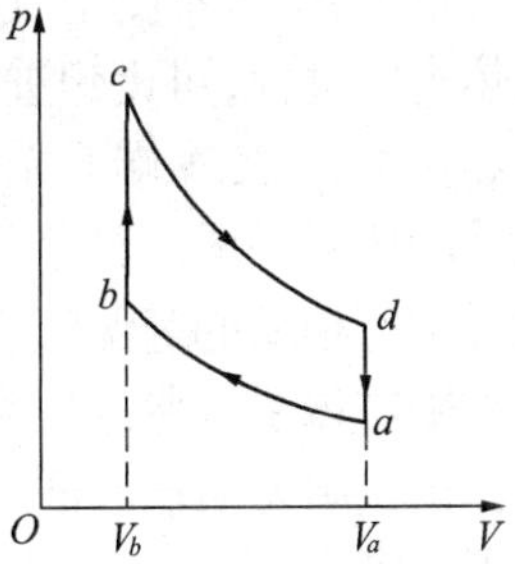

图7.3-6 奥托循环

解 bc过程吸收热量为

$$Q_1 = \nu C_V(T_c - T_b)$$

式中ν为工作物质的摩尔数。

da过程放热为

$$|Q_2| = \nu C_V(T_d - T_a)$$

循环效率为

$$\eta = \frac{Q_1 - |Q_2|}{Q_1} = 1 - \frac{T_d - T_a}{T_c - T_b} = 1 - \frac{T_a}{T_b}\frac{\frac{T_d}{T_a} - 1}{\frac{T_c}{T_b} - 1} \qquad ①$$

由绝热过程ab和cd，有

$$\frac{T_a}{T_b} = \left(\frac{V_b}{V_a}\right)^{\gamma-1} \qquad ②$$

$$\frac{T_d}{T_c} = \left(\frac{V_c}{V_d}\right)^{\gamma-1} = \left(\frac{V_b}{V_a}\right)^{\gamma-1} \qquad ③$$

由②和③式得

$$\frac{T_d}{T_a} = \frac{T_c}{T_b} \qquad ④$$

将④式和②式代入①式得

$$\eta = 1 - \frac{T_a}{T_b} = 1 - \left(\frac{V_b}{V_a}\right)^{\gamma-1}$$

§7.4 热力学第二定律

7.4.1 自然现象的不可逆性

大多数自然界发生的现象(自发过程)是不可逆的。例如机械功可以通过摩擦全部转化为热量，但产生的热量不可能重新全部转化为机械功；高处的东西自由下落后就再也不能自动回到原来的位置；气体分子向真空室中扩散后也不可能自动回复原先的体积；生命过程由生到死，不可能返老还童，更不可能死而复生……自然现象的不可逆性是自然发展的必然规律。

除非是孤立体系，热力学体系的自发过程往往要引起外界的变化；显然如要自发过程逆向进行，也必定相应引起外界的变化。对于一个由状态1变化到状态2的过程，若存在一逆向过程，它不仅使系统的状态恢复原样(由2变回到1)，也同时使外界全部恢复原样，则这样的过程称可逆过程,反之,称为不可逆过程。

例如,一个不受空气阻力及其他摩擦力作用的单摆,其运动过程是可逆的。对本章讨论的热力学过程,可设想进行一个无摩擦的准静态过程。用一个恒温热源始终和气缸保持良好的热接触,气缸一端有无摩擦的活塞,对之缓慢加压,保持所加的压强在每一时刻都与气缸内气体的压强平衡。在这一等温过程中,外界对体系所做的功全部转变成热量,释放给热源。然后进行相反的等温膨胀过程,使气缸内气体回到压缩以前的体积,并始终维持活塞内外压强平衡。体系复原过程中吸收热源的热量等于原来体系向热源释放的热量,所以外界也复原。这说明无摩擦的准静态过程是一可逆过程。同样可证明:由于理想的卡诺循环不计摩擦等损耗因素,卡诺循环也是可逆过程。实际上由于散热、摩擦等能量的损耗,实际过程都是不可逆的。

可逆过程和准静态过程一样,都是科学的抽象。实际的自然过程总在一定的条件下进行。抓住主要矛盾,略去次要因素,找出事物的本质联系,我们才能认识自然规律。

7.4.2 热力学第二定律

描述热力学体系发生的过程的方向可概括为热力学第二定律。

热力学第二定律有各种不同的表述方式,最具代表性的是开尔文(Lord Kelvin, 1824—1907 年)表述和克劳修斯(Rudolph Julius Emanuel Clausius, 1822—1888 年)表述。

(1) 开尔文表述:不可能从单一热源吸取热量使之完全变为有用的功而不产生其他影响。

(2) 克劳修斯表述:不可能把热量从低温物体传到高温物体而不引起其他变化。

这两种说法都和过程的不可逆性联系在一起,前者揭示了功热转化过程自发进行的方向性,后者揭示了热传导过程的不可逆性。这两种说法是等效的,可以从一种说法出发证明另一种说法。

7.4.3 卡诺定理

卡诺定理内容如下:

(1) 工作于相同温度的高温热源和相同温度的低温热源之间的一切可逆热机(即热机的循环过程是可逆的),它们的效率相等,与工作物质无关。

(2) 工作于相同温度的高温热源和相同温度的低温热源之间的一切不可逆热机(循环过程不可逆),其效率不可能大于可逆热机的效率。

综合起来,即在高温热源 T_1 和低温热源 T_2 之间进行循环工作的热机,其效率

$$\eta \leqslant \frac{T_1 - T_2}{T_1} \tag{7.4-1}$$

"<"对应于不可逆循环,"="对应于可逆循环。

卡诺定理指出了提高热机效率的方向是尽可能使循环过程接近可逆循环,且提高 T_1,降低 T_2。用热力学第一、二定律可以证明卡诺定理。

7.4.4 熵和熵增加原理

讨论卡诺循环时我们得到(7.3-9)式,改写为

$$\frac{Q_1}{T_1}+\frac{Q_2}{T_2}=0$$

或

$$\sum\frac{Q_i}{T_i}=0$$

这一结论可推广到任意可逆循环。

任意可逆循环可以分解为许多小卡诺循环,如图 7.4-1 所示,对于第 i 个小循环,热机从高、低温热源吸取的热量 dQ_i,dQ_j(为简单计,本书仍用 dQ 表示热量元)与热源温度 T_i, T_j 之间的关系仍满足上式,考虑到除锯齿形部分外,每个小循环总有一段绝热线因为经过正、反两次而相互抵消,于是总循环就近似地等于这些小循环之和,即

$$\sum\frac{dQ_i}{T_i}=0$$

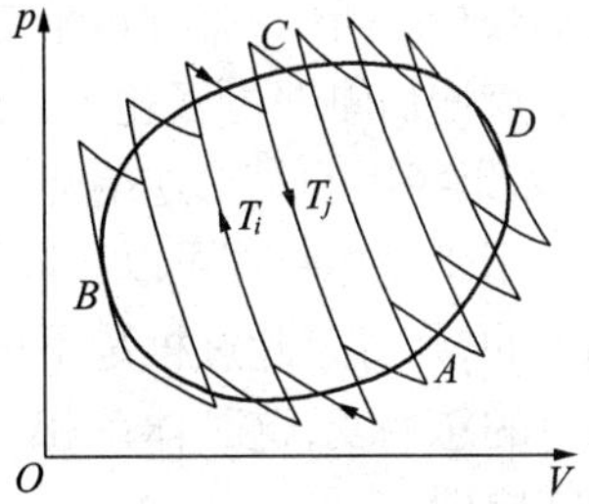

图 7.4-1 任意可逆循环

当循环无限细分时,上式中的求和就由闭合曲线积分所代替,即可改写为

$$\oint\frac{dQ}{T}=0 \tag{7.4-2}$$

积分路径就沿着表示循环过程的曲线进行。

如果将此循环过程理解为由 ABC 和 CDA 两个可逆过程所组成,则(7.4-2)式可写成

$$\oint\frac{dQ}{T}=\int_{ABC}\frac{dQ}{T}+\int_{CDA}\frac{dQ}{T}=0$$

即

$$\int_{ABC}\frac{dQ}{T}=-\int_{CDA}\frac{dQ}{T}$$

因为是可逆过程,上式又可写成

$$\int_{ABC}\frac{dQ}{T}=\int_{ADC}\frac{dQ}{T}$$

上式表明积分值只决定于体系的初态 A 和末态 C,与具体的路径无关。因此,这也相应于状态的单值函数,此函数称为熵(或称热力学熵)S,其单位为焦耳·开$^{-1}$($J\cdot K^{-1}$)。用符号 ΔS 表示上述积分,即表示状态 A 与 C 之间熵的增量

$$\Delta S=S_C-S_A=\int_A^C\frac{dQ}{T} \tag{7.4-3}$$

或用微分表示(系统在经历无限小的过程中熵的增量)为

$$dS = \frac{dQ}{T} \tag{7.4-4}$$

(7.4-3)和(7.4-4)式是在可逆过程的条件下得出的。对于不可逆过程,可以证明有下述关系:

$$\Delta S > \int_A^C \frac{dQ}{T} \quad 或 \quad dS > \frac{dQ}{T} \tag{7.4-5}$$

对于绝热体系,$\Delta Q = 0$,由以上几式有

$$\Delta S \geqslant \int_A^C \frac{dQ}{T} = 0 \quad 或 \quad dS \geqslant \frac{dQ}{T} = 0 \tag{7.4-6}$$

(7.4-6)式是热力学第二定律的数学表示式。由于孤立体系总是绝热的,因此孤立体系的熵永不减少。所以,有时也把热力学第二定律称为熵增加原理。

熵增加原理可表述为:任何体系如由一个状态绝热地过渡到另一个状态,它的熵永不减少,如果经历的是可逆绝热过程,则熵不变,如果是不可逆绝热过程,则熵增加。

用熵增加原理可以判断过程能否进行。如果是孤立系统,对其熵变进行计算,若熵变是减少的,则肯定此过程是不可能进行的。如果体系的变化过程不是绝热的,必须计算体系和外界的总熵变,这时体系和外界一起构成封闭的孤立体系,这一扩展的封闭体系才能满足熵增加原理。

计算过程的熵的增量时,系统总熵变等于各组成部分熵变之总和。由于熵是态函数,ΔS 只与初态和终态有关,与过程无关;因此,无论是可逆或不可逆过程,当体系由状态 1 变到状态 2 时,都可以任意设想一个可逆过程连接初态 1 和终态 2,并用(7.4-3)式进行计算。下面讨论理想气体状态变化时的熵变。

(1) 绝热可逆过程:

$$dQ = 0$$

$$\Delta S = \int_1^2 \frac{dQ}{T} = 0 \tag{7.4-7}$$

(2) 等容可逆过程:

$$\Delta S = \int_1^2 \frac{dQ_V}{T} = \int_{T_1}^{T_2} \frac{\nu C_V dT}{T}$$

即

$$\Delta S = \nu C_V \ln \frac{T_2}{T_1} \tag{7.4-8}$$

(3) 等压可逆过程:

$$\Delta S = \int_1^2 \frac{dQ_p}{T} = \int_{T_1}^{T_2} \frac{\nu C_p dT}{T}$$

即

$$\Delta S = \nu C_p \ln \frac{T_2}{T_1} \tag{7.4-9}$$

(4) 等温可逆过程：

$$\Delta S = \int_1^2 \frac{dQ_T}{T} = \frac{1}{T}\nu RT\ln\frac{V_2}{V_1}$$

即

$$\Delta S = \nu R\ln\frac{V_2}{V_1} \tag{7.4-10}$$

例 1 1 kg 水在温度为 0 ℃，压强为 1 atm 下凝结为冰，试求其熵变。(水的凝固热 $\lambda =$ 79.6 kcal · kg^{-1}。)

解 这是一个等温等压过程，且水和冰在此条件下可以平衡共存，因此是一个可逆过程

$$\Delta S = S_{冰} - S_{水} = \int\frac{dQ}{T} = \frac{1}{T}\int dQ = \frac{Q}{T}$$

其中 Q 为水转化为冰的过程中体系放出的热量，实际应是 1 kg 水的凝固热，放热反应 Q 为负值，即

$$Q = -M\lambda = -1\times 79.6 = -79.6(\text{kcal})$$

$$\Delta S = \frac{Q}{T} = -\frac{79.6}{273} = -0.292(\text{kcal}\cdot\text{K}^{-1}) = -1\,220(\text{J}\cdot\text{K}^{-1})$$

此过程中体系的熵减少，但环境因吸热而熵增加。对于可逆过程，环境的熵变正好是 +1 220 J · K^{-1}。

例 2 1 mol 单原子理想气体，由初态 a(300 K, $3.0\times10^{-2}\,m^3$) 变到终态 b(450 K, $2.0\times10^{-2}\,m^3$)，求 ΔS。

解 1 题中未说明经何种过程变化。但因熵是态函数，ΔS 只取决于初态和终态，可设计体系经历如图 7.4-2 所示的等温可逆过程 ac 和等容可逆过程 cb。从状态 a 到 b 的熵变为

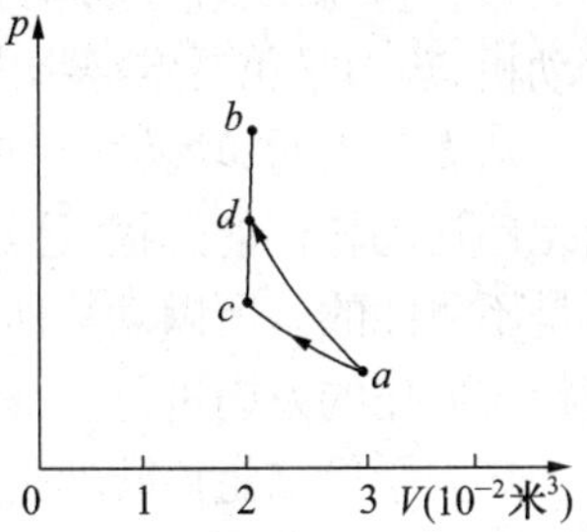

图 7.4-2

$$\begin{aligned}\Delta S &= (\Delta S)_{ac} + (\Delta S)_{cb}\\ &= \nu R\ln\frac{V_c}{V_a} + \nu C_V\ln\frac{T_b}{T_c} = \nu R\ln\frac{V_b}{V_a} + \nu C_V\ln\frac{T_b}{T_a}\\ &= 1\times 8.31\ln\frac{2.0\times10^{-2}}{3.0\times10^{-2}} + 1\times\frac{3}{2}\times 8.31\ln\frac{450}{300}\\ &= -3.37 + 5.05 = 1.68(\text{J}\cdot\text{K}^{-1})\end{aligned}$$

式中

$$C_V = \frac{3}{2}R$$

解 2 若另选一条路径，从 a 经绝热可逆过程到 d，再经等容可逆过程到 b，则

$$\Delta S = (\Delta S)_{ad} + (\Delta S)_{db}$$

由于 ad 为绝热可逆过程，$(\Delta S)_{ad} = 0$，只要计算 $(\Delta S)_{db}$

$$\Delta S = (\Delta S)_{db} = \nu C_V\ln\frac{T_b}{T_d}$$

对绝热过程 ad,有

$$T_a V_a^{\gamma-1} = T_d V_d^{\gamma-1} = T_d V_b^{\gamma-1}$$

得

$$T_d = T_a \left(\frac{V_a}{V_b}\right)^{\gamma-1}$$

因此

$$\begin{aligned}\Delta S &= \nu C_V \ln\left[\frac{T_b}{T_a}\left(\frac{V_b}{V_a}\right)^{\gamma-1}\right] = \nu C_V \ln\frac{T_b}{T_a} + \nu C_V(\gamma-1)\ln\frac{V_b}{V_a} \\ &= \nu C_V \ln\frac{T_b}{T_a} + \nu R\ln\frac{V_b}{V_a} = \frac{3}{2}\times 8.31\ln\frac{450}{300} + 8.31\ln\frac{2.0\times10^{-2}}{3.0\times10^{-2}} \\ &= 1.68(\mathrm{J\cdot K^{-1}})\end{aligned}$$

7.4.5 热力学第二定律的统计意义

热力学第二定律是说明自然界一切宏观过程进行方向的规律。以热机为例,如果只利用一个恒温热源工作,循环物质从该热源吸热,经过一个循环后,热量全部转变为功而未引起其他效果,这样就实现了"其唯一效果是热全部转变为功"的过程。这种假想的热机称为第二类永动机,热力学第二定律指出这种热机是不可能制成的。

从微观上看,功转变为热是机械能(或电能)转变为内能的过程,是大量分子的有序运动向无序运动转化的过程,这是可能的;而相反的过程,即无序运动自动地全部转变为有序运动则是不可能的。所以功热转变现象中,自然过程总是沿着使大量分子的运动从有序状态向无序状态变化的方向进行。

热力学第二定律既然是涉及大量分子运动的无序化变化的规律,它就是一条统计规律。最早把热力学第二定律的微观本质用数学形式表示出来的是玻耳兹曼,他把系统无序性的程度用熵表示:

$$S = k\ln\Omega \tag{7.4-11}$$

其中 k 是玻耳兹曼常数,Ω 是热力学概率(也可称为热力学几率),(7.4-11)式称为玻耳兹曼公式,由该式规定的熵称玻耳兹曼熵。对于系统的某一宏观状态,总有一个 Ω 值与之对应,因而这样给出的熵定义是系统状态的函数,熵的微观意义是系统内分子热运动无序性的量度。现在,熵的概念已超出热力学的范畴,可用于任何大量事件中无序地出现的概率、信息等。由(7.4-11)式可知,熵的量纲与 k 一致。

热力学概率 Ω 的定义是任一宏观状态所对应的微观状态数。

设想有一长方形容器,中间有一隔板把它分成左、右两个相等的部分,左面有气体,右面为真空。设容器左面有 4 个分子:a, b, c, d。打开隔板后,分子由于无规则运动在任一时刻可能处于左面或右面任一侧。由这 4 个分子组成的系统的任一微观态是指出 a, b, c, d 中哪些分子在哪一侧,而宏观状态只能指出左、右两侧各有几个分子。这样区别的微观状态与宏观状态的分布如表 7.4-1 所示。从表中可见,对于一个宏观态,可以有许多微观状态与之对应。计算表明,分子总数很多(如实际上可在 10^{23} 数量级)的情况下,左、右两侧分子数相等的宏观状态所对应的微观态数占微观总状态数的比例几乎是百分之一百,而所有分子都在左侧或右侧的微观态数几乎为零。

表 7.4-1 4个分子的位置分布

微观状态		宏观状态		一种宏观状态对应的微观状态数 Ω
左	右			
abcd	无	左 4	右 0	1
abc	*d*	左 3	右 1	4
bcd	*a*			
cda	*b*			
dab	*c*			
ab	*cd*	左 2	右 2	6
ac	*bd*			
ad	*bc*			
bc	*ad*			
bd	*ac*			
cd	*ab*			
a	*bcd*	左 1	右 3	4
b	*cda*			
c	*dab*			
d	*abc*			
无	*abcd*	左 0	右 4	1

根据统计理论的基本假设,即对于孤立体系,各个微观状态出现的概率是相同的可知,对应微观状态数目多的宏观状态出现的概率大,实际上最可能观察到的宏观状态就是在一定宏观条件下出现的概率最大的状态,也就是微观状态数最多的宏观状态,这就是平衡态的情况。如果体系开始时处于非平衡态,则这时的宏观状态所对应的微观态数 Ω 不是最大值,系统最后要达到平衡态,Ω 也达到最大值,所以说自然过程总是沿着使热力学概率增大的方向进行,或者说,Ω 是分子运动无序性的一种量度。

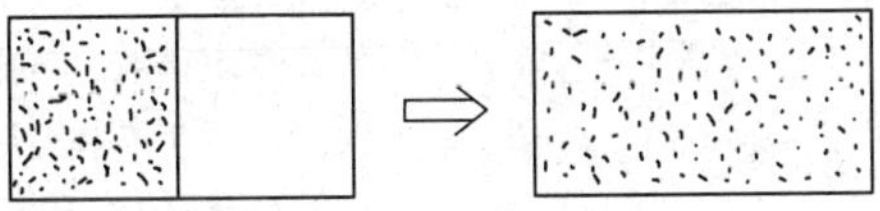

图 7.4-3 自由膨胀过程

玻耳兹曼熵和热力学熵是等价的,下面以气体自由膨胀为例来说明。如图 7.4-3 所示,一绝热容器被隔板分为体积相等的两部分,一边充气,一边为真空。突然将隔板抽掉,气体向真空自由膨胀,最后均匀充满整个容器,在此过程中理想气体体积加倍($V_2=2V_1$),压强减半($p_2=p_1/2$),温度不变($T_1=T_2$),求此过程中熵的变化。

对于这不可逆过程,可用可逆等温膨胀过程将其初、末态连结起来,并沿此过程计算热温比 $\mathrm{d}Q/T$ 的积分。理想气体等温过程

$$\Delta S=\int_1^2\frac{\mathrm{d}Q}{T}=\nu R\int_{V_1}^{V_2}\frac{\mathrm{d}V}{V}=\nu R\ln\frac{V_2}{V_1}=\nu R\ln 2$$

若用热力学概率算玻耳兹曼熵，设系统初态 1 和末态 2 出现的概率分别为 Ω_1 和 Ω_2，由 $S = k\ln\Omega$，

$$\Delta S = S_2 - S_1 = k\ln\frac{\Omega_2}{\Omega_1}$$

先看一个分子的情况，膨胀后它在整个容器里的概率为 1，在右、左两半的概率分别为1/2；第二个分子的概率和第一个分子一样。两个分子合起来共有 $2^2 = 4$ 种情况，即两个分子都在左边的概率为 $(1/2)^2 = \frac{1}{4}$。再计入第三个分子，3 个分子都在左边的概率为 $\left(\frac{1}{2}\right)^3 = \frac{1}{8}$。如有 4 个分子，都在左边的概率为 $\left(\frac{1}{2}\right)^4 = \frac{1}{16}$（表 7.4-1即 4 个分子情况，共有微观态数 16，4 个分子都在左边的占据其一，故概率为$\frac{1}{16}$）。依此类推，系统中共有 $N = \nu N_A$ 个分子，所有分子都在左边的概率为$(1/2)^N$，这就是膨胀前初态 1 相对于膨胀后末态 2 的宏观概率之比 Ω_1/Ω_2，故按上式有

$$\begin{aligned}\Delta S &= k\ln\frac{\Omega_2}{\Omega_1} = k\ln 2^N = Nk\ln 2 = \nu N_A k\ln 2\\ &= \nu R\ln 2\end{aligned}$$

这结果与用热力学熵的计算结果一致。从理论上可以证明玻耳兹曼熵与热力学熵的等价性，此处不再详述。

思考题与习题

一、思考题

7-1 在 p-V 图上平衡态对应一个确定的点，非平衡态呢？

7-2 是否可以既把热量传给物体，而又不使它的温度升高？举例说明之。

7-3 举一个体系和外界没有热量交换，但温度却发生变化的例子。

7-4 气体比热的数值可以有无穷多个，为什么？在什么情况下气体比热为零？在什么情况下气体比热是无穷大？在什么情况下气体比热是正？在什么情况下气体比热是负？

7-5 一条绝热线和一条等温线之间能否存在两个交点？

7-6 理想气体的内能是状态的单值函数，对理想气体内能的意义作下面的几种理解是否正确？

(1) 气体处在一定的状态，就具有一定的内能。

(2) 对应于某一状态的内能是可以直接测定的。

(3) 当理想气体的状态改变时，内能一定跟着改变。

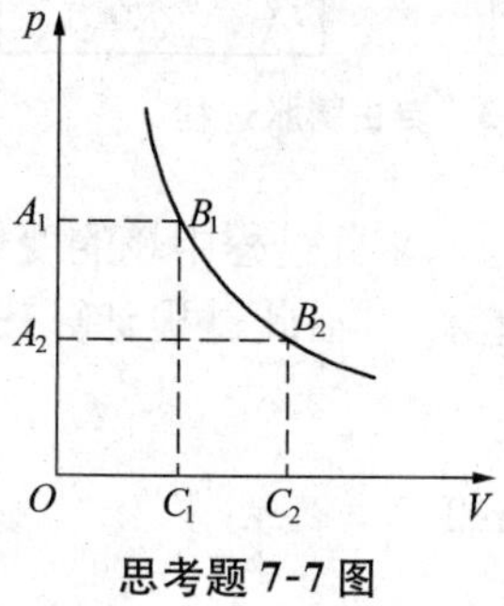

思考题 7-7 图

7-7 图中 B_1 和 B_2 是等温线上的任意两点，问虚线所表示的两个面积：$OA_1B_1C_1$ 和 $OA_2B_2C_2$ 是否一样大？为什么？

7-8 热力学第一定律的表达式为 $\Delta U = Q - W$，对于非平衡过程，在下列两种情况下是否都能适用？

(1) 初、末态是平衡态的系统。

(2) 初、末态都不是平衡态的系统。

7-9 理想气体状态方程在不同的过程中可以有不同的微分形式：

(1) $p\mathrm{d}V = \frac{M}{\mu}R\mathrm{d}T$；　　(2) $V\mathrm{d}p = \frac{M}{\mu}R\mathrm{d}T$；

(3) $pdV + Vdp = 0$。
试指出各式所表示的过程。

7-10 等压过程中内能的变化能否用 $dU = \frac{M}{\mu}C_V dT$ 来计算？

7-11 在怎样的过程中，系统所传递的热量也可用 p-V 图中的面积表示？在怎样的过程中，内能的改变也可用 p-V 图中的面积表示？

7-12 任意可逆机的效率是否都可以表示为

$$\eta = 1 - \frac{T_2}{T_1}$$

二、习题

7-1 容积为 V 的容器内装有某种气体，压强为 p_1，温度为 T，容器连同气体的质量共为 M_1，然后除去一部分气体，当温度仍为 T 而压强降至 p_2 时，总质量变为 M_2，试求该气体的摩尔质量。

7-2 一可自由滑动的绝热活塞，放在一长为 300 cm 的封闭圆筒内，把筒分隔成两部分，假设在温度为 27 ℃时，活塞位于离圆筒一个端面 100 cm 的地方。现令圆筒体积较小的这部分内气体温度升高到 74 ℃，而另一部分的气体温度则维持 27 ℃不变，问活塞将移动多少距离？

7-3 一理想气体的绝热比为 $\gamma = 1.50$，在压强为 $p = 1$ atm 时开始下列过程：(1)等温压缩过程；(2)绝热压缩过程。问在这两种情况下，其体积压缩一半后，压强变为多少？

7-4 有 20.0 L 的氢气，温度为 27 ℃，压强 $p = 1.25 \times 10^5$ Pa，设氢气经(1)等温过程；(2)先等压后绝热过程变化到体积为 40.0 L，温度为 27 ℃的状态，试计算内能增量、对外所做的功和外界传给氢气的热量。

7-5 一系统由图中的 a 态沿 acb 到达 b 态时，吸收了 80 J 的热量，同时对外做了 30 J 的功，试问：

(1) 若沿图中 adb 过程，则系统对外做功为 10 J，求系统吸收了多少热量？

(2) 若系统由 b 态沿曲线 bea 返回 a 态时，外界对系统做功20 J，这时系统是吸热还是放热？传递的热量是多少？

(3) 设 d 态与 a 态的内能差 $U_d - U_a = 40$ J，则在过程 ad，db 中系统各吸热多少？

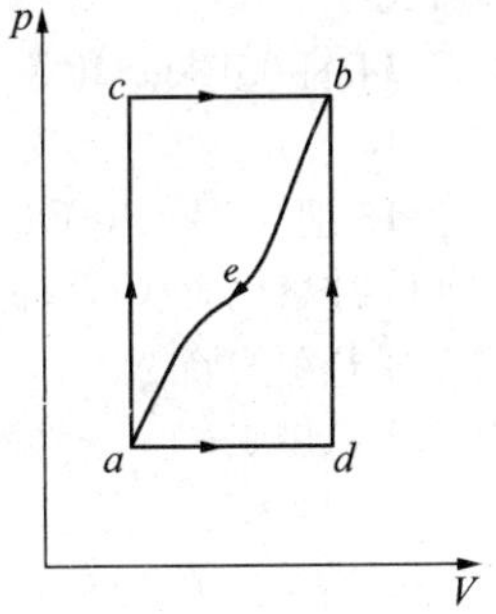

习题 7-5 图

7-6 1 mol 理想气体，初态的压强、体积和温度分别为 p_1，V_1 和 T_1，设体系经历一个压强与体积满足关系 $p = AV$ 的过程，其中 A 是常数。

(1) 用 p_1，T_1，R 来表示常数 A；

(2) 若系统经历此过程后体积扩大一倍，则系统的温度 T 为多少？在此过程中对外做功为多少？

7-7 大部分物质的定压摩尔热容可以用下面的经验公式来表示：$C_p = a + 2bT - cT^{-2}$，其中 a，b 与 c 均为常量，T 为绝对温度。

(1) 试计算把 1 mol 物质等压地由温度 T_1 升到 T_2 所需的热量(用 a，b，c 表示)。

(2) 试求在温度 T_1 与 T_2 之间的平均摩尔热容量 $\overline{C_p}$。

7-8 1 mol 水在 100 ℃时蒸发成水蒸气，求蒸发过程的膨胀功。(可把水蒸气看成理想气体)

7-9 在 80.2 ℃和 1 atm 下，100 g 液体苯蒸发成苯蒸气，已知苯的汽化热 l 为94.4 cal · g^{-1}，求内能的改变为多少？(苯的分子式为 C_6H_6，分子量为 78。)

7-10 设一以理想气体为工作物质的热机循环如图所示，bc 是绝热过程，求证其效率为

$$\eta = 1 - \gamma \frac{\left(\frac{V_1}{V_2}\right) - 1}{\left(\frac{p_1}{p_2}\right) - 1}$$

7-11 如图所示，理想的狄塞尔内燃机的工作循环由两个绝热(ab，cd)过程和一个等压(bc)过程、一个等容(da)过程组成，试证其效率为

$$\eta = 1 - \frac{\left(\frac{V_3}{V_2}\right)^{\gamma} - 1}{\gamma\left(\frac{V_1}{V_2}\right)^{\gamma-1}\left(\frac{V_3}{V_2} - 1\right)}$$

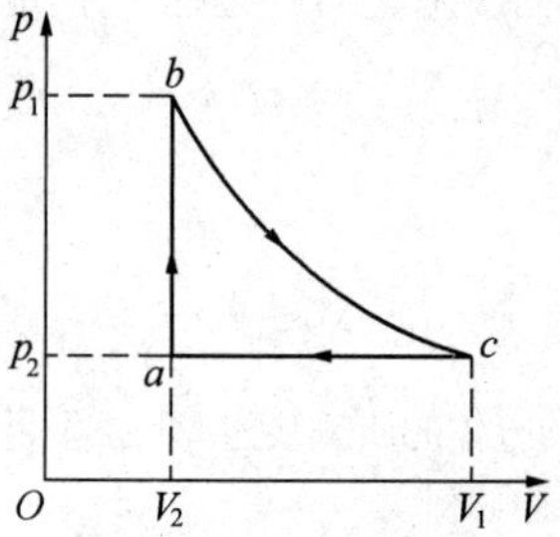

习题 7-10 图

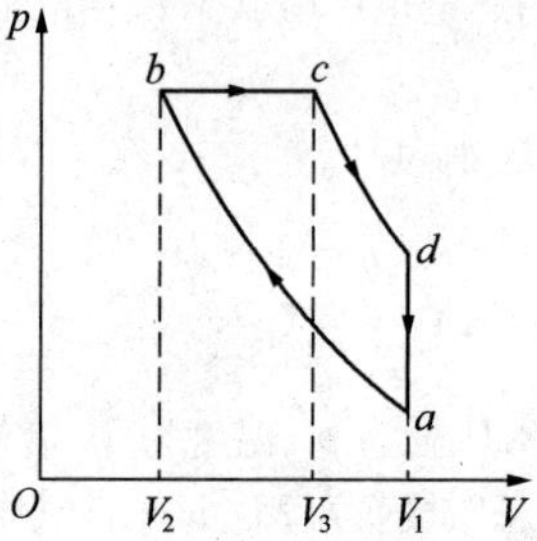

习题 7-11 图

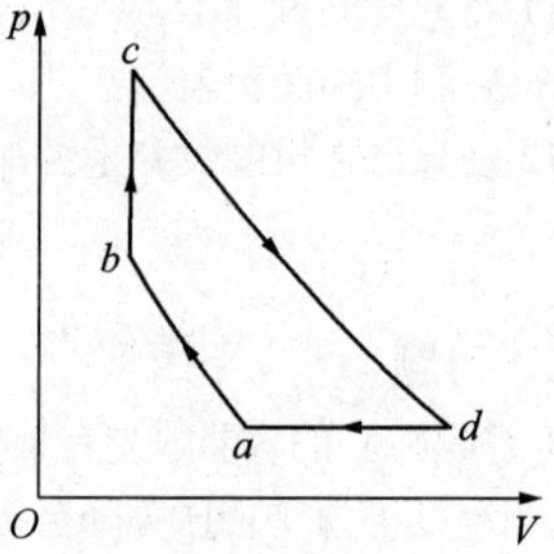

习题 7-12 图

7-12 图示为一理想气体的循环过程，试证其效率为

$$\eta = 1 - \gamma\frac{T_d - T_a}{T_c - T_b}$$

(ab, cd 为两个绝热过程，bc 为等容过程，da 为等压过程)。

7-13 一卡诺热机的低温热源温度为 7 ℃，效率为 40%，若要将其效率提高到 50%，则高温热源的温度需提高几度？

7-14 将 0.1 kg，10 ℃的水和 0.2 kg，40 ℃的水混合，试求熵的变化。(水的比热容 C 为1.00 $\text{kcal}\cdot\text{kg}^{-1}\cdot\text{K}^{-1}$。)

7-15 把 0.5 kg，0 ℃的冰放在质量非常大的 20 ℃的热源中，使冰正好全部熔化，计算：

(1) 冰熔化成水的熵变。(已知熔解热 l 为 79.6 $\text{kcal}\cdot\text{kg}^{-1}$)

(2) 热源的熵变。

(3) 总熵变。

第三篇

电　磁　学

第八章　静　电　场

§8.1　库仑定律

自然界的雷电现象是人类最早观察到的电现象，我国远在三四千年前的殷商时代（约公元前 17 世纪—公元前 11 世纪），甲骨文中就出现了“雷”字；在西周时代（约公元前 11 世纪—前 771 年），青铜器的铭文中就出现了“电”字。以后，又有许多关于电现象的记载，如在北宋沈括著的《梦溪笔谈》（1086 年）卷 20 中论述内侍李舜举家遭暴雷时“雷火自窗间出……其漆器银扣（镶嵌）者，银悉熔流在地，漆器曾不焦灼。有一宝刀，极坚刚，就刀室（鞘）中熔为汁，而室（鞘）亦俨然。”真实地记载了在雷击的放电过程中，导电体（银扣、宝刀）中因有强大电流通过而发热，使金属熔化，但绝缘体（漆器和刀鞘）却因不导电而未受影响。虽然电现象的观察和发现有着极悠久的历史，但直到 19 世纪人们才开始对电的规律及其本质有比较深入的了解。

最早的定量研究是在 1785 年，库仑（C. A. de Coulomb, 1736—1806 年）通过扭秤实验总结出两个静止点电荷（把带电体抽象为一个带电荷的点）之间电相互作用的规律，称之为库仑定律。

库仑定律表述如下：

在真空中，两个静止点电荷之间的相互作用力的大小与它们的电量 q_1 和 q_2 的乘积成正比，与它们之间距离 r 的平方成反比，作用力的方向沿着它们的连线，同号电荷相斥，异号电荷相吸。

如图 8.1-1 所示，令 $\boldsymbol{F}_{12}$ 表示 q_2 对 q_1 的作用力，$\boldsymbol{r}_{12}=\boldsymbol{r}_1-\boldsymbol{r}_2$ 表示由 q_2 指向 q_1 的矢量，$\boldsymbol{r}_{12}^0$ 表示其单位矢量，则库仑定律可表示为

$$\boldsymbol{F}_{12}=K\frac{q_1q_2}{r_{12}^2}\boldsymbol{r}_{12}^0 \tag{8.1-1}$$

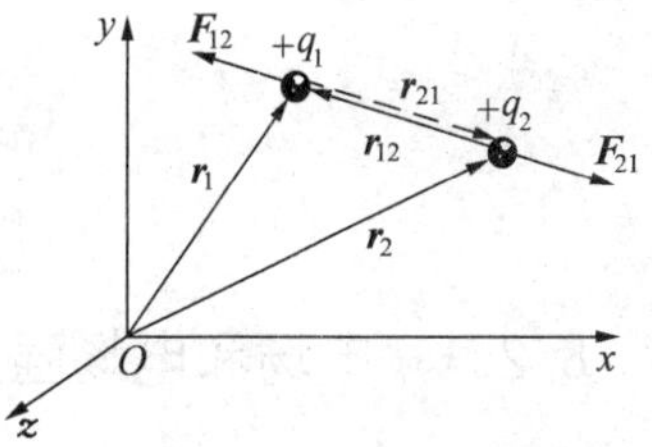

图 8.1-1　库仑定律

当下标 1 与 2 对调时，由于 $\boldsymbol{r}_{12}^0=-\boldsymbol{r}_{21}^0$，故有

$$\boldsymbol{F}_{21}=-\boldsymbol{F}_{12}$$

即静止电荷之间的相互作用满足牛顿第三定律。

在国际单位制中，将(8.1-1)式中的比例系数写成

$$K=\frac{1}{4\pi\varepsilon_0}$$

其中 ε_0 称为真空电容率或真空介电常数，在 1993 年发布的国家标准中，

$$\varepsilon_0=8.854\,187\,817\times10^{-12}\ \text{库仑}^2/(\text{牛顿}\cdot\text{米}^2)$$

因此，在国际单位制中，库仑定律又可写成

$$\boldsymbol{F}_{12} = \frac{1}{4\pi\varepsilon_0}\frac{q_1 q_2}{r_{12}^2}\boldsymbol{r}_{12}^0 \tag{8.1-2}$$

库仑定律是直接由实验总结出来的规律,近代物理学进一步的研究表明:原子、分子、固体、液体等结构和电磁力有关,化学作用的微观本质也和电磁力有关。根据地球物理实验和 α 粒子对原子核的散射实验,已证实两个点电荷的距离 r 在 $10^{-15} \sim 10^6$ 米的范围内库仑定律都是正确的。

实验还表明,两个静止点电荷之间的相互作用力不会因第三个静止点电荷的存在而改变;当空间中有两个以上的点电荷存在时,作用在每一个点电荷上的总静电力等于其他点电荷单独存在时作用于该点电荷上的静电力的矢量和,称为静电力的叠加原理。

设有 n 个点电荷 $q_1, q_2, \cdots, q_n$,则其中任一个电荷 q_i 所受的总静电力为

$$\boldsymbol{F}_i = \boldsymbol{F}_{i1} + \boldsymbol{F}_{i2} + \cdots + \boldsymbol{F}_{in} = \sum_{\substack{j=1 \\ j\neq i}}^{n} \boldsymbol{F}_{ij} \tag{8.1-3}$$

式中 $\boldsymbol{F}_{ij}$ 为第 j 个点电荷 q_j 对 q_i 的库仑力。对于电荷连续分布的带电体,可以把带电体划分为许多小电荷元,用积分的方法求各带电体之间的相互作用力。

例 1 氢原子中电子和质子的距离约为 5.3×10^{-11} m,求两者之间的静电力和万有引力的大小。

解 由库仑定律,氢原子中电子和质子间的静电力为

$$F_e = \frac{1}{4\pi\varepsilon_0}\frac{q_1 q_2}{r^2} = \frac{(1.6\times10^{-19})^2}{4\times3.14\times8.85\times10^{-12}\times(5.3\times10^{-11})^2} = 8.1\times10^{-8}(\text{N})$$

两者之间的万有引力为

$$F_g = G\frac{m_1 m_2}{r^2} = \frac{6.7\times10^{-11}\times9.1\times10^{-31}\times1.7\times10^{-27}}{(5.3\times10^{-11})^2} = 3.7\times10^{-47}(\text{N})$$

可见静电力远大于万有引力,前者约为后者的 10^{39} 倍。

§8.2 电场强度

8.2.1 电场和电场强度

由库仑定律可知,两个点电荷在真空中相隔一段距离将有相互作用力,它是通过什么途径相互作用的呢?历史上关于这个问题曾有两种不同的观点,一种观点认为,既然真空中电荷之间存在着相互作用力,这就说明电荷之间的相互作用不需要任何物质来传递。因此,电荷之间的作用是一种“超距作用”,一电荷对另一电荷的作用不需要时间,电荷之间可以超越空间直接地、瞬时地相互作用。另一种观点认为,一电荷对另一电荷的作用力是通过一种特殊的物质——电场传递的,任何电荷的周围都存在着电场。电场的基本性质是它对场中的任何其他电荷存在着力的作用,即

电荷⇔电场⇔电荷

大量的实验事实证明,超距作用的观点是错误的,而场的观点才是正确的。一电荷对另

一电荷的作用需要一定的传递时间,不过,对于静止电荷之间的相互作用,因其不随时间变化,所以时间效应不能显示。若电荷的分布发生变化或电荷发生运动时,它对另一个电荷的作用力的变化将滞后一段时间,这一事实用场的观点很容易解释。当一处的电荷发生变化时,它在周围空间所激发的电场也随之发生变化。电场的传递速度虽然很快(和光速一样),但毕竟是有限的,因此,一处发生电场扰动,需经过一段时间才能传到另一处。例如,雷达就是根据电磁波在雷达站和飞机间来回一次所需的时间来测定飞机位置的。

电场的一个重要特征是对处在电场中的其他电荷有力的作用,因此可用电荷在电场中的受力情况来研究电场。为了使电场不致因测量而受到影响,应选用几何线度和所带电量都很小的试探电荷作为检测电荷。由库仑定律,试探电荷 q_0 在电场中任一给定点所受到的力与其电量之比是与试探电荷无关的矢量,此比值反映了电场本身的性质,称之为电场强度,简称场强,用 $\boldsymbol{E}$ 表示:

$$\boldsymbol{E}=\frac{\boldsymbol{F}}{q_0} \tag{8.2-1}$$

电场强度的单位是牛顿/库仑($\mathrm{N}\cdot\mathrm{C}^{-1}$),或伏特/米($\mathrm{V}\cdot\mathrm{m}^{-1}$)。

例如,点电荷 q 在其周围某处 P 点产生的场强为

$$\boldsymbol{E}=\frac{\boldsymbol{F}}{q_0}=\frac{1}{4\pi\varepsilon_0}\frac{q}{r^2}\boldsymbol{r}^0 \tag{8.2-2}$$

式中 r 表示由点电荷 q 所在点指向 P 点的位矢的模,$\boldsymbol{r}^0$ 表示其单位矢量,$\boldsymbol{E}$ 的指向与电荷 q 的正负有关。

8.2.2 场强叠加原理

将静电力的叠加原理应用于场中的试探电荷 q_0,并将(8.1-3)式两边都除以 q_0,得

$$\frac{\boldsymbol{F}}{q_0}=\frac{\boldsymbol{F}_1}{q_0}+\frac{\boldsymbol{F}_2}{q_0}+\cdots+\frac{\boldsymbol{F}_n}{q_0}=\sum_{j=1}^{n}\frac{\boldsymbol{F}_j}{q_0} \tag{8.2-3}$$

根据场强的定义,等式左边是总场强,等式右边各项分别是各个点电荷单独在 q_0 处产生的场强,即

$$\boldsymbol{E}=\boldsymbol{E}_1+\boldsymbol{E}_2+\cdots+\boldsymbol{E}_n=\sum_{j=1}^{n}\boldsymbol{E}_j \tag{8.2-4}$$

可见,一组点电荷在某点所产生的电场强度等于各点电荷单独存在时在该点所产生的电场强度的矢量和,这称为场强叠加原理。

如果电荷是连续分布的,则可将带电体上的电荷分成许多无限小的电荷元 $\mathrm{d}q$,每个电荷元都可当作点电荷处理,于是任一电荷元在空间给定点所产生的场强可由下式给出:

$$\mathrm{d}\boldsymbol{E}=\frac{1}{4\pi\varepsilon_0}\frac{\mathrm{d}q}{r^2}\boldsymbol{r}^0$$

式中 r 表示电荷元 $\mathrm{d}q$ 指向给定点的位矢 $\boldsymbol{r}$ 的大小,$\boldsymbol{r}^0$ 表示其单位矢量。根据场强叠加原理,带电体在给定点所产生的总场强 $\boldsymbol{E}$ 可用积分求出,即

$$\boldsymbol{E}=\int \mathrm{d}\boldsymbol{E}=\frac{1}{4\pi\varepsilon_0}\int\frac{\mathrm{d}q}{r^2}\boldsymbol{r}^0 \tag{8.2-5}$$

当电荷分别分布在体积、面积或线段上时，电荷元可分别表示为

$$\mathrm{d}q=\rho\mathrm{d}V \qquad (体积)$$

$$\mathrm{d}q=\sigma\mathrm{d}S \qquad (面积)$$

$$\mathrm{d}q=\lambda\mathrm{d}L \qquad (线段)$$

其中 ρ, σ, λ 分别为电荷的体密度、面密度和线密度。这样，分布在一定体积 V，面积 S 或线段 L 上的电荷所产生的场强可分别用下面的积分求解：

$$\boldsymbol{E}=\frac{1}{4\pi\varepsilon_0}\int_V\frac{\rho\mathrm{d}V}{r^2}\boldsymbol{r}^0 \tag{8.2-6}$$

$$\boldsymbol{E}=\frac{1}{4\pi\varepsilon_0}\int_S\frac{\sigma\mathrm{d}S}{r^2}\boldsymbol{r}^0 \tag{8.2-7}$$

$$\boldsymbol{E}=\frac{1}{4\pi\varepsilon_0}\int_L\frac{\lambda\mathrm{d}L}{r^2}\boldsymbol{r}^0 \tag{8.2-8}$$

必须指出，这些无限小的电荷元只是指在宏观上看足够小，而从微观上看，其中仍包含有大量的微观粒子。

例 1 两等量异号的点电荷 $+q$ 和 $-q$，相隔一定的距离 l，当考察点离开两点电荷比较远时，两电荷体系的特征可用特征量 $\boldsymbol{P}=q\boldsymbol{l}$ 表示，这样的两电荷系统称为电偶极子。$\boldsymbol{l}$ 的方向由负电荷指向正电荷，称为电偶极子的臂或轴；$\boldsymbol{P}$ 称为电偶极矩，简称电矩。试计算电偶极子的臂的延长线上和中垂线上的场强分布。

解 (1) 求电偶极子臂的延长线上任一点的场强：

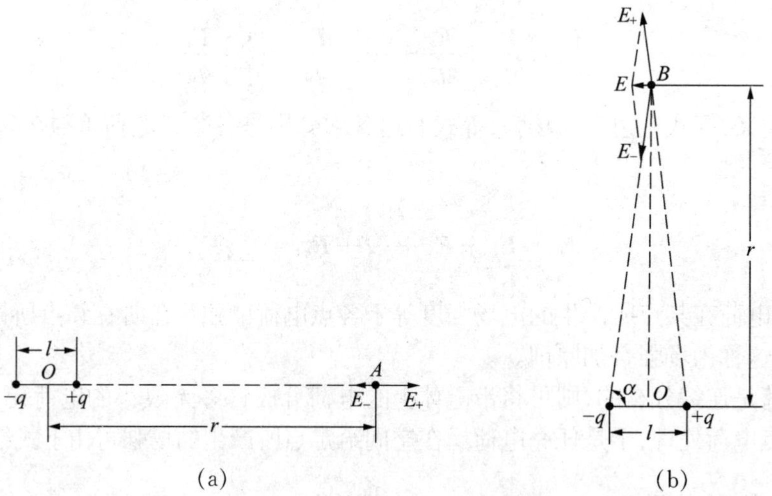

图 8.2-1 电偶极子的场强分布

如图 8.2-1(a)所示，在臂的延长线上取一点 A，它到电偶极子中点 O 的距离为 r，点电荷 $+q$ 和 $-q$ 单独在 A 点产生的场强的大小分别为

$$E_{+}=\frac{1}{4\pi\varepsilon_0}\frac{q}{\left(r-\frac{l}{2}\right)^2}$$

$$E_{-}=\frac{1}{4\pi\varepsilon_0}\frac{q}{\left(r+\frac{l}{2}\right)^2}$$

E_{+}的方向向右,E_{-}的方向向左,根据场强叠加原理,A 点总场强的大小为

$$E_A=E_{+}-E_{-}=\frac{1}{4\pi\varepsilon_0}\frac{2qlr}{(r^2-l^2/4)^2}$$

当 $r\gg l$ 时, $(r^2-l^2/4)^2\approx r^4$, 结果得

$$E_A=\frac{1}{4\pi\varepsilon_0}\frac{2P}{r^3} \tag{8.2-9}$$

由于 $\boldsymbol{E}_A$ 的方向与电矩 $\boldsymbol{P}$ 的方向一致,A 点的场强可表示为

$$\boldsymbol{E}_A=\frac{1}{4\pi\varepsilon_0}\frac{2\boldsymbol{P}}{r^3} \tag{8.2-10}$$

(2) 求电偶极子中垂线上的场强分布:

如图 8.2-1(b)所示,在中垂线上取一点 B,两电荷在 B 点产生的场强的大小相同,方向不同,

$$E_{+}=E_{-}=\frac{1}{4\pi\varepsilon_0}\frac{q}{r^2+l^2/4}$$

B 点总场强的大小为

$$E_B=E_{+}\cos\alpha+E_{-}\cos\alpha$$

式中 α 为电偶极子臂和电荷 $-q$ 到 B 点的联线之间的夹角,

$$\cos\alpha=\frac{l/2}{\sqrt{r^2+l^2/4}}$$

在 $r\gg l$ 的情形,总场强的大小为

$$E_B=\frac{1}{4\pi\varepsilon_0}\frac{P}{r^3}$$

场强 $\boldsymbol{E}_B$ 与电偶极子的电矩 $\boldsymbol{P}$ 反向,故上式又可写成

$$\boldsymbol{E}_B=-\frac{1}{4\pi\varepsilon_0}\frac{\boldsymbol{P}}{r^3} \tag{8.2-11}$$

例 2 求均匀带电圆环轴线上的场强分布,设圆环半径为 a,带电荷总量为 Q。

解 如图 8.2-2 所示,以圆心 O 为原点,轴线向上为 z 轴正方向,在轴上任取一点 P,其距圆心为 z,圆环上 A 处取线电荷元 $\mathrm{d}q=\lambda\mathrm{d}l=\frac{Q}{2\pi a}\mathrm{d}l$, 它在 P 点产生的场强的大小为

$$\mathrm{d}E=\frac{1}{4\pi\varepsilon_0}\frac{\lambda\mathrm{d}l}{z^2+a^2}$$

方向沿 AP。$\mathrm{d}\boldsymbol{E}$ 可分解为沿 z 轴的分量 $\mathrm{d}\boldsymbol{E}_z$ 和垂直于 z 轴的分

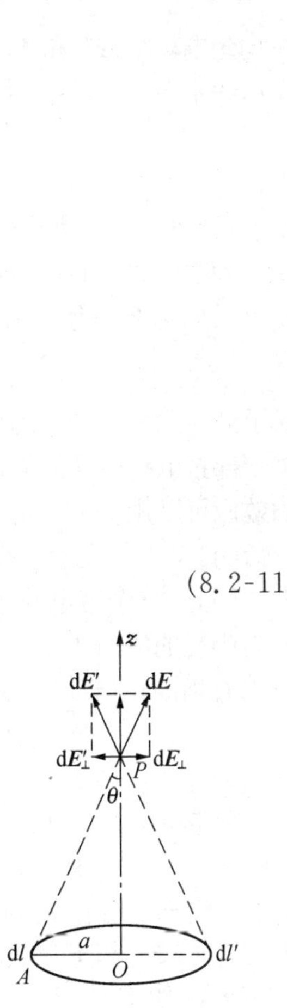

图 8.2-2 圆环轴线上的场强

量 $d\boldsymbol{E}_{\perp}$。由对称性分析可知,任意一条直径两端的两个同样大小的线电荷元 λdl 和 $\lambda dl'$ 在 P 点所产生的场强在垂直于 z 轴方向上的分量 $d\boldsymbol{E}_{\perp}$ 和 $d\boldsymbol{E}'_{\perp}$ 大小相等、方向相反,互相抵消;只有沿 z 轴方向上的分量是互相加强的。因此,整个圆环在 P 点产生的总场强沿 z 轴方向,其值为

$$E = \int dE_z = \int_0^{2\pi a} \frac{1}{4\pi\varepsilon_0} \frac{Q}{2\pi a} \frac{dl}{z^2 + a^2} \cos\theta = \frac{1}{4\pi\varepsilon_0} \frac{Q}{z^2 + a^2} \cos\theta$$

而 $\cos\theta = \dfrac{z}{\sqrt{z^2 + a^2}}$,代入上式得

$$E = \frac{1}{4\pi\varepsilon_0} \frac{Qz}{(z^2 + a^2)^{3/2}} \tag{8.2-12}$$

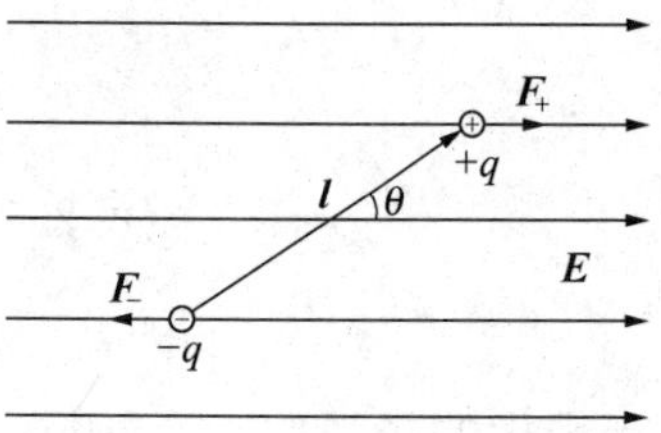

图 8.2-3 均匀电场中的偶极子

下面讨论电偶极子在均匀电场和非均匀电场中受力的情况。图 8.2-3 表示电偶极子处在均匀电场 $\boldsymbol{E}$ 中,$\boldsymbol{l}$ 为电偶极子的轴线,θ 表示 $\boldsymbol{l}$ 与 $\boldsymbol{E}$ 的夹角,$\boldsymbol{F}_+$ 和 $\boldsymbol{F}_-$ 分别表示 $+q$ 和 $-q$ 在电场中所受的力。由场强的定义,有

$$\boldsymbol{F}_+ = q\boldsymbol{E}$$

$$\boldsymbol{F}_- = -q\boldsymbol{E}$$

在均匀电场中,$\boldsymbol{F}_+$ 和 $\boldsymbol{F}_-$ 大小相等,方向相反,因而电偶极子所受的合力为零。但 $\boldsymbol{F}_+$ 和 $\boldsymbol{F}_-$ 的作用线不在一直线上,所以此两力组成一对力偶,力偶矩的大小为

$$M = F_+ \frac{l}{2} \sin\theta + F_- \frac{l}{2} \sin\theta = qEl\sin\theta = PE\sin\theta$$

由上式可知,当电偶极矩 $\boldsymbol{P}$ 与场强 $\boldsymbol{E}$ 相互垂直时,力偶矩最大;当 $\boldsymbol{P}$ 与 $\boldsymbol{E}$ 平行或反平行时,力偶矩为零(这时两者都是平衡位置,但前者是稳定的,后者是不稳定的)。力偶矩的方向总是使 $\boldsymbol{P}$ 转向与 $\boldsymbol{E}$ 一致的方向。$\boldsymbol{M}$, $\boldsymbol{P}$, $\boldsymbol{E}$ 三者的关系用矢积表示,

$$\boldsymbol{M} = q\boldsymbol{l} \times \boldsymbol{E} = \boldsymbol{P} \times \boldsymbol{E} \tag{8.2-13}$$

对于处在均匀电场中的任意中性带电体系,因为作用在所有电荷上的力相互平行,我们可以将全部正电荷所受的力加起来,把它看成是作用在这些正电荷的"中心"(体系中全部正电荷的效应可以用一个带正电的点电荷来等效表示,这个等效正电荷的位置称为这个带电体系正电荷的"中心")上的一个合力;同样,全部负电荷所受合力则作用在体系的负电荷的"中心"上。因此,整个带电体系所受的电场力归结为作用在正、负电荷"中心"上的两个大小相等、方向相反的平行力。这就和单个电偶极子在均匀电场中受力的情况相同,这时 $\boldsymbol{l}$ 为由负电荷中心指向正电荷中心的矢量,q 表示正电荷的总电量,$\boldsymbol{P} = q\boldsymbol{l}$ 则为该带电体系的等效电偶极矩。这样,在均匀电场中,中性带电体系所受的作用可归结为等效电偶极子所受的力矩 $\boldsymbol{M} = \boldsymbol{P} \times \boldsymbol{E}$。

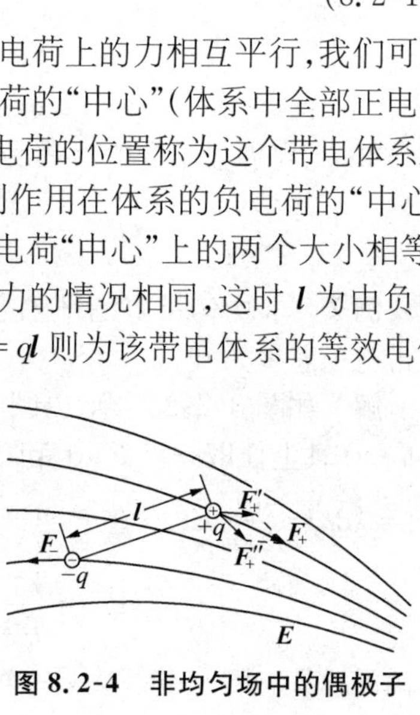

图 8.2-4 非均匀场中的偶极子

若带电体系处在非均匀场中,情况将复杂得多。以一个电偶极子在非均匀电场中受力的情况为例,如图 8.2-4 所示。设 $+q$ 所在处场强大于 $-q$ 所在处场强,则 $F_+ > F_-$,这时,$\boldsymbol{F}_+$ 和 $\boldsymbol{F}_-$ 的大小和方向均不同,将 $\boldsymbol{F}_+$ 分解为 $\boldsymbol{F}'_+$ 和 $\boldsymbol{F}''_+$,使 $\boldsymbol{F}'_+$ 与 $\boldsymbol{F}_-$ 大小相等,方向相反。由 $\boldsymbol{F}'_+$ 和 $\boldsymbol{F}_-$ 组

成一对力偶,其力矩使电偶极子转向沿着电场的方向。同时,在 $\boldsymbol{F}''_+$ 力的作用下,电偶极子将移向电场较强的地方。可见,电偶极子在非均匀电场中受到两种作用:一是转向作用,使电偶极子转向同电场一致的方向;另一是吸引作用,将电偶极子吸向电场较强的地方。

对于非均匀电场中的任意中性带电体系,一般说来,各个电荷所受电场力的大小和方向都不相同,这时不能用一个等效电偶极子来描写体系在电场中受到的作用。

看一个特殊的情形,若电偶极子的电矩 $\boldsymbol{P}$ 沿 x 方向,偶极子所在处的场强也沿 x 方向,即 $\boldsymbol{E}=E_x\boldsymbol{i}$, 且 E_x 沿 x 方向增强,如图 8.2-5 所示,设 $+q$ 和 $-q$ 所在处场强分别为 E_{+x} 和 E_{-x},则电偶极子受到的合力为

$$\boldsymbol{F}=qE_{+x}\boldsymbol{i}-qE_{-x}\boldsymbol{i}=q(E_{+x}-E_{-x})\boldsymbol{i}$$

$$=q\frac{\partial E_x}{\partial x}l\boldsymbol{i}=P\frac{\partial E_x}{\partial x}\boldsymbol{i}$$

上式说明,这种情况下 $\boldsymbol{F}$ 的大小与 E 在 x 方向的变化率成正比,指向场强增强的方向。

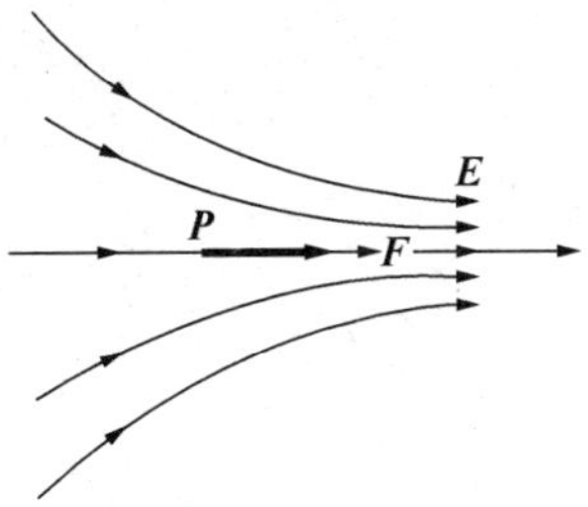

图 8.2-5 沿 x 方向放置的电偶极子在 x 方向的不均匀场中受力情况

§8.3 高 斯 定 理

8.3.1 电场线

为了形象地描述电场在空间的分布情况,引入电场线的概念。在电场内画一系列曲线,使曲线上每一点的切线的方向与这点的场强方向一致;并规定在电场中任一点处,通过垂直于场强 $\boldsymbol{E}$ 的单位面积的曲线条数正比于该点处 $\boldsymbol{E}$ 的量值,即用曲线的疏密程度描绘各点场强 $\boldsymbol{E}$ 的大小,这样的曲线就称为电场线;图 8.2-3 至图 8.2-5 中的曲线都是电场线。图 8.3-1 表示几种带电体周围的电场线分布。

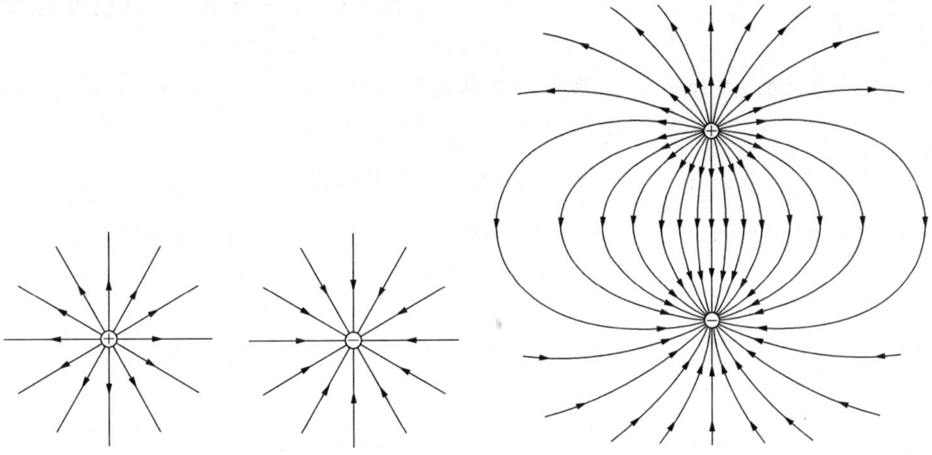

(a) (b) (c)

图 8.3-1

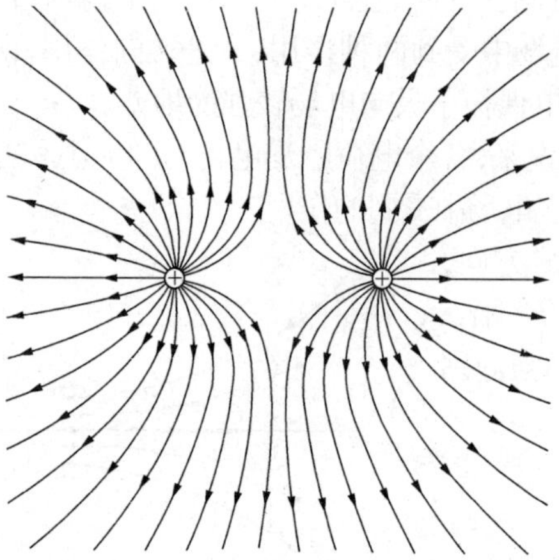

(d)

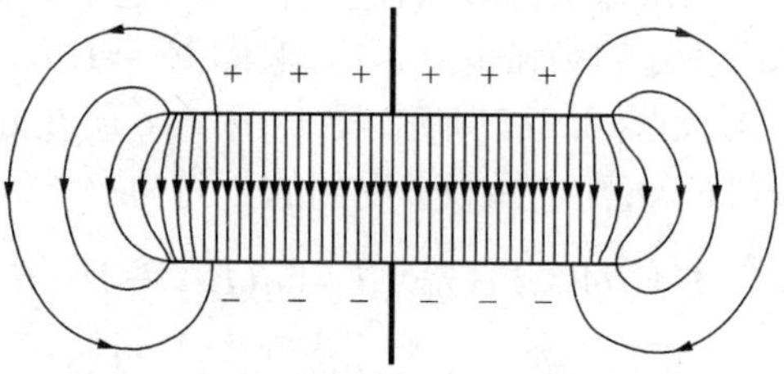

(e)

图 8.3-1 几种带电体周围的电场线

因为电场中每点的电场强度都有确定的方向,所以任两条电场线都不会相交;静电场的电场线起自正电荷,止于负电荷,因而静电场中的电场线不形成闭合回路。

8.3.2 电通量

一、矢量场用通量描述

为了更好地从场的观点描述电学和磁学的各种定律,我们将借助数学上对矢量场的描述。

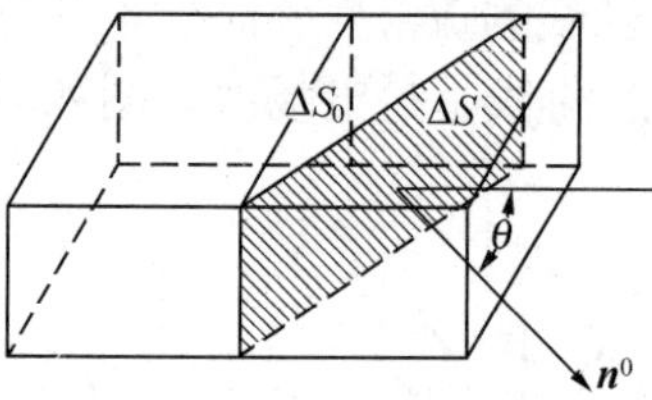

图 8.3-2 流体的速度通量

通量是所有矢量场都具有的共同的数学表述,通量(flux)这个词来源于拉丁语 fluere(意即流量)。设想有一个闭合曲面,是否会有"某种东西"从里面流出来呢?以流体的速度场为例,单位时间内从闭合曲面中净流出的流体的量称为通过该闭合面的"速度通量",这也就是流量。如图 8.3-2 所示,设所考察的面积元 ΔS 与流体的速度 $\boldsymbol{v}$ 不垂直,ΔS 面的法线 $\boldsymbol{n}^0$ 与速度 $\boldsymbol{v}$ 成 θ 角,则单位时间内通过 ΔS 面元的流体体积为

$$v\Delta S_n = v\Delta S\cos\theta = \boldsymbol{v}\cdot\Delta\boldsymbol{S}$$

此即通过 ΔS 面元的通量。式中面元用矢量 $\Delta\boldsymbol{S}$ 表示,方向为 ΔS 的法线方向。

二、电通量

静电场也是矢量场,在静电场中并无任何东西在流动,但可以从数学上规定一种与流量类似的量,这就是电通量。事实证明,由数学上规定的电通量有其实用意义。

如图 8.3-3 所示,在静电场中取一很小的面积元 ΔS,在 ΔS 面上各点的 $\boldsymbol{E}$ 可以认为是均匀的。若 $\Delta\boldsymbol{S}$ 的方向与 $\boldsymbol{E}$ 的方向成 θ 角,则电场强度对 ΔS 的通量称为电通量 $\Delta\Phi_e$,其定义为

$$\Delta\Phi_e = E\cos\theta \cdot \Delta S = \boldsymbol{E} \cdot \Delta\boldsymbol{S} \qquad (8.3\text{-}1)$$

电通量是标量,有正、负之分,其正、负取决于面元法线的方向。对于一个封闭曲面,法线的正方向规定为从封闭曲面的内侧指向外侧。

对于一个曲面的电通量 Φ_e,可以写成积分形式:

$$\Phi_e = \int_S \boldsymbol{E} \cdot \mathrm{d}\boldsymbol{S} \qquad (8.3\text{-}2)$$

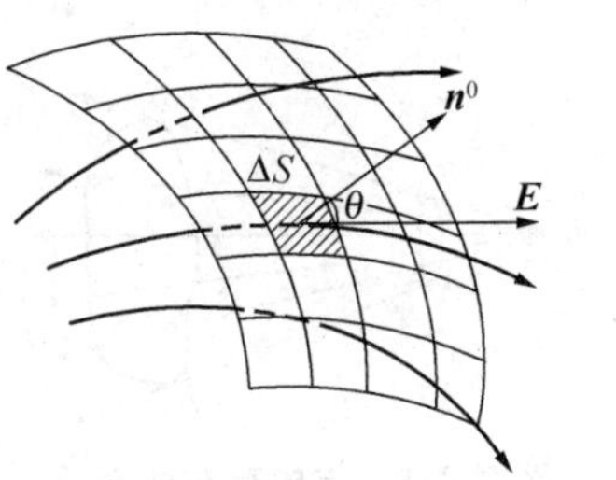

图 8.3-3 电场对任一面元的通量

即电场对整个曲面的电通量等于对各面元电通量的代数和。若用电场线作为辅助工具形象地描写电场,则按前面规定,电场对任意曲面的电通量在数值上等于通过该曲面的电场线数。

电场对封闭曲面的电通量为

$$\Phi_e = \oint_S \boldsymbol{E} \cdot \mathrm{d}\boldsymbol{S} = \oint_S E\cos\theta \mathrm{d}S \qquad (8.3\text{-}3)$$

由上面对面元法线方向的规定可知,在有电场线穿出封闭曲面的地方,$\theta < \frac{\pi}{2}$,电通量为正;有电场线进入封闭曲面的地方,$\theta > \frac{\pi}{2}$,电通量为负。

8.3.3 高斯定理及其应用

我们研究一个特殊的情况,以正点电荷 q 为中心,以任意半径 r 作一球面 S,求通过此球面的电通量。由对称性可知,球面上任一点的电场强度 $\boldsymbol{E}$ 的大小都相同,方向沿径向,与球面垂直,如图 8.3-4(a)所示,穿过此球面的电通量为

$$\Phi_e = \oint_S \boldsymbol{E} \cdot \mathrm{d}\boldsymbol{S} = E\oint \mathrm{d}S = \frac{1}{4\pi\varepsilon_0}\frac{q}{r^2}4\pi r^2 = \frac{q}{\varepsilon_0}$$

由上式可见,通过此球面的电通量与球面的半径无关,无论半径多大,其电通量都是 q/ε_0。用电场线描述,即从正点电荷发出的电场线数目在数值上与 q/ε_0 相当,且连续地伸向无穷远处。

如果在此球面内作一任意形状的封闭曲面 S' 包围此点电荷,则从 q 发出的电场线必全部通过此封闭曲面 S',因而通过 S' 的电通量也应等于 q/ε_0,如图 8.3-4(b)所示。由于电通量的大小与球面 S 的半径无关,因此通过包围点电荷的任意曲面 S' 的电通量都是 q/ε_0。

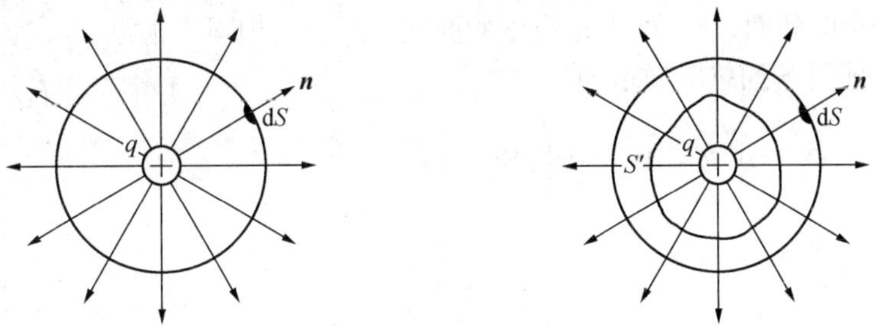

(a) (b)

图 8.3-4 通过包围点电荷 q 的封闭曲面的电通量

如图 8.3-5 所示,若封闭曲面不包围点电荷 q,则从点电荷 q 发出的电场线中,凡是穿进

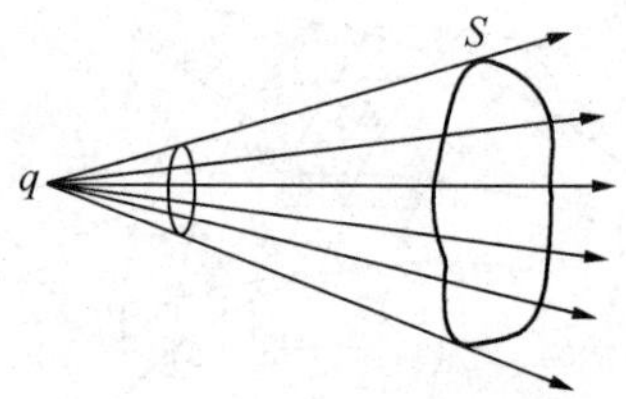

图 8.3-5 点电荷在曲面外

封闭曲面的也必穿出该曲面，因此通过此封闭曲面的电通量为零。

由以上两点可归结为

$$\Phi_e = \oint_S \boldsymbol{E} \cdot \mathrm{d}\boldsymbol{S} = \frac{1}{\varepsilon_0} q$$

式中 q 是封闭曲面 S 所包围的电荷，若点电荷为 $-q$，则通过封闭曲面的电通量为 $-\frac{1}{\varepsilon_0} q$。

若封闭曲面内包围多个点电荷，第 i 个点电荷对该曲面的电通量的贡献为 $\frac{q_i}{\varepsilon_0}$，因此可得出通过任意封闭曲面的电通量是所有包围在该曲面内的电荷的代数和除以 ε_0，即

$$\Phi_e = \oint_S \boldsymbol{E} \cdot \mathrm{d}\boldsymbol{S} = \frac{1}{\varepsilon_0} \sum_i q_i \tag{8.3-4}$$

此即静电场的高斯定理。这样的封闭曲面常称为高斯面。(8.3-4)式表明封闭曲面外的电荷对通过该封闭曲面的总电通量无影响，这是因为封闭面外电荷的电场对封闭面的电通量为零。然而，实际上许多情形需要应用高斯定理即(8.3-4)式求解空间所有电荷产生的电场分布；因此往往默认封闭曲面上每点的电场强度都是由曲面内、外所有的电荷共同产生的。

当包围在 S 面内的电荷具有体分布时，高斯定理又可写成

$$\oint_S \boldsymbol{E} \cdot \mathrm{d}\boldsymbol{S} = \frac{1}{\varepsilon_0} \int_V \rho \mathrm{d}V \tag{8.3-5}$$

式中 ρ 为电荷体密度，V 是曲面 S 所包围的体积。

高斯定理是静电学的一条基本定理，反映了静电场的电场线是有头有尾的，因而是有源场，源头就是电荷所在。从高斯定理的推导过程可以看出，高斯定理的成立基于库仑定律中 r 的指数为 2 的事实，若 r 的指数不是 2，则高斯定理不成立。

高斯定理不仅适用于静电场，对变化的电场也适用。当电荷的分布具有空间对称性时，用高斯定理计算场强是很方便的。

例 1 半径为 R 的球壳均匀带有正电荷 q，求球壳内外空间中场强的分布。

解 电荷分布具有球对称性，可以判断空间场强的分布也具有球对称性。先考虑球外某点 P 处的场强。如图 8.3-6 所示，以球心 O 为中心，以 $r = OP$ 为半径作一高斯球面 S，则球面上各点的场强大小相等，方向沿半径指向外面，与球面上该点处的面元法线方向相同。根据高斯定理，通过球面 S 的总电通量为

$$\Phi_e = \oint_S \boldsymbol{E} \cdot \mathrm{d}\boldsymbol{S} = E\oint \mathrm{d}S = 4\pi r^2 E$$

而 $\Phi_e = \frac{q}{\varepsilon_0}$，因而可得

$$4\pi r^2 E = \frac{q}{\varepsilon_0}$$

即

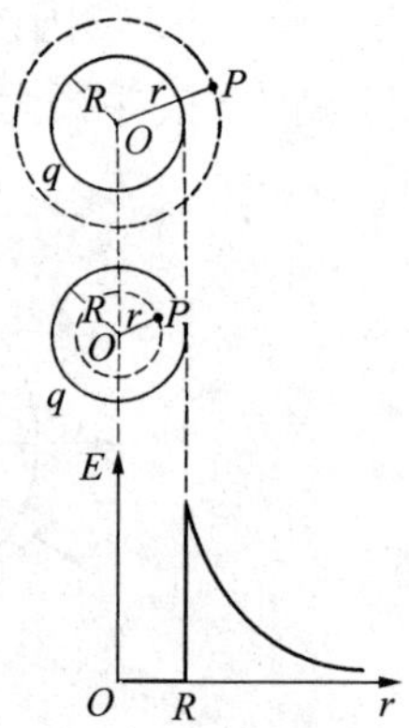

图 8.3-6 均匀带电球壳内外的电场分布

$$E=\frac{1}{4\pi\varepsilon_0}\frac{q}{r^2}$$

同理,求带电球壳内的场强分布时,在球壳内以 r 为半径作高斯球面,因球面内没有电荷,故得

$$4\pi r^2E=\frac{q}{\varepsilon_0}=0$$

即

$$E=0$$

所以场强的大小与离开球心的距离 r 有如下函数关系:

$$E=\begin{cases}\dfrac{1}{4\pi\varepsilon_0}\dfrac{q}{r^2} & (r>R)\\ 0 & (r<R)\end{cases}\tag{8.3-6}$$

在 $r=R$ 的球壳上,场强似乎发生了突变,但事实上,电荷的分布总占有一定的球壳厚度,可以证明,从无限靠近球面的外层到没有电荷的内层上,场强是逐渐衰减到零的。

例 2　原子核可近似等效为均匀带电球体,已知其半径为 R,带电总量为 Q,求核内、外的电场分布。

解　如图 8.3-7 所示,电荷分布具有球对称性。和例 1 相同,球外任一点的场强用高斯定理可得

$$E=\frac{1}{4\pi\varepsilon_0}\frac{Q}{r^2}$$

对球内任一点 P 求场强,可以 OP 为半径作一高斯球面 S', S'所包围的电荷为q',

$$q'=\rho\times\frac{4}{3}\pi r^3=\frac{Q}{\frac{4}{3}\pi R^3}\frac{4}{3}\pi r^3=Q\frac{r^3}{R^3}$$

由高斯定理可得$\oint_{S'}\boldsymbol{E}\cdot \mathrm{d}S=\dfrac{q'}{\varepsilon_0}$, 球内任一点的场强为

$$E=\frac{1}{4\pi\varepsilon_0}\frac{q'}{r^2}=\frac{1}{4\pi\varepsilon_0}\frac{Qr}{R^3}$$

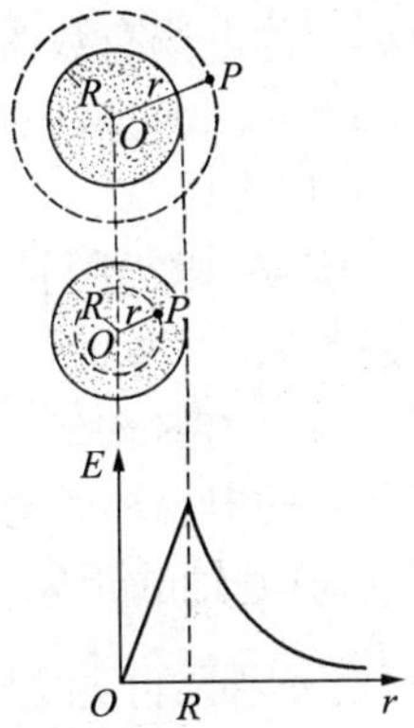

图 8.3-7　均匀带电球体内外的电场分布

图 8.3-7 的 $E-r$ 曲线表示带电球体内、外场强随 r 变化的关系,由图可见球内场强随 r 增大而线性增加,球外场强与 r^2 成反比。以上结果可归结为

$$E=\begin{cases}\dfrac{1}{4\pi\varepsilon_0}\dfrac{Q}{r^2} & (r\geqslant R)\\ \dfrac{1}{4\pi\varepsilon_0}\dfrac{Qr}{R^3} & (r\leqslant R)\end{cases}$$

例 3　已知无限大均匀带电薄平板的面电荷密度为 σ,求空间的场强分布。

解　如图 8.3-8 所示,由于电荷分布具有平面对称性,可认为平面之外各点场强大小都相等,场强方向与平面垂直。作一闭合柱面,使其侧面垂直于带电平面,两底面与带电平面平

行且等距，底面面积及柱面所截带电平面的面积都是 S，由于圆柱侧面法线方向与 $\boldsymbol{E}$ 垂直，所以通过侧面的电通量为零，而通过两底面的电通量分别为 ES，因而通过整个闭合柱面的电通量就是

$$\Phi_e = 2ES$$

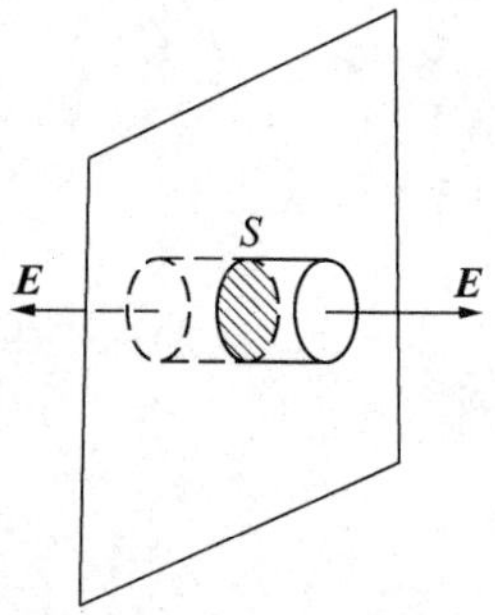

图 8.3-8 无限大均匀带电平面外的场强分布

由高斯定理得

$$\Phi_e = 2ES = \frac{q}{\varepsilon_0} = \frac{\sigma S}{\varepsilon_0}$$

于是

$$E = \frac{\sigma}{2\varepsilon_0} \tag{8.3-7}$$

当 $\sigma > 0$ 时，场强方向垂直指向两侧，当 $\sigma < 0$ 时，场强方向从两侧垂直指向平面。

上述结果表明，无限大均匀带电平板两侧的场强大小与位置无关，是均匀电场。实际上，不存在无限大平板，但当带电平板的尺度比考察点到平面的距离大得多，且考察点不靠近带电平板边缘时，可将带电平板看成无限大。

从本例可以看出，无限大均匀带电平面两侧的电场强度方向相反，有数值为 σ/ε_0 的突变。这一结果可推广至一般情形。事实上，由高斯定理可以直接证明静电平衡时导体上面电荷两侧近邻的电场有数值为 σ/ε_0 的突变。实际上，(8.3-6)式和熟知的平板电容器的电场都是典型的例子。而且，根据这一结果直接可以得出静电平衡时导体表面附近的电场强度(参见(8.5-1)式)。

例 4 求无限长均匀带电圆柱面内外的场强分布，已知圆柱半径为 R，单位长度圆柱面带电量为 λ。

解 如图 8.3-9 所示，由于电荷分布具有轴对称性，因而电场分布也应具有轴对称性，即离开圆柱中心轴线为 r 处的场强大小相等，方向垂直于圆柱面，沿半径方向。设 P 为圆柱外一点，其到轴的距离为 r，作一同轴封闭圆柱面为高斯面，使其侧面通过 P 点，高为 h。此圆柱的上、下底面的法线与 $\boldsymbol{E}$ 垂直，$\int_{底面} \boldsymbol{E} \cdot d\boldsymbol{S} = 0$，因此通过此高斯面的电通量为

$$\Phi_e = \oint_S \boldsymbol{E} \cdot d\boldsymbol{S} = E\int_{侧} dS = E \cdot 2\pi rh$$

高斯面所包围的电荷为 λh，根据高斯定理

$$E \cdot 2\pi rh = \frac{1}{\varepsilon_0}\lambda h$$

得

$$E = \frac{\lambda}{2\pi\varepsilon_0 r} \quad (r > R)$$

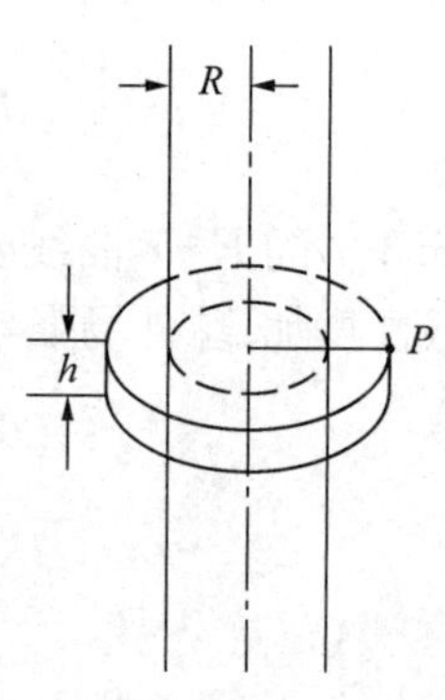

图 8.3-9 无限长均匀带电圆柱面内外的场强分布

用同样方法可求出 P 点在圆柱内的场，由于圆柱内无电荷，故

$$\Phi_e = \oint_S \boldsymbol{E} \cdot d\boldsymbol{S} = E \cdot 2\pi rh = 0$$

得

$$E = 0 \quad (r < R)$$

这里又一次见到带电面(圆柱面)两侧近邻电场强度跳变 σ/ε_0;此处,$\sigma = \dfrac{\lambda}{2\pi R}$。

由以上例题可见,利用高斯定理求场强分布的关键在于带电体的电荷分布具有空间对称性,求场强分布时应根据不同的对称性选取不同形状的高斯面。

§8.4 静电场的环路定理、电势

8.4.1 静电场的环路定理

当电荷在电场中移动时,电场力要对电荷做功。现在讨论在点电荷 q 产生的电场中,试探电荷 q_0 从 a 点运动到 b 点时电场力所做的功。如图 8.4-1 所示,由功的定义,

$$W_{ab} = \int_a^b \boldsymbol{F} \cdot \mathrm{d}\boldsymbol{l} = \int_a^b q_0 \boldsymbol{E} \cdot \mathrm{d}\boldsymbol{l} = \int_a^b \frac{q_0 q}{4\pi\varepsilon_0 r^2} \cos\theta \mathrm{d}l$$

由图可见,$\cos\theta \mathrm{d}l = \mathrm{d}r$,上式可改写为

$$W_{ab} = \frac{q_0 q}{4\pi\varepsilon_0}\int_{r_a}^{r_b} \frac{1}{r^2}\mathrm{d}r = \frac{q_0 q}{4\pi\varepsilon_0}\left(\frac{1}{r_a} - \frac{1}{r_b}\right) \tag{8.4-1}$$

结果表明,电场力对试探电荷 q_0 所做的功只取决于 q_0 在起点和终点的位置,与路径无关。从力学中已知,具有这种性质的力称为保守力,因此静电力是保守力。根据静电场的叠加原理,任何带电体产生的电场都是点电荷单独产生的电场的叠加,因此,电场力做功与路径无关的结论适用于任何带电体系所产生的静电场。

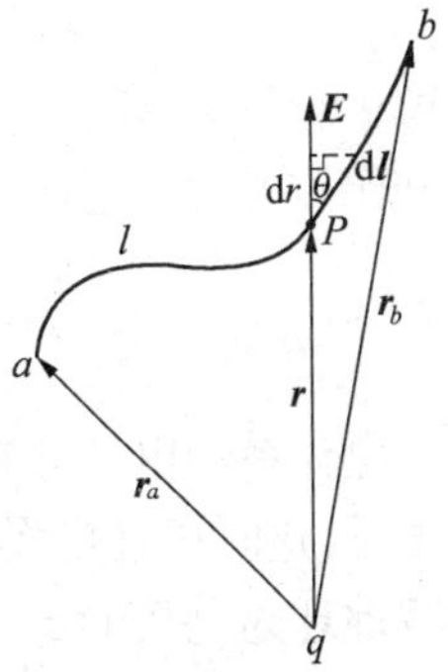

图 8.4-1 电场力的功

若试探电荷 q_0 沿静电场中某一闭合路径移动一周回到起始点,由(8.4-1)式得到电场力所做的功为零,

$$W = q_0 \oint \boldsymbol{E} \cdot \mathrm{d}\boldsymbol{l} = 0$$

由此得

$$\oint \boldsymbol{E} \cdot \mathrm{d}\boldsymbol{l} = 0 \tag{8.4-2}$$

等式左边是 $\boldsymbol{E}$ 沿闭合回路的线积分,称为静电场 $\boldsymbol{E}$ 的环流,(8.4-2)式称为静电场的环路定理。此定理表明了静电场是保守场。

8.4.2 电势差和电势

从力学中已知,对保守力场可以引进势能的概念。类似地,对静电场可以引进电势能的概念。如果在静电场中电场力对试探电荷 q_0 做正功,使电荷从 a 点移到 b 点,则试探电荷的电势能将减少,其减少量等于在此过程中静电场力对 q_0 所做的功,即

$$E_{Pa} - E_{Pb} = W_{ab} = q_0 \int_a^b \boldsymbol{E} \cdot \mathrm{d}\boldsymbol{l} \tag{8.4-3}$$

式中 E_{Pa} 和 E_{Pb} 分别是 q_0 在 a 和 b 点的电势能。上式反映了电势能是产生电场的源电荷和试探电荷 q_0 组成的体系所具有的,其差值与路径无关,是空间坐标的函数,但和 q_0 有关。而电势能差和 q_0 的比值 $\dfrac{E_{Pa} - E_{Pb}}{q_0}$ 却是与试探电荷无关的量,可以反映源电荷自身电场的性质,我们规定电场中 a, b 两点的电势差 U_{ab} 为

$$U_{ab} = U_a - U_b = \frac{E_{Pa} - E_{Pb}}{q_0}$$

把(8.4-3)式代入上式,得

$$U_{ab} = \int_a^b \boldsymbol{E} \cdot \mathrm{d}\boldsymbol{l} \tag{8.4-4}$$

上式表明,静电场中 a, b 两点间的电势差在数值上等于把单位正电荷从 a 点移到 b 点的过程中电场力所做的功。电势差又可称为电位差或电压。电位差或电压的单位是伏特(V),

$$1\,\text{伏特} = \frac{1\,\text{焦耳}}{1\,\text{库仑}}$$

静电场内任意两点的电势差是完全确定的,但电场内某点的电势则取决于电势零点的选择。原则上说,电势零点的选择是任意的,若取 b 点为电势零点,则任一点 a 的电势可由下式计算:

$$U_a = \int_a^b \boldsymbol{E} \cdot \mathrm{d}\boldsymbol{l} \tag{8.4-5}$$

在理论计算中,若带电体系的电荷分布在有限大小的空间里,通常选择无穷远处为电势零点,这样比较方便。这时空间任一点 a 的电势可表示为

$$U_a = \int_a^\infty \boldsymbol{E} \cdot \mathrm{d}\boldsymbol{l} \tag{8.4-6}$$

若带电体系的电荷分布延伸到无限远,则不能再选无限远处为电势零点,否则会引起计算上的困难,这时可在电场中选择一个合适的位置作为电势的参考零点。在许多实际问题中,常选取地球为电势的零点。

电场中任一点的电势取决于产生电场的源电荷在空间的分布。在点电荷产生的电场中,离点电荷的距离为 r 的 a 点的电势为

$$U_a = \int_a^\infty \boldsymbol{E} \cdot \mathrm{d}\boldsymbol{l} = \int_a^\infty \frac{q}{4\pi\varepsilon_0 r^2}\boldsymbol{r}^0 \cdot \mathrm{d}\boldsymbol{l} = \int_r^\infty \frac{q}{4\pi\varepsilon_0 r^2}\mathrm{d}r = \frac{q}{4\pi\varepsilon_0 r}$$

当电场由分布在有限空间的点电荷系 q_1, q_2, …, q_n 所产生时,利用场强叠加原理和(8.4-6)式可得空间给定点 a 的电势:

$$\begin{aligned} U_a &= \int_a^\infty \boldsymbol{E} \cdot \mathrm{d}\boldsymbol{l} = \int_a^\infty (\boldsymbol{E}_1 + \boldsymbol{E}_2 + \cdots + \boldsymbol{E}_n) \cdot \mathrm{d}\boldsymbol{l} \\ &= \int_a^\infty \boldsymbol{E}_1 \cdot \mathrm{d}\boldsymbol{l} + \int_a^\infty \boldsymbol{E}_2 \cdot \mathrm{d}\boldsymbol{l} + \cdots + \int_a^\infty \boldsymbol{E}_n \cdot \mathrm{d}\boldsymbol{l} \end{aligned}$$

$$= U_{a1} + U_{a2} + \cdots + U_{an}$$

即

$$U_a = \sum_{i=1}^{n} U_{ai} = \sum_{i=1}^{n} \frac{q_i}{4\pi\varepsilon_0 r_i} \tag{8.4-7}$$

式中 $\boldsymbol{E}_1$, $\boldsymbol{E}_2$, …, $\boldsymbol{E}_n$ 分别为点电荷 q_1, q_2, …, q_n 单独产生的场强。U_{a1}, U_{a2}, …, U_{an} 分别为它们在 a 点单独产生的电势,r_i 则是 q_i 到 a 点的距离。上式表明,带电体系的静电场中任一点的电势等于各点电荷单独存在时在该点产生的电势的代数和,此即电势叠加原理。由于电势是标量,叠加运算是较方便的。

例 1 求电偶极子在远处产生的电势。

解 如图 8.4-2 所示,设电场中某点 P 到电偶极子的 $-q$ 和 $+q$ 的距离分别为 r_- 和 r_+,由电势叠加原理,P 点的电势为

$$U_P = U_+ + U_- = \frac{q}{4\pi\varepsilon_0 r_+} + \frac{-q}{4\pi\varepsilon_0 r_-}$$

因为 $r \gg l$,故有 $r_+ r_- \approx r^2$ 及 $r_- - r_+ \approx l\cos\theta$,其中 θ 为 OP 连线与 l 间的夹角。上式改为

$$U_P = \frac{q(r_- - r_+)}{4\pi\varepsilon_0 r_+ r_-} \approx \frac{ql\cos\theta}{4\pi\varepsilon_0 r^2} = \frac{\boldsymbol{P}\cdot\boldsymbol{r}^0}{4\pi\varepsilon_0 r^2} \tag{8.4-8}$$

式中 $\boldsymbol{P}$ 为电偶极矩,$\boldsymbol{r}^0$ 为由 O 指向 P 的单位矢量。

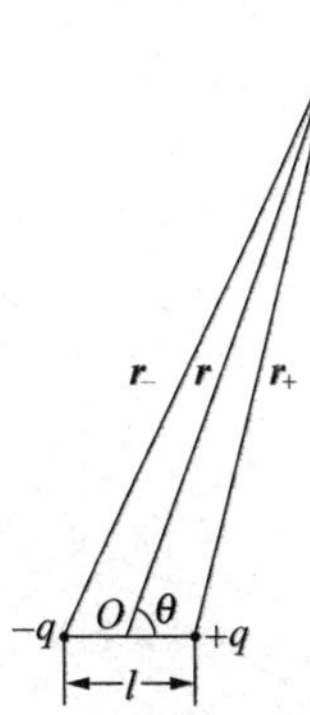

图 8.4-2 电偶极子的电势

例 2 求半径为 R,均匀带电的球体产生的电势的空间分布,已知球体带电总量为 Q。

解 由 §8.3 例 2 已知均匀带电球体内外的场强分布为

$$E = \begin{cases} \dfrac{1}{4\pi\varepsilon_0}\dfrac{Q}{r^2} & (r \geqslant R) \\ \dfrac{1}{4\pi\varepsilon_0}\dfrac{Qr}{R^3} & (r < R) \end{cases}$$

以无限远处为电势零点,球体外任一点 P 距离球心为 r,则 P 点的电势为

$$U_P = \int_P^{\infty} \boldsymbol{E}_{外} \cdot \mathrm{d}\boldsymbol{l} = \int_r^{\infty} \frac{1}{4\pi\varepsilon_0}\frac{Q}{r^2}\mathrm{d}r = \frac{Q}{4\pi\varepsilon_0 r}$$

再设球内任一点 P' 到球心的距离为 r,则 P' 点的电势为

$$U_{P'} = \int_{P'}^{\infty} \boldsymbol{E}\cdot\mathrm{d}\boldsymbol{l} = \int_r^R \boldsymbol{E}_{内}\cdot\mathrm{d}\boldsymbol{l} + \int_R^{\infty}\boldsymbol{E}_{外}\cdot\mathrm{d}\boldsymbol{l}$$

$$= \frac{Q}{4\pi\varepsilon_0}\left(\int_r^R \frac{r}{R^3}\mathrm{d}r + \int_R^{\infty}\frac{1}{r^2}\mathrm{d}r\right) = \frac{Q}{4\pi\varepsilon_0}\left(\frac{R^2 - r^2}{2R^3} + \frac{1}{R}\right)$$

$$= \frac{Q}{4\pi\varepsilon_0}\frac{3R^2 - r^2}{2R^3}$$

以上结果表明,在 $r = R$ 处电势是连续分布的。

8.4.3 场强与电势的关系

常将电场中电势值相等的点组成的面称为等势面。为了形象地描绘电势的空间分布情

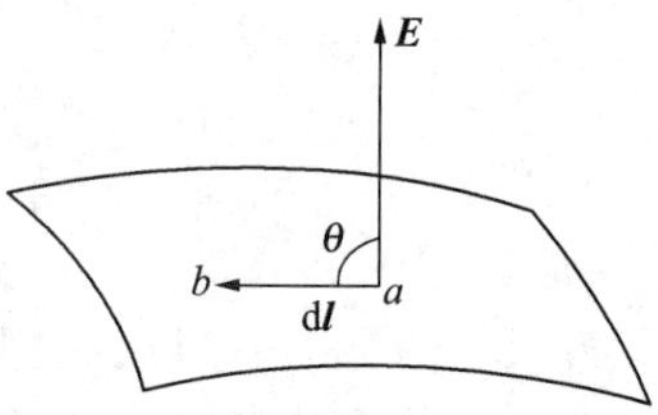

图 8.4-3 场强与等势面垂直

况,可画出等势面,并规定任两个相邻等势面间的电势差都相同,且等势面的正法线方向定为电势增高的方向。

讨论电荷 q_0 沿等势面的移动。如图 8.4-3 所示,当 q_0 沿等势面从 a 到 b 移动一小段距离 $\mathrm{d}\boldsymbol{l}$ 时,电场力做功为

$$\mathrm{d}W = q_0\boldsymbol{E}\cdot\mathrm{d}\boldsymbol{l} = q_0\mathrm{d}U$$

因为 a, b 在等势面上, $\mathrm{d}U = 0$, 故

$$\mathrm{d}W = 0$$

但因 $\boldsymbol{E}$ 和 $\mathrm{d}\boldsymbol{l}$ 都不为零,由 $\boldsymbol{E}\cdot\mathrm{d}\boldsymbol{l} = E\mathrm{d}l\cos\theta$ 可知,只可能 $\cos\theta = 0$, 即 $\theta = \frac{\pi}{2}$, 说明 $\boldsymbol{E}$ 和 $\mathrm{d}\boldsymbol{l}$ 相互垂直,因为 $\mathrm{d}\boldsymbol{l}$ 可以是等势面上任一线元,因而 $\boldsymbol{E}$ 垂直于等势面。就是说,电场线与等势面处处正交。图 8.4-4 为几种不同电荷分布的电场中等势面与电场线的分布。图中虚线表示等势面,实线表示电场线。

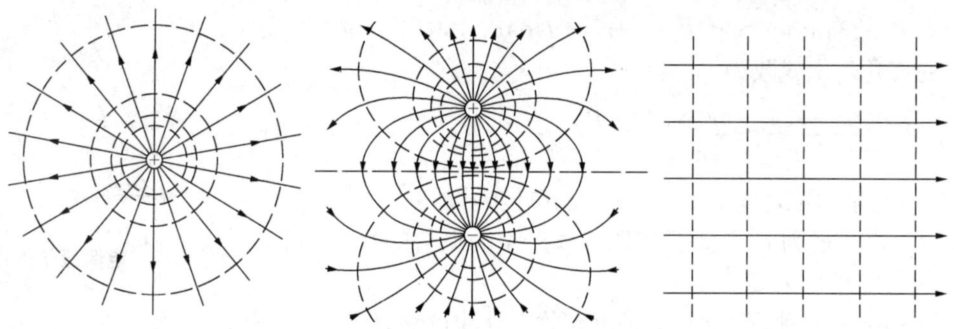
(a) 点电荷　　(b) 电偶极子　　(c) 荷电平板

图 8.4-4 几种不同电荷分布的电场中等势面与电场线

下面进一步讨论电势与场强的关系。电势和场强一般都是空间坐标的函数,即

$$U = U(x,\ y,\ z)\ 及\ \boldsymbol{E} = \boldsymbol{E}(x,\ y,\ z)$$

为简单起见,设 $\boldsymbol{E}$ 沿 x 轴正方向,即

$$\boldsymbol{E} = E_x\boldsymbol{i}$$

则等势面是垂直于 x 方向的平面,沿电场线 $\boldsymbol{E}(x,\ y_0,\ z_0)$ 取两点 $a(x,\ y_0,\ z_0)$ 和 $b(x+\mathrm{d}x,\ y_0,\ z_0)$,过 a, b 作两个等势面 $U(x,\ y,\ z)$ 和 $U(x+\mathrm{d}x,\ y,\ z)$,如图8.4-5所示。当电荷 q 沿此电场线由 a 移至 b 时,电场力所做元功应等于电荷在 a, b 两点电势能之差,即

$$\mathrm{d}W_{ab} = qE_x\mathrm{d}x = q(U_x - U_{x+\mathrm{d}x}) = -q\mathrm{d}U$$

得

$$E_x = -\frac{\mathrm{d}U}{\mathrm{d}x} \tag{8.4-9}$$

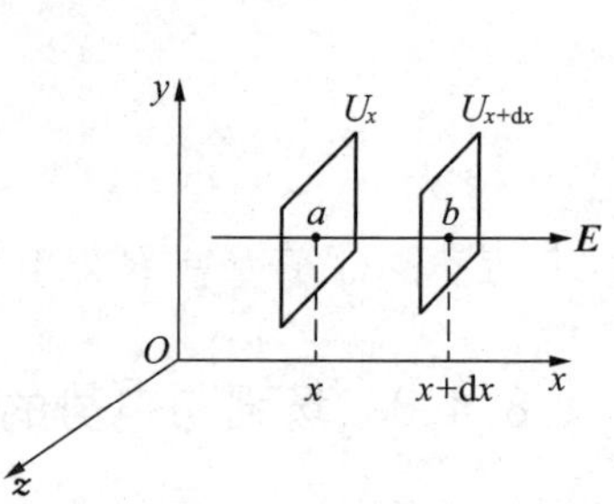

图 8.4-5 场强与电势关系

式中 $U = U(x,\ y,\ z)$ 且 y, z 是可以任意选取的,当其被选定后,只需要考虑 U 沿 x 方向的变化率。在数学上,对多元函数 $U = U(x,\ y,\ z)$, 如果只有自变量 x 变化,而 y, z 固定

(即看作常量)，则可把函数 U 看作就是 x 的一元函数，此函数对 x 的导数称为多元函数 U 关于 x 的偏导数，记为 $\frac{\partial U}{\partial x}$，即

$$\frac{\partial U}{\partial x}=\lim_{\Delta x\to 0}\frac{U(x+\Delta x,\ y,\ z)-U(x,\ y,\ z)}{\Delta x}$$

故一般(8.4-9)式应改为

$$E_x=-\frac{\partial U}{\partial x} \tag{8.4-10}$$

上式表明：当电场强度沿 x 轴时，电场中任一点的场强等于该点电势沿 x 方向的变化率，负号表示电场强度的方向与电势增加的方向相反。

同理可得场强在 y 或 z 方向的表示式为

$$E_y=-\frac{\partial U}{\partial y} \tag{8.4-11}$$

$$E_z=-\frac{\partial U}{\partial z} \tag{8.4-12}$$

当 $\boldsymbol{E}$ 为任意方向时，可将 $\boldsymbol{E}$ 分解为 x, y, z 方向的分量

$$\boldsymbol{E}=E_x\boldsymbol{i}+E_y\boldsymbol{j}+E_z\boldsymbol{k}$$

其中 E_x、E_y 和 E_z 仍由(8.4-10)、(8.4-11)和(8.4-12)式表示，由此可得

$$\boldsymbol{E}=-\left(\frac{\partial U}{\partial x}\boldsymbol{i}+\frac{\partial U}{\partial y}\boldsymbol{j}+\frac{\partial U}{\partial z}\boldsymbol{k}\right) \tag{8.4-13}$$

当已知电势分布 $U(x,\ y,\ z)$ 时，即可用上式求出电场中各点的电场强度。

例 3 求电偶极子外较远处任一点的电场强度。

解 如图 8.4-6 所示，在电场中取一点 P，P 和电偶极子组成 x-y 平面，在本节例 1 中已求得离电偶极子较远处某点 $(r\gg l)$ 的电势分布为

$$U=\frac{1}{4\pi\varepsilon_0}\frac{P\cos\theta}{r^2}$$

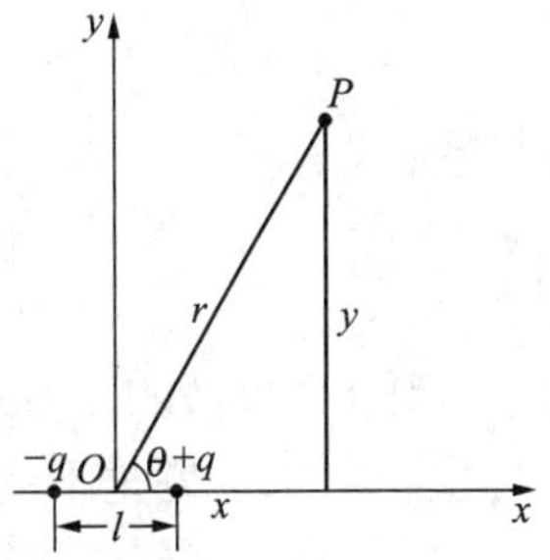

图 8.4-6 电偶极子的场强

而

$$r^2=x^2+y^2$$

$$\cos\theta=\frac{x}{r}=\frac{x}{(x^2+y^2)^{1/2}}$$

代入上式，

$$U(x,\ y)=\frac{1}{4\pi\varepsilon_0}\frac{Px}{(x^2+y^2)^{3/2}}$$

则得

$$E_x=-\frac{\partial U}{\partial x}=-\frac{P}{4\pi\varepsilon_0}\left[\frac{1}{(x^2+y^2)^{3/2}}-\frac{3x^2}{(x^2+y^2)^{5/2}}\right]$$

$$E_y = -\frac{\partial U}{\partial y} = \frac{3Pxy}{4\pi\varepsilon_0 (x^2 + y^2)^{5/2}}$$

$$E = \sqrt{E_x^2 + E_y^2} = \frac{P(4x^2 + y^2)^{1/2}}{4\pi\varepsilon_0 (x^2 + y^2)^2}$$

把 $r^2 = x^2 + y^2$, $x = r\cos\theta$, $y = r\sin\theta$ 代入上式,得

$$E = \frac{P}{4\pi\varepsilon_0 r^3}\sqrt{3\cos^2\theta + 1} \tag{8.4-14}$$

只要知道 P 点的 r 及其与电偶极子的夹角 θ,即可得到该点的场强。当 $\theta = 0$ 及 $\pi/2$ 时即得(8.2-10)与(8.2-11)式的结果。

由于电场强度为矢量,电势为标量,在许多情形用(8.4-13)式计算电场强度比直接用(8.2-5)式计算方便。

由前面的讨论可知,只有电场强度对电荷的运动产生影响,电势并不对电场中的电荷产生任何可测量的效果。概言之,电场强度可看作物质性的物理实在,电势只不过是为方便引入的数学工具。但是近代物理学表明,电子具有波粒二象性,而空间电势能对其中传播的电子波的相位产生影响。由此,电势也是物理实在,而且在某种意义上是比电场强度更为基本的物理实在(参见§19.4)。

*8.4.4 关于电势零点的讨论

电势是一个相对的概念,取不同的位置为电势零点,所得的电势数值不同,在静电学中常取无穷远或大地为电势的零点,在直流或低频交流电路中,常取机壳为零点,这里容易出现引起混淆的问题。

一、取无穷远处为电势的零点

一根无限长直带电圆柱体,离其轴线为 r 处的电势可由高斯定理通过电场强度求得。由§8.3 例 4 可知无限长带电圆柱体外的电场强度是

$$E = \frac{\lambda}{2\pi\varepsilon_0 r}$$

由电势定义,

$$U(r) = \int \boldsymbol{E}\cdot \mathrm{d}\boldsymbol{l} = \int_r^\infty \frac{\lambda}{2\pi\varepsilon_0 r}\mathrm{d}r$$

显然此积分是发散的。似乎问题出在取无穷远处为电势零点,其实取无穷远处为电势零点应是无可非议的;问题是不应假定带电体为无限长,事实上不可能有无限长的物体。在求场强时,认为带电体无限长,这实际上是说所求场强的地方离带电体很近且靠近其中部(边缘效应可忽略),以至相对来说带电体是无限长的。当由 $\boldsymbol{E}$ 求电势时,利用从电场中某点到无限远处 $\boldsymbol{E}$ 的线积分求解,这个路径本身是无限长的,这时有限长的带电体就不能看作是无限长的了。因此取无限远处为电势零点需要一个前提:带电体必须在空间不作无限延伸。

但为了计算上的方便,这种情况下常另找电势的零点。例如求无限长带电圆柱面内外的电势分布时,可把电势零点取在柱面上。

二、以大地作为电势的零点和无限远处为电势零点的等价性

如图 8.4-7 所示，设有彼此同心且相互绝缘的导体球和导体球壳，外球壳带有电量 Q，内球不带电，现用一根细导线通过外球上的一个孔，将内球接地，要求内球上的电量。解这类问题时，通常将地电势和无限远处的电势都定为零，问题是这样做是否合理可行。

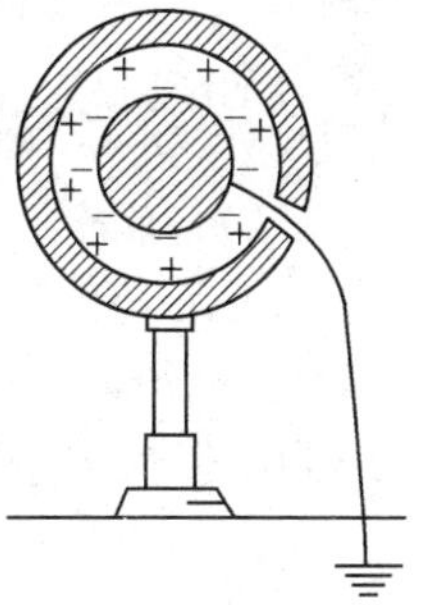

图 8.4-7 电势零点的讨论

实际上，地球可看作一硕大的带负电的导体球，分布在地表的负电荷约为 5×10^5 库仑。如果不计这一负电荷，地球可看作一中性的导体球。于是在空间并无其他电荷的情形，从地球表面直到无限远处的空间内均无电场。如果取无限远处电势为零，则地球电势也必为零。如果空间存在电荷，则会因静电感应而在地表形成感应电荷；或者由于导体接地，也会在其和地球间发生电荷交换。这两种情形都会使地球电势发生变化偏离零值。然而，由于地球半径极大，其电容硕大；有限的电荷增减只能使其电势产生微弱的变化。换言之，实际情形下地球电势始终和零相差甚微，从而可认为在不计地球本身所带负电荷的前提下，无限远和地球这两种电势零点的选择等价兼容。在这样的前提下，前一段要求的内球电量为

$$Q' = -Q\frac{R_1R_2}{R_1R_2+R_2R_3-R_1R_3}$$

R_1，R_2 及 R_3 分别为内球和外球壳的内外半径。

§8.5 导体的静电平衡、电容器

8.5.1 导体的静电平衡条件

金属导体的特点是内部有大量可自由移动的电子，在无外电场作用时，导体内的自由电子均匀分布在导体中并作热运动，类似于容器中的气体分子。在每个宏观的小区域内，自由电子所带的负电荷和原子实所带的正电荷数量相等，使导体中处处呈现电中性状态。总体而言，不产生电场，因此电子没有宏观的定向运动。如果导体放入外电场中，自由电子在电场力作用下逆着电场方向移动，最后在导体表面两端分别积累正、负电荷，这种现象称为导体的静电感应。这时，在导体表面出现的电荷称为感应电荷，感应电荷在导体内部产生的电场方向和外电场相反，这一过程持续到导体内部的合场强为零，自由电子不再有宏观的定向运动为止。感应电荷分布和导体外的电场分布达到一种稳定状态，称为导体的静电平衡状态。这一过程进行得很快，大约在 10^{-9} s 内即可完成。由于导体内部合场强为零，故导体是等势体，整个表面是等势面。§8.4 已证明，场强 $\boldsymbol{E}$ 和等势面垂直，因而导体表面的场强 $\boldsymbol{E}$ 垂直于表面。归纳起来，导体的静电平衡条件是：

导体内部场强处处为零，整个导体直至表面电势相等。

8.5.2 导体表面的电荷分布和电场强度

在静电平衡时,导体内部显然应没有电场。此时应用高斯定理,我们可以得出以下几点结论:

(1) 实心导体的电荷一定分布在表面上。

在导体内任取一闭合曲面 S,如图 8.5-1(a)所示,由于静电平衡时 $E_{内} = 0$, 所以 S 面上各点 $E = 0$, 通过 S 面的电通量

$$\Phi_e = \oint_S \boldsymbol{E} \cdot \mathrm{d}\boldsymbol{S} = 0$$

而 $\Phi_e = \dfrac{\sum q}{\varepsilon_0}$, 所以得

$$\sum q = 0$$

即 S 面内无净电荷,S 面可以位于导体中任何地方,并可趋缩于一点(当然这是指比原子尺度大得多的宏观小的区域),因此可得导体内部电荷密度处处为零,电荷一定分布在表面上。

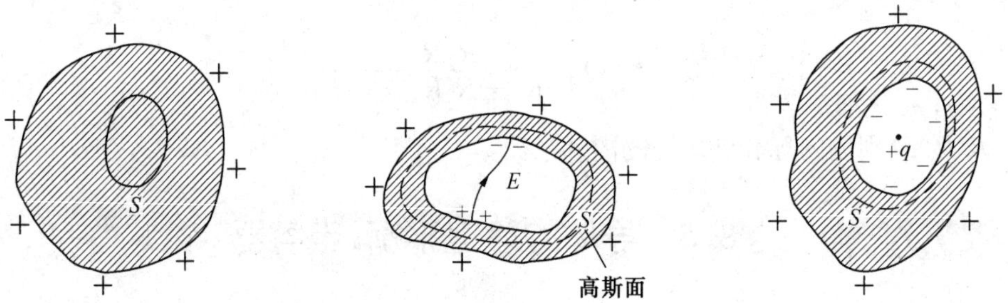

(a) 实心导体　　(b) 有空腔的导体(反证法)　　(c) 导体空腔内有电荷

图 8.5-1 导体上电荷的分布

(2) 导体的空腔内没有电荷时,电荷一定分布在导体的外表面上。

如图 8.5-1(b)所示,在导体中取一包围内表面的闭合曲面 S,如同上面的证明可知 S 面内 $\sum q = 0$。如果导体的内表面上有电荷分布,那么必定有些地方分布有正电荷,另一些地方分布有负电荷。设内表面两侧分别带等量异号电荷,因为导体内部 $E = 0$, 没有电场线通过,所以自内表面正电荷发出的电场线必通过空腔而终止在内表面的负电荷上,沿电场线的线积分 $\int \boldsymbol{E} \cdot \mathrm{d}\boldsymbol{l} \neq 0$。结果推出内表面两侧电势不相等的结论,这就违背了静电平衡条件,因而所设情况不成立,即导体内表面不可能有电荷分布,电荷只能分布在外表面上。

(3) 导体的空腔中有电荷 q,如图 8.5-1(c)所示,则导体内表面分布有电荷 $-q$,外表面上的电荷总数由电荷守恒关系决定,即等于导体所带电荷的总数与 q 之代数和。

在导体中取一包围内表面的闭合曲面 S,同样由高斯定理可证得 S 面内 $\sum q = 0$, 所以导体内表面上的电荷量应与空腔内的电荷量数值相等且电荷异号。由电荷守恒定律推知,导体外表面所带电荷量应等于导体所带电荷的总数与 q 的代数和。

(4) 导体表面上的场强大小为 $E=\frac{\sigma}{\varepsilon_0}$。

如图 8.5-2 所示，在导体表面上取一足够小的面元 ΔS，其上的电荷面密度 σ 及其外侧的场强 $\boldsymbol{E}$ 可以认为是均匀的，作一个紧贴导体表面的钱币形闭合面包围 ΔS，使其上、下底面积均为 ΔS 且与表面平行，侧面与表面垂直，对此闭合曲面求电通量。由于侧面法线与 $\boldsymbol{E}$ 垂直，且 $E_{内}=0$，故有

$$\oint_S \boldsymbol{E}\cdot \mathrm{d}\boldsymbol{S}=\int_{上底}\boldsymbol{E}_{外}\cdot \mathrm{d}\boldsymbol{S}+\int_{下底}\boldsymbol{E}_{内}\cdot \mathrm{d}\boldsymbol{S}+\int_{侧}\boldsymbol{E}\cdot \mathrm{d}\boldsymbol{S}$$

$$=E_{外}\,\Delta S$$

由高斯定理得

$$E_{外}\,\Delta S=\frac{q}{\varepsilon_0}=\frac{\sigma}{\varepsilon_0}\Delta S$$

即

$$E_{外}=\frac{\sigma}{\varepsilon_0} \tag{8.5-1}$$

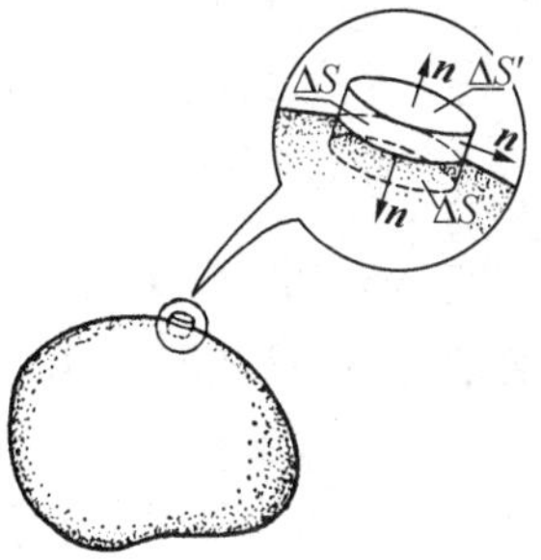

图 8.5-2 导体表面的场强

上式表示导体表面外侧附近任一点的场强等于该处表面电荷密度除以 ε_0。

导体表面电荷的分布情况，不仅与导体形状有关，还与其附近存在的其他带电体有关。对于静电场中的孤立导体，表面的面电荷密度与总电荷、导体的形状和该处表面曲率有关，但并不存在简单的函数关系。一般来说，曲率半径越小，即表面越显突出、越尖锐，面电荷密度越大；表面平坦处，曲率半径较大，面电荷密度较小；如果表面凹进去，曲率半径为负，则面电荷密度更小。但若导体并不孤立，即使表面曲率半径相同也可以有不同的电荷密度，例如带电导体球壳表面电荷分布受外界带电体影响时各处电荷面密度就可以不同。

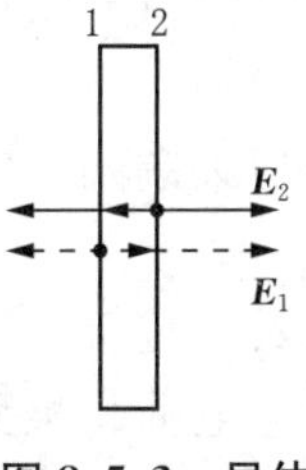

图 8.5-3 导体薄片内外的场强

一个容易混淆的问题是：(8.3-7)式表明电荷面密度为 σ 的无限大带电平板外侧的场强是 $\boldsymbol{E}=\frac{\sigma}{2\varepsilon_0}\boldsymbol{n}$，而(8.5-1)式则表示无限大带电导体平板的场为 $\boldsymbol{E}=\frac{\sigma}{\varepsilon_0}\boldsymbol{n}$，为什么会有如此差别？因为前面所指的无限大带电平板等效为一个带电平面，而一个导体薄片则有两个带电平面。当考察点无限接近导体时，可把薄片等效为两个无限大平行平板 1 和 2，当导体的面电荷密度为 σ 时，每个平板的面密度均为 $\frac{\sigma}{2}$，由平板 2 单独产生的电场如图 8.5-3 实线所示。由(8.3-7)式

$$E_2=\frac{\sigma}{2\varepsilon_0}$$

在平板 2 的左右两侧，$\boldsymbol{E}_2$ 的方向相反。用虚线表示平板 1 单独产生的电场为 $\boldsymbol{E}_1$，同样有

$$E_1=\frac{\sigma}{2\varepsilon_0}$$

在平板 1 的左右两侧，$\boldsymbol{E}_1$ 的方向相反，因此，在导体内部，合场强为

$$E_{内}=E_1-E_2=0$$

符合导体的静电平衡条件；在导体外侧，

$$E_{外}=E_1+E_2=\frac{\sigma}{2\varepsilon_0}+\frac{\sigma}{2\varepsilon_0}=\frac{\sigma}{\varepsilon_0}$$

与(8.5-1)式一致。

一般情况下，当导体成块状时，若导体带电量为 q，则导体表面上一小面元 ΔS 附近的场强是由 ΔS 面上的电荷 $\sigma\Delta S$ 和所有其他电荷 $(q-\sigma\Delta S)$ 共同产生的，当考察点无限接近 ΔS 面元时，ΔS 面元就可看作一无限大带电平面。在 ΔS 附近，由 $\sigma\Delta S$ 单独产生的电场为

$$E_S=\frac{\sigma}{2\varepsilon_0}$$

在 ΔS 的两侧，$\boldsymbol{E}_S$ 的方向相反；设由导体上其他电荷 $(q-\sigma\Delta S)$ 产生的电场为 $\boldsymbol{E}_0$，由静电平衡条件，在导体内部，$\boldsymbol{E}_0$ 必须与 $\boldsymbol{E}_S$ 大小相等，方向相反，以保证合场强为零，因此有

$$E_0=\frac{\sigma}{2\varepsilon_0}$$

而在导体外侧，$\boldsymbol{E}_0$ 与 $\boldsymbol{E}_S$ 同方向，两者合成得 $E_{外}=\frac{\sigma}{\varepsilon_0}$。

其实本节与§8.3节所讨论的情形都表明一普遍规律，即在密度为 σ 的面电荷两侧，场强有 $\Delta E=\frac{\sigma}{\varepsilon_0}$ 的跃变，这也可由高斯定理直接证明。

8.5.3 尖端效应和静电屏蔽

由前面的讨论可知，导体表面有凸出的尖端时，尖端处电荷面密度很大，场强也特别高，使尖端附近空气中少数残留的电子或离子作加速运动，获得很大动能，再与周围空气分子碰撞，使之电离。电离后的电子和离子又会加速碰撞，产生电离的雪崩效应。其中与尖端处异号的电荷被吸引到尖端，与尖端处的电荷中和，产生放电现象，称为尖端放电；与尖端同号的电荷则加速远离。

利用尖端放电现象可制造避雷针，保护建筑物免受雷击。在雷雨天，带电云层较接近地面，使地面上产生感应电荷，且集中分布在突出地面的物体上。当云层和物体上电荷积累到一定程度时，云层和地面突出物之间的空气在强电场下击穿发生雪崩式电离，形成强电流火花放电，即物体遭雷击。避雷针是高耸在建筑物上的尖形金属棒，用粗铜线把避雷针与埋在潮湿地下几米深的金属板相连接。当地面有感应电荷时，能及早通过避雷针局部放电，避免电荷积累过多后发生雷击。

利用尖端效应可制造场离子显微镜(FIM)。如图 8.5-4 所示，导体样品制成针尖状，尖端曲率半径在 10～50 nm 之间，放在充有少量氦气的真空玻璃球中央，球的内层敷上一层薄的导电荧光物质，在薄层和针尖之间加上很高的电压。若在针尖上加 10 kV 高的电压，则针尖表面附近可产生高达 4×10^{10} V/m 的场强，使吸附在针尖表面的氦原子电离。氦离子被加速，沿着辐射状的电场线运动并投向荧光屏，就能在荧光屏上见到针尖的“像”，如图 8.5-5 所示。随着电压的升高，在高场强作用下，离子受到的静电力可高达 10^{-9} N。如此大的静电力可使针尖样品表面原子电离，并被剥离而拉出表面。在荧光屏上可产生 10^6 倍以上的放大

像,分辨率可达 0.2 nm。所以用 FIM 可观察样品表面的原子结构。随着高真空技术、低温技术、微电子学以及各种表面分析技术的迅速发展,FIM 的应用更趋广泛,如可观察表面吸附原子的运动、扩散、成簇、重构以及脱附等动态过程。

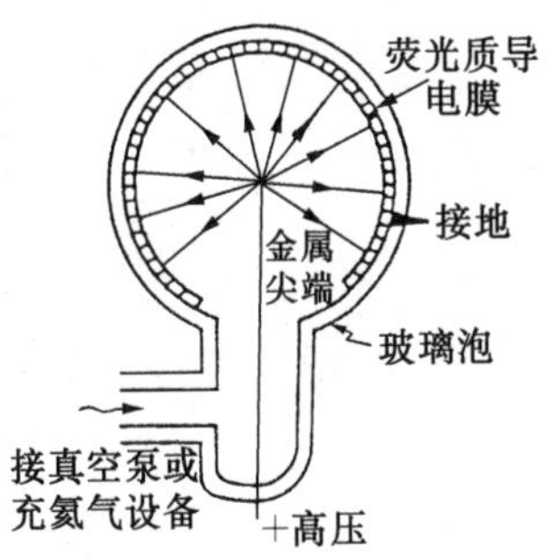

图 8.5-4 场离子显微镜原理

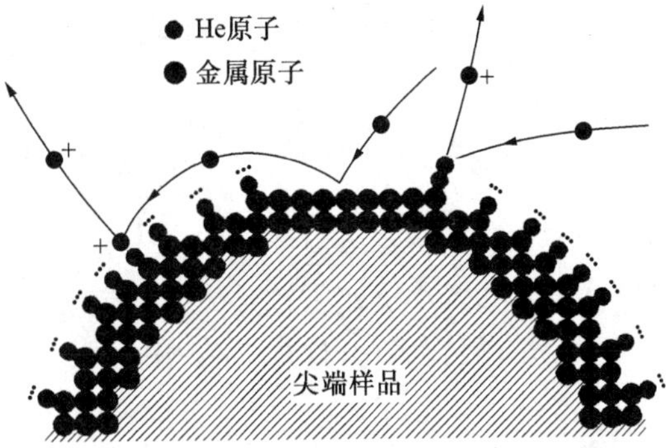

图 8.5-5 铱针尖表面的氦原子电离示意

利用尖端效应还可制成同步卫星上使用的推进器。同步卫星在地球上方一定的高度作圆周运动,其角速度应等于地球自转的角速度。为让其持续运行多年,必须控制其相对于地球的位置长期不变,但实际上不可能完全准确地靠初始调整的位置和速度达到永远同步的目的。而且卫星还受到月球的干扰。为此,在同步卫星上装一推进器,其作用是施加一个小推力,使卫星保持适当的方位并处于指定的轨道上。推力 $\boldsymbol{F}=\frac{\mathrm{d}m}{\mathrm{d}t}\boldsymbol{v}$, 其中 $\frac{\mathrm{d}m}{\mathrm{d}t}$ 是此推进器抛出推进剂而引致的质量变化速率,$\boldsymbol{v}$ 为其抛出速度。为使推进剂消耗尽量小,应使 $\boldsymbol{v}$ 较大,获得较大速度的方法之一是喷射带电粒子束。图 8.5-6 是一种胶质推进器的示意图。一根中空细针 N,相对于卫星外壳保持很高的正电压,将导电液体压入细针,在喷口周围形成非常细小的荷正电的微滴,因喷口处的面电荷密度和场强都很大,这些微滴在电场中加速而形成高速喷注。通常用许多细针结合,可获得较大推力。图中 B 是加速电极,也是卫星外壳的一部分。F 是热灯丝,其作用是把电子注入到喷出来的微滴中,使之变为中性的,这样,喷出后的微滴就不再受静电力的作用。通过调节所加的电压 V 可以调节推力的大小。

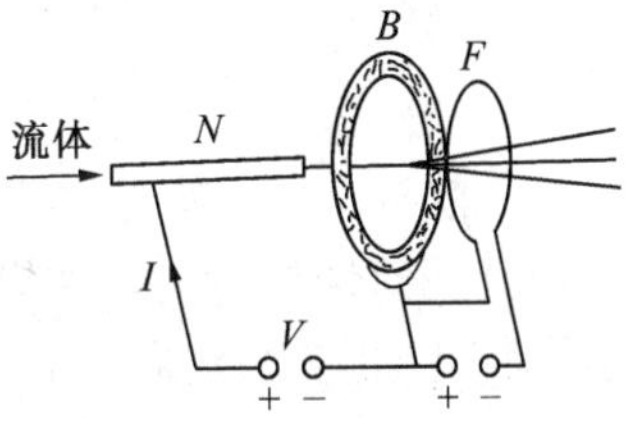

图 8.5-6 胶质推进器示意图

由导体的静电平衡条件可知,导体内部和无电荷的导体空腔内的场强都是零,因此有空腔的导体可以保护腔内物体不受外电场的影响,这种现象称为静电屏蔽。当空腔导体接地时,导体内部的带电体也不会影响腔外其他物体,也就屏蔽了腔内电场对外面的作用。通常将电子仪器的金属外壳接地,可使内部电路不受外界干扰,这就是应用了静电屏蔽的原理。

8.5.4 电容、电容器

在静电场中导体表面的电荷分布满足导体静电平衡的条件。对于孤立导体,电荷在导体表面上的相对分布由导体的几何形状唯一地确定。由此,带一定电量的导体外部空间的电场分布及导体的电势也就完全确定了。根据电势的叠加原理,当孤立导体的电量增加若干倍时,导体的电势也将增加若干倍,即孤立导体的带电量与其所产生的电势成正比:

$$q = CU \tag{8.5-2}$$

比例系数 C 称为孤立导体的电容。C 只取决于孤立导体的几何形状。例如，半径为 R 的导体球，当带有电量 Q 时，电势为

$$U = \frac{1}{4\pi\varepsilon_0}\frac{Q}{R}$$

故其电容为

$$C = \frac{Q}{U} = 4\pi\varepsilon_0 R \tag{8.5-3}$$

孤立导体电容的大小反映了该导体在给定电势的条件下荷电能力的大小。

电容的单位是库仑/伏特，称为法拉，用 F 表示。

$$1\ \mathrm{F} = 1\ \mathrm{C/V}$$

法拉是很大的单位，例如电容为 1 F 的孤立导体球的半径高达 9×10^9 m，比地球半径 6.4×10^6 m 还大 1 400 多倍，所以通常用微法拉或微微法拉作为电容的单位，记作微法(μF)或皮法(pF)。

$$1\ \mu\mathrm{F} = 10^{-6}\ \mathrm{F},\ 1\ \mathrm{pF} = 10^{-12}\ \mathrm{F}$$

当带电导体周围存在其他导体或带电体时，该带电导体的电势不仅与自身所带电量有关，且与周围的导体及带电体都有关，因此，一般情况下，非孤立导体的电量与其电势不成简单的正比关系。

对于两个分别带有电量 $+q$ 和 $-q$ 的导体组成的导体组，当周围不存在其他导体或带电体时，电量 q 与两导体间的电势差 U_1-U_2 成正比，此比值就称为该导体组的电容，即

$$C = \frac{q}{U_1 - U_2} \tag{8.5-4}$$

这种特殊的导体组称为电容器，组成电容器的两个导体分别称为电容器的两个极。电容器的电容与其几何结构有关。如果带电导体组的电场完全局限于内部，则电容器的电容就只完全决定于其几何结构，与周围有无其他导体或带电体无关。实际电容器均满足这一条件。

下面计算几种电容器的电容。

一、平行板电容器

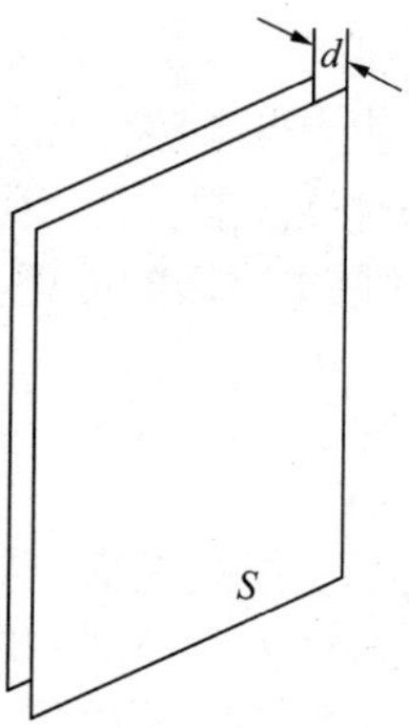

图 8.5-7 平行板电容器

如图 8.5-7 所示，平行板电容器由两块平行导体平板组成，两极板的面积为 S，内表面之间的距离为 d，通常 $d^2 \ll S$。除了边缘部分很小的范围外，两板之间的区域和无限大均匀带电平板之间的情况相同，即两极板内侧表面上电荷是均匀分布的，两极板间的电场也是均匀的，可证明电场被限制在两极板内。设两极板所带电量分别为 $+q$ 和 $-q$，则极板上电荷面密度分别为 $\pm\sigma = \pm q/S$，由每块板单独产生的电场为 $E = \frac{\sigma}{2\varepsilon_0} = \frac{q}{2\varepsilon_0 S}$。由带正电荷的板产生的场强垂直于板指向负极板，而由带负电荷的极板产生的电场强度也是垂直指向自身，故两者方向一致，由场的叠加原理，两极板间的场强为

$$E = \frac{\sigma}{2\varepsilon_0} + \frac{\sigma}{2\varepsilon_0} = \frac{\sigma}{\varepsilon_0} = \frac{q}{\varepsilon_0 S}$$

两极板间的电势差为

$$U_1 - U_2 = \int_1^2 \boldsymbol{E} \cdot \mathrm{d}\boldsymbol{l} = \frac{qd}{\varepsilon_0 S}$$

由此得,平行板电容器的电容为

$$C = \frac{q}{U_1 - U_2} = \frac{\varepsilon_0 S}{d} \tag{8.5-5}$$

二、圆柱形电容器

两个同轴圆筒形导体组成了圆柱形电容器,如图 8.5-8 所示,两圆筒的截面半径分别为 R_1 和 R_2 ($R_1 < R_2$),长度为 L,两圆筒所带电荷量分别为 $+q$ 和 $-q$,当 $L \gg R_2 - R_1$ 且忽略两端边缘效应时,可以把圆筒看成是无限长的。设圆筒单位长度带电量为 λ,$\lambda = \frac{q}{L}$,前面已由高斯定理求得两圆筒之间离开轴线的距离为 r 处的场强为(见 § 8.3 例 4)

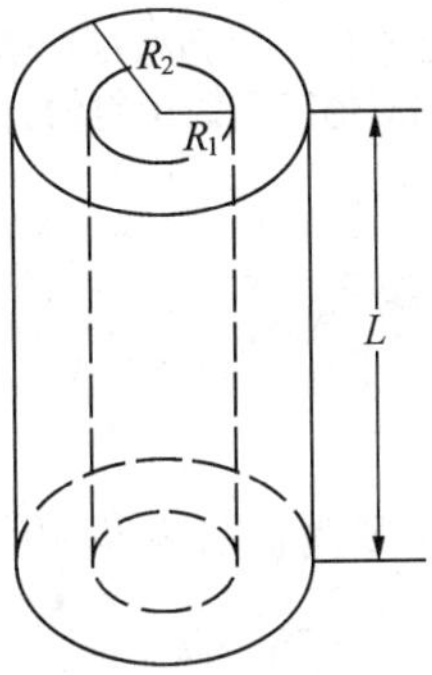

图 8.5-8 圆柱形电容器

$$E = \frac{\lambda}{2\pi\varepsilon_0 r}$$

场强方向沿着半径方向,因此两筒电极间的电势差为

$$U_1 - U_2 = \int_1^2 \boldsymbol{E} \cdot \mathrm{d}\boldsymbol{l} = \int_{R_1}^{R_2} \frac{\lambda}{2\pi\varepsilon_0 r}\mathrm{d}r = \frac{\lambda}{2\pi\varepsilon_0}\ln\frac{R_2}{R_1}$$

$$= \frac{q}{2\pi\varepsilon_0 L}\ln\frac{R_2}{R_1}$$

由此可得圆柱形电容器的电容为

$$C = \frac{q}{U_1 - U_2} = \frac{2\pi\varepsilon_0 L}{\ln\frac{R_2}{R_1}} \tag{8.5-6}$$

三、球形电容器

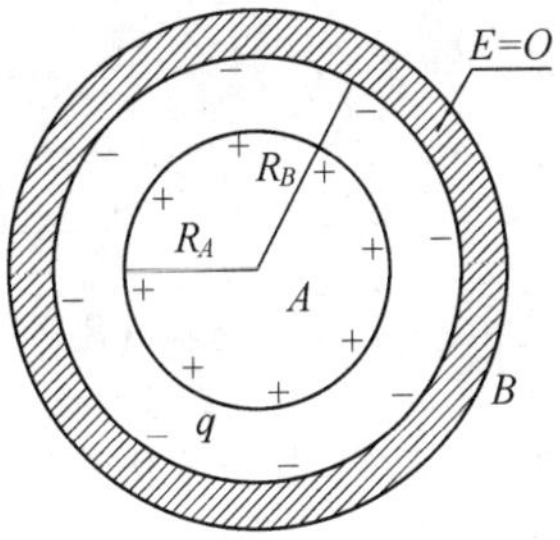

图 8.5-9 球形电容器

如图 8.5-9 所示,两同心导体球壳组成球形电容器。设两球壳半径分别为 R_A 和 R_B,$R_B > R_A$,球壳上分别均匀带有电量 $+q$ 和 $-q$,由高斯定理(见 § 8.3 例 1)可求出球壳间的电场强度为

$$E = \frac{1}{4\pi\varepsilon_0}\frac{q}{r^2}$$

方向沿半径指向带负电的球壳。因此两球壳间的电势差为

$$U_{AB} = \int_A^B \boldsymbol{E} \cdot \mathrm{d}\boldsymbol{l} = \int_{R_A}^{R_B} \frac{q}{4\pi\varepsilon_0 r^2}\mathrm{d}r = \frac{q}{4\pi\varepsilon_0}\left(\frac{1}{R_A} - \frac{1}{R_B}\right)$$

电容为

$$C=\frac{q}{U_{AB}}=\frac{4\pi\varepsilon_0 R_A R_B}{R_B-R_A} \tag{8.5-7}$$

若 $R_B\to\infty$，则为孤立导体球的电容。地球可看成是孤立导体球，地球半径为 6.4×10^6 m，可估算地球的电容为

$$C\approx 4\pi\varepsilon_0 R_A\approx 700(\mu\text{F})$$

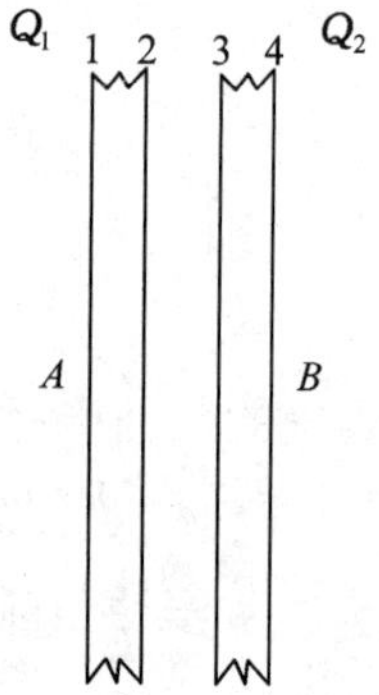

图 8.5-10 两极板所带电荷的绝对值不同时电容的计算方法

细胞膜是厚度为 6 纳米的超薄结构，膜和内、外细胞液组成球形电容器，其电容可用(8.5-7)式估算，不同的是，细胞膜是介质，相应的电容要乘以介质的相对介电常数(有关介质的内容在第 11 章介绍)。用此法估算得每平方厘米表面积的膜电容为 0.44 微法，比地球的单位表面积电容大多得。

实际上，任何两个由真空或介质隔开的导体面之间都有一定的电容，这种电容叫分布电容。当两导体所带电荷的绝对值不相等时，电容的定义式 $C=\frac{q}{U_1-U_2}$ 中的 q 应是用导线将两极板相连时，自正极板流向负极板的电荷。例如，如图8.5-10所示，有两无限大互相平行的导体平板，使两板 A 和 B 所带电量分别为 Q_1 和 Q_2，设 4 个面的电荷面密度分别为 σ_1，σ_2，σ_3，σ_4，由电荷守恒定律可得

$$Q_1=\sigma_1 S+\sigma_2 S \qquad ①$$

$$Q_2=\sigma_3 S+\sigma_4 S \qquad ②$$

其中 S 为极板面积，可以证明

$$\sigma_2=-\sigma_3 \text{ 及 } \sigma_1=\sigma_4 \qquad \text{(请读者证明之)}$$

解之得

$$\sigma_1=\frac{Q_1+Q_2}{2S}=\sigma_4$$

$$\sigma_2=\frac{Q_1-Q_2}{2S}$$

$$\sigma_3=\frac{Q_2-Q_1}{2S}$$

电容

$$C=\frac{Q}{U_A-U_B}=\frac{|\sigma_2|S}{U_{AB}}=\frac{|Q_1-Q_2|}{2U_{AB}} \tag{8.5-8}$$

其中 $Q=|\sigma_2|S$ 是两导体极板内侧所带电荷量，也是当导线连接 A、B 板时由一个极板流向另一个极板的电荷量。

电容器在使用中有两个主要指标，一是电容量，二是耐压。当电容器两极板所加的电压超过它的标定耐压值时即有可能被击穿而损坏。针对实际使用情况，可将电容器进行串联或并联。

图 8.5-11 为 N 个电容器串联的情况，外电压加在最外边的两个电极上。由静电感应，每

一个电容器上带电量的大小都是 q,因此,

$$q = C_1V_1 = C_2V_2 = \cdots = C_NV_N$$

$$V = V_1 + V_2 + \cdots + V_N = \sum_i V_i = q\sum_i \frac{1}{C_i}$$

式中 V_i 为第 i 个电容器两端的电压。两端总电容为 C,则 $C=\frac{q}{V}$, 和上式联立,得

$$q\sum_i \frac{1}{C_i} = \frac{q}{C}$$

$$\frac{1}{C} = \sum_i \frac{1}{C_i} \tag{8.5-9}$$

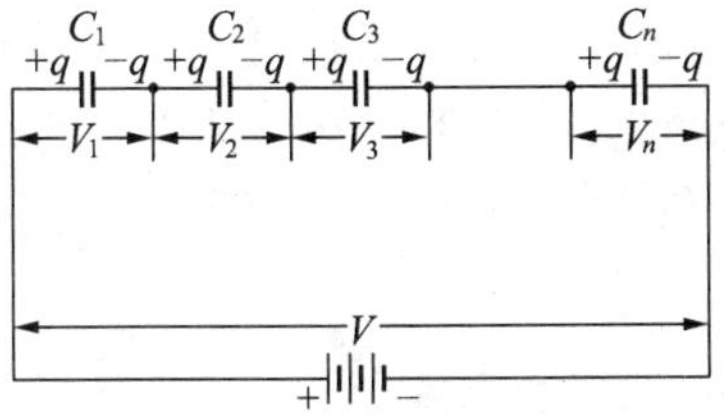

图 8.5-11 电容器的串联

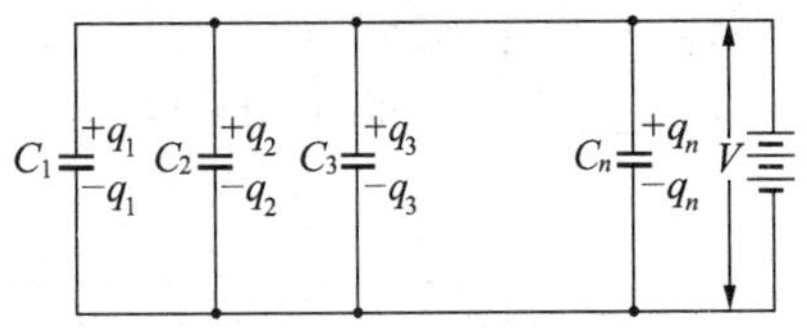

图 8.5-12 电容器的并联

图 8.5-12 是 N 个电容器并联的情况,两端电势差为 V,总电量为 q,

$$\begin{aligned} q &= q_1 + q_2 + \cdots + q_N = C_1V + C_2V + \cdots + C_NV \\ &= (C_1 + C_2 + \cdots + C_N)V \end{aligned}$$

得

$$C = \frac{q}{V} = C_1 + C_2 + \cdots + C_N = \sum_i C_i \tag{8.5-10}$$

并联可增加电容值;串联可增加电容器的耐压,但电容值会减小。

§8.6 稳恒电流、基尔霍夫定律

8.6.1 电流的连续性方程、稳恒电流

在静电平衡条件下,导体内部场强为零,导体内的自由电子只有无规热运动而无宏观的定向运动。如果在导体内建立一定的电场,则导体中的自由电子将在电场力作用下作定向运动。大量电荷的定向运动就形成电流。不随时间变化的电流称为稳恒电流,又称直流电。除了金属导体外,电解质溶液中的正负离子、电离气体中的正离子和电子等带电粒子在电场力作用下都能形成电流。除电场而外,还有其他因素,如化学作用等,可使电荷作定向运动。

单位时间内通过导体横截面的电量称为电流。即

$$I = \frac{\mathrm{d}q}{\mathrm{d}t} \tag{8.6-1}$$

式中 I 为电流。I 虽是标量，但常赋予其方向。国际上规定正电荷流动方向为电流的方向，因而电流往往沿着电场的方向，从高电势处指向低电势处。在国际单位制中，电流的单位称安培，简称安，用 A 表示。

$$1\,\mathrm{A} = 1\,\mathrm{C/s}$$

为了能细致地描写导体中不同部位电流的大小和方向，引入电流密度矢量 $\boldsymbol{j}$，其大小等于单位时间内通过该点垂直于电流方向的单位截面积的电量，方向为该点电流的方向，即

$$\boldsymbol{j} = \frac{\mathrm{d}I}{\mathrm{d}S_0}\boldsymbol{n}^0 \tag{8.6-2}$$

式中 $\boldsymbol{n}^0$ 为沿电流方向的单位矢量，$\mathrm{d}S_0$ 为垂直于 $\boldsymbol{n}^0$ 方向的面积元，电流密度矢量的单位是安培/米^2。$\boldsymbol{j}$ 是空间位置的函数，可以引入“电流线”进行形象描述。电流线是电流所在空间的一组曲线，其上任一点的切线方向和该点的电流密度方向一致，一束这样的电流线围成的管子称为电流管。可用电流线的疏密程度表示电流密度的大小。若已知导体中某点 P 的电流密度方向为 $\boldsymbol{n}^0$，通过该点的面元 $\mathrm{d}\boldsymbol{S}$ 的方向和 $\boldsymbol{n}^0$ 的夹角为 θ，如图 8.6-1 所示，则通过该面元的电流为

$$\mathrm{d}I = j\mathrm{d}S\cos\theta$$

可写成标积形式

$$\mathrm{d}I = \boldsymbol{j}\cdot\mathrm{d}\boldsymbol{S} \tag{8.6-3}$$

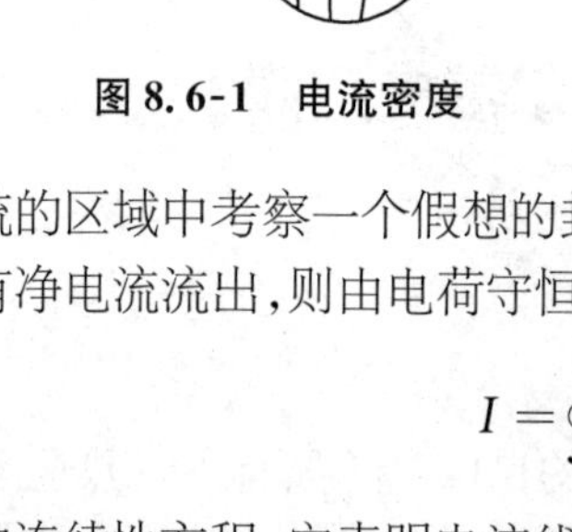

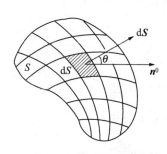

图 8.6-1 电流密度

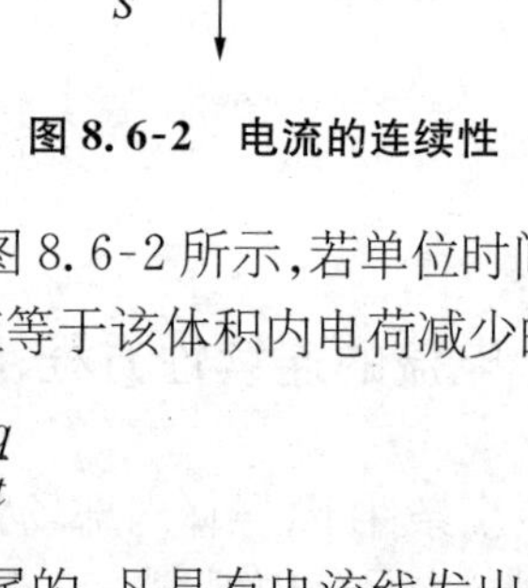

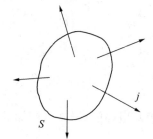

图 8.6-2 电流的连续性

在有电流的区域中考察一个假想的封闭曲面 S，如图 8.6-2 所示，若单位时间内从曲面 S 所围体积中有净电流流出，则由电荷守恒定律，电流量应等于该体积内电荷减少的速率，即

$$I = \oint_S \boldsymbol{j}\cdot\mathrm{d}S = -\frac{\mathrm{d}q}{\mathrm{d}t} \tag{8.6-4}$$

上式为电流的连续性方程，它表明电流线可以是有头有尾的，凡是有电流线发出的地方，那里的正电荷量必随时间减少。

稳恒电流各点的电流密度都应该不随时间变化，因而也不可能有电荷的堆积和减少，由方程(8.6-4)可得

$$\oint_S \boldsymbol{j}\cdot\mathrm{d}S = 0 \tag{8.6-5}$$

上式表明任何时刻进入与穿出封闭曲面的电流线数应相等，或者说稳恒电流的电流线只可能

是无头无尾的闭合曲线,这称为稳恒电流的闭合性。

8.6.2 欧姆定律、电动势

实验表明,通过一段导体的稳恒电流 I 和导体两端的电压 U 成正比,即

$$U = RI \tag{8.6-6}$$

式中

$$R = \rho \frac{l}{S} \tag{8.6-7}$$

众所周知(8.6-6)式就是一段导体的欧姆定律,R 为这一段导体沿电流方向的电阻。(8.6-7)式中,ρ 为电阻率。电阻的单位是伏/安,称为欧姆,用 Ω 表示;电阻的倒数叫电导,用 G 表示,单位是欧姆$^{-1}$,称西门子,符号为 S。电阻率与导体的材料和温度有关,单位是欧姆·米,其倒数称为电导率,用 σ 表示,即

$$\begin{cases} G = \dfrac{1}{R} \\ \sigma = \dfrac{1}{\rho} \end{cases} \tag{8.6-8}$$

当导体形状不均匀时,可用积分方法求电阻

$$R = \int \rho \frac{\mathrm{d}l}{S} \tag{8.6-9}$$

积分路径应与电流线一致,即与 $\boldsymbol{j}$ 同方向。因为导体内电荷的流动是由电场力引起的,$\boldsymbol{j}$ 和 $\boldsymbol{E}$ 方向相同且有一定的关系。在各向同性导体中取一很小的圆柱体,如图 8.6-3 所示,其轴线平行于该处电流线,底面积为 ΔS,长为 Δl,体积元很小,其中的场强 $\boldsymbol{E}$ 和电流密度 $\boldsymbol{j}$ 可视为均匀分布。导体元两端电压为 $-\Delta U = E\Delta l$, 通过的电流为 $\Delta I = j\Delta S$, 如设该小圆柱体的电阻为 ΔR,则由欧姆定律得

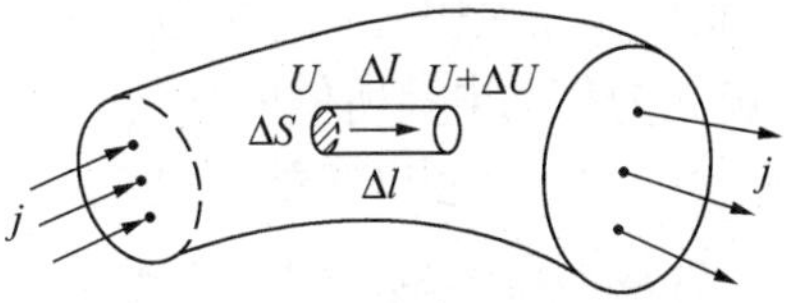

图 8.6-3 欧姆定律微分形式

$$-\Delta U = \Delta I \Delta R$$

$$E\Delta l = j\Delta S \Delta R$$

$$j = \frac{\Delta l}{\Delta R \Delta S} E = \frac{1}{\rho} E = \sigma E$$

写成矢量式,

$$\boldsymbol{j} = \sigma \boldsymbol{E} \tag{8.6-10}$$

上式为欧姆定律的微分形式,它不仅适用于均匀电流场,也适用于非均匀电流场。

当电流在导体内流动时,电子受电场力作用而获得动能,电子与晶格离子相互作用,把能量传给晶格离子,使导体温度升高,这种现象称为焦耳效应。若在时间 t 内通过截面积为 ΔS 长为 Δl 的小圆柱导体的电流为 I,则电子获得的能量为

$$E_Q = q\Delta U = Itj\,\Delta S\Delta R = (j\Delta S)tj\,\Delta S\rho\,\frac{\Delta l}{\Delta S} = j^2\rho t\,\Delta V$$

式中 ΔR 与 ΔV 分别为圆柱体的电阻和体积。

若用 w 表示单位时间在单位体积的导体上产生的热能,即热功率密度,则 $w = \frac{E_Q}{t\Delta V} = j^2\rho$,由 $\sigma = \frac{1}{\rho}$ 及 $j = \sigma E$,得

$$w = \sigma E^2 \tag{8.6-11}$$

上式为焦耳定律的微分形式。

在稳恒电流的情况下,空间各点的电荷密度不随时间变化,只是空间坐标的函数,这和静电场的情况相同。这些电荷激发的电场与具有同样电荷密度的静止电荷激发的电场相同,因此静电场的两个基本方程

$$\oint_l \boldsymbol{E} \cdot \mathrm{d}\boldsymbol{l} = 0$$

$$\oint_S \boldsymbol{E} \cdot \mathrm{d}\boldsymbol{S} = \frac{1}{\varepsilon_0} \sum_i q_i$$

仍成立,即稳恒电流场对电荷的作用力是库仑力,但在稳恒电流的电场中,导体不再是等势体。

由于稳恒电流的电流线是闭合的,又满足 $\oint_l \boldsymbol{E} \cdot \mathrm{d}\boldsymbol{l} = 0$,电场力沿任意闭合电流线移动电荷所做的功为零。若电场力将电荷从一点移到另一点做正功,电势能减小,则从后一位置将电荷移回到原来出发点时电场力必做负功,电势能增加。但实际上由于闭合电路上总存在电阻,电场力移动电荷所做的功将转化为电阻上所消耗的焦耳热。可见如果仅有静电力存在就不能使电荷返回到电势能较高的出发点,必须有非静电力做功将其他形式的能量补充给电路,才能使电荷逆着电场力方向运动,返回到原出发点,从而使电流线闭合。

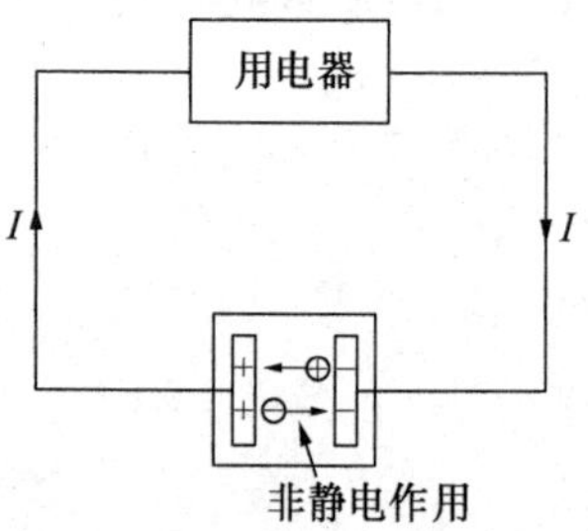

图 8.6-4 电源

提供非静电力的装置叫电源,依靠非静电力的作用可使与电源连接的外电路的两端维持一个恒定的电压,如图 8.6-4 所示。在电源外部只有静电场 $\boldsymbol{E}$,在电源内部除了 $\boldsymbol{E}$ 之外,还有非静电力产生的等效电场 $\boldsymbol{E}_K$,$\boldsymbol{E}_K$ 表示作用在单位正电荷上的非静电力。电源也有电阻,称为电源的内阻。

电源电动势定义为把单位正电荷从负极通过电源内部移到正极时,非静电力所作的功,用 $\mathscr{E}$ 表示,则

$$\mathscr{E} = \int_-^+ \boldsymbol{E}_K \cdot \mathrm{d}\boldsymbol{l} \tag{8.6-12}$$

电动势的大小是由电源本身的性质决定的,与外电路的性质无关。电动势虽是标量,但通常规定从电源负极经过电源内部指向正极的方向为电动势的方向,单位是伏特(V)。对于由电磁感应形成的感生电动势,往往无法区分电源的内部和外部,只能说整个闭合回路的电动势,因而又可将电动势表示为

$$\mathscr{E}=\oint_l \boldsymbol{E}_K \cdot \mathrm{d}\boldsymbol{l} \tag{8.6-13}$$

显然(8.6-12)式只是(8.6-13)式的一种特殊情况。

常见的稳恒电流电源有：

(1) 将化学反应释放的能量转化为电能的化学电池，如干电池和蓄电池；

(2) 将光能转变为电能的光电池，如太阳能电池，常用于人造卫星和宇宙飞船等，现已扩展至民用；

(3) 直流发电机，将水力、风力等机械能转化为电能；

(4) 核能电池，其特点是电路中的电流大小与外电路的电阻无关，只取决于放射性源的性质。

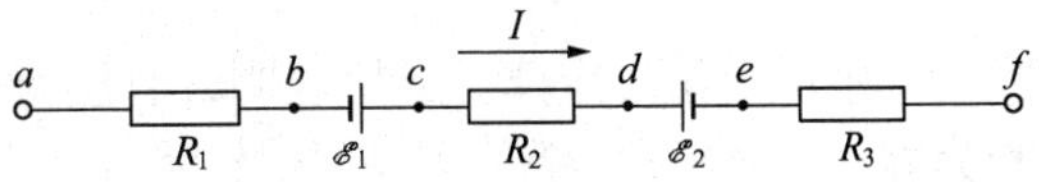

图 8.6-5 一段不均匀电路

如果一段电路中含有若干个电源和电阻，由于可能有分支电流，各电阻上的电流可能不同，这种电路称为不均匀电路或含源电路。如图 8.6-5 所示，以图中 af 段电路为例，要求 U_{af} 的值，可以从 a 点开始顺着 $a \to f$ 的移动方向逐一写下电阻和电动势两端的电势变化量。当电阻上的电流方向和 $a \to f$ 的走向一致时，电势降低，反之，电势升高；而电动势方向与 $a \to f$ 方向一致时，电势升高，反之则降低，故由图 8.6-5 有

$$U_a - IR_1 + \mathscr{E}_1 - IR_2 - \mathscr{E}_2 - IR_3 = U_f$$

整理得

$$U_{af} = U_a - U_f = I(R_1 + R_2 + R_3) - (\mathscr{E}_1 - \mathscr{E}_2) = I\sum_i R_i - \sum_j (\pm \mathscr{E}_j)$$

在图 8.6-5 的情形，电路无分支，流过各电阻或电源的电流相同，如出现分支，上式应改写为

$$U_{af} = \sum_i (\pm I_i R_i) - \sum_j (\pm \mathscr{E}_j) \tag{8.6-14}$$

其中 I_i 为流过 R_i 的电流，并且规定式中凡是与 af 走向一致的电流和电动势前均取正号，反之取负号。(8.6-14)式即为一段含源电路的欧姆定律。

8.6.3 基尔霍夫定律

复杂电路不能直接用欧姆定律求解，下面介绍解多回路问题的基尔霍夫定律。

在电路中，3 条或 3 条以上导线相交的点称为节点；两相邻节点间由电源和电阻等串联而成的通路称为支路；起点和终点重合的环路称回路。

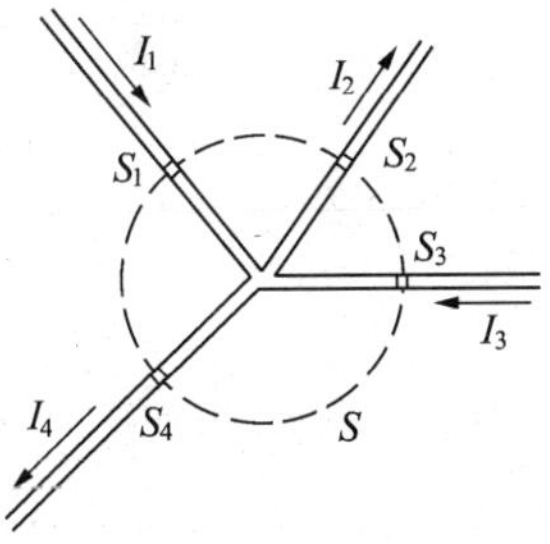

图 8.6-6 通过节点的电流

一、基尔霍夫第一定律(节点电流定律)

对每一个节点，可作一个闭合曲面将其包围起来，如图 8.6-6所示，规定从节点流出的电流(如 I_2，I_4)为正，流向节点的电流(如 I_1，I_3)为负，则由电流的稳恒条件

$$\oint_S \boldsymbol{j} \cdot d\boldsymbol{S} = 0$$

可知,通过每一个节点的电流的代数和为零,即

$$\sum_i (\pm I_i) = 0 \tag{8.6-15}$$

上式为基尔霍夫第一定律。

二、基尔霍夫第二定律(回路电压定律)

将一段含源电路的欧姆定律(8.6-14)式应用到闭合回路上,得

$$\sum_i (\pm I_i R_i) = \sum_j (\pm \mathscr{E}_j) \tag{8.6-16}$$

上式为基尔霍夫第二定律。定律表明,沿闭合回路绕行一周,各电源和电阻上电势降落的代数和为零。

应用基尔霍夫定律解题时,应注意以下几点:

(1) 在复杂电路的各条支路上先假设电流的方向并标出,若最后求得的电流为正,则表示所标方向与实际方向相同,若求得的电流为负,则所标方向与实际电流方向相反。

(2) 列出独立的节点电流方程。

(3) 对每一个独立的闭合回路,先规定回路的绕行方向,然后列出回路电压方程。

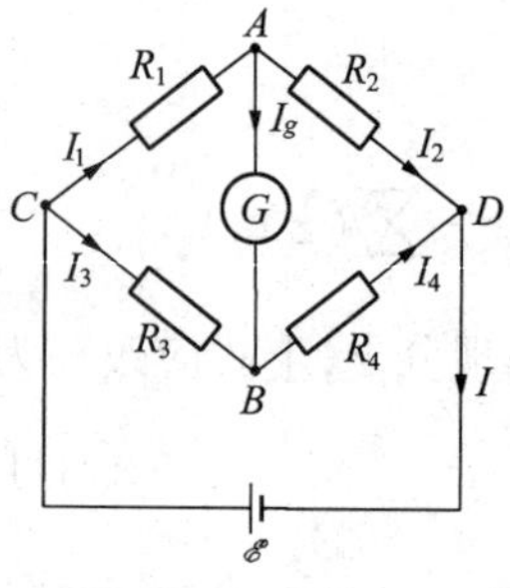

图 8.6-7 惠斯通电桥

例 1 惠斯通电桥。

在实际工作中,经常要准确地测量电流、电压和电阻,而且由于电学测量有较高的灵敏度和准确度,还可以把非电学量(如温度、应力、位移)转换成电学量进行测量。若用电压表和电流表测电阻,则由于表头有内阻而影响测量精度。用电桥法测电阻则可大大提高精度。图 8.6-7 所示为惠斯通电桥,4 个电阻 $R_1 \sim R_4$ 称为电桥的 4 个臂,G 是一种内阻为 R_g 的灵敏电流计,可向正负两个方向偏转,因而可指示正、反两个方向的电流大小,$\mathscr{E}$ 是电源的电动势,设内阻很小,可忽略。先假定电桥各支路的电流方向如图中箭头所示,由基尔霍夫定律列出独立的 3 个节点方程和 3 个回路方程,即

节点 A: $I_2 + I_g - I_1 = 0$

节点 B: $I_4 - I_g - I_3 = 0$

节点 C: $I_1 + I_3 - I = 0$

回路 $CABC$: $$I_1R_1 + I_gR_g - I_3R_3 = 0 \tag{8.6-17a}$$

回路 $ADBA$: $$I_2R_2 - I_4R_4 - I_gR_g = 0 \tag{8.6-17b}$$

回路 $CBDC$: $$I_3R_3 + I_4R_4 = \mathscr{E} \tag{8.6-17c}$$

消去未知量 I, I_2 和 I_4,整理得

$$\begin{cases} I_1R_1 - I_3R_3 + I_gR_g = 0 \\ I_1R_2 - I_3R_4 - I_g(R_2 + R_4 + R_g) = 0 \\ I_3(R_3 + R_4) + I_gR_4 = \mathscr{E} \end{cases}$$

上式为关于 I_1, I_3, I_g 的三元一次方程,可用行列式求解,得

$$I_g=\frac{\begin{vmatrix}R_1 & -R_3 & 0\\ R_2 & -R_4 & 0\\ 0 & R_3+R_4 & \mathscr{E}\end{vmatrix}}{\begin{vmatrix}R_1 & -R_3 & R_g\\ R_2 & -R_4 & -(R_2+R_4+R_g)\\ 0 & R_3+R_4 & R_4\end{vmatrix}}$$

$$=\frac{-(R_1R_4-R_2R_3)\mathscr{E}}{R_2R_3(R_1+R_4)+R_1R_4(R_2+R_3)+(R_1+R_2)(R_3+R_4)R_g} \tag{8.6-18}$$

当 $R_1R_4=R_2R_3$ 时, $I_g=0$, 灵敏电流计中无电流通过,称这种现象为电桥平衡,这时有

$$R_1=\frac{R_2}{R_4}R_3 \tag{8.6-19}$$

通常将待测电阻作为 R_1, R_2 和 R_4 阻值取一定的比例,R_3 用可调电阻,改变 R_3 可使 $I_g=0$, 然后由(8.6-19)式可得待测电阻 R_1。在实用中常需要用非平衡电桥,以便连续读出电阻值。保持所有电阻和电动势不变,这时 I_g 只与 R_1 的变化有关,事先将电流计刻度校正,可直接从电流计指针的偏转角度读出待测电阻的大小。

当电阻 R_1 用热敏电阻时,非平衡电桥就可作为温度测量仪,事先根据 I_g 和温度的关系做好刻度,可直接读出温度值。

若 R_1 采用与压强成正比的锰铜电阻,即可制成压强计,现已广泛用于测量气体或液体的压强,测量范围可达 1 万个大气压。

阅读材料　　8.1 电场力做功和电势能

设有一电量为 Q 的点电荷静止位于坐标原点 O,另有一点电荷 q 从无限远处移至 P 点,P 点位矢为 $\boldsymbol{r}$,则在此过程中外力需反抗 Q 的电场力做功

$$W=-\int_{\infty}^{r}\boldsymbol{f}\cdot\mathrm{d}\boldsymbol{r} \tag{①}$$

其中

$$\boldsymbol{f}=\frac{1}{4\pi\varepsilon_0}\frac{Qq}{r^2}\boldsymbol{r}^0 \tag{②}$$

为 Q 对 q 的库仑作用力,$\boldsymbol{r}^0$ 为从 Q 指向 q 的单位矢量。由此,

$$W=q\frac{Q}{4\pi\varepsilon_0 r}=qV \tag{③}$$

$$V=\frac{Q}{4\pi\varepsilon_0 r} \tag{④}$$

为 Q 在 q 所在处的电势。

易知 W 同样也是将两电荷从相距 r 分开至相距无限远的过程中 Q 的电场力所做的功。

当 q 从无限远处移至和 Q 相距 r 时外力的功转化为 Q 和 q 组成的这一体系的能量,称为体系的静电势能。由于库仑力和万有引力一样,都和距离平方成反比,也是保守力,所做的功只取决于电荷间的始、末相对位置,而和电荷移动的具体路径无关。势能的这一性质和热力学中的态函数一致。我们可以将两电荷相距 r 看作一种状态,电势能只决定于这一状态而和如何达到这一状态的历史无关。不难想到,根据势能的态函数性质,两电荷 Q 和 q 组成的体系的电势能也可看成 q 固定而将 Q 从无限远处移至和 q 相距 r 时外力反抗 q 的电场力所做的功,从而可写成

$$W = QV' \tag{⑤}$$

V'为 q 在 Q 处的电势。

结合③和⑤式可将体系的电势能写成对称的形式:

$$W = \frac{1}{2}(qV + QV') \tag{⑥}$$

必须强调的是,和重力(或引力)势能一样,静电势能是体系的性质。在这里的情形即属 Q 和 q 组成的体系,而并非属于哪一个电荷。平常有时会使用 q 的电势能这样的说法,这其实并不严谨,应默认为是 Q 和 q 组成体系的电势能的简化说法,恰如说重物的势能应默认为是重物和地球组成体系的引力势能的简化说法一样。

后面会看到,Q 和 q 体系的电势能是两电荷电场能量的一部分(参见阅读材料 11.1),相应于彼此间的相互作用。因此这一体系的电势能又称为 Q 和 q 之间的互能。

⑥式的结果可推广至 n 个电荷 $q_1, q_2, \cdots, q_n$ 组成的体系。该体系的电势能可写成

$$W = \frac{1}{2}\sum_i^n V_i q_i \tag{⑦}$$

其中 V_i 是除 q_i 之外所有其他电荷 $q_j(j \neq i)$ 在 q_i 处产生的电势。⑦式中出现的"$\frac{1}{2}$"是因为对 i 累加时每对电荷(例如 q_i 和 q_j)之间的互能计算了两次。

对一带电量为 Q 的单一带电体,如将 Q 分割成无数电荷元,则根据⑦式,所有电荷元之间互能的总和可写成

$$W = \frac{1}{2}\sum_i V_i \delta q_i \tag{⑧}$$

式中 V_i 是除 δq_i 之外所有其他电荷元 $\delta q_j(j \neq i)$ 在 δq_i 处产生的电势。令 $V = V_i + \delta V_i$,δV_i 为 δq_i 对自身所在处电势的贡献。于是,V 即为 δq_i 所在处的电势。显然,$\delta V_i \sim \delta q_i$,将 $V_i = V - \delta V_i$ 代入上式,注意到 $\delta V_i \delta q_i$ 为二级小量,在极限情形⑧式过渡到

$$W = \frac{1}{2}\int V \mathrm{d}q \tag{⑨}$$

⑨式所示的 W 称为此带电体的自能,带电体的自能就是所有电荷元互能的总和。可见,这里的自能也是静电势能。对带电导体,由于是等势体,⑨式中的 V 就是导体的电势而可以提出积分号外,有

$$W = \frac{1}{2}QV \tag{⑩}$$

在阅读材料 11.1 里我们会看到，由若干带电体组成体系的电场能包括每个带电体的自能和各带电体之间的互能，也就是构成体系的所有电荷元之间的互能(即相互作用静电势能的总和)。

习惯上在力学范围内认为在保守力作用下机械能守恒，典型的例子是在重力作用下重物的机械能守恒。重力这一保守力对重物做功导致重力势能下降，转化为重物动能的增量，于是重物的机械能守恒。其实，重力对重物做功转化为重物的动能只是动能定理对重物的应用，因为重力势能属于重物和地球组成的体系，并非重物独有。比动能定理更为普遍的功能原理在这里表现为引力保守力对重物和地球二者做功，导致体系重力势能下降，转化为重物和地球二者动能的增量。只是由于地球质量远大于重物，引力对地球做的功和地球的动能可以忽略，势能下降在实际上便全归结为重力对重物所做的功。如果体系中物体的质量可以比较，则保守力的功应为其对所有受保守力作用的物体所做功的总和，并转化为所有物体动能的增加；这样才可完整地体现出只有保守力做功的孤立体系的功能原理，即体系势能的变化转化为体系动能的增量。这一功能原理对静电势能同样适用。

下面具体讨论两个质量 m_1 和 m_2 可以比拟的点电荷 q_1 和 q_2 组成的体系。设初始状态为二者分别被束缚静止于水平面上 x 轴原点两边的 x_{10} 和 x_{20} 处 ($x_{10} > 0$, $x_{20} < 0$)。为简单计，将原点置于体系的质心，即取质心系。因此有

$$m_1 x_{10} + m_2 x_{20} = 0 \tag{⑪}$$

假设 q_1 和 q_2 异号，则当束缚松开后两电荷便在库仑引力作用下沿 x 轴相向加速运动。现在讨论二者在原点相遇前的运动过程。为简单计，略去摩擦损耗。先从两点电荷的牛顿方程开始。对于点电荷 q_1，库仑力为

$$f_1 = \frac{1}{4\pi\varepsilon_0}\frac{q_1 q_2}{(x_1 - x_2)^2} < 0 \tag{⑫}$$

⑫式可简化为

$$f_1 = K\frac{1}{(x_1 - x_2)^2} \tag{⑬}$$

其中

$$K = \frac{1}{4\pi\varepsilon_0}q_1 q_2 \tag{⑭}$$

由于 q_1 和 q_2 异号，$K < 0$。
由于取质心系，$m_1 x_1 + m_2 x_2 = 0$，⑬式化为

$$f_1 = C\frac{1}{x_1^2} \tag{⑮}$$

其中

$$C = \frac{K}{\left(1 + \frac{m_1}{m_2}\right)^2} \tag{⑯}$$

于是可写出 q_1 的牛顿方程

$$\frac{C}{x_1^2}=m_1\frac{\mathrm{d}v_1}{\mathrm{d}t} \tag{17}$$

v_1 为 q_1 的速度。代入 $v_1=\dfrac{\mathrm{d}x_1}{\mathrm{d}t}$，⑰式可化为

$$\frac{C}{x_1^2}\mathrm{d}x_1=\mathrm{d}\left(\frac{1}{2}m_1v_1^2\right) \tag{18}$$

积分得

$$C\left(\frac{1}{x_{10}}-\frac{1}{x_1}\right)=\frac{1}{2}m_1v_1^2 \tag{19}$$

同理，对 q_2 可得

$$D\left(\frac{1}{x_2}-\frac{1}{x_{20}}\right)=\frac{1}{2}m_2v_2^2 \tag{20}$$

其中

$$D=\frac{K}{\left(1+\dfrac{m_2}{m_1}\right)^2} \tag{21}$$

⑲式左边表示保守力对 q_1 所做的功，而⑳式左边则表示静电力对 q_2 所做的功。将此二式相加，并注意

$$m_1x_{10}+m_2x_{20}=m_1x_1+m_2x_2=0$$

可得

$$K\frac{1}{(x_{10}-x_{20})}-K\frac{1}{(x_1-x_2)}=\frac{1}{2}m_1v_1^2+\frac{1}{2}m_2v_2^2 \tag{22}$$

㉒式左边表示保守力做的总功，而第一项正是初始状态体系的静电势能 E_{p0}，第二项则为终态体系势能 E_p，㉒式即为

$$E_{p0}-E_p=\frac{1}{2}m_1v_1^2+\frac{1}{2}m_2v_2^2-0 \tag{23}$$

这正是这一孤立体系的功能原理。保守力做功，导致体系势能下降，转化为 m_1 与 m_2 两个质点动能的增量。㉓式中的"0"表示初态体系动能。注意⑲式和⑳式分别为两个质点的动能定理，表示保守力做功的一部分转化为一个质点动能的增加，另一部分转化为另一个质点动能的增加。而㉒式的左边则表示保守力做的总功，即对所有受保守力作用物体所做的功的总和，以体系势能下降为代价。㉒式也可视为机械能守恒的推广，因为静电势能和机械势能具有同样的能量转化功效。

由㉒式也可以看到由于这里保守力是体系内二物体之间的内力，其总功只取决于物体间相对位置 x_1-x_2 的变化，不依赖于参照系的选择(见 3.2.3 节)。因此，通常在计算重力或静电力做的总功时，可以取某个物体或电荷静止的参照系(包括非惯性参照系)而使计算简便。

不过,这样做并不意味着势能这样的体系性质可以简化为类似于动能那样的单个物体的性质。而且在非惯性系里虽然一对内力的总功仍可正确计算,但必须计及惯性力才能应用基于牛顿定律的动能定理等其他规律。

下面以两个质量可以比拟(质量分别为 m_1 和 m_2)的质点的力学体系为例。设保守力为 $\boldsymbol{f}_c$。在质心惯性系里,设两个质点的位矢分别为 $\boldsymbol{r}_1$ 和 $\boldsymbol{r}_2$。m_1 的动能定理为

$$\boldsymbol{f}_c \cdot \mathrm{d}\boldsymbol{r}_1 = m_1\left(\frac{\mathrm{d}}{\mathrm{d}t}v_1\right)\cdot \mathrm{d}\boldsymbol{r}_1 = \mathrm{d}\left(\frac{1}{2}m_1v_1^2\right)$$

而 m_2 的动能定理为

$$-\boldsymbol{f}_c \cdot \mathrm{d}\boldsymbol{r}_2 = m_2\left(\frac{\mathrm{d}}{\mathrm{d}t}v_2\right)\cdot \mathrm{d}\boldsymbol{r}_2 = \mathrm{d}\left(\frac{1}{2}m_2v_2^2\right)$$

保守力的功能原理为

$$\mathrm{d}W_c = \boldsymbol{f}_c \cdot (\mathrm{d}\boldsymbol{r}_1 - \mathrm{d}\boldsymbol{r}_2) = \mathrm{d}\left(\frac{1}{2}m_1v_1^2\right) + \mathrm{d}\left(\frac{1}{2}m_2v_2^2\right) = \left(1+\frac{m_1}{m_2}\right)\mathrm{d}\left(\frac{1}{2}m_1v_1^2\right)$$

其中应用了质心系条件 $m_1v_1 + m_2v_2 = 0$。$\mathrm{d}W_c$ 为保守力对 m_1 和 m_2 所做的元功总和。注意 $\mathrm{d}\boldsymbol{r}_1 - \mathrm{d}\boldsymbol{r}_2 = \mathrm{d}(\boldsymbol{r}_1 - \boldsymbol{r}_2)$,而$(\boldsymbol{r}_1 - \boldsymbol{r}_2)$为 m_2 静止的非惯性系中 m_1 的位矢,$\mathrm{d}(\boldsymbol{r}_1 - \boldsymbol{r}_2)$则为在该非惯性系中 m_1 的元位移。因此,在 m_2 静止的非惯性系中保守力的功仍为 $\mathrm{d}W_c$。这里比㉒式更加清楚地表明总功不依赖于参照系的选择。

在 m_2 静止的非惯性系中,m_1 的动能增量为

$$\mathrm{d}E_{\mathrm{k}} = \frac{1}{2}m_1\mathrm{d}(v_1 - v_2)^2 = \left(1+\frac{m_1}{m_2}\right)^2\mathrm{d}\left(\frac{1}{2}m_1v_1^2\right)$$

由于在该参照系中保守力的元功仍为 $\mathrm{d}W_c$,显然,$\mathrm{d}E_{\mathrm{k}} \neq \mathrm{d}W_c$。这一差别可归结为惯性力做功。作用在 m_1 上的惯性力为 $\boldsymbol{f}_i = -m_1\dfrac{\mathrm{d}}{\mathrm{d}t}v_2$,因而惯性力做的元功 $\mathrm{d}W_i$ 应为

$$\mathrm{d}W_i = \boldsymbol{f}_i \cdot \mathrm{d}(\boldsymbol{r}_1 - \boldsymbol{r}_2) = \boldsymbol{f}_i \cdot (\mathrm{d}\boldsymbol{r}_1 - \mathrm{d}\boldsymbol{r}_2)$$

代入 $\boldsymbol{f}_i$ 的表达式,并注意 $v_2 = -\dfrac{m_1}{m_2}v_1$,可得

$$\mathrm{d}W_i = \frac{m_1}{m_2}\left(1+\frac{m_1}{m_2}\right)\mathrm{d}\left(\frac{1}{2}m_1v_1^2\right)$$

比较以上各式可知

$$\mathrm{d}E_{\mathrm{k}} = \mathrm{d}W_c + \mathrm{d}W_i$$

如果 $m_2 \gg m_1$,便约化到通常重物和地球的情形。

阅读材料 8.2 电泳与太空制药

一、电泳

电泳是指悬浮或溶解在电解液中的微小带电粒子在外加电场作用下作定向运动的现象。

不同的带电粒子有不同的迁移速率 v，常用迁移率 μ 表示带电粒子在单位电场强度下的迁移速率，即

$$\mu = v/E \quad ①$$

电解液是离子溶液，在外加恒定电场作用下，离子溶液中的带电粒子运动很复杂。当离子溶液中有正的带电粒子时，溶液中的负离子就被吸引到其周围形成“离子云”，对粒子的运动产生阻碍作用。另外，溶液的黏滞性也是阻碍粒子运动的因素。综合各种因素，理论和实验都已求得带电小球的迁移率为

$$\mu = \frac{QD}{4\pi\eta R^2} \quad ②$$

其中 Q 为带电粒子所带的电量；R 为其等效半径；η 为离子溶液的黏滞系数；$D = \sqrt{\varepsilon kT/2n_0e^2}$ 称为德拜常数，其物理意义等效于带电小球周围离子云“厚度”，ε 为离子溶液的介电常量，T 为温度，k 为玻耳兹曼常数，n_0 为带电粒子表面处的离子数密度。由于不同带电粒子的 Q、R 不同，在电场中就有不同的迁移率，因此可把它们分开。

“电泳”一词包括了电泳的现象和技术两方面的内容，用电泳技术可分离混合物中的生物活性物质及蛋白质的各种组分；在医学临床诊断中可作甲胎蛋白的测定、血清脂蛋白的分离及测定、乙型肝炎表面抗原的检查等。新近发展的技术已能分离染色体 DNA 大分子，并对核酸的序列进行分析，成为从分子水平上研究遗传本质的重要手段。

电泳的方法很多，下面简略介绍其中两种方法。一种是聚丙烯酰胺凝胶电泳技术，其方法是将聚合的丙烯酰胺分子凝聚成三维筛网状结构，用来作为电泳的支持物，也称为载体。它的筛孔兼有分子筛的作用，对不同尺寸的分子有不同的阻力，因而也参与分离过程以提高分辨率。将生物样品及缓冲溶液(即电解质溶液，具有足够的缓冲能力，可保持溶液有稳定的 pH 值)加于凝胶中，加电压进行一段时间的电泳，则带不同电荷量的生物分子由于迁移率的不同而移动到载体上不同的位置，形成带状区域，电泳结束后取下凝胶，经染色、脱色等技术处理，然后作扫描定量观察，就可得到各种成分的浓度，用这种方法可分辨人体血清蛋白质的 20～30 个不同组分。

当带电粒子的迁移率相差不多时，可以用另一种方法进行电泳分离，这就是等电聚焦电泳法，经常用此方法分离蛋白质。蛋白质是一种两性物质，它具有可解离的酸性基团—COO^- 和碱性基团—NH_3^+ 等，在一定 pH 值的溶液中会解离带电，而所带电荷的极性及电荷量是与溶液的 pH 值有关的。如果在某 pH 值条件下蛋白质分子所带的正、负电荷相等，净电荷为零，则这时蛋白质在电场中就不会移动，此 pH 值称为该种蛋白质的等电点，用 pI 表示。在酸性溶液($pH < pI$)中，蛋白质带正电荷，在碱性溶液($pH > pI$)中，蛋白质带负电荷，而蛋白质的等电点只取决于其氨基酸的组成，所以各种蛋白质的 pI 值是不同的。如果在电解槽中用某种方法使溶液的 pH 值从正极到负极逐渐增加，形成 pH 值的梯度，则电泳时，不同的蛋白质分子就迁移并聚焦在相当于其等电点的 pH 位置上，因为只有在此位置上它的净电荷才为零，从而不受电场力作用而停下来，这样可分离不同的蛋白质。图 RM8-1 是某种等电聚焦的装置简图。

用 1 mm 厚的有机玻璃板制成 U 型电泳分离槽，整个装置分成槽和盖两大部分，各自内部都是空的，可通循环冷却水。当盖子放在槽上时，就把槽内液体压成蛇形，电极加在槽两端，槽内放置需要分离的蛋白质溶液，溶液中加有可造成 pH 梯度的载体两性电解质，使槽内

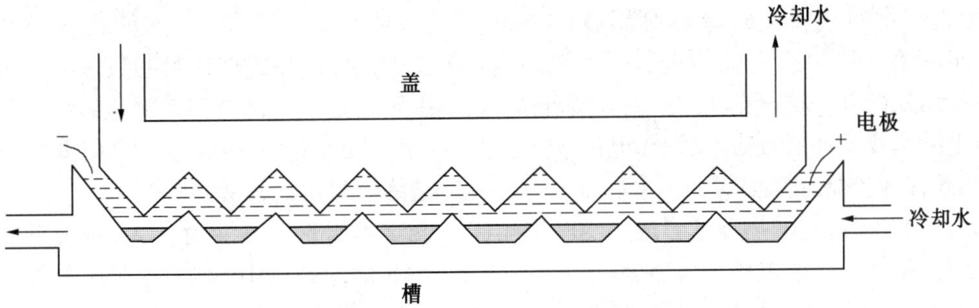

图 RM8-1 等电聚焦装置简图

形成逐渐变化的 pH 值。电泳时,不同蛋白质聚集在具有不同 pH 值的凹槽中。这些凹槽起到收集器的作用,电泳结束后,可对每个槽中的蛋白质进行分析鉴定。

一般分析方法可用光密度计扫描,也可用分光光度计测量蛋白质的光吸收,以得到不同组分的浓度图像。

二、太空实验室中的药物提纯

对制药来说,纯度是很重要的,常采用电泳方法将药物分子和杂质分子分离开来,其中关键是带电分子受到的电场力与液体的黏滞力的平衡作用。在地面上提纯药物时,液体微小的运动就会扰乱上述两种力的平衡,由于液体各部分的温度不可能绝对均匀,较热的液体将上浮,冷的液体则下沉,形成对流,因而会使各种分子混杂起来。但在太空实验室中,重力几乎为零,冷而密的液体不会沉到容器底部;同样,密度低的较热液体也不会上浮,所有液体分子都处在一定位置上,因此能不受干扰地用电泳方法分离不同种类的分子。早在 1969 年,美国宇航局就开始研究空间电泳仪,以后分别在阿波罗-14 号和 16 号飞船上成功地分离了药物分子。1973 年,在太空实验室-4 号上用电泳法将活细胞成功分离。1975 年在太空中从肾细胞中提取了尿激酶,这是治疗血栓和心力衰竭等症的良药,在地面上分离难度很大,费用昂贵,在空间分离可使成本下降十几倍。在太空生产的另一种贵重药物是干扰素,它具有较强的抗癌作用和广泛的抗病毒作用。在地面上制造干扰素很难,大约从 45 000 L 的人血中只能提取 0.4 g 干扰素。据报道,1979 年世界干扰素总产量仅 1 g,其难度在于制取纯干扰素需要将由细菌活细胞产生的数百种混合物分离,而地球上的重力影响了对这些混合物的分离。到空间进行分离,则不仅纯度高,产量也高,在空间一个月的产量,抵在地面生产 40 年。20 世纪 90 年代在太空实验室已有批量药物生产出来。在空间利用电泳技术高效率地生产贵重药物有着广阔的前景。

参考资料

[1] 奇云,"前景诱人的空间制药",现代物理知识,1992 年 2 月。

阅读材料 8.3 导电高聚物

一、导电高聚物

高聚物是由有机高分子构成的绝缘材料,通常俗称的塑料或合成纤维等均为高聚物。自从 1940 年杜邦发明了尼龙之后,世界上已出现了上千种塑料,并广泛应用于生产和生活中,如塑料袋、合成纤维衣料、CD 唱片、厨房用品、塑钢门窗等。塑料制品有良好的机械性能(强度和延展性)及绝缘性能,是电器或电缆中使用很普遍的绝缘材料。然而,高聚物居然能成为导电材料却是出乎人们意料之外的。导电高聚物的发现颇具戏剧性。1977 年,日本的白川英树(H. Shirakawa)在一次由乙炔制造聚乙炔时,因偶然的操作失误使所用的催化剂的数量大大超过配方定量,结果得到一种有光泽的银色薄膜,看起来像铝箔,但延展性却类似塑料包装纸。奇特的是,其电导率猛增几百万倍,成为导电体,这就是导电聚合物。此后,掀起了一个研究导电高聚物的热潮,在化学和物理学之间开辟出了一个活跃的边缘学科研究领域。

1999 年 3 月,美国物理学会成立 100 周年庆典暨学术讨论会在亚特兰大举行,参加者达 1.2 万人,堪称近代学术界一大盛会。与会者分布在 48 个分会场中听报告,那几个听众最为爆满的会场,自然是关于当前物理学研究方面最为关注的热点,其中一个就是题为"有机电子材料和器件"的分会场,12 个半天全都人头攒动,甚至不少人站在会场外面和走廊缝隙中听讲。

为什么导电高聚物受到如此关注呢? 一方面,导电高聚物提供了一类有广阔应用前景的新材料,通过控制掺杂方法和掺杂过程可使其电导率在绝缘体、半导体和导体这样宽广的范围内变化,因而可制成导体、半导体甚至超导体等材料,同时,导电高聚物又具有聚合物的可塑性,且重量轻,故其应用范围极广;另一方面,在导电高聚物的导电机理的研究过程中涌现出许多新的物理概念,促进了凝聚态物理等学科的发展,例如提出了"孤子"和"极化子"理论,指出掺杂的聚乙炔(一种导电高聚物)中的载流子是带电的孤子或极化子,这些理论成功地解释了导电聚乙炔的电、磁、光、热等物理性质,为研究准一维体系的物理学奠定了一定的理论基础。

二、导电机理

现已合成出多种导电聚合物材料,如聚乙炔、聚苯胺、聚噻吩等,其中聚乙炔的结构最为简单,下面以其为例说明导电聚合物的导电机理。为了避免较艰深的物理理论,这里只给出基本的物理图像。

聚乙炔是由 C_2H_2(乙炔)单体聚合而成的线性共轭高分子,可写成$(CH)_x$,链上的碳原子和氢原子都位于一个平面上,因而聚乙炔是平面型分子,如图 RM8-2 所示,在碳链上,单键和双键交替出现,每个碳原子的最近邻有两个碳原子和一个氢原子。由于在这 3 条键中,相邻两条键之间的夹角都是 120°,可以有几种同分异构体,最常见的有两种。图 RM8-2(a)所示为反式聚乙炔结构,双键两端的两个氢原子位于双键的两侧,两个 CH 单位组成一个原胞(最小的重复单元),用虚线方框标出;图 RM8-2(b)则为顺式聚乙炔结构,双键两端的两个氢原子位于同侧,4 个 CH 单位组成一个原胞。实际上,还有其他同分异构体,但为不稳定的结构。早期用高浓度的 $Ti(OBU)_4$—$ALEt_3$ 催化体系合成的具有银白色金属光泽的柔软导电聚乙炔薄膜,可以是自支承的薄膜,也可附着在玻璃或金属衬底上,薄膜的厚度可在0.1 mm到0.5 cm间变化。由电子显微镜可看到聚乙炔薄膜由许多直径约为20 nm 的细丝组成,每根细丝由许多$(CH)_x$ 链组成。这些链的排列是有序的,每条$(CH)_x$ 链的分子直径约为0.5 nm,两条相邻的$(CH)_x$ 链之间的距离大约为0.4 nm。薄膜中细丝之间的空隙很大,只有三分之一体积为细丝占据。在同一条链上,相邻碳原子间是共价键,耦合比较强,而链与链之间的耦合较弱。电子只能在同一条链上运动,从一条链向另一条链运动的概率很小,因而聚乙炔是准一维体系。在薄膜中掺入杂质后,由于$(CH)_x$ 链上相邻碳原子间的耦合较强,杂质原子很难替代碳原子而插到碳链上来,而链之间的耦合较弱,杂质可处于链之间的空隙中而在空隙中移动,因而掺杂并不影响链的完整性,是填隙式的,与半导体中杂质原子的替位式掺杂在本质上不同。

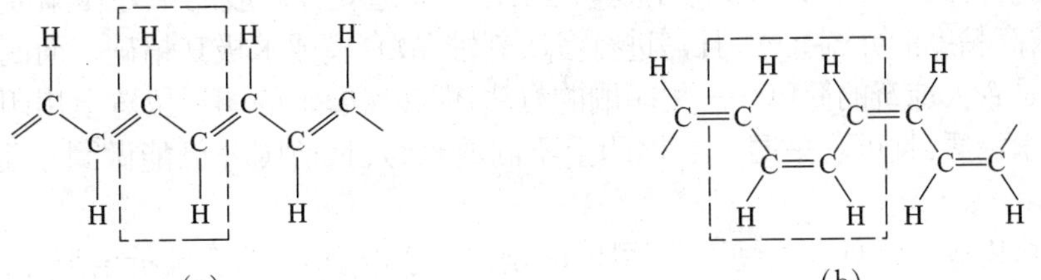

图 RM8-2 反式和顺式聚乙炔的分子结构

每个碳原子有 4 个价电子,在聚乙炔中,其中一个电子与氢原子组成共价键 C—H,两个电子分别与左、右近邻位置上的碳原子键合构成主链,这 3 个电子不能在碳链中移动,对电导无贡献,只有一个电子可以导电。但纯净的聚乙炔却是不导电的。在掺加某些杂质(如碱金属 Li、Na、K 或卤素 Cl、I、Br,卤化物 AsF_5、PF_5、BCl_3 等)后,在杂质的影响下(杂质并不进入碳链而是夹在链之间),在碳链上将激发出大量能导电的载流子(电流的荷载者)。实验发现,掺杂 Na 的浓度达到 5%时,聚乙炔的电导率就从 $10^{-9}\,\Omega^{-1}\cdot cm^{-1}$ 增加到 $10\,\Omega^{-1}\cdot cm^{-1}$,变为半导体,而 Na 的浓度超过 6%时,聚乙炔变为导体,电导率可提高 12 个数量级。导电聚乙炔中的载流子与金属和半导体中的载流子不同,当杂质浓度较低时,出现的载流子是"极化子",而当杂质浓度大于 1%后,主要的载流子变为"孤子"。什么是"极化子"? 在离子晶体中,当电子在晶格中运动时,电子吸引正离子排斥负离子,产生极化,因而使电子附近的晶格变形,变形后的离子晶格会产生局域的畸变势场,电子在此局域畸变势场中运动就形成定域的电子束缚态,此电子与周围的极化畸变晶格形成了一个"复合粒子",这就是极化子,这是在电子和离子晶格相互作用下所形成的一种元激发。在聚乙炔中,情况也是类似的,故在聚乙炔中的元激发也称为"极化子"。不同的是聚乙炔是一维体系,而一般的离子晶体是三维的。

"孤子"的概念来源于"孤波",这是一种在水面上传播的具有特殊性质的波动,其形状是一个孤立的波峰,在传播过程中保持形状不变。孤波在很多方面类似于粒子,如其物质和能量的空间分布集中,具有定域性;不受外界作用时,形状和速度不变,具有稳定性;弹性碰撞后形状不变。导电聚乙炔中的孤子是一种"集体激发",是链中所有电子与整个晶格相互耦合而出现的集体效应,这种"集体激发"的单元——孤子具有粒子性,但又不像单个的电子。孤子有复杂的结构,是一种"复合粒子"。

在实际的反式聚乙炔材料中,碳链的共轭长度是有限的,约包括几十个到上百个碳原子。当杂质浓度低于 1%时,平均每条共轭链上分到一个杂质原子,可提供一个电子或吸收一个电子,从而使碳链激发。由于极化子激发能最小,因而这时激发起极化子。当杂质浓度增加后,每条链上可有两个杂质提供或吸收两个电子,这两个电子要激发起两个元激发。但反式聚乙炔中的一个极化子不能具有两个电子,而两个极化子或两个电子的激发能都比较高,但孤子-反孤子对的激发能最低,所以当杂质浓度大于 1%后,主要的载流子变为孤子和反孤子。

三、导电高聚物的应用

由于导电高聚物具有许多优异的物理化学性质,所以其应用广泛,并展现了诱人的前景,下面略举几例。

1. 塑料集成电路

对高聚物进行适当掺杂可制备成有机半导体材料,用于制作塑料集成电路。集成电路一般有 4 个组成部分:基板、运算器、存储器和导线。塑料集成电路的基板就是塑料,塑料晶体管用来制备运算器和存储器。如何用简单的工艺来制造呢?一般的半导体集成电路采用硅片制作,要求高精度的光刻技术,且需进行多次刻蚀,故套模要求极其精确。而制作塑料晶体管的技术却是令人惊奇的简单——用印刷的方法,即在所要求的图形位置上用印刷的方法添加特殊的化学物质,且可以一层一层地印上不同的材料,目前国外已能做到小于 1 μm 的线条宽度。

因为塑料集成电路具有柔韧性,还可以印刷在一条带子上,然后像折扇那样折叠起来,再加以钉固,就制成三维的全塑料集成块,这样可以增加集成度,这是目前正在研究的方向。塑料集成电路的导线制备除印刷法外,还有一种方法是把多层薄膜叠合起来冲以小孔,再把液态的导电塑料注入,固化后就成为垂直的连接导线。荷兰已首先用导电聚合物做成一个"15位数码的可编程编码发生器(PCG)"。这块集成电路芯片包括 326 个晶体管,面积为 27 mm^2,最小线宽为 5 μm。作为新兴产业的第一步,国际上很多电子仪器公司正在用塑料电子器件代替硅器件,制作比较简单和适于大量生产的集成电路。

除了集成电路外,有机半导体类材料将有 3 个方面的重要应用。一是有机电致发光材料,可用作平面光源和平面显示器;二是光致折变材料,在适当光强作用下会改变其折射率,可作透镜,有望用于光通讯和集成光路;三是光致变色材料,可制成高密度可录写光盘的存储材料。可以设想,将来制成全塑料电路的移动电话或掌上电脑,不会跌坏,大尺寸的平面电视屏可卷起来搬运……

2. 塑料电池

聚乙炔掺杂后可具有较高的室温电导率,比重小,又具有很好的可逆氧化-还原特性,是制造蓄电池的好材料。1979 年 A. G. Macdiarmid 首次用聚乙炔材料制作了蓄电池。塑料电池可减少环境污染,又轻巧,因而有较高应用价值。20 世纪 80 年代,用聚乙炔和聚苯胺掺杂后制成的蓄电池已作为商品供应市场。另外,聚乙炔对于能量范围在 1.5~3.0 eV 的光子具有很高的吸收系数(超过 10^5 cm^{-1}),这和太阳光谱能很好地匹配,是很有前途的制造太阳能电池的材料。

3. 电磁屏蔽材料

高电导率的导电高聚物具有类似于金属的电磁屏蔽效应,做成导电乳胶可喷射到墙壁或任何表面上,以阻止电磁波的辐射或防止电话及其他电子讯号被窃听。还可在航天工业中用作屏蔽材料。

4. 智能性药物释放系统和传感器

导电聚合物的掺杂和去掺杂具有可逆性,使其有望成为智能材料,用于制成微执行器,如微镊子、细胞分离器、微阀等。通过改变掺杂剂的种类和掺杂条件,可精确控制导电高聚物的离子通透率、气体通透率或分子尺寸的选择性,而将其应用于选择性分离。在医学上,离子电疗法的原理是用电化学过程驱动药物离子通过皮肤进入体内。据此原理,可研制一种含药物的导电高聚物电池,当需要时,只要将此电池的两个电极与皮肤相接触,药物就能释放出来并通过皮肤进入血液。

某些导电高聚物与空气中的各种气体、油剂中的水分、溶液中的葡萄糖或离子发生电化学氧化—还原反应时,其电导率和几何尺寸会发生不同程度的变化,据此设计而成的传感器可用于鉴别多种气相或液相化合物。

此外,在医学上可用导电高聚物制成人造肌肉、假肢等,既轻巧又易于控制其运动,已设想在航天器上用其制作机器手。

导电聚合物在应用方面已取得很大进展,但仍有许多未知的理论和技术等待我们去发掘,也许会像导电高聚物的发现那样,科学不一定按我们的预想去发展,却是“众里寻他千百度,蓦然回首,那人却在,灯火阑珊处”。

参考资料

[1] 万梅香,“导电高聚物的研究进展与展望”,物理,19 卷 2 期。
[2] 钱人元、朱道本等,“有机金属导体的研究”,物理,19 卷 12 期。

阅读材料 8.4 闪电的物理学

夏季的雷阵雨是最常见的自然现象之一。是时往往狂风呼啸,大雨倾盆,电光闪烁,雷声隆隆。虽然大家都知道闪电是自然界中的静电放电现象,犹如感应静电起电机的两个球形电极靠近时跳过的火花。但是,就是这样一个司空见惯的现象,至今仍有许多问题没有弄清楚,探索的过程仍在继续。例如,放电离不开异号电荷的产生和积累,就连这么一个同闪电相关的电荷产生的原因,仍是众说纷纭。有说同湿度、风力、摩擦、气压有关的,也有说是太阳风以至宇宙线引起的,至今莫衷一是。

虽然我们通常见到的闪电几乎全是在云层和地面的树木、建筑物之间发生的,但全世界每年发生的十亿次上下的闪电中只有大约四分之一发生在云地之间,其余四分之三则发生在云层之内或云间。虽然我们往往将闪电同暴风雨联系在一起,但在其他情形,包括火山喷发、沙尘暴、森林火灾,甚至核爆炸时也能引发闪电。

闪电携带着大量的能量。通常闪电通道中的电流路径达 10～100 km,电压接近 1 亿伏,平均功率高达万亿瓦级,虽然一次放电仅持续约几十微秒的时间,产生的能量可高达几亿焦耳,传送几库仑到几十库仑的电量。在如此高的功率下,闪电在极短的时间内即能将其通道周围的空气加热至 2 000～3 000 ℃,这比太阳表面温度还高出好几倍。因此空气迅速膨胀,压强迅速增加,压缩周围的空气。紧接着又迅速冷却,压强降低收缩。这一胀一缩都发生在几毫秒的时间内,从而形成冲击波,就像爆炸一样。冲击波以约 5 000 $m \cdot s^{-1}$ 的速度向周围传播,约 0.1～0.3 s 后冲击波演变为普通的声波。这就是我们听到的雷鸣声。由于闪电的能量极高,当击中砂地时甚至能将砂粒瞬时熔化,冷却后形成树根状的中空玻璃管,称为闪电岩。整个过程仅约 1 s。闪电岩通常直径几厘米,几米长,其中最长的可达 5 m。有时闪电岩甚至能深入地表 15 m 之遥。闪电岩的外形比较粗糙,常粘有砂粒,并有一些小分枝和小洞,但内壁极光滑。随砂粒成分不同闪电岩可呈黑色、棕褐色、绿色或半透明的白色。

雷雨时的闪电起源于积雨云中的电荷分离和积累。比较多的人相信,积雨云中的上升气流携带着水滴,使其迅速冷却至－10～－20 ℃的超冷液态。这些超冷水滴同云层中的冰晶碰撞形成霰——冰水混合物,碰撞结果使一些正电荷留在冰晶上,并在上升气流带动下向上运动至云层上部;负电荷则转移至较重的霰粒而降至云层的中部或下部。于是云层上部积累正电荷,而中部以下则积累负电荷。这一过程持续进行,直至形成的电场足以引发闪电放电为止。

云地之间的闪电发生在积雨云和地面之间,通常认为可分为若干阶段。观测表明,在云层底部也有少量正电荷存在于所谓的 P 区,大量负电荷聚集的中下部则称为 N 区。N 区是一个平底锅一样的薄层,上下不足 1 km 厚,但水平方向延伸范围可达几千米,离地面的高度大约6 km,如图 RM8-3 所示。正是这一 P 区正电荷对引发云地间的闪电起重要作用。

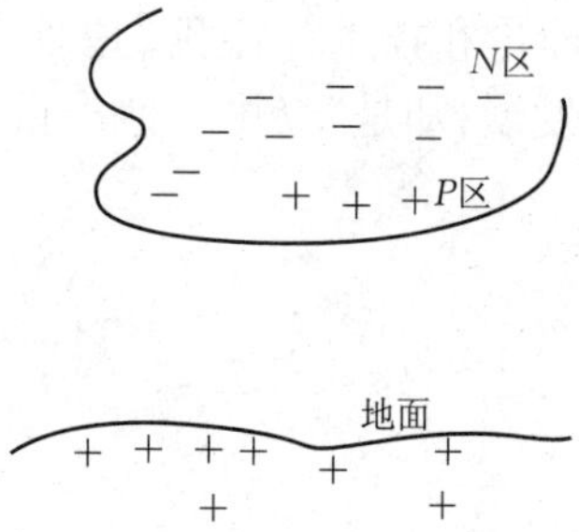

图 RM8-3

在闪电的开始阶段，P 区和 N 区之间发生放电。这一放电过程实际上可看成 P 区正电荷的电场使 N 区吸附于霰粒上的电子挣脱束缚成为自由电子向下运动；一部分中和 P 区的正电荷，一部分则越过云底并从云底开始飞速向下延伸顺着电离空气形成的称为梯级先导柱的通道迅速向地面运动。先导柱中的空气分子被电离或激发至高能态，分子处于激发态时间甚短，在随后的退激发时放出光子。由此，先导柱便形成发光的光柱，但由于发光微弱，往往肉眼难以察觉。发光仅维持约1 μs的时间即告消失，先导柱要暂停运动。在这段时间内先导柱向下运动约 50 m，表明先导柱以六分之一光速的速度向下延伸。大约 50 μs 后又沿此通道生成长约两倍的光柱。转瞬之间第二个光柱消失，随后又出现更长的光柱。于是，这一发光的电离通道便以阶跃形式向地面运动延伸，因此称为梯级先导柱；先导柱中充满负电荷。与此同时，由于云层下部负电荷的静电感应，地面形成正电荷，且会随云层同步运动。在地面的凸起处，例如树冠、屋顶附近由此形成的电场强度最高。随着梯级先导柱的下降，在这些地面的凸出处会发展出向上的正电荷的电离通道，称为正闪流。正闪流亦呈柱状，可长成高几十米的先导通道。当向下的梯级先导柱与向上的正先导闪流相遇时便接通从云层到地面的导电通道，便有强大的电流通过。在上、下先导柱相遇处发出强烈的耀眼白光，而且发光区以 0.1～0.5 倍光速的速度向上直冲云底，形成细长的明亮光柱；伴随着产生冲击波。这一过程称为“回击”，也就是我们看到的闪电。梯级先导柱下降和正闪流相遇并回击，这一完整的放电过程仅耗时约 20 ms，是一种脉冲式放电。在放电过程中大量负电荷从云端沿着先导柱直泻地面。而一次完整的闪电往往由几个，通常是三四个脉冲放电构成。事实上，在第一次脉冲放电之后经过约 40 ms 的时间又会发生第二个脉冲放电，同样沿着之前的放电通道。只是由于云地间已由第一次脉冲放电建立起导电通路，第二个放电脉冲的先导柱便从云底直窜地面，不再阶梯状延伸，故称直驰先导柱。直驰先导柱到达地面附近引发第二次回击，完成第二次脉冲放电。一般经三四次回击云中电荷基本耗尽，脉冲放电结束，从而完成一次闪电的全部物理过程。闪电过程中负电荷由云层转移至地面，剩下的云层顶部的正电荷最终上升至离地面 50 km 的高处。那里空气的电导率很高，使这些正电荷分布到全球。于是，和地面的负电荷一起形成指向地面的电场，这就是与本书配套的《大学物理简明教程习题详解》中 * 8.27 题提到的地球往往带负电表面总存在向下的电场的原因。通常由于闪电中相邻脉冲放电时间间隔太短，人眼往往看到的只是一道闪电。研究表明，梯级先导柱直径在 1 m 上下，但电流只在中心直径不到 1 inch 的核心区域内通过，可见电流密度之大。由此看来，闪电的发光其实是从地面附近开始而迅速向上传导的。只是人眼来不及对此作出反应，总是以为闪电是从云端砸向地面的。尤其是在一些通俗性图画中，闪电的形状总是画得云底处最粗，越向下越细，犹如一把尖剑刺向地面，更增加了误导性。

除非闪电相距甚远，电闪和雷鸣总是相伴的。在雷雨前后和雷雨之中我们都能听到雷声。如离闪电很近，听到的是炸裂声，这是因为闪电引起的冲击波尚未演变成普通的声波。如果距闪电较远则听到的是滚滚的隆隆声。造成这一效果的原因比较复杂，除去通常认为的地面建筑、山丘、云层等的反射回声外，也可能由于闪电的不同部位到达人耳的时间不同。设想 2 km 之外有一垂直闪电炸响，一般闪电长度在三四 km，如取声速 340 $\mathrm{m\cdot s^{-1}}$，那么从上到下来自闪电不同部位的雷声到达人耳的时间就会相差 10 s 以上。加上 2 km 处的雷声已经衰减,听上去就成为隆隆作响,持续 10 s 以上。另外,常见的闪电常呈分枝状,就使情形更为复杂,以致有时来自闪电不同部位的雷声同时抵达人耳。于是,一次闪电之后可能开始听到的雷声最响,然后逐渐减轻,紧接着又突然增强。仔细在夏日雷雨时注意倾听就会感觉到这一现象。

由于闪电携带极为巨大的能量,往往会毁坏其击中的物体。保护建筑物及各类设施免受雷击历来是一项重要的工程。避雷针可算是历史最久的避雷装置,其原理是利用积雨云中的电荷在其尖端感应强电场而优先建立先导柱通道将云中电荷导入地下。换言之,目的是使云中电荷和地面的闪电预先发生于避雷针处而不致击中被保护的建筑。由于导体表面的电场强度同曲率有关;曲率愈大,场强愈高。因此自然会想到避雷针顶部应做成尖端状。实际上长期以来正是如此。不过自 18 世纪起对此就有不同的看法,有人认为避雷针顶部应是一个金属球。这种争论直至 2003 年才告最终解决。研究表明,稍微钝一点的顶端避雷效果最好。其根据是避雷针顶部附近的电场应易于使周围空气电离而能导电。计算表明,尽管针尖状顶端附近的电场很强,但随着与针尖距离的增加迅速衰减,以至对直径约2 cm的避雷针,如顶部为钝的,几厘米之外的电场反比尖顶的强,更有利于空气电离。这一结果表明,顶部稍微做钝一点的避雷针的避雷效果最好,比很尖的和很钝的都好。这一研究成果已经在国外新建设的建筑和设施上得到应用。当然,现在除避雷针而外,还研制出其他多种形式的避雷装置,例如用金属条围在建筑物顶部四周并将其接地,等等。

思考题与习题

一、思考题

8-1 (1) 把一个用丝线悬挂着的带电小球靠近一个不带电的绝缘金属导体,但不同它接触,如图(a)所示。试问当小球带正电荷时小球是否受到力的作用?如果受力,是吸引力还是排斥力?如果小球带负电荷,如图(b)所示,情况将如何?

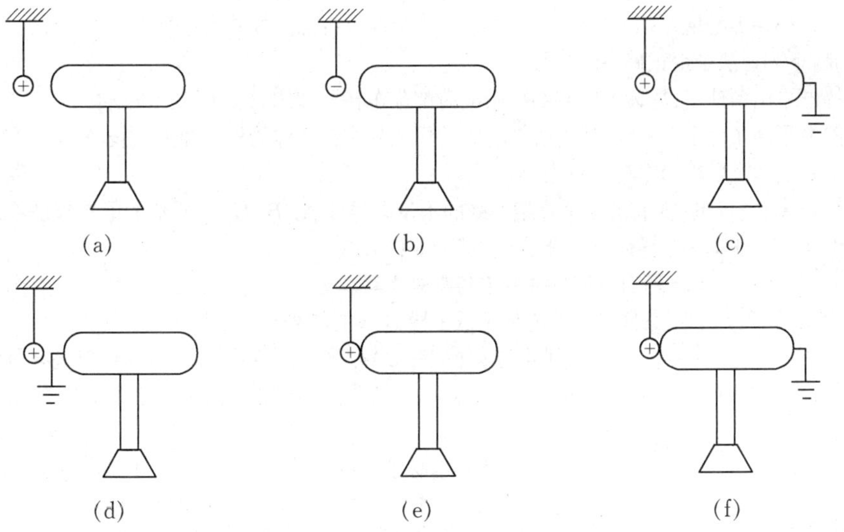

思考题 8-1 图

(2) 如果将金属导体的远端接地,如图(c),再用带电小球去靠近它,会发生什么情况?若金属导体的近端接地,如图(d),重复上述过程,情况又如何?

(3) 分别在导体接地及不接地的情况下,将带电小球与金属导体接触,试问会发生什么情况?

8-2 "根据库仑定律,两个点电荷之间的相互作用力 $\boldsymbol{F}$ 与两点电荷的距离 r 的平方成反比,因此,当两点电荷靠得非常近($r\to 0$)时,它们之间的相互作用力 $\boldsymbol{F}$ 将趋近无穷大"。试问,以上说法有什么问题?

8-3 有人说:"根据电场强度的定义,$\boldsymbol{E}=\dfrac{\boldsymbol{F}}{q_0}$,场强 $\boldsymbol{E}$ 与试探电荷的电量 q_0 成反比,为什么说 $\boldsymbol{E}$ 与 q_0 无关?"试回答此问题。

8-4 在一带正电的金属导体附近的一点,放一个带正电的点电荷 q_0,测得 q_0 受到的力为 $\boldsymbol{F}$,试问,F/q_0 的值是大于、等于、还是小于该点的场强 E? 如果金属导体带负电,则情况又如何?

8-5 为什么电场线不会相交?

8-6 一无限大均匀带电平面所产生的电场是均匀电场,即空间各点的场强 $\boldsymbol{E}$ 有相同的数值,且在平板的同一侧场强方向相同,这是否合理? 有人说,在带电平板附近电场应该强些,因为那里离电荷近,你如何解释?

8-7 在真空中有两块相互平行的很大平板,相距为 d,平板面积为 S,并分别带电量 $+q$ 和 $-q$,有人说,两板之间的相互作用力 $F=\dfrac{q^2}{4\pi\varepsilon_0 d^2}$;又有人说,因为 $F=qE$,而 $E=\dfrac{\sigma}{\varepsilon_0}$,$\sigma=\dfrac{q}{S}$,所以 $F=\dfrac{q^2}{\varepsilon_0 S}$。试问,这两种说法对吗? 为什么? F 应等于什么?

8-8 根据高斯定理,$\oint_S \boldsymbol{E}\cdot \mathrm{d}S=\dfrac{1}{\varepsilon_0}q$,通过闭合曲面 S 的电通量只与闭合曲面所包围的电量 q 有关,因此,闭合曲面上各点的场强 $\boldsymbol{E}$ 也完全是由电荷 q 产生的。这种说法是否正确?

8-9 (1) 在边长为 a 的立方体中心放一点电荷 q,试求通过立方体 6 个表面之一的电通量。

(2) 如果立方体的边长缩小一半,点电荷的位置仍在立方体中心,试问穿过各表面的电通量如何变化?

(3) 假如点电荷移到立方体的一个角上,这时立方体各个表面的电通量是多少?

8-10 假设一高斯面内部不包含净电荷,是否可判断这个面上各点的 $\boldsymbol{E}$ 处处为零? 反过来,假如高斯面上的场强 $\boldsymbol{E}$ 处处为零,是否可判断该闭合曲面所包围的空间内任一点都没有净电荷?

8-11 回答下列问题,并举例说明之:

(1) 场强大的地方,电势是否一定高? 电势高的地方,场强是否一定大?

(2) 带正电物体的电势是否一定为正? 电势为零的物体是否一定不带电?

(3) 场强为零的地方,电势是否一定为零? 电势为零的地方,场强是否一定是零?

(4) 场强大小相等的地方,电势是否一定相等? 等势面上各点的场强大小是否一定相等?

8-12 判断下列说法是否正确,并说明之:

(1) 在静电平衡条件下,导体上所有的自由电荷都分布在导体的表面上。

(2) 在静电平衡条件下,一个导体壳所带的电荷只能分布在导体的外表面上,内表面上没有电荷分布。

(3) 接地的导体上所带净电荷一定为零。

8-13 有若干个互相绝缘的不带电导体 A, B, C, …它们的电势都是零,如果使其中任意一个导体 A 带上正电,试论证:

(1) 所有这些导体的电势都高于零。

(2) 其他导体的电势都低于导体 A 的电势。

8-14 (1) 将一带电导体放在一绝缘金属球壳内部,试问:当带电导体从球壳中心移到与球壳接触的过程中,球壳内、外的场强如何变化? 球壳的电势是否变化? 为什么?

(2) 以上讨论与金属球壳本身是否带电以及球壳是否处于外电场中有没有关系?

8-15 证明对于两个无限大的平行平面带电导体板(如图)来说:

(1) 相向的两面(图中 2 和 3)上,电荷的面密度总是大小相等而符号相反。

(2) 相背的两面(图中 1 和 4)上,电荷的面密度总是大小相等且符号相同。

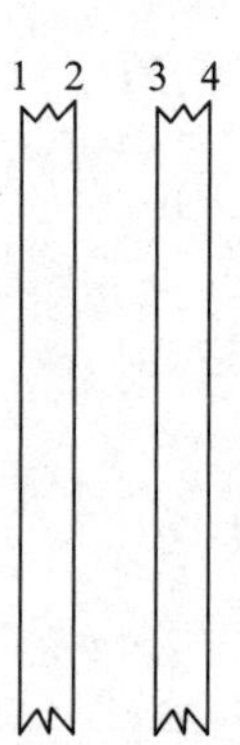

思考题 8-15 图

8-16 在一平板电容器(极板面积为 S,两极板之间距离为 d)的两极板的正中间插入一薄金属平板(厚度可略去不计),并按如图所示的方法和电源连接,试问电容器电容的变化情况。

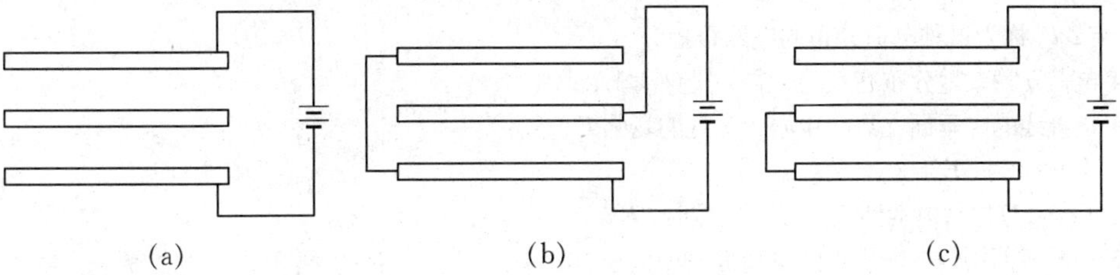

思考题 8-16 图

8-17 如图所示,在金属球 A 内有两个球形空腔,该金属球整体上不带电,在两空腔中心分别放置点电荷 q_1 和 q_2,在金属球 A 之外远处放置一点电荷 q(q 到球 A 的中心 O 的距离 $r \gg$ 球 A 的半径 R)。试问,作用在 A, q_1, q_2, q 上的静电力各为多少?

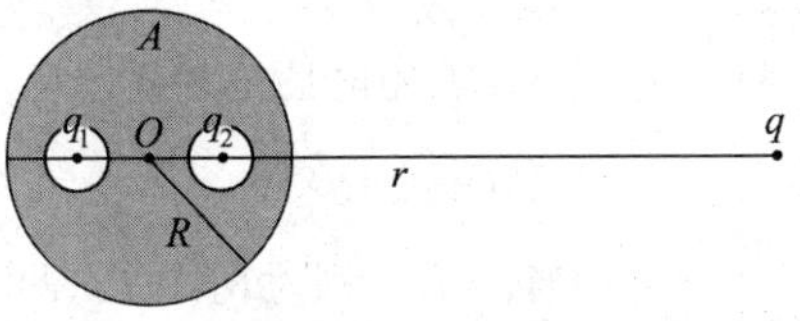

思考题 8-17 图

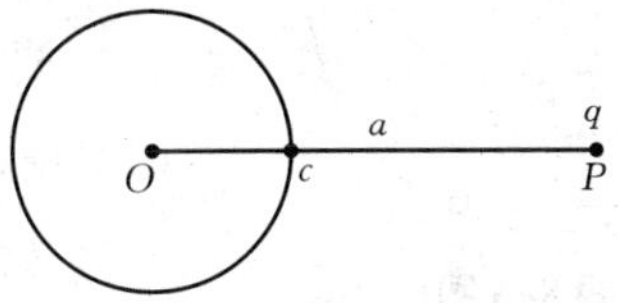

思考题 8-18 图

8-18 半径为 R 的导体球原不带电,如图所示,在离球心 O 为 a 的 P 点处放一个点电荷 q,问:导体球面上与 $\overline{OP}$ 相交的 c 点的电势是否为 $\dfrac{q}{4\pi\varepsilon_0(a-R)}$.

8-19 在通常情况下,导体中的电子的漂移速率很小,为什么电键接通后,大楼里的电灯却亮得那样快?

8-20 (1) 如果将两个相同的电源和两个相同的电阻按图所示的两种电路联接起来,试分别讨论电路中是否有电流? a, b 两点是否有电压?

(2) 如果将上述两电路中的 b 点接地,是否会改变电路中的电流?这时,上述电路中哪一点的电压最高?

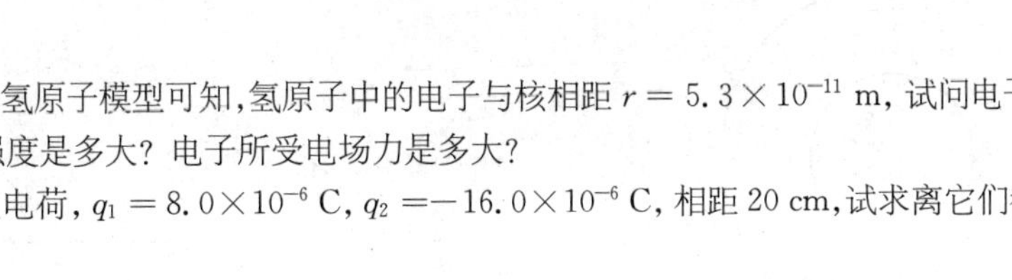

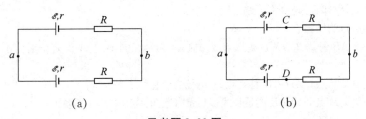

思考题 8-20 图

二、习题

8-1 根据玻尔氢原子模型可知,氢原子中的电子与核相距 $r = 5.3\times10^{-11}$ m,试问电子所在处由氢原子核所产生的电场强度是多大?电子所受电场力是多大?

8-2 有两个点电荷,$q_1 = 8.0\times10^{-6}$ C, $q_2 = -16.0\times10^{-6}$ C,相距 20 cm,试求离它们都是 20 cm 处的电场强度 $\boldsymbol{E}$。

8-3 如图所示为一种典型的电四极子,它由两个相同的电偶极子 $\boldsymbol{P} = q\boldsymbol{l}$ 组成,这两个偶极子在一直线上但方向相反,它们的负电荷重合在一起。试证,在电四极子的轴线延长线上,离开其中心(即负电荷所在处)为 r(假设 $r \gg l$)处的电场强度大小为

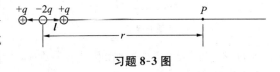

习题 8-3 图

$$E=\frac{3Q}{4\pi\varepsilon_0 r^4}$$

式中 $Q=2ql^2$ 称为这种电荷分布的电四极矩。

8-4 电荷 q 均匀地分布在长为 l 的一段直线上，试求：

(1) 该直线的中垂面上离线中心为 r 处的场强 $\boldsymbol{E}$。

(2) 当 $l\to 0$ 时，$\boldsymbol{E}=?$

(3) $l\to\infty$，且保持电荷线密度 λ 为常数时，$\boldsymbol{E}=?$

8-5 一无限大均匀带电平板的电荷面密度为 σ，其上有一半径为 R 的圆洞，求这洞的轴线上离洞中心为 x 处的电场强度。

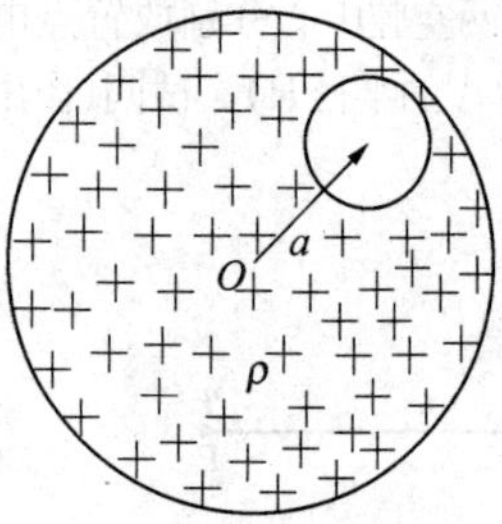

习题 8-6 图

8-6 一个球体内均匀分布着电荷，电荷体密度为 ρ，$\boldsymbol{r}$ 代表从球心 O 指向球内一点的位矢。

(1) 证明：$\boldsymbol{r}$ 处的电场强度为 $\boldsymbol{E}=\frac{\rho}{3\varepsilon_0}\boldsymbol{r}$

(2) 若在这球内挖去一部分电荷，形成一个空腔，这空腔的形状是一个小球，如图所示，试证明这空腔内各点的电场是匀强电场，其场强为 $\boldsymbol{E}=\frac{\rho}{3\varepsilon_0}\boldsymbol{a}$，式中 $\boldsymbol{a}$ 表示由球心 O 指向空腔中心的矢量。

8-7 无限长的两个共轴直圆筒，半径分别为 R_1 和 R_2，两圆筒面都均匀带电，沿轴线方向单位长度所带的电量分别是 λ_1 和 λ_2。

(1) 求离轴线为 r 处的 $\boldsymbol{E}$（分别考虑 $r<R_1$，$R_1<r<R_2$ 和 $r>R_2$ 三种情况），设 $\lambda_1>0$ 和 $\lambda_2>0$。

(2) 当 $\lambda_2=-\lambda_1$ 时，各处的 $\boldsymbol{E}$ 如何？

8-8 假设一均匀带电细棒所带总电量为 q，棒长为 $2l$，试求：

(1) 棒的延长线上，离棒中心的距离为 r 处的场强 $\boldsymbol{E}$。

(2) 通过棒的端点，并与棒垂直的平面上各点的场强分布。

8-9 有两个同心均匀带电球面，半径分别为 R_1 和 R_2，已知外球面的电荷面密度为 $\sigma>0$，如图所示，大球外面各点的电场强度都是零。试求：

(1) 内球面的电荷面密度。

(2) 两球面之间，离球心为 r 处的场强。

(3) 小球面内各点的场强。

8-10 如图所示，AB 长为 $2l$，OCD 是以 B 为中心，l 为半径的半圆，A 点有正电荷 q，B 点有负电荷 $-q$，问：

(1) 把单位正电荷从点 O 沿 OCD 移到点 D，电场力对它作了多少功？

(2) 把单位负电荷从点 D 沿 AB 的延长线移到无穷远，电场力对它作了多少功？

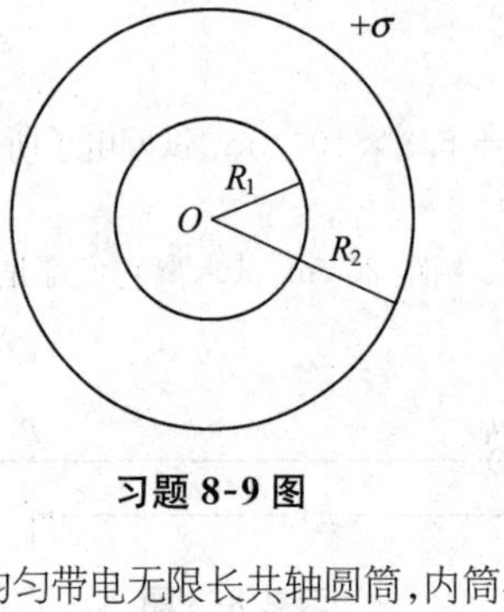

习题 8-9 图

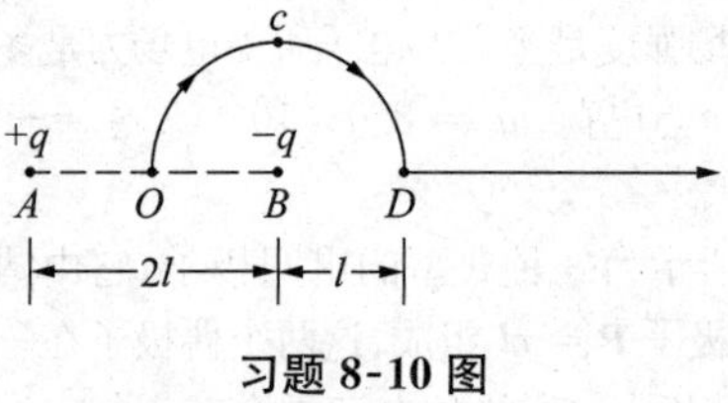

习题 8-10 图

8-11 两均匀带电无限长共轴圆筒，内筒半径为 a，沿轴线单位长度的电量为 λ，外筒半径为 b，沿轴线单位长度的电量为 $-\lambda$，试求：

(1) 与轴线相距为 r 处的电势 V。

(2) 两筒的电势差。

8-12 有两个异号点电荷,带电量分别为 $ne(n>1)$ 和 $-e$,相距为 a,证明:

(1) 电势为零的等势面是一个球面。

(2) 球心在这两点电荷的延长线上、$-e$ 的外侧。

8-13 一半径为 R 的圆环均匀带电,电荷的线密度为 λ,求轴线上与环心相距为 x 处的电势 U,再由 U 求该点的电场强度 $\boldsymbol{E}$。

8-14 平行板电容器充电后,A, B 两极板上的电荷面密度分别为 σ 和 $-\sigma$,如图所示,设 P 为两板间的一点,略去边缘效应(即把两板当作无限大)。

(1) 求 A 板和 B 板分别在点 P 产生的电场强度 $\boldsymbol{E}_A$ 和 $\boldsymbol{E}_B$,并求 P 点总场强 $\boldsymbol{E}$。

(2) 若把 B 板拿走,求 A 板上的电荷在点 P 所产生的电场强度 $\boldsymbol{E}$。

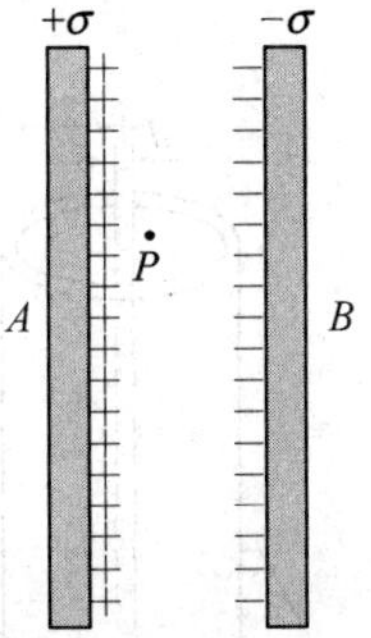

习题 8-14 图

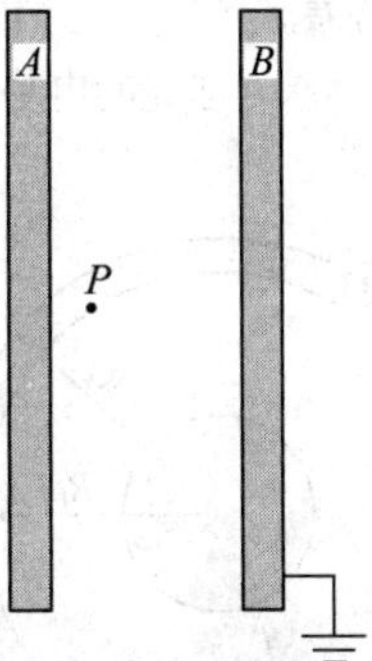

习题 8-15 图

8-15 如图所示为两无限大平行板,A、B 两板相距 5.0×10^{-2} m,板上各带正电荷(A 板)和负电荷(B 板),电荷面密度都是 $\sigma=3.3\times10^{-8}\,\mathrm{C\cdot m^{-2}}$,$B$ 板接地,求:

(1) A 板的电势。

(2) 在两极板间离 A 板 1.0×10^{-2} m 处点 P 的电势。

8-16 内、外半径分别为 R_1 和 R_2 的导体球壳均匀带电,电量为 Q,求离球心为 r 处的电场强度 $\boldsymbol{E}$ 和电势 U。

8-17 有两个半径分别为 R_1 和 R_2 $(R_1<R_2)$ 互相绝缘的同心导体薄球壳,现把 $+q$ 的电量给予内球。

(1) 求外球的电荷和电势。

(2) 把外球接地后再重新绝缘,求外球的电荷和电势。

(3) 在完成(2)后,再把内球接地,求内球的电荷及外球的电势。

8-18 同轴传输线由圆柱形长直导体和套在外面的同轴导体圆管构成(如图),设圆柱体的电势为 U_1,半径为 R_1,圆管的电势为 U_2,内半径为 R_2,求它们之间离轴线为 r 处($R_1<r<R_2$)的电势。

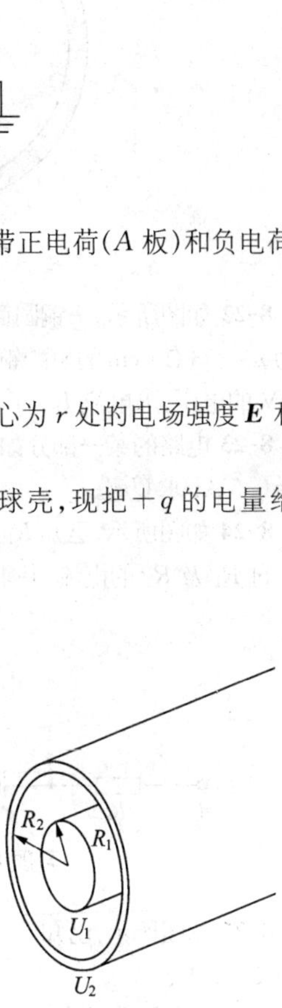

习题 8-18 图

8-19 如图所示,将电容器 C_1 充电到两极板的电势差为 V_0,然后撤去充电用的电源,再将此电容器与未充电的电容器 C_2 连接起来,求电容器组合后的电势差。

8-20 一接地的无限大厚导体板的一侧有一半无限长的均匀带电直线垂直于导体板放置,带电直线的一端与板相距为 d(如图)。已知带电直线的线电荷密度为 λ,求板面上垂足点 O 处的感应电荷面密度。

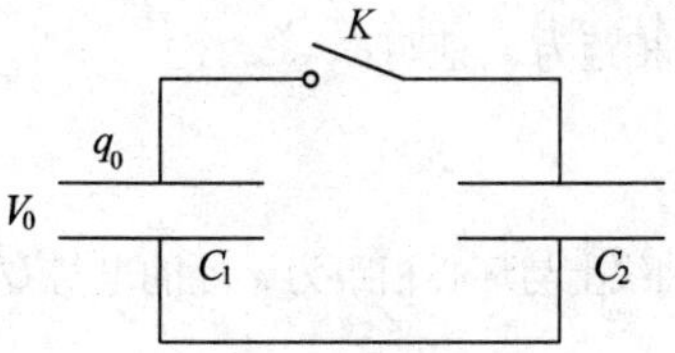

习题 8-19 图

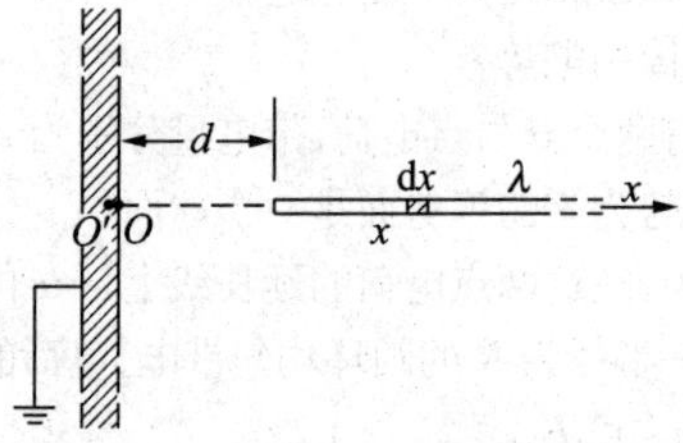

习题 8-20 图

8-21 如图所示,在内外半径分别为 R_1 和 R_2 的导体球壳内,有一个半径为 r 的导体小球,小球与球壳同心,让小球与球壳分别带上电荷 q 和 Q,试求:

(1) 小球的电势 U_r,球壳内外表面的电势。

(2) 小球与球壳的电势差。

(3) 若球壳接地,再求小球与球壳的电势差。

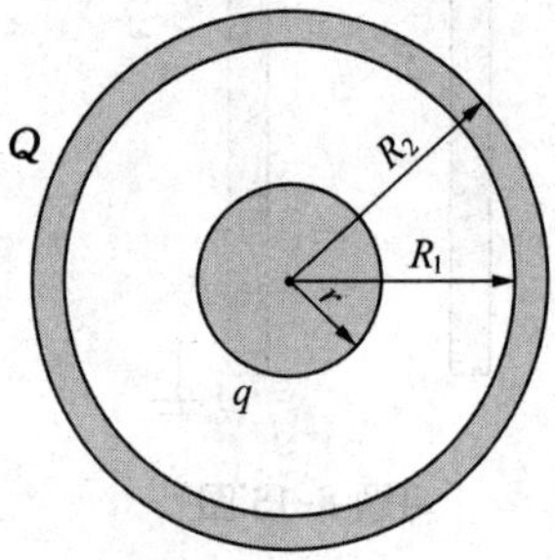

习题 8-21 图

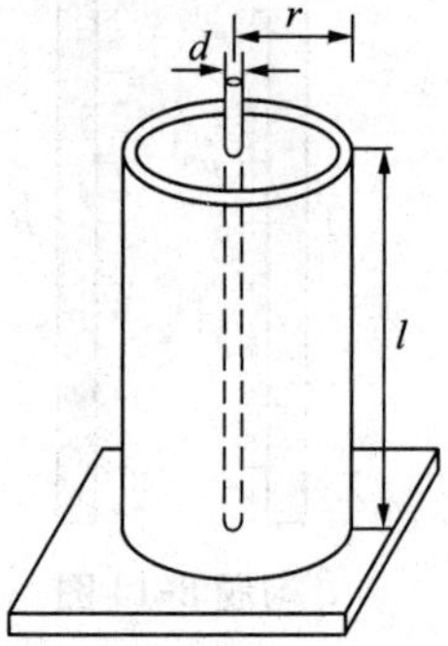

习题 8-22 图

8-22 如图所示,一铜圆筒内半径为 $r = 3.0\ \text{cm}$, 长为 $l = 50\ \text{cm}$, 竖直放在一平板玻璃上,筒内盛满电阻率为 $\rho = 33\ \Omega \cdot \text{cm}$ 的硫酸铜溶液,在圆筒轴线上有一根直径为 $d = 1.0\ \text{mm}$ 的铜导线,如在圆筒和导线间加 $2.0\ \text{V}$ 的电压,求电流 I。

8-23 电路的某一部分如图所示,已知: $\mathscr{E} = 2.0\ \text{V}$, $r = 2.0\ \Omega$, $R_1 = 8.0\ \Omega$, $R_2 = 6.0\ \Omega$, $I_1 = 1.0\ \text{A}$, $I_2 = 0.5\ \text{A}$, 求 U_{AB}。

8-24 如图所示,已知 $R_1 = 4\ \Omega$, $R_2 = 4\ \Omega$, $R_3 = 6\ \Omega$, 电源内阻忽略不计,若流过 R_3 的电流 $I_3 = 0.1\ \text{A}$, 求流过 R_1 及 R_2 的电流,并求电源的电动势。

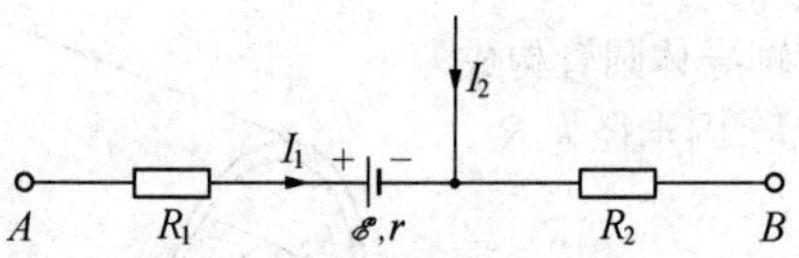

习题 8-23 图

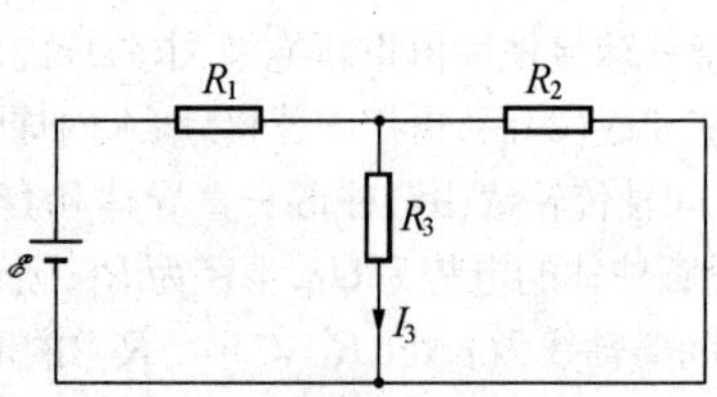

习题 8-24 图

8-25 如图所示,已知 $r_1 = r_2 = r_3 = R_3 = R_4 = 1\ \Omega$, $R_1 = R_2 = 2\ \Omega$, $R_5 = 3\ \Omega$, $\mathscr{E}_1 = 12\ \text{V}$, $\mathscr{E}_2 = 6\ \text{V}$, $\mathscr{E}_3 = 8\ \text{V}$, 求:

(1) A、D 两点的电势差 U_{AD}。

(2) a、b 两点的电势差 U_{ab}。

(3) 如果 a、b 两点接通,流过 R_5 的电流是多大?

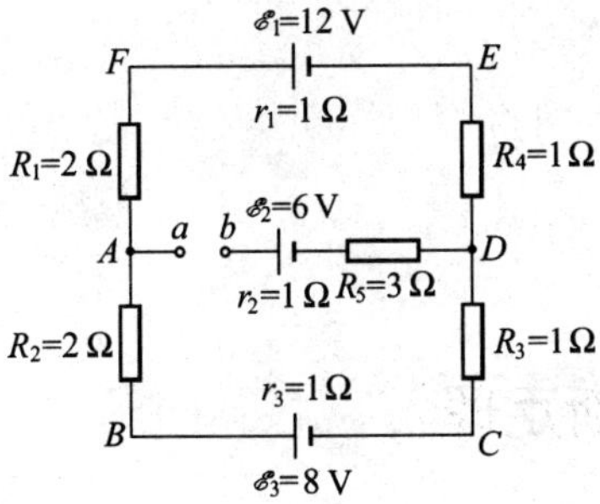

习题 8-25 图

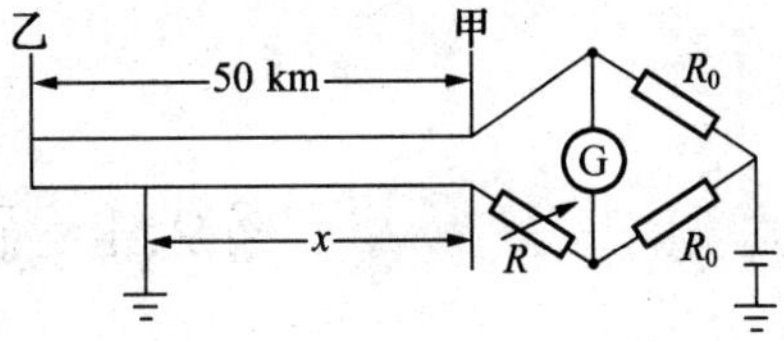

习题 8-26 图

8-26 甲乙两站相距 50 km,其间有两条相同的电话线,其中有一条在某处触地而发生故障,甲站的检修人员用图示方法找出触地点到甲站的距离 x。让乙站把两条电话线短路,调节 R,使通过灵敏电流计 G 的电流为零,已知电话线每千米长的电阻为 6.0 Ω,测得 $R = 360\ \Omega$, 求 x。

第九章 磁 场

§9.1 磁场的高斯定理

9.1.1 电流的磁效应

1. 历史上关于自然磁现象的观察和记载

磁现象的发现、观察和应用有着悠久的历史,我国关于磁石的最早记载见于春秋时期(公元前 770 年—公元前 476 年)管仲学派的著作《管子》的"地数篇":"山上有赭者,其下有铁,山上有铅者,其下有银……上有慈石者,其下有铜金……"磁石在古代称慈石,其得名是因能吸引铁质物体,形象地比喻为母亲对子女的慈爱。以后又相继发现了磁石的一些性质。如清代刘献廷(1648—1695 年)著的《广阳杂记》中曾有这样的记载:"或问余曰:'磁石吸铁,何物可以隔之?'犹子阿孺对曰:'唯铁可以隔之耳'其人去而复来曰:'试之果然'。"这段记载表明,在对磁的本质尚未了解的时代,已发现了铁对磁的屏蔽作用,并能随即为试验所证实。

一些与磁场作用有关的自然现象,如地球极光和太阳黑子,其观察和记载虽然早已有之,但这些自然现象与磁场的密切关系却是近代科学发展后才弄清楚的。历史上记载的地磁活动和太阳磁活动对当代的研究仍极有价值。

极光(亦称北极光)是地球高纬度地区高空中出现的发光现象。从地球外来的高能带电粒子在地球磁场作用下,与高空大气分子、原子和离子相碰撞,使这些分子、原子和离子发光,由于不同原子发光的光谱不同而呈现五彩缤纷的颜色,这就是极光。在公元 1～10 世纪期间我国就有 180 次关于极光的记载,其中有确定年月日的达 140 多次。例如在司马迁《史记》中有"瑶光如蜺贯月,正白"及公元前 207 年 12 月"枉矢(极光古名之一)西流"的记载。而欧洲在古希腊时代和罗马时代只有一些关于极光的不甚明确的推测性记载,直到 17 世纪法国加森迪才作了最早的有确定年代(1621 年)的记载,并称为"北极光"。

太阳黑子是另一种自然现象,是太阳亮面上出现的数目和大小均随时间变化的暗斑,实际上是太阳面上的一些强磁场区域,这些区域的温度较低,因而呈现暗区(称黑子)。太阳黑子数目的变化具有 11 年的周期,反映了太阳磁活动的一些特征和规律。世界上最早的太阳黑子记录见于我国古籍《周易》(约公元前 11 世纪—前 771 年)的"丰封篇",到了西汉时有"日中有骏鸟"(刘安等著《淮南子》,公元前 120 年),班固《汉书》中的"五行志"中:"汉元帝永光元年(公元前 43 年)四月,日中黑子,大如弹丸"便是关于太阳黑子的明确记载。我国从公元前 1 世纪到公元 17 世纪已有 100 多次有关太阳黑子的记载。

2. 电流的磁效应

虽然磁现象的发现历史悠久,但直到 19 世纪才真正发现电和磁之间的关系,这一发现开拓了电学研究的范围,揭开了研究电磁本质联系的序幕。

1820 年丹麦物理学家奥斯特(H. C. Oerster, 1777—1851 年)在一次电流的实验中偶然发现放在近旁的磁针偏转,这就是电流产生磁场的最早发现。他的实验可简述如下:在沿南北方向放置的导线下面放一磁针,当导线中没有电流通过时,磁针在地磁场作用下沿南北取向,与导线平行,如图 9.1-1 所示,当导线中通过电流时,磁针发生偏转,转到与导线垂直。若电流反向,则磁针的偏转也反向。在电流的磁效应发现后,许多物理学家都纷纷进行电与磁的研究。同一年,安培发现磁铁和载流导线以及载流导线之间都有相互作用力。不久,人们发现将导线绕成螺线管形状并通以电流,在螺线管周围的小磁针就呈现与磁铁棒附近区域相同的取向排列,说明通电螺线管产生了与棒状磁铁相类似的磁性。

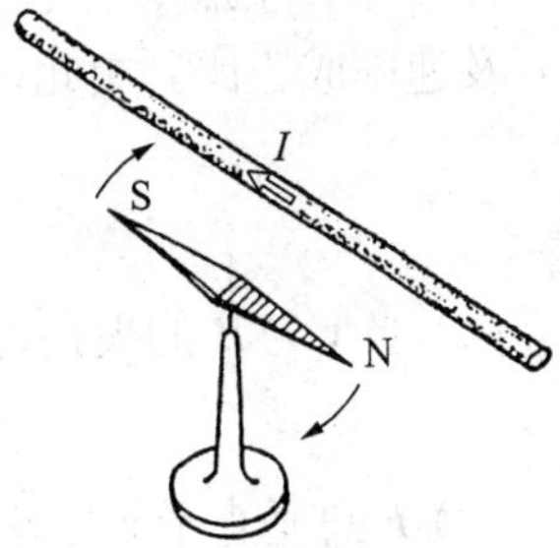

图 9.1-1 奥斯特实验

1826 年,安培(A. M. Ampere, 1775—1836 年)提出了著名的"磁性起源假说":一切物质的磁性皆起源于电流,构成磁性物质的每个微粒都存在着永不停息的环形电流,此环形电流使微粒显示出磁性,N 极与 S 极就分布在环形电流的两侧。对于磁铁和其他能显示磁性的物体来说,每个微粒的环形电流的取向大致上都相同,因此在其两端就显示出磁性。如图 9.1-2 所示。

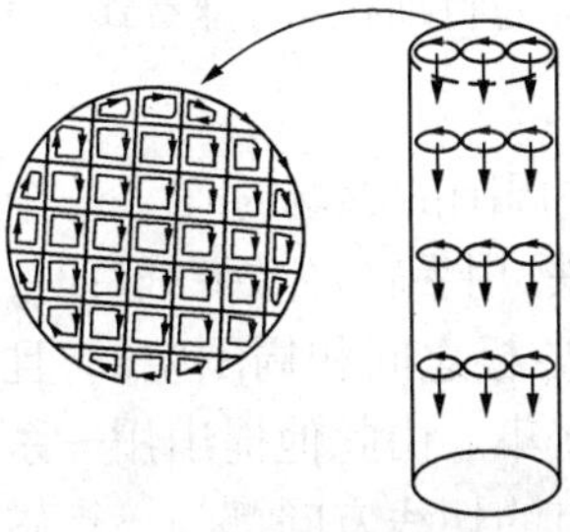
图 9.1-2 磁性起源假说

一些原来不显磁性的磁性物体,其内部微粒的环形电流取向并不一致,但在外磁场的作用下,取向被迫趋向一致,从而也显示出磁性,这就是磁化作用。安培的磁性起源假说很好地解释了通电螺线管两端的磁性现象,也解释了通电螺线管中的铁芯磁化的原因。但在当时,这仅仅是一种假说,无法验证环形电流的存在。

19 世纪末和 20 世纪初,科学家发现了电子并揭开了原子结构的秘密,肯定了磁性起源假说。安培所说的微粒就是物质的原子、分子或其集团,原子、分子内电子的运动形成环形电流。进一步的研究发现电子和核的自旋也引起磁性。原子、分子等微观粒子内的这些运动构成了"分子电流",物质的磁性就是由其引起的。因此可以说,一切磁现象都可归结为运动电荷之间的相互作用。

9.1.2 磁场、磁感应强度和磁感应线

静止电荷之间的相互作用是通过电场来传递的,电流之间的磁力作用也同样通过场来传递,这种场称磁场。磁场和电场不同,它由电流(运动电荷)所激发,并对电流(运动电荷)发生作用。静止电荷既不产生磁场,也不受磁场的作用。

恒定电流产生的磁场称为静磁场。磁场的基本性质是它对在其中运动的电荷有磁场力的作用。和讨论电场的方法类似,我们在磁场中引进运动的带电粒子,观察其受力规律,由此探讨磁场,并引进物理量——磁感应强度 $\boldsymbol{B}$ 来描写磁场的性质。从实验中发现:

(1) 运动电荷所受磁场力 $\boldsymbol{F}$ 的方向总是垂直于该电荷运动的速度 $\boldsymbol{v}$,即 $\boldsymbol{F}\perp\boldsymbol{v}$, 表明磁场力只能改变电荷的运动方向,不改变其速率。

(2) 当 $\boldsymbol{v}$ 沿某两个特定方向(相互反平行)时,电荷受到的力 $\boldsymbol{F}$ 为零,我们规定其中一个方向作为磁感应强度 $\boldsymbol{B}$ 的方向,即磁场的方向。

(3) 当 $\boldsymbol{v}$ 与磁感应强度 $\boldsymbol{B}$ 的方向垂直时，力 $\boldsymbol{F}$ 具有最大值 $\boldsymbol{F}_{max}$，其数值与运动电荷的电量 q 及速率成正比。由此，规定 $\boldsymbol{B}$ 的数值为

$$B=\frac{F_{max}}{|q|v}$$

(4) 当 $\boldsymbol{v}$ 与 $\boldsymbol{B}$ 的夹角为 $\theta(\theta\leqslant\pi)$ 时，运动电荷受力的大小为

$$F=|q|vB\sin\theta$$

(5) $\boldsymbol{F}$ 总垂直于 $\boldsymbol{v}$ 与 $\boldsymbol{B}$ 组成的平面，其指向和 $\boldsymbol{v}$ 与 $\boldsymbol{B}$ 满足右手螺旋的关系，即当四指由 $\boldsymbol{v}$ 以小于 π 的角度绕行至 $\boldsymbol{B}$ 时，大拇指的指向即 $\boldsymbol{F}$ 的方向。以上实验结果可归纳为下式：

$$\boldsymbol{F}=q\boldsymbol{v}\times\boldsymbol{B} \tag{9.1-1}$$

(9.1-1)式亦可看成是磁感应强度 $\boldsymbol{B}$ 的定义式，对比电场强度的定义式 $\boldsymbol{F}=q\boldsymbol{E}$，可看出 $\boldsymbol{B}$ 和 $\boldsymbol{E}$ 都是描写场的特征的物理量。

在国际单位制中，磁感应强度 $\boldsymbol{B}$ 的单位是牛顿/(安培 · 米)，称为特斯拉，用符号 T 表示，

$$1\,\mathrm{T}=1\,\mathrm{N/(A\cdot m)}$$

英国科学家法拉第(M. Faraday, 1791—1867 年)在研究磁铁周围的磁场时作了一个有趣的实验。在一张薄纸上撒上铁粉，紧贴纸片下方放一根条形磁铁，用手轻轻敲弹纸片时，上面的铁粉就形成有规则的曲线排列，好似有无数条曲线分布在两磁极之间和周围空间，且在磁铁的两个磁极附近，磁感应强度越高的地方铁粉线看上去也越密集。由此他提出用一系列假想的曲线(称为磁感应线)描述磁场：磁场中磁感应线上的任一点的切线方向都与该点磁感应强度 $\boldsymbol{B}$ 的方向一致；曲线的疏密程度则表示 $\boldsymbol{B}$ 的大小，并规定，通过垂直于磁场方向的单位面积元的磁感应线的数目与该面元所在处的磁感应强度 $\boldsymbol{B}$ 的数值相等。根据实验观察可归纳出磁感应线具有如下特点：

(1) 磁场中每一条磁感应线都是闭合曲线，或两头伸向无穷远处。

(2) 当磁场系由长直载流导线产生时，磁感应线的环绕方向与电流方向之间服从右手螺旋定则：如果将伸直的右手拇指代表电流的方向，则弯曲四指所指的方向即磁感应线的环绕方向，如图 9.1-3(a)所示；而当磁场由圆形电流产生时，如果右手四指弯曲的方向(由指根指向指尖)代表圆形电流的指向，则伸直的拇指即表示圆形电流中心轴线上磁感应线的方向，如图9.1-3(b)所示。几种载流回路的磁场的磁感应线如图 9.1-4 所示。

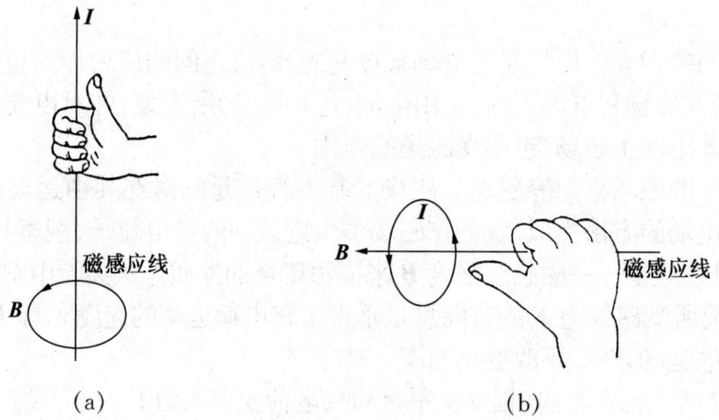

图 9.1-3 磁感应线和电流方向的关系

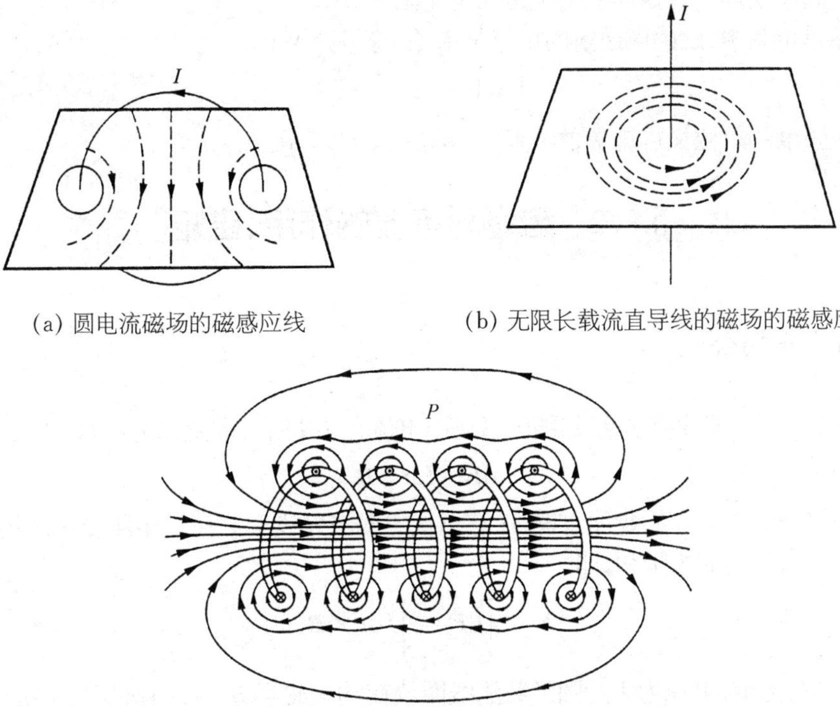

(a) 圆电流磁场的磁感应线　　(b) 无限长载流直导线的磁场的磁感应线

(c) 绕得很稀的短螺线管的磁场的磁感应线

图 9.1-4　磁感应线

9.1.3　磁感通量和磁场的高斯定理

磁场也是矢量场,对磁场求通量的方法和电场类似。在磁场中取面元 dS,如图 9.1-5 所示,dS 的法线 $\boldsymbol{n}$ 的方向与 $\boldsymbol{B}$ 夹角为 θ,规定通过面元 dS 的磁感通量为

$$\mathrm{d}\Phi_B = B\cos\theta \mathrm{d}S = \boldsymbol{B}\cdot\mathrm{d}\boldsymbol{S}$$

式中 $\mathrm{d}\boldsymbol{S}=\mathrm{d}S\boldsymbol{n}$, 通过给定曲面 S 的磁感通量为

$$\Phi_B = \int_S \mathrm{d}\Phi_B = \int_S \boldsymbol{B}\cdot\mathrm{d}\boldsymbol{S} \tag{9.1-2}$$

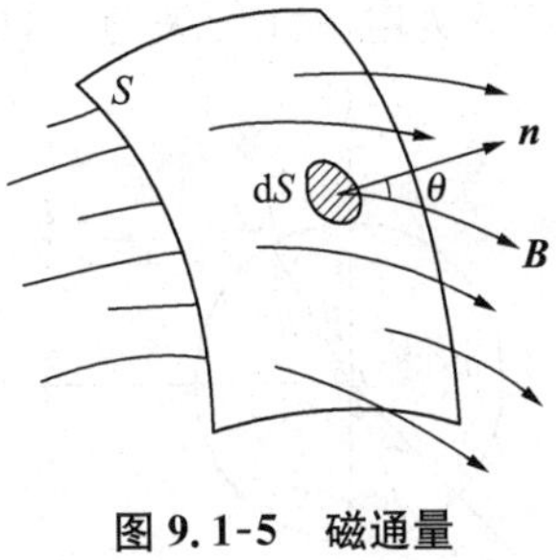

图 9.1-5　磁通量

若 S 是闭合曲面,则规定曲面上任一点的外法线方向为该点周围面元 $\mathrm{d}\boldsymbol{S}$ 的方向,按此规定,从闭合曲面穿出的磁感应通量为正,穿进为负。由此可见,正像穿过某一曲面的电场线数在数值上与该面的电场通量相等一样,相应于某一曲面的磁感应通量在数值上也与穿过该面的磁感应线数相等。

由于磁感应线是闭合曲线,对磁场中任一闭合曲面 S,穿进 S 面和穿出 S 面的磁感应线总数必定相等,因而通过磁场中任一闭合曲面 S 的总磁感应通量恒等于零,可表达为

$$\oint_S \boldsymbol{B}\cdot\mathrm{d}\boldsymbol{S} = 0 \tag{9.1-3}$$

此即磁场的高斯定理。该定理说明了磁场是无源场。

在国际单位制中，磁感应通量的单位是韦伯，符号为 Wb。

$$1\ \mathrm{Wb} = 1\ \mathrm{T} \cdot \mathrm{m}^2$$

因此磁感应强度的单位又可用韦伯·米$^{-2}$($\mathrm{Wb} \cdot \mathrm{m}^{-2}$)表示。

§9.2 磁场对电流的作用、磁矩

9.2.1 安培公式

安培根据大量实验数据总结归纳出磁场中电流元 $I\mathrm{d}\boldsymbol{l}$ 所受的磁场力(也称为安培力)为

$$\mathrm{d}\boldsymbol{F} = I\mathrm{d}\boldsymbol{l} \times \boldsymbol{B} \tag{9.2-1}$$

上式称为安培公式。由力的叠加原理，任意形状的载流导线 L 在磁场中所受的磁场力为该导线上各电流元所受力的矢量和，即

$$\boldsymbol{F} = \int_L \mathrm{d}\boldsymbol{F} = \int_L I\,\mathrm{d}\boldsymbol{l} \times \boldsymbol{B} \tag{9.2-2}$$

例 1 半径为 R，电流为 I 的圆形载流线圈放在均匀磁场 $\boldsymbol{B}$ 中，如图 9.2-1 所示，线圈平面和 $\boldsymbol{B}$ 平行，求线圈所受的磁场力。

解 设线圈位于 O-xy 平面，而 $\boldsymbol{B}$ 沿 x 正向。根据受力方向，整个线圈可分成左右两半，右半边线圈受力的方向垂直于纸面向里，为 z 轴负方向，而左半边线圈受力为沿 z 轴正方向。在右半边取一电流元 $I\mathrm{d}\boldsymbol{l}$, $\mathrm{d}l = R\mathrm{d}\theta$, 如图 9.2-1 所示，由安培公式：

$$\mathrm{d}F = I\mathrm{d}lB\sin(\pi - \theta) = IB\sin\theta \cdot R\mathrm{d}\theta$$

其中 θ 为电流元位矢与 y 轴的夹角，则

$$F_{右半边} = \int_0^{\pi} IBR\sin\theta\mathrm{d}\theta = 2IBR \quad (z\ 轴负方向)$$

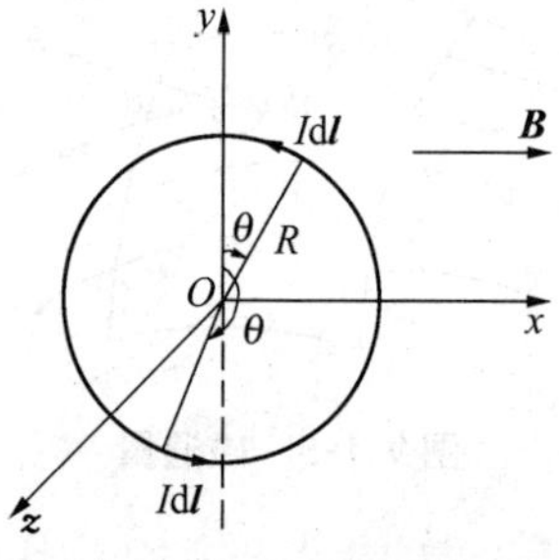

图 9.2-1 磁场对载流线圈的作用力

左边亦取电流元 $I\mathrm{d}\boldsymbol{l}$，如图 9.2-1 所示。由图可写出

$$\mathrm{d}F = I\mathrm{d}lB\sin(\theta - \pi) = -IBR\sin\theta \cdot \mathrm{d}\theta$$

$$F_{左半边} = \int_{\pi}^{2\pi} -IBR\sin\theta\mathrm{d}\theta = 2IBR \quad (z\ 轴正方向)$$

整个线圈所受磁场力为

$$\boldsymbol{F} = \boldsymbol{F}_{右} + \boldsymbol{F}_{左} = \boldsymbol{0}$$

可以证明，任意形状的平面载流闭合线圈在均匀磁场中受力均为零。

9.2.2 磁场对平面载流线圈的作用、磁矩

1. 匀强磁场对载流线圈的作用

规定平面载流线圈的法线如图 9.2-2 所示，使右手四指弯曲的方向代表线圈中电流的环

绕方向，则伸直的拇指代表该线圈的法线方向，用单位法向矢量 $\boldsymbol{n}$ 表示。设有一矩形线圈 $ABCD$，边长为 l_1 和 l_2，通以电流 I，放在磁感应强度为 $\boldsymbol{B}$ 的均匀磁场中，线圈法线 $\boldsymbol{n}$ 与 $\boldsymbol{B}$ 的夹角为 θ，如图 9.2-3 所示，线圈的一组对边 AD 和 BC 与 $\boldsymbol{B}$ 垂直。分析线圈各边的受力情况，AB 和 CD 受到的磁场力 $\boldsymbol{F}_1$ 和 $\boldsymbol{F}_1'$ 量值相等、方向相反，且在同一直线上，因而对线圈的作用相互抵消，可不作具体计算。另一组对边 DA 和 BC 所受磁场力也是量值相等、方向相反，但不在同一条直线上，因此对线圈产生力偶矩。这两边受磁场力的大小为

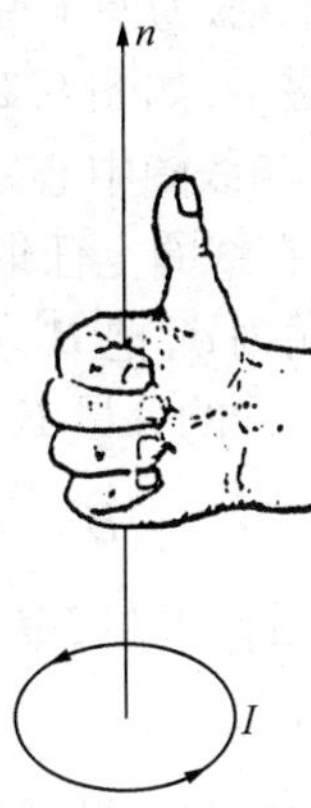

图 9.2-2 平面载流线圈的法线方向

$$F_2 = F_2' = IBl_2$$

方向如图 9.2-3(b)所示，这是从线圈上面俯视的图。线圈所受磁力矩的量值为

$$M = F_2 l_1 \sin\theta = IBl_1 l_2 \sin\theta = IBS\sin\theta$$

式中 $S = l_1 l_2$ 为矩形线圈的面积，若线圈有 N 匝，则线圈所受磁力矩为

$$M = NISB\sin\theta = P_m B\sin\theta \tag{9.2-3}$$

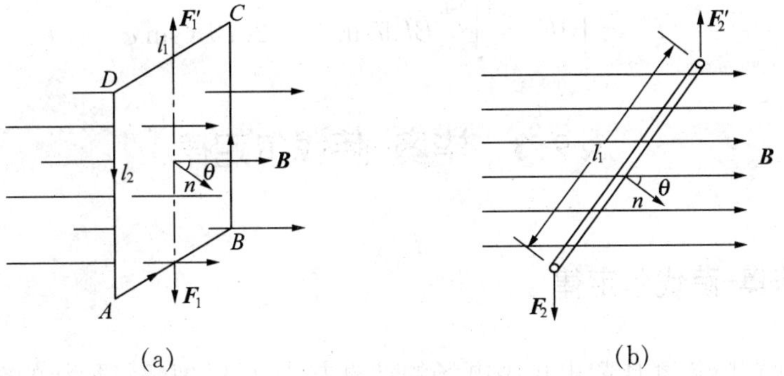

图 9.2-3 匀强磁场对矩形载流线圈的作用

式中 $P_m = NIS$，是描写平面载流线圈性质的量，用矢量表示，可写成

$$\boldsymbol{P}_m = NIS\boldsymbol{n} \tag{9.2-4}$$

$\boldsymbol{P}_m$ 称为线圈的磁矩，$\boldsymbol{n}$ 为线圈法线的单位矢量。计及 $\boldsymbol{M}$，$\boldsymbol{P}_m$，$\boldsymbol{B}$ 三者之间的方向关系，又可写成

$$\boldsymbol{M} = \boldsymbol{P}_m \times \boldsymbol{B} \tag{9.2-5}$$

即平面载流线圈在均匀磁场中受到力矩作用，其方向总是使线圈的磁矩 $\boldsymbol{P}_m$ 有转到与 $\boldsymbol{B}$ 方向一致的趋势。由于平面载流线圈在匀强磁场中所受到的磁场力为零，所以不发生线圈的平动，只有转动。对任意形状的平面载流线圈，该结论同样适用。

2. 非匀强磁场对平面载流线圈的作用

在非匀强磁场中，线圈所受的力和力矩的矢量和一般都不会等于零，所以线圈既有转动

又有平动,为便于说明,考虑一特例。设有一圆锥形对称的辐射形磁场,如图 9.2-4 所示,有一半径为 R 的圆形线圈,其磁矩 $\boldsymbol{P}_m$ 与线圈中心处的 $\boldsymbol{B}$ 方向相同,圆心在辐射形磁场的对称轴上,在线圈上任取一电流元 $I\mathrm{d}\boldsymbol{l}$,该处 $\boldsymbol{B}$ 与线圈平面法线 $\boldsymbol{n}$ 的夹角为 φ,把 $\boldsymbol{B}$ 分解为垂直于线圈平面的分量 $B_\perp$ 和平行于线圈平面的分量 $B_{/\!/}$,

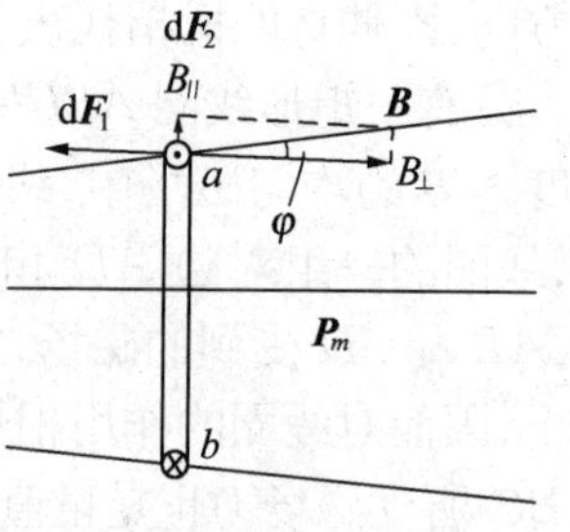

图 9.2-4　非匀强磁场对平面载流线圈的作用

$$B_\perp = B\cos\varphi \quad 和 \quad B_{/\!/} = B\sin\varphi$$

$B_\perp$ 分量作用在 $I\mathrm{d}\boldsymbol{l}$ 上的安培力为 d$\boldsymbol{F}_2$,其量值为

$$\mathrm{d}F_2 = B_\perp\ I\mathrm{d}l\sin 90^\circ = BI\,\mathrm{d}l\cos\varphi$$

其方向由圆心沿径向指向电流元 $I\mathrm{d}\boldsymbol{l}$。由对称性可知,对整个线圈来说,作用在各电流元上的力的总效果只能使线圈变形,不能使线圈发生平动或转动;另一磁场分量 $B_{/\!/}$ 作用在电流元 $I\mathrm{d}\boldsymbol{l}$ 上的安培力为 d$\boldsymbol{F}_1$,其方向垂直于线圈平面,指向左边,量值为

$$\mathrm{d}F_1 = B_{/\!/}\ I\mathrm{d}l\sin 90^\circ = BI\sin\varphi\mathrm{d}l$$

$B_{/\!/}$ 作用在整个线圈各电流元上的力方向相同,所以其矢量和 $\boldsymbol{F}_1$ 使线圈整体由磁场较弱处向磁场较强处移动,$\boldsymbol{F}_1$ 的量值为

$$F_1 = \int \mathrm{d}F_1 = \int_0^{2\pi R} BI\,\mathrm{d}l\sin\varphi = 2\pi BIR\sin\varphi$$

§9.3　毕奥-萨伐尔定律

9.3.1　毕奥-萨伐尔定律

既然磁场源于电流,类比静电场中电场的计算方法,可以把任意形状的载流导线看成是许多电流元所组成,这些电流元单独在某场点产生的磁场叠加起来,就是载流导线整体在该点产生的磁场。但是,稳恒电流总是闭合的,不可能直接从实验得出电流元单独产生磁场的规律。1820 年法国物理学家毕奥(J. B. Biot, 1774—1862 年)和萨伐尔(F. Savart, 1791—1841 年)总结了大量实验结果,拉普拉斯用数学方法进行了归纳,得出了电流元产生磁场的规律,通常称为毕奥-萨伐尔定律。后来的大量实验结果都表明此定律可应用于任意形状的载流导线。

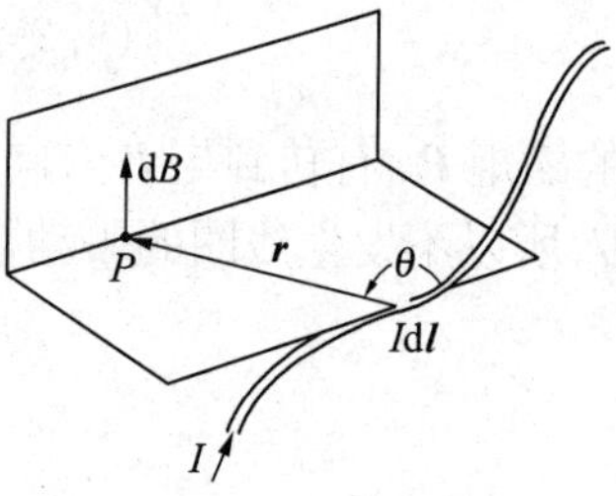

图 9.3-1　毕奥-萨伐尔定律

毕奥-萨伐尔定律的数学表示式为

$$\mathrm{d}\boldsymbol{B} = \frac{\mu_0}{4\pi}\frac{I\mathrm{d}\boldsymbol{l}\times\boldsymbol{r}^0}{r^2} \tag{9.3-1}$$

式中 $I\mathrm{d}\boldsymbol{l}$ 为载流导线上的电流元,$\boldsymbol{r}$ 是电流元到场点(设为 P)的矢径(如图 9.3-1),d$\boldsymbol{B}$ 为 $I\mathrm{d}\boldsymbol{l}$ 在 P 点产生的磁感应强度。$I\mathrm{d}\boldsymbol{l}$ 和 $\boldsymbol{r}$ 的夹角为 θ,$\boldsymbol{r}^0$ 为矢径方向的单位矢量。d$\boldsymbol{B}$ 的大小为

$$\mathrm{d}B = \frac{\mu_0}{4\pi}\frac{I\mathrm{d}l\sin\theta}{r^2} \tag{9.3-2}$$

式中

$$\mu_0 = 4\pi \times 10^{-7}\ \mathrm{T \cdot m \cdot A^{-1}} = 4\pi \times 10^{-7}\mathrm{N \cdot A^{-2}}$$

称为真空磁导率。

由(9.3-1)式可得任意形状的载流导线 L 对 P 点产生的磁感应强度为

$$\boldsymbol{B} = \int \mathrm{d}\boldsymbol{B} = \frac{\mu_0}{4\pi}\int \frac{I\mathrm{d}\boldsymbol{l} \times \boldsymbol{r}^0}{r^2} \tag{9.3-3}$$

9.3.2 毕奥-萨伐尔定律的应用

例 1 无限长载流直导线的磁场计算。

设有一条载有电流 I 的无限长直导线,求离导线距离为 a 的 P 点的磁感应强度。

解 如图 9.3-2 所示,选取直角坐标系,设电流 I 沿 y 方向,P 点到直导线的垂足 O 为坐标原点,P 点在 x 轴上,离 O 点为 a,在坐标 y 处取电流元 $I\mathrm{d}y$,由毕奥-萨伐尔定律,该电流元在 P 点激发的磁感应强度 $\mathrm{d}\boldsymbol{B}$ 的大小为

$$\mathrm{d}B = \frac{\mu_0}{4\pi}\frac{I\mathrm{d}y\sin\alpha}{r^2}$$

$\mathrm{d}\boldsymbol{B}$ 的方向为 z 轴的负方向。导线上所有的电流元在 P 点产生的磁感应强度方向都一致,因此,无限长载流直导线在 P 点产生的磁感应强度 $\boldsymbol{B}$ 垂直于 OP,沿 z 轴负方向,大小为

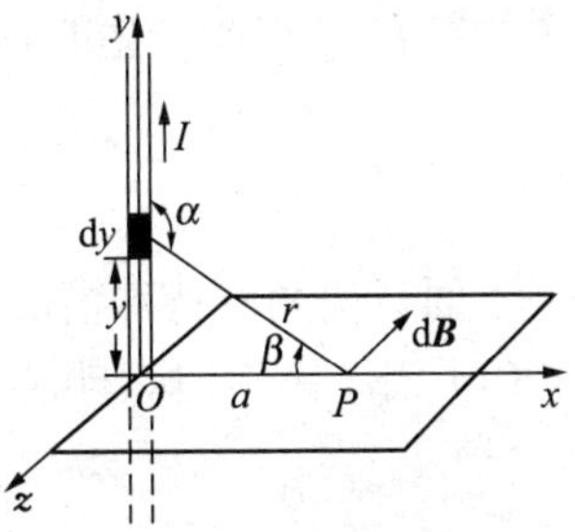

图 9.3-2 无限长载流直导线产生的磁场

$$B = \int \mathrm{d}B = \frac{\mu_0}{4\pi}\int \frac{I\sin\alpha\mathrm{d}y}{r^2}$$

以 r 与 OP 的夹角 β 为自变量,则 $r = a\sec\beta$, $\sin\alpha = \cos\beta$, $y = a\mathrm{tg}\,\beta$, $\mathrm{d}y = a\sec^2\beta\mathrm{d}\beta$, 代入上式,化简后得

$$B = \frac{\mu_0 I}{4\pi a}\int_{-\frac{\pi}{2}}^{\frac{\pi}{2}} \cos\beta\mathrm{d}\beta = \frac{\mu_0 I}{2\pi a} \tag{9.3-4}$$

由此可见,在垂直于直导线的平面上,磁感应线为一系列环绕电流的同心圆,如图 9.1-4(b)所示。

例 2 设有一半径为 R 的圆形线圈,电流为 I,如图 9.3-3 所示。试计算其轴线 Ox 上一点 P 的磁感应强度 $\boldsymbol{B}$。

解 在圆形线圈任一条直径的两端取长度相同的两个线元 $\mathrm{d}\boldsymbol{l}_1$ 和 $\mathrm{d}\boldsymbol{l}_2$,它们到 P 点的矢径分别是 $\boldsymbol{r}_1$ 和 $\boldsymbol{r}_2$,则 $\mathrm{d}\boldsymbol{l}_1$ 和 $\boldsymbol{r}_1$ 之间以及 $\mathrm{d}\boldsymbol{l}_2$ 与 $\boldsymbol{r}_2$ 之间的夹角都是$\frac{\pi}{2}$,由对称性可知电流元 $I\mathrm{d}\boldsymbol{l}_1$ 和 $I\mathrm{d}\boldsymbol{l}_2$ 在 P 点所产生的磁感应强度 $\mathrm{d}\boldsymbol{B}_1$ 与 $\mathrm{d}\boldsymbol{B}_2$ 的大小是相同的,根据毕奥-萨伐尔定律,

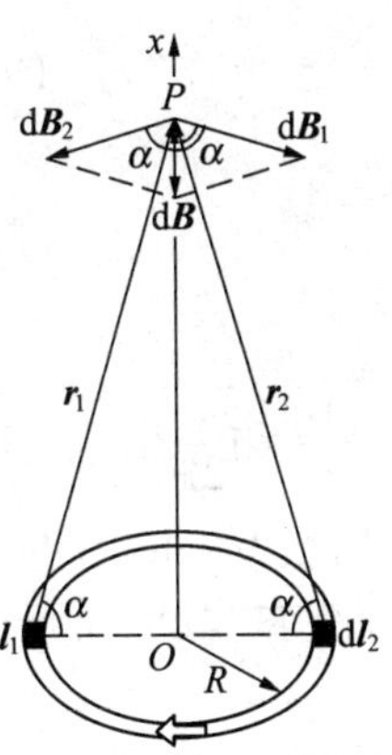

图 9.3-3 通电圆形线圈轴上一点的磁感强度

$$\mathrm{d}B_1 = \mathrm{d}B_2 = \frac{\mu_0}{4\pi}\frac{I\mathrm{d}l}{r^2}$$

式中

$$dl_1 = dl_2 = dl$$

$$r_1 = r_2 = r$$

$d\boldsymbol{B}_1$ 和 $d\boldsymbol{B}_2$ 的方向如图 9.3-3，它们位于包含矢径 $\boldsymbol{r}_1$，$\boldsymbol{r}_2$ 和轴线 Ox 的平面内，且与 Ox 轴的夹角都等于 α，而 $d\boldsymbol{B}_1$ 与 $d\boldsymbol{B}_2$ 的合矢量 $d\boldsymbol{B}$ 沿 x 轴负方向，大小为

$$dB = 2dB_1\cos\alpha = \frac{\mu_0}{2\pi}\frac{I dl}{r^2}\cos\alpha$$

已知 $OP = x$, $r = \sqrt{R^2 + x^2}$, $\cos\alpha = \frac{R}{r} = \frac{R}{\sqrt{R^2 + x^2}}$，代入上式得

$$dB = \frac{\mu_0}{2\pi}\frac{I dl}{x^2 + R^2}\frac{R}{\sqrt{x^2 + R^2}} = \frac{\mu_0 IR\, dl}{2\pi(x^2 + R^2)^{3/2}} \tag{9.3-5}$$

整个线圈在 P 点所产生的磁感应强度亦沿 x 负方向，大小为

$$B = \int_0^{\pi R}\frac{\mu_0 IR\, dl}{2\pi(x^2 + R^2)^{3/2}} = \frac{\mu_0 IR^2}{2(x^2 + R^2)^{3/2}} \tag{9.3-6}$$

下面讨论两种特殊情况：

(1) 当 $x = 0$ 时，(即圆心处)磁感应强度为

$$B = \frac{\mu_0 I}{2R} \tag{9.3-7}$$

(2) 若 P 点远离圆心，且有 $x \gg R$, $x \approx r$, 则有

$$B = \frac{\mu_0 IR^2}{2x^3} = \frac{\mu_0}{2\pi}\frac{I\pi R^2}{x^3}$$

式中 $\pi R^2 = S$ 为线圈面积，则 $I\pi R^2 = IS = P_m$，即线圈的磁矩。这样，上式又可写成

$$B = \frac{\mu_0}{2\pi}\frac{P_m}{x^3} \tag{9.3-8}$$

由于 $\boldsymbol{B}$ 与 $\boldsymbol{P}_m$ 的方向一致，$x \approx r$，可得在远离圆心处，圆电流轴线上 P 点的磁感应强度为

$$\boldsymbol{B} = \frac{\mu_0 \boldsymbol{P}_m}{2\pi r^3} \tag{9.3-9}$$

已知在静电学中，电偶极子在其轴线延长线上远处的场强公式为

$$\boldsymbol{E} = \frac{\boldsymbol{P}}{2\pi\varepsilon_0 r^3}$$

式中 $\boldsymbol{P}$ 为电偶极子的电矩。和(9.3-9)式比较，两式的形式一样，系数 $\frac{1}{2\pi\varepsilon_0}$ 和 $\frac{\mu_0}{2\pi}$ 相当，磁矩 $\boldsymbol{P}_m$ 和电矩 $\boldsymbol{P}$ 相当；同时，在远离场源处，载流线圈所激发的磁场与电偶极子所激发的电场在分布上相似，图 9.3-4 表示这两者的场分布。因此，把圆电流回路(严格说来应为半径足够小的圆电流)称为磁偶极子，所产生的磁场称磁偶极磁场。

原子和分子的磁矩可用电子运动而形成的等效圆电流来解释。地球可以当作一个大磁偶极子，其磁矩为 $8.0\times10^{22}\ \mathrm{A\cdot m^2}$，相当于沿赤道有 2×10^{15} A 的电流流动。现在，科学家把

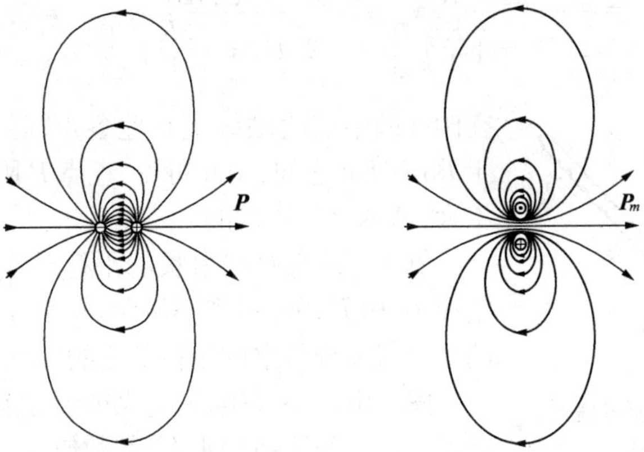

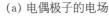

(a) 电偶极子的电场 (b) 小圆电流的磁场

图 9.3-4 电偶极子和磁偶极子的场分布

地磁场归因于地球内部铁流体所产生的环形电流。从古至今,地球上各处不断出现火山爆发,每一次爆发时都从地球内部喷射出大量熔融的岩浆。当这些熔岩渐渐冷凝结晶时,里面的结晶体便会按照当时的地磁场方向整齐地取向排列起来。采取现代检测手段,如放射性检测方法,科学家很容易推断出熔岩冷凝结晶的年代,由此可以间接地推知不同历史时期地磁的方向和强度。令人惊讶的是地磁的强度和方向多次倒转变化(即地球磁场的 N 极和 S 极相互南北对换)。显然,每当地磁场方向倒转时,产生地磁场的环形电流就要反向一次。科学家认为,存在于地核周围的铁流体有时会形成巨大的漩涡,使自身的流向随之发生变化,这就引起了地磁场的改变甚至逆转。研究表明,地磁场平均每 50 万年逆转一次,而最近一次的逆转至今已 78 万年,且近 150 年来,地磁场的强度急剧减弱了 10%～15%,人们不禁要担心地磁场是否又要发生逆转。目前,科学家们已打算利用卫星监测地磁场的变化,并积极准备应对地磁场变化的措施。

例 3 在实验室中常用所谓亥姆霍兹线圈产生均匀磁场。亥姆霍兹线圈是一对同轴载流圆线圈,当它们之间的距离等于它们的半径 R 时,在两线圈间轴线上中点附近的磁场是近似均匀的,如图 9.3-5 所示。试计算两线圈中心 O_1, O_2 及轴线上中点 P 和点 P 两侧$\frac{1}{4}R$ 处的点 Q_1, Q_2 处的磁感应强度。

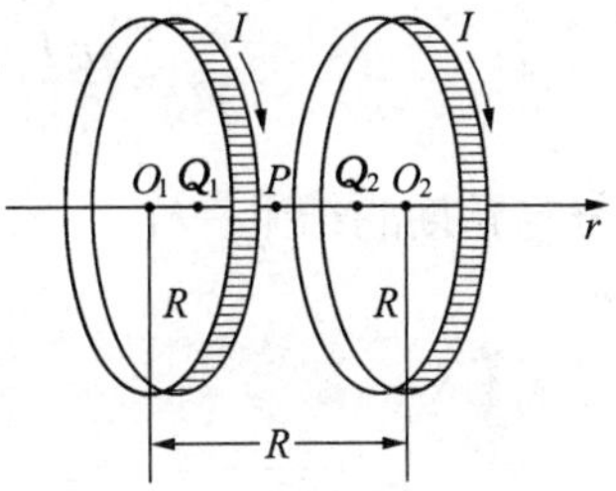

图 9.3-5 亥姆霍兹线圈

解 设两个半径为 R 的线圈各有 N 匝,电流均为 I,在轴线上各点,两线圈产生的磁场方向是相同的,均沿轴线向右,在线圈中心 O_1, O_2 处,磁感应强度相等,大小为

$$B_{O1} = B_{O2} = \frac{\mu_0 NI}{2R} + \frac{\mu_0 NIR^2}{2(R^2 + R^2)^{3/2}} = 0.677\frac{\mu_0 NI}{R}$$

在轴线上中点 P 处,

$$B_P = 2\frac{\mu_0 NIR^2}{2\left[R^2 + \left(\frac{R}{2}\right)^2\right]^{3/2}} = 0.724\frac{\mu_0 NI}{R}$$

在点 P 两侧各 $R/4$ 处的 Q_1, Q_2 两点,B 亦相等,

$$B_{Q_1}=B_{Q_2}=\frac{\mu_0 NIR^2}{2\left[R^2+\left(\frac{R}{4}\right)^2\right]^{3/2}}+\frac{\mu_0 NIR^2}{2\left[R^2+\left(\frac{3R}{4}\right)^2\right]^{3/2}}=0.712\frac{\mu_0 NI}{R}$$

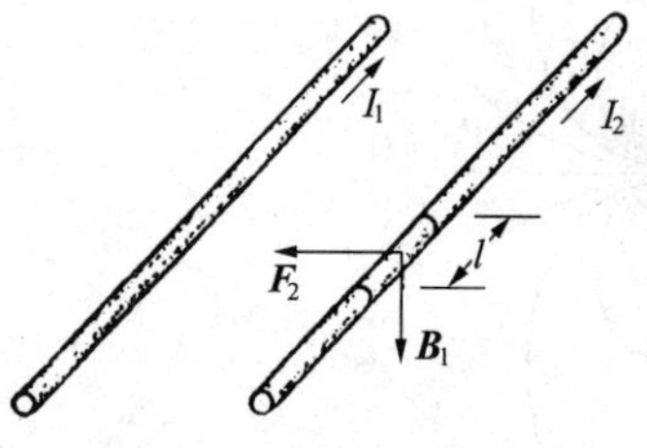

图 9.3-6 平行载流导线间的相互作用力

在两线圈中间的轴线上其他各点，磁感应强度的量值都介于B_O和B_P之间，由此可见，在点P附近轴线上的磁场变化不大，基本上是均匀的。

例 4 设有两根很长的平行导线，相距为d，分别通有电流I_1和I_2，如图9.3-6所示，I_1和I_2两电流方向相同，求两平行载流导线之间单位长度的相互作用力。

解 电流I_1在电流I_2处产生的磁感应强度$\boldsymbol{B}_1$的方向垂直于两导线所在的平面，其数值为

$$B_1=\frac{\mu_0 I_1}{2\pi d}$$

可见电流I_2所在各点，由电流I_1所产生的磁场大小相同，磁场方向与电流I_2垂直。考虑单位长度的一段导线所受的力$\boldsymbol{F}_2$，由(9.2-1)式，其值为

$$F_2=B_1 I_2=\frac{\mu_0}{2\pi}\frac{I_1 I_2}{d} \tag{9.3-10}$$

力的方向在两导线所在的平面内，垂直于电流I_2并指向左边I_1。用同样的方法可计算载有电流I_1的单位长度导线在I_2所产生的磁场中受到的作用力$\boldsymbol{F}_1$。可以看到，$\boldsymbol{F}_1$与$\boldsymbol{F}_2$大小相等，方向相反，即$\boldsymbol{F}_1=-\boldsymbol{F}_2$。因而，两导线相互吸引。如果两导线中的电流方向相反，它们所受的作用力的大小也如(9.3-10)式所示，但作用力的方向是使两导线相互排斥。

国际单位制的电流单位就是根据两平行载流导线之间的吸引力来规定的。假设处在真空中的两平行导线相距为1 m($d=1$ m)，并且两根导线中的电流$I_1=I_2=I$，测量导线每单位长度($l=1$ m)所受的吸引力F。调节电流I，当F正好等于2×10^{-7} N时，规定这时的电流为1 A。由(9.3-10)式知

$$\frac{F}{l}=\frac{\mu_0 I^2}{2\pi \mathrm{d}}=\frac{(4\pi\times10^{-7})\times(1)^2}{2\pi\times1}=2\times10^{-7}(\mathrm{N\cdot m^{-1}})$$

正好与预期的结果一样。

§9.4 安培环路定理

9.4.1 安培环路定理

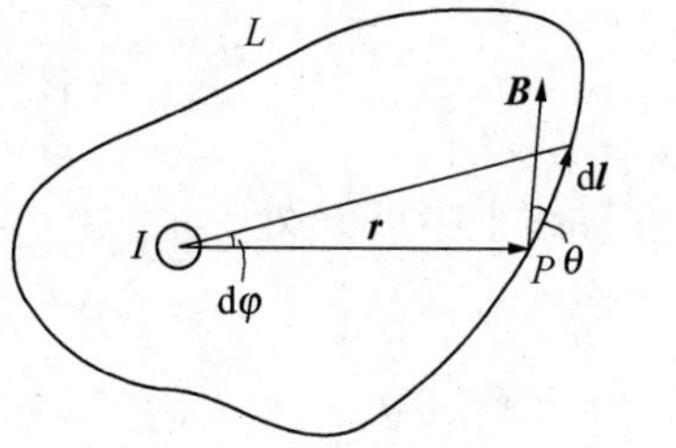

图 9.4-1 B 的环流

毕奥-萨伐尔定律描述空间任一场点的磁场与电流的关系，安培环路定理则是描述磁场的整体特性的，就如同高斯定理是对电场的整体描述一样。下面我们通过长直载流导线产生的磁场，计算磁感应强度的环流。

如图 9.4-1 所示，长直导线垂直于纸面，电流指向纸面

上方,在纸面上选择任意包围电流 I 并按逆时针方向绕行的闭合路径 L,在 L 上任一点 P 处取线元 $\mathrm{d}\boldsymbol{l}$,P 处的磁感应强度大小为 $B=\dfrac{\mu_0 I}{2\pi r}$, r 为 P 点到导线的距离,$\boldsymbol{B}$ 的方向垂直于矢径 $\boldsymbol{r}$,则 $\boldsymbol{B}$ 沿 L 的环流为

$$\oint_L \boldsymbol{B}\cdot\mathrm{d}\boldsymbol{l}=\oint_L B\cos\theta\mathrm{d}l$$

式中 θ 为 $\mathrm{d}\boldsymbol{l}$ 与 $\boldsymbol{B}$ 的夹角。由图知 $\mathrm{d}l\cos\theta=r\mathrm{d}\varphi$, 代入上式,

$$\oint_L \boldsymbol{B}\cdot\mathrm{d}\boldsymbol{l}=\oint_L Br\mathrm{d}\varphi=\oint_L \frac{\mu_0 I}{2\pi r}r\mathrm{d}\varphi=\frac{\mu_0 I}{2\pi}\oint_L \mathrm{d}\varphi$$

对于闭合路径 L,$\oint_L \mathrm{d}\varphi=2\pi$, 所以,$\boldsymbol{B}$ 在闭合路径 L 上的环流为

$$\oint_L \boldsymbol{B}\cdot\mathrm{d}\boldsymbol{l}=\mu_0 I \tag{9.4-1}$$

上式说明:当闭合路径 L 包围电流时,$\boldsymbol{B}$ 在 L 上的环流仅与电流 I 有关,与路径形状无关。

若电流方向垂直于纸面向里,则 P 点的 $\boldsymbol{B}$ 的方向与图 9.4-1 中的相反,按上述回路 L 计算 $\boldsymbol{B}$ 的环流时,得出

$$\oint_L \boldsymbol{B}\cdot\mathrm{d}\boldsymbol{l}=-\mu_0 I$$

这说明 $\boldsymbol{B}$ 的环流还与电流 I 的方向有关。通常对电流的正负作如下规定:当电流方向与闭合回路的绕行方向符合右手定则时(右手四指弯曲指向为回路绕行方向,大拇指指向为电流方向),电流为正;反之,电流为负。这样,$\boldsymbol{B}$ 在 L 上的环流可以统一地用(9.4-1)式表示,其中 I 为代数值。

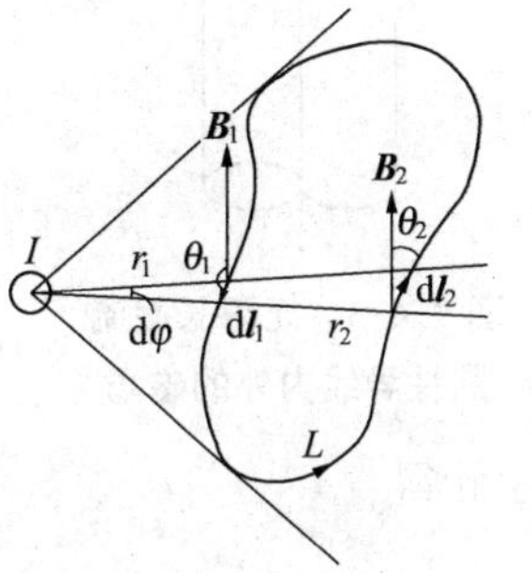

图 9.4-2　闭合路径不包围电流 I 时 $\boldsymbol{B}$ 的环流

若闭合路径不包围电流 I,如图 9.4-2 所示,可从长直导线 I 出发作许多射线,将环路 L 分割成一对对的线元,如图中的 $\mathrm{d}\boldsymbol{l}_1$ 和 $\mathrm{d}\boldsymbol{l}_2$,它们分别与导线相距 r_1 和 r_2,且对导线所张的圆心角相同,设为 $\mathrm{d}\varphi$,则

$$\boldsymbol{B}_1\cdot\mathrm{d}\boldsymbol{l}_1=B_1\mathrm{d}l_1\cos\theta_1=-B_1r_1\mathrm{d}\varphi=-\frac{\mu_0 I}{2\pi}\mathrm{d}\varphi$$

$$\boldsymbol{B}_2\cdot\mathrm{d}\boldsymbol{l}_2=B_2\mathrm{d}l_2\cos\theta_2=B_2r_2\mathrm{d}\varphi=\frac{\mu_0 I}{2\pi}\mathrm{d}\varphi$$

故对于每一对 $\mathrm{d}\boldsymbol{l}_1$ 和 $\mathrm{d}\boldsymbol{l}_2$ 都有

$$\boldsymbol{B}_1\cdot\mathrm{d}\boldsymbol{l}_1+\boldsymbol{B}_2\cdot\mathrm{d}\boldsymbol{l}_2=0$$

因为每对线元对线积分 $\oint_L \boldsymbol{B}\cdot\mathrm{d}\boldsymbol{l}$ 的贡献相抵消,所以 $\boldsymbol{B}$ 沿整个环路 L 的积分为零,即

$$\oint_L \boldsymbol{B}\cdot\mathrm{d}\boldsymbol{l}=0$$

将上述结果推广到任意形状的电流及多个电流回路,得

$$\oint_L \boldsymbol{B}\cdot\mathrm{d}\boldsymbol{l}=\mu_0\sum_{L_{内}} I \tag{9.4-2}$$

式中电流 I 的正、负由前所述。上式为安培环路定理的数学表达式,表明磁感应强度沿任意闭合回路的线积分等于穿过这闭合回路的全部电流的代数和的 μ_0 倍。对于非稳恒磁场,安培环路定理要加以修正。

尽管未被闭合路径所包围的电流对磁场的环流没有贡献,但对空间各点的磁场是有贡献的。磁场的环流不为零反映了磁场是一种涡旋场。

9.4.2 安培环路定理的应用

犹如应用高斯定理易于求解源电荷对称分布的静电场一样,安培环路定理对解决具有对称性的静磁场问题特别方便,下面举例说明。

例 1 设有一无限长直圆柱导线,截面半径为 R,电流沿截面均匀分布,电流为 I,求导线内外的磁场分布。

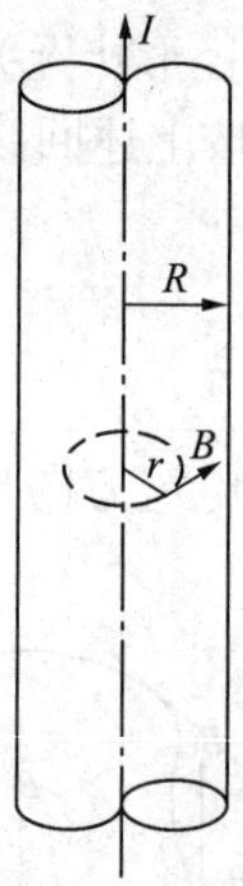

图 9.4-3 无限长载流圆柱导线内外的磁场

解 如图 9.4-3 所示,设电流从下往上流动,由电流的轴对称分布,可以断定磁感应强度 $\boldsymbol{B}$ 的大小具有轴对称性,且与观察点 P 到圆柱体轴线的距离 r 有关,方向沿圆周的切线。在圆柱体外部以 r 为半径,圆柱轴上一点 O 为圆心作圆形回路,圆平面与导线垂直,由安培环路定理,磁感应强度对此圆形回路的积分为

$$\oint_L \boldsymbol{B} \cdot \mathrm{d}\boldsymbol{l} = \oint_L B \cdot \mathrm{d}l = B\oint_L \mathrm{d}l = 2\pi rB = \mu_0 I$$

由此得

$$B = \frac{\mu_0 I}{2\pi r} \quad (r > R)$$

同样,在圆柱体内任一点距轴心为 r 处,以 r 为半径作圆,对此回路有

$$\oint_L \boldsymbol{B} \cdot \mathrm{d}\boldsymbol{l} = 2\pi rB = \mu_0 \frac{I}{\pi R^2} \pi r^2$$

由此得

$$B = \frac{\mu_0 Ir}{2\pi R^2} \quad (r < R)$$

以上结果表明在圆柱体内部 B 与 r 成正比,在圆柱体外部,B 与 r 成反比。

例 2 设一无限长螺线管单位长度上的匝数为 n,电流为 I,求管内外的磁感应强度。

解 图 9.4-4 为无限长螺线管的轴向中心剖面图,由电流分布的对称性可判断管内磁感应强度 $\boldsymbol{B}$ 只有轴向分量。作矩形闭合路径,使两条边与轴线平行,分别位于管内、外,另两条边与轴线垂直,则磁感应强度对这一闭合路径的环流为

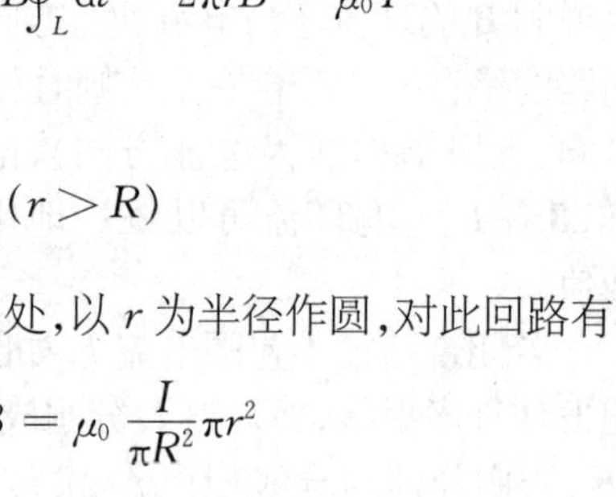

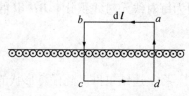

图 9.4-4 无限长螺线管内的磁场

$$\oint_L \boldsymbol{B} \cdot \mathrm{d}\boldsymbol{l} = \int_{ab} \boldsymbol{B} \cdot \mathrm{d}\boldsymbol{l} + \int_{bc} \boldsymbol{B} \cdot \mathrm{d}\boldsymbol{l} + \int_{cd} \boldsymbol{B} \cdot \mathrm{d}\boldsymbol{l} + \int_{da} \boldsymbol{B} \cdot \mathrm{d}\boldsymbol{l}$$

上面等式右边的第二、四项为零,因为 $\boldsymbol{B} \perp \mathrm{d}\boldsymbol{l}$, cd 边在螺线管外,对于无限长的密绕螺线管,管外的磁场实际上可视为零,这可由图 9.1-4(c)中稀疏的螺线管的 B 线推论。对非常靠近螺线管某一匝线圈的各点来说,导线周围的 B 线是一些同心圆,稍远些的磁场,是组成这个螺线管的所有各匝线圈产生的磁场的矢量和,因而在两导线之间的区域,各匝线圈产生的磁场有互相抵消的趋势,在螺线管外的 P 点,由螺线管各匝上面部分在该点产生的磁场指向左面,而由下面部分在该点产生的磁场则指向右方,两者亦有相互抵消的趋势,在螺线管内离导线较远处的合磁场与管轴平行。在导线密绕的极限情况下,螺线管上的电流实际上相当于圆柱形电流片,当螺线管为无限长时,由对称性分析可知螺线管内部的磁场与轴线平行,外部磁场为零。由此

$$\oint_L \boldsymbol{B} \cdot \mathrm{d}\boldsymbol{l} = \int_{ab} \boldsymbol{B} \cdot \mathrm{d}\boldsymbol{l} = B_{内}\,\Delta l = \mu_0 (nI\,\Delta l)$$

得

$$B_{内} = \mu_0 nI \tag{9.4-3}$$

既然 ab 是平行于轴线的任一直线,上式表明管内任一点的磁感应强度都是 $\mu_0 nI$,即管内的磁场是均匀的。

§9.5　带电粒子在电场和磁场中的运动

9.5.1　洛伦兹力

在§9.1 中已知,在磁感应强度为 $\boldsymbol{B}$ 的磁场中,以速度 $\boldsymbol{v}$ 运动的点电荷 q 受到的磁场力为

$$\boldsymbol{F} = q\boldsymbol{v} \times \boldsymbol{B}$$

由于此式是荷兰物理学家洛伦兹(H. A. Lorentz, 1853—1928 年)首先提出的,磁场力 $\boldsymbol{F}$ 遂称为洛伦兹力。$\boldsymbol{F}$ 只改变 $\boldsymbol{v}$ 的方向而不改变其大小,因而不改变带电粒子的动能,即洛伦兹力对运动电荷不作功,这是洛伦兹力的特点。

若运动电荷在电场和磁场共同作用下运动,则所受力为

$$\boldsymbol{F} = q(\boldsymbol{E} + \boldsymbol{v} \times \boldsymbol{B}) \tag{9.5-1}$$

上式称为洛伦兹公式。

9.5.2　带电粒子在磁场中的运动

在近代科技中,广泛应用磁场对带电粒子的作用力来控制带电粒子束的运动。下面讨论带电粒子以不同的速度方向进入均匀磁场后的运动情况。

1. 带电粒子速度 $\boldsymbol{v}_0$ 的方向和磁感强度 $\boldsymbol{B}$ 的方向平行

由洛伦兹力公式知, $\boldsymbol{v}_0 \parallel \boldsymbol{B}$ 时,

$$\boldsymbol{F} = q\boldsymbol{v}_0 \times \boldsymbol{B} = \boldsymbol{0}$$

故带电粒子在磁场中作匀速直线运动。

2. 带电粒子速度 $\boldsymbol{v}_0$ 的方向和磁场 $\boldsymbol{B}$ 垂直

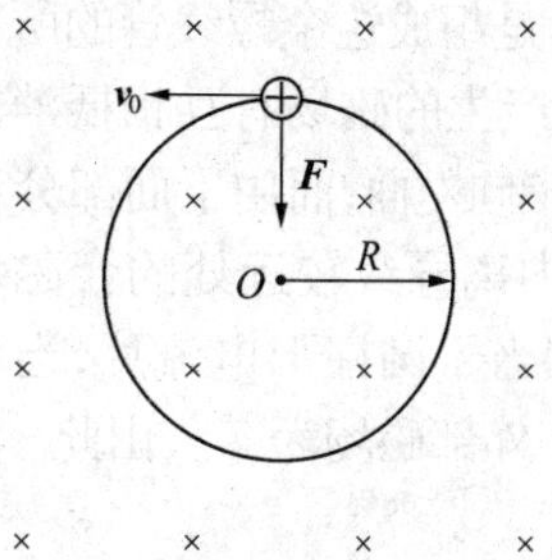

图 9.5-1 回旋运动

带电粒子在大小不变的法向力作用下,在垂直于 $\boldsymbol{B}$ 的平面内作匀速圆周运动,如图 9.5-1 所示,洛伦兹力即带电粒子作圆周运动的向心力,若粒子质量为 m,则有

$$F = qv_0B = m\frac{v_0^2}{R}$$

可得粒子作圆周运动的轨道半径为

$$R = \frac{mv_0}{qB} \tag{9.5-2}$$

带电粒子沿圆周轨道运行一周所需的时间称为粒子的运动周期 T,

$$T=\frac{2\pi R}{v_0}=\frac{2\pi m}{qB} \tag{9.5-3}$$

由(9.5-2)式和(9.5-3)式可见,带电粒子在均匀磁场中作圆周运动的半径与粒子的速度成正比,与磁感应强度的数值成反比;而运动周期与速度无关。

3. 带电粒子入射均匀磁场的速度 $\boldsymbol{v}_0$ 与磁场 $\boldsymbol{B}$ 的方向成 θ 角

如图 9.5-2 所示,将 $\boldsymbol{v}_0$ 分解为平行于 $\boldsymbol{B}$ 的分量 $v_{0x} = v_0\cos\theta$ 和垂直于 $\boldsymbol{B}$ 的分量 $v_{0y} = v_0\sin\theta$。由前面讨论知,带电粒子将在垂直于 $\boldsymbol{B}$ 的平面内以速率 v_{0y} 作匀速圆周运动;并以 v_{0x} 沿 $\boldsymbol{B}$ 方向作匀速直线运动,可见粒子作以 $\boldsymbol{B}$ 为轴线的螺旋运动,其半径为

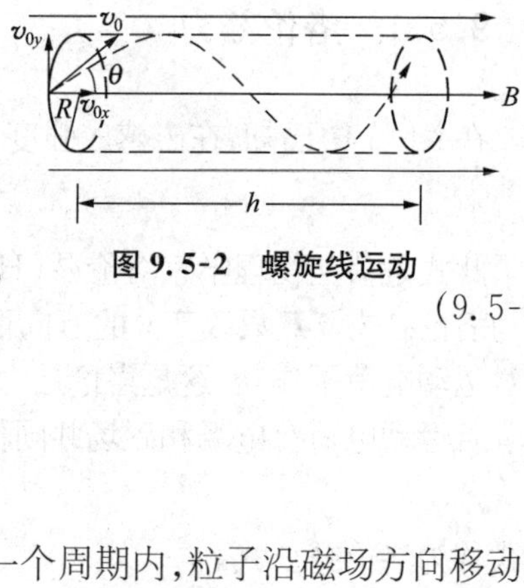

图 9.5-2 螺旋线运动

$$R = \frac{mv_{0y}}{qB} = \frac{mv_0\sin\theta}{qB} \tag{9.5-4}$$

螺旋运动的周期为

$$T = \frac{2\pi R}{v_{0y}} = \frac{2\pi m}{qB}$$

与带电粒子在磁场中作匀速圆周运动时的周期相同。在一个周期内,粒子沿磁场方向移动的距离称为螺距 h,

$$h = v_{0x}T = \frac{2\pi mv_0\cos\theta}{qB} \tag{9.5-5}$$

以上分析了单个带电粒子在均匀磁场中的运动。若有一束速率近似相等的带同种电荷的粒子在空中运动,并沿同样的方向从一个小孔中射出,则由于库仑斥力的作用,运动过程中粒子束会发散。如我们沿原运动方向施以均匀的磁场,由于各个粒子偏离原运动方向(即磁场方向)的角度 θ 很小,各个粒子平行和垂直于磁场的速度分量 $v_{/\!/}$ 和 $v_{\perp}$ 可表为

$$v_{/\!/} = v\cos\theta \approx v,\ v_{\perp} = v\sin\theta \approx v\theta$$

因而,不同 θ 角的粒子沿 $\boldsymbol{B}$ 方向的运动速度近似相同,而 $v_{\perp}$ 不同。各带电粒子在均匀磁场中就作半径不同、螺距相同的螺旋运动,且周期相同,结果这些散开的带电粒子在沿各自的螺旋轨道绕

行一周后,又重新会聚于同一点,如图 9.5-3 所示。这与透镜会聚光束的作用十分相似。由于这里是磁场将发散的粒子束聚焦,因此称为磁聚焦。

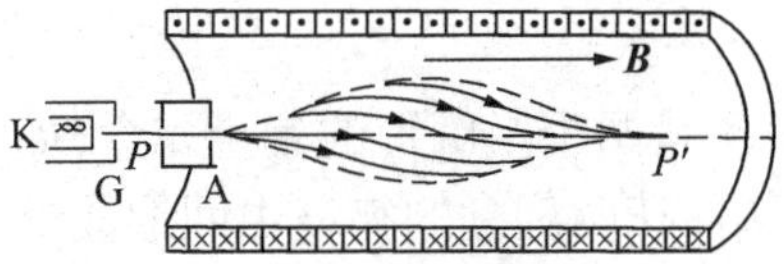

图 9.5-3 磁聚焦

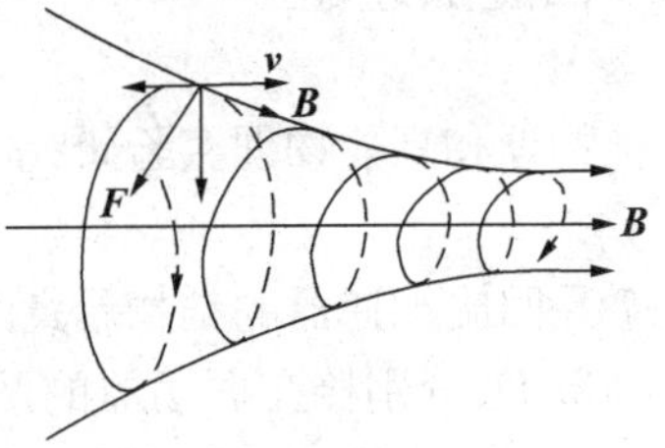

图 9.5-4 会聚磁场

在非均匀磁场中带电粒子的运动轨迹比较复杂。如带电粒子向着磁场较强的方向运动,随着磁场的增强,带电粒子螺旋运动的半径不断减小,如图 9.5-4 所示。同时,带电粒子受到的洛伦兹力在指向磁场较弱的方向上有一个分量,阻止粒子沿磁场前进,最终使粒子在磁场方向上的分速度减小到零;接着就掉头向着相反的方向(沿磁场减弱的方向)作螺旋半径逐渐变大的螺旋运动。这就好像带电粒子碰到反射镜反射一样,我们称这种强度逐渐增强的会聚磁场为磁镜。如果在一个圆柱形真空室中采用两个电流方向相同的圆线圈产生磁场,适当调节线圈之间的距离可使磁场呈两端强中间弱(如图 9.5-5),如此分布的磁场在两端形成两个磁镜。因此,在磁场内沿着轴线方向速度分量较小的带电粒子,将被约束在两个磁镜之间来回运动而无法逃脱,这种约束带电粒子的磁场分布称为磁瓶。

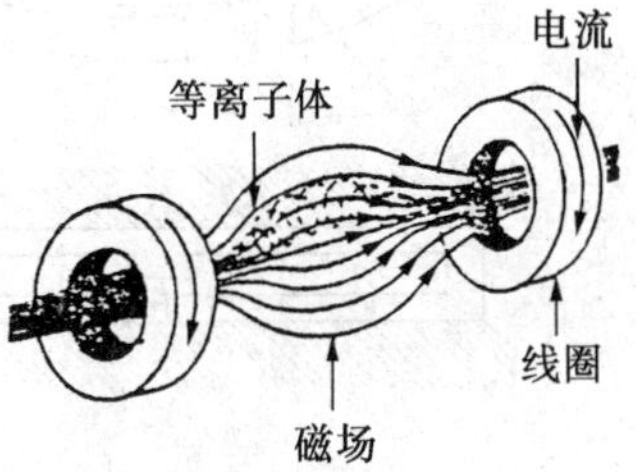

图 9.5-5 磁瓶

在原子核的聚变反应中,为使反应物在反应前具有足够大的能量,一种可能的途径是把反应物加热到几百万度或更高的温度,这时物质已处于完全电离的等离子体状态。由于反应粒子具有极大的热运动动能,足以克服静电斥力,从而使原子核发生激烈的碰撞,实现原子核的聚变反应。这种在高温下进行的轻核聚变反应也称为热核反应,在人工控制下的核聚变称为受控热核反应。在热核反应的高温下,任何固体材料均会被熔毁。因此目前在大多数研究受控热核反应的实验装置中都利用磁瓶(如图 9.5-5)来约束等离子体,使其脱离器壁并限制其导热,同时也增大了高温等离子状态下粒子之间的碰撞频率,以提高反应概率。

磁瓶装置的缺点是总有一部分纵向速度较大的粒子会从两端逃逸。

磁约束也存在于地球磁场中,地磁场从赤道向两极逐渐增强,来自宇宙射线和太阳风的带电粒子在飞临地球时受到地磁瓶的磁约束作用,作围绕地磁感应线的螺旋运动(如图 9.5-6),这些粒子在靠近两极处被反射回来,于是就在两极之间作来回振荡,形成带电粒子层,称为范·阿伦辐射带,罩在地球上空。1958 年探索者 1 号人造卫星探测到离地面几千千米处有质子层组成的内辐射带,在离地面约15 000 km处有电子层组成的外辐射带。正是由于地磁瓶的磁约束作用,来自宇宙太空能致生物死亡的各种高能带电粒子才被捕获,对地球上的生命起了天然屏障的保护作用。在太阳黑子活动高峰期地磁场分布会受到严重干扰。这时有大量带电粒子在两极附近进入地球

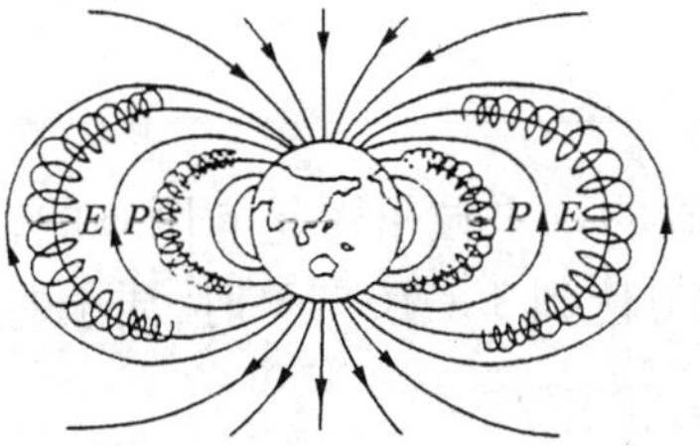

图 9.5-6 范·阿伦辐射带

大气层。这种情况往往引起人类疾病的发生。

9.5.3 回旋加速器

在原子核物理和高能物理实验研究中，回旋加速器是加速带电粒子使之获得高能量的重要工具之一。

图 9.5-7 是回旋加速器的结构示意图，A 和 B 是两个半圆形的扁金属盒，如同两个相对的大写英文字母 D，分别接在振荡器的两极上，从而在两扁盒的狭缝中间形成交变电场。将这两个扁盒放在一对大的电磁铁中间，使磁场方向垂直于扁盒平面，扁盒被密封在高真空室内，带电粒子源 P 位于 D 形电极中心的缝隙处(图 9.5-7(a))。

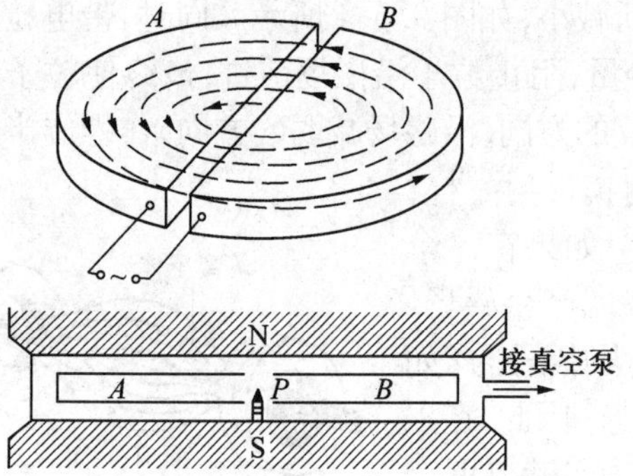

(a)

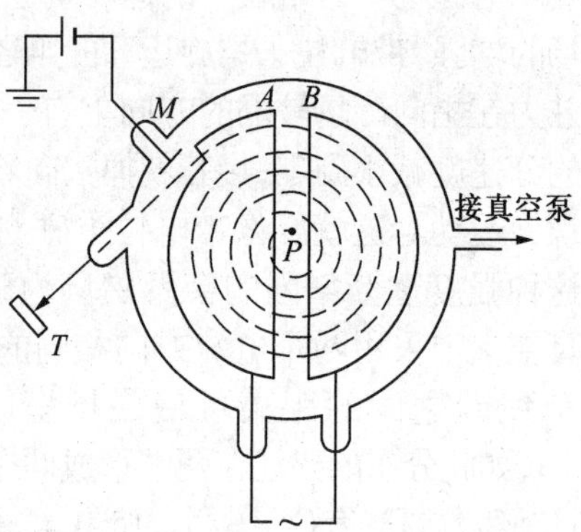

(b)

图 9.5-7 回旋加速器

将带电粒子(设为质子)从粒子源 P 中引出，设此时缝隙处电场方向正好由 B 指向 A，则质子在电场下加速，以速率 v 进入 A 盒。盒内无电场，粒子只受磁场力，因而质子作圆周运动，半径为 $R=\frac{mv}{qB}$。当粒子在 A 盒内绕行半周到达缝隙处时，若交变电场的方向恰好改变，粒子就能被第二次加速进入 B 盒。第二次加速使粒子速度变大，故半径也要变大，但粒子在每个盒中运动的时间不变，均为

$$\tau=\frac{1}{2}T=\frac{\pi m}{qB}$$

若使狭缝中的电场每经过时间 τ 就改变一次方向，即使交变电场的频率与带电粒子在 D 形盒中的回旋频率相同，就能保证质子一次次被加速，回旋半径不断增大，直至粒子到达 A 盒边缘，再借助致偏电极 M 将其引出加速器(图 9.5-7(b))。这样获得的粒子最大速率为

$$v_{\max}=\frac{qR_0B}{m}$$

其中 R_0 为扁盒半径。实际上要用回旋加速器获得能量很高的带电粒子还是有困难的，因为粒子速度很大时，必须考虑相对论效应。例如，当质子能量达到 3×10^{10} eV时，质子的速率已达光速的0.999 98 倍。

考虑粒子在高速运动时质量随速度而增加的相对论效应，

$$m = \frac{m_0}{\sqrt{1-(v^2/c^2)}}$$

则粒子在盒中运动的周期 T 也增大。

$$T = \frac{2\pi m}{qB} = \frac{2\pi m_0}{qB\ \sqrt{1-v^2/c^2}}$$

为使粒子每次穿过缝隙处都能得到加速,必须使交变电场的周期随着粒子的加速过程作同步变化,即要相应降低交变电压的频率以满足频率随速度的变化关系:

$$\nu = \frac{1}{T} = \frac{qB\ \sqrt{1-v^2/c^2}}{2\pi m_0}$$

根据这一原理设计的回旋加速器称为同步回旋加速器。

9.5.4 质谱仪

自然界中同一种元素的原子核内质子数总是相同的,所以核电荷数也相同;但中子数可以不同,因而原子的质量就可以不同。这些具有相同核电荷数不同质量数的原子叫做同位素。同一种元素的各种同位素的化学性质相同,所以用化学方法不可能识别它们。但是,由于它们的原子量不同却可以用物理的方法来识别它们,质谱仪就是一种用来分析同位素的有力工具。

质谱仪主要由三大部分组成:①离子源和速度选择器;②质量分析器;③接收器。

图 9.5-8 是质谱仪的原理示意图,从离子源出来的离子经过狭缝 S_1 和 S_2 间的加速电场加速后射入速度选择器。

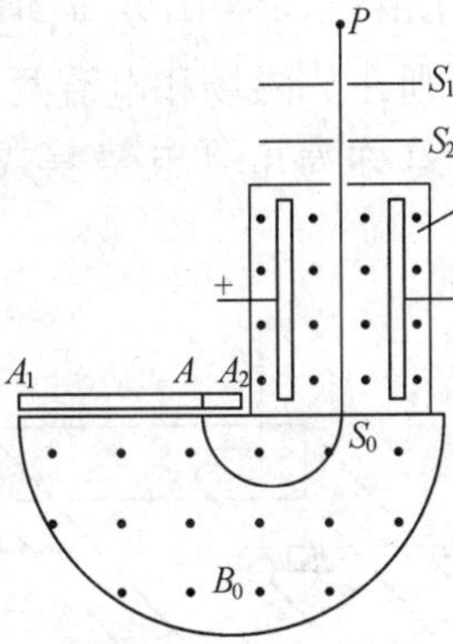

图 9.5-8 质谱仪

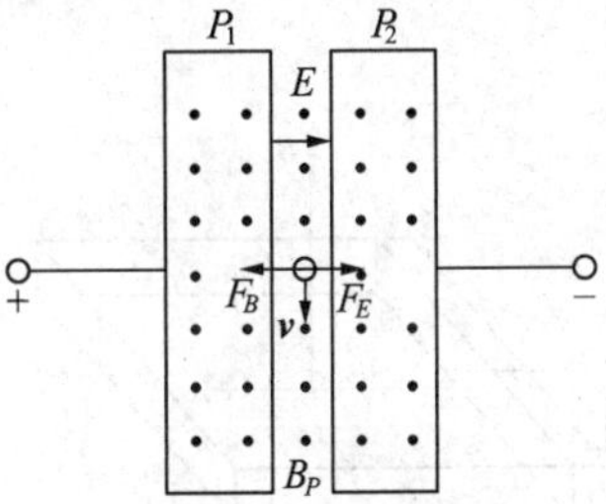

图 9.5-9 速度选择器

图 9.5-9 为速度选择器的原理示意,在两块极板中间加均匀磁场 $\boldsymbol{B}$ 和均匀电场 $\boldsymbol{E}$。从离子源出来的带电量为 q 的粒子以速度 $\boldsymbol{v}$ 入射两极板之间,带电粒子(设为质子)受到向左的磁场力 $q\boldsymbol{v}\times\boldsymbol{B}$ 和向右的电场力 $q\boldsymbol{E}$ 的作用,若粒子的速度满足下列关系

$$qvB = qE$$

即

$$v = \frac{E}{B} \tag{9.5-6}$$

则粒子所受合力为零，粒子将作匀速直线运动通过这一区域。比此速度值大或小的带电粒子都会受到向左或向右的合力作用而落到带电极板上，无法通过这一区域。因此，穿过这两极板之间跑出来的粒子必具有相同的速度 $v = \frac{E}{B}$。然后粒子进入均匀磁场 $\boldsymbol{B}_0$ 的空间，在洛伦兹力作用下作匀速圆周运动，绕过半个圆周后落在感光片 A_1A_2 上的 A 处被记录下来，A 点到入口缝处 S_0 的距离为轨道半径 R 的 2 倍，由下式可求得离子质量：

$$R = \frac{mv}{qB_0} = \frac{mE}{qB_0B}$$

即

$$m = \frac{qB_0BR}{E} = \frac{qB_0Bx}{2E} \tag{9.5-7}$$

式中 x 为 S_0A 之间的距离。由于离子的电量都相同，B_0，B，E 也相同，故不同质量的离子落在不同的位置 x 上，在感光底片上就形成与各个不同质量的同位素相应的若干条谱线。由这些谱线的黑度可确定同位素的相对含量，即丰度。

质谱仪的用处很广，例如，通过岩石中铅同位素丰度的测定可确定岩石的年龄。在岩石中放射性铀-238 衰变为铅-206，铀-235 衰变为铅-207，钍-232 衰变为铅-208，衰变过程是很缓慢的。现在我们已知精确的衰变速度，对铅的 3 种同位素含量进行质谱仪分析，就可获得对矿物年龄的估算。根据这种测定方法，曾对地球、月球以至银河系的年龄进行了估算。

9.5.5 霍耳效应

1879 年，美国物理学家霍耳(E. H. Hall, 1855—1929 年)在实验中发现，把一载流金属导体板放在均匀磁场中时，如果磁场方向与电流方向垂直，则在与磁场和电流两者都垂直的方向上出现电势差，此现象称为霍耳效应，所产生的电势差称为霍耳电势差或霍耳电压，如图 9.5-10所示。

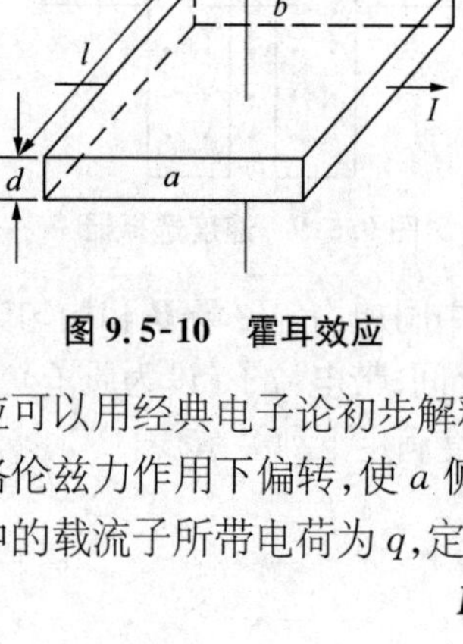

图 9.5-10 霍耳效应

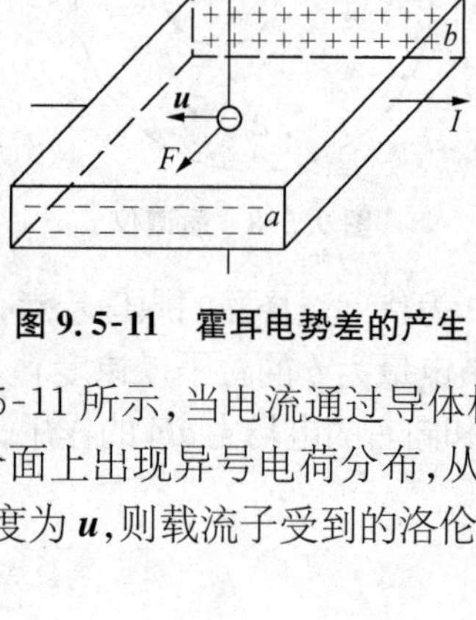

图 9.5-11 霍耳电势差的产生

霍耳效应可以用经典电子论初步解释。如图 9.5-11 所示，当电流通过导体板时，运动电荷在磁场的洛伦兹力作用下偏转，使 a 侧和 b 侧两个面上出现异号电荷分布，从而产生电势差。设导体中的载流子所带电荷为 q，定向运动的速度为 $\boldsymbol{u}$，则载流子受到的洛伦兹力为

$$\boldsymbol{F}_1 = q\boldsymbol{u} \times \boldsymbol{B}$$

在图 9.5-10 的实验布局中

$$F_1 = quB$$

而霍耳电场力的方向与洛伦兹力相反,大小为

$$F_2 = qE = q\frac{U_H}{l}$$

式中 U_H 为霍耳电势差。当洛伦兹力和霍耳电场力平衡时

$$quB = q\frac{U_H}{l} \tag{9.5-8}$$

载流子不再偏转。设单位体积载流子数目为 n,则电流为

$$I = nldqu \tag{9.5-9}$$

将(9.5-9)式代入(9.5-8)式,得

$$U_H = U_{ab} = \frac{1}{nq}\frac{BI}{d} = R\frac{IB}{d} \tag{9.5-10}$$

式中 $R = \frac{1}{nq}$ 称为霍耳系数,R 的符号与载流子所带电荷的正、负一致,$q > 0$ 时,$R > 0$;反之,$q < 0$,则 $R < 0$。所以,可以根据霍耳系数的正、负来判断载流子电荷的正、负。另外,由于 R 与载流子浓度 n 有关,可以通过测量 R 来确定载流子浓度。

一般金属中载流子是电子,浓度很大,约 $10^{23}\ \mathrm{cm^{-3}}$,所以霍耳系数很小。半导体中载流子浓度要小得多,霍耳系数就大得多,能产生较大的霍耳电势差。因此,霍耳效应对研究半导体材料的性质(如导电类型、载流子浓度随温度、杂质等因素的变化等)提供了有力的手段。另一方面,可以利用半导体材料制成霍耳元件,用以测量磁场。值得注意的是,金属铝的霍耳系数是正的,反映了铝中价电子的特殊状态。

阅读材料　　9.1 磁流体发电

当全世界的能源消耗以前所未有的速度与日俱增时,开辟新能源和提高能源的利用效率成了迫切要解决的问题。以提高热效率为目的的新发电方式——磁流体发电正受到各国的重视。

磁流体发电的原理类似于霍耳效应,都是依赖于荷电粒子在磁场中运动受洛伦兹力的作用而偏转。磁流体发电机中,采用高强度永久磁铁或超导磁体产生磁场,磁极之间的矩形管道是导电流体的通道(称发电通道)。管道的顶部和底部是金属电极,发电所产生的电动势就由此两电极引出(见图 RM9-1)。

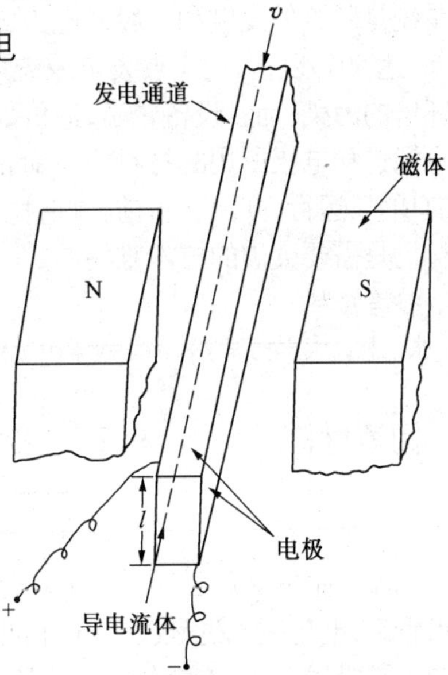

图 RM9-1　磁流体发电原理

常在高温下使气体电离,成为高温等离子体而作为导电流体。设导电流体中带电粒子所带电量为 q,当导电流体以速率 v 沿箭头方向流动时,每个荷电粒

子的速度都是 $\boldsymbol{v}$,由于指向右方的磁场 $\boldsymbol{B}$ 的洛伦兹力作用,带正、负电的粒子因而上、下分离,并在顶部和底部各自形成正、负电荷堆积。这些堆积起来的电荷产生静电场 E_s,方向垂直指向下面。洛伦兹力是非静电力,其等效的非静电场强 $\boldsymbol{E}_k^*$ 的方向垂直指向上端,大小为

$$E_k^* = \frac{f}{q} = \frac{qvB}{q} = vB$$

如上、下两端之间的距离为 l,则此发电机的电动势为

$$\mathscr{E} = E_k^* l = vBl$$

在两极间的总场强为

$$E = E_k^* - E_s$$

以 σ 表示等离子体的电导率,S 表示电极被磁场"包住"部分沿水平方向的面积,则等离子体由下往上通过电极的电流为

$$I = jS = \sigma(E_k^* - E_s)S$$

发电机输出的总功率为

$$P = IE_s l = \sigma(E_k^* - E_s)E_s lS = \sigma(vB - E_s)E_s lS$$

式中 $E_s l$ 为发电机两极间的端电压。将上式对 E_s 求导,当 $\frac{\mathrm{d}P}{\mathrm{d}E_s} = 0$ 时,即 $E_s = \frac{1}{2}vB$ 时有最大输出功率,

$$P_{\mathrm{mas}} = \frac{1}{4}\sigma v^2 B^2 Sl$$

从磁流体发电装置的发电通道中排出的气体温度仍是很高的,可用来驱动气体涡轮机或用它产生高温、高压蒸汽去驱动常规的蒸汽涡轮机,再带动普通发电机发电。因此磁流体发电系统是磁流体发电和一般发电方式两者的综合。用这样的系统可大幅度提高能源的利用效率,达 60%以上,而一般发电系统只有 30%～40%的利用率。另外磁流体发电可大大减少对环境的污染;而且设备紧凑,造价仅为常规火力发电站的 1/4 左右,这些都是其优点。但是发电通道和电极所用的材料的寿命都比较短(要求耐高温、耐腐蚀等),因而不能长时间运行(如有的只运行 50 h)。目前,制造稳定的强磁场及研制能够经受极高温气体连续通过的耐热材料仍是需要突破的技术难关。

参考资料

[1] 张三慧,《大学物理学》,清华大学出版社,1999 年。

阅读材料 9.2 相对论效应不必在高速时显现
——浅谈电与磁的相对性

电流产生磁场和磁场感生电场是传统的认为电与磁关系密切的例证。其实,从相对论的观点看来,电与磁不过是关于电荷的同一电磁现象在不同的惯性系里的表现或相对不同惯性系的不同描述而已,这就如同一枚硬币从正、反面去看会看到不同的花纹一般。

众所周知,洛仑兹力的表达式为 $\boldsymbol{f} = q\boldsymbol{v} \times \boldsymbol{B}$, 其中速度 $\boldsymbol{v}$ 无疑涉及参照系。事实上,磁感应

强度 $\boldsymbol{B}$ 正是由洛仑兹力来下定义的。显然,描述磁场的物理量磁感应强度 $\boldsymbol{B}$ 本身就依赖于参照系。我们具体设想一个例子。如图 RM9-2(a)所示,一负电荷 $q<0$ 向右方平行于一水平放置的载流直导线运动,q 到导线中心轴的距离为 r。取导线处于静止状态的参照系为 S 系。在 S 系中,导线中固定在格点位置上的正离子静止不动。导线中的电子以速度 $\boldsymbol{v}$ 相对于 S 系向右方运动,产生向左的电流 I。为简单起见,假设电荷 q 向右方运动的速度也是 $\boldsymbol{v}$,即与导线中电子定向漂移运动的速度相同。现假设再取一跟随 q 一起以速度 $\boldsymbol{v}$ 相对于 S 系运动的参照系 S',则在 S' 中导线中电子处静止状态,而晶格正离子则以速度 $\boldsymbol{v}'_+=-\boldsymbol{v}$ 向左运动,产生电流 I'。

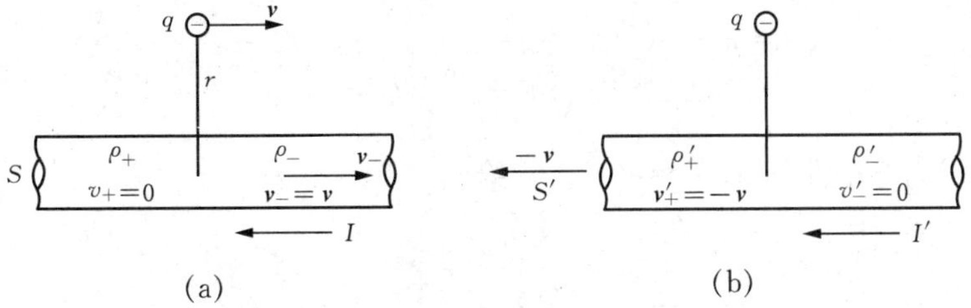

图 RM9-2

在 S 系中,运动电荷 q 受到洛仑兹力 $\boldsymbol{f}$ 的作用,系一纯磁力,因为导线的电中性,并无静电力作用其上。在本例情形,$f=qvB$,$B=\dfrac{\mu_0}{4\pi}\dfrac{2I}{r}$,而 $I=\rho_- vA$,A 为导线横截面积,ρ_- 为导线中电子的电荷密度。于是

$$f=\frac{qA\mu_0}{2\pi}\rho_-\frac{v^2}{r} \qquad ①$$

方向沿着 r 向下,即为一吸引力。

但在 S' 系中,电荷 q 是静止的,因而并无磁力作用其上。然而,作用力不应受惯性系的变换影响,既然无磁力存在(尽管由于导线中正离子的运动磁场仍存在),作用力只能是电场力。但是,在 S 系中由于导线的电中性而使空间并无电场。因此,唯一的可能便是在 S' 系中导线不再保持电中性,而是表现出一定的净电荷密度;而且这一电荷密度必须是正的,这样才能对 q 产生向下的吸引力。电中性的破坏是一种相对论效应。实验表明,同物质的质量不一样,电荷的电量大小并不依赖于其相对于参照系的速度,因而无论是在 S 系还是在 S' 系,电荷 q、电子和正离子的电荷量都各自保持不变。但电荷密度要变化,因为电荷密度依赖于体积,体积则和考虑的导线长度有关;而根据相对论,这一长度依赖于导线相对于参照系的速度。由于导线的横截面积垂直于导线运动方向,在 S' 系中并不改变。

在 S 系中,截取长度为 L_0 的导线,其中正离子的电荷密度设为 ρ_+,总正电荷量便是 $Q=\rho_+ L_0A$,A 为导线横截面积。在 S' 系中,相对论效应使长度 L_0 缩短为

$$L=L_0\sqrt{1-\frac{v^2}{c^2}} \qquad ②$$

使正电荷密度增至 ρ'_+,由于电荷量不变,$\rho'_+LA=\rho_+L_0A$,于是

$$\rho'_+=\frac{L_0}{L}\rho_+=\frac{\rho_+}{\sqrt{1-\dfrac{v^2}{c^2}}} \qquad ③$$

上式表明电荷线密度的变换关系有同质量一样的形式。

与正电荷相反，导线中的电子在 S' 系中是静止的，而在 S 系中则是运动的，因此各自的负电荷密度 ρ'_- 与 ρ_- 应有如下关系：

$$\rho_- = \frac{\rho'_-}{\sqrt{1-\frac{v^2}{c^2}}} \qquad ④$$

由此，S' 系中导线的电荷密度应为

$$\rho' = \rho'_+ + \rho'_- = \frac{\rho_+}{\sqrt{1-\frac{v^2}{c^2}}} + \rho_-\sqrt{1-\frac{v^2}{c^2}}$$

由于 S 系中导线为电中性，$\rho_+ + \rho_- = 0$，上式给出

$$\rho' = \rho_+\left(\frac{1}{\sqrt{1-\frac{v^2}{c^2}}} - \sqrt{1-\frac{v^2}{c^2}}\right) = \rho_+\frac{v^2/c^2}{\sqrt{1-v^2/c^2}} > 0 \qquad ⑤$$

上式表明在 S' 中导线的确表现出荷正电，因而会对负电荷 q 产生向下的吸引力。由线电荷的电场公式可以计算得出 S' 系中 q 受到的电场力为

$$f' = \frac{q}{2\pi\varepsilon_0}\frac{\rho_+ A}{r}\frac{v^2/c^2}{\sqrt{1-v^2/c^2}} \qquad ⑥$$

注意在 S 系中 ρ_- 与 ρ_+ 数值相等，并且 $\mu_0\varepsilon_0 = 1/c^2$，将上式同①式比较得

$$f' = \frac{f}{\sqrt{1-\frac{v^2}{c^2}}} \qquad ⑦$$

进一步考察 q 所受力的力学效果，即其指向导线轴向的动量的变化 ΔP_r。由于动量变化涉及力所作用的时间，计及 S 与 S' 中时间变化的关系便得 $\Delta P_r = \Delta P'_r$，即在两个参照系里力学效果完全相同。

从以上讨论可见，在一个参照系里只存在磁场，而在另一参照系里同时存在电场和磁场；然而其中涉及的物理过程的规律性却完全相同。这充分说明电场和磁场都只是统一电磁场的不同表现侧面。

同样值得注意的是，通常导线中电子定向漂移运动的速率只在 $10^{-2}\,\mathrm{m}\cdot\mathrm{s}^{-1}$ 量级，在这一速度标度上已表现出电场、磁场相对性的相对论效应。这与通常须在接近光速时才能观察到相对论效应明显不同，表明相对论效应的影响并非一定要在高速时才能显现。

思考题与习题

一、思考题

9-1 在电场中，我们规定正试探电荷受力的方向为电场强度 $\boldsymbol{E}$ 的方向，而在磁场中，为什么我们不把磁感应强度 $\boldsymbol{B}$ 的方向规定为运动电荷在磁场中受力的方向？

9-2 如果空间某一区域可能存在均匀电场或磁场，试问你怎样才能利用一束质子来判断该区域存在的

是哪种场?

9-3 设有 3 个粒子垂直地通过一均匀磁场,它们在磁场中分别沿着 1, 2 和 3 共 3 条路径运动(如图),试问:你对这 3 个粒子的性能得出什么结论?

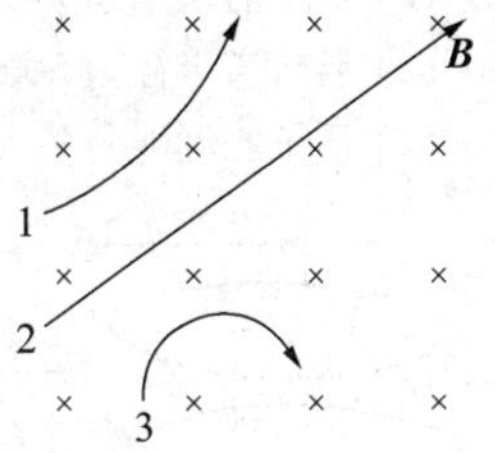

思考题 9-3 图

9-4 $\boldsymbol{M}=\boldsymbol{P}_m\times\boldsymbol{B}$ 中,当线圈的磁矩 $\boldsymbol{P}_m$ 与磁感应强度 $\boldsymbol{B}$ 之间的夹角 θ 为 0° 或 180°时,平面载流线圈所受的力矩为零。试说明线圈在这两个位置的平衡性质是不同的,一个是稳定平衡,另一个是不稳定平衡。

9-5 (1) 在没有电流的空间区域里,如果磁感应线是平行直线,磁感应强度 $\boldsymbol{B}$ 的大小在沿磁感应线的方向上是否可能变化? $\boldsymbol{B}$ 的大小在垂直于磁感应线的方向上是否可能变化?

(2) 如果有电流存在,你所得到的结论是否仍然正确?

9-6 试用安培环路定理证明,在两个大磁铁之间的均匀磁场边缘,磁感应强度 $\boldsymbol{B}$ 不可能突然降为零(如图)。(提示:将安培环路定理应用于图中虚线所示的闭合回路。)

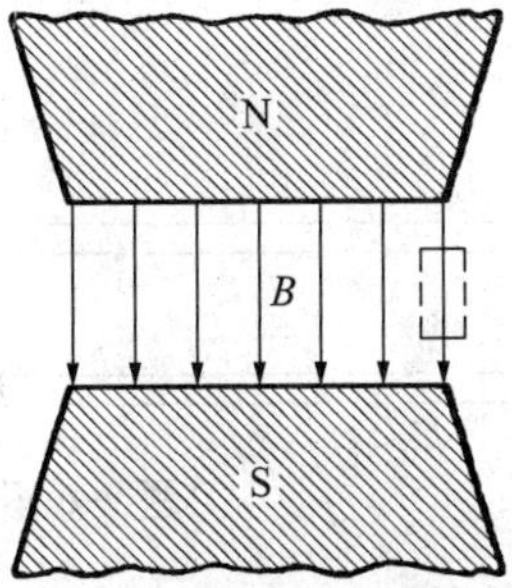

思考题 9-6 图

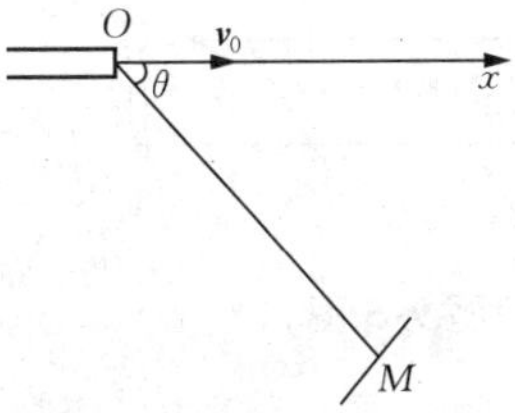

思考题 9-7 图

9-7 如图所示,电子枪出射电子的初速度 $\boldsymbol{v}_0$ 沿 x 轴正方向,若希望电子击中与 x 轴成 θ 角方向的靶 M,可以外加什么方向的磁场,电子运动的径迹如何?

9-8 (1) 有一竖直悬挂着的弹簧,下端悬挂一个砝码,试问:如果弹簧中通过一定的电流,将会发生什么现象。

(2) 如果弹簧竖直固定在一桌面上,上端放一固定砝码,试问当弹簧中通过电流时,将发生什么现象?

二、习题

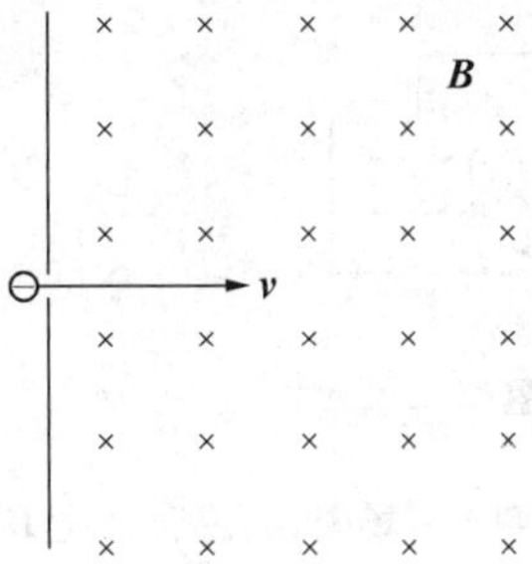

习题 9-1 图

9-1 一电子的初速度为零,经过电压 U 加速后进入均匀磁场,已知磁场的磁感应强度为 $\boldsymbol{B}$,电子电荷为 e,质量为 m,电子进入磁场时速度与 $\boldsymbol{B}$ 垂直,如图所示。

(1) 画出电子的运动轨道。

(2) 求轨道半径 R。

(3) 已知 $e=-1.6\times10^{-19}$ C, $m=9.11\times10^{-31}$ kg,当 $U=2\,000$ V, $B=0.01$ T 时,$R=$?

9-2 已知氘核的质量比质子质量大一倍,电荷与质子相同;α 粒子的质量是质子质量的四倍,电荷是质子的两倍。

(1) 静止的质子、氘核和 α 粒子经过相同的电压加速后,它们的动能之比是多少?

(2) 当它们经过这样加速后垂直进入同一均匀磁场时,测得质子圆轨道的半径为 10 cm,问氘核和 α 粒子轨道的半径各为多大?

9-3 一回旋加速器用以加速质子(质子质量为 1.67×10^{-27} kg),设磁感应强度为 2.0×10^{-3} T,质子的运动方向与磁场垂直。

(1) 计算该加速器的频率。

(2) 质子沿轨道运动一周需要多少时间?

(3) 若轨道半径为 50 cm,质子的速度有多大?

(4) 质子的动能是多大?

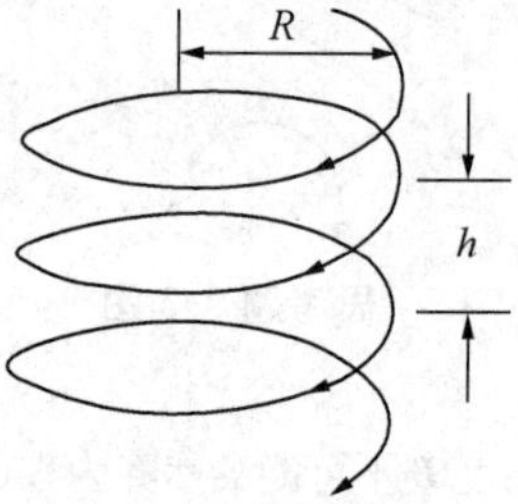

习题 9-4 图

9-4 一电子在 $B=2.0\times10^{-3}$ T 的磁场中沿半径为 $R=20$ cm 的螺旋线运动,螺距为 $h=5.0$ cm,如图所示。已知电子的荷质比为 $\frac{e}{m}=1.76\times10^{11}$ C · kg^{-1},求该电子的速度。

9-5 一铜片厚为 $d=1.0$ mm,放在 $B=1.5$ T 的磁场中,磁场方向与铜片表面垂直(如图),已知铜片里每立方厘米有 8.4×10^{22} 个自由电子,每个电子的电荷 $e=-1.6\times10^{-19}$ C,当铜片中有电流 $I=200$ A 通过时,求铜片两侧的电势差 U_{ab}。

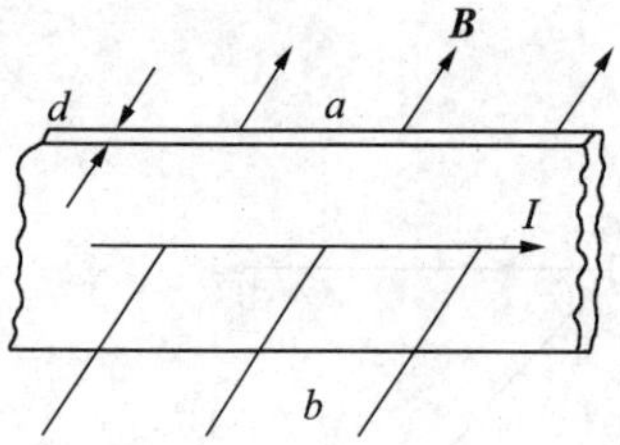

习题 9-5 图

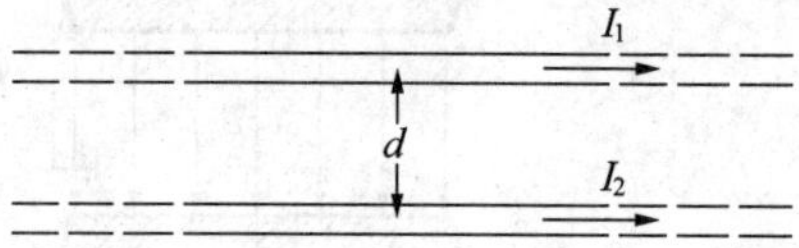

习题 9-6 图

9-6 两条平行的输电线,其中的电流 I_1 和 I_2 流向相同,大小都是 20 A,它们之间的距离 $d=0.4$ m,试计算每根输电线每 1 m 长度上所受的磁场力。

9-7 矩形回路 $ACDEA$,相邻两边的边长为 d 及 $(b-a)$,回路中逆时针方向流过电流 i,一根很长的直导线在回路旁边,且与回路在同一平面内并与 AE 平行,直导线中的电流为 I,方向如图,计算这矩形回路所受的力。

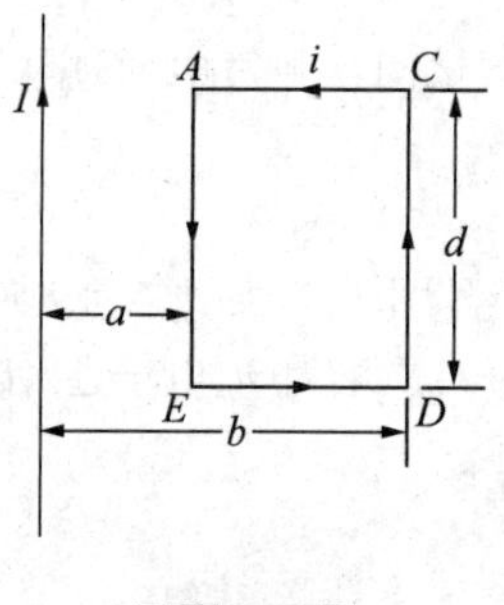

习题 9-7 图

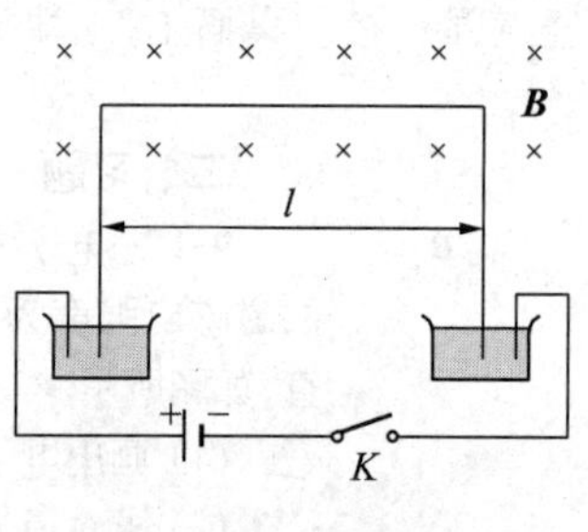

习题 9-8 图

9-8 如图所示,一段导线弯成门字形,它的质量为 m,上面一段长为 l,处在均匀磁场中,磁感应强度 $\boldsymbol{B}$ 与导线垂直;导线下面两端分别插在两水银杯里,两杯水银与一带开关 K 的外电源连接,当 K 一接通,导线便从水银杯里跳起。

(1) 设跳起的高度为 h,求通过导线的电量 q。

(2) 当 $m=10$ g, $l=20$ cm, $h=3.0$ cm, $B=0.10$ T时,求 $q=$?

9-9 有一边长为0.2 m的正方形线圈共50匝,通以电流 $I=2$ A, 把线圈放在 $B=0.5$ T的均匀磁场中,问在什么方位时线圈所受的磁力矩最大?此磁力矩等于多少?

9-10 一半径为 $R=0.10$ m的半圆形闭合线圈载有电流 $I=10$ A, 将它放在均匀外磁场中,磁场方向与

线圈平面平行(如图所示),磁感应强度为 $B = 0.5\,\mathrm{T}$, 求:

(1) 线圈所受力矩的大小和方向。

(2) 在这力矩作用下线圈转过 90°(即转到线圈平面与 $\boldsymbol{B}$ 垂直),求力矩所作的功。

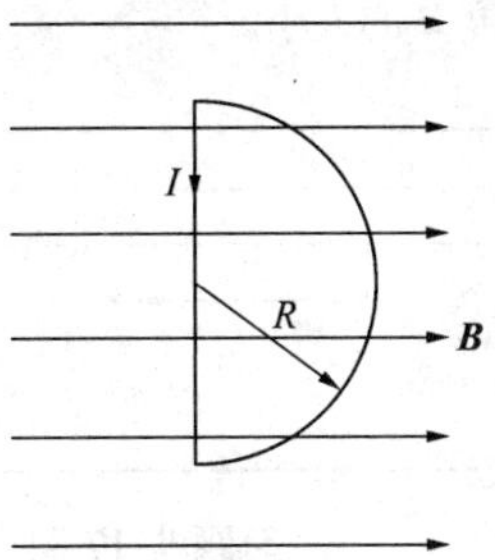

习题 9-10 图

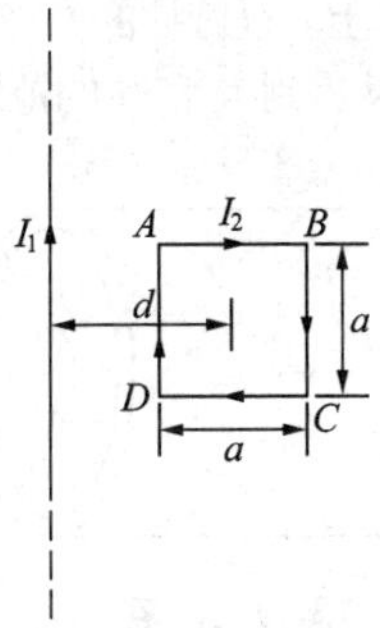

习题 9-11 图

9-11 长直导线与一正方形线圈在同一平面内,它们分别载有电流 I_1 和 I_2,正方形的边长为 a,有两边与直导线平行,它的中心到直导线的垂直距离为 d(如图)。

(1) 求这正方形载流线圈各边受 I_1 的磁场力以及整个线圈所受的合力。

(2) 当 $I_1 = 3.0\,\mathrm{A}$, $I_2 = 2.0\,\mathrm{A}$, $a = 4.0\,\mathrm{cm}$, $d = 4.0\,\mathrm{cm}$ 时,求合力的值。

9-12 一段长为 $l_1 + l_2$ 的直导线,载有电流 I(如图)。

(1) 求它在距离为 x 处的点 P 所产生的磁感应强度 $\boldsymbol{B}$。

(2) 当 l_1 和 l_2 都趋于∞时,结果如何?

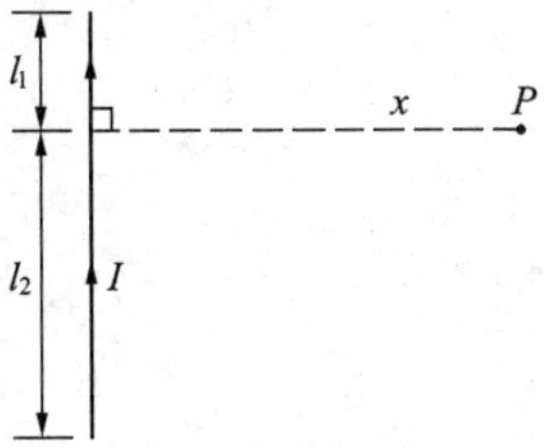

习题 9-12 图

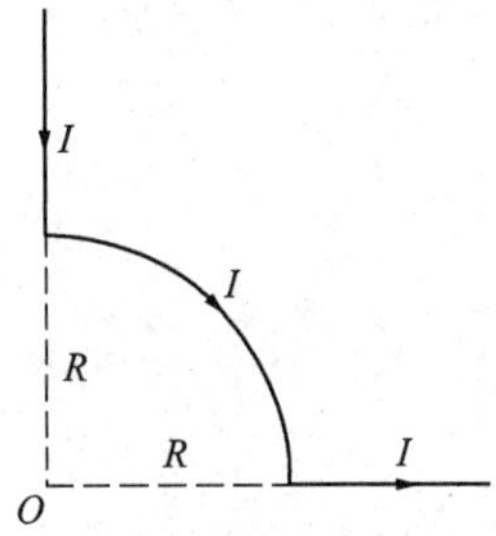

习题 9-13 图

9-13 一条无穷长直导线在一处弯折成 $\frac{1}{4}$ 圆弧,圆弧的半径为 R,圆心为点 O,直线的延长线都通过圆心(如图),已知导线中的电流为 I,求点 O 的磁感应强度。

9-14 如图所示,两条无限长直载流导线互相垂直而不相交,其间最近距离为 $d = 2.0\,\mathrm{cm}$, 电流分别为 $I_1 = 4.0\,\mathrm{A}$ 和 $I_2 = 6.0\,\mathrm{A}$, 点 P 到两导线的距离都是 d,求 P 点的磁感应强度 $\boldsymbol{B}$。

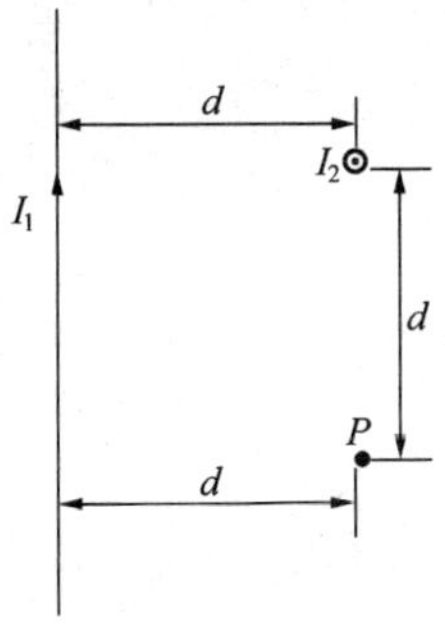

习题 9-14 图

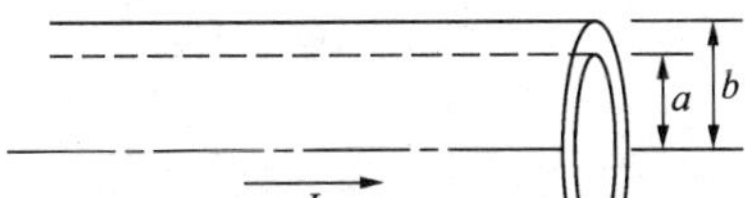

习题 9-15 图

9-15 如图所示,有一很长的直圆管载流导体,内半径为 a,外半径为 b,电流为 I,电流沿轴线方向流动,并且均匀地分布在管的横截面上。试求:空间与管轴的距离为 x 处的磁感应强度 $\boldsymbol{B}$ 的大小。

9-16 电缆由一导体圆柱和一同轴的导体圆管构成,使用时电流 I 从一导体流去,从另一导体流回,电流都均匀地分布在横截面上。设圆柱的半径为 r_1,圆管的内、外半径分别为 r_2 和 r_3(如图),r 为空间一点到轴线的垂直距离,试求 r 从零到大于 r_3 的范围内各处磁感应强度 $\boldsymbol{B}$ 的大小。

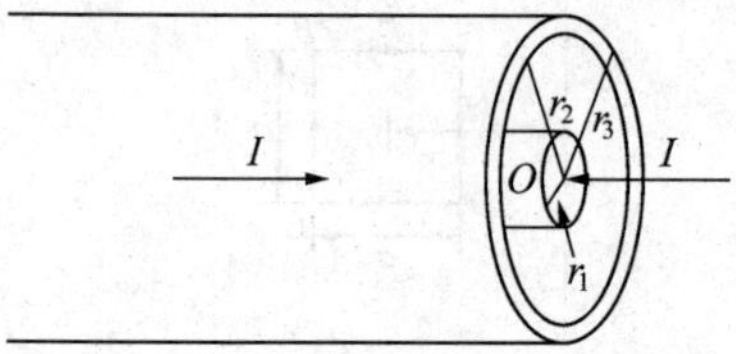

习题 9-16 图

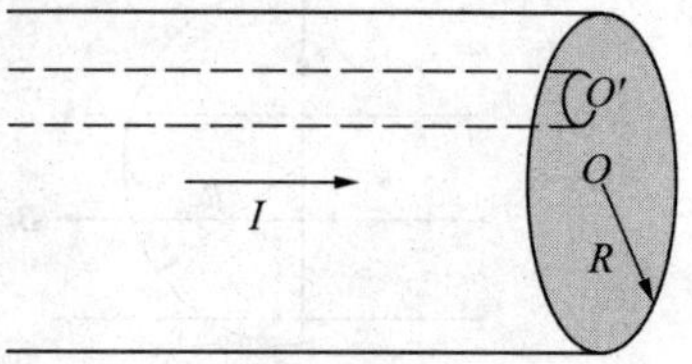

习题 9-17 图

9-17 如图,外半径为 R 的无限长圆柱形导体管,管内空心部分的半径为 r,空心部分的轴与圆柱的轴平行但不重合,相距为 $a(a > r)$,今有电流沿导体管的轴线方向流动,电流均匀分布在管的横截面上,电流为 I。

(1) 分别求圆柱轴上和空心轴上的磁感应强度 $\boldsymbol{B}$ 的大小。

(2) 当 $R = 1.0\ \text{cm}$, $r = 0.5\ \text{mm}$, $a = 5.0\ \text{mm}$ 和 $I = 31\ \text{A}$ 时,算出上述两处 B 的数值。

9-18 当氢原子在基态时,其电子可以看作是在半径 $R = 0.53 \times 10^{-8}\ \text{cm}$ 的圆周轨道上作匀速圆周运动,速率 $v = 2.2 \times 10^{8}\ \text{cm} \cdot \text{s}^{-1}$,试求电子的这种运动在轨道中心产生的磁感应强度 B 的数值。

第十章 电 磁 感 应

§10.1 电磁感应定律

10.1.1 电磁感应现象

电磁感应现象的发现是电磁学领域中最重大的成就之一，它进一步揭示了电与磁的内在联系，为麦克斯韦(J. C. Maxwell, 1831—1879 年)建立完整的电磁场理论奠定了基础，也为人类获取巨大而廉价的电能开辟了道路。

1831 年 11 月，法拉第(M. Faraday, 1791—1867 年)在伦敦皇家学会宣读了他在《电学实验研究》中关于电磁感应现象的 4 篇论文，总结出以下 5 种情况都可以产生感应电流，并把这些现象正式定名为电磁感应。

(1) 如图 10.1-1(a)，线圈和电流计组成闭合电路 A，用一根磁棒的 N 极(或 S 极)插入线圈或从线圈中抽出时，电流计指示回路中有电流通过，这种电流称为感应电流，电流的方向与磁铁的极性及磁铁的运动方向有关，电流的大小与磁铁相对于线圈运动的快慢有关。

(2) 如图 10.1-1(b)，用通有稳恒电流的闭合线圈代替前面所说的磁棒，当线圈之间有相对运动时，在回路 A 中也产生感应电流，现象和第一种情况相同。

(3) 如图 10.1-1(c)，在第二种情况的闭合线圈回路中串联一个开关，两个线圈互相套合不动。当拨动开关接通或断开电路的瞬间，电流计指针偏转，说明回路 A 的线圈中产生了感应电流，且开和关的两种情况下感应电流的方向相反。

(4) 如图 10.1-1(d)，在磁场中放一导体导轨，上面放一活动的导体棒组成闭合回路，当导体棒沿导轨向左或向右运动时，回路中就产生感应电流。运动方向相反时所产生的感应电流方向亦相反。

(5) 如图 10.1-1(e)，在一根导线中通过变化的电流，则在导线附近的另一个导线回路中就产生感应电流。

上面所有的实验都涉及与电流计相连的回路中磁感通量的变化，如在产生感应电流的回

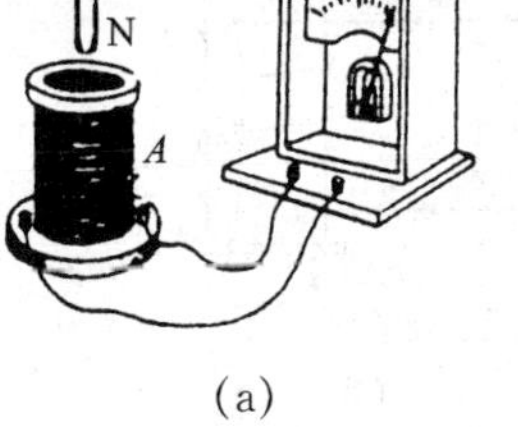

(a)

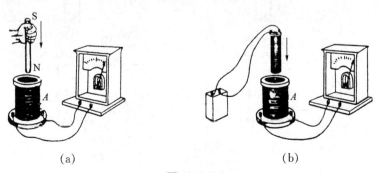

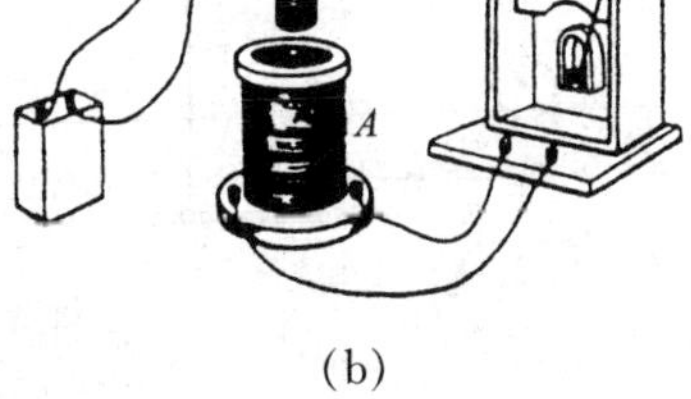

(b)

图 10.1-1

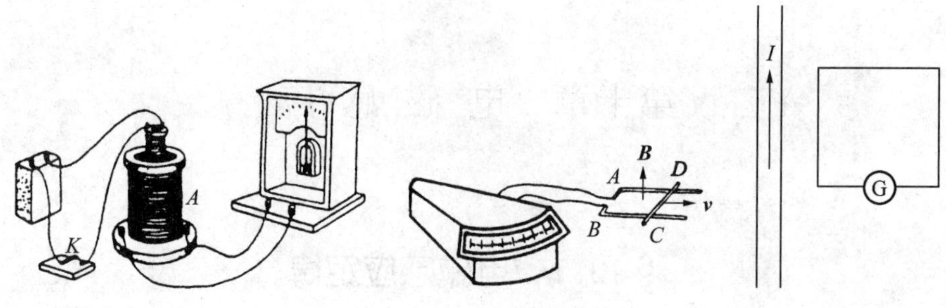

(c) (d) (e)

图 10.1-1 电磁感应现象

路中串联不同的电阻,其他条件维持不变,结果发现感应电流的大小反比于回路的电阻,表明对于同样的磁感通量变化,感应回路中产生的电动势相同。这一结果证明了感应电动势比感应电流更能反映电磁感应现象的本质。法拉第用实验证明只有通过导体回路的磁感通量发生变化时,才会有电磁感应现象发生,即产生感应电动势。而磁感通量的变化可以源于磁场发生变化,也可以由于导体回路中的一部分作切割磁感应线的运动。感应电动势的大小与磁感通量的变化率成正比,与回路电阻大小无关。

10.1.2 楞次定律

1833 年,楞次(H. F. E. Lenz, 1804—1865 年)提出了直接判断感应电流方向的法则,即楞次定律:闭合回路中产生的感应电流的方向,总是使得感应电流所激发的磁场阻碍引起感应电流的磁感通量的变化。

楞次定律是能量守恒定律在电磁感应现象中的具体表现。如图 10.1-2(a)所示,根据楞次定律,当磁棒插入线圈时,线圈内磁感通量增加,感应电流所产生的磁场方向应与磁棒的磁感应线方向相反,由右手螺旋法则,感应电流的方向应如图(a)的箭头所示;反之,当磁棒从线圈中抽出时,穿过线圈的磁感通量减少,因此线圈中产生的感应电动势方向与图(a)相反,如图(b)所示。感应电流产生后,由于回路上有电阻,要消耗电能变为焦耳热,但此时并未接电源,电能从何而来? 从上面图(a)中看,线圈中的感应电流所产生的磁场方向和一个磁棒 N 极

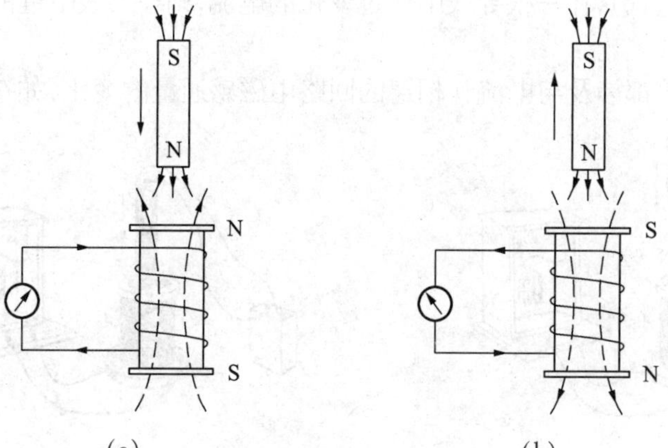

(a) (b)

图 10.1-2 楞次定律

所产生的磁场方向相似，因此和磁铁的 N 极互相排斥。当磁铁靠近线圈时，外力必须克服斥力做功，此功转变为回路中的能量，符合能量守恒定律。若感应电流方向和以上所述相反，则只要给磁棒一点推力，在图 10.1-2(a)的情形磁棒就会向着线圈作加速运动，同时感应电流也会不断增加，形成正反馈，能量越变越多，这显然是不可能的。应该指出的是，电磁感应现象正是现代发电机的原理所在。

10.1.3 法拉第电磁感应定律

法拉第根据大量实验结果将电磁感应现象的规律用数学式表示为

$$\mathscr{E}=-\frac{\mathrm{d}\Phi}{\mathrm{d}t} \tag{10.1-1}$$

式中 $\mathscr{E}$ 为感应电动势，Φ 为导线回路的磁感通量。上式为法拉第电磁感应定律，它表明：导线回路中感应电动势的大小与穿过导线回路磁感通量的变化率成正比，负号表示感应电动势的方向总是反抗磁感应通量的变化。其实，负号正表示楞次定律。对于有 N 匝线圈的回路，因每匝线圈之间是串联的，整个电路的电动势等于各匝线圈的电动势之和，即

$$\begin{aligned}\mathscr{E}&=\mathscr{E}_1+\mathscr{E}_2+\cdots+\mathscr{E}_N\\&=-\frac{\mathrm{d}}{\mathrm{d}t}(\Phi_1+\Phi_2+\cdots+\Phi_N)=-\frac{\mathrm{d}}{\mathrm{d}t}(N\Phi)=-\frac{\mathrm{d}\Psi}{\mathrm{d}t}\end{aligned} \tag{10.1-2}$$

$\Psi=N\Phi$ 称为磁通匝链数，简称磁通链。

在应用法拉第电磁感应定律确定电动势方向时，必须事先选定回路 L 绕行的正方向，并且规定，回路绕行正方向与该回路所围面积的正法线 $\boldsymbol{n}$ 方向构成右手螺旋关系。若 $\boldsymbol{B}$ 与 $\boldsymbol{n}$ 成锐角，则磁感通量 Φ 为正值；若 $\boldsymbol{B}$ 与 $\boldsymbol{n}$ 成钝角，Φ 为负值。如图 10.1-3(a)所示，$\boldsymbol{B}$ 与 $\boldsymbol{n}$ 为锐角时，Φ 为正，当穿过回路的磁感通量增大时，$\frac{\mathrm{d}\Phi}{\mathrm{d}t}>0$，由(10.1-1)式，感应电动势为负值，表明电动势的方向与选定的回路绕行方向相反。如果穿过回路的磁感通量减少，$\frac{\mathrm{d}\Phi}{\mathrm{d}t}<0$，则 $\mathscr{E}$ 为正，表明感应电动势 $\mathscr{E}$ 的方向与选定回路的绕行方向一致(见图 10.1-3(b))。同理，可分析图 10.1-3(c)和(d)的情形。

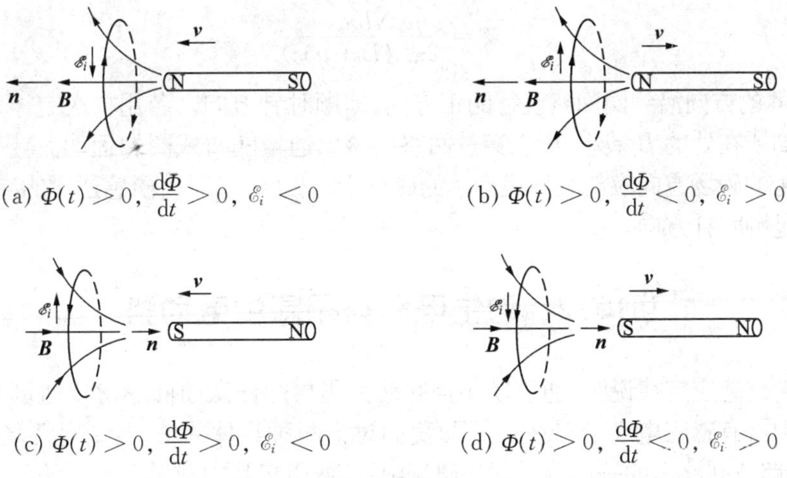

(a) $\Phi(t)>0$, $\frac{\mathrm{d}\Phi}{\mathrm{d}t}>0$, $\mathscr{E}_i<0$

(b) $\Phi(t)>0$, $\frac{\mathrm{d}\Phi}{\mathrm{d}t}<0$, $\mathscr{E}_i>0$

(c) $\Phi(t)>0$, $\frac{\mathrm{d}\Phi}{\mathrm{d}t}>0$, $\mathscr{E}_i<0$

(d) $\Phi(t)>0$, $\frac{\mathrm{d}\Phi}{\mathrm{d}t}<0$, $\mathscr{E}_i>0$

图 10.1-3 电磁感应定律中感应电动势的方向

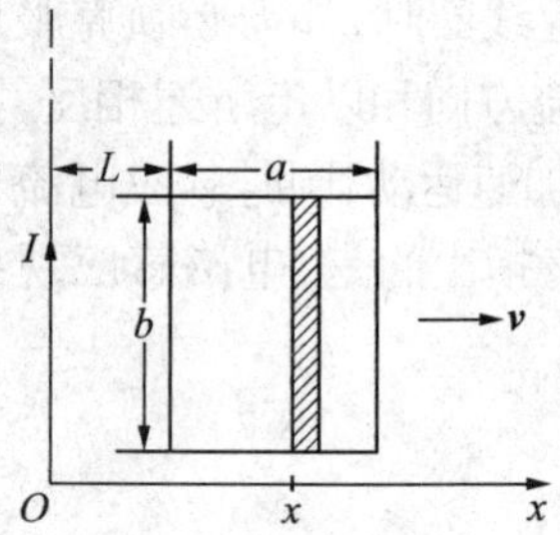

图 10.1-4 线框运动时产生感应电动势

例 1 一长直导线载有电流 I,旁边有一与其共面的矩形线圈,其左右两边与导线平行,边长为 b,另两边长为 a,共有 N 匝。线圈在其平面内以速度 v 向右匀速离开导线,求当矩形线圈最左边离导线为距离 L 时,线圈中感应电动势的大小和方向(见图 10.1-4)。

解 导线电流 I 产生的磁场是非均匀场,相对于纸面看,导线右边的磁感应强度的方向垂直于纸面指向里面,靠近导线处磁感应强度大,远处小。以电流所在处为坐标原点,纸面上垂直于电流 I 的方向为 x 轴。将线圈所围面积分解为许多小长条,如图 10.1-4 所示。坐标 x 处的长条面积为 $\mathrm{d}S = b\mathrm{d}x$, 而该处 $\boldsymbol{B}$ 的数值为

$$B = \frac{\mu_0 I}{2\pi x}$$

选线圈绕行方向为顺时针,则其正法线方向 $\boldsymbol{n}$ 与 $\boldsymbol{B}$ 的方向一致,通过 x 处的小长条形面积的磁感通量 $\mathrm{d}\Phi$ 为

$$\mathrm{d}\Phi = \boldsymbol{B} \cdot \mathrm{d}\boldsymbol{S} = B\mathrm{d}S = \frac{\mu_0 I}{2\pi x} b\,\mathrm{d}x$$

如设线圈最左边距离电流为 l,则通过整个线圈所围面积的磁感通量为

$$\Phi = \int \mathrm{d}\Phi = \int_l^{l+a} \frac{\mu_0 Ib}{2\pi x}\mathrm{d}x = \frac{\mu_0 Ib}{2\pi}[\ln(l+a) - \ln l]$$

根据法拉第电磁感应定律,线圈中的感应电动势为

$$\mathscr{E} = -N\frac{\mathrm{d}\Phi}{\mathrm{d}t} = -\frac{\mu_0 NIb}{2\pi}\frac{\mathrm{d}}{\mathrm{d}t}[\ln(l+a) - \ln l]$$

注意这里 l 为变量,$\frac{\mathrm{d}l}{\mathrm{d}t} = v$, 故上式为

$$\mathscr{E} = \frac{\mu_0 NIb}{2\pi}\left[\frac{v}{l} - \frac{v}{l+a}\right]$$

把 $l = L$ 代入,整理得

$$\mathscr{E} = \frac{\mu_0 NIbav}{2\pi L(L+a)}$$

$\mathscr{E} > 0$, 说明 $\mathscr{E}$ 的方向沿线圈回路绕行的正方向,即顺时针方向。若用楞次定律判断,因为远离导线时线圈所在处的 B 减小,所以穿过回路的磁感通量随着线圈的运动而减小,感应电流在线圈中产生的磁场方向应与直导线产生的磁场方向相同,以阻碍磁感通量的减少。这样得出的方向也是顺时针方向。

§10.2 动生电动势和感生电动势

法拉第电磁感应定律说明,通过以闭合回路为周界的任意曲面的磁感通量发生变化时,在闭合回路中就有感应电动势产生。下面我们讨论两种具体的情况:一是磁场本身恒定不变,但导体回路或回路上的一部分导体在磁场中运动,引起其中磁感应通量的变化,如此产生

的感应电动势称为动生电动势;二是导线回路本身固定不变,磁场发生变化,回路中也能产生感应电动势,称为感生电动势。

10.2.1 动生电动势

第八章中已说明电动势起源于非静电力的作用,为了说明产生动生电动势的非静电力,考虑如图 10.2-1 所示的例子。长为 l 的导体棒 ab 与导轨组成矩形回路,均匀磁场 $\boldsymbol{B}$ 垂直于纸面向里。当导体棒以速度 v 沿导轨向右滑动时,导体棒内的自由电子也以速度 v 随之一起向右运动,磁场作用于每个自由电子的洛伦兹力为

$$\boldsymbol{F}=-e\boldsymbol{v}\times\boldsymbol{B}$$

沿着导线的方向由 a 指向 b,结果使自由电子向下运动,如果导轨是绝缘体,则电子在 b 端堆积,靠近 a 端一侧就有较多的正电荷分布,直到分布在导体棒上的电荷在棒内产生的电场 $\boldsymbol{E}$ 对电子的作用力与磁场的洛伦兹力相平衡,即

$$|\boldsymbol{E}|=\left|\frac{\boldsymbol{F}}{-e}\right|=|\boldsymbol{v}\times\boldsymbol{B}| \tag{10.2-1}$$

这时自由电子不再沿导体棒定向运动,导体棒上出现稳定的电荷分布,两端呈现一定的电势差。a 端电势高于 b 端,如果导轨是导体,回路中就出现沿逆时针方向的感应电流。由此可见,引起感应电流的电动势源分布在运动的导体棒内,产生电动势的非静电力就是磁场的洛伦兹力。我们把产生电动势的非静电作用以等效电场表示,其场强记为 $\boldsymbol{E}_k^*$,等于作用于单位正电荷上的洛伦兹力,由 $\boldsymbol{F}/(-e)$ 知

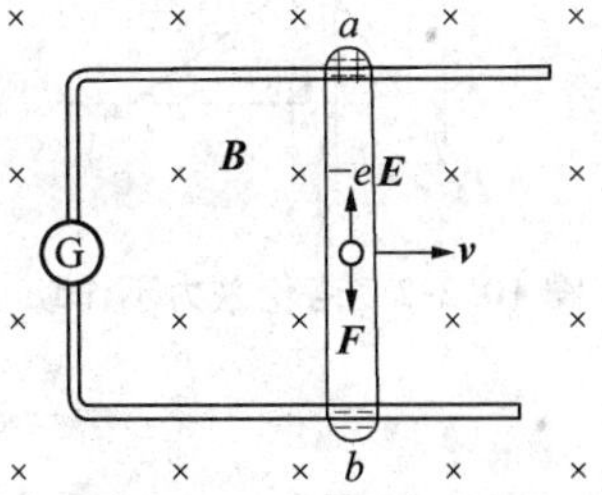

图 10.2-1 动生电动势

$$\boldsymbol{E}_k^*=\boldsymbol{v}\times\boldsymbol{B} \tag{10.2-2}$$

于是回路中的感应电动势,即动生电动势为

$$\mathscr{E}=\oint\boldsymbol{E}_k^*\cdot\mathrm{d}\boldsymbol{l}=\oint(\boldsymbol{v}\times\boldsymbol{B})\cdot\mathrm{d}\boldsymbol{l} \tag{10.2-3}$$

注意到本例中 $\boldsymbol{E}_k^*$ 只存在于导体棒内,上式又可写成

$$\mathscr{E}=\int_-^+\boldsymbol{E}_k^*\cdot\mathrm{d}\boldsymbol{l}=\int_b^a(\boldsymbol{v}\times\boldsymbol{B})\cdot\mathrm{d}\boldsymbol{l}=Blv \tag{10.2-4}$$

当任意形状的回路在任意分布的恒定磁场中运动时,可以证明,(10.2-3)式的右边可以用通过回路所围面积的磁感应通量 Φ 随时间的变化率来表示,即

$$\mathscr{E}=\oint(\boldsymbol{v}\times\boldsymbol{B})\cdot\mathrm{d}\boldsymbol{l}=-\frac{\mathrm{d}\Phi}{\mathrm{d}t} \tag{10.2-5}$$

由上面的讨论我们知道,如导轨框也是导体,则与导体棒组成闭合回路。当导体棒向右或向左运动时回路中就有感应电流产生,因而要在回路中产生焦耳热,这一能量是由导体棒运动的机械能转化而来的。事实上,由楞次定律,感应电流必产生阻碍导体棒运动的效果,此阻力就是导体棒中通过感应电流时在磁场中所受的安培力。设感应电流为 I,则安培力的大小为

$$F' = IlB$$

安培力的方向与 $\boldsymbol{v}$ 的方向相反,因而是运动的阻力。为了保持导体棒向右做匀速运动,必须加一个外力以克服此阻力,

$$\boldsymbol{F}_{外} = -\boldsymbol{F}'$$

在导体棒运动过程中外力消耗的功率为

$$P_{外} = \boldsymbol{F}_{外} \cdot \boldsymbol{v} = BIlv$$

在导线回路中的电功率为

$$P = \mathscr{E}I = BlvI$$

因此

$$P_{外} = P$$

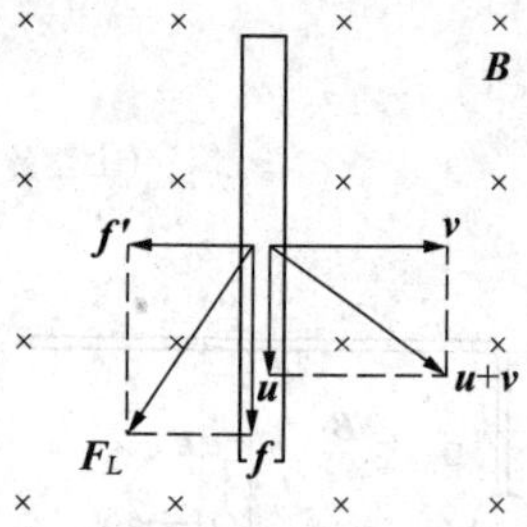

图 10.2-2 洛伦兹力不作功

在导体棒匀速运动的情形,外力克服阻力(安培力)所作的功(机械功)全部转化为回路中的电能。由于导体棒所受到的安培力是棒中所有自由电子受到的总洛伦兹力在向左方向的一个分力,如图 10.2-2 所示,因此虽然洛伦兹力不作功,但此时起了传递能量的作用。由图 10.2-2 可见,当导体棒在均匀磁场中以速度 $\boldsymbol{v}$ 向右运动产生感应电流时,自由电子还有相对于导体向下的定向运动速度 $\boldsymbol{u}$,电子的总定向运动速度为 $(\boldsymbol{u}+\boldsymbol{v})$,一个电子所受的洛伦兹力就成为

$$\boldsymbol{F}_L = -e(\boldsymbol{u}+\boldsymbol{v}) \times \boldsymbol{B} = -e\boldsymbol{u} \times \boldsymbol{B} - e\boldsymbol{v} \times \boldsymbol{B} = \boldsymbol{f}' + \boldsymbol{f}$$

此力与合速度($\boldsymbol{u}+\boldsymbol{v}$)垂直,因而不作功。实际上在这一情形洛伦兹力 $\boldsymbol{F}_L$ 对电子作功的功率为

$$P_L = \boldsymbol{F}_L \cdot (\boldsymbol{u}+\boldsymbol{v}) = (\boldsymbol{f}+\boldsymbol{f}') \cdot (\boldsymbol{u}+\boldsymbol{v}) = \boldsymbol{f} \cdot \boldsymbol{u} + \boldsymbol{f}' \cdot \boldsymbol{v}$$

根据 $\boldsymbol{f}'$ 与 $\boldsymbol{f}$ 的定义,得

$$P_L = evBu - euBv = 0$$

可见洛伦兹力的一个分力 $\boldsymbol{f}'$ 作负功,另一个分力 $\boldsymbol{f}$ 作正功,大小相等,总功为零。这当然符合洛伦兹力不作功的事实。但外力克服 $\boldsymbol{f}'$ 对每个电子作功的功率为

$$\boldsymbol{F}_{外} \cdot \boldsymbol{v} = -\boldsymbol{f}' \cdot \boldsymbol{v} = \boldsymbol{f} \cdot \boldsymbol{u}$$

即外力克服洛伦兹力的一个分力 $\boldsymbol{f}'$ 所作的功转化为洛伦兹力的另一个分力 $\boldsymbol{f}$ 所作的正功,这些功全部转化为感应电流的能量。

从以上分析可知,产生动生电动势的必要条件是运动物体中必须有能自由移动的电荷。

10.2.2 感生电动势和感生电场

导体回路不动,磁场发生变化而产生的是感生电动势,显然此时非静电力不可能是洛伦兹力。实验表明,不论回路的形状和导体的性质如何,只要磁场的变化导致穿过回路的磁感通量发生了变化,就会在回路中产生感生电动势。这说明感生电动势的根源只是磁场本身的

变化。图 10.2-3 的实验就是一个典型的例子，导线回路 C 包围一个密绕的螺线环。当螺线环通以电流时，电流产生的磁场几乎集中在环内，环外磁场近似为零。根据法拉第电磁感应定律，当螺线环中的电流变化时，通过回路 C 所围面积的磁感应通量发生变化，因此当螺线环中的电流接通或断开时回路中应出现感应电流。实验中通过观察电流计的指针转动证明这是正确的。但此时导线回路 C 并未移动，且回路所在处亦不存在磁场，不存在磁场力作用。然而，感应电流的出现表明，导线中必存在电场。为此，麦克斯韦假设，变化的磁场可以产生电场，称为感生电场。图 10.2-3 回路中的感应电流就是由感生电场驱动的。不难想到感生电场也是一种非静电效应，相应的电动势称为感生电动势，

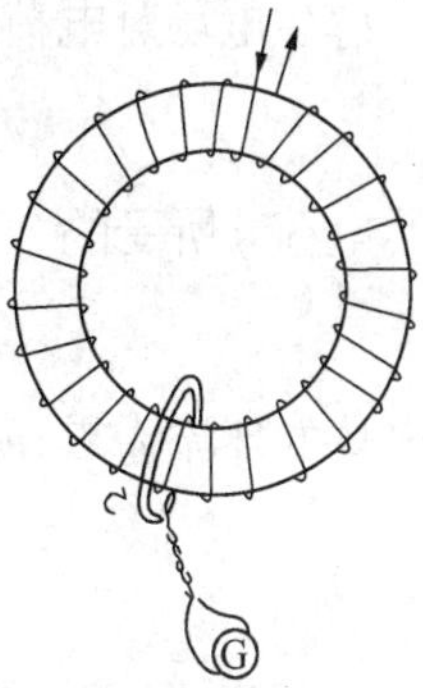

图 10.2-3 感生电场

$$\mathscr{E}=\oint_L \boldsymbol{E}_k \cdot \mathrm{d}\boldsymbol{l}$$

式中 $\boldsymbol{E}_k$ 为感生电场强度，由法拉第电磁感应定律，

$$\oint_L \boldsymbol{E}_k \cdot \mathrm{d}\boldsymbol{l}=-\frac{\mathrm{d}\Phi}{\mathrm{d}t}=-\frac{\mathrm{d}}{\mathrm{d}t}\int_S \boldsymbol{B} \cdot \mathrm{d}\boldsymbol{S}$$

式中 L 是任一闭合路径，可以是导线回路，也可以是任一想象的闭合积分路径，即感生电场产生的电动势并不需要与真实的导体相联系；S 是以闭合路径 L 为周界的任意曲面。由于回路是固定不变的，上式又可改为

$$\oint_L \boldsymbol{E}_k \cdot \mathrm{d}\boldsymbol{l}=-\int_S \frac{\partial \boldsymbol{B}}{\partial t} \cdot \mathrm{d}\boldsymbol{S} \tag{10.2-6}$$

上式表明，感生电场对任意闭合路径的线积分等于磁感应强度的变化率对这一闭合路径所围面积的通量。$\boldsymbol{E}_k$ 和 $\frac{\partial \boldsymbol{B}}{\partial t}$ 组成左手螺旋关系，如图 10.2-4所示。

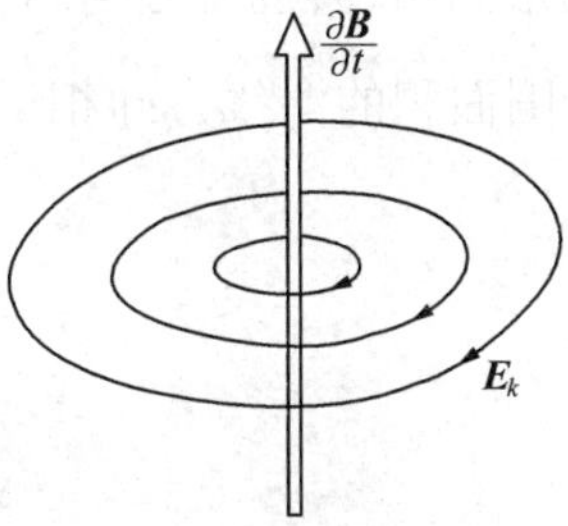

图 10.2-4 $\boldsymbol{E}_k$ 与 $\frac{\partial \boldsymbol{B}}{\partial t}$ 组成左手螺旋

感生电场与静电场有区别。静电场是由静止电荷激发的，是保守势场，满足 $\oint \boldsymbol{E} \cdot \mathrm{d}\boldsymbol{l}=0$；而感生电场是由变化的磁场所激发的，其电场线是呈涡旋状的闭合曲线，无起点和终点，因而也称涡旋场，是非保守势场，其环流不为零，而感生电动势

$$\mathscr{E}=\oint_L \boldsymbol{E}_k \cdot \mathrm{d}\boldsymbol{l}$$

显然感生电场强度的线积分与路径有关，一般情形不能用电势差或电压的概念，但可以把

$$\int_{A,\,B\text{两点间沿给定路径}} \boldsymbol{E}_k \cdot \mathrm{d}\boldsymbol{l}$$

称为 A, B 两点间沿给定路径的电压。另外，当导体处于感生电场中时，若导体上出现恒定的电荷分布，则由这些电荷所激发的电场仍是静电场，与这部分电场相应仍可用电势和电势差的概念。

感生电场对电荷的作用力与静电场相同,可用

$$\boldsymbol{F} = q\boldsymbol{E}_k$$

表示电荷 q 所受的力。因此空间任一点的电场都可表示为感生电场 $\boldsymbol{E}_k$ 和静电场 $\boldsymbol{E}_s$ 的叠加:

$$\boldsymbol{E} = \boldsymbol{E}_k + \boldsymbol{E}_s$$

静电场的环流为零,所以总电场 $\boldsymbol{E}$ 满足

$$\oint_L \boldsymbol{E} \cdot \mathrm{d}\boldsymbol{l} = -\int \frac{\partial \boldsymbol{B}}{\partial t} \cdot \mathrm{d}\boldsymbol{S} \tag{10.2-7}$$

当导体在同时存在电场和变化的磁场的空间中运动时,$\boldsymbol{E}_k$, $\boldsymbol{E}_s$ 和 $\boldsymbol{B}$ 都对运动导体中的电荷施以作用力,因此对于运动导体,欧姆定律的微分形式应修正如下:

$$\boldsymbol{j} = \sigma(\boldsymbol{E} + \boldsymbol{v} \times \boldsymbol{B}) \tag{10.2-8}$$

而运动导体中的感应电动势也应计及感生与动生两个分量而表示为

$$\mathscr{E} = \oint_L (\boldsymbol{E}_k + \boldsymbol{v} \times \boldsymbol{B}) \cdot \mathrm{d}\boldsymbol{l} \tag{10.2-9}$$

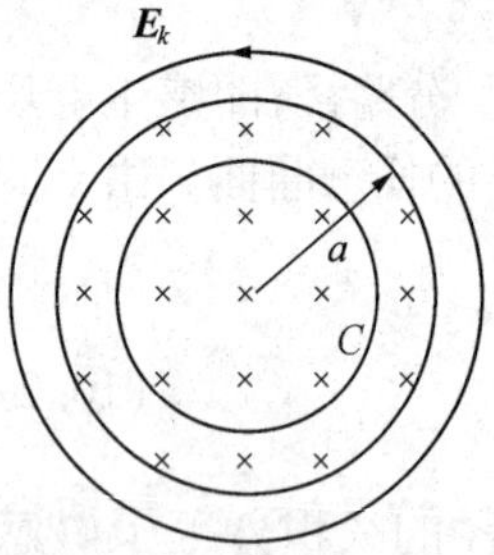

图 10.2-5 圆柱形均匀磁场内外的涡旋电场

例 1 如图 10.2-5 所示,在一半径为 a 的圆柱形空间中有均匀磁场,方向垂直于纸面向里,磁场的变化率 $\frac{\mathrm{d}B}{\mathrm{d}t}$ 为大于零的常数,求距圆柱轴为 r 处($0 < r < \infty$ 范围内)的涡旋电场的场强。

解 由于磁场均匀分布在圆柱形空间,故而空间的涡旋电场必是轴对称的,即 $\boldsymbol{E}_k$ 的电场线应是一系列以圆柱轴为圆心的同心圆。作半径为 r,与圆柱同心的圆形回路,其绕行方向为逆时针方向,因 $\frac{\mathrm{d}B}{\mathrm{d}t} > 0$, 故 $\frac{\mathrm{d}\boldsymbol{B}}{\mathrm{d}t}$ 与回路所围面积的法线方向相反,因而有

$$\frac{\mathrm{d}\boldsymbol{B}}{\mathrm{d}t} \cdot \mathrm{d}\boldsymbol{S} = -\frac{\mathrm{d}B}{\mathrm{d}t}\mathrm{d}S$$

取 $\mathrm{d}\boldsymbol{l}$ 与回路切线方向一致,则

$$\boldsymbol{E}_k \cdot \mathrm{d}\boldsymbol{l} = E_k \mathrm{d}l$$

由(10.2-7)式,得

$$\oint_L E_k dl = \int \frac{\mathrm{d}B}{\mathrm{d}t}\mathrm{d}S$$

当 $0 < r \leqslant a$, 上式为

$$2\pi r E_k = \pi r^2 \frac{\mathrm{d}B}{\mathrm{d}t}$$

$$E_k = \frac{r}{2}\frac{\mathrm{d}B}{\mathrm{d}t}$$

$E_k > 0$, 说明其方向与回路所假设的方向一致(若 E_k 为负值,则方向与假设方向相反)。

当 $a < r < \infty$, 作半径为 r 的圆形回路,与圆柱同心,这时磁场只存在于半径为 a 的圆柱

形空间,同样分析可得

$$2\pi r E_k = \pi a^2 \frac{dB}{dt}$$

$$E_k = \frac{a^2}{2r}\frac{dB}{dt}$$

$\boldsymbol{E}_k$ 线都是沿逆时针方向。

如本例的假想回路代之以导线,导线中必产生感应电流,且感应电流的磁场对回路的磁感通量抵消原磁场的变化,即感生电场亦与楞次定律一致。

例 2 如图 10.2-6 所示,在圆柱形空间内有均匀磁场,$\frac{dB}{dt}$为大于零的常数,a, b 两点距中心 O 均为 r,在下列 3 种情况下求 a, b 两点间的电势差:

(1) a, b 之间用跨过第二、三、四象限的圆弧导线连接。

(2) a, b 间用跨过第一象限的圆弧导线连接。

(3) 半径为 r 的闭合导线圆环通过 a, b 两点,导线电阻为 R。

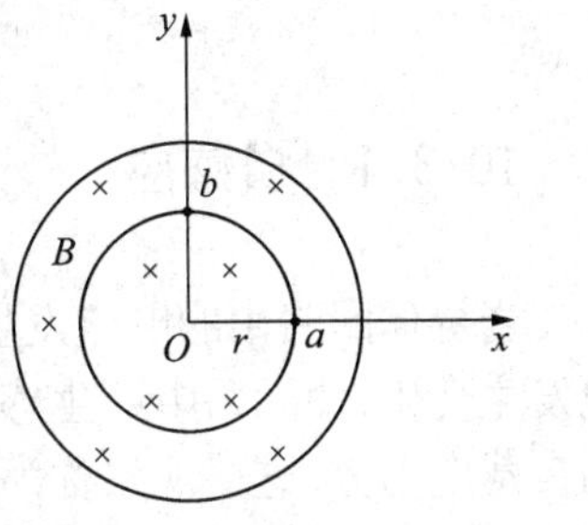

图 10.2-6 a, b 两点间的电势差

解 类似于上面例题的分析方法,选半径为 r 的同心圆形回路,其绕行方向为顺时针方向,则

$$\frac{d\boldsymbol{B}}{dt}\cdot d\boldsymbol{S} = \frac{dB}{dt}dS$$

由

$$\oint_L \boldsymbol{E}_k \cdot d\boldsymbol{l} = -\int \frac{\partial \boldsymbol{B}}{\partial t}\cdot dS$$

得

$$E_k 2\pi r = -\pi r^2 \frac{dB}{dt}$$

$$E_k = -\frac{r}{2}\frac{dB}{dt}$$

负号表明涡旋电场沿逆时针方向。下面分别讨论 3 种情况。

(1) 这种情况下导线不闭合,无电流通过导线,开路电压等于电动势

$$U_{ab} = \mathscr{E}_{ba} = \int_{\substack{b \\ (2\to3\to4)}}^{a} \boldsymbol{E}_k \cdot d\boldsymbol{l} = \int_0^{\frac{3\pi r}{2}} \frac{r}{2}\frac{dB}{dt}dl = \frac{3\pi r^2}{4}\frac{dB}{dt}$$

(2) 同上分析,但这里 $\boldsymbol{E}_k$ 的方向与 $d\boldsymbol{l}$$\left(\text{从 } b \text{ 经过第一象限的}\frac{1}{4}\text{圆弧到 } a\right)$反向。

$$U_{ab} = \mathscr{E}_{ba} = \int_{\substack{b \\ (1)}}^{a} \boldsymbol{E}_k \cdot d\boldsymbol{l} = \int_0^{\frac{\pi r}{2}} -\frac{r}{2}\frac{dB}{dt}dl = -\frac{\pi r^2}{4}\frac{dB}{dt}$$

(3) 设闭合回路的电流为 I,回路所围面积的磁感应通量为 Φ,

$$I = \frac{\mathscr{E}}{R} = -\frac{1}{R}\frac{d\Phi}{dt} = -\frac{1}{R}\pi r^2 \frac{dB}{dt}$$

$I<0$，表示感应电流的方向与回路取向相反，为逆时针方向。取(1)题中的路径计算。

$$U_{ab}=\mathscr{E}_{ba}-IR_{ba}=\frac{3\pi r^2}{4}\frac{\mathrm{d}B}{\mathrm{d}t}-\frac{\pi r^2}{R}\frac{\mathrm{d}B}{\mathrm{d}t}\frac{R}{2\pi r}\left(\frac{3}{4}2\pi r\right)=0$$

上式表明在回路中有电流时，a，b 两点间无电压，若另选路径计算，结果不变。

所以如此是由于感生电场存在于整个回路之中，如同一电池的电动势全部用在克服内阻上，路端电压自然为零。

§10.3 自感与互感

10.3.1 自感应

当导体回路中的电流发生变化时，电流产生的磁场通过回路本身所包围面积的磁感通量也发生变化，使回路中产生感应电动势，这种因回路自身电流的变化而引起的感应电动势称为自感电动势，这一现象称为自感应现象。

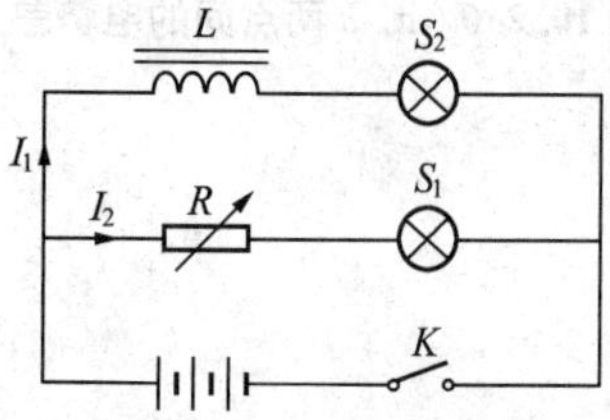

图 10.3-1 自感现象

可以用实验演示自感现象。如图 10.3-1 所示，S_1 和 S_2 是两个完全相同的灯泡，L 是有铁芯的线圈(铁芯可大大增加磁感应强度)。调节电阻器的电阻，使之与线圈 L 的电阻相等，则在电路接通并达到稳定后，通过两个灯泡的电流相等。但在接通电路的瞬间，S_1 立即达到最大亮度，而 S_2 则要延迟一段时间才达到最大亮度。这是因为在接通电路的瞬间，回路中的电流由零起迅速增长，线圈 L 中的变化电流产生变化的磁场，使通过线圈的磁感应通量发生变化，因此在线圈中产生较大的自感电动势，其作用是阻碍电流的增长，结果 S_2 支路中电流的增长较 S_1 支路中慢(S_1 支路中电流的磁场及磁感应通量都很小，几乎无自感电动势)。

现在定量讨论在无铁磁质存在时回路的自感电动势。设回路由 N 匝线圈构成，因为电流所激发的磁感应强度与回路中的电流成正比，所以整个线圈的磁通匝链数 $N\Phi$ 也与电流 I 成正比，可写成

$$N\Phi=LI$$

式中比例系数 L 称为线圈的自感系数，简称自感，其值仅与线圈的尺寸、几何形状及匝数有关。上式也可写成

$$L=\frac{N\Phi}{I} \tag{10.3-1}$$

(10.3-1)式表明，自感 L 在量值上等于线圈中通过单位电流时的磁通匝链数。

当线圈中的电流随时间变化时，线圈中的自感电动势为

$$\mathscr{E}_L=-\frac{\mathrm{d}(N\Phi)}{\mathrm{d}t}=-\frac{\mathrm{d}(LI)}{\mathrm{d}t}=-L\frac{\mathrm{d}I}{\mathrm{d}t}-I\frac{\mathrm{d}L}{\mathrm{d}t}$$

通常情况下，线圈的自感系数 L 不随时间变化，$\frac{\mathrm{d}L}{\mathrm{d}t}=0$，因此上式又可写成

$$\mathscr{E}_L = -L\frac{\mathrm{d}I}{\mathrm{d}t} \tag{10.3-2}$$

由上式可见，对于相同的电流变化率，回路中的自感系数 L 越大，自感电动势就越大，阻碍电流变化的作用也越大，因此自感系数反映回路保持其中电流不变的本领，也即可作为回路电学“惯性”的量度。

在国际单位制中，自感系数的单位是亨利，用字母 H 表示。

$$1\ 亨 = 1\ 伏特 \cdot 秒 \cdot 安培^{-1} \quad 或 \quad 1\ \mathrm{H} = 1\ \mathrm{V}\cdot\mathrm{s}\cdot\mathrm{A}^{-1}$$

例 1 设一长螺线管的长度为 l，密绕有 N 匝导线，螺线管的长度比半径大得多，其截面积为 S，求线圈的自感系数。

解 当忽略其端点效应时，管内磁场可看作是均匀分布的，磁感应强度为

$$B = \mu_0 nI = \mu_0\frac{N}{l}I$$

通过每匝线圈的磁感通量 Φ 为

$$\Phi = BS = \mu_0\frac{N}{l}IS$$

螺线管的自感系数 L 为

$$L = \frac{N\Phi}{I} = \mu_0\frac{N^2}{l}S = \mu_0 n^2 V \tag{10.3-3}$$

式中 $n = \frac{N}{l}$ 为单位长度的匝数，$V = Sl$ 为螺线管体积。

例 2 设有两个共轴长圆筒，半径分别为 R_1 和 R_2，$R_2 > R_1$。电流由内筒的一端流入，由外筒的另一端流回，求其单位长度的自感。

解 如图 10.3-2 所示，设电流为 I，由安培环路定理，两圆筒之间的磁感应强度为

$$B = \frac{\mu_0 I}{2\pi r}$$

式中 r 为离轴的距离，作一过轴线的矩形平面 $ABFE$(如图)。在此情形，类似于单匝导线环，因而应计算穿过截面 $CDFE$ 的磁感通量。如略去端头效应，可任意考虑长为 d 的一段，通过面积元 $d\mathrm{d}r$(图中阴影部分)的磁感通量为

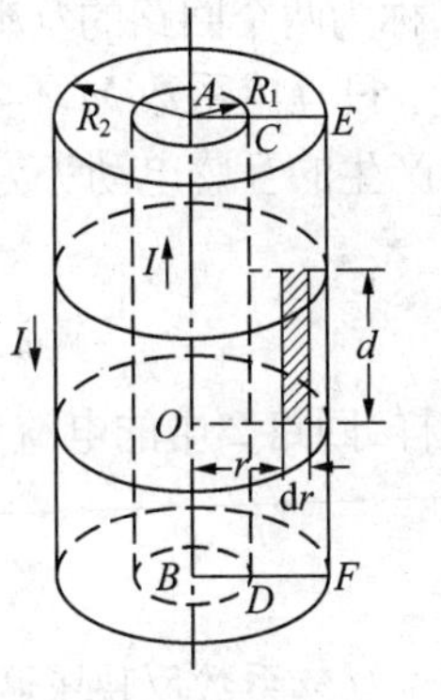

图 10.3-2 自感的计算

$$\mathrm{d}\Phi = Bd\,\mathrm{d}r = \frac{\mu_0 Id}{2\pi r}\mathrm{d}r$$

故通过该段的总磁感通量为

$$\Phi = \int \mathrm{d}\Phi = \int_{R_1}^{R_2}\frac{\mu_0 Id}{2\pi r}\mathrm{d}r = \frac{\mu_0 Id}{2\pi}\ln\frac{R_2}{R_1}$$

这段的自感系数 L_d 为

$$L_d = \frac{\Phi}{I} = \frac{\mu_0 d}{2\pi}\ln\frac{R_2}{R_1}$$

单位长度共轴圆筒的自感系数为

$$L=\frac{L_d}{d}=\frac{\mu_0}{2\pi}\ln\frac{R_2}{R_1}$$

10.3.2 互感应

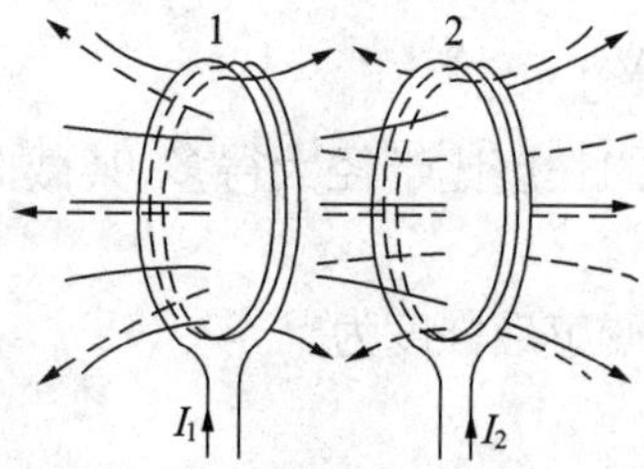

图 10.3-3 两线圈的互感

有两个互相靠近的线圈 1 和 2,如图 10.3-3 所示。当回路 1 中的电流发生变化时,它所激发的变化磁场应在线圈 2 中产生感应电动势;同样,当回路 2 中的电流发生变化时,也必在回路 1 中引起感应电动势。这一现象称为互感现象,所产生的感应电动势称为互感电动势。

设回路 1 和 2 分别为 N_1 和 N_2 匝密绕线圈,如线圈厚度不大,可认为同一回路中每匝线圈通过的磁感通量都相同。当回路 1 中通以电流 I_1 时,通过回路 2 所包围面积的磁感通量 Φ_{21} 与 I_1 成正比,因而回路 2 的磁通匝链数 $N_2\Phi_{21}$ 也正比于 I_1,可写成

$$N_2\Phi_{21}=M_{21}I_1 \tag{10.3-4}$$

式中比例系数 M_{21} 称为回路 1 对回路 2 的互感系数,其数值仅与两线圈的尺寸、几何形状、匝数及两线圈的相对位置有关。

同样,当回路 2 中通以电流 I_2 时,回路 1 的磁通匝链数也与 I_2 成正比,可写成

$$N_1\Phi_{12}=M_{12}I_2 \tag{10.3-5}$$

M_{12} 为回路 2 对 1 的互感系数。从理论(见下节)和实验上都可证明:

$$M_{12}=M_{21}=M \tag{10.3-6}$$

M 称为两个回路的互感系数。

设互感系数 M 不随时间变化,根据法拉第电磁感应定律,回路 1 中的电流变化在回路 2 中产生的互感电动势为

$$\mathscr{E}_{21}=-\frac{\mathrm{d}(N_2\Phi_{21})}{\mathrm{d}t}=-M\frac{\mathrm{d}I_1}{\mathrm{d}t} \tag{10.3-7}$$

同样,回路 2 中的电流变化在回路 1 中产生的互感电动势为

$$\mathscr{E}_{12}=-\frac{\mathrm{d}(N_1\Phi_{12})}{\mathrm{d}t}=-M\frac{\mathrm{d}I_2}{\mathrm{d}t} \tag{10.3-8}$$

可见互感系数反映了两回路之间相互耦合的紧密程度。在一般情况下互感系数很难通过计算求出,通常均由实验测定;其单位与自感系数相同。

例 1 两个共轴螺线管,长度和匝数分别为 l_1, N_1 和 l_2, N_2,螺线管 2 绕在螺线管 1 的中部, $l_2\ll l_1$, 如图 10.3-4所示,螺线管的截面积都是 S,求它们的互感系数。

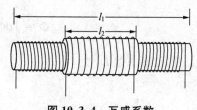

图 10.3-4 互感系数

解 由于 $l_2\ll l_1$, 在线圈 1 中产生的磁感应强度在

线圈 2 内部是均匀的,大小为

$$B = \mu_0 n_1 I_1 = \mu_0 \frac{N_1}{l_1} I_1$$

通过螺线管 2 的磁通匝链数和互感系数分别为

$$N_2 \Phi_{21} = N_2 BS = N_2 \mu_0 \frac{N_1}{l_1} I_1 S$$

$$M = \frac{N_2 \Phi_{21}}{I_1} = \frac{\mu_0 N_1 N_2 S}{l_1}$$

当两个线圈中的任一个线圈所产生的磁感应线均全部穿过另一个线圈的每一匝时,称为无漏磁。这种情况下两个线圈之间的耦合最紧密,是理想耦合。此时有

$$M = \sqrt{L_1 L_2}$$

若两线圈之间为非理想耦合时,

$$M = K\sqrt{L_1 L_2}$$

式中 K 称为耦合系数,取值范围为 $0 < K \leqslant 1$, 其值与两个线圈的相对位置有关,可由实验测定。

在上例中,两个螺线管的自感系数分别为

$$L_1 = \mu_0 n_1^2 V_1 = \mu_0 \frac{N_1^2}{l_1} S$$

$$L_2 = \mu_0 \frac{N_2^2}{l_2} S$$

所以

$$K = \frac{M}{\sqrt{L_1 L_2}} = \sqrt{\frac{l_2}{l_1}}$$

由于 $l_1 \gg l_2$, 虽然线圈 1 的磁感应线全部穿过线圈 2 的每一匝,但线圈 2 的磁感应线并不穿过线圈 1 的每一匝。因此本例并非理想耦合, $K < 1$。

§10.4 自感磁能和互感磁能

10.4.1 自感磁能

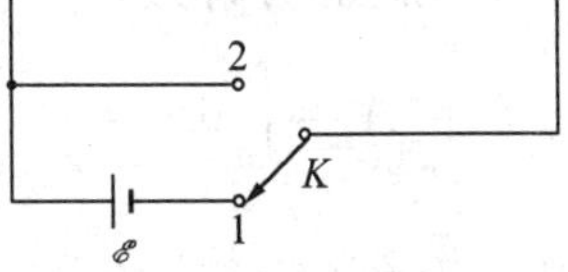

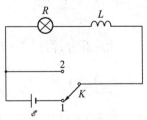

图 10.4-1 自感磁能

一个自感系数为 L 的线圈也是储藏能量的元件。讨论如图 10.4-1 的电路,当开关拨到 1 时,电路开始接通,由于线圈 L 的自感作用,电流不能立即由零变到恒定值 I,而是要经过一段时间后才能达到恒定值。在这段时间内,电流 i 不断增加,于是在线圈中将产生一个与电流 i 的方向相反的自感电动势 $\mathscr{E}_L$,由前面讨论已知,

$$\mathscr{E}_L = -L\frac{\mathrm{d}i}{\mathrm{d}t}$$

对回路应用基尔霍夫第二定律，

$$\mathscr{E} + \mathscr{E}_L = Ri$$

或

$$\mathscr{E} = L\frac{\mathrm{d}i}{\mathrm{d}t} + Ri \tag{10.4-1}$$

将上式改写并对两边积分，可得

$$\int \frac{\mathrm{d}i}{i - \frac{\mathscr{E}}{R}} = \int -\frac{R}{L}\mathrm{d}t$$

$$\ln\left(i - \frac{\mathscr{E}}{R}\right) = -\frac{R}{L}t + C$$

$$i - \frac{\mathscr{E}}{R} = C' \mathrm{e}^{-\frac{R}{L}t}$$

式中 C 和 C' 为积分常数，可由初始条件确定。由于 $t = 0$ 时 $i = 0$，得 $C' = -\frac{\mathscr{E}}{R}$，代入上式，得

$$i = \frac{\mathscr{E}}{R}(1 - \mathrm{e}^{-\frac{R}{L}t}) \tag{10.4-2}$$

由上式可见，电流随时间按指数规律增长，其增长的快慢与比值 $\frac{L}{R}$ 有关。当 $t = 5\frac{L}{R}$ 时，$i = 0.994I$，可认为这时电流已达到稳定值 $I\left(= \frac{\mathscr{E}}{R}\right)$，所以一般取 $T = 5\frac{L}{R}$ 为电流达到稳定值所需的时间。

这种短时间内电流变化的过程称为暂态过程。由于 $\tau = \frac{L}{R}$ 可以作为 LR 电路中暂态过程持续时间长短的标志，常称 τ 为 LR 电路的时间常数，L 越大和 R 越小，时间常数 τ 就越大，电流增长越慢，暂态过程持续越久。

在 $t = 0 \sim T$ 这段时间内，电源供给的能量可以用下面的方法求出。任一小段时间 $\mathrm{d}t$ 内通过电路的电量为 $\mathrm{d}q = i\mathrm{d}t$，相应地，电源做功为

$$\mathrm{d}A = \mathscr{E}i\mathrm{d}t$$

将(10.4-1)式代入上式，得

$$\mathrm{d}A = \mathscr{E}i\mathrm{d}t = Li\,\mathrm{d}i + Ri^2\mathrm{d}t$$

对上式两边积分，得到 0→T 时间间隔内电源所供给的能量为

$$E = A = \int_0^A \mathrm{d}A = \int_0^T \mathscr{E}i\mathrm{d}t = \int_0^I Li\,\mathrm{d}i + \int_0^T Ri^2\mathrm{d}t = \frac{1}{2}LI^2 + \int_0^T Ri^2\mathrm{d}t \tag{10.4-3}$$

式中 $\int_0^T Ri^2\mathrm{d}t$ 是这段时间内电阻 R 所释放的焦耳热，$\frac{1}{2}LI^2$ 为电源反抗自感电动势所做的功。要在包含线圈的电路中建立稳恒电流，总要经历暂态过程。因为自感电动势实际上是磁场的变化引起的，所以在电路建立稳恒电流的过程中，电源克服自感电动势所做的功，也就是建立

稳恒磁场所做的功,这功转变为磁场的能量,称为自感磁能。因此自感磁能为

$$W = \frac{1}{2}LI^2 \tag{10.4-4}$$

W 是自感系数为 L 的线圈在通有电流 I 时所储藏的磁场能量。

当 LR 电路中的电流已达到稳定值后,若把电源撤除,即在图 10.4-1 中将开关从 1 拨到 2,由于电流消失时自感线圈中同样产生自感电动势,回路中电流将持续一定时间后才会下降到零。在这一过程中,电路方程式为

$$iR = \mathscr{E}_L = -L\frac{\mathrm{d}i}{\mathrm{d}t} \tag{10.4-5}$$

改写为

$$\frac{\mathrm{d}i}{i} = -\frac{R}{L}\mathrm{d}t$$

对上式两边积分,并根据初始条件 $t=0$ 时,$i=I$, 可确定积分常数。最后得到

$$i = I\mathrm{e}^{-\frac{R}{L}t} \tag{10.4-6}$$

说明在这段时间内电路中虽没有电源供给能量,但在电感中储存的磁能释放出来供给电路。在电路中通有电流 i 时所消耗的功率为 i^2R,在 $\mathrm{d}t$ 时间内电路消耗的能量为

$$\mathrm{d}W' = i^2R\mathrm{d}t$$

将(10.4-5)式代入上式,得

$$\mathrm{d}W' = -Li\,\mathrm{d}i$$

$$W' = \int \mathrm{d}W' = -\int_I^0 Li\,\mathrm{d}i = \frac{1}{2}LI^2$$

这部分能量就是来源于线圈建立电流的过程中,电源克服自感电动势所做的功 W。这些能量储存在自感线圈中,当电流减少时,又以自感电动势做功的形式全部释放出来。

10.4.2 互感磁能

设有两个载流回路 C_1 和 C_2,如图 10.4-2 所示,自感系数分别为 L_1 和 L_2。开始时两回路均为开路,首先接通回路 C_1,这时电源 $\mathscr{E}_1$ 克服 C_1 中的自感电动势 $\mathscr{E}_{11} = -L_1\frac{\mathrm{d}i_1}{\mathrm{d}t}$ 所做的功为

$$A_{11} = \int -i_1\mathscr{E}_{11}\,\mathrm{d}t = \int_0^{I_1} L_1 i_1\,\mathrm{d}i_1 = \frac{1}{2}L_1 I_1^2$$

此功转变为回路 C_1 的自感磁能。然后,回路 C_2 接通电源,同样可得电源 $\mathscr{E}_2$ 克服 C_2 中的自感电动势所做的功为

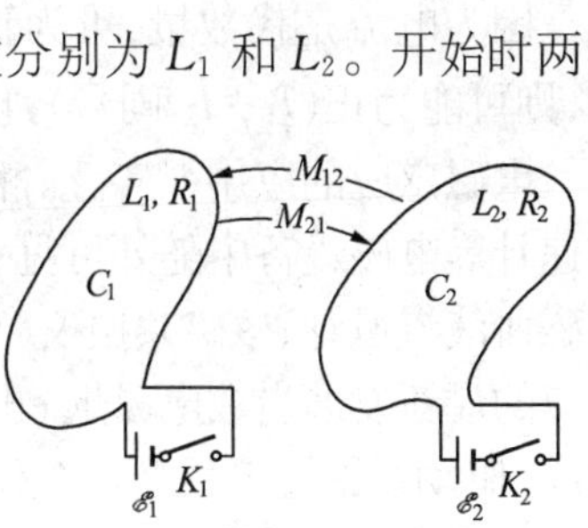

图 10.4-2 互感回路

$$A_{22} = \int -i_2\mathscr{E}_{22}\,\mathrm{d}t = \int_0^{I_2} L_2 i_2\,\mathrm{d}i_2 = \frac{1}{2}L_2 I_2^2$$

但在 i_2 增大的过程中,由于互感作用,C_1 的磁感应通量发生变化,因而在 C_1 中出现互感

电动势,

$$\mathscr{E}_{12}=-M_{12}\frac{\mathrm{d}i_2}{\mathrm{d}t}$$

为了维持 C_1 中的电流 I_1 恒定不变,电源 $\mathscr{E}_1$ 必须克服互感电动势做功,

$$A_{12}=\int -I_1\mathscr{E}_{12}\mathrm{d}t=\int I_1M_{12}\frac{\mathrm{d}i_2}{\mathrm{d}t}\mathrm{d}t=M_{12}I_1\int_0^{I_2}\mathrm{d}i_2=M_{12}I_1I_2$$

外电源克服互感电动势所做之功也转化为磁场能量,称为互感磁能。由此可见当两个回路中电流分别为稳定值 I_1 和 I_2 时,总的磁场能量 W_m 为

$$W_m=\frac{1}{2}L_1I_1^2+\frac{1}{2}L_2I_2^2+M_{12}I_1I_2$$

同理,我们可以令回路 C_2 首先接通,当其电流达稳定值 I_2 后再接通回路 C_1,并设其中的电流稳定值为 I_1。在此过程中维持 C_2 中的电流不变,则电源 $\mathscr{E}_2$ 就要克服互感电动势做功,这时总的磁场能量 W'_m 为

$$W'_m=\frac{1}{2}L_1I_1^2+\frac{1}{2}L_2I_2^2+M_{21}I_1I_2$$

上面两式中 M_{12} 为回路 C_2 对 C_1 的互感系数,M_{21} 为回路 C_1 对 C_2 的互感系数。由于两载流线圈系统的能量不应与电流建立的先后次序有关,故 $W_m=W'_m$。由此得

$$M_{12}=M_{21}=M$$

M 为两线圈的互感系数,这就是(10.3-6)式。从而总磁场能写成

$$W_m=\frac{1}{2}L_1I_1^2+\frac{1}{2}L_2I_2^2+MI_1I_2 \tag{10.4-7}$$

上式中等号右边第一项和第二项分别为回路 C_1 和 C_2 的自感磁能,第三项为互感磁能。可见两个载流回路的总磁能并不等于两个回路单独存在时的磁能之和,因为两个回路之间有相互作用能,所以电流回路的磁能不具有简单的叠加性。

因为电流是代数量,可为正或负,而 I^2 总是正的,所以自感磁能总是正的。至于互感磁能,则可能为正(I_1, I_2 同号),也可能为负(I_1, I_2 异号)。

电磁感应的应用很广泛。根据电磁感应原理制造的电磁阻尼装置在仪表、制动器、电机和转速计等电磁设备中随处可见;电子感应加速器多用于研究高能粒子反应或治疗癌症。此外,电磁血液流量计、核磁共振仪(见"阅读材料")等亦已成为医疗中的常见设备。当代应用电磁感应的最新发展当数电磁炮。电磁炮由沿炮筒内壁安装的若干固定驱动线圈和一个弹丸线圈组成。驱动线圈通电后产生变化的磁场,使弹丸线圈中产生感应电流。感应电流产生的磁场和驱动线圈产生的磁场方向相反,两者之间产生斥力。使沿炮筒方向固定的驱动线圈依次通电,弹丸在炮筒中就能不断得到加速。若在炮筒中再另外加强磁场,弹丸弹出的速度就更大。现已能将几克重的小弹丸在几米长的炮筒中加速到 10 $\mathrm{km\cdot s^{-1}}$,接近第二宇宙速度。预计根据此原理设计的机械推射装置将可用在航空母舰上发射飞机。其优点是缩短跑道、减小噪声和污染。电磁炮除了增加发射速度外,还可调控射程。电磁发射装置亦可用于空间发射。

阅读材料　　10.1 动物的磁感觉

多年以来,对于候鸟之类的迁徙性动物为何能年复一年找到同一处栖息地又能返回故里这一问题的回答都是它们体内带有"罗盘",能根据地磁场的方向和大小为自己的迁徙过程导航,甚至定位。这表明这些物种能"感觉"到地磁场。但是,它们是如何感知地磁场的,其中涉及何种物理机理仍不太清楚。有趣的是,几乎所有其他的动物感觉,诸如视觉、听觉的物理机理都已为人所知,独有这磁性感觉的根源仍在研究之中。究其原因是多方面的。首先是人类没有磁感觉器官,人体不能感知磁场,自然对磁感觉的认识就不如对视觉之类的其他感觉深入。二是诸如皮肤、肌肉等生物组织对磁场是"透明"的,因此动物的磁感觉器就可能不在体表而深藏在体内,这就给观测带来困难,例如光学显微镜就不再有用武之地,而必须借助于先进的高技术成像手段。再有就是生物材料对磁场不像耳鼓对声波、眼睛晶状体对光波那样,是既不反射又不折射的,因而磁场无法聚焦。于是磁感觉很可能是由散布在体内少数细胞之内的细微结构产生的,而不像视觉集中在视网膜这样的固定位置上。

虽然如此,迄今对动物磁感觉机理的研究还是取得了相当的进展。人们知道,由于地磁场极弱(例如,对原子或电子而言,其磁矩和地磁场的相互作用能只是动物体温 T 相应热能 kT 的五百万分之一),动物的磁感受器必然具有极高的灵敏度;具有很强的磁性相互作用;并且还不应受动物体温的影响。理论和实验研究结果表明动物体内可能存在 3 类磁感觉机理,即电磁感应机理,亚铁磁性物质机理和化学基对机理。由于后者涉及的知识超出本书范围,这里只介绍前两种机理。

鲨鱼这一类物种具有惊人的极灵敏的对电的感觉系统。鲨鱼身上有几百根细管,内部充满高电导的胶状物质,而管壁却是绝缘的,如同一根根电线。管的一端像细孔一样在皮肤上开口。另一端则深入体内,称为洛仑兹壶腹。这是一群细胞,对电压变化极为敏感,因而能以极高的灵敏度探测电场。据估计,其场强探测阈值可低至 2 微伏每米($\mu V/m$),这差不多是把一个 1.5 V 的干电池的正极放在上海,而负极放在厦门所产生的电场强度,可见其对电的敏感程度。设考察一根沿垂直方向的导电管,当鲨鱼在北半球的海洋中作东西向水平游动时,导电管将切割地磁场的磁感应线,从而产生动生电动势并在管两端间建立电势差。研究表明,如鲨鱼以 $1.5\ m \cdot s^{-1}$ 的速率作东西向游动,产生的动生电动势形成的电场可达 25 $\mu V/m$,远高出鲨鱼对电场的探测阈值。显然,感应电动势产生的电场同鲨鱼游动的方向有关。例如,若沿南北方向游动就不会产生动生电动势。由此表明,尽管地磁场很弱,但由于其极灵敏的电感觉,鲨鱼却能依靠物理学的电磁感应原理探测地磁场的方向,从而为其游动导向。

20 世纪六七十年代即发现一些细菌具有趋磁性,能将细长的躯体顺磁场方向排列。这一性质是由于这些微生物体内存在链状磁小体,这些磁小体要么是铁磁矿(Fe_3O_4),要么是胶黄铁矿(Fe_3S_4)的微晶。

令人关注的是这两种矿物质都是亚铁磁体,亦称铁氧体。铁氧体内部原子的磁矩排列有序,相邻原子磁矩取向相反,但大小不等。因而总体上类似于铁磁性物质,表现出自发磁化强度,从而和外加场有很强的相互作用。细菌体内这些微小的亚铁磁晶体就是这类微生物的磁感觉器。这一发现马上引发对一大批能感知磁场的动物,包括蜜蜂、鸟类、鲑鱼和海龟等的体内有无这类磁感觉器的研究热潮,甚至采用了包括原子力显微镜在内的先进技术手段。原子力显微镜是在扫描隧道显微镜(参见本书第十六章阅读材料 16.2"抓住原子的'机械手'——扫描隧道显微镜")基础上发展起来的又一具有原子级分辨本领的当代先进成像手段。原子力显微镜将扫描隧道显微镜的金属针尖用置于一悬臂一端的绝缘性尖头取代,借助探测尖头与待测表面原子间的作用力和彼此间距离的关系获得样品表面形象等信息;可用来观察绝缘性样品。扫描隧道显微镜和原子力显微镜都能用来观测生物活体组织。

研究得到的结果以对鲑鱼和信鸽所做的最为可信。果然,在鲑鱼对磁场敏感的神经近旁找到其中存在单磁畴铁磁矿晶体的细胞。而对信鸽,则在其喙的两边发现了六个这类磁性矿物质的团簇,一边 3 个,都连着对磁场变化敏感的神经。并且发现,其中能感觉磁场的单元是一个直径大约在 3~5 μm 的泡囊,外边覆盖一层非晶态铁的化合物,周围则有 10~15 个直径 1 μm 的小球;每个球中包含约八百万个直径 5 nm 的铁磁矿晶体,这些晶体又同磁赤铁矿(Fe_2O_3)小片串成的链交替排列;每个小片的尺寸大约为 1×1×0.1 μm,每个链中大概有 10 个小片。令人惊异的是,磁赤铁矿也是亚铁磁体!这表明生物体中作为磁感觉器的矿物质晶体可能全都具有亚铁磁性。信鸽的每一个磁性矿物质团簇中,这些磁场感觉单元都是规则排列的,彼此的间隔大约为 100 μm。更妙的是这 3 对团簇中感觉单元的排列方向是两两相互垂直的,俨然一个三维空间的坐标轴。这就难怪信鸽有超强的导航能力,即使放飞千里之外也能准确回归了。研究还弄清楚每个感觉单元中的 3 种不同成分各自具有独特的功能,彼此分工合作。磁赤铁矿小片的作用如同电磁铁中的软铁芯,可以增加磁感应强度(地磁场作为外场),以增加同铁磁矿小晶体的相互作用。计算表明,这些铁磁矿小片如顺地磁场排列可使磁场增强 20 倍,从而在质量为 2.6 皮克(10^{-12} g)的磁赤铁矿晶体上,施加约 0.2 皮牛(10^{-12} N)的力使其运动引起神经细胞膜的畸变,从而打开细胞膜的离子通道,导致对磁场的感知。至于泡囊的作用还不太清楚,一种看法是可能使铁集中以进一步增强磁场。

以上介绍的动物对地磁场的感知机理虽然得到理论和实验的支持,但仍不能算完全肯定。但有一点却是毫无疑问的,那就是动物磁感知的完全了解,彻底解决这一问题一定是依靠生物学和物理学的通力合作。

阅读材料　　10.2 大肠杆菌的物理学

大肠杆菌也许是和人类关系最为密切的细菌之一,自婴儿出生即随哺乳进入肠道,与人终生相伴,是肠道中的正常栖居菌种。大肠杆菌有 150 多种,大多数在正常栖居条件下并不致病,而且其代谢活动能抑制肠道内有害微生物的生长,甚至还能合成维生素 B 和维生素 K;但也有约 10%的大肠杆菌能致病,会导致腹泻等症状。大肠杆菌引起人们关注的一个原因是其在冷饮等食品中的浓度可视为环境卫生的一个指标;另一个重要原因则在于它们是研究微生物遗传特别是基因工程的对象。

大肠杆菌是一种单细胞微生物,形如两头用半球封闭的圆柱体,直径约 1 μm,体长约 2 μm,有点像粗短的火腿肠。每一个重约 1 皮克,其中 70%是水分。有的大肠杆菌身上长有鞭毛,能动;也有的不长鞭毛,便也不能动。这里介绍能动的大肠杆菌。它们能在水中沿着体轴方向游动,速度可达每秒 35 μm。对比人的身高,人的游泳速度就应当每秒超过 25 m,远超短跑世界冠军。大肠杆菌往往在游动1 s 左右后就要停下来"逗留"观望一番,"研究确定"换个方向再游。每次停留的时间大约为 0.1 s。

大肠杆菌的染色体由单根双股 DNA 链构成,比体长长 700 倍,共有 4 639 221 个碱基对,4 288 个基因。大部分基因都是用来对蛋白质编码,决定相应的蛋白质的性质。其中,差不多有50种蛋白质用于产生细胞的趋化性质(细菌对各种有利化学物质的浓度梯度产生趋向,而对有害化学物质的浓度梯度规避响应的行为),一半用来装配鞭毛,一半决定其行为。

大肠杆菌长到一定的长度便会从当中一分为二,分裂成两个大肠杆菌。如果环境条件合适(包括合适的温度,例如人的体温37℃,充沛的营养物质供应等),大约每20 min就会分裂一次。难怪一些散落在硬琼脂表面的大肠杆菌立马便变成一坨一坨毫米尺寸的菌堆,而在软琼脂盘上即使放一个大肠杆菌也会立马被它的后代布满。

大肠杆菌能游泳是因为鞭毛的转动。细丝状的鞭毛只有不到10 nm粗,却比菌体长好几倍,一般略呈螺旋状延伸至体外的介质中。鞭毛可分为3部分。根部是一个埋在细胞壁中的可正、反向旋转的电动机(马达),一边在细胞质内,另一边则在细胞外膜处。在这里,马达同一短的钩状部分相连,这实际上是一个万向接头。钩部再外边就是细丝,这就是推进器。细丝靠旋转马达驱动。整个马达直径只有45 nm,足以令纳米领域的科学家和工程师击节赞叹天工造物之精巧绝伦。马达包括大约20种不同的部件。沿着丝的顶端向根部看,马达既可顺钟针(CW)转也可反钟针(CCW)转,转速可达每秒100周量级。当细胞沿轴向持续游进时,所有的鞭毛丝都反钟针旋转,并且形成一束用来推动菌体以最高速率稳定前进,恰如螺旋桨推动轮船前进一样。而当细胞停下来"观望"时,就有一个或几个马达顺钟针旋转,细丝不再聚成一束,动作也不再一致而是各自为政。于是细胞运动变得不确定。经过约0.1 s的观望,细胞改变航向。

钩部和细丝都是单多肽类、钩蛋白质和鞭毛蛋白的聚合物。钩部柔软而细丝略呈刚性,其形状取决于鞭毛蛋白中氨基酸的顺序、pH值和扭转负载的大小。随着旋转马达反转,从CCW变成CW,同马达相连的细丝形状也会相应地从正常螺旋状进一步卷曲成半卷再到全卷;而当马达变回CCW时细丝也从全卷通过半卷回复至正常螺旋形状。

旋转马达由从细胞外流向细胞内的质子流驱动,能量来自跨膜的电势梯度或pH值梯度。pH值的定义是氢离子H^+浓度常用对数的负值,中性溶液的pH值为7。pH值大于7表示溶液呈碱性,pH值较小则代表酸性。马达的定子部分Mot A和Mot B构成跨膜通道。据认为质子的迁移使Mot A的细胞质部分移动或改变其形状,从而对作为转子的Fli G施加作用力,驱动转子旋转。

一般来说,细胞游动中的"停留观望"导致的航向变化的角度是随机的,但有时也有倾向性。例如,如果细胞原来行进方向上的化学吸引剂的浓度越来越高(正梯度),或者排斥剂的浓度越来越低,那么细胞就有继续沿此方向前进的倾向。好像细胞能确定向哪里游日子会更好过一点一般。并且,实验业已证明细胞的这种对环境的响应行为是时间上的而不是空间上的。就是说,大肠杆菌并不能判定吸引剂是在前面多一些还是在身后多一些,它只知道在沿特定方向行进的过程中这种吸引剂的浓度是增加的还是下降的。因此,比如说,它是将半秒前感觉到的浓度同一秒前感觉到的浓度相比较来确定该如何应对的。

鞭毛中同钩部相连的基座基本上由C环、MS环、P环和L环以及Mot A与Mot B构成,如图RM10-1所示。MS环就在内膜层,P环正好在肽聚糖层,而L环则在外膜层。C环代表细胞质,包括蛋白质Fli M和Fli N,而MS环就是蛋白质Fli F。Fli F、Fli G、Fli M、和Fli N构成转子。Fli G处在MS环同细胞质C环相连的界面上,Fli G、Fli M和Fli N又称为开关复合体,因为就是这些蛋白质控制马达转动的方向。因此,可以认为转子由MS环(连同相连的Fli G)和C环构成;而蛋白质Mot A和Mot B则构成马达的定子,正好嵌在内膜中。Mot B用来铆牢Mot A,将其固定在细胞壁上。定子必须固定,否则便无法对鞭毛施以力矩。Mot

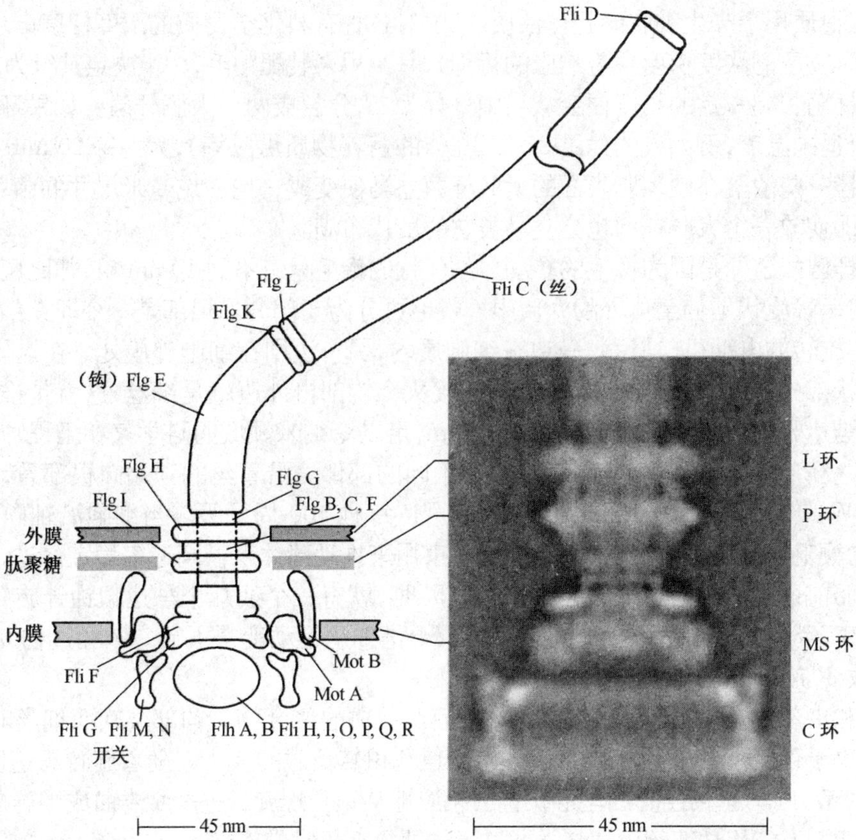

图 RM10-1

A 和 Mot B 结合在一起，共同构成产生力矩的单元。Mot A 和 Mot B 都是穿过内膜的蛋白质。研究表明，在这个单元中共有 4 个 Mot A 和 2 个 Mot B，它们形成两条质子的跨膜通道。在一个细胞中这样的单元共有 8 个，因而有 8 对质子的跨膜传输通道。Mot A 和 Mot B 除彼此间的相互作用外，还同 Fli G 之间有相互作用。目前认为，Mot B 有一个特殊的天冬氨酸残基，称为 Asp 32，位于跨膜通道的细胞质一端，起质子受体的作用。Asp 32 的质子化和去质子化(使其带正电和带负电)作用调制了 Mot A 的形态，改变了 Mot A 和 Fli G 各自特定荷电区之间的相互作用，从而产生使马达转动的力矩。马达的转动呈步进的特点，转一圈至少 400 步，每一步的转角都相同。由于一共有 8 个产生力矩的定子单元，每个单元平均每圈至少50 步。

大肠杆菌鞭毛马达的能量并非来自腺苷三磷酸 ATP，而是来自质子沿电化学势的梯度(包括电势梯度和离子浓度梯度)运动而做功。因此，若将一个质子跨过细胞质膜时做的功用 ΔP 表示，称为质子动力势，则 ΔP 应由两部分组成，一是来自膜内外的电势差 $\Delta\psi$，另一则来自膜两边反映离子浓度的 pH 值的差 ΔpH。实际上 $\Delta P=\Delta\psi-2.3\dfrac{kT}{e}\Delta \mathrm{pH}$。这里，$k$ 为玻耳兹曼常数，T 为绝对温度，e 为质子电荷。习惯上将 $\Delta\psi$ 表示为 $\Delta\psi=\psi_{内}-\psi_{外}$，$\psi_{内}$ 与 $\psi_{外}$ 分别为膜内、外的电势；而将 ΔpH 写为 $\Delta\mathrm{pH}=\mathrm{pH}_{内}-\mathrm{pH}_{外}$，$\mathrm{pH}_{内}$ 与 $\mathrm{pH}_{外}$ 分别为膜内、外的 pH 值。大肠杆菌体内的 pH 值在 7.6～7.8 之间。在 24 ℃，$2.3\,kT/e=59(\mathrm{mV})$。对于 pH 值为 7 的环境介质，$\Delta\psi\approx-120\ \mathrm{mV}$，$2.3\dfrac{kT}{e}\Delta\mathrm{pH}\approx 50\ \mathrm{mV}$，因此 $\Delta P\approx-170\ \mathrm{mV}$。实验表明，马达的转速与 $\Delta\psi$

成比例。另一方面,当外界介质的 pH 低于 6 或高于 9 时马达转速会下降。而且,当 $\Delta P \approx -30\ \mu V$ 时细胞将不再游动;而当 $\Delta P \approx -100$ mV 时转速将饱和。这可能分别涉及鞭毛束的形成和细丝形状的改变。

阅读材料 10.3 核磁共振

图 RM10-2 为核磁共振装置的原理图。样品置于试管中,在试管外有两个线圈绕组分别与射频发生器和射频接收器连接。永久磁铁产生外加磁场 B,扫描线圈绕在永久磁铁上,改变扫描线圈中的电流可对磁场起微调作用。射频发生器频率 ν 从 30 MHz 到几百兆赫分档可调。核自旋与射频信号共振时产生共振吸收。射频波接收器把接收到的共振信号进行放大处理,送到记录器中,可用示波器显示或用自动记录仪描绘曲线。发生共振的条件是

$$h\nu = g_N \mu_N B$$

式中 B 为外加磁场,$g_N \mu_N B$ 是核所吸收的磁能,g_N 与 μ_N 分别是核的朗德因子和核磁子。实验中维持射频磁场频率 ν 不变,连续改变外磁场强度 B,当 B 满足上述条件时就发生核磁共振。从核磁共振测量中可得到各种信息,主要如下。

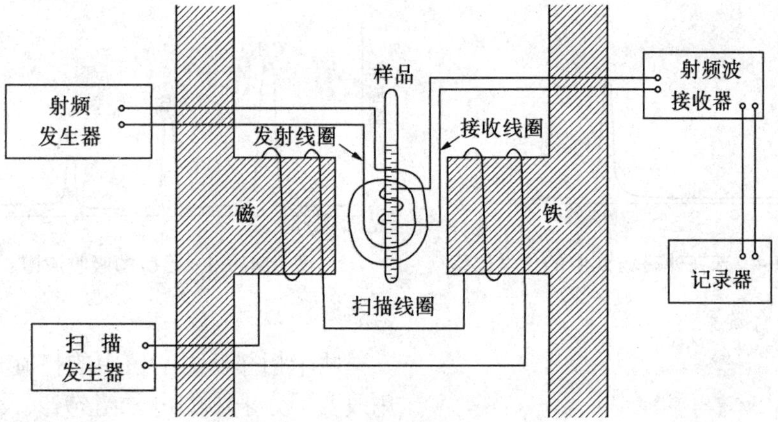

图 RM10-2 核磁共振装置原理图

1. 化学位移

以氢核为例,在外磁场中,物质中的质子的共振频率相对于自由质子的共振频率有所不同,这称化学位移。例如苯分子有 6 个碳原子连在一个环上,每个碳原子附着一个氢原子,在碳环的上下两面,存在可在环形区域中自由运动的电子。加外磁场 $\boldsymbol{B}$ 后,环形回路中的磁通量发生变化,感应电动势驱使电子作环形运动形成电流。如图 RM10-3 所示。图 RM10-3(a)是苯的化学结构,图 RM10-3(b)为外加磁场后由于电磁感应产生的电流及其产生的磁场 ΔB。可见在碳环内,感应电流产生的磁场减小了环内磁场,而环外磁场则由于感应电流的磁场和 $\boldsymbol{B}$ 方向相同而增大。由于苯的氢原子在环外,环外磁场的增大引起共振频率增大,故吸收峰出现在 B' 上($B' > B$),这就是氢核即质子的化学位移,如图 RM10-4 所示。因此化学位移和分子结构有关。

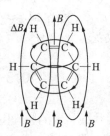

(a) 苯的化学结构　　(b) 外加磁场 **B** 后的感应电流及其产生的磁场

图 RM10-3

另外,对于氢以外的元素,由于核外电子的屏蔽作用,当外加磁场为 B 时真正作用在原子核上的磁场却是 $B-\sigma B$, σ 是屏蔽系数,即核外电子产生的感应磁场正比于 B 但方向相反。而且同一种核处在不同的化学环境中 σ 也可能不同,如乙醇是由 3 个基团组成:CH_3—CH_2—OH,其中 C 和 O 的核磁矩都是零,所以共振曲线中的吸收谱都是由氢核产生的。如图 RM10-5所示,乙醇有 3 个吸收峰,峰面积之比为 3∶2∶1, 与 3 个基团中氢核的个数相对应,峰位置不同表明不同基团氢核的化学位移不同,反映化学结合状态不同,因而对外磁场的屏蔽作用也不一样。

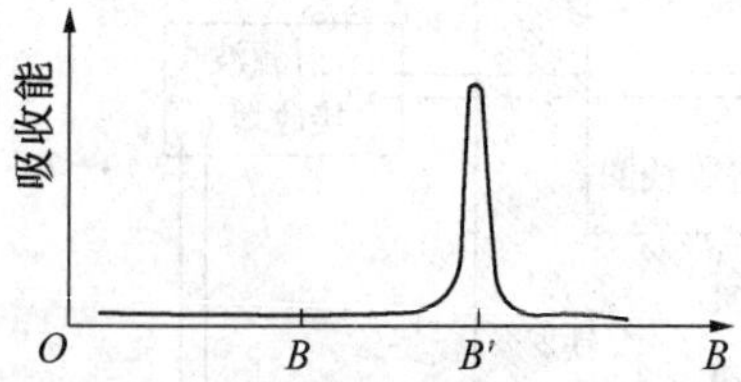

图 RM10-4　苯在外磁场 *B* 中的化学位移

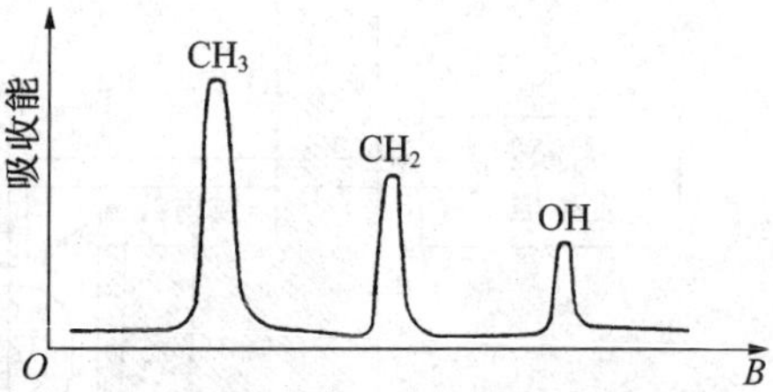

图 RM10-5　乙醇的吸收波谱

2. 自旋-自旋裂分

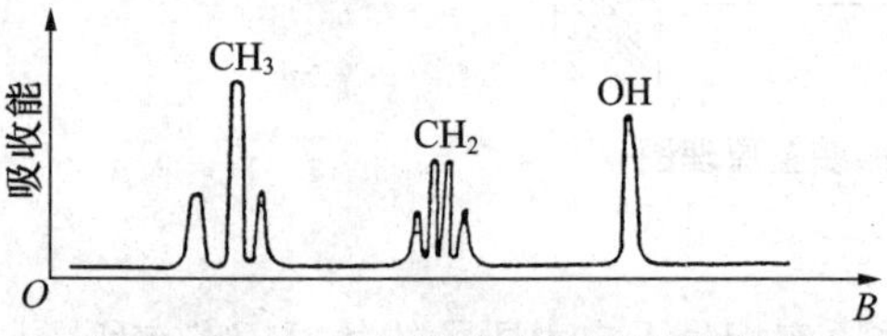

图 RM10-6　高分辨率的乙醇吸收波谱

两个相邻基团中核中的自旋-自旋相互作用改变了分子中的电子组态,又反过来改变了自旋磁矩,使基团中的核形成几种不同的吸收频率,吸收谱分裂,这称为自旋-自旋裂分。图 RM10-6 所示为用高分辨率核磁共振仪测得的乙醇谱线,与图 RM10-5 相比可见 CH_3 分裂为 3 条谱线,CH_2 分裂为 4 条谱线,从这些多重峰中可推断该基团附近存在何种基团,由此得知分子结构。

核磁共振技术的应用广泛。可用于药物和生化分析,推断化学结构;对人体器官与活组织进行研究,诊断肿瘤等。例如,因人体组织中含有大量的水,可对氢原子的分布状态进行研究,从而检测组织成分。

参考资料

[1] [美]J. W. 凯恩,M. M. 斯特海姆,《生命科学物理学》,科学出版社,1985 年。

思考题与习题

一、思考题

10-1 试问在下列情况中,哪些会在运动导体中产生动生电动势?若有电动势,方向如何?

(1) 一段导线在载流长直导线周围的磁场中运动(如图(a)~(d))。

(2) 一个矩形线圈在载流长直导线周围的磁场中运动(如图(e)和(f))。

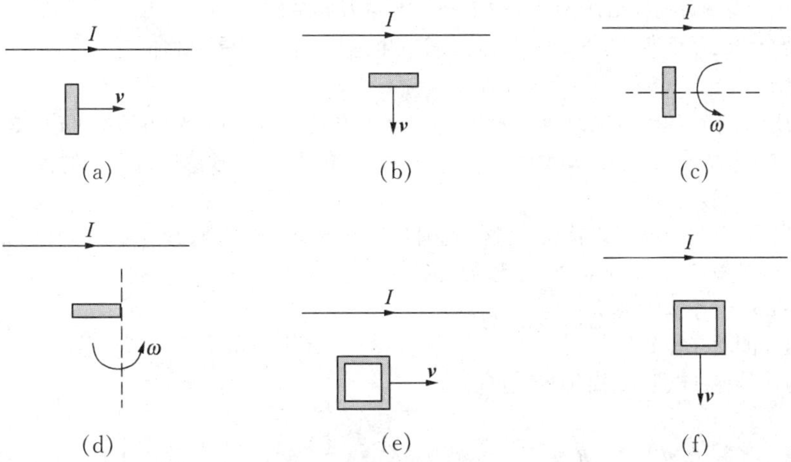

思考题 10-1 图

10-2 如果将一条形磁铁插入一橡胶制成的圆环中,试问在磁铁插入的过程中,环内有无感生电动势?有无感生电流?试说明之。

10-3 如图所示,一金属框架放在恒定磁场中,如果使导线 AB 向右移动,则将产生如图所示的感生电流,试问:磁场的方向如何?

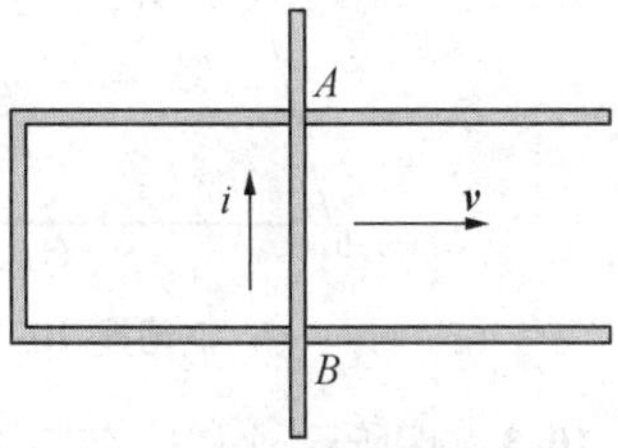

思考题 10-3 图

10-4 有一根很长的竖直放置的金属圆管,分别让一根磁铁和一根未磁化的铁棒从圆管中落下,不计空气阻力,试问两者的运动有什么不同,为什么?

10-5 把一铜片放在磁场中,如图所示,若将铜片从磁场中拉出或推进,就会出现一个阻力,试解释此阻力的来源。

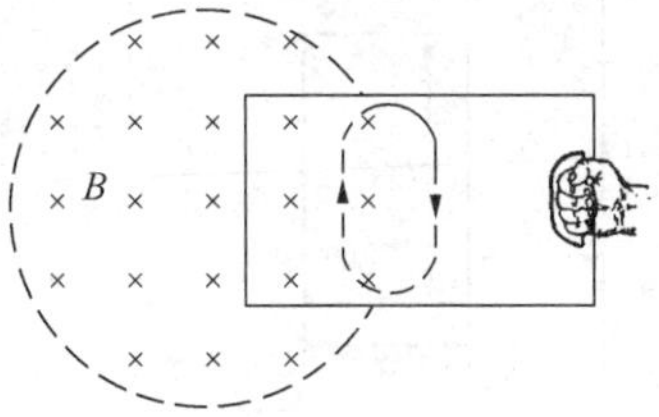

思考题 10-5 图

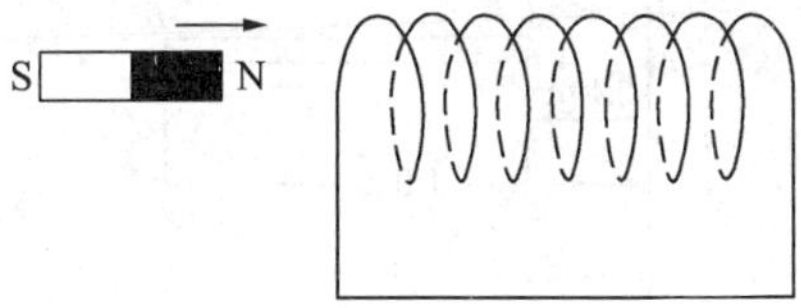

思考题 10-6 图

10-6 把一条形磁铁水平地插入一闭合线圈中,如图所示,一次迅速地插入,另一次缓慢地插入,两次插入前后的位置相同,试问:

(1) 两次插入过程中,线圈中的感生电流是否相同?通过线圈的电量是否相同?

(2) 不计其他阻力,在两次插入过程中,手推磁铁所做的功是否相同?

10-7 如图所示,将一块导体薄片放在电磁铁上方与轴线垂直的平面上。

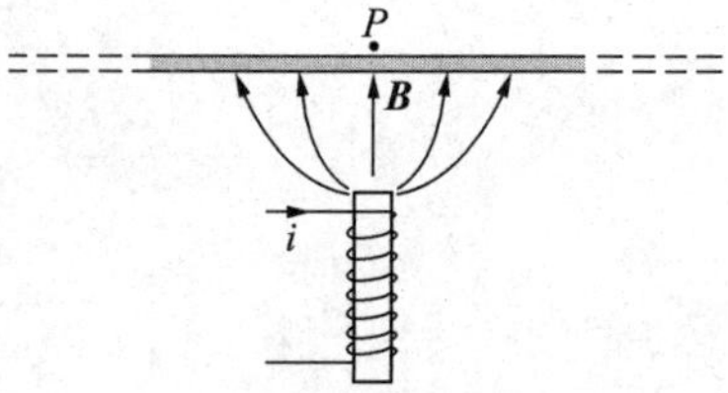

思考题 10-7 图

(1) 如果磁铁中的电流突然发生变化，在 P 点附近并不能立即检测出磁场 $\boldsymbol{B}$ 的全部变化，为什么？

(2) 若电磁铁中通过高频的交变电流，使 $\boldsymbol{B}$ 作高频率的周期性变化，并且导体薄片是由低电阻率的材料制成，则 P 点附近的区域几乎完全为该导体片所屏蔽，而不受到 $\boldsymbol{B}$ 的变化的影响，试说明其中的原因。

(3) 这样的导体薄片能否屏蔽稳恒电流的磁场，为什么？

10-8 试讨论涡旋电场和静电场有何异同。

10-9 有两个相互靠近的线圈，如何放置才能使它们的互感系数最小？

10-10 将两个线圈互相串联起来，试问它们的等效电感与它们之间的几何位置是否有关？

二、习题

10-1 如图所示，平面回路 $ABCD$ 放在 $B=0.6\,\mathrm{T}$ 的均匀磁场中，回路平面的法线 $\boldsymbol{n}$ 与 $\boldsymbol{B}$ 的夹角为 $\alpha=60°$，回路的 CD 段长 $l=1.0\,\mathrm{m}$，以速度 $v=5.0\,\mathrm{m\cdot s^{-1}}$ 向外滑动，求感应电动势的大小和感应电流的方向。

10-2 如图所示，金属杆 ab 可以移动，设整个导体回路处于均匀磁场中，$B=0.5\,\mathrm{T}$，$R=0.5\,\Omega$，长度 $l=0.5\,\mathrm{m}$，杆 ab 以匀速 $v=4.0\,\mathrm{m\cdot s^{-1}}$ 向右运动。试问：

(1) 作用在 ab 上的拉力为多大？

(2) 拉力做功的功率有多大？

(3) 感应电流消耗在电阻 R 上的功率有多大？

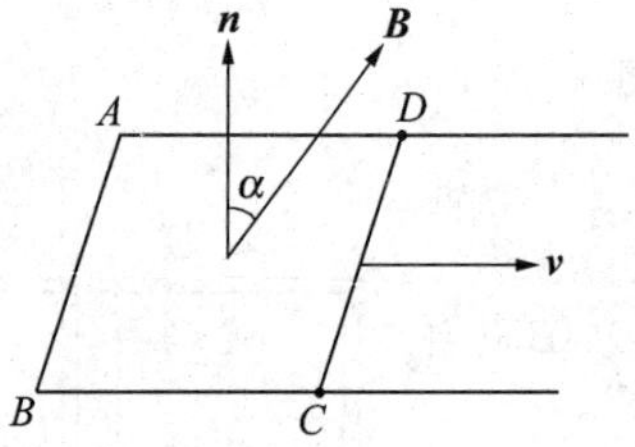

习题 10-1 图

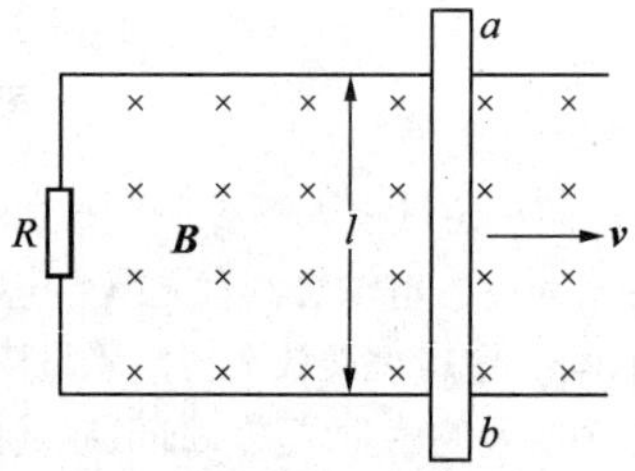

习题 10-2 图

10-3 如图所示，金属杆 AB 以等速 $v=2\,\mathrm{m\cdot s^{-1}}$ 平行于一长直载流导线移动，导线通有电流 $I=40\,\mathrm{A}$，问：此杆中感应电动势为多大？

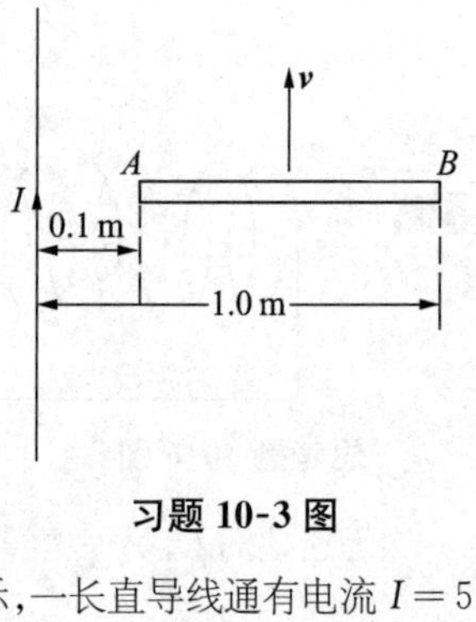

习题 10-3 图

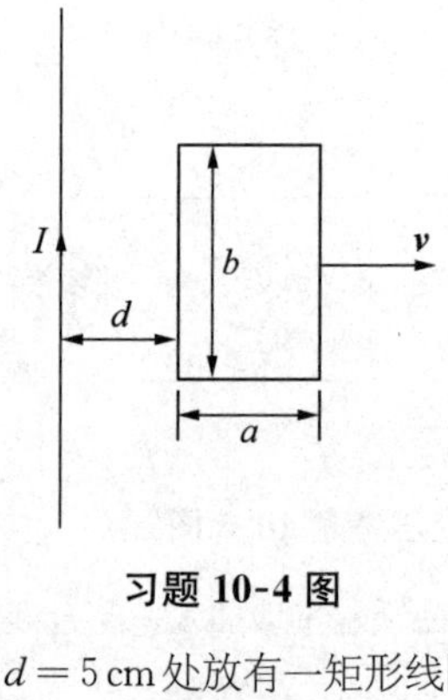

习题 10-4 图

10-4 如图所示，一长直导线通有电流 $I=5\,\mathrm{A}$，在与其相距 $d=5\,\mathrm{cm}$ 处放有一矩形线圈，共1 000匝，线圈以 $v=3\,\mathrm{cm\cdot s^{-1}}$ 的速度沿着与长导线垂直的方向向右离开长导线，问此时线圈中的感应电动势有多大？（设 $a=2\,\mathrm{cm}$，$b=4\,\mathrm{cm}$。）

10-5 如图所示，一水平金属棒 OA 长 $l=0.60\,\mathrm{m}$，在均匀磁场中绕着通过端点 O 的铅直轴线旋转，转速为每秒

2 周，设 $B = 4.14\times10^{-3}$ T，试求棒 OA 两端的电势差，并指出棒的哪一端电势高。

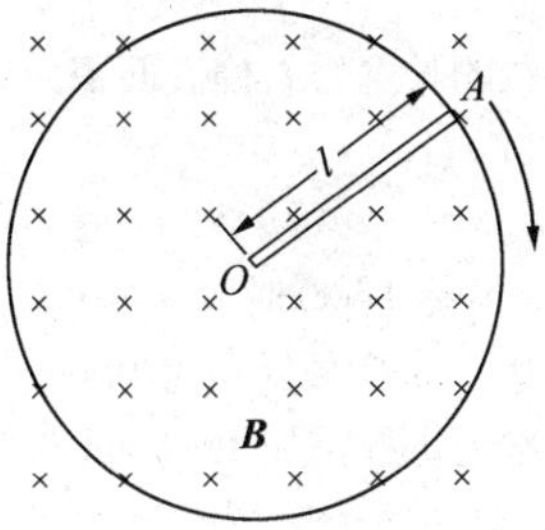

习题 10-5 图

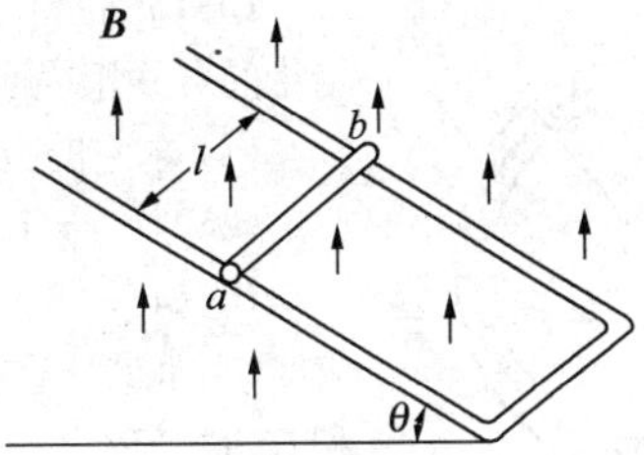

习题 10-6 图

10-6 如图所示，一长为 l，质量为 m 的导体棒，其电阻为 R，沿两条平行的导体轨道无摩擦地滑下，轨道的电阻可忽略不计，轨道与导体构成一闭合回路。轨道所在平面与水平面成 θ 角，整个装置放在均匀磁场中，磁感应强度 $\boldsymbol{B}$ 的方向为铅直向上。试证：导体棒 ab 下滑时达到稳定速度的大小为 $v = \dfrac{mgR\sin\theta}{B^2 l^2 \cos^2\theta}$。

10-7 如图所示，在圆柱形空间中存在着均匀磁场，$\boldsymbol{B}$ 的方向与柱的轴线平行。若 $\boldsymbol{B}$ 的变化率 $\dfrac{dB}{dt} = 0.10$ T·s^{-1}，圆柱半径 $R = 10$ cm，问在 $r = 5$ cm 处感生电场的场强为多大？

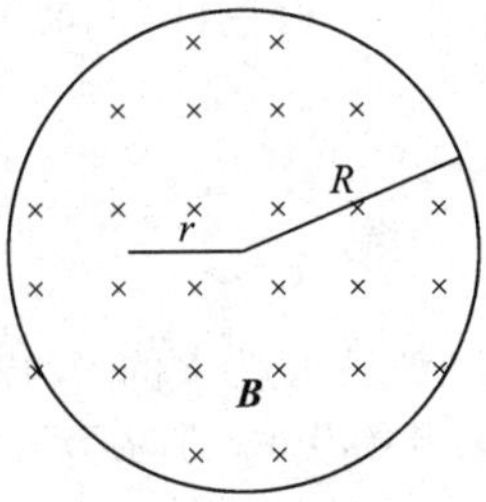

习题 10-7 图

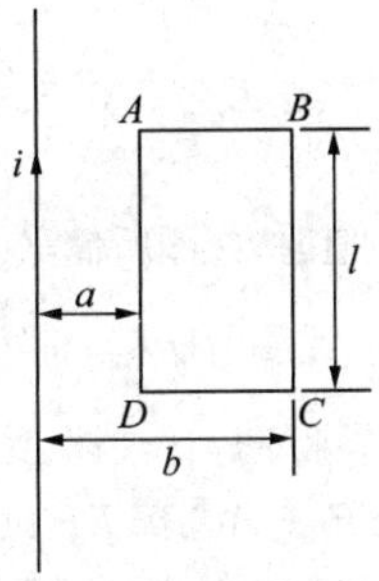

习题 10-8 图

10-8 如图所示，一很长的直导线载有交流电流 $i = I_0 \sin \omega t$，它旁边有一长方形线圈 $ABCD$，长为 l，宽为 $(b-a)$，线圈和导线在同一平面内，线圈的长边与导线平行，试求：

(1) 穿过回路 $ABCD$ 的磁感通量 Φ。

(2) 回路 $ABCD$ 的感应电动势 $\mathscr{E}$。

10-9 一闭合线圈共有 N 匝，电阻为 R。证明：当通过这线圈的磁感通量改变 $\Delta\Phi$ 时，线圈内流过的电量为 $\Delta q = \dfrac{N\Delta\Phi}{R}$。

10-10 如图所示为测量螺线管中磁场的一种装置，把一很小的测量线圈放在待测处并与管轴垂直，这线圈与测量电量的冲击电流计 G 串联。当用反向开关 K 使螺线管的电流反向时，测量线圈中就产生感应电动势，从而产生电量 Δq 的迁移；由 G 测出 Δq，就可以算出测量线圈所在处的 B。已知测量线圈有 2 000 匝，它的直径为2.5 cm，它和 G 串联回路的电阻为 1 000 Ω，在 K 反向时测得 $\Delta q = 2.5\times10^{-7}$ C，求被测处磁感应强度 B 的数值。

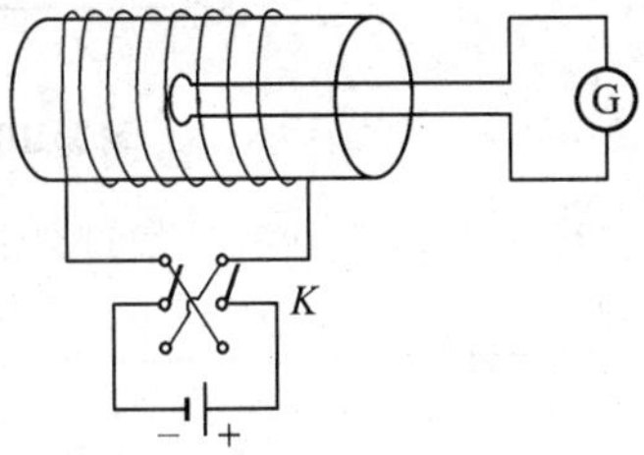

习题 10-10 图

10-11 在长度为 $l = 30$ cm，直径 $d = 3.0$ cm 的纸筒上密绕有线圈 500 匝，试求此线圈的自感。

10-12 有一单层密绕螺线管长为 $l = 20$ cm，横截面积 $S = 10$ cm^2，绕组总匝数 $N = 1\,000$。

(1) 若通以电流 $I = 1\,\text{A}$，求管内的磁感应强度 B，并计算通过螺线管的磁通匝链数。

(2) 试求该螺线管的自感。

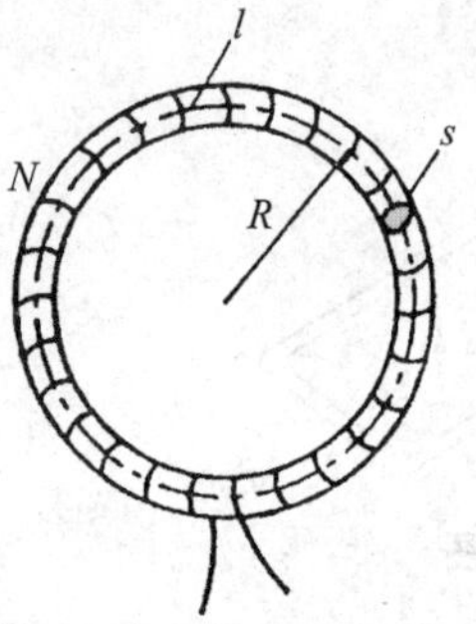

习题 10-13 图

10-13 如图所示，一螺绕环中心线的长度为 l，横截面积为 S，由 N 匝表面绝缘的导线密绕而成。

(1) 求它的自感 L。

(2) 当 $l = 1.0\,\text{m}$，$S = 10\,\text{cm}^2$，$N = 1\,000$ 时，$L = ?$

10-14 一空心长直螺线管，长为 0.5 m，横截面积为 $10\,\text{cm}^2$，若管上的绕组为 3 000 匝，所通电流随时间的变化率为每秒增加 10 A，问自感电动势的大小和方向如何？

10-15 设某电子仪器中的电源变压器原线圈的自感系数为10 H，该仪器输入回路的自感系数为 $0.04\,\mu\text{H}$，两者由于漏磁而引起互感耦合，耦合系数 $K = 0.001$，试估计变压器的漏磁通在仪器输入端引起的互感电动势。已知线圈中的正弦交流电流为 $i = 0.707\sin 100\,\pi t\,(\text{A})$。

10-16 一螺绕环横截面的半径为 a，中心线的半径为 R，$R \gg a$，其上由表面绝缘的导线均匀地密绕两个线圈，一个 N_1 匝，另一个 N_2 匝，试求：

(1) 两线圈的自感系数 L_1 和 L_2。

(2) 两线圈的互感系数 M。

(3) M 与 L_1 和 L_2 的关系。

10-17 一线圈的自感系数 $L = 5.0\,\text{H}$，电阻 $R = 20\,\Omega$，在 $t = 0$ 时把 $U = 100\,\text{V}$ 的直流电压加到线圈两端。

(1) 求电流达到最大值时，线圈所储藏的磁能 W_m。

(2) 问经过多少时间，线圈所储藏的磁能达到 $\frac{1}{2}W_\text{m}$。

10-18 如图所示，两条水平导体细棒 AC 和 AD 成 θ 角，磁感应强度为 $\boldsymbol{B}$ 的均匀磁场垂直于两导体棒构成的平面。另一导体棒 $EF \perp AC$，棒 EF 以恒定速度 $\boldsymbol{v}$ 由 A 点开始沿 AC 方向运动，导体棒每单位长度的电阻都是 r。试求任一时刻回路中的感应电动势和感应电流。

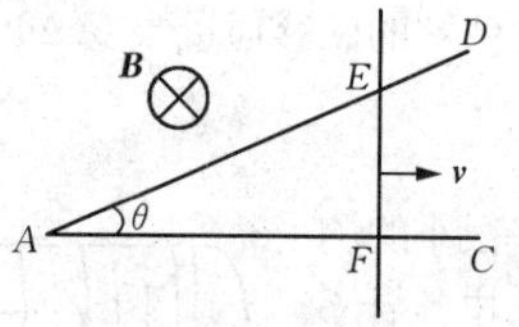

习题 10-18 图

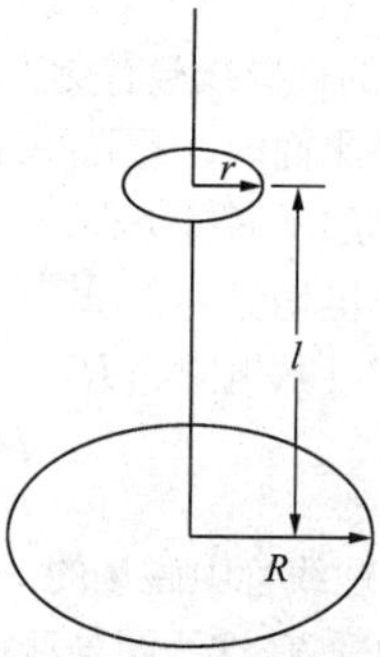

习题 10-19 图

10-19 图示两个共轴圆线圈，半径分别为 R 和 r，匝链数分别为 N_1 和 N_2，相距为 l，设 r 很小，则小线圈所在处的磁场可以视为均匀的，求两线圈的互感系数。

第十一章　物质中的电场和磁场

§11.1　电介质、介质中的高斯定理

11.1.1　电介质的极化

理想的电介质是良好的绝缘体。电介质的主要特征是，其中的电子与原子核结合得非常紧密，电子处于束缚状态。电介质虽无自由电子，但对电场的作用有响应，形成介质的极化，而且在达到静电平衡时，电介质内部的场强并不为零。

下面从微观角度来讨论电介质的极化。电介质是由中性分子(也包括正、负离子对或离子组合，以下为简单计统称中性分子)构成的，净电荷为零，但如其中的正负电荷中心不重合，则分子中的电荷在分子以外产生的电场却可以不为零。分子中全部正电荷的影响可以近似地用一个等效的正点电荷来代替，全部负电荷的影响也可以用一个等效的负点电荷来代替，等效的正、负点电荷所在的位置就称为该分子的正、负电荷的"中心"。有些分子，如 H_2，CO_2，CH_4 等，其正负电荷中心重合，整个分子的电矩为零，这些分子称为无极分子。当受到外电场作用时，这些分子的正、负电荷中心发生相对位移形成等效电偶极子。相对位移的大小和电场强度成正比，因而电偶极矩也和电场强度成正比，且沿着外电场方向。在均匀的电介质内部，这些电偶极子的正负电荷相间排列，因此介质内部宏观小的区域仍是电中性的，只有在垂直于外电场方向的电介质的两个端面上分别呈现等量异号电荷，称为极化电荷。这一过程叫做电介质的极化。这种极化是由电子位移引起的，所以也称为电子位移极化。即使相对于原子的尺度电子的位移也是很小的，例如 20 ℃时在强电场中四氯化碳每个电子的平均位移只有 1.5×10^{-15} m。当外电场撤去后，分子的正、负电荷中心又重合起来，所以无极分子类似于一个弹性电偶极子。

另外有许多分子的正、负电荷的中心本来就不重合，具有固有电偶极矩，这些分子称为有极分子或极性分子。如果分子中有一个价电子从一个原子转移到另一个原子，这样形成的电矩估计为

$$e\times 原子间距 \approx 1.6\times10^{-19}\times10^{-10}=1.6\times10^{-29}\,(\mathrm{C\cdot m})$$

与实测值同数量级。分子的电矩与其原子键合的角度有关，所以只要测定每个分子的电矩，就可以为研究分子的形状提供一定的线索。在无外电场时，由于分子的无规热运动，电介质中各分子的偶极矩取向是杂乱无章的，其矢量和为零。加外电场以后，电场对电偶极子有力矩作用，使各分子电矩有转向电场方向的趋势。有极分子极化的主要原因是分子电矩在电场力作用下倾向于沿电场方向排列，所以称为取向极化。有极分子也会发生电子位移极化，但相对而言要小得多，实验上可很容易将它们区分开。

在静电范围内，取向极化与位移极化都对极化有贡献，但在高频电场中，两种极化的表现

很不相同。高频电场的场强方向不断改变，由于分子的惯性，使其电偶极矩的取向跟不上高频电场方向的改变，因而在外加高频电场时响应很差，实际上介质无法发生取向极化。而电子质量很小，对交变外电场的响应要灵敏得多，因此电子位移极化对高频电场的响应比较显著，是高频外场作用下介质极化的主要成分。图 11.1-1 和图 11.1-2 分别表示无极分子和有极分子介质的极化模型。

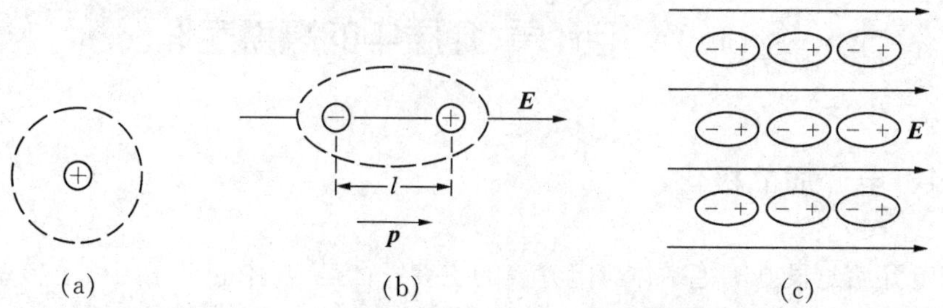

图 11.1-1 无极分子与无极分子介质的极化

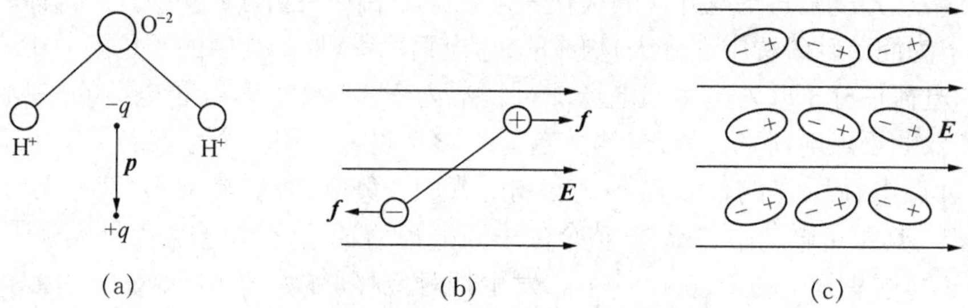

图 11.1-2 有极分子与有极分子介质的极化

在均匀电介质表面因极化而出现的电荷被束缚在原来的分子范围内，不能作宏观范围移动，称为极化面电荷。

11.1.2 极化强度和极化电荷密度

为了描写电介质极化的程度，引入极化强度 $\boldsymbol{P}$，其定义为单位体积内分子电矩的矢量和

$$\boldsymbol{P} = \frac{\sum \boldsymbol{P}_{分}}{\Delta V} \tag{11.1-1}$$

单位是库仑 · 米$^{-2}$($\mathrm{C \cdot m^{-2}}$)。

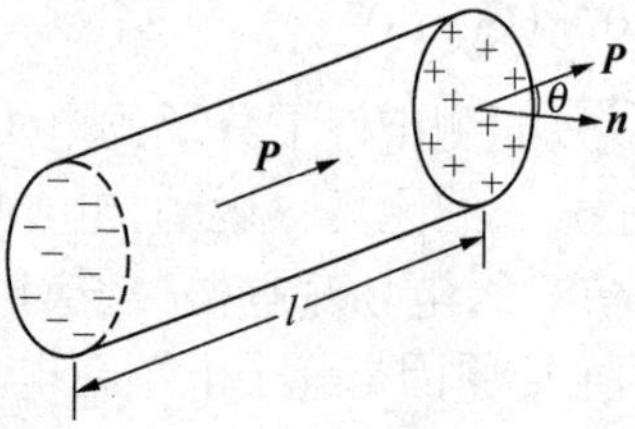

图 11.1-3 电极化强度与极化面电荷密度的关系

下面讨论均匀电介质极化的情况。设在理想情况下，各分子电矩完全沿电场方向排列，在介质表面截取长度为 l，底面积为 ΔS 的斜柱体，如图 11.1-3 所示，其轴线与极化强度矢量 $\boldsymbol{P}$ 平行。柱体内部沿电场方向每个电偶极子的头部紧挨着另一个电偶极子的尾部，在远离偶极子的地方，正、负电荷的效应相互抵消。在柱体的两个底面，一端聚集了电偶极子的头部，即有正电荷分布，另一端聚集了电偶极子的尾部，

因而有负电荷分布。设两底面上的极化面电荷密度分别为$+\sigma'$和$-\sigma'$，则整个斜柱体相当于一个大的电偶极子，电偶极矩的量值为$\sigma'\Delta Sl$，它应等于斜柱体的体积ΔV内所有分子电矩的矢量和的大小，即

$$\left|\sum \boldsymbol{P}_{分}\right| = \sigma'\Delta Sl$$

设柱体的底面法线与极化强度的夹角为θ，则斜柱体体积为

$$\Delta V = \Delta Sl\cos\theta$$

由极化强度的定义，$\boldsymbol{P}$的数值为

$$|\boldsymbol{P}| = \frac{\left|\sum \boldsymbol{P}_{分}\right|}{\Delta V} = \frac{\sigma'\Delta Sl}{\Delta Sl\cos\theta} = \frac{\sigma'}{\cos\theta}$$

所以得

$$\sigma' = |\boldsymbol{P}|\cos\theta = \boldsymbol{P}\cdot\boldsymbol{n} \tag{11.1-2}$$

式中$\boldsymbol{n}$是柱体底面外向法线方向的单位矢量。上式表明均匀电介质极化时，电介质表面上产生的极化面电荷密度等于该处电极化强度矢量沿表面外法线方向的分量。当$\boldsymbol{P}$与外法线方向夹角θ为锐角时，该处为正极化电荷；θ为钝角时，则为负极化电荷。

若电介质由两种不同的均匀介质组成，则除了在介质的表面上束缚着一层面分布的极化电荷外，在两种介质的交界面上也有极化电荷分布，如图11.1-4所示。

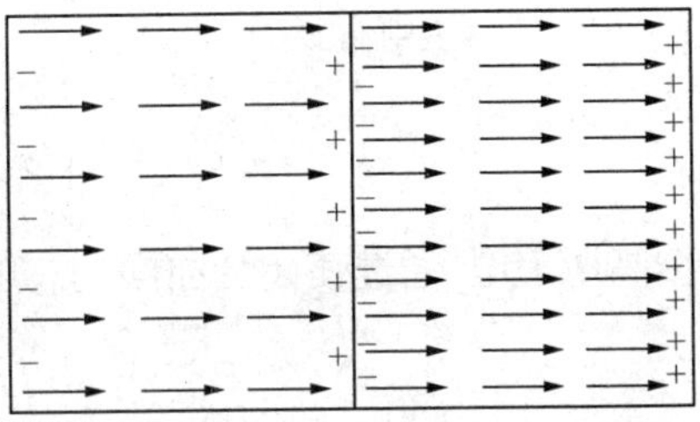

图 11.1-4　两种均匀介质的交界面

11.1.3　电位移，电介质中的高斯定理

当电介质在外电场中被极化后，极化电荷也要产生电场，极化电荷在电介质内部产生的附加电场总是起着削弱极化的作用，所以也称为退极化场。根据场强叠加原理，任一点的场强$\boldsymbol{E}$应等于该处外加电场强度$\boldsymbol{E}_0$和极化电荷在该处产生的附加电场强度$\boldsymbol{E}'$之矢量和，即

$$\boldsymbol{E} = \boldsymbol{E}_0 + \boldsymbol{E}' \tag{11.1-3}$$

可以证明，当均匀电介质充满电场，或在电场中均匀电介质的表面为等势面时，电介质内的场强$\boldsymbol{E}$为

$$\boldsymbol{E} = \frac{\boldsymbol{E}_0}{\varepsilon_r} \tag{11.1-4}$$

式中ε_r是电介质的相对电容率(均匀充满电介质的电容器的电容C为真空电容值C_0的ε_r倍，即$C=\varepsilon_r C_0$)，又称相对介电常量，是无量纲的纯数。真空中$\varepsilon_r=1$，在一般介质中$\varepsilon_r>1$。电介质的电容率又称介电常量或绝对介电常量，用ε表示，$\varepsilon=\varepsilon_0\varepsilon_r$，单位与$\varepsilon_0$相同。

实验表明，在各向同性电介质内任一点的极化强度$\boldsymbol{P}$与该处的总电场强度$\boldsymbol{E}$成正比，即

$$\boldsymbol{P} = \chi_e\varepsilon_0\boldsymbol{E} \tag{11.1-5}$$

式中 χ_e 称为电极化率，是无单位的纯数，大小仅与电介质的种类有关，其与 ε_r 的关系为

$$\chi_e = \varepsilon_r - 1 \tag{11.1-6}$$

除了各向同性的电介质外，还有一些特殊的电介质，例如铁电体的 $\boldsymbol{P}$ 和 $\boldsymbol{E}$ 是非线性关系，介电常数随场强而变。又如压电体，在发生机械形变(如拉伸和压缩)时，也产生电极化现象，在受力的两个表面上出现大小相等、符号相反的极化电荷，这种现象称为压电效应，利用具有压电效应的石英单晶和铁电晶体等可制成振荡器、换能器和传感器等。

下面推导有电介质存在时的高斯定理。仍用图 11.1-3 说明，但设此为介质中的柱体，其所包围的体积 ΔV 中由于介质极化而出现了未被抵消的净电荷，显然，那些完全被柱体表面所包围的分子对于体积 ΔV 的净电荷没有贡献，所以只需要考虑被柱体表面所截的分子。已知露出柱体端面的极化面电荷密度 $\sigma' = P_n$，由电荷守恒关系，柱体表面所包围的介质内部必定存在和表面外侧等量异号的电荷。当 $\theta < \frac{\pi}{2}$ 时，$\cos\theta > 0$，被表面所截的分子电偶极子的负电荷处在柱体内；当 $\theta > \frac{\pi}{2}$ 时，$\cos\theta < 0$，被表面所截的分子电偶极子的正电荷处在柱体内。柱体内极化电荷的总量为

$$q' = -\oint_S \sigma' \mathrm{d}S = -\oint_S P_n \mathrm{d}S = -\oint_S \boldsymbol{P} \cdot \mathrm{d}\boldsymbol{S} \tag{11.1-7}$$

根据高斯定理，通过该闭合曲面的总电通量为

$$\Phi_e = \oint \boldsymbol{E} \cdot \mathrm{d}\boldsymbol{S} = \frac{1}{\varepsilon_0}(q + q') \tag{11.1-8}$$

式中 q 和 q' 分别为曲面内所有自由电荷和极化电荷的代数和。将(11.1-7)式代入(11.1-8)式，得

$$\oint_S \varepsilon_0 \boldsymbol{E} \cdot \mathrm{d}\boldsymbol{S} = q - \oint_S \boldsymbol{P} \cdot \mathrm{d}\boldsymbol{S}$$

改写为

$$\oint_S (\varepsilon_0 \boldsymbol{E} + \boldsymbol{P}) \cdot \mathrm{d}\boldsymbol{S} = q$$

引进电位移矢量 $\boldsymbol{D}$，这是描写电场的辅助量，定义为

$$\boldsymbol{D} = \varepsilon_0 \boldsymbol{E} + \boldsymbol{P} \tag{11.1-9}$$

代入上式，得

$$\oint_S \boldsymbol{D} \cdot \mathrm{d}\boldsymbol{S} = q \tag{11.1-10}$$

(11.1-10)式称为有电介质时的高斯定理，它表示电场中穿过任意封闭曲面的电位移通量等于该封闭曲面所包围的自由电荷的代数和。可以证明，不论电场中有无电介质或电介质是否均匀并充满整个电场，上式都普遍成立。

在各向同性均匀介质中，

$$\boldsymbol{P} = \chi_e \varepsilon_0 \boldsymbol{E} = (\varepsilon_r - 1)\varepsilon_0 \boldsymbol{E}$$

将上式代入(11.1-9)式,得

$$\boldsymbol{D}=\varepsilon_0\boldsymbol{E}+\boldsymbol{P}=\varepsilon_0\boldsymbol{E}+(\varepsilon_r-1)\varepsilon_0\boldsymbol{E}=\varepsilon_r\varepsilon_0\boldsymbol{E} \tag{11.1-11}$$

例 1　两无限长均匀带电共轴导体圆柱面内、外半径分别为 R_1 和 R_2,单位长度上所带电量分别为 λ 和 $-\lambda$,两导体之间充满相对电容率为 ε_r 的电介质,其横截面如图 11.1-5 所示,求:

(1) 介质中的 $\boldsymbol{D}$, $\boldsymbol{E}$ 分布及两导体间的电势差。

(2) 介质中的 $\boldsymbol{P}$ 及介质表面的极化面电荷密度。

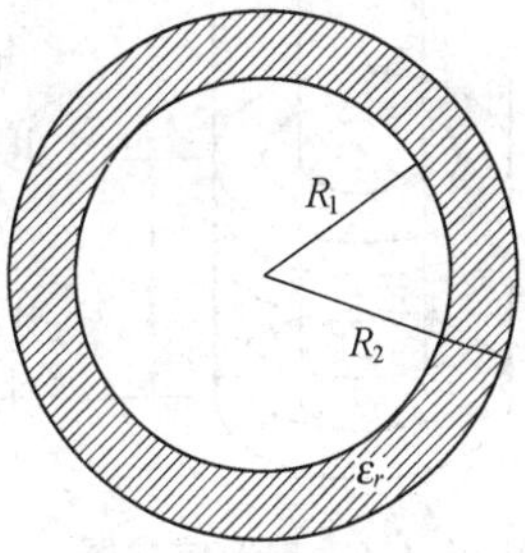

图 11.1-5

解　(1) 由于电荷的分布具有轴对称性,所以 $\boldsymbol{D}$, $\boldsymbol{E}$ 和 $\boldsymbol{P}$ 的分布都具有轴对称性。$\boldsymbol{D}$, $\boldsymbol{E}$ 和 $\boldsymbol{P}$ 的方向都沿径向、由里指向外。在半径相同处,$\boldsymbol{D}$ 的数值相同,因而可以用介质中的高斯定理求 $\boldsymbol{D}$ 的分布。在介质内取一与圆柱面共轴的封闭圆柱面作为高斯面 S,设柱面半径为 $r\,(R_1<r<R_2)$, 高为 h,由高斯定理

$$\oint_S \boldsymbol{D}\cdot\mathrm{d}\boldsymbol{S}=q$$

得

$$2\pi rhD=\lambda h$$

$$D=\frac{\lambda}{2\pi r}$$

由 $\boldsymbol{D}=\varepsilon_0\varepsilon_r\boldsymbol{E}$ 得

$$E=\frac{\lambda}{2\pi\varepsilon_0\varepsilon_r r}$$

两导体间的电势差为

$$U_{12}=\int\boldsymbol{E}\cdot\mathrm{d}\boldsymbol{l}=\int_{R_1}^{R_2}\frac{\lambda}{2\pi\varepsilon_0\varepsilon_r r}\mathrm{d}r=\frac{\lambda}{2\pi\varepsilon_0\varepsilon_r}\ln\frac{R_2}{R_1}$$

(2) 介质内的 $\boldsymbol{E}$ 与 $\boldsymbol{P}$ 同方向,$\boldsymbol{P}$ 的大小为

$$P=\chi_e\varepsilon_0 E=(\varepsilon_r-1)\varepsilon_0 E=\frac{\lambda}{2\pi r}\left(1-\frac{1}{\varepsilon_r}\right)$$

由 $\sigma'=\boldsymbol{P}\cdot\boldsymbol{n}$ 可知,在半径为 R_1 和 R_2 的介质面上,极化面电荷密度分别为

$$\sigma_1'=-P_{R_1}=-\frac{\lambda}{2\pi R_1}\left(1-\frac{1}{\varepsilon_r}\right)$$

$$\sigma_2'=P_{R_2}=\frac{\lambda}{2\pi R_2}\left(1-\frac{1}{\varepsilon_r}\right)$$

从上例可知,由于极化电荷产生的电场与外电场方向相反,当自由电荷数不变时,电介质的存在将使总场强减小。因此,当各向同性均匀介质充满电容器的两极板间时,由 $C=q/U$ 及 $U=\int\boldsymbol{E}\cdot\mathrm{d}\boldsymbol{l}$ 知,E 减小 ε_r 倍时,电容器的电容增大 ε_r 倍,即

$$C=\varepsilon_r C_0$$

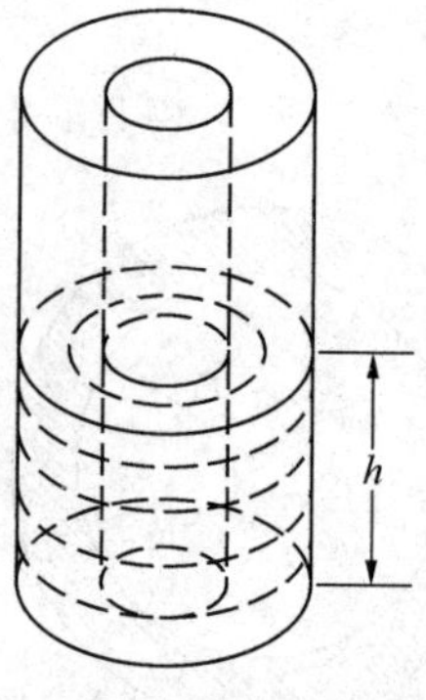

图 11.1-6 电容传感器测液位变化

例 2 用电容传感器可以把检测到的非电量信息变换成电量,便于放大、传递和显示。如图 11.1-6 所示为两共轴圆筒,两金属极板的半径分别为 R 和 r,高度为 l,某种液体的相对电容率是 ε_r,把电容器垂直浸入液体中,液位在电容器中的高度为 h,求电容的变化量和液位高度变化量之间的关系。

解 总电容可以看成是两个电容的并联,一个电容是有液体介质的,电容器长度为 h。另一部分是以空气为介质的,电容器长为 $(l-h)$。由圆柱形电容器的电容公式可得

$$C=\frac{2\pi\varepsilon_0(l-h)}{\ln(R/r)}+\frac{2\pi\varepsilon_0\varepsilon_r h}{\ln(R/r)}$$

$$=\frac{2\pi\varepsilon_0 l}{\ln(R/r)}+\frac{2\pi\varepsilon_0(\varepsilon_r-1)h}{\ln(R/r)}=C_0+\frac{2\pi\varepsilon_0(\varepsilon_r-1)h}{\ln(R/r)}$$

式中 C_0 为没有浸入液体时的总电容,是一个常量。电容的变化量为

$$\Delta C=\frac{2\pi\varepsilon_0(\varepsilon_r-1)\Delta h}{\ln(R/r)}$$

即 ΔC 和液位高度变化量 Δh 成正比。因为 $C=\frac{q}{U}$,若使两极板充电电荷不变,则测电容的变化可转为测电压的变化,电压是容易测量的量,这样就可以把液面高度的变化量 Δh 转变为电压的变化量。

§11.2 磁介质、介质中的安培环路定理

11.2.1 磁介质和磁化强度矢量

1. 磁介质

许多物质在外界磁场的作用下会产生磁性,并对原磁场产生影响,这种物质称为磁介质。物质产生磁性的过程称为磁化。磁介质可以是气体、液体和固体。

设真空中存在磁场,磁感应强度为 $\boldsymbol{B}_0$。放进磁介质后,在空间产生附加磁场,设磁感应强度为 $\boldsymbol{B}'$;这时空间任一点的总磁感应强度 $\boldsymbol{B}$ 为 $\boldsymbol{B}_0$ 与 $\boldsymbol{B}'$之矢量和,即

$$\boldsymbol{B}=\boldsymbol{B}_0+\boldsymbol{B}' \tag{11.2-1}$$

在磁介质内部,若 $\boldsymbol{B}'$与原磁场 $\boldsymbol{B}_0$ 的方向相同,则使磁场增强,即 $\boldsymbol{B}>\boldsymbol{B}_0$。这类磁介质称为顺磁质,如锰、铬、铂、氮、氧等物质。若 $\boldsymbol{B}'$与 $\boldsymbol{B}_0$ 方向相反,则使总磁场减弱,即 $\boldsymbol{B}<\boldsymbol{B}_0$。这类物质称为抗磁质,如汞、铜、铋、硫、氢等物质。

不论顺磁性物质还是抗磁性物质,它们在外磁场作用下产生的附加磁场 $\boldsymbol{B}'$都非常小,一般只有原磁场 $\boldsymbol{B}_0$ 的十万分之一。另有一类物质,如铁、镍、钴以及这些金属的合金,还有铁的氧化物等,它们在磁场作用下发生磁化,能显著增强和影响原来的磁场,这种物质称为铁磁质。

2. 分子电流和磁化强度矢量

分子由原子组成,原子具有磁矩。原子磁矩是电子轨道运动磁矩、电子自旋磁矩和原子核磁矩之和。其中核磁矩比前面两种磁矩小得多,在许多情形常可忽略。如把分子看成一个整体,可将组成分子的所有原子对外产生的磁效应用一等效圆电流来表示,此等效圆电流即为分子电流。与分子电流相应的磁矩 $\boldsymbol{P}_m$ 称为分子磁矩,等于分子中原子磁矩的矢量和。

顺磁质分子具有固有磁矩 $\boldsymbol{P}_m$,当不存在外磁场时,由于分子的热运动,磁介质内各分子磁矩的取向是混乱的,因而在任一宏观小的体积内,分子磁矩互相抵消,$\sum \boldsymbol{P}_m = \boldsymbol{0}$,不呈现磁性。当外加磁场后,磁场对磁介质起两方面的作用:一方面使分子磁矩在一定程度上克服热运动的影响而转向与磁场一致的方向,这时,分子电流将产生一个与外磁场 $\boldsymbol{B}_0$ 方向一致的附加磁场 $\boldsymbol{B}'$;另一方面,磁场 $\boldsymbol{B}_0$ 还会引起分子磁矩的变化,从而产生附加的磁矩 $\Delta\boldsymbol{P}_m$。附加磁矩总是与 $\boldsymbol{B}_0$ 方向相反,因此产生一个与 $\boldsymbol{B}_0$ 方向相反的附加磁场。但由于分子固有磁矩 $\boldsymbol{P}_m$ 常比其附加磁矩 $\Delta\boldsymbol{P}_m$ 大得多,所以 $\Delta\boldsymbol{P}_m$ 可以忽略不计。这样,顺磁质在磁场中的磁化主要是由于 $\boldsymbol{P}_m$ 的取向作用而引起的,因而附加磁场 $\boldsymbol{B}'$ 与磁场 $\boldsymbol{B}_0$ 方向一致。(参见十七章)

抗磁质分子中各原子的磁矩相互抵消,分子磁矩 $\boldsymbol{P}_m = \boldsymbol{0}$。因此,加外磁场后,产生的附加磁矩 $\Delta\boldsymbol{P}_m$ 是这类介质磁化的唯一原因,所以附加磁场 $\boldsymbol{B}'$ 与 $\boldsymbol{B}_0$ 方向相反。

介质磁化的强弱程度常用磁化强度矢量 $\boldsymbol{M}$ 表示,其定义为单位体积内分子磁矩的矢量和:

$$\boldsymbol{M} = \frac{\sum \boldsymbol{P}_m}{\Delta V} \quad (\text{对于顺磁质}) \tag{11.2-2}$$

$$\boldsymbol{M} = \frac{\sum \Delta\boldsymbol{P}_m}{\Delta V} \quad (\text{对于抗磁质}) \tag{11.2-3}$$

式中 ΔV 为磁介质内的体积元,$\sum \boldsymbol{P}_m$、$\sum \Delta\boldsymbol{P}_m$ 为该体积内的分子磁矩的矢量和,顺磁质中 $\boldsymbol{M}$ 和 $\boldsymbol{B}'$ 都与 $\boldsymbol{B}_0$ 同方向,而抗磁质中 $\boldsymbol{M}$ 和 $\boldsymbol{B}'$ 都与 $\boldsymbol{B}_0$ 反方向。

11.2.2　磁化电流

电介质因极化而形成极化面电荷,同样,磁介质因磁化而在其表面形成磁化电流。设想在一长直螺线管内充满各向同性的均匀顺磁质,线圈中通以电流 I,使螺线管内产生均匀磁场,磁介质被均匀磁化。设其磁化强度为 $\boldsymbol{M}$,如图 11.2-1 所示,由于分子电流的绕行方向一致,在磁介质中任一横截面上的任一点,两个相邻的分子电流通过的方向总是相反的,它们的效应相互抵消,只有在截面的边缘上分子电流的效应才未被抵消,于是任一截面上所有分子电流的总效应就相当于围绕

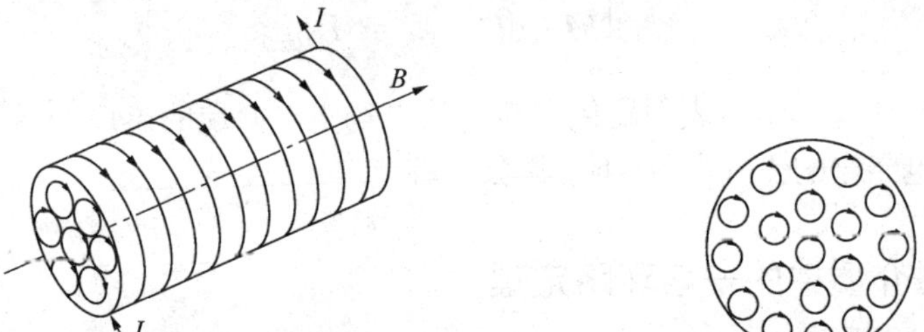

(a)　　(b)

图 11.2-1

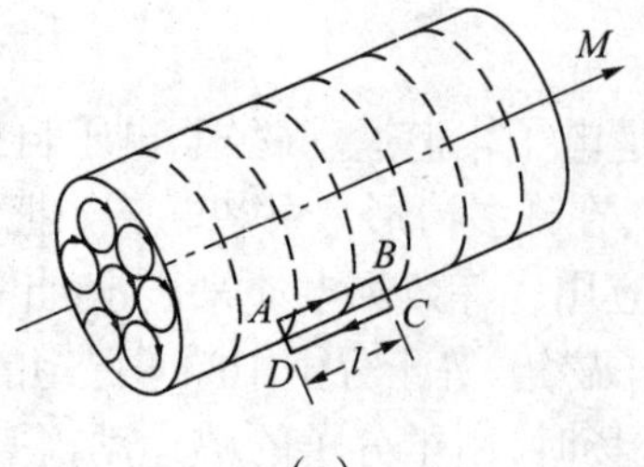

(c)

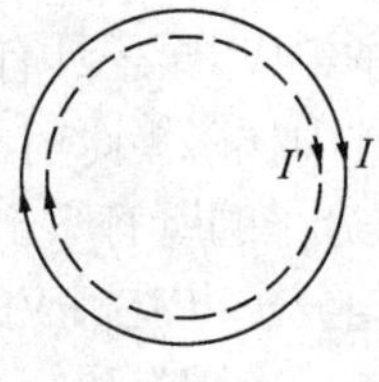

(d)

图 11.2-1 通电长螺线管内顺磁质中的分子电流

该截面的圆形电流，称为磁化电流。在顺磁质中，磁化电流与螺线管中电流 I 的流动方向相同，在抗磁质中则相反。

设上述螺线管内单位长度磁介质上的磁化电流为 i'，则在截面积为 S，长为 l 的一段介质上，表面磁化电流 $I' = i'l$，该电流磁矩的量值为 $I'S$，显然应等于这段介质的体积内分子磁矩之矢量和的量值，即

$$\left|\sum \boldsymbol{P}_m\right| = I'S = i'lS = i'\Delta V$$

所以得

$$i' = \frac{\left|\sum \boldsymbol{P}_m\right|}{\Delta V} = M \tag{11.2-4}$$

上式表明，磁介质的磁化强度的量值与表面磁化电流线密度相等。

一般情况下，磁化强度 $\boldsymbol{M}$ 与磁介质表面不一定平行，设磁介质表面某处外向法线的单位矢量为 $\boldsymbol{n}$，$\boldsymbol{M}$ 与 $\boldsymbol{n}$ 间的夹角为 θ，则有

$$i' = M\sin\theta \tag{11.2-5}$$

用矢量可表示为

$$\boldsymbol{i}' = \boldsymbol{M} \times \boldsymbol{n} \tag{11.2-6}$$

在图 11.2-1(c)中取一矩形闭合回路 $ABCD$，边长 $AB = l$，AB 在介质内且与磁介质的轴线平行，其对边 CD 在螺线管外部无介质处，另外两边 BC，AD 与介质中的 $\boldsymbol{M}$ 垂直，则 $\boldsymbol{M}$ 沿此回路的线积分为

$$\oint_{ABCDA} \boldsymbol{M} \cdot \mathrm{d}\boldsymbol{l} = M \cdot AB = Ml$$

将(11.2-4)式代入上式，得

$$\oint \boldsymbol{M} \cdot \mathrm{d}\boldsymbol{l} = i'l = I' \tag{11.2-7}$$

式中 I' 表示通过此闭合回路的表面磁化电流。与电场中电介质的感应面电荷一样，表面磁化电流有别于普通电路中的传导电流，不能单独存在。

11.2.3 磁介质中的安培环路定理

有磁介质存在时，空间任一点的磁感应强度 $\boldsymbol{B}$ 应是由传导电流及磁化电流共同产生的，

因此安培环路定理应写为

$$\oint \boldsymbol{B} \cdot \mathrm{d}\boldsymbol{l} = \mu_0 \left(\sum I + I' \right)$$

将(11.2-7)式代入上式，得

$$\oint \boldsymbol{B} \cdot \mathrm{d}\boldsymbol{l} = \mu_0 \left(\sum I + \oint \boldsymbol{M} \cdot \mathrm{d}\boldsymbol{l} \right)$$

即

$$\oint \left(\frac{\boldsymbol{B}}{\mu_0} - \boldsymbol{M} \right) \cdot \mathrm{d}\boldsymbol{l} = \sum I$$

引进新的物理量——磁场强度 $\boldsymbol{H}$，令其为

$$\boldsymbol{H} = \frac{\boldsymbol{B}}{\mu_0} - \boldsymbol{M} \tag{11.2-8}$$

则

$$\oint \boldsymbol{H} \cdot \mathrm{d}\boldsymbol{l} = \sum I = \int_S \boldsymbol{j} \cdot \mathrm{d}\boldsymbol{S} \tag{11.2-9}$$

式中 S 为回路所包围的曲面。上式表示磁场强度 $\boldsymbol{H}$ 的环路积分等于该环路所包围的传导电流的代数和，这称为磁介质中的安培环路定理。

实验证明，磁介质中磁化强度与磁场强度成正比，比例系数 χ_m 称为介质的磁化率，χ_m 是无量纲的纯数。

$$\boldsymbol{M} = \chi_m \boldsymbol{H} \tag{11.2-10}$$

将上式代入(11.2-8)式

$$\boldsymbol{H} = \frac{\boldsymbol{B}}{\mu_0} - \chi_m \boldsymbol{H}$$

整理得

$$\boldsymbol{B} = \mu_0 (1 + \chi_m) \boldsymbol{H} = \mu_0 \mu_r \boldsymbol{H} = \mu \boldsymbol{H} \tag{11.2-11}$$

式中 $\mu_r = 1 + \chi_m$ 称为相对磁导率，$\mu = \mu_0 \mu_r$ 称为绝对磁导率。在真空中，$\boldsymbol{M} = 0$，故 $\chi_m = 0$，$\mu_r = 1$。顺磁质的 $\chi_m > 0$，故 $\mu_r > 1$；抗磁质的 $\chi_m < 0$，故 $\mu_r < 1$；$\boldsymbol{H}$ 和 $\boldsymbol{M}$ 单位相同，都是安培·米$^{-1}$($\mathrm{A \cdot m^{-1}}$)。$\boldsymbol{H}$ 还有另一个常用单位称为奥斯特(Oe)，

$$1\ \mathrm{A \cdot m^{-1}} = 4\pi \times 10^{-3}\ \mathrm{Oe}$$

例 1　图示一无限长圆柱形铜线，半径为 R_1，铜线外包有一层圆筒形顺磁质，外半径为 R_2，相对磁导率为 μ_r，导线中通以电流 I，均匀分布在导线横截面上，试求：

(1) 离导线轴线为 r 处的 $\boldsymbol{H}$ 和 $\boldsymbol{B}$ 的大小。

(2) 磁介质内、外表面上的磁化电流密度。

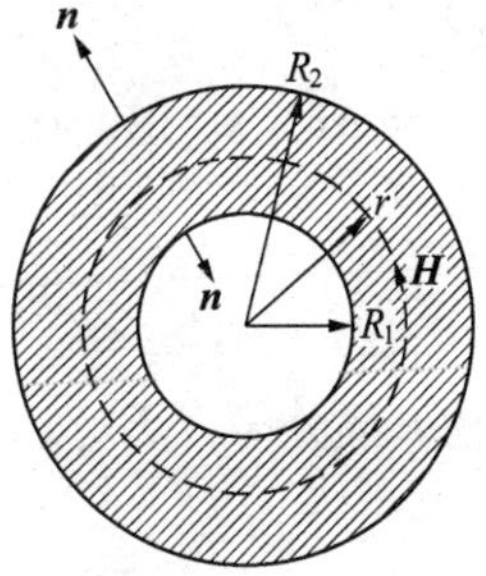

图 11.2-2

解　(1) 由于导线和磁介质的分布都是柱对称的，因而磁场分布也必为柱对称，在距圆柱轴线等距离处的各点 $\boldsymbol{H}$ 大小相等，方向

沿圆柱切向且与电流成右手螺旋关系。选以轴线上一点为圆心,半径为 r 的圆形回路,由 $\boldsymbol{H}$ 的环路定理,有

$$\oint \boldsymbol{H} \cdot \mathrm{d}\boldsymbol{l} = \int_S \boldsymbol{j} \cdot \mathrm{d}\boldsymbol{S}$$

式中 $j = \dfrac{I}{\pi R_1^2}$。在 $r < R_1$ 的范围内,设 $H = H_1,\ B = B_1$

$$H_1 \cdot 2\pi r = \frac{I}{\pi R_1^2}\pi r^2$$

于是

$$H_1 = \frac{Ir}{2\pi R_1^2}$$

由于铜线的磁导率近似为 μ_0,故

$$B_1 = \mu_0 H_1 = \frac{\mu_0 r I}{2\pi R_1^2}$$

当 $R_1 < r < R_2$ 时,令 $H = H_2,\ B = B_2$,同理可得

$$H_2 \cdot 2\pi r = I$$

即

$$H_2 = \frac{I}{2\pi r}$$

$$B_2 = \mu_0 \mu_r H_2 = \frac{\mu_0 \mu_r I}{2\pi r}$$

$r > R_2$ 时,有 $H = H_3,\ B = B_3$,

$$H_3 \cdot 2\pi r = I$$

即

$$H_3 = \frac{I}{2\pi r}$$

$$B_3 = \mu_0 H_3 = \frac{\mu_0 I}{2\pi r}$$

(2) 磁化面电流密度与磁介质中的磁场有关,

$$i' = M = \frac{B_2}{\mu_0} - H_2$$

由 $\boldsymbol{i}' = \boldsymbol{M} \times \boldsymbol{n}$ 可知,在磁介质内表面 R_1 处,$i'_{内}$ 和 I 同方向,大小为

$$i'_{内} = \frac{B_{R_1}}{\mu_0} - H_{R_1} = \frac{\mu_0 \mu_r I}{\mu_0 \cdot 2\pi R_1} - \frac{I}{2\pi R_1} = \frac{\mu_r - 1}{2\pi R_1} I$$

在磁介质外表面 R_2 处,外向法线反向,$i'_{外}$ 和 I 反方向,数值为

$$i'_{外} = \frac{B_{R_2}}{\mu_0} - H_{R_2} = \frac{\mu_0 \mu_r I}{\mu_0 \cdot 2\pi R_2} - \frac{I}{2\pi R_2} = \frac{\mu_r - 1}{2\pi R_2} I$$

11.2.4　铁磁质

铁磁质是一种很特殊的磁介质，有特别强的磁性。例如，很微弱的磁场 ($B_0 = 10^{-6}$ T) 就能使其磁化强度增加到 10^6 A · m^{-1}，是普通顺磁质的 10^9 倍。当温度 T 高于某一温度 T_c 时，铁磁质的铁磁性就消失而成为一般的顺磁质；T_c 称为居里温度。当温度 $T < T_c$ 时，铁磁质内部具有自发磁化区域。例如，将铁粉洒在未被磁化的铁磁质的光滑平面上，可以观察到上面有一个个小的"自发磁化区域"，在这些区域中，铁粉按一定的方向整齐排列。铁磁介质中这种"自发磁化区域"称为"磁畴"。如图 11.2-3 所示，在每个磁畴中，磁化强度非常大，但由于各磁畴的自发磁化方向不同，因而在未磁化时，整体上仍不呈现磁性。

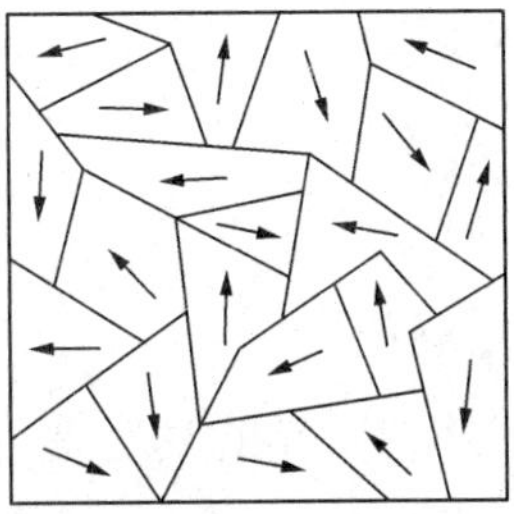

图 11.2-3　磁畴

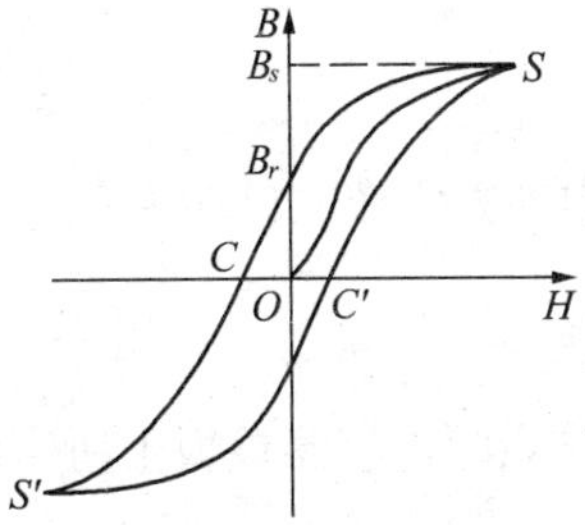

图 11.2-4　磁滞回线

如施加外磁场并使外磁场由零逐渐增加，一方面自发磁化方向逐步转向外场方向，另一方面自发磁化强度沿外加场的磁畴增加，直到介质成为沿着外磁场方向排列的单一磁畴，这时铁磁质的磁化强度达到最大值，产生的附加磁场 $\boldsymbol{B}'$ 的值可比外磁场 $\boldsymbol{B}_0$ 的值大几十到几千倍。

将铁磁介质做成螺线管的内芯，改变螺线管中的电流，由(11.2-9)式知管内磁场强度 $\boldsymbol{H}$ 相应变化。测量磁感应强度随 H 的变化，B 随 H 的变化曲线称为磁化曲线，如图 11.2-4 所示。开始时，$H = 0$，$B = 0$，相当于铁磁质未被磁化的情形。随着 H 增加，B 单调上升，直到 B 不再明显增加，介质磁化达到饱和，这时磁感应强度最大，为 B_s，相应于磁化强度达最大值，如 OS 曲线所示。然后使 H 值减小，B 也随之减小，但并不沿着起始磁化曲线 SO 下降，而是沿另一条曲线 SCS' 下降，当 H 降至 0 时，B 值并不为零，仍有一定值 B_r，称为剩余磁感应强度，简称剩磁。说明铁磁质磁化后如撤去外磁场，各磁畴并不完全回到原来的状态。只有当反向磁场加到一定值 H_c 时，B 才为零，这时的磁场强度 H_c 称为矫顽力。当反向磁场 H 再继续增加时，铁磁质就被反向磁化，直到饱和点 S'，以后，再沿正向增加 H，则 B 沿曲线 $S'C'S$ 变化，回到饱和状态 S，完成一个循环。这样的闭合曲线称为磁滞回线。

各种不同的铁磁性物质具有不同的磁滞回线。按矫顽力大小的不同，可将铁磁介质分为软磁材料和硬磁材料。软磁材料的矫顽力 H_c 很小，磁滞回线包围的面积小，剩磁容易消除，这种材料适于制造用于交变电场中的各种元件，如电感元件、变压器、电机、电磁铁、继电器、计算机的磁芯等。硬磁材料的矫顽力很大，磁滞回线包围的面积也大，具有较强的剩磁，常用于制造永久磁铁。磁电式电表、永磁扬声器、小型直流电机等各种仪器设备中的永久磁铁都是由硬磁材料做成的。

§11.3 静电场和静磁场的能量

11.3.1 静电场的能量

1. 电容器储存的电能

以平板电容器为例，对电容器充电，当两极板分别带 $+q$ 和 $-q$ 电量时，两极板间的电势差为 $\frac{q}{C}$。外力把 $\mathrm{d}q$ 电荷从负极板通过电容器的外电路搬运到正极板的过程中作功为

$$\mathrm{d}A = \frac{q}{C}\mathrm{d}q$$

整个充电过程中外力所作的总功为

$$A = \int_0^Q \frac{q}{C}\mathrm{d}q = \frac{Q^2}{2C}$$

式中 Q 为充电结束时电容器极板上所带电量的绝对值。外力所作的功转变为电容器所具有的电能 W，即

$$W = A = \frac{Q^2}{2C} \tag{11.3-1}$$

由 $U = \frac{Q}{C}$ (U 为充电完毕时电容器两极板间的电压)，上式又可化为

$$W = \frac{1}{2}CU^2 = \frac{1}{2}QU \tag{11.3-2}$$

(11.3-1)和(11.3-2)两式对所有的电容器均适用。

2. 电场的能量

带电体系带电的过程实际上就是带电体系建立电场的过程，带电体系的能量就是电场的能量。仍以平板电容器为例，设极板间充满介电常量为 ε 的各向同性均匀介质，两板间的距离为 d，极板面积为 S，则其电容为 $C = \frac{\varepsilon S}{d}$，对电容器充电到两极板间的电势差为 U，$U = Ed$，将此两式代入(11.3-2)式，得

$$W = \frac{1}{2}CU^2 = \frac{1}{2}\frac{\varepsilon S}{d}(Ed)^2 = \frac{1}{2}\varepsilon E^2 Sd = \frac{1}{2}\varepsilon E^2 V$$

式中 V 是电容器内电场所占的空间体积，这表明能量是储存在整个电场中的，即电场具有能量，或者说，电场是能量的携带者。

由于平板电容器中的电场强度是均匀的，所以储存的能量也是均匀分布的，电场中单位体积的能量，即电场的能量密度为

$$w = \frac{W}{V} = \frac{1}{2}\varepsilon E^2 = \frac{1}{2}\boldsymbol{D}\cdot\boldsymbol{E} \tag{11.3-3}$$

上述结果虽是从均匀电场的特例中导出的，但可以证明，这是一个普遍适用的公式。当电场不均匀时，电场的能量密度是空间位置的函数，整个电场的能量为

$$W=\int_V w dV=\int_V \frac{1}{2}\boldsymbol{D}\cdot\boldsymbol{E}\mathrm{d}V \tag{11.3-4}$$

式中 V 为存在电场的空间的体积。

例 1　原子核可看成是均匀的带电球体，设其半径为 R，电量为 Q，求其具有的静电能。

解　带电球体的电荷密度为 $\rho=\dfrac{Q}{\frac{4}{3}\pi R^3}$，作一个半径为 r 的同心球面为高斯面，由高斯定理，

$$\oint \boldsymbol{E}\cdot\mathrm{d}\boldsymbol{S}=\frac{1}{\varepsilon_0}\rho\int_V \mathrm{d}V=\frac{1}{\varepsilon_0}\rho V$$

$$4\pi r^2 E_1=\frac{1}{\varepsilon_0}\rho\frac{4}{3}\pi r^3=\frac{1}{\varepsilon_0}\frac{Qr^3}{R^3}\quad (r<R)$$

即

$$E_1=\frac{Qr}{4\pi\varepsilon_0 R^3}\quad (r<R)$$

$$4\pi r^2 E_2=\frac{1}{\varepsilon_0}Q\quad (r>R)$$

即

$$E_2=\frac{Q}{4\pi\varepsilon_0 r^2}\quad (r>R)$$

选取球壳作为体积元，则

$$\mathrm{d}V=4\pi r^2\mathrm{d}r$$

带电球体的静电能为

$$\begin{aligned}W&=\int_0^R \frac{1}{2}\varepsilon_0 E_1^2\cdot 4\pi r^2\mathrm{d}r+\int_R^\infty \frac{1}{2}\varepsilon_0 E_2^2\cdot 4\pi r^2\mathrm{d}r\\&=\int_0^R \frac{1}{2}\varepsilon_0\left(\frac{Q}{4\pi\varepsilon_0}\frac{r}{R^3}\right)^2 4\pi r^2\mathrm{d}r+\int_R^\infty \frac{1}{2}\varepsilon_0\left(\frac{Q}{4\pi\varepsilon_0 r^2}\right)^2 4\pi r^2\mathrm{d}r\\&=\frac{3Q^2}{20\pi\varepsilon_0 R}\end{aligned}$$

11.3.2　静磁场的能量

与静电场的情形相似，静磁场的能量也分布在磁场中，例如电感储存的磁能即可看成是电感器中的磁场所具有的。长直螺线管中的磁场在忽略其端点效应时可看成是均匀的，我们可据此导出磁场的能量。

设长直螺线管长为 l，截面积为 S，密绕 N 匝线圈，管内充满磁导率为 μ 的均匀介质。当通有电流 I 时，管内的磁感应强度为 $B=\mu\dfrac{N}{l}I$，螺线管的自感系数为

$$L=\frac{N\Phi}{I}=\mu\frac{N^2}{l}S$$

代入电感器的自感磁能公式,得

$$W_m=\frac{1}{2}LI^2=\frac{1}{2}\mu\frac{N^2}{l}SI^2=\frac{1}{2}\left(\mu\frac{N}{l}I\right)^2\frac{1}{\mu}Sl=\frac{1}{2\mu}B^2V$$

式中 $V=Sl$ 为螺线管的体积,单位体积的磁场所具有的能量即磁场的能量密度 w_m 为

$$w_m=\frac{W_m}{V}=\frac{B^2}{2\mu}=\frac{1}{2}\boldsymbol{B}\cdot\boldsymbol{H} \tag{11.3-5}$$

(11.3-5)式同样适用于普遍情况。对非均匀磁场,总的磁场能量可由下面的积分式计算:

$$W_m=\int_V w_m\mathrm{d}V=\int_V\frac{1}{2}\boldsymbol{B}\cdot\boldsymbol{H}\mathrm{d}V \tag{11.3-6}$$

式中 V 为存在磁场的空间的体积。

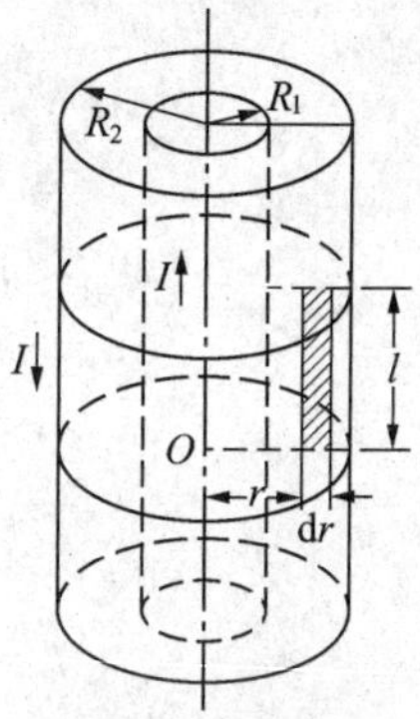

图 11.3-1 同轴无限长圆筒的单位长度磁能

例 2 有两无限长的同轴圆筒,半径分别为 R_1 和 R_2, $R_2>R_1$,在内、外筒中通以大小相等、方向相反的电流 I,求单位长度的同轴圆筒内储藏的磁场能量及其自感系数。

解 如图 11.3-1 所示,由于电流分布的轴对称性,由安培环路定理可知,磁场只存在于两圆筒之间,距离轴线为 r 处的磁感应强度为 $B=\frac{\mu_0 I}{2\pi r}$, 磁能密度

$$w_m=\frac{B^2}{2\mu_0}=\frac{\mu_0 I^2}{8\pi^2 r^2}$$

单位长度圆筒的体积元为 $\mathrm{d}V=2\pi r\mathrm{d}r\cdot 1$, 于是,单位长度的总磁能为

$$W_m=\int_{R_1}^{R_2}w_m\cdot 2\pi r\mathrm{d}r\cdot 1=\int_{R_1}^{R_2}\frac{\mu_0 I^2}{8\pi^2 r^2}2\pi r\mathrm{d}r=\frac{\mu_0 I^2}{4\pi}\ln\frac{R_2}{R_1}$$

由自感磁能公式

$$W_m=\frac{1}{2}LI^2$$

得单位长度同轴圆筒的自感系数为

$$L=\frac{2W_m}{I^2}=\frac{\mu_0}{2\pi}\ln\frac{R_2}{R_1}$$

与§10.3的结果一致。

阅读材料 11.1 电荷体系的电场能和电势能

在阅读材料 8.1 里曾提到带电体的自能、彼此间的互能实际上都是静电势能。这里要说明一下,静电势能就是电场能。

先从最简单的真空中两个体积足够小的荷电导体的电场出发,设荷电量分别为 q_1 和 q_2。

空间位矢为 $\boldsymbol{r}$ 的任意一点 P 的电场强度 $\boldsymbol{E}(\boldsymbol{r})$ 为 q_1 与 q_2 的场强 $\boldsymbol{E}_1(\boldsymbol{r})$ 和 $\boldsymbol{E}_2(\boldsymbol{r})$ 的叠加，

$$\boldsymbol{E}(\boldsymbol{r}) = \boldsymbol{E}_1(\boldsymbol{r}) + \boldsymbol{E}_2(\boldsymbol{r}) \tag{①}$$

其中，

$$\boldsymbol{E}_1(\boldsymbol{r}) = \frac{q_1 \boldsymbol{e}_1}{4\pi\varepsilon_0(\boldsymbol{r}-\boldsymbol{r}_1)^2} \tag{②}$$

$$\boldsymbol{E}_2(\boldsymbol{r}) = \frac{q_2 \boldsymbol{e}_2}{4\pi\varepsilon_0(\boldsymbol{r}-\boldsymbol{r}_2)^2} \tag{③}$$

$\boldsymbol{r}_1$ 和 $\boldsymbol{r}_2$ 为 q_1 和 q_2 的位矢，$\boldsymbol{e}_1$ 和 $\boldsymbol{e}_2$ 为从 q_1, q_2 指向 P 点的单位矢量。为简单计，将略去①式中的矢量 $\boldsymbol{r}$，即取

$$\boldsymbol{E} = \boldsymbol{E}_1 + \boldsymbol{E}_2$$

由(11.3.3)式，空间电场能量密度

$$\rho_E = \frac{1}{2}\varepsilon_0(\boldsymbol{E}_1+\boldsymbol{E}_2)^2 = \frac{1}{2}\varepsilon_0\boldsymbol{E}^2 = \frac{1}{2}\varepsilon_0 E_1^2 + \frac{1}{2}\varepsilon_0 E_2^2 + \varepsilon_0\boldsymbol{E}_1\cdot\boldsymbol{E}_2 \tag{④}$$

上式对全空间积分即得电场能量。④式右边第一项 $\frac{1}{2}\varepsilon_0 E_1^2$ 与第二项 $\frac{1}{2}\varepsilon_0 E_2^2$ 正是 q_1 与 q_2 各自单独存在时的电场能量密度 ρ_1 与 ρ_2，其全空间积分即为 q_1 的电场能 W_1 与 q_2 的电场能 W_2。第三项 $\varepsilon_0\boldsymbol{E}_1\cdot\boldsymbol{E}_2$ 为交叉项 ρ_{12}，可以证明这一项的全空间积分 W_{12} 为

$$W_{12} = \varepsilon_0\int \boldsymbol{E}_1\cdot\boldsymbol{E}_2\,\mathrm{d}\tau = q_1\phi_1 = q_2\phi_2 \tag{⑤}$$

其中 ϕ_1 为电荷 q_2 的电场 $\boldsymbol{E}_2$ 在 q_1 处的电势，因而 $q_1\phi_1$ 即为 q_1 在 q_2 的电场中的电势能；而 ϕ_2 为电荷 q_1 的电场 E_1 在 q_2 处的电势，$q_2\phi_2$ 即为 q_2 在 q_1 的电场中的电势能。一个电荷在另一电荷电场中的电势能正是彼此间的相互作用能。也就是说，ρ_{12} 的全空间积分正是 q_1 与 q_2 的相互作用能。可见，q_1 和 q_2 之间的电势能为电场能的一部分。W_{12} 亦可写成对称的形式：

$$W_{12} = \frac{1}{2}(q_1\phi_1 + q_2\phi_2) \tag{⑥}$$

④式可推广至 n 个分别带电荷 q_1, q_2, …, q_n 的带电体组成的体系的电场能量密度，

$$\begin{aligned}\rho_E &= \frac{1}{2}\varepsilon_0 E_1^2 + \frac{1}{2}\varepsilon_0 E_2^2 + \cdots + \frac{1}{2}\varepsilon_0 E_n^2 + \varepsilon_0\sum_i\sum_{j\neq i}\boldsymbol{E}_i\cdot\boldsymbol{E}_j \\ &= \frac{1}{2}\varepsilon_0\Big(\sum_i E_i^2 + 2\sum_i\sum_{j\neq i}\boldsymbol{E}_i\cdot\boldsymbol{E}_j\Big)\end{aligned} \tag{⑦}$$

式中 $\frac{1}{2}\varepsilon_0 E_i^2 (i=1, 2, \cdots, n)$ 为第 i 个电荷 q_i 单独存在时的电场能量密度，而 $\varepsilon_0\boldsymbol{E}_i\cdot\boldsymbol{E}_j$ 的全空间积分为 q_i 在 q_j 的电场中的电势能。也就是说，⑦式第二项为所有电荷之间相互作用的场能密度。令这一项的全空间积分为 W_I，则

$$W_I = \frac{1}{2}\sum_i q_i\phi_i \tag{⑧}$$

其中 ϕ_i 为除 q_i 自身之外其他所有电荷的电场在 q_i 处的电势。

由此可见，场能密度交叉项的空间积分就是电荷间的相互作用势能，各个电荷电场强度的交叉项代表相互作用的能量密度。

⑦式的全空间积分为电场能 W_s，

$$W_s = \sum_i W_i + W_I \tag{9}$$

其中

$$W_i = \frac{1}{2}\varepsilon_0 \int E_i^2 \mathrm{d}\tau \tag{10}$$

为第 i 个单个带电体的电场能。可以证明

$$W_i = \frac{1}{2}\int V_i \mathrm{d}q \tag{11}$$

其中 V_i 为第 i 个带电体上电荷元 $\mathrm{d}q$ 处的电势。⑪式和阅读材料 8.1 的⑨式完全一致，说明单个带电体的自能就是该带电体产生的电场的电场能。

这里为简单计，以带电量 Q 的导体球为例来验证这一结论。导体球的电势

$$V = \frac{Q}{4\pi\varepsilon_0 R} \tag{12}$$

导体球外电场强度

$$E = \frac{Q}{4\pi\varepsilon_0 r^2} \tag{13}$$

将电场能量密度对全空间积分，可得电场能

$$W = \frac{1}{2}\varepsilon_0 \int_R^\infty \left(\frac{Q}{4\pi\varepsilon_0 r^2}\right)^2 4\pi r^2 \mathrm{d}r = \frac{1}{2}Q\left(\frac{Q}{4\pi\varepsilon_0 R}\right) = \frac{1}{2}QV$$

与阅读材料 8.1 的⑩式完全一致。

总结以上讨论，结合阅读材料 8.1 的介绍，可知任一电荷体系静电场的总能量就是各带电体的自能以及所有带电体彼此间互能的总和，也就是组成体系所有电荷元之间的相互作用静电势能的总和。简而言之，电场能就是电势能。

阅读材料 11.2 超 导 体

一、超导电现象

1. 零电阻现象

1911 年荷兰物理学家卡麦林-昂内斯（H. K. Onnes，1853—1926 年）在测量一个固态汞样品的电阻与温度关系时发现，浸在液氦中的汞样品的温度下降到4.2 K时，其电阻值突然降低到仪器无法觉察出来（约为 $1\times10^{-5}\ \Omega$），而且即使撤去样品所加的电压，电流仍能持续相当长的时间。他把这种电阻突然消失的状态称为超导态。电阻突然消失时的温度 T_c 称为材料的超导转变温度，或超导临界温度。从此，人们把随温度降低能进入超导态的材料称为超导

体。有人用超导体制成环，在环中感应出恒定电流，电流在环内持续了数年，仍未发现有任何可以测量出的衰减。有人得出结论，超导电流的衰变时间不短于 10 万年，表明超导体的电阻实际上等于零。图 RM11-1 是昂内斯观测到的汞的电阻随温度变化的曲线。

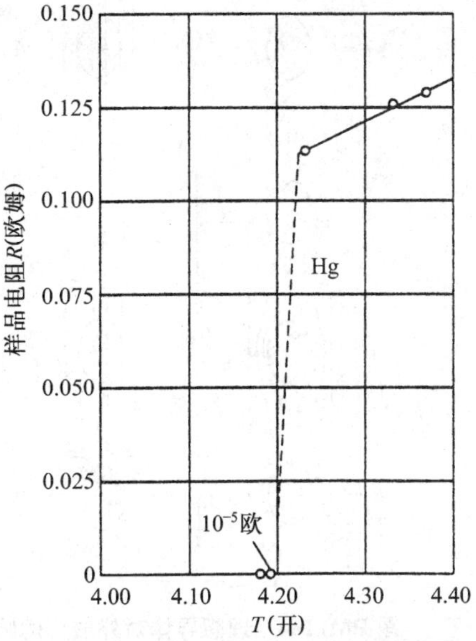

图 RM11-1 汞电阻随温度的变化

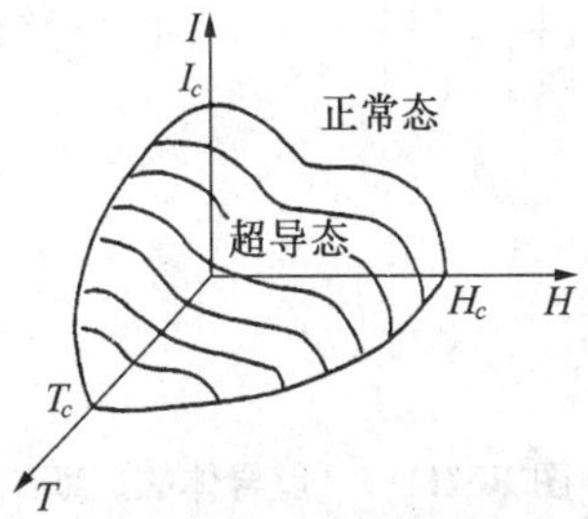

图 RM11-2 超导体的三维相图

实验发现，每一种处在超导态的超导材料，当其中的电流超过某一临界值 I_c，或超导体所在处的磁感应强度超过某一临界值 B_c 时，其超导性都会被破坏。临界温度、临界磁场、临界电流是超导体的 3 个临界参数，如图 RM11-2 所示，超导态和正常态可视为不同的物相，因此 T_c、H_c 和 I_c 的三维分界图也称相图。处在此三维相图范围之内的是超导态，超出此三维相图之外的是正常态。

目前已发现的超导体有成千上万种，最常见的金属元素超导体有 Pb, In, Al, Ta, Nb 等，合金超导体有 PbIn, NbTi 等，化合物超导体有 Nb_3Sn, V_3Ga 等。此外，还有大量近二十多年来发现的高温氧化物超导体如 YBaCuO、BiSrCaCuO 等。

2. 迈斯纳效应

1933 年，迈斯纳(F. W. Meissner, 1882—1974 年)与奥森菲尔德(R. Ochsenfeld)用实验研究了超导态物质的磁性。实验结果表明，不论是先把超导材料放在外磁场中然后冷却使之进入超导态，还是先冷却超导材料使之进入超导态，然后加上外磁场，超导体内部的磁场都恒为零，即超导体总是把磁场排除在超导体之外。超导体的这种特殊的磁学特性称为迈斯纳效应，如图 RM11-3 所示。

迈斯纳效应是除零电阻之外的超导体的又一基本特性。应特别强调的是超导体的迈斯纳效应不能用零电阻解释。由此表明，超导体不能与电阻为零的理想导体混为一谈。处在超导态的超导体内部磁感应强度

$$\boldsymbol{B} = 0$$

表示超导体具有完全的抗磁性。而零电阻的理想导体的内部却可以存在磁场，也可以不存在

磁场,视具体的过程而定。为讨论方便,我们假想存在一种在某一转变温度下电阻变为零的圆柱状导体材料。在温度高于转变温度时,将圆柱导体置于均匀磁场中,使圆柱的横截面与磁场垂直,如图 RM11-4 所示。

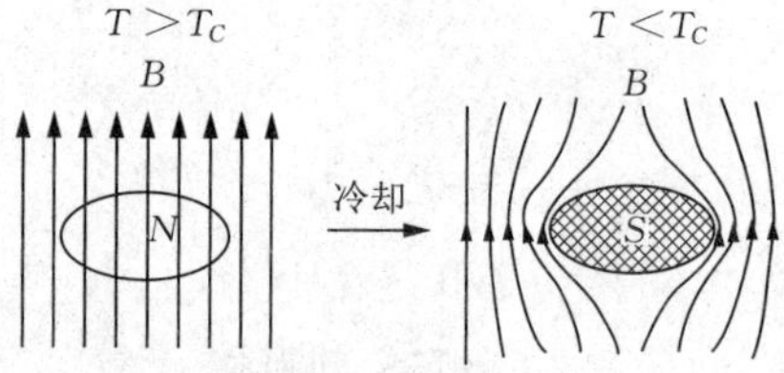

图 RM11-3 超导体的迈斯纳效应

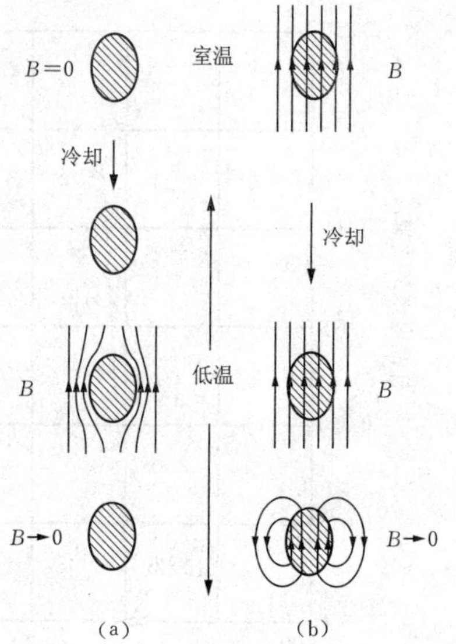

图 RM11-4 理想导体对外磁场的响应

然后将温度下降,直到低于其转变温度。由于磁感应通量完全来源于外磁场,如果外磁场发生变化,则在导体中必出现感应电流 i。感应电流的出现又在导体中产生自感电动势。设导体的自感系数为 L,电阻为 R $(R=0)$, 则在外磁场发生变化时,电路方程为

$$-S\frac{\mathrm{d}B}{\mathrm{d}t}-L\frac{\mathrm{d}i}{\mathrm{d}t}=iR=0$$

于是

$$SB+Li=\text{常量} \quad ①$$

式中 B 为导体截面积,SB 是外磁场对回路的磁感应通量,Li 是感应电流产生的磁场的磁感应通量, $SB+Li$ 为总磁感应通量。上式表明,通过零电阻导线回路所围面积的磁感应通量是恒定不变的。即:当外磁场的变化引起磁感应通量变化时,导体中出现的感应电流产生的磁场会完全补偿外磁场的变化所引起的磁通的变化。若撤去外磁场,通过导体的磁通仍应保持恒定,这时的磁感应通量全部是感应电流的磁场的磁通,如图 RM11-4(b)所示。

由此可见,迈斯纳效应不能用超导体的 $R=0$ 的特性来解释,这是超导体的另一种独立于电阻为零之外的基本特性。所以判断一种材料是否具有超导电性必须看其是否同时具有零电阻和迈斯纳效应。

理论和实验都已证明,磁场并不是在超导体的几何表面突然降到零,而是经过表面层逐渐减弱,对一般的超导体,磁场的透入深度在 $10^{-6}\sim10^{-8}$ m 之间,视材料而异。

由物态方程,在磁介质中

$$\boldsymbol{H}=\frac{\boldsymbol{B}}{\mu_0}-\boldsymbol{M} \quad ②$$

在超导体内部, $\boldsymbol{B}=\boldsymbol{0}$, 因此

$$\boldsymbol{M} = -\boldsymbol{H} \quad ③$$

因而磁化率

$$\chi_m = M/H = -1$$

即超导体可看成是磁化率 $\chi_m = -1$ 的完全抗磁性物质。它的抗磁性就起源于分布在超导体表面上的磁化电流，即由磁化所引起的磁化面电流。

二、库柏对和 BCS 理论

成功解释超导电性的微观理论是由巴丁-库柏-施里弗(Bardeen-Cooper-Schrieffer)于1957 年提出的。按他们三人姓氏的第一个字母命名，称之为 BCS 理论。

BCS 理论的最基本的概念是"库柏对"。实验发现，同一元素的不同同位素的临界温度 T_c 与同位素质量 M 有关：

$$T_c M^{1/2} = \text{常数} \quad ④$$

这称为同位素效应。同位素的质量主要来自其离子的质量，在固体材料中，离子处于晶格中的格点位置，因此超导电性必与晶格的动力学性质有关。BCS 理论认为，超导体中的电子通过晶格彼此相互作用。如图 RM11-5 所示，电子 e_1 吸引晶格的正离子，使晶格发生畸变，局部的正电荷密度稍许加大，这一局部的正电性就会吸引另一个电子 e_2，实际效果就是一个自由电子和另一个自由电子之间出现相互吸引的力。低温时这一吸引力大于库仑斥力，便使这两个自由电子束缚成一电子对，称为库柏对。理论表明，构成库柏对的电子自旋方向相反，动量大小相等而方向相反，所以总动量为零。库柏对之间的距离在微米数量级，比晶格格点之间的距离(在 0.1 nm 数量级)大得多。库柏对作为整体与晶格作用，若它的一个电子从晶格中得到动量，另一个电子必失去动量。由此可知，在材料中运动时库柏对不与晶格交换动量，也不交换能量，相当于不受阻力，因此也就没有电阻了。

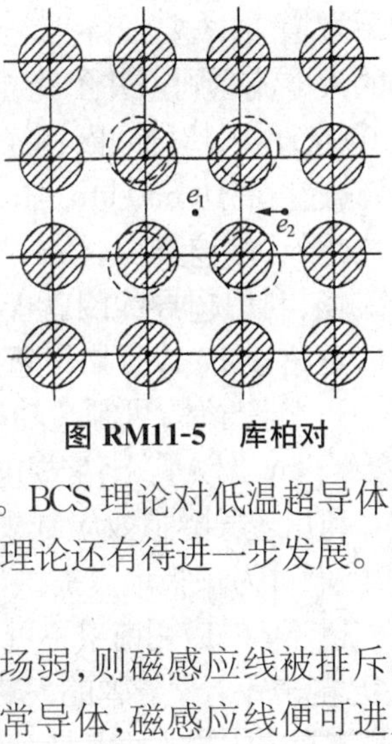

图 RM11-5　库柏对

温度升高时，晶格热振动使库柏对拆散，超导态转变为正常态。BCS 理论对低温超导体的超导电性作出了很好的解释，但对高温超导体却不适用。因此 BCS 理论还有待进一步发展。

三、第二类超导体

前面所说的超导体在低于临界温度时，若所加磁场比临界磁场弱，则磁感应线被排斥出体外；但当磁场超过临界磁场时，超导特性消失，超导体变成了正常导体，磁感应线便可进入金属体内，具有这种性质的超导体叫第一类超导体。

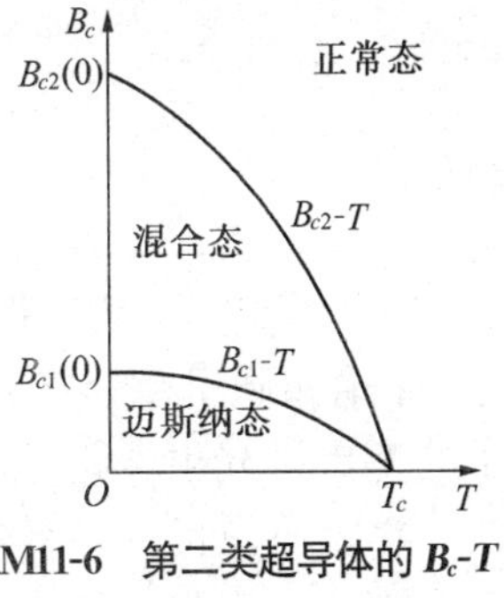

图 RM11-6　第二类超导体的 B_c-T 曲线

还有一类超导体，当外加磁场加大时并不从超导态完全变为正常态，而是经历一个超导相和正常相混合的状态(称为混合态)，直到外磁场再增至一定值后，才全部进入正常态。在混合态区域中不再具有完全的抗磁性，在超导体内的部分区域 $\boldsymbol{B} \neq \boldsymbol{0}$，$M \neq -H$，$\chi_m \neq -1$，具有这种特性的超导体称为第二类超导体。第二类超导体是更为有用的超导体。第二类超导体的 B_c-T 相图如图 RM11-6 所示。当 $B < B_{c1}$ 时(B_{c1} 为下临界磁场)，超导体处于纯粹

的超导态，称为迈斯纳态。当 $B > B_{c2}$（B_{c2} 为上临界磁场）时，材料完全转入正常态。$B_{c1} < B < B_{c2}$ 之间为混合态。在混合态区域，由于超导相和正常相并存，各处于不同区域，因超导区域的分路作用，其直流电阻仍是零。

四、高温超导体

长期以来，科学家们致力于发现临界温度较高的超导材料，尤其是在液氮温度(77 K)条件下即能工作的高温超导材料，因为液氦比液氮价格贵 100 倍，且氮是十分安全的气体。1986 年在瑞士苏黎世 IBM 研究所的科学家贝德诺兹(G. Bednortz, 1950—)和缪勒(K. A. Müller, 1927—)首先发现镧-钡-铜-氧(La-Ba-Cu-O)陶瓷材料的超导转变临界温度为 $T_c = 30$ K。因为陶瓷材料在常温下一般是绝缘体，在低温下竟成了超导体，大大出乎人们的意料；以致当时许多人不相信这一结果，因而反响不大。直到 1986 年底和 1987 年初，美、中、日三国低温科学家重复了这一结果，才掀起了世界性的高温超导热。1987 年 2 月，美国休斯敦大学朱经武等和中国科学院赵忠贤小组差不多同时宣布已将钇-钡-铜-氧(Y-Ba-Cu-O)材料的 T_c 提高到 92.8 K 以上，可工作在液氮温区。以后，各国科学家又相继发现了许多高温超导材料，使超导的应用范围大大扩展。现在已发现的高温超导材料有上百种，但高温超导的许多性质尚无法解释。

五、超导体的应用

超导材料做成电磁铁的线圈可产生强磁场，这是目前超导体的重要应用，也是近 30 年来发展起来的新兴技术之一。一般电磁铁的铜线绕组都有电阻，当电流增大时，焦耳热按电流的平方增加，故要维持一定的电流需要很大的功率。若用超导线圈，则维持线圈中产生强磁场的大电流原则上并不需要输入功率，因而可大大简化设备。例如同步加速器原来直径为 2 400 m，用了超导线圈直径可缩小到340 m。日本已用超导线圈制造了超导磁悬浮列车的原型，其速度高达 550 $\mathrm{km \cdot h^{-1}}$，可与飞机相比。

此外，热核聚变、核磁共振成像、磁流体发电等许多高科技领域都需要有均匀、稳定的强磁场，利用超导线圈就能方便地满足这一需要。例如用常规电磁铁建造 5 T 的磁场，电磁铁重超过 10 t，而如用超导磁体无需铁芯，重量仅 500 g 左右。

利用超导体，可制造功率极大、体积小、效率高的超导发电机，这种电机的载流能力可达 $10^4\ \mathrm{A \cdot cm^{-2}}$以上，比常规电机高一到两个数量级。

利用超导隧道效应制成的超导量子干涉器件(SQUID)，可测量地磁场几十亿分之一的变化，因而可为预报地震提供信息，也能用于测量人体的极微弱磁场，制成脑磁图或心磁图等。

超导体的应用前景不可估量，预计在宇宙和空间探索方面可作为性能良好的磁屏蔽；在国防上，能击毁入侵导弹的大功率“电磁炮”将因采用超导体而大幅度降低成本，使之能真正投入使用。目前国际上正开展一场超导研究的竞争，尤其是高温超导的发展更是众所瞩目的热点。

参考资料

[1] 蒋平，徐至中，《固体物理简明教程》，复旦大学出版社，2000 年。

阅读材料　　11.3　科学家介绍——巴丁和库珀轶事

由于超导体对人类的重要意义，历史上迄今已有 4 次将诺贝尔物理学奖授予从事相关领域研究的科学家。最初是在 1972 年，由 BCS 理论的创始人巴丁、库珀和施里弗分享。BCS 理论创立于 1957 年，其时库珀只是博士后，而施里弗更只是巴丁的博士研究生。此时，巴丁已是诺奖“梅开二度”，第二次获得诺贝尔物理学奖；此前已在 1956 年因为“研究半导体和发现晶体管效应”而和肖克莱、布拉坦共享当年的诺贝尔物理学奖。因此，他成为当时唯一的一位在同一学科领域一生两次获得诺奖的科学家。历史上共有 4 位科学家一生二度获诺奖。其他三人中，居里夫人于 1903 年获物理学奖，1911 年获化学奖；泡林 1954 年获化学奖，1962 年获和平奖，都不是在同一领域两次获奖的人物。只有英国的生化学家山格 1958 年获化学奖，1980 年又第二次获化学奖，成为继巴丁之后第二位在同一领域二度获诺奖的科学家。

晶体管的发明奠定了信息时代到来的物质基础。当代，几乎所有的电子信息设备，从电话到计算机无不因晶体管才得以发展到今天的水平。而超导电性也日益获得从红外传感器到医学成像系统等领域越来越广泛的应用。因此，1990 年巴丁被美国《生活》杂志评为 20 世纪最有影响的 100 个美国人之一。

巴丁出身书香门第，父亲是解剖学教授并曾任威斯康星大学麦迪逊分校医学院首任院长。母亲也曾任教于一所实验学校。巴丁早年即显示出他在数学方面的才华。1928 年，他 20 岁即获麦迪逊分校电气工程学士学位，一年后又于 1929 年取得电气工程硕士学位。他的量子力学老师就是著名的诺贝尔物理学奖得主范·凡立克。同时，在校期间，许多来访的知名学者，包括狄拉克、海森伯和索末菲等物理学大师对他都有深刻影响。他在普林斯顿攻读博士学位时又得到诺奖得主魏格纳的真传，在他的亲自指导下撰写关于固体物理方面的论文，并于 1936 年获得普林斯顿大学数学物理博士学位。

第二次世界大战快结束时，贝尔电话电报实验室成立固体物理分部，亟需巴丁这样具有固体物理专长的人才，便在 1945 年高薪聘请他前去工作。巴丁所在的固体物理研究组的一个头头便是肖克莱。早几年巴丁曾在麻省见过肖克莱；而组里的另一个成员布拉坦以前他也见过，是通过布拉坦的弟弟，当时也是普林斯顿大学的研究生。值得一提的是布拉坦在明尼苏达大学做研究生的时候也听过范·凡立克的课。在贝尔实验室的日子里，巴丁和布拉坦的关系日益密切，两个人在研究组里配合默契。布拉坦做实验，巴丁搞理论解释实验结果；而周末又在一起打高尔夫球。当时研究组的目标是研制代替容易打碎的玻璃真空电子管的半导体元件。一开始按照肖克莱的想法用外加电场来改变半导体的电导率(场效应)。但实验始终做不出来，一时也弄不清是什么原因，研究工作陷入僵局。幸好，巴丁提出一个想法，认为半导体的表面态导致表面的电荷积累，从而屏蔽外电场使其不能进入半导体内部；因此，应当解决同表面态有关的问题。于是研究组转而研究表面态。他们几乎天天讨论工作，组里的气氛和谐融洽，大家畅所欲言。到 1947 年 12 月 23 日(一说 16 日)，巴丁和布拉坦两人成功研制出具有放大作用的点接触晶体管。但肖克莱当时并未参与其事。

紧接着，贝尔的律师在申请这项成果的专利时未写上肖克莱的名字，使其大为不满。他认为巴丁、布拉坦两人的发明依据的正是他提出的场效应，因此甚至只应署他一个人的名字。一气之下，他独自一人一边去写他的日后被半导体学界奉为经典的专著《半导体中的电子和空穴》；一边秘密研制他的结型晶体管。最后，在 1951 年 7 月 4 日终于宣布研制成功，性能明显优于点接触晶体管。自此，肖克莱便因发明晶体管出尽风头，拿了好处的大头，使他和巴丁的关系因此恶化。尽管如此，贝尔实验室的管理层仍将他们 3 个晶体管的发明人当做一个团队。这又使肖克莱大为恼火，并离间巴丁和布拉坦的关系，甚至也不让他们两人参与结型晶体管的研究。于是巴丁开始研究超导电性理论并于当年离开了贝尔实验室。布拉坦也拒绝同肖克莱继续合作。实际上可能正由于肖克莱是研究组的头，巴丁和布拉坦自从他们发明点接触晶体管一年之后就没有做什么进一步的研究。尽管如此，毕竟他们三人都对晶体管的发明做出杰出贡献。巴丁和布拉坦发明了点接触晶体管，随后肖克莱将其改进为结型晶体管；因而他们三人分享1956年诺贝尔物理学奖，但肖克莱的名字放在第一位。1956年12月10日晚上在瑞典斯德哥尔摩诺贝尔奖颁奖典礼上，他们三人又站在了一起，并且共同回忆起他们当年合作的友谊。

离开贝尔实验后，巴丁经他的朋友、著名固体物理学家赛兹介绍到伊利诺伊州立大学乌巴纳-香盼分校做电气工程和物理教授。在那里巴丁主持建立了两个研究项目，一个在电气工程系，研究半导体；一个在物理系，从理论上研究宏观量子体系，特别是超导电性和量子流体。到1957年巴丁同博士后里昂·库珀和博士研究生施里弗一起创立了标准的超导电性理论——BCS理论，这一理论认为超导电性也是一种宏观的量子力学现象，自旋相反的电子由于晶格振动的作用结合成库珀对而使电阻消失。

1972年，他们三人因为创立BCS理论而分享诺贝尔物理学奖。巴丁将大部分奖金捐给杜克大学的弗里兹·伦敦纪念讲座。弗里兹和他的弟弟汉斯于20世纪30年代创立能解释超导体特性，特别是迈斯纳效应的宏观理论——伦敦方程。有趣的是，1956年巴丁获诺奖时只带了一个儿子同赴颁奖典礼，另外两个儿子正在哈佛大学念书，巴丁怕影响他们的学业而未曾带去。为此，他挨了颁奖的瑞典国王古斯塔夫一顿臭骂，巴丁只好唯唯，并向国王承诺，保证下次一定把所有的3个儿子一起带来。果然，1972年这一次他的所有3个儿子都同他一起出席了这一历史性的颁奖典礼。

里昂·库珀的经历也稍许带有传奇色彩。他早年醉心于生物学，后来到物理学里走了一圈，得了诺贝尔奖，最后又转回生物学里去了。

库珀生于1930年2月28日，从小喜欢动手研究科学。在他十岁多一点的时候就把家中的地下室和壁柜当成实验室，令他的父亲头痛不堪。他到化学商店里买各种各样的药品，像许多小男孩那样，总想把一些东西弄得炸响。有一次真把火药弄炸了，差点把他耳朵震聋，但之后他一直耳鸣。还有一次他同一个小朋友一起差点就做出TNT来了。库珀晚年回忆说："我估计我总是想开玩笑，不过当时没炸死人真是奇迹。"好奇心促使他进了纽约市布朗士科学高中，一下课他就在那里的实验室做实验，直到老师关灯为止。其中的一个实验同当时的一种新特效药——盘尼西林(就是现在最普通的抗生素青霉素)有关。他对细菌变异产生抗药性十分着迷。他在盘尼西林的稀释溶液里长细菌，逐渐降低药液浓度，果然有细菌存活。他再去培育这些产生了抗药性的细菌的后代。虽然他因既没有钱也没有设备无法将实验继续推进，但是库珀当时已有点弄明白抗药性是如何形成的了。现在我们大家都知道，如不按疗程服用抗生素，无异于培养细菌。凭着这个实验库珀在1947年获得西屋科学能人大赛的决赛资格，并为此被哥伦比亚大学录取。这时，他必须在生物学和物理学之间作出选择，因为物理学也同样使他着迷。他喜欢研究深刻而有重要意义的问题。当时他很想学生物，但又想到如果不学物理就根本弄不懂生物学。最终他选择了物理学，并在1951年取得学士学位，1953年取得硕士学位。仅仅又过了一年便获得了博士学位。他同巴丁、施里弗研究超导理论时还不到30岁。

荣获诺贝尔物理学奖之后，库珀意识到他可能会像其他诺奖得主那样被别人奉为超导电性的超级大师，得写许多学术论文。但他并不热衷此道，于是决定转回生物学中去做脑研究。他现在布朗大学脑和神经系统研究所当所长，从事脑网络和记忆的生物学基础方面的研究。

思考题与习题

一、思考题

11-1 (1) 用电源对一空气电容器充电，并维持电压不变，然后将一厚度近似与极板距离相等的均匀介质板插入电容器两极板之间，试问电容器的能量是增加还是减少？

(2) 如果对空气电容器充电后断开电源，再将介质插入，试问情况如何？

11-2 (1) 将一平板电容器接上电源，再将电容器两极板之间的距离拉开，试问电容器所储藏的电能如何变化？

(2) 如果对电容器充电后断开电源，再将电容器两极板之间的距离拉开，试问电容器储藏的电能如何变化？

11-3 已知一平板电容器两极板的面积均为 S，两极板之间的距离为 d，原来两极板之间为真空。

(1) 接上电源，然后在两极板之间充满均匀的、介电常量为 ε 的电介质，如图(a)所示，试问极板上的电量是原来的几倍？极板之间的场强是原来的几倍？

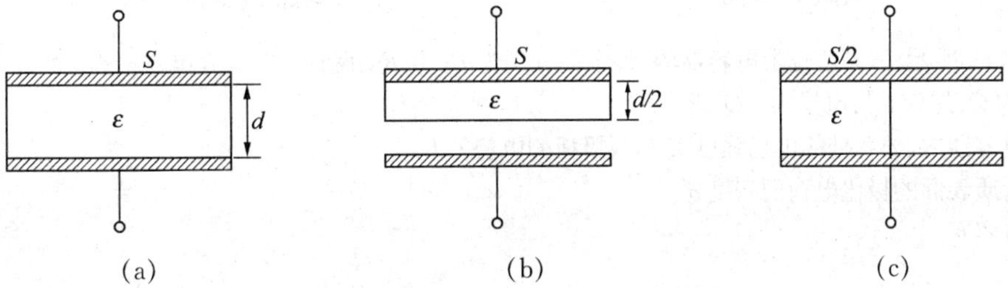

思考题 11-3 图

(2) 接上电源后，在电容器两极板之间平行地插入面积为 S，厚度为 $d/2$ 的均匀电介质 ε，如图(b)所示，求两极板所带电量为原来的几倍？介质中的场强与没有介质处的场强之比是多少？

(3) 接上电源后，在两极板之间插入厚度为 d，面积为 $S/2$ 的均匀介质 ε，如图(c)所示，求两极板所带电量是原来的几倍？介质中的场强与没有介质处的场强之比是多少？

11-4 在环形螺线管中，能量密度较大的地方是在内半径附近处，还是在外半径附近处？

二、习题

11-1 如图所示，一平行板电容器两极板相距为 d，其间充满了两部分介质，介电常量为 ε_1 的介质所占的面积为 S_1，介电常量为 ε_2 的介质所占的面积为 S_2，略去边缘效应，求电容 C。

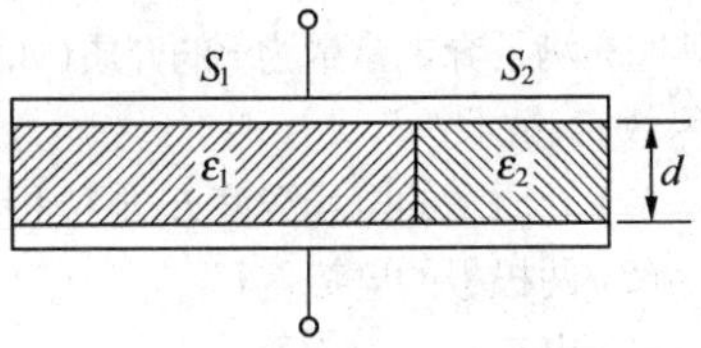

习题 11-1 图

11-2 面积为 $1.0\ \mathrm{m^2}$ 的两平行金属板带有等量异号电荷，电量都是 $30\ \mu\mathrm{C}$，其间充满了电容率(即绝对介电常量)为 $1.5\times10^{-11}\ \mathrm{F\cdot m^{-1}}$ 的均匀介质，略去边缘效应，求介质内的电场强度 $\boldsymbol{E}$ 和介质表面上的极化电荷面密度 σ'。

11-3 一平行板电容器两极板相距为 2.0 mm，电势差为 400 V，其间充满了相对介电常量为 $\varepsilon_r=5.0$ 的均匀玻璃介质，略去边缘效应，求玻璃表面极化电荷的面密度 σ'。

11-4 如图所示，一平行板电容器极板面积为 S，板间间距为 d，相对介电常量分别为 ε_{r_1} 和 ε_{r_2}，两种电介质各充满板间的一半。

(1) 在电容器两极板上加电压 V，两种介质所对着的极板上的自由电荷面密度各为多少？

(2) 两种介质内的 D 是多少？

(3) 此电容器的电容是多大？

11-5 平板电容器(极板面积为 S,间距为 d)中间有两层厚度各为 d_1 和 d_2 ($d_1+d_2=d$),介电常量各为 ε_1 和 ε_2 的电介质层(如图),试求:

(1) 电容 C。

(2) 当两极板所带电荷的面密度为 $\pm\sigma_0$ 时,两层介质分界面上的极化电荷面密度 σ' 是多少。

(3) 极板间的电势差 U。

(4) 两层介质中的电位移 $\boldsymbol{D}$。

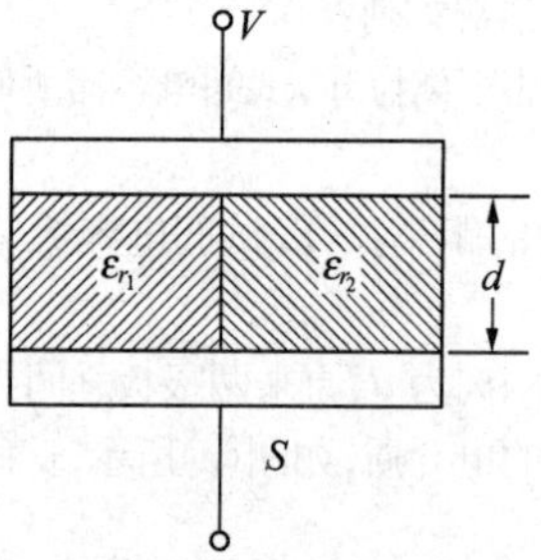

习题 11-4 图

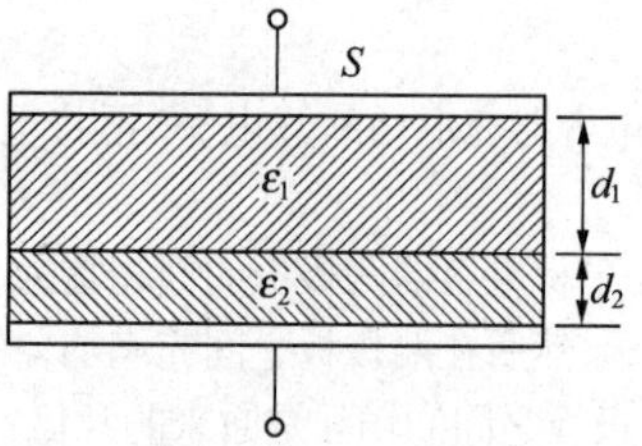

习题 11-5 图

11-6 如图所示,一同心球形电容器内、外半径分别为 R_1 和 R_2,两球间充满介电常量为 ε 的均匀介质,内球带电量为 Q,外球壳带电量为 $-Q$,求:

(1) 电容器内、外各处的电场强度 $\boldsymbol{E}$ 和两极板的电势差 U。

(2) 介质表面的极化电荷面密度 σ'。

(3) 电容 C。

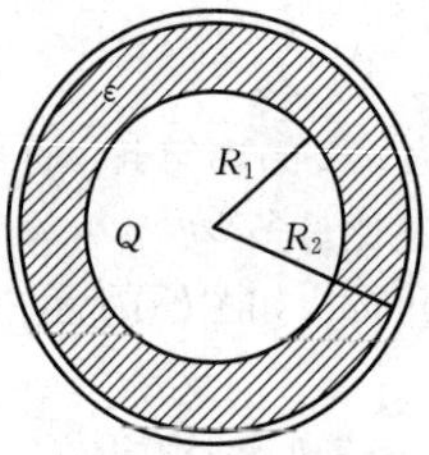

习题 11-6 图

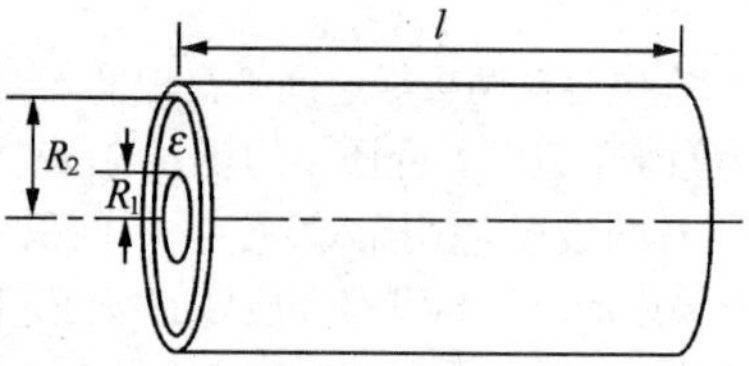

习题 11-7 图

11-7 一圆柱形电容器是由半径为 R_1 的直导线和与它同轴的导体圆筒构成。圆筒的内半径为 R_2,长为 l,其间充满了介电常量为 ε 的介质(如图)。设沿轴线单位长度导线上的电荷为 λ_0,圆筒的电荷为 $-\lambda_0$,略去边缘效应,试求:

(1) 介质中的电场强度 $\boldsymbol{E}$、电位移 $\boldsymbol{D}$、极化强度 $\boldsymbol{P}$、极化电荷面密度 σ'。

(2) 两极板的电势差 U。

(3) 电容 C。

11-8 一半径为 R 的无限长直螺线管,由表面绝缘的细导线密绕而成,单位长度的匝数为 n,内部充满磁导率为 $\mu>\mu_0$ 的均匀磁介质,当导线中通有电流 I 时,试求:

(1) 磁介质中的磁场强度 $\boldsymbol{H}$,磁感应强度 $\boldsymbol{B}$ 和磁化强度 $\boldsymbol{M}$。

(2) 磁介质表面的分子电流线密度 i'。

11-9 一无限长圆柱形直铜线,横截面的半径为 R,线外包有一层相对磁导率为 $\mu_r>1$ 的均匀介质,层厚为 d,导线中通有电流 I,I 均匀地分布在导线的横截面上,试求:

(1) 离导线轴线为 r 处的 $\boldsymbol{H}$ 和 $\boldsymbol{B}$ 的大小(分别考虑 $r<R$, $R<r<R+d$ 和 $r>R+d$ 这 3 种情况)。

(2) 磁介质内表面和外表面上的分子电流。

11-10 空气中当电场强度达到 $3\times10^{6}\ \mathrm{V\cdot m^{-1}}$ 时将会发生火花放电，一孤立的金属小球在空气中荷电后达到 4×10^{6} V的电压，问小球的半径至少应有多大才不致放电？它在放电前能在电场中储能多少？

11-11 一平行板电容器有两层介质，$\varepsilon_{r_1}=4$，$\varepsilon_{r_2}=2$，厚度为 $d_1=2$ mm，$d_2=3$ mm，极板面积 $S=50\ \mathrm{cm^2}$，两极间电压为 $U_0=200$ V。

(1) 计算每层介质中的能量密度。

(2) 计算每层介质中的总能量。

(3) 用下列方式计算电容器的总能量：(a)用两层介质中能量之和计算；(b)用电容器能量公式计算。

11-12 半径为 a 的长直导线，外面套有共轴导体圆筒，筒的内半径为 b，导线与圆筒间充满介电常量为 ε 的均匀介质，沿轴线的单位长度导线所带电量为 λ，圆筒所带电量为 $-\lambda$。略去边缘效应，求沿轴线单位长度圆筒内的电场能量。

11-13 一根很长的直导线载有电流 I，I 均匀分布在导线的横截面上，证明：这导线内部每单位长度所储藏的磁场能量为 $\dfrac{\mu_0 I^2}{16\pi}$。

11-14 如果真空均匀电场中的能量密度与一个 $B=0.5$ T 的真空磁场中所具有的能量密度相同，则电场强度有多大？

第十二章　电磁场和电磁波

§12.1　麦克斯韦方程组

12.1.1　位移电流与感生磁场

稳恒电流磁场的安培环路定理告诉我们，在稳恒电流的磁场中，磁场强度对任意闭合路径 C 的环流仅取决于通过该闭合路径所围面积的传导电流，即

$$\oint_C \boldsymbol{H}\cdot \mathrm{d}\boldsymbol{l} = \int_S \boldsymbol{j}\cdot \mathrm{d}\boldsymbol{S} \tag{12.1-1}$$

式中 S 是以闭合路径 C 为周界的任意形状的曲面，$\boldsymbol{j}$ 为传导电流密度。因稳恒电流具有闭合性，对任一封闭曲面 S，

$$\oint_S \boldsymbol{j}\cdot \mathrm{d}\boldsymbol{S} = 0$$

所以通过以 C 为周界的所有曲面的电流都相等，与曲面的形状和位置无关。如图 12.1-1所示，通过曲面 S_0，S_1，S_2 的电流相等。

如果电流不稳恒，如封闭曲面 S 内部的电荷为 q，则根据电荷守恒定律，电流的连续性方程为

$$\oint_S \boldsymbol{j}\cdot \mathrm{d}\boldsymbol{S} = -\frac{\mathrm{d}q}{\mathrm{d}t}$$

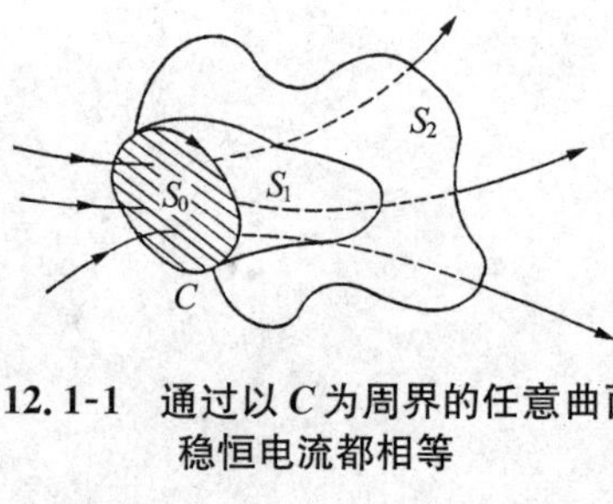

图 12.1-1　通过以 C 为周界的任意曲面的稳恒电流都相等

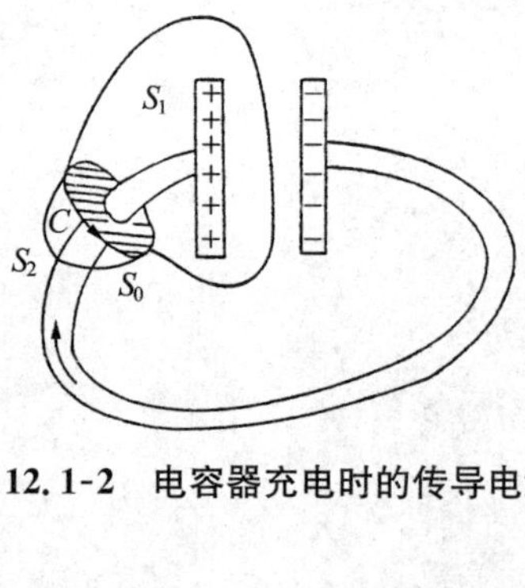

图 12.1-2　电容器充电时的传导电流

这种情形下电流线不闭合。在电荷随时间变化的地方，或有电流线终止，或有电流线自该处发出。以平板电容器为例，如图 12.1-2 所示，对电容器充电（或放电）时，电流终止在极板上，电容器内部无电流线，对于给定的闭合路径 C，通过以 C 为周界的曲面 S_0 的传导电流有一定数值，而通过以 C 为周界的曲面 S_1 的传导电流为零，安培环路定理在这种情况下不成立。麦克斯韦在仔细审核了安培环路定理后，肯定了电荷守恒定律，对安培环路定理作了修改。

如图 12.1-3 所示，对电容器充电时，两极板外侧的电路中有电流

$$I=\frac{\mathrm{d}q}{\mathrm{d}t}$$

式中 q 为极板上的电荷，而在电容器两极板间，没有传导电流，但有随时间变化的电位移 $\boldsymbol{D}$ 和电位移通量 Φ_D。已知平板电容器中 $D=\sigma=\frac{q}{S}$，S 为电容器极板的面积。传导电流在电容器极板处中断，在极板上造成随时间变化的电荷积累，所以单位时间内极板上电荷的增量应等于流入极板的电流 I。电位移通量 $\Phi_D=DS=q$，因此，

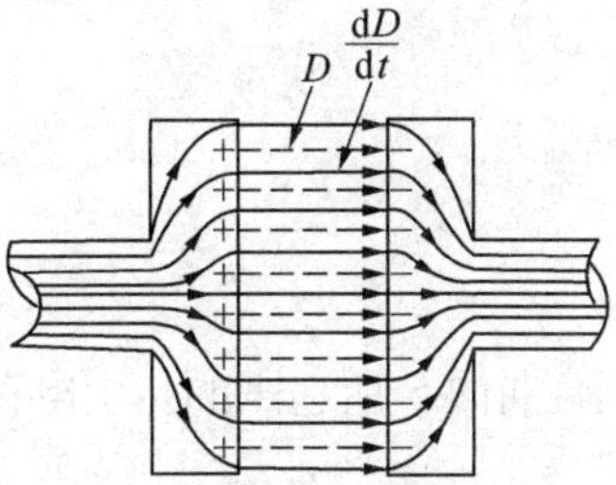

图 12.1-3　充电时电容器内部存在 dD/dt

$$I=\frac{\mathrm{d}q}{\mathrm{d}t}=\frac{\mathrm{d}\Phi_D}{\mathrm{d}t}=\frac{\mathrm{d}\boldsymbol{D}}{\mathrm{d}t}\cdot\boldsymbol{S} \tag{12.1-2}$$

式中矢量 $\boldsymbol{S}$ 的方向垂直于极板，与 $\boldsymbol{D}$ 平行，数值即极板面积 S。上式说明两极板间电位移通量的变化率与电路中的电流相等。在充电过程中，极板间电位移的变化率$\frac{\mathrm{d}\boldsymbol{D}}{\mathrm{d}t}$的方向与传导电流密度的方向相同，放电过程中同样是两者同方向，好像$\frac{\mathrm{d}\boldsymbol{D}}{\mathrm{d}t}$把中断在电容器两极板上的传导电流接了起来。麦克斯韦认为，可以把变化的电场看作是一种电流，称为位移电流；引进位移电流，即可维持电流的连续性。由(12.1-2)式，可以把电场中某点的电位移 $\boldsymbol{D}$ 随时间的变化率看作是该点的位移电流密度 $\boldsymbol{j}_d$，通过某截面的电位移通量随时间的变化率看成是通过该截面的位移电流 I_d，即

$$\boldsymbol{j}_d=\frac{\mathrm{d}\boldsymbol{D}}{\mathrm{d}t}$$

$$I_d=\int_S\boldsymbol{j}_d\cdot\mathrm{d}\boldsymbol{S}=\int_S\frac{\mathrm{d}\boldsymbol{D}}{\mathrm{d}t}\cdot\mathrm{d}\boldsymbol{S}=\frac{\mathrm{d}}{\mathrm{d}t}\int_S\boldsymbol{D}\cdot\mathrm{d}\boldsymbol{S}=\frac{\mathrm{d}\Phi_D}{\mathrm{d}t} \tag{12.1-3}$$

$\Phi_D=\int_S\boldsymbol{D}\cdot\mathrm{d}\boldsymbol{S}$ 为电位移通量。将(12.1-2)和(12.1-3)式比较，有

$$\boldsymbol{j}_d=\boldsymbol{j}$$

$$I_d=I$$

式中 $\boldsymbol{j}$ 为极板中不与导线相连的一边的电流密度。由此，在传导电流中断的地方，有位移电流接上去，组成闭合电流线。一般情况下，可能同时存在传导电流和位移电流，两者的总和称为全电流。考虑到一般情形下 $\boldsymbol{D}$ 是空间位置和时间的函数，所以 $\boldsymbol{D}$ 的时间变化率一般应写成偏导数的形式。全电流的电流密度和电流分别为

$$\boldsymbol{j}_{全}=\boldsymbol{j}+\frac{\partial\boldsymbol{D}}{\partial t}$$

$$I_{全}=I+\frac{\mathrm{d}\Phi_D}{\mathrm{d}t}=\int_S\boldsymbol{j}\cdot\mathrm{d}\boldsymbol{S}+\int_S\frac{\partial\boldsymbol{D}}{\partial t}\cdot\mathrm{d}\boldsymbol{S} \tag{12.1-4}$$

不难看出，全电流的电流线在任何情况下都是连续的闭合曲线。实际上，根据电流的连续性方程，对任何封闭曲面 S 有

$$\oint_S \boldsymbol{j} \cdot \mathrm{d}\boldsymbol{S} = -\frac{\mathrm{d}q}{\mathrm{d}t}$$

由高斯定理,

$$\oint_S \boldsymbol{D} \cdot \mathrm{d}\boldsymbol{S} = q$$

q 为闭合曲面 S 所包围的自由电荷的总量。上式对时间求导,得

$$\frac{\mathrm{d}q}{\mathrm{d}t} = \frac{\mathrm{d}}{\mathrm{d}t} \oint_S \boldsymbol{D} \cdot \mathrm{d}\boldsymbol{S} = \oint_S \frac{\partial \boldsymbol{D}}{\partial t} \cdot \mathrm{d}\boldsymbol{S}$$

代入电流的连续性方程,得

$$\oint_S \boldsymbol{j} \cdot \mathrm{d}\boldsymbol{S} = -\oint_S \frac{\partial \boldsymbol{D}}{\partial t} \cdot \mathrm{d}\boldsymbol{S}$$

或写成

$$\oint_S \left(\boldsymbol{j} + \frac{\partial \boldsymbol{D}}{\partial t}\right) \cdot \mathrm{d}\boldsymbol{S} = 0 \tag{12.1-5}$$

即

$$\oint_S \boldsymbol{j}_{全} \cdot \mathrm{d}\boldsymbol{S} = 0 \tag{12.1-6}$$

上式表明,全电流的电流线永远是无头无尾的闭合曲线。

在提出位移电流的概念之后,麦克斯韦还提出假说:位移电流和传导电流一样,在其周围要激发磁场,而且所激发的磁场与位移电流之间的关系和传导电流激发的磁场与传导电流之间的关系相同。因此,安培环路定理应修改为

$$\oint_C \boldsymbol{H} \cdot \mathrm{d}\boldsymbol{l} = \int_S \boldsymbol{j}_{全} \cdot \mathrm{d}\boldsymbol{S} = \int_S \boldsymbol{j} \cdot \mathrm{d}\boldsymbol{S} + \int_S \frac{\partial \boldsymbol{D}}{\partial t} \cdot \mathrm{d}\boldsymbol{S} \tag{12.1-7}$$

(12.1-7)式为全电流的安培环路定理。上式表明变化的电场和传导电流一样,也以涡旋的方式激发磁场。变化的电场产生的磁场也称感生磁场。

当无传导电流分布时,$\boldsymbol{j} = 0$,得

$$\oint_C \boldsymbol{H} \cdot \mathrm{d}\boldsymbol{l} = \int \frac{\partial \boldsymbol{D}}{\partial t} \cdot \mathrm{d}\boldsymbol{S}$$

上式表明:凡是存在变化电场的地方,周围就有闭合的磁感应线,变化的电场产生的磁场符合右手定则,以右手拇指指向$\frac{\partial \boldsymbol{D}}{\partial t}$,则四指环绕的方向即感生磁场的方向,如图 12.1-4 所示。

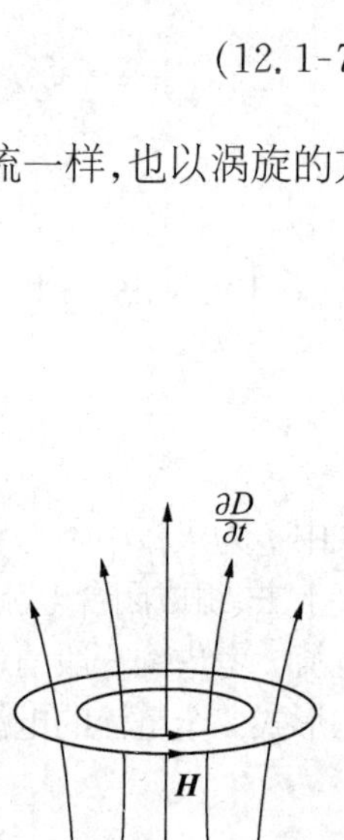

图 12.1-4 变化电场产生的涡旋磁场

麦克斯韦位移电流假说的实质是:变化的电场激发涡旋磁场。以后我们将看到,这正是产生电磁波的必要条件之一。后来实验验证了电磁波的存在,为位移电流的假说提供了最有力的证据。在物理本质上,位移电流与传导电流仅仅在激发磁场这一点上是等效的。位移电流是变化的电场,并不涉及电荷的运动,不会产生焦耳热;而传导电流是自由电荷的定向运动,因而通过导体时会产生焦耳热。

例 1 一平板电容器由半径为 $a = 10.0\,\mathrm{cm}$ 的两个圆形极板组成,假定电容器以均匀的速

率充电,使极板间的电场以恒定的变化率 $\mathrm{d}E/\mathrm{d}t = 10^{13}\ \mathrm{V\cdot m^{-1}\cdot s^{-1}}$ 变化,试求电容器的位移电流,并导出在两极板中间平行于极板的平面上,离电容器中心为 r 处的感生磁场 $\boldsymbol{B}$ 的大小的表示式,并计算 $r=\frac{a}{2}$ 处 B 的数值。

解　略去边缘效应,总位移电流为

$$I_D = \frac{\mathrm{d}\boldsymbol{D}}{\mathrm{d}t}\cdot\boldsymbol{S} = \varepsilon_0\frac{\mathrm{d}E}{\mathrm{d}t}\pi a^2 = 8.9\times10^{-12}\times10^{13}\times3.14\times(0.1)^2 = 2.8(\mathrm{A})$$

由安培环路定理得

$$\oint\boldsymbol{B}\cdot\mathrm{d}\boldsymbol{l} = \mu_0\int\frac{\mathrm{d}\boldsymbol{D}}{\mathrm{d}t}\cdot\mathrm{d}\boldsymbol{S} = \mu_0\varepsilon_0\int\frac{\mathrm{d}\boldsymbol{E}}{\mathrm{d}t}\cdot\mathrm{d}\boldsymbol{S}$$

取圆形回路,回路平面与极板平行,圆心与极板中心相应,则当 $r\leqslant a$ 时,上式化为

$$B\cdot2\pi r = \mu_0\varepsilon_0\frac{\mathrm{d}E}{\mathrm{d}t}\pi r^2$$

$$B = \frac{\mu_0\varepsilon_0}{2}r\frac{\mathrm{d}E}{\mathrm{d}t}$$

当 $r\geqslant a$ 时,只有电容器内有位移电流,

$$B\cdot2\pi r = \mu_0\varepsilon_0\frac{\mathrm{d}E}{\mathrm{d}t}\pi a^2$$

$$B = \frac{\mu_0\varepsilon_0 a^2}{2r}\frac{\mathrm{d}E}{\mathrm{d}t}$$

在 $r=\frac{a}{2}$ 处,

$$\begin{aligned}B &= \mu_0\varepsilon_0\cdot\frac{a}{4}\cdot\frac{\mathrm{d}E}{\mathrm{d}t} = \pi\times10^{-7}\times8.85\times10^{-12}\times0.1\times10^{13}\\ &= 2.8\times10^{-6}(\mathrm{T})\end{aligned}$$

由上面计算所得的感生磁场随 r 的变化关系示于图 12.1-5中。

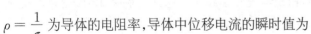

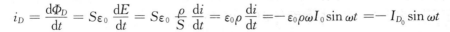

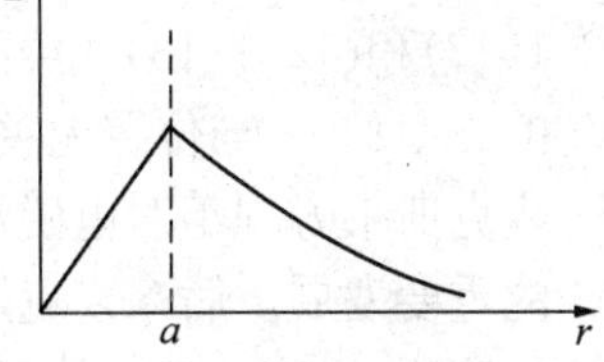

图 12.1-5　*B*-*r* 关系

例 2　设圆柱形导体中通以交流电 $i = I_0\cos\omega t$,导体横截面为 S,且电流沿横截面均匀分布,导体的电阻率为 ρ,试求其中位移电流与传导电流振幅的比值。

解　由欧姆定律的微分形式,导体中的电场强度为

$$E = \frac{j}{\sigma} = \frac{i}{\sigma S} = \rho\frac{i}{S}$$

$\rho=\frac{1}{\sigma}$ 为导体的电阻率,导体中位移电流的瞬时值为

$$i_D = \frac{\mathrm{d}\Phi_D}{\mathrm{d}t} = S\varepsilon_0\frac{\mathrm{d}E}{\mathrm{d}t} = S\varepsilon_0\frac{\rho}{S}\frac{\mathrm{d}i}{\mathrm{d}t} = \varepsilon_0\rho\frac{\mathrm{d}i}{\mathrm{d}t} = -\varepsilon_0\rho\omega I_0\sin\omega t = -I_{D_0}\sin\omega t$$

导体中位移电流和传导电流振幅之比为

$$\frac{I_{D_0}}{I_0} = \rho\varepsilon_0\omega$$

对一般良导体，$\rho \approx 10^{-8}\ \Omega\cdot\text{m}$，则可得

$$\frac{I_{D_0}}{I_0} = 8.85\times10^{-12}\times10^{-8}\times2\pi f = 5.6\times10^{-19} f \quad (\omega = 2\pi f)$$

结果表明，只要频率 $f \ll 10^{19}$ Hz，则 $I_{D_0}/I_0 \ll 1$。一般变化电场的频率均远小于 10^{19} Hz，因此，在导体内位移电流和传导电流相比总是微不足道的，这也就是通常不必计及导体中的位移电流的原因。

12.1.2 麦克斯韦方程组

麦克斯韦总结了前人关于电学和磁学的基本规律，又加以补充和推广，把电学和磁学统一为电磁场理论。因此，描述电磁学的基本方程组又称为麦克斯韦方程组。其积分形式如下：

$$\oint_S \boldsymbol{D}\cdot \mathrm{d}\boldsymbol{S} = \int_V \rho \mathrm{d}V \tag{12.1-8}$$

$$\oint_C \boldsymbol{E}\cdot \mathrm{d}\boldsymbol{l} = -\int_S \frac{\partial \boldsymbol{B}}{\partial t}\cdot \mathrm{d}\boldsymbol{S} \tag{12.1-9}$$

$$\oint_S \boldsymbol{B}\cdot \mathrm{d}\boldsymbol{S} = 0 \tag{12.1-10}$$

$$\oint_C \boldsymbol{H}\cdot \mathrm{d}\boldsymbol{l} = \int_S \left(\boldsymbol{j} + \frac{\partial \boldsymbol{D}}{\partial t}\right)\cdot \mathrm{d}\boldsymbol{S} \tag{12.1-11}$$

联系场矢量与介质常量的物态方程为

$$\boldsymbol{D} = \varepsilon_0 \boldsymbol{E} + \boldsymbol{P} = \varepsilon_0 \varepsilon_r \boldsymbol{E} \tag{12.1-12}$$

$$\boldsymbol{H} = \frac{1}{\mu_0}\boldsymbol{B} - \boldsymbol{M} = \frac{1}{\mu_0 \mu_r}\boldsymbol{B} \tag{12.1-13}$$

$$\boldsymbol{j} = \sigma \boldsymbol{E} \tag{12.1-14}$$

(12.1-12)和(12.1-13)式中的后一等式及(12.1-14)式仅适用于各向同性的介质。若介质是均匀的，ε_r，μ_r，σ 与位置无关；若介质是非均匀的，则 ε_r，μ_r 和 σ 是位置的函数。

麦克斯韦方程组对电磁规律作了高度的数学概括，其中引入位移电流的概念是对电磁场理论的重要发展。后来麦克斯韦又根据这些方程从理论上得出电磁波存在的预言和光是电磁波的论断。1888 年赫兹(H. R. Hertz, 1857—1894 年)用实验证明了电磁波在空间的传播。此后电磁波在无线电通讯中得到广泛的应用，成为当代文明生活的重要组成部分。麦克斯韦关于光是电磁波的论断把电学、磁学和光学统一了起来。这一发展是 19 世纪科学史上最伟大的成就。麦克斯韦的电磁场理论和牛顿力学构成了经典物理学的两大支柱。

麦克斯韦方程组在高速运动领域仍是正确的，但涉及物质结构问题时，则必须借助量子电动力学，因此说麦克斯韦方程是宏观电磁场理论的基础。

§12.2 电磁波的产生和传播

麦克斯韦的电磁场理论指出：变化的电场能够在其周围激发涡旋磁场，变化的磁场也能

在其周围激发涡旋电场。根据此理论,若在空间某处有一个电磁振源,并设其能产生简谐交变的电场(或磁场),则在其周围产生涡旋磁场(或电场),由于这样形成的磁场(或电场)也是交变的,也在自己的周围激发交变的涡旋电场(或磁场)。这样,交变电场和交变磁场交互激发,使电磁振荡在空间由振源向远处传播开来,形成电磁波。图 12.2-1 是电磁振荡沿某一直线传播过程的示意图,图中以实线表示涡旋电场线,虚线为磁感应线。实际上当振源沿一直线振荡时,电磁振荡在各方向上都有传播。

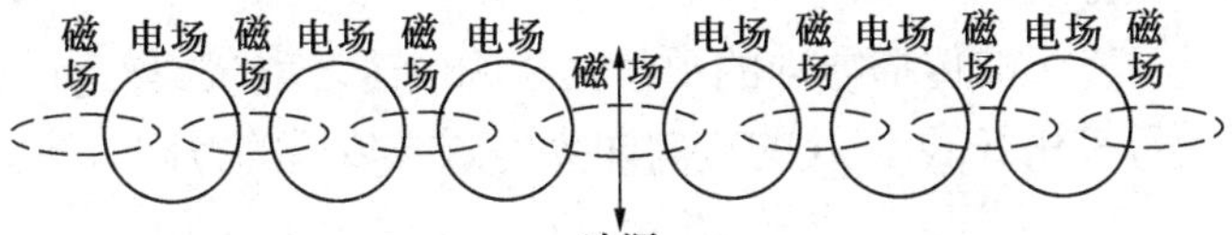

图 12.2-1 电磁波沿某一直线的传播

电磁振荡在空间的传播就是电磁波。从上面的讨论可知,电磁波能脱离振源向远处传播。在远离波源处,$\boldsymbol{E}$ 和 $\boldsymbol{B}$ 都与传播方向垂直,波面在一定范围内可看成是平面,这时就可称其为平面电磁波。

平面电磁波有以下一些基本性质:

(1) 电磁波中 $\boldsymbol{E}$、$\boldsymbol{B}$ 的方向与电磁波传播方向三者互相垂直,说明电磁波是横波。这三者的方向构成右手螺旋关系,当右手四指由 $\boldsymbol{E}$ 向 $\boldsymbol{B}$ 绕行时,拇指指向电磁波的传播方向,如图 12.2-2 所示。

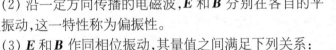

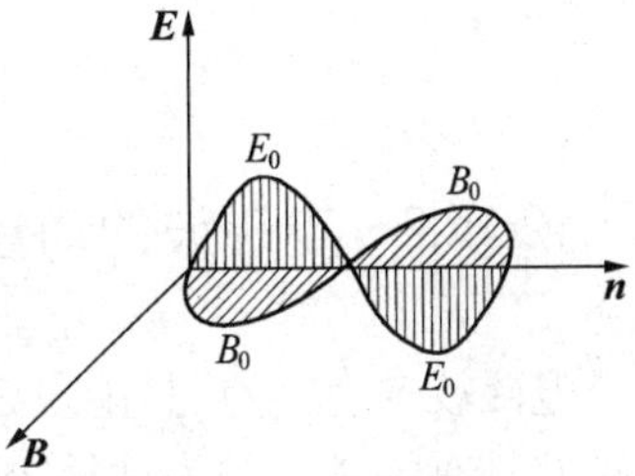

图 12.2-2 平面电磁波

(2) 沿一定方向传播的电磁波,$\boldsymbol{E}$ 和 $\boldsymbol{B}$ 分别在各自的平面上振动,这一特性称为偏振性。

(3) $\boldsymbol{E}$ 和 $\boldsymbol{B}$ 作同相位振动,其量值之间满足下列关系:

$$B = \sqrt{\varepsilon\mu}E$$

(4) 变化的电场和变化的磁场以相同的速度 $v = \dfrac{1}{\sqrt{\mu\varepsilon}}$ 传播。在真空中,电磁波的速度为 $v_{真空} = \dfrac{1}{\sqrt{\mu_0\varepsilon_0}} = c$ (光速),电磁波在真空中的速率和在介质中的速率之比,称为该介质的折射率 n,即

$$n = \frac{c}{v} = \sqrt{\varepsilon_r\mu_r}$$

§ 12.3 电磁波的能量和动量

12.3.1 电磁场的能量密度和能流密度

利用前面已导出的电场能量密度和磁场能量密度的公式,可得真空中电磁场的能量密度为

$$w = w_e + w_m = \frac{1}{2}\varepsilon_0 E^2 + \frac{1}{2\mu_0}B^2 \tag{12.3-1}$$

由 $B = \sqrt{\varepsilon_0 \mu_0}\, E$ 可得

$$w = \frac{1}{2}\varepsilon_0 E^2 + \frac{1}{2}\varepsilon_0 E^2 = \varepsilon_0 E^2 \tag{12.3-2}$$

此即电磁场中的能量密度。

单位时间内通过垂直于波传播方向的单位面积的电磁场能量,称为电磁波的能流密度矢量,也称为坡印廷矢量,常用 $\boldsymbol{S}$ 表示,$\boldsymbol{S}$ 的方向即为电磁波传播的方向。真空中 $\boldsymbol{S}$ 可写成

$$\boldsymbol{S} = w\boldsymbol{c} \tag{12.3-3}$$

其量值为

$$S = wc = \varepsilon_0 E^2 c = \frac{1}{\mu_0}EB$$

考虑到 $\boldsymbol{E}$ 和 $\boldsymbol{B}$ 和 $\boldsymbol{S}$ 三者之间的方向关系,$\boldsymbol{S}$ 又可写成

$$\boldsymbol{S} = \frac{1}{\mu_0}\boldsymbol{E} \times \boldsymbol{B} \tag{12.3-4}$$

12.3.2 电磁波的动量

电磁波具有能量,且能量在真空中以光速传播,因而电磁波也应具有动量。单位体积的电磁波具有的动量称为动量密度,用 g 表示。根据相对论的能量和动量的关系,

$$g = \frac{w}{c}$$

动量的方向即波的传播的方向。以(12.3-3)式代入上式,并写成矢量式,

$$\boldsymbol{g} = \frac{1}{c}\ \frac{\boldsymbol{S}}{c} = \frac{1}{c^2}\boldsymbol{S} \tag{12.3-5}$$

电磁波具有动量,入射到物体表面上将对表面产生压力,此压力称为辐射压力或光压,已被实验证实。

例 1 射到地球上的太阳光的平均能流密度是 $S = 1.4 \times 10^3\ \mathrm{W \cdot m^{-2}}$,设太阳光完全被地球吸收,则该能流对地球的辐射压力是多大?太阳对地球的引力与此辐射压力之比是多少?

解 设射到地球上单位体积内的太阳光的动量密度为 g,则单位时间内通过垂直于波传播方向的单位面积的动量为 gc。单位面积所受到的辐射压力称为辐射压强 p,则

$$p = gc$$

用 $g = \dfrac{S}{c^2}$ 代入上式,得

$$p = \frac{S}{c}$$

地球正对太阳的横截面积为 $\pi R_{地}^2$,故太阳光对地球的辐射压力为

$$F = \frac{S}{c}\pi R_{地}^2 = \frac{1.4\times10^3\times3.14\times(6.4\times10^6)^2}{3\times10^8} = 6.0\times10^8\,(\mathrm{N})$$

太阳对地球的引力为

$$F_g = \frac{GMm}{r^2} = \frac{6.7\times10^{-11}\times2.0\times10^{30}\times6.0\times10^{24}}{(1.5\times10^{11})^2} = 3.6\times10^{22}\,(\mathrm{N})$$

两种力之比为

$$\frac{F_g}{F} = \frac{3.6\times10^{22}}{6.0\times10^8} = 6.0\times10^{13}$$

可见太阳光对地球的辐射压力与太阳对地球的引力相比是微不足道的。

如果空中有尘埃粒子,其尺寸足够小,则光压可以大于引力,因为 $m=\rho V=\rho\frac{4}{3}\pi R^3$,两种力之比为

$$\frac{F_g}{F} = \frac{GM\rho\frac{4}{3}\pi R^3}{r^2}\Big/\left(\frac{S\pi R^2}{c}\right) = \frac{GM\rho\frac{4}{3}Rc}{r^2 S}$$

$$= \frac{6.7\times10^{-11}\times2.0\times10^{30}\times\frac{4}{3}\times3.0\times10^8\times\rho R}{(1.5\times10^{11})^2\times1.4\times10^3} = 1.7\times10^3\times\rho R$$

只要尘埃粒子的密度和半径足够小,例如使 $\rho R<10^{-4}$,就可以使太阳的光压大于太阳引力。

典型的例子就是彗星尾巴的方向。彗星运行到太阳附近时,由于彗星尾上的尘埃微粒所受太阳的光压比太阳的引力大,所以被太阳光推向远离太阳的方向而形成很长的彗星尾巴,有的彗星(如哈雷彗星)被太阳照得很亮,就可以看到这种现象。

§12.4　电磁波的辐射

12.4.1　辐射电磁波的条件

产生电磁波的过程称为电磁辐射。考察分布在某小范围内的电荷系统,如果此系统能辐射电磁波,使电磁波向四面八方传播出去,我们就称这种电荷系统为辐射源。

静止的点电荷不可能产生电磁波,因为静止电荷只产生静电场,不产生磁场,场中没有能量的流动。匀速运动的电荷也不可能产生电磁波,因为匀速运动的电荷的电场强度沿径向,即以点电荷为坐标原点时任一点的位矢 $\boldsymbol{r}$ 的方向,能流密度与 $\boldsymbol{E}$ 垂直,即与径向垂直,因而没有沿 $\boldsymbol{r}$ 方向的分量,故不能发射电磁波。只有当电荷作加速运动时,才可能发射电磁波。因为电荷加速过程中产生的电场分布具有横向分量,并伴随有磁场的变化,因此形成沿径向向外辐射的电磁波。

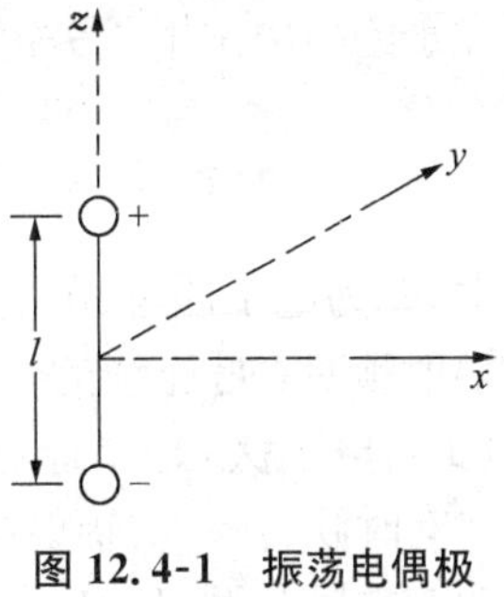

图 12.4-1　振荡电偶极

12.4.2　电偶极辐射和磁偶极辐射

图 12.4-1 是一个简单而又重要的辐射系统,系由长为 l、两

端有两个小球的导体组成。两小球上的电荷相等相反,且均随时间作正弦变化,

$$q = q_0 \sin \omega t \tag{12.4-1}$$

这一系统称为振荡电偶极子,其瞬时电偶极矩为

$$\boldsymbol{P} = q_0 l \sin \omega t\, \boldsymbol{k} = P_0 \sin \omega t\, \boldsymbol{k} \tag{12.4-2}$$

式中 $\boldsymbol{k}$ 为平行于系统轴向的固定单位矢量,即沿图中的 z 轴。电荷随时间的变化在导体中引起随时间变化的电流

$$I = \frac{\mathrm{d}q}{\mathrm{d}t} = q_0 \omega \cos \omega t = I_0 \cos \omega t \tag{12.4-3}$$

计算表明,电偶极子的平均辐射总功率为

$$\overline{P}_m = \frac{P_0^2 \omega^4}{12\pi\varepsilon_0 c^3} \tag{12.4-4}$$

与电偶极子的振荡频率的四次方成正比。实际的无线电发射就是利用天线中的振荡电流。

磁偶极子由面积为 S 的圆电流组成,设面积的法线沿 z 轴方向,圆电流载有振荡电流 $I = I_0 \cos \omega t$,则磁偶极矩为

$$\boldsymbol{M} = M_0 \cos \omega t\, \boldsymbol{k} \tag{12.4-5}$$

其中

$$M_0 = SI_0$$

计算表明,磁偶极子的平均辐射功率为

$$\overline{P}_m = \frac{\mu_0 M_0^2 \omega^4}{12\pi c^3} \tag{12.4-6}$$

也与振荡频率的四次方成正比。

在广播范围内,磁偶极辐射比电偶极辐射弱得多,而原子核的跃迁常相应于磁偶极辐射。

12.4.3 韧致辐射

当带电粒子通过介质时因与介质中的原子或原子核作用而减速产生的辐射称为韧致辐射。

如果一个自由电子在原子核的电场作用下从一种自由状态过渡到另一种自由状态,则辐射光子的频率由下式决定:

$$h\nu = \frac{1}{2} m_e (v_e^2 - v_e'^2) \tag{12.4-7}$$

式中 m_e 为电子质量,v_e 和 v_e' 分别为自由电子发光前后的运动速度,h 为普朗克常量。自由电子辐射频率 ν 是连续的。自由电子辐射能量导致其动能减少,速度下降。韧致辐射是高能(>1 吉电子伏)电子通过物质时能量损失的重要方式。

有时候,在一次辐射中单一光子会带走几乎所有的能量,这时光子的频率为动能 E_k 除以普朗克常量 h,即 E_k/h,相应的波长为最小波长 $\lambda_{\min}$:

$$\lambda_{min} = hc/E_k \tag{12.4-8}$$

当电子在X光管中被加速获得能量 $E_k = eU$ 时(U 是X光管两端的加速电压),方程(12.4-8)改为

$$\lambda_{min} = hc/eU \tag{12.4-9}$$

上述关系已由实验证实,这也是验证光子存在的重要实验结果。

12.4.4　同步辐射

1948年在美国纽约州的Schenectady通用电器公司实验室中观察到电子同步加速器中出现强烈的电磁辐射,以后就把这种辐射称为同步辐射。原则上所有带电粒子在作圆周运动时都可发出同步辐射,但因辐射功率反比于粒子质量的四次方,在相同的条件下,质子的同步辐射功率要比电子的同步辐射弱13个数量级,所以一般用电子作同步辐射。在同步加速器中电子以相对论性速度运动,辐射趋于沿粒子的运动方向形成一窄束。如图12.4-2所示,辐射强度主要集中在速度方向上锥角很小的锥体内。当电子作圆周运动时,强度很大的狭窄的光锥随着电子运动方向的改变而改变。若在轨道平面内某一固定位置观测,所接收到的是周期性的窄脉冲。例如一个电子以 $v = 0.999c$ 的速度作半径为 $R = 0.9$ m的圆周运动,当观察者和发出脉冲的距离为30 m时,接收到的辐射脉冲持续时间仅近似为 4×10^{-13} s,这一持续时间实际上就是辐射束扫过接收器的时间;而两个脉冲之间的时间间隔为

$$T = \frac{2\pi R}{v} = 1.9\times10^{-8}(\text{s})$$

比接收到的辐射脉冲的持续时间大得多,因而可用同步辐射的这个特点来进行时间分辨率极高的实验。同时由于辐射集中在一个窄范围内,方向性好,亮度高;同步辐射的另一个特点是,辐射光为完全偏振光。

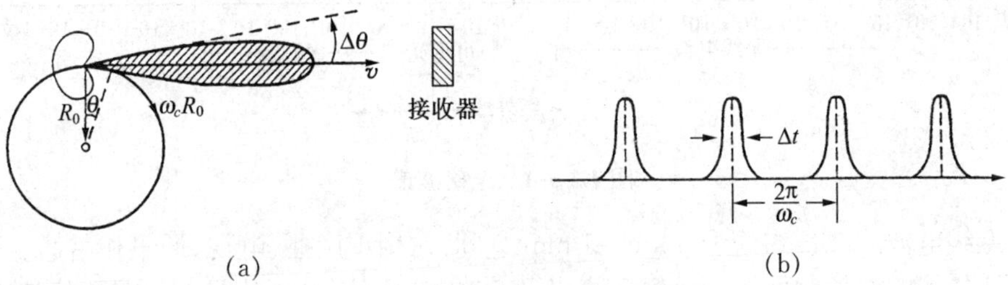

图12.4-2　同步辐射的角分布和接收器接收到的脉冲

用光来观测微小物体时,分辨率要求光的波长小于被观测对象的尺度。用可见光不能观测比微生物小得多的物体,例如对晶体结构的研究,就要用波长为0.1 nm量级的X光,但若研究的对象包括从微米尺度的细胞直到0.1 nm尺度的蛋白晶体,就希望有一个波长连续可调的光源,且波长覆盖面大。在同步辐射光源产生之前的所有光源都不能满足这些要求。激光虽是性能极好的光源,但其波长受到原子能级的限制,只能提供波长特定的光子。X光管虽能提供连续谱的光子,但由于辐射强度弱,在应用上受到严格的限制。只有同步辐射光源不但具有激光的许多优点,且能满足上面所说的所有要求。

在物理、化学、地球科学等学科中，极端条件下的物态研究是学科的前沿。通常温度、压力、电场、磁场和重力场等极端条件下的物态研究只有在很小的范围中才能进行，涉及的样品也是极细微的，往往要求亮度很高的光源。例如，研究 1 兆巴(10^{11} Pa)下的结晶学、不同元素化合物的相变、微米级的单晶、纳秒级的实时测量等，这些研究只有用同步辐射光源才能进行。

目前我国最先进的同步辐射装置是合肥同步辐射装置，由 35 m 长、200 MeV 的电子直线加速器产生电子，再经 60 m 长束流输运线注入到平均直径为 21 m 的储存环中。储存环加速电子，使其能量进一步提高到 800 MeV，此时电子产生同步辐射以供利用。此装置主要辐射在紫外和软 X 光波段，可容纳 50 个以上的实验站。同步辐射适合于研究固体的能带结构及固体表面的电子结构；用于生物学可直接用软 X 射线显微镜观测细胞，用紫外光研究生物大分子系统的能量传递；还可用于光化学研究，分离同位素，研究分子化学键等；并可用于辐射计量学。

在天文观测中也可以看到同步辐射。当高能带电粒子在天体的磁场中作圆周运动时就会发射同步辐射。例如蟹状星云能产生平均辐射频率约为 10^{18} Hz(X 射线)的相对论电子，说明在星云中应有一个能使电子能量增大到 10^8 MeV 的连续加速机制。人们通过寻找这个连续运转的“高能加速器”，终于发现在星云中心有一颗脉冲星。类星体的射频辐射也是同步辐射。对类星体发射的各谱线研究后认为，这些发射线具有很大的朝向低频端的多普勒频移。如果用多普勒频移来量度类星体的距离，可推算出类星体必位于宇宙的极其深远处。类星体的研究在宇宙学理论中具有相当大的重要性。

§12.5 电磁波谱

真空中，各种电磁波都具有相同的传播速度，将各种电磁波按照频率或波长的大小顺序排列起来，就形成了电磁波的波谱，如图 12.5-1 所示。电磁波波谱大致可划分成如下区域：

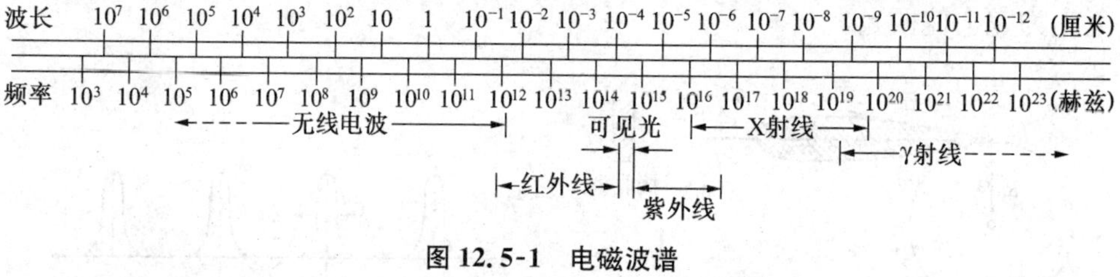

图 12.5-1 电磁波谱

(1) 无线电波的波长约处于 3 km～1 mm 之间，常用于广播、电视、通讯和雷达。

(2) 红外线的波长约处于十分之几毫米到 760 nm 之间，红外线具有显著的热效应。

(3) 可见光波长在 760～400 nm 之间。

(4) 紫外线波长在 400～5 nm 之间。

(5) X 射线波长在 10～10^{-2} nm 之间。

(6) γ 射线波长小于 10^{-2} nm。

阅读材料　　生命系统的超微弱光子辐射

早在 1923 年，苏联科学家古维茨做过一个生物辐射的实验。实验装置如图 RM12-1 所示,图中的探测器是一个带根的洋葱头,把它的根部装入一玻璃毛细管中,管外有一金属套,管和套的壁上有一小孔,正对着这个小孔放另一个洋葱的根部,作为感应器。两个葱头根部靠得很近,但不接触,采用一定办法使感应器末端的细胞快速分裂,经过几个小时后,发现探测器的小孔附近长出一个小包。古维茨认为这是因为感应器的细胞快速分裂时发出微弱的紫外光,刺激了探测器的细胞,使之也发生快速分裂。当时这只是一种假说,并无法证实这种辐射光。直至 20 世纪 50 年代光电倍增管诞生后,可测量很微弱的光强,才证实了古维茨的预言。实验证明,人、动物和植物都存在超微弱光辐射现象,光谱分布从红外到紫外,呈准连续谱,辐射强度为几个～几千个光子/(秒·厘米^2)。

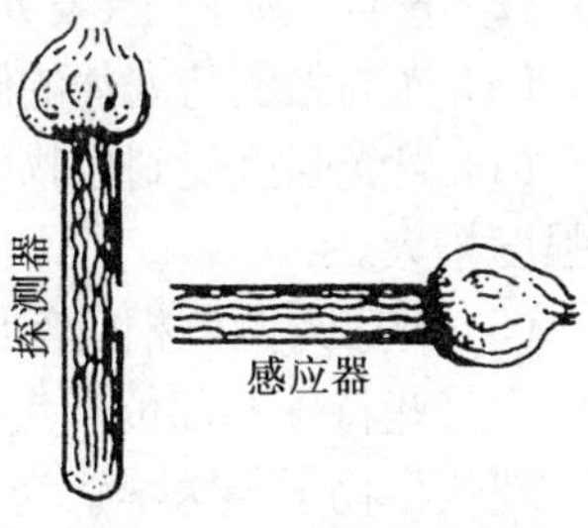

图 RM12-1 生物体的辐射

进一步的研究发现,在不需要任何外界环境的条件下,人和动物会主动辐射超微弱可见光,这种光与人的体温无关,即只发光不发热,是一种冷光;而当机体一旦死亡,这种超微弱冷光也随之消失。由于这种超微弱冷光信息与体表的红外辐射、电学参量、温度、磁场变化等信息量比较具有稳定性、重复性强的优点,所以,现在对生命的超微弱冷光的研究得到重视。

对大量不同年龄、性别、职业和健康状况的人群进行的数十万次测试的结果分析表明,每个人体表的各部分都在不断地发射着超微弱的可见光(由于太微弱,人眼看不见),且冷光的强度分布有一定规律。对同一个人来说,一般手指尖、足趾尖的光最强,臂、腿和躯干较弱。有趣的是有不少人体部位虽然紧密相邻,但它们的发光强度竟相差悬殊,达几倍或十几倍。动物体表也发射与人体相似的超微弱可见光。从生命系统超微弱光的强度和变化规律中可得到生命的客观信息。但因为人体是一个复杂的有机体,干扰因素又太多,尤其是人体辐射出的红外线的能量要比可见光的大得多;加上人体表还有各种电学参量,周围空间又有宇宙线和电磁场的存在,所以需要设计一系列物理学、物理化学、生物学的排除实验,才能证明观测到的信息不是由于上述种种干扰与假象造成的,同时还要排除仪器本身的噪声。因此这类实验观测相当困难。

活的生物样品或活的人体都会不断发射超微弱冷光,那么,这是如何发生的呢? 首先,既然是物质的发光,就离不开物理学的规律。这种微弱的发光也是由构成生物体或人体组织的原子中的电子运动引起的。原子中的每个电子都在一定能级的轨道上运动,当它受到外界的激发而获得能量时,可以跃迁到能级较高的激发态上。而在激发态时其状态是不稳定的,只能逗留约亿分之一秒的时间,又要回到原来的能级上;这时就会释放能量,表现为发出相应波长的光。生物体与人体的主动发光过程也应是同样的机理。

实验发现,只有活的组织才不断发射超微弱冷光,而死亡的生物或人体并不发射这种冷光,显然,这种引起发光的激发能源是从机体的生命活动中获得的。有人认为在细胞的生物氧化过程中获得了能量,使生物大分子中原子的核外电子从基态向高能级轨道跃迁,然后回到较低能级或基态时,其释放的能量以光子形式向外辐射,导致组织与细胞的发光。因此,这种超微弱冷光信息反映了机体细胞生命活动中能量的转换过程。另一种说法是,机体内的不饱和脂肪酸的氧化作用,产生了过氧化自由基,它们激发原子中的电子,从而导致光子释放。现在关于超微弱冷光的发光机制仍在探索之中。

实验发现的超微弱冷光辐射具有如下的基本特点:

(1) 对某个活的生物体的某一部位作长时间观测发现,其发光强度始终不变,除非生命状态发生改变。

(2) 一旦生命停止,发光也停止。

(3) 光的强弱与人体的健康状况有关。身体越强壮,发光越强,久病虚弱的人发光很弱。

(4) 发光强度受到生物中枢神经系统控制。如用药物对动物作深度麻醉后,动物体表发光强度增大。

(5) 健康人两侧相应部位的冷光信息是一一对称的,不同疾病的患者则在与其疾病相关的体表某些特殊的部位产生不对称的冷光信息。由此可作疾病早期诊断的手段。

现代生物学与医学认为,人体生命活动具有自我复制和自我更新的特点,人体细胞在不断新陈代谢,不断更新,而且按照遗传特征在不断地复制出不走样的细胞。在这些过程中必然存在一整套生物自控体系,这种体系必然要以各种物理或物理化学参量表达出来。体表的信息,必然反映体内的生理、病理状态。因此探寻新的快速、无损伤的活体诊断方法成为学术界十分关心的问题。用超微弱冷光"看病"无疑将有广阔的发展前途。

参考资料

[1] [日]QUARK 编著,周莲译,《人体的奥秘》,北京大学出版社,1993 年。

思考题与习题

一、思考题

12-1 试比较位移电流和传导电流有何异同?

12-2 在真空中,电磁波的电场强度和磁感应强度的大小有何比例关系,电能密度和磁能密度的大小有何关系? 真空中电磁场的能量密度表达式是什么?

12-3 电磁振荡能够在空间传播的原因是什么?

二、习题

12-1 证明:略去边缘效应时,平板电容器中的位移电流为

$$I_D = \varepsilon S \frac{\mathrm{d}E}{\mathrm{d}t}$$

式中 ε 是两极板间介质的绝对介电常量,S 是极板的面积,E 是极板间场强的大小。

12-2 一空气平行板电容器的两极板都是半径为 5.0 cm 的圆导体片,在充电时,其中电场强度的变化率为 $\frac{\mathrm{d}E}{\mathrm{d}t} = 1.0\times 10^{12}\ \mathrm{V\cdot m^{-1}\cdot s^{-1}}$,略去边缘效应,试求:

(1) 两极板间的位移电流 I_D。

(2) 极板边缘磁感应强度 $\boldsymbol{B}$ 的大小。

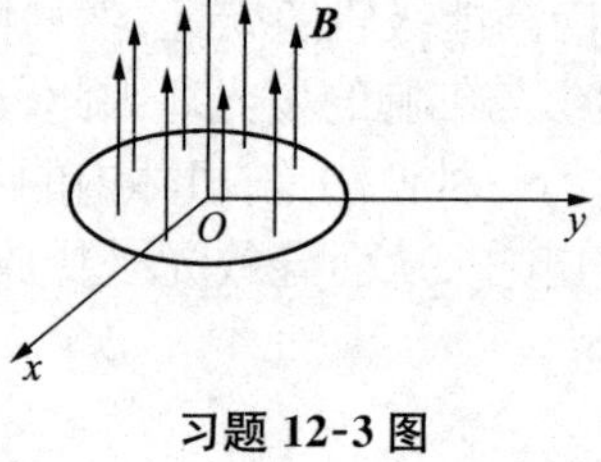

习题 12-3 图

12-3 在一圆柱形空间内,有一均匀的但是随时间 t 变化的磁场 $\boldsymbol{B} = B(t)\boldsymbol{k}$, $\boldsymbol{k}$ 是沿圆柱轴线方向上的单位矢量,取直角坐标如图,证明:在此柱体内离轴线为

$$r = \sqrt{x^2+y^2}$$

处的电场强度为
$$\boldsymbol{E} = \frac{1}{2}(y\boldsymbol{i} - x\boldsymbol{j})\frac{\mathrm{d}B}{\mathrm{d}t}$$

12-4 一长螺线管,每单位长度有 n 匝线圈,半径为 a,载有随时间增长的电流 i,求:

(1) 在螺线管内距轴线为 r 处的感生电场。

(2) 该处的坡印廷矢量的大小和方向。

12-5 一长直导线,截面半径为 10^{-2} m,每单位长度的电阻为 $3\times10^{-3}\ \Omega\cdot m^{-1}$,载有电流 25 A,计算在距导线表面很近一点处的:

(1) $\boldsymbol{B}$ 的大小。

(2) $\boldsymbol{E}$ 在平行于导线方向上的分量。

(3) 通过导线的坡印廷矢量 $\boldsymbol{S}$。

12-6 有一圆柱形导体,半径为 R,电阻率为 ρ,载有电流 I,求:

(1) 导体内距轴线为 r 处某点的 $\boldsymbol{E}$。

(2) 该点的 $\boldsymbol{B}$。

(3) 该点的坡印廷矢量 $\boldsymbol{S}$。

12-7 如图所示,一个正在充电的圆形平板电容器,若不计边缘效应,试证:电磁场输入的功率

$$\boldsymbol{P}=\int\boldsymbol{S}\cdot d\boldsymbol{A}=\frac{d}{dt}\left(\frac{q^2}{2C}\right)$$

式中 C 为电容器的电容,q 为极板上的电量,d$\boldsymbol{A}$ 是圆形平板电容器侧面上所取的面元,$\boldsymbol{S}$ 是坡印廷矢量。

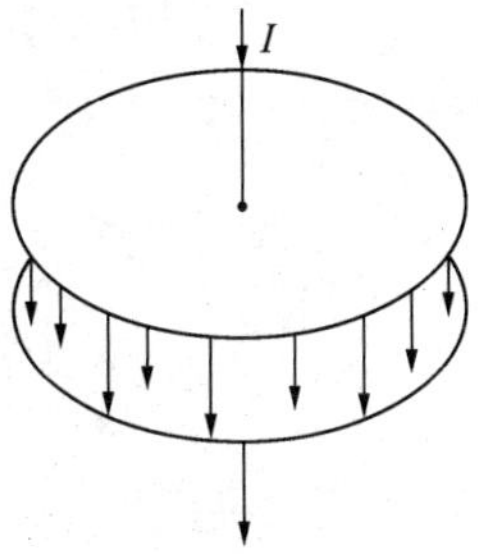

习题 12-7 图

12-8 光波的电场强度多大时,它对垂直于传播方向的表面产生的辐射压强等于 1 atm。(设它被表面完全吸收)

12-9 一光波的平均能流密度为 $2\times10^5\ J\cdot m^{-2}\cdot s^{-1}$,设在某位置处光波的电场强度和磁感应强度分别为 $\boldsymbol{E}=\boldsymbol{E}_0\cos\omega t$, $\boldsymbol{B}=\boldsymbol{B}_0\cos\omega t$,试计算其电场强度和磁感应强度的振幅;假定光波是 5×10^{-7} m 波长的单色光,求光子流密度。

12-10 太阳光垂直射到地面上时,地面每平方米吸收到太阳光的功率为 1.35 kW。

(1) 已知日地距离为 1.5×10^8 km,求太阳发光所输出的功率。

(2) 已知地球半径为 6.4×10^3 km,求地球吸收到太阳光的总功率。

(3) 已知现在太阳的质量为 2.0×10^{30} kg,如果它的质量按照爱因斯坦的质能关系(能量 $E=mc^2$)转化为太阳光的能量,并以目前的速率向外发出辐射,问太阳消耗目前质量的百分之一可以维持多少年?

习题12.7图

第四篇

光　　学

第十三章　振动与波

现在,大家都知道光是一种波动;人眼能看到的可见光就是波长在400～760 nm之间的电磁波。在物理学的范畴内存在着各种各样的波动,例如声波、地震波这一类机械波;又如无线电波、微波这一类电磁波;再如电子波这一类物质波。各种波动有许多共性,诸如反射、干涉、散射等。机械波动是一种比较直观的波动,认识机械波的规律,掌握波动的共性有助于理解各种波动的性质。本章介绍简单机械波动的物理规律,以便在后面各章中讨论光波。机械波是机械振动在介质中的传播,事实上各种波动都与振动紧密相连;在物理学的范围内也有各种各样的振动,如机械振动、电磁振动,甚至心脏的搏动也可看作一种振动。事实上一般而言,任何物理量随时间的周期性或近似于周期性的变化都可称为振动,其中最简单的是一维机械简谐运动。因此,本章即从讨论质点的一维简谐振动开始。

§13.1　一维简谐振动

设如图13.1-1所示,一弹簧置于水平的光滑台面上,一端固定,另一端系质量为 m 的质点。这一体系通常称为简谐振子。弹簧松弛时质点的位置取为坐标原点,称为振子的平衡位置。此质点的坐标用 x 表示。如 $|x| \neq 0$,则在弹性限度内,质点受到的弹性力 f 符合胡克定律,可表示为

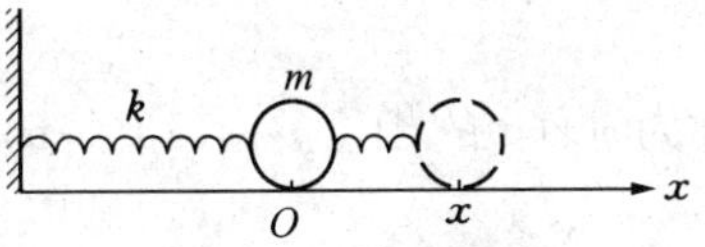

图 13.1-1　谐振子示意

$$f = -kx \tag{13.1-1}$$

式中 k 为弹簧的劲度系数,其物理意义是弹簧伸长(或压缩)单位长度时的弹性力;而负号表示 f 为弹性恢复力,总指向质点的平衡位置。在图示情形,除 f 而外在水平方向并无其他力的作用。根据牛顿第二定律,

$$f = ma = m\frac{\mathrm{d}^2 x}{\mathrm{d}t^2}$$

式中 a 为质点的加速度。将上式代入(13.1-1)式可得

$$\frac{\mathrm{d}^2 x}{\mathrm{d}t^2} = -\frac{k}{m}x \tag{13.1-2}$$

注意上式中 k/m 为一常数,因此上式为一个二阶齐次常微分方程,其通解可表示为

$$x = A\cos(\omega t + \varphi_0) \tag{13.1-3}$$

其中

$$\omega = \sqrt{k/m} \tag{13.1-4}$$

称为简谐振子的振动固有角频率,因为只与振子本身的性质有关。在(13.1-3)式中 A 与 φ_0

均为常数，可见质点相对其平衡位置的位移与时间的关系为一余弦函数，表示简谐振子的运动学规律。事实上任何物理变量与时间成单一的余弦或正弦变化的关系都可看作该物理量的简谐振动。由(13.1-3)式可见，如时间变化

$$\Delta t = 2\pi/\omega$$

质点位移不变，即

$$T = 1/\nu = 2\pi/\omega \tag{13.1-5}$$

为振动周期，$\nu = \omega/2\pi$ 称为简谐振动的固有频率。然而(13.1-3)式中的常数 A 及 φ_0 则决定于体系的初始条件，即 $t = 0$ 时刻质点的位置 x_0 及速度 v_0，就与外界影响有关。例如，将质点稳定在 $x_0 = A$ 处，然后在 $t = 0$ 时刻松开；又如当质点静止在平衡位置时突然被敲击，使质点获得沿 x 正方向的速度 v_0 等。由于余弦函数的绝对值不能超过 1，A 称为振幅，即振子 m 所能达到的最大位移的数值。当振幅 A 确定后，初始时刻质点的位移与速度分别为

$$x_0 = A\cos\varphi_0 \tag{13.1-6}$$

$$v_0 = -A\omega\sin\varphi_0 \tag{13.1-7}$$

均可由 φ_0 表出，即 φ_0 可表示初始运动状态；因此 φ_0 称为初始相位，简称初相，常以弧度为单位。同理

$$\varphi = \omega t + \varphi_0 \tag{13.1-8}$$

称为时刻 t 的相位。由(13.1-6)与(13.1-7)式可知，振幅 A 和初相 φ_0 与初条件的关系为

$$A = \sqrt{x_0^2 + (v_0/\omega)^2} \tag{13.1-9}$$

和

$$\varphi_0 = \arctan\left(-\frac{v_0}{x_0\omega}\right) \tag{13.1-10}$$

但应注意的是由(13.1-10)式决定的 φ_0 可能有 π 的不确定性，应结合 x_0，v_0 本身的符号来确定 φ_0。在前面提到的初条件的例子中，前者为 $x_0 = A$，$v_0 = 0$，从而有

$$A = x_0,\ \varphi_0 = 0$$

而由后者得 $A = v_0/\omega$，$\varphi_0 = \frac{3\pi}{2}$；此时也可表示成 $\varphi_0 = -\frac{\pi}{2}$。

将(13.1-3)式对时间求一次导数即得做简谐运动质点的速度与时间的关系：

$$v = -A\omega\sin(\omega t + \varphi_0) \tag{13.1-11}$$

其实(13.1-7)式正是上式在初始时刻 $t = 0$ 的表现形式。将上式改写为

$$v = A\omega\cos\left(\omega t + \varphi_0 + \frac{\pi}{2}\right) \tag{13.1-12}$$

令

$$V = A\omega \tag{13.1-13}$$

$$\varphi_1 = \varphi_0 + \frac{\pi}{2} \tag{13.1-14}$$

(13.1-12)式可化为

$$v = V\cos(\omega t + \varphi_1) \tag{13.1-15}$$

将上式与(13.1-3)式比较可见，作简谐运动的振子其速度随时间也作简谐式的变化，振幅为 V，初相 φ_1 比位移的初相 φ_0 大$\frac{\pi}{2}$，我们称速度相位比位移超前$\frac{\pi}{2}$。

正像在质点动力学的学习中我们介绍过的那样，只要知道作用于质点上的力，原则上将牛顿第二定律所规定的动力学方程（在一维情形即 $\mathrm{d}^2x/\mathrm{d}t^2 = f/m$）对时间作两次积分即可求得质点的所有运动学性质。简谐振子正是一个典型例子，作用力就是弹性力。

匀速圆周运动是我们早就熟悉的二维运动，但和一维简谐振动有着内在的本质上的联系。如图 13.1-2，一质点沿圆心为 O、半径为 R 的圆周作逆时针匀速圆周运动，初始时刻（$t = 0$ 时）位于 P_0 点，任意时刻 t 位于 P 点。将圆心取作坐标原点建立图示的直角坐标。

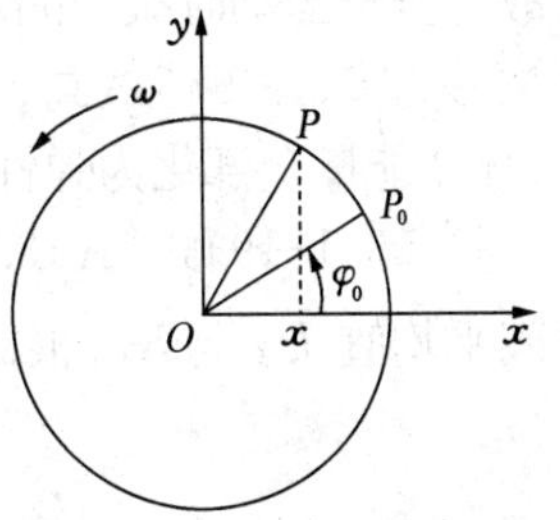

图 13.1-2 旋转向量法示意

不难看出，如质点作圆周运动的角速度为 ω，则在任意时刻 t 代表质点位置的矢径$\overrightarrow{OP}$与 Ox 轴的夹角为

$$\varphi = \omega t + \varphi_0$$

并且质点 m 沿 x 轴的坐标即为

$$x = R\cos(\omega t + \varphi_0) \tag{13.1-16}$$

将上式与(13.1-3)式对照，我们立刻发现，如有一长度与振子振幅相等的矢量 $\mathbf{A}$ 绕平面上一点 O 逆时针以 ω 的角速度旋转，则该矢量在以 O 为原点的坐标系中的 x 分量就可完全地表达简谐振动，并且矢量 $\mathbf{A}$ 初始时刻与 x 轴的夹角正是振子的初相 φ_0。这样的矢量称为振幅矢量，采用振幅矢量来描写简谐振动有许多好处，将在以后逐渐介绍。

在图 13.1-2 中$\overrightarrow{OP}$的 y 方向的分量也作简谐振动。事实上

$$y = R\sin(\omega t + \varphi_0) \tag{13.1-17}$$

或

$$y = R\cos\left(\omega t + \varphi_0 - \frac{\pi}{2}\right) \tag{13.1-18}$$

将上式与(13.1-16)式相比较，可见在两个相互垂直的方向质点均作固有角频率相同的谐振动，只是彼此有$\frac{\pi}{2}$的相位差。由此可见匀速圆周运动可以分解为两个振幅相同、固有角频率相同、初相位差为 $\pi/2$ 的互相垂直方向的谐振动。反过来，匀速圆周运动即为两个相互垂直方向同振幅同频率相位差 $\pi/2$ 的简谐振动的合成，这正是我们后面要介绍的相互垂直的谐振动的合成的特例。

作简谐运动的质点具有动能，除此而外，谐振子这一体系的能量还应包括弹簧的弹性势能。前者可由(13.1-11)式表示为

$$E_k = \frac{1}{2}mv^2 = \frac{m}{2}(A\omega)^2\sin^2(\omega t + \varphi_0) \tag{13.1-19}$$

而当弹簧长度由原长 l_0 变为 $l_0 + \Delta l = l_0 + x$ 时，由第三章可知，弹性力做功 $W = \frac{1}{2}kx^2$ 完全

转化为弹性势能 E_p，在简谐振子的情形，由(13.1-3)式可得

$$E_p = \frac{1}{2}kx^2 = \frac{1}{2}kA^2\cos^2(\omega t + \varphi_0) \tag{13.1-20}$$

因此体系的机械能为

$$E = E_k + E_p = \frac{1}{2}kA^2 \tag{13.1-21}$$

其中我们应用了(13.1-4)式。上式表明弹簧振子的机械能守恒，显然这是弹性力为保守力的缘故。振子运动时振子的动能和体系的弹性势能互换，维持总和不变。在质点经过平衡位置时位移为零，速度值最高，全部能量均为动能，而在振幅处，质点运动改变方向，瞬时速度为零，体系能量全部化为弹性势能。

将(13.1-19)式与(13.1-20)式在一周期内对时间求平均可得简谐振子的动能与势能的时间平均值 $\overline{E}_k$ 与 $\overline{E}_p$，根据平均值的定义，

$$\overline{E}_k = \frac{1}{T}\int_0^T E_k \, dt$$

$$\overline{E}_p = \frac{1}{T}\int_0^T E_p \, dt$$

考虑到 $T = 2\pi/\omega$，代入(13.1-19)式与(13.1-20)式得

$$\overline{E}_k = \overline{E}_p = \frac{1}{4}kA^2 \tag{13.1-22}$$

值得注意的是，如果某一物理量 P 随时间的变化满足

$$\frac{d^2P}{dt^2} + KP = 0 \tag{13.1-23}$$

其中 $K > 0$，则对照(13.1-2)式可知 P 随时间变化的关系必亦为(13.1-3)式所示的简谐关系，其中角频率则为 $\sqrt{K}$。由电感 L 与电容 C 组成的回路中的电流或电容器极板上的电荷随时间均作简谐振动式的变化，角频率即为 $\omega = 1/\sqrt{LC}$。可见振动在物理学领域是一个相当广泛的运动形态。

*§13.2 阻尼振动、受迫振动与共振

上节讨论的简谐振动忽略了通常总是存在的阻力，振动只由初条件决定。振动一经开始就会无限期地等幅继续下去。

然而，实际情形对运动的阻力总是存在的，例如图13.1-1所示的谐振子，质点 m 与支持面之间总会存在摩擦阻力。所有对振动的阻滞统称阻尼，存在阻尼时的振动称为阻尼振动。现在我们就一简单情形分析摩擦阻尼的影响。

设图13.1-1的谐振子的初条件为

$$x_0 = A$$

$$v_0 = 0 \tag{13.2-1}$$

我们观察这一振子在开始半周期，即从初始位置到左方最大位移的这一过程。此时(13.1-2)

式化为

$$\frac{d^2x}{dt^2}=-\frac{k}{m}x+\frac{F}{m} \tag{13.2-2}$$

式中 $F>0$ 为动摩擦力，最后一项前置(+)号是因为在假设的质点向左运动的过程中，摩擦力始终向右。这里为简单计，认为 F 与最大静摩擦力相等，作变换

$$y=x-D \tag{13.2-3}$$

其中

$$D=F/k \tag{13.2-4}$$

则(13.2-2)式化为

$$\frac{d^2y}{dt^2}=-\frac{k}{m}y \tag{13.2-5}$$

与(13.1-2)式比较可知，变量 y 应随时间作如(13.1-3)式所示的余弦式变化，即

$$y=B\cos(\omega t+\varphi_0) \tag{13.2-6}$$

由此，根据(13.2-3)式，振子 m 的位置随时间按下式变化：

$$x=B\cos(\omega t+\varphi_0)+D \tag{13.2-7}$$

由(13.2-1)式的初始条件可知

$$B=A-D$$

$$\varphi_0=0 \tag{13.2-8}$$

从而得

$$x=(A-D)\cos\omega t+D \tag{13.2-9}$$

其中 ω 仍为 $\sqrt{k/m}$。

上式表明：质点 m 在向左运动的过程中仍然保持着位移与时间之间的余弦式关系的简谐振动的特点，但无疑与无阻尼简谐运动又存在明显区别。首先我们注意到，由上式可得振子的速度

$$v=dx/dt=\omega(D-A)\sin\omega t \tag{13.2-10}$$

由于我们已假设初始时刻 $(t=0)$ 振子处于最大位移 $x_0=A$ 处，当 $t>0$ 时向左运动，$v<0$，因此必有

$$A>D \tag{13.2-11}$$

这是很容易理解的，因为 $F=kD$。上式表明：初始时刻的弹性恢复力的数值 kA 超过最大静摩擦力；否则，质点将呆在 $x=A$ 处不会运动。其次，由(13.2-10)式与(13.2-9)式可知，当 $\omega t=\pi/2$，即质点运动到

$$x=x_1=D \tag{13.2-12}$$

时具有最大速率，此时质点受力为零，x_1 为其平衡位置，即振子的平衡位置并不在原点。这正是当 $x=x_1$ 时向左的弹性恢复力(数值为 $kx_1=kD$) 恰与向右的摩擦力相平衡的缘故。

振子通过 x_1 点后继续向左运动，当 $\omega t = \pi$ 时到达最左端，速度重又变为零，由(13.2-9)式知，此时振子的坐标为

$$x = x_2 = 2D - A \tag{13.2-13}$$

如果 $2D > A$，即 $2F > kA$，则振子将静止在 $x_2 > 0$ 处不再运动。如果 $2D < A$，则振子将越过 $x = 0$ 而到达 $x = x_2 = 2D - A < 0$ 处。至于其后是否会继续向右运动仍决定于摩擦力 F 与 $k\,(A - 2D)$ 相比孰大孰小。如摩擦力较小有可能作周期性的往返振动，但振幅将随时间递减，表明振子的能量消耗于克服摩擦阻力做功上。事实上，就上面讨论的情形，无论 $x_2 > 0$ 还是 $x_2 < 0$，在 $x = x_2$ 处，振子的能量均全为弹性势能 $E_p = \frac{1}{2}k(2D - A)^2$，与初始弹性势能 $E_{p0} = \frac{1}{2}kA^2$ 之差均为

$$\Delta E_p = E_p - E_{p0} = 2kD(D - A) < 0$$

而振子克服摩擦力所做的功恰为

$$W = F[A - (2D - A)] = 2F(A - D) = 2kD(A - D) > 0$$

注意 $\Delta E_p + W = 0$，这正是这一过程的能量守恒的表现。值得注意的是在这一情形，如果摩擦力足够小，振子仍会往复振动一段时间。在这一段时间内尽管振幅不断下降，但频率 ω 并不变化，即振动的周期不变，只是每经过一周期振子坐标并不复原，而是其绝对值会不断减少。

上面所讨论的摩擦阻尼是常见的动摩擦力，其大小不变，与振子运动的速度无关。然而，实际物体振动时所受的阻尼在很多情形下是其所处的介质——气体或液体的摩擦阻力，例如空气的阻力，这种摩擦阻力在一定的范围内可看作与物体运动的速率成正比而方向与速度方向相反。下面即讨论这一类摩擦阻尼的影响。

将(13.1-2)式写成 $m\frac{\mathrm{d}^2x}{\mathrm{d}t^2} = -kx$，并在右边再加上一项与速度大小成比例而方向相反的阻尼项 $\left(-\gamma v = -\gamma\frac{\mathrm{d}x}{\mathrm{d}t},\ \gamma > 0\right)$，则方程成为

$$m\frac{\mathrm{d}^2x}{\mathrm{d}t^2} = -kx - \gamma\frac{\mathrm{d}x}{\mathrm{d}t} \tag{13.2-14}$$

令

$$\omega_0^2 = k/m \tag{13.2-15}$$

与

$$2\beta = \gamma/m > 0 \tag{13.2-16}$$

(13.2-14)式化为

$$\frac{\mathrm{d}^2x}{\mathrm{d}t^2} + 2\beta\frac{\mathrm{d}x}{\mathrm{d}t} + \omega_0^2 x = 0 \tag{13.2-17}$$

这里我们在(13.2-15)式中加下标“0”以标记无阻尼情形的振动角频率，β 常称为阻尼因数或阻尼因子。

从形式上看，(13.2-17)式为一个二阶常系数齐次微分方程。当 $(2\beta)^2 - 4\omega_0^2 < 0$，即

$$\omega_0^2 - \beta^2 > 0 \tag{13.2-18}$$

时方程有通解

$$x = Ae^{-\beta t}\cos(\omega t + \varphi_0) \tag{13.2-19}$$

其中

$$\omega = \sqrt{\omega_0^2 - \beta^2} \tag{13.2-20}$$

而 A 与 φ_0 为由初始条件,即 $t = 0$ 时刻质点的初始位置与初始速度决定的常数。将(13.2-19)与(13.1-3)式相比较可见,此时振子的运动可看作是振幅随时间作指数衰减($e^{-\beta t}$)的简谐振动,而衰减快慢完全决定于阻尼因数 β;同时振动的角频率 ω 亦因阻尼的存在而有所降低。显然,常数 A 与 φ_0 可看作初始振幅和初相。与本节开头的例子一样,这时振子的运动显然不是具有严格周期性的简谐振动,因为经过 $T = 2\pi/\omega$ 的时间质点的位置并不重复,而是多少更接近于平衡位置。不过通常仍将

$$T = 2\pi/\omega = 2\pi\Big/\sqrt{\omega_0^2 - \beta^2} \tag{13.2-21}$$

称为阻尼振动的周期,同时将这种

$$\beta < \omega_0$$

的情形称为欠阻尼,即阻尼作用较小,质点运动仍带有来回往复的特点。图 13.2-1 对一定的 A 与 φ_0 画出(13.2-19)式所示的欠阻尼情形质点位置 x 与时间 t 的关系。

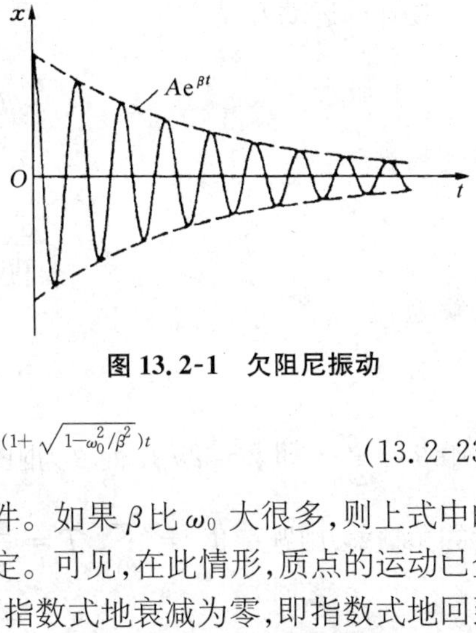

图 13.2-1 欠阻尼振动

如果阻尼因数较大,以致

$$\beta > \omega_0 \tag{13.2-22}$$

则(13.2-17)式的解具有如下形式:

$$x = A_1 e^{-\beta(1-\sqrt{1-\omega_0^2/\beta^2})t} + A_2 e^{-\beta(1+\sqrt{1-\omega_0^2/\beta^2})t} \tag{13.2-23}$$

上式中的常数 A_1, A_2 有长度的量纲,也决定于初始条件。如果 β 比 ω_0 大很多,则上式中的第二项随时间很快衰减,x 和 t 的关系主要由第一项决定。可见,在此情形,质点的运动已全部失去周期往复的特征,而基本上是由初始位置随时间指数式地衰减为零,即指数式地回到平衡位置。不过,由于上式第一项指数括号内是一个小数,质点位置向平衡点的趋近要比 $e^{-\beta t}$ 慢得多。这是由于 β 过大所致,故称过阻尼,图 13.2-2 中曲线 b 画出一定初始条件下过阻尼情形质点位置与时间的关系。

如果

$$\beta = \omega_0 \tag{13.2-24}$$

则(13.2-17)式的解为

$$x = [x_0 + (v_0 + \beta x_0)t]e^{-\beta t} \tag{13.2-25}$$

式中 x_0 与 v_0 为 $t = 0$ 时刻质点的位置与速度。可见此时质点运动也不具有周期性的特点而是基本上按 $e^{-\beta t}$ 的规律向平衡位置逼近,显然其趋近平衡点的过程要比过阻尼情形迅速。这

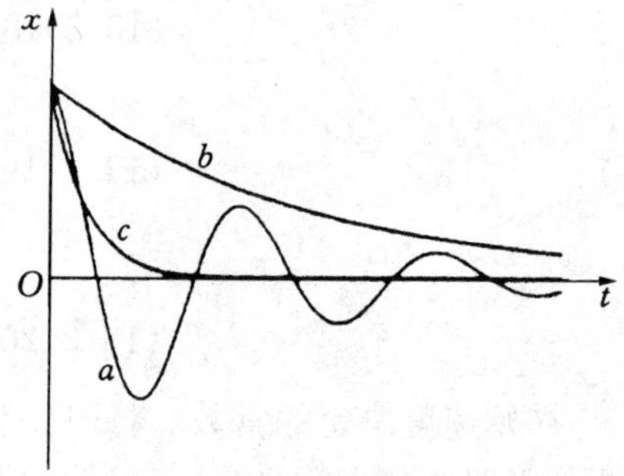

图 13.2-2 过阻尼、临界阻尼与欠阻尼的比较

一情形称为临界阻尼。图 13.2-2中曲线 c 即为临界阻尼情形。为了便于比较，图中也画出 β 略小于 ω_0 的欠阻尼情形以资比较，即曲线 a。3 种情形都具有相同的初始位置。

有时我们希望避免物体的振动，就必须人为地设置阻尼机理，电学测量仪表中常用电磁阻尼摆以消除指针的晃动。而且，当物体偏离平衡位置时如果我们希望其能以最短的时间迅速回归平衡点而静止，则必须选择临界阻尼情形。

例 1 质量为 m 的物体，挂在一个弹簧上，让它在铅直方向上作自由振动。在无阻尼的情况下，其振动周期为 T_0，在阻力与物体运动速度成正比的某一介质中，它的振动周期为 T，试求：当物体的运动速度为 u 时，它在阻尼介质中所受的阻力。

解 由题意，物体的运动速度为 u 时，其在介质中所受的阻力为

$$f = -\gamma u = -\gamma \frac{dx}{dt}$$

物体的运动方程

$$m\frac{d^2x}{dt^2} = -kx - \gamma\frac{dx}{dt}$$

可改写为

$$\frac{d^2x}{dt^2} + 2\beta\frac{dx}{dt} + \omega_0^2 x = 0$$

其解为

$$x = Ae^{-\beta t}\cos(\omega t + \varphi)$$

式中 $\beta = \dfrac{\gamma}{2m}$，即 $\gamma = 2m\beta$，而 β 为阻尼因数，$\omega_0 = \sqrt{\dfrac{k}{m}}$，$\omega = \sqrt{\omega_0^2 - \beta^2}$ 为系统作阻尼振动时的角频率，由题意 $T_0 = \dfrac{2\pi}{\omega_0}$，$T = \dfrac{2\pi}{\omega}$，故

$$\beta = \sqrt{\omega_0^2 - \omega^2} = \frac{2\pi}{T_0 T}\sqrt{T^2 - T_0^2}$$

当运动速度为 u 时，物体所受的阻力为

$$f = -\gamma u = -2m\beta u = -\frac{4\pi m u}{T_0 T}\sqrt{T^2 - T_0^2}$$

负号表示阻力 f 的方向与 u 的方向相反。

小孩坐在秋千架上由大人推着荡秋千，每当秋千回到大人身旁大人就推一把，秋千于是越荡越高。这是常见的充满生活情趣的场景。然而在物理学上却是一种受迫振动，物体在周期性的驱动力作用下作与驱动力的周期相同的振动称为受迫振动。扩音器的纸盆发声时就作受迫振动，打桩机的汽锤的动作也是一种受迫振动。这里为简单计讨论在沿一直线的余弦式驱动力作用下质点 m 的受迫振动，设驱动力即沿 x 方向，可表示为

$$f_D = D\cos(\omega_d t) \tag{13.2-26}$$

其中 $D>0$ 为驱动力的幅度，ω_d 为驱动力的角频率。将 f_D 加到(13.2-14)式的右边可得此时质点的运动方程为

$$\frac{\mathrm{d}^2 x}{\mathrm{d}t^2} + 2\beta\frac{\mathrm{d}x}{\mathrm{d}t} + \omega_0^2 x = C\cos\omega_d t \tag{13.2-27}$$

式中

$$C = \frac{D}{m} \tag{13.2-28}$$

(13.2-27)式为二阶常系数非齐次微分方程，当 $\omega_0 > \beta$ 时，即阻尼较小时一般解为

$$x = A\mathrm{e}^{-\beta t}\cos(\omega t + \varphi_0) + B\cos(\omega_d t + \varphi) \tag{13.2-29}$$

上式第一项正是无周期性驱动力时的运动规律，为齐次方程的解，随着时间的增加，由于指数因子的缘故其对运动的影响很快消失。于是在一段时间之后质点的运动遂由上式的第二项描述，即质点将作周期或频率与驱动力相同，振幅为常数 B 的等幅振动，这正是受迫振动的意义所在：振动频率“被迫”跟随外加驱动力，但振动的相位却和驱动力相差 φ。事实上，由上所述可知(13.2-29)式的第二项乃是方程(13.2-27)式的一个特解。将其代入方程，可得

$$\varphi = \arctan\frac{2\beta\omega_d}{\omega_d^2 - \omega_0^2} \tag{13.2-30}$$

而振幅

$$B = C[(\omega_0^2 - \omega_d^2)^2 + 4\beta^2\omega_d^2]^{-\frac{1}{2}} \tag{13.2-31}$$

可见，在(13.2-29)式中，B 与 φ 同初条件无关，而 A 与 φ_0 仍决定于初条件。(13.2-31)式表明振幅 B 与驱动力的角频率同固有频率之间的差别有关。对于给定的力学体系，固有频率 ω_0 是确定的，于是当驱动力的角频率 ω_d 与 ω_0 相同时受迫振动的振幅达最大值 $C/(2\beta\omega_d)$，这种现象即为共振。图 13.2-3 中的实线为一发生共振的体系中的质点位移随时间的变化关系，虚线表示驱动力。

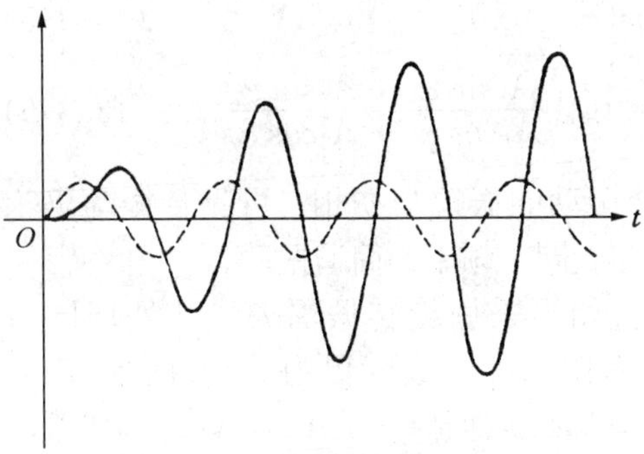

图 13.2-3　质点的共振，$\omega_d = \omega_0$

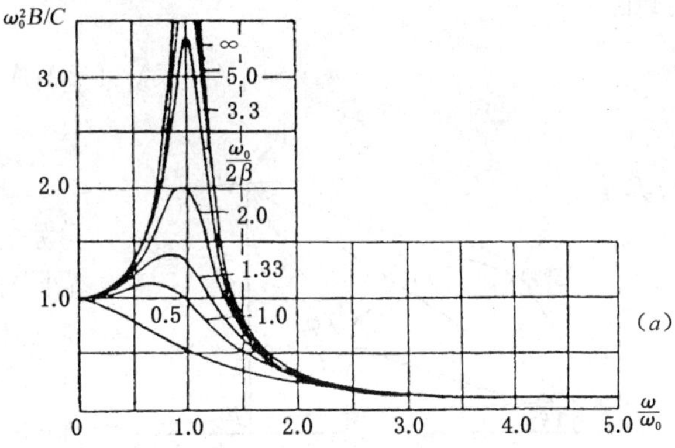

图 13.2-4　阻尼系数对共振振幅的影响

由(13.2-31)式还可看到共振时的振幅还同阻尼因数 β 有关，如果 β 很小，原则上可达到很高的振幅。图 13.2-4画出 β 对共振振幅的影响。值得注意的是，当 β 较大时，共振振幅的

曲线峰值并不准确地出现在固有频率 ω_0 处。

在物理学以及工程技术乃至医疗诊断的许多领域都涉及共振这一现象。共振有利有弊，人类长期以来对共振也总是趋利避害。现在大医院里的核磁共振成像诊断仪就是利用共振现象的一个典型例证;而在建筑物的设计中则应考虑避免共振可能导致的破坏性后果这一有害因素。

§13.3 简谐振动的合成

在实际情形,有时会遇到同一质点同时参与两个或多个简谐振动,结果是质点在任一时刻偏离平衡位置的周期性位移应是各个简谐振动相应的位移的矢量和,物理学上称之为振动的合成。一般而言,一个复杂的周期性位移往往可看成若干个简谐振动的合成;反过来,我们也可将复杂的周期性运动分解为若干简谐运动。在更广泛的意义上,一个随时间作周期性变化的物理量总可分解成若干简谐振动的叠加,这就是物理学中常用的傅里叶分析的方法。因此,振动的合成或分解具有很普遍的意义。本节我们仅就两个同方向或互相垂直的简谐振动的合成给以初步的讨论。

13.3.1 同方向、同频率简谐振动的合成

设振动沿 x 方向,两个参与合成的简谐振动(或称分振动)可分别表示为

$$x_1 = A_1\cos(\omega t + \varphi_1) \tag{13.3-1}$$

$$x_2 = A_2\cos(\omega t + \varphi_2) \tag{13.3-2}$$

式中 A_1, φ_1 与 A_2, φ_2 分别是两个分振动的振幅和初相。质点实际位移应为

$$x = x_1 + x_2 \tag{13.3-3}$$

将(13.3-1)与(13.3-2)式代入上式,即可根据三角函数算得

$$x = A\cos(\omega t + \varphi) \tag{13.3-4}$$

其中

$$A = [A_1^2 + A_2^2 + 2A_1A_2\cos(\varphi_2 - \varphi_1)]^{\frac{1}{2}} \tag{13.3-5}$$

$$\varphi = \mathrm{tg}^{-1}\frac{A_1\sin\varphi_1 + A_2\sin\varphi_2}{A_1\cos\varphi_1 + A_2\cos\varphi_2} \tag{13.3-6}$$

分别为合振动的振幅与初相。可见合振动仍为沿同一方向、同一频率的简谐振动。

不过,如果采用旋转振幅矢量法处理同方向、同频率振动的合成就更为简单,而且直观。如图 13.3-1 所示,振幅矢量 $\boldsymbol{A}_1$ 与 $\boldsymbol{A}_2$ 分别代表两个分振动,根据(13.3-3)式,矢量

$$\boldsymbol{A} = \boldsymbol{A}_1 + \boldsymbol{A}_2 \tag{13.3-7}$$

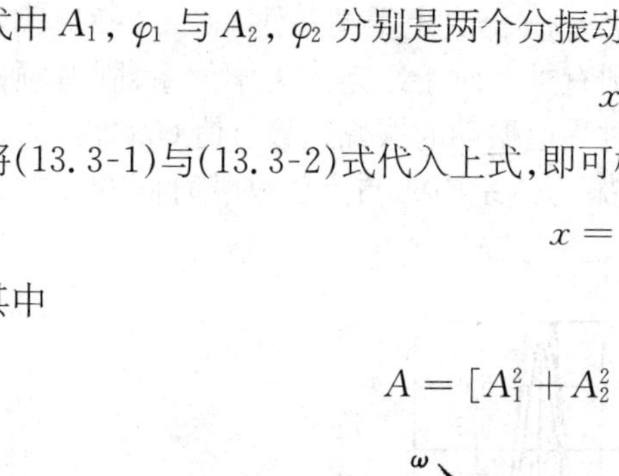

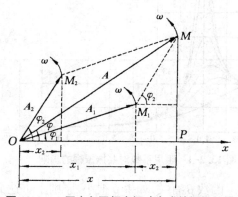

图 13.3-1 同方向同频率振动合成的振幅矢量

由图 13.3-1 立刻可得(13.3-5)与(13.3-6)式的结果。随着时间的变化,$\boldsymbol{A}_1$ 与 $\boldsymbol{A}_2$ 以角速度 ω 绕原点旋转,合矢量 $\boldsymbol{A}$ 也以相同角速度旋转而保持由 $\boldsymbol{A}_1$, $\boldsymbol{A}_2$ 作边的平行四边形的框架不变。

由(13.3-5)式可见,如分振动的初相差

$$\Delta\varphi = \varphi_2 - \varphi_1 = 0 \tag{13.3-8}$$

则合振动达最大振幅

$$A = A_1 + A_2 \tag{13.3-9}$$

即同相位的两个简谐振动合成时振幅相加。如分振动的初相差

$$\Delta\varphi = \varphi_2 - \varphi_1 = \pm\pi \tag{13.3-10}$$

这时我们称两个分振动相位相反或反相,则

$$A = |A_1 - A_2| \tag{13.3-11}$$

此时合振动的振幅最小。如 $A_1 = A_2$,则 $A = 0$,即两个同频率等幅反相的谐振动的合成结果是质点将一直静止在平衡位置不动。图 13.3-2 画出同方向、同频率的简谐振动合成的位移随时间变化的关系。

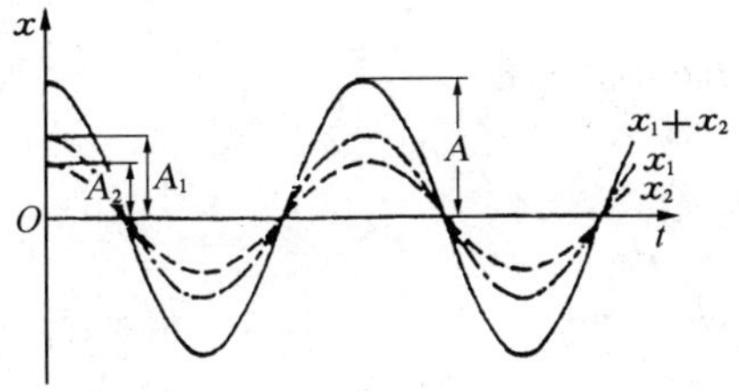

(a) 两振动同相位

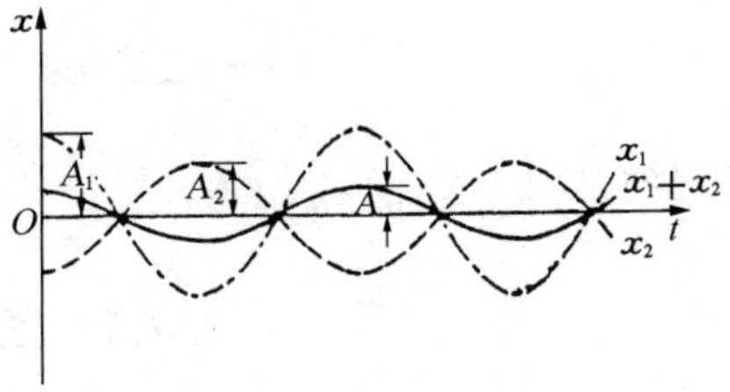

(b) 两振动反相位

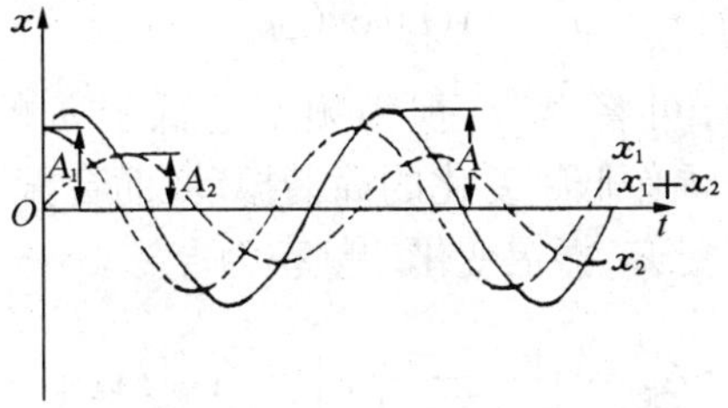

(c) 一般情况

图 13.3-2 合振动的位移

13.3.2 同方向、频率相近的简谐振动的合成

如果两个沿同方向的分振动的频率不同,分别为 ω_1 和 ω_2,即

$$\begin{cases} x_1 = A_1\cos(\omega_1 t + \varphi_1) \\ x_2 = A_2\cos(\omega_2 t + \varphi_2) \end{cases} \tag{13.3-12}$$

则合振动为

$$x = x_1 + x_2 = A_1\cos(\omega_1 t + \varphi_1) + A_2\cos(\omega_2 t + \varphi_2) \tag{13.3-13}$$

由于 ω_1 与 ω_2 不同,我们总能找到某一时刻 t_0,使

$$\omega_1 t_0 + \varphi_1 = \omega_2 t_0 + \varphi_2 + 2k\pi,$$

其中 k 为整数。令 $\omega_1 t_0 + \varphi_1 = \varphi$,且重新选择 t_0 为计算时间的起点,即可认为两个分振动具有相同的初相。而且,为简单计,取

$$A_1 = A_2 = A_0 \tag{13.3-14}$$

则合振动可表示为

$$x = A_0[\cos(\omega_1 t + \varphi) + \cos(\omega_2 t + \varphi)]$$

或

$$x = 2A_0 \cos\left(\frac{\omega_1 - \omega_2}{2} t\right) \cos\left(\frac{\omega_1 + \omega_2}{2} t + \varphi\right) \tag{13.3-15}$$

一般而言,从上式看不出质点位移随时间的变化有什么明显的规律。但如果两个分振动的频率相近,即

$$|\omega_1 - \omega_2| \ll \omega_1 + \omega_2 \tag{13.3-16}$$

则(13.3-15)式可近似表示为

$$x = 2A_0 \cos \frac{\omega_1 - \omega_2}{2} t \cos(\omega t + \varphi) \tag{13.3-17}$$

式中 $\omega = \frac{(\omega_1 + \omega_2)}{2} \approx \omega_1,\ \omega_2$。令

$$A(t) = 2A_0 \cos \frac{\omega_1 - \omega_2}{2} t \tag{13.3-18}$$

则

$$x = A(t)\cos(\omega t + \varphi) \tag{13.3-19}$$

由上式,并注意到(13.3-16),可将 $A(t)$ 视为频率远低于 ω 的周期性变化的振幅。于是(13.3-19)式表明合振动为振幅作低频变化的简谐振动,而合振动频率或周期近似和任一分振动的相等。由(13.3-18)式可知,振幅变化的频率为

$$\Delta\nu = \left|\frac{\omega_1 - \omega_2}{2} \Big/ \pi\right| = |\nu_1 - \nu_2| \tag{13.3-20}$$

其中 ν_1, ν_2 分别是两个分振动的频率。可见合振动振幅变化的频率为分振动频率之差,上述现象称为"拍",$\Delta\nu$ 即拍频。注意计算拍频的表达式中所以用 π 而不用 2π 去除 $\frac{\omega_1 - \omega_2}{2}$,是因为振幅只涉及绝对值,换言之振幅变化的周期并非(13.3-18)式中函数 $\cos\left(\frac{\omega_1 - \omega_2}{2} t\right)$ 的变化周期,而是函数 $\left|\cos\left(\frac{\omega_1 - \omega_2}{2} t\right)\right|$ 的变化周期。

在上述两个分振动振幅相等的情形,拍现象的合振动的振幅周期性地在 0 与 $2A$ 之间变化。如果分振动的振幅不等但频率相近,合成后的振动也表现出拍频现象,只是合振动的振幅不会变成零,而是在 $(A_1 + A_2)$ 与 $|A_1 - A_2|$ 之间作周期性的变化。图 13.3-3 画出 $A_1 = A_2$ 与 $A_1 \neq A_2$ 情形的拍振动。

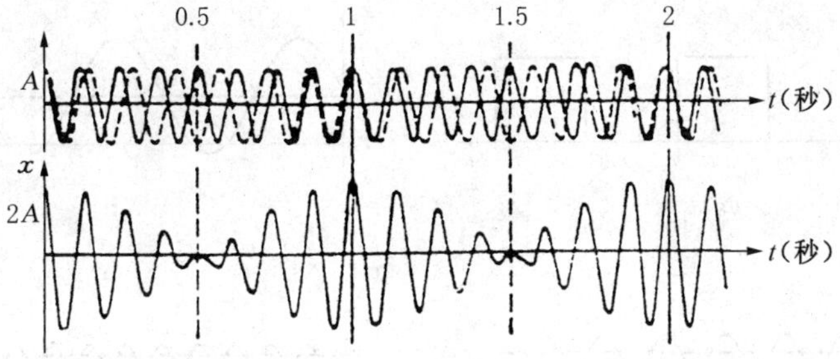

(a) 分振动等幅

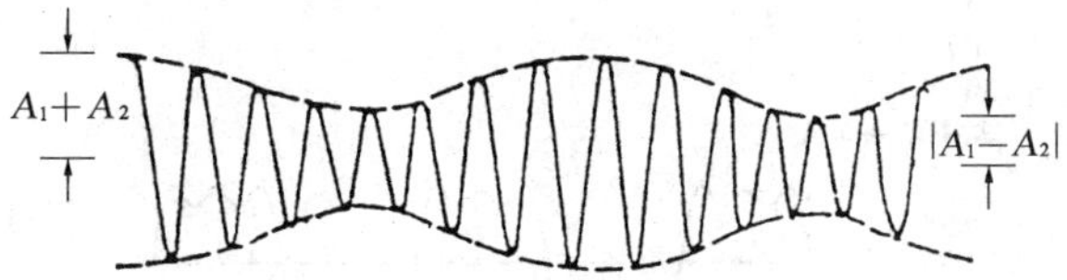

(b) 分振动振幅不等

图 13.3-3 拍振动的位移

*13.3.3 振动的谐波分析

一切周期性的往复运动都可看作振动,但不一定是简谐振动,只有位置和时间的关系为(13.1-3)式所示的振动才是简谐振动。例如,在图 13.3-4中的实线即描写一周期为 T 的振动,纵坐标代表质点的位置,即相对于平衡点的位移。很明显,这不是谐振动。不过图 13.3-4 表明,这一角频率为 $\omega = 2\pi/T$ 的周期性运动可以看作两个简谐振动的合成,其一为角频率为 ω 的谐振动 x_1:

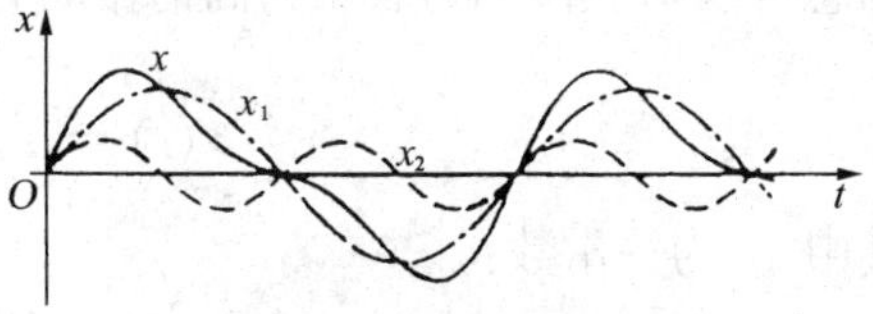

图 13.3-4 倍频振动的合成

$$x_1 = A_1 \sin \omega t$$

其二为角频率为 2ω 的谐振动 x_2:

$$x_2 = A_2 \sin 2\omega t$$

即

$$x = x_1 + x_2 = A_1 \sin \omega t + A_2 \sin 2\omega t \tag{13.3-21}$$

这个例子表明角频率为 ω 的周期性运动可分解成角频率 ω(称为基频)与 2ω(称为二倍频)的简谐振动。实际上任何频率为 ν 的周期运动都可分解成基频 ν 及 n 倍频 $n\nu$ ($n = 2, 3, \cdots$) 的简谐振动,即任何振动都可分解成若干简谐振动的合成,其中包括基频成分与倍频成分。从图中还可以看出在振动的分解中基频成分往往是最主要的。图 13.3-5 将所谓"方波"近似分解成 3 个简谐振动,分别为基频成分与三倍频及五倍频成分,也可看出这一情形。从图还可看出,如果包含的倍频谐振动更多,分解结果更与实际情形接近。附带说一句,这里的方波一词是电子学技术中常用的术语,不要与本章后面要讨论的波动简单地混为一谈。

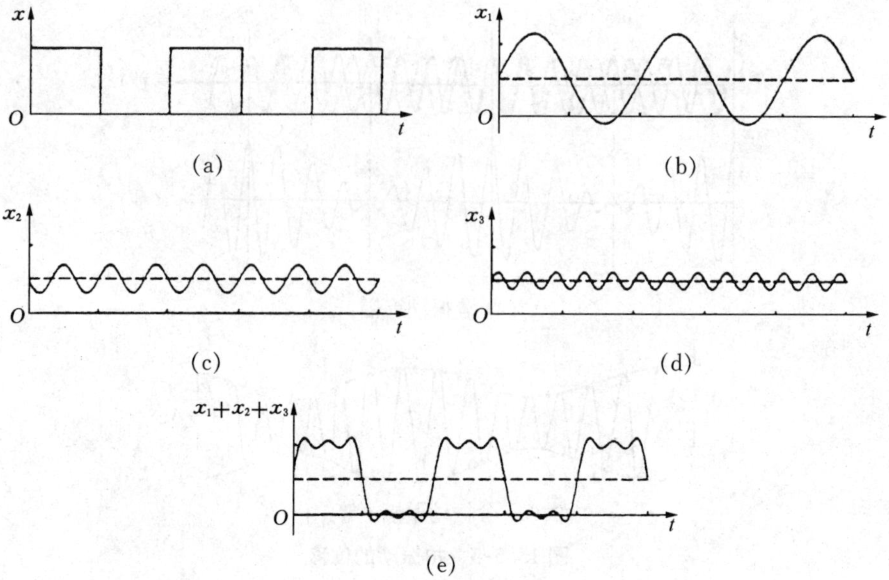

图 13.3-5 方波的分解

一般而言,如振动的周期为 T,即质点的位置满足

$$x(t+T)=x(t) \tag{13.3-22}$$

则总可以如下将 $x(t)$ 表示为简谐振动的合成:

$$x(t)=x_0+\sum_{n=1}^{\infty}A_n\cos(n\omega t+\varphi_n) \tag{13.3-23}$$

其中 x_0 为一常数:

$$x_0=\frac{1}{T}\int_0^T x(t)\mathrm{d}t \tag{13.3-24}$$

即为 $x(t)$ 在一周期内的平均值; $\omega=2\pi/T$。A_n 与 φ_n 可按公式

$$A_n=\frac{2}{T}\left\{\left[\int_0^T x(t)\cos(n\omega t)\mathrm{d}t\right]^2+\left[\int_0^T x(t)\sin(n\omega t)\mathrm{d}t\right]^2\right\}^{\frac{1}{2}} \tag{13.3-25}$$

$$\varphi_n=\arctan\frac{-\int_0^T x(t)\sin n\omega t\,\mathrm{d}t}{\int_0^T x(t)\cos n\omega t\,\mathrm{d}t} \tag{13.3-26}$$

计算。在(13.3-23)式中,$n=1$ 的为基频振动成分; $n>1$ 的称为 n 次谐频振动,有时亦称 n 次谐波成分,A_n 与 φ_n 即为 n 次谐波的振幅与初相。式中的第二项称为傅里叶级数。在数学上,(13.3-23)式表示一周期函数用傅里叶级数展开。在物理学中 x 不仅可代表质点的振动位移,还可以代表任何周期性变化的物理量。(13.3-25)式表明不同的谐波成分相应地有不同的振幅,如果将 A_n 对角频率 ω 作图,我们会得到一系列孤立的直线,相应的横坐标为 $n\omega_0$,这里 ω_0 为基频角频率。图 13.3-6(b)与(c)即为对"锯齿波"及方形脉冲作出的图。这种图常称为频谱,而上述方法亦常称为频谱分析。图 13.3-6(a)为钢琴奏出一单音时的频谱,可见其谐波成分之多。实际上,我们每个人在唱歌时虽然都唱同一音,但听上去却各不相同,就是因

为频谱因人而异的缘故。

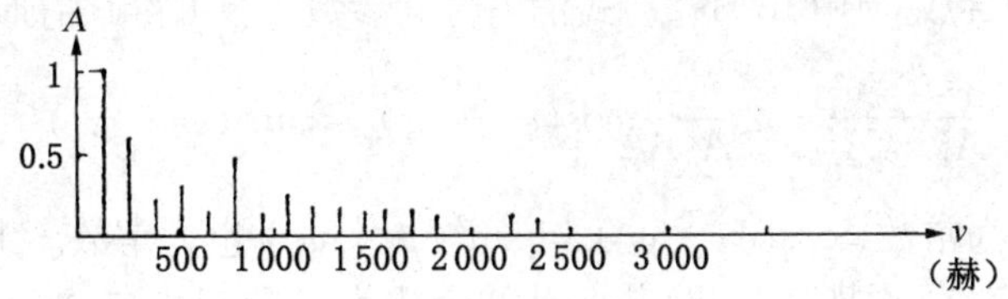

(a) 钢琴的频谱

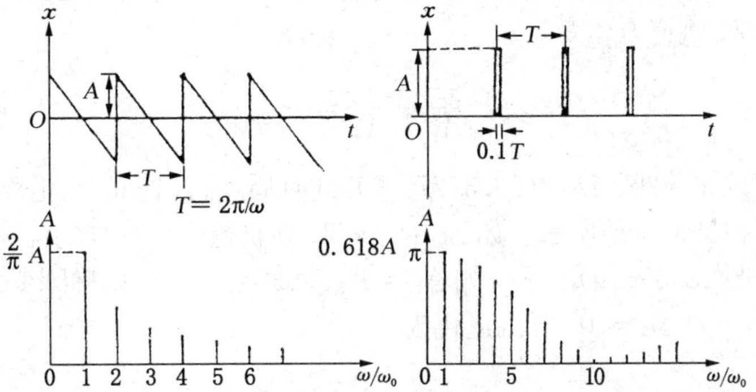

(b) 锯齿波的频谱 (c) 方脉冲的频谱

图 13.3-6 频谱分析

从这里的例子可以看出周期性振动的频谱或频谱分析的结果为一系列分立的直线,称为线状分立谱。对于非周期振动,原则上也可以将其看成无数简谐振动的合成,只是"分振动"的频率之间并无简单的关系,而是连续变化的,即原则上可包含任何频率的分振动。这样,其频谱就不是一些分立的直线,而会是一根连续的曲线。我们在前面已经知道,严格说来欠阻尼时的阻尼振动并非是周期性的振动。因此,如对其作频谱分析,结果就不是分立谱而是连续谱。图 13.3-7 很清楚地表示出这一情形。

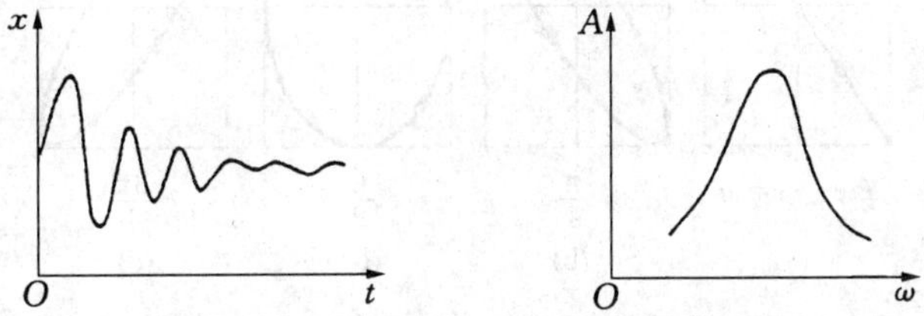

(a) (b)

图 13.3-7 欠阻尼振动的频谱分析

周期函数的频谱分析又常称为谐波分析。

*13.3.4 同频率、振动方向垂直的两个简谐振动的合成

如果质点在平面上运动,其沿 x 方向和 y 方向的坐标可表示为

$$\begin{cases} x = A_1\cos(\omega t + \varphi_1) \\ y = A_2\cos(\omega t + \varphi_2) \end{cases} \tag{13.3-27}$$

即沿两个互相垂直方向的运动都是同频率的简谐振动，则称质点运动为两个同频率、沿相互垂直方向简谐振动的合成。由(13.3-27)式消去时间参数 t 即可得此情形质点的轨迹：

$$\frac{x^2}{A_1^2}+\frac{y^2}{A_2^2}-2\frac{xy}{A_1A_2}\cos(\varphi_2-\varphi_1)=\sin^2(\varphi_2-\varphi_1) \tag{13.3-28}$$

注意初相 φ_2 与 φ_1 均为常数，$\cos(\varphi_2-\varphi_1)$ 与 $\sin^2(\varphi_2-\varphi_1)$ 也为常数。上式显然为一椭圆方程，说明两个各沿垂直方向同频率的简谐振动的合成为沿椭圆轨道的运动。椭圆的形状、方位以及质点在椭圆轨道上的运动方向，在 A_1、A_2 给定的情形就唯一地取决于初相差 $\Delta\varphi=\varphi_2-\varphi_1$。如 $\Delta\varphi=\pi/2$，轨道方程变为

$$\frac{x^2}{A_1^2}+\frac{y^2}{A_2^2}=1 \tag{13.3-29}$$

为一长短轴沿坐标轴的椭圆，结合(13.3-27)式知此时质点将沿椭圆轨道作顺时针方向运动；如 $A_2>A_1$ 即为图 13.3-8(c)所示。如 $\Delta\varphi=-\pi/2$，则轨道仍为同样的椭圆，只是质点将作逆时针方向绕行，如图 13.3-8(g)所示。如 $A_1=A_2$，$\Delta\varphi=\pm\pi/2$，则椭圆变为圆，这就是§13.1 中讨论过的情形。如 $\Delta\varphi=0$，椭圆退化为一直线：

$$\frac{x}{A_1}=\frac{y}{A_2} \tag{13.3-30}$$

显然，直线斜率为 $k=A_2/A_1$，如图 13.3-8(a)所示。此时质点亦沿此直线作简谐振动，角频率仍为 ω，而振幅则为 $A=(A_1^2+A_2^2)^{1/2}$。如 $\Delta\varphi=\pi$，则轨道退化为斜率为$(-A_2/A_1)$的直线，质点亦在其上作振幅为 A 的简谐振动，如图 13.3-8(e)所示。由此可见沿任一直线的简谐振动亦可分解为沿互相垂直方向的两个同频率同相或反相的简谐振动。图 13.3-8 中还画出了 $\Delta\varphi$ 为其他典型值时轨道的形状、方位与质点运行的方向。

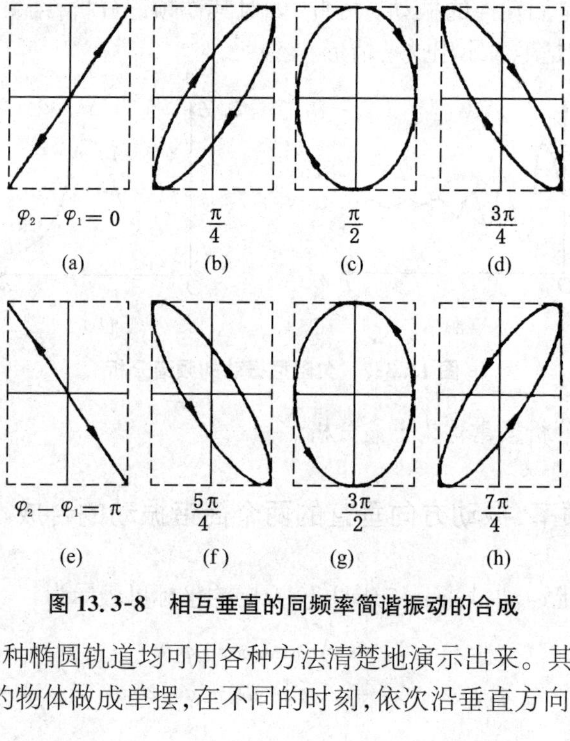

图 13.3-8 相互垂直的同频率简谐振动的合成

图 13.3-8 中的各种椭圆轨道均可用各种方法清楚地演示出来。其实最方便的办法就是用一根绳子吊一不大的物体做成单摆，在不同的时刻，依次沿垂直方向敲击物体即能观察物

体作形状各异的椭圆轨道运动。由于单摆的基本运动形式为简谐振动，依次沿垂直方向敲击即分别给定垂直方向谐振动的初条件 x_0、v_{x0} 与 y_0、v_{y0}，也即设定 A_1、A_2 与 φ_1、φ_2。

如果沿垂直方向振动的频率不严格相等，而是略有区别，我们便可将情形设想为振动的频率仍是相等的，只是初相差 $\Delta\varphi$ 随时间变化，于是质点的运动可视为其轨道随时间变化，例如依次按图 13.3-8(a)～(h)的次序变动。频率相差越少，看上去轨道形状的变化越慢、越清楚。

§13.4 机械波的产生和传播

在自然界里，波动是很常见的物理现象；物理学的许多分支领域也都与波动有关。由于波动是如此普遍，这一概念的使用早已越出物理学的范围，甚至渗透到了人文科学与社会科学的领域。

通常物理学中关于波动的定义是振动在介质中的传播，这对机械波动是适用的。例如，声音或声波就是机械振动在空气中的传播，水面波也是机械振动在水面的传播。但是，电磁波、光波(一定频率的电磁波)传播就不需要有通常意义上的介质；而在微观领域更有描述状态的物质波，如电子波，其传播也不一定涉及介质存在与否。不同种类的波动虽然有不同的表现形式，存在于不同的体系，也有不同的特性；然而凡波动都有其共性，如传播、干涉、衍射、散射等等。了解波动的共性对于认识具体的波动，如光波，当然具有基础性的意义。机械波是最简单，也是最直观的波动。因此，本节和下节通过对机械波性质的介绍来了解波动这一物理现象所具有的共性，以便于我们理解其他形式的波动，特别是有助于理解以下两章的波动光学的物理规律。

在机械波传播的过程中，波动经过的介质中的每一个质点都要发生振动。振动质点位移的方向如与波的传播方向相同则称为纵波；而如相互垂直则称为横波。另一方面，也常根据任一时刻波动传播所达的边界(即已产生振动与尚未产生振动的区域的分界面，亦称波前或波阵面)的形状将波动分类，最简单的莫如平面波和球面波。在各向同性的介质内，波的传播方向常与波阵面垂直。

为了明确起见，我们具体讨论一维体系中传播的横波，例如绷紧的绳索中传播的横波。实际上这里的讨论也适用于平面横波。进一步也可适用于平行光，只是在光波中产生振动的并非质点，而是空间各点的电场与磁感应强度(称为电磁振荡)。

绷紧的绳子中存在张力，我们可以看成是一种弹性力，只是其伸长形变太小，以致常常可予略去。因此，我们可以用一系列等长的同质弹簧沿一直线联结的质点代表绳子，如图 13.4-1(a)所示。这里质点又常称之为质元，意味着连续介质中可以视为质点的一个微小的部分。

我们都有这样的经验，如果绳子的一端固定，拉紧后在另一端突然沿垂直于绳子的方向抖动一下又回到原先的位置不动，则就会有一鼓包形的突起沿绳子传播，这乃是一种“脉冲”波，看起来孤零零的一个鼓包，但其实并不简单。现在我们分析取作原点 O 的绳子的一端作角频率为 ω 的周期性振动，而绳子又相当长，以致在我们感兴趣的所有时间内原点 O 处的振动均未及传至另一端，即波动始终未达另一端的情形。

设原点 O 的振动为一简谐振动，可描写为

$$y = A\cos\left(\omega t - \frac{\pi}{2}\right) \tag{13.4-1}$$

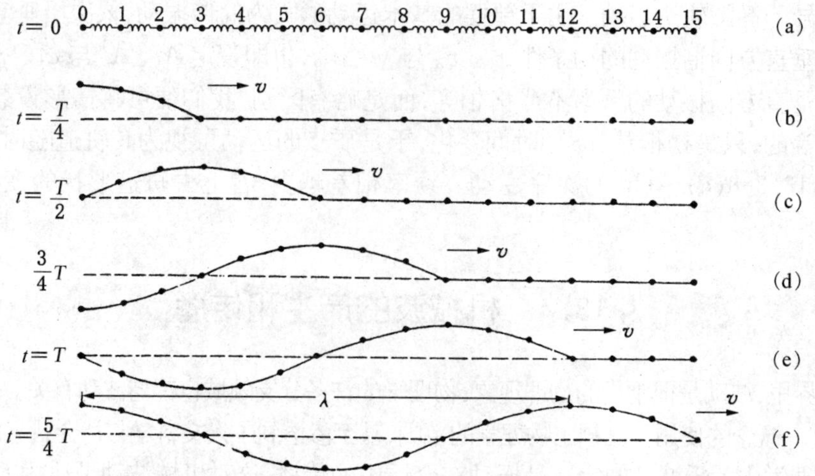

图 13.4-1 绳中横波的传播

即 $t=0$ 时刻原点位于平衡位置，随后沿 y 正方向向上位移，当 $t=T/4(T=2\pi/\omega)$ 时达最大值，即振幅 A。

在 $t=0$ 至 $t=T/4$ 这一段时间内，由于质元间以弹性力联系，O 点的运动必带动其右方 $(x>0)$ 的质元也向上位移。在如图 13.4-1 的情形，当 $t=T/4$，恰好原点右边的第 3 号质元开始向上运动，如图 13.4-1(b)所示。当 $t=T/2$ 时，位于原点的质元又回到平衡位置，第 3 号质元位移达极大值 A，而第 6 号质元正开始向上运动，如图 13.4-1(c)所示。其后各点运动的情况可依此类推，图 13.4-1 画出直到 $t=5T/4$ 的波动传播过程。

在图 13.4-1 中原点 O 为波源，波动沿 x 正方向传播。仔细观察图 13.4-1，我们可以归纳出这里的波动传播过程具有如下性质。

在波源作简谐振动情形，波动传播到的介质中的任何一点，质元都跟随着做相同频率、相同振幅的简谐振动，只是振动的相位有所滞后，距波源越远，滞后越甚。当然我们这里假定波动传播过程中不涉及任何耗散能量的衰减因素。而且，由图可见，每过一定的距离 λ，质元的振动情形相同，即有相同的位移和速度。这表明和原点的距离每增加 λ，振动的相位就滞后 2π；同样如两个分别位于 x_2 和 x_1 的质元相距 λ，即 $x_2-x_1=\lambda$，则彼此之间振动的相位差也是 2π，x_1 处超前，x_2 处滞后。注意，这里 x_1 与 x_2 表示质元的平衡位置，而并非任意时刻质元的空间坐标。实质上，在时刻 t，平衡位置为 x 的质点坐标应为

$$\boldsymbol{r}=x\boldsymbol{i}+y(x,\ t)\boldsymbol{j} \tag{13.4-2}$$

这里，$y(x,\ t)$即为平衡位置在 x 处的质元振动位移和时间的关系。当位移为 A 时称波峰，位移为$(-A)$时称波谷。

如果 O 点不停地振动，则波动不停地向右传播，看上去好像波峰或波谷向右，即沿着波的传播方向行进，例如 $t=3T/4$ 时位于第 6 号质元处的波峰在 $T/4$ 后"行进"到第 9 号质元处，因此这样的波动称为行进波或简称行波。但特别应当提起注意的是波的行进或传播并不意味着介质(绳索)中的质元跟着波动不断向右行进，行进或传播的只是振动的相位，介质中的质元始终只在其平衡位置(以 x 描写)附近振动(以 $y(x,\ t)$描写)，而不能作大范围的空间位置变化。不过我们可以规定波动传播的速度，在图示情形明显可见在 T 时间内，波动传播的距离为 λ，因此波速 v 的定义即为

$$v = \lambda / T \tag{13.4-3}$$

而且,不难看出,平衡位置为 x 的质元振动的相位比波源落后

$$\Delta\varphi(x) = 2\pi x/\lambda \tag{13.4-4}$$

利用(13.4-3)式以及 $T = 1/\nu = 2\pi/\omega$ 亦可将 $\Delta\varphi(x)$ 表示为

$$\Delta\varphi(x) = 2\pi\nu x/v = \omega x/v = 2\pi x/vT \tag{13.4-5}$$

于是,如果一般地将原点的振动表示为

$$y(0,\ t) = A\cos(\omega t + \varphi_0) \tag{13.4-6}$$

φ_0 为原点的振动初相,则任意一点的振动可表示为

$$y(x,\ t) = A\cos\left(\omega t + \varphi_0 - 2\pi\,\frac{x}{\lambda}\right) \tag{13.4-7a}$$

或

$$y(x,\ t) = A\cos\left(\omega t + \varphi_0 - \frac{\omega x}{v}\right) \tag{13.4-7b}$$

$$y(x,\ t) = A\cos(\omega t + \varphi_0 - 2\pi\nu x/v) \tag{13.4-7c}$$

与

$$y(x,\ t) = A\cos(\omega t + \varphi_0 - 2\pi x/vT) \tag{13.4-7d}$$

(13.4-7)式所描写的波动称为简谐波。如果波动不是在绳上传播,而是在三维各向同性的介质中传播,但波动涉及的各点质元的位移仍能用(13.4-7)式描写,则称为平面简谐横波,因为在任何与 x 方向垂直的平面上质点的位移都相等——位移只决定于质元平衡位置的 x 方向的坐标,而与 y、z 坐标无关。由于波动的传播即振动相位的传播,通常将波阵面的定义扩展为振动相位相同的点的轨迹,而将波前看作距波源最远的波阵面。(13.4-7)式如用以描述三维介质中的波动,同相点明显在一平面内,故为平面波。球面波的定义亦可作同样推广,如有一点状声源发声,则在空气中声波为球面波,波阵面亦为一个个半径各异、球心均位于声源的同心球。

在(13.4-7)式中,波动传及的各点作简谐振动的频率即为波源或振源的频率,而波动传播的速度即波速 v 却取决于传播波动的介质的弹性性质。

(13.4-7)式表明,如果固定地观察某一点,例如 $x = x_0$,则这一点的位移与时间的关系为

$$y(x_0,\ t) = A\cos\left(\omega t + \varphi_0 - 2\pi\,\frac{x_0}{\lambda}\right) \tag{13.4-8a}$$

由于 x_0 及 λ 均为定值,上式为一谐振动的表达式,即简谐波经过的各点均作简谐振动。另一方面,如果我们在某一瞬时 $t = t_0$ 观察波动经过的各点的位移,则按照(13.4-7)式

$$y(x,\ t_0) = A\cos\left(2\pi\,\frac{x}{\lambda} - \omega t_0 - \varphi_0\right) \tag{13.4-8b}$$

注意 t_0 为定值,上式为一余弦曲线。这表明如果某时刻 t 对(13.4-7)式描述的波动拍一张照片,就会是一根正弦或余弦曲线,如图 13.4-1(f)那样。这也正是(13.4-7)式所描述的波动称为简谐波的缘故。

有时引入波矢的概念是方便的。波矢 k 与波长 λ 之间有如下关系：

$$k = 2\pi/\lambda \tag{13.4-9}$$

利用 k 可将(13.4-7a)改写为

$$y(x,\ t) = A\cos(\omega t + \varphi_0 - kx) \tag{13.4-10}$$

许多教科书均将(13.4-7)式或(13.4-10)式称为简谐波方程，其实它们只是简谐波的表达式或称波函数，波动方程另有其他含义，我们将在本节下面讨论。

(13.4-7)式或(13.4-10)式描写的是向右方传播的简谐波。其实在上面的讨论中，原点 O 作为波源并非必要条件。如果我们已知一列简谐横波沿 x 正方向在一端点处于远方的绳子上传播，波源也在左边很远处，我们可选择任意点为原点，如果该点的振动可用(13.4-6)式表示，则(13.4-7)式或(13.4-10)式即可描写直线上各点的振动规律，无论是 $x > 0$ 还是 $x < 0$。但是，如果波动向左传播，即沿 x 负方向传播，波源在右方很远处，但原点处的振动仍如(13.4-6)式所示，则波动的表达式应改为

$$y(x,\ t) = A\cos\left(\omega t + \varphi_0 + \frac{2\pi x}{\lambda}\right) \tag{13.4-11}$$

及其等价表达式

$$y(x,\ t) = A\cos(\omega t + \varphi_0 + kx) \tag{13.4-12}$$

不过，如果原点恰为波源，则必须同时采用(13.4-7)式与(13.4-11)式才能完整地描写波动。前者适用于 x 方向的正半轴，后者适用于负半轴。

在三维情形，波矢为一矢量 $\boldsymbol{k}$，其数值亦如(13.4-9)式，而方向即为波动传播的方向。因此采用波矢 $\boldsymbol{k}$ 可将平面简谐波表示为

$$\boldsymbol{x} = \boldsymbol{A}\cos(\omega t - \boldsymbol{k}\cdot\boldsymbol{r}) \tag{13.4-13}$$

其中 $\boldsymbol{r}$ 为质元平衡位置的位矢，$\boldsymbol{x}$ 为其相对于 $\boldsymbol{r}$ 的位移矢量，$\boldsymbol{A}$ 亦为一矢量，称为振幅矢量。

应当说明的是(13.4-7)或(13.4-10)、(13.4-11)或(13.4-12)诸式同样可以描述一维纵波，只是在纵波的情形 $y(x,\ t)$ 应理解为在时刻 t、平衡位置处于 x 的质元沿 x 方向(平行于波动的传播方向)的位移。

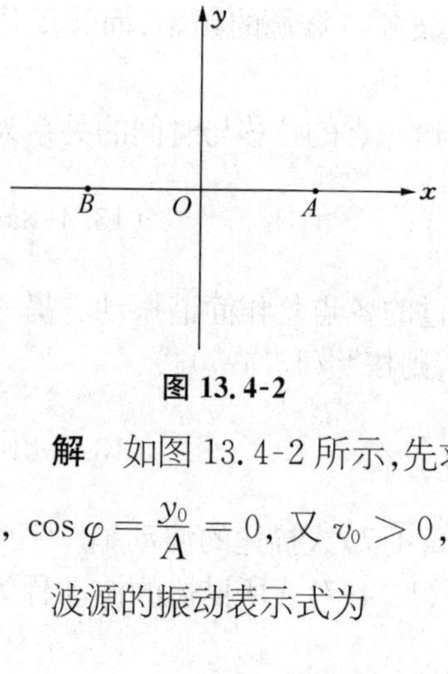

图 13.4-2

例 1 平面简谐波的振幅为 10 cm，频率为 10 Hz，波速为 400 cm · s^{-1}，以波源处(坐标原点 O)的质点经平衡位置向正方向运动时作为计时起点：

(1) 写出沿 x 轴正方向传播的波动表示式及距波源 80 cm 处 A 点的振动表示式。

(2) 写出沿 x 轴负方向传播的波动表示式及距波源为 80 cm 处的 B 点的振动表示式。

(3) 比较 A, B 两点的相位。

解 如图 13.4-2 所示，先求原点 O 的振动表示式，已知 $\omega = 2\pi\nu = 20\pi$；$t = 0$ 时，$y_0 = 0$，$\cos\varphi = \dfrac{y_0}{A} = 0$，又 $v_0 > 0$，所以取 $\varphi = -\dfrac{\pi}{2}$。

波源的振动表示式为

$$y = 10\cos\left(20\pi t - \frac{\pi}{2}\right)(\text{cm})$$

(1) 沿 x 轴正向传播的波动表示式为

$$y = 10\cos\left[20\pi\left(t - \frac{x}{400}\right) - \frac{\pi}{2}\right](\text{cm}) \qquad (x > 0)$$

A 点的振动表示式为

$$y_A = 10\cos\left[20\pi\left(t - \frac{80}{400}\right) - \frac{\pi}{2}\right] = 10\cos(20\pi t - 4.5\pi)(\text{cm})$$

(2) 沿 x 轴负向传播的波动表示式为

$$y = 10\cos\left[20\pi\left(t + \frac{x}{400}\right) - \frac{\pi}{2}\right](\text{cm}) \qquad (x < 0)$$

B 点的振动表示式为

$$y_B = 10\cos\left[20\pi\left(t + \frac{-80}{400}\right) - \frac{\pi}{2}\right] = 10\cos(20\pi t - 4.5\pi)(\text{cm})$$

(3) A, B 两点同相位,均较 O 点落后 4π。

以上关于波动的简单介绍完全基于对绳上传播的横波的经验性观测与描述,实际上并未涉及和波动有关的物理内容。下面即从牛顿定律出发探究简谐波的动力学过程。为明确计,我们以杆状一维弹性棒中传播的纵波为具体对象。

设如图 13.4-3 所示,在一截面积为 S 的圆柱形弹性棒中考察一长度为 Δx,一端位于 x 的质元,质元的体积即为 $S\Delta x$。因此,质元处于平衡状态时,另一端的坐标即为 $x+\Delta x$。设棒中有沿轴向的纵波传播。质元的两端均要产生位移。在时刻 t, x 一端的位移设为 y(注意 y 也沿轴向),而另一端位移设为 $y+\Delta y$,即质元发生伸长形变 Δy。根据弹性力学,应力 T 与相对伸长形变 $\Delta l/l$ 成比例,l 为弹性棒原长,Δl 为伸长形变。这里,在极限情形,$\Delta l/l$ 可代之以 $\frac{\mathrm{d}y}{\mathrm{d}x}$。

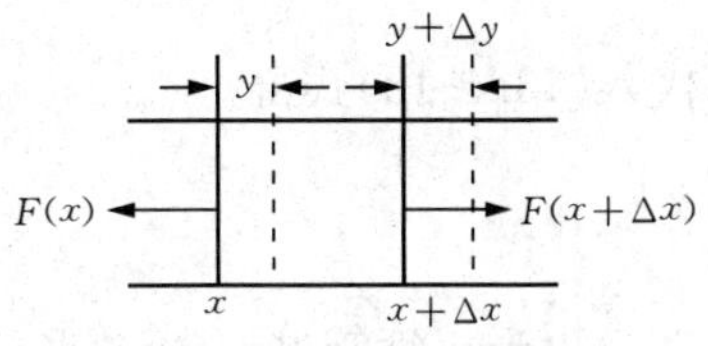

图 13.4-3 弹性棒中的圆柱状质元

$$T = Y\frac{\Delta l}{l} = Y\frac{\mathrm{d}y}{\mathrm{d}x} \qquad (13.4\text{-}14)$$

式中 Y 为杨氏模量。于是作用在质元上的合力应为

$$F = S(T_{x+\Delta x} - T_x) \qquad (13.4\text{-}15)$$

其中 $T_{x+\Delta x}$ 与 T_x 分别为 $x+\Delta x$ 与 x 处的弹性伸长应力。将(13.4-14)式代入上式,

$$F = YS\left(\left.\frac{\mathrm{d}y}{\mathrm{d}x}\right|_{x+\Delta x} - \left.\frac{\mathrm{d}y}{\mathrm{d}x}\right|_{x}\right)$$

当 $\Delta x \to 0$ 的极限情形,上式化为

$$F = YS\frac{\mathrm{d}^2 y}{\mathrm{d}x^2}\mathrm{d}x$$

注意在波动传播的区域,质元的位移 y 亦随时间变化(参见(13.4-7)式),上式应改写为

$$F = YS\frac{\partial^2 y}{\partial x^2}\mathrm{d}x \tag{13.4-16}$$

式中 $S\mathrm{d}x$ 即为质元的体积。如果棒材的密度为 ρ,则质元质量

$$\mathrm{d}m = \rho S\mathrm{d}x \tag{13.4-17}$$

由(13.4-16)式可知,质元的牛顿方程应为

$$\mathrm{d}m\frac{\partial^2 y}{\partial t^2} = F = YS\frac{\partial^2 y}{\partial x^2}\mathrm{d}x$$

其中$\partial^2 y/\partial t^2$ 正是平衡位置处在 x 的质元的加速度。由于不同质元(x 不同)在同一时刻的位移各不相同(可参见图 13.4-1),故亦应用二阶偏导数$\partial^2 y/\partial t^2$ 代表质元的加速度。将(13.4-17)式代入上式得

$$\rho\frac{\partial^2 y}{\partial t^2} = Y\frac{\partial^2 y}{\partial x^2} \tag{13.4-18}$$

上式虽然为一个二阶偏微分方程,从物理上看不过是位于 x 处的质元的牛顿第二定律的具体表现形式而已。只是与我们通常所熟悉的质点的牛顿方程为常微分方程的区别在于(13.4-18)式将所有的质元(x 各不相同)都一起包容在内,适用于任何质元的运动规律。令

$$v^2 = Y/\rho$$

或

$$v = \sqrt{Y/\rho} \tag{13.4-19}$$

代入(13.4-18)式得

$$\frac{1}{v^2}\frac{\partial^2 y}{\partial t^2} = \frac{\partial^2 y}{\partial x^2} \tag{13.4-20}$$

上式称为一维简谐波的波动方程,v 即为波速。在这里的情形,乃为弹性棒中传播的纵波波速。波动的表达式(13.4-7)或(13.4-11)式就是波动方程的解,直接将它们代入(13.4-20)式即可证明。

上面的分析表明简谐波的传播与介质的弹性密切相关,波速更直接取决于介质的弹性性质和密度。

由上面的讨论还可看出,当机械波传播时每个质元都有随时间变化的速度,因此相应地质元具有随时间变化的动能;同时,由于波动传播时相邻质元振动相位不同,位移不同,介质发生形变,而且形变也随时间变化,导致随时间变化的势能。为明确起见,下面以弹性棒中的纵波为例计算和简谐波相应的质元的机械能,仍考察图 13.4-3 所示的体积为 $S\Delta x$ 的质元,且为简单计,设波动的表达式为

$$y = A\cos\left(\omega t - \omega\frac{x}{v}\right) \tag{13.4-21}$$

易见,质元的速度为

$$\frac{\partial y}{\partial t} = -\omega A\sin\left(\omega t - \omega\frac{x}{v}\right) \tag{13.4-22}$$

注意这里切勿将质元运动的速度$\frac{\partial y}{\partial t}$与波动传播的速度 v 相混淆。因此，质元的动能为

$$\Delta E_k = \frac{1}{2}(\rho S \Delta x)\omega^2 A^2 \sin^2 \omega\left(t - \frac{x}{v}\right) \tag{13.4-23}$$

将(13.4-14)式与熟知的弹簧的胡克定律相比较可知，

$$k \mid \Delta y \mid = \mid TS \mid = YS\left|\frac{\partial y}{\partial x}\right|$$

弹性势能

$$\Delta E_p = \frac{1}{2}k(\Delta y)^2 = \frac{1}{2}YS\left|\frac{\partial y}{\partial x}\right| \mid \Delta y \mid$$

将 Δy 代以$(\partial y/\partial x)\Delta x$，上式化为

$$\Delta E_p = \frac{1}{2}YS\Delta x\left(\frac{\partial y}{\partial x}\right)^2 \tag{13.4-24}$$

由(13.4-21)式，

$$\Delta E_p = \frac{1}{2}YS\Delta x \frac{\omega^2 A^2}{v^2}\sin^2\omega\left(t - \frac{x}{v}\right)$$

将纵波波速(13.4-19)式代入，得

$$\Delta E_p = \frac{1}{2}\rho S\Delta x\omega^2 A^2 \sin^2\omega\left(t - \frac{x}{v}\right) \tag{13.4-25}$$

可见在任意时刻质元的动能与势能都相等：

$$\Delta E_k = \Delta E_p \tag{13.4-26}$$

因而机械能为

$$\Delta E = \Delta E_k + \Delta E_p = \rho(S\Delta x)\omega^2 A^2 \sin^2\omega\left(t - \frac{x}{v}\right) \tag{13.4-27}$$

(13.4-23)、(13.4-25)与(13.4-27)式表明波动的能量与质元体积成比例。通常用能量密度，即单位体积的能量来表示更为方便，于是波动的动能密度与势能密度为

$$\varepsilon_k = \varepsilon_p = \Delta E_k/(S\Delta x) = \frac{1}{2}\rho\omega^2 A^2 \sin^2\omega\left(t - \frac{x}{v}\right) \tag{13.4-28}$$

机械能密度为

$$\varepsilon = \varepsilon_k + \varepsilon_p = \rho\omega^2 A^2 \sin^2\omega\left(t - \frac{x}{v}\right) \tag{13.4-29}$$

以上两式虽然针对纵波导出，同样也适用于横波。

这里值得注意的是，虽然在简谐波传播的过程中每一个质元均作简谐振动，但振动的能量却与孤立谐振子有明显的不同。对后者，如§13.1 所述，动能与势能相互转换，维持机械能守恒；而对前者，质元的动能与势能同步变化，同时达到极大，同时变为零。这一点其实不难理解。为此，可考察图 13.4-1(f)。其实图 13.4-1 同样可描写纵波，只要将曲线的纵坐标理解为质元沿 x 方向的位移。注意在图 13.4-1(f)所示的这一时刻，第 12 号质元位移达

极大值,因而其速度为零,即动能达极小。此时,与该质元相邻的两质元的位移与该质元的位移差别也达极小。事实上,在该处 $\partial y/\partial x = 0$,表示在极限情形,最近邻质元的位移无差别,即此处无形变,当然形变势能也就为零了。与之形成对照的是第 9 号或第 3 号质元,它们此时通过平衡位置,具有最大的速度和动能。但也正在这里,与相邻质元间的位移差别也达最大,这可由该处曲线的斜率为最大而直接看出。因而形成形变势能也在此时达最大值。

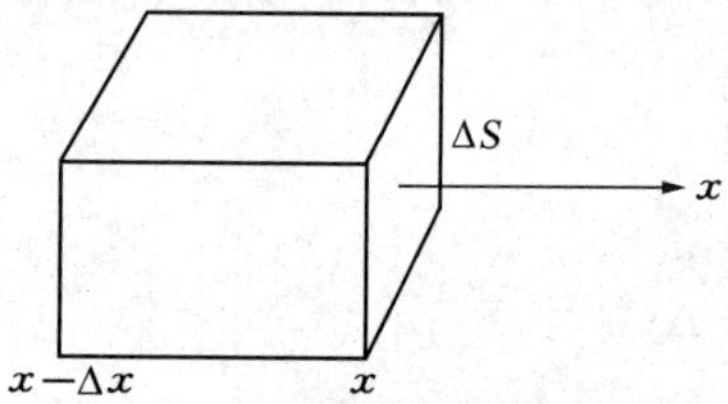

图 13.4-4 波动能量的传播

(13.4-29)式表明波动传播时能量密度随时间作周期性的变化,这正说明能量随波动一起传播。因此,我们可以说波动是能量的传播,而非介质质量的输运。这一点我们考察图 13.4-4可以更加清楚。

假设一平面简谐波沿 x 方向传播,即波面均垂直于 x 轴。由于如前所述,(13.4-7)式同样也适用于沿 x 方向传播的三维介质中的平面波,(13.4-28)式与(13.4-29)式当然也适用于这里的情形。考虑图示的介质中位于坐标 x 处与波动传播方向垂直的某一截面 ΔS,不难看到,由于随着波动的传播,质元的振动状态相应传递,则在一很短的时间 Δt 内,图示长方体内的振动状态恰好通过该截面传向右方。这里,长方体的边长即为 $\Delta x = v\Delta t$,v 为波速。与此相应,长方体内的机械能

$$\Delta E = \varepsilon \Delta S \Delta x = \varepsilon \Delta S v \Delta t \tag{13.4-30}$$

也相应传向右方。

通常将单位时间内通过与波的传播方向垂直的单位面积传播的波动的能量称为能流密度 S。于是由上式知

$$S = \varepsilon v \tag{13.4-31}$$

为了能方便地表示能量传播的方向,上式常取矢量形式:

$$\boldsymbol{S} = \varepsilon \boldsymbol{v} \tag{13.4-32}$$

即能量沿波动传播的方向传播,$\boldsymbol{S}$ 即为上一章中介绍的坡印廷矢量。另一方面,由于 ε 随时间变化,常取其时间平均值$\bar{\boldsymbol{\varepsilon}}$,由(13.4-29)式可得

$$\bar{\boldsymbol{\varepsilon}} = \frac{1}{2}\rho\omega^2 A^2 \tag{13.4-33}$$

并用以表示平均能流密度或称波的强度 $\boldsymbol{I}$:

$$\boldsymbol{I} = \bar{\boldsymbol{\varepsilon}}\boldsymbol{v} \tag{13.4-34}$$

波动的能量来自波源。例如,阳光的能量就是从太阳发出的。作为具体的波动,在本节最后简单讨论最常见的波动——声波。

声源的振动在空气中的传播就是声波。由于空气是各向同性的介质,声波在未遇到任何障碍物前沿以声源为球心的径向传播,波面是球面,即声波为球面波。由于同心球面积之比为相应半径比的平方,而在声源作稳定的简谐振动的情形,单位时间输出的能量是恒定的,在略去介质吸收引起能量损失的情形,单位时间通过不同波面传播的能量是相同的。根据(13.4-29)式知波动的能量密度与振幅平方成正比,我们便可将声源为有限尺寸的声波表达式写为

$$y(r,\ t)=\frac{A_0R}{r}\cos\omega\left(t-\frac{r}{v}\right) \tag{13.4-35}$$

其中 r 代表到球心的距离。如设声源为半径 R 的球体，$r>R$，而 A_0 则为声源表面的振幅。y 为空气质元的位移。由于空气是流体，不存在切应力，不能传播横波，只能传播纵波；因此 y 亦沿半径方向。在此情形，空气质元振动的弹性恢复力来自于振动引起的空气疏密变化所导致的体积应变。所谓体积应变即体积的相对变化。如体积为 V 的物质体积改变 ΔV，体积应变即为 $\Delta V/V$。与此相对应的弹性定律表示为

$$\Delta p=-K\frac{\Delta V}{V} \tag{13.4-36}$$

这里 Δp 为压强的变化。将上式与(13.4-14)式相比，比例系数 K 具有弹性模量的意义，称为体积形变模量或简称体变模量。上式中的负号表示压缩使体积减小。对于理想气体，其体变模量为

$$K=\gamma p \tag{13.4-37}$$

其中 p 为气体压强，γ 为定压比热容与定容比热容的比值。上式可简单推导如下。由于一般声波频率相当高，气体质元的体积变化可视为绝热过程，即

$$pV^{\gamma}=常数$$

这里 V 为质元体积。将上式微分得

$$V^{\gamma}\mathrm{d}p+\gamma V^{\gamma-1}p\mathrm{d}V=0$$

因此

$$\frac{\mathrm{d}p}{\mathrm{d}V}=-\gamma\frac{p}{V} \tag{13.4-38}$$

与(13.4-36)式比较即得(13.4-37)式。与(13.4-19)式相似，气体中纵波波速与体变模量之间的关系为

$$v=\sqrt{K/\rho}=\sqrt{\frac{\gamma RT}{\mu}} \tag{13.4-39}$$

式中 ρ 为气体密度，μ 为摩尔质量。可见气体中的声波波速 v 与 $\sqrt{T}$ 成正比。表 13-1 列出一些典型介质中的波速值。列出的介质都不是流体，也可以传播弹性横波。

表 13.1 物质中的弹性波速 (m/s)

介　　质	棒中纵波	无限大介质中纵波	无限大介质中横波
硬玻璃	5 170	5 640	3 280
铝	5 000	6 420	3 040
铜	3 750	5 010	2 270
电解铁	5 120	5 950	3 240
低碳钢	5 200	5 960	3 235

声波能直接为人耳感知，即听见声音。然而人的听觉与声波的频率有关，低于 16 Hz(称为次声)与高于 20 000 Hz(称为超声)的声波人耳都听不见。但即使在16 Hz 到20 000 Hz 的所谓

音频范围,到底是否听见还与声波的强度或声强有关。低于某一强度的声音听不见,刚能引起听觉,即刚能听见的声强称为听觉阈。但声强过高人们也难忍受,如果太高了,超过某一上限值,反而又听不见了,只感疼痛,故称此上限为痛觉阈。听觉阈与痛觉阈都和频率有关,如图13.4-5所示。由图可见,对某一音频而言,痛觉阈与听觉阈可相差许多量级,例如1 000 Hz的声音两者相差竟达13数量级之巨。另一方面人耳对声音强度的感觉也不是线性的,而是近似有对数的关系。因此常用所谓声强级 L 来表示声波的强度,声强级更接近于人耳的感觉。选择声强 $I_0 = 10^{-12}\ \mathrm{J/(m^2 \cdot s)}$ (相当于1 000 Hz的听觉阈)为基准声强,声强级的定义是

$$L = \lg \frac{I}{I_0} \tag{13.4-40}$$

L 的单位是贝尔(B)。但更常用的是以分贝(dB)作声强级的单位,而将 L 表示为

$$L = 10\lg \frac{I}{I_0} \tag{13.4-41}$$

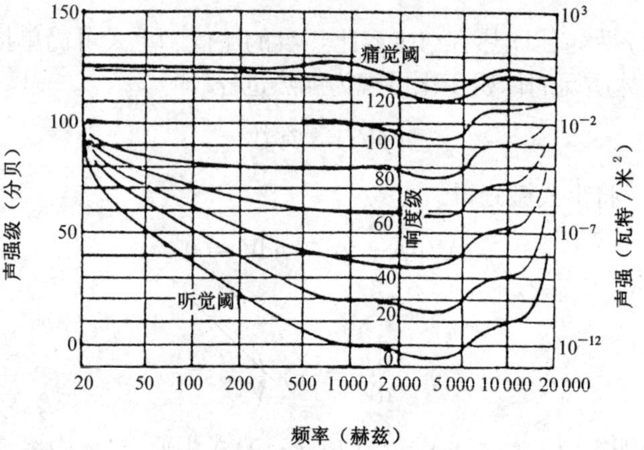

图13.4-5 音频范围的听觉阈、痛觉阈与等响度线

由此声强每增大一个量级声强级即增大10 dB。然而即使用声强级还不能完善地描述人耳的主观听觉,因为人耳的听觉与频率有关。不同频率的声音即使声强级相同听起来也不一样“响”。由图13.4-5可见,当 L 为30 dB时,频率为1 000 Hz的声音听起来已相当响;可对100 Hz的声音这一声强还低于听觉阈,压根听不见。所以又引进所谓等响度线来更好地反映人耳的听觉。图13.4-5中同样画出不同声强级的等响度线。例如,由图可见,频率为700 Hz左右声强级为60 dB的声音听起来同声强级在70 dB的100 Hz左右的声音差不多响。

当然对给定频率的声音而言分贝数越低声音越轻。通常微风吹拂树叶的沙沙声约为14 dB;室内相距1 m左右的不高不低的谈话声约为50 dB;白天上海市外滩附近的街头噪声约为70 dB;隔壁装修新居的噪声可达90 dB;交响乐队演奏时相距5 m处声强级为84 dB;喷气飞机发动机的噪声在5 m开外高达140 dB,已是震耳欲聋令人疼痛难忍了。

例1 声波在介质中传播时,介质各处的质元将出现时而密集、时而稀疏的现象,因而各处压强将发生变化,介质中的瞬时压强与没有声波时的压强之差称为声压。试证明:当声波的位移波函数为 $y = A\cos\left(\omega t - \frac{2\pi}{\lambda}x\right)$ 时,对应的声压波函数为

$$p = -\omega\rho A v \sin\left(\omega t - \frac{2\pi}{\lambda}x\right) = p_m \sin\left(\frac{2\pi}{\lambda}x - \omega t\right)$$

式中 ρ 是介质的体密度，$p_m = \omega\rho A v$ 为声压振幅。

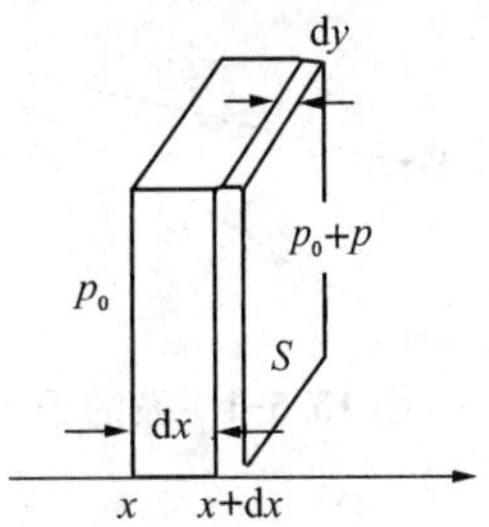

图 13.4-6

证 流体或固体的体变弹性模量为 $K = -\dfrac{p}{\mathrm{d}V/V}$，即 $p = -K\dfrac{\mathrm{d}V}{V}$。如图 13.4-6 所示，设 x 处压强为 p_0，$x+\mathrm{d}x$ 处压强为 $p_0 + p$，考察厚度为 $\mathrm{d}x$、截面积为 S 的体积元 $\mathrm{d}V$。当压强改变时，其体积将改变 $S\mathrm{d}y$，$\mathrm{d}y$ 为压缩或稀疏时的厚度改变量，则

$$p = -K\frac{\mathrm{d}V}{V} = -K\frac{S\mathrm{d}y}{S\mathrm{d}x} = -K\frac{\partial y}{\partial x}$$

又因为 $v = \sqrt{\dfrac{K}{\rho}}$，$y = A\cos\left(\omega t - \dfrac{2\pi}{\lambda}x\right)$，$\dfrac{2\pi}{\lambda} = \dfrac{\omega}{v}$，于是

$$\frac{\partial y}{\partial x} = A\frac{2\pi}{\lambda}\sin\left(\omega t - \frac{2\pi}{\lambda}x\right) = \frac{A\omega}{v}\sin\left(\omega t - \frac{2\pi}{\lambda}x\right)$$

所以

$$p = -K\frac{\partial y}{\partial x} = -\rho v^2\frac{A\omega}{v}\sin\left(\omega t - \frac{2\pi}{\lambda}x\right) = \omega\rho A v\sin\left(\frac{2\pi}{\lambda}x - \omega t\right)$$

即

$$p = p_m\sin\left(\frac{2\pi}{\lambda}x - \omega t\right)$$

§13.5 波的干涉、驻波

13.5.1 波的干涉

在§13.3 中我们讨论过简谐振动的合成，这在波动现象中也常出现。设有两列来自不同波源的平面简谐波在传播时相遇，则在相遇区域内的介质质元就要同时受到这两列波的影响。如果对相遇区的某一点 P 而言，只有第一列波传播时引起该点的位移为 y_1，单有第二列波传播时位移为 y_2，则两列波的共同影响使该点位移

$$y = y_1 + y_2 \tag{13.5-1}$$

这里我们假设两列波引起的位移沿相同方向。(13.5-1)式称为波的独立传播原理或波的叠加原理。上式表明一列波动对质元位移的影响与是否存在其他波动无关。注意 y_1 与 y_2 都是简谐振动，如果它们的角频率相同，即两列波的频率或周期相同，则(13.5-1)式即为同频率同方向简谐振动的叠加，y 亦为同频率的简谐振动。然而 y 的振幅决定于 y_1、y_2 的初相差，而后者又取决于观察点到二波源(或已知其振动相位的点)的相对距离。于是在两波相遇的区域内有的地方合成波(y)的振幅加大，振动加剧；有的地方合成波振幅削弱，振动被抑制，从而在空间形成一定的合振动的稳定分布。这一现象便是波动的干涉。振幅相加的为相长干涉，振幅相减的为相消干涉。由于干涉使合振动的振幅随空间作稳定的分布，相应地波动的

能量也形成空间分布。所谓此消彼长正可作为波动干涉的生动描述。以下我们就简单的情形作定量讨论。

如图 13.5-1 所示，S_1 和 S_2 为两波源，其发出的简谐波在 P 点相遇，该点到波源距离分别为 r_1 和 r_2。波源的振动可表示为

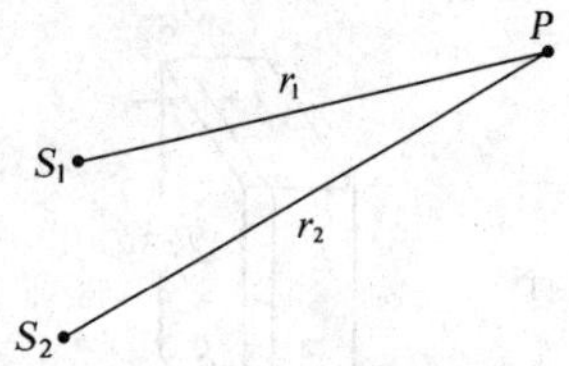

图 13.5-1 波的干涉

$$y_{10} = A_{10}\cos(\omega t + \varphi_{10}) \tag{13.5-2}$$

$$y_{20} = A_{20}\cos(\omega t + \varphi_{20}) \tag{13.5-3}$$

则按(13.4-7)或(13.4-35)式可将两波在 P 点激起的振动分别表示为

$$y_1 = A_{1P}\cos\left(\omega t + \varphi_{10} - 2\pi\frac{r_1}{\lambda}\right) \tag{13.5-4}$$

$$y_2 = A_{2P}\cos\left(\omega t + \varphi_{20} - 2\pi\frac{r_2}{\lambda}\right) \tag{13.5-5}$$

这里 A_{1P} 与 A_{2P} 不一定和 A_{10} 与 A_{20} 相等，因此以上两式既可适用于平面波也适用于球面波，还可包括介质存在吸收的情形。由(13.3-8)与(13.3-10)式知，如在 P 点满足

$$\Delta\varphi = \varphi_{20} - \varphi_{10} + 2\pi(r_1 - r_2)/\lambda = 2n\pi \tag{13.5-6}$$

或利用波矢 k 将上式表示为

$$\Delta\varphi = \varphi_{20} - \varphi_{10} + k(r_1 - r_2) = 2n\pi \tag{13.5-7}$$

式中 n 为任意整数，则该处振幅相加，合振幅为

$$A_P = A_{1P} + A_{2P} \tag{13.5-8}$$

即为相长干涉。反之，如 P 点处满足

$$\Delta\varphi = (2n+1)\pi \tag{13.5-9}$$

则该处为相消干涉，

$$A_P = |A_{1P} - A_{2P}| \tag{13.5-10}$$

在其他情形，振幅介于(13.5-8)与上式之间。

虽然无论何种简谐波在空间相遇都会形成振动的叠加，但发生干涉的前提是两列波必须有相同的周期，从而在相遇点各自激起的振动才有稳定的相差，才能形成空间稳定的振幅分布。

波动的干涉在物理学的诸多领域都有广泛的应用，既包括宏观的光波干涉也包括微观世界的物质波的干涉，我们将在本书的有关部分予以介绍。

13.5.2 驻波

同频率反向行进的行波之间的干涉有特殊的意义。设在同一弦线上有两列简谐横波反向传播，各自的表达式为

正向传播：$y_1 = A\cos(\omega t + \varphi_1 - kx)$

反向传播：$y_2 = A\cos(\omega t + \varphi_2 + kx)$

这里为简单计，假设两列波振幅相同，且传播过程中能量无损耗，弦线即取为沿 x 轴。

此时弦线上的振动按(13.5-1)式可表示为

$$y = y_1 + y_2 = 2A\cos\left(kx + \frac{\varphi_2 - \varphi_1}{2}\right)\cos\left(\omega t + \frac{\varphi_2 + \varphi_1}{2}\right) \qquad (13.5\text{-}11)$$

上式表明对于任一选定的观察点(给定 x)合振动为谐振动，这当然是预期的结果。然而总体来看，弦上各点的合振动的振幅并不相同，而是随位置作周期性变化。例如，当满足

$$kx + \frac{\varphi_2 - \varphi_1}{2} = n\pi \qquad (13.5\text{-}12)$$

即 x 满足

$$x = \left(n\pi - \frac{\varphi_2 - \varphi_1}{2}\right)\Big/k = n\frac{\lambda}{2} - \frac{\lambda}{4\pi}(\varphi_2 - \varphi_1) \qquad (13.5\text{-}13)$$

时振幅有最大值 $2A$，这里 n 为任意整数。这些点振动最为剧烈，称为波腹。而当满足

$$kx + \frac{\varphi_2 - \varphi_1}{2} = (2n+1)\frac{\pi}{2} \qquad (13.5\text{-}14)$$

或

$$x = (2n+1)\frac{\lambda}{4} - \frac{\lambda}{4\pi}(\varphi_2 - \varphi_1) \qquad (13.5\text{-}15)$$

时合振幅为零，即这些点始终静止不动，称为波节。这一类特殊的干涉称为驻波，因为根据(13.5-11)式在两个相邻波节之间弦上各点振动相位都相同，都是 $\omega t + \frac{\varphi_2 + \varphi_1}{2}$；没有相位与坐标的依赖关系，即没有相位的传播，似乎也就没有波动的传播。各点同相振动，同时到达最大，同时通过平衡位置，只是最大位移的数值即振幅各点不同。与前面讨论的行波相比波动“驻立”不前，故称驻波。不过在波节的两边，由余弦函数的性质知 $\cos\left(kx + \frac{\varphi_2 - \varphi_1}{2}\right)$ 要改变符号，如一边为正另一边为负。负数的振幅并无意义，这只是表明波节两边质元的振动相位相反。于是全部振动的图像是波节处保持静止，相邻两个波节间的点同相振动，波节两边振动反相。由(13.5-13)与(13.5-15)式知相邻波节或波腹间的距离为 $\lambda/2$。于是以某个波节为参考点，其左边 $\lambda/2$ 范围的质元向上位移时其右边 $\lambda/2$ 范围的质元必向下位移，如图 13.5-2 所示。

形成驻波时不再发生能量的传播，这也是驻波的另一含义。不仅横波能形成驻波，纵波也能形成驻波；而且二维、三维空间反向传播的行波也能形成二维、三维驻波。这里不再详述。

在上面的介绍中并未考虑弦线的端点，因而对于驻波的频率没有任何限制。如将弦线两端固定(通常的弦乐器都是如此)，则在其中激起波动会在端点处反射成反向传播的波动而形成驻波，但这样的驻波的频率则与弦长有关，这也正是弦乐演奏时演奏者的手指按在不同的地方(形成弦长变化)发出的声音的音调不同的缘故。由于端点必为波节，于是弦长应为半波长的整数倍，设弦长为 l，波长 λ 应满足

$$l = n\frac{\lambda}{2} \quad (n = 1, 2, \cdots) \qquad (13.5\text{-}16)$$

即相应的频率为

$$\nu_n = \frac{v}{\lambda} = n\frac{v}{2l} \qquad (13.5\text{-}17)$$

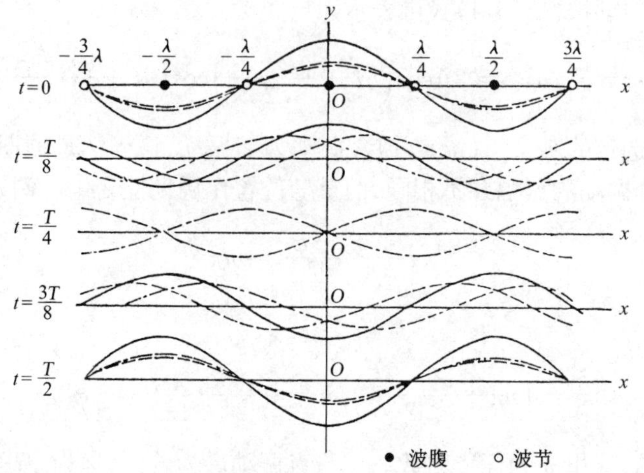

图 13.5-2 驻波

与 $n=1$ 相应的频率

$$\nu_1 = \frac{v}{2l} \tag{13.5-18}$$

称为基频,其余则称为 n 次谐频 ($n = 2, 3, \cdots$)。由于弦线中的波速决定于其中的张力 T

$$v = \sqrt{T/\eta} \tag{13.5-19}$$

式中 η 为弦的线密度,即单位长度弦线的质量。于是有

$$\nu_1 = \frac{1}{2l}\sqrt{T/\eta} \tag{13.5-20}$$

即对一定的弦长而言,可能允许振动的频率 ν 与 $\sqrt{T}$ 成正比,这正是弦乐器调音时的物理基础。弦线绷得越紧,T 越大,音调越高。

满足(13.5-17)式的频率称为简正频率,相应的弦线的振动方式称为弦线的简正模式。图 13.5-3 画出了 n 最低的 3 个简正模式。以上讨论表明,两端固定的弦线上只能激发起简正模式的振动。不过,由(13.5-17)式可知简正模式原则上可以有无穷多个。

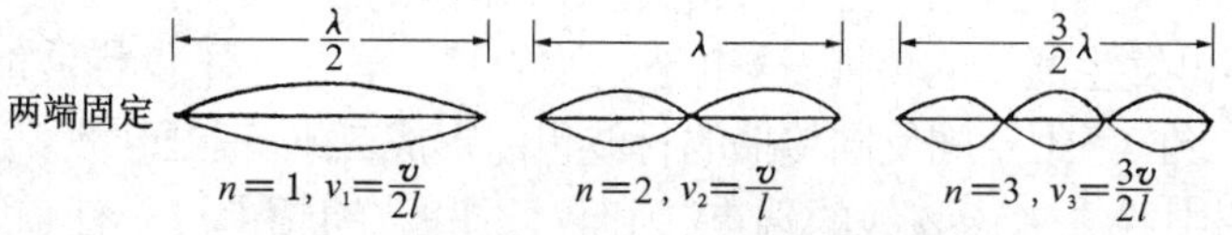

图 13.5-3 弦线振动的简正模式

例 1 有一提琴弦长 50 cm,两端固定,当不按手指演奏时发出的声音是 A 调(440 Hz),试问:要奏出 C 调(528 Hz),手指应该按在什么位置?

解 琴弦两端为波节,驻波条件为 $l = n\frac{\lambda}{2}$, $n=1$ 对应于基音。A 调声波波长为

$$\lambda_1 = 2l_1 = 2\times 50 = 100(\text{cm})$$

波速为

$$v = \lambda_1\nu_1 = 1\times 440 = 440(\text{m}\cdot\text{s}^{-1})$$

C 调的波长为

$$\lambda_2 = \frac{v}{\nu_2} = \frac{440}{528} = 0.833(\mathrm{m})$$

由驻波条件得弦长

$$l_2 = \frac{\lambda_2}{2} = \frac{0.833}{2} = 0.417(\mathrm{m})$$

所以手指应按在离琴弦下端 0.417 m 处。

* §13.6　多普勒效应

一列火车鸣着汽笛迎面风驰电掣般呼啸而来，我们始则听到的汽笛声音调很高；随着火车逼近乃至远去，汽笛声的音调逐渐降低。但是汽笛发声的频率并没有变化，我们人耳主观感觉到的这种音调（频率）改变就是著名的多普勒效应。如果声源静止，但观察者相对声源运动也会出现声音的频率听起来改变的多普勒效应。

为简单计，我们针对观察者运动、声源静止的情形分析，且设运动速度沿两者连线。

设如图 13.6-1 所示，S 表示一半径为 R 的球状声源，耳形符号代表观察者，正以速率 u 向声源运动。取声源为坐标原点，其与观察者的连线为 x 轴，即观察者的速度为 $(-u)$。

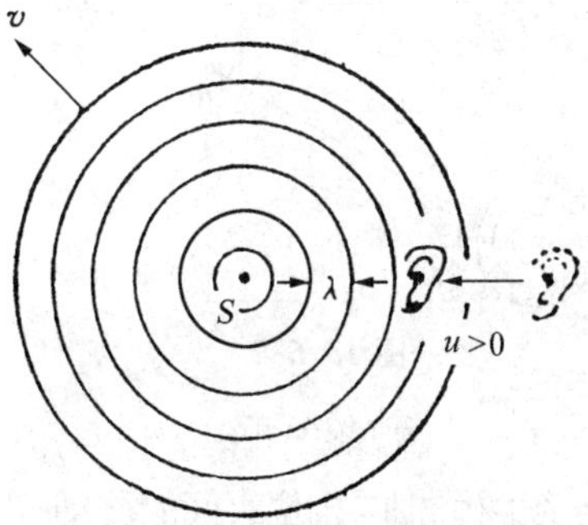

图 13.6-1　多普勒效应：声源静止，观察者运动

声源发出的简谐波的表达式应如(13.4-35)式所示。在声源右方可表示为

$$y(x,\ t) = \frac{A_0 R}{x}\cos(\omega t - kx) \qquad (13.6\text{-}1)$$

式中 $k = 2\pi/\lambda$ 为波矢。现在观察者以速率 u 向声源 S 运动，其主观感觉犹如采用一相对于介质以 $(-u)$ 速度运动的参照系 M，M 系中的坐标轴 x'，y'，z' 与固定参照系的坐标轴平行，但 x' 轴与 x 轴重合。而且在时刻 $t=0$，M 系的原点 O' 与静止坐标系的原点 O 重合。显然如果某点的坐标在固定系中为 x，则在 M 系中应为

$$x' = x + ut \qquad (13.6\text{-}2)$$

即

$$x = x' - ut \qquad (13.6\text{-}3)$$

换言之，在 M 系中波动表达式变为

$$y(x',\ t) = \frac{A_0 R}{x' - ut}\cos[\omega t - k(x' - ut)]$$

上式可化为

$$y(x',\ t) = \frac{A_0 R}{x' - ut}\cos(\omega' t - kx') \qquad (13.6\text{-}4)$$

其中

$$\omega' = \omega + ku = \omega\left(1 + \frac{u}{v}\right) \qquad (13.6\text{-}5)$$

由于已设 u 为速率，$u>0$，故上式表明

$$\omega'>\omega \quad 或 \quad \nu'>\nu$$

即正对声源运动的多普勒效应表现为观测到的频率上升。完全类似的讨论可得当远离声源时观测到的频率将下降为

$$\omega''=\omega\left(1-\frac{u}{v}\right)<\omega \tag{13.6-6}$$

如果观测者运动方向与声源不在同一直线上，以上讨论同样适用，只是 u 应代之以运动速度在声源与观测者连线方向的分量 u_t，如图 13.6-2 所示。此时观测到的声源的频率将在 ω'与 ω''之间递降。

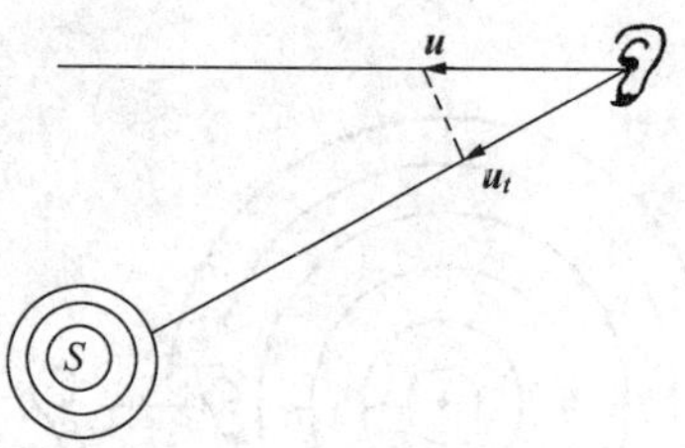

图 13.6-2

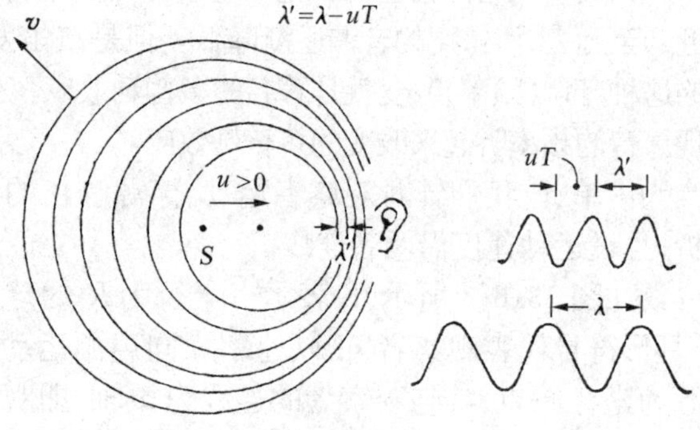

图 13.6-3 观测者静止、声源运动的多普勒效应

实际上，观测者测得的频率亦可视为单位时间内接收到的完整波的数目，所谓完整波可视为连续两个相同相位之间的波动，例如相邻波峰或相邻波谷间的波动。当频率不太低时亦可简单地看成单位时间内接收到的波峰数或波谷数。这一点也可用来分析观测者静止，声源正对着观测者运动情形的多普勒效应。如图 13.6-3 所示，由于波源的运动，在观测者一侧波阵面变得密集起来，使单位长度上完整波的数目(其数值即为 $k/2\pi$)增加至($k'/2\pi$)。由图可知

$$\frac{k}{k'}=\frac{v-u}{v}$$

由 $\omega=kv$ 得观察到的角频率 $\omega'=k'v$，因此

$$\omega'=\omega\frac{1}{1-u/v}>\omega \tag{13.6-7}$$

即当声源正对观察者运动时观测到的频率增高。同样可得声源背离观察者运动时 $\omega'=\omega\dfrac{1}{1+u/v}<\omega$，测得的频率降低。如果声源运动不沿其与观测者的连线，则 u 同样应代之以连线方向的分量 u_t，则当波源从远方逐渐接近观测者继而远离的情形，多普勒效应就表现为观测的频率逐渐降低的现象，本节开头即为这一情形。另一个典型例子是人造卫星地面跟踪站接收到的卫星信号。卫星持续发出固定频率的无线电信号，但地面跟踪站监听到的频率却逐渐降低。

值得注意的是，如 $u\ll v$，则(13.6-5)与(13.6-7)式相差无几，本节最后的例题即属此情形。

多普勒效应具有重要的应用，第四章的阅读材料中介绍的星体发光红移作为宇宙起源大爆炸假说的佐证以及本章阅读材料介绍的超声多普勒血流仪就是两个典型的例子。

例 1 一人持频率为 500 Hz 的发音音叉沿垂直于墙壁方向以 $5\ \mathrm{m\cdot s^{-1}}$ 速度向墙壁前

进,试问其将观测到何种现象,已知声速为 340 $m\cdot s^{-1}$。

解 声源音叉向墙壁运动,振动频率 $\nu_0=500$ Hz,墙壁接收到的音频为

$$\nu_1=\frac{1}{1-u/v}\nu_0$$

并以 ν_1 反射声波。持叉人向墙壁运动,系观测者运动,故应感知反射声波的音频为

$$\nu_2=(1+u/v)\nu_1$$

代入 $u=5\ m\cdot s^{-1}$, $v=340\ m\cdot s^{-1}$, $\nu_0=500$ Hz 得 $\nu_2=514.9$ Hz。但此反射声波与直接自音叉发出的声波在人耳膜上叠加而形成 $\Delta\nu=14.9$ Hz 的拍频,因此持叉人听到的是拍频约为 15 Hz 的声音。

阅读材料 13.1 超声波在医学上的应用

超声波是频率范围在 $2\times10^4\sim5\times10^8$ Hz 的机械波。由于人耳对这一频率范围的声波不能产生听觉,故名。超声波具有广泛的应用,面对人们的日常生活关系最为密切的则是其在医学诊疗方面的应用。正如"诊疗"一词所表达的涵义,在这一领域超声波的应用也包含"诊断"与"治疗"两个方面。在这两个方面使用的超声波的区别主要在于频率和功率。超声波用于诊断,例如孕妇检查孕程和胎儿的状态及常规体检所用的"B 超"早已家喻户晓,其设备已成为一般医院的常规配置。超声波用于治疗主要在外科,采用聚焦超声(简称 FUS),这一技术亦称高强度聚焦超声(HIFU),则尚未被大多数人所熟知。

超声波在诊断方面的应用可概括为诊断成像,主要有脉冲-回声法和血流多普勒超声。前者原理与雷达成像类似,即所谓 B 模式超声波,俗称"B 超";后者多用于获取人体内血液流动的方向和速度的信息,对心脏科和肿瘤科特别有用。

表 RM13-1 列出医用超声的主要技术参数。由表可见用于外科手术的超声与用于诊断或理疗的超声的最大区别在于超声波的强度,前者约比后者高两三个数量级。

表 RM13-1 医用超声波的典型参数

项 目	频 率 (MHz)	声源面积 (cm^2)	功 率 (W)	最大强度 ($W\cdot cm^{-2}$)	脉冲宽度
B 超	1~20	1~30	0.05	1.75	0.2~1 μs
脉冲多普勒	1~20	1	0.15	15.7	0.3~10 μs
理 疗	0.5~3	3	<3	2.5	2~8 μs 或连续超声
外 科	0.5~10	50	~200	1.5×10^3	1~16 s

A. 超声波的特性及 B 超原理

一、超声波的特性

1. 波的衰减

一般而言,波动在介质中传播时其能量可因介质吸收而衰减。如图 RM13-1 所示,设在

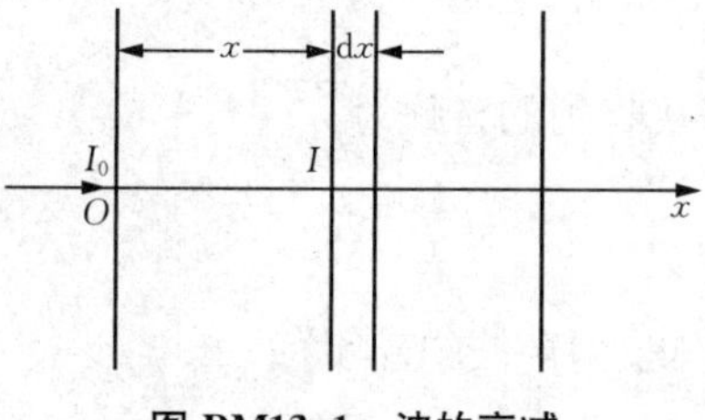

图 RM13-1 波的衰减

均匀介质中有平面波沿 x 正方向传播，在 $x=0$ 处，波的强度是 I_0，在 x 处波的强度为 I，波通过厚为 $\mathrm{d}x$ 的一层介质时，由于介质的吸收作用，波的强度减少了 $(-\mathrm{d}I)$，衰减量应与 I 及 $\mathrm{d}x$ 成正比，即

$$-\mathrm{d}I=\mu I\,\mathrm{d}x$$

比例系数 μ 与介质的性质和波动的频率有关，称为介质的吸收系数。上式可化为

$$\frac{\mathrm{d}I}{I}=-\mu\mathrm{d}x$$

积分可得

$$I=I_0\mathrm{e}^{-\mu x}$$

上式表明，波的强度随着传播距离的增加按指数规律衰减，常称之为朗伯定律。

2. *波的反射和折射*

声压的幅值为

$$P_m=A\omega\rho v$$

式中 ρ 为介质密度，v 为介质中的波速。$A\omega=u_m$ 是介质质元振动速度的幅值。设 $Z=\rho v$，则 $P_m/u_m=Z$，即当声压幅值 P_m 确定时，Z 值增大，则 u_m 减小，形式上和欧姆定律相似，Z 和电阻相当，故称之为介质的声阻抗。

声波在两种不同介质的分界面上将发生反射和折射。反射声波和入射声波的声强度之比 I_1/I_0 称为声波的反射系数，用 β 表示，当声波垂直入射到分界面上时，

$$\beta=\left(\frac{Z_2-Z_1}{Z_2+Z_1}\right)^2$$

式中 $Z_1=\rho_1v_1$，$Z_2=\rho_2v_2$ 分别表示介质 1 和 2 的声阻抗。折射声波和入射声波的声强度之比 I_2/I_0 称为折射系数，用 α 表示，垂直入射时，

$$\alpha=\frac{4Z_1Z_2}{(Z_1+Z_2)^2}$$

当 $Z_2\gg Z_1$ 或 $Z_2\ll Z_1$ 时，反射系数 $\beta=1$，声波在分界面上几乎发生全反射现象。例如空气和人体软组织的声阻抗相差很大，$\beta\approx1$，因此，在超声诊断疾病时，若直接将探头放在软组织上，则超声波几乎被全反射，不能进入人体，所以，要在探头与人体之间涂上石蜡油作为耦合剂，使 β 降低。

3. *超声波的性质*

(1) 方向性好。由于高频超声波的波长短，衍射现象不明显，所以方向性好，近似于定向直线传播，容易会聚成束。利用该特性可进行探测与定位。

(2) 强度高。声强与频率的平方成正比，故超声波的强度比一般声波大得多。

(3) 贯穿本领大。超声波在液体和固体中传播时衰减很少。介质的吸收系数 μ 随波的频率增大而增大，所以当超声波的频率增加时，穿透本领会下降，为此，应选用适当的频率，但因其声强大，且能量集中，故一般能透过几米厚的金属，贯穿本领较大。在人体中，水、脂肪和软

组织的 μ 值较小，超声束容易穿透，而空气、骨骼和肺组织 μ 值较大，不容易透过。超声波在遇到杂质或介质分界面时将产生显著的反射。人体组织中的病变能引起明显的反射，在超声诊断中，正是利用了这种反射回波以形成图像。

二、B 超原理

利用超声回波的扫描诊断技术按显示回波的方式可分为 A 型、B 型、M 型等多种类型，简称 A 超、B 超、M 超等。它们的基本原理相同，但工作方式有差别。临床上最早应用的是 A 型超声诊断法，目前临床上最常见的是 B 超，其回波以辉度显示。为了解其诊断原理，先以 A 超为例来说明。

超声脉冲在介质分界面上将部分反射和部分透射，两种介质的声阻抗相差越大则反射越强。遇到几个分界面就产生几个回波，反射面离探头越远，超声波往返时间越长。将回波以波的形式显示出来，其纵坐标为回波幅值，表示回波的强弱，可提供界面种类的信息；横坐标为回波接收的时间，反映了各反射面的深度信息。A 型诊断仪提供了体内器官的一维信息，不能显示整个器官的形状，故 A 超常用来测量界面距离和脏器的厚度，如在眼科中探测眼内异物和眼部肿瘤，判断视网膜剥离的性质、测量眼轴的长度等。图 RM13-2 表示其工作原理。

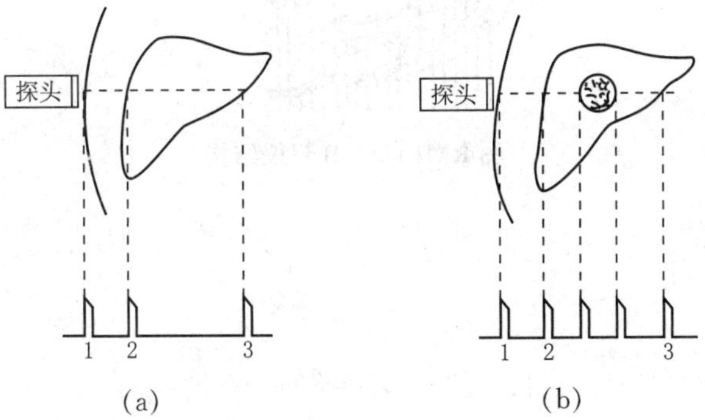

图 RM13-2 超声诊断仪工作原理

B 超的基本原理与 A 超相同，但回波信号是用光点的形式显示，显示光点的辉度与回波强度成正比，回波脉冲电信号通过许多小探头，用互相独立的小压电晶片(宽约 1 mm)排列而成，简称线阵探头。每块小晶片称为一个阵元，一个探头包含的阵元数有 40, 64, 128, 256 个等多种。B 超仪结构如图 RM13-3 所示。

控制信号使垂直扫描和水平扫描同时开始，电子开关自动地按一定的时间间隔依次通/断开关 1, 2, …, n，使阵元 1, 2, …, n 按此时间间隔和顺序发射超声束，在各自的方向上进行深度扫描，y 方向的扫描周期 T_y 与阵元发射超声波束的时间相同，x 方向扫描周期 $T_x = nT_y$，即当 y 方向扫描第 n 列结束时，才完成一次 x 方向的扫描，这样就完成了一帧扫描，呈现一帧扫描断层的图像，称为声像图，接着光点又进行第二帧扫描……探头可以移动，通常每秒钟可完成几十甚至 100 多帧扫描，因而可观察到脏器组织的实时动态图像。

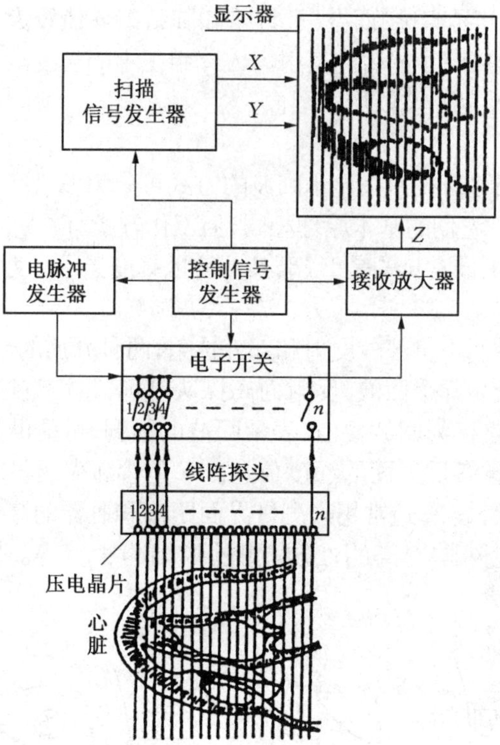

图 RM13-3 B超仪结构

B超能显示清晰的切面图像,富于实体感,在心血管、肝脏、胆道等疾病中广泛应用于诊断。

B. 超声多普勒血流仪

一、多普勒效应测速原理

多普勒效应广泛用于测量物体的速度,如跟踪人造地球卫星、测量高速公路上汽车的速度、测天体光谱的红移等,除此之外,还可在人体外用多普勒血流仪测体内血管中红细胞的运动速度。这是一种无损探测的方法。

图 RM13-4 是多普勒效应测速原理示意图。图中 T 为发射器,它向被探测的运动物体 S 发出超声波,由 S 反射后的超声波被接收器 R 所接收,S 以速度 $\boldsymbol{v}$ 向左边运动,T 和 R 相对于介质是静止的。设超声波的波速为 V,波的频率为 f_0,波长为 λ,某一瞬时,$\boldsymbol{v}$ 与入射波线(沿波的传播方向)的夹角为 θ_1,与反射波线的夹角为 θ_2,对于入射波来说,波源静止,物体 S 相当于以速度 $\boldsymbol{v}$ 运动的观察者,速度 $\boldsymbol{v}$ 在入射波源和观察者的连线上的分量是 $v\cos\theta_1$,根据(13.6-5)式,S 接收到的频率为

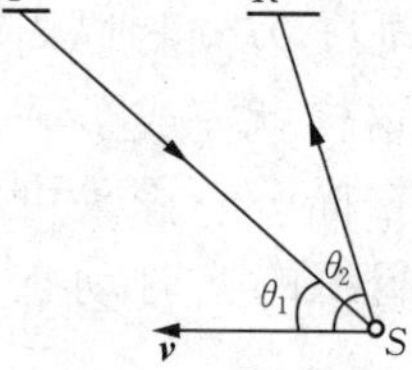

图 RM13-4 多普勒效应测速原理图

$$f' = \frac{V + v\cos\theta_1}{V} f_0$$

对于反射波来说,物体 S 相当于以 $\boldsymbol{v}$ 运动的新波源,其频率为 f',接收器

R 相当于观察者，根据(13.6-7)式，R 接收到的频率为

$$f'' = \frac{V}{V - v\cos\theta_2} f' = \frac{V + v\cos\theta_1}{V - v\cos\theta_2} f_0$$

$(f'' - f_0) = \Delta f$ 称为频移。在 $V \gg v$ 的条件下

$$\Delta f = \left(\frac{V + v\cos\theta_1}{V - v\cos\theta_2} - 1\right) f_0 \approx \frac{v f_0}{V}(\cos\theta_1 + \cos\theta_2)$$

通常发射器 T 和接收器 R 在同一探头内，因此 $\theta_1 \approx \theta_2 \approx \theta$，则上式化为

$$\Delta f = \frac{2 f_0 v\cos\theta}{V}$$

将 $\lambda = V/f_0$ 代入上式，得到物体速度

$$v = \frac{V\Delta f}{2 f_0 \cos\theta} = \frac{\lambda\Delta f}{2\cos\theta}$$

一般情况下波长 λ 和 θ 是已知的，因此只要测出频移 Δf 即可求出物体运动的速度。

二、超声多普勒血流仪

用超声多普勒效应来测血流速度的仪器称为超声多普勒血流仪。图 RM13-5 是其原理图。血管中红细胞随血液一起运动，两者速度相同，因此测红细胞的速度即代表了血流的速度。由超声发生器发出的超声波通过探头输出进入血管，经过红细胞反射后被接收器接收，测量接收到的波的频移就可由前面计算式算出血流速度。超声波的功率密度一般为 1～10 mW · cm^{-2}，频率在 1～15 MHz 范围内，对人体无害，功率和频率的选取由探测深度和分辨率两方面因素综合考虑。

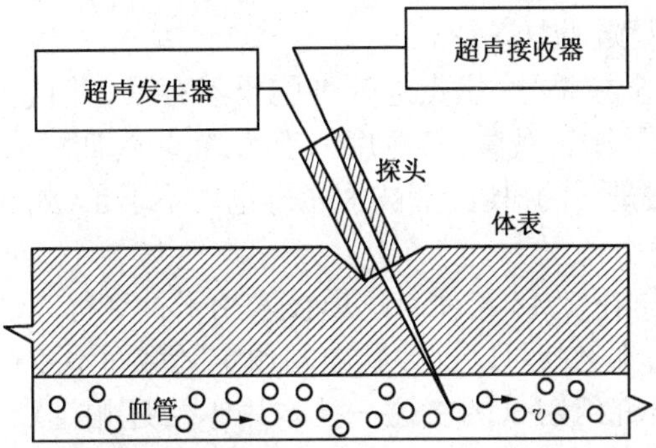

图 RM13-5 超声多普勒血流仪原理示意

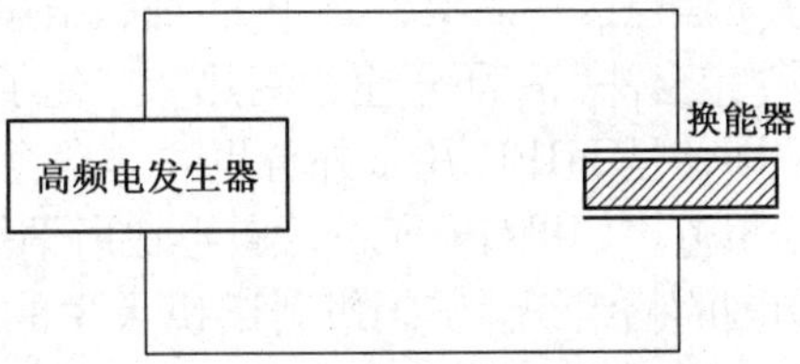

图 RM13-6 超声波发生器

医学中常用的超声波发生器如图 RM13-6 所示，高频电发生器用于产生超声频率的电振动，将此电振动加在压电式电-声换能器的两电极上，换能器由压电晶片和两金属电极组成，可将超声频电振动转换成超声频的机械振动传播出去。反之，亦可将超声频机械振动转换为超声频电振动而用于接收器。

超声多普勒血流仪可用于了解血液动力学方面的生理病理状况，如心脏运动状况及血管中是否存在栓塞等。

C. 聚焦超声外科

超声波用于治疗可分理疗与外科手术两方面,二者在原理上都和超声波的热效应密切相关。超声的热效应是指在作用区内超声波为人体组织吸收,使局部温度升高。理疗应用非破坏性的热效应(也包括其他机械效应)以刺激或改善机体对病变的正常生理响应,在这一方面的应用主要包括消肿、镇痛及透过皮肤的体外给药等。超声外科则是依靠高强度的聚焦超声的热效应,在选定的机体区域内迅速大幅度升高温度,以便在可以严格控制的条件下摧毁焦点处的机体组织。下面着重介绍超声在外科方面的应用。

超声得以应用于外科,关键在于只有位于焦点处的组织受到损伤,而焦点之外的区域安然无损,并不受到影响。这很像用透镜聚焦阳光,只有焦点处放置的干树叶、纸片等可燃物才能被引燃一样。

其实,使机体局部升温的治疗方法可追溯至上世纪80年代,旨在使病变组织及其周围的体温明显升高至42～46 ℃,用以结合放疗或化疗来治疗肿瘤,以降低放疗X射线或化疗药物的剂量从而减少放疗或化疗的副作用。其升温能量既可来自射频、微波,也包括超声束。但这类方法的探索并不特别有效,一来费时较长,一次处理往往需要一个小时,而且要在需治疗的组织内插入热电偶,以便能在相应的机体范围内维持均匀的温度分布,这就使本来是一种非机体入侵性的治疗方法变得很不舒服。否则,难以实时监控病变区的温度。特别是局部血管中流过的血液会导致局部温度较低而达不到治疗所需的温度,因而杀不死该处的癌细胞,而治癌的有效方法要求能杀死所有的癌细胞,否则肿瘤又会从残存的活组织上再长出来。

然而FUS就不同了,它可使焦点处机体温度一下子升高到56 ℃,且只需维持1 s钟。这样就不受血流的降温的影响,特别是对一些血管分布不很清楚的组织更有意义,而且也不再需要插热电偶,因为通过模型化的方法完全可以预测温度分布。

而且FUS还有一个特点,就是焦点内细胞全被杀死,焦点之外细胞仍然存活;并且在焦点边缘死、活细胞范围的界限非常明显,用电子显微镜观察,其宽度只有大约6个细胞大小。电镜下焦点区呈岛状,"岛"内的细胞虽然看上去是活的,其实全被杀死再也动不了了,如同被施了"定身法",一下子全被高热"定"住了。

即使是HIFU用于外科也并非自今日起,早在1942年便有这项技术用于神经行为学研究的报道。如果打开部分颅骨形成所谓声"窗",那么就可以摧毁脑内的预定区域而不致损及其周围的脑组织。美国伊利诺伊大学的一个研究组曾试图将这一技术用于治疗帕金森病。虽然初步结果还不错,但由于左旋多巴同时投入使用且对这种病更加有效,这项HIFU的研究便无疾而终。其后美国又有一个研究组探索用高强度超声治疗青光眼、视网膜和泪囊病,可又一次时机不当,因为恰好激光同时投入使用,并且比超声方便,从而后者被完全取而代之。

最近,聚焦超声的东山再起得益于人们对非入侵性或入侵性小的治疗方法的需求,目的是降低病人的住院时间从而省钱。无论对病家或是医生这都是件好事。尤其是采用FUS可取代经尿道治疗前列腺增生的传统方法更使其受到青睐。再加上目前成像技术已达很高水准,保证FUS束能精确瞄准靶位,有的情形还能对细胞的杀灭过程作实时监控。而且,高强度超声束产生的死、活细胞的区域边界极为分明,从而可处理紧靠诸如主血管和神经干这样的重要部分的组织。因此,现在FUS的卷土重来可谓正当其时。

为了提高超声手术的精确性,无疑需要精良的成像技术,而且最好同一个超声探头既用作成像定位又用作手术消融病变组织。一旦用诊断超声临床确定病变部位立马增加超声强度使用聚焦超声遵循完全相同的传播途径直达病变部位,毕其功于一役;而且在手术过程中还能用诊断超声作实时监控。在这方面人们仍在努力探索。

还有的研究着眼于解决聚焦超声波处理的体积过小的问题。通常只是采用一个超声探头(换能器),一次照射能处理的体积不过 0.15 cm^3。尽管处理时间只有一秒钟,但两次相邻照射之间仍要留出足够的时间让损伤周围的组织冷却,因而也有些费时。采用所谓的位相换能器阵列有可能将损伤组织增至 0.5 cm^3。显然,折衷的方法是聚焦超声束的强度定得低一些,照射时间则长一点。当然,也可以用将换能器在靶位上扫描的方法发射超声束,中国重庆医科大学的学者就在这一方面进行了有益的探索。

在外科手术中 FUS 已用于治疗良性前列腺增生。尽管经直肠消融腺体已得到证实,但治疗效果并不如人意,其原因还不太清楚。另一个治疗良性病变的例子是尿路纤维化。虽然激光在这方面用来缓解症状也不错,但多少是个带入侵性的手术方法,在这方面 FUS 有望成为体外完全非入侵性的方法。

当然,最令人关注的还是 FUS 在治疗癌症方面的可能性。众所周知,时下恶性肿瘤疗法的一大问题便是治疗的毒副作用。化疗剂量过大有毒性,但剂量小了又无济于事;同样,放疗时病灶周围的正常组织也会受到辐照,这就限制了用于放疗的射线的剂量。因此,人们无疑特别青睐不影响病灶周围正常组织的治癌疗法。FUS 所提供的正是这一种疗法,迄今用 FUS 治疗的癌变大多位于肝、肾、乳房和前列腺这些部位。对肝、肾及乳房病变,采用体外经皮肤照射 FUS 的方法;而对前列腺癌则采用经直肠处理的方法最为有效。

除此之外,也有人研究用 HIFU 缝血管和止血或堵塞血管。这对治疗癌症也有好处,堵塞血管阻断了肿瘤的血流,切断了其营养供应,便可使其萎缩、凋零。

综上所述,未来 FUS 无疑会在医疗领域得到广泛应用,甚至在很多方面取代常规外科手术。

阅读材料　13.2　声音在哪里
——人耳如何对声源定位

住在大楼里的居民常有这样的经验,同一幢楼里如有住户装修或者由于某种原因敲打墙壁发出噪声,邻居往往弄不清是哪一家,很难判定噪声来自楼上还是楼下,是左邻还是右舍。虽然这当中可能涉及声波的反射等,毕竟涉及这样一个问题,人的双耳是如何判定声源位置的。

这一问题早就引起物理学家的注意并不懈地进行过探索。事实上 130 年前瑞利勋爵就注意到,如声源在右前方,那么右耳听到的声音就比左耳响,因为左耳被头挡住了。由此,左、右耳听到的声强级差(常用 ILD 表示)就有可能成为声源定位的重要依据。既然 ILD 可以起定位作用,有人就采用简单的模型计算。将人头当作一个球,设想双耳就处在其一条直径的两端。用单色平面声波,此两端声强级比的对数就是双耳的声强级差 ILD。结果表明,对同样的声源方向,ILD 同频率密切相关,在频率超过 1 kHz 时关系还不是单调的。但在声波频率低于500 Hz时 ILD 很快随频率单调下降。究其原因是球形模型对声波的衍射。众所周知,当波长比障碍物的尺寸大时衍射作用就会比较明显。声波的衍射使我们能听到围墙之外的声音。比如正前方有一声源,用一块尺寸大约 1 m 左右的挡板根本挡不住声音,似乎挡板不能造成声影,这当然是衍射造成的。但同时这也使我们对低频声源的定位发生困难。频率越低,波长越长,衍射效果愈明显。取声速 $v = 340$ m/s, 500 Hz 声波的波长已近 70 cm,差不多是成年人头径的 3.5 倍,衍射效应已相当显著。因而 ILD 随频率下降,使之在低于 500 Hz 时失去定位作用。同衍射作用恰巧相反的是,人头对声波的散射作用却随频率增加而增加;这一作用使进入头部声影一侧的声波强度下降,从而使 ILD 随频率上升而增加。在 4 000 Hz 以上,正对声源一侧的强度远大于声影一侧,看上去声波完全沿直线传播,ILD 十分明显,完全可以用来对声源定位。

不过,对于低于 500 Hz 的声音,人耳仍能判定声源位置。但这并不是依靠 ILD,而是依靠声波到达双耳的位相差,用 ITD 表示。对于频率为 f 的声波而言,如同一波峰到达双耳的时间差为 Δt,位相差就是 $\Delta\phi = 2\pi f \Delta t$。心理声学实验证明人耳靠 ITD 对声源的定位可达到极高的精度。例如对 500 Hz 的正弦声波,当声源基本位于正前方时,人耳靠 ITD 可分辨出低至 1°~2°的声源方位角之差。然而,ITD 也有局限性。如要得到肯定的判断,声波的半周期必须大于声波到达双耳的时间差,否则就会出现位相混淆。设想如果时间差恰为半周期,对位于双耳连线一侧的声源来说波长恰为头径的两倍,左、右两个耳朵感觉到的便是一个波峰一个波谷,位相差恰为 π,这会使双耳完全无法判定声音来自左方还是来自右方。但如果波长比两倍头径长,那么某个波峰必先到达右耳再到达左耳,人耳可以根据 ITD 判定声源在右方。最糟糕的是波长小于两倍头径,此时当一波峰抵达右耳时会误以为前面一个波峰已在稍微前面一点的时间从左方抵达左耳,这就导致完全南辕北辙式的 180°定位误判。这使频率在 1 000 Hz 到1 500 Hz 这一频率范围 ITD 根本不能用。人类的进化真是太神奇了,人耳的 ITD 的灵敏度恰恰在这一频段大为降低,从而避免因位相混淆导致的依据 ITD 的误判,好像"上帝"关上了这扇在这一频段的错误之门一般。

总之,就单色平面波而言,ILD 在 500 Hz 以下不起作用,在 4 000 Hz 以上最为有效;而与之对照的是,双耳的生理学使 ITD 只在 1 000Hz 之下的低频段起有效作用。对于中间频段,比如说 2 000 Hz 上下,无论是 ILD 还是 ITD,声源的定位效果都很差,必定存在其他的定位机理。

其实,无论是 ILD 还是 ITD 都还有一个共同的缺陷。设想声源处于双耳连线的中垂面上,无论其具体位置如何,声波到达双耳的强度或位相都是一样的,当然也不存在人头挡住声波的情形,以至于双耳完全无法依据 ILD 和 ITD 判定声源到底在正前方,在头顶还是在背后,哪怕双耳对这一频率的 ITD 灵敏度极高,足以分辨声源低至 1°的方位角的差别。幸亏人耳还有别的招数对付这一窘境。由于人头并非一个球,耳朵、肩膀乃至躯干都会散射声波,从而提供了另一判定声源位置的依据。

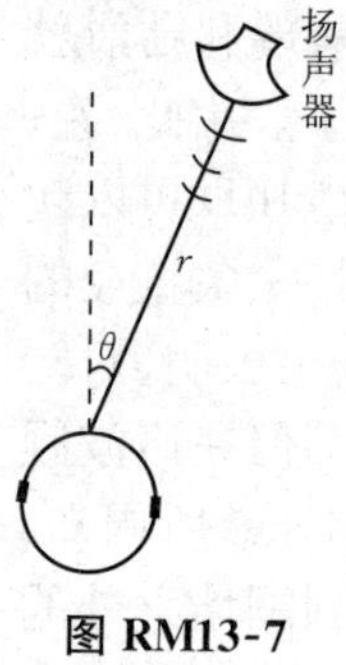

图 RM13-7

为了弄清楚在 2 000 Hz 上下人耳究竟靠什么对声源定位,2010 年报道有人进行了一组理论和实验研究。理论上仍采用球形头部模型,双耳处于头径两端,双耳和声源均处同一水平面内,如图RM13-7所示。图中 θ 为声源方向和正前方的夹角。显然 $\theta = 90°$ 表示声源即位于双耳连线的正右方。假设声源发出单一频率的正弦声波,根据衍射理论计算 ILD。

图 RM13-8 为计算结果。由图可见,500 Hz 时 ILD 已相当小,难以据此作可靠定位。同时可以看出,当频率超过 4 000 Hz 时 ILD 有随 θ 角单调增加的趋势。在 4 000Hz 以上,声波波长不到 10 cm,远比头径短,衍射效果的确可以忽略,声波按直线传播,声影区内的声强远比传播区内的小,ILD大到足以据此可靠定出声源的方位。在1 000 Hz到4 000 Hz范围,ILD随声源方位角θ的变化都不是单调的,而是有两个甚至3个不同方位的声源的ILD相同,这就会使双耳无所适从。例如,对2 000 Hz的情形,方位角68°与46°的ILD相同,都是8 db。为了仔细研究这一问题,挑选了5位具有正常听力的受试者进行实验测试。测试采用的声波频率为1 500 Hz,图RM13-8中这一频率ILD的峰值位置和45°相差无几。实验的几何配置为在一消音室里沿一张角为90°的四分之一圆弧等距放置13个相同的扬声器,受试者位于圆心,双耳连线为此直角扇形的一边,对应方位角$\theta = 90°$,其中垂线则为扇形的另一边,对应$\theta = 0°$。$\theta = 0°$及90°处均有一扬声器,使相邻两个扬声器的方位对应7.5°的圆心角。实验时随机地使某一个扬声器发声,要求受试者判别是哪一个扬声器发出的声音。结果正如所预料的,在$\theta = 45° \sim 60°$之间准确率最高,而且也同根据分置于左、右耳内的拾音器测得的声强计算所得的ILD随θ的变化相符,基本同图RM13-8中频率为1 500 Hz的曲线一致。但是当θ较大时差错明显增加,几乎所有的5名受试者无一例外地都把发自大方位角扬声器的声音误判为出自小方位角的扬声器,例如将第12个扬声器(对应$\theta = 82.5°$)发出的声音当成来自第4或第5个扬声器(由图可见,这3个方位角的ILD相近)。有人认为这是由于视觉的辅助作用。如果人眼看到声源,耳朵的定位会更准确。而在大θ角情形,极端情形为$\theta = 90°$,扬声器处于右耳的右侧,眼睛根本看不见,双耳孤军作战,就更容易误判。

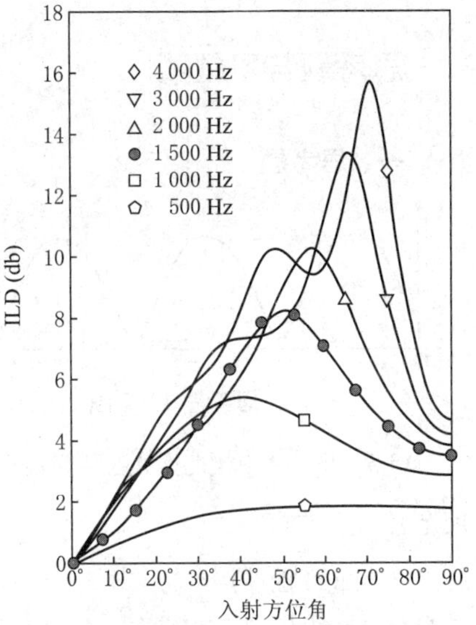

图 RM13-8

在所有5名受试者中有两名成功率最高,尽管他们也常把大方位角θ的声源误判为小方位角。但这两名受试者有一个特点,就是右耳(离声源较近)听到的声强级随θ单调上升,这与理论计算一致。其实,这一理论结果极易理解,因为$\theta = 0$时波线垂直于耳道;而$\theta = 90°$时波线几乎同耳道平行。其余3名受试者右耳听到的声强却是起伏不定的,实验的成功率也较低。这使人推测,除去依赖双耳声强级差定位外,每个耳朵各自听到的声强级也可能独立地对声源定位起一定的辅助作用。

考虑到真实环境中的声音往往不是单调地只由一种频率构成的正弦波,实验还采用有一定带宽或调制的声波重新测试。结果,几乎所有受试者的成功率都很高。这种复合频率的声波到达双耳的时间差成为定位的可靠根据,似乎引起误判的ILD压根不存在似的。唯一的例外是那位对单一频率的测试表现最好的受测者,测试结果几乎同单一频率时一样,没有什么变化。似乎他的ILD感知能力十分可靠,即使有更为可靠的定位依据存在也不能忽视。

由此看来,人耳对声音的定位功能既是复杂的又是因人而异的,不同的个体对各种定位依据的权重也可能各不相同。到目前为止,并非所有的问题都已了解清楚。随着新技术新模型的发展,研究工作还将继续。

思考题与习题

一、思考题

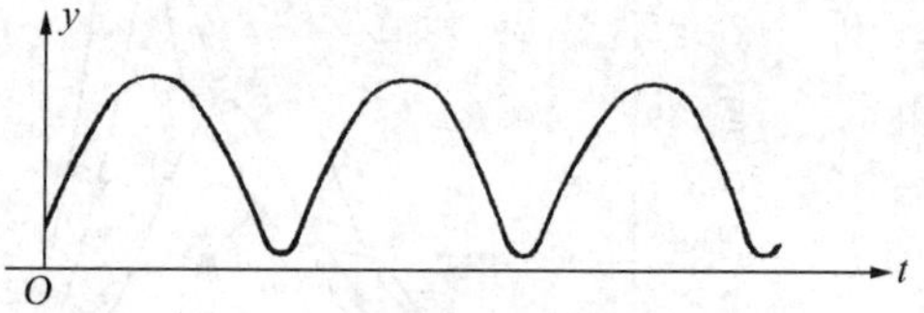

思考题 13-2 图

13-1 若弹簧振子中弹簧本身的质量不可忽略,其振动周期是增加还是减少?

13-2 图示为用闪光照片记录的皮球垂直落到桌面上,又接连弹跳的过程中,球心高度(y)与时间(t)的关系曲线,这是不是一种周期运动?是不是简谐振动?试分析球的受力情况并加以讨论。

13-3 将一个单摆的摆线拉至与铅垂线成 ϕ 角处释放,有人说,其振动的初相位就是 ϕ,角频率就是角速度$\frac{d\phi}{dt}$,你认为如何?

13-4 (1) 图(a)中(i), (ii), (iii), (iv)分别代表一弹簧振子在不同初始条件下的简谐振动,写出这些振动的表达式;设振动的角频率为 ω,写出它们的初始位移和速度。

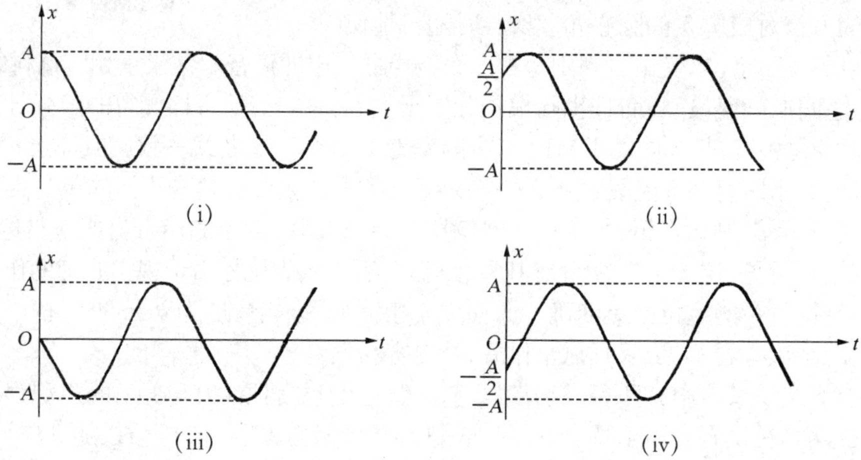

图(a)

(2) 图(b)画出一单摆在不同时刻的位置和摆动方向,分别写出它们的相位。

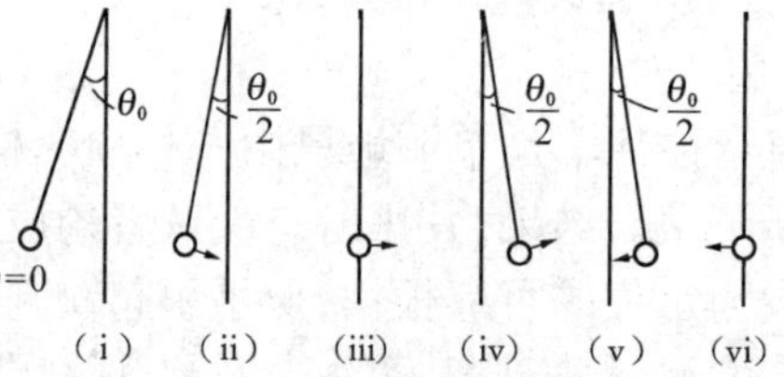

图(b)

思考题 13-4 图

13-5 试说明下列几个系统都在平衡位置附近作简谐振动(或近似地作简谐振动)。

(1) 均匀磁场中的磁针(磁针的磁矩为 μ,对质心的转动惯量为 I),见图(a)。

(2) 小球在光滑曲面上来回移动(弧线是摆线),见图(b)。

(3) 在张紧的弦线正中系一质点,沿垂直方向拨动质点(θ 很小、重力可忽略,弦长 l 近似看成不变),见图(c)。

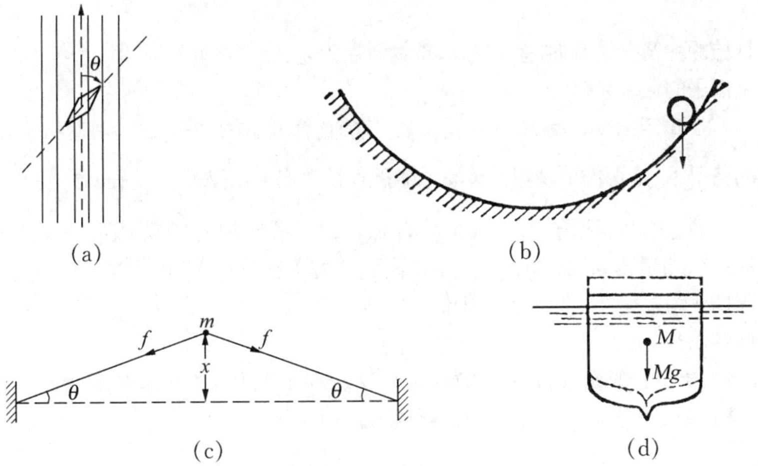

思考题 13-5 图

(4) 浮在水面上的轮船上下浮动,见图(d)。

13-6 图中的正弦曲线是一弦线上的波在某一时刻 t 的波形,其中 a 点正向下运动,问:(1)这时波向哪一方向传播?(2)图中 b、c、d、e 各点的运动方向如何?

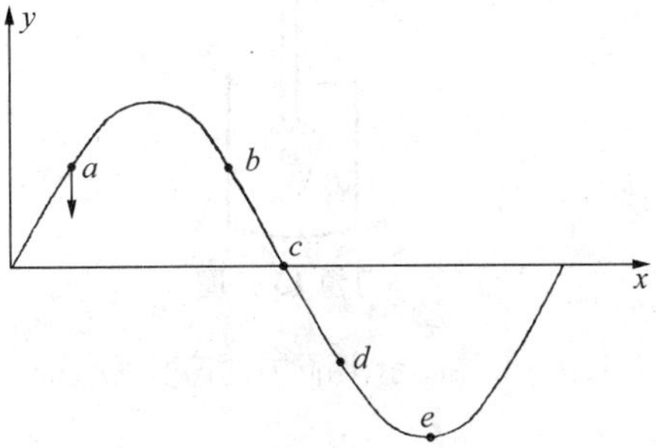

思考题 13-6 图

13-7 简谐振动的频率是由体系的动力学性质决定的,介质中的波的频率是否也由介质的动力学性质决定?试再从其他方面比较简谐振子振动与介质中波动的异、同之点。

二、习题

13-1 一个摆的振动表示式是 $x = 2\cos\left(\pi t + \frac{\pi}{3}\right)$ (x 的单位为 cm, t 的单位为 s),试写出:

(1) 摆振动的振幅、频率、角频率、周期和初相位。

(2) $t = 1$ s 时的位移、速度和加速度。

13-2 一弹簧振子放在光滑的水平面上,滑块的质量为 0.025 kg,弹簧的倔强系数 $k = 0.4\ \mathrm{N \cdot m^{-1}}$,在时刻 $t = 0$,滑块在平衡位置右方 0.1 m 处开始以速度 $0.4\ \mathrm{m \cdot s^{-1}}$ 向右运动。

(1) 试计算振子的角频率、振幅和初相位。

(2) 写出时刻 t 振子的位移、速度和加速度。

13-3 设一分子中有一氢原子在作简谐振动,氢原子的质量为 1.68×10^{-27} kg,振动频率为 10^4 Hz,振幅为 10^{-11} m,试计算:

(1) 此氢原子的最大速度。

(2) 氢原子所受到的最大作用力。

(3) 与此振动相联系的振动能。

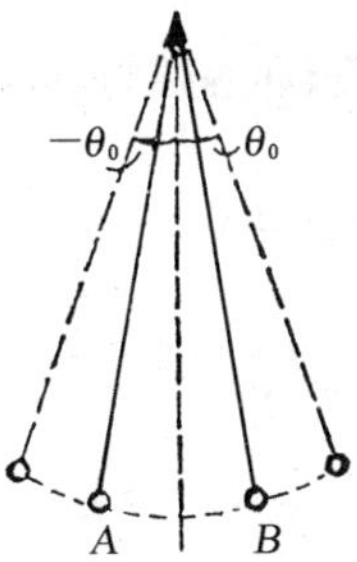

习题 13-4 图

13-4 如图所示,一单摆周期为 T,振幅为 θ_0,摆球从 $\theta = -\theta_0$ 出发,在沿正方向摆动中经过 A 点,向 B 点摆动。

(1) 设 A 点的摆角 $\theta = -\frac{\theta_0}{2}$,$B$ 点的摆角 $\theta = \frac{\theta_0}{2}$,问从 A 到 B 经历多少时间?

(2) 设摆球在 $t = \frac{T}{8}$ 经过 A,在 $t = \frac{3T}{8}$ 经过 B,问从 A 到 B 摆线角位移是多大?

(3) 设 A、B 两点的动能都等于总振动能量的 $\frac{1}{2}$,问从 A 到 B 经历多少时间?摆线角位移是多大?

13-5 竖直悬挂的弹簧振子,倔强系数为 k,重物质量为 m,当弹簧伸长 x_0 时,系统达到平衡。

(1) 求此弹簧振子的振动频率。

(2) 已知 $x_0 = 1\ \text{cm}$, 当把弹簧压缩到它原长时,从静止释放重物,求其振动周期和振幅。

(3) 在本题的情况下,是否仍可以把系统的总能量表示为 $E = \frac{1}{2}kx^2 + \frac{1}{2}mv^2$?

13-6 一个水平面上的弹簧振子,倔强系数为 k,振子的质量为 M,它作无阻尼的简谐振动,当它到达平衡位置时,有一块黏土(质量为 m)从高度 h 处自由下落,正好落在物体 M 上,并随之一起运动。问:

(1) 振动的周期变为多少? 是原来的多少倍?

(2) 振幅有何变化?

13-7 如图所示,比重计的质量为 m,它的直径为 D,浮在密度为 ρ 的液体中,沿竖直方向略推动一下,它就上下振动起来,求比重计的振动周期。(不计液体阻力。)

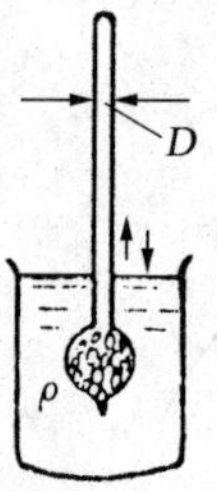

习题 13-7 图

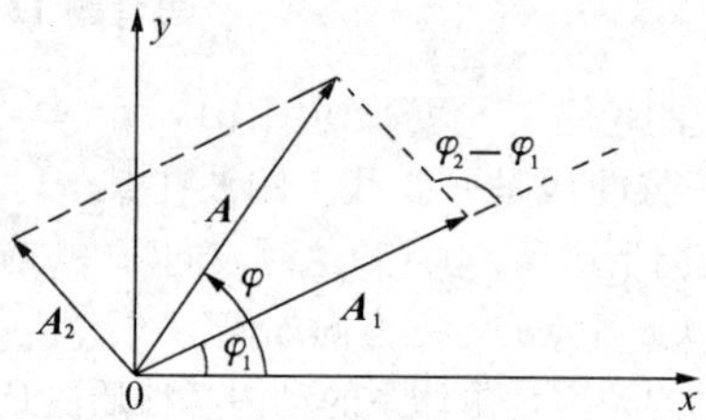

习题 13-8 图

13-8 如图所示,两同方向简谐振动的表示式为

$$x_1 = A_1\cos(10t + \varphi_1)$$

和

$$x_2 = A_2\cos(10t + \varphi_2)$$

其中

$$A_1 = 3\ \text{cm},\ \varphi_1 = \frac{\pi}{6}$$

(1) 当 $A_2 = 4\ \text{cm},\ \varphi_2 = \frac{2\pi}{3}$ 时,求 x_1 和 x_2 合成振动的振幅和初相位。

(2) 若 $A_2 = 4\ \text{cm}$, φ_2 应取多大,才能使合成振幅取极大和极小值。

(3) 若合成振动振幅 $A = 3\ \text{cm}$, 相位 φ 与 φ_1 之差 $\varphi - \varphi_1 = \frac{\pi}{6}$, 试求振动 x_2 的振幅和初相位。

13-9 一待测频率的音叉与一频率为 440 Hz 的标准音叉并排放着,并同时振动,声音响度有周期性的起伏,每隔 0.5 s 听到一次最大响度的音。在待测频率的音叉的一端粘上一块橡皮泥,最大响度的音之间的时间间隔便拉长一些,问这音叉的频率是多少? 听到的响度起伏的频率又是多少?

13-10 音叉以频率 $\nu = 440\ \text{Hz}$ 振动,求离音叉 2 m 处空气振动的表示式。设该处振动的振幅为 1 mm,音叉振动的初相位为零,空气中的声速为 $344\ \text{m}\cdot\text{s}^{-1}$。

13-11 已知弦线上通过一列波,波源的振动周期 $T = 2.5\ \text{s}$, 振幅 $A = 1.0\times10^{-2}\ \text{m}$, 波长 $\lambda = 1.0\ \text{m}$, 设在波源沿正方向振动而经过平衡位置时开始计时,试写出波动的表示式。

13-12 波源作简谐振动,其振动的表示式为 $y = 4\times10^{-3}\cos240\pi t(\text{m})$, 它所形成的波以 $30\ \text{m}\cdot\text{s}^{-1}$ 的速度沿 x 轴负方向传播。

(1) 求波的振幅、周期及波长。

(2) 写出波的表示式。

(3) 求离波源 10 m 处一点的振动表示式和振动速度的表示式。

13-13 图中所示是一简谐波在时刻 $t=0$ 的波形。试根据标示的数据(单位为 m, s)写出这一简谐波的表示式。

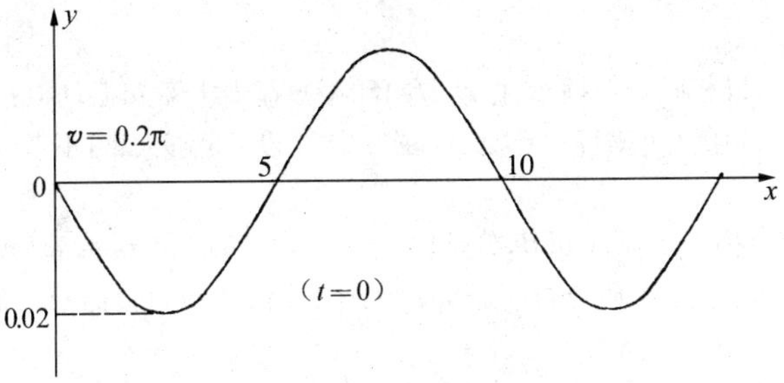

习题 13-13 图

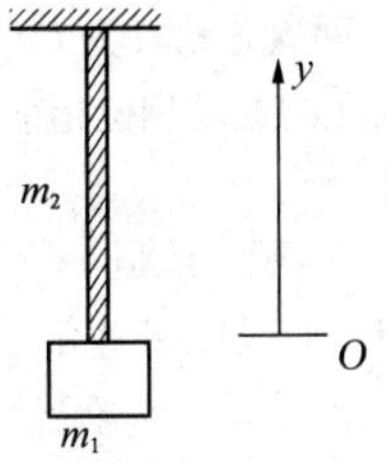

习题 13-14 图

13-14 如图所示,一根绳子的一端悬挂一质量为 10 kg 的重物,绳长 1 m,质量为 0.05 kg。当绳的质量可忽略不计时,试计算绳端的振动沿绳传播的速度。若绳的质量为 1 kg,不可忽略,试给出波速在绳上分布的规律。

13-15 声波在空气中传播,波速为 $340\ \mathrm{m\cdot s^{-1}}$,一般人能听到的最弱声强(听觉阈)约为 $10^{-12}\ \mathrm{W\cdot m^{-2}}$,而会引起痛觉的最大声强(痛觉阈)为 $1\ \mathrm{W\cdot m^{-2}}$,对频率为 $\nu=440$ Hz 的声波,它们分别相当于多大的振动位移振幅?(空气密度 $\rho=1.3\ \mathrm{kg\cdot m^{-3}}$。)

13-16 如图所示,在光滑的水平面上有两个完全相同的弹簧振子位于一直线上。弹簧的倔强系数为 k,小球的质量为 m。弹簧处于松弛状态时,两个小球之间的距离为 $\sqrt{2}L$,现分别将两个小球压缩长度 L,然后同时放手。两个小球的碰撞是完全弹性的,试求这种情况下每个小球的振动周期。

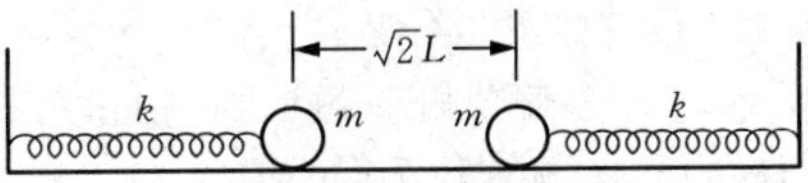

习题 13-16 图

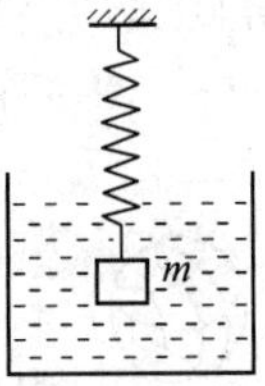

习题 13-17 图

13-17 图示为测量液体阻尼系数的装置,将一质量为 m 的物体挂在弹簧上,在空气中测得振动的频率为 ν_1,置于液体中测得的频率为 ν_2,求此系统的阻尼因数 β。

13-18 如图所示为声学干涉仪,它用来演示声波的干涉。S 是电磁铁作用下的振动膜片,D 是声波探测器,例如耳朵或传声器。路程 SBD 的长度可以改变,但路程 SAD 却是固定的。干涉仪内充有空气。实验中发现,当 B 在某一位置时声强有最小值(100 单位),而从这个位置向后拉 1.65 cm 到第二个位置时声强就渐渐上升到最大值(900 单位)。试求:

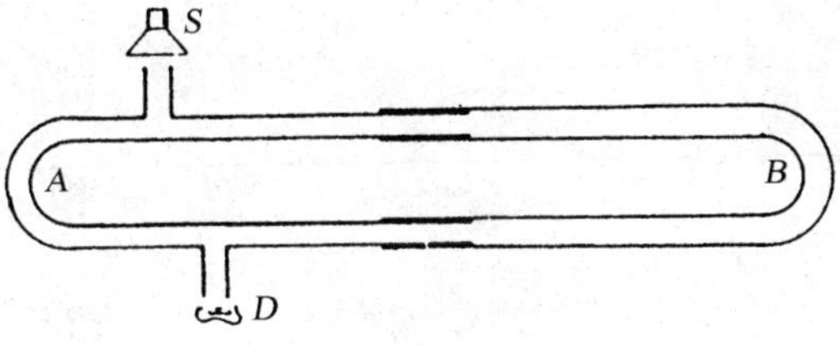

习题 13-18 图

(1) 由声源发出的声波的频率(声速为 $340\ \mathrm{m\cdot s^{-1}}$)。

(2) 当 B 在上述两个位置时到达探测器的声波的相对振幅。

13-19 试证明:两列频率相同、振动方向相同、传播方向相反而振幅不同的平面简谐波相叠加,可表成一驻波与一行波的叠加。

13-20 在弦线上有一简谐波,其表达式为

$$y_1 = 2.0 \times 10^{-2} \cos\left[100\pi\left(t + \frac{x}{20}\right) - \frac{4\pi}{3}\right] (\mathrm{m})$$

为了在此弦线上形成驻波，并使 $x = 0$ 处为一波腹，试求：

(1) 此弦上另一简谐波的表达式。

(2) 驻波的波节位置和波腹位置的坐标。

13-21 两人各执长为 l 的绳的一端，以相同的角频率、振动方向和振幅在绳上激起振动，右端的绳的振动比左端的绳的振动相位超前 ϕ，试以绳的中点为坐标原点描写合成驻波。设 l 足够大，可不考虑波的反射，绳上的波速为 v。

13-22 如图所示，同一介质中的两个相干波源 A 和 B，分别位于 $x_1 = -1.5\ \mathrm{m}$ 和 $x_2 = 4.5\ \mathrm{m}$ 处，振幅相等，频率都是 100 Hz，波速都是 $400\ \mathrm{m \cdot s^{-1}}$，当 A 质点位于正的最大位移时，B 质点恰好沿负向经平衡位置。求：

(1) A 波源的正向波的波动表示式和 B 波源的负向波的波动表示式。

(2) x 轴上 A、B 之间因两波干涉而静止的各点的位置。

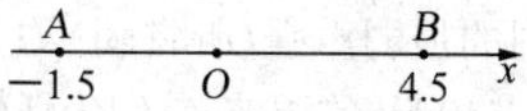

习题 13-22 图

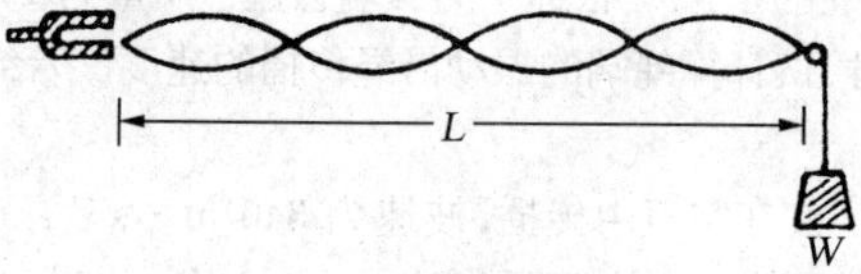

习题 13-23 图

13-23 如图所示，绳的左端固定在音叉的一个臂上，其右端绕过一滑轮挂着一个重物，以提供绳子的张力。设音叉的频率为 120 Hz，绳长 $L = 1.2\ \mathrm{m}$，线密度 $\mu = 1.6 \times 10^{-3}\ \mathrm{kg \cdot m^{-1}}$，所产生的驻波如图所示，试求驻波的波长和绳子的张力。

13-24 (1) 路旁观察者见一辆疾驶的车正鸣笛而去。已知声源的频率为 1 000 Hz，车速是 $30\ \mathrm{m \cdot s^{-1}}$，空气中声速为 $340\ \mathrm{m \cdot s^{-1}}$，求当车已远离时观察者听到的鸣声的频率。

(2) 如果该车停着鸣笛。试问：当观察者以 $30\ \mathrm{m \cdot s^{-1}}$ 远离这声源时，他所听到的鸣声的频率。设其他条件不变。

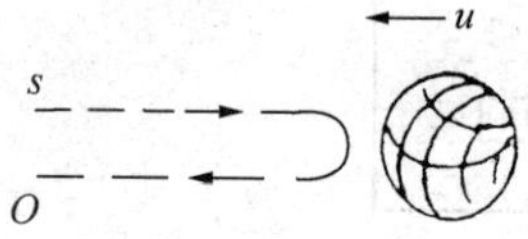

习题 13-25 图

13-25 如图所示，一个多普勒测速仪向正在朝它飞来的一个球发出频率为 $\nu_0 = 1.02 \times 10^5\ \mathrm{Hz}$ 的声波，测速仪测得的拍频 $\Delta\nu = 0.30 \times 10^5\ \mathrm{Hz}$，求球飞行的速度。（已知声速为 $340\ \mathrm{m \cdot s^{-1}}$。）

第十四章　光的衍射与干涉

衍射与干涉是波动的共性。所谓衍射系指波动能绕过障碍物传播,即波的传播方向能"转弯"进入直线传播的阴影区的现象。在现实生活中声波的衍射可谓比比皆是。我们在围墙外能听到围墙里的谈笑声就是因为声波衍射的缘故。不过由于可见光的波长与通常的障碍物的线度相比过小,如不加注意光波的衍射不易察觉,要用一定的实验设备才能作定量观测。衍射与干涉是紧密相连的性质。事实上对光的衍射现象所作的定量解释的依据之一就是光波的干涉。从原理上而言,干涉就是上一章介绍过的相位差恒定的同方向的振动叠加。在光学领域,衍射与干涉具有特别重要的意义,也有着广泛的应用。许多光学仪器的设计必须考虑到衍射,不少精密量具依据的是干涉原理。即使在当代,光的衍射与干涉这样历史很久的性质的应用仍然在发展,例如在提高集成电路芯片的集成度方面就发挥了重要的作用,表现出传统学科的顽强生命力。

由于衍射与干涉的密切关系,本书将其安排在同一章内介绍,并且从衍射现象开始。

*§14.1　惠更斯-菲涅耳原理

只有当波长可以与障碍物或允许波动透过的缝隙、孔洞之类区域的几何尺度相比拟或大于这一尺度时衍射现象才明显。以频率为 500 Hz 的声波为例,在空气中的波长在 0.6 m 左右,而光波波长在 10^2 nm 量级,远较声波波长为小,这就难怪光的衍射常被忽视。但其实光波的衍射并不难察觉,如果我们利用一些简单的用具,也能方便地观察到光衍射的一些规律。例如在一块遮光板上挖一小圆孔,置于点光源与观察屏当中,屏上显示的并不是光源的"小孔成像",而会是明暗相间的同心圆环;如光源是白光,这些圆环还是彩色的。要是换用一圆板再作观察,出人意料的是在圆板阴影区的中央竟会是一个亮斑,周围也会有一些圆环。由于这一中央亮斑如此与常识相悖,以致在科学史上引发过这样一件趣闻。当年(1818 年),年仅 30 岁的菲涅耳出色地发展了惠更斯原理,创立了现在称之为惠更斯-菲涅耳原理的光的衍射理论,从而奠定了光的波动论的坚实基础,盛行一时的光的微粒说遂被取而代之。然而正像许多科学理论的创立都要经过反复考验一样,微粒说的拥护者并不甘心于自己的失败。意味特别深长的是,当时持微粒说的权威泊松意在"以其人之道反治其人之身",他运用菲涅耳的理论推导出遮光盘后轴线上将出现亮点的结论,并视这一"荒唐"结论为击败光的波动论的当然证据。不料这反而帮了菲涅耳,菲涅耳不仅未被击垮,反而用实验证实了泊松视为荒谬的结论,进一步捍卫了光的波动理论。嗣后,波动论一直主导着光学的发展,直至爱因斯坦的光电学说提出之后才以波粒二象性将光的波动说与微粒说在全新的学术高度上统一起来。虽然如此,由于泊松的非议实际上证实了光的波动说的正确,后来人们仍将这个圆屏后阴影中的亮点称为泊松亮点。

鉴于惠更斯-菲涅耳原理对衍射理论的奠基性作用,我们即从介绍这一原理开始本章的讨论。

众所周知,惠更斯原理可表述为波前上的每一点都可看作次级子波源,由各子波源发出的球面子波的包迹即为新波前。惠更斯原理解决了波的传播方向的问题,可以据此解释光在折射

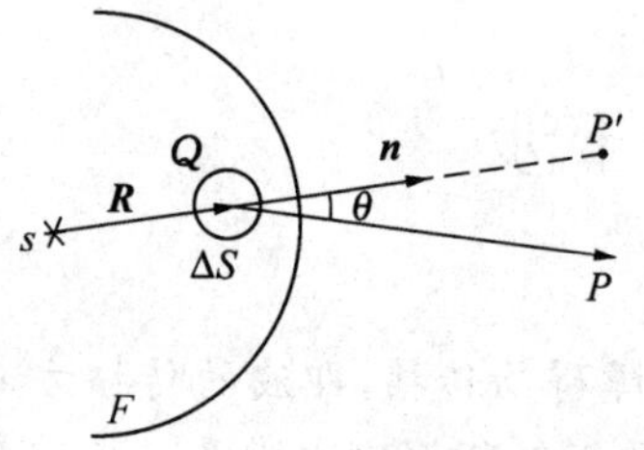

图 14.1-1 惠更斯-菲涅耳原理示意

率不同的介质界面处的反射与折射规律。但是惠更斯原理不能回答为什么波不能自波前向后传播，也无法定量求出光波的强度分布。菲涅耳的贡献在于认为这些子波源发出的球面波的波阵面只是等相位面而非等振幅面，并进而引进所谓倾斜因子描述这些波阵面上不同位置的振幅差别，为定量计算衍射光波的强度分布提供了必需的基础。

如图 14.1-1 所示，s 为位于原点的角频率为 ω 的单色点光源，某一时刻的波前为 F，ΔS 为波面 F 上某点 Q 附近的一面元。

设由光源传至 Q 点的光振动——实际上即为电磁波中电场强度 $\boldsymbol{E}$ 的振动可表示为

$$E_Q = E_Q^0\cos(\omega t + \varphi_0 - \boldsymbol{k}\cdot\boldsymbol{R}) \tag{14.1-1}$$

这里 E_Q^0 为 Q 点电场强度的振幅，$\boldsymbol{k}$ 为波矢，$\boldsymbol{R}$ 为 Q 点的位矢。对光在真空或空气中传播的情形，$\boldsymbol{k}/\!/\boldsymbol{R}$，因此 $\boldsymbol{k}\cdot\boldsymbol{R} = kR$。对于 F 以外的一点 P，P 点的光振动应是 F 上所有子波源发出的子波在该点的叠加。现在考虑 Q 点附近面元 ΔS 的贡献。对于 sQ 连线的延长线上的某点 P'（即过 Q 点顺着光线传播的方向，或沿着 F 在 Q 点的法线 $\boldsymbol{n}$）而言，如 $QP' = r'$，则 ΔS 对于 P' 点振动的贡献可写成

$$\Delta E_{P'} = \frac{K_Q^0}{r'}\cos(\omega t + \varphi_0 - kR - kr')\Delta S \tag{14.1-2}$$

这里 K_Q^0 与 E_Q^0 成比例，表示波面 F 上 Q 点附近单位面积对 P' 点光振动的贡献，其单位为牛顿/(库仑·米)。

如 P 与 Q 的连线偏离法线 $\boldsymbol{n}$ θ 角，则 ΔS 对于 P 点振动的贡献应写成

$$\Delta E_P = \frac{K_Q^0}{r}\cos(\omega t + \varphi_0 - kR - kr)f(\theta)\Delta S \tag{14.1-3}$$

其中 $r = PQ$ 而 $f(\theta)$ 为一随着 θ 由零增大而缓慢减少的无量纲函数，即只有随 θ 变化的数值而无单位。$f(\theta)$ 的引入表示次波的球形波阵面并非等幅面，也因此可避免波向后传播的麻烦。

在数学中可以用复数代表正弦或余弦函数。同样我们也可采用代数的方法利用复数表示振动以代替振幅矢量的几何方法，特别是引进复数振幅更有其方便之处。只是应注意的是与振动的能量或波动的强度有关的振幅平方应代之以复振幅模的平方。

事实上如以复数

$$\mu = \alpha e^{-ikx} \tag{14.1-4}$$

代表谐振动

$$y = A\cos(\omega t + \varphi_0 - kx) \tag{14.1-5}$$

其中

$$\alpha = Ae^{i(\omega t + \varphi_0)} \tag{14.1-6}$$

为复振幅，则

$$A^2 = \alpha\alpha^* = |\alpha|^2 \tag{14.1-7}$$

采用复数表示可将(14.1-3)式写成

$$\Delta E_P = \frac{\beta}{r} e^{-ikr} f(\theta) \Delta S \qquad (14.1\text{-}8)$$

式中β即可视为Q点的光波复振幅,与K_Q^0相对应,包括(14.1-3)式的余弦函数中除$(-kr)$项以外的所有宗量。上式即为惠更斯-菲涅耳原理的解析表达式,表示光波波前上某处小面元ΔS对与之相距r处光振动的贡献。将上式对全部波前累加或积分就能得到任何观测位置的光强分布。对于像圆孔、圆屏这一类具有对称性的对象的衍射,菲涅耳给出了一个巧妙的累加方法,可以轻而易举地得到观察屏上的衍射花样。这就是所谓的“半波带法”,也正是以下要介绍的内容。

在图 14.1-2 中,s为点光源,B为上开一圆孔的衍射屏,从s发出的光线只能通过圆孔到达B的另一边。现考虑圆孔中心与光源连线上的某一点P的光强。

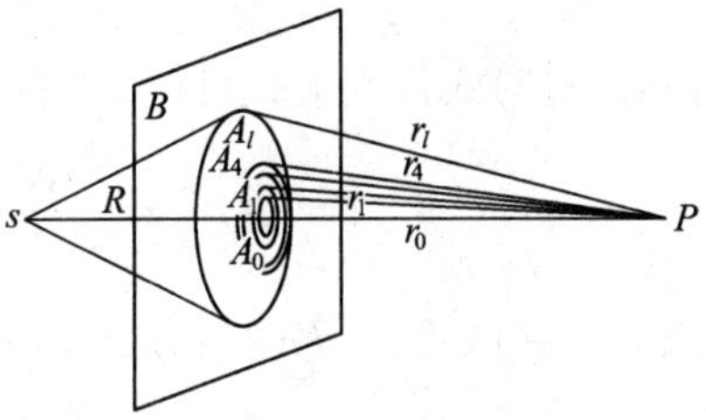

图 14.1-2 圆孔衍射的半波带法

由光源发出的球面波到达圆孔时被B切割成一个球冠,只有球冠上的点才能成为对P点光强有影响的子波源。将s到圆孔边的距离取为R,即波面的半径,令s、P间距离为

$$L = R + r_0 \qquad (14.1\text{-}9)$$

即r_0为球冠顶点到P的距离。设球冠顶点用A_0表示。现在从A_0开始作一系列的平面垂直于sP轴,其与球冠相交成一个个小圆,每个小圆上任取一点依次记为A_1, A_2, …, A_l, A_l即圆孔边上的一点,垂直平面的位置按以下原则确定:使相邻两个小圆的圆周到P点的距离相差半个波长

$$PA_n - PA_{n-1} = \frac{\lambda}{2} \qquad (14.1\text{-}10)$$

上式中不包括$n = l$的情形,因为圆孔的尺寸已经确定,在P点给定的情形$PA_l - PA_{l-1}$不一定等于$\lambda/2$。

这些小圆将球冠状波面切割成一个个圆环,称为波带,由于相邻波带到观测点的距离相差半波长,故称此法为半波带法。A_0A_1间称第一带,A_1A_2间称第二带,余类推。

通常λ很小,可近似认为每个波带上各点的子波源对P点光振动的影响相同——其实这乃是对每个波带取平均值。设第n带对P点光振动的影响可以复数振幅E_n代表,则P点光振动的振幅应为

$$E_P = \sum_{n=1}^{l} E_n \qquad (14.1\text{-}11)$$

为明确起见,我们先讨论最后一个波带——第l带也是半波带,即满足$PA_l - PA_{l-1} = \lambda/2$的情形。由于球对称,由(14.1-8)式可得

$$E_n = \frac{\beta}{r_n} e^{-ikr_n} f(\theta_n) \Delta S_n \qquad (14.1\text{-}12)$$

式中

$$r_n = r_0 + n\frac{\lambda}{2} \qquad (14.1\text{-}13)$$

为第 n 带到 P 点的距离,而 ΔS_n 则为第 n 带的面积。上式中,由于各个半波带均位于由光源 s 发出的同一波面上,有相同的 β,故不加下标。上式中的 r_n 其实应为第 n 个半波带上的各点到 P 点距离的平均值,可近似取为 $\frac{1}{2}(r_n + r_{n-1})$。由此,注意到一个球冠的面积为 $2\pi Rh$,h 为球冠高度,便可用几何学的方法证明 $\Delta S_n/r_n$ 其实是一个与 n 无关的常量,即可弃去下标 n。令 $\beta\Delta S/r = C$,则

$$E_n = Ce^{-ikr_n} f(\theta_n)$$

从而

$$E_P = C\sum_{n=1}^{l} e^{-ikr_n} f(\theta_n) \tag{14.1-14}$$

将(14.1-13)式代入上式可得

$$E_P = Ce^{-ikr_0}\sum_{n=1}^{l} e^{-ikn\frac{\lambda}{2}} f(\theta_n) \tag{14.1-15}$$

注意 $k(n-1)\frac{\lambda}{2} = (n-1)\pi$,且令 $Ce^{-ik\left(r_0+\frac{\lambda}{2}\right)} f(\theta_n) = a_n$,可得

$$E_P = a_1 - a_2 + a_3 - \cdots \pm a_l \tag{14.1-16}$$

上式中最后一项前的符号视半波带的数目 l 而定,若为奇数取正,否则取负。由于一般圆孔孔径都不太大,$f(\theta_n)$随 n 变化并不迅速,a_{n+1} 虽比 a_n 为小,但差别不大,以至 $a_n \approx \frac{1}{2}(a_{n-1} + a_{n+1})$,从而

$$E_P = \frac{a_1}{2} + \frac{a_1}{2} - a_2 + \frac{a_3}{2} + \frac{a_3}{2} - \cdots \pm \frac{a_l}{2}$$

$$E_P \approx \frac{a_1}{2} \pm \frac{a_l}{2} \tag{14.1-17}$$

上式右边,如 l 为奇数取正号,否则取负号。

由此可得这一体系轴线上的光强分布。如由观察点看衍射圆孔分为偶数个半波带,则 P 点振幅相消,当为暗点;如圆孔分为奇数个半波带,则振幅相加,当为亮点。其实这是很容易理解的。因为相邻的两个半波带上的子波到达 P 点时相位差总是 π,激起的振动彼此削弱抵消。这样,半波带总数为偶数时,成对相抵;而为奇数时尚剩余一个半波带的贡献抵消不了,遂成亮点。由此我们得出结论,如置一与 B 平行的光屏观察屏上的衍射花样,则其中心是明是暗取决于光屏到衍射孔的距离。

这里我们详细讨论了衍射孔轴线上的光强。实际在与轴线垂直的屏上观察到的衍射花样是一些明暗相间的同心圆环;如为白光则为彩色环。

上面的讨论也可以用振幅矢量的办法形象地表示。如图 14.1-3(a)所示,用 $\boldsymbol{A}_i$ 表示第 i 个半波带在圆孔轴线上 P 点激起的光振动的振幅。由于相邻半波带到 P 点的程差为 $\lambda/2$,相位差为 π,$\boldsymbol{A}_n$ 与 $\boldsymbol{A}_{n+1}$ 方向相反。图中为讨论方便振幅矢量的始点并未画在一起,而是表示为首尾相接的形式。图 14.1-3(a)为衍射孔划分为奇数个半波带的情形,易见合振幅 $\boldsymbol{A} \approx (\boldsymbol{A}_1 + \boldsymbol{A}_l)/2$;而图 14.1-3(b)表示 l 为偶数的情形,可见 $\boldsymbol{A} \approx (\boldsymbol{A}_1 - \boldsymbol{A}_l)/2$,与前面的讨论一致。

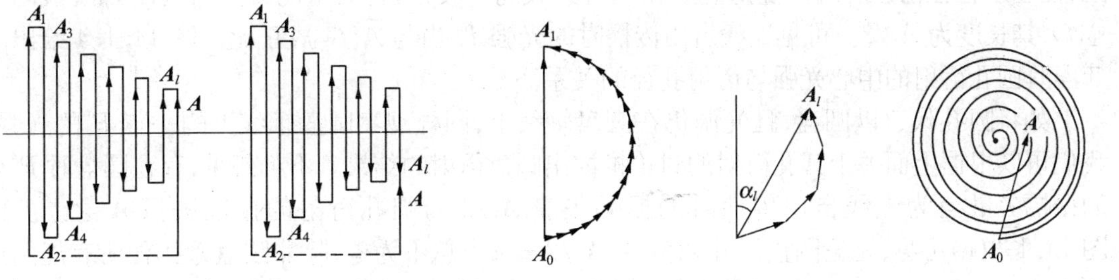

图 14.1-3　用振幅矢量法表示圆孔衍射

如果最后的一个环带并非恰好一个半波带，即 $PA_l-PA_{l-1}<\lambda/2$，则 P 点的振幅当介于(14.1-17)式所示的数值之间。这也可借助于振幅矢量看出。事实上，对于波面球冠上的每一个环带我们仍可进一步细分成许多窄环。每个窄环对观察点的影响同样可以用一振幅矢量表示。对于半波带而言，由于半波带的两个边缘在观测点激起的振动相差 π，第一个窄环与最后一个窄环的振幅矢量的方向必相反。在图 14.1-3(c)中我们以第一个半波带($\boldsymbol{A}_1$)为例表示出这一细分的结果。其中小箭头为代表各个窄带影响的振幅矢量，彼此首尾相接，它们的矢量和恰为第一个半波带的振幅矢量。当划分的窄带数无限增大时，小箭头的长度无限减小，结果便如一半圆，$\boldsymbol{A}_1$ 变为半圆的直径。不过由于倾斜因子的影响，相邻小箭头的长度略呈递降，于是曲线便类似于螺旋线的一部分。对于波面上的每个半波带均可如此处理，直至最后一个(第 l 个)环带。如第 l 个环带不是半波带，结果便如图 14.1-3(d)所示，合矢量 $\boldsymbol{A}_l$ 的长度便比半圆的直径小。计入所有环带的贡献，结果便如图 14.1-3(e)所示。利用图 14.1-3(e)我们可以研究光源 s、观察点 P 与衍射屏 B 位置都固定，但衍射孔的尺寸由零逐渐增大时 P 点光强的变化。不难想象，当衍射圆孔的半径逐渐增大时，代表 P 点实际振幅(或光强)的合矢量 $\boldsymbol{A}$ 的端点将从起始点 A_0 开始逐渐沿螺旋线移动。如圆孔恰只包含一个半波带，则 $\boldsymbol{A}$ 终止于螺旋线的顶部，恰如图 14.1-3(c)；如圆孔恰好包含两个半波带，$\boldsymbol{A}$ 终止于螺旋线的底部，其终点几乎与起始点重合。当圆孔并不包含整数个半波带时，$\boldsymbol{A}$ 并不终止在垂直方向。图 14.1-3(e)所示的情形即为衍射孔包含超过 10 个半波带但还不到 11 个半波带的情形。

这里介绍的振幅矢量表示法在后面讨论光栅衍射时还要用到。

从上面的讨论我们还能得出一些有趣的推论。

固定光源 s 与观察屏的位置，即 R 与 r_0 固定，由小到大改变衍射圆孔的半径，则 P 点的振幅矢量的端点将从图 14.1-3(e)的 A_0 点开始沿着螺旋状曲线由外向内逐点移动，其长度将随之振荡。因此 P 点的光强也随之振荡。如图 14.1-4 所示。图中采用无量纲坐标。横坐标为衍射孔半径 ρ 与 ρ_0 的比值，ρ_0 为衍射孔恰包含一个半波带时孔的半径，纵坐标为衍射光斑中心的光强 I 与 I_0 的比值，I_0 为 $\rho=\rho_0$ 时的光强；即 $\rho=\rho_0$ 时 $I=I_0$。由图可见当 ρ 无限增大时光强 I_∞ 趋近于 $\frac{1}{4}I_0$，这就是当不存在衍射屏时光源 s 的光线自由传播至 P 点的光强。由图 14.1-3(c)可见，如衍射孔恰为一个半波带，P 点的振幅最大，为 $\boldsymbol{A}_1$，与光强 I_0 相对

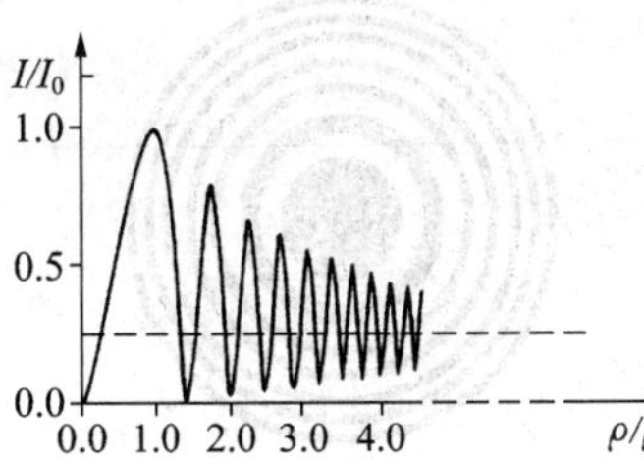

图 14.1-4　菲涅耳圆孔衍射的中心光强与衍射孔径的关系

应,而当不存在衍射屏时可视为衍射孔包含无数的半波带,合矢量的终点将处于螺旋线的中心 O,其长度为 $A_1/2$。可见光线自由传播时的光强 I_∞ 当与 $A_1^2/4$ 成正比。图 14.1-4 给出了菲涅耳圆孔衍射的中心光强与衍射孔径的关系。

如将圆孔代之以圆盘,且光源仍在圆盘轴线上,同样观察圆盘轴线上的一点 P' 的光强。我们可以根据上面关于圆孔衍射的讨论推演出圆盘衍射的结果。不难想见,存在圆盘时 P' 点的振幅矢量当为光线自由传播时的振幅矢量 $\mathbf{A}_1/2$ 与圆孔衍射的振幅矢量 $\mathbf{A}$ 之差。由图 14.1-3(e)可见,无论圆盘尺寸如何,$|\mathbf{A}_1/2-\mathbf{A}|$ 总不为零,除非圆盘遮挡住所有能到达 P' 点的光波(即 $\rho\to\infty$)。也就是说任何有限大小的圆盘在其阴影区的轴线上总能观察到亮光!这正是泊松当年用以否定菲涅耳理论的"证据"。围绕着中心亮点,圆盘衍射的花样仍是一些明暗相间的圆环。

圆孔屏后的光强有可能是不放屏时的 4 倍,屏的不透光的部分好像不仅没有遮住光线,反而"无中生有"使光线加强;圆盘阴影区的中央也竟然出现亮点。这是如此有趣,也如此与人们的经验所习惯的几何光学的规律相悖,难怪当年甚至会受到权威学者的非议。但是它们都是为实验所证明的客观事实。这既表明了物理学本质上是一门实验科学,更为我们提供了科学发展过程的一个生动例证。

分析菲涅耳衍射使我们对衍射的物理基础有深入的认识。这种衍射的特点是光源与观察点到衍射物的距离都不太远,故称为近场衍射。另一类是使用范围更广而且分析过程也方便得多的远场衍射,也称为夫琅和费衍射,衍射物距光源及观察屏都很远,以至入射光或从屏上任何地方观察衍射光都是平行光。不过实际上是通过透镜实现远场衍射,即光源置于透镜的焦平面上,使之成为平行光入射到衍射物,例如开一狭缝的衍射屏,屏后再置一透镜并在此透镜的焦平面上设置观测屏观察衍射结果。下一节即讨论单缝与双缝的夫琅和费衍射。

例 1 由菲涅耳圆孔衍射的讨论,P 点的光振幅 $E_P=a_1-a_2+a_3-a_4+\cdots\pm a_k$,如果挡住偶数波带(或奇数波带,其效果一样)不让光通过,则 P 点的振幅 $E_P=a_1+a_3+a_5+\cdots$,P 点的光强变得很大,其作用和透镜聚焦相似。可以制成一种能遮蔽偶数或奇数波带的部分透明板使光会聚,这种板叫做波带片(图 14.1-5(a))。若光源在距波带片 R 处,光波会聚在距波带片 r_0 处的 P 点(图 14.1-5(b)),相对于 P 点共有 m 个半波带。设第 m 个半波带边缘半径为 ρ_m,试证:当 $R\to\infty$ 时,r_0 就相当于波带片的焦距 f,且 $f=\dfrac{\rho_m^2}{m\lambda}$。

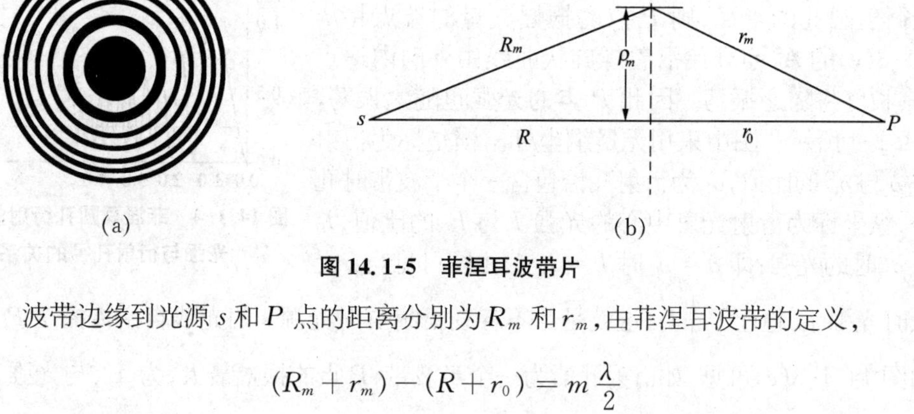

图 14.1-5 菲涅耳波带片

证 波带边缘到光源 s 和 P 点的距离分别为 R_m 和 r_m,由菲涅耳波带的定义,

$$(R_m+r_m)-(R+r_0)=m\frac{\lambda}{2} \quad ①$$

由图可得

$$R_m = (R^2 + \rho_m^2)^{1/2},\ r_m = (r_0^2 + \rho_m^2)^{1/2}$$

将上式展开并略去高次项，得

$$R_m = R + \frac{\rho_m^2}{2R},\ r_m = r_0 + \frac{\rho_m^2}{2r_0}$$

代入①式，得

$$\frac{1}{R} + \frac{1}{r_0} = \frac{m\lambda}{\rho_m^2} \quad ②$$

如果把 R 作为物距，r_0 作为像距，则此公式和透镜成像公式相同。如将光源放在无穷远处，即 $R = \infty$，则②式变为

$$\frac{1}{r_0} = \frac{m\lambda}{\rho_m^2} \quad ③$$

此时 P 点相当于焦点，r_0 即焦距 f，由③式，得

$$f = \frac{\rho_m^2}{m\lambda} \quad ④$$

即当一束平行光垂直入射到波带片上，光波将会聚到 $r_0 = f$ 的 P 点上。

例 2　若一个菲涅耳波带片只将前 5 个偶数半波带挡住，其余地方都透明，求衍射场中心强度 I' 与自由传播时 I_0 之比。

解　图 14.1-6 为衍射场中心的振幅矢量图，由图可知，中心的振幅为

$$A' = A_1 + A_3 + A_5 + A_7 + A_9 + \frac{1}{2}A_{11} \approx 5.5A_1 = 11A_0$$

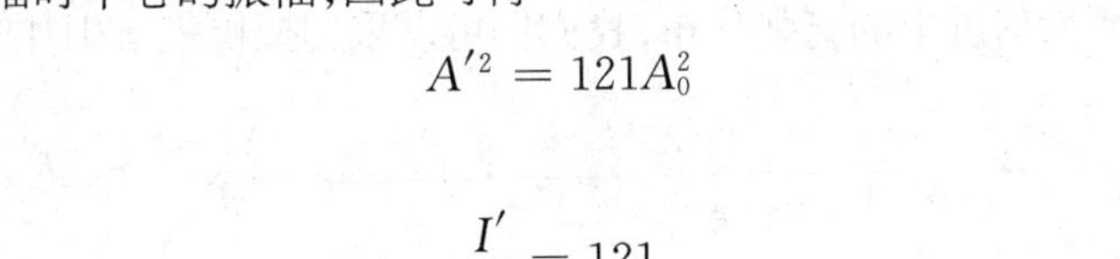

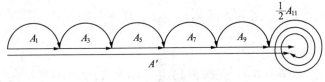

图 14.1-6

式中 A_0 为自由传播时中心的振幅，因此可得

$$A'^2 = 121A_0^2$$

即

$$\frac{I'}{I_0} = 121$$

§14.2　单缝夫琅和费衍射

图 14.2-1 为单缝夫琅和费衍射实验布局的示意图。波长为 λ 的单色光源 S 置于透镜 L' 的焦平面上，使由 s 发出的光线成为平行光投射于遮光板 G 上。G 上开一宽度在十分之一毫米数量级的狭缝。入射光经狭缝衍射后向右方传播，经透镜 L 会聚而在置于其焦平面处的观察屏 C 上成像。由图可见，衍射图样的正中为一亮带，中央亮带两侧对称分布着暗、明相间的

衍射条纹;而且,明纹处的光强随着远离中央明纹而迅速衰减。

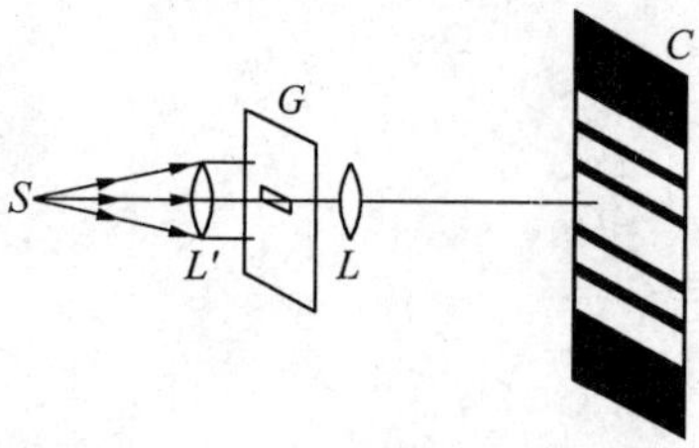

图 14.2-1 夫琅和费单缝衍射

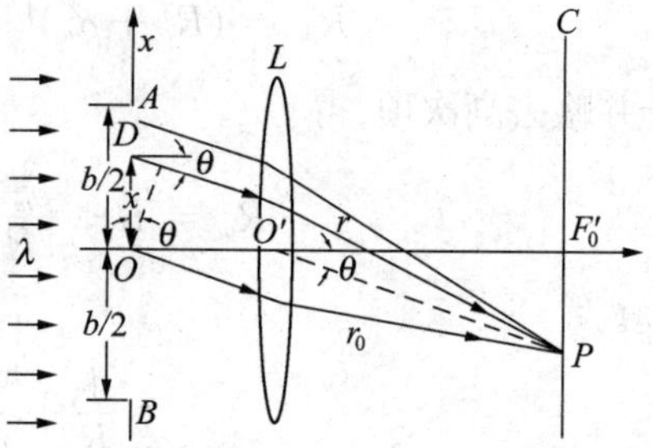

图 14.2-2 用半波带法分析夫琅和费单缝衍射光强

应用上节介绍的半波带法可以很容易定性地讨论单缝夫琅和费衍射的光强。设如图 14.2-2所示,会聚于屏 C 上 P 点(其实为过 P 点垂直于纸面的一条窄线)的衍射光沿与水平轴成 θ 角的方向传播。由于通过透镜光心 O' 的光线不发生折射,θ 也就是 $O'P$ 与水平轴的夹角。从单缝的一端 A 开始沿 AB 方向截取一段 AD,使 D 点与 A 点发出的衍射光线到达 P 点的程差恰为半波长,即

$$AD\sin\theta = \lambda/2 \tag{14.2-1}$$

显然 A 点与 D 点的衍射光波在到达 P 点时正好干涉相消。这里,我们利用了一个与透镜有关的性质,即平行光经透镜会聚并不引进附加的相位差。由以上讨论可见,对沿与水平轴交角为 θ 的衍射光而言,AD 恰为半波带。由此可见,如 AB 恰巧包含偶数个半波带则衍射光必干涉相消,P 点形成暗纹;而如 AB 恰好包含奇数个半波带则必在观察屏上形成亮纹。对于 $\theta = 0$, 即沿水平轴传播的衍射线,由于光程差都是零,自然相应于中央亮纹。综上所述,除中央明纹中心对应于 $\theta = 0$ 而外,可将暗纹中心的位置表示为

$$b\sin\theta = \pm n\lambda \quad (n = 1,\ 2,\ \cdots) \tag{14.2-2}$$

而明纹中心满足

$$b\sin\theta = \pm(2n+1)\frac{\lambda}{2} \quad (n = 1,\ 2,\ \cdots) \tag{14.2-3}$$

式中 b 为单缝宽度,n 称为条纹的级次。

为了进一步得到衍射屏上的光强分布,我们仍可以采用振幅矢量相加的方法。

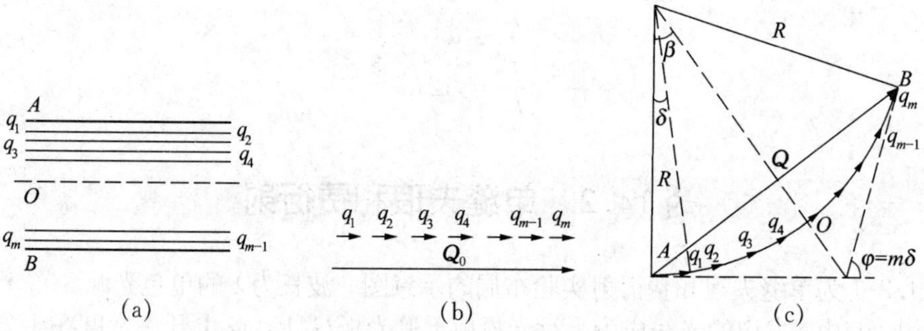

图 14.2-3 用矢量法分析单缝夫琅和费衍射的强度

如图 14.2-3(a)所示,设想将狭缝 AB 再分为 m 个等宽的平行窄缝,m 是一大数,每个窄

缝的宽度均远小于 AB,称为子缝。设由第 i 个子缝发出的衍射光线到达观察屏上的光振动的振幅矢量为 $\boldsymbol{q}_i$,如不计传播途径中的反射、吸收等损耗因素,可以认为由各个子缝发出的衍射光波到达屏上任意点时振幅矢量的数值都一样,即对屏上任意位置,

$$q_1 = q_2 = \cdots = q_m = q \tag{14.2-4}$$

但屏上给定点 P 的实际光强应取决于所有来自 m 个子缝的衍射波在该处的干涉。例如,在正对狭缝 AB 中心处(屏上 F_0' 点),各个子缝衍射线的光波的行程(称为光程)都相等,彼此间无相位差,所有的衍射波干涉加强,即该处衍射波的振幅当为

$$Q_0 = \sum_{i=1}^{m} q_i = mq \tag{14.2-5}$$

相应地得到中央亮纹中心处的光强

$$I_0 \propto Q_0^2 = (mq)^2 \tag{14.2-6}$$

如图 14.2-3(b)所示。如屏上的位置偏离中心点,则如图 14.2-3(c)所示。由图可见,设来自 AB 两端子缝的衍射光波在给定点的相位差为 φ,则

$$\varphi = m\delta \tag{14.2-7}$$

其中 δ 为相邻子缝衍射波的相位差。由图示的几何关系可知,合矢量 $\boldsymbol{Q}$ 的数值应为

$$Q = 2R\sin\beta \tag{14.2-8}$$

式中

$$\beta = \varphi/2 \tag{14.2-9}$$

为狭缝 AB 的端点和狭缝中央发出的光线到达 P 点处的相位差。而由于 δ 为一小量，$R\delta \approx q$，代入(14.2-8)式即有

$$Q = mq\,\frac{\sin\beta}{\frac{m\delta}{2}}$$

或

$$Q = Q_0\,\frac{\sin\beta}{\beta} \tag{14.2-10}$$

由此得衍射光强 $I \propto Q^2$,可写成

$$I = I_0\,\frac{\sin^2\beta}{\beta^2} \tag{14.2-11}$$

这里 I_0 为中央亮纹正中的光强。注意 β 与衍射角 θ 之间有如下关系:

$$\varphi = \frac{2\pi}{\lambda} b\sin\theta$$

即

$$\beta = \frac{\pi}{\lambda} b\sin\theta \tag{14.2-12}$$

图 14.2-4(a)画出了观察屏上的光强随衍射角的分布。中央亮纹的区域在 $-\pi < \beta < \pi$ 之间,

集中了 90%的衍射光能。$\beta=\pm\pi$, 即 $\sin\theta=\pm\lambda/b$ 为中央亮纹两边第一个光强为零(暗纹中心)的位置。由于这一位置与 λ 有关,当用白光入射时就会观察到彩色的衍射条纹。

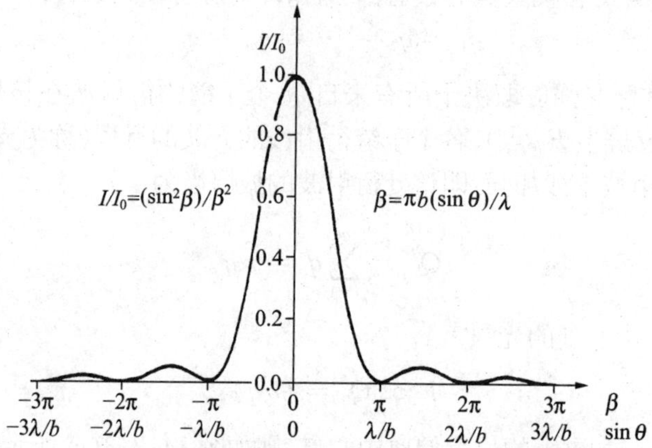

(a) 单缝衍射的光强分布

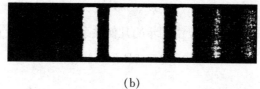

(b)

图 14.2-4 单缝夫琅和费衍射的光强分布

如给定点 P 在屏上的位置用坐标 z 表示,如 $|z|\ll f$, f 为透镜焦距,则由图 14.2-2 可见

$$|z|=f\tan\theta\approx f\sin\theta \tag{14.2-13}$$

I 随 z 的变化如图 14.2-4(b)所示。

例 在宽度 $b=0.4\,\mathrm{mm}$ 的狭缝后 $d=80\,\mathrm{cm}$ 处,有一与狭缝平行的屏,如图 14.2-5(a)所示,如以单色平行光自左面垂直照射狭缝,在屏上形成夫琅和费衍射条纹,若在离 O 点为 $z=2.0\,\mathrm{mm}$ 的 P 点看到的是明条纹,试求:

(1) 该入射光的波长。

(2) P 点条纹的级数。

(3) 从 P 点看,对该光波而言,狭缝处的波阵面可分为几个半波带。

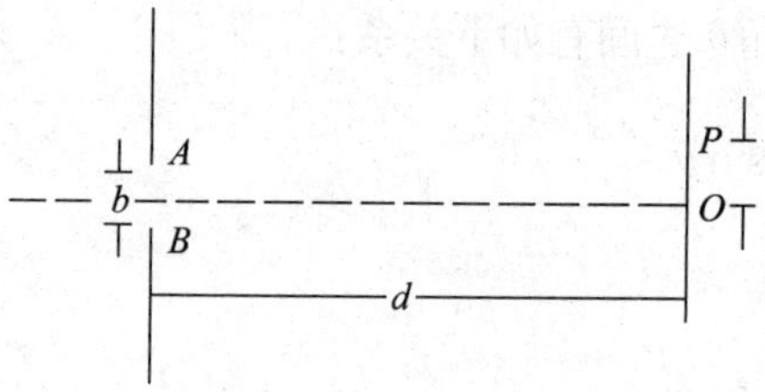

(a)

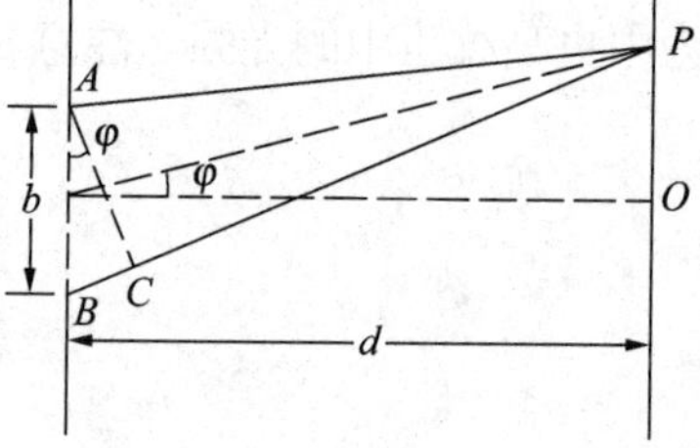

(b)

图 14.2-5

解　如图 14.2-5(b)所示，作 $AC \perp PB$，因为 $b \ll d$，$\angle APB$ 很小，$PA \approx PC$，故

$$PB - PA \approx BC = b\sin\varphi$$

由于 P 点为明纹中心，则狭缝波面可分成奇数个半波带，

$$b\sin\varphi = (2n+1)\lambda/2$$

由图可知，$\tan\varphi = \dfrac{z}{d}$，而 $\sin\varphi \approx \tan\varphi$，代入上述公式，得

$$b\frac{z}{d} = (2n+1)\frac{\lambda}{2},\ \lambda = \frac{2bz}{(2n+1)d}$$

代入已知数据，得

$$\lambda = \frac{2bz}{(2n+1)d} = \frac{2\times 0.4\times 10^{-3}\times 2.0\times 10^{-3}}{(2n+1)\times 80\times 10^{-2}} = \frac{2\,000}{2n+1}(\text{nm})$$

当 $n=1$ 时，$\lambda_1 = 667(\text{nm})$；$n=2$ 时，$\lambda_2 = 400(\text{nm})$；$n$ 取其他值时，波长不在可见光波长范围，因此得到：

(1) 入射光的波长为 667 nm 或 400 nm。

(2) 对应于 667 nm 和 400 nm 波长的光波，P 点条纹的级次分别为第 1 级和第 2 级。

(3) 半波带的数目为 $(2n+1)$，因此从 P 点看，对应于上述两种波长的光波 AB 处波阵面分别为 3 个和 5 个半波带。

*§14.3　圆孔夫琅和费衍射与光学仪器的分辨本领

如将上节中的狭缝换成圆孔，则在透镜 L 的焦平面上将得到同心圆环状的衍射图样，如图 14.3-1 所示。同菲涅耳衍射形成明显对照的是，圆环中心始终是亮斑(称为艾里斑)，集中了衍射光能的 84%。艾里斑的半径，即第一暗环中央到圆心的距离为 $0.61f\lambda/R$，这里 f 为透镜 L 的焦距，R 为衍射孔的半径；相应的艾里斑的角半径为 $0.61\lambda/R$。这一结果与(14.2-12)式所表示的 $\beta=\pi$ 的情形相当接近，只要将狭缝宽度 b 与圆孔直径相对照。

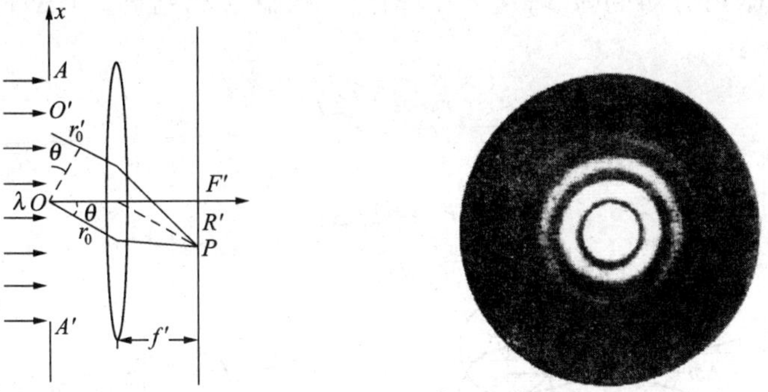

(a) 示意图　　(b) 衍射图样

图 14.3-1　圆孔夫琅和费衍射

应当指出任何使用透镜的光学仪器，例如望远镜、显微镜甚至人眼，不可避免地都要涉及

圆孔衍射,从而也就提出了光学仪器的分辨本领的问题。

对于一焦距为 f 的凸透镜,如物距为 u,像距为 v,如图 14.3-2(a)所示。图 14.3-2(b) 表示这一透镜可恰当地视为一焦距为 u、另一焦距为 v 的两个透镜 L_1、L_2 加上光阑 A 的组合。使从像点 s 发出的光线经 L_1 的作用变为平行光,再经 L_2 会聚于其焦点 s',而 s' 正是 s 经透镜 L 成像的像点。事实上,当 L_1,L_2 之间的距离 d 为零时即重合而成透镜 L。由于 u 与 v 分别是 L 的物距与像距,由透镜 L 的成像公式知

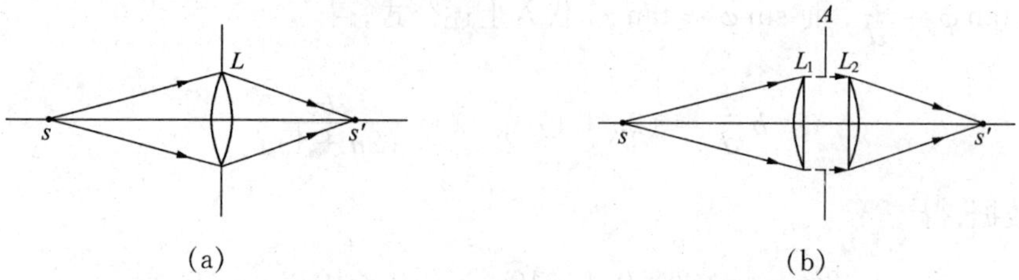

图 14.3-2　将任意透镜分解为两个透镜的组合

$$\frac{1}{u}+\frac{1}{v}=\frac{1}{f}$$

与 L_1 和 L_2 构成的共轴透镜组合的焦距之间的关系相同。

从上面的讨论已可看出,任何物点发出的光线都要受到光阑 A 的圆孔夫琅和费衍射。对于圆形透镜而言,圆孔就是透镜自身。因此点状光源的"像"并非是一个点,而是一个中心为艾里斑的衍射图样。由于艾里斑具有有限的几何尺寸,当两个物点相距很近时,它们在成像平面上各自相应的两个艾里斑也会靠近。如果艾里斑近到彼此部分交叠,两个物点的像看上去就会是融合在一起的单一模糊光斑,再也辨别不出是两个物点形成的像。换言之,两个物点在仪器中分辨不开了。这就是任何使用透镜的仪器总是具有有限的分辨本领的物理基础。

习惯上常根据瑞利早年提出的定义来规定光学仪器的分辨本领,认为如果一个艾里斑的中心恰与另一个艾里斑的边缘重合人们恰能分辨这两个光斑。这时相对透镜中心而言,两个物点张开的视角恰与两个艾里斑中心相对透镜中心张开的角度,即一个艾里斑的角半径 $\Delta\theta$ 相等,如图 14.3-3 所示。图 14.3-3(b)中虚线为单个艾里斑的光强分布,实线则为两个艾里斑光强的叠加。由于两个物点发出的光一般是不相干的,因此在衍射区相遇时只是强度相加,而不是振幅矢量的合成。由图可见总光强呈马鞍形分布,图中鞍峰比为73.5%,大致与人眼可分辨的鞍、峰比 80%相符。根据瑞利判据,将 $\Delta\theta$ 的倒数称作光学仪器的角分辨本领 r_θ:

$$r_\theta = 1/\Delta\theta \tag{14.3-1}$$

而将线分辨本领 r_y 规定为

$$r_y = 1/\Delta y \tag{14.3-2}$$

其中 Δy 为刚好能分辨的两个物点之间的距离。

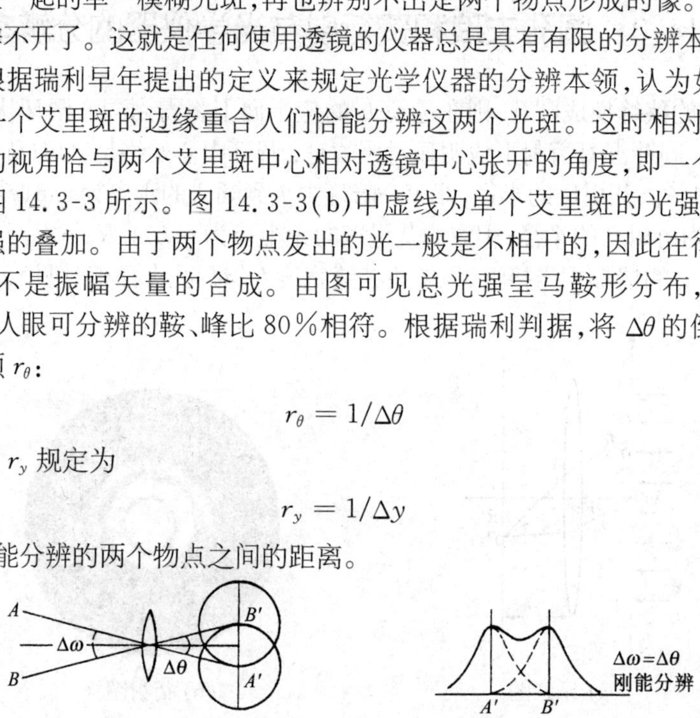

图 14.3-3　分辨本领的瑞利判据

根据以上讨论可知望远镜的角分辨本领为

$$(1.22\lambda/D)^{-1} = D/1.22\lambda$$

这里 D 为望远镜物镜的直径。由此可知为什么光学望远镜的直径越大，其分辨本领就越高。目前世界上最大的光学望远镜物镜的直径已达 5 米之巨。对于显微镜而言，通常人们更关心的是线分辨本领。显微镜线分辨本领可表示为

$$r_y = R_{NA}/0.61\lambda \tag{14.3-3}$$

R_{NA} 为一数，常称 $2R_{NA}$ 为显微镜的数值孔径，一般 $R_{NA} < 1$。可见要增大分辨本领，减少所使用的光波的波长是有效的途径。用软 X 射线作光源，可比使用可见光源的分辨本领提高上百倍。而应用电子波作射线源，更可将分辨本领提高几千倍；现代电子显微镜的最小分辨距离 Δy 已可低至 0.2 nm 数量级，相应的放大倍数可达 80 万倍。图 14.3-4 给出几类显微镜的分辨极限及各种典型微小观察对象的尺寸。

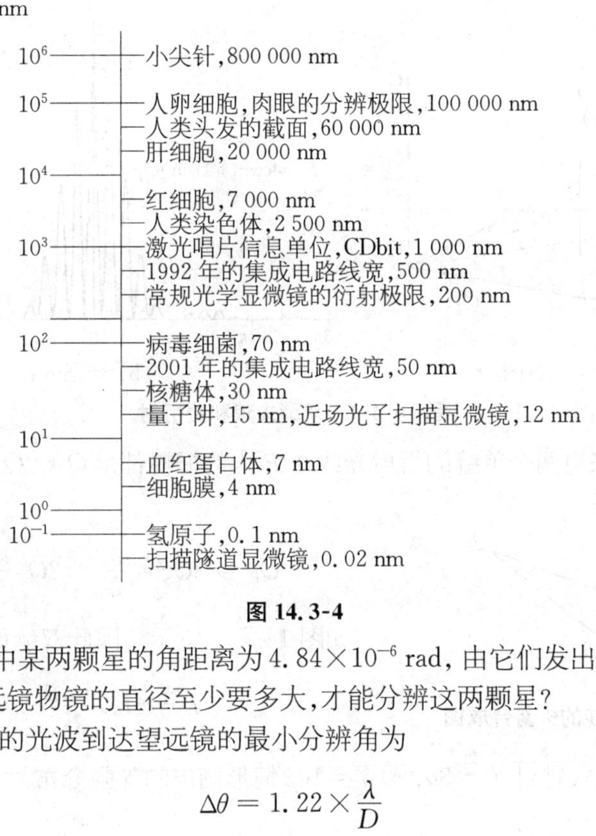

图 14.3-4

例 1　已知天空中某两颗星的角距离为 4.84×10^{-6} rad，由它们发出的光波可按波长 $\lambda=550$ nm 计算。问望远镜物镜的直径至少要多大，才能分辨这两颗星？

解　两颗星发出的光波到达望远镜的最小分辨角为

$$\Delta\theta = 1.22\times\frac{\lambda}{D}$$

因此望远镜直径至少应为

$$D = 1.22\times\frac{\lambda}{\Delta\theta} = 1.22\times\frac{550\times10^{-9}}{4.84\times10^{-6}} = 0.139(\text{m})$$

§14.4　光 栅 衍 射

上两节主要讨论的是平面单色光波受单个狭缝或圆孔衍射的情形。如将§14.2 的单缝

换成平行双缝,双缝中心间距为 d,如图 14.4-1 所示,则在置于透镜焦平面处的观察屏上看到的并不是两个如图 14.2-4 所示的单缝衍射光强的叠加,而是图 14.4-1(b)所示的光强分布。这是由于来自两个相邻单缝沿同一方向(θ)行进的衍射光波也是相干的,它们在观察屏上某处相遇也要发生干涉。因此我们仍可用振幅矢量合成的方法讨论双缝衍射的衍射图样或光强分布。

由图 14.4-1(a)可见,分别来自两条狭缝中心沿与中心轴成 θ 角的方向传播的衍射光线在观察屏上的 P 点相遇,两者必然发生干涉。这两条光线间的光程差为

$$\Delta = d\sin\theta \tag{14.4-1}$$

d 为两狭缝中心的距离,相应的相位差为

$$\delta = \frac{2\pi}{\lambda}\Delta = 2\pi d\sin\theta/\lambda \tag{14.4-2}$$

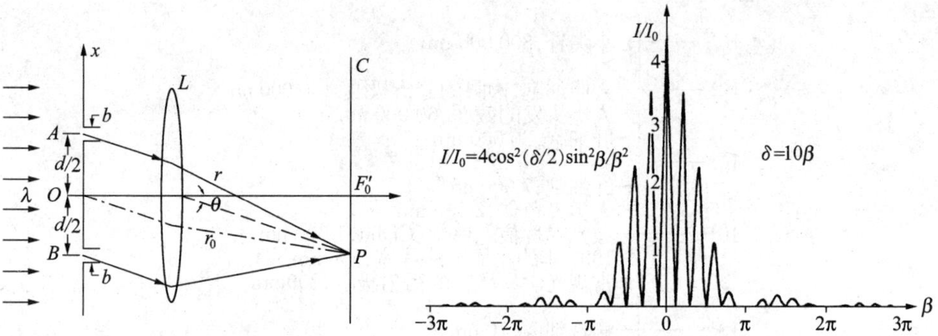

(a) 示意图 (b) 光强分布

图 14.4-1 双缝夫琅和费衍射

由(14.2-10)式知,来自两个单缝的衍射光线在 P 点的振幅都是 $Q = Q_0\sin\beta/\beta$, 因此 P 点的双缝衍射振幅可写成

$$Q_P = 2Q\cos\frac{\delta}{2} = 2Q_0\frac{\sin\beta}{\beta}\cos\frac{\delta}{2} \tag{14.4-3}$$

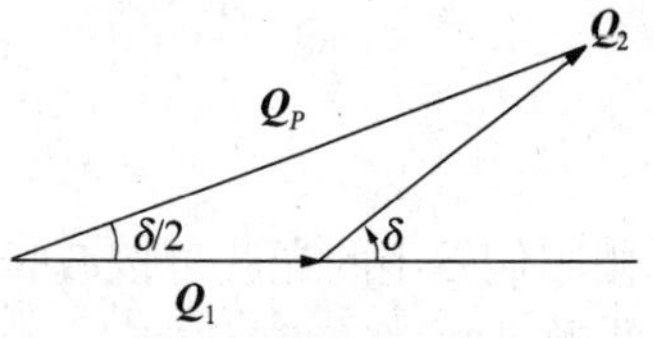

图 14.4-2 双缝干涉的矢量合成图

如图 14.4-2 所示。因此双缝衍射的光强分布应为

$$I = 4I_0\frac{\sin^2\beta}{\beta^2}\cos^2\frac{\delta}{2} \tag{14.4-4}$$

图 14.4-1(b)就是上式针对 $d = 5b$, 即 $\delta = 10\beta$ 情形画出的光强分布。上式可写成 I_1 与 I' 的乘积:

$$I = I_1 I' \tag{14.4-5}$$

其中 I_1 即为(14.2-11)式所示的单缝衍射光强,而 $I' = 4\cos^2\frac{\delta}{2}$ 则可描述著名的杨氏双缝干涉光强分布。由(14.4-4)式我们再一次看出,干涉的结果并不是波的强度(光强)的简单叠加,而是波动的振幅矢量的合成。例如在满足 $\delta = 2n\pi$, 即 $\sin\theta = n\lambda/d$ 处,光强变为单缝衍射光强的 4 倍,这里 n 为整数,而在满足 $\delta = (2n+1)\pi$, 即 $\sin\theta = \frac{(2n+1)\lambda}{2d}$ 处,无论单缝衍射

光强度如何，双缝衍射的光强都是零。当然，在日常生活中在两束光相遇的区域我们往往看不到这一类光强分布的复杂变化，看到的常是光强的简单叠加，这正是因为通常来自不同光源的光并不相干的缘故。

以上关于双缝衍射的讨论可直接推广到光栅的衍射。常见的光栅是在玻璃平板上均匀地刻划等距等宽细窄的平行条纹，刻线处由于光的散射可视为遮光区，而未刻线处则为透光区，故这种光栅称为透射光栅。显然透光区或遮光区都是周期性排列的。这里只针对透射光栅讨论。在平行光入射光栅的情形，如在光栅的另一边用透镜会聚衍射光进行观察，就是光栅的夫琅和费衍射，而光栅衍射也正是将前面的双缝衍射推广到多缝的情形。由前面的讨论可见双缝衍射其实是单缝衍射与双光束干涉现象的组合。因此，如果光栅具有 N 条透光区，则光栅的衍射光强即可根据单缝衍射与 N 条平行光的多光束干涉的组合进行计算。

先考虑单色平行光沿光栅的法向正入射的情形，如图 14.4-3 所示。图中为简单计，只代表性地画出 3 条光缝，实际的光栅通常刻线密度在每毫米成千上万条的量级。假设来自每条光缝沿与水平光轴成 θ 角的衍射光束会聚于透镜焦平面上的 P 点。设该处单缝衍射的振幅为 Q，如(14.2-10)式所示。相邻光缝衍射束之间的光程差 Δ 与相应的相位差 δ 亦如(14.4-1)与(14.4-2)式所示，式中相邻光缝中心的距离 d 称为光栅常数。现采用振幅矢量的复数表示法。根据图 14.4-3(b)可知，P 点光振动的振幅应为

$$A = Q(1 + e^{i\delta} + e^{i2\delta} + \cdots + e^{i(N-1)\delta}) \tag{14.4-6}$$

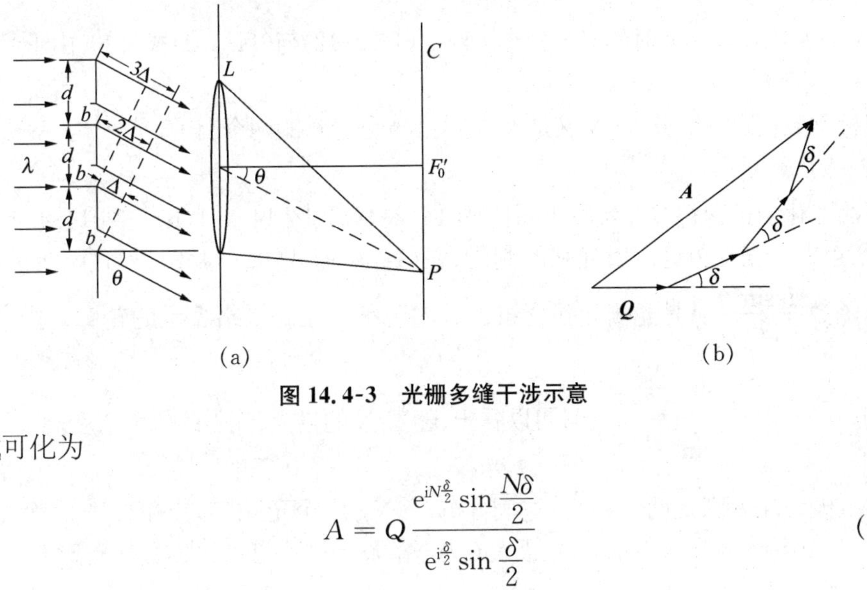

图 14.4-3　光栅多缝干涉示意

上式可化为

$$A = Q\frac{e^{iN\frac{\delta}{2}}\sin\frac{N\delta}{2}}{e^{i\frac{\delta}{2}}\sin\frac{\delta}{2}} \tag{14.4-7}$$

不难看出当采用复数 A 表示振幅矢量时，光强应正比于 A 的模的平方，即 $|A|^2 = AA^*$。因此，P 点光强可写成

$$I = |Q|^2\frac{\sin^2\frac{N\delta}{2}}{\sin^2\frac{\delta}{2}} \tag{14.4-8}$$

根据(14.2-10)和(14.2-11)式得

$$I = I_0 \frac{\sin^2\beta}{\beta^2} \frac{\sin^2 N\dfrac{\delta}{2}}{\sin^2\dfrac{\delta}{2}} \tag{14.4-9}$$

显然,(14.4-4)式即为上式在 $N=2$ 时的结果。

下面我们即根据(14.4-9)式分析光栅衍射的特性。

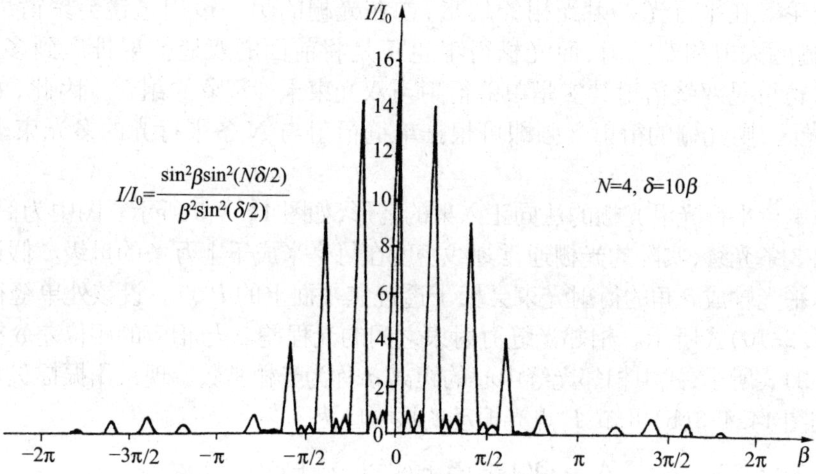

图 14.4-4 光栅衍射光强分布示意

图 14.4-4 画出 $N=4$ 时的光强分布。对比(14.2-12)与(14.4-2)式可知,由于光栅的透明缝宽与光栅常数在同一量级,而 N 又是大数,表示光强分布的两个因子,$\dfrac{\sin^2\beta}{\beta^2}$ 与 $\dfrac{\sin^2 N\dfrac{\delta}{2}}{\sin^2\dfrac{\delta}{2}}$ 相比,后者随 θ 的变化要迅速得多。实际上对比图 14.2-4(a)、图 14.4-1(b)与图 14.4-4 也可以看出,光栅衍射的光强受单缝衍射光强的制约,在(14.4-9)式中,(14.2-11)式所示的单缝衍射光强分布函数 $\dfrac{I_0\sin^2\beta}{\beta^2}$ 就是光栅光强分布函数的包络。在此包络表示的轮廓之内,光强分布的细节则取决于因子 $\dfrac{\sin^2\dfrac{N\delta}{2}}{\sin^2\dfrac{\delta}{2}}$;而且可以看出,随着 N 的增大,光强的极大值变高变窄,这些极大值称为主极大,在相邻的两个主极大之间分布着 $(N-1)$ 个光强的零点和 $(N-2)$ 个光强低于主极大的次峰。由于光栅的 N 值很大,主极大成为一条条十分明锐的细线,称为光谱线。

14.4.1 主极大的位置与光强

根据上面的讨论,主极大的位置由 $\delta = 2n\pi$ 确定,即相邻光缝的衍射波相位差为 2π 的整数倍时为相长干涉,振幅相加,遂成为主极大。

这一条件亦可表示为

$$d\sin\theta = n\lambda \tag{14.4-10}$$

上式称为光栅方程，式中 n 为正负整数，包括零。n 称为主极大的级次。当 $\delta = 2n\pi$ 时函数 $\sin^2\frac{N\delta}{2}\Big/\sin^2\frac{\delta}{2}$ 的值可由高等数学中的洛必达法则求得为 N^2，即主极大处的光强为相应的单缝衍射光强的 N^2 倍。可见在中央主极大 $(\delta = 0)$ 处光强为单缝衍射主峰中央光强的 N^2 倍，显然这是来自 N 条光缝的衍射光线都在 $\delta = 0$，即 $\theta = 0$ 的中央干涉加强的结果。主极大两侧光强零点之间的距离为主极大的宽度，可以证明主极大的角宽为 $\Delta\theta = 2\lambda/(Nd)$，可见 N 越大谱线越窄。

在主极大之间分布着 $(N-2)$ 个次极大，计算表明次极大的光强不超过主极大的 5%。而相邻主极大之间又有 $(N-1)$ 个光强的零点，可见 N 越大，光强的零点越多，整个衍射图样就是在很暗的背景中分布着十分明亮而狭窄的谱线，从而使光栅能因此而成为精密测量的工具。无疑光强的这种分布是光波干涉的结果。干涉使波动的能量在空间重新分布，能量集中于发生相长干涉的区域；在这里，就是主极大的所在。

14.4.2 缺级

除去中央主极大 $(\theta = 0)$ 而外，主极大位置相应于 $\sin\theta = n_d\lambda/d$，而单缝衍射的光强零点相应于 $\sin\theta = \frac{n'_b\lambda}{b}$，如(14.2-2)式所示。这里 n_d 与 n'_b 均为不包括零的正负整数。如果满足条件

$$n_d = \frac{n'_b d}{b} \tag{14.4-11}$$

即 n_d 级主极大恰好落在单缝衍射的光强的零点处，则由(14.4-9)式知相应的光栅衍射的光强亦为零，观察不到 n_d 级主极大。这一情形通常称为缺级现象。比如，设 $d = 4b$，则与 $n_d = \pm 4, \pm 8, \pm 12, \cdots$ 对应的各主极大缺级。图 14.4-4 是具体针对 $d = 5b$ 画出的，可以看出当 $\beta = \pm\pi$ 时 ± 5 级主极大恰与单缝衍射主峰两侧光强零点重合的缺级现象。

14.4.3 光栅的色散

由光栅方程(14.4-10)式可见，主极大的位置与波长有关。除去中央主极大 $(n = 0)$ 而外，对于任意的衍射级次，不同波长的光线的主极大位置不同，即不同的波长表现为处于不同位置的谱线。当用白光照射光栅时就会得到彩色的谱线，这就是光栅的色散。光栅的色散与 N 成正比，从而使得光栅成为将多色光分解为单色光的有效工具。

光栅的色散可由所谓的角色散 $\mathrm{d}\theta_n/\mathrm{d}\lambda$ 作定量描述。角色散的意义是对某一级谱线单位波长间隔相应的衍射光的角距离。对光栅方程(14.4-10)式两边微分可得光栅的色散为

$$\frac{\mathrm{d}\theta_n}{\mathrm{d}\lambda} = \frac{n}{d\cos\theta_n} \tag{14.4-12}$$

由上式可见，光栅的刻线密度越高，d 越小，色散越显著。实际的光栅的色散本领远远高于棱镜，可以用来研究光谱的精细结构。由于 n 可取正、负整数、表明经过光栅分光的谱线的分布(光谱)，相对于谱的中央 $(n = 0)$ 为每一级都有正、负对称的两支。而且，$|n|$ 越大，色散越甚，表现为光谱区越宽。因此高级次的光谱虽然色散增大，却会导致不同级次的光谱重叠。例如

由于 $\lambda_{红} \geqslant 3\lambda_{紫}/2$，表明红光的第二级谱线可能会与第三级紫色谱线重叠，通常对白光入射情形，只利用 $|n|=1$ 的一级衍射光谱。

光栅是重要的光学分析、测量仪器。众所周知，近代物理学的发展正是从认识原子发光的光谱开始的。即使在当代，利用光栅进行光谱分析仍是科学、技术的重要手段。

例 1 波长为 600 nm 的单色光垂直入射到一光栅上，已知在屏上有两条相邻的明条纹分别出现在 $\sin\theta_1 = 0.20$ 与 $\sin\theta_2 = 0.30$ 处，第四级缺级，问：

(1) 光栅上相邻两缝中心的间距 d 为多大?

(2) 光栅上狭缝可能的最小宽度 b 为多大?

(3) 光屏上实际呈现的明条纹的级数是哪些?

解 (1) 由光栅方程得

$$d\sin\theta_1 = n\lambda,\ d\sin\theta_2 = (n+1)\lambda$$

由上述两式相减，得

$$d = \frac{\lambda}{\sin\theta_2 - \sin\theta_1} = \frac{600\times10^{-9}}{0.3-0.2} = 6.0\times10^{-6}(\text{m})$$

(2) 已知第四级缺级，由 $\dfrac{d}{b} = 4$ 得

$$b = \frac{d}{4} = \frac{1}{4}\times6.0\times10^{-6} = 1.5\times10^{-6}(\text{m})$$

(3) $d\sin\theta = n\lambda$，$\sin\theta$ 最大为 1，故

$$n_{\max} = \frac{d}{\lambda} = \frac{6.0\times10^{-6}}{6.0\times10^{-7}} = 10$$

第 10 级对应于 $\theta = \dfrac{\pi}{2}$ 处，屏上看不见，又因缺级为 ±4，±8，故在屏上实际呈现的明条纹级数为

$$n = 0,\ \pm1,\ \pm2,\ \pm3,\ \pm5,\ \pm6,\ \pm7,\ \pm9$$

共 15 条明条纹。

*§14.5 X 光衍射

普通光栅的光栅刻痕密度常在 $10^2 \sim 10^3\ \text{mm}^{-1}$ 的数量级，相应的光栅常数与可见光波长的数量级(10^2 nm)相差无几。组成晶体材料中的原子、离子等微观粒子在空间作周期性排列，而近邻粒子之间的距离在 10^{-1} nm 数量级，恰与 X 射线波长的数量级相同。早在上一世纪初叶劳厄即提出晶体中的周期性结构可以成为 X 射线的衍射光栅，只是由于晶体的三维结构，这是三维光栅。当波长与粒子间距相近的 X 射线入射晶体时，每一个粒子都成为散射中心，向四面八方散射 X 射线。由于粒子的周期性排列，对于空间的给定方向而言，来自不同粒子的散射波有确定的相差，当它们会聚在一处时就会发生干涉。如果沿某一方向来自所有的粒子的散射波相位差都是(2π)的整数倍，就会发生相长干涉，成为强度很高的衍射线(类似于光栅的主极大)。来自每个组成粒子的散射波都是球面波，因而衍射线也会在各个方向出现。

如果用照相底片之类的记录介质观测，就会在底片上形成许多黑度不一的斑点，称为劳厄相，如图 14.5-1 所示。无疑斑点的分布及强度与组成晶体的粒子的种类及其在空间的分布，简言之即与晶体结构有关。从而分析晶体对 X 射线的衍射图样就能推断晶体结构。事实上自从劳厄的思想提出不久，就迅速发展出一门学科——X 射线晶体学，专门分析晶体材料的结构，并且到 20 世纪 30 年代已相当成熟，几乎完成了对当时所有已知晶体的结构分析。在这一方面布拉格父子的工作具有奠基性的意义。著名的布拉格公式给出了衍射线出现的方向。由于晶体中的粒子在三维空间作周期性排列，总可以看成是排列在一系列平行平面之上的。这种其上排列粒子的平面称为晶面。显然对于给定的晶体而言，可以有无数个方位不同的晶面。在晶体学中常用一组 3 个互质的整数 h, k, l 来标记同一组平行晶面族的方位，称为晶面的密勒指数，表示为 (hkl)。布拉格公式表明，对于某一观测到的确定的衍射线而言，总可以表观上看成沿入射线相对某一密勒指数为 (hkl) 的晶面族的镜面反射方向。而入射线或衍射线相对这一晶面的掠射角 θ(与入射角或反射角互余)满足

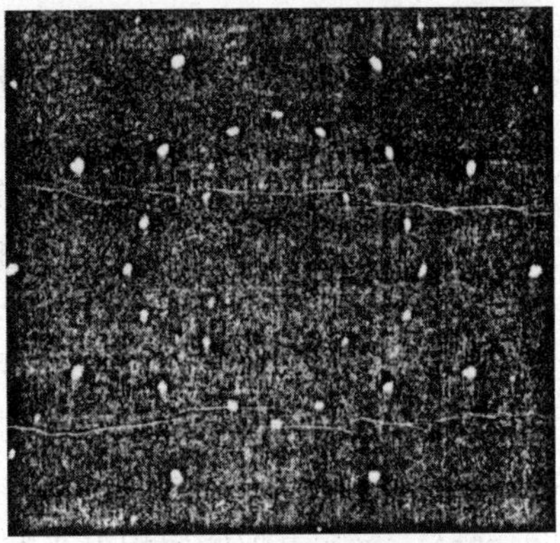

图 14.5-1　典型劳厄相

$$2d_{hkl}\sin\theta = n\lambda \tag{14.5-1}$$

这就是著名的布拉格公式。其中 λ 为入射 X 射线的波长，n 为衍射级次，而 d_{hkl} 正是平行晶面族 (hkl) 中相邻晶面之间的距离。于是相应地，X 射线对晶体的衍射又常称为布拉格反射。只是，切莫将本质上是波动衍射的布拉格反射与晶体表面的几何光学的反射相混。一来衍射线不止一束，相应的晶面族 (hkl) 也不只一组，都可以不是晶体的表面；二来衍射束的强度也与几何光学反射光的强度风马牛不相及。再者，由于 X 射线能透过晶体，在入射 X 射线的前进方向也能观察到许多衍射束。事实上当年劳厄进行的开拓性实验正是用 X 射线照射 NaCl 晶体，并在透射方向观察记录衍射束的。布拉格反射原则上涉及晶体中每个组成粒子的散射波，晶体中每一个粒子都对衍射束有贡献，而不仅是暴露于晶体表面的粒子。图 14.5-2 示意地画出布拉格反射。

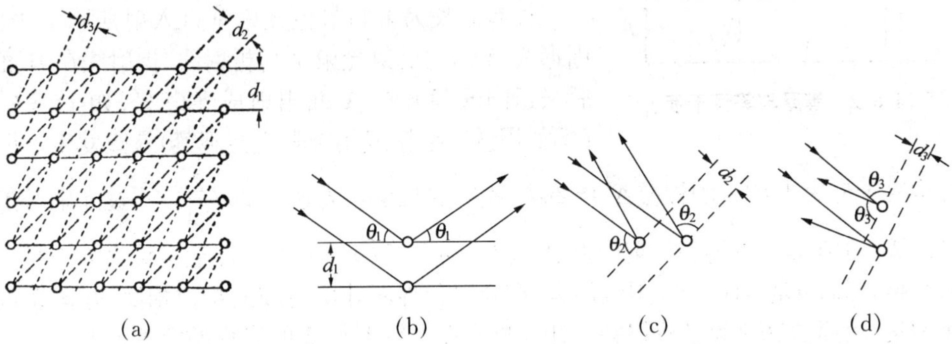

图 14.5-2　来自不同晶面族的布拉格反射

§14.6 薄膜干涉

原本透明的肥皂泡,在阳光的照射下变得五彩缤纷,绚丽灿烂,它们在空中随风飘荡,摇曳多姿,引发多少少年孩童的美丽遐想。其实肥皂泡的颜色却与上节讨论的光栅衍射的谱线强度一样,其物理基础都是光波的干涉。干涉是波动特有的性质,光波也不例外。事实上,历史上正是由杨(T. Young)在1801年所进行的著名的杨氏双孔干涉实验才首次从实验上证实了光的波动性。现在的教科书中常利用两条平行的狭缝演示光波的干涉,故常称为杨氏双缝干涉。图14.6-1为杨氏干涉实验的示意图。由同一线状光源 s 发出的光线经两个与光源平行的狭缝 s_1, s_2 后分成两束相干光束,并在屏上形成干涉条纹,条纹的明暗由光程差 r_1-r_2 的不同而随观察点 P 到中央 O 的距离 x 而变化。

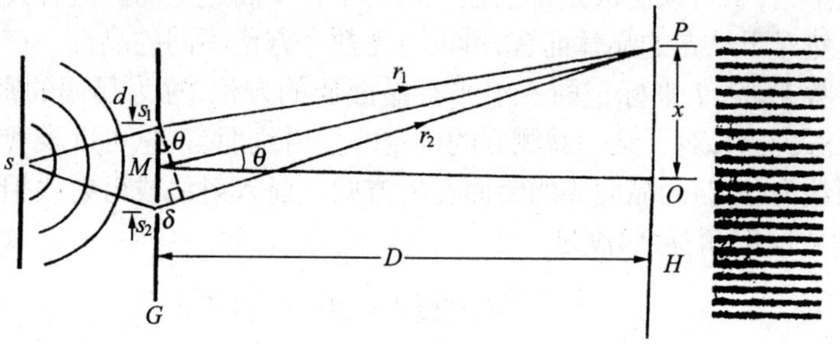

图 14.6-1 杨氏双缝干涉

作为光波的一项基本性质,干涉现象在当代科学技术中得到广泛的应用,本节介绍典型的等厚干涉现象及其应用。

14.6.1 等厚与等倾薄膜干涉

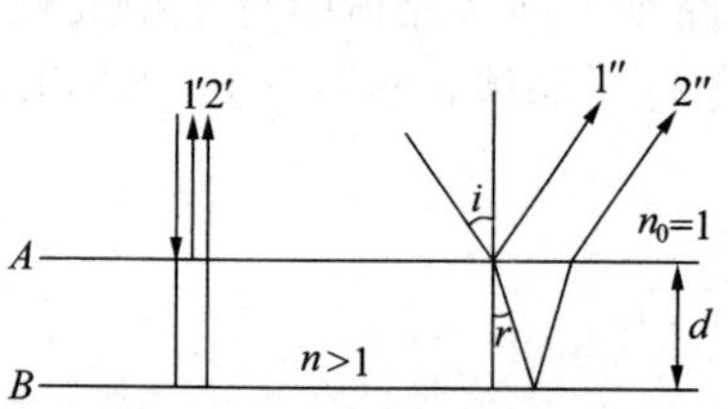

图 14.6-2 等厚与等倾干涉

图14.6-2所示为一两表面平行的厚度为 d 的透明薄膜,其折射率为 $n>1$,置于折射率为 n_0 的介质中。这里设介质为空气,因此可取 $n_0=1$。

设有波长为 λ 的单色光束垂直入射薄膜上表面 A,则形成 A 面的反射光束 $1'$ 与折射线,折射线在 B 面反射后又返回薄膜并在 A 面出射成光束 $2'$,如 $1'$ 与 $2'$ 相遇(例如用透镜会聚或用肉眼直接观察)就应发生干涉。干涉条件取决于光束 $1'$ 和 $2'$ 的程差 $\Delta'=2nd$,相应的相位差为 $\delta'=2nd\dfrac{2\pi}{\lambda}$。不过光束 $1'$ 在 A 面反射时系从折射率较大的薄膜反射回折射率较小的空气($n>n_0=1$),通常称之为由光密介质反射入光疏介质,此时相对于入射线而言,在介质分界面处反射波的相位相反,好像光程损失了半个波长,故通常称之为半波损失。计入半波损失后 $1'$ 与 $2'$ 的光程差应表示为

$$\Delta=2nd+\lambda/2 \tag{14.6-1}$$

而相位差亦应视为

$$\delta = 2nd\,\frac{2\pi}{\lambda} + \pi \tag{14.6-2}$$

由此可见,如 $\delta = (2k+1)\pi$, 即

$$d = k\lambda/2n \tag{14.6-3}$$

这里 k 为整数,则 $1'$ 与 $2'$ 干涉相消,相应于暗点或暗纹,取决于光源为点状或线状。如

$$d = (2k+1)\,\frac{\lambda}{4n} \tag{14.6-4}$$

则对线光源 $1'$ 与 $2'$ 相长干涉表现为明纹。由此可见对一定的透明介质,当用单色光正入射时薄膜的厚度 d 决定干涉结果。

如设光线以入射角 i 斜入射 A 面,同样会形成两束反射光 $1''$ 与 $2''$,如图 14.6-2 的右方所示。用透镜使它们会聚,在焦平面上同样会产生干涉。由图可知,光束 $1''$ 与 $2''$ 的光程差应为

$$\Delta = n\,\frac{2d}{\cos r} - 2d\tan r\sin i + \frac{\lambda}{2} \tag{14.6-5}$$

式中 i 与 r 分别为入射角与折射角。这里已计入 A 面处反射束 $1''$ 的半波损失。
代入 $\sin i/\sin r = n$, 上式化为

$$\Delta = 2d\,\sqrt{n^2 - \sin^2 i} + \frac{\lambda}{2} \tag{14.6-6}$$

由上式可见,对于一定厚度 d 的薄膜而言,沿不同倾角入射会得到不同的干涉结果。对线状光源,当 $\Delta - \frac{\lambda}{2} = 2d\,\sqrt{n^2 - \sin^2 i} = (2k+1)\lambda/2$ 为明纹,而当 $\Delta - \frac{\lambda}{2} = k\lambda$ 时为暗纹。

通常将基于以上两种情形的薄膜干涉分别归类为等厚干涉与等倾干涉。本节只对前者作较详细的介绍。

14.6.2　劈尖干涉

图 14.6-3(a)表示一折射率为 n 的劈形薄膜,受到单色平行光的垂直照射。如劈尖夹角 θ 很小,则入射线经劈尖上下表面反射成几乎重合的两条相干光线,如图中入射至 A 点的反射光 1 与 2,经会聚后产生干涉。由前面的讨论知,如 A 点劈的厚度为 d,则当 d 满足(14.6-3)式时干涉相消,应观察到平行于劈棱的暗纹。如设劈尖处为原点,取图示的坐标轴,A 点坐标为 x,显然

$$d = x\tan\theta \approx x\theta \tag{14.6-7}$$

代入(14.6-3)式即得暗纹位置为

$$x = \frac{k\lambda}{2n\theta} \tag{14.6-8}$$

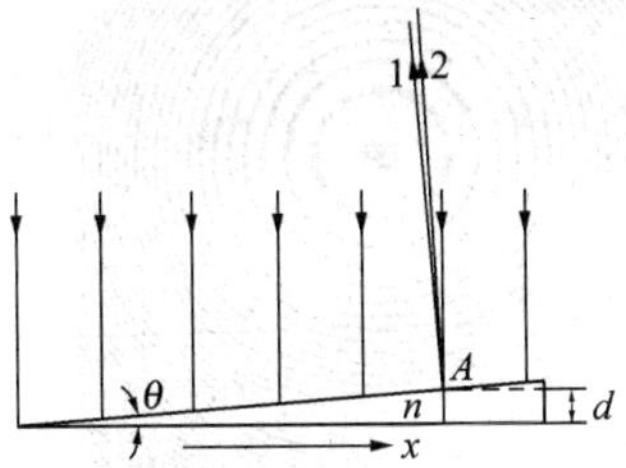

(a) 实验布局示意

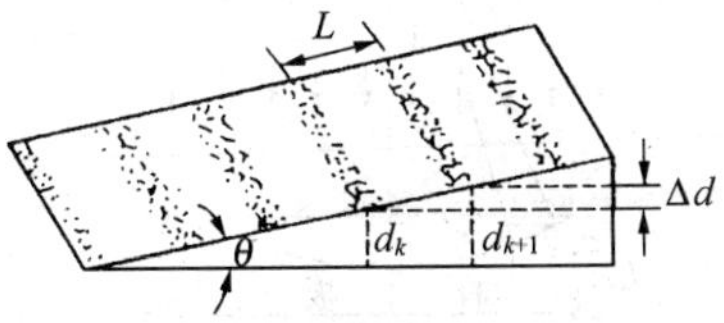

(b) 在劈的表面形成的干涉条纹

图 14.6-3　劈尖干涉

式中 $k = 0, 1, 2, \cdots$ 可见劈尖处为暗纹，这显然是由于半波损失的缘故。由上式还可看出干涉条纹是等距排列的，相邻条纹间距 $L = \dfrac{\lambda}{2n\theta}$。由(14.6-3)式知在此情形劈尖上给定位置的干涉情形完全取决于该处的厚度，同一条干涉条纹表示其下的薄膜厚度是相等的，因此这类干涉称为等厚干涉。

由(14.6-8)式可以看出利用劈尖的等厚干涉图样可以测量劈尖的夹角，只须测量劈的水平宽度，采用已知波长的单色光入射，数出劈表面出现的干涉条纹的数目即可。

劈尖的等厚干涉有许多实际应用。例如可以检查光学元件表面的质量，如图 14.6-4 所示。图中，样板与待测工件样品组成一空气劈。样板表面为光学平面。如待测表面也是光学平面，则在单色平行光正入射时应观察到平行等距的干涉条纹，如图 14.6-4(a)所示；否则，即表示待测表面不够平整，如图(b)与图(c)所示。而且根据干涉图样对理想等距平行条纹的偏离还可判定待测表面的瑕疵所在。例如在图(c)情形，条纹的一部分偏向远离劈尖处即意味着相应地该处待测表面有一表面突起。

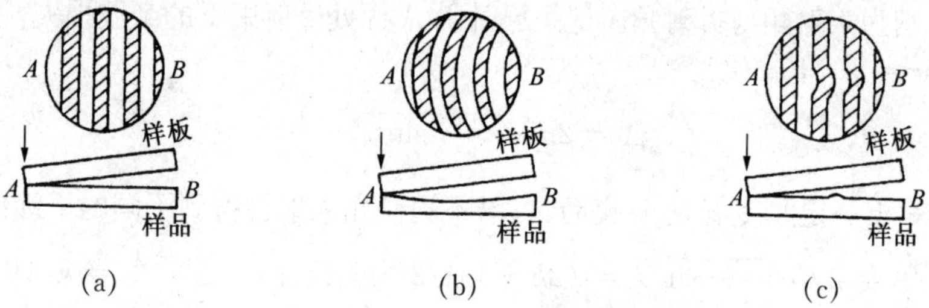

图 14.6-4 利用劈尖等厚干涉检查表面平整度

14.6.3 牛顿环

利用牛顿环来测定小曲率透镜的曲率半径所依据的原理也是等厚干涉。图 14.6-5(a)为测量原理图，待测平凸透镜的凸面放在光学平面的样板上，并用单色平行光正入射透镜的平面。设透镜表面的曲率半径为 R，透镜与样板表面之间形成空气劈，只是对应的劈角 θ 不是常数。由图 14.6-5(a)可以看出这一结构形成的干涉图样必为同心圆环，称为牛顿环，而且圆心处由于半波损失必为暗点。设从圆心沿半径向外数第 $(k-1)$ 个与第 k 个暗环处空气层厚度为 d_{k-1} 与 d_k，则由前面的讨论知，

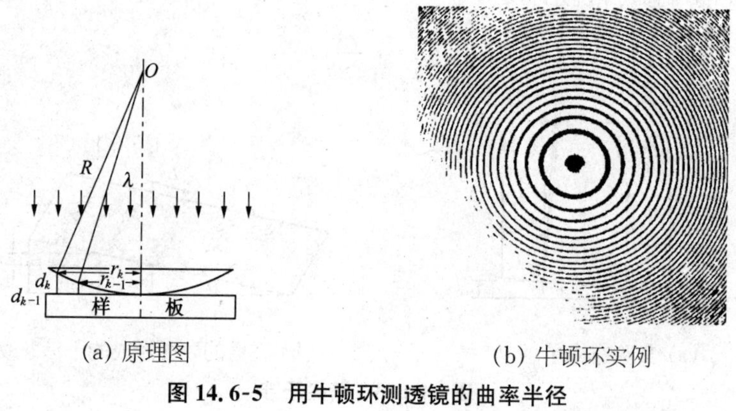

(a) 原理图 (b) 牛顿环实例

图 14.6-5 用牛顿环测透镜的曲率半径

$$d_k - d_{k-1} = \lambda/2 \tag{14.6-9}$$

由图可见空气层厚度 d 与牛顿环半径 r 之间的关系为

$$r^2 = R^2 - (R-d)^2 = 2Rd - d^2 \tag{14.6-10}$$

在小曲率情形，$R \gg d$，故可近似取

$$r^2 = 2Rd \tag{14.6-11}$$

从而

$$r_k^2 - r_{k-1}^2 = 2R(d_k - d_{k-1}) = R\lambda \tag{14.6-12}$$

只要测量相邻牛顿环的半径，即能由上式计算出曲率半径 R。

$$R = (r_k^2 - r_{k-1}^2)/\lambda \tag{14.6-13}$$

利用等厚干涉原理还能测量膨胀系数很小的材料，如石英等非金属材料的线胀系数。这一设备称干涉膨胀仪，其原理如图 14.6-6 所示。

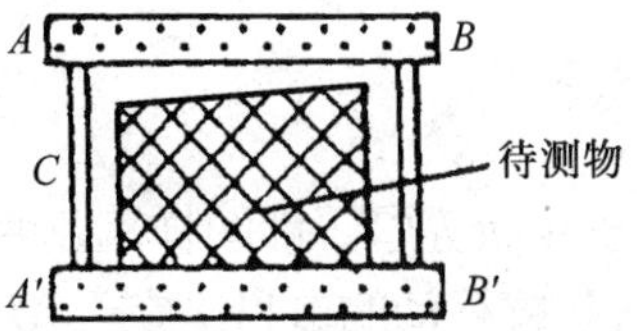

图 14.6-6　利用干涉原理测材料的线胀系数

图中 C 为由膨胀系数已知的材料做成的支撑环，高度与待测样品相近，AB 为表面平整的透明片，待测样品表面与 AB 之间留存一薄劈形空气层。当用单色平行光正入射时即产生等厚干涉条纹。不难设想，如空气层的厚度发生变化干涉图样也要相应变化；而且厚度变化 $\lambda/2$，干涉条纹就移动一条。如果温度变化 ΔT，干涉条纹移动了 m 条，则有 $\Delta L - \Delta L_C = m\lambda/2$，据此即可算得待测样品的线胀系数

$$\alpha = \frac{1}{L_0}\frac{\mathrm{d}L}{\mathrm{d}T} = \frac{m\lambda/2 + \alpha_C L_C \Delta T}{L_0 \Delta T}$$

这里 L_0 为待测材料的原长，而 L_C、α_C 则为框架 C 的原长和线胀系数。由于可见光波波长在 0.1 微米量级，利用这种干涉膨胀仪就能精确测定膨胀率很低的材料的线膨胀系数。

* 14.6.4　迈克尔逊干涉仪

由前面的讨论我们已可看到光波的干涉在精密测量中的重要作用。实际上在科学技术的精密测量中仍在使用各种各样的干涉仪。这里我们介绍一种应用最为广泛的重要干涉仪——迈克尔逊干涉仪。

图 14.6-7(a)为迈克尔逊干涉仪的实物照相，图 14.6-7(b)为其原理图。

图中 G 为一与水平成 45°放置的平板玻璃片，其下表面镀一薄层银膜，使之成为半透明半反射的镜面，M_1 与 M_2 为具有光学平面的全反射镜。来自平面光源 s 的光线由 G 的反射面分成两束光强大致相等的光束，其中一束透过 G，在 M_1 表面水平反射，再经 G 的反射面向下反射成光束 11′；另一束经 G 的反射面垂直反射至 M_2 再向下反射并透过 G 而成光束 22′，光束 1′与 2′经透镜会聚观察，因此 G 称为分光板。在 G 的半反射膜作用下，全反射镜 M_1 在 M_2 附近成一虚像，如果 M_1 与 M_2 并非严格互相垂直放置，M_1 的虚像与 M_2 的镜面并不严格平行而略有倾斜，如同形成一空气劈，从而 1′与 2′如同来自空气劈两表面的相干光而在观察物镜 L 的焦平面上会聚、干涉形成干涉图样。当入射光为沿水平方向的平行光时则产生如前所述

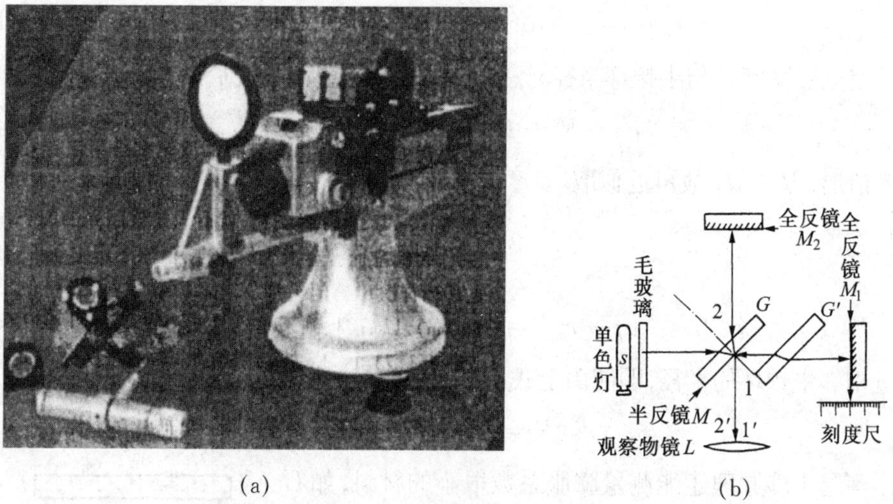

图 14.6-7 迈克尔逊干涉仪

的条纹状等厚干涉图样。改变 M_1 的水平位置如同改变空气劈的厚度，会引起干涉条纹的移动，条纹移动的数目决定于 M_1 移动的距离。图中的平板玻璃 G' 与 G 相同，只是不加半透膜，其作用是对光线 $11'$ 作光程补偿。由于光线 2 三次经过 G 成为 $2'$，而光线 1 仅一次透过 G，加上 G' 后就可补偿这一相差的光程，从而使 $1'$ 与 $2'$ 的光程差与 G 无关。因此 G' 称为补偿板。迈克尔逊干涉仪及以其为基础的各种仪器迄今仍在精密测量、光谱研究等方面发挥着巨大作用。特别值得一提的是，迈克尔逊当年(1881 年)设计这一干涉仪是为了寻找所谓的以太风，但他与莫雷进行的实验以失败告终。这反而成为爱因斯坦建立的相对论的重要佐证，从而促进了 20 世纪物理学的革命性发展。为此迈克尔逊获 1907 年物理学诺贝尔奖。

*14.6.5 增透膜

对普通居民而言，日常生活中得益于光的干涉现象的典型应用也许是近视眼佩戴的眼镜上的减反膜，亦称增透膜。

在图 14.6-2 中我们已看出，如满足 $2kd = (2k+1)\lambda/2$，这里 k 为整数，则反射光干涉加强，换言之透过透明薄膜的光强将严重受到抑制。在膜厚 d 已确定的情形，如要避免这一情形的发生，可在薄膜上再镀一层折射率为 n_1 的平行增透膜，n_1 满足 $1 < n_1 < n$。

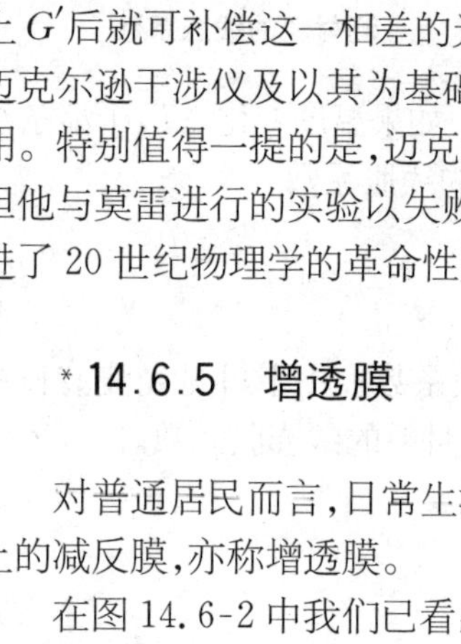

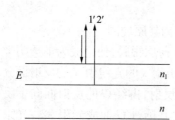

图 14.6-8 增透膜原理图

如图 14.6-8 所示，正入射光在厚度为 d' 的增透膜 E 的上下表面反射成光线 $1'$ 与 $2'$，其光程差为 $2n_1d'$。由于上、下表面的反射都是从光密向光疏介质，半波损失相消。如果满足条件

$$2n_1d' = (2k+1)\frac{\lambda}{2} \quad (k = 0,\ 1,\ 2,\ \cdots)$$

则反射光干涉相消，入射光强将会几乎全部透过折射率为 n 的介质层，因此称之为增透膜或减反膜。当然这里的增透作用只对某一波长 λ 而言，但波长与 λ 相近的其他波长也有一定的增透效果。通常取增透膜厚 $d' = \lambda/4n_1$。对白光，λ 常定为对人眼最为敏感的黄绿色光的波长，即约为 550 nm。

在眼镜片上加镀增透膜可消除佩戴眼镜拍照时照片上出现反光亮斑的烦恼。只是由于$\lambda=550$ nm左右的光线增透，蓝紫色的光就成了反射光中的主要成分，这就是通常看到镜片略呈紫色的原因。

例1　如图14.6-9(a)所示，平凸透镜的凸面是一标准样板，其曲率半径$R_1=102.3$ cm，而另一个凹面是一凹面镜的待测面，半径为R_2，设入射单色光的波长$\lambda=589.3$ nm，测得第4暗环的半径$r_4=2.25$ cm，试求R_2为多少？

解　如图14.6-9(b)所示，设在距透镜轴线r处，上透镜的下表面到两个透镜曲面的公切面的距离为d_1，下透镜的上表面到公切面的距离为d_2，则该处空气层厚度

$$d=d_1-d_2$$

当$R_1\gg d_1$，$R_2\gg d_2$时

$$d_1=\frac{r^2}{2R_1},\ d_2=\frac{r^2}{2R_2}$$

因此

$$d=d_1-d_2=\frac{r^2}{2}\left(\frac{1}{R_1}-\frac{1}{R_2}\right) \quad ①$$

当

$$2d+\frac{\lambda}{2}=(2k+1)\frac{\lambda}{2}$$

或

$$2d=k\lambda \quad ②$$

时，该处出现第k级暗环，将②式代入①式，

$$k\lambda=r^2\left(\frac{1}{R_1}-\frac{1}{R_2}\right)$$

解得

$$R_2=\frac{R_1r^2}{r^2-kR_1\lambda}$$

当$k=4$时，$r=r_4$，所以得

$$R_2=\frac{R_1r_4^2}{r_4^2-4R_1\lambda}=\frac{102.3\times2.25^2}{2.25^2-4\times102.3\times589.3\times10^{-7}}=102.8(\text{cm})$$

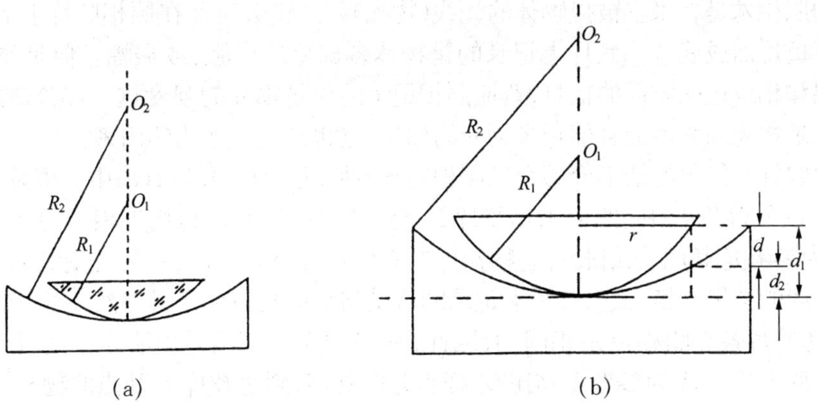

图14.6-9

例 2 图 14.6-10 所示的平板玻璃 MN 上有一油滴，当油滴展开成圆形油薄膜时，在波长 $\lambda = 600$ nm 的单色平行光垂直照射下，观察到油薄膜反射光的干涉条纹，已知玻璃的折射率 $n_1 = 1.5$，油膜的折射率 $n_2 = 1.20$，问：

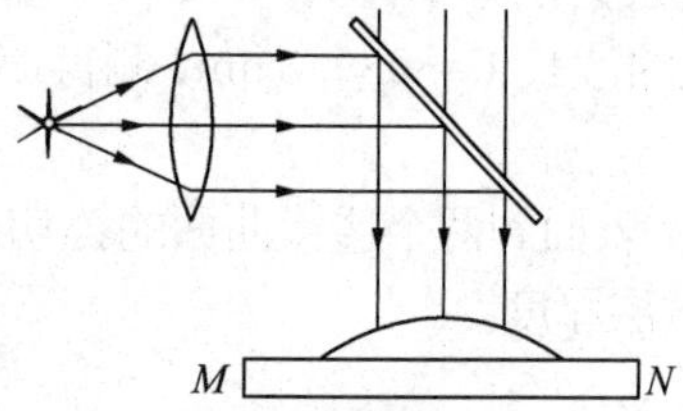

图 14.6-10

(1) 当油膜中心最高点与玻璃片上表面相距 1 200 nm 时，看到的条纹情况如何？可看到几条明条纹？各明纹所在处的油膜厚度为多少？中心点的明暗程度如何？

(2) 当油薄膜继续扩大时，所看到的条纹情况将如何变化？

解 (1) 在油膜上、下两表面的反射光均有半波损失(因空气折射率 $n_0 < n_2 < n_1$)，明条纹应满足

$$2n_2 d = k\lambda \quad (k = 0,\ 1,\ 2,\ \cdots)$$

即

$$d = \frac{k\lambda}{2n_2} = \frac{k \times 600}{2 \times 1.2} = 250k(\text{nm})$$

$k = 0, 1, 2, 3, 4$ 分别对应于 $d = 0$、250 nm、500 nm、750 nm、1 000 nm；当 $k = 5$ 时，对应于 $d = 1\,250$ nm，而实际上中心只有 1 200 nm，因此中心不是干涉极大处，由暗条纹条件 $2n_2 d + \frac{\lambda}{2} = k'\lambda$，对于中心 $d = 1\,200$ nm 处

$$k' = \left(2n_2 d + \frac{\lambda}{2}\right)\Big/\lambda = (2 \times 1.2 \times 1\,200 + 600/2)/600 = 5.3(\text{不是整数})$$

最靠近中心的暗条纹出现在 $d = 1\,125$ nm ($k' = 5$)处，因而中心也不是暗点，其亮度应介于明和暗之间。零级明纹 ($k = 0$) 对应于油膜边缘 $d = 0$ 处。

(2) 当油膜逐渐向外扩展时，半径逐渐扩大，油膜厚度变薄，干涉条纹间距变大，明条纹级数减小，中心点由半明半暗向暗、明、暗、明……依次变化，直至整个油膜均匀分布，厚度 $d \to 0$，油膜呈现一片明亮区域。

* §14.7 全息照相

一般的照相术是将来自被摄物体的光线(物光)经透镜会聚而在照相胶片上形成实像，再经显影形成负片而成底片。底片上记录的是物体各部分的光强，或振幅。但是作为波动，光波包含振幅和相位这两方面的信息，普通照相记录的只是物光的强度这一部分信息。全息照相不仅能记录物光的强度而且能记录物光的相位，这也是这一术语的由来。

本节主要针对简单的情形介绍全息照相的基本原理。图 14.7-1(a)中一束波长为 λ 的平行光物光 O 以入射角 θ 斜向照射照相胶片 F，与此同时，另一束与物光相干的同一波长的平行光 R(称为参考光束)正入射胶片。物光与参考光同时照射胶片，胶片感受到的光强应是这两束光的干涉的结果。换言之，胶片上记录的将是与纸面垂直的干涉条纹。由于胶片垂直于参考光，到达胶片各点的相位是相同的；因此，其与物光的相位差就决定于物光本身的相位差。设以胶片上某点 A 为参考点，沿图示竖直方向观察，到达胶片上 B 点的物光与到达 A 点的物光的光程差为 $z\sin\theta$，由此可见，B 点物光与参考光的相位差可表示为

$$\delta(z)=\frac{2\pi}{\lambda}z\sin\theta+\varphi_A-\varphi_0 \tag{14.7-1}$$

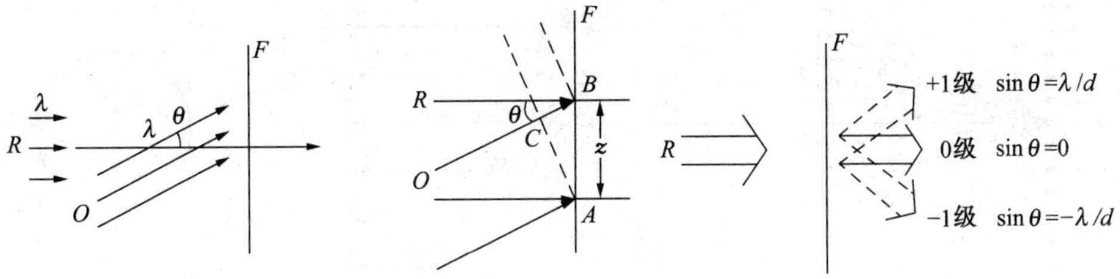

(a) 记录信息　　　　(b) 物光再现

图 14.7-1　全息照相原理

式中 z 为 B 点坐标，A 取为原点，φ_A 为 A 点物光的相位，而 φ_0 为胶片处参考光的相位，均为与 z 无关的常数。由(14.4-5)式知干涉强度与 $\cos\delta(z)$ 成线性关系，可见胶片上感受到的光强将随位置 z 而作余弦或正弦式变化。当 $\delta(z)$ 为 2π 的整数倍时得明纹(胶片感光)，而当 $\delta(z)$ 为 π 的奇数倍时得暗纹。不难想到，如果 A, B 为两条相邻的暗纹，到达这两点的物光的光程差恰好就是一个波长。而且，胶片上明、暗纹作等距的周期性分布。将此胶片显影，暗纹处变成透光部分，而明纹则变为遮光部分。相邻条纹间的距离或条纹宽度均与波长在同一数量级，从而显影后的胶片就成一平面光栅，只是光栅的透光部分的透光度不是突变式而是正弦式变化的，故称之为正弦光栅。

以上的讨论表明，胶片上形成的是物光与参考光的干涉图像，从而记录到的信息不仅是物光的振幅，而且还包括物光的相位。这就是全息照相拍摄的基本原理。可见与普通照片拍摄过程完全不同，不需要任何透镜，但要求物光与参考光高度相干。而且成像依据的不是几何光学的规律，而是波动光学的干涉。

胶片显影后，如用与参考光相同的平行光(称再现光)正入射，并在胶片另一边观察，如图 14.7-1(b)所示，则由于各透光缝都发生衍射，观察到的自然是衍射束。有趣的是这样的正弦光栅只形成 3 束衍射光。一是零级衍射束，仍沿再现光方向垂直于胶片行进；一是(+1)级衍射束，方向向上，而且就是沿着原先物光的行进方向，因为正是在这一方向来自相邻透光缝(例如图中的 A 与 B)的衍射光程差为 λ，从而当用透镜会聚时会在焦面上集中到一点，恰如直接用透镜会聚物光一般。换言之，(+1)级衍射束“再现”了物光。如在胶片后用眼睛观察就如同“看见”了发出物光的物体，在平行光的情形，就在无穷远，而照相胶片则如同一观察窗口，因此实际上正弦光栅可看成是平行光的全息照片。简言之，当用再现光照射全息照片时，衍射束再现原物。与(+1)级束对称的还有(−1)级衍射束，这里不予讨论。

对于来自点光源的物光，原则上并无多大区别。如图 14.7-2(a)所示，点光源 s 发出的球面物光光波与相干的平行参考光在胶片处相干叠加形成干涉条纹。不难看出，这些干涉纹都是同心圆，圆心 O 与光源 s 的连线就是胶片的法线。设图 14.7-2(a) 中 A, B 两点恰处于相邻的两条暗环上，显然可知相应的物光 sA 与 sB 的光程差必为 λ。同时，显影后，A, B 所在的暗纹成为透光环。

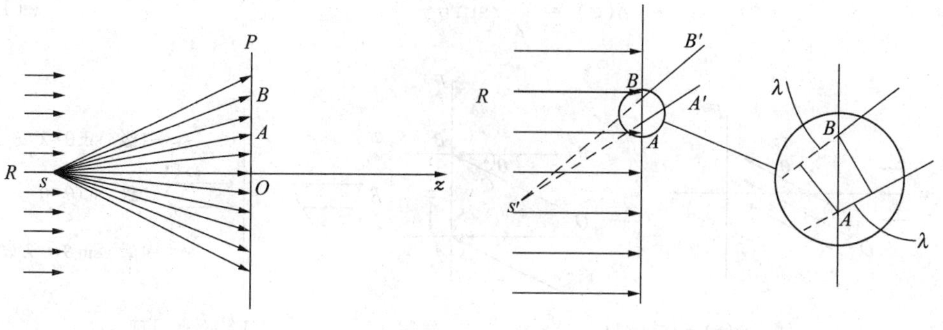

(a) 记录 (b) 虚像再现光源

图 14.7-2 点光源的全息照相

将其上有同心圆状的干涉条纹的胶片显影后用与参考光同样的再现光 R 垂直入射，如图 14.7-2(b)所示。对于来自 A，B 这两个相邻透光缝的衍射光而言，分别沿原物光前进方向的衍射束 AA' 与 BB' 的程差恰也为 λ，由图中放大的插图可以清楚地看出这一结果。而 AA' 与 BB' 正好是缝 A 与缝 B 的(+1)束衍射束的方向。与平行光的情形的区别在于，程差为 λ 的光束彼此并不平行，即不是平面波，而是看上去是来自原光源处的球面波。这样，当用透镜会聚时，来自各个透光缝的所有(+1)级衍射束恰会聚于同一点；而如用眼睛观察，则如同衍射光来自原先的点光源处。换言之，这时“看到”在原点光源处(图(b)中的 s')有一发光点，即用参考光照射的胶片重现了原物光，重现了原物。只是现在 s' 处其实并无发光点，所以眼睛看到的乃是一虚像。0 级与(−1)级衍射束与这里讨论的内容无关，不再赘述。

任何发光物(无论是直接发光或反射)都可看成由无数的点光源组成。由上面的讨论可以想到，对胶片上的每一点而言，所记录的光强都是来自被摄物体所有各点的相干光束与参考光一起相干叠加的结果。在这个意义上讲，胶片上的每一点都记录着原物的全部信息，如同一个单细胞包含着生物体的全部遗传信息一样。当用参考光照射胶片时，衍射光将再现原物的立体形象，这是因为物体上与胶片距离不同的发光点发出的物光光程不同，因而相位不同，而全息照片能记录相位的缘故。特别有趣的是，即使将记录胶片撕下一小片用参考光照射时仍能看到全部物体的像，而不像普通的照相底片撕下一部分只能看到一部分像。图 14.7-3为一典型的全息照片，全部由分布不均、间距各一的干涉条纹组成，表观上与原物无任何相似之处。

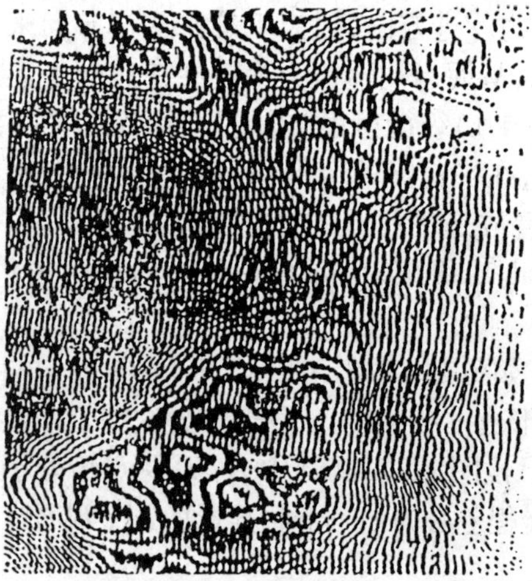
图 14.7-3 全息照片

总而言之，全息照相术利用光的干涉记录信息；利用光的衍射再现立体物象。不过由于全息照相术要求高度相干的强光源，尽管全息术的原理早在 1948 年就由匈牙利的伽伯提出，直到 20 世纪 60 年代激光出现以后才得到迅猛的发展。现在已能得到栩栩如生的彩色全息像，并且在科学技术甚至文化艺术、社会生活的各个领域得到广泛的应用，伽伯本人则因全息术获 1971 年诺贝尔物理学奖。

阅读材料　　物种在分子水平上发生变异

生物学上，达尔文的"物竞天择，适者生存"的进化论早已为人所熟知。生物物种在长期的进化中不断变异以适应生存环境，否则可能招致灭绝之灾。今天，对生物学的研究已进入分子水平，自然会提出生物整体适应环境的变异是否发生在分子水平上的问题。明确地说就是基因突变是否和如何发生在单分子的DNA上。

答案看上去好像是直截了当的。DNA对蛋白质编码。所谓进化就是使蛋白质的作用改进，以使动、植物在生存竞争中更具优势。由于基因测序与统计理论的发展，现在人们已能推断在很长年代中蛋白质经历的突变过程。而且，由于基因工程的发展，我们甚至能使细胞按需要产生蛋白质，哪怕是早已灭绝的物种的蛋白质。然而，观测蛋白质功能的进化并不容易，因为蛋白质要结合在其他分子上才能发挥自身的作用，在多数情形下，这种结合的作用是很难观测的。不过，最近日本的横山等人发现，至少有一类蛋白质，就是视蛋白，能够明确地观察到它的作用和变化。

视蛋白能使鱼类和其他动物在昏暗环境中看得见，起这种作用的分子叫视黄醛，亦称维生素A醛，因为它实际上是一种对光敏感的维生素A的衍生物。单单是视黄醛吸收紫外光，但如果由视蛋白包裹，视黄醛的吸收谱峰λ_{max}就会红移，即向长波方向移动。这是由氨基酸序列决定的。视蛋白可以将吸收峰λ_{max}从紫外连续变化经过可见光的全部波长范围直至红外。在昏暗的环境中鱼特别容易被其他物种捕猎吞食，鱼就是依靠视蛋白的这种对光的吸收的变化的本领逃生。实际上，在清澈的浅水里，暗光的谱峰较宽，大致覆盖从400 nm(紫)到500 nm(绿)的范围；在深水中，谱峰较窄，为480 nm(蓝)；而在浅浑水里，光谱则向长波方向移动。因此，生活在不同水域的鱼类视蛋白的吸收峰就应该不同。

要证明达尔文的进化论是否适用于分子水平，就必须有多年以来鱼类在扩展其环境生态龛的多样性过程中它们的视蛋白不断变化的证据。为此，横山等人花了7年时间研究，推断出鱼类视蛋白"家族树"的基因序列；由此再造出这些视蛋白并且测量其吸收峰λ_{max}。结果有力地证明了在分子水平上的演化过程。

横山等人选了8种鱼类进行研究，包括从深水向浅水迁徙的两种海鳗(日本鳗和康吉鳗)，5种深海鱼(太平洋黑龙、北方灯鱼、发光格氏巨口鱼、叉尾带鱼和鲑鱼)，以及一种生活在淡水浅水中的蓝鳍鳉鱼。

这8种鱼的视蛋白都能适应其生存环境。例如日本鳗就有两种视蛋白，一种适合其生活的浅水区；另一种则适合其产卵的深水区。发光格氏巨口鱼则发出红外光，而其视蛋白也调整至红外，使其能看清红外光照亮的捕食对象，也还能发现同样发红外光的同类。

为了弄清楚视蛋白是如何演化的，横山率先应用所谓种系发育重构的统计技术，输入从这8种鱼抽出的38个视蛋白基因序列，并补充其他鱼种和脊椎动物的基因序列，建立起视蛋白的家族树。这棵树的主干发源于现今脊椎动物的源种，一种4亿年前生活于淡水浅水中的动物。家族树的每一个分叉点都代表一个现已灭绝的物种的视蛋白。利用基因工程，横山等人在实验室里再造了这些视蛋白，并且装上视黄醛分子，然后测量吸收谱峰λ_{max}。他们的研究揭示了哪些氨基酸的置换导致λ_{max}的频移。

无论是现存的还是已绝种的脊椎动物，它们的视蛋白之间的区别都在于其氨基酸的总数略有不同，而这又表现在蛋白质的两个尾部。除去突变部分之外，蛋白质的功能核心基本不变，由 7 个螺旋构成一个管子包住视黄醛。

此外，对牛视蛋白的研究还发现了哪些位置的氨基酸被取代会使 λ_{max} 增加，哪些位置的氨基酸被取代则会使 λ_{max} 下降。牛眼视蛋白共有 354 个氨基酸，只要替换 3%，即 12 个位置上的氨基酸就能说明其家族树中出现的 λ_{max} 的变化。对康吉鳗而言，横山发现，与视蛋白家族树中的上一代祖先比较，λ_{max} 下降了 10 nm，而这是由于第 292 个位置上的氨基酸由丙氨酸变成了丝氨酸。

横山等人的研究还证实了鱼类祖先的视蛋白将视黄醛的吸收谱峰调整到501 nm，正好符合浅水情形，而这种鱼的祖先当年正生活在浅水之中。

总之，横山等人的研究工作至少针对视蛋白证明了达尔文的进化论涉及的物种变异发生在分子水平上。

另外，值得一提的是，视蛋白不仅对视觉有意义；还可能用于光控高密度数据存储。因此，也得到物理学家和化学家的重视。看来，未来对视蛋白的研究将会是一场跨学科的合作。

思考题与习题

一、思考题

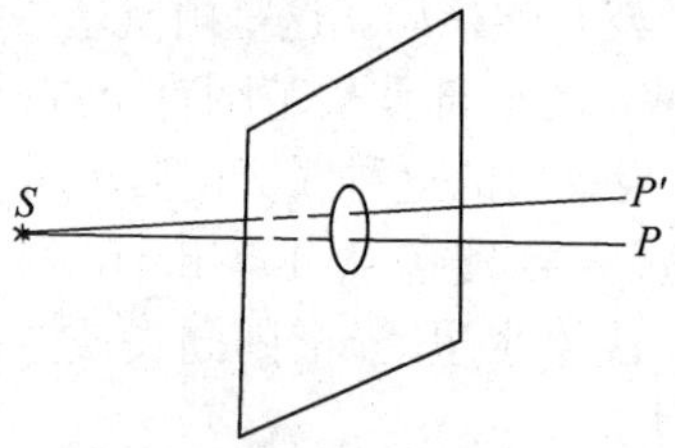

思考题 14-2 图

14-1 用半波带法讨论菲涅耳圆孔衍射时，已知第 m 个半波带在观察点 P 产生的振幅 $A_m \propto f(\theta_m)\dfrac{\Delta S_m}{r_m}$，其中 ΔS_m 是第 m 个半波带的面积，r_m 是其到 P 点的距离，试证明 $\Delta S_m/r_m$ 是与 m 无关的常量。

14-2 如图所示，在菲涅耳圆孔衍射中，如果观察点不在光源和圆孔的中心连线上，而是偏向一边，如图中的 P' 点，则从 P' 点观察，圆孔中露出的半波带是什么样子的，在观察屏上的衍射条纹是什么形状的？

14-3 在菲涅耳圆孔衍射中，可以制造一种能遮挡住偶数半波带的部分透明板（波带片），让奇数半波带透光，则 P 点的振幅 $U_P = a_1 + a_3 + a_5 + \cdots$ 由于波带片挡住了一半光波，光能量的利用率就减低一半，有什么方法可以提高光的利用率？

14-4 菲涅耳衍射和夫琅和费衍射有何区别？

14-5 用单色光做单缝衍射实验时，为什么当缝的宽度比单色光的波长大很多或小很多时，都观察不到衍射条纹。

14-6 试详细讨论双缝衍射。当双缝间距 d 不变而单缝宽度 b 增大时，图样有何变化？当 b 不变、d 变大时又如何？

14-7 若用两个细灯丝分别照射双狭缝，可否看到干涉条纹，为什么？

14-8 在牛顿环装置中，若在平凸透镜与平玻璃板间充满折射率为 $n = 1.6$ 的油液，这时干涉条纹会发生什么变化？（玻璃折射率为 $n = 1.5$。）

14-9 在双缝干涉中，若把其中一个缝封闭，并用一平面反射镜放在两缝的垂直平分线上，如图所示，则屏上干涉条纹（干涉条纹的间距、区域、亮纹和暗纹的位置）有何变化？

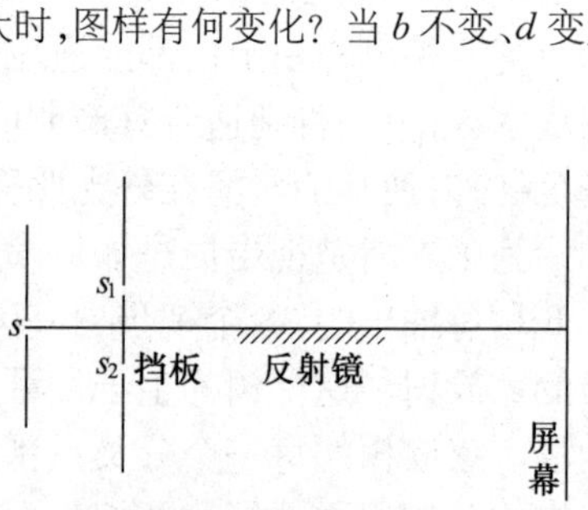

思考题 14-9 图

二、习题

14-1 已知波长为 500 nm 的平行光通过半径为 2.5 mm 的小孔，小孔到观察点 P 的距离为 60 cm（如图所示)，求此波面相对于 P 点包含多少个菲涅耳半波带？

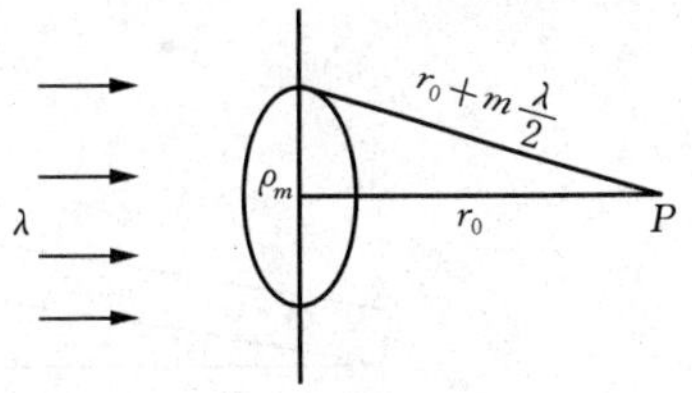

习题 14-1 图

14-2 平行单色光自左方垂直入射到一个有圆形小孔的屏上，设此孔可以像照相机光圈那样改变孔径，问：

(1) 小孔半径应满足什么关系，才能使得此小孔右方轴线上距小孔中心 4 m 处的 P 点分别得到光强的极大值和极小值。

(2) P 点最亮时，小孔直径应为多大？设此光的波长为 500 nm。

14-3 光源距波带片 3 m 时，波带片在距其 2 m 处给出光源的像，若将光源移向无穷远处，像在何处？

14-4 在菲涅耳圆孔衍射实验中，圆孔半径为 2.0 mm，光源离圆孔 2.0 m，波长为 0.5 μm，当接收屏幕由很远的地方向圆孔靠近时，求：

(1) 前二次出现中心亮斑的位置。

(2) 前二次出现中心暗斑的位置。

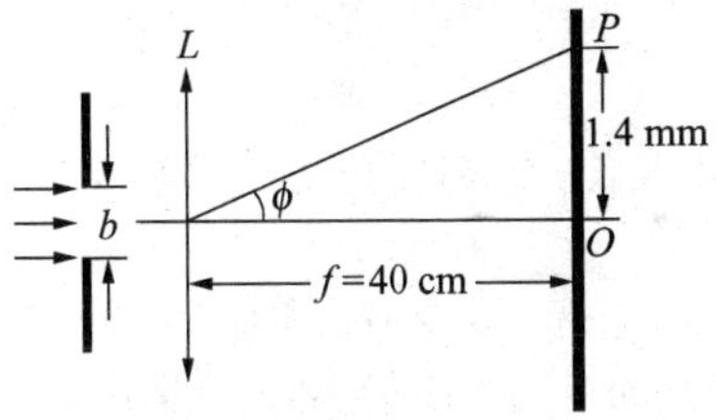

习题 14-5 图

14-5 在宽度 $b=0.6$ mm 的单狭缝后有一薄透镜 L，其焦距 $f=40$ cm，在焦平面处有一个与狭缝平行的屏，以平行光垂直入射，在屏上形成衍射条纹。如果在透镜主光轴与屏之交点 O 和距 O 点 1.4 mm 的 P 点看到的是亮纹，如图所示，求：

(1) 入射光的波长。

(2) P 点条纹的级次。

(3) 从 P 点看，对该光波而言，狭缝处的波面可分成的半波带的数目。

(4) 若 P 点看到的是暗纹，结果如何？

14-6 今有白光形成的单缝夫琅和费衍射图样，若其中某一光波的第三级明条纹中心和红光($\lambda=600$ nm) 的第二级明条纹中心重合，求该光波的波长。

14-7 一光栅宽 2.0 cm，共有 6 000 条缝，今用 λ 为 589.3 nm 的单色光垂直入射，问在哪些衍射角位置上出现主极大？

14-8 在夫琅和费双缝衍射中，入射光波长为 480 nm，两缝中心的距离 $d=0.4$ mm，缝宽 $b=0.08$ mm，在双缝后放一焦距 $f=1.0$ m 的透镜，求：

(1) 在透镜焦平面处的屏上，双缝干涉条纹的间距 Δx。

(2) 在单缝衍射中央亮纹范围内的双缝干涉亮纹的数目。

14-9 一束 400～700 nm 的平行光垂直地射到光栅常数为 2 μm 的透射平面光栅上，在光栅后放一物镜，物镜的焦平面上放一屏，若在屏上得到该波段的第一级光谱的长度为 50 mm，问物镜的焦距为多少？

14-10 波长为 500 nm 的单色平行光束入射到直径为 10 cm 的望远镜物镜上，物镜的焦距为 150 cm，问物镜焦平面上得到的衍射花样中央亮斑的半径等于多少？

14-11 一个人看到远方一辆汽车上的两盏车灯恰好可以分辨，此人眼睛瞳孔的孔径是 5 mm，灯光波长 $\lambda=550$ nm，如果已知两灯相距 1.2 m，试估计汽车的位置与人相距多远？

14-12 X 射线入射到氯化钠晶体上，与晶体表面平行的晶面族的面间距为 0.3 nm，当光束从法线转过 60°时，在表面的反射光方向观察到第一级布拉格反射，问 X 射线波长是多少？

14-13 在双缝干涉装置中，若将一肥皂膜 ($n=1.33$) 垂直插入双缝中一条缝的后面的光路中，当用波长为 589.3 nm 的光垂直照射双缝时，干涉条纹的中心极大(零级)移到不放肥皂膜时第三级极大处，问：

(1) 放入肥皂膜后，条纹向哪个方向移动？

(2) 肥皂膜的厚度。

14-14 如图所示，波长 $\lambda=680$ nm 的光垂直照射到长 L 为 20 cm 的两块平面玻璃上，这两块平面玻璃一边互相接触；另一边夹一直径 d 为 0.05 mm 的细丝，两块玻璃片间形成了空气楔，问在整个玻璃片上可以看到多少条亮条纹？相邻干涉条纹的距离是多少？

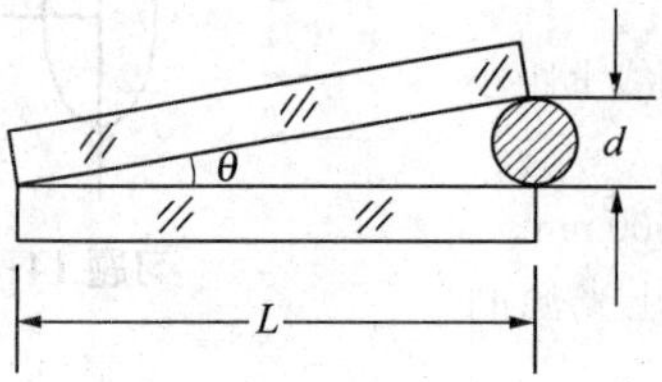

习题 14-14 图

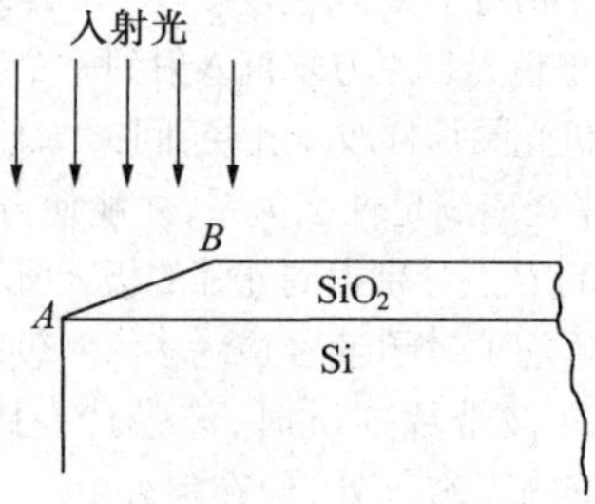

习题 14-15 图

14-15 如图所示,对于波长为 632.8 nm 的光波,SiO_2 的折射率 n_1 为 1.5,Si 的折射率 n_2 为3.42,如果在反射光中观察到 7 条暗条纹,而且在 B 处恰好为亮条纹,问:

(1) 在 A 处是亮纹还是暗纹?

(2) SiO_2 的厚度为多少?

14-16 用单色光观察牛顿环,测得某一亮环的半径为 3 mm,在其外边第五个亮环的半径为 4.6 mm,所用平凸透镜的凸面曲率半径为 5 m,求光的波长。

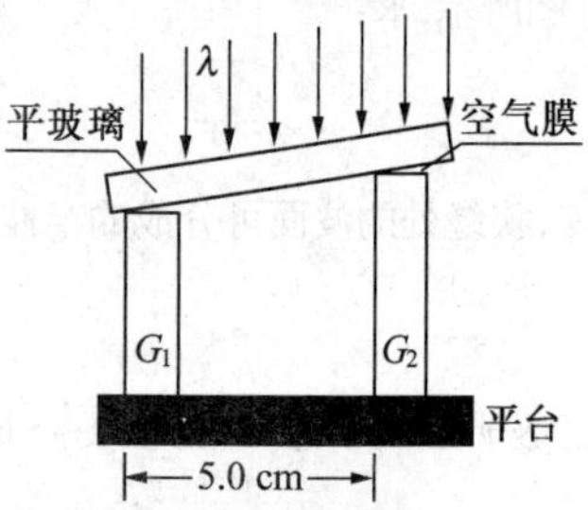

习题 14-17 图

14-17 块规是一种长度标准器,它是一块钢质长方体,两端面磨平抛光,且精确地互相平行,两端面间的距离即长度标准。在图中,G_1 是一合格块规,G_2 是与 G_1 同规格待校准的块规。校准装置如图所示,块规置于平台上,上面盖以平玻璃,平玻璃与块规端面间形成空气劈。用波长 $\lambda = 589.3$ nm 的光垂直照射时,观察到两端面上方各有一组干涉条纹。

(1) 两组条纹的间距都是 $l = 0.50$ mm, 试求 G_1, G_2 的长度差。

(2) 如果两组条纹间距分别为 $l_1 = 0.50$ mm 和 $l_2 = 0.30$ mm, 这表示 G_2 的加工除了长度有误差外还有什么不合格?

14-18 如图所示,在工件表面上放一平板玻璃,使其间形成空气劈,以单色光垂直照射玻璃表面,用显微镜观察干涉条纹,由于工件表面不平,观察到的条纹如图所示。试根据条纹弯曲的方向,说明工件表面上纹路是凹的还是凸的?并证明纹路深度或高度可用下式表示:

$$H = \frac{a}{b} \cdot \frac{\lambda}{2}$$

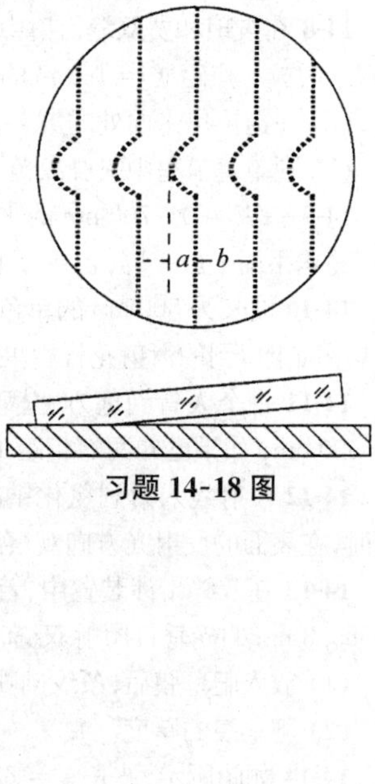

习题 14-18 图

14-19 白光垂直照射到空气中一厚度为 380 nm 的肥皂膜上,设肥皂膜的折射率为 1.33,试问该膜的正面哪些波长的光干涉极大?背面哪些波长的光干涉极大?

14-20 用迈克耳逊干涉仪观察干涉条纹,可移动的反射镜 M_1 移动的距离为 0.233 mm,数得干涉条纹移动 792 条,问光的波长是多少?

第十五章　光的偏振

初看起来，光的偏振这一术语相当生疏。原因在于在日常生活中我们不易直接察觉到光的偏振现象。所谓“抬头不见低头见”，人们往往用这句俗语比喻熟识的程度。其实，对偏振光，我们是抬头也见低头也见。抬头可见，来自天穹的天光中有偏振光；低头可见，桌面的反射光中也有偏振光。至于从物理概念上看，偏振就更不陌生了。从第十二章最后部分知道，光波是波长处于一定范围的电磁波。例如真空中可见光的波长就在 400～760 nm 之间。电磁波是横波，其中的电场强度矢量 $\boldsymbol{E}$ 与磁感应强度矢量 $\boldsymbol{B}$ 相互垂直，且都与电磁波的传播方向垂直。在光波中，引起视觉或使感光乳胶产生反应等效应的都是电场强度矢量，因此通常所谓光矢量就是指光波中的电场强度矢量。可见光矢量总与光的传播方向垂直。这种振动方向在空间作非均匀分布而且有所选择的状态就是偏振。本章主要讨论如何形成光波的各类偏振状态，偏振光的基本性质及相关应用。

§15.1　自然光与偏振光

来自于各类发光体的光波，诸如阳光、灯光等，众所周知，都是源于发光体内大量的原子或分子从激发态跃迁到能量较低的状态的过程。由于不同原子间发光的随机性，在自然光中沿与传播方向垂直的任意方向的光振动都是等价的，没有哪一个方向占优势。换言之，自然光不显示任何偏振化的性质。另一方面，由于任一方向的振动总可以分解为两个互相垂直方向的振动；对于沿 z 方向传播的光波总可以将光矢量分解成沿 x 方向和 y 方向的光振动。只是由于原子发光的随机性，x 方向与 y 方向振动之间并无固定的相位关系，不能视为沿某一特定方向的振动的分解，就是说自然光不是偏振光，或者说沿两个互相垂直的方向的偏振是独立而等价的，都具有相等的振幅。换言之，自然光中沿任意两个互相垂直方向振动的光波强度相等，都是总光强的一半。以上关于自然光的讨论都可概括如图 15.1-1所示。在图(b)中，沿 z 方向传播的光波的光矢量振动分解为振幅相等的两部分，一部分沿 x 方向，以图中圆点代表；一部分沿 y 方向，以箭号为代表。在图(c)中以短划与圆点代表这两部分振动；在自然光情形，则表示为等间距的分布。

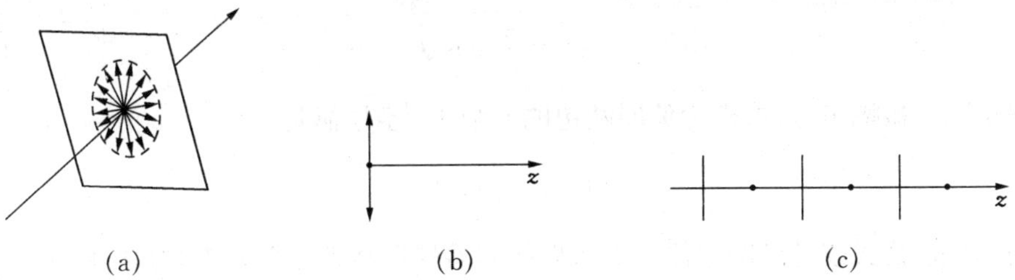

图 15.1-1　自然光的光矢量

如果光波中的光矢量只沿某个确定的方向振动，那就是完全偏振光或线偏振光。线偏振光电矢量的振动方向与光传播方向构成的平面称为振动面。图 15.1-2 中图(b)与图(c)即代表振动面在纸面及垂直于纸面的两种线偏振光。

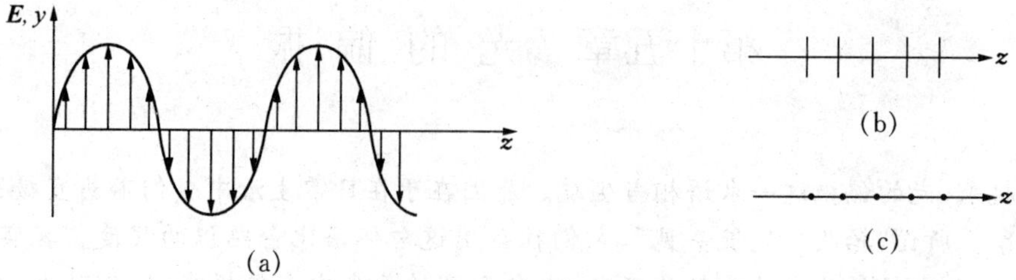

图 15.1-2 线偏振光示意

能将自然光转换成线偏振光的器件称为起偏器。一种价格低廉而实用性很强的偏振器是将一种有机晶体碘化奎宁呈片状沉积在塑料薄膜上面。这类偏振器称为偏振片，制造方便，应用范围很广。图 15.1-3 表示自然光通过偏振片后即成线偏振光的情形。形成线偏振光的振动方向即称为偏振片的偏振化方向并称通光或透振方向。

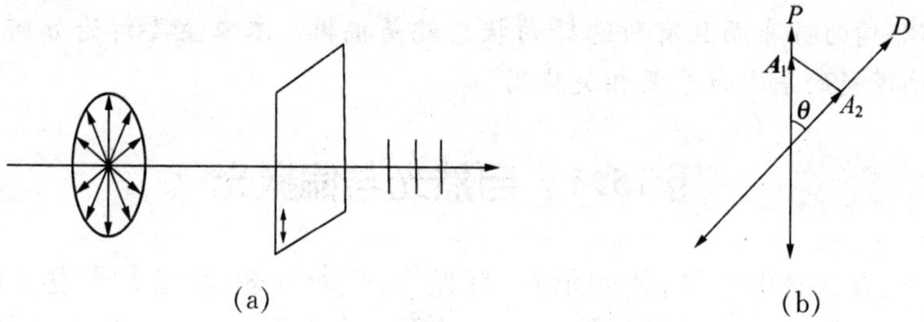

图 15.1-3 用偏振片起偏与检偏

如果使入射自然光垂直于偏振片，并使偏振片以光的传播方向为轴转动，则出射光强并不变化，总是入射光强的一半。但是如果用偏振片去观察线偏振光就大不一样了。例如将两块偏振片平行放置，从一边以自然光入射，而在另一边观察出射光强。以光的传播方向为轴转动任何一块偏振片(例如转动靠近观察者一侧的偏振片)，出射光强将随之发生变化。当两个偏振片的偏振化方向一致时出射光强最大，而偏振化方向垂直时则一片漆黑。由此可知偏振片亦可用来检验入射光是否为线偏振光。通常在上述情形，将光源一边的偏振片称为起偏器，而观察者一边的称为检偏器。

设起偏器 P 与检偏器 D 的偏振化方向夹角为 θ，如图 15.1-3(b)所示，通过起偏器后的光振动的振幅矢量为 $\boldsymbol{A}_1$，由图可知，由于只有沿 D 的偏振化方向的振动才能通过检偏振片，出射光的振幅 A_2 就成为

$$A_2 = A_1 \cos\theta \tag{15.1-1}$$

由于光强正比于振幅平方，可知检偏器两边的光强 I_1 与 I_2 满足

$$I_2 = I_1 \cos^2\theta \tag{15.1-2}$$

上式称为马吕斯公式或马吕斯定律。如入射起偏器的自然光光强为 I_0，则由于 $I_1 = I_0/2$，

$$I_2 = I_0 \cos^2\theta/2 \tag{15.1-3}$$

在自然光与线偏振光之间，许多光波都是部分偏振光，即在垂直于光传播方向的平面内，各个方向上光矢量的振幅并不相等。图 15.1-4 示意地表示部分偏振光。

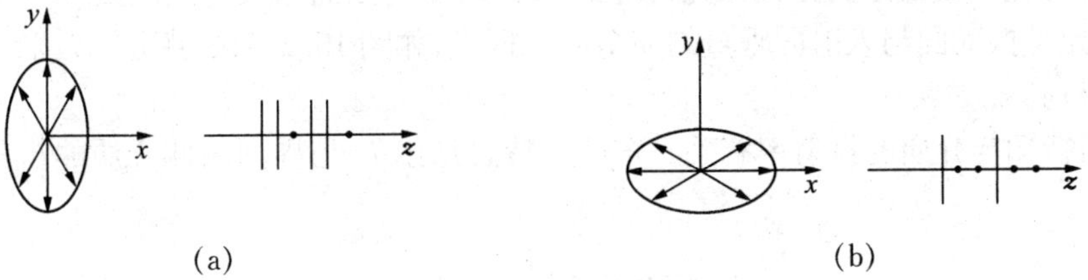

图 15.1-4　部分偏振光

事实上前面所说的天穹光与桌面反射光一般都是部分偏振光。部分偏振光常可看成是线偏振光 I_P 与自然光 I_N 的叠加。如果线偏振光的偏振方向沿 x 轴,而 y 方向的光强为 I_y,由于 y 方向只有自然光,则自然光的光强 $I_N = 2I_y$,线偏振光在 x 方向振动,其强度应为 $I_P = I - I_N$,$I = I_x + I_y$ 为总光强。由此,$I_P = I_x - I_y$。常用偏振度 P 描写部分偏振光的偏振性,其定义为

$$P = \frac{I_P}{I} = \frac{I_x - I_y}{I_x + I_y} \tag{15.1-4}$$

对于偏振片而言,P 也是衡量其质量的参数之一。

例 1　用一块偏振片观察部分偏振光,当偏振片由对应于最大光强的位置转过 60°时,光强减为最大光强的一半,求光束的偏振度。

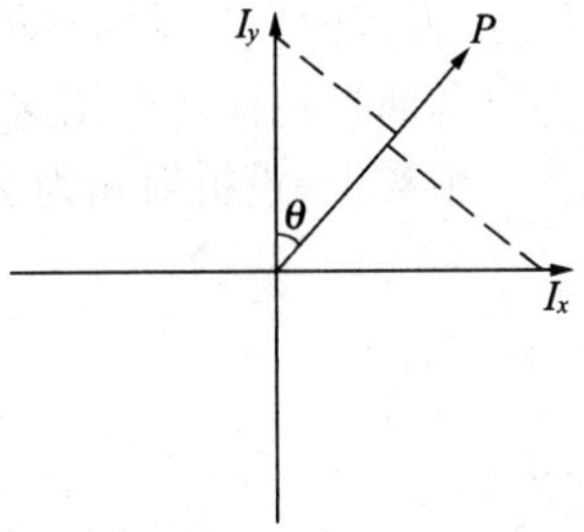

图 15.1-5

解　如图 15.1-5 所示,部分偏振光的光强极大方位设为 y 方向,则光强极小的方位为 x 方向,两者总是正交的。当偏振片 P 的透光方向与 y 方向夹角为 θ 时,通过 P 的光强由马吕斯定律为

$$I = I_y \cos^2\theta + I_x \sin^2\theta \quad ①$$

已知当 $\theta = 60°$ 时,

$$I = I_y/2 \quad ②$$

②式代入①式,得

$$I_x = \frac{1}{3} I_y$$

因此,该部分偏振光的偏振度为

$$P = \frac{I_y - I_x}{I_y + I_x} = \frac{I_y - \frac{1}{3}I_y}{I_y + \frac{1}{3}I_y} = 50\%$$

§15.2　反射光的偏振、布儒斯特角

几何光学的常识之一是当光线入射到两个均匀介质的界面上时要反射和折射,反射光与折射光的方向都遵循一定的规律:反射角与入射角相等;折射光服从斯奈尔定律。不仅如此,反射光和折射光的偏振状态也有一定的规律可循。事实上,当一束自然光入射两介质界面时

反射光和折射光一般都是部分偏振光(如图 15.2-1(a))。然而当入射光以某一特定角度 i_0 入射时,反射光是振动面与入射面垂直的完全线偏振光,如图 15.2-1(b)所示。i_0 称为起偏振角或布儒斯特角。

布儒斯特角与介质的折射率有关。布儒斯特总结出 i_0 与界面两侧介质的折射率存在如下关系:

$$\tan i_0 = \frac{n_2}{n_1} = n_{21} \tag{15.2-1}$$

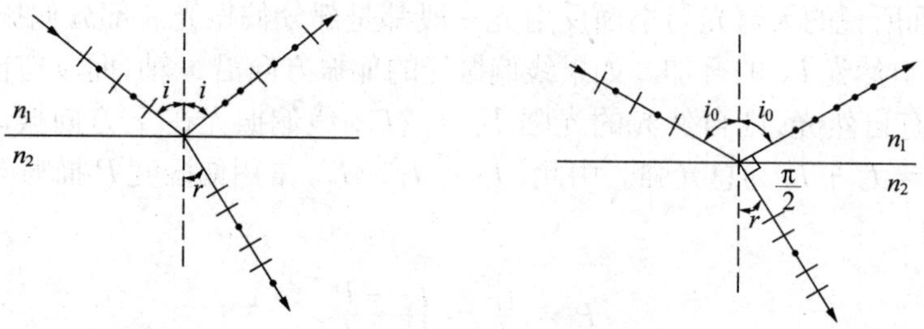

图 15.2-1 布儒斯特定律

这里 n_1 为入射光与反射光传播的介质的折射率,而 n_2 则为折射光传播介质的折射率。上式称为布儒斯特定律。根据这一定律很容易证明当以起偏振角 i_0 入射时反射光与折射光互相垂直。事实上,设折射角为 γ,由斯奈尔定律,

$$n_1 \sin i_0 = n_2 \sin \gamma$$

得

$$\sin i_0 / \sin \gamma = n_{21},$$

与布儒斯特定律比较知

$$\cos i_0 = \sin \gamma$$

或

$$i_0 + \gamma = \pi/2 \tag{15.2-2}$$

对照图 15.2-1(b)即可看出反射光与折射光垂直。

利用光的电磁理论可以从理论上证明布儒斯特定律。

在布儒斯特角入射的情形,虽然反射光是全偏振的,但强度不大。例如当自然光从空气入射到玻璃表面上时,线偏振反射光只占入射光强的 15%左右,绝大部分光能包含在折射光中。由于对自然光而言,振动面在入射面内与垂直于入射面的光强是相等的,便可知折射光必为部分偏振光。如不计吸收,折射光中当包含全部振动面在入射面内的光强以及部分振动面在垂直于入射面的光强。

如果折射光也是线偏振光,那么我们就可以极简单地得到两束振动面相互垂直的线偏振光。将许多玻璃片平行放置就能达此目的。光线在每片玻璃表面都会发生反射与折射,当自然光以布儒斯特角入射时,在每片玻璃表面都能反射线偏振光,振动方向均垂直于入射面,而使折射光中该成分逐片下降。这样当光线透过这种玻璃片堆时在透射光中基本上只有振动方向在入射面内的线偏振光,同时振动垂直于入射面的反射线偏振光的光强也可获明显增加。

§15.3　晶体的双折射

通常我们熟悉的透明介质，如水、油、玻璃等，从微观结构，即分子在空间的位置而言只在原子间距的量级上呈现一定的规律，即只有短程序，而整体上看则是随机的。因此这类介质对光的传播而言，折射率及偏振状态等光学性质在任何方向上都是一致的，称为光学各向同性。晶体是以其微观结构的规则排列，即构成晶体的原子、离子或分子的空间位置的长程周期性为特征的，沿不同方向具有不同的排列规则，因此其物理性质就会表现出各向异性。许多晶体对光在其中的传播表现出各向异性，称为光学各向异性晶体。双折射现象即为典型的光学各向异性，方解石即为具有双折射特性的典型晶体。

方解石是碳酸钙晶体，属六角晶系。一束光入射到方解石表面会产生两束折射光，如图 15.3-1(a)所示。其中一束遵循折射的斯奈尔定律，称为寻常光，用字母 o 代表；另一束则不符合折射定律，称为非常光，用字母 e 代表。因此，透过方解石观察。常会看到客体的两个影像。图 15.3-1(b)表示纸面上印刷的文字通过方解石看上去成为两个彼此错开的字。当光束垂直入射方解石表面时，寻常光服从折射定律，传播方向不变；而非常光则发生偏折，显然不符合折射定律。

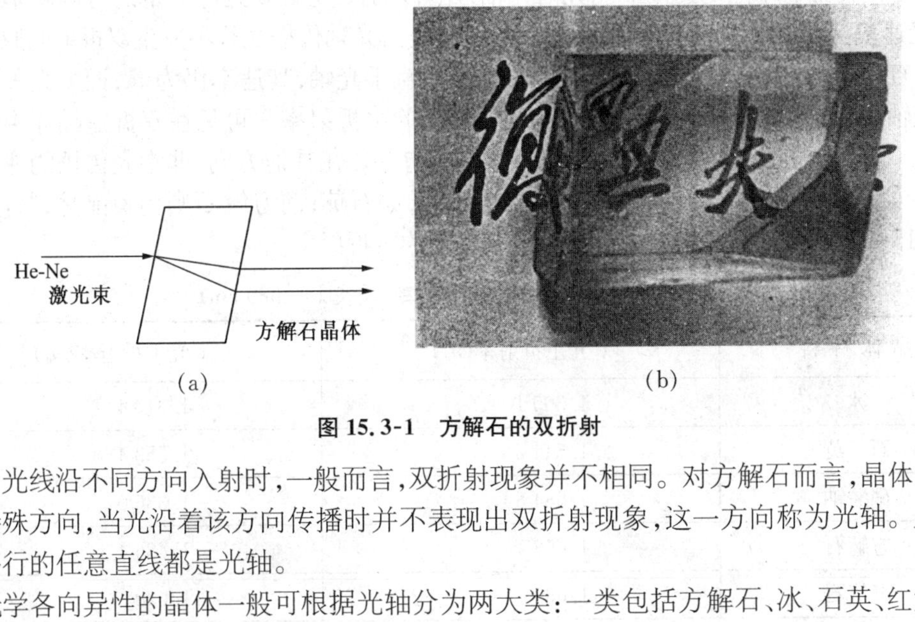

(a)　　(b)

图 15.3-1　方解石的双折射

当光线沿不同方向入射时，一般而言，双折射现象并不相同。对方解石而言，晶体内存在一个特殊方向，当光沿着该方向传播时并不表现出双折射现象，这一方向称为光轴。显然与光轴平行的任意直线都是光轴。

光学各向异性的晶体一般可根据光轴分为两大类：一类包括方解石、冰、石英、红宝石及电气石等，其中只有一个方向为光轴，称单轴晶体；另一类为硫黄、云母及蓝宝石等，其中有两个光轴方向，称为双轴晶体。这里我们只以方解石为具体例子讨论光在单轴晶体中的传播，着重于分析寻常光与非常光传播方向的速率和偏振态。为此首先介绍几个包含光轴的平面的定义。

晶体表面的法线与光轴组成的平面称为主截面。晶体中光线传播的方向与光轴组成的平面称为主平面。因此，o 光传播方向与光轴构成 o 光主平面，而 e 光传播方向与光轴构成 e 光主平面。实验表明 o 光与 e 光都是线偏振光，o 光的振动面垂直于其主平面，而 e 光则在其主平面内振动。当光线入射晶体，且入射面与主截面重合的情形，则 o 光与 e 光的主平面也与主截面重合。此时o光的电矢量垂直于主截面振动;而e光的电矢量则在主截面内振动,o光与e光的振动方向严格垂直。不过,在一般情形,o光与e光主平面虽不一致但夹角不大,亦可近似认为o光与e光的电矢量相互垂直。图15.3-2示意地表出o光与e光的传播方向及偏振状态。

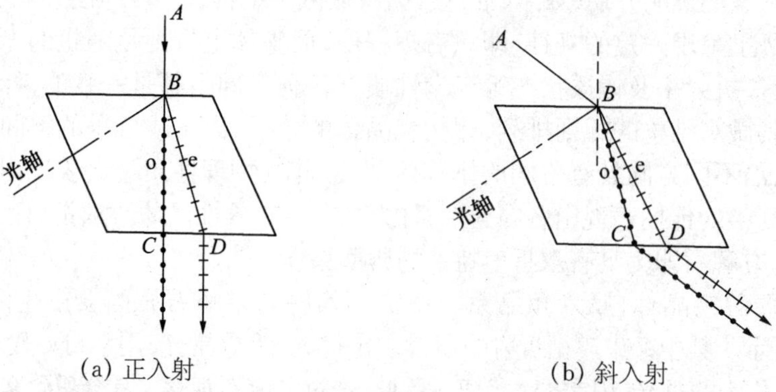

图15.3-2 o光与e光的传播方向与偏振态

值得注意的是,在单轴晶体中,o光的传播速率与方向无关,即在各个方向都以同一速率v_o传播。真空中的光速c对v_o的比值$n_o = c/v_o$称为寻常光的主折射率。e光在单轴晶体中沿不同方向传播有不同的速率。当光沿光轴方向传播,e光与o光电矢量的方向均垂直于光轴,e光速率与寻常光的速率相等,为v_o。这也就是沿光轴传播光线不发生双折射的原因。而如光垂直于光轴传播时,o光电矢量振动方向仍垂直于光轴,其速率仍为v_o;而e光矢量此时必沿光轴振动,速率为v_e, $n_e = c/v_e$,称为非常光的主折射率。可见在双折射晶体中光波传播的速率与光矢量振动的方向相对于光轴的夹角有关。在其他方向,非常光传播的速率介于v_o与v_e之间。通常将$v_o > v_e$的晶体称为正晶体,如石英;而方解石则为负晶体,其中$v_o < v_e$,表15-1列出若干典型单轴晶体中o光与e光的主折射率。

表15-1 单轴晶体室温主折射率(波长$\lambda = 589$ nm)

晶体材料	o光主折射率(n_o)	e光主折射率(n_e)
冰	1.309 1	1.310 4
石 英	1.544 2	1.553 4
硝酸钠	1.584 8	1.336 0
方解石	1.658 4	1.486 4
电气石	1.669	1.638
锆 石	1.923	1.968
氧化锌	2.009	2.024
硫化锌	2.368	2.372

对波动现象常可画出波面以进行较为形象的描绘。可以设想,由于o光传播速率与方向无关,如设晶体中有一点光源,o光的波面当为球面。但e光则不然,由于不同传播方向的速率不同,单轴晶体中e光的波面为一旋转椭球面。过光源平行于光轴作一直线,则在此直线方向,o与e光的波面相切,因为在此方向彼此有相同的传播速率。图15.3-3示意地表示单

轴晶体中 o 光与 e 光的波面。由图可见，正晶体的 e 光椭球波面在光轴方向内切于 o 光的球形波面，而负晶体的 e 光椭球波面则外切于 o 光的球形波面。显然，对于双折射晶体，应采用图示的复合波面才能比较充分地描述光波的传播。当光线入射到双折射晶体表面时，由于晶体中 o 光传播的速度与方向无关，遵循折射定律，可以很方便地得知折射 o 光的传播方向。但 e 光则不然，其波面并非球面，传播速率在 v_e 与 v_o 之间，不能应用折射率求得 e 光的折射方向。但是只要知道 o 光与 e 光的主折射率，我们便能根据惠更斯原理作图画出光线入射晶体时折射光的复合波面，从而定出 o 光与 e 光的传播方向。下面讨论光轴相对晶体表面 3 种特殊取向时的情形。

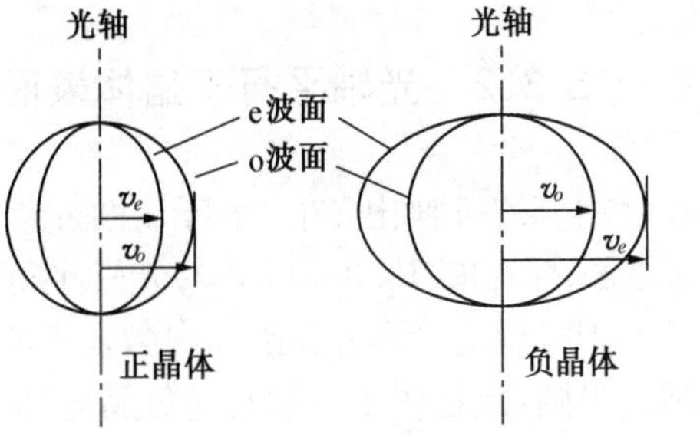

图 15.3-3　正晶体与负晶体的复合波面

15.3.1　光轴在入射面内与晶体表面成一夹角，斜入射

如图 15.3-4 所示，一束平行光由空气斜向入射方解石表面。纸面即为入射面，光轴亦在纸面内，与表面成一既非零亦否 90°的夹角。设在某时刻 t，入射光束波面 AB 恰与表面在 A 处相遇。在其后的时间内，由 A 点发出的子波面已在晶体中传播。设至时刻 $t+\Delta t$，B 处波面也恰抵达表面处的 B' 点。在这段 Δt 时间内，在 t 时刻由 A 点发出的子波的波面已传至图示位置。其中由于 o 光在晶体中传播是各向同性的，其波面为一半球面(图中为一半圆)，o 光传播方向与波面处处垂直。同时，由于在图示情形，主截面与 o 光及 e 光的主平面重合，就是纸面。因此，o 光振动垂直于纸面，图中用圆点表示。在图中过 B' 作 o 光半圆球波面的切线，切点为 A_o，连接 AA_o，即为 o 光传播的方向。同样，根据 e 光的主折射率 n_e 可定出 v_e，从而确定在 Δt 时间里纸面内的 e 光沿与光轴垂直方向传播的距离。据此便可画出 $t+\Delta t$ 时刻 e 光的波面，它在光轴方向与 o 光的半球形波面相切。由图可见，e 光振动方向在图面内，以短划表示其偏振方向。在纸面内，e 光波面为椭圆的一部分，过 B' 点作此椭圆的切线得切点 A_e，连接 AA_e 即得 e 光的折射线在晶体内的传播方向。图 15.3-4 清楚地表明一束自然光在双折射晶体内分解成两束振动方向相互垂直的沿不同方向传播的线偏振光。对于寻常光，其折射角满足折射率，即

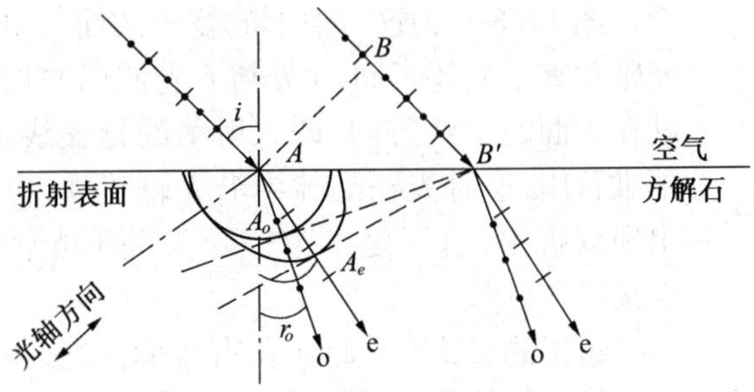

图 15.3-4　光轴在入射面内与表面成一夹角，入射光以入射角 i 斜向入射双折射晶体

$$n_i \sin i = n_o \sin \gamma_o$$

这里 n_i 为入射介质的折射率，而 n_o 为寻常光的主折射率，为常数。对于非常光，其折射率随传播方向而异，不满足折射定律。

15.3.2 光轴平行于晶体表面,正入射

图 15.3-5 画出光轴平行于表面时光波正入射单轴晶体的情形。在图 15.3-5(a)中,光轴垂直于纸面;而在图 15.3-5(b)中,光轴平行于纸面。在图示平行光正入射情形,入射光波面上的各点同时到达表面并在晶体内激发子波传播。在图(a)情形,o 光与 e 光的波面与纸面的交线都是半圆,只是由于方解石是负晶体,o 光半圆半径比 e 光小。分别作出 o 光与 e 光子波面的公切线,如图中虚线所示。显然,切点在入射线方向,即无论 o 光、e 光均不发生偏折。类似的讨论可知在图(b)情形 o 光与 e 光也都不偏折。只是在图(a)情形,o 光与 e 光的主平面均与纸面垂直,因此图中圆点表示 e 光,短划表示 o 光。而在图(b)情形,主平面就是纸面,圆点表示 o 光而短划表示 e 光。

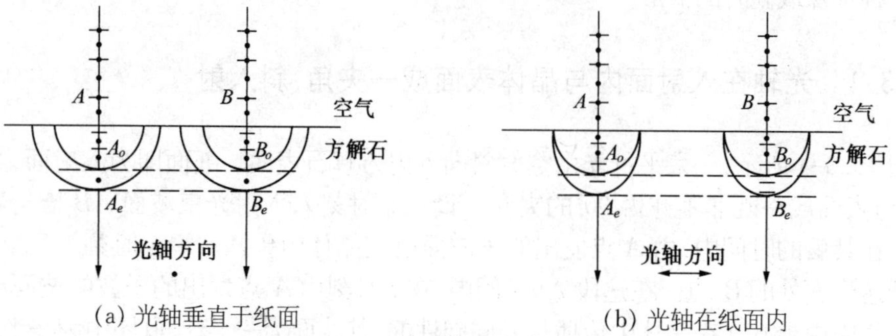

图 15.3-5 光轴平行于晶体表面、正入射

可见当光轴平行于晶体表面,正入射的光线透入晶体后 o 光与 e 光仍均沿入射的方向垂直于表面传播。

15.3.3 光轴垂直于晶体表面,正入射

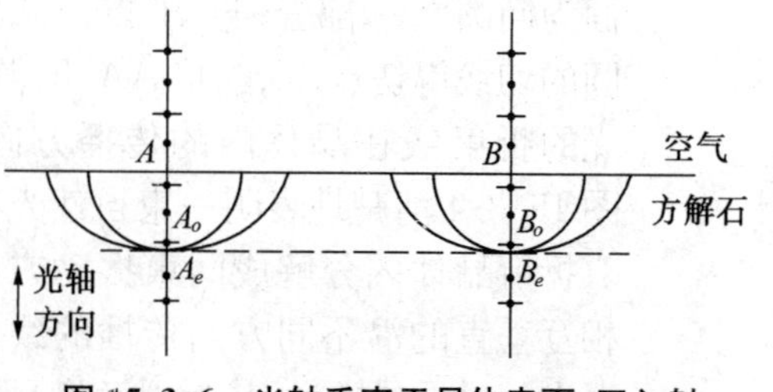

图 15.3-6 光轴垂直于晶体表面、正入射

图 15.3-6 为这一情形的复合波面。由于光轴垂直于晶体表面,o 光与 e 光波面的切点就在表面的法线方向,即入射线的延长线上。不难看出,这时光在晶体中沿光轴传播,也不出现双折射,这正是本节一开头关于光轴的定义。

这里的讨论明显暗示获得线偏振光,即制造偏振元件的方法,其中的一个典型就是尼科尔棱镜。

图 15.3-7 为尼科尔棱镜的示意图。尼科尔棱镜是由一块方解石切成两半然后又用加拿大树胶黏合起来。当如图所示一束自然光以一定的角度入射尼科尔棱镜时分成振动方向互相垂直的 o 光与 e 光。图中纸面就是 o 光与 e 光的主平面,e 光平行于纸面振动,以短划表示;而 o 光垂直于纸面振动,以圆点表示。加拿大树胶是透明的,并且其折射率 n 处于方解石 o 光主折射率 n_o 与 e 光主折射率 n_e 之间。对钠黄光而言,$n = 1.550$,而 $n_e = 1.486$, $n_o =$

1.658。当 o 光传播到方解石与树胶界面时是从光密介质向光疏介质传播,如入射角大于临界角就会发生全反射。而 e 光在此界面上只有少量反射损失,大部分穿过树胶层进入后半个棱镜并从另一端面透出,成为线偏振光。不过尼科尔棱镜也有不少缺点,如对入射光的会聚程度有相当的要求,希望接近平行光入射。特别是近代采用激光作光源时,加拿大树胶会耐受不住激光的高功率而迅速老化,甚至被烧毁。因此,尽管尼科尔棱镜传统上是一种优质的起偏器与检偏器,现在许多领域中已为其他新型的偏光棱镜所取代。

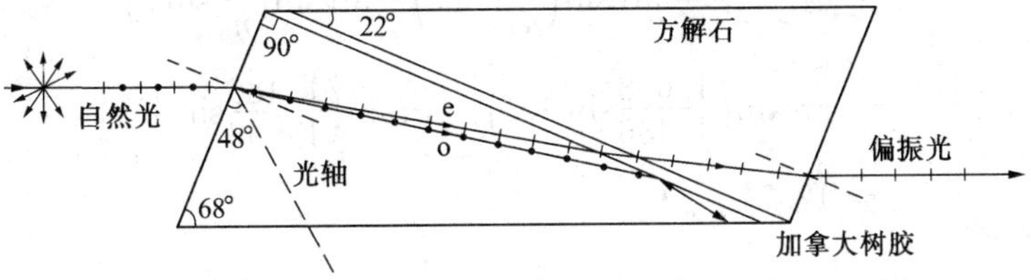

图 15.3-7　尼科尔棱镜

另一种制造偏振器的方法是采用所谓二向色性晶体。这种晶体同样有双折射性质,只是对其中传播的 o 光与 e 光的吸收本领有明显的差别。电气石就是一种典型的二向色性晶体,其对 o 光的吸收比对 e 光的吸收大得多。通常以白光入射 1 毫米厚的电气石晶体,透射光中就只剩下 e 光。§15.1 中提到的碘化奎宁也是一种二向色性晶体。自然光入射其中之后 e 光大部分被吸收,透射的基本为 o 光。用碘化奎宁膜片做成的偏振片虽然偏振度不高,质量不够理想(一部分 o 光被吸收,又有少部分 e 光透出来),但因其价格低廉,易于大量生产,仍有广泛的应用。

例 1　图 15.3-8(a)所示为一渥拉斯顿棱镜的截面,它由两个锐角均为 45°的直角方解石棱镜黏合而成。棱镜 ABC 的光轴平行于 AB,棱镜 ADC 的光轴垂直于图面。已知方解石中的 $n_o = 1.658$, $n_e = 1.486$, 589 nm 的钠黄光垂直于 AB 入射到棱镜上,求两束折射光在第二个棱镜中分开的角 α。

解　如图 15.3-8(b)所示,自然光垂直入射到 AB 面上,在棱镜 ABC 内分为 o 光与 e 光,两束光方向相同,但传播速度不同, $v_e > v_o$。由于两个棱镜的光轴方向垂直,因此,在 ABC 中振动方向垂直于主截面的 o 光在 ADC 中则平行于主截面,变成了 e 光。因为 $n_o > n_e$,这种光线经过界面 AC 是由光密介质进入光疏介质,所以折射角大于入射角。设入射角为 i,折射角为 α_2,则

$$\sin \alpha_2 = \frac{n_o}{n_e} \sin i \quad ①$$

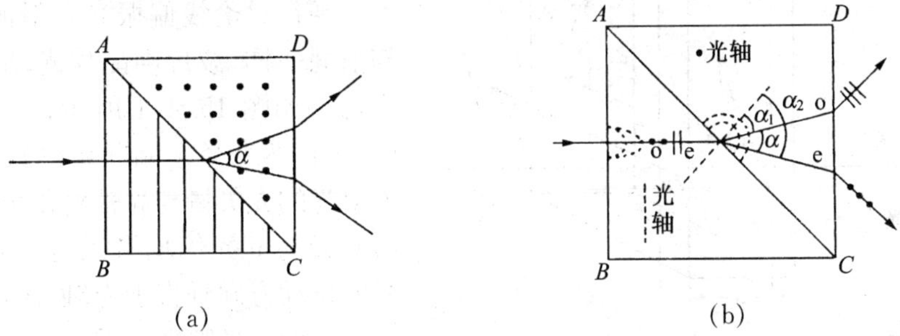

图 15.3-8

反之，在 ABC 中振动方向平行于主截面的 e 光在 ADC 中则垂直于主截面，变成了 o 光，这条光线的折射角 α_1 则小于入射角，

$$\sin\alpha_1 = \frac{n_e}{n_o}\sin i \tag{②}$$

这两束光的夹角

$$\begin{aligned}\alpha = \alpha_2 - \alpha_1 &= \arcsin\left(\frac{n_o}{n_e}\sin i\right) - \arcsin\left(\frac{n_e}{n_o}\sin i\right)\\ &= \arcsin\left(\frac{1.658}{1.486}\sin 45^\circ\right) - \arcsin\left(\frac{1.486}{1.658}\sin 45^\circ\right)\\ &= 12.7^\circ\end{aligned}$$

§15.4 椭圆偏振光

双折射晶体除能将自然光分解成振动方向互相垂直的寻常光与非常光这两束线偏振光而外，还能改变偏振光的偏振状态。为此我们再次考察图 15.3-5 所示的自然光正入射平行于光轴的晶体表面的情形。由图可见，在此情形寻常光与非常光并不分开，用肉眼看不到任何双折射效应。但是由于 o 光与 e 光在晶体中有不同的速度，即有不同的折射率，当它们透过两表面彼此平行的片状晶体时，虽然经历同为晶片厚度 d 的几何路程，却各自对应于不同的光程，从而使 o 光与 e 光在透过晶体后存在相差

$$\delta = \delta_o - \delta_e = \frac{2\pi}{\lambda}(n_o - n_e)d \tag{15.4-1}$$

式中 δ_o 与 δ_e 分别为 o 光与 e 光在晶体中传播的相位变化。如果晶体是方解石这类负晶体，$n_o > n_e$，$\delta > 0$。

这样的片状晶体称为波晶片，简称波片。对于给定波长的光波，通常的实用波片都做成 δ 为 $\frac{\pi}{2}$ 的整数倍。如果 δ 为 $\frac{\pi}{2}$ 的奇数倍，即 o 光与 e 光通过波片后的光程差为 $\lambda/4$ 的奇数倍，则称为 1/4 波片；如 δ 为 $\frac{\pi}{2}$ 的偶数倍，但为 π 的奇数倍，出射时 o 光与 e 光的光程差为半波长 $\lambda/2$ 的奇数倍，则称为半波片；而如果 δ 为 2π 的整数倍，则相应称为全波片，o 光与 e 光的光程差在透过晶片时为波长的整数倍。

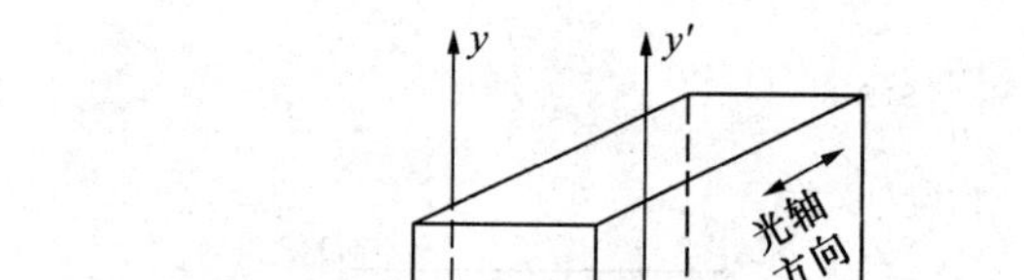

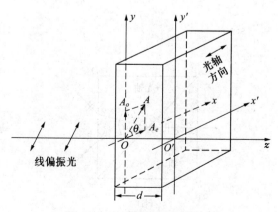

图 15.4-1 线偏振光入射波片

现在讨论线偏振光入射波片的情形，与前面一样，波片中晶体光轴与波片表面平行。如图 15.4-1 所示，一束线偏振光(可由自然光经起偏器获得)正入射波片，入射光的光矢量与光轴夹角 θ，则进入波片后 o 光与 e 光仍均沿入射方向传播，但 o 光的振动方向垂直于光轴(图中，光轴沿 x 方向)，而 e 光则平行于光轴振动。如入射

线偏振光的振幅为 A，则 o 光在晶体内的振幅为 $A_o = A\sin\theta$，而 e 光振幅为 $A_e = A\cos\theta$。取光波到达入射表面时刻为时间零点，且设该处光振动初相为零，则由于 o 光与 e 光的频率相同，在波片的出射面，o 光振动可以

$$E_y' = A_o\cos(\omega t - \delta_o) \tag{15.4-2}$$

描述，而 e 光可表示为

$$E_x' = A_e\cos(\omega t - \delta_e) \tag{15.4-3}$$

也就是说出射光中包含振动方向相互垂直、又有固定的相位差的两个振动成分，分别来自波片中的 o 光与 e 光。这两种成分符合 § 13.3 中相互垂直而振动频率相同的谐振动合成的条件，在一般情形，合成光振动矢量的端点将随时间沿一椭圆变动，称为椭圆偏振光。在特殊情形椭圆退化成一条直线或一个圆。也就是说，线偏振光通过波晶片后可能成为圆偏振光或椭圆偏振光，也可能仍为线偏振光。

设波片为全波片，即 $\delta = \delta_o - \delta_e = 2k\pi$（$k$ 为任意整数）。由(15.4-2)与(15.4-3)式，

$$E_y' = A_o\cos(\omega t - \delta_o) = A\sin\theta\cos(\omega t - \delta_o)$$

$$E_x' = A_e\cos(\omega t - \delta_e) = A\cos\theta\cos(\omega t - \delta_o)$$

由以上两式得

$$\frac{E_y'}{E_x'} = \tan\theta \tag{15.4-4}$$

由于 θ 为一常数，上式表明，出射光也为线偏振光。又由于在入射表面，o 光与 e 光电矢量的比为

$$\frac{E_y}{E_x} = (A\sin\theta)/(A\cos\theta) = \tan\theta$$

可知线偏振光正入射全波片时透射光仍为振动方向相同的线偏振光，出射光与入射光的偏振面平行。

如波片为半波片，则 $\delta = \delta_o - \delta_e = (2k+1)\pi$（$k$ 为任意整数），这时在出射表面

$$E_y' = A\sin\theta\cos(\omega t - \delta_o)$$

$$E_x' = -A\cos\theta\cos(\omega t - \delta_o)$$

$$\frac{E_y'}{E_x'} = -\mathrm{tg}\,\theta = -\frac{E_y}{E_x}$$

上式表明：经过半波片后，线偏振光仍为线偏振光，但是偏振面旋转了 2θ，如图 15.4-2 所示。

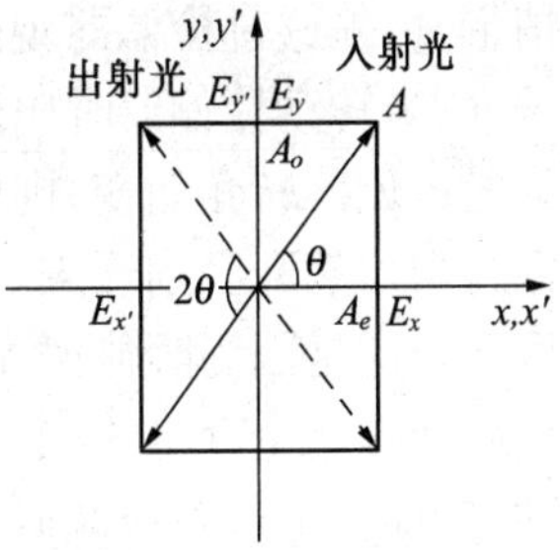

图 15.4-2　半波片使线偏振光的偏振面旋转 2θ

当采用 1/4 波片时，$\delta = \delta_o - \delta_e = \pm\frac{\pi}{2} + 2k\pi$，显然，此时

$$E_y' = A\sin\theta\cos(\omega t - \delta_o)$$

$$E_x' = A\cos\theta\cos\left(\omega t - \delta_o \pm \frac{\pi}{2}\right) = \mp A\cos\theta\sin(\omega t - \delta_o)$$

由以上两式得

$$\frac{E_y'^2}{(A\sin\theta)^2}+\frac{E_x'^2}{(A\cos\theta)^2}=1 \tag{15.4-5}$$

上式为一长短轴分别沿坐标轴的椭圆,即线偏振光经 1/4 波片后成为椭圆偏振光。而且可以看到,如 $\delta=\frac{\pi}{2}$,出射光的光矢量沿椭圆逆时针旋转,称为左旋偏振光,如图 15.4-3(a)所示;而如 $\delta=-\frac{\pi}{2}$,则出射光的光矢量沿椭圆顺时针旋转,称为右旋偏振光,如图 15.4-3(b)所示。当 $\theta=45^\circ$ 时,椭圆退化为圆,出射光成为圆偏振光。圆偏振光亦有左旋与右旋之分,图 15.4-3(c)即为左旋圆偏振光。

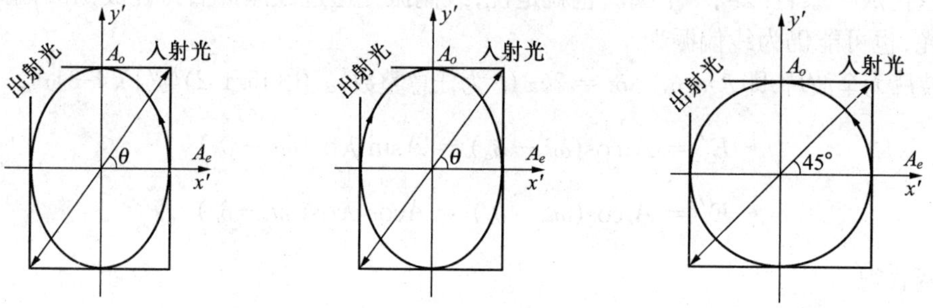

$\delta=\frac{\pi}{2}$ (a)　　$\delta=-\frac{\pi}{2}$ (b)　　$\theta=45^\circ,\ \delta=\pi/2$ (c)

图 15.4-3　$\frac{1}{4}$波片使线偏振光成为椭圆或圆偏振光

对于使 o 光与 e 光之间产生其他相位差的波片,正入射线偏振光出射后一般仍为椭圆偏振光,只是椭圆的长短轴不再沿坐标轴的方向。

必须将圆偏振光与自然光区别开来,将椭圆偏振光与部分偏振光区别开来。原则上说虽然圆偏振光(或椭圆偏振光)与自然光(或部分偏振光)一样,光矢量在两个互相垂直的方向上都有分量;但对前者,两个分量相位之间有确定的关系,而后者却没有。从实验上可以按如下方法来区分:对于未知其是自然光、部分偏振光还是完全偏振光(包括线偏振与椭圆偏振光)的情形,可先透过检偏器观察,当绕光线传播方向转动检偏器时如光强不变,当为自然光或圆偏振光;当转动检偏器时出现光强为零的位置,则应为线偏振光;如没有光强为零的位置,但光强随检偏器转角而变,则应为部分偏振光或椭圆偏振光。进一步取一片 1/4 波片便能将圆偏振光与自然光区别开来。在检偏器前插入 1/4 波片,此时圆偏振光在透过波片后将成为线偏振光。这是因为圆偏振光可视为互相垂直而相位差为 $\pm\pi/2$ 的两个振动的合成。加上 1/4 波片后使这两个分量的相位差再改变 $\pi/2$,于是便成为同相或反相的两个等幅而方向垂直的振动的合成,都得到线偏振光。再通过检偏器观察就能看到光强为零的位置。因此如加一片 1/4 波片再通过检偏器观察,随着检偏器转动,光强不变的入射光为自然光;而光强能变为零的则为圆偏振光。同样可据以鉴别椭圆偏振光与部分偏振光。单独用检偏器观察时,如转动检偏器,两者都能观察到光强的极大与极小位置。加入 1/4 波片再通过检偏器观察,并使波片的光轴与观察到光强极大值时检偏器的振动方向(透振方向)相符,此时,再转动检偏器,如能观察到光强为零,入射光为椭圆偏振光;否则入射光为部分偏振光。这也是由于 1/4 波片使椭圆偏振光变成线偏振光的缘故。

对椭圆偏振光的分析有着重要的实际意义。例如,一般而言,一束线偏振光入射一介质表面后其反射束常为椭圆偏振光,此椭圆偏振光的性质,包括椭圆的方位、长短轴的比等信息无疑反映了表面的光学性质,而后者又是介质物理性质的重要方面。如果表面覆有一层薄膜,则反射光必携带着与薄膜性质有关的信息。专门据此原理制成的分析材料表面或薄膜性质的设备称为椭圆偏振仪,已成为材料表面分析的重要工具。

例 1　一束椭圆偏振光垂直通过$\frac{1}{4}$波片后再通过一块偏振片,转动偏振片达到消光,这时$\frac{1}{4}$波片的光轴与偏振片透振方向之间的夹角为 30°,求椭圆的长短轴之比。

解　椭圆偏振光经$\frac{1}{4}$波片和偏振片后消光,说明$\frac{1}{4}$波片的光轴已对准入射椭圆偏振光的长轴或短轴方向。如图 15.4-4,消光时,偏振片 P 的透振方向与合成线偏振光 A 的方向正交,而 A 的方位取决于入射椭圆偏振光的长短轴之比,由图可知长短轴之比为

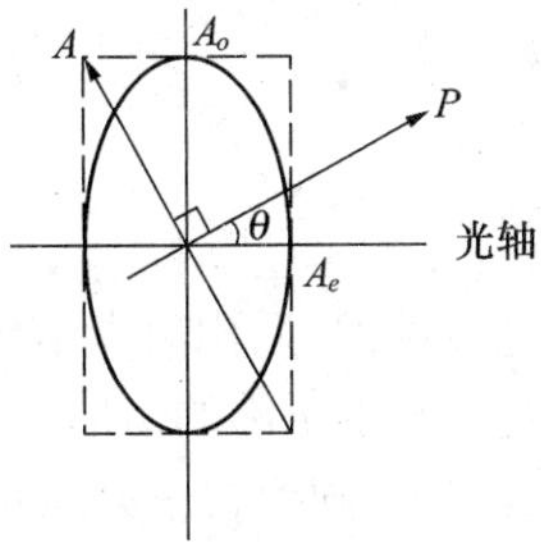

图 15.4-4

$$\frac{A_o}{A_e}=\cot 30^\circ=\sqrt{3}$$

§15.5　偏振光的干涉

细心的读者可能已经注意到,在前一章中凡与光束之间的干涉有关的现象涉及的都是光振动沿同一方向或基本上是沿同一方向的叠加。上节我们专门讨论了方向互相垂直的光振动——波晶片中的 o 光与 e 光——的合成。如果使 o 光与 e 光的振动方向变得相互平行,则这两个分量之间必然满足干涉的条件而发生干涉,称为偏振光干涉。

由于偏振片只容许光矢量沿其透振方向的光波通过,任何入射光经过偏振片后便都只剩下沿透振方向的光振动成分。无论入射光如何,透过偏振片后都沿相同方向振动。

因此最简单的实现偏振光干涉的办法就是采用两个偏振片。如图 15.5-1 所示。自然光经第一个偏振片 P_1 后变成线偏振光,如上节所述,经厚度为 d 的波晶片后变成椭圆偏振光。此椭圆偏振光可视为沿互相垂直的方向振动、频率相同、相位差 $\delta=\frac{2\pi}{\lambda}(n_o-n_e)d$ 的分量合成所得,两个分量的振幅分别为 $A_o=A\sin\theta$ 与 $A_e=A\cos\theta$, A 为经 P_1 后线偏振光的振幅,而 θ 为 P_1 的透振方向与波晶片光轴之间的夹角。在波片后面再加一偏振片 P_2,则椭圆偏振光中的互相垂直的分量 A_o 与 A_e 中又都只有各自沿 P_2 透振方向的分量才能透过。设 P_2 的透振方向与 P_1 垂直,分别沿 x 与 y 方向,则 A_o 与 A_e 中各自只有相应的振幅为 A_{ox} 与 A_{ex} 的分量能透过 P_2,如图 15.5-1(b)所示。而且注意 P_2 的透振方向与波晶片光轴夹角为 $\left(\frac{\pi}{2}-\theta\right)$,可以得到

$$A_{ex} = A_e \sin\theta = A\cos\theta\sin\theta$$

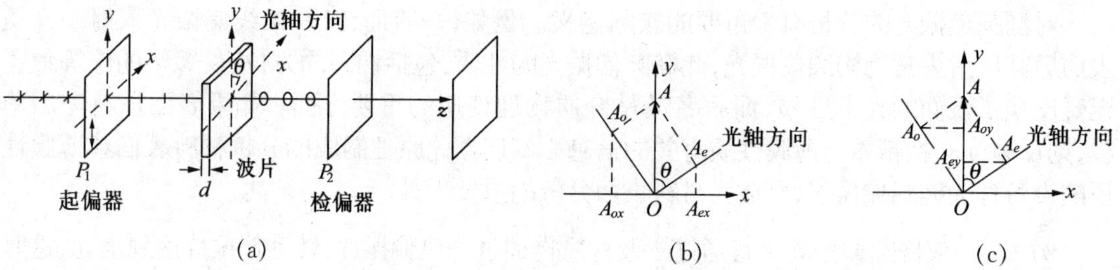

图 15.5-1 实现偏振光干涉的装置示意

同样得

$$A_{ox} = \frac{1}{2}A\sin(2\theta) = A_{ex}$$

可见经过 P_2 后出射光中包含的两个分量为振幅相等、频率相同、振动方向一致的光振动。它们发生叠加干涉的情形就决定于彼此的相位差 δ。由此可知当单色光入射时如波晶片厚度不等,则从不同位置出射的两个分量之间的相位差不同,干涉结果就不一致,从而呈现与波晶片厚度分布有关的干涉条纹。如果是用白光照射,不同的厚度会对应不同波长的相长(或相消)干涉,于是便会出现彩色干涉条纹。如果 P_2 的透振方向与 P_1 平行,也沿 y 轴方向,则椭圆偏振光中的两个分量透过 P_2 后振幅分别成为

$$A_{ey} = A_e\cos\theta = A\cos^2\theta$$

$$A_{oy} = A_o\sin\theta = A\sin^2\theta$$

如图 15.5-1(c)所示。

对于 $\theta = 45°$ 的特殊情形,设用白色自然光入射,则当固定 P_1 而使 P_2 绕光线传播方向旋转时会观察到色彩的变化。事实上对波晶片的某一厚度 d 而言,如使某波长 λ_1 满足 $\delta(\lambda_1) = \frac{2\pi}{\lambda_1}(n_o - n_e)d = 2k\pi$,根据上节讨论,通过波片后仍为线偏振光,且振动方向沿 P_1 的透振方向 y 轴。因此,如 P_2 的透振方向与 P_1 垂直当然出射光强为零,这正是如图 15.5-1(b)所示的情形。当 $\theta = 45°$ 时,A_{ex} 与 A_{ox} 的大小恰巧相等,但由于方向相反两个振动彼此抵消。而如 P_2 与 P_1 透振方向一致,透射光强最高,这也正是与图 15.5-1(c)所示 A_{oy} 与 A_{ey} 大小相等、方向一致而相互加强的相长干涉是一致的。相反,如 d 使某波长 λ_2 对应的相位差 $\delta(\lambda_2) = (2k+1)\pi$,则此波长的光当 P_2 与 P_1 透振方向垂直时通过,而当 P_2 与 P_1 的透振方向平行时则因两个分量相消而不能通过。由此可见如波片厚度不均匀,当以白光入射并旋转 P_2 时会在观察屏上观察到彩色交替变化的现象,称之为色偏振。

偏振光的干涉有很重要的实用意义,光测弹性与克尔效应就是两个典型的例子。

上面介绍的偏振光干涉现象是以波片的双折射为依据的。双折射是光学各向异性介质中的普遍现象,对于玻璃或塑料之类的各向同性介质原则上不存在双折射。然而如果对这类介质施加一定方向的外应力,或是由于某种原因在这类介质内部存在一定的剩余应力,由于这类应力一般总是各向异性的,便会引起双折射现象。因此就能利用偏振光的干涉观测介质材料中的应力分布。这类观测仪器称为光测弹性仪,原则上类似于图15.5-1(a)的布局,只是

以待测材料代替波晶片。观察形成的干涉条纹就能了解材料中的应力,干涉条纹越密反映应力越大(如图 15.5-2)。应用光测弹性对于改进诸如横梁或轮轴等的工程设计具有重要的参考意义。

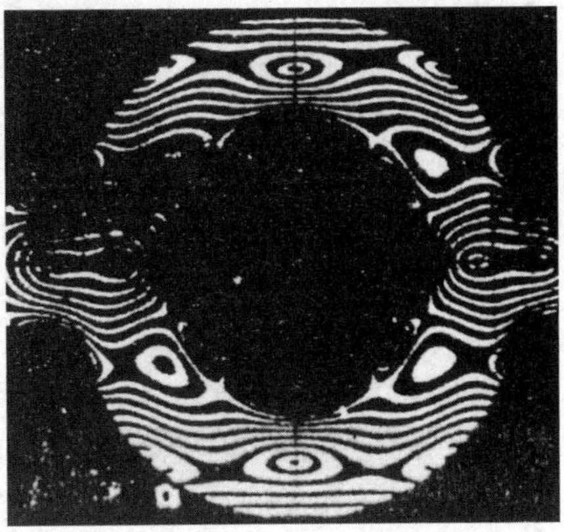
图 15.5-2　光测弹性

电场也是一种能引起人为双折射的物理因素。有一类材料当施加外电场时,产生双折射,而且其中 o 光与 e 光的相位差与电场强度 E 的平方成正比,称为克尔效应。根据克尔效应可以用外加电压控制介质中 o 光与 e 光的相位差,做成电光调制器,而在高速摄影、激光测距等方面有广泛的实际应用。

§15.6 旋　光　性

双折射是由于入射光束在光学各向异性的晶体内分裂成寻常光与非常光,寻常光的传播速度 v_o 与方向无关,而非常光的传播速度却介于 v_o 与 v_e 之间。其实,这种现象均可归结为光在双折射晶体中传播的速度和光矢量的振动方向与光轴的夹角有关。当光矢量与光轴垂直时,传播速率为 v_o,当光矢量与光轴平行时传播速率为 v_e,否则传播速率介于两者之间。例如,在图 15.3-5(a)的情形,光沿竖直方向传播,光轴垂直于纸面。以短划代表其偏振方向的寻常光的光矢量与光轴垂直,以速率 v_o 传播,而以圆点代表的非常光的光矢量平行于光轴方向,故以速率 v_e 传播。而在图 15.3-5(b)的情形,光轴在纸面内,非常光以短划代表,以 v_e 的速率传播;而以圆点代表的寻常光则以 v_o 传播。至于图 15.3-6的情形,光轴沿竖直方向,平行于光的传播方向,无论是 o 光还是 e 光,其光矢量均与光轴垂直,故均以速度 v_o 传播。对于其他情形,设如图 15.6-1 所示,光轴沿 Oz 方向。当光线沿 OP 方向传播时,总可以将光振动看成两部分的叠加。一部分的光振动垂直于光轴,例如沿 Oy 方向,以 v_o 速率传播;而另一部分的光矢量与光轴 Oz 成一夹角,即处于 O-xz 平面内,以 v_o 与 v_e 之间的某一速率 v 传播。显然前者即为寻常光,波面为球面;后者则为非常光,波面为旋转椭球面,长短轴的比即为 v_o 与 v_e 之比。

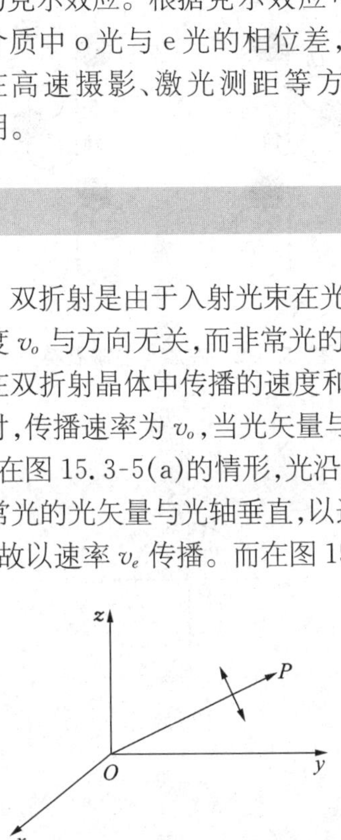

图 15.6-1　光速与光轴方向的关系

除去双折射晶体中光的传播速率与光振动矢量相对于光轴的夹角有关外,光在某些各向异性介质中传播时还有一种重要性质,即其中沿光轴传播的圆偏振光的速率与光矢量的旋转方向有关,顺时针旋转的(右旋)圆偏振光的速率为 v_R,不同于逆时针旋转的(左旋)圆偏振光的传播速率 v_L。由此导致入射线偏振光沿光轴传播时偏振面的旋转。这一现象称为旋光性。

在自然界中,旋光性最明显的是石英。有趣的是石英具有两种外形,彼此呈左、右对称,这是其内部结构互为左右对称所致,如图 15.6-2 所示。

在左旋石英中,$v_L > v_R$;而在右旋石英中 $v_R > v_L$。

现在我们参考图 15.6-3 讨论旋光性的机理。在图中设一偏振方向沿 y 轴的线偏振光沿旋光晶体的光轴方向(图中为 z 方向)入射并在晶体中传播。由前面的讨论知此时并无双折射现象产生。

根据振动叠加原理可知，沿 y 方向的简谐振动可以用同频率、同初相而且长度相等但沿相反方向旋转的振幅矢量 $\boldsymbol{A}_L$ 与 $\boldsymbol{A}_R$ 的叠加表示。如谐振动的振幅为 A，则 $A_L = A_R = A/2$。因此，沿 y 方向偏振的线偏振光亦可视为两个圆偏振光的叠加：一为左旋 $\boldsymbol{A}_L$；一为右旋 $\boldsymbol{A}_R$，振幅均为 $A/2$，A 为入射线偏振光的振幅。设在晶体入射表面处，$\boldsymbol{A}_L$ 与 $\boldsymbol{A}_R$ 的相对位置如图 15.6-3(b)所示。左旋与右旋圆偏振光的传播速率分别为 v_L 与 v_R，故在经过厚度为 d 的旋光晶体后，左旋圆偏振光相位改变 $\delta_L = \frac{2\pi}{\lambda}n_L d$，右旋圆偏振光改变 $\delta_R = \frac{2\pi}{\lambda}n_R d$；其中 $n_L = c/v_L$ 与 $n_R = c/v_R$ 分别为左旋与右旋圆偏振光的折射率。因此在晶体的光线出射表面处，$\boldsymbol{A}_L$ 矢量比入射表面处的相位落后 δ_L，而 $\boldsymbol{A}_R$ 矢量比入射表面处相位落后 δ_R，从而该处左旋对右旋圆偏振光的相位差为

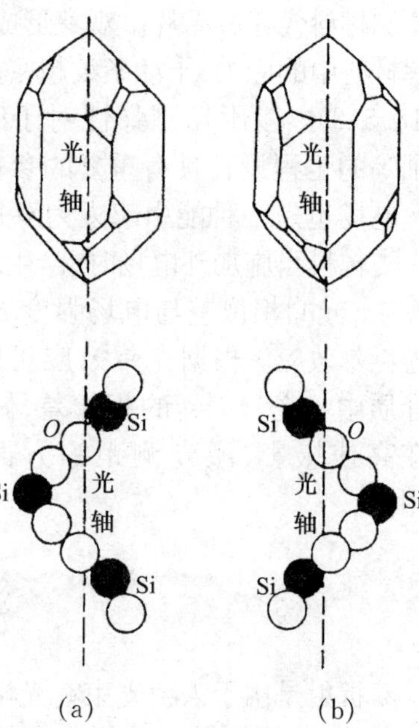

图 15.6-2 左旋与右旋石英

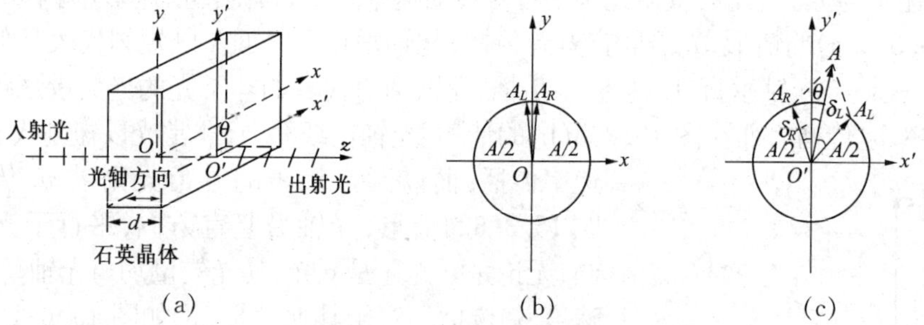

图 15.6-3 晶体的旋光性

$$\delta = \delta_R - \delta_L = 2\pi(n_R - n_L)d/\lambda \tag{15.6-1}$$

这一对具有相位差 δ 的圆偏振光的叠加仍为线偏振光，只是其偏振方向相对于图中的 Oy 或 $O'y'$(Oy 与 $O'y'$ 分别处于晶体的两个表面)顺时针(右旋)转过角度

$$\theta = -\delta/2 \tag{15.6-2}$$

如图 15.6-3c 所示。

对于右旋晶体，$n_L > n_R$，$\theta > 0$；而对于左旋晶体，$n_R > n_L$，$\theta < 0$。即对于右旋晶体，线偏振光沿光轴通过后，偏振面要顺时针右旋 θ 角。由此得

$$\theta = \pi(n_L - n_R)d/\lambda = \alpha d \tag{15.6-3}$$

简而言之，当迎着光线观察时，如偏振面左旋为左旋晶体，而偏振面右旋则为右旋晶体。(15.6-3)式中

$$\alpha = \pi(n_L - n_R)/\lambda \tag{15.6-4}$$

这里 α 称材料的旋光率，与入射光波长有关；而且右旋晶体的 α 为正，左旋 α 为负。由于 α 与波长有关，当以白色线偏振光入射，并在旋光晶体后加偏振片观察，则在使偏振片绕光的传播

方向旋转时当可看到色彩的变化,是为旋光色散。

许多液体有机物质或溶液也具有旋光性,最常见的莫如蔗糖溶液。与旋光晶体一样,线偏振光通过糖溶液(糖水)后偏振面也要旋转。当在糖液中的传播距离相同时偏振面的旋转角度与糖溶液的浓度成正比,由此可迅速准确地测定糖的浓度。这一技术称为量糖术,有很广泛的实际应用。值得注意的是不少药物,如氯霉素、四咪唑等也具有旋光性,更为重要的是左旋与右旋的药效截然不同。显然对这些药物利用其旋光性采用物理的方法对其分析与研究是十分必要的,专门用来测定旋光性质的仪器称为旋光仪,在制药、制糖、日用化工和石油等行业中是重要的化验或质检设备。

阅读材料　　15.1　光学显微镜的进展

显微镜下发现细菌无疑是生命医学科学领域的革命性进展之一。光学显微镜诞生于16世纪,基本原理是利用透镜组获得被观察客体的放大像。当代,用途各种各样、分辨本领不一、放大倍数各异的显微镜不仅在生物医学领域而且在物理学、化学、微电子、地质采矿等科学、工程技术领域广泛地应用。显微镜的功能已大大超越显微放大的范畴,在精密测量等方面也同样发挥着巨大的作用。显微镜的光源也早已越出可见光的范围,甚至采用电子束作光源。显微镜的工作原理也有重大的发展,例如场离子显微镜与扫描隧道显微镜的工作原理已远远超出几何光学与波动光学的领域。这里我们简略地回顾光学显微镜的发展,而在第十六章所附的阅读材料中介绍扫描隧道显微镜的原理和应用。

在漫长的历史过程中,为了改进和提高显微镜的观察功能而发展了所谓的“暗视场显微镜”(使视场的背景变暗,从而可以增强被观察物体各部分之间的反衬而提高图像的清晰度)、“相衬显微镜”(在观察细胞时常规的光学显微镜不能区分透明的细胞与包围在细胞周围的透明液体,但由于细胞质与周围的液体的折射率不同,可以利用它们之间折射率的差别而使通过细胞和周围液体的光线具有不等的光程,从而产生了不同强度的像而使之能够被分辨,这样就避免了使用会伤害细胞的染色技术,此一发明曾获得诺贝尔奖)等等技术。但是光学显微镜的最主要的指标是其分辨本领,光学系统不可能无限地将物体放大而仍能保持图像的清晰,因为要受到系统中光学元件衍射的限制。光学显微镜的分辨距离为

$$s = 1.22\lambda/D = 1.22\lambda/(2n\sin i) \approx \lambda/(2n\sin i)$$

式中 n 为折射率,$2i$ 为被观察的物体对显微镜物镜的张角,$D = 2n\sin i$ 称为显微镜的数值孔径。可见,为了改进分辨本领,可以把被观察的物体浸在具有较大折射率的油液中或采用波长较短的紫光照射,也可采用当今正在发展的X射线显微镜等。常规的光学显微镜的最大数值孔径约可达1.6,所以其分辨两点间的极限距离可达200 nm。

近数十年中,人们花费了很多的精力和智慧改进常规光学显微镜的分辨本领,却并没有产生革命性的发展。但另一方面,由于微观粒子的波粒二象性,一定能量的电子物质波(参见第十六章)波长可达0.1～0.01 nm数量级,是可见波段的光波波长的近万分之一,因而利用电子的物质波代替光波可以大大提高分辨本领。根据这种想法,在1930年研制成了电子显微镜。目前,电子显微镜已成为极为有用的工具,其分辨距离可达 10^{-1} nm数量级,比常规光学显微镜小许多。但是电子显微镜不是对所有的物体都可以进行观察,往往要对被观察的物

体表面进行处理和复制,所以在使用上比较复杂。

光学显微镜的另一进展是在1951年研制成功了扫描光学显微镜,这是利用一个小光点在样品上扫描,逐点地记录样品透射或反射的光强,最终可以得到被观察物体的像。扫描光学显微镜的分辨本领虽然并不比常规的显微镜高,但其输出的数据可以存入计算机,然后加以处理以改善像的质量。

进一步提高光学显微镜分辨率必须突破光学系统衍射极限的限制。1972年,有人提出"近场扫描光学显微镜"的构思,并在1984年得以实现。这是用一个直径比光波的波长还要小的光源放在被观察的物体表面附近约10 nm处,通过探测表面的近场电磁辐射强度而获得表面的像,这种近场扫描显微镜的分辨距离可达$\lambda/20$,显然比常规的光学显微镜提高了近一个数量级,但是可探测的光强极为微弱,因此图像的清晰程度会被噪声所干扰,其效果并不太理想。

近年来光子扫描隧穿显微镜是提高分辨本领的一项重要发展,其设备布局与工作原理在一定的程度上类似于扫描隧穿电子显微镜,又与全反射现象密切相关。

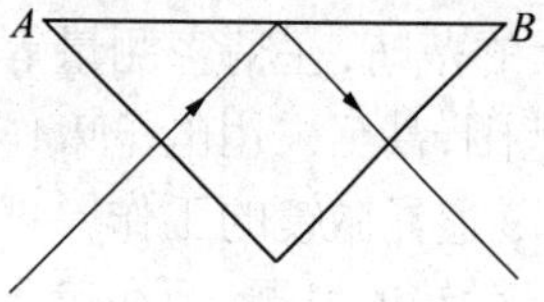

(a)

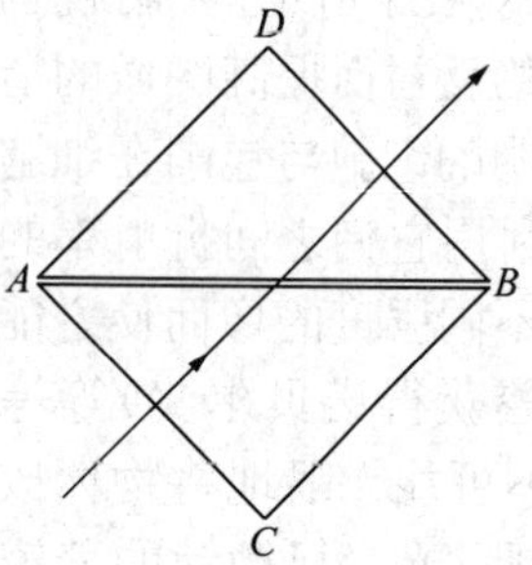

(b)

图 RM15-1 全反射现象中的隐失波

如图RM15-1(a)所示,光线正入射直角棱镜的直角边。如果折射率为n的棱镜中光线对棱镜AB面的入射角大于临界角$\sin^{-1}n$,则会发生全反射,光线不会通过折射面进入空气。但是,如果我们在此棱镜上反向覆盖一块完全相同的棱镜,则两块棱镜合并成一块长方体形的透明棱柱,入射光应能很容易通过,如图RM15-1(b)所示。这一现象显然意味着,在图RM15-1(a)的情形,AB面的空气一边并非完全不存在光波。事实上,研究表明,当光线由光密介质入射到与光疏介质的分界面而被全反射时,光波也会进入光疏介质,并且沿分界面传播,只是这种沿界面传播的光波的强度沿界面的法线方向指数地衰减,其衰减距离约为光波的波长量级。这种沿表面传播的电磁波称为表面迅衰波或称隐失波,这两个名称均可顾名思义。若用一支极细的光导纤维与该表面相贴近到小于光波波长的距离,则在光疏介质中的隐失波将会耦合到光导纤维中而被检测出来。由于被检测的表面所产生的衰减电磁场与该表面的形态相似,所以可以逐点扫描并记录其强度而获得表面的图像信息。实际上是使光导纤维上下移动以获得相同强度的信号,而光导纤维的高度位置就反映了表面的形态。这一点十分类似于以恒流模式工作的扫描隧穿显微镜。光子扫描显微镜也是利用近场的电磁场的效果,所以有人也将其称为近场扫描显微镜,但是利用隐失波的近场效果所获得的光强信号要比只简单地采用比光波的波长还小的光源的近场扫描光学显微镜大得多。图RM15-2是光子扫描隧穿显微镜的示意图,插图表示隐失波随表面形态变化的情况。图RM15-3是指数衰减的隐失波电场被耦合到光导纤维中的示意图,整个装置用计算机控制,并对扫描所获得的信息进行图像处理。扫描用的光纤是一个关键部件,直径在100～200 μm,长约30 cm,一端用匹配胶与光电倍增管的窗口相连结。光子扫描隧穿显微镜的垂直分辨本领可达$\lambda/40 \approx 16$ nm,水平分辨本领可达$\lambda/30$。

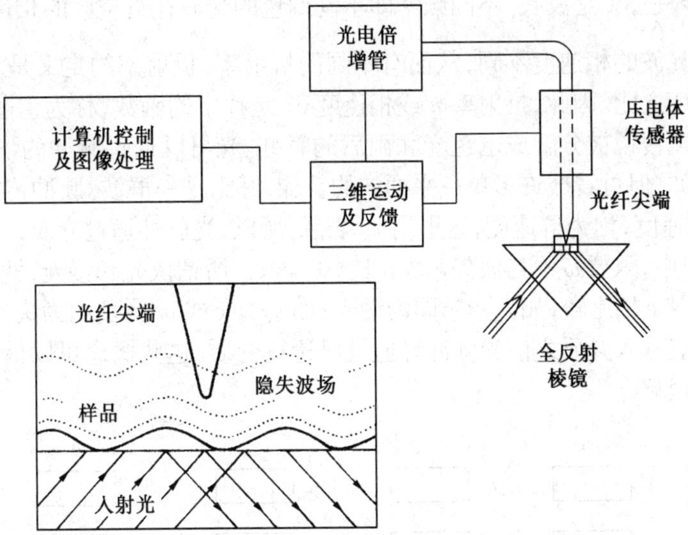

图 RM15-2

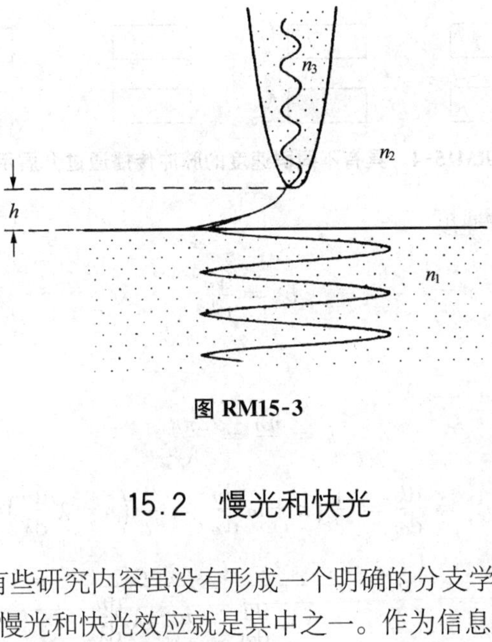

图 RM15-3

阅读材料　　15.2　慢光和快光

光学的现代发展中有些研究内容虽没有形成一个明确的分支学科，但这些光学的新现象却引起人们的高度关注，慢光和快光效应就是其中之一。作为信息载体，光在信息技术领域扮演越来越重要的角色。人们认识到，如果光的速度可以减慢或加快，在许多应用领域(如光缓冲器、可调光延迟/加速线、光存储器及量子信息处理设备等)，系统的光学性能可以获得改善。慢光和快光的研究已证实，光脉冲通过介质体系的传播速度可以特别控制，已观察到超慢传播(远慢于真空中光速)和超快传播(已超过真空中光速)。

要理解这些新现象，需要对光的传播有深入的认识，而光场的相速度和群速度的区别是关键。众所周知，同其他波动一样，光的传播也有两种不同的速度，即相速度和群速度。通常相速度 v_p 是恒定相位通过介质的速度，对于单色平面波，$v_p=\dfrac{\omega}{k}$，这里 $\omega=2\pi\nu$ 是圆频率，ν

为频率，波矢 $k=\frac{2\pi}{\lambda}$，λ 是波长。不同频率即不同颜色的光波在真空中的相速度相同，但在介质中不同频率的光波的相速度不同，从而有不同的折射率。折射率的定义是真空中的光速对介质中光的相速度之比。因此，折射率 n 或相速度 v_p 是频率的函数，称为色散。最常见的例子就是白光通过玻璃棱镜被分解成七色光和雨后的彩虹。光可以通过脉冲的形式传播信息。脉冲当然不是平面波，但可看成许多单色平面波的叠加，好比是一群波。脉冲传播的速度就是波群"包络"运动的速度，称为群速度，这里用 v_g 表示。所以，光脉冲通过介质传播的速度就是群速度。除非在真空中，只要 ω 不与波矢 k 成正比，$v_g\neq v_p$。所谓快光和慢光，就是指光的群速度 v_g 与真空中的光速 c 相比较，如 $v_g\ll c$ 即为慢光；如 $v_g>c$ 或 v_g 为负则为快光，负群速度表示在入射光场的峰值进入介质之前光脉冲峰值就已透过介质。这些概念可以借助于图 RM15-4 中的时间序列来理解。

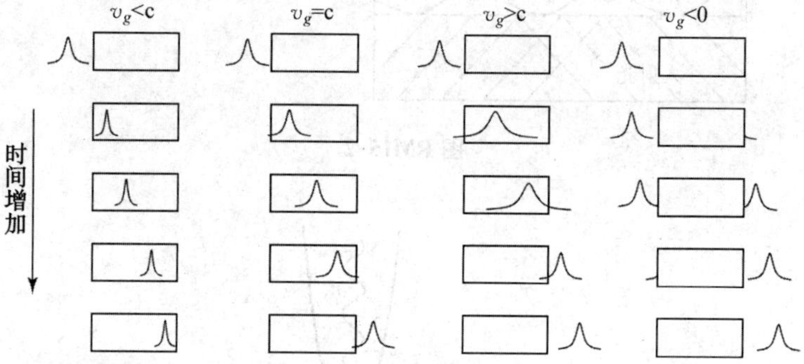

图 RM15-4 具有不同群速度的脉冲传播通过介质示意

理论和实验都证明群速度

$$v_g=\frac{d\omega}{dk} \quad ①$$

由于介质中的波矢

$$k=\frac{n\omega}{c}=\frac{2\pi n}{\lambda}$$

$$v_g^{-1}=\frac{dk}{d\omega}=\frac{1}{c}\left(n+\omega\frac{dn}{d\omega}\right)=\frac{1}{c}\left(n-\lambda\frac{dn}{d\lambda}\right)$$

$$v_g=\frac{c}{n+\omega\frac{dn}{d\omega}}=\frac{c}{n-\lambda\frac{dn}{d\lambda}} \quad ②$$

利用群折射率的概念也可以表述这一结果，群折射率 n_g 的定义为

$$n_g=\frac{c}{v_g}=n+\omega\frac{dn}{d\omega} \quad ③$$

可以看出，群折射率 n_g 与相折射率 n 的不同在于折射率的色散 $dn/d\omega$。对于玻璃这类透明介质，通常折射率随光的频率增大而增加，例如，蓝光（ω 高）的折射率比红光（ω 低）的折射率大，$\frac{dn}{d\omega}>0$，称为正常色散。但是有一类介质，如气体介质，对光有吸收作用，即随着光在介质中

传播路径的增加光的强度下降。经典电磁理论得出这类介质在某一波长吸收特别强，称为共振吸收。在这一波长附近$\frac{dn}{d\omega}<0$，并且折射率随波长或频率的变化很快，称为反常色散；而在波长远离共振吸收处，又表现为正常色散，$\frac{dn}{d\omega}>0$。慢光和快光效应其实是利用了材料共振吸收附近折射率随频率的快速变化。由②式可见，如果$\frac{dn}{d\omega}>0$，且数值很大，则光的群速度有可能远低于真空中的光速 c，这就是慢光；如果$\frac{dn}{d\omega}<0$，光的群速度有可能超过真空中的光速 c，甚至群速度为负，这就是快光。

由此可见，慢光和快光的物理基础类似，都源于折射率对波长的依赖；也都可以基于光脉冲通过长为 L 的介质的时间 $T=L/v_g$ 进行讨论。根据②式，取 $n\approx 1$，相当于稀薄气体情形，将群折射率的倒数(即群速度相对于真空光速 c 的比值 v_g/c) 对 $\omega\frac{dn}{d\omega}$ 作图，可得图 RM15-5。图 RM15-5 中，强吸收线对应于图的左方$\frac{dn}{d\omega}<0$ 处。在强吸收线附近(图 RM15-5 的右边)，为折射率 n 对 ω 梯度巨大的正色散区域，$dn/d\omega>0$，并且可能 $\omega(dn/d\omega)\gg 1$，由②式可见这将导致群速度远小于真空中的光速 c，如图 RM15-5 所示。此时 $\Delta T=L/v_g-L/c>0$，即产生慢光；但是，图 RM15-5 的左边$\frac{dn}{d\omega}<0$，对应反常色散。如满足$\left|\omega\frac{dn}{d\omega}\right|\approx 1$，则表现出奇异性。由图 RM15-5 可见，在其右边的(i)区内，$v_g>$ c；而在其左边的(ii) 区内，群速度为负，$v_g<0$。在这两个不同的区域内，光的传播时间 T 均小于通过相同长度真空的时间，$\Delta T=L/v_g-L/c<0$，将产生超光速传播或快光现象。

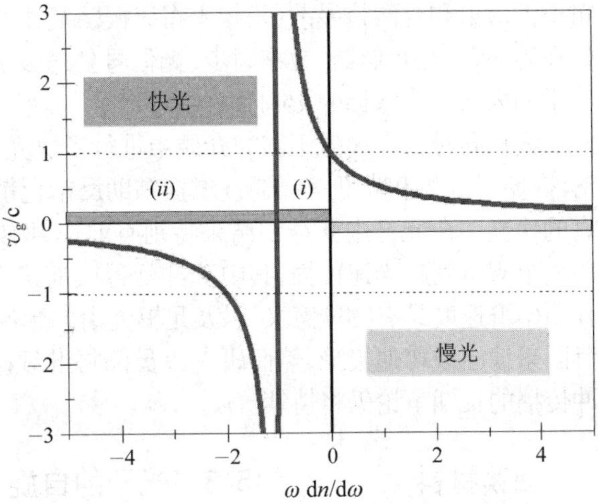

图 RM15-5　群速度 v_g 与介质的色散(折射率 $n\approx 1$)

在正常色散情况，光脉冲的传播由群速度描写，与信号速度相同。可是在折射率梯度巨大的反常色散情况下，群速度可以超过真空中光速 c，甚至变成负值。狭义相对论要求，信号的传播速度不能超过 c，信息不能用负速度传递，否则会与因果律相冲突，即一个信号在发射之前就被接收，这是不可思议的。虽然乍看起来，这一现象似乎不符合因果律，但人们在信号速度不超过 c 的条件下，通过区分群速度和信息或信号传播的速度解决了这个困难，就是说信号不再以群速度传播。也有人提出，如果色散反常，群速度并没有物理意义，因为在高吸收介质中脉冲严重失真。不过也有人对反常色散介质中的群速度仔细研究后发现，在合适的条件下，共振吸收体中高斯脉冲的重塑可导致无形变脉冲前进，从而又能赋予反常色散介质中的群速度以物理意义，认为畸变可以忽略的光滑脉冲可以负群速度传播。

关于慢光和快光，早期工作一般体现在色散放大/吸收材料体系，由于传播过程中光脉冲的放大或衰减而导致脉冲失真,所得结果并不清晰。对慢光技术发展具有深远影响的结果是1999年Hau等人基于电磁感应透明(EIT)效应在超冷原子气体中得到17 m/s的光群速度,但是由于EIT技术的实验条件复杂昂贵,且不能在室温产生效应,其实际应用的潜力有限。为将慢光应用于更现实和更广泛的领域,人们进行了大量的工作以在室温条件下减慢光速。对慢光产生具有重大意义的工作发表于2004年,利用光谱烧孔现象,在室温条件下人们在固态介质中减慢了光速,这种慢光产生机制的本质是通过介质折射率的急剧变化减慢光速。2006年,利用相位耦合的色散效应,室温条件下在光折变晶体$Bi_{12}SO_{20}$中减慢了光速。介质中的群速度不仅与介质折射率有关,而且与相位耦合系数的色散特征有关,甚至在晶体中获得了0.05 m/s的群速度。此外,更多产生慢光的新型实用机制被研究报道,如光纤中的受激布里渊散射和受激拉曼散射、相干布居振荡及光子晶体波导中的共振效应等。科学家们已开始在光缓存、光存储器、数据同步、光信号处理及光纤传感器等领域应用慢光,这些应用将对光学的未来产生深远的影响。

人们同时也在大量不同的介质中进行了快光实验,这些介质包括原子介质、半导体、染料溶液、室温固体和光纤等。通过增益辅助反常色散,2000年在铯原子气体中观测到几乎无失真的快光。在光纤中获得的结果特别有前途,例如,在受激布里渊散射方案中在11.8 km的距离上观察到超光速传播,其中脉冲延迟或前进可以通过探测频率来控制。目前,尽管快光介质中群速度具有物理意义,以及足够光滑的脉冲可以几乎无形变的以负群速度传播而不违背因果律已被普遍接受,然而研究人员仍将继续研究反常色散条件下的光传播,对超光速脉冲传播的长期争论仍将持续。

阅读材料　　15.3 光子的自旋和轨道角动量

大多数物理学工作者都知道光子具有动量及与光偏振相关的自旋角动量,但对光子的轨道角动量可能所知尚少。关于光子的自旋角动量的认知可以追溯到1909年,当时坡印亭认为圆偏振光应具有角动量,每个光子的角动量的值为$\pm\hbar$。他提出,任何偏振态的变换(如线偏振到圆偏振)一定伴随着与光学系统之间的角动量交换。1936年,贝斯实验的确检测到偏振光和悬挂的双折射波片之间的这种角动量传递,从而证实光具有自旋角动量。对椭圆偏振光,光子的自旋角动量为$L=\sigma\hbar$, $-1\leqslant\sigma\leqslant+1$。这个不等式也包括圆偏振光和线偏振光。对于圆偏振光$\sigma=\pm1$,“+”号对应左旋圆偏振光,“−”号对应右旋圆偏振光;而对于线偏振光,$\sigma=0$。并且正的自旋角动量平行于光束传播方向,负的自旋角动量反平行于光束传播方向。与之相对照的是光的轨道角动量与偏振无关,只取决于光场的空间分布。关于光的轨道角动量的认知比自旋角动量要晚得多,直到1992年,才由艾伦等人认识到一个光束若具有$\exp(-il\phi)$形式的轴向相位关系,就会有与偏振态无关、不同于自旋角动量的另一种角动量,即轨道角动量;这里ϕ是光束横截面上的方位角,l是正负整数。这样的光束具有螺旋状波阵面,坡印亭矢量沿着绕光束轴的螺旋线,而在光束轴上光强为零,形成所谓“光学涡旋”,如图RM15-6(c)所示。其中,整数l给出光束横截面上转动一周方位角ϕ变动2π时轴向相位变化2π的倍数。这个轨道角动量不同于自旋内禀角动量,相应于光束中每个光子具有角动量$L=l\hbar$。还应该指出,这一轨道角动量也不同于矢径和线动量的矢量积,与坐标原点的选择无关,因而有时也称为内部轨道角动量。

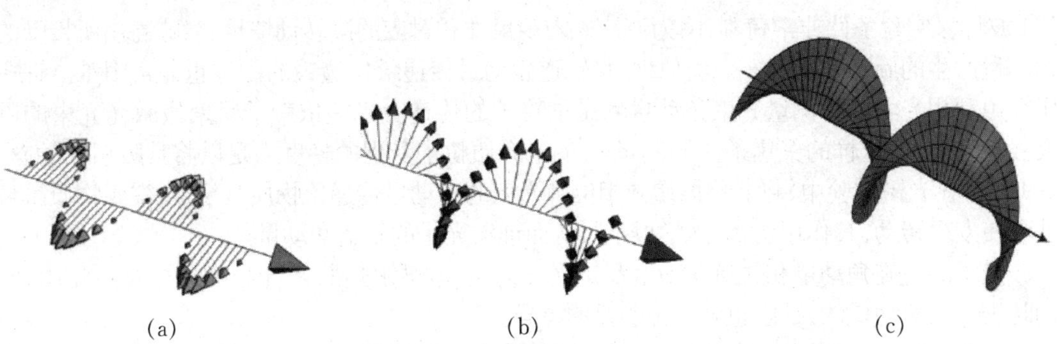

图 RM15-6　线偏振光(a)、右旋或左旋圆偏振光(b)和 $l=1$ 的螺旋相位光(c)

螺旋相位光携带轨道角动量,现在已可以方便地产生携带角动量的光束。实际上,人们发现已知的高阶拉盖尔-高斯光束就是这样的光束,圆柱形拉盖尔-高斯模式具有明确的 exp $(-il\phi)$ 相位因子,使其成为承载轨道角动量光束的自然选择。绝大多数激光光束是没有螺旋相位的厄米-高斯光束。拉盖尔-高斯光束虽也是激光谐振腔的本征模,但通常不容易激发出来,因此用厄米-高斯光束转换成拉盖尔-高斯光束是更方便的方法。自旋角动量只取决于光束的偏振状态,而与相位无关,因此,厄米-高斯光束和拉盖尔-高斯光束都能够具有自旋角动量。用一块 1/4 波片将线偏振光转换成圆偏振光,就可以简单地使光束具有自旋角动量。将厄米-高斯光束转换成具有轨道角动量的拉盖尔-高斯光束,可以方便地用柱透镜对实现,如图 RM15-7 所示。虽然这种转换具有很高的效率,但每个拉盖尔-高斯模式都需要一个特定的厄米-高斯初始模式,因而通常都是采用数值计算全息图来产生螺旋光束,这样的全息器件可以从一个初始光束产生具有各种期望轨道角动量值的光束。

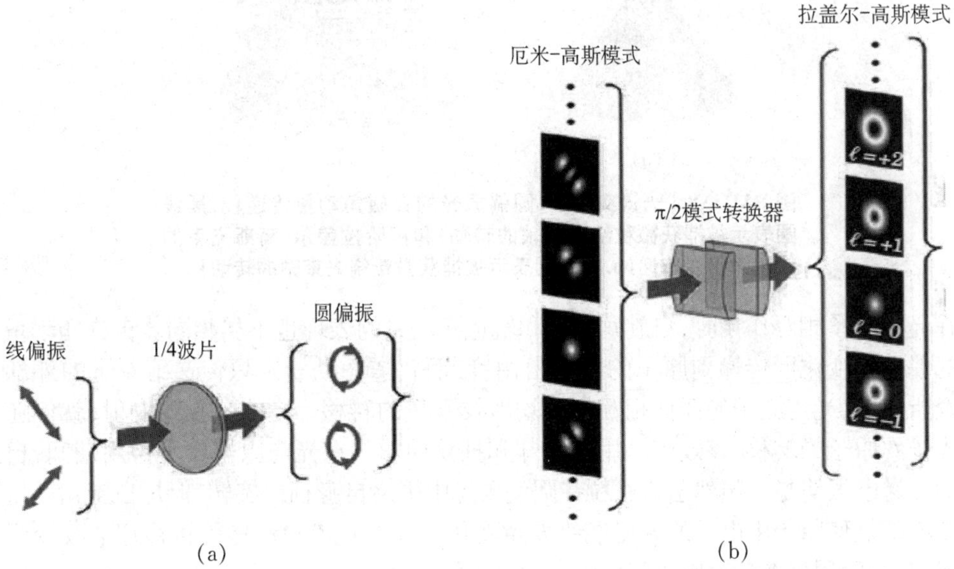

图 RM15-7　用 1/4 波片将线偏振光转换成圆偏振光(a),用柱透镜对将厄米-高斯光束转换成拉盖尔-高斯光束(b)

测量光束的角动量并不容易,1936 年贝斯首次从一个光束传递出自旋角动量,将圆偏振光的角动量传递给悬挂的 1/4 波片。这一实验的原理是圆偏振光携带自旋角动量,经过 1/4 波片变成没有自旋角动量的线偏振光。根据系统角动量守恒原理,光束失去的角动量传递给

1/4 波片。实验条件非常苛刻,因为波片的宏观尺寸和对应的高转动惯量,意味着由所接受的角动量产生的旋转非常微小。类似地,将轨道角动量传递给柱透镜的测量也非常困难。许多研究组利用光学镊子测量光束角动量到微细粒子的传递。光镊依赖于紧聚焦激光光束的巨大强度梯度,在这样的聚焦条件下,小而轻的电介质粒子受到的梯度力足以将其吸引到轴向。1995 年,在光镊实验中,将非偏振螺旋相位激光束的角动量传递给物质微粒,观察到物质微粒被驱使发生转动,其作用仿佛"光学扳手",从而证实光子的轨道角动量。

光子的自旋角动量和轨道角动量都是光子的可观测物理量,在光与物质相互作用中,它们既表现出角动量的共性,也表现出明显的差异。

光镊实验中,当微粒在光束轴上被捕获时,光束中的两种角动量显示出相似的行为,自旋和轨道角动量都有助于使微粒球绕其自身轴线旋转。纯圆偏振光 $\sigma=\pm 1$,可以使颗粒顺时针或逆时针旋转;当被捕获粒子遇到具有 $l=\pm 1$ 的光时,也可以使其沿不同的方向旋转。若 σ 和 l 具有相同的符号,将导致与 $(\sigma+l)$ 成比例地更快旋转,而如果 σ 和 l 具有相反的符号,则将使粒子旋转减慢直至停止,这证明自旋和轨道角动量的机械等效性。换句话说,自旋角动量与轨道角动量可以相加或相减,光束的光学角动量为 $(l+\sigma)\hbar$。对于远离光束轴的粒子,自旋和轨道角动量表现明显不同。自旋角动量的转移总是导致颗粒绕其自身轴旋转,而轨道角动量的转移则导致颗粒以与光束的局部强度成比例的角速度绕光束的轴线转动,如图 RM15-8 所示。

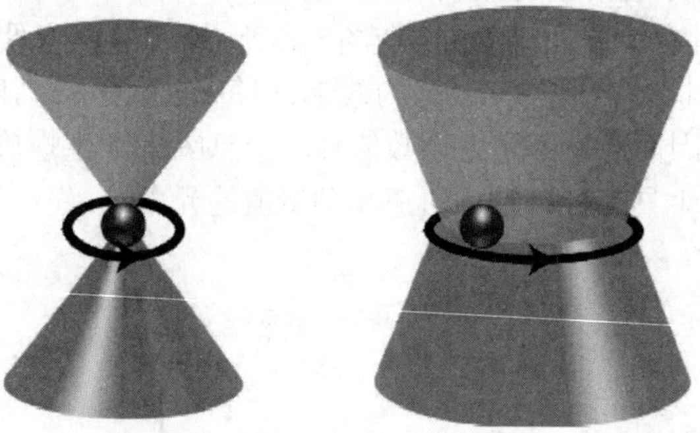

(a) (b)

图 RM15-8 光镊实验中,圆偏振光的自旋角动量传递(a,黑线圈表示被捕获微粒绕自身轴的转动)和高阶拉盖尔-高斯光束的轨道角动量传递(b,黑线圈表示被捕获微粒绕光束轴的转动)

在光与原子相互作用时,自旋角动量和轨道角动量的表现也不尽相同。自旋角动量会因光子的偏振态变化而传递到原子的内部自由度,而轨道角动量则只传递给原子的外部自由度。众所周知,光与原子的任何相互作用均涉及动量的转移。光的吸收或发射,就伴随着动量从光子到原子的转移,该效应已用于冷却和捕获原子。在光与原子相互作用期间,自旋角动量的传递已很清楚。虽然宏观颗粒在圆偏振光中围绕自身轴线旋转,但是自旋角动量对原子的影响却是使原子中电子的塞曼能级发生变化。光的轨道角动量的转移却会改变原子的运动状态,并已用来在超冷原子气体中产生量子涡旋。

光的角动量可导致旋转多普勒频移,该频移是当光束以角频率 Ω 绕轴旋转时容易观察到的角多普勒效应。该频移并非接受器朝向或远离发射源移动时观察到的多普勒频移。对于角频率为 Ω 的绕轴旋转光束,对自旋角动量光的频率偏移为 $\delta\omega_1=\sigma\Omega$,而对于轨道角动量的频率偏移则为 $\delta\omega_2=l\Omega$,因此对总角动量而言,频率偏移为 $\delta\omega_3=(\sigma+l)\Omega$。这是一种取决于自旋和轨道角动量总和的效应。

在与非线性晶体相互作用时，光的自旋角动量和轨道角动量也有明显不同的表现。例如，非线性晶体中二次谐波的产生，输出光束频率加倍，轨道角动量也加倍；从光子角度看，这意味着两个光子结合成一个光子，该光子具有双倍能量、双倍动量及双倍轨道角动量。自旋角动量则完全不同，因为一个光子的自旋角动量最多只能是$\hbar$。而且轨道和自旋角动量之间还存在另一个差异：与轨道角动量联系的 l 值没有潜在上限，上转换可以用于改变模式的阶次；与自旋角动量联系的偏振模式却没有变化。

对于自旋角动量和圆偏振光，光源不需要在时间或空间上相干。对于轨道角动量，情况则比较复杂，由于轨道角动量与光束的相位相关联，便对其时间相干没有限制，每个频谱分量都可以具有完美的 $\exp(-il\phi)$ 相位结构。但完美的螺旋波阵面意味着完全的空间相干性，降低空间相干性，将破坏轴上相位奇异性和轴上零强度。

轨道角动量是光子的一个独立自由度。光子的自旋角动量仅能取两个值，只能承载二维空间的信息；而光子轨道角动量却能取多值(不同的 l 值)，能承载高维空间的信息，是实现高维量子体系的理想模型。在量子计算和通信中，轨道角动量的更高维希尔伯特空间允许新的量子协议，能提供更高的数据容量和增加安全级别。因此，光子轨道角动量受到量子信息领域研究者的青睐，光子轨道角动量在量子纠缠态操控、旋转多普勒效应测量方面进展迅速。光子轨道角动量加入原有的光子能量(频率或波长)、动量(传播波矢)、自旋角动量(偏振态)队伍中，是光子的又一个可观测的物理量。从物理上看，光(光子)的所有物理量，都会在与物质相互作用时体现出相应的效应。到目前为止，已经有实验研究光的轨道角动量与物质相互作用的方式，并且已经建立了由光学角动量的扭矩驱动的微机；与轨道角动量相关的技术，包括空间光调制器和全息图设计，也已经实现从光学镊子到显微镜的多方面应用。携带轨道角动量光束的产生和操纵已经变得常规化。尽管如此，对光学角动量的研究仍然处于起步阶段，毫无疑问，更多的基本性质和更多的应用正在等待被发现。

思考题与习题

一、思考题

15-1 两互相平行的偏振片，起先所放置的相对位置使通过的光强最大，现在把其中的一个偏振片绕光传播的方向转过 30°，问通过的光的振幅和强度各为原来的多少倍？

15-2 偏振片有什么特性？有什么用途？

15-3 一束光入射到两种透明介质的分界面上，发现只有透射光而无反射光，试说明这束光是怎样入射的，其偏振状态如何？

15-4 什么是双折射现象？什么是光轴？什么是主截面？什么是寻常光和非常光？o 光和 e 光是对什么而言的？

15-5 已知一个 1/2 波片或 1/4 波片的光轴与起偏器的偏振化方向成 30°角。试问从 1/2 波片和 1/4 波片透射出来的光将是什么偏振态的光？

15-6 如何区别以下几种光：①线偏振光，②圆偏振光，③椭圆偏振光，④自然光，⑤部分偏振光，即线偏振光和自然光的混合，⑥圆偏振光和自然光的混合，⑦椭圆偏振光和自然光的混合。

二、习题

15-1 在两块偏振化方向相互垂直的偏振片 P_1 和 P_3 之间插入另一块偏振片 P_2，光强为 I_0 的自然光垂直入射于偏振片 P_1，如图所示。试求：转动 P_2 时透过 P_3 的光强 I 与 P_1，P_2 透振方向之间的夹角 θ 的关系。

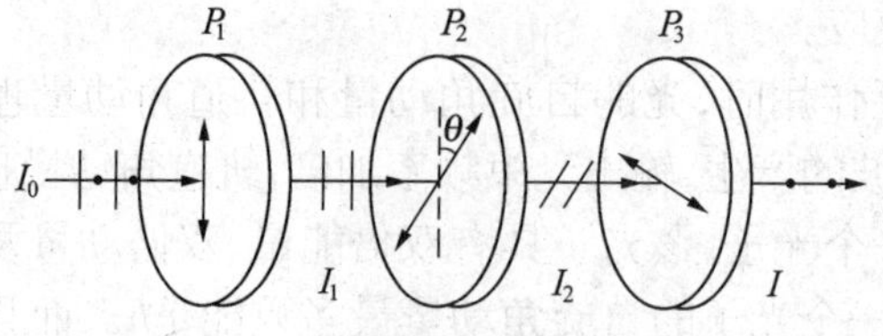

习题 15-1 图

15-2 水和玻璃的折射率分别为 1.33 和 1.50。当光由水中射向玻璃而反射时，布儒斯特角为多少？当光由玻璃射向水中而反射时，布儒斯特角又为多少？这两个布儒斯特角的数值间有什么关系？

15-3 一束由自然光和线偏振光混合的光垂直通过一块偏振片时，透射光的强度取决于偏振片的取向。已知最大光强是最小光强的 4 倍，求入射光束中两种光的强度与总入射光强度的比值各为多少？

15-4 一束钠黄光以 50°的入射角射到方解石平板上，设光轴与板表面平行而与入射面垂直，问两束出射光的夹角是多少？已知钠黄光波长 $\lambda = 589.3$ nm，方解石的折射率 $n_o = 1.658$，$n_e = 1.486$。

15-5 设方解石薄板的光轴平行于其表面，现在要用它制作钠黄光的半波片，问薄板的最小厚度应为多少？(已知 $n_o = 1.658$，$n_e = 1.486$，$\lambda = 589.3$ nm)

15-6 如果要使一波长 $\lambda = 600$ nm 的线偏振光通过一光轴与晶体表面平行的石英晶体后，变为长、短轴之比为$\sqrt{3}$的正椭圆偏振光(石英晶体的折射率 $n_e = 1.552$，$n_o = 1.544$)。试求：

(1) 晶片的最小厚度；

(2) 入射偏振光的振动方向与晶片光轴方向的夹角。

15-7 将一片垂直于光轴切割的石英晶片放在两个偏振化方向平行的偏振片之间，如果要使波长 435.8 nm 的光不能通过，石英厚度应为多少？已知对应于该入射光的波长，石英的旋光率为 41.5°/mm。

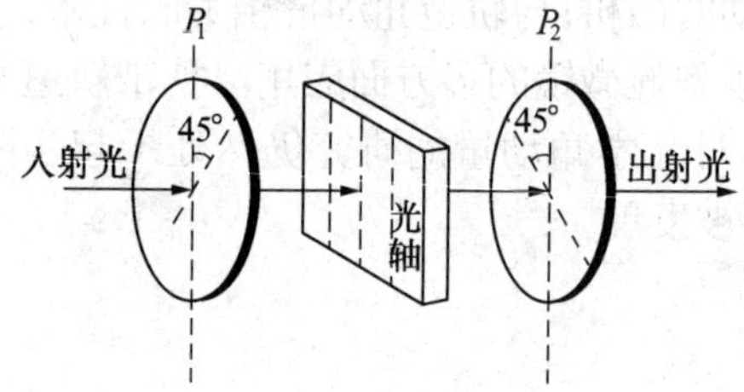

习题 15-8 图

15-8 如图所示，厚为 2.5×10^{-2} mm 的方解石晶片的光轴平行于表面，晶片放在两片偏振化方向正交的偏振片之间，光轴与两个偏振片的偏振化方向各成 45°角。如果射入第一片偏振片的光是波长在 400～760 nm 的可见光，问透出第二片偏振片的光中少了哪些波长的光？在其他条件不变的情况下，将偏振片 P_2 以光线传播方向为轴旋转 90°，使其偏振化方向与 P_1 平行，此时出射光中少了哪些波长的光。(已知方解石晶体的 $n_o = 1.6584$，$n_e = 1.4864$。)

15-9 一束椭圆偏振光先后通过一块$\frac{1}{4}$波片和一块偏振片，转动偏振片 P 使其达到消光位置时，$\frac{1}{4}$波片的光轴与偏振片 P 的透振方向夹角 25°，求椭圆偏振光的长、短轴之比。

15-10 波长为 600 nm 的单色平行光垂直入射到缝宽为 $d = 0.08$ mm 的单缝上，在缝后放焦距为 $f = 1$ m 的凸透镜 L，在其焦平面处的观察屏 P 上观察其衍射条纹。现在缝前盖上两块偏振片 P_1 和 P_2，各挡住缝宽的一半($d/2$)，如图所示，若 P_1 的偏振化方向与缝平行，而 P_2 的偏振化方向与缝垂直。问：屏上有无衍射条纹？如有，求其条纹宽度。

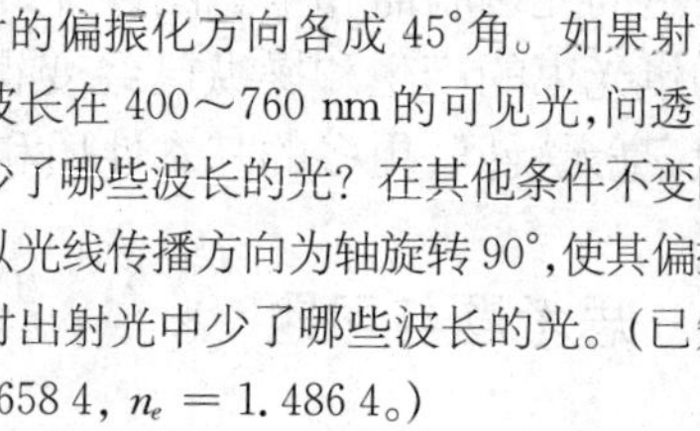

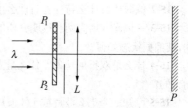

习题 15-10 图

第五篇

近 代 物 理

第十六章　量子物理基础

刚刚过去的20世纪是物理学飞速发展的世纪，以相对论和量子力学的建立为显著标志。谈论20世纪物理学的成就，鲜有不提及这两个领域的。然而，相对论与量子力学似乎离我们很远。例如，相对论的质能转换、量子力学的波粒二象性与我们日常的经验如此相悖以至于简直是匪夷所思。其实相对论和量子力学和我们并不遥远。如果说看上去相对论同我们的关系似乎还不那么密切的话，量子力学可说是和我们当代人的生活及工作朝夕与共了。即以目前不可或缺的个人使用的计算机而言，其最关键的硬件——中央处理器是大规模集成电路，电路的主要元件是晶体管；最初的晶体管是在能带论的指导下研制出来的；而能带论正是20世纪上半叶将量子力学应用于固体中电子状态的研究而发展出来的理论。就物理学而言，量子力学对当代物理学的各个分支都有重大影响。能带论是一个例子，激光无疑是另一个最具典型性的例子(参见本书第十八章)。量子力学影响所及已远远超出物理学的范畴。单单提及量子化学或量子生物学这样的学科名称已可见一斑。本章介绍量子力学的基础知识，而在下章应用于对原子及分子体系的讨论。

§16.1　黑体辐射与普朗克的量子假说

100年前，经典物理学已发展到相当完善的地步。牛顿力学、麦克斯韦电磁理论、热力学与统计物理学等已能解释宏观世界中的各类物理现象。在物理学的领域里看上去是一片阳光普照晴空万里的清明景象。然而，就在这个时候，“经典物理学出现了危机，晴朗的天空中飘来两片乌云”(著名物理学家开尔文语)，预示着催生新学科的风雨之将临。其一就是第十四章提到的迈克尔逊寻找以太的失败，这一片乌云在相对论诞生之后消散；另一片就是这里要介绍的“紫外灾难”，直接导致量子论的出现。

所谓“紫外灾难”是指紫外波段黑体辐射的实验规律与经典物理的理论相悖。

众所周知，任何物质都有吸收一定波段的电磁辐射的性质，同时也能发射一定波段的电磁辐射。而且吸收本领与发射本领之间存在确定的关系，吸收本领越大发射本领也越大。黑的东西能吸收各种入射的光波，应该是一种好的吸收体。物理学上引入一种“绝对黑体”的模型，即不论何种波长的电磁辐射以何种角度、何种强度入射其上都能来者不拒，照单全收。无疑绝对黑体也是良好的辐射发射体，因为在一定的温度下达到热平衡时任何波长的吸收与发射功率必然相等。一个开一小洞的空腔可近似地模拟绝对黑体，因为任何由洞口入射的光线会在腔内经多次反射而被吸收，而再由洞口反射出来的机会是极小的，如图16.1-1所示。白天我们从远处眺望大楼上的窗口都是黑的就是这个原因，尽管室内的人感到周围很明亮。

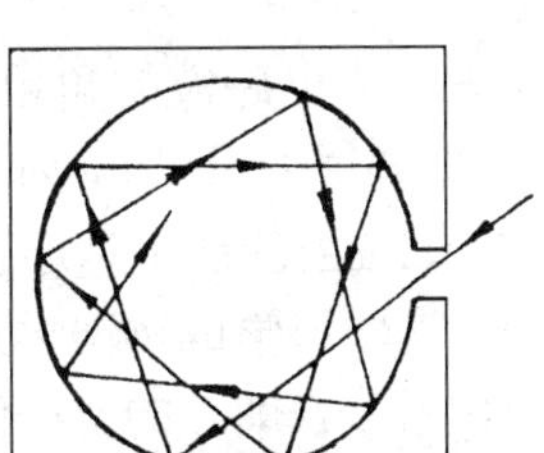

图16.1-1　绝对黑体模型

绝对黑体简称黑体，黑体辐射问题的研究对象是当其与周围物体(如图16.1-1中的腔壁)处于热平衡时发出的辐射能量随波长或频率的分布。图16.1-2中的实验曲线(实线)即为一黑体在

温度 $T = 1\ 646$ K 时发出的电磁辐射随波长分布的实验曲线,纵坐标 $M_{B\lambda}$ 为黑体单位表面积在波长 λ 附近单位波长间隔内发射的功率。由图可见在长波(低频)与短波(高频)范围辐射均衰减为零,而在某一波长达极大值。

历史上维恩曾根据热力学理论推导黑体辐射的规律,结果在短波段与实验一致,而在长波低频范围与实验不符。而瑞利与金斯则根据经典电动力学理论推导黑体辐射公式,结果恰恰相反,只在长波范围符合实验结果,在短波范围完全与实验不符,竟趋向于无穷大(如图 16.1-2)。这一严重矛盾历史上称为"紫外灾难",反映出经典物理遭遇到难以克服的困难。

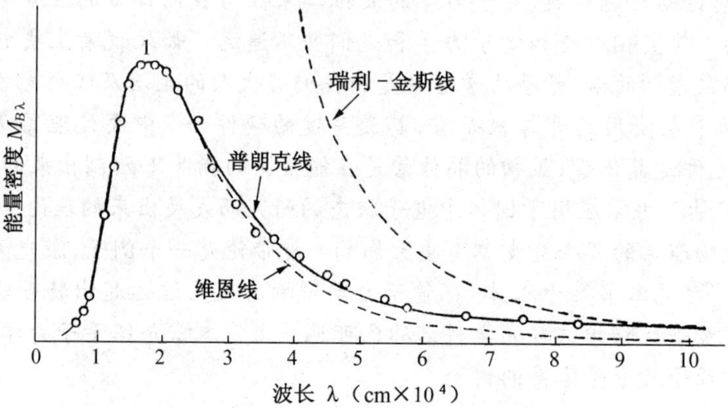

图 16.1-2 黑体辐射的能量分布

对光电效应的解释同样使经典物理学捉襟见肘。赫兹在 1888 年发现光电效应,随后这一效应得到详尽的研究。但经典电磁理论无法解释何以光照金属表面所释放的电子——光电子的能量与光强无关,而只取决于入射光的频率,恰与经典理论相反。

经典物理学的这两个困难分别为普朗克与爱因斯坦提出的假说克服,从而标志着量子论的创立。

1900 年 10 月 19 日,普朗克在德国物理学会发表了一个全新的黑体辐射公式,与实验完全一致。这一公式是将维恩与瑞利-金斯的公式加以适当改造并结合在一起的。为了阐明这一公式的物理内涵,必须大胆假设某一波长辐射的能量不是连续变化的,而只能是以某一最小单元 E_0 为单位作阶跃式变化。换言之,辐射能量只能是 E_0, $2E_0$, $3E_0$, …, E_0 被称为"量子"或"能量子",与辐射的频率成正比:

$$E_0 = h\nu \tag{16.1-1}$$

式中比例系数 $h = 6.63 \times 10^{-34}$ 焦耳·秒(J·s),称为普朗克常量。现在,有时将上式写为

$$E_0 = \hbar\omega \tag{16.1-2}$$

这里 ω 为电磁波的角频率,而 $\hbar = h/2\pi$。必须强调指出的是(16.1-1)式中的 h 虽然数值很小,但辐射能量以 $h\nu$ 为单位的分立式变化却是从原理上与经典物理相抵触的,后者认为频率为 ν 的辐射的能量是连续变化的,不受任何限制。然而,毕竟事实是无情的。作为本质上是一门实验科学的物理学必须承认实验事实并接受能解释实验的理论假说,除非有更完善的假说代替。普朗克的量子假说革命性地突破了经典物理的局限,开启了量子论的大门,使人们由电磁辐射的能量量子化开始重新认识光的微粒性。

普朗克的量子假说启发了年轻的爱因斯坦,就在 5 年之后的 1905 年,时年 26 岁的爱因

斯坦提出光量子学说，认为“光的能量在空间不是连续分布的”，他认为一束光就是一束以光速运动的粒子流，这种粒子称为光量子或光子，频率为 ν 的光波的光子的能量恰好就是普朗克的能量子 $h\nu$。光的能量不能比 $h\nu$ 更小，只能以其为单位被吸收或辐射。爱因斯坦以其光子假说成功地解释了光电效应。光电效应的主要实验事实可由图 16.1-3 说明。某一频率为 ν 的光线通过真空室壁上的石英窗口入射金属阴极 C，从阴极击出的电子——光电子经阴极与阳极 A 之间的电场加速并为 A 收集成为光电流。实验表明光电子流(单位时间内由阴极击出的电子数)与入射光强成正比；如改变入射光的频率，则当光频率 ν 小于某一数值 ν_0(称为截止频率或红限)时便无光电子产生；如改变加速电压的极性，即施加反向电场，当反向电压的绝对值大于某一数值 U_0(称为遏止电压)时光电流才消失。U_0 与入射光强 I 无关，而与入射光频率 ν 呈如下线性关系：

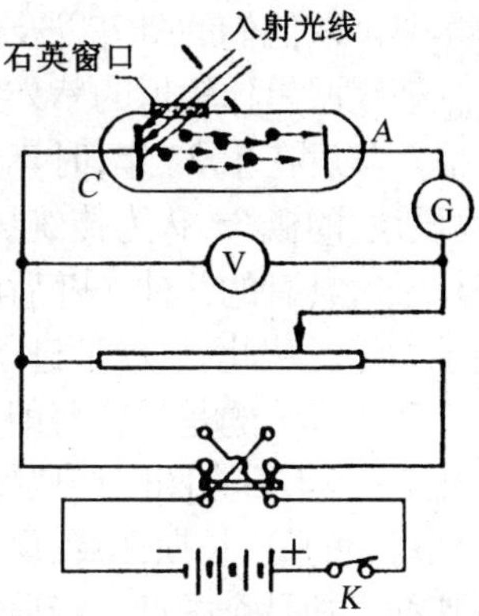

图 16.1-3

$$U_0 \sim (\nu - \nu_0),\ (\nu > \nu_0) \tag{16.1-3}$$

而且，光电子的发射瞬间发生，无论入射光强高低，甫一有光照，立刻便有光电子被击出。这些典型的实验事实无法由经典物理的理论得到合理的解释。根据经典电磁理论，不存在红限 ν_0，而且光电子逸出阴极表面时的动能应随光强增大而同入射光频率无关；当光强较小时阴极中的电子必须经过一定时间的能量积累才能逸出阴极而不会是瞬时过程。然而爱因斯坦的光子说能克服上述所有困难。频率为 ν 的光波入射金属表面，当光量子与金属中的某个电子相遇时会立即将能量 $h\nu$ 交给电子，使电子动能增加，如果该电子向表面运动并且其能量足以克服金属脱出功 W 的束缚便能逸出金属表面成为光电子并形成光电流。W 与红限 ν_0 满足关系 $W = h\nu_0$，而(16.1-3)式也可相应地写作如下等式：

$$U_0 = \frac{h}{e}(\nu - \nu_0) \tag{16.1-4}$$

上式其实正是能量守恒与转换定律在光电效应中的表现。事实上，eU_0 正与光电子逸出金属表面时的动能相等。爱因斯坦的光子说使人们对于光的本性的认识又提高到一个新的高度——光同时具有波动性与微粒性两种特性 ——波粒二象性。在某些场合，例如干涉与衍射光主要表现其波性；而在与其他微观粒子相互作用，例如光电效应中则主要表现其微粒性。现在光子的波粒二象性可由以下两式作概括性的表述。一是：

$$p = m_p c = h/\lambda = h\nu/c \tag{16.1-5}$$

这里 c 是光速，p 是光子的动量，m_p 为光子的质量。显然，p 与 m_p 表现光子的粒子性，而 ν 表现其波动性。另一即为普朗克的量子假说给出的

$$E_0 = m_p c^2 = h\nu \tag{16.1-6}$$

上式同时表示光子的相对论质能关系。注意，由§4.3知，当质点的速度为 v 时，其质量 $m = m_0\Big/\sqrt{1-\left(\frac{v}{c}\right)^2}$，其中 m_0 为该质点的静止质量。由此可见，由于对光子，$v = c$，光子的静止质量为零。

普朗克与爱因斯坦以其对量子论的奠基性贡献分别于 1918 年和 1921 年荣获诺贝尔物

理学奖。以他们的研究以及玻尔关于原子光谱的假说为标志的量子论称为旧量子论。旧量子论在克服黑体辐射的紫外灾难等经典物理困难方面的成功为量子力学理论的建立创造了前提。其后在1923年,时年31岁的德布罗意认为关于光子的理论也适用于电子,从而提出"物质波"的概念,认为传统具有粒子性的电子也具有波性。这使人们认识到波粒二象性是微观粒子所具有的共性。随后的一大批年轻学者奋勇精进,在5年内建立起量子力学与相对论量子力学。从此,物理学进入了全新的时代,开创了全新的天地。

耐人寻味的是尽管普朗克的量子假说为实验所证实,并为物理学界逐渐承认,可他本人却在10多年后企图向经典物理体系回归,自己否定自己并且否定爱因斯坦的光量子说。与之相对照的是,长期怀疑、反对爱因斯坦光子说的密立根对光电效应作过10年的仔细研究,但其初衷却是企图证实经典的电磁理论。事实与他的期望相反,在事实面前他率真地放弃原先的想法而承认爱因斯坦光子说的正确。这位学者也因此获1923年诺贝尔物理学奖。

§16.2 德布罗意波

尽管旧量子论在克服经典物理的危机方面获得巨大成功,但本身仍很不完善。例如,玻尔等人关于原子中的电子处于量子化轨道上运动的观点并不能解释诸如碱金属原子光谱中的双线等实验事实,而且所谓轨道量子化的假说仍是在将原子中的电子看作经典粒子的基础上引进的,本身也没有恰当的理论根据。德布罗意受光子波粒二象性的启发,认为以前对光的认识侧重于光的波性,忽略了粒子性;而对像电子这样的微观实体则过分强调实体的粒子性,却忽略了其可能具有的波动性。为此他提出微观的实体粒子也具有波粒二象性的假说,而且认为波性与粒子性之间的联系也同光子一样,即微观粒子表现其粒子性的能量 E 及动量 p 和表现其波性的波长 λ 及频率 ν 之间也具有类似于(16.1-5)和(16.1-6)式的关系:

$$\boldsymbol{p} = (h/\lambda)\boldsymbol{n} = \hbar \boldsymbol{k} \tag{16.2-1}$$

$$E = h\nu = \hbar\omega \tag{16.2-2}$$

其中 $\boldsymbol{n}$ 为粒子动量方向的单位矢量,而 $\boldsymbol{k}$ 为波矢,即

$$k = 2\pi/\lambda \tag{16.2-3}$$

对于自由粒子而言,其动量 $\boldsymbol{p}$ 与能量 E 都是常数,由(16.2-1)与(16.2-2)式可见,相应的波动的波长与频率也是常数,单色平面波符合这一要求。由§13.4知,沿 x 方向传播的平面波可用函数

$$\Psi = a\cos(kx - \omega t - \delta) \tag{16.2-4}$$

描写,其中 δ 为原点的振动初相,如取复数形式,Ψ 可表示为

$$\Psi = a e^{\mathrm{i}(kx - \omega t - \delta)} \tag{16.2-5}$$

其中 a, k, ω 与 δ 均为实数。在三维情形,上式中的 kx 应代之以波矢 $\boldsymbol{k}$ 与位矢 $\boldsymbol{r}$ 的标量积:

$$\Psi = a e^{\mathrm{i}(\boldsymbol{k}\cdot\boldsymbol{r} - \omega t - \delta)} \tag{16.2-6}$$

上式可改写为

$$\Psi = A e^{\mathrm{i}(\boldsymbol{p}\cdot\boldsymbol{r} - Et)/\hbar} \tag{16.2-7}$$

上式中应用了(16.2-1)与(16.2-2)式,而

$$A = a\mathrm{e}^{-\mathrm{i}\delta} \tag{16.2-8}$$

为复数振幅。

根据§13.4所述，(16.2-7)式为简谐平面波的复数表达式，因此在本章中称 $\boldsymbol{\Psi}$ 为平面波的波函数。由此可见，微观粒子的波性可用波函数描写。这里，即以平面波函数描写自由粒子。

德布罗意微观粒子波粒二象性的假说当然需要实验的证实。就在他的假说提出4年之后，戴维森与盖末从实验上发现了电子的衍射现象。他们将电子束沿法线方向投射到镍单晶的表面，同时测量晶体表面散射电子的强度与散射角 θ 的关系，如图16.2-1所示。实验结果表明，在 θ 角为某些特定值的散射方向散射束的强度达极大值；而这些散射方向正与将镍晶体看作三维衍射光栅根据波动理论计算的衍射束的方向一致，从而无可辩驳地证实了电子的波性。其后，电子的单缝衍射、双缝干涉等许多原为光波所有的波动现象均被一一发现，而且中子、原子、分子等微观粒子的衍射现象也陆续被观察到，同时衍射波的波长与微观粒子的能量之间也满足(16.2-1)与(16.2-2)式所示的德布罗意关系。从此，微观粒子的波性或波粒二象性便为学术界普遍接受，并且称这种波为物质波或德布罗意波。

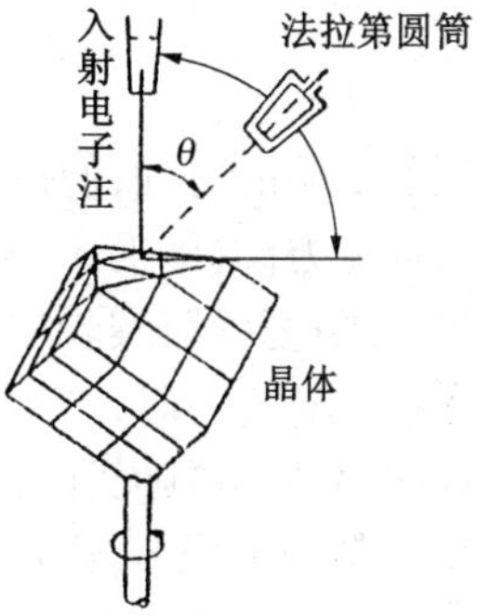

图16.2-1　电子束在晶体表面的衍射

然而，物质波毕竟与经典的波动不同，更不是在波动涉及的范围都有微观粒子空间位置的振荡。物质波本质上是一种概率波，其物理含义首先由玻恩提出。他认为当用复数函数 $\boldsymbol{\Psi}(\boldsymbol{r})$ 描写粒子的波性时，其模的平方 $|\boldsymbol{\Psi}(\boldsymbol{r})|^2$ 即表示该微观粒子出现在 $\boldsymbol{r}$ 附近单位体积中的概率；换言之，$|\boldsymbol{\Psi}(\boldsymbol{r})|^2$ 为粒子的概率密度。因此，$\boldsymbol{\Psi}(\boldsymbol{r})$ 必然满足归一化条件：

$$\int_V |\boldsymbol{\Psi}(\boldsymbol{r})|^2 \mathrm{d}\tau = \iiint |\boldsymbol{\Psi}(\boldsymbol{r})|^2 \mathrm{d}x\mathrm{d}y\mathrm{d}z = 1 \tag{16.2-9}$$

上式中的 V 为粒子运动的范围。

如此说来，当一微观粒子用波函数 $\boldsymbol{\Psi}(\boldsymbol{r})$ 表示时，我们并不能确切地知道这一粒子的位置，只能说该粒子在某位置附近的概率是多少。这一观点是与经典物理大相径庭的。经典力学表明，在给定时刻一个质点的空间位置是完全确定的，或者说是可以任何精度测量的。当然采用 $\boldsymbol{\Psi}(\boldsymbol{r})$ 描写微观粒子时，我们并不是说这一粒子的百分之几在 A 处，另有百分之几在 B 处，等等。而是说它有百分之几的可能在 A 处，又有百分之几的可能在 B 处。犹如我们不知道某人确切的位置，只知道他在 A 房间有多大可能，在 B 房间又有多大可能，而绝不意味着他身体的这一部分在 A 房间，身体的另一部分又在 B 房间。

然而，无论如何，这种由概率波所表示的空间位置的不确定性却是微观粒子所具有的普遍属性。但是这一属性又是为实验所严格证明的，典型的莫如电子束的单缝衍射。电子束的单缝衍射极类似于§14.2中所介绍的光波的单缝衍射。如图16.2-2所示，一束沿 y 方向飞行的电子从左边垂直入射其上开一狭缝的衍射屏，屏的右方一定距离处设置与衍射屏平行的对电子敏感的感光胶片作为记录介质。图中同时表出胶片上接收到的电子流强度的分布，极类似于光的衍射实验中的光强分布。在正对衍射缝的区域电子流强度最大，可视为中央明纹，两侧则对称分布明暗相间的衍射纹。

这无疑是电子波动性的表现。然而十分令人感兴趣的是，如令入射电子流的强度减小，

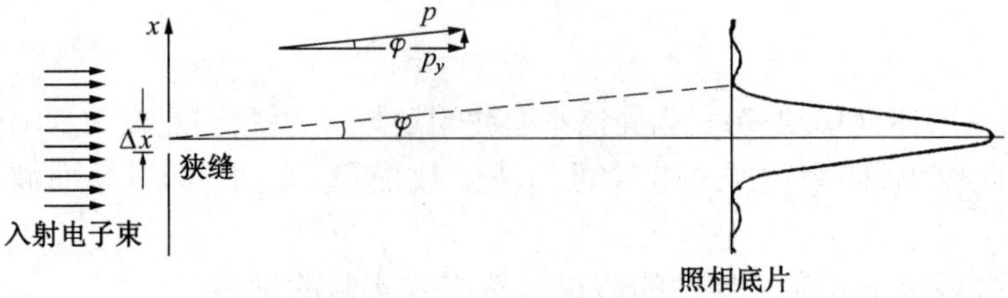

图 16.2-2 电子束的单缝衍射

但延长实验的时间,使每次实验中到达感光片的电子总数相等,则到达感光片的电子在垂直于入射束方向(即沿 x 方向)的空间分布都一样。甚至当电子流的强度低到每一时刻只有一个电子通过狭缝,实验结果仍然相同。如在这种情形仔细观察,则当实验开始不久,只有少数电子抵达感光片时,被电子击中的位置并无一定的规律,也就是说单个电子到达胶片的位置呈现出概然的或随机的性质,并不能预见各个电子到达的位置。然而随着时间的增加,到达的电子数越来越多,统计规律性便明显的呈现出来而表现出与短时间、高强度电子束一样的衍射图样。这恰如§6.3中的伽尔顿板的实验一样,无论是同时投下大量的圆珠还是将圆珠逐一投入,只要圆珠数相等便在各底槽中得到相同的分布;而在后者的情形,当投下一颗圆珠时我们并不能明确预言它落入哪一个槽中,只能说它有最大的概率落入中央槽,而有最小的概率落入边槽。这也正与概率波的概念相似:当电子通过衍射缝最后击中胶片时仍然是以单一的粒子出现的,但具体出现的所在却是概然的。这种电子出现概率的空间分布就由波函数表达。

对一自由电子而言,如设有确定的能量 E,且设势场为零,则其动量 $\boldsymbol{p}$ 也有确定值,并且与能量 E 满足 $E=\frac{1}{2m}p^2$ 的关系。对这样的自由电子,可用弥漫于全部空间的单色平面波(16.2-6)式描述。而根据玻恩对波函数的解释,对(16.2-6)式所表示的平面波,

$$|\Psi(\boldsymbol{r})|^2=a^2=\text{常数} \tag{16.2-10}$$

即对一自由粒子而言,在空间出现的概率到处都一样;换言之,完全不能给出自由粒子的位置。或者说如要测量这样一个微观自由粒子的位置,必然会出现极大的测量误差。这就是著名的不确定性原理(亦称测不准原理)的表现。对于这一原理,我们仍可就电子单缝衍射的实验来认识。

在图 16.2-2 中,如果狭缝宽度 Δx 足够大,电子束在穿过狭缝时基本上沿直线进行,在记录胶片上只有 $x'=\pm\frac{\Delta x}{2}$ 的区域为电子击中,而在电子束的几何阴影区内几乎观察不到电子,同平行光通过宽缝时的情形类似,观察不到衍射现象。这表明在通过狭缝时,电子在 x 方向获得的动量 p_x 可以略去。如果我们用 p_x 与沿水平方向行进的电子 x 方向的动量 $p_{x_0}=0$ 的差 $\Delta p_x=p_x-p_{x_0}$ 来描写,则在此情形,$|\Delta p_x|\approx 0$。随着缝宽 Δx 减少,衍射现象逐渐表现出来。由于大多数电子落在中央明纹区,而由(14.2-2)式知,中央明纹的边界,即第一暗纹位置满足

$$\Delta x\sin\varphi=\lambda \tag{16.2-11}$$

由图可知

$$\sin\varphi=\Delta p_x/p=\Delta p_x\lambda/h$$

式中应用了电子的德布罗意波长 $\lambda=h/p$。代入(16.2-11)式得

$$\Delta x \Delta p_x = h \tag{16.2-12}$$

如果我们将上式中的 Δx 理解为电子通过狭缝时 x 方向位置的范围即不确定性的大小,并考虑到衍射电子 x 方向的对称分布(Δp_x 有正有负);而且有的电子还落在中央明纹之外,当将 Δp_x 理解为观察到的衍射电子在 x 方向动量不确定性时,由(16.2-12)式可得

$$\Delta x \Delta p_x \geqslant h/2 \tag{16.2-13}$$

这就是著名的不确定性原理的近似表达式,亦称测不准关系,适用于任何微观粒子,包括光子。对于自由粒子,对波性而言与单色平面波相对应,而就粒子性而言其动量有确定值,$\Delta p_x = 0$, $\Delta x \to \infty$, 这就是(16.2-10)式表示的情形。不确定性原理是微观粒子的基本属性之一,可以由量子力学推导得出。(16.2-13)式是近似表达式;由量子力学推导得出的不确定性的表达式为

$$\Delta x \Delta p_x \geqslant \hbar/2 \tag{16.2-14}$$

不确定性原理表明对微观粒子而言其沿某一方向的坐标与动量分量不能同时具有确定的数值。位置确定的程度越高则其动量愈难以准确测定,这是同经典物理完全相悖的。在经典物理中,无疑质点的位置和动量在任一时刻都被认为是完全可以确定的。

在量子力学中,不仅是坐标与动量这一对力学量之间存在由(16.2-14)式表达的不确定性,还有其他成对的力学量之间也存在类似的关系,例如能量 E 和时间 t 之间就满足

$$\Delta E \Delta t \geqslant \hbar/2 \tag{16.2-15}$$

所示的不确定性关系。以氢原子中的电子为例,存在一系列的能级,最低能级 E_0 称为基态能级,而能量较 E_0 为高的能级称为激发态能级。如果氢原子由于某种原因被激发到激发态——即电子处于某一激发态能级 $E_i(i>0)$, 经过一段时间后又会自发地回落到基态或能量较其为低的能级 $E_j(0 \leqslant j < i)$, 这表明电子处于 E_i 的时间 Δt 是有限的,因而这一能级本身的值亦不完全确定,常称其为有一定的能级宽度,这也就是能量的不确定性。在此情形,Δt 正表示时间的不确定性,常称为该能级的寿命。通常基态最为稳定,即其寿命最长,能量也最为确定。一般原子激发态寿命在 10^{-8} s 数量级上下,因而由(16.2-15)式可计算得其能量不确定性在 10^{-8} eV 数量级。但是有一类激发态能级寿命可高达 10^{-3} s 以上,这类能级称为亚稳态。在激光的产生中,亚稳态起着重要作用(参阅第十八章)。

由于不确定性原理本身的特点,(16.2-14)或(16.2-15)式右边在实际运用时也常写成$\hbar$甚至h,而不必拘泥于这一确定值$\hbar/2$。

§16.3 薛定谔方程

上节介绍的德布罗意波的波函数在量子理论中具有基本的意义,其作用远不限于玻恩对概率密度的解释,实际上是用来描写微观粒子所处的状态的。如果给定了粒子所处状态的波函数,就可以知道在该状态哪些力学量有确定值,因而原则上可以精确测量;又有哪些力学量不能精确测量,但可以求出这一状态下的平均值。例如自由电子,当其处于由(16.2-7)式的平面波所描写的状态时,电子的动量有确定值,即式中的 $\boldsymbol{p}$;但其位置不能确定。不过,如果该电子被局限在有限的体积(例如关在一箱子内)内,则当其状态由(16.2-7)式的波函数表示时虽不能确定其空间位置,但却可以由波函数求出其空间的平均位置。又如当氢原子处于基

态时,能量有确定值。只要知道基态波函数,便能求出基态能量,即相对于真空为−13.6电子伏。

由此可见,求出描写微观粒子状态的波函数是十分重要的。正像经典力学中描写波动的函数 $\boldsymbol{\Psi}(\boldsymbol{r}, t)$ 是波动方程(13.4-20)的解一样,量子力学的波函数是称为薛定谔方程的方程的解。在许多情形,我们关心微观粒子的能量有确定值的状态。这样的状态称为能量的本征态;描写能量本征态的波函数称为能量的本征函数。因此本节即针对电子建立能量的本征函数所满足的薛定谔方程。

回忆经典的一维波动方程(13.4-20)是一偏微分方程,涉及质点位移对时间与空间的偏导数。现在我们尝试针对(16.2-7)式建立自由电子的薛定谔方程。为简单计,首先考虑一维情形,即波函数为

$$\Psi = \alpha e^{i(p_x x - Et)/\hbar} \tag{16.3-1}$$

注意,上式中的 α 与(16.2-7)中的 A 有不同的量纲。以后会看出,$[\alpha] = L^{-\frac{1}{2}}$,而 $[A] = L^{-3/2}$。将 Ψ 对时间求偏导数,

$$\frac{\partial \Psi}{\partial t} = \frac{1}{i\hbar} E\Psi \tag{16.3-2}$$

改写为

$$E\Psi = i\hbar \frac{\partial}{\partial t}\Psi \tag{16.3-3}$$

将 Ψ 对坐标求偏导数

$$\frac{\partial \Psi}{\partial x} = \frac{ip_x}{\hbar}\Psi \tag{16.3-4}$$

或

$$p_x \Psi = \frac{\hbar}{i}\frac{\partial}{\partial x}\Psi \tag{16.3-5}$$

将上式再对 x 求偏导数可得

$$p_x^2 \Psi = \left(\frac{\hbar}{i}\frac{\partial}{\partial x}\right)\left(\frac{\hbar}{i}\frac{\partial}{\partial x}\right)\Psi \tag{16.3-6}$$

对于一维自由电子,其能量 E 与动量 p_x 之间满足如下关系:

$$E = \frac{1}{2m} p_x^2 \tag{16.3-7}$$

式中 m 为自由电子质量。

综合(16.3-3)、(16.3-6)与(16.3-7)式我们得到

$$i\hbar \frac{\partial}{\partial t}\Psi = \frac{1}{2m}\left(\frac{\hbar}{i}\frac{\partial}{\partial x}\right)^2 \Psi \tag{16.3-8}$$

以上结果很容易推广到三维情形。对三维自由电子,

$$E = \frac{1}{2m} p^2 = \frac{1}{2m}(p_x^2 + p_y^2 + p_z^2) \tag{16.3-9}$$

相应地(16.3-8)式成为

$$i\hbar\frac{\partial}{\partial t}\Psi=\frac{1}{2m}\left(\frac{\hbar}{i}\nabla\right)\left(\frac{\hbar}{i}\nabla\Psi\right) \tag{16.3-10}$$

或

$$i\hbar\frac{\partial}{\partial t}\Psi=\frac{1}{2m}\left(\frac{\hbar}{i}\nabla\right)^2\Psi \tag{16.3-11}$$

式中∇为梯度算符:

$$\nabla\equiv\boldsymbol{i}\frac{\partial}{\partial x}+\boldsymbol{j}\frac{\partial}{\partial y}+\boldsymbol{k}\frac{\partial}{\partial z} \tag{16.3-12}$$

式中$\boldsymbol{i}$, $\boldsymbol{j}$, $\boldsymbol{k}$为沿笛卡儿坐标轴的单位矢量。(16.3-11)式即为三维自由电子所满足的薛定谔方程。我们看出,建立薛定谔方程的步骤是,由(16.3-9)式的经典力学的关系出发,两边乘以Ψ成为

$$E\Psi=\frac{1}{2m}p^2\Psi=\frac{1}{2m}(\boldsymbol{p}\cdot\boldsymbol{p})\Psi,$$

再将能量E与动量$\boldsymbol{p}$以相应的算符$\left(i\hbar\frac{\partial}{\partial t}\right)$及$\left(\frac{\hbar}{i}\nabla\right)$替代:

$$\left.\begin{aligned}E&\rightarrow i\hbar\frac{\partial}{\partial t}\\ \boldsymbol{p}&\rightarrow\frac{\hbar}{i}\nabla\end{aligned}\right\} \tag{16.3-13}$$

即可建立起自由电子的薛定谔方程。这里$i\hbar\frac{\partial}{\partial t}$是能量对应的算符,简称能量算符;相应地$\frac{\hbar}{i}\nabla$称为动量算符。将能量算符作用于波函数,即得(16.3-3)式:

$$i\hbar\frac{\partial}{\partial t}\Psi=E\Psi$$

这里E为一确定值。上式称为能量算符$\left(i\hbar\frac{\partial}{\partial t}\right)$的本征方程,而$\Psi$称为能量算符的本征函数,$E$则为本征值。由此可见,当电子处于能量算符的本征函数所描写的状态—本征态时,能量有确定值,就是能量算符的本征值。同样,(16.2-7)式的波函数也是动量算符$\left(\frac{\hbar}{i}\nabla\right)$的本征函数,因为满足如下本征方程:

$$\frac{\hbar}{i}\nabla\Psi=\boldsymbol{p}\Psi \tag{16.3-14}$$

可见自由电子的波函数(16.2-7)式是能量算符与动量算符共同的本征函数,在这样的状态,电子的能量和动量有确定值,原则上可以精确测量。

应当指出,虽然这里(16.3-13)式是由自由电子情形这一特例引入的,其实对于普遍情形同样适用。因此,这里介绍的建立薛定谔方程的方法也适用于一般情形建立能量算符的本征函数所满足的薛定谔方程。

如果电子所处的势场在空间不是均匀的,而是随坐标而变化,那么电子的能量应包括动能$\frac{1}{2m}p^2$与势能U两部分:

$$E=\frac{1}{2m}p^2+U \tag{16.3-15}$$

完全类似于自由电子的情形,我们也可以如下建立起薛定谔方程:将上式两边右乘波函数 Ψ,然后再用(16.3-13)式作算符代换:

$$\mathrm{i}\hbar\frac{\partial}{\partial t}\Psi=\left(-\frac{\hbar^2}{2m}\nabla^2+U\right)\Psi \tag{16.3-16}$$

在许多情形,电子的势场 U 在空间是稳定分布的,即 U 不随时间变化,$U=U(\boldsymbol{r})$,这时原则上可将 Ψ 写成两个各自只与空间或时间有关的函数的乘积:

$$\Psi(\boldsymbol{r},\ t)=\psi(\boldsymbol{r})f(t) \tag{16.3-17}$$

将上式代入(16.3-16)式,注意右边括号内与时间无关

$$\mathrm{i}\hbar\psi(\boldsymbol{r})\frac{\partial}{\partial t}f(t)=f(t)\left[-\frac{k^2}{2m}\nabla^2+U(\boldsymbol{r})\right]\psi(\boldsymbol{r})$$

从而

$$\frac{\mathrm{i}\hbar}{f(t)}\frac{\mathrm{d}}{\mathrm{d}t}f(t)=\frac{1}{\psi(\boldsymbol{r})}\left[-\frac{\hbar^2}{2m}\nabla^2+U(\boldsymbol{r})\right]\psi(\boldsymbol{r}) \tag{16.3-18}$$

上式左右两边自变量不同,只有均等于某一常数时才成立,令此常数为 E,则由上式右边得

$$\frac{1}{\psi(\boldsymbol{r})}\left[-\frac{\hbar^2}{2m}\nabla^2+U(\boldsymbol{r})\right]\psi(\boldsymbol{r})=E$$

或

$$\left[-\frac{\hbar^2}{2m}\nabla^2+U(\boldsymbol{r})\right]\psi(\boldsymbol{r})=E\psi(\boldsymbol{r}) \tag{16.3-19}$$

这里将 $\Psi(\boldsymbol{r},\ t)$ 用(16.3-17)式表出的方法在数学上称为分离变量法,是求解偏微分方程的一种典型方法。

同样(16.3-18)式左边也应与 E 相等:

$$\mathrm{i}\hbar\frac{\mathrm{d}}{\mathrm{d}t}f=Ef \tag{16.3-20}$$

其解可表示为

$$f(t)=C\mathrm{e}^{-\frac{\mathrm{i}}{\hbar}Et} \tag{16.3-21}$$

C 为积分常数。由此

$$\Psi(\boldsymbol{r},\ t)=C\psi(\boldsymbol{r})\mathrm{e}^{-\frac{\mathrm{i}}{\hbar}Et} \tag{16.3-22}$$

因此在时刻 t 电子出现在 $\boldsymbol{r}$ 附近的概率密度为

$$|\Psi(\boldsymbol{r},\ t)|^2=|C|^2|\psi(\boldsymbol{r})|^2 \tag{16.3-23}$$

与时间无关。这样的状态称为定态。因此不随时间变化的势场中的电子的状态用定态波函数描写。通常对于定态我们只需求解(16.3-19)式,因此(16.3-19)式又常称为定态薛定谔方程,或干脆称为薛定谔方程。(16.3-19)式左边方括号内也可视为能量算符,一来这是电子的经典能量

$$\frac{p^2}{2m}+U(\boldsymbol{r})=\frac{1}{2m}\boldsymbol{p}\cdot\boldsymbol{p}+U(\boldsymbol{r}) \tag{16.3-24}$$

作算符代换 $\boldsymbol{p}\rightarrow\frac{\hbar}{\mathrm{i}}\nabla$ 所得；另一方面，这一算符同(16.3-20)式中的 $\left(\mathrm{i}\hbar\frac{\mathrm{d}}{\mathrm{d}t}\right)$ 一样，本征值都是能量 E。(16.3-19)与(16.3-20)式一样，都是能量算符的本征值方程。

下面我们以一维无限势阱为例，求解定态薛定谔方程(16.3-19)。如图16.3-1所示，一维无限势阱可表示为

$$U(x)=\begin{cases}0 & (0\leqslant x\leqslant a)\\ \infty & (其他)\end{cases} \tag{16.3-25}$$

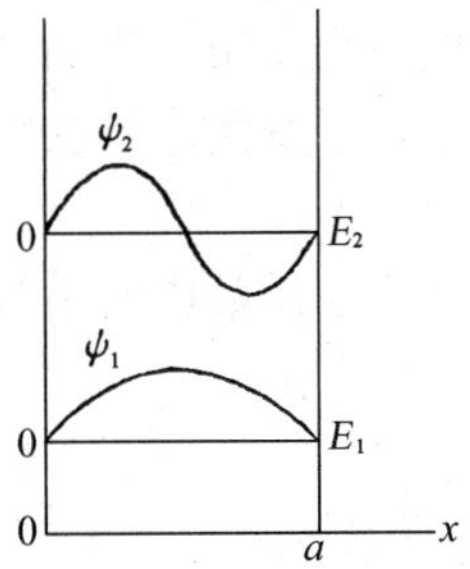

图16.3-1　一维无限势阱中电子的能级和波函数

在这种情形，电子的运动范围局限于宽度为 a 的势阱以内。

在势阱内，由于电子的势能为常数零，薛定谔方程即为

$$-\frac{\hbar^2}{2m}\frac{\mathrm{d}^2}{\mathrm{d}x^2}\psi=E\psi \tag{16.3-26}$$

如令

$$k_x^2=\frac{2m}{\hbar^2}E \tag{16.3-27}$$

方程化为二阶常微分方程

$$\frac{\mathrm{d}^2}{\mathrm{d}x^2}\psi+k_x^2\psi=0 \tag{16.3-28}$$

上式的一般解可写成

$$\psi=\alpha\sin k_x x+\beta\cos k_x x \tag{16.3-29}$$

由于电子不能到达势能为无限大的区域，波函数 ψ 必须满足边界条件：

$$\psi(0)=0$$

与

$$\psi(a)=0$$

由此得

$$\beta=0$$

$$\psi=\alpha\sin k_x x \tag{16.3-30}$$

与

$$\sin k_x a=0 \tag{16.3-31}$$

由上式得

$$k_x=\frac{n\pi}{a}\quad(n=1,\ 2,\ 3,\ \cdots) \tag{16.3-32}$$

这里的 k_x 其实即为波矢，与电子的动量满足 $p_x=\hbar k_x$，因此无限势阱内电子的动量

$$p_x=\hbar\frac{n\pi}{a} \tag{16.3-33}$$

当电子完全自由，即可在$(-\infty,\ \infty)$范围内自由运动时，电子的波矢 k_x 或其动量 p_x 不受任何

限制,原则上可取任何数值。但是势阱中的电子却受到限制,其波矢或动量只能取(16.3-32)或(16.3-33)式所示的量子化数值。而且势阱宽度越小,量子化的现象愈明显。由(16.3-32)及(16.3-27)式得电子的能量

$$E = \frac{\hbar^2}{2m}k_x^2 = \frac{\hbar^2}{2m}\left(\frac{n\pi}{a}\right)^2 \tag{16.3-34}$$

可见能量也是量子化的。微观粒子的运动受到限制导致量子化是很普遍的现象,例如原子中的电子由于受到原子核库仑作用的限制其能量也是量子化的。一般而言,限制越强,量子化越显著。

至于波函数中的系数 α 可由归一化条件

$$\int_0^a |\psi|^2 \mathrm{d}x = 1 \tag{16.3-35}$$

决定:

$$\alpha = \sqrt{2/a} \tag{16.3-36}$$

因此,对 $n = 1, 2, \cdots$, ψ 分别为

$$\psi_1 = \sqrt{2}\sin\frac{\pi x}{a}\Big/\sqrt{a}$$

$$\psi_2 = \sqrt{2}\sin\frac{2\pi x}{a}\Big/\sqrt{a}$$

$$\cdots\cdots$$

图 16.3-1 中示意地画出无限势阱中能量最低的两个状态的能级和波函数。

由(16.3-30)式所表示的电子状态是能量的本征态,因为

$$\begin{aligned}\frac{1}{2m}\left(\frac{\hbar}{\mathrm{i}}\frac{\mathrm{d}}{\mathrm{d}x}\right)^2\psi &= -\frac{\hbar^2}{2m}\left(\frac{\mathrm{d}}{\mathrm{d}x}\right)\left(\frac{\mathrm{d}}{\mathrm{d}x}\alpha\sin k_x x\right) \\ &= \frac{\hbar^2}{2m}k_x^2\alpha\sin k_x x = E\psi\end{aligned} \tag{16.3-37}$$

然而这一状态并不是坐标 x 的本征态,因为用 x 与 ψ 相乘得不到一常数与 ψ 的乘积。这也表明在这样的状态电子的位置是不确定的,显然这正是不确定原理所要求的。但是,我们可以计算电子处于能量的本征态中时,电子坐标的平均值 $\overline{x}$。根据平均值的定义:

$$\overline{x} = \int_0^a x\,|\psi(x)|^2 \mathrm{d}x = \frac{a}{2} \tag{16.3-38}$$

这显然是可以预期的结果。一般而言,当一维电子处于由波函数 $\psi(x)$ 描写的状态中时,力学量 Q 的平均值可表示为

$$\overline{Q} = \int \psi^*(x)\hat{Q}\psi(x)\mathrm{d}x \tag{16.3-39}$$

式中 $\hat{Q}$ 为与力学量 Q 对应的算符。在三维情形上式应改为

$$\overline{Q} = \int \psi^*(\boldsymbol{r})\hat{Q}\psi(\boldsymbol{r})\mathrm{d}\tau \tag{16.3-40}$$

积分范围为电子运动的全部空间。

例 1 已知电子在宽度为 a 的无限深一维势阱中运动，求电子处在基态时的动量平均值 $\langle p_x \rangle$。

解 由(16.3-13)式知粒子的动量 $\boldsymbol{p}$ 相应的算符为 $-\mathrm{i}\hbar\nabla$，在一维情形即 $-\mathrm{i}\hbar\frac{\partial}{\partial x}$。按照波函数的统计解释，$|\psi|^2$ 为概率密度。在一维无限深势阱中运动的电子基态波函数为 $\psi = \sqrt{\frac{2}{a}}\sin\frac{\pi x}{a}$，因此，电子处在基态时的动量平均值为

$$\begin{aligned}\langle p_x \rangle &= \int_0^a \psi(x)\left(-\mathrm{i}\hbar\frac{\partial}{\partial x}\right)\psi(x)\mathrm{d}x \\ &= \int_0^a -\mathrm{i}\hbar\frac{2}{a}\,\frac{\pi}{a}\sin\frac{\pi x}{a}\cos\frac{\pi x}{a}\mathrm{d}x = 0\end{aligned}$$

对电子来说，其基态波函数实际上是节点在 $x=0$ 和 $x=a$ 的驻波表示式，沿 x 正方向的运动和沿 x 负方向的运动是等同的，所以其平均动量为零。

如果势阱深度不是无限的，而是有限的，如图 16.3-2所示，电子势场可分为 $0<x<a$ 的阱区和 $x<0$ 及 $x>a$ 的垒区。此时电子的能量仍然是量子化的。但是如果电子能量 E 小于势垒顶部的势能 U，电子仍有一定的概率出现在垒区，即越出势阱之外。这是一种典型的量子力学的效应，是经典物理学所完全排斥的。在经典物理中质点不可能到达势能超过其机械能的区域，否则将导致动能为负的不可思议的结果。而在量子力学中则是必然的现象，一个微观粒子可以有一定的概率穿过势能大于其自身能量的区域，称为势垒贯穿。下面即以一维电子为例简单地介绍势垒贯穿。

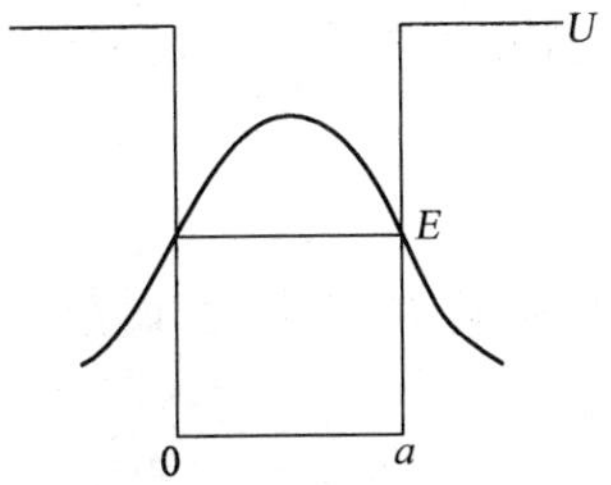

图 16.3-2 有限势阱中电子有一定的几率出现在阱外

如图 16.3-3(a)所示，能量为 E 的电子由左方入射高度为 U_0 的方型一维势垒。在图 16.3-3中，电子势场分布为

$$U(x) = \begin{cases} 0 & (x<0) \\ U_0 & (0<x<a) \\ 0 & (x>a) \end{cases} \tag{16.3-41}$$

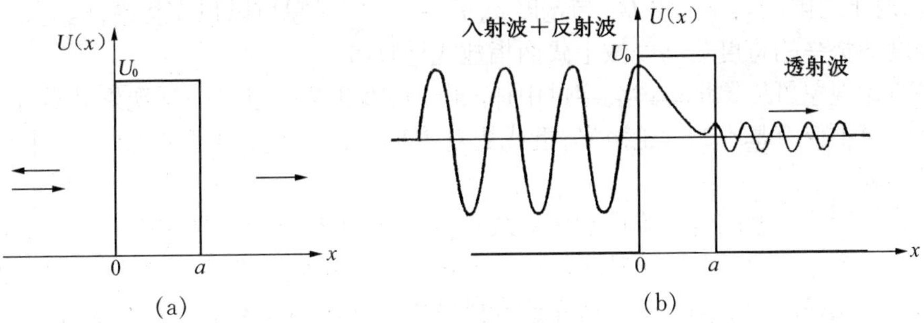

图 16.3-3 一维方势垒

入射电子可以用平面波描写，当波动传播到 $x=0$ 的势垒边时一部分要发生反射，一部分要透入势垒内部并穿透到势垒右边 $x>a$ 处。因此势垒左边的波应为入射波和反射波的叠加，而势垒右边则为透射波，如图 16.3-3(b)所示。透射电子流的强度——单位时间穿过垂

直于 x 方向单位面积的电子数与入射电子流强度的比称为势垒贯穿系数 D。量子力学的计算表明，

$$D=\frac{4k_1^2k_2^2}{(k_1^2-k_2^2)^2\sin^2(ak_2)+4k_1^2k_2^2} \tag{16.3-42}$$

式中

$$k_1=\left(\frac{2mE}{\hbar^2}\right)^{\frac{1}{2}} \tag{16.3-43}$$

$$k_2=\left[\frac{2m}{\hbar^2}(E-U_0)\right]^{\frac{1}{2}} \tag{16.3-44}$$

式中 E 为入射电子的能量。而反射系数——反射电子流的强度与入射电子流强度的比 R 满足

$$R=1-D \tag{16.3-45}$$

当入射电子能量 E 小于势垒高度 U_0 时，由(16.3-44)式可见，k_2 成为虚数，(16.3-42)式成为

$$D=\frac{4k_1^2k_3^2}{(k_1^2+k_3^2)^2\operatorname{sh}^2(ak_3)+4k_1^2k_3^2} \tag{16.3-46}$$

式中 sh 代表双曲正弦函数，而

$$k_3=\left[\frac{2m}{\hbar^2}(U_0-E)\right]^{1/2}=\mathrm{i}k_2 \tag{16.3-47}$$

如果 $ak_3\gg 1$, $\operatorname{sh}^2(ak_3)$可近似地用$\frac{1}{4}e^{2ak_3}$代替，则

$$D\approx\frac{4}{\frac{1}{4}\left(\frac{k_1}{k_3}+\frac{k_3}{k_1}\right)^2e^{2ak_3}+4} \tag{16.3-48}$$

一般地，如 k_1 与 k_3 数量级相近；且 $ak_3\gg 1$, $e^{2ak_3}\gg 4$；因此，D 可粗略地用数量级表示如下：

$$D\approx e^{-2ak_3}=e^{-2\sqrt{2m(U_0-E)}\,a/\hbar} \tag{16.3-49}$$

由此可见，对于有限的势垒高度 U_0 与宽度 a，$D\neq 0$，电子总可以贯穿势垒，但贯穿势垒的电子流的强度随势垒的宽度与高度按上式而指数式地衰减。

势垒贯穿现象可形象地描述为穿过山体的隧道，因此这一量子力学现象又常称为势垒隧穿。势垒隧穿不仅有基本的理论意义，近代更获得广泛的应用。本章的阅读材料 16.2 即提供一典型例证。

从经典物理的角度的确很难理解隧穿效应，其实这正是过分强调了微观粒子的粒子性的缘故。事实上隧穿效应乃是微观粒子波性的表现。对于我们熟悉的波动，无论是声波等机械波还是包括光波在内的电磁波从一边穿透介质进入另一边的现象是并不奇怪的。

阅读材料 16.1 单 光 子

众所周知，光波也是能量流，所以，光束的强度即光强也同其他波动一样可以用单位时间

通过与光束垂直的单位横截面积的能量，即能流密度来描述。对频率为 ν 的单色光而言，每个光子携带能量 $h\nu$，光强便可用单位时间通过单位横截面积的光子数 n 和光子能量 $h\nu$ 的乘积来表达。显然，光强的降低就意味着 n 的下降，以至于当光强足够低时，光子将逐一鱼贯通过横截面，即同一时刻只有一个光子通过光束的横截面。因此，在足够低的光强情形，将涉及单光子的运动。

一、人眼能否看见单光子

人眼的视觉是由于眼睛对外界物体在视网膜上成像，然后由视神经将成像信息传递给大脑而形成的。因此，人能否看见单光子首先取决于视网膜能否对单光子作出响应。

要回答这一问题，当然就必须了解视网膜的视觉感知机理。人眼视网膜上有两类视觉细胞，即约 500 万个视锥细胞和约 1 亿个视杆细胞。前者大多密集分布于视网膜中心凹处，在明亮环境中起作用，并能分辨颜色；而后者则对弱光敏感，分布在视网膜的周边。在白天或明亮场所，视锥细胞激活而虹膜动作使瞳孔缩小，这称为明视觉。由于视锥细胞能分辨颜色，我们便能看见缤纷的彩色世界。如走进暗处，眼睛首先控制虹膜扩大瞳孔以便使尽可能多的光线进入眼睛。大约 30 min 之后，生化反应使视杆细胞开始对光响应，最低光强可比视锥细胞能作出响应的最低值低一万倍。这使我们能看清昏暗中的物体，只是对颜色并不敏感，所以我们在暗处分不清是花红还是柳绿，这是暗视觉的一个特点。

视杆细胞中的活性物质是视紫质。一个分子能吸收一个单光子，同时相应改变其形状并由生化作用触发一个信号传至视神经。维生素 *A* 也是吸收光的色素，也对暗视觉起重要作用。维生素 A 缺乏导致夜盲症早就是众所周知的常识。

第一个研究人眼能否看见单光子的实验早在 1942 年即已进行，当然必须在暗处。先让受视者花 30 min 适应环境。光源置于受视者前方偏左 20°，受视者注视正前方。这一几何安排可使光进入眼睛后成像在视杆细胞最为密集的区域。光源为一视角 10′的圆盘，每次闪光持续时间 1 ms，波长为 510 nm，即绿光。受视者在每次闪光后报告是否感觉到闪光。逐渐降低光强，直至受视者不能作出肯定的判断只能乱猜一气为止。

实验结果表明必须至少有 90 个光子进入眼睛才能保证 60%的测试正确率。进入人眼的光子最终只有 10%能到达视网膜，其余 3%被角膜反射，47%为其他部分吸收，还有 40%则落在视杆细胞之间而感觉不到。因此这一结果表明视杆细胞只接收到 9 个光子。不过光子到达视网膜的区域中大约分布有 350 个视杆细胞，这就表明视杆细胞这一视网膜上的灵敏传感器能对单个光子作出响应。

1979 年用蛤蟆做实验，将电极直接插进视杆细胞，进一步证实了细胞能对单光子作出响应。

然而，这并不意味着人眼真的能看见单个的光子，因为神经过滤器要向大脑递送能引起感觉的信号光强必须超过一定的阈值，即在 100 ms 内到达视杆细胞的光子不能少于 5 个，否则就会受到许多视觉噪声的干扰而分辨不清，使人苦不堪言。因此，尽管视杆细胞能对单光子作出响应但人眼却看不见单光子。这一生理特点并非是缺陷，而是人眼的自我保护功能。

二、单光子级的双缝干涉

杨氏双缝干涉实验是光的波动性的经典证据，并被用来证明电子等传统的物质粒子的波动性质。在电子的双缝干涉实验中以电子束入射双缝，其后的观察屏上表现出粒子性的像。每个到达屏的电子都像粒子一样击屏。然而随着时间的推移，尽管各个电子到达屏的位置各不相同，呈现随机的特点，但大量电子撞击观察屏的位置却构成与光的双缝干涉图案十分类似的图像。这就说明光和电子等都具有波粒二象性,既能表现其波性也能表现出粒子性。但却不能在同一时刻既表现粒子性又表现波动性。

一个相反的问题自然会提出来。如果光强足够低,以至双缝干涉中的光子逐个到达观察屏,而不是同时有许多光子一起到达是否仍能观察到干涉图案?就是说能否在单光子级别上做光的双缝干涉实验?事实上早在20世纪70年代便有人做过这一类实验,并得到肯定的结论。最近,哈佛大学利用当代电子学技术将其改进为可在教室或礼堂的大屏幕上为观众演示的实验。将入射光强降低到远低于同一时刻出现一个光子的水平,得到的结果果然同电子的双缝干涉一模一样。即并非打开光源就立马看见干涉图形,而是必须经过一定的时间积累。这一实验生动地表明了单个光子到达观测屏的位置是随机的;但对一定的位置而言,光子到达的概率又是确定的。

三、单光子的产生与探测

在当代科学技术的许多领域单光子有着重要的应用。例如,众所周知,在新世纪的信息科学和物理科学方面,远程通信和计算机系统的安全性越来越重要,而用性能强大的计算机分析复杂问题,诸如气象预报、生物现象、控制交通乃至预测经济起伏等也越来越重要。近年来的科学发展在很大程度上就是为着这种需要。应用光子作为信息的载体在量子信息处理(即将量子力学用于计算和通讯的科学技术)方面具有重要作用。例如,采用单光子可以保证量子密码的安全性。又如在医学上X射线体层摄影(CT)和正电子体层摄影(PET)诊断技术中都要用到单光子的探测。因此,单光子的产生和检测就显得很重要。过去,往往采用吸收等办法来降低光强以求达单光子级,但现在已研制出不同类型的器件,可直接输出单光子。

例如,英国东芝剑桥研究所应用纳米科技在2005年研制出一种发光二极管LED,可算是世界上发光最暗的灯泡,因为发出的光就是由一串鱼贯而行的单光子组成的。所谓LED就是一二极元件,当对其施加适当的电压时就会发光。这一单光子源的主要结构是一个两层半导体砷化镓当中夹一层半导体砷化铟而形成的圆盘状量子点,直径为45 nm,高为10 nm。所谓量子点就是其中的电子在任何方向上的运动都受到限制的体系,就像原子中的电子一样,所以又称为人造原子。量子点的尺寸多在10~100 nm量级。量子点中电子的能量状态也是分立的能级。东芝剑桥研究所单光子LED的量子点的关键性质便是其特定的激发态能级上只能为一个电子所占据;当这个电子回落至低能级时就会发射一个光子。于是这一LED只能逐一发射光子。如对其施加一串短电压脉冲就会发出一串波长为1.3 μm的单光子。这些光子通过顶部的发射窗射出,如图RM16-1所示。

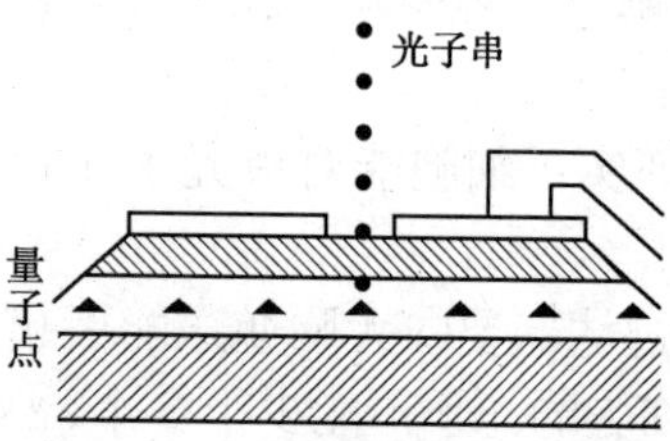

图 RM16-1

过去,单光子探测器大多是光电倍增管或雪崩光电二极管。这些器件都有明显的缺点,比如说笨重易碎、效率不高、噪声影响大,等等。上述东芝剑桥研究所的学者们利用其纳米科技的优势,又研制出量子点单光子探测器。由于运行的原理完全不同,从而克服了现有探测器的许多缺点,特别是避开了雪崩培增导致的问题,受噪声的影响也得以降低,而且工作于低于5 V的电压,性能稳定。这一量子点单光子探测器的主要结构是一半导体场效应晶体管(参阅第十九章阅读材料),而一层量子点就做在靠近晶体管的导电沟道处。当彼此间距离只有几个纳米时,哪怕只有一个量子点里电子的数目变化1就会使晶体管的电阻,或者一定的源漏电压下的电流发生可探测的变化。晶体管是由半导体做成的,半导体具有吸收一定能量的光子产生一对载流子——电子和空穴——的性质。这样，器件吸收光子产生的载流子如果被量子点捕获，就会使晶体管的电阻改变。于是哪怕只有一个光子被吸收也能被探测。

目前，单光子探测已广泛地应用于量子信息、医疗诊断、粒子物理、天体物理以及材料科学等诸多领域。

阅读材料 16.2 抓住原子的“机械手”——扫描隧穿显微镜

大千世界，五光十色，精彩纷呈。各种各样的物质、材料尽管性状千姿百态，用途千差万别，却都是由近百种原子组成的。多年以来，人们探索物质的结构，研究结构同物性的关系，开发它们的应用。在相当大的程度上可以说，一部近代科学技术史也正是人类研究开发物质的历史。如果把材料比作亭台楼阁，原子就是构成建筑物的砖石，而建筑师则是造化自身。原子按照天然存在的各种相互作用结合在一起，形成天然的物质结构，表现出天然的性状特征。因此，人类对物质、材料的研究开发，在某种意义上说，长期以来仍然处在认识世界、利用自然的范畴。人们早就知道材料在客观上表现出的各种性质，除了组成材料的原子而外，都是以其结构为依据的。就是说，原子在空间的微观排列方式决定了材料的属性。如果能使原子按照人们的意愿在空间排成特殊的、自然界中并不存在的结构，必然会呈现出新的性质。那么，在我们面前一定能开辟出一个利用物质的全新的广阔天地，我们对自然界的研究就能从必然王国跃入自由王国，实现真正意义上的认识世界、改造世界。

说来容易做来难。如果您的饭碗里有一粒半毫米大小的砂子，要把它拣出来已属不易。可这粒砂子里就有 100 亿亿个原子。试想如何才能把一个个的原子像砖头一样“拿”起来再“砌”成您所设想的结构？因此，无怪乎当著名的美国理论物理学家理查德 · 费曼(R. Feynman)1960 年在一次对工程师的讲演中提出操纵单个原子以建造人工超微结构的设想时，听众无异以为阿里巴巴在念“芝麻开门”的咒语，据说甚至有人以为他在开玩笑。但是，时至今日，阿里巴巴的咒语居然打开了宝库的大门，费曼当年的梦想正在变成现实！当代科学已能让单个原子按照人们的意愿逐一排列起来，“砌”成各种形状的结构，而为了“拿”起原子所用的“机械手”就是扫描隧穿显微镜。

扫描隧穿显微镜(STM)是 20 世纪 80 年代初期由宾尼希(G. Binning)与罗勒(H. Rohrer)发明的具有非凡分辨本领的显微工具。用 STM 观察固体表面，目前水平分辨本领已达 0.1 nm(10^{-10} m)数量级，而垂直分辨本领更高达 0.01 nm。这样高的分辨水准完全可以看清单个的原子。而且，STM 的应用范围极广，遍及物理学、化学和生物学等诸多领域。例如，科学家用 STM 看到了硅表面复杂的原子排列，看到了苯环，也看到了脱氧核糖核酸(DNA)分子的双螺旋结构。STM 的发明标志着原子级分辨率显微术的成熟；因此问世之后不久，其发明者宾尼希与罗勒就同研究电子显微镜卓有成就的鲁斯卡(E. Ruska)一起获得了 1986 年诺贝尔物理奖。

说来颇有些匪夷所思。尽管 STM 有如此神通，其基本结构和工作原理却是出奇的简单。如图RM16-2所示，基本结构就是一根空间位置能以很高的精度确定的金属探针，不过探针要求十分尖细，往往针尖顶部只剩几个原子甚至单个原子。其基本原理则是量子力学的隧穿效应。当针尖与要观测的样品表面的距离缩小到 1 nm 以下时，如加上一定的电压，尽管针尖与样品并未接触，电子仍然可以借助于隧穿效应从样品进入针尖或从针尖进入样品(取决于电压极性)，从而形成电流。隧穿电流对于样品—针尖间的距离极为敏感，距离变化 0.1 nm 隧

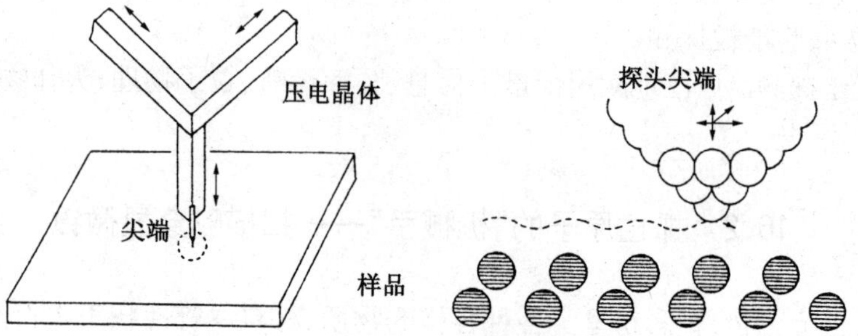

图 RM16-2 STM 针尖在样品表面扫描

穿电流就要改变一个数量级,这就是 STM 具有超凡分辨本领的根本原因。

STM 还有一个十分引人瞩目的特点。由于其本身的不断发展,至目前为止短短 20 几年已历经好几代的更新,其应用范围亦与时俱进,颇有"法力无边"的味道。现在 STM 已远不止用来作单纯的显微放大,而是可以用来研究新发现的物理规律,研究化学反应过程,进行新材料的开发等等。然而,最为科学界所称道的当属本文要介绍的单原子操纵术。

1990 年,也就是费曼的讲演 30 年后,首例人工超微结构终于问世。美国 IBM 公司圣荷塞阿尔马登研究所的爱格勒(D. M. Eigler)等人用 35 个氙原子在镍表面排成了 3 个英文字母 IBM,每个字母仅 5 nm 长,成为世界上最小的商徽。他们的实验在低温超高真空环境中进行。先在镍表面吸附一些氙原子,这些氙原子在表面上的位置是随机的。然后将 STM 的针尖对准一个选定的氙原子,降低针尖位置以使其和氙原子间的范德瓦尔斯力足以让氙原子跟随针尖沿水平方向运动而又不脱离表面。这样,移动针尖就能"拖"住氙原子到达预定的位置。再使针尖上升,氙原子就在新的位置上定居下来。爱格勒等人的实验开创了用 STM 施行单原子操纵术的先河,可谓当代科技史上的一座里程碑。

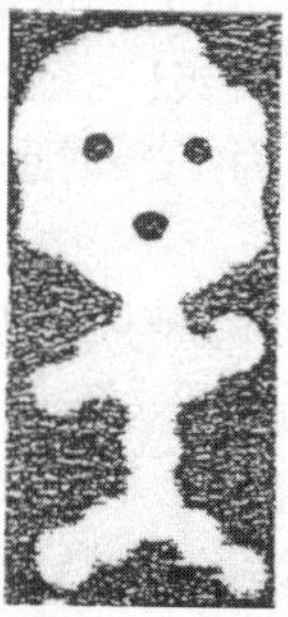

图 RM16-3 一氧化碳分子人

翌年,同一研究所的齐彭飞(P. Zeppenfeld)也用 STM 在铂表面由一氧化碳分子排成了一幅大头娃娃模样的人形图画,称之为分子人,如图 RM16-3 所示。每个分子都直立于铂的表面,氧原子在顶部向上。相邻一氧化碳分了间的平均距离仅为 0.5 nm 左右。分子人从头到脚高 5 nm,不过普通人身高的十亿分之三。

用 STM 不仅能搬运单个的原子和分子,还能对表面作原子级的修饰。例如把指定的原子从表面拔掉。如果您有兴致,还能把形成的空位再用原子填平。就在分子人"出世"的同一年,日本的细木(S. Hosoki)等人在二硫化钼表面用硫原子的空位"写"出了尺寸更小,仅为 2 nm 的英文字母。使 STM 针尖对准表面上的硫原子,将针尖下降到离硫原子仅 0.3 nm 的距离,然后在样品—针尖间加一脉冲电压,针尖为正。在脉冲电场的作用下硫原子电离成正离子,正离子受电场力的作用逸出表面而留下空位。这一过程犹如水分子的蒸发,通常称之为场蒸发。就这样选择硫原子像拔萝卜似地逐一拔除,"萝卜坑"排成英文 PEACE'91。台湾中央研究院郑天佐教授的研究组也能用 STM 场蒸发把硅晶体表面的单个原子拔除。图 RM16-4 即是用 STM 将硅表面的原子(图(a)中黑点所示)拨除形成空位(图(b)中白点)或将空位(图(c)中白点)用原子填平(图(d)中黑点)。如果从针尖上发射单个原子,就能将原子的空位填平。

利用这样的原子级的表面修饰技术,可以在固体表面制出线宽在 1 nm 数量级的图案。

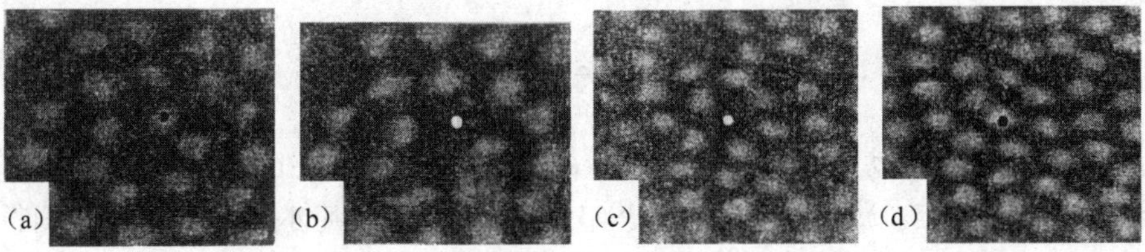

图 RM16-4

例如,中国科学院北京真空物理研究所的科学家1995年就发表了用STM在硅晶体表面逐个拔去原子而刻画出宽度不到3 nm、边沿具有原子级平整度的沟槽的研究成果。

上面介绍的单原子操纵术的成就多少带有一些展示的性质。虽然像分子人与硫原子空位PEACE'91这一类巧夺天工的高科技成果实在无愧于精美绝伦的超微艺术品,可单原子操纵术绝不是一门超微雕艺术,而是科学技术的一项极具时代意义的重大发展,既有其深刻的科学意义,更有无限广阔的技术应用前景。其实科学界从一开始就是将目光集中于这一方面的。就在1993年爱格勒等人又在铜晶体的一个表面上用48个铁原子排成了一个圆圈,半径约7 nm,铁原子间的距离约0.9 nm。在这种铜表面上存在所谓的二维电子气,就是说其中的电子不能进入铜晶体的内部,只能沿表面运动。如果这种表面电子运动到铁原子附近就会受到强烈的散射作用而反弹开去。于是在圆圈内部的表面电子就像关在栅栏中的牲口一样逃不出去,因此称铁原子圈为量子围栏(见图RM16-5)。由本章的学习知道量子力学认为微观粒子具有波粒二象性,可以用波函数来描写,而电子密度则正比于波函数模的平方。由于STM的隧穿电流的大小同针尖下的电子密度成比例,我们便可以用STM来探测表面电子波函数的绝对值。在这个意义上STM不仅能看见电子,还能直观地"看见"波函数。量子围栏中的表面电子必然会因干涉形成同心圆状的驻波,STM的探测结果果然如此,同量子力学的计算相当一致。由此可见用单原子操纵术建造各种超微结构进而研究有关的物理性质,无疑将把我们对微观世界的认识和理解推进到一个更为深入的层次。还是爱格勒等人,在发表首例IBM原子搬迁后不久就又提出,如果使吸附于镍表面的氙原子在表面与STM针尖之间往返来回,就能引起隧穿电流的变化,从而造出原子开关。他们在镍表面与STM针尖间加脉冲电压。当针尖为正时可将氙原子吸引到针尖上,使隧穿电流上升,呈低阻态;反之如针尖为负则氙原子被推回表面,隧穿电流随之下降,呈高阻态。他们的实验表明这一由单个氙原子作成的器件具有相当好的开关特性。想一想普通晶体管开关的尺寸还在微米数量级,而单个原子所占的空间尺寸却在纳米以下,这样的原子器件的意义就不言而喻了。窥一斑以见全豹,察一木可知森林。这两个成功的事例标志着一个科技新时代的到来。尽管目前还只是晨曦微露,我们面前的路还很长,但我们完全有理由相信,由人工操纵单个原子建筑起一个崭新的物质世界的璀璨美景终有一天会呈现在我们的面前。

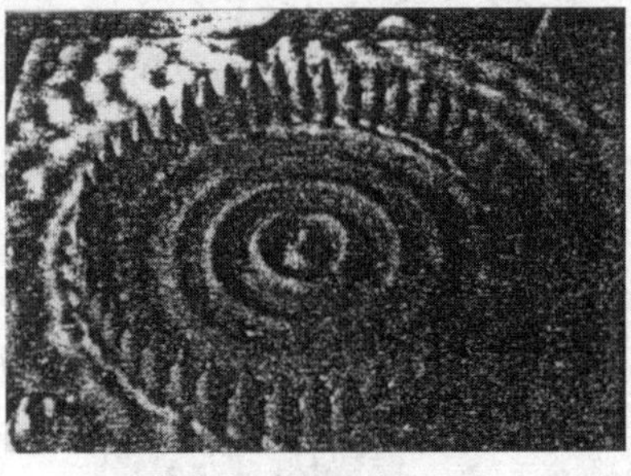

图 RM16-5 STM在铜表面用48个铁原子排成的量子围栏,图示为STM获得的表面电子波的干涉图样

阅读材料 16.3 微型机器向我们走来

谁都知道,现代社会使用各种各样的机器,它们运转起来往往比人手做得更好,或者能完成人手无法对付的工作。机器有大有小,小如订书机,大如万吨水压机。机器也有简单有复杂,简单的如一根撬棒,复杂的如机械手表。无论如何,机器有一个共同的特点,就是都包含有可动的部件,机器就是靠着部件的动作去完成各种各样的任务。另外,我们使用的机器,包括机器的各个部件都是"看得见"的。即使如小手表中的齿轮或螺丝只要用一个倍数不大的放大镜也就够了,要看清它们是不必要劳动显微镜的"大驾"的。然而,现在有一类微型机器,或称微机电系统(MEMS, microelectromechanical Systems)已向我们走来,它们的典型尺寸在0.1～100 μm 的范围,肉眼根本看不清。但它们能像大机器那样运转工作,而消耗的能源无疑却要少得多。如果这样的机器越来越广泛地采用,也许一个新的工业时代就开始了。

现在,不少领域已开始应用 MEMS 代替传统的机器设备。例如用于控制汽车中气囊膨胀的传感器,当汽车因撞击而突然减速时传感器便会控制气囊瞬间充气,防止或减轻人身伤害。过去,控制气囊的机电传感器有易拉罐大小,几斤重,要卖 15 美元一个。用了 MEMS 器件后价钱一下子降到几美元,大小变得像一块小方糖。由于尺寸小,反应更灵敏,从而可以在车门内也安置气囊以保护车内人不受侧面撞击的伤害。还可用 MEMS 做成压力传感器而成为智能轮胎的关键元件,结合反馈回路和气泵就可以保持轮胎压强正常,从而车主就不必担心轮胎压强的高低,因为这件事就交给汽车自身去完成了。这对社会更是一件好事,汽车轮胎压强正常既保证了安全还大大节省汽油。

手机无疑是 MEMS 大显身手的另一对象,因为手机要求价廉物小,而且不能费电。MEMS 最能满足这些要求,特别是 MEMS 大多靠静电作用运转,自然耗电极省,而且由于尺寸小能将之同无线电频率的模拟电路与数字电路集成在一块芯片上,这就大大降低了器件线路的成本。在这一领域,过去需要又大又贵的设备去完成的许多工作现在都能用 MEMS 完成。

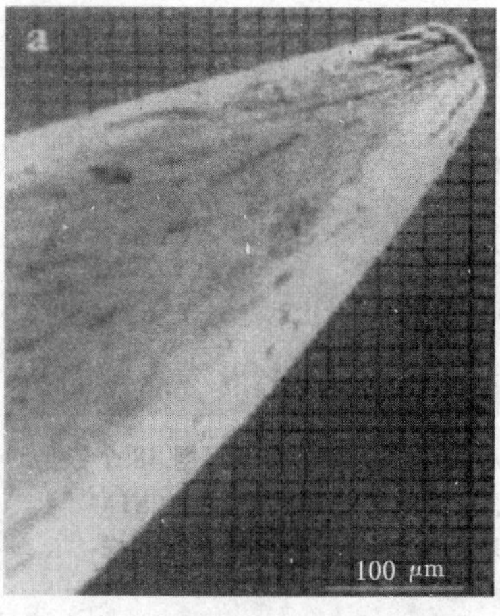

图 RM16-6

大家都知道 VCD 与 DVD,很少有人知道还有一个 DMD,这是数字微镜器件(Digital Micromirror Device)的简称。DMD 实际上是一个包含多达上百万个反射镜的阵列,每个反射镜(下称镜元)都完全一模一样,尺寸只有十几微米见方,采用标准的集成电路技术制造。每面镜元均可左右转动 10°,通过外加电压可控制每个镜元旋转,从而在"开"和"关"两个位置之间转换。只有处于"开"位的镜元的反射光才能通过透镜投射至观察屏,而"关"位镜元反射的光线则为一吸收器吸收。DMD 可用强光源照射,从而可应用于诸如个人计算机投影器,高清晰电视以及数字影院等。特别是在数字影院这样的场合,液晶显示无能为力,DMD 得以独占先机。图 RM16-6 为一 DMD 的实例,图中每面反射镜均为方形,16 μm×16 μm,由于拍照时偏过一定的角度,使方镜看起来成了长方形。图中金箍棒一样的亮柱是一针尖,由此可对 DMD

的实际尺寸有一感性的概念。

在当代的信息社会里，大容量的信息通过光纤传递，所谓的光子学技术在不少领域已代替电子学技术大行其道。实际上，正是由于光子学的应用才使互联网得到如今的发展。现在光纤的数据容量差不多半年到大半年就要翻一番，目前已达到过去难以想象的每秒十万亿位以上的水平。然而，单单增加携带数据的容量是不够的，还得对这些数据加以处理，例如把数据从一根光纤传到另一根光纤。这又是 MEMS 的用武之地。MEMS 所以特别适于光学方面的应用正是由于其尺寸。可见光的波长在 0.40～0.76 μm 之间，正好与小的 MEMS 尺寸相当；光纤直径大约为100 μm，又与大 MEMS 的尺寸差不多。用于光子学领域的 MEMS，简单的如开关和隔离器，前者犹如单刀双掷电气开关，有一个输入端两个输出端，可将来自输入的光切换至任一输出端；后者则用来阻挡光束。稍微复杂一点的则能调节光学放大器的光谱响应，宛如音响系统中调节音频响应的滑动开关一样。这里值得一提的是也称之为光学开关的复杂的光学互联器件，这是在所谓节点的地方将数据从一束光纤传至另一束的 MEMS。由于每根光纤每秒要传递上万亿位的信息，加上成百上千根光纤要进入或离开节点，需要的开关能力可想而知。过去的标准方法是将光信号先转换成电信号，再通过高速电子开关的分配，最后重又转换成光信号传输出去。由于光纤传输数据的能力已超过电子器件的处理能力，便出现了所谓的“电子瓶颈”。克服这一困难的最根本的方法便是采用所谓的全光学开关，即无论是开关还是传输的都是用光子代表的数据。这里，MEMS 又有了用武之地，而且又是采用微镜直接将来自众多输入端的光束切换至同样众多的输出端，不再需要在光—电之间转来换去。采用 MEMS 光学开关不仅克服了电子瓶颈问题，还有许多别的好处。一是与数据传输速率无关，因为反射镜的性质与光的开关快慢无关；二是反射镜的性质与波长无关；再者，MEMS 开关尺寸小、速度高、功耗省。而且，不能不提的是，便宜。光学开关运行时，来自一束光纤的光由一组透镜聚焦，以使来自每根光纤的光都落到与之对应的反射镜元上，每个镜元都能沿两个方向偏转，从而可将反射光导向输出光纤束中的任何一根光纤。光学开关总体上如一个足球大小，有上千个输入、输出端口，总数据传递能力超过每秒两 P(千万亿)位。设想一下，如果地球上所有的人都同时打电话或同时上互联网，总数据传输率也不过大约每秒一 P 位，由此便可看出 MEMS 的神通了。MEMS 应用的前景由此可见一斑。

在科学测量方面，MEMS 同样发挥着积极的作用，诸如高灵敏度磁场计、量热器、辐射计以及适应光学等方面都可采用 MEMS。MEMS 磁场计特别适用于探测极高场极限下材料的磁化强度。目前，在凝聚态物理领域已发展出产生高达 75 特斯拉磁场的方法，但这一磁场只能持续几毫秒。可对这种短暂磁场中材料的磁化进行测量的 MEMS 采用一微型法拉第天平，天平看上去像一个小蹦床，其实是电容器的一部分，接到灵敏电桥线路中便能测量蹦床位移的变化。将一个质量只有一微克的待测材料样品粘到天平上并放进磁铁当中场强不低且存在磁场梯度的地方。这一样品受到的力正比于磁场梯度与样品磁化强度的乘积。由于样品会对迅速变化的磁场作出响应，只要已知“蹦床”的弹性常数就可将其位移与磁化强度的变化联系起来。

这里，要特别指出的是采用 MEMS 代替传统机械绝不仅仅是机器几何尺寸的下降。随着尺寸的下降，许多方面会在根本概念上发生变化，以至于我们必须以完全不同的视角看待 MEMS，也应以不同的思维方式重新认识这新一代的机器。

一个突出的变化在于微型机器的表面积对体积的比值比起普通尺度的机器来大为增加，从而使许多表面效应显现；并且惯性与摩擦的相对重要性也颠倒过来。例如，当球在地面上滚的时候,惯性起主导作用,摩擦力是次要的。可在微型尺度上往往变成摩擦起主导作用,惯性则"退居二线"。典型的例子是草履虫,它不知道惯性是怎么回事而必须不停地游动。在微尺度世界里,分子间的吸引作用会超过弹性恢复力,以至当物体间发生接触的时候就能粘在一起分不开来。因此如使一根悬臂的活动端与其他物体相接触的时候就得考虑它是否还能弹回来。又如,通常的马达利用的是电磁力,即磁铁与载流线圈之间的安培力,而静电力多用在娱乐性场合,例如晚会上使气球粘到墙壁上去的游戏。可在微尺度范围恰恰相反,往往不利用电磁力而利用静电力作为动力,因为随着磁铁与线圈尺寸的下降电磁力越来越小,而如果物体间靠得足够近,就像 MEMS 中的情形那样,静电作用反而会大到足可利用。因此对 MEMS 而言,利用静电驱动是一种标准的技术。由此可见,随着尺寸的下降,世界会变得多么不同。其实,在这一方面,我们的认识还刚刚开始。

MEMS 技术与半导体技术的发展有一定的因缘,事实上一部分研究人员就是从集成电路的研制领域转行过来的;而且 MEMS 都是采用半导体集成电路的技术制造,诸如淀积、光刻、引线键合、封装以至硅片等等都用来制造 MEMS。因此,虽然制造过程复杂,经济上仍然合算,因为可以一下子做出一大批一模一样的器件。实际上还可以利用对制造集成电路(IC)已显过时的设备。现在,典型的 IC 工厂须投资超过十亿美元,可不到五年就要过时。所以将这些设备重新用来研制 MEMS 真是再好不过了。而且,如前所述,采用半导体集成电路制造技术还可以将 MEMS 与数字及模拟微电子器件都集成到一块芯片上而制造出多功能集成系统。

经过近年来的研究,MEMS 在防震、老化等方面都取得了满意的成绩,以至如今 MEMS 已成为坚固耐用的器件。现在许多普通机器能做的事用 MEMS 都能做,而且可能做得更好。MEMS 的发展方兴未艾。回顾上世纪四十年代晶体管发明的时候谁也未曾料到其后应用之广泛,对现代文明的发展所起的作用会达到如今的程度。同样,人们也难以预料二三十年后人类社会如何应用 MEMS。除了拭目以待而外,显然这更是年轻人施展自己才华的大好领域。

阅读材料　　16.4 对单个生物分子的机械操控

长期以来,在生物学或生命科学领域里采用物理学的原理、方法和仪器设备进行研究,促进了学科的发展,而且开辟、发展了"生物物理"这样的学科领域。近年来,许多物理学的最新成就很快在生物学科获得应用,为从分子这一层面上了解生命活动作出了积极的贡献。其中,对单个生物分子,例如蛋白质或 DNA,作机械性的拉伸或扭曲,并观察分子对这种机械操控的反应,使我们大大加深和扩展了对这些分子的结构及彼此间相互作用的认识和理解。例如,对生物分子施以足够大的外力使其发生结构畸变就让我们在了解生物分子的结构方面又添了新的招数,而且这还有助于解决生物分子如何折叠到它们自然的正常形态的问题。众所周知,蛋白质和 DNA 分子的折叠是个特别重要、也特别困难的问题。实际上,外力引起的蛋白质的折叠和打开已经是许多实验和计算机模型研究的课题。

首先,让我们对分子世界里自然存在的各种力的量级稍作了解,以便对机械操控生物分子所需施加的外力的大小有感性的认识。可测量的最小的力称为郎芝万力,这就是和在室温下维持水中的细菌、花粉等微小物体做布朗运动有关的力。作用在细菌上的力平均约为一百万亿分之一(10^{-14})N,即 10 飞牛,正好同它的重量差不多。而与所谓的分子马达相联系的力就要大千倍之多。分子马达是将来自三磷酸腺苷(ATP)的化学能转化为机械功的分子，地球上所有的生命都将能量贮藏在 ATP 里。一个 ATP 分子的水解能产生大约 $14k_BT$ 的能量，k_B 为玻耳兹曼常数，T 为绝对温度。取体温 $T=310$ K，则 $k_BT\approx4.3\times10^{-21}$ J。考虑到分子的尺寸在 10 nm 量级，便可以估算出分子马达的力应在 10^{-11} N，即 10 皮牛量级。与疏水相互作用及生成合作氢键有关的结合力更高一些，在 10^{-10} N 量级。疏水相互作用决定生物分子的稳定性及其天生的折叠形态如何。10^{-10} N 量级的力正好同打破一根非共价键，使蛋白质变性所需的力相当。分子水平上最强的力为纳牛(10^{-9} N)量级，这是打破一根尺度为 0.1 nm 量级的共价键所需的力，共价键典型的键能为 1 eV。

现在有好多种机械操控单分子的方法，诸如磁钳、光钳和原子力显微镜(AFM)，见图 RM16-7。无论采用哪种技术，通常都是将要操控的 DNA、蛋白质或其他生物高分子的一头粘在一个表面上，另一头装一力传感器。在磁钳、光钳情形，力传感器为一微米尺度的微珠；而在原子力显微镜情形，力传感器就是 AFM 的悬梁本身。力传感器的位移可以测量从而可确定待测力的大小。AFM 的原理性关键部分为一端附有介电针尖的悬梁，宛如一根板簧，典型的商用 AFM 悬梁为一尺寸在 100 μm 左右的 Si_3N_4 箔，其弹性常数在万分之六至 2 N · m^{-1}之间。当针尖与待测对象的距离足够小时彼此分子间的作用力会使悬梁弯曲，用激光来探测弯曲形变的大小，再结合其弹性常数便能测量此作用力。光钳则采用激光束，在其焦点处形成很高的电场梯度。作为力传感器的介电微珠就被限制在那里，故称之为光学陷阱。根据微珠相对其平衡位置的位移就可测量作用在生物分子上的力。而在磁钳的情形，微珠由超顺磁材料制成，一边粘上待操控的分子，另一边安放一小磁铁。小磁铁的上下移动或旋转改变了磁场梯度在空间的分布，相应地产生作用于超顺磁珠的力而使分子拉伸或旋转，达到操控的目的。

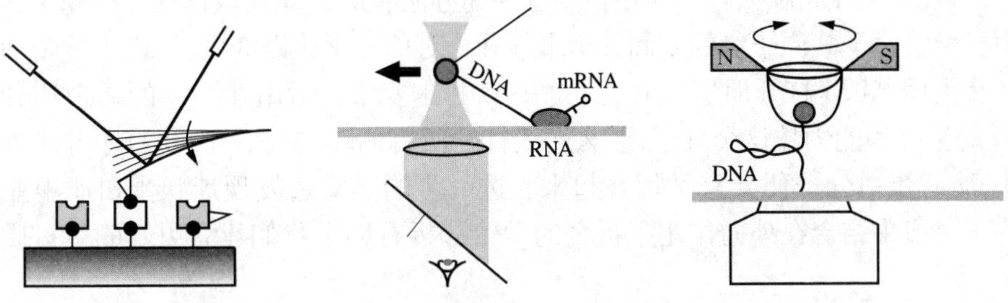

AFM　　光钳　　磁钳

图 RM16-7

无论是哪一种技术，实验时要么控制作用力不变而测量力传感器不同的位移；要么维持力传感器的位移不变而测量不同的力的大小。通常磁钳工作于第一种模式；而光钳与 AFM 则工作于第二种模式，即位置不变测量力。虽然如此，不同的技术测量的力程与传感器位移的范围均各不相同。通常 AFM 测量毫秒级过程中 0.1 nm 级的位移，相应的作用力大于 10 皮牛；光钳测量纳米级位移，力程在皮牛量级；而磁钳则测量飞牛(10^{-15} N)级的作用力。

采用对单个生物分子作机械操控的方法已获得许多很有价值的研究成果。

对分子马达的研究即为一例，最先对之进行机械操控的分子马达就是管控肌肉收缩和细胞输运的酶——肌凝蛋白与趋动蛋白。这两个蛋白质分子都利用 ATP 水解的能量沿着单根纤维在一个方向上运动，肌凝蛋白沿肌动蛋白丝而趋动蛋白则沿微管。在肌肉收缩时肌凝蛋白分子形成的粗纤维把肌动蛋白细丝拉近。以前我们关于肌肉活动诸如收缩率等等的了解都是通过对肌肉纤维,也就是对许多聚在一起的肌凝蛋白与肌动蛋白丝的研究得来的。单分子操控技术使我们的认识更加深入,证明马达蛋白质分子是以很高的效率以分步的方式起作用的。例如,有人把由两个光学陷阱定住的刚性单根肌动蛋白纤丝悬在肌凝蛋白单分子的上方,并直接测量肌凝蛋白分子与肌动蛋白丝之间的相互作用力及相应的位移。肌凝蛋白拉肌动蛋白纤维,拉力传给粘在纤维两端并定在两个光学陷阱中的微珠。实验发现这两个微珠发生的相对其平衡位置的位移以及由其反映的由肌凝蛋白引起的肌动蛋白丝的运动呈分步方式,每一步平均移动 11 nm。而且,肌凝蛋白与肌动蛋白之间平均相互作用时间与 ATP 浓度之间的关系也与已知的 ATP 水解率一致。实验还测得肌凝蛋白施加的静态力约为 4 皮牛。同样,用光钳跟踪在微管轨道上前进的趋动蛋白单分子发现,双头趋动蛋白分子的前进也是分步式的,并且每消耗一个 ATP 分子前进 8 nm。由于趋动蛋白可在微管轨道上前进许多步才跌出去,便可通过对每一步所需的时间的统计分析求得每前进一步得消耗多少个 ATP 分子。实验发现,每一步只消耗一个 ATP 分子,反映这是一个单一的速率限制的生化反应过程。

DNAP(DNA 聚合酶)为另一典型例子。DNAP 是在单根 DNA 模股上接上新股并使基因编码的四个碱基相互对应配对(A 与 T 配对,G 与 C 配对)的蛋白质。有人对 DNAP 的复制功能进行了单分子操控研究。根据在相同外力下单股与双股 DNA 伸长不同的特点便可在实验中将单股 DNA 分子拉伸来观察复制率。实验发现,随着外力的增加,复制率呈指数下降,从开始的每秒几百个碱基的复制率到大约在 30 皮牛(10^{-12} N)时停止复制。当外力进一步增至 35 皮牛时,这一天然酶的纠错能力增强,使其从刚刚接上的 DNA 股上分开。这一结果表明,好几个碱基必须同时与模股配对,否则碱基不能聚合。

还有一个例子是蛋白质分子的折叠。如前所述这是生物学中的一个复杂的基本问题,至今仍未完全解决,采用机械操控单个蛋白质分子的办法有助于深入认识这一问题。在这一方面原子力显微镜由于其原子级的空间分辨本领并可对单分子施以 30 皮牛以上的力而显得特别有效。有人用 AFM 打开肌联蛋白,这是一个由许多球状畴串在一起的蛋白质分子。用 150～300 皮牛之间的力拉这个分子,要么连续打开所有的畴,要么一个也打不开。如果随后使力减小,肌联蛋白分子便会重又折叠起来。进一步的实验还发现球状蛋白质中亚畴的打开。这些研究成果结合在外力作用下折叠的理论分析有助于我们建立更好的蛋白质三维结构模型。

思考题与习题

一、思考题

16-1 为什么通常看不到宏观物体德布罗意波的干涉和衍射效应?

16-2 德布罗意波一般是用复数表示的,是否可以只用其实部而舍去虚部?

16-3 在电子衍射实验中,单个电子在屏幕上的落点是无规则的,而大量电子在屏幕上的分布构成衍射图样,这是否意味着单个粒子呈现粒子性,大量粒子的集合才呈现波动性?

16-4 波函数归一化的物理意义是什么?

16-5 用定态波函数描写的粒子具有什么特征?

二、习题

16-1 一个质量为 10 g,以速度 3 $\mathrm{m \cdot s^{-1}}$ 运动的物体的德布罗意波长是多少?

16-2 经过 $V_0 = 10\ \text{V}$ 电压加速的电子的德布罗意波的波长是多少？（已知电子质量为 m，$mc^2 = 0.511 \times 10^6\ \text{eV}$。）

16-3 质量为 m 的粒子在长为 L 的一维“盒子”中运动，用不确定性原理估计盒子中粒子的最小能量。

16-4 已知电子质量为 m，原子的尺度为 0.1 nm，用不确定性原理估计原子中电子动能的数量级。

16-5 用驻波条件和德布罗意关系式求一维无限深势阱中粒子的总能量，并和薛定谔方程解的结果进行比较，已知粒子的质量为 m，势阱宽度为 L。

16-6 一个粒子在宽度为 L 的一维无限深势阱中运动，其能量处于基态。分别求在 $x = \frac{L}{2}$、$x = \frac{3}{4}L$ 和 $x = L$ 附近 $\Delta x = 0.01L$ 的范围内找到该粒子的概率（因为 $\Delta x \ll L$，不必做积分）。

16-7 已知一维无限方势阱中运动的粒子的定态波函数为 $u_n(x) = \sqrt{\frac{2}{a}} \sin\frac{n\pi x}{a}\ (0 \leqslant x \leqslant a)$，这是驻波函数，试将其分解为两个相反方向传播的波的波函数。证明这两个波函数都是动量算符的本征函数，并求出相应的动量本征值。

16-8 已知质量为 m 的粒子处在一维无限深势阱中的基态，势阱宽度为 $0 \leqslant x \leqslant a$，试求在 $\frac{a}{4} \leqslant x \leqslant \frac{3}{4}a$ 区域内粒子出现的概率。

16-9 设一粒子出现在 $0 \leqslant x \leqslant a$ 区间内任意一点的概率都相等，而在该区间外的概率处处为零，试求该粒子在此区域内的概率密度。

16-10 已知一维线性谐振子的基态波函数为 $u_0(x) = \sqrt{\frac{a}{\sqrt{\pi}}} \mathrm{e}^{-m\omega x^2/2\hbar}$，能量算符为 $\hat{H} = -\frac{\hbar^2}{2m}\frac{\mathrm{d}^2}{\mathrm{d}x^2} + \frac{1}{2}m\omega^2 x^2$，试由薛定谔方程求出其基态能量 E。

16-11 试用求平均值的方法求一维线性谐振子处在基态时的位置平均值 $\overline{x}$ 和动量平均值 $\overline{p_x}$。（已知其波函数为 $u_0(x) = \sqrt{\frac{a}{\sqrt{\pi}}} \mathrm{e}^{-m\omega x^2/2\hbar}$。）

16-12 求自由粒子动量的 x 分量 $\hat{p}_x = -\mathrm{i}\hbar\frac{\partial}{\partial x}$ 的本征函数。

第十七章 原子与分子

众所周知，自然界中的物质有3种基本的存在形态：气态、液态和固态。无论何种形态都可以看成是由原子组成的。在外界因素影响下，或当外界条件发生变化时，物质会作出响应，从而表现出形形色色的性质。其中属于物理学范畴的就是物理性质。物理性质呈现的规律往往总结成物理学的定律或定理。因而研究物质物理性质的规律就构成物理学科的基本内容。不难设想，物质对外界作用的响应与构成物质的原子自身的性质以及原子之间的相互作用是密切相关的。可见原子自身性质的研究是认识宏观物质所呈现的物理规律的基础；在一定的意义上也是学习和研究物理学的基础。原子的物理性质构成物理学的一个重要分支——原子物理学。本章以最简单的原子——氢原子为例介绍原子的基本性质，主要局限于原子的结构。在此基础上简要介绍原子间相互作用形成分子时发生的变化。本章的内容对于阅读之后的两章是必要的前提。

§17.1 氢原子

任何原子均由带正电的原子核与核外电子组成。氢元素位于周期表的左上角，氢原子是最简单的原子，核外只有一个电子，而氢核就是质子。质子的质量约是电子质量的1 840倍，因此，如同任何原子一样，氢原子核(质子)几乎集中了原子的全部质量。电子在质子的库仑引力作用下绕核旋转，极像行星绕恒星旋转。相对于电子的轨道半径(0.053 nm)而言，电子与质子所占空间体积极微。如将它们看作球形，则半径分别为2.818×10^{-15} m与1.20×10^{-15} m。不过电子绕氢核旋转与行星运动有一个根本的区别，就是电子是荷负电荷的。当其绕核旋转时无疑作加速运动。电荷作加速运动时要辐射电磁波而使自身的能量降低。氢原子中电子的能量其实就是氢原子这一由电子和核构成的体系的能量。事实上两者往往混用，而且更多地采用原子能量的说法。例如，氢原子中的电子能级通常会简略地称为氢原子的能级。氢原子中电子的能量E包含电子的动能及其在原子核库仑场中的势能。经典力学的计算表明，当电子作轨道半径为r的圆周运动时$E=-\dfrac{1}{8\pi\varepsilon_0}\dfrac{e^2}{r}$。可见随着$E$的下降，$r$要减小。于是，电子加速运动辐射能量将导致电子最终落入原子核，即原子将崩塌而不复存在。然而，实验表明氢原子是稳定的，并且稳定的氢原子并不辐射能量，电子处在稳定的轨道上。这一事实又一次表明对原子这一类微观体系，经典力学不再适用。将上一章的薛定谔方程应用于氢原子，得到的解答表明，氢原子中的电子可存在于一系列稳定轨道之上。每一轨道与一电子能级相应，能量最低的轨道称为基态，用E_1表示，$E_1=-13.6\,\text{eV}$。E_1之上存在一系列激发态轨道。激发态能级的能量可表示为

$$E_n=E_1/n^2\quad(n=2,\ 3,\ \cdots)\tag{17.1-1}$$

如图17.1-1所示。特别值得一提的是，E_1可表示为

$$E_1=-\frac{m}{8}\left(\frac{e^2}{\varepsilon_0 h}\right)^2\tag{17.1-2}$$

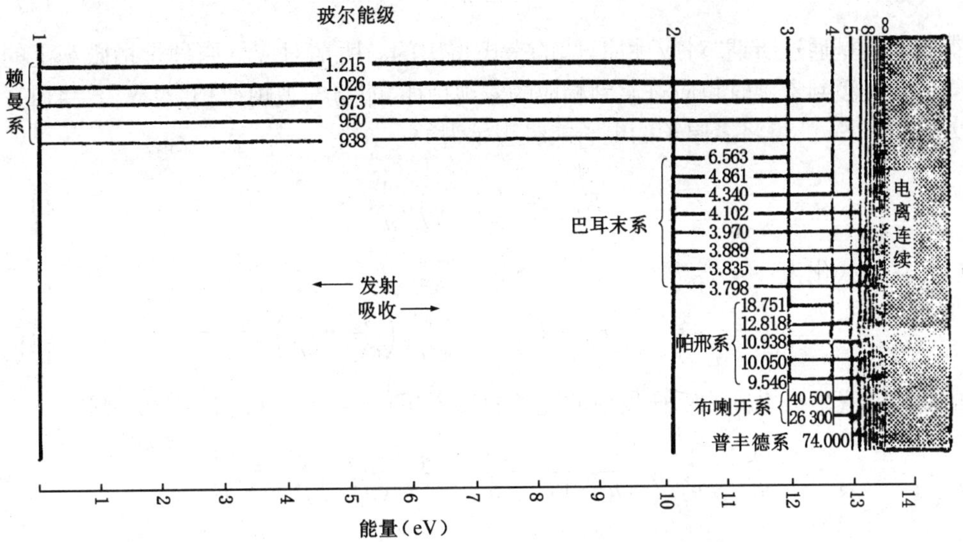

图 17.1-1 氢原子的能级与光谱线系

式中 m, e 分别为电子的质量与电荷,ε_0 为真空介电系数,而 h 为普朗克常数。可见,除去数字 8,全由一些重要的基本物理常数构成。n 称为主量子数,$n=1$ 的能级即基态。但如电子处在高能级上,便有自发地跃迁到低能级或基态的倾向。跃迁发生时相应能级之间的能量差以光子形式发射出来,光子频率满足

$$h\nu = E_n - E_m \quad (n > m) \tag{17.1-3}$$

测量氢原子发射的光谱,与(17.1-3)式完全符合。光谱由一系列线状谱线组成。与 $m=1$ 相应的谱线的频率满足

$$h\nu = E_n - E_1 = E_1\left(\frac{1}{n^2} - 1\right) \tag{17.1-4}$$

谱线组成线系,称为赖曼系。

与 $m=2$ 相应的谱线频率满足

$$h\nu = E_n - E_2 = E_1\left(\frac{1}{n^2} - \frac{1}{2^2}\right) \tag{17.1-5}$$

谱线构成巴耳末系。而与 $m=3$ 相应的谱线频率满足

$$h\nu = E_n - E_3 = E_1\left(\frac{1}{n^2} - \frac{1}{3^2}\right) \tag{17.1-6}$$

谱线系称为帕邢系。如图 17.1-1 所示。

历史上正是氢光谱的实验研究导致玻尔于 1913 年提出著名的玻尔模型,开辟了现代物理学的新天地。玻尔模型由三部分构成:一是上述定态条件,即氢原子中的电子可以处于一系列稳定轨道上而不辐射能量,这就是所谓的定态量子化或能量量子化条件;二是前述的频率条件,即当电子由高级 E_n 跃迁至低能级 E_m 上时将辐射频率为 $\nu=(E_n-E_m)/h$ 的光子;三是所谓的角动量量子化,电子的轨道运动除其能量是量子化的而外,其角动量 L 也是量子化的,应为 $\hbar = h/2\pi$ 的整数倍:

$$L = n\hbar \tag{17.1-7}$$

玻尔得出上式是通过所谓“对应性原理”的考虑得出的。所谓对应性原理是指微观上的物理规律当体系过渡到宏观时也应过渡到相应的宏观规律，即与宏观规律相“对应”。将(17.1-2)式代入(17.1-1)式，可将氢原子的电子能级表示为

$$E_n = -\frac{m}{8}\left(\frac{e^2}{\varepsilon_0 h}\right)^2 \frac{1}{n^2} \tag{17.1-8}$$

从而(17.1-3)式化为

$$\nu = \frac{1}{h}(E_n - E_m) = \frac{me^4}{8\varepsilon_0^2 h^3}\left(\frac{1}{m^2} - \frac{1}{n^2}\right) \tag{17.1-9}$$

如考虑两相邻高能级之间的跃迁发射的光子的频率，即 $n = m+1$，且 $n \gg 1$，则

$$\frac{1}{m^2} - \frac{1}{n^2} = \frac{1}{(n-1)^2} - \frac{1}{n^2} = \frac{n^2-(n-1)^2}{n^2(n-1)^2} \approx \frac{2}{n^3}$$

此时

$$\nu = \frac{me^4}{4\varepsilon_0^2 h^3}\frac{1}{n^3} \tag{17.1-10}$$

另一方面，由描述宏观规律的经典理论知，当电子以速率 v 绕核作半径为 r 的圆周运动时，动能 $E_k = \frac{1}{2}mv^2$，势能 $E_p = -\frac{e^2}{4\pi\varepsilon_0 r}$，考虑到向心力 f 为库仑力，$f = -\frac{1}{4\pi\varepsilon_0}\frac{e^2}{r^2}$，即得电子能量

$$E = E_k + E_p = -\frac{1}{8\pi\varepsilon_0}\frac{e^2}{r} \tag{17.1-11}$$

速率

$$v = \sqrt{-2E/m} = \frac{e}{2\sqrt{\pi\varepsilon_0 rm}} \tag{17.1-12}$$

同时得电子绕核旋转的频率为

$$\nu' = \frac{v}{2\pi r} = \frac{e}{4\sqrt{\pi^3 r^3 \varepsilon_0 m}} \tag{17.1-13}$$

经典的电动力学理论认为作圆周运动的电子辐射的光子频率即为其运动频率，即 ν'。而当 n 很大时，电子能量很高，由(17.1-11)式可见其经典运动的半径也很大，甚至可达微米数量级，实际上已可用经典理论描述。换言之，根据对应性原理应有当 $n \gg 1$ 时 $\nu = \nu'$。由此可得

$$\frac{me^4}{4\varepsilon_0^2 h^3}\frac{1}{n^3} = \frac{e}{4\sqrt{\pi^3 r^3 \varepsilon_0 m}}$$

轨道半径

$$r = \frac{\varepsilon_0 h^2}{\pi m e^2} n^2 \tag{17.1-14}$$

由(17.1-12)式与上式可得轨道角动量量子化：

$$L = mvr = n\hbar \quad (n = 1, 2, \cdots)$$

除电子角动量的数值而外，与量子力学的计算得到的结果相同。

光谱学的实验结果为近代原子物理学的建立奠定了重要的实验基础，著名的弗兰克-赫兹实验又从电学这一侧面提供了有力的佐证。弗兰克-赫兹于 1914 年进行的实验如图 17.1-2所示。在玻璃容器内设置 3 个电极：阴极 K、栅极 G 与接收极 R。容器内充以汞蒸气。阴极 K 以电流加热，可发射电子。阴极发射的电子在正栅压（K-G 之间的电压）作用下加速，通过栅网后可为收集极 R 收集成为流经电流计的电流。在收集极 R 上施一相对于栅极的负电压，设数值为 0.5 V。因此到达栅极的电子向右方飞行的动能必须超过 0.5 eV 才能到达接收极对电流产生贡献。改变栅—阴间的电压 V_G，测量电路中形成的电流 I。结果如图 17.1-2(b)所示。图示 I-V_G 曲线具有明确的 4.9 V 的周期，强烈表明汞原子中的电子存在一能量超过基态 4.9 eV 的量子化状态。在一般的实验条件下，容器内温度不太高，汞原子中的电子均处于基态。当 $V_G < 4.9$ V 时，随着 V_G 的增加，穿过栅极到达接收极电子水平方向的动能或速度增加，导致电流 I 随 V_G 上升。这表明当电子由阴极发射出来飞向栅极的过程中，尽管电子有机会与汞原子碰撞，但汞原子并不接受电子的能量，以至电子仍能克服栅极与接收极之间的反向电场而到达接收极。这是与经典物理的观点极不相容的。根据经典的碰撞理论，在碰撞时电子几乎应将其全部的能量转移给汞原子中的电子，从而便没有可能克服 G 与 R 间的电场，电路中也就不会出现电流。实验结果表明当 V_G 达 4.9 V 时 I 反而突然降低，表明这时加速电子与汞原子碰撞时将其全部能量交给汞原子中的电子，从而由阴极发出的电子无法到达收集极，导致电流急剧下降。这一结果除明确无误地表明汞原子中的电子存在一基态之上 4.9 eV 的量子化能级外，同时表明电子能量的变化也是量子化的：原子中电子能量的变化只能等于相应量子化能级之间的能量差。例如在汞原子的情形，如外加能量低于 4.9 eV，“一概拒收”；如高于 4.9 eV，一个汞原子也只吸收一份能量 4.9 eV，多余的谢绝。直到外加电压升至 2×4.9 eV 时又一次引起电流的下降，表明电子在加速场的作用下能先后使

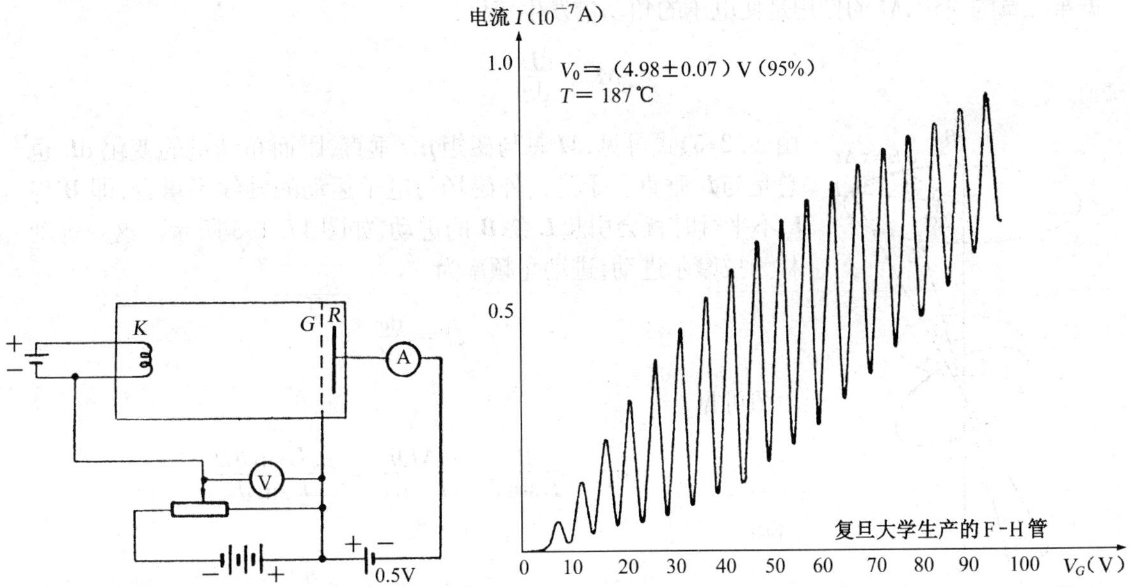

(a) 实验布局示意　　(b) 汞蒸气的结果

图 17.1-2　弗兰克-赫兹实验

两个汞原子激发至高能级。弗兰克-赫兹的实验以独立于光谱实验的形式进一步证实原子中的电子只能存在于量子化的能级上。

电子围绕原子核的轨道运动形成环形电流,从而形成轨道磁矩。因此,将原子置于外磁场中,观察外磁场对原子的作用,便顺理成章地成为深入了解原子性质的方法。事实上,在磁场中光谱线变宽,发生了变化。

为简单计,设原子中的电子沿一以原子核为圆心的平面圆形轨道运动,周期为 T, $T=2\pi r/v$, r 为轨道半径,v 为速率,则电子运动形成的环形电流 I 为

$$I=\frac{-e}{T}=-e\frac{v}{2\pi r} \tag{17.1-15}$$

由(9.2-4)式知,这一电流形成的磁矩 μ_m 为

$$\mu_m=IS=-e\frac{vr}{2} \tag{17.1-16}$$

式中 $S=\pi r^2$ 为轨道所包围的面积。另一方面,电子相对于原子核的角动量 $L=mvr$。计及电子运动的方向,可将(17.1-16)式改写成

$$\boldsymbol{\mu}_m=-\frac{e}{2m}\boldsymbol{L}=r_L\boldsymbol{L} \tag{17.1-17}$$

式中 $r_L=-\dfrac{e}{2m}$ 称为电子轨道运动的旋磁比。在经典物理的范畴里,如第九章所述,磁矩在磁感应强度为 $\boldsymbol{B}$ 的磁场里会受到力矩

$$\boldsymbol{M}=\boldsymbol{\mu}_m\times\boldsymbol{B}$$

的作用。但原子中的电子形成的电流与导线中的电流的一个明显差别,就在于原子中的电子具有角动量,遂在外磁场中其磁矩并无转到外磁场 $\boldsymbol{B}$ 方向的趋势。对原子中的电子而言,根据第三章的讨论,$\boldsymbol{M}$ 的作用是使电子的角动量发生变化:

$$\boldsymbol{M}=\frac{\mathrm{d}\boldsymbol{L}}{\mathrm{d}t}$$

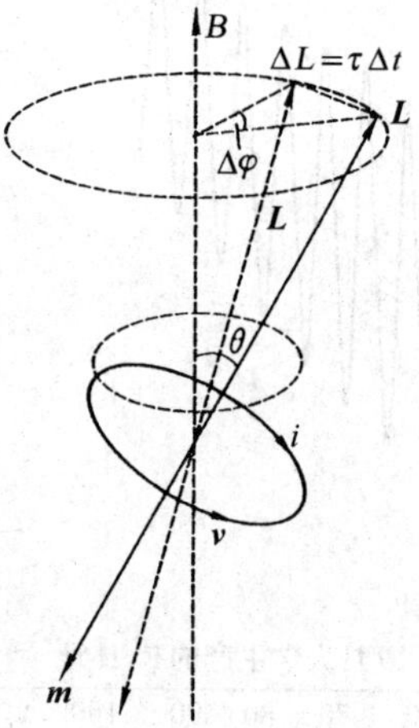

图 17.1-3 拉摩尔进动

由(9.2-5)式可见,$\boldsymbol{M}$ 总与磁矩 $\boldsymbol{\mu}_m$ 垂直,因而角动量的变化 $\mathrm{d}\boldsymbol{L}$ 也总是与 $\boldsymbol{L}$ 垂直。于是当外磁场与电子运动的轴线不重合,即 $\boldsymbol{B}$ 与 $\boldsymbol{L}$ 不平行时就会引起 $\boldsymbol{L}$ 绕 $\boldsymbol{B}$ 的进动,如图 17.1-3 所示。这一进动称为拉摩尔进动,进动角频率为

$$\Omega=\frac{\mathrm{d}\varphi}{\mathrm{d}t}$$

由图可见

$$\mathrm{d}\varphi=\frac{\mathrm{d}L}{L\sin\theta}=\frac{M\mathrm{d}t}{L\sin\theta}=\frac{\mu_m B\sin\theta\mathrm{d}t}{L\sin\theta}$$

因此

$$\Omega=\frac{e}{2m}B \tag{17.1-18}$$

由图可知进动角速度的方向与外磁场一致,故上式可写成矢量的形式:

$$\boldsymbol{\Omega}=\frac{e}{2m}\boldsymbol{B} \tag{17.1-19}$$

电子的拉摩尔进动同样形成附加的环形电流与磁矩,后者则必与外磁场方向相反,这就是任何物质均具有的抗磁性的根源。由图 17.1-3 还可看出,当电子角动量 $\boldsymbol{L}$ 作拉摩尔进动时,$\boldsymbol{L}$ 在外磁场 $\boldsymbol{B}$ 方向的投影 L_z 不变。

根据量子力学,原子中轨道角动量 $\boldsymbol{L}$ 与其在外磁场方向的投影也都是量子化的,称为轨道与空间量子化。L 可取的量子化数值为

$$L=\sqrt{l(l+1)}\hbar \tag{17.1-20}$$

式中 l 称为角量子数。l 的取值决定于电子所处能级的主量子数,如主量子数为 n,则 l 可取也只能取如下数值:

$$l=n-1,\ n-2,\ \cdots,\ 0 \tag{17.1-21}$$

例如,对氢原子,其基态 $n=1$, l 只能取 0。角动量为零的状态称为 s 态;因此氢原子的基态常表示为 1s 态,1 表示主量子数 $n=1$。对主量子数 $n=2$ 的第一激发态,l 可取 0 与 1, $l=1$ 的状态称为 p 态;因此氢原子第一激发态包含 2s 与 2p 两种状态,但这两种状态的能量是相等的,这称为状态简并。$n=3$ 的能级 l 可取 0、1 与 2。$l=2$ 的态常称为 d 态,氢原子 $n=3$ 的能级包括简并在一起的 3s、3p 与 3d 态。类似地 $l=3$, 4, 5 的状态分别称为 f, g 与 h 态。对氢原子而言,只要 n 相同,任何 l 值的状态能量都相等。如设外磁场沿 z 方向,角动量 $\boldsymbol{L}$ 在 z 方向的投影 L_z 的量子化可表示为

$$L_z=m_l\hbar \tag{17.1-22}$$

式中 m_l 称为磁量子数。对于一定的角量子数 l,磁量子数 m_l 只能取如下数值:

$$m_l=-l,\ -l+1,\ \cdots,\ -1,\ 0,\ 1,\ \cdots,\ l-1,\ l \tag{17.1-23}$$

值得注意的是,m_l 不同的状态在外磁场中具有不同的能量。但当外磁场不存在时,对于氢原子,只要主量子数 n 相同,m_l 不同的状态也是简并的。

由(9.2-5)式可以证明,磁矩 $\boldsymbol{\mu}_m$ 受外磁场 $\boldsymbol{B}$ 的力矩 $\boldsymbol{M}$ 作用下从垂直于外磁场 $\boldsymbol{B}$ 的方向转到与 $\boldsymbol{B}$ 成 α 角的过程中 $\boldsymbol{M}$ 作功

$$W=\mu_m B\cos\alpha=\boldsymbol{\mu}_m\cdot\boldsymbol{B}$$

类似于重力做功使重物势能下降,也可以认为磁矩在外磁场中具有附加势能 ΔE_p。如认为 $\boldsymbol{\mu}_m$ 垂直于 $\boldsymbol{B}$ 时 $\Delta E_p=0$, 则当 $\boldsymbol{\mu}_m$ 与 $\boldsymbol{B}$ 夹 α 角时 $\Delta E_p=-W=-\boldsymbol{\mu}_m\cdot\boldsymbol{B}$。取外磁场为 z 方向,

$$\Delta E_p=-\mu_{mz}B \tag{17.1-24}$$

对于电子的轨道运动磁矩,由(17.1-17)及(17.1-22)式,

$$\Delta E_p=-\left(\frac{-e}{2m_e}\right)L_zB=\frac{e}{2m_e}m_l\hbar B=m_l\mu_B B \tag{17.1-25}$$

上式中,为避免与表示磁场的角标相混,将电子质量用 m_e 表示。式中

$$\mu_B=\frac{e\hbar}{2m_e} \tag{17.1-26}$$

称为玻尔磁子。代入各基本常数的数值,得

$$\mu_B = 9.27 \times 10^{-24}\ \mathrm{J \cdot T^{-1}} = 5.79 \times 10^{-5}\ \mathrm{eV \cdot T^{-1}}$$

(17.1-25)式表明:如有一电子由 $l=1$ (p 态)的高能级跃迁至 $l=0$ (s 态)的低能级,则当置于外磁场中时由于 p 态 $m_l = 1, 0, -1$ 的状态在磁场中具有不同的势能而分裂成三个能量不同的能级,从而跃迁时光谱线就会分裂成 3 条。但是在通常的实验条件下,相对于不同能级之间的能量差 ΔE_p 并不大。实验中采用的光谱仪必须具有比较高的分辨率才能分辨出谱线或能级的分裂;如分辨率较低看上去就像谱线增宽。在磁场中光谱线分裂的现象称为塞曼效应。镉原子发出的一条谱线在强磁场中分裂成 3 条:一条谱线的频率与无磁场时一致;另两条频率一增一减,且增减的数值相等。由 $\Delta E = h\nu$ 可知正好与 $m_l = 1, 0, -1$ 的能级在外磁场中能量的变化一致。实际上量子力学的理论计算表明原子中的电子在两个状态之间跃迁发射光子时应满足所谓的选择定则,即初态和末态的角动量量子数 l 与磁量子数 m_l 的差别必须满足

$$\Delta l = 1$$

$$\Delta m_l = 1, 0, -1$$

可见在磁场中一条谱线只能分裂成 3 条谱线;而且一条频率不变,一条增加,一条降低,且增加与降低的频率 $\Delta\nu$ 数值相等。但是实验表明在许多情形谱线分裂不是 3 条,分裂的间距也并不相等。因此常将等间距分裂成 3 条谱线的塞曼效应称作正常塞曼效应,其余的则称作反常塞曼效应。反常塞曼效应与电子的自旋有关。

以上介绍的有关氢原子中电子轨道运动的性质,包括(17.1-1),(17.1-20)和(17.1-22)式,均可由求解氢原子的薛定谔方程

$$\left(-\frac{\hbar^2}{2m}\nabla^2 - \frac{1}{4\pi\varepsilon_0}\frac{e^2}{r}\right)\psi = E\psi \tag{17.1-27}$$

得到。上式左边第二项为电子与原子核(质子)的相互作用势,r 为电子与核之间的距离。第一项表示电子动能,其中的算符 ∇^2 称为拉普拉斯算符,可表示为

$$\nabla^2 = \frac{\partial^2}{\partial x^2} + \frac{\partial^2}{\partial y^2} + \frac{\partial^2}{\partial z^2} \tag{17.1-28}$$

由于势场具有明显的球对称性,通常采用球面坐标更为方便。在球坐标中,

$$\nabla^2 \equiv \frac{1}{r^2}\frac{\partial}{\partial r}\left(r^2\frac{\partial}{\partial r}\right) + \frac{1}{r^2\sin\theta}\frac{\partial}{\partial\theta}\left(\sin\theta\frac{\partial}{\partial\theta}\right) + \frac{1}{r^2\sin^2\theta}\frac{\partial^2}{\partial\varphi^2} \tag{17.1-29}$$

由此,方程(17.1-27)式的解,即氢原子的电子波函数也用变数(r, θ, φ)表出,$\psi = \psi(r, \theta, \varphi)$。(17.1-27)式的求解过程繁琐,这里不再介绍。

除去塞曼效应而外,电子角动量空间量子化的又一重要实验证明是著名的斯特恩-盖拉赫设计并于 1921 年进行的实验。这一实验最初是以银原子为实验对象,但随后在 1927 年又针对氢原子进行。这一实验导致电子自旋假说的提出,下面即针对氢原子介绍。

斯特恩-盖拉赫实验的原理基于磁矩在非均匀磁场中将受到力的作用,犹如电偶极子在非均匀电场中会受力的作用一样(见 § 9.2)。

由(17.1-24)式可知,当磁矩 $\boldsymbol{\mu}_m$ 与磁场 $\boldsymbol{B}$ 之间的夹角为 θ 时,可看成磁矩具有势能

$$\Delta E_p = -\boldsymbol{\mu}_m \cdot \boldsymbol{B} = -\mu_m B \cos\theta$$

当磁场为非均匀场——为简单计,设 B 沿 z 轴方向变化——时,由上式可知磁矩受到沿 z 方向的力 F_z 的作用:

$$F_z = -\frac{\partial}{\partial z}(\Delta E_p) = \mu_m \cos\theta \frac{\partial B}{\partial z} \tag{17.1-30}$$

上式表明:在同一磁场中取向不同(θ 不同)的磁矩受到的作用力不同,从而就有可能将其区分开来。不过要从实验中观察,必须在一个原子磁矩的范围内,也就是在一个原子或不到 1 纳米范围内实现磁场的不均匀。斯特恩与盖拉赫的突出贡献就在于设计了一对特殊的磁极,如图 17.1-4(b)所示。氢原子束以准直束的形式入射非均匀磁场。如果原子是空间量子化的,即角动量 $\boldsymbol{L}$ 在 $\boldsymbol{B}$ 方向投影 L_z 是量子化的,原子束在记录屏上就应当表现为不连续的细线;否则,如没有空间量子化,θ 应可连续变化,则原子束击中记录屏的位置就应当摊成一片。实验结果表明原子束的确呈分立状分布,如图 17.1-4(c)所示。这就有力地证实原子中电子的角动量具有空间量子化。

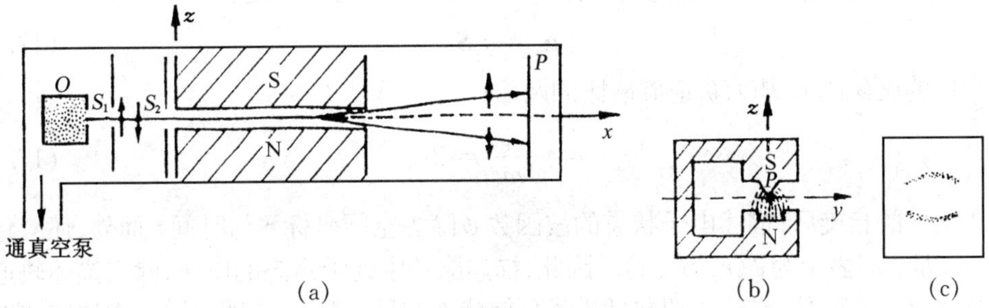

图 17.1-4 斯特恩-盖拉赫实验

设原子中的电子处在角动量量子数为 l 的状态,由于磁量子数可取(17.1-23)所示的数值,在斯特恩-盖拉赫实验中入射原子束应当由于空间量子化而分裂成奇数 $(2l+1)$ 条。但是无论是早期对银原子或其后对氢原子所作的实验结果都是原子束经过非均匀场后分裂成两条——偶数条!如图 17.1-4 所示。根据上面的讨论,分裂成偶数条原子束意味着角量子数 l 应为半整数,这是难以想象的。而且,根据实验条件所作的分析表明,实验中原子均处于基态。具体对氢原子而言,即其中的电子处于 $n=1$, $l=0$ 的状态。$2l+1=1$,换言之,不应发生原子束的分裂。20 世纪之初是物理学发生革命性发展的时期,不时出现惊人的发现或假说,而这些往往都是一些原本名不见经传的年轻人在学术前沿冲锋陷阵、纵横驰骋的结果。这一次又是年轻人脱颖而出。1925 年,两个当年年仅 25 岁的荷兰学生——高希米特和乌仑贝克大胆地提出电子自旋的概念,即电子除去绕核的轨道运动外还有绕自身轴线的自旋,宛如绕太阳运行的地球一般。电子自旋的概念将人们对原子中电子运动的认识提高到了新的高度。许多原先难以理解的实验现象应用电子自旋的概念便都迎刃而解。

电子自旋的概念包括自旋磁矩 $\boldsymbol{\mu}_s$ 和自旋角动量 $\boldsymbol{S}$,高希米特和乌仑贝克认为任何电子,无论是原子中的电子还是自由运动的电子,都具有自旋,电子自旋角动量的数值应为

$$S = \sqrt{s(s+1)}\,\hbar \tag{17.1-31}$$

这里我们采用(17.1-20)式的表达形式,s 称为自旋量子数。与轨道角动量量子数不同的是,

无论电子处于何种轨道运动状态，自旋量子数只能取单一的数值$\frac{1}{2}$：

$$s=\frac{1}{2} \tag{17.1-32}$$

此外，自旋角动量也是空间量子化的。如置于外磁场中，自旋角动量在 $\boldsymbol{B}$ 方向的投影可表示为

$$S_z=m_s\hbar \tag{17.1-33}$$

而 m_s 只能取

$$m_s=\pm\frac{1}{2} \tag{17.1-34}$$

的两个数值。通常将 $m_s=\frac{1}{2}$ 的状态称为自旋"向上"，而将 $m_s=-\frac{1}{2}$ 的状态称为自旋"向下"。如果不存在外磁场，则电子自旋角动量在任何方向的投影也都只能取"向上"、"向下"两个数值。

同样，电子的自旋磁矩 $\boldsymbol{\mu}_s$ 也与其自旋角动量成正比且方向相反：

$$\boldsymbol{\mu}_s=r_s\boldsymbol{S} \tag{17.1-35}$$

但电子自旋的旋磁比 r_s 却为轨道旋磁比的两倍：

$$r_s=-\frac{e}{m_e}=2r_L \tag{17.1-36}$$

计入电子的自旋后，描述电子状态的波函数 ψ 除去空间坐标 $\boldsymbol{r}$ 与时间 t 而外，还应包括自旋变量 S_z，即 ψ 应表示为$\psi(\boldsymbol{r}, S_z, t)$。因此，描述原子中处于定态的电子，除去描述轨道运动的量子数 n, l, m_l 而外，必须还要包括描述自旋状态的量子数 m_s。即对原子中的定态电子而言，需要 4 个量子数(n, l, m_l, m_s)才能完整地描述其状态。

就自旋这一概念而言，如将电子看成一具有质量 m_e，电荷 $-e$ 的球体，其具有自旋角动量或自旋磁矩应是很直观的。球绕通过中心的轴旋转具有角动量，同时分布于球体中的负电荷作圆周运动必形成环形电流从而产生磁矩。然而如根据这一经典图画计算，则电子"赤道"上旋转的切向速度将大于光速。显然这是难以接受的。因此，电子自旋的概念本质上属于量子力学，即属于近代物理的范畴。

电子自旋的概念引入后，就能很容易解释许多实验现象。碱金属光谱的精细结构即为一典型例子。

高分辨率的光谱实验表明，碱金属的光谱具有精细结构，即在不存在外加磁场或电场的情形，一条谱线往往是由频率很接近的几条谱线组成的。著名的钠发出的黄色 D 线由两条谱线组成是众所周知的。这就是自旋与轨道运动相互耦合的结果。

原子中电子的轨道运动会产生磁场，电子的自旋磁矩即处于此磁场之中。根据前面的讨论，自旋磁矩将获得附加的势能，这就是自旋-轨道相互作用能量。量子力学的计算表明，对角量子数 $l=1$ 的 p 态，自旋-轨道耦合使能级一分为二；其一对应于自旋向上，另一对应于自旋向下。但是 $l=0$ 的 s 态并不发生自旋-轨道耦合导致的能级分裂，仍为单一的能级。钠的 D 线是由 $n=3, l=1$ 的 $3p$ 态到 $n=3, l=0$ 的 $3s$ 态的跃迁。$3s$ 态不发生自旋轨道分裂，$3p$ 态则一分为二。从而使光谱线分裂成波长分别为 $\lambda_1=589.0\ \text{nm}$ 与 $\lambda_2=589.6\ \text{nm}$ 的两条波长或频率相差很小的谱线，如图17.1-5所示。从这里我们也可看到自旋-轨道引起的附加能量修

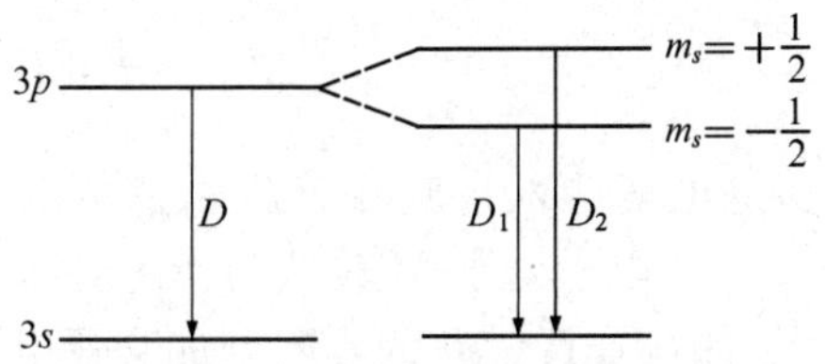

图 17.1-5 自旋-轨道相互作用导致钠光谱中 *D* 线的精细结构

正与主量子数 n 不同的能级之间在能量上的距离相比是一个小量,这也表明在原子内部磁性相互作用与静电相互作用相比要小得多。

对于氢原子,前面已指出,主量子数 n 不同的状态能量 E_n 不同,但主量子数相同角量子数 l 或磁量子数 m_l 不同的状态能量相同,是简并的。根据(17.1-21)与(17.1-23)式可知,主量子数为 n 的能级 E_n 的简并度为

$$G=\sum_{l=0}^{n-1}(2l+1)=n^2 \tag{17.1-37}$$

即共有 n^2 个 n 相同但 l, m_l 不同的状态能量都是 E_n。这是未曾计入自旋的情形。如计入自旋,但不计入自旋-轨道耦合,则 n, l, m_l 相同但自旋 m_s 不同的两个态 $\left(m_s=\frac{1}{2}\text{ 与 }-\frac{1}{2}\right)$ 的能量也是简并的;因此能级 E_n 就是 $2n^2$ 度简并的,即 n 相同但 l, m_l, m_s 各不相同的 $2n^2$ 个状态(每个状态均以 4 个量子数 n, l, m_l, m_s 表征)的能量相同。

原子中的电子既有绕核旋转的角动量 $\boldsymbol{L}$ 又有自旋角动量 $\boldsymbol{S}$,因此电子的总角动量应为

$$\boldsymbol{J}=\boldsymbol{L}+\boldsymbol{S} \tag{17.1-38}$$

根据量子力学的计算,总角动量的数值可表示为

$$J=\sqrt{j(j+1)}\,\hbar \tag{17.1-39}$$

其中 j 有两种数值 $l+S$ 及 $|l-S|$。同时总角动量也是空间量子化的,即其在空间任意特定方向的投影 J_z 如表示为

$$J_z=M\hbar \tag{17.1-40}$$

则 M 只能取如下数值

$$M=j,\ j-1,\ \cdots,\ -j \tag{17.1-41}$$

计入自旋-轨道耦合后,电子的状态由 n, l, j 和 M 这 4 个量子数描述。能级由 n, l, j 决定; m, l 相同但 j 不同的状态能量有差异;但 j 相同 M 不同的状态能量仍相同。换言之自旋-轨道耦合使原子能级简并度由 $2n^2$ 下降至 $2j+1$。如置于磁场中 J_z 即为总角动量在磁场方向的投影。电子的总磁矩 $\boldsymbol{\mu}$ 亦如轨道磁矩、自旋磁矩一样与总角动量数值成比例而方向相反。只是由于轨道旋磁比与自旋旋磁比不相等,通常将 $\boldsymbol{\mu}$ 与 $\boldsymbol{J}$ 的关系写成

$$\boldsymbol{\mu}=-g\left(\frac{e}{2m_e}\right)\boldsymbol{J} \tag{17.1-42}$$

式中

$$g=1+\frac{j(j+1)+s(s+1)-l(l+1)}{2j(j+1)} \tag{17.1-43}$$

称为兰德 g 因子,是一个介于 1 与 2 之间的数。不难看出,如只有轨道角动量, $s=0$, $j=l$, 得 $g=1$, $-g\left(\frac{e}{2m_e}\right)=r_L$。如只有自旋角动量, $l=0$, $j=s=\frac{1}{2}$, $g=2$, $-g\left(\frac{e}{2m_e}\right)=r_s$。如电子置于外磁场 $\boldsymbol{B}$ 中,则电子总磁矩获得的附加势能为

$$\Delta E_p = -\mu_z B = Mg\left(\frac{e\hbar}{2m_e}\right)B = g\mu_B MB \tag{17.1-44}$$

其实这正是计入自旋和自旋轨道耦合之后的塞曼分裂。由上式可见能级分裂的间距为 $g\mu_B B$。当电子处于 M 较低的状态时即可吸收数值为 $g\mu_B B$ 的能量跃迁至较高的状态。事实上,如在垂直于 $\boldsymbol{B}$ 的方向施加交变电磁场,并且固定磁感应强度 $\boldsymbol{B}$ 的数值,改变交变场的频率,测量电子体系对电磁场能量的吸收与其频率 ν 的关系,结果显示当交变场的频率 ν 满足

$$h\nu = g\mu_B B \tag{17.1-45}$$

时吸收达极大,称为共振吸收。共振吸收的物理机理即为电子吸收交变场的能量跃迁至高能级。由于这里涉及的是电子在磁场导致的不同能级之间的跃迁,故称为磁共振。当轨道角量子数 $l=0$ 时,只有自旋角动量,相应的磁共振称为电子自旋共振(ESR)。电子自旋共振在研究自由基等对象方面具有广泛的应用。原子核也有磁矩,也能在同时施加固定静磁场与交变电磁场时产生共振吸收,称为核磁共振(NMR)。核磁共振成像已成为当代常规的医学诊断检测手段,可参阅第十章阅读材料。通常,静磁场在特斯拉量级,对自旋共振而言,共振对应的交变场频率在 10^9 Hz 数量级,属微波范围。而对于核磁共振,由于原子核的质量要比电子质量大 3 个数量级,使核能级置于磁场中的分裂间距也要比电子的小 3 个数量级,因此共振频率处在 10^6 Hz 数量级,属射频范围。

§17.2 多电子原子

上节的讨论原则上是对氢原子或类氢离子进行的。所谓类氢离子就是采用某种方法将原子中的电子剥离,只剩下一个,则如 Li^{2+}、Be^{3+} 等。由于只有一个核外电子,不存在电子之间的相互作用,自旋-轨道耦合也只涉及电子自身的轨道运动的影响。但是实际的原子,除氢原子而外都包含多个电子,情况自然比氢原子复杂。然而如果我们略去电子间的相互作用,并且不计电子的自旋-轨道耦合的影响,上一节讨论的主要结论仍然可适用于多电子原子,即每个电子的状态均可用 4 个量子数 n, l, m_l 与 m_s 描写。稳定的原子处于基态,即其所有的电子都处于能量尽可能低的状态。这就是所谓的能量最小原理。本节即据此一般地介绍多电子原子中的电子分布。

由上节的介绍知,如不计自旋轨道耦合,电子能级只决定于主量子数,主量子数 n 相同的状态能量是简并的,简并度为 $2n^2$。我们将处于同一主量子数 n 的电子称作属于同一壳层,并且习惯上将 $n=1$ 的称作 K 壳层,$n=2$ 的称作 L 壳层,其后 M, N, O, P 等壳层分别相应于 $n=3$, 4, 5, 6 等主量子数。同一主量子数 n 包含角量子数 l 不同的状态,所有角量子数相同的电子构成一个支壳层。不难看出支壳层 l 是 $2(2l+1)$ 度简并的,因为其中包含 $(2l+1)$ 个磁量子数 m_l 不同的状态,而每个 m_l 又对应 $m_s=\pm\dfrac{1}{2}$ 两个自旋状态。如前所述,l 不同的支壳层分别用符号 s, p, d, f, g 等表示,分别相应于 $l=0$, 1, 2, 3, 4 等。通常在讨论电子状态时往往指出其所属的具体支壳层,例如 $2s$, $3d$, $4f$ 等。

原子序数为 1 的氢原子,由于 $n=1$ 的能级 E_1 最低,基态氢原子中的电子必处于 K 壳层。同时 $n=1$ 只包含 $l=0$ 一个支壳层,因此基态氢原子中的电子必处于 $1s$ 态,或属 $1s$ 支壳层。原子序数为 2 的氦原子有两个核外电子,其基态当为两个电子都处于最低能级 E_1,即

均属 1s 态，但自旋不同，即 m_s 不同，其一 $m_s=\frac{1}{2}$，向上；另一 $m_s=-\frac{1}{2}$，向下。按照能量最小原理，原子序数为 3 的锂原子中的 3 个电子应当全都处于 1s 态。然而实际的电子分布还必须受到著名的泡利不相容原理的限制或约束。泡利原理认为在电子体系中不可能有两个状态完全相同的电子；换言之，在原子体系中不可能存在 4 个量子数 n，l，m_l 与 m_s 都完全相同的电子。这样，在同一个轨道运动状态(n，l，m_l 都确定)中只能容纳 m_s 不同，即自旋取向不同的两个电子，因为自旋简并度只是 2。由此可见，如锂的 3 个电子均处在 1s 状态 ($n=1$，$l=0$，$m_l=0$ 都相同)，必有其中的两个电子 m_s 相同，或为向上，或为向下；从而违背了泡利原理。因此锂原子中必有一电子处于主量子数 $n=2$ 的 L 壳层，实际上处于 2s 壳层，因此可将锂原子基态的电子分布或组态表示为 $1s^2 2s^1$。这里在表示支壳层的符号上加一数字上标，表示该支壳层中的电子数。由此可设想铍(原子序数 $N=4$) 的基态电子组态为 $1s^2 2s^2$，这时 2s 支壳层已填满，不能再容纳更多的电子。所以 $N=5$ 的硼的基态电子组态应为 $1s^2 2s^2 2p^1$。其后 $N=6$，7，8，9，10 的碳、氮、氧、氟与氖的基态电子组态相应地为 $1s^2 2s^2 2p^2$，$1s^2 2s^2 2p^3$，$1s^2 2s^2 2p^4$，$1s^2 2s^2 2p^5$ 与 $1s^2 2s^2 2p^6$。这里我们注意到从锂到氖，原子的价电子逐一填充 $n=2$ 壳层中的各个状态。到氖的情形 $n=2$ 的能级(L 壳层)已包含 $2+6=8$ 个电子，而该能级的简并度也只是 8。换言之 $n=2$ 的能级已为电子填满，不能再容纳更多的电子。于是，$N=11$ 的钠中必有一电子占据 $n=3$ 的 3s 态，使其组态成为 $1s^2 2s^2 2p^6 3s^1$。由钠开始直到氩，随着 N 的增大价电子逐一填充 $n=3$ 的 M 壳层的各个状态，直到氩时恰好填满。于是 $N=19$ 的钾原子必有一电子占据 $n=4$ 的 N 壳层使其电子组态成为 $1s^2 2s^2 2p^6 3s^2 3p^6 4s^1$。从以上罗列的情形我们可以看出原子中的价电子总是处于不满的壳层。满壳层属于内层电子。原子或元素的化学性质基本上只取决于价电子的行为，与内层满壳层的关系不大。这样只要价电子数相等就会表现出相似的化学性质。换言之，化学性质对于原子序数来说就会表现出周期性。历史上门捷列夫曾根据元素的化学性质列出著名的元素周期表。从这里的讨论可见元素化学性质周期性的根源正是电子组态的周期性。第一族元素都具有 ns^1 的价电子组态，化学性质最为活泼。而第Ⅷ族的惰性气体由于最外层(n 最大)的壳层都是满壳层，可看作并无价电子，从而表现出最低的化学活泼性。

以上我们根据能量最小原理与泡利原理介绍了原子处于基态时其核外电子按壳层或量子数的分布。表 17.1-1 列出所有原子的电子组态，实际上就是一张周期表。表中电离能一栏是指从有关原子中剥离一个电子所需的最小能量。由表 17.1-1 可见，当原子序数 N 不太大时，能量由主量子数决定，电子填充壳层的顺序与主量子数相同，即 n 小的能级的能量低于 n 大的能级。这是略去电子与电子间相互作用的结果，在 N 较小时是近似正确的。随着原子序数的增加，电子间相互作用趋于明显，电子能级不仅取决于主量子数 n，而且取决于角量子数 l，以致出现主量子数大的支壳层能量较主量子数小的支壳层能量为低的情形。事实上这一情形从 $N=19$ 开始的第四周期即已显露出来。$N=18$ 的氩最外层的 8 个价电子只填满 $n=3$，$l=0$ 的 3s 支壳层与 $n=3$，$l=1$ 的 3p 支壳层。$n=3$，$l=2$ 的 3d 支壳层完全是空的。其后 $N=19$ 的钾的价电子并未处于 3d 支壳层而是处于 $n=4$，$l=0$ 的 4s 支壳层。直至 $N=20$ 的钙 4s 支壳层填满后 $N=21$ 的钪的价电子才开始填充 3d 支壳层。对于大多数原子，其中支壳层能量 E_{nl} 按 $E_{1s}<E_{2s}<E_{2p}<E_{3s}<E_{3p}<E_{4s}<E_{3d}<E_{4p}<E_{5s}<E_{4d}<E_{5p}<E_{6s}$ 的顺序排列。此外考察表 17.1-1 可见，$l=3$ 的 d 壳层与 $l=4$ 的 f 壳层的填充是过渡元素族与稀土元素族的特征。

表 17.1-1 原子的电子组态*

元素	原子序数	K	L		M			N		电离能 (eV)
		1.0 1*s*	2.0 2*s*	2.1 2*p*	3.0 3*s*	3.1 3*p*	3.2 3*d*	4.0 4*s*	4.1 4*p*	
氢	1	1	—	—	—	—	—	—	—	13.539
氦	2	2	—	—	—	—	—	—	—	24.45
锂	3	2	1	—	—	—	—	—	—	5.37
铍	4	2	2	—	—	—	—	—	—	9.48
硼	5	2	2	1	—	—	—	—	—	8.4
碳	6	2	2	2	—	—	—	—	—	11.217
氮	7	2	2	3	—	—	—	—	—	14.47
氧	8	2	2	4	—	—	—	—	—	13.56
氟	9	2	2	5	—	—	—	—	—	18.6
氖	10	2	2	6	—	—	—	—	—	21.5
钠	11	氖的组态			1	—	—	—	—	5.12
镁	12				2	—	—	—	—	7.61
铝	13				2	1	—	—	—	5.96
硅	14				2	2	—	—	—	7.39
磷	15				2	3	—	—	—	10.3
硫	16				2	4	—	—	—	10.31
氯	17				2	5	—	—	—	12.96
氩	18				2	6	—	—	—	15.69
钾	19	氩的组态					—	1	—	4.32
钙	20						—	2	—	6.09
钪	21						1	2	—	6.57
钛	22						2	2	—	6.80
钒	23						3	2	—	6.76
铬	24						5	1	—	6.74
锰	25						5	2	—	7.40
铁	26						6	2	—	7.83
钴	27						7	2	—	7.81
镍	28						8	2	—	7.606
铜	29						10	1	—	7.69
锌	30						10	2	—	9.35
镓	31						10	2	1	5.97
锗	32						10	2	2	7.85
砷	33						10	2	3	9.4
硒	34						10	2	4	
溴	35						10	2	5	11.80
氪	36						10	2	6	13.940

（续表）

元素	原子序数	*K* 1.0 1*s*	*L* 2.0 2*s*	2.1 2*p*	*M* 3.0 3*s*	3.1 3*p*	3.2 3*d*	*N* 4.0 4*s*	4.1 4*p*	电离能(eV)
铷	37	氪的组态		—	—	1	—	—	—	4.16
锶	38			—	—	2	—	—	—	5.67
钇	39			1	—	2	—	—	—	6.5
锆	40			2	—	2	—	—	—	
铌	41			4	—	1	—	—	—	
钼	42	氪的组态		5	—	1	—	—	—	7.35
锝	43			6	—	1	—	—	—	
钌	44			7	—	1	—	—	—	7.7
铑	45			8	—	1	—	—	—	7.7
钯	46			10	—	—	—	—	—	8.5
银	47	钯的组态			—	1	—	—	—	7.54
镉	48				—	2	—	—	—	8.95
铟	49				—	2	1	—	—	5.76
锡	50				—	2	2	—	—	7.37
锑	51				—	2	3	—	—	8.5
碲	52				—	2	4	—	—	
碘	53				—	2	5	—	—	10.44
氙	54				—	2	6	—	—	12.078
铯	55	从 1*s* 到 4*d* 层共含 46 电子			—	5*s* 和 5*p* 含有 8 电子		—	1	3.88
钡	56				—			—	2	5.19
镧	57				—			1	2	
铈	58				2			—	2	
镨	59				3			—	2	
钕	60				4			—	2	
钷	61				5			—	2	
钐	62				6			—	2	
铕	63				7			—	2	
钆	64				7			1	2	
铽	65				9			—	2	
镝	66				10			—	2	
钬	67				11			—	2	
铒	68				12			—	2	
铥	69				13			—	2	
镱	70				14			—	2	
镏	71				14			1	2	

* 从铷至钯为同一周期元素。

（续表）

元素	原子序数	内层组态	O 5.2 5d	O 5.3 5f	P 6.0 6s	P 6.1 6p	P 6.2 6d	Q 7.0 7s	电离能 (eV)
铪	72	从1s到5p层共含68电子	2	—	2	—	—	—	
钽	73		3	—	2	—	—	—	
钨	74		4	—	2	—	—	—	
铼	75		5	—	2	—	—	—	
锇	76		6	—	2	—	—	—	
铱	77		7	—	2	—	—	—	
铂	78		8	—	2	—	—	—	
金	79	从1s到5d层共含78电子		—	1	—	—	—	9.20
汞	80			—	2	—	—	—	10.39
铊	81			—	2	1	—	—	6.08
铅	82			—	2	2	—	—	7.39
铋	83			—	2	3	—	—	8.0
钋	84			—	2	4	—	—	
砹	85			—	2	5	—	—	
氡	86			—	2	6	—	—	10.689
钫	87	从1s到5d层共含78电子		—	2	6	—	1	
镭	88			—	2	6	—	2	
锕	89			—	2	6	1	2	
钍	90			—	—	—	2	2	
镤	91			2	2	6	1	2	
铀	92			3	2	6	1	2	
镎	93			4	2	6	1	2	
钚	94			5	2	6	1	2	
镅	95			6	2	6	1	2	
锔	96			7	2	6	1	2	
锫	97			8	2	6	1	2	
锎	98			10	2	6	—	2	
锿	99			11	2	6	—	2	
镄	100			12	2	6	—	2	
钔	101			13	2	1	—	2	
锘	102			14	—	—	—	2	

§17.3 分子结构和分子光谱

上节关于原子基态的讨论实际上适用于孤立原子。原子如与其他原子相遇，有可能结合成分子，在此过程中将释放能量，从而使分子成为更为稳定的结构。事实上，分子是物质稳定地独立存在的最小单元。简单的分子只有少数几个原子甚至由单个原子组成（如惰性气体），除惰性气体外最简单的分子莫如两个氢原子组成的氢分子；复杂的分子可包含成千上万的原子，例如蛋白质。本节将扼要介绍简单分子形成的过程，主要侧重于分子中电子状态的变化，以及表征这种变化的实验观测——分子光谱。

分子中原子间靠化学键结合或维系在一起。离子键与共价键是两种典型的化学键，对应于两种不同的相互作用机理。

碱卤化合物中的化学键是典型的离子型键。以 NaCl 分子为例，中性的钠原子移走其价电子成为一价正离子 Na^+，需要外加 5.12 eV 的能量(钠的电离能)，而中性的氯原子接收一个电子成为一价负离子 Cl^- 则放出 3.61 eV 的能量。可见中性的钠原子与氯离子转变成一对相距较远的正、负离子 Na^+ 与 Cl^- 是需要能量的。但是 Na^+ 与 Cl^- 间的库仑吸引则会释放更多的能量，当相距为 2.36 埃时，形成最为稳定的结构——NaCl 分子。换言之两个中性的原子变成分子的过程是能量降低的过程，因而相对于原子集合而言分子是更为稳定的体系。由于 NaCl 分子的形成是离子间的吸引，故称之为离子键。不难看出离子形成之后，无论是 Na^+ 还是 Cl^-，其最外层壳层(Na^+ 的 $2p$ 与 Cl^- 的 $3p$)都表现为满壳层。这是许多分子中原子或离子电子组态的共性，也是分子成为化学性质稳定的结构的一个原因。氢分子中两个氢原子之间形成的是典型的共价键。所谓共价键即原子间彼此共用电子对，氢分子中每个氢原子贡献其电子与另一个氢原子共用，这对共用电子经常处于两个氢原子之间。每个氢原子表观上都具有两个价电子，$1s$ 能级也就成为满壳层。两个氢原子核(质子)对共用电子对的吸引乃是共价结合的本质。可见，无论是离子键还是共价键，结合的机理都是库仑相互作用(当然还包括如泡利不相容原理所表现的量子力学效应)，区别只在于分子中原子价电子的位置。应当指出的是，严格说来分子中的电子已与原子中的电子不同，不再处于原子的电子状态或轨道上，电子不再束缚于某个具体的原子，而是可以在整个分子范围内运动，处于分子体系的量子化状态中，这种状态称为分子轨道。以氢分子为例，量子化学(用量子力学的方法研究化学问题的学科)的计算表明，相对于两个相距很远的氢原子体系而言，当氢原子间距离为 $r_0 = 0.74$ Å 时体系势能最低，较孤立的原子体系能量降低 4.48 eV，这也就是氢分子的离解能，即将氢分子解离为两个孤立的静止氢原子所需的能量，如图 17.3-1 所示。由图中还可看到当氢核间的距离 $r < r_0$ 时势能反上升，表明排斥相互作用开始明显表现出来。排斥作用也是保证形成稳定分子的重要因素，否则原子便会无限接近而彼此挤垮，再无分子可言。

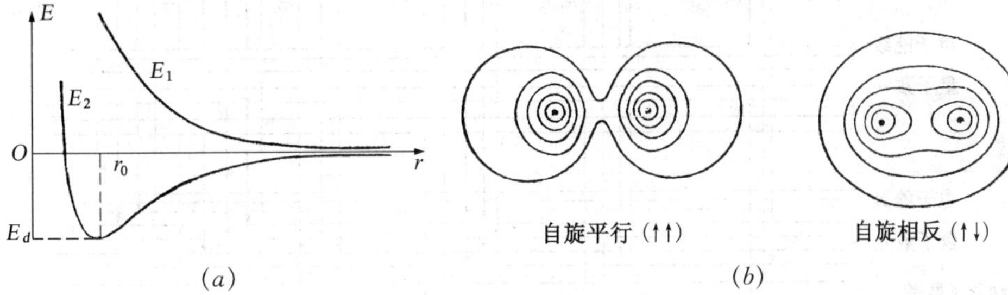

图 17.3-1 氢分子的势能与电子分布

应该指出的是，即使像氢分子这一最简单的分子体系，量子力学也难以严格求解，只能借助于近似计算方法。计算同时表明，原本两个氢原子中的能量相同的 $1s$ 电子态不复存在，变成如图 17.3-1 所示的两个能级 E_1 与 E_2；E_2 较低，E_1 较高，我们常称此为能级分裂或简并分裂。原子间的相互作用导致原子能级的分裂是普遍现象，在第十九章中我们会看到这也正是固体中的电子态形成能带的根据。E_2 能级表示分子中的一个轨道运动状态，恰能容纳自旋相反的两个电子，这就是氢分子中的两个电子所处的状态。两个电子都处于能量较低的 E_2 能级上正是形成稳定氢分子的根据。因此 E_2 称为成键态而 E_1 称为反键态。图 17.3-1(b)中表示出当氢核相距为 r_0 时 E_1 与 E_2 两个分子轨道相应的电子分布的几率，E_2 轨道的电子明显在两核之间有较大的分布几率，与共价键的概念不谋而合。氧分子或氮分子也是依靠共价键结合。在 O_2 中每个氧原子提供两个电子共用，从而形成两对共用电子对，由此每个氧原子的最外边的电子壳层 $2p$ 都成为满壳层。N_2 中每个氮原子则需提供 3 个价电子共用，这与氧的化学价为 2、氮的化学价为 3 相一致。

实际的化合物中可能兼有离子键与共价键两种化学键，同一对原子间的化学键也可能兼具离子性与共价性两种成分。含氢的化合物特别有趣，以硅烷分子 CH_4 为例，其结构是碳原子居中，4 个氢原子等距地位于正四面体的 4 个顶点上，碳氢间形成共价键。碳原子为四价，具有 4 个价电子，与 4 个氢共用电子对后恰使最外层 L 壳层填满。然而，氢原子提供一共用电子后本身即成为一裸露的荷正电的质子，如看作一离子紧贴在碳负离子周围亦未尝不可。

分子作为一个体系，其能量应包括其中各电子的能量，即分子中的电子的动能及其与各原子核及电子间相互作用势能之和，分子整体作为一个刚体的转动能，以及原子核之间相对位置变动相应的振动能。后面两种能量在第六章中已经提及。所有这些能量都是量子化的，每一个量子化的能级与分子的一个运动状态相对应。当分子的状态发生变化时就在这些能级之间跃迁，必然引起能量的吸收或释放。如能量以辐射的形式释放即形成所谓分子光谱。无疑分子光谱反映了分子的结构与性质特征。因此，分子光谱的测量是识别与研究分子的重要实验手段，例如可以了解分子中电子云的分布、原子核之间的距离，以及分子的转动和振动等性质。在化学上，研究物质的分子光谱可以鉴别物质的成分、结构及含量，成为重要的定性与定量分析的实验方法。

图 17.3-2(a)是氮分子 N_2 两个电子能级的振动能级间跃迁形成的带状谱，图 17.3-2(d)

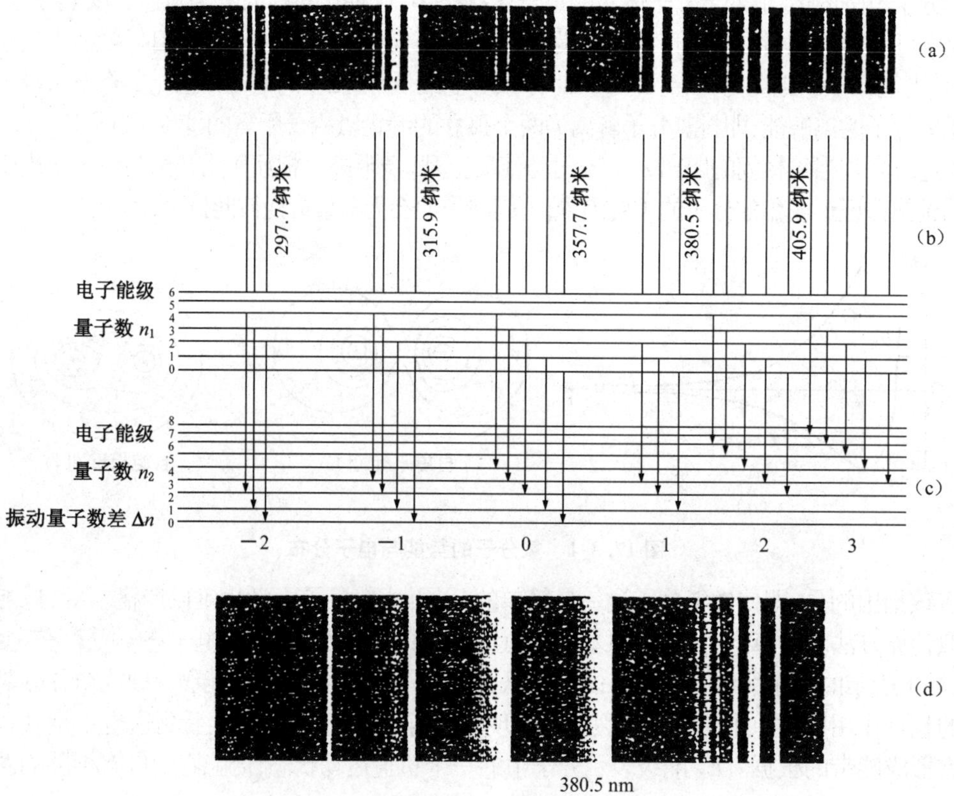

图 17.3-2 分子光谱

是放大的带状谱，可以看到其中含有许多紧密的谱线。如光谱仪分辨本领较差便不能分辨出各条谱线，在光谱图上看上去像连续一片，所以我们常称分子光谱为带状光谱。

现在我们以双原子分子为例，说明分子光谱的产生机制。

像原子一样，分子中的电子也处于分立的能级 E_e 上。同时，如第六章所述分子中的原子核又总是处在振动状态，与此相对应的为振动能 E_v。分子本身还存在整体的转动，相应的转动能为 E_r，振动和转动的状态也都是量子化的，即振动与转动的能量也表现为一系列分立的能级。分子的总能量为这 3 个部分能量之和：

$$E = E_e + E_v + E_r \tag{17.3-1}$$

各部分能量的分立能级，如图 17.3-3 所示。

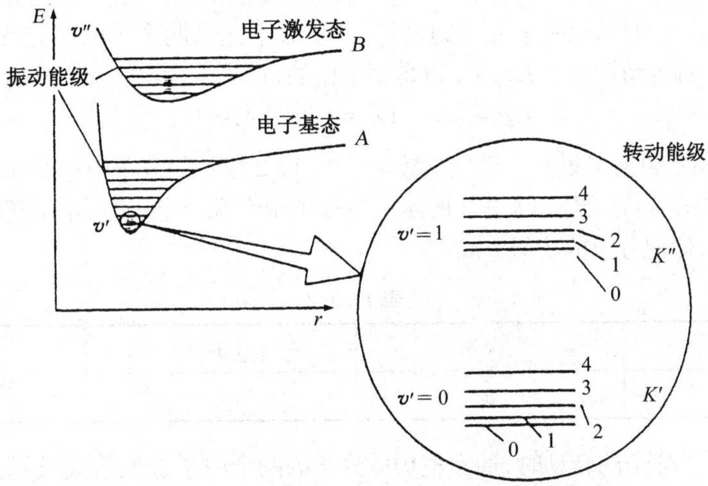

图 17.3-3　分子的电子、振动与转动能级图

图中 A 和 B 为电子能级，如电子处于能级 A，分子的能量还要因振动能量 E_v 的不同而分为若干振动能级。如图中 $v' = 0, 1, 2, \cdots$ 即为与电子能级 A 叠加的各振动能级。对于同一电子能级和同一振动能级，分子的能量还要因转动再分为若干转动能级。图中最右边为转动能级的放大图。图中 $K' = 0, 1, 2, \cdots$ 即为与电子能级 A 的振动能级 $v' = 0$ 相应的各个转动能级。由此，当分子从能级 E' 跃迁到能级 E'' 时，根据(17.3-1)式，其吸收或发射的光的频率应为

$$\nu = \frac{E''_e - E'_e}{h} + \frac{E''_v - E'_v}{h} + \frac{E''_r - E'_r}{h} \tag{17.3-2}$$

分子中的电子能级的间距一般在 1～20 电子伏左右，故由电子能级间的跃迁产生的光谱在可见光及紫外范围。振动能级的间隔常在 0.05～1 eV 之间，这就使分子跃迁的光谱大为复杂。至于转动能级的间距就更小，一般小于 0.005 eV，比振动能级间隔还要小得多，从而使分子光谱的谱线十分密集。一般而言，可将分子光谱划分为若干谱带系。不同的谱带系相应于在不同电子能级之间的跃迁；谱带系中的各个谱带相应于不同振动能级之间的跃迁；而谱带中密集在一起的各条谱线又相应于不同转动能级间的跃迁。

具体以数据为例：

设电子跃迁(例如图 17.3-3 中由 B 到 A 的跃迁)的能级差为

$$\Delta E_e = 5\ \text{eV}\ (\text{相应于光波波长}\ \lambda = 250\ \text{nm})$$

涉及不同振动能级跃迁的能量差为

$$\Delta E_v = 0.1\ \text{eV}\ (\text{相邻谱线间波长差}\ \Delta\lambda\ \text{约为}\ 5\ \text{nm})$$

涉及不同转动能级跃迁的能量差为

$$\Delta E_r = 0.005\ \text{eV}\ (\text{相邻谱线间波长差}\ \Delta\lambda\ \text{约为}\ 0.25\ \text{nm})$$

从上述数据可得到的光谱图应当是在 $\lambda = 250$ nm 附近的一个谱带系，谱带系中各个谱带之间的间隔约为 5 nm，在同一个谱带中，谱线之间的间隔约为 0.25 nm。

分子中不止包含一个原子核，虽然内层电子的情况与孤立原子的相差不多，却使原子的外层电子受到较大影响。由于其他原子的作用，电子的角动量一般不再守恒，电子能级也不能按角动量来标记。但在双原子分子的情形，分子对于连结两个核的轴是旋转对称的，从而在此方向有确定的角动量分量 L_z。L_z 也是量子化的，可表示为

$$L_z = \lambda \hbar \quad (\lambda = 0, 1, 2, \cdots) \tag{17.3-3}$$

与原子中 $L_z = m\hbar$ 的情况相似。用量子数 $\lambda = 0, 1, 2$ 标记的分子中电子的量子化状态和能级通常相应记作 σ, π, δ，如表 17.3-2 所示。当分子中有几个电子时，常常还取它们的合成角动量量子数 A 来标记分子的能级。

表 17.3-2

λ	0	1	2
符　号	σ	π	δ

在讨论双原子分子的转动时，通常把构成分子的两个原子近似看成束缚在质量可略去的刚性杆两端的两个质点，这就是所谓刚性的“哑铃状”模型。在分子中把原子抽象为质点是合理的，因为原子的质量主要集中在核内。分子中两原子对过质心垂直于分子的轴线的转动惯量

$$I = m_1 r_1^2 + m_2 r_2^2$$

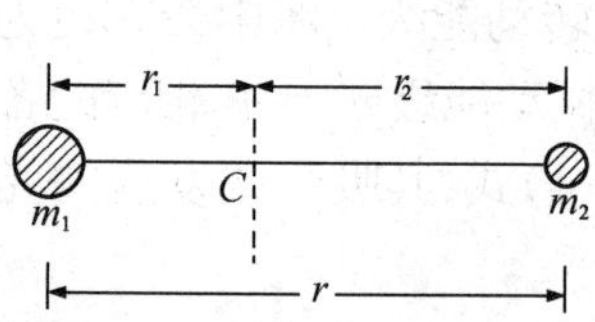

图 17.3-4　双原子“哑铃状”模型

式中 m_1 和 m_2 分别为两原子质量，r_1 和 r_2 分别为其到质心距离，如图 17.3-4 所示。体系的转动角动量

$$L = I\omega$$

转动动能

$$T = \frac{1}{2} I\omega^2 = \frac{L^2}{2I}$$

因为转动是自由的，势能 $V = 0$，转动的总能量就等于动能：

$$E_r = T = \frac{L^2}{2I}$$

这一体系的角动量有量子化的确定值，

$$L = \sqrt{K(K+1)}\,\hbar \tag{17.3-4}$$

式中 K 是取整数值的量子数。由此即可以求出量子化转动能级的表达式：

$$E_r = \frac{\hbar^2}{2I}K(K+1) \quad (K=0,\ 1,\ 2,\ \cdots) \tag{17.3-5}$$

转动光谱的选择定则是

$$\Delta K = \pm 1 \tag{17.3-6}$$

由此可得分子转动光谱的频率为

$$\nu = \frac{1}{h}(E_{K+1} - E_K) = \frac{\hbar}{2\pi I}(K+1) \tag{17.3-7}$$

相应的光谱谱线的波数(波长的倒数)为

$$q = \frac{1}{\lambda} = \frac{\nu}{c} = \frac{\hbar}{2\pi Ic}(K+1) \tag{17.3-8}$$

这样的谱线,波数是等间隔的,如图 17.3-5 所示。

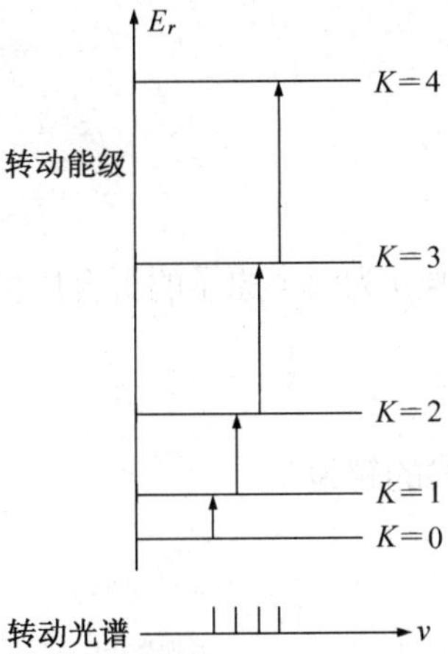

图 17.3-5　分子转动能级

图 17.3-6 是氯化氢(HCl)分子的远红外吸收光谱,按波数排列,几乎具有等距离的吸收极大值。一般双原子分子的远红外光谱都具有这一等间隔的特点,是纯粹转动能级跃迁(即不涉及电子、振动能级的变化)的标志。

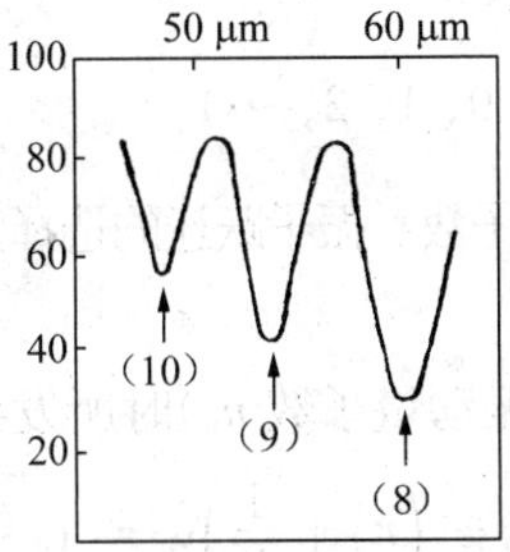

图 17.3-6　HCl 分子的远红外吸收光谱

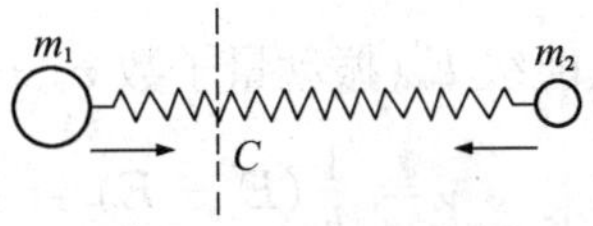

图 17.3-7　分子的谐振子模型

至于双原子分子的振动能级,可以由分子中两原子核所组成的振子模型来说明,如图 17.3-7 所示。为简单计,将其视为一谐振子。设两原子的质量分别为 m_1 与 m_2,取质心为坐标原点,平衡时 m_1 与 m_2 的坐标为 X_1 与 X_2,分子长度 $L = X_2 - X_1$。任意时刻两原子的位置为 x_1 与 x_2。易见 m_1 的运动方程为

$$m_1 \ddot{x}_1 = -k[L - (x_2 - x_1)] \tag{17.3-9}$$

m_2 的运动方程为

$$m_2 \ddot{x}_2 = k[L - (x_2 - x_1)] \tag{17.3-10}$$

由此得

$$\ddot{x}_1 = -\frac{1}{m_1}k[L - (x_2 - x_1)] \tag{17.3-11}$$

$$\ddot{x}_2 = \frac{1}{m_2}k[L - (x_2 - x_1)] \tag{17.3-12}$$

令

$$x = x_2 - x_1 - L \tag{17.3-13}$$

则得

$$\ddot{x} = -\left(\frac{1}{m_2} + \frac{1}{m_1}\right)kx \tag{17.3-14}$$

令

$$\frac{1}{\mu} = \frac{1}{m_1} + \frac{1}{m_2} \tag{17.3-15}$$

式中 μ 为两个原子的折合质量,则得

$$\ddot{x} = -\frac{k}{\mu}x \tag{17.3-16}$$

上式的解为

$$x = A\cos(2\pi\nu_0 t + Q) \tag{17.3-17}$$

而

$$\nu_0 = \sqrt{\frac{k}{\mu}}\Big/2\pi \tag{17.3-18}$$

由此可见,双原子分子的振动可视为一质量为 μ 的简谐振子,ν_0 为其固有频率。量子力学的计算表明固有频率为 ν_0 的谐振子能量是等间隔的能级。

$$E_v = \left(n_v + \frac{1}{2}\right)h\nu_0 \quad (n_v = 0,\ 1,\ 2,\ \cdots) \tag{17.3-19}$$

式中 ν_0 是这一振子系统的经典振动频率,n_v 称为振动量子数。振子跃迁的选择定则是

$$\Delta n_v = \pm 1 \tag{17.3-20}$$

显然,体系从能级 E'(振动量子数 n_v+1) 跃迁到 E(振动量子数 n_v)时所发射的光的频率为

$$\nu = \frac{1}{h}(E' - E) = \left(n_v + 1 + \frac{1}{2}\right)\nu_0 - \left(n_v + \frac{1}{2}\right)\nu_0 = \nu_0$$

由此双原子分子的振动光谱似乎只有一条 $\nu = \nu_0$ 的谱线,频率等于 ν_0。

然而双原子分子并不是严格的谐振子,原子间相互作用势能如图 17.3-8 所示,并非严格的抛物线,从而分立能级也不是等间隔的,能量越高振动能级越密;并且,选择定则也与(17.3-20)式有差别。计入这些因素就能很好地解释实验结果。图 17.3-9为 HCl 分子的振动光谱。

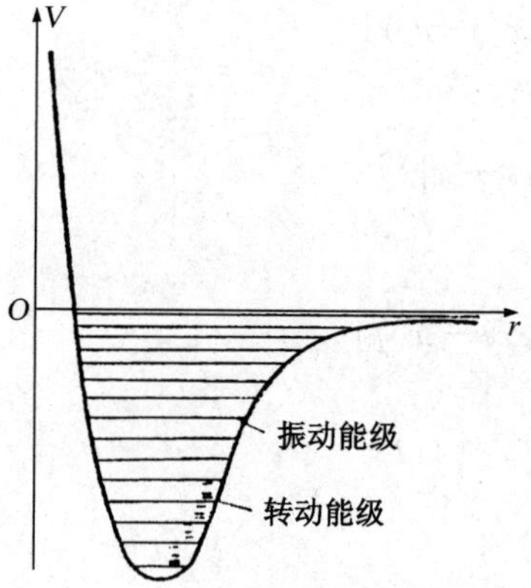

图 17.3-8 双原子分子的原子间相互作用势能

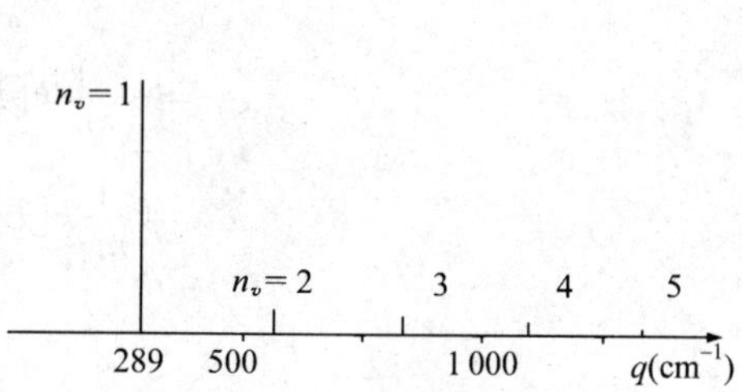

图 17.3-9 HCl 振动光谱

阅读材料 17.1 科学家介绍——居里夫人鲜为人知的另一面

居里夫人是大家都尊敬的伟大科学家,是仅有的两次获诺贝尔奖的4位科学家之一(另外3位是泡林、巴丁和山格)。她对科学的建树历来为人称道,并被奉为科学家特别是年轻女科学家的楷模。作为一位杰出的女性,她在科学上锲而不舍的顽强精神早已为大家所熟悉。然而,她同样具有很高的组织与管理能力,特别是在第一次世界大战期间用X光机救助伤员的过程中这种能力充分显露出来却鲜为人知。

早在第一次世界大战之前,自从19世纪末伦琴发现X射线不久,外科医生就看出其在医学诊断方面的作用。在随后爆发的几次战争中,军用医院里已用上了X光机。不过,即便如此,到第一次世界大战期间,在法国军方的医疗单位里X光机不仅数量太少,质量也差,而且缺乏熟练的技术人员,从而一大批伤员得不到及时有效的救治而死去。残酷的现实迫切需要更多更好的X光机投入使用救助伤员。居里夫人强烈的社会责任感激励她用科学技术为人类服务的信念,她决心竭尽全力推广X光机为伤员服务。

之前,居里夫人对X光并不熟悉,但很快她就掌握了这项技术。不过,问题并不在这里,她必须花大力气去筹集资金,说服官僚机构,添置机器设备和车辆,使这项必需的诊疗技术能在战场上使用。在当时那个由男人主宰的社会里,作为一名女性,居里夫人要有多么坚强的毅力才能做到这一切是不难想象的。

第一次世界大战的主要参战国都使用X光机,并在战争初期赶着培训技术人员,装备战地医院。居里夫人的祖国法国也一样。她感到当时法国的放射科服务在战争初期完全不行。当时,她任职于一家军用公共卫生服务组织附属的放射科,负责培训使用X光机的技术人员。她频繁往来于医院和急救站。她不仅给这些单位运去机器设备,并且负责安装调试,还亲自为伤员作X光检查。而她十几岁的女儿伊伦娜也参加进来做她的帮手。她甚至学会了驾驶汽车,这样就节省了用司机的开销。在那个年代,妇女开车也是件了不起的事。

虽然军方的头头已认识到在后方医院里X光机的重要性,可却迟迟不肯在临近前线的急救站里使用,也想不到必须配备流动X光机。所幸不久他们终于认识到X光机能快速准确地确定伤势的严重程度从而可以分清救治伤员的轻重缓急。这样,就能迅速准确地对急待救治的伤员进行手术,从而拯救他们的生命,使他们早日康复。

那时许多人参与捐献活动,捐献出许多汽车,配上X光机就成了流动诊疗站,诊疗站由发电机或汽车引擎供电。大学教授与工程师也动员起来,协助安装、调试设备。这种车载流动X光诊疗站当时被昵称为“小居里”,足见居里夫人为筹建这些流动站所起的关键作用。每个“小居里”配备一个医生、一个技术员和一个司机,组成小分队。虽然小分队的成员各司其职,但到后来每个人都成为多面手,都能胜任所有3种职务。

由于车载X光机的投入使用,诊疗小分队得以在1小时,有时甚至是半小时内赶赴现场实施救治。有的流动诊疗站在大战期间总共处理过上万个伤兵,其中尤以骨科损伤最为常见。当时,法国军方自己培训了几百名技术人员,但仍显不够。因此,居里夫人母女俩又另外培训了大约150名妇女。她们每个人都在巴黎镭研究所接受6~8周的强化训练,发挥了很大作用。到1918年底第一次世界大战结束,法国已拥有500个固定或半固定的X光诊疗设备,外加300个流动站,放射科医生多达400名,外加800位男性和150位女性技术人员。仅在大战的最后两年,就有大约一百万士兵接受过X光检查。1914年第一次世界大战开始的时候用 X 光作诊疗手段还不大为人所知,可四年后大战结束时这项技术已经遍地开花,不再有哪个外科医生可以不用 X 光定位就做手术取出弹片、弹头等异物,世人对这项技术认识和实践的转变固然同大战的血的教训有关,也和居里夫人这位大科学家而不是医生的努力密不可分。

阅读材料 17.2 电子的质量是如何确定的

无论是学习物理学还是应用物理学解决各类实际问题,我们都会遇到许多物理常数,诸如电子电荷、电子质量、光速、精细结构常数、普朗克常数、里德堡常数、阿伏伽德罗常数等等,有时还希望越精确越好。通常,我们往往借助查阅相关的参考书或手册来获取这些常数的数值,但很少考虑这些常数是怎么得来的。也许当有人问起这个问题的时候我们会不假思索,当然也是不负责任地随口回答:通过实验测量呗。其实大谬不然,这些常数的最佳数值绝大多数不是直接测量所得,而是必须结合多渠道来源的信息,甚至还包括理论计算才能得到其精确数值。这里即以电子质量精确值的确定为例,以便以一斑而窥全豹。

在 SI 单位制中问电子质量多大,就是问以千克为单位的电子质量的数值,其实也就是要回答电子和存放在巴黎附近国际计量局(BIPM)中的铂—铱合金标准千克原器的质量之比,而这个比值是无法同电子与千克原器的质量的直接比较得到的,必须通过间接的途径。也许很少有人想到这一途径竟是由原子光谱得到的里德堡常数 R_∞, $R_\infty = \alpha^2 m_e c/2h$。这里,$\alpha$ 为精细结构常数,m_e 为电子质量,c 为真空中的光速,h 为普朗克常数。由此,$m_e = 2hR_\infty/\alpha^2 c$。可见要确定电子质量必须要知道这一表达式中所有 4 个常数的数值。在 SI 制中,光速 c 认为是一精确值,并据以给出米的定义:米为真空中光在 1/299 792 458 秒的时间里传播的长度。这样还有 R_∞, α 和 h 共 3 个常数需要确定才能定出电子质量。里德堡常数是通过精确的激光光谱实验测量氢原子 $1S_{\frac{1}{2}} \sim 2S_{\frac{1}{2}}$ 间的紫外跃迁频率 $\nu_H\left(1S_{\frac{1}{2}} \sim 2S_{\frac{1}{2}}\right)$ 得到的,1998 年确定的这一频率的数值为 2 466 061 413 187.34(84) kHz,括号内为误差范围,可见这一数值的精确度达到相对误差只有 3.4×10^{-13}的极高水平。这一频率的确定无疑依赖于秒的定义,而秒本身则是根据 Cs-133 原子基态两个超精细结构能级间跃迁相应的、处于微波频段的辐射频率确定的。1967 年给出的秒的定义是这一辐射的 9 192 631 770 个周期时间。然而,$\nu_H\left(1S_{\frac{1}{2}} \sim 2S_{\frac{1}{2}}\right)$ 的理论表达式并不如简单的原子理论给出的 $\frac{3}{4}R_\infty c$ 那样简单,因此也不能简单地由此确定里德堡常数。事实上 ν_H 表达式还应包含许多修正,涉及氢原子核(质子)的有限尺寸、相对论、约化质量等许多因素,而且必须通过量子电动力学的计算才能得到 ν_H 与 R_∞ 的精确关系。综合实验测量与理论计算的结果,在 1998 年确定的 $R_\infty = 10\,973\,731.568\,539(83)/\text{m}$,相对误差为 7.6×10^{-12},同样具有极高的精确度。至于高精度的精细结构常数则是由测量电子反常磁矩的实验并结合理论计算得到的,包括电子在潘宁陷阱(一个存在特殊分布的电场和均匀磁场的空间,可使单个电子长时间囚禁其中)中的磁矩反常以及量子电动力学的计算,得到相对误差为 3.8×10^{-9} 的精细结构常数,其倒数为 $\alpha^{-1} = 137.035\,999\,76(50)$。最后还剩下普朗克常数 h。现在这一量子物理学中最基本的常数是用所谓的瓦特天平的实验设备测得的。瓦特天平有两层楼高,虽然用以测量量子常数 h,但其测量原理却建立在经典力学与经典电磁学的基础上,实际上是比较用米、千克、秒表示的机械功率瓦特和用安培、伏特表示的电功率瓦特。瓦特天平的原理性部分是一载流回路，水平悬置在磁场中，磁感应强度沿回路平面的径向分布，回路中电流受到的安培力恰能支持一作为质量标准的物体的重量。实验分两步，第一步即测量此一电流 I。第二步使回路在磁场中以低速 v 沿垂直方向运动切割磁感应线产生感应电动势 U，并测量 U。由力学和电磁学知 $mg = IBl$，$U = Blv$，这里 l 为回路周长而 m 为物体的质量，由此得 $mgv = IU$，此式左边为机械功率，以瓦特为单位；右边为电功率，亦以瓦特为单位。但是当代电流 I 和电压 U 的单位的确定则涉及凝聚态物理里两个著名的量子力学现象，即约瑟夫森效应和量子霍尔效应，从而涉及普朗克常数。约瑟夫森效应的发现者约瑟夫森与量子霍尔效应的发现者冯·克立青都先后因为他们的发现而分别获得 1973 和 1985 年度的诺贝尔物理学奖。结合这两个效应可以推得单位电功率 $IU = Ah$，这里 A 是精度很高的已知常数，从而将电功率与普朗克常数联系起来。同时上面已经看出，机械功率的测量涉及一用作标准质量的物体，而质量则以千克标定。由此，瓦特天平通过凝聚态物理和机械测量建立起普朗克常数与千克的关系，得到 $h = 6.626\,068\,76(52) \times 10^{-34}\ \mathrm{J \cdot s}$，其相对误差为 8.7×10^{-8}。通过以上多方面的综合分析，得到目前采用的 1998 年确定的最为精确的电子质量，即 $m_e = 9.109\,381\,88(72) \times 10^{-31}\mathrm{kg}$。

通过上面的介绍我们还可以注意到一个极有意义的可能性。截至目前，在 SI 制中，千克是唯一一个还基于物质性物体的单位。但由于瓦特天平的精度很高，则有可能给出千克的新定义，从而使所有的 SI 单位都与物质性定义无关。千克这一单位可以根据爱因斯坦的质能关系 $E = mc^2$ 与普朗克的量子假说 $E = h\nu$ 使之与一特定的频率 ν_{kg} 联系起来。使 ν_{kg} 相应于 1 kg，普朗克常数就成了一准确量 $h = (1\ \mathrm{kg})c^2/\nu_{\mathrm{kg}}$ 而不再与任何测量或计算相关，恰如在米的定义中光速为一准确量一样。如此，就可用瓦特天平作为以新的千克定义精确测量物质质量的衡器。并且据说，这样做还可使电子质量的精确度提高一个数量级。

图 RM17-1 把这里关于如何获得电子质量精确数值的介绍概括在一起。从这里的介绍可以看出，要确定一项物理常数往往相当费事，不是轻易能够得到的。由此我们自然会联想到，当我们享用每一项科学技术的成果带给我们的物质文明和精神文明的时候一定不能忘记取得这些成果的无数科学家、工程师和普通劳动者的辛劳，也一定不能忘记我们自己所应肩负的社会责任。

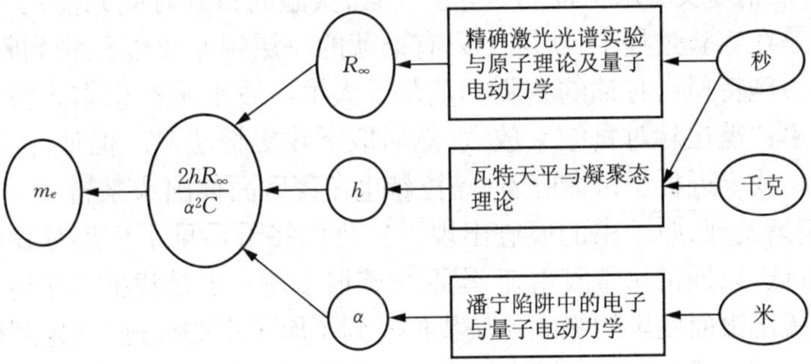

图 RM17-1 电子质量的测量

阅读材料 17.3 施特恩与盖拉赫实验和电子自旋

许多教材提及电子自旋必介绍施特恩-盖拉赫的实验（以下简称 SGE）。有的说，高希米特和乌仑贝克提出自旋假说是为了解释 SGE,更有的说 SGE 是为了证实电子自旋。其实自旋假说在 SGE 完成后 3 年才提出,而且不仅高希米特和乌仑贝克自己未将其用来解释 SGE,之后一直有两年之久也没人将自旋同 SGE 联系起来。这一段历史涉及许多逸闻趣事,反映出科学进步的哲理,即使现在看来,也颇发人深省。

最初施特恩的设想只是检验玻尔原子模型的空间量子化,就他们的主观愿望而言,SGE 与自旋的发现和证实可说是风马牛不相及。一开始,施特恩并不相信玻尔的原子理论。1913 年玻尔理论刚发表,他甚至发誓说,如果玻尔理论证明是对的他就不再碰物理。后来,在 1920 年泡利根据玻尔的空间量子化解释了为何铁磁物质中的电子磁矩比孤立原子的小很多。虽然泡利的解释并不完善,却使施特恩重又关注起空间量子化的观点。事实上施特恩关于 SGE 的设想最初就来自想用实验来检验空间量子化的一个性质。根据玻尔模型,类氢原子置于磁场中由于其电子要在垂直于磁场的平面内兜圈子,必具有磁性双重性。当时,在一次讨论会上有人提起这一双重性。第二天一大早施特恩就醒了,但那天天气太冷,他就赖在床上思考问题并且设想要做实验。他认为,按照玻尔模型,空间量子化只应该是双重的,因为类氢原子轨道角动量的投影只能是 $\pm\hbar$,因此用类氢原子束在磁场中的偏转应该能明确地检测这一双重性。尽管原子束有速度分布,但只要磁场的梯度足够高就能将磁矩取向相反的两个分量区分开来,即原子束要分裂成两部分。这与经典力学截然不同,由于经典力学认为原子磁矩在磁场中只会进动,而原子磁矩的取向是随机的,外加磁场并不能使原子束分裂。这样,施特恩已经看出,这个实验如能成功必将明确地解决到底是经典理论正确还是量子理论正确。

施特恩时在德国的法兰克福理论物理研究所,做著名物理学家玻恩的助手。他在热被窝里得到了这个想法之后马上跑去说给玻恩听,但玻恩并不以为然。可施特恩还是坚持要做,并且找到了一位积极的搭档——盖拉赫。其时盖拉赫就在理论物理研究所旁边的实验物理研究所当助手,但对空间量子化还一无所知。尽管施特恩对 SGE 作了仔细的设计和计算,这个实验还是花了一年多的时间才完成,因为实验的技术要求实在是太高了。在 SGE 里,由 1 000 ℃高温炉中蒸发出的银原子束要经过两个狭缝准直化,每个狭缝仅宽 0.03 mm;然后经过长度为3.5 cm的偏转磁铁。这一磁铁的磁场虽只有大约 0.1 T,但磁场梯度却高达每厘米 10 T。即便如此得到的银原子束的分裂也不过 0.2 mm。因此,只要两个狭缝和磁铁间达不到 0.01 mm 的对准精度实验就会前功尽弃。而且,实验的持续时间只能几个小时,否则设备就会出问题。于是在实验过程中,实际上只有很薄的一层银原子能沉积到收集板上,肉眼根本看不出来。幸亏施特恩当时抽的蹩脚雪茄帮了大忙。后来施特恩本人曾这样描述这件极为发人深省的往事:“盖拉赫对真空室放气,然后取下收集板法兰。但他什么也没看见,便将法兰板交给我看。我凑近板子拼命盯着,盖拉赫也在我后面伸出头来看。一开始我也什么也没看见,可后来渐渐发现,原子束的痕迹出现了!我们终于看见了!那时我的地位只相当于一个助教授,工资低,只抽得起蹩脚雪茄,里面含硫很多。一定是我抽雪茄时呼出的气吹到法兰板上使银变成硫化银而发黑的缘故才使我们看到了原子束的痕迹,就像照相显影一样。”

不过,这还不代表实验成功,实际上还有许多困难要克服。在其后的几个月里,施特恩对空间量子化的态度一直摇摆不定;而盖拉赫也不太平,他受到许多同事的质疑。雪上加霜的是德国经济又开始变糟。不过玻恩此时倒积极想办法筹款资助 SGE,甚至于利用公众对爱因斯坦和相对论的兴趣而在大学的大礼堂里做一系列的报告,将门票收入用来支持 SGE。但这也仅仅维持了几个月。随着通货膨胀加剧,他们不得不另觅新招。就在这个时候,由于一个偶然的机会玻恩收到了著名企业家亨利·古德曼一笔数百美元的捐款。这就救了 SGE,使之能继续进行下去。

这时施特恩已受聘到罗斯托克大学任理论物理教授。1922 年初,他与盖拉赫在哥廷根见面讨论了当时的情形,甚至决定放弃 SGE 了。也许是上帝钟爱这两位科学家,当盖拉赫返回法兰克福的时候铁路工人罢工了,他当天走不了,这就多出整整一天的时间让他仔细考虑所有关于 SGE 的细节。他决定继续做下去。他改进了实验装置,很快看到银原子束清晰地分裂成两条。他立刻给施特恩发了份电报,就一句话:"毕竟还是玻尔对"。施特恩大喜过望,兴奋至极。

之后对实验又作了进一步的改进和分析,他们肯定银的原子磁矩确实是一个玻尔磁子,误差不超过 10%。他们的实验结果,作为空间量子化的直接证明,很快被广泛接受而确信无疑。然而,现在都知道,SGE 中的原子束分裂完全是起源于电子自旋,因为量子理论表明银原子的轨道角动量应为零,而不是玻尔模型给出的$\hbar$。因此,SGE 实验结果与玻尔理论表观上的一致实在是一种千年难遇的巧合。电子自旋角动量只有$\hbar$的一半,但由于自旋旋磁比是轨道旋磁比的两倍而使其自旋磁矩又恰恰是一个玻尔磁子,正是 SGE 的实验结果。$\frac{1}{2}\times 2=1$,大自然真是太眷顾施特恩与盖拉赫了。

令人奇怪的还有一件事。SGE 完成于 1922 年,其时并不知有自旋;自旋假说提出于 3 年之后,即 1925 年。照理说自旋假说一提出就应将 SGE 与其联系起来。可无法理解的是,直到 1927 年有人注意到银原子的基态轨道角动量为零之前竟无人理会这件事。现在几乎所有的大学教材都说 SGE 证明了电子自旋,可实际情形是施特恩与盖拉赫虽然实际上发现了电子自旋,不过当时他们对此竟毫无所知。

SGE 看来到此就结束了。但事实上还没有完。例如,有人干脆宣称"不相信"那个蹩脚雪茄的故事。因此在 2002 年纪念 SGE 发表 80 周年的时候,有两位物理学家重复了当年的 SGE。只是他们用了 3 块片子来沉积银原子束。沉积结束后一个人吸进蹩脚雪茄烟再对一块片子吹气;一块片子直接置于点燃着的雪茄烟中熏,不吸不吹;另一片子则远离雪茄烟雾自然放置。结果发现,无论对片子吹得多凶,都看不出任何痕迹,只是直接罩在雪茄烟中熏的片子发了黑。于是,在 SGE 八十年之后,他们推测,当年可能施特恩的手里正夹着雪茄,正是直接来自雪茄的烟雾而非他呼出的气体使法兰片上沉积的银原子层发了黑。

最后,值得一提的是,施特恩先于盖拉赫而于 20 世纪 60 年代辞世。在盖拉赫为施特恩写的悼词中提到这样的一段:"他离开法兰克福时我送给他一个上面题了词的烟灰缸,以纪念我们几个月来在一起坚持奋斗观察空间量子化的日日夜夜。烟灰缸历经劫难依旧在,可当年我们的实验设备、书籍和原始的实验结果却都在二战的炮火中化为灰烬。"恰如雪茄化为烟灰。读来令人唏嘘,感慨不已。

思考题与习题

一、思考题

17-1 原子从一个能量为 E_n 的状态跃迁到另一能量为 $E_{n'}$ 的状态,发射或吸收光子的频率满足什么条件? 这种跃迁是否仅服从该条件即可实现?

17-2 电子具有自旋磁矩,是否表示电子绕自身的中心轴转动?

17-3 处丁正常状态下的原子与处丁受激状态的原了有何区别?

17-4 主量子数取何值时，原子中的电子只可能有两种运动状态。这两种运动状态又有何不同？

17-5 为何在第六章中不考虑原子或分子中的电子对热容量的贡献？

二、习题

17-1 (1) 根据玻尔理论证明：氢原子基态的轨道半径为玻尔半径 $a_0 = \dfrac{\varepsilon_0 h^2}{\pi m e^2}$。

(2) 氢原子的径向波函数为 $\psi = A e^{-r/a_0}$ (A 为常数)，求 r 为何值时电子出现的概率密度最大？

17-2 在史特恩-盖拉赫实验中，氢原子温度在 400 K 时，以基态氢原子束通过长 1 cm，梯度为 10 T · m^{-1} 的不均匀磁场。求原子束离开磁场时，原子束分量间的间隔。为什么这一实验能说明电子自旋的存在？

17-3 若使处于第一激发态的氢原子电离，外界至少需要提供多少能量？

17-4 设氢原子中的电子处于 $n=3,\ l=2,\ m_l=-2,\ m_s=-\dfrac{1}{2}$ 的状态，试求轨道角动量和自旋角动量的数值。

17-5 计算氢的赖曼系的最短波长和最长波长。

17-6 在气体放电管中用能量为 12.2 eV 的电子去轰击处于基态的氢原子。试确定此时氢原子所能发射的谱线的波长。

17-7 用可见光照射能否使基态氢原子受到激发？

17-8 已知氢原子光谱的巴耳末系中有一谱线的波长为 434 nm，求：

(1) 与这谱线相应的光子能量为多少？

(2) 该谱线是氢原子由能级 E_n 跃迁到能级 E_k 产生的，n 和 k 各是多少？

17-9 某原子在基态时，电子将 $n=1$ 和 $n=2$ 的 K，L 层填满，并将 $3s$ 分壳层填满，而 $3p$ 分壳层仅填了一半。试问这是什么原子？

17-10 如图所示，被激发的氢原子跃迁到低能态时，可能发出波长为 λ_1、λ_2 和 λ_3 的辐射，这 3 种波长满足什么关系？

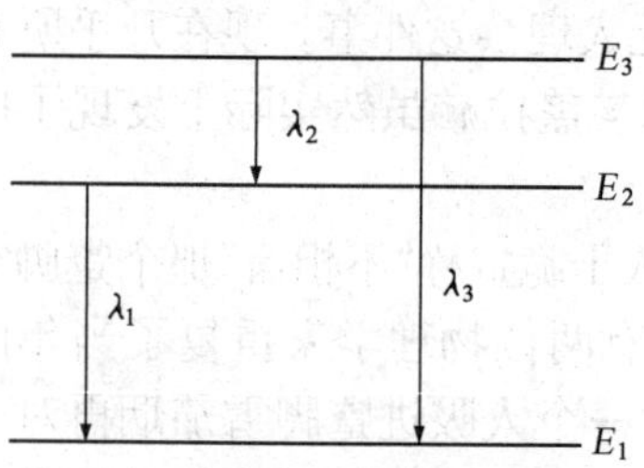

习题 17-10 图

第十八章 激 光

现在，激光一词已家喻户晓，各种各样的激光器已成为当代物质文明的重要组成部分。激光器的应用，大至军事国防上置敌于死地的战略、战术武器，小至娱乐场所的灯光乃至教师授课不可或缺的教鞭，几乎无所不在。激光对于科学更有其独特的意义。20世纪中叶，光学似乎已发展到很高的相当完善的程度，以至一位著名的诺贝尔奖获得者曾预言以后光学将难以有革命性的建树；给人以光学将在其顶峰寿终正寝的印象，从事光学研究的学者也对自己所从事的事业的前景感到困惑。然而，20世纪60年代激光器的发明根本性地改变了光学的古老的面貌，激光提供的前所未有的性能优良的光源一下子开出了光学研究的新生面。新现象层出不穷，诸如非线性光学等学科应运而生，给光学科学注入了崭新的生命活力。这又一次雄辩地证明人类对自然界的探求永无止境的真理。另一方面，激光在技术上的应用也促使其他领域的科学技术迅猛发展，激光致冷捕陷原子导致碱金属原子的玻色-爱因斯坦凝聚的实现(参见本章阅读材料)就是一典型例证。

激光的产生，本质上是一种物理现象。本章将以简化的模型介绍激光产生的原理，并概述激光在若干科技领域内的重要应用。

§18.1 激光的产生

激光为“由辐射的受激发射的光放大”的缩写。这里辐射即发光，而受激发射(常称受激辐射)系指在入射辐射的光子驱使下形成的电子由高能级向低能级跃迁而产生的光发射，该入射光子的能量应与此二能级的能量差相等。为简单起见，假设能产生激光的介质原子具有 E_1 与 E_2 两个能级，且设 E_1 为基态，E_2 为激发态，即所谓二能级系统，则有3种原子跃迁(即原子中电子能量的变化)过程与激光的产生有关。一是自发辐射，即位于 E_2 的原子有一定的几率自动向低能级跃迁而发射能量 $h\nu = E_2 - E_1$ 的光子，这种发射不需外来光子的刺激。一是受激吸收，即如对体系照射频率 $\nu = (E_2 - E_1)/h$ 的光子，原子有一定的几率吸收此光子而由基态 E_1 跃迁到激发态 E_2。受激吸收必须有外来光子的作用，不能靠热起伏实现。与受激吸收相反的过程就是受激辐射。一个能量为 $h\nu = E_2 - E_1$ 的入射光子诱导处于高能级的原子发射同样能量的光子而跃迁到基态，使体系中光子数增加。受激辐射发射的光子的性质与入射光子相同，即具有相同的频率、传播方向、偏振态和几乎相同的相位，从而能相干叠加到入射光场上去；如这一物理过程超过受激吸收，就有可能形成光放大。图18.1-1示意地表示出自发辐射、受激吸收与受激辐射3种物理过程。

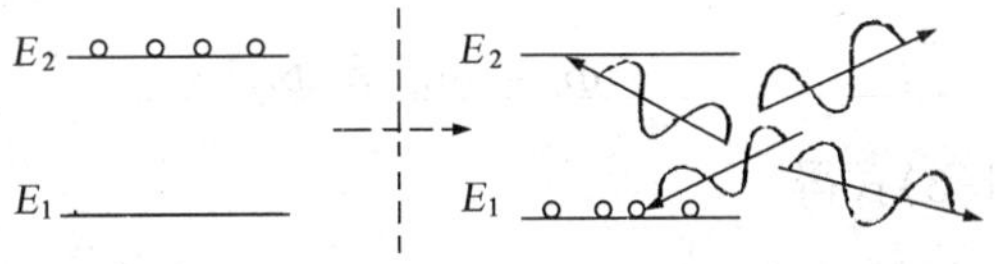

(a) 自发辐射

图 18.1-1

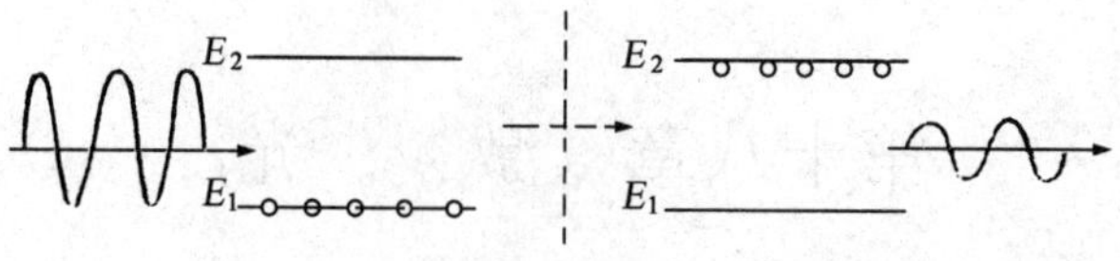

(b) 受激吸收

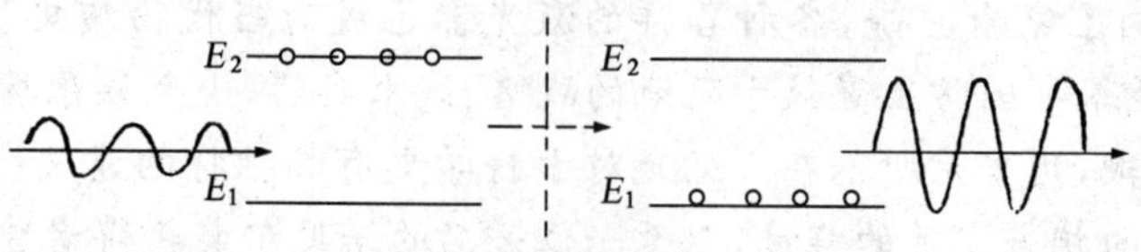

(c) 受激辐射

图 18.1-1 自发辐射、受激吸收与受激辐射

形成光放大的必要条件是所谓粒子数反转，即处于高能级的粒子数应大于低能级上的粒子数。以 Φ_2，Φ_{21} 与 Φ_{12} 分别代表体系内的原子单位时间内自发辐射、受激辐射与受激吸收的光子数密度，并以 N_1，N_2 表示处于基态 E_1 与激发态能级 E_2 的粒子(原子)数密度，则不难设想自发辐射的粒子数密度与 N_2 成比例，即

$$-\frac{\mathrm{d}N_2}{\mathrm{d}t}=\Phi_2=A_{21}N_2 \tag{18.1-1}$$

比例系数 A_{21} 称为爱因斯坦自发辐射系数，亦称自发辐射几率，为表征体系本身性质的一个特征参量，其物理意义是单位时间内发生自发辐射的粒子数与激发态能级上粒子总数的比。受激辐射必须在外加辐射的驱使下发生，故 Φ_{21} 应与入射到体系中的外加电磁辐射的能量密度 ρ_ν 成比例：

$$-\frac{\mathrm{d}N_2'}{\mathrm{d}t}=\Phi_{21}=B_{21}\rho_\nu N_2 \tag{18.1-2}$$

比例系数 B_{21} 称为爱因斯坦受激辐射系数，也是体系本身的特征参量而与入射辐射场无关。上式中的撇号表示辐射的受激过程。与此类似，受激吸收过程也应与入射辐射场的能量密度 ρ_ν 成比例：

$$-\frac{\mathrm{d}N_1}{\mathrm{d}t}=\Phi_{12}=B_{12}\rho_\nu N_1 \tag{18.1-3}$$

比例系数 B_{12} 称为受激吸收系数，与 B_{21} 一样为体系本身的特征参量。

体系的 3 个特征参量 A_{21}，B_{21} 与 B_{12} 之间并不是彼此孤立的，而是存在着密切的关系。设想一包括二能级原子体系的处于热平衡的空腔，其内部辐射场不随时间变化，因此基态和激发态上的粒子数亦形成稳定分布而不随时间改变。显然相同时间内吸收与辐射过程必平衡，即

$$\Phi_2+\Phi_{21}=\Phi_{12} \tag{18.1-4}$$

代入(18.1-1)～(18.1-3)式得

$$(A_{21}+B_{21}\rho_\nu)N_2=B_{12}\rho_\nu N_1 \tag{18.1-5}$$

因此

$$\rho_\nu = \frac{A_{21}N_2}{B_{12}N_1 - B_{21}N_2} = \frac{A_{21}}{B_{21}} \frac{1}{\frac{B_{12}}{B_{21}}\frac{N_1}{N_2} - 1} \tag{18.1-6}$$

注意 $E_2 - E_1 = h\nu$ 正是辐射或吸收光子的能量;根据玻耳兹曼分布律,如能级 E_1 与 E_2 的简并度(即能量为 E_1 与 E_2 的状态数)为 g_1 与 g_2,则

$$\frac{N_1}{N_2} = \frac{g_1}{g_2} e^{\frac{h\nu}{kT}} \tag{18.1-7}$$

式中 k 为玻耳兹曼常量。将上式代入(18.1-6)式得

$$\rho_\nu = \frac{A_{21}}{B_{21}} \frac{1}{\frac{B_{12}}{B_{21}}\frac{g_1}{g_2} e^{\frac{h\nu}{kT}} - 1} \tag{18.1-8}$$

为简单计,设光谱线频宽为单位频宽,则将上式与黑体辐射的普朗克公式

$$\rho_\nu = \frac{8\pi\nu^2}{c^3} \frac{h\nu}{e^{\frac{h\nu}{kT}} - 1} \tag{18.1-9}$$

相比较可知,

$$\frac{A_{21}}{B_{21}} = \frac{8\pi h\nu^3}{c^3} \tag{18.1-10}$$

和

$$B_{12}g_1 = B_{21}g_2 \tag{18.1-11}$$

在 E_2 与 E_1 非简并 ($g_1 = g_2 = 1$) 或简并度相等 ($g_1 = g_2$) 的情形,

$$B_{12} = B_{21} \tag{18.1-12}$$

即爱因斯坦受激辐射系数与受激吸收系数相等。由此可见在 $g_1 = g_2$ 情形,满足(18.1-12)式,由(18.1-7)式可得受激辐射与受激吸收的光子数密度之比为

$$\frac{\Phi_{21}}{\Phi_{12}} = \frac{N_2}{N_1} = e^{-\frac{h\nu}{kT}} \tag{18.1-13}$$

由上式可见,如取与可见光相应的光子能量,在室温上式之比为 10^{-42} 数量级,可见对热平衡体系,受激吸收过程与自发辐射过程互相平衡,受激辐射过程实际上不起作用。要形成受激辐射的光放大,必须对体系提供能量,使体系处于非平衡态,外加能量将粒子由基态抽运(泵送)到激发态而实现粒子数反转,即

$$\frac{N_2}{N_1} > 1 \tag{18.1-14}$$

另外,通常激光器中驱动高能态的粒子实现受激发射的入射光子并非来自体系之外,恰恰来自体系本身的自发辐射。自发辐射的随机性使受其驱动的受激发射光子的传播方向也是随机的。为了实现沿特定方向发射单色性很高的放大相干受激发射,通常采用所谓光学谐振腔——两面互相平行的反射镜,其中一面为部分反射镜。这样只有沿垂直于镜面的轴向传播的光子才能在谐振腔内往返传播反复放大而成能量相当集中,单色性、方向性都很好的激光通过部分反射镜而垂直于镜面(即沿“轴向”)输出。其他偏离轴向传播的光子不起作用。

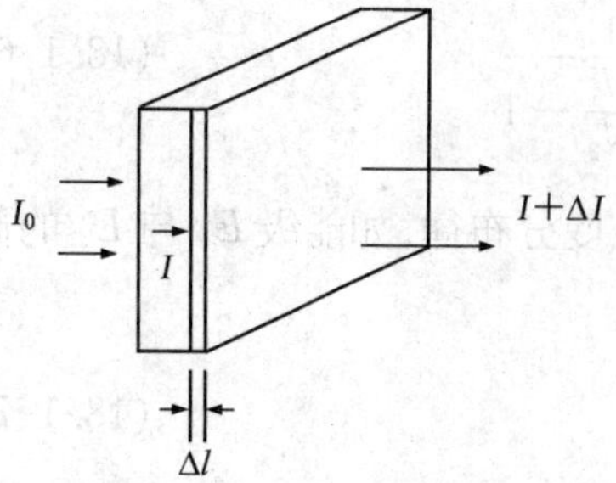

图 18.1-2

由此可见，在产生沿轴向输出的激光过程中，我们可略去自发辐射过程，只须分析受激吸收与受激辐射这两个对光能量起相反作用的过程。当频率为 $\nu=(E_2-E_1)/h$ 的光波在激光器工作介质中沿轴向传播时，前者使光强下降，而后者使光强增加，只有后者超过前者，使介质的增益系数变为正，才能产生有效的光放大。

如图 18.1-2 所示，考虑介质中的一薄层，薄层厚 Δl，面积为 ΔS，设光束垂直于薄层传播，则薄层两边的光强差

$$\Delta I = GI\Delta l$$

这里 G 即为介质的增益系数。由上式可解得

$$I = I_0 e^{Gl} \tag{18.1-15}$$

这里 I 表示入射光强 I_0 经厚为 l 的介质后的光强。可见要使光波在介质中传播时得到放大，$G>0$ 为必要条件。根据前面的讨论，Δt 时间内因受激吸收而导致的薄层中基态 E_1 上的粒子数 n_1 的变化应为

$$-\Delta n_1 = \Phi_{12}\Delta t\Delta S\Delta l = B_{12}\rho_\nu N_1\Delta t\Delta S\Delta l$$

如只考虑受激辐射，则其导致的激发态能级 E_2 上粒子数 n_2 的变化为

$$-\Delta n_2' = \Phi_{21}\Delta t\Delta S\Delta l = B_{21}\rho_\nu N_2\Delta t\Delta S\Delta l$$

注意辐射使光强增加而吸收使光强减小，因此由以上两式可得通过薄层前后光强的变化为

$$\Delta I = -h\nu(\Delta n_2' - \Delta n_1)/\Delta S\Delta t = h\nu(B_{21}N_2 - B_{12}N_1)\rho_\nu\Delta l \tag{18.1-16}$$

对比(18.1-15)式得介质吸收系数

$$G = \frac{h\nu}{I}(B_{21}N_2 - B_{12}N_1)\rho_\nu \tag{18.1-17}$$

已知光强与辐射场能量密度 ρ_ν 之间的关系为

$$I = \rho_\nu v = \rho_\nu c/n \tag{18.1-18}$$

式中 c 为光速，n 为激光器工作介质的折射率，而

$$v = c/n \tag{18.1-19}$$

为光在工作介质中的传播速率。由此可得

$$G = h\nu\frac{n}{c}(B_{21}N_2 - B_{12}N_1) \tag{18.1-20}$$

将(18.1-10)与(18.1-11)式代入上式得

$$G = \frac{c^2}{8\pi\nu^2 n^2}A_{21}\left(N_2 - \frac{g_2}{g_1}N_1\right) \tag{18.1-21}$$

这里，我们已将(18.1-10)式中真空光速 c 代以介质中的光速 c/n。光放大的必要条件为增益系数

$$G > 0 \tag{18.1-22}$$

于是由上式可见

$$\frac{N_2}{g_2} > \frac{N_1}{g_1} \tag{18.1-23}$$

$G > 0$ 固然是光放大的必要条件，但仅此还不足以产生激光输出，这是因为激光器介质内还存在各种损耗机理，使光学谐振腔的镜面反射率小于 100%的镜面透射损耗也是另一主要损耗机理。如图 18.1-3 所示，如形成稳定的激光输出，至少应使光束在谐振腔内往返一周仍能保持光强不变，即 $I_4 = I_0$。设谐振腔两个镜面的反射率为 R_1 与 R_2，强度为 I_0 的光束如在传播过程中不存在损耗，则仅由于镜面反射往返一次后光强变为 $I = I_0R_1R_2$。由此得由于反射引起的单程损耗为

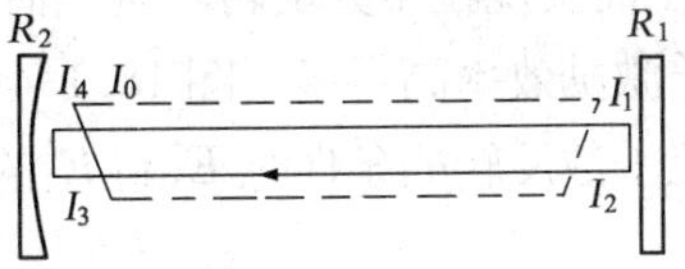

图 18.1-3

$$\frac{1}{2}\left(\frac{I_0 - I}{I_0}\right) = \frac{1}{2}(1 - R_1R_2) \tag{18.1-24}$$

谐振腔镜面对光束衍射也引起损耗，称为衍射损耗，这也可以相应地引入单程损耗因子 α_D 来描述，其定义为只存在衍射损耗时光束在谐振腔内往返一次光强应变为

$$I = I_0 e^{-2\alpha_D} \tag{18.1-25}$$

计入光放大增益因子以及衍射损耗与有限透射率可得

$$I_4 = R_1R_2 e^{2(Gd-\alpha_D)} I_0 \tag{18.1-26}$$

式中 d 为谐振腔两镜面之间的距离。由上式可得稳定输出的条件为

$$R_1R_2 e^{2(Gd-\alpha_D)} = 1 \tag{18.1-27}$$

通常将上式称为激光器应满足的振荡条件或阈值条件。

由本节的讨论可知，稳定的光放大是产生激光的必要条件，而光学谐振腔有效地增加了放大光强的距离，使得实际上可采用有限的器件尺寸即能实现有效的激光输出。

现今使用的激光器种类繁多，无论是工作物质、输出功率、使用范围还是将粒子由基态激励至激发态的抽运方式都是不拘一格、各具特色，可谓精彩纷呈。作为代表，现在我们介绍实际使用很广泛的气体氦-氖激光器，这类激光器发射波长为 632.8 nm 的红光和 3.39 μm 的红外线。氦氖激光器的结构如图 18.1-4(a)所示。氦气与氖气按一定的比例和压强混合充入石英或玻璃放电管，管两端即为构成谐振腔的反射镜，右端为部分反射镜供激光输出。放电管内置一毛细管，毛细管外套一圆筒状阴极，另一端置一棒状阳极。当阴极-阳极间一接通外电源使毛细管内的气体放电发光，立刻就有激光输出，宛如手电筒一般简单方便。图 18.1-4(b)为这种激光器中工作物质的能级图，由图可见其实现粒子数反转的机理。氦氖激光器中发射光子的是氖原子，但只有在氦原子的协助下才能实现氖原子激发态上的粒子数反转。换言之，氦为必不可或缺的辅助物质。缺少氦原子的协助氖原子即使产生激光，输出功率也微乎其微，仅达微瓦量级。氦原子基态之上有一激发态 E_2。放电管中总会存在一些呈自由状态的电子，当电源接通后，电子在电场中被加速，如其动能超过氦原子 E_2 与基态能级之间的能量差，则在和氦原子碰撞时就能将数值与此能量差相等的动能传递给原子，使原子跃迁至 E_2。这一过程称为电子激励。氦原子的 E_2 能级有两个特点：一是其为亚稳态，即当氦原子处于这一状态时不会马上由于自发辐射回落至基态，而是可以在其上停留较长的时间；二是这

一亚稳态能级恰与氖原子的激发态能级 E_3' 极为接近，以至当处于亚稳态的氦与处于基态的氖原子碰撞时极易将其能量转移给氖原子使后者激发至 E_3' 而自身又回落至基态 E_1。这一过程称共振转移。由于亚稳态上可积累大量的粒子，就可因共振转移将大量的氖原子激发至 E_3' 而实现粒子数反转。这一借助于氦原子的共振转移的激发效率要比直接与电子碰撞的电子激励效率高得多。图 18.1-4(b)中氖原子的 E_3' 与 E_2' 能级其实就是 $3s$ 与 $2p$ 能级。在满足粒子数反转的条件时 E_3' 到 E_2' 的受激辐射即能产生激光。

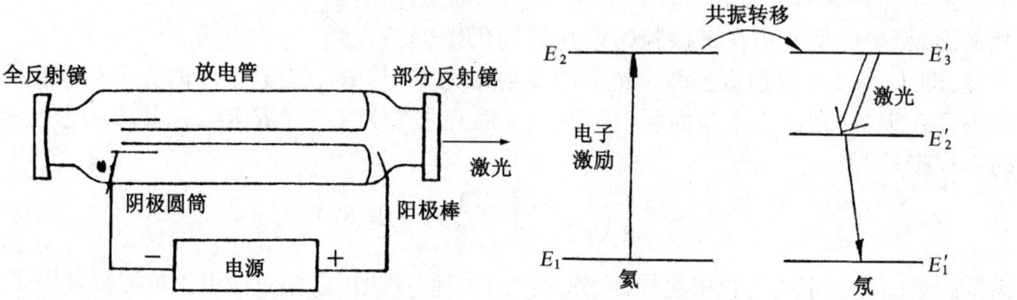

(a) 结构示意 (b) 工作原理

图 18.1-4 氦-氖气体激光器

激光是性能极为优良的光源，具有方向性好、单色性好、亮度高、功率高的特点，并且激光是相干性很好的相干光。

由于光学谐振腔的作用，偏离轴线的光辐射即使产生也必会逸出激光器而不能得到有效的光放大，从而使激光束具有极好的方向性，光束的发射角仅十万分之一度，这是普通光源无法比拟的。高方向性可使激光束到达极远的距离，甚至可达 40 万千米之外的月球。即使经过聚光的探照灯也无法望其项背。高方向性使激光束成为很细光强很高的射线，从而可在测距、报警、准直等方面独具应用。用激光测量月-地间距离误差不超过 15 cm。在军事上激光测距仪几乎已为现代坦克所必备，可大大提高武器的命中率。采用红外线激光可作成隐蔽的激光报警器，入侵者看不见光束，但一旦遮断了激光束即能被守卫者发现。采用适当的棱镜与反射镜的折射、反射可使一束红外激光束形成几十条纵横交错的立体网络，有效地警戒关键性要害部位。激光束又细又直，不会被风吹弯，也不受重力影响，从而可在隧道挖掘等重要建设项目中导向，避免施工偏离正确的方向。

激光束的高单色性也与光学谐振腔有关。当用弦弓拉动两端固定的琴弦时只能发出一定频率的声音，琴弦愈短频率愈高，这是所有弦乐器的基础。其实这一频率与琴弦间的驻波相对应。当弦长为 l 时，只有波长 λ 满足

$$\lambda = 2l/i \tag{18.1-28}$$

的振动才能较长时间的维持，其余频率的振动很快衰减。这里，i 为整数，即弦长应为驻波半波长的整数倍。激光束的情形也一样。光束在两块反射镜之间来回反射形成驻波，也只有能形成驻波的辐射才能被放大输出。这使得激光输出的波长也要满足上式，只是 l 即为激光器谐振腔反射镜间的距离 d，同时由于 d 与 λ 一般有数量级的差异，通常 i 很大。因此，激光束中的辐射频率 ν 应满足

$$\nu = c/\lambda = ci/2d \tag{18.1-29}$$

其中 c 为光速，这里我们为简单计取激光器工作物质的折射率 $n=1$。一般激光束中会包含若干频率成分，由此可见，相邻频率之间的差别

$$\Delta\nu = c/2d \tag{18.1-30}$$

如果降低谐振腔长 d，即能加大 $\Delta\nu$，从而在激光发射光束的频率范围内只包含数目不多的频率成分，甚至只包含单一频率的辐射而使激光束具有极好的单色性。高单色性保证激光有很好的相干性。高单色性保证了激光能在大范围上作高精度的长度测量，例如可用激光检测岩层的微小移动或低频振动而用以预报、监测地震活动等。

激光还有一个特点，即可作持续时间极短的脉冲输出，脉冲持续时间可短至皮秒（万亿分之一秒，10^{-12} s）甚至飞秒（10^{-15} s）数量级。这就使激光束具有极大的功率，而且能用来研究持续时间极短的超快变化过程，例如，观察光子的运行轨道，因为在 10^{-15} s 的时间内光子也只能运动 0.3 μm。

高单色性、高方向性与超短脉冲的输出形式又形成了激光的高亮度特性。光亮度的定义是单位面积的发光面在单位频率间隔内沿单位立体角单位时间内辐射的能量，或光源在单位立体角单位频率间隔内的辐射光强。激光作为一种光源，具有发光面积小、发射立体角小、频率范围窄、发光时间短的特点，也就是说激光具有极高的单色亮度。这一特点概括了激光的特性，激光的无数重要应用均源于此。

§18.2 激光的应用

上节在介绍激光的特点时已涉及激光的各种应用，本章所附的阅读材料也列出若干应用激光的最新发展。本节再以光纤通信及激光在医学上的应用为例介绍激光的用途。

传统的借助于电磁场的通讯，包括电话、传真、广播、电视等在 20 世纪即已获长足的进展，为现代人的生活和工作提供了极大的方便，为人类社会的发展作出了很大贡献。但是随着信息社会的到来，人们需要交流传递的信息量愈来愈大，传统的电磁通讯渐露捉襟见肘的窘境。光波频率达 10^{14} Hz，比电磁波频率的带宽要大几十万倍，能同时传播 1 000 万个电视频道或上百亿路电话，而且光路还能彼此交叉，不受其他光路“短路”的干扰，能极大的满足当代大容量通讯的需要。同时可采用对光波的幅度、频率、相位甚至偏振状态等各种形式进行调制的方式携带信息，比电波通讯仅调频调幅两种更增加了灵活性。而如果采用激光作无线通信，由于其方向性极好，可使信息局限在极小的立体角内发送，不易被他人截获，极为有效地增加了通讯的保密性。只是激光束在大气中传播会受到大气的吸收与散射而使通讯距离受到限制，但在地球大气层之外的宇宙空间，激光极适合于航天器之间以及航天器与地球之间通过卫星中继站的通讯联络。目前，激光在通讯上实际应用得更多的是通过光导纤维（简称光纤）作“有线通讯”。

简单地说，光纤是由两种折射率 n 不同的材料包裹而成，圆柱状的内层 n 较大；外层 n 较小，紧套在内层的表面，如图 18.2-1 所示。当光波从一端进入光纤后如传播方向偏离轴线，则会在内外介质的界面处发生全反射，这就不致使光线逸离出去，只能顺光纤传播。目前市售的由白色光纤做成的玩具或装饰品，在光纤束的一端扎在一起，并导入彩色光束，我们便会在另一端看到星星点点的亮“头”，而在光纤其他位置看不到任何亮光。光纤通常做得很细，可以弯曲而不致断裂，还可以多股有规则地包在一起，如同电缆一样，称为光缆。图 18.2-2为一实用通讯光缆。采用适当的技术将信号从一端以调制的方式加载到光波之上，经光缆传输

至另一端,再经信号解调即能实现光纤通讯。目前上海有些智能化住宅小区内已有光缆接入,光纤通讯已成为上海市民现代生活的一部分。

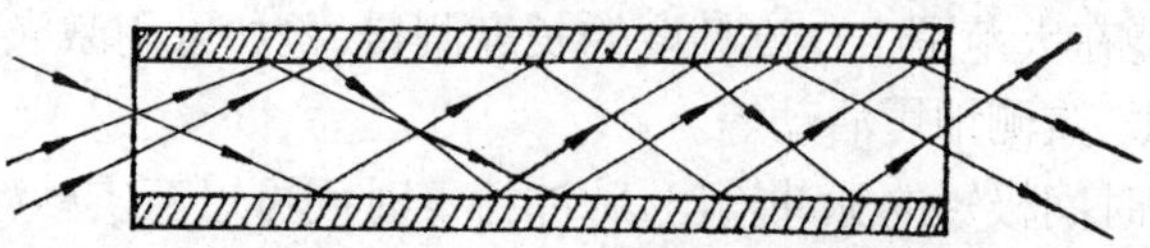

图 18.2-1 光线因全反射而顺光纤传播

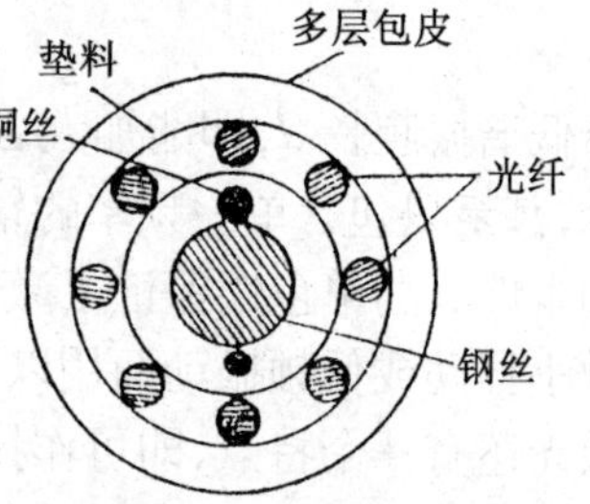

图 18.2-2 实用通讯光缆

近年来,激光已广泛地应用于医学上的研究和诊治,都是依靠激光束具有高强度与高单色性的优点。

激光在眼科的应用首推用激光凝结剥离的视网膜。激光束很容易聚焦至束斑面积小于 0.1 mm^2,当照射至视网膜剥离部位时,激光束的能量足以使视网膜凝结,使其和色素上皮层重新黏结在一起。眼科医生通过裂隙灯从显微镜中观察,可以极准确地将激光束引导至病变的部位,使手术获得成功。将激光束聚焦可以获得极高的功率密度,即在很小的面积上获得很高的光强,以致可在金属甚至钻石上烧蚀出小孔。因此,用激光束对青光眼患者实施打孔手术可很容易将房水引出,降低眼压,恢复视力。目前作青光眼治疗的激光器多为脉冲氙灯抽运的染料激光,波长可在较大范围内调整,以适应不同的病人。

激光能将很高的能量聚集在很细的光束内,甚至可切割金属板,当然切割皮肉组织更可谓不费吹灰之力。由此可代替外科手术刀实施精确的外科手术。而且在照射区内由于会产生足够的热量而可使直径小于 0.5 mm 的血管凝结,起自动止血的作用。用作外科手术的激光束称作激光刀。采用激光刀做手术出血少,甚至不出血,减少了病毒感染创口的机会,降低了对输血的需求;如用于恶性肿瘤的摘除则因血管在手术过程中即被凝结封闭,有效地降低了癌细胞扩散的可能性。甚至利用适当的激光功率还能使肿瘤受热气化,手术不留残余物,这对治疗晚期癌肿特别合适。将激光刀与光纤相结合,配上显微镜和内窥镜,就可直接进入人体进行手术。激光刀现已普遍用于普外科、心外科、脑外科、骨科、消化道及泌尿外科、五官科甚至整容外科等领域,具有传统手术刀无可比拟的优越性。

细胞在光的照射下能发出荧光,不同的组织细胞结构发出的荧光不同,从而可以根据细胞发出的荧光鉴别肿瘤细胞。然而这种荧光如采用常规光源激发往往信号太弱而难以区别,于是这又成了高强度的激光的用武之地。技术上采用一种叫血卟啉的光敏物质注入体内,血卟啉能与细胞结合,但对肿瘤细胞的亲和力特别强。经过一段时间,只留下与肿瘤细胞结合在一起的血卟啉,而原与正常细胞结合的血卟啉则会脱离而排出体外。这时选用紫色激光照射,则肿瘤细胞将呈现出鲜艳的玫瑰红的颜色,肉眼都能识别,极易分辨。这就大大提高了癌肿诊断的准确性。借助血卟啉还发展了一种杀灭肿瘤细胞的方法,称为光化疗法。血卟啉在光照下要发生光化学反应。采用对皮肤穿透性较强的红色激光照射,血卟啉的分子吸收激光光子的能量而分解出单态氧原子,单态氧原子具有毒性,恰能将与血卟啉结合在一起的肿瘤细胞毒死。这种方法用于体内肿瘤的治疗,经几次激光辐照,肿瘤便会消失而免除手术之苦。

在近紫外范围的激光照射可有效地增强生物分子的荧光辐射而提高诊断的灵敏度。此外,配合一定的技术措施直接用激光照射体表肿瘤组织能将肿瘤细胞杀灭,使肿瘤消失,免除外科手术。目前，激光在医学领域的应用正方兴未艾。仅就此一方面而言，激光造福人类社会的现状与前景已可见一斑，更不用提激光在国民经济、科学技术、环境保护、军事国防等领域方方面面的、目前已实现的以及将来能实现的诸多应用了。

阅读材料 18.1 激光冷却、原子捕陷与玻色-爱因斯坦凝聚

1995年，一件大事轰动了国际物理学界：不到5个月的时间，3个研究组相继发表了实现碱金属原子玻色-爱因斯坦凝聚(BEC)的报道。所谓玻色-爱因斯坦凝聚是1924年由玻色和爱因斯坦各自独立提出的一种量子统计的性质，即宏观数量的玻色粒子将聚集在粒子体系的基态上。早年关于液态氦的研究发现当温度低于2.178 K时出现了具有超流动性的HeⅡ相，其本质就是玻色-爱因斯坦凝聚。但是按照经典的玻耳兹曼统计，对氦而言，要使宏观量的原子聚集在基态，温度须低于10^{-14} K，而实际上在2 K附近即出现凝聚，因此这一现象本质上是一种量子统计的性质。根据量子统计的计算，如不计粒子间相互作用，出现BEC须满足的条件是

$$\lambda > (2.612/n)^{1/3} \qquad ①$$

其中n为粒子的数密度，而

$$\lambda = h/(2\pi MkT)^{1/2} \qquad ②$$

是所谓热波长，M为粒子质量，k为玻耳兹曼常量。λ与粒子的德布罗意波长具有相同的数量级。注意$(1/n)^{1/3}$与粒子间的间距数量级相同，①式表明出现BEC的条件应是粒子的德布罗意波长超过粒子间的距离。①式的条件也可转化成用临界温度T_c或临界数密度n_c表示，即为

$$T < T_c \qquad ③$$

$$n > n_c \qquad ④$$

时出现BEC，其中

$$T_c = \beta(n)^{2/3} \qquad ⑤$$

$$n_c = (T/\beta)^{3/2} \qquad ⑥$$

n为体系粒子数密度，而

$$\beta = \frac{2\pi\hbar^2}{kM}(2.612)^{-2/3} \qquad ⑦$$

对氦原子用以上公式计算得$T_c \approx 3$ K，远比实验值高。这是由于HeⅡ相中原子间相互作用太强，因而难以和独立粒子近似的结果相比较。因此学术界多年来一直致力于气态BEC的研究，因为气体原子间的相互作用常可忽略。然而，由于气态原子数密度低，由⑤式与⑥式可见，出现BEC的临界温度必须很低；或者体系的粒子数密度很高，即将大量的原子约束在很小的空间——原子阱内；或兼顾两者的要求。经过持续约70年的努力，直至1979年首次实现原子的激光减速并于1987年发展了原子的磁-光阱技术后才在1995年实现了碱金属原子的玻色-爱因斯坦凝聚。

由上面的简要介绍已可看出，实现BEC的途径是降低体系的温度与将大量原子约束在空间的一小区域内，这就是原子的冷却与捕陷。下面我们概要介绍对中性原子冷却与捕陷的技术和相关机理。

由第六章的讨论我们知道，原子热运动的速度与温度的平方根成正比，降低原子气体体系的温度就意味着降低原子的热运动的速率。激光多普勒冷却就是实际使用的一种有效方法。

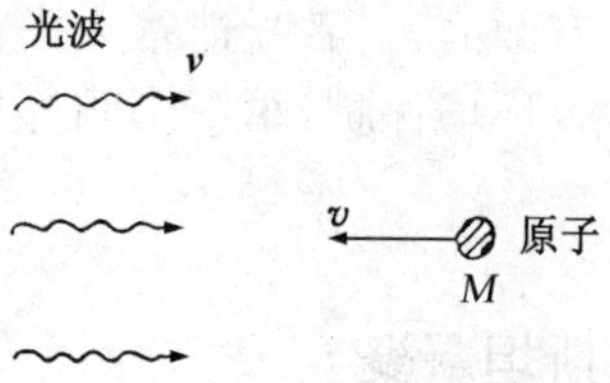

图 RM18-1 多普勒冷却原理

如图 RM18-1 所示,设原子束迎着激光入射方向运动,速度为 $\boldsymbol{v}$,即原子与光子运动方向相反,并设原子如静止时有一共振吸收频率 ν_0,例如存在某一激发态与基态的能量差 $\Delta E = h\nu_0$。当入射光的频率为 ν_0 时当产生共振吸收,原子吸收光子的能量 $h\nu_0$ 跃迁至高能态。但由于原子以速率 v 运动,根据多普勒原理,相应的共振吸收的光子频率 ν 不是 ν_0,而是比 ν_0 略小,且其差值与 v 有关。因为对以速率 v 运动的原子而言,迎面而来的频率为 ν 的光波的频率看上去为 $\nu' = \left(\frac{c+v}{c}\right)\nu$, 即

$$\nu \approx \left(1 - \frac{v}{c}\right)\nu'$$

这里我们利用了原子热运动速率远低于光速的事实。共振吸收要求 $\nu' = \nu_0$,故得激光频率 ν 应满足

$$\nu = (1 - v/c)\nu_0 \tag{8}$$

这一对激光频率的要求称为"红移"。由于原子吸收光子时须同时满足动量守恒,而光子动量为 h/λ,在吸收光子后原子得到在其运动方向的动量增量

$$\Delta p = -\frac{h}{\lambda} = -\frac{h\nu}{c} \tag{9}$$

即原子速率改变

$$\Delta v = -\frac{h\nu}{Mc} \tag{10}$$

处于高能态的原子会因自发辐射回到基态,同时动量又一次发生变化。其实这一吸收、自发辐射光子的过程就是原子对激光光子的弹性散射,不过自发辐射导致的动量变化的方向是随机的,因为自发辐射的光子方向是随机的,即散射光子的方向是随机的。如此经多次吸收-自发辐射循环后,平均每一次原子速率均降低如(10)式所示,从而导致原子速率持续下降,原子体系温度降低。这就是多普勒冷却的机理。

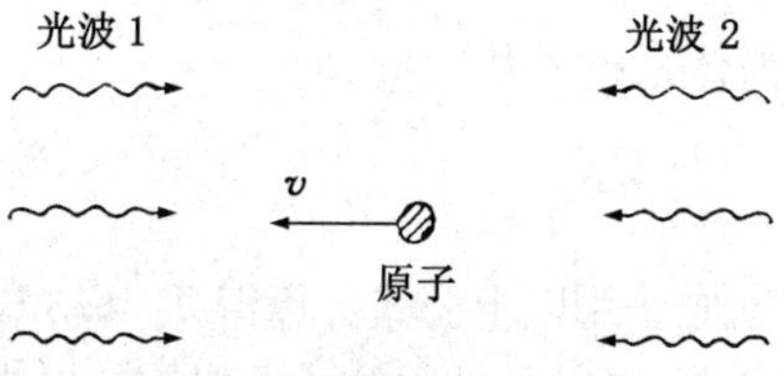

图 RM18-2

但如单采用一束迎着原子束的激光束,由上面的讨论可知最终原子运动将反向并与激光束同向运动。因此实际的激光多普勒冷却是使原子处于两个频率相同,光强相等而传播方向相反两支激光束的光场之中,如图 RM18-2 所示。这时,分析表明无论原子运动的方向是如图所示的向左还是向右,只要速率较小,都会受到一数值正比于其速率的阻滞力的作用,即受到光场的作用力与其速度成反比,宛如流体对在其中运动的物体的阻力。于是,原子处于这样的光场之中如同置于黏滞性液体中的物体一样,故称此为"光学粘胶"。通常当原子的运动速度降至一定的程度后就采用光学粘胶的办法使体系进一步冷却。采用两束相对传播的激光束构成一维光学粘胶。推而广之,自然应采用三对两两方向相反,且相互垂直的六束激光束形成的三维光学粘胶。这正是实际使用的情形,这里不再详述。

采用多普勒冷却并辅以其他恰当的技术措施,可将碱金属原子体系的温度从室温一直降至 100～200 μK,即使其速率下降 3 个数量级。但由于原理上的原因难以进一步冷却,必须采用机理上异于多普勒冷却的其他方法。

要实现 BEC 必须使原子约束于空间范围不大的势阱里。目前最常用的原子阱是利用磁

场与光场的结合,称为磁光阱。1995 年实现的碱金属原子的 BEC 就是用的磁-光阱。典型的磁-光阱如图 RM18-3 所示。两个彼此距离一定相互平行但电流方向相反的电流线圈即可在空间形成图 RM18-4 所示的非均匀场。由图可见中央区域磁场为零,离开中心磁场逐渐增强。在这样的磁场里,有一定磁矩的原子如其位置偏离中心就会受到一指向中心的恢复力,犹如在斯特恩-盖拉赫实验中原子磁矩受力一样。这样分布的磁场就构成了原子阱。图 RM18-3中另有 3 对两两相对总计 6 束激光分别沿相互垂直的方向传播并相交于磁场的中心,构成三维光学粘胶。磁场与光场的联合作用能有效地将原子约束于阱内。

图 RM18-3 磁-光阱

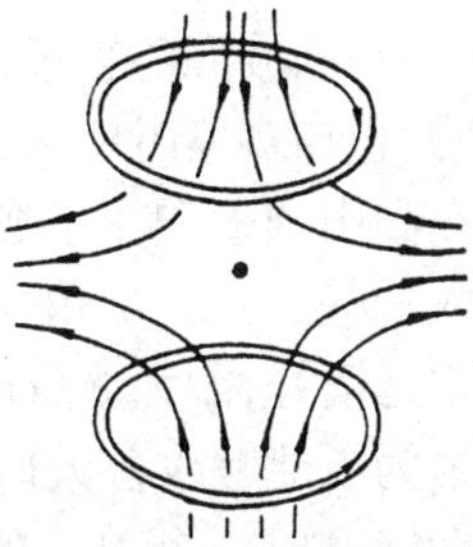

图 RM18-4 磁-光阱中的非均匀磁场

为了保证 BEC 的实现,还必须采用其他的技术措施。其中之一是所谓"蒸发冷却",基本思想有如水的蒸发降温,故得此名。实际上是使原子阱中动能较大的原子逸离势阱,剩下的就是动能小,因而温度低的原子。在 BEC 的实验中就是在如此的冷却过程中实现 BEC 的。表 RM18-1 列出实现 BEC 的 3 种碱金属原子体系的实验参量,其中 N 为实际实现 BEC 时体系中的原子数。

表 RM18-1 碱金属原子的玻色-爱因斯坦凝聚

参量 / 原子	T_c	$n_c(\text{cm}^{-3})$	$n(\text{cm}^{-3})$	N
Rb	170 nK	2.6×10^{12}	3.2×10^{13}	2×10^{3}
Li	300 nK	2.0×10^{12}		2×10^{4}
Na	2 μK	1.5×10^{14}	4.0×10^{14}	5×10^{5}

阅读材料 18.2 天文望远镜的进展——激光灯标

天文望远镜及哈勃天文望远镜

天文望远镜是重要的光学仪器,世界各国都装备了巨大的天文望远镜以观察天象。我国拥有相当优良的天文台并配备了各类天文望远镜,例如上海佘山天文台在 1989 年建立了用于天体测量的望远镜,其口径为 1.55 m,为世界上最大的;另一个口径也是 1.55 m 的同类望远镜装备在美国的海军天文台上。

我们已经知道光学仪器的理论最小分辨角为

$$\Delta\alpha = 1.22\frac{\lambda}{D}$$

其中 λ 是光波的波长，D 是光学系统的孔径，$\Delta\alpha$ 实际上就是艾里斑的角半径。为了提高角分辨本领，往往要尽量做大天文望远镜的口径。然而加大口径虽然可以增加光学系统的聚光本领而观察到较弱等级的星体，实际上并不能增加其分辨本领，因为任何安装在地面上的天文望远镜总是要通过地球上空的大气层才能对宇宙中的星体进行观察，而大气层的密度是随气温、气流及其组分不断地变化的，也就是说大气的折射率是随机变幻的，导致光波的传播方向随机地变化，所以即使采用口径很大的望远镜来观察远方的星体，所得到的也只是模糊而变动的一摊光斑，而不是一个十分明晰的亮点。这也正是我们在夜间观看天空时总是感觉到星星在闪烁的缘由。

远方星体辐射到地球附近时，其光波的波面本来应该是一个很优良的平面，但由于大气的湍流，光波的传播方向各异、传播速度也不相同，因而变成一个由许多小平面组成的凹凸不平的波面，每一小块平面波面的直径约在 5～30 cm 之间，随着地面上不同的观察位置和不同的观察仰角而不同，也与观察时所采用的可见光或红外线的波长有关。这种小块波面的直径称为相干直径。在高山顶上和在干燥的沙漠地带，相干直径约在 15～20 cm 的范围内，若在红外波段则要稍大一些。可见从角分辨本领来看，通过大气观察的大口径望远镜并不比口径为 20 cm 左右的望远镜好，因为 20 cm 左右的口径正好与相干直径相当，可以获得衍射极限的像点。天文学家为了能够改善大口径天文望远镜的成像质量，研究了如何能够把受到大气影响而畸变的波面恢复成一个单一的平面波面的问题，以便既能观察宇宙中极为微弱的星光，又能获得接近于和口径相应的衍射极限分辨率。当然，对于这类畸变波面的纠正还必须是实时性的才有效。1957 年天文学家巴布科克(H. Babcock)提出了可以进行实时纠正波面畸变的“适应光学”的想法，这一概念的要点是使前前后后、传播方向各异、具有相干直径大小的小块平面波面恢复成为原来传播一致的完整波面，其方法是用一个多元的“波面传感器”来感受各个小波面的倾斜及位移，然后用一个可以变形的犹如“橡皮”一样的反射镜来纠正其误差。两者组成一个闭合的反馈回路，这一回路的运转速度要能够及时反应大气的变化，所以称为适应光学。但是要纠正从星体、星云或星系传播到地面上被畸变了的波面，就需要有一个从远处已知星点或其他参考点源所发出的光波，当其传播到地面上时其平面波面也同样变形，这一畸变了的波面可以与一个理想的平面波相互比较，因而可以获得其偏离平面波的误差信号；利用这一误差信号对来自所观察的畸变了的波面进行修正处理。这种参考点源犹如航海中的灯塔，所以称为灯标。从这一设想产生到真正在天文望远镜上实用经历了近 20 年的时间，这也是当今的计算机、激光及微电子等高技术获得了巨大进展的结果。

适应光学系统中的主要部件是一个位于太空中的灯标，一块可变形的反射镜，一个波前传感器及一套处理和控制的电子学设备。灯标最好能位于要进行观察的目标物体(即星体、星云或星座等)方向附近。灯标的光波经过天文望远镜的物镜而成像在可变形的反射镜上，然后被反射到波前传感器上而由计算机进行分析，其与理想的平面之间的误差信号则经电子学系统的滤波、放大而反馈到可变形反射镜的驱动器上以改变反射镜的形态，这样就组成了一个闭合的适应光学系统的回路。上述的分析从理论上看似乎是合理的，但真正的困难在于要找到一个合适的灯标。在大多数的情况下，所要观察的星体、星云、星座附近并不总存在着一个足够亮的单个星体而可以作为参考的灯标，所以早期的适应光学在天文上的应用并不十分理想。1991 年美国国防部解密了他们经过近 10 年研究的激光灯标技术。这是利用大气上层的同温层中的空气分子经地面上的激光照射后所产生的瑞利散射光作为灯标，当其回返到

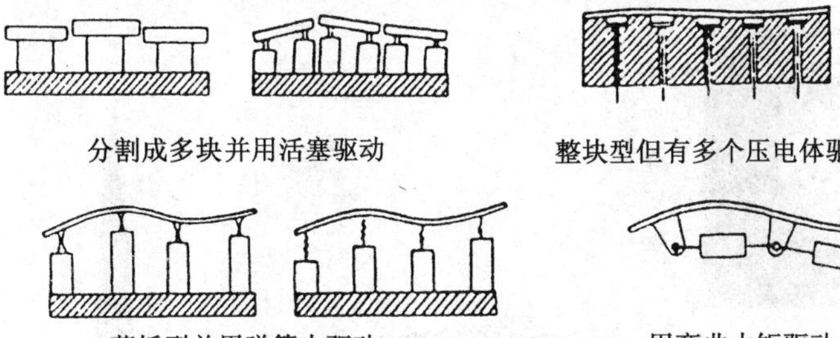

图 RM18-5 各种可变形反射镜示意

地球上并被接收后,即可进行波面的修正。这一灯标距离地面约 10～20 km。另一更为理想的激光灯标是利用更高的散逸层(高度为80～100 km)中钠蒸气分子的共振荧光作灯标。共振荧光具有良好的单色性,可以用窄带干涉滤光片提高其检测的信噪比,而且使用脉冲激光器可以排除位于非逸散层中其他分子所产生的干扰。由于采用激光灯标技术,适应光学在天文观察中的应用获得了极大的进展。图 RM18-5 是若干可变形的反射镜的结构设计示意,图 RM18-6 是采用适应光学的天文望远镜系统的示意图,激光经过偏振分束镜及 1/4 波片而被反射式窄带滤光片反射,然后通过可变形反射镜后从天文望远镜中射出到太空中的灯标或被观察目标附近的参考星点上,从灯标或参考星点所发射出来的、经历同样路程的灯标光波再次经过 1/4 波片而改变了偏振方向,然后透过偏振分束镜而被波面传感器接收。波面传感器、波面处理系统以及可变形反射镜组成了一个闭环反馈回路,能够及时地修正被畸变的波形使之恢复到一个整体的平面波。这时对所需要观察的目标星体所辐射到目镜或记录器上的波面也相应地获得了纠正,从而获得了该星体的真实图像。图 RM18-7 展示了未被纠正及经适应光学系统纠正的星体的照片以及与它们相应的三维光强图,可以看到被纠正的星点的分辨率获得了极为显著的改进,其光强约为未经纠正时的 14 倍。目前各类大型的天文望远镜都安装了相应的适应光学系统以改善其观察的性能,这一技术也已逐步推广到一些小型的精密天文望远镜上。

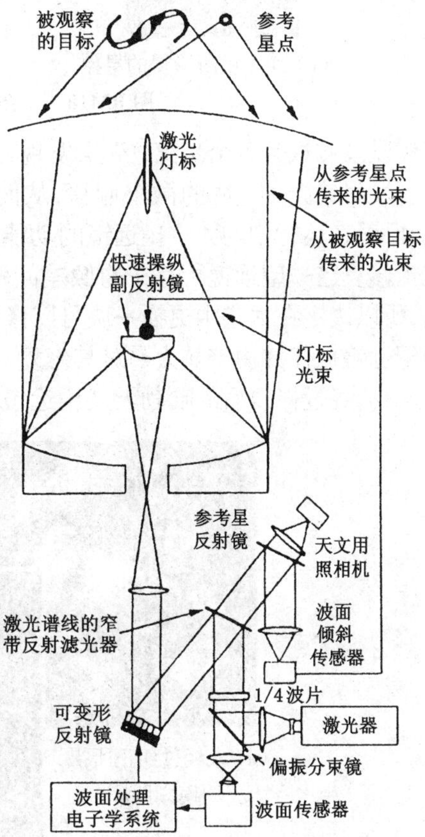

图 RM18-6 适应光学天文望远镜系统

可以想象,要消除大气湍流对天文观察所引起的干扰,最好的办法是将天文望远镜安置在太空中。这一设想早在 1940 年就已提出,但只有在航天技术获得巨大进展的今天才能成为现实。1980 年美国宇航局对置于太空中的天文望远镜开始设计、制造,称为哈勃太空望远镜,到 1990 年经过更新修正后由航天飞船送入太空。在运转中发现该望远镜的成像质量极差,光学系统中有较大的像差存在,与原设计的指标要求不符。于是科学家对已经在太空中运行的该望远镜所摄得的照片进行了极为仔细的分析和研究,反复审查了原先的设计、加工、

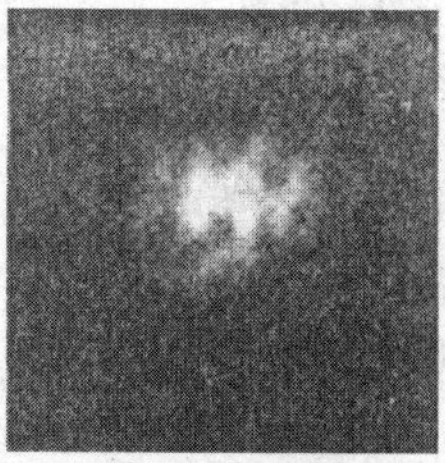

(a) 未经纠正像差的星象

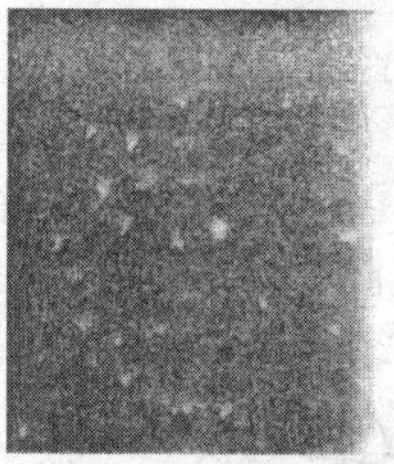

(b) 纠正后所摄得的星象

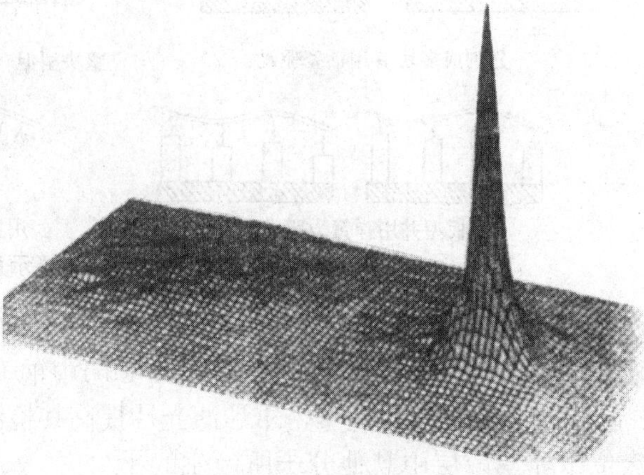

(c) 两帧照片的三维强度分布

图 RM18-7 激光灯标天文望远镜所摄得的照片

装校以及测试等各个步骤，终于发现在装校主反射镜的过程中由于疏忽而引起了主反射镜与副反射镜光轴之间的微小偏移，从而导致严重的球面像差。为了挽回这一耗资达几亿美元、已经在运行中的太空望远镜的功能，美国宇航局又聘请了多位专家研究如何能利用航天技术修复这一望远镜所存在的像差问题。幸好经过多次论证，判定像差只存在于主反射镜上，所以决定在太空中更换一块可以修正像差的副反射镜。1993 年 12 月初，由航天飞船将哈勃望远镜抓住并由宇航人员对其修复。这次任务虽然耗资近千万美元，但总算一次性地获得了成功，经过修复后的哈勃天文望远镜的成像质量有了十分显著的改进。图 RM18-8(b)展

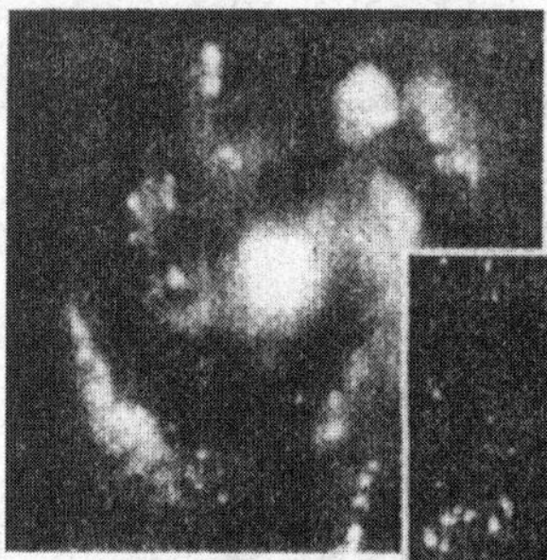

(a) 未经过纠正所摄的模糊照片

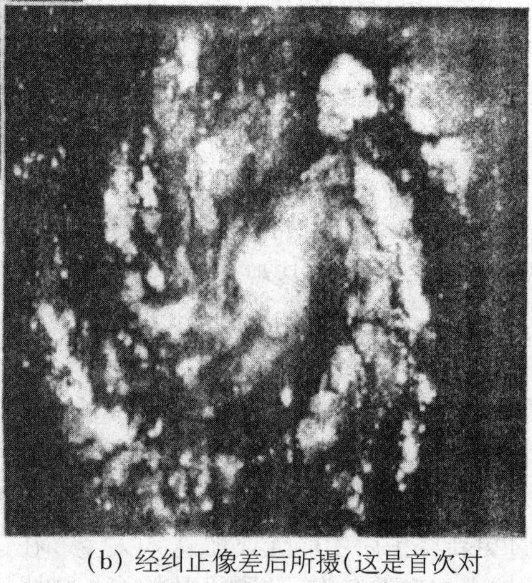

(b) 经纠正像差后所摄(这是首次对该星云获得如此清晰的照片)

图 RM18-8 用哈勃天文望远镜所摄的巨型星云 M100 中心部分的照片

示了修正后的哈勃望远镜对距地球几千万光年的巨型星云 M100 中心部分所摄得的照片,未经修正前对该星云所摄得的极为模糊的照片则如图 RM18-8(a)所示。不久前哈勃望远镜又探得了一个位于宇宙深处的巨大黑洞的信息,这对于研究宇宙的形成是极有价值的。

阅读材料 18.3 适应光学用于眼科

虽然从阅读材料 18.2 中了解到,适应光学是天文学家为解决大气湍流对星体观察的影响而创立起来的,并在天文观测中发挥着重要作用;近年来则为从事视觉光学(研究人眼视觉光学系统和视觉效果的学科)研究的学者和眼科医生所青睐,而视网膜成像更成为适应光学的前沿热点。

众所周知,人眼也是一个光学成像系统,通常人们都将它比喻为一架照相机。但眼睛具有的精确自调焦、对光强的自动调整能力,还有对复杂图像的分析能力,则并非一般照相机所能企及。然而,这一光学系统又往往是不完美的。很多人的眼睛有这样、那样的缺陷,使得视网膜上的成像不太清楚,出现像差,影响视力。如果能校正这些像差,人的视力会大为改善。但视力,特别是眼睛的分辨本领的改善受到两方面的限制。其一是衍射,来源于光的波动性。由§14.3 知,透镜的分辨本领同其直径有关,大直径的透镜能分辨更小的细节。在眼睛的情形,这一直径就是瞳孔的直径。一般在白天室内环境下,人眼瞳孔直径在 3 mm左右。假设人眼无像差,理论计算表明,对单色绿光(波长为 555 nm),人眼的视力可达 2.5。如瞳孔增大还会更好一些。另一个限制来自视网膜中视锥细胞分布的密度。人眼难以分辨成像在视网膜上小于相邻视锥细胞间距的细节。这一限制对应的视力极限值更可达 2.8。通常人们作视力检查时,1.0 已算达标,2.5 以上当可算超常视力。可见,如果我们能消除眼睛这一光学系统的所有像差,当可望实现超视力。

这是从“眼睛向外看”而言。人眼会生各种疾患,眼底的病变更可能提示全身健康状况的恶化。因此,用显微镜“向眼睛里面看”就是常规的检查手段。同样由于眼睛的光学缺陷,医生不能清晰地看到视网膜结构,这就会影响到疾患的早期诊断和治疗,也影响病程的监测与治疗效果的评判。很久以来,人们便梦想能直接从外面清晰地看到视网膜上活的单细胞,但受到技术条件的限制,至少在新世纪到来之前,只能“望眼兴叹”。

其实,人眼的像差并不陌生,近视眼就是最常见的一种眼睛成像像差的表现。现在,一个光学系统的质量通常用所谓波阵面像差来表述。以一个凸透镜为例,如在焦点处置一点光源,则在透镜另一边的波阵面当为平行平面。如果不是平面,则实际波阵面与理想平面波阵面之间的光程差,通常是一二维空间坐标的函数,就可用来表征这一光学系统(这里的简单情形,就是凸透镜)的像差。对于人眼,这一函数往往用一称为齐纳克多项式的级数表达。其中,一级项代表斜视,二级项代表离焦(包括近视和远视)和散光;这两项属低级像差,通常称为屈光不正。三级及以上为高级像差。三级项代表彗差。如果一束平行光不沿透镜主光轴而是偏斜一定角度入射,则在焦面上所成的像并非一点而是一像彗星一样的一头大一头小的弥散光斑,这就是彗差。四级项则代表球差。众所周知,沿主轴的平行光经球面透镜折射后并非会聚于一点。近轴光线会聚处离透镜较远;而外周远轴光线则汇集在离透镜较近处。这也使焦点模糊不清,这就是球差。三级项及以上的像差统称为不规则像差,临床上常称之为不规则散光。

人们配戴眼镜(包括框架眼镜和隐形眼镜)校正低级像差(离焦、散光)已有很长的历史,但一直未能有效地校正高级像差,尽管它们的存在早就为人所知。有趣的是这些高级像差不仅花样繁多,更是因人而异,但往往并不存在于人们制造的光学系统中。以至著名物理学家亥姆霍兹160年前就诙谐地说过,如果有谁卖给他的光学仪器中存在这些缺陷,他一定破口大骂产品的粗制滥造并立马退货。

不过一个不容忽视的事实是,尽管人眼往往存在高级像差,其实人们并不太在意,因为毕竟不如低级像差那样普遍。而且,低级像差容易检测也容易对付,在用眼镜校正离焦、散光后效果往往已觉满意。高级像差的检测既麻烦费事,要校正更是费力费钱,不如不管。

但是,近年来人眼的高级像差突然引起人们的密切关注,其测量、表征与矫正一时成为热点。除了实现活体视网膜的细胞级高分辨观察和超视力梦想的愿望外,一个重要的原因则是先进的眼科手术留下的后遗症。

近年来,准分子激光角膜屈光手术迅速普及。这一矫正屈光不正的眼外科手术具有明显的安全性和有效性。事实上不少患者术后视力的确得到满意的恢复,从此不用再戴眼镜。然而却有一部分高度近视患者术后抱怨出现眩光、光晕、夜间视力障碍等后遗症。其实,这些都是高级像差的表现。夜间环境昏暗,瞳孔放大,这使像差大幅升高。针对这种情形,对人眼高级像差的研究,包括检测和矫治显然就成为一个迫切的研究课题。

1994年,海德堡大学的学者研制了基于适应光学的波面传感器和可变形反射镜的先进的测量设备,可以自动无损伤地迅速客观测量人眼的波阵面像差,成为人眼像差测量的分水岭。这一技术经罗切斯特大学的学者进一步改进而于1997年建成适应光学照相机,用来观测视网膜。结果表明该系统能校正直到四级的所有像差,即大部分重要的人眼像差都能校正。由于适应光学系统有效地补偿了人眼的高级像差,已经获得细胞水平的视网膜的清晰照片。照片上视锥细胞的位置清晰可见,甚至对红、蓝、绿3种颜色敏感的视锥细胞的空间分布和相对数目也弄得一清二楚,而之前这是无法做到的。从而证明适应光学可以用于校正人眼的彗差和球差。不过,由于可变形反射镜的尺寸和成本,这一技术尚难以为视觉科学家和验光师普遍采用。

由于采用适应光学系统能迅速、精确测量人眼的高级像差,这就为实施矫正提供了技术前提。目前认为可据此对患者制作个性化的隐形眼镜来矫治像差。一方面是因为隐形眼镜可以和头部一起转动,更重要的是可以针对不同患者的具体病情作针对性的设计、加工。此外,准分子激光角膜磨削术也有可能扩展至补偿高级像差,从而可用眼外科手术矫正高级像差。而且,术前、术后测量眼睛的波阵面像差也可能使手术效果优于配戴眼镜。

将适应光学用于除改善视力以外的其他许多方面也正开始探索。显然,探测和研究视网膜中各部分的功能和局部病变自是题中之义。例如,众所周知,青光眼是会致盲的,因为视神经纤维会因其逐渐消失。常规检查方法发现病变往往为时已晚。如果采用高度灵敏的适应光学方法,眼科医生就能准确测量光学视神经头旁的神经纤维层的厚度,从而对个别纤维或神经节细胞体监控,使青光眼及早发现。又如,糖尿病也能影响视网膜,在视网膜血管上长出微血管瘤,血管瘤会慢慢长大漏血。显然,在血管瘤还小的时候予以手术切除是至关重要的。采用适应光学就能在它很小时及早发现。

采用适应光学可以跟踪视网膜随时间变化的全过程,无疑对眼睛的保健和眼病诊治具有积极的意义。相信随着技术的发展将能得到推广普及。

阅读材料 18.4 光速的测定及长度单位——米的新定义

真空中光的速率(用符号 c 表示)是物理学中的最重要的常量之一,在电磁学、原子物理学以及相对论中都会出现,而且在长度计量中也是经常被采用的一个数值,例如天文学中的光年,就是用光的速率乘以 1 年的时间来计量宇宙中星体之间或星体与地球之间的距离。从历史上看,人类开始并不认为"光"的速率是有限的,而是认为光的速率是无穷大。但在天文观察中却逐渐觉察到"光"似乎是有一定速率的,例如早在 300 多年前的 1676 年,天文学家 Roemer 观察到木星的卫星被食的时间随着地球相对于木星的趋近或远离而不同,因而估算出光的速率为 $214\,000\ \mathrm{km\cdot s^{-1}}$;又如 1727 年天文学家 Bradley 发现,由于地球的运动而在不同的轨道位置上所观察到的一些较近的星体与更远的星体之间有不同的位移,称为星体的视差,并得出光的速率为 $301\,000\ \mathrm{km\cdot s^{-1}}$。由于光的传播速率是如此之高,早期的估算都只能利用天文上的观察。但是在 1849 年,法国物理学家 Fizeau 设计了第一个从地面上测量光的速率的实验。他的实验是在两座高山顶上进行的,一座高山顶上放一个旋转的等间隙齿轮,使光从齿轮的空隙中出射到另一座山顶上的反射镜上,并按原路反射回来,然后再通过旋转的齿轮空隙观察。当齿轮的旋转逐渐加快时,由于反回来的光线被齿轮的齿位所挡住而不能被看到;若再加快转速则又逐步地看到光亮直至达到最强。因而从两座山顶的距离以及齿轮的旋转速度就可以计算出光的速率。Fizeau 的实验在相距 8.67 km 的两山顶之间进行,其齿轮的齿数为 720 个,在转速为每秒 25 转时看到光亮又恢复到最强,可见,光波在两山之间的来回时间为 $\frac{1}{720}\frac{1}{25}\ \mathrm{s}=\frac{1}{18\,000}\ \mathrm{s}$,而其所经历的距离为 17.34 km,由此所得的光速为 $312\,000\ \mathrm{km\cdot s^{-1}}$。继 Fizeau 之后,又有人不断地改进实验方法,例如将齿轮改为具有多面的转镜或用克尔光电开关等等。但是这些方案都是在长距离的地面上进行的,因而要计及大气的平均折射率才能转换到真空中的数值。由于大气的折射率是随地点、时间、温度而变化的,所以对于光的速率测定方法的精度虽然在逐步提高,但结果总不很精确,其中以 Bergstrand 利用克尔光电开关在 1951 年所获得的 $c=299\,794.2\ \mathrm{km\cdot s^{-1}}\pm1.4\ \mathrm{km\cdot s^{-1}}$ 的数值为最佳结果。

由于光的速率 c 是物理学中经常会出现的常量,其数值也可以通过相应的物理量中获得,例如从电磁学中知道某一电量的电磁单位与静电单位之比与常量 c 有关,但是这种测量也并不能带来很高的精度。光的速率也还可以从分子光谱的常量中获得。此外还可以从无线电微波的技术中获得,例如用一个微波谐振腔的振荡,精确地定出该腔体的长度就可以得到光速的数值。或者采用微波干涉等方法,这类方法的优点是可以把设备安置在真空容器中,因而直接获得真空中的光速数值。表 RM18-2 列举了在 1958 年以前所获得的光在真空中的速率值,可以看到其最高的精度为 $\pm0.1\ \mathrm{km\cdot s^{-1}}$。

表 RM18-2 1958 年以前所测定的光在真空中的速率

年份	实验者	方法	$c(\mathrm{km\cdot s^{-1}})$
1676	Roemer	木星卫星的被食时间	214 000
1726	Bradley	星体视差	301 000
1849	Fizeau	齿轮旋转	315 000

(续表)

年份	实验者	方法	$c(\mathrm{km}\cdot\mathrm{s}^{-1})$
1862	Foucault	旋转反射镜	296 000 ± 500
1882	Newcomb	旋转反射镜	299 810 ± 30
1926	Michelson	旋转棱镜	299 796 ± 4
1935	Michelson, Pease, Pearson	旋转棱镜	299 774 ± 11
1940	Huttel	克尔光电开关	299 768 ± 10
1947	Essen, Gorden-Smith	谐振腔	299 792 ± 3
1950	Hansen, Bol	谐振腔	299 789.3 ± 0.8
1951	Aslakson	雷达	299 794.2 ± 1.4
1951	Bergstrand	克尔光电开关	299 793.1 ± 0.4
1951	Froome	微波干涉	299 792.6 ± 0.7
1956	Rank, Bennet	光谱线	299 791.9 ± 2
1958	Froome	微波干涉	299 795.5 ± 0.1

由于光的速率与波长及频率相关联,所以也可以通过测定所用光波的波长和频率而导出光的速率。因为光的波长可以通过光的干涉测得很准,而光波的频率也可以利用无线电电子学的技术而准确测量,所以目前所公认的,由精确测定光波的波长及频率而得的光速实验值为

$$c=\lambda\nu=299\ 792\ 458\ \mathrm{m\cdot s^{-1}}\pm 1.2\ \mathrm{m\cdot s^{-1}}\text{(标准相对偏差为}\pm 4\times 10^{-9}\text{)}$$

可以看到这一数值的精度要比以前的高得多,下面将大概地介绍这一数值的实验测定,并由此导致的对长度新定义的引入。

1983 年以前国际上所确定的基本单位共有 7 项,即:米(m,长度单位),千克(kg,质量单位),秒(s,时间单位),安培(A,电流单位),开尔文(K,热力学绝对温标单位),摩尔(mol,物质的量的单位)及坎德拉(cd,发光强度单位),其中的时间单位——秒的定义为铯-133 原子基态的两个超精细结构能级之间跃迁所对应的辐射的9 192 631 770 个周期的持续时间。产生这种辐射的设备称为“铯原子钟”,辐射的波长在微波波段。由于铯原子束辐射的频率只与物质本身有关,而与周围环境无关,所以能够通过无线电电子学的测量技术以极高的精度再现。铯原子钟的频率是国际上采用的频标基准,又是用以确定时间的基准。

原先的长度单位——米的定义是一根用金属铂制成的标准米尺的长度,存放在法国巴黎的国际度量衡局,但是这一标准不容易再现,所以从 1960 年开始确定长度的标准为:

米为氪-86 的两个能级之间跃迁$[2p(10)\to 5d(5)]$所产生的辐射累计1 650 763.73个波长的长度。

但是这一长度的定义到 1983 年时又被修改,这是因为高技术的发展使测量的精度不断提高的缘故。由于激光的应用使光波波长的测量精度超过了氪原子波长的标准,这是因为可以获得频率稳定度极高的激光输出,且很容易再现的缘故。图 RM18-9 展示了不同年代测量的光速的精度,纵坐标上也列出金属铂米尺的精度极限,为0.1 μm,而氪原子波长的测量精度为 1 nm。对于光速的精确测定应该是针对同一个光源所发出的光波的波长及其相应的频率予以测定,并且该光波应该是在可见光的范围内,然而铯原子钟的标准频率是在微波的厘米

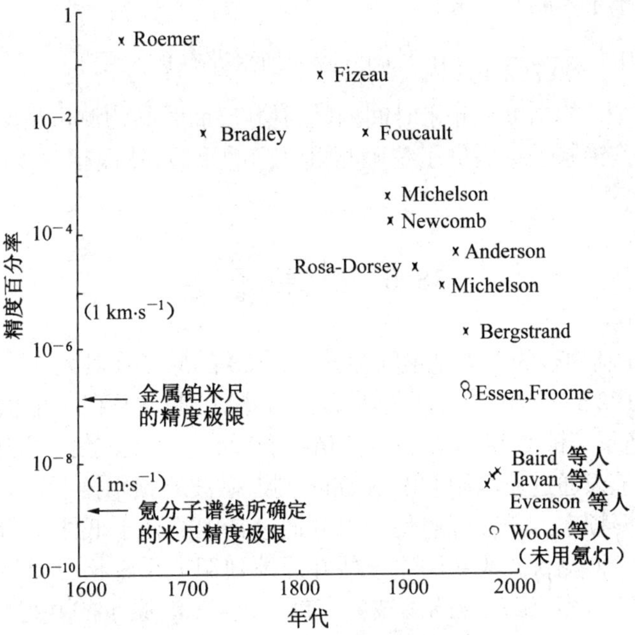

图 RM18-9 历年测量光速的精度

波段,因而必须要用各种混频、和频、差频等技术使该标准频率转换到可见波段,然后与发出的可见光稳频激光器中的辐射相对比,从而精确获得该频率。所采用的可见及近红外波段的稳频激光束是氦氖激光器中辐射波长为 3.39 μm, 0.63 μm 及 0.57 μm 的光束,稳频的方法是让输出的激光经过一个吸收池,其中充装低压的甲烷气体(CH_4)或同位素碘的分子气体($^{133}I_2$),这两种分子分别在 3.39 μm 波段及0.63 μm和0.57 μm波段有一个十分狭窄的吸收峰,因此可以把激光光谱锁定在这一峰上而达到稳定频率的效果。表 RM18-3 给出由国际度量衡委员会所公布的上述各波长的数值。表中的波长与频率的乘积就给出光速。

表 RM18-3 国际度量衡委员会所推荐的辐射波长及频率

分 子	ν(MHz)	λ(m)	误 差
CH_4	88 376 181.608	3 392 231 397.0	0.44×10^{-10}
$^{133}I_2$	473 612 214.8	632 991 398.1	3.4×10^{-10}
$^{133}I_2$	520 206 808.51	576 294 760.27	2.0×10^{-10}

从 1960 年决定选择氪的波长作为长度的基准到 1983 年总共只有 23 年的时间,已经由于技术的进步而突破了这一标准的精度,不难想象在未来的岁月中可能会出现更精确的方法以稳定激光的谱线,到时候可能又要改动已经确立的标准。因此,国际委员会经过多次的仔细讨论和推敲,决定长度的标准不再采用来自于某一原子谱线的波长,而将光在真空中的速率作为一个定值,长度的计量直接来自于光速与时间的乘积,所确定的光速的数值

$$c = 299\ 792\ 458\ \mathrm{m\cdot s^{-1}}$$

为无误差的准确数值,这一数值其实在天文学中已经沿用多年,而这一光速的精度在物理学和其他的技术学科中也将可以应用相当长的时期,所以在 1983 年 10 月 20 日的第 17 届国际

度量衡委员会上颁布了米的新定义：

米是光在真空中$\left(\frac{1}{299\,792\,458}\right)$s 时间间隔内所经路径的长度。

这一定义表明“米”的精度依赖于时间测量的精度，而时间的测量精度历来是科学技术极具重要意义的问题。铯原子钟提供了精确测量时间的手段；然而相关技术仍在不断发展(参见阅读材料 RM18.5)

阅读材料 18.5 铯原子钟

1967 年规定 SI 制的秒的定义是铯同位素 Cs-133 的原子在其两个基态超精细结构能级之间跃迁周期的 9 192 631 770 倍，这也就是跃迁频率，处微波频段。提供这一频率基准的设施称为铯原子钟，铯原子钟使 SI 制秒的定义精确到大约一百亿分之一(10^{-10})。铯原子钟的基本原理是使铯原子束通过充满微波电磁场的空腔，微波的频率接近铯原子的基态超精细结构能级间的跃迁共振频率。微波辐射使一部分通过其中的处于低能态的原子吸收微波场能量而激发至高能态。检测状态改变的原子数并反馈到调节系统相应调整微波频率以使吸收微波场能量的原子数最多，相对应的微波频率就是 Cs-133 原子的共振频率，并用作频率基准。与此同时，每秒钟由此原子钟输出一个脉冲信号用来计时。

由于时间测量的精度具有极重要的科学和技术意义，世界各国近年都致力于改进原子钟的精确度。以美国国家标准及技术研究所(NIST，原称国家标准局)为例，从 1950 年该所的第一个原子钟 NBS-1 问世到上世纪 90 年代的原子钟频率基准 NIST-7 的 40 年里，精确性从每天一万纳秒的误差大幅提升至每天不到 1 ns。其后采用激光致冷与原子捕获技术更在 1999 年研制出新一代铯原子钟 NIST-F1，精确性更高。问世的当时就比其前身 NIST-7 的精确度一下子提升了十几倍。即使 NIST-F1 本身也在不断改进。2000 年的误差为 10^{-15}；到 2005 年夏季又提高到 5×10^{-16}，就是说超过 6 千万年才误差 1 s。现在，NIST-F1 更提高到一亿年才误差 1 s，成为迄今世界上最准确的钟之一。而 NIST-7 从 1993 年诞生之日起就作为美国的基准时标和基准频标一直服役至 1999 年为 NIST-F1 取代为止。

NIST-F1 为一喷泉铯原子钟，这一名称原自该原子钟的运转过程中一团铯原子像一个气球一样在重力场作用下向上抛出又回落，其状如同喷泉。喷泉原子钟的基本原理如下：

大约几百万个处于基态的铯原子被引入真空室，真空室的气压低于 10^{-11} 大气压或 10^{-8} 毛。3 对(6 束)彼此垂直的红外激光束对准真空室的中央，将这些铯原子堆成球状的一团，并使原子气的温度降至 1.4 μK，使原子的热运动速度降至只有每秒几厘米。与此同时，上下两束激光的频率略作调整，向下的激光频率微降而向上的激光频率微升，从而使这一气团获得垂直向上的推力以约 4 m/s 初速上抛。随后关闭所有的 6 束激光。气团上抛在竖直方向可上升约 1 m 高度。在上升途中要经过一微波腔，一些铯原子吸收微波能量跃迁至高能态。气团在重力作用下到达顶端回落的过程中又一次经过微波腔，又有一些原子被激发。气团上下大约历经 1 s 左右的时间。气团回落至微波腔以下时，又一束探测激光射向原子团用以探测处于激发态的原子退激发至基态时发出的荧光辐射，并反馈控制微波频率。这一过程重复多次便能确定产生跃迁的原子数最多的微波频率，也就是原子的共振频率 ν_0，即借以对秒下定义的 9 192 631 770。

传统的铯原子钟内原子处于室温，原子热运动速率高达每秒几百米，以至对铯原子的探访时间只有短短几毫秒。但在喷泉式原子钟的情形,由于激光致冷,铯原子钟内原子的热运动速率降至每秒几厘米,同时气团喷泉式运动上、下两次经过微波腔,这就使铯原子从被冷却到和微波场的相互作用再到发出退激发荧光的全部探访时间大大延长至 1 s 以上,这样更便于控制调整微波频率,也更易达到铯原子的共振频率,从而达到前所未有的准确性。

原子钟所以能实现高精度计时的原因就在于应用了原子状态的跃迁。任何钟表都必须有周期性动作的部分,这也就是计时标准的依据;传统的机械钟中这就是钟摆。剩下的事就是去数钟摆来回摆动的次数并转换成钟针位置以显示时间。不难想象,如果两架钟的钟摆频率不同,一个每秒摆一次,一个每秒摆两次,后者的计时精度应更高。原子钟的摆实际上是原子跃迁的电磁振荡,每秒振荡接近十亿次,当然计时精度就要比机械钟高得无法同日而语了。不过,铯钟频率毕竟在微波波段,如采用光波频段,原则上应能进一步提高精确度。当然,先决条件是要能精确地数"摆动次数",也就是精确测定光波的频率。不过,现有的电子学手段可以极高的准确性测量微波频段的频率,光波频率尚难准确确定。目前将所谓的光梳技术应用到原子钟上。光梳可像齿轮变速一样将光频转换成微波频率,而利用铯喷泉钟 NIST-F1 又可准确测量此微波频率。据此,NIST 的研究人员在 NIST-F1 的基础上研制出依赖单个汞离子在光波频段的状态跃迁运行的原子钟原型。经不断改进到 2009 年汞钟的精度已达到十四亿年才误差 1 s 的匪夷所思的超高精度。

阅读材料　18.6　激光唱片放音机中的光学系统及光学存储器

利用激光记录及存储信息的思想早在 1966 年已经提出,但直到 1974 年才开始实施。随着小型化半导体激光器的发展成熟,以及采用大规模集成电路实现"数字量/模拟量"之间的转换日趋普遍,当前利用激光写入或读出的光学存储器已成了极为普遍而受欢迎的商品。采用激光的光学存储器的优点是:

(1) 激光束的光斑可以聚焦至微米量级,具有极高的存储密度,每平方厘米可达 10^8 Bit,在一个直径为 30 cm 的光盘上可存储 10^{10} Bit 的信息,存储量为通常磁存储器(即磁盘)的 5 倍以上。

(2) 激光存储器具有极长的保存寿命,可达数十年之久。因为重要文件、历史档案等往往要有较长的保存期才能体现其价值,就使激光存储器具有独特的重要意义。

(3) 激光存储器的信息记录表面有一层厚透明膜作为保护底板,激光束通过这层底板后聚焦在记录面上,透明底板保护记录表面不受尘埃及划痕的伤害,所以激光存储器在携带、搬运等过程中不易受损。

激光存储器俗称"光盘",有"只读存储器(ROM)"、"一次写入存储器"及"可擦除存储器"等多种形式,其区别主要在于记录材料性质的不同。在只读存储器中,信息写入是用激光或其他方法在光盘表面上产生不同长度的小坑,小坑的深度约为 0.1 μm,其宽度值可选择在 0.5～0.8 μm 之间,小坑的长度则随信号的不同在 0.87～3.18 μm 之间变化。由不同长度的小坑及小坑之间的平整区域所组成的细轨道对应于需要记录的信号,这一窄细的信息轨道在光盘的表面上盘绕成螺旋形,信息轨道之间留有相当于小坑宽度的平整空隙。一个直径为 5 inch的光盘轨道长度约有 5 km。光盘的制作大体如图 RM18-10 所示。先在一块平整的玻璃基板上均匀地敷一层厚度约 0.1 μm 的光致抗蚀剂,然后用激光或其他的光源曝光并光刻,将载有信息的小坑刻蚀在光致抗蚀剂膜上。用电镀的方法在已刻蚀的抗蚀剂膜上复制成一

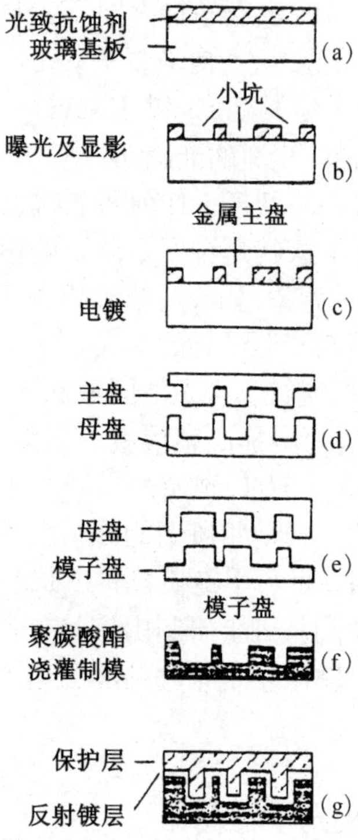

图 RM18-10 光盘制备示意图

个金属的主盘,再用同样的方法制一个母盘。从这一母盘上又复制成一个金属镍的模子盘,用这一块模子盘就可以灌注和模压成大量的光盘成品。所采用的模压材料需要有很好的抗热性、低蒸气吸收率以及优良的韧性,目前大多采用聚碳酸酯一类的高分子聚合物。在压制成的聚合物光盘上再蒸镀约 100 nm 厚的铝或银层,使载有信息布满小坑的记录表面有较高的反射率。在这上面加敷约 10 μm 厚的聚丙烯酸酯透明保护层。读出时,激光是从透明保护层的上方入射而到达载有信息的小坑上,经反射后产生了不同反射强度的信号。对于一次写入的存储器则需要采用较强的激光束在记录表面上烧蚀,然后依靠不同的反射率以读出所记录的信息。可擦除存储器则是利用光磁效应或可以发生相变的材料进行记录,其读出方式前者依赖于偏振态的改变,后者则根据材料的结晶状态和无定形状态的反射率有所不同而提供信息。

只读存储器除在计算机中应用外,当前已经广泛用于视听设备中。这类产品称为激光唱片或激光影视片,也称 CD 或 VCD,在个人计算机的设备中现在也安装了 CD 的只读存储器,称 CDROM。由于音响或影视图像的信息是采用数字量而不是模拟量存储的,所以信噪比大为提高并具有极佳的逼真度。这些器件及设备目前已经十分普遍,其读出系统是由半导体激光器及一些简单的光学部件所组成。目前所采用的半导体激光器都是波长为 780 nm 的镓铝砷激光器,其输出功率在 5 mW 左右,并用电子学线路控制其输出强度的稳定。读出系统的光学部分称为光学拾音系统,如图 RM18-11 所示。从半导体激光二极管发出的光束经过一块光栅入射偏振分束器,光栅的 0 级衍射光和 ±1 级衍射光通过分束器后成为水平方向的线偏振光,然后经过会聚透镜、1/4 波片转变为圆偏振光,最后经显微镜物镜将激光束聚焦到光盘的表面。0 级衍射光被会聚到载有信息的小坑轨道上,因而可以读取信号。±1 级的衍射光斑则分别会聚在轨道两侧的平坦平面上,它们的反射光强被检测后供给电子学反馈系统,并用此信号控制 0 级衍射光斑使其始终保持在具有信息的轨道上。激光二极管的输出由另一个二极管监控使其光强稳定。为读出用的激光光斑直径约在 1.5 μm 左右,比轨道的宽度略大一些。从轨道上的小坑之间的平坦区域中所反射的光强与入射的光强几乎相等,但是从轨道上的小坑中所反射的光强则几乎为零。所以当光盘转动时,读出的反射光强信号为二元编码的 0、1 信号,代表了记录在光盘上的数字信息。这些编码的反射光信号又经过显微镜物镜及 1/4 波片,使其偏振态转为垂直方向而被偏振分束棱镜按 90°方向折反,通过一个会聚透镜及一个柱面透镜后到达四象限的光电二极管上。此四象限光电探测器具有双重功能。一是监视激光束是否准确地聚焦在光盘的平面上,要准确地读出所记录的信息要求聚焦焦距的偏差在 0.5 μm 之内。若激光束是准确地会聚在光盘上,则四象限探测器上将获得一个位于中心的均匀圆斑;否则将因像散而形成一个卵状的光斑,分别从各象限的探测器中输出的 4 个信号便不平衡,因而可以采用电子学反馈系统予以纠正。四象限探测器的另一功能当然是检测从光盘上读到的信息,然后通过电子学系统对信号解调以及纠正误差信号等等,最后用电信号重现记录在光盘上的数字信息,并再经过数字/模拟转换器及低频滤波器的处理而获得逼真度极高的音频

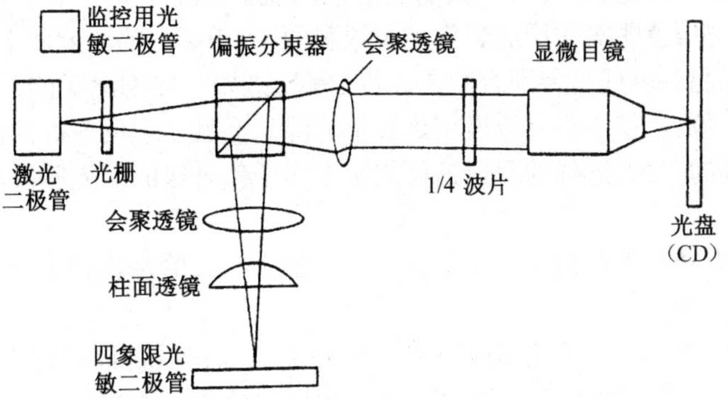

图 RM18-11 激光唱片(CD)的光学拾音系统

或视频图像信号。

当前的光盘存储器虽然已经很成熟并获得了巨大的发展,但是进一步的改进和提高仍然为人们所关注。例如将近红外的激光器改用能发射蓝绿光的半导体激光器还可以进一步提高信息的存储密度;又如还可以改进光学系统使之更为简单轻便及小型化。记录介质材料也还需要进一步改善和更新,特别是对于应用在可擦除的光存储器方面的记录材料等等都是十分引人注意的方面。

阅读材料 18.7 液面反射望远镜

众所周知,为了要观测遥远的星体,探索宇宙的奥秘,望远镜是必不可少的设备。为了要看得更远、看得更清,望远望的口径越造越大,成本也越来越高。显然,在保证观测质量的前提下,降低望远镜的成本是一个实际上必须考虑的问题。采用液面作为反射镜是目前研究的一个可能的解决方案。

流体力学告诉我们,使圆筒内的液体旋转就能使液面成为抛物面;而抛物面的聚焦性能极佳。这样,旋转液面就能很好地聚集平行光,其焦距 $f=g/2\omega^2$,这里 g 为重力加速度,而 ω 为旋转角速度。如果液面的反射本领好,就可用来做望远镜。水银的反射率很高,因此,旋转水银面原则上可用作理想的反射抛物面来造望远镜。这一想法其实早在 150 多年前即为一意大利的天文学家提出,并在大约 100 年前由一个叫伍德的人作过实际尝试。伍德转动一个装水银的直径 50 cm 的盘子,结果在短焦距时能分辨角距 3 s 的星体,能看到月球上的小环形山,并且像很亮。不过由于机械振动,成像质量并不如意。

现在,世界上最大的也是最新的 6 m 液面反射(下称液镜)望远镜设在加拿大温哥华以东 60 km 处,称为大天顶望远镜 LZT(Large Zenith Telescope),由加拿大不列颠哥伦比亚大学的天文学家希克森负责,并有来自法国和美国的学者参与工作。LZT 的总成本大约是一百万美元,这要比尺寸差不多大的玻璃望远镜便宜 10 倍以上。液镜望远镜所以成本低廉在于,比起打磨、抛光玻璃镜面来,转出一个光滑的液面抛物面要方便得多。LZT 的主镜由涂覆在玻璃纤维与泡沫塑料基上的水银层构成,并由空气轴承支撑,利用磁力使之转动。在焦点处装有修正透镜和探测器,其位置可通过六根撑脚连续调节。当转动周期为 8.5 s 时焦距为 9 m。望远镜的分辨本领约为 1 弧秒,对 0.3~1 μm 的波长灵敏,大部分为可见光的范围。LZT 须用 150 L 水银以形成厚 5 mm 的连续层。汞层愈薄成像质量愈好。现在汞层厚度已能做到

2 mm。由于水银蒸汽对大脑和神经系统有害，在望远镜开机的头十个小时左右得戴防毒面具，其后由于形成一层透明氧化层面封住了水银表面，水银蒸汽的浓度便下降到安全水平。

水银望远镜的另一好处是特别容易弄干净，因为诸如氧化物之类的垃圾均浮在表面，只要装水银的容器一停转，就不难将垃圾刮到边上清除。而且由于反射面的形成只取决于重力和惯性离心力之间的平衡，这样的反射镜可用来聚焦千焦耳级的激光脉冲而不必担心损坏反射面。

说来有趣，希克森本人在自家院子里也造了一架 2.7 m 的水银望远镜，而 LZT 正是在此基础上发展起来的。

建造 LZT 的一个目的是希望其成果能说服有关方面提供资助以建造大得多的“大孔径镜阵(LAMA)”。LAMA 仍处筹建的初期阶段，预期有效孔径为 50 m。研究人员估计其造价在 5 千万～1 亿美元之间，需 10 年时间。估计如应用修正光学系统，LAMA 能调节 4°范围从而可跟踪目标 30 min 之久。这样就能与适应光学系统配套以校正大气湍流的影响。目前，液镜望远镜最吸引人的特点还是其成本。例如，筹划中的 30 m 多镜望远镜的成本估计为 7 亿美元，而有效孔镜约为其 3 倍的 LAMA 成本还不到它的七分之一。随着液镜取得进展，甚至有人建议在月球南极上装置液镜望远镜来做专门的研究项目。这一装置可由太阳能供电，不过水银会在月球上凝固，得改用其他附加高反射率涂层的有机液体。

阅读材料　　18.8　前途无限的 3D 打印

一、3D 打印简介

3D(三维)打印是将粉末状的金属、陶瓷或塑料等可黏合的材料，通过逐层添加制造出三维物体的数字化增材制造技术。3D 打印是以数字化模型为基础，通过数字技术的 3D 打印机来实现。3D 打印技术已被广泛应用于各个领域，包括工业设计、航空航天、汽车、医疗、教育、建筑、珠宝、服装等。3D 打印材料有塑料类、橡胶类、金属类、陶瓷类等。对于不同的应用领域和不同的材料，3D 打印有不同的实现技术，却都遵循相同的实现过程。

3D 打印的设计过程是先通过计算机软件建模，再将建成的三维模型“分区”成逐层的截面(即切片)，从而指导打印机逐层打印。如图 RM18-12 所示，3D 打印的计算机模型可以是通过三维扫描仪直接对物体扫描得到的物体三维数字模型，更多的是通过各种专门的行业软件设计的创造性数字模型，形成相应的设计软件文件格式，再转换成 3D 打印机可识别的标准文件格式，如目前广泛使用的 STL 文件格式。STL 文件类似于二维打印机(激光、喷墨打印机等)的 PostScrip 格式文件，其作用是作为待打印的各种计算机文档格式与打印机之间的桥梁，是可被各式打印机所识别的通用格式文件。STL 文件一般是由多个三角形面的网格定义组成，每个三角形面的定义包括三角形各个顶点的三维坐标及三角形面片的法矢量。物体的表面就由许许多多的三角形面来近似模拟，三角面越小，其生成的表面分辨率越高。一旦 STL 文件准备完毕，就进入 3D 打印准备的最后阶段：3D 打印机读取 STL 文件，将数字网格“切”成虚拟的薄片，这些虚拟薄片对应最终 3D 打印机的物理薄层。这就像一个苹果被切成薄片，这些苹果薄片按次序对准黏合到一起就可以复原成一个完整的苹果。凡是任意形状的三维数字模型都可以“切”成一定厚度的虚拟薄片。3D 打印机就是将所“切”出的虚拟薄片分层制造出来，并黏合到一起，即 3D 打印机先制造出一个完整的薄片，然后在此薄片基础上制造临近的下一薄片，薄片之间黏合则利用材料本身的可黏性。依此类推，直到制造完所有薄片，从而将三维计算机数字模型转变为物理实体，完成3D打印过程。当然，3D打印机的这种薄片分层处理，不能得到理想完美的物理实体，原因就在于模型薄片化的离散处理。这样会使光滑连续的曲面明显变得粗糙，就像台阶一样；但随着薄片厚度的降低，所生成的物理实体会趋于完美。对于有严格表面光滑度要求的物品，还需要后期打磨抛光。

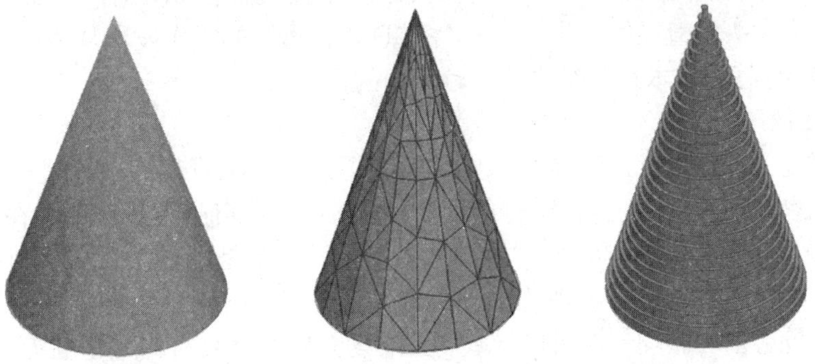

(a)　(b)　(c)

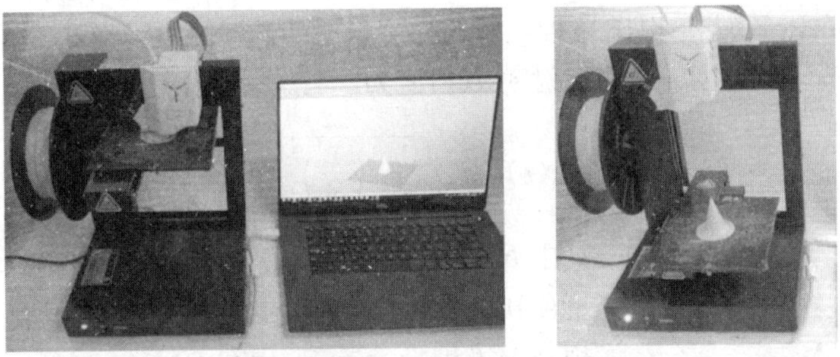

(d)　(e)

图 RM18-12　3D 打印流程：(a)计算机建模；(b)转换成 3D 通用格式 STL 文件存储，实体模型被划分成多个四面体近似描述；(c)STL 文件传输给 3D 打印机，3D 打印机驱动程序对模型分层处理；(d)3D 打印机逐层打印；(e)打印完毕

3D打印涵盖众多应用领域和极大的尺度范围，从宏观的建筑物、航空航天产品的工业金属部件，到人体血管、牙齿等器官和首饰艺术品，再到微纳尺度的机电、光学部件，直至小到分子级的化学合成等，都可以通过3D打印方式实现。对于每个领域的3D打印，都有众多的实现技术。传统制造技术通过量产来分摊个体产品的制造成本，而3D打印技术可以用低得多的成本、更快、更灵活地生产小批量产品。更重要的是，3D打印方法可以制造出传统制造技术难以实现的极度复杂的空间结构。

二、微纳领域 3D 打印

就微纳($10^{-6}\sim10^{-9}$ m 量级)尺度而言，在机电器件、光学器件、传感器、新材料、生物组织器官等诸多领域都有着对复杂三维微纳结构的需求。然而现有的微纳加工技术，如光刻技术、电子束刻蚀技术、纳米压印技术、激光直写光刻技术等，都是针对二维结构或者2.5维结构，难以满足复杂三维结构的制作需求。对于微纳尺度的复杂三维结构、大深宽比结构等微纳尺度3D打印技术已展现出巨大潜力和突出优势。近年来，众多科学家、工程技术人员开发出多种用于微纳尺度3D打印的工艺基础，包括微立体光刻、双光子聚合激光直写、电喷印、微激光烧结和电化学沉积等。虽然微纳尺度3D打印还处于发展初期,面临诸多挑战性难题,其巨大的发展潜力还远未挖掘释放出来,但目前展示出的威力已充分预示未来3D打印技术必将是这一领域强有力的加工制造手段。

三、光波段龙伯透镜

我国科学工作者利用飞秒激光3D直写技术制备的聚合物3D龙伯(Luneburg)透镜,其尺寸仅相当于人类头发直径的一半,第一次将3D龙伯透镜的工作波段从微波扩展至光波段,展现出纳米级3D打印技术在微纳米器件领域中的全新应用。

1. 龙伯透镜

龙伯透镜是一种梯度折射率光学器件。梯度折射率光学研究的对象是非均匀折射率介质中的光学现象。其实,发生于非均匀介质中的光学现象在自然界是广泛存在的。早在公元100年,人们就已观察到"海市蜃楼"、"沙漠神泉"等奇景,都是由于大气层折射率的局部不均匀变化对地面景色产生折射而出现的物理现象。通过对这些自然现象的观察、研究,人们逐渐领悟到材料折射率的非均匀性可以导致一些均匀介质所不具有的光学性能,从而可以设计制作特殊的光学器件。例如,可以设计介质材料合适的折射率梯度分布来制作平面汇聚透镜。最早的梯度折射率光学器件可以追溯到1854年由J. C. 麦克斯韦提出的麦克斯韦鱼眼微球透镜。1944年,R. K. 龙伯提出一种实用的梯度折射率透镜模型。这种透镜为球形,其折射率呈球对称分布,位于半径r处的折射率$n(r)$值为

$$n(r)=\sqrt{2-\left(\frac{r}{R}\right)^2}$$

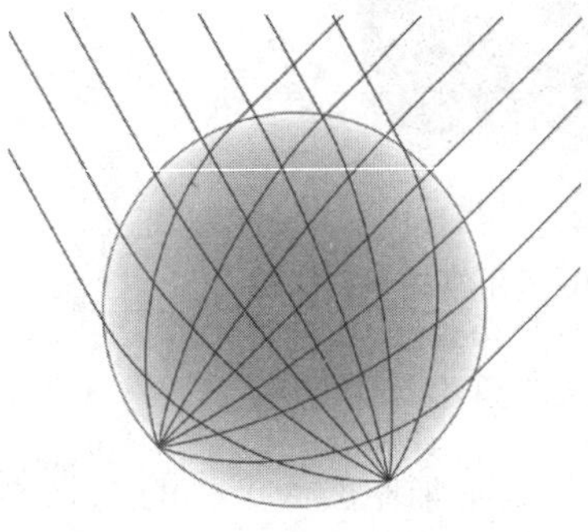

图 RM18-13 龙伯透镜中入射平行光聚焦于球表面

其中R为龙伯透镜半径,即从介质球中心到外表面折射率呈现从$\sqrt{2}$至1的递减分布。平行光入射龙伯透镜将无像差地会聚于相对的表面,如图RM18-13所示。传统技术(如离子交换技术等)由于难以实现大差异折射率分布及准确的折射率空间分布等,在龙伯透镜被提出的70多年中,人们从未实现光波段的龙伯透镜。但在微波波段,龙伯透镜早已有了广泛的应用,常用来制作微波波段的雷达波反射器和全向高增益天线。例如,我国的J20飞机机腹下就悬挂一枚微波龙伯透镜,作为全向反射体以增强其雷达反射截面用于飞行测试。即使在微波波段,也难以制作出折射率严格按照上述$n(r)$分布的材料,更多的是利用被称为超材料的技术制作龙伯透镜。

2. 超材料

描述材料电磁性质的介电常数与磁导率,不单由材料本身的本构参数决定,还可以通过精细结构来"改造"。将一种或多种材料制成远小于其工作波长的结构,这些结构类似于原子或分子,再将这些结构周期性地排列起来,以构成具有我们所期望的光学性质的一维线材料、二维面材料或三维体材料,这就是超材料(meta-material)。这些人工制造的原子或分子的尺度之所以要远小于工作波长,是为了使电磁波"感觉"不到这些结构,也就是说,这种周期性排列的超材料对于工作波段的电磁波来说是均匀的,如同用手触碰细沙,却无法感知细小沙粒的具体形状,而是整体均匀的粉末感觉。一种简单的超材料是把一块体材料镂空,形成一定占空比,镂空结构远小于工作波长,随着占空比从0至1的改变,可以得到等效折射率从1到

n(n 为原始体材料的折射率)连续变化的超材料。所谓等效折射率,是指通过人工结构方法制作出的超材料的电磁特性,与具有这一数值折射率的均匀材料相同。对于微波波段的龙伯透镜,这种镂空结构是不难实现的,对于光波段采用之前的技术则无法实现。龙伯透镜的折射率梯度分布要求不同半径处的镂空占空比不同,以满足不同半径、不同等效折射率的要求,折射率的非均匀分布决定镂空占空比的非均匀性,这给实际制作带来相当大的困难。

3. 微纳 3D 打印龙伯透镜

中科院理化所仿生智能界面科学中心——有机纳米光子学实验室的科研团队利用超衍射多光子激光直写技术第一次将 3D 龙伯透镜的工作波段从微波推广至光波段。超衍射多光子激光直写加工是一种低成本、快速、高精度的微纳尺度 3D 打印技术,可以突破光学衍射极限的限制,将光的反应区域局限于光斑焦点中心极小的三维空间内,实现任意复杂三维微纳结构的加工。

研究团队利用周期性的聚合物微纳超材料结构,实现等效折射率调控的精确物理模型,每个周期性结构单元为边长为 a 的立方体,每个立方体的棱边由线宽 W 的聚合物纳米线构成,聚合物纳米线的线宽决定了结构单元的占空比;通过改变占空比 f 来实现龙伯透镜所需要的等效折射率分布。利用离散的 10 层阶梯状折射率分布来近似模拟连续渐变的折射率分布,如图 RM18-14 所示。不同的等效折射率值 n_{eff} 和微结构的占空比 f 是一一对应的。设计的 3D 龙伯透镜最外层结构线宽 $W = 0.18a$,占空比 $f = 10\%$,等效折射率 $n_{\mathrm{eff}} = 1.05$;最内层结构线宽 $W = 0.52a$,占空比 $f = 82\%$,等效折射率 $n_{\mathrm{eff}} = 1.41$。仿真模拟结果表明,对于简立方超材料结构,当光波长大于 3 倍的结构尺度($\lambda \geqslant 3a$)时,每一层周期微结构均可被看作折射

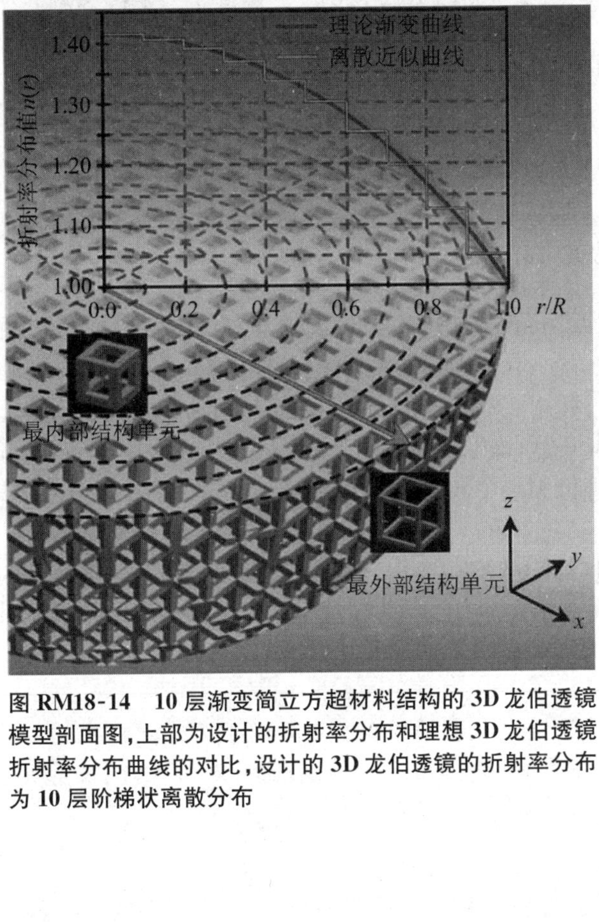

图 RM18-14 10 层渐变简立方超材料结构的 3D 龙伯透镜模型剖面图,上部为设计的折射率分布和理想 3D 龙伯透镜折射率分布曲线的对比,设计的 3D 龙伯透镜的折射率分布为 10 层阶梯状离散分布

率均匀的等效介质,设计的龙伯透镜能够展示出全方向的理想聚焦性能。

实验使用波长 6 μm 的红外波段,因此每个结构单元边长 a 取为 2 μm,外表面处最细的聚合物纳米线线宽仅 360 nm,而中心处的线宽为 1 040 nm。图 RM18-15 为通过超衍射多光子激光直写加工技术制作的测试样品。可以看到,从龙伯透镜中心到最外表面聚合物纳米线是非均匀的。用传统技术很难制造出如此复杂的结构,而对于 3D 打印技术,结构复杂度根本不在话下。

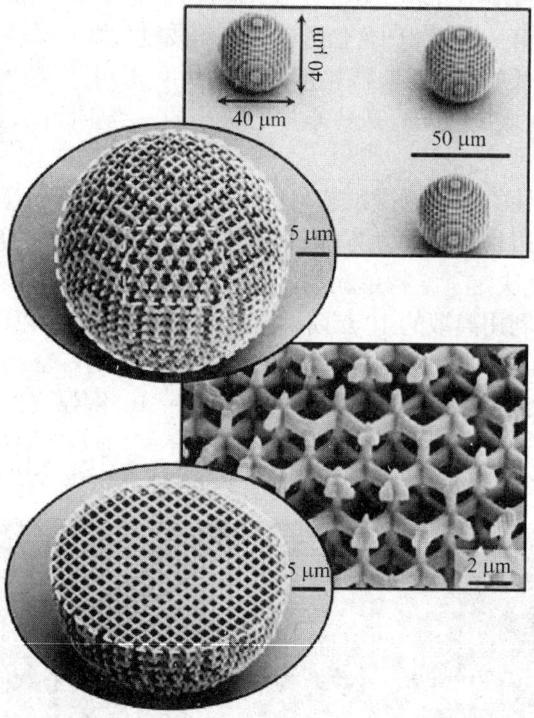

图 RM18-15 (a)3D 龙伯透镜阵列;(b)俯视全貌;(c)局部放大图;(d)横截面图

研究团队还利用近场光学显微镜(SNOM)表征了 3D 龙伯透镜在平面波入射下的聚焦性质。通过 SNOM 所配置的原子力显微镜(AFM)探针扫描球顶端的光场,会聚光场受到探针的散射被探测器收集;利用层层扫描的方法来还原球透镜顶端的三维光场分布,其分布特性与仿真模拟结果基本一致,如图 RM18-16 所示。测量的聚焦光斑的光场强度的半高宽(FWHM)为 0.52λ,等价于半个波长(阿贝衍射极限),验证了龙伯透镜具有理想的三维聚焦性能。

以上只是众多 3D 打印技术在实现微纳结构方面的应用示例。3D 打印已经在科学、技术、工程等诸多领域得到推广应用,而且在每个领域 3D 打印的实现技术也都取得了极大进步。可以预期,3D 打印展示的非凡技术能力,必将在各领域带来翻天覆地的变革。

参考资料

[1] 兰红波,李涤尘,卢秉恒,"微纳尺度 3D 打印",中国科学:技术科学,45 卷 9 期。
[2] 赵圆圆,郑美玲,段宣明,"飞秒激光微纳 3D 打印新进展——3D 龙伯透镜",物理,45 卷 11 期。

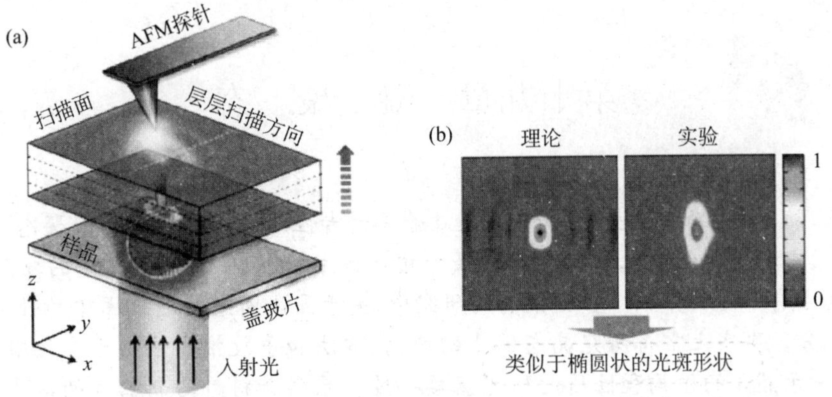

图 RM18-16　(a)利用近场光学显微镜探测 3D 龙伯透镜表面的光场信息示意图；(b)理论仿真与实验测得的聚焦光斑横截面内光强分布对比。

第十九章　凝　聚　态

近年来，随着科学的发展，将液态、固态及兼具两者性质的物态统称为凝聚态。相对于气态而言，凝聚态物质的组成粒子间具有较强的相互作用，从而使有一定质量的物质聚集在一起而在空间占有一定的体积。在凝聚态的研究中，关于晶体固态物质或固体的性质的研究发展得最为充分。事实上常将研究晶态固体的理论、方法和手段推广应用于其他凝聚态物质。另一方面，关于晶体的结构和性质的研究直接导致一系列新材料与新器件的诞生，对于人类物质文明与精神文明的发展发挥了积极的作用。典型的莫如半导体晶体管的发明。晶体管是一切电子器件的基础。众所周知，当今的信息社会，离开以晶体管为基础的大规模集成电路是无法想象的。本章主要介绍固体结构与电子性质的基本概念，并在此基础上作为近年来凝聚态物理发展的两个例子，简略介绍准晶体与介观体系的基本物理性质。为明确起见本章中如非特殊注明，所谓固体均指晶态固体，即晶体。

§19.1　晶体的结构与能带

提起晶体，我们都会自然地联想起美丽的雪花以及绚丽灿烂的各种宝石，包括晶莹剔透的钻石。这些都是天然的晶体，还有一类人造的晶体也与我们的日常生活息息相关，例如家用电器等设备中都少不了电子器件，电子器件少不了作为元件的晶体管或集成电路，而后者大多数都是以硅晶体作为材料生产制造出来的。硅晶体是用砂子(二氧化硅)为原料，经一系列加工手续制备而得，并非是天然形成的。但无论是天然的晶体还是人工晶体，在结构上都有共同的特点，即其组成粒子——或为分子，或为原子，或为离子，或为它们的集团在空间的排列位置都遵循严格的规则，即周期性与对称性。正是这种内部结构的周期性与对称性才使晶体外观往往表现出一定的对称性。这样的外形对称的晶体称为单晶体。通常我们使用的金属材料，诸如铝、铜、铁等就内部结构而言仍为晶体，只是这种周期性往往只存在于一定的小范围内，不同的小范围之间组成粒子排列的方位却是随机的，因而外观或整体性质上表现出各向同性，犹如将许多装满火柴的火柴盒杂乱的堆放在一大箱子中，每盒火柴内部整齐排列，不同的火柴盒内火柴排列方向并不一致。我们称这类材料为多晶体。

晶体结构的周期性常用空间点阵来表达。顾名思义，点阵即点的阵列。空间点阵即指完全相同的点在空间作严格的三维周期性排列。这样的阵列亦称格子，点亦称格点。图 19.1-1(a)示意地画出一矩形格子作为例子表示一二维点阵。全部点阵既可看成格点的周期性排列，亦可看成一矩形单元 $ABCD$ 沿互相垂直的方向重复作长为 AB 与 AD 的平移铺排而成。格点为一抽象概念，对于具体的晶体而言，则代表一结构单元，称作基元。基元在最简单的情形就是一个原子或一个离子，在比较复杂的情形，可以是原子或离子的集团。基元在空间点阵上的重复排列就构成实际的晶体。在图 19.1-1(a)中矩形 $ABCD$ 也可看作结构单元，这一单元既能以边长 AB 与 AD 表示空间的周期性又能以其形状代表整个格子的对称性，这样的单元称为晶胞。应当指出作为结构单元，在图 19.1-1(a)的情形，格点与晶胞是等价的，因为实际上一个晶胞只包含一个格点。只要将晶胞稍作平移，使每个格点均不位于晶胞的顶角,即可看出每个晶胞其实包含一个格点。图中看起来似乎晶胞 $ABCD$ 包含 4 个格点,实际上每个格点均为 4 个相邻的晶胞所共有。在稍微复杂一些的情形一个晶胞可以包括不止一个格点,如图19.1-1(b)的所谓中心矩形格子除去顶角上均有一格点占据而外,其中心也有一格点。这样的晶胞并非是最小的结构单元。图中平行四边形 $EFGH$ 可作为最小的结构单元,其中只包含一个格点。由此可见,格点可作为最小的重复单元,因为只须表达结构的周期性,而晶胞则是兼顾周期性与对称性的尽可能小的结构单元。

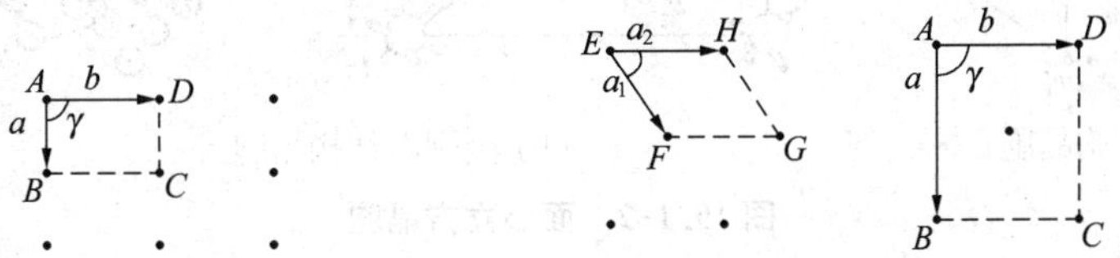

(a) 简单矩形 (b) 中心矩形

图 19.1-1 二维矩形格子

详细讨论晶体结构的周期性与对称性并非本书的目的,现在我们举一典型的三维结构——面心立方为例,以期读者对晶体结构有一感性印象。图 19.1-2(a)所示为一面心立方晶胞,系一立方体,边长均为 a,称为晶格常数。除去立方体的顶角都有一格点而外,6 个立方面的中心还都有一格点。不难看出,每个晶胞包含 4 个格点,因为顶角上的格点应为 8 个相邻晶胞所共有,而面心上的格点则为相邻的两个晶胞共有:$8\times\frac{1}{8}+6\times\frac{1}{2}=4$。图中由立方体对角线的两个端点与 6 个面心作顶点的平行六面体也可作为结构单元;可以证明其中只包括一个格点。这样的结构单元称作原胞。在任何情形,原胞均与格点等价,可充分表达结构的周期性;但由图可见,原胞并不能很好表达这一结构所具有的立方对称性。许多重要的金属,如铝、镍及贵金属金、银、铜等都具有这种结构,每个格点上都只有一个金属离子。也就是说这类金属材料的结构中,基元只包括一个离子。金刚石结构的晶胞也是面心立方,只是每个格点代表两个碳原子,如图 19.1-2(b)所示。换言之,金刚石结构的基元为两个相同的原子所组成。每个基元中这两个原子的连线在空间的方位都相同,即平行于立方的体对角线,并且它们之间的距离恰为体对角线长度的四分之一。不难看出,就基元中的每个原子而言也都相应地形成一边长相同的面心立方格子,称为子晶格。整个金刚石型结构即可看作这两个子晶格沿立方体对角线方向平移四分之一对角线长度穿套而成。在这样的结构里,每个原子有 4 个等距的最近邻,构成一正四面体。图中,一原子 A' 位于正四面体中心,其顶角各为一最近邻原子占据,图中分别以 A, B, C, D 表示。显然,最近邻原子间的距离即为基元中二原子之间的距离,即四分之一体对角线。图 19.1-2(b)的右方也画出许多初级读物上刊登的金刚石结构模型,以资比较。重要的半导体材料硅与锗都具有这一类型的结构,这也正是我们对这种结构极有兴趣的重要原因。近年来发现碳有一种新型的结构形态,即 C_{60} 分子,60 个碳原子构成一足球形状的笼形分子。C_{60} 的晶体也具有面心立方结构,每个格点上均为一 C_{60} 分子。

固体的周期性结构直接影响到其中电子的性质。由上一章关于分子中电子状态的介绍我们已看到,由于组成分子的原子间的相互作用,原来不同原子能量相同的(简并)能级要分裂成能量不同的分子态。但是这一相互作用导致简并能级分裂的过程遵循一条规则,即分裂前后量子态的总数保持不变。例如,每个氢原子都有一 1 s 状态,两个氢原子就有两个 1 s 状

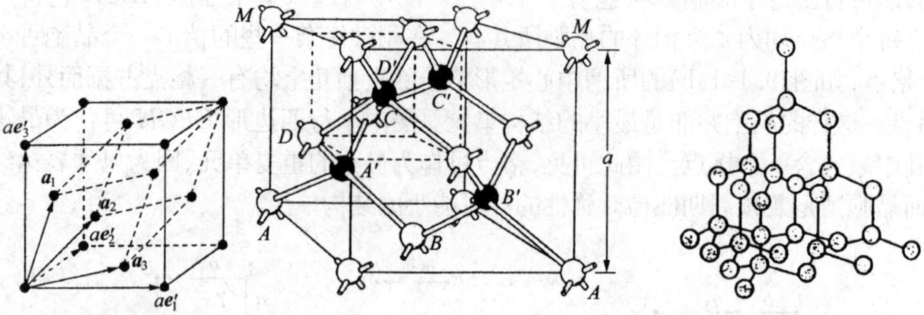

(a) 铜的结构晶胞 (b) 金刚石结构晶胞

图 19.1-2 面心立方晶胞

态,而当组成分子后这两个简并在一起的 1 s 态分裂成能量一高一低的两个分子状态(成键态与反键态),体系量子化轨道状态的总数仍为 2 不变。固体中包含数量极大的原子,从这个意义上来说,也可以将固体看作一大分子,因此孤立原子的能级在形成晶体时也要分裂。如原子总数为 N,原则上单一的原子能级在固体中就将分裂成 N 个能级。不过这 N 个能级彼此间距离极近,大约在 $10^{-21}\sim10^{-23}$ eV 数量级,实际上形成连续一片,故称为能带。可见在最简单的情形,一个原子能级与固体的一个能带相对应。原子能级间能量上的差距为电子伏数量级。能级分裂展宽成能带的宽度也在电子伏数量级。因此不同的能带之间在能量上可能彼此分开而无彼此交叠的部分,如图 19.1-3 下部所示。一般而言,能带的宽度与相邻原子波函数的交叠有关,交叠越甚则展开越宽。因此内层原子能级展宽成的能带较窄,而外层原子能级展成的能带较宽,价电子的能带最宽。以至由不同外层电子的原子能级展宽成的能带可能在能量上重叠在一起而成一更宽的能带,如图 19.1-3的上部所示。注意能带是由许多固体能级组成的,像原子中的电子只能处于能级上一样,固体中的电子也只能处于能带内。换言之固体电子只能具有能带中的能量,而不能有能带之间的能量。因此,能带又称为许可带,即图中的阴影区所在。能带之间的能量范围称为禁带,理想固体中任何电子的能量均不能处于禁带之中。由此可将固体中的电子能量归结为一幅能带图,能带图由一系列许可带组成,相邻许可带之间为禁带所隔开,如图19.1-3所示。晶体中的所有电子便根据能量的高低由下向上逐一填充许可带。许可带中的每一能级都代表一电子的轨道运动,可为自旋向上向下的两个电子所占据。于是在一般情形,内层电子所处的能带中的能级均为电子所占据。即较低的能带往往是满带。价电子的能带称为价带。视具体情况不同,价带可以是满带,也可能是部分为电子占据的半满带。

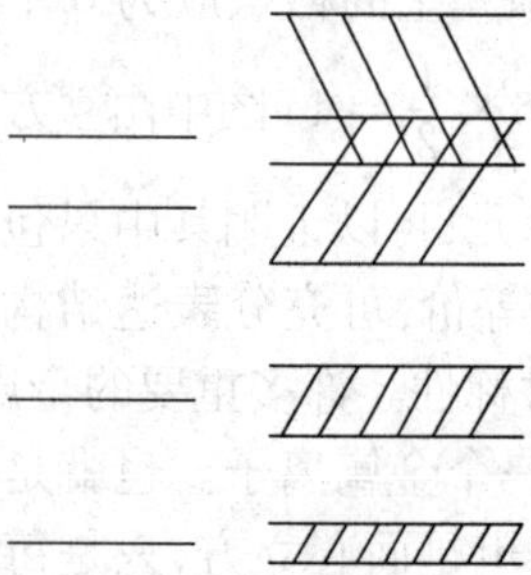

图 19.1-3 原子能级展宽成固体能带示意

以上的分析只是根据晶体中由于存在原子间的相互作用而得出原子能级按量子态守恒的原则展宽成固体能带,完全没有考虑晶体的周期性结构。晶体的周期性结构使固体能带具有特殊的规律,以下我们将就一维的简单情形予以简要介绍。

设有一一维晶体,由相同的原子沿 x 方向周期性排列而成,原子间距即周期为 a,如图 19.1-4所示。在此一维晶体中,电子所经受的势场 $V(x)$ 也具有与晶格相同的周期性,即

$$V(x+a)=V(x) \tag{19.1-1}$$

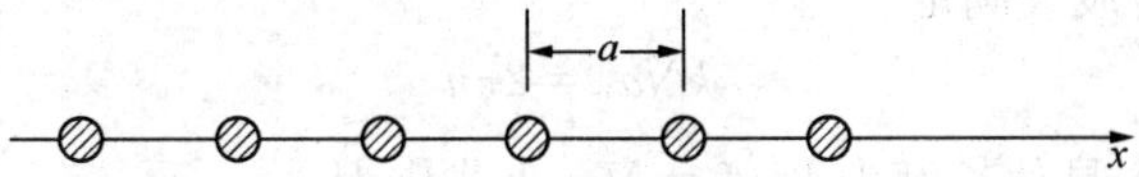

图 19.1-4 一维晶体

而一维晶体中电子的薛定谔方程为

$$\left[\frac{-\hbar^2}{2m}\frac{\mathrm{d}^2}{\mathrm{d}x^2}+V(x)\right]\psi=E\psi \tag{19.1-2}$$

犹如分子中的电子可在整个分子范围内运动一样,晶体中的电子也可在整个晶体中运动而不再属于某个原子。不难设想,如果原子间距 a 较大,当电子运动到原子之间的区域时受原子势的影响较小,与自由电子相似,其波函数当与自由电子的波函数——平面波 $A\mathrm{e}^{ikx}$ 相近。对自由电子,势场为零,一维薛定谔方程为

$$-\frac{\hbar^2}{2m}\frac{\mathrm{d}^2}{\mathrm{d}x^2}\psi=E\psi \tag{19.1-3}$$

上式的解为

$$\psi=A\mathrm{e}^{ikx} \tag{19.1-4}$$

电子能量

$$E=\frac{\hbar^2k^2}{2m} \tag{19.1-5}$$

只要将(19.1-4)式代入(19.1-3)式即可验证解的正确性。因此自由电子波函数为(19.1-4)式所示的平面波。

另一方面,当电子运动到某一原子附近时受该原子影响较大,波函数当与原子波函数相近。计及这两个因素,并考虑到原子的周期性排列,可将一维晶体中的波函数写成平面波与一周期函数 $u(x)$的乘积:

$$\psi_k(x)=\mathrm{e}^{ikx}u_k(x) \tag{19.1-6}$$

$$u_k(x+a)=u_k(x) \tag{19.1-7}$$

这里,我们将平面波的振幅 A 归入周期函数 $u_k(x)$内。$u_k(x)$在相当的程度上应类似于原子波函数。(19.1-6)式可从理论上严格导出。像平面波一样其中的 k 也称为电子波的波矢,波矢 k 不同波函数不同。(19.1-6)式的波函数常称为布洛赫函数或布洛赫波,因此晶体中的电子的状态用布洛赫函数描写。每一个布洛赫函数代表晶体电子的一个轨道运动状态,波矢不同电子状态不同。犹如原子中用量子数(n, l, m_l)表征电子的轨道运动状态,在晶体中电子波矢 k 也相当于轨道量子数。k 的数值可借助于所谓周期性边界条件确定。将一维有限长度的晶体在空间重复排列成无限延伸,同时认为每一晶体两端的电子波函数相同。如晶体中包括 N 个原子,周期性边界条件即可表示为

$$\psi(x)=\psi(x+Na) \tag{19.1-8}$$

实际上由于 N 很大,晶体边界——两端的情形对晶体内部性质的影响不大,故可以相当的任意性设定边界条件而不致影响对晶体中电子状态的描述。将布洛赫函数代入上式得

$$\mathrm{e}^{ikx}u_k(x)=\mathrm{e}^{ik(x+Na)}u_k(x+Na) \tag{19.1-9}$$

计入 $u_k(x)$的周期性得波矢满足

$$kNa = 2\pi n \tag{19.1-10}$$

式中 n 为任意整数。令晶体长度为 L, $L=Na$,上式化为

$$k = \frac{2\pi}{L}n \tag{19.1-11}$$

现在引进一平移算符$\hat{T}$,其定义为作用于任意函数 $f(x)$上将使 x 变为 $x+a$:

$$\hat{T}f(x) = f(x+a) \tag{19.1-12}$$

将$\hat{T}$作用于布洛赫函数得

$$\begin{aligned}\hat{T}\psi_k(x) &= \hat{T}\mathrm{e}^{\mathrm{i}kx}u_k(x) = \mathrm{e}^{\mathrm{i}k(x+a)}u_k(x+a) \\ &= \mathrm{e}^{\mathrm{i}ka}\mathrm{e}^{\mathrm{i}kx}u_k(x) = \mathrm{e}^{\mathrm{i}ka}\psi_k(x)\end{aligned} \tag{19.1-13}$$

其中应用了 $u_k(x)$的周期性。可见布洛赫函数也是平移算符的本征函数,本征值即为 $\mathrm{e}^{\mathrm{i}ka}$ 。其实这是由于$\hat{T}$与晶体中电子的哈密顿算符 $\left(-\frac{\hbar^2}{2m}\frac{\mathrm{d}^2}{\mathrm{d}x^2}+V(x)\right)$ 对易的结果。

注意:如

$$k' = k + \frac{2\pi}{a}n' \tag{19.1-14}$$

其中 n'为任何整数,则

$$\mathrm{e}^{\mathrm{i}k'a} = \mathrm{e}^{\mathrm{i}ka}$$

可见如 k 相差$\frac{2\pi}{a}$的整数倍,平移算符$\hat{T}$有相同的本征值,表明电子状态也相同,即电子波函数对波矢具有 $2\pi/a$ 的周期性。k 的量纲为长度量纲的倒数,因此常称晶体中电子波函数具有倒空间(或称 k 空间)的周期性,周期就是 $2\pi/a$;满足(19.1-14)式的波矢 k'与 k 代表相同的电子态。如此,对于(19.1-11)所示的描述电子状态的波矢,n 不必取$(-\infty, \infty)$之间的所有整数,只要将 k 局限在$\frac{2\pi}{a}$的范围内。通常 k 只取处于$\left(-\frac{\pi}{a}, \frac{\pi}{a}\right)$之内的数值,一维倒空间的这一范围称为第一布里渊区。而将处于$\left(-\frac{2\pi}{a}, -\frac{\pi}{a}\right)$与$\left(\frac{\pi}{a}, \frac{2\pi}{a}\right)$之间的倒空间称为第二布里渊区;$\left(-\frac{3\pi}{a}, -\frac{2\pi}{a}\right)$与$\left(\frac{2\pi}{a}, \frac{3\pi}{a}\right)$之间称为第三布里渊区;余类推。可见每一布里渊区都占据 $2\pi/a$ 的范围,而倒空间中的点$\frac{\pi}{a}n$ 正是相邻布里渊区的边界,n 为除零之外的任意整数。由晶体中电子的薛定谔方程可知,既然电子波函数用波矢标记,电子能量 E 也应与波矢有关,即 $E=E(k)$,E 与 k 的关系 $E(k)$称作色散关系,宛如光波的频率与波长有关一样。可以证明 $E(k)$也有倒空间的周期性,即

$$E\left(k+n\frac{2\pi}{a}\right) = E(k) \tag{19.1-15}$$

综上所述,我们均可将描述电子能量和波函数的波矢 k 局限于第一布里渊区内。

量子力学的近似计算表明,对一维晶体,$E(k)$如图 19.1-6 所示。由图可见,除去布里渊区边界附近而外,晶体中电子的能量与波矢之间的关系与自由电子的抛物线式的关系相差不

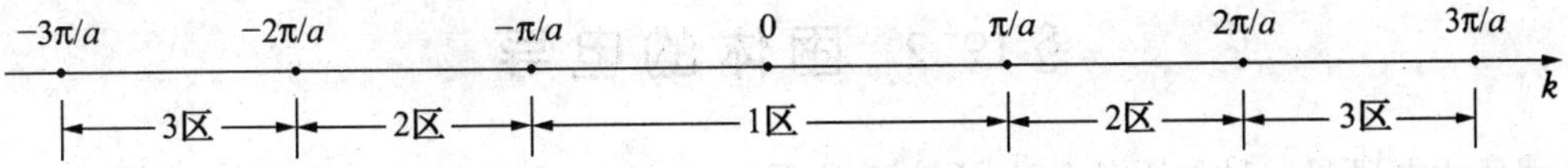

图 19.1-5 一维布里渊区

大。自由电子的色散关系在图中用虚线标出以资对照。因此我们称这种近似为近自由电子近似。特别值得注意的是计算结果明显表示禁带的存在,并且禁带即出现在布里渊区的边界。由图还可见能量由低到高许可带宽度逐渐增大的情形,与我们以前的分析一致。由(19.1-11)式可知相邻波矢间的距离,即每个波矢 k 在倒空间占据的范围为 $2\pi/L$。因此在第一布里渊区中共包括

$$\frac{2\pi}{a}\Big/\frac{2\pi}{L} = N$$

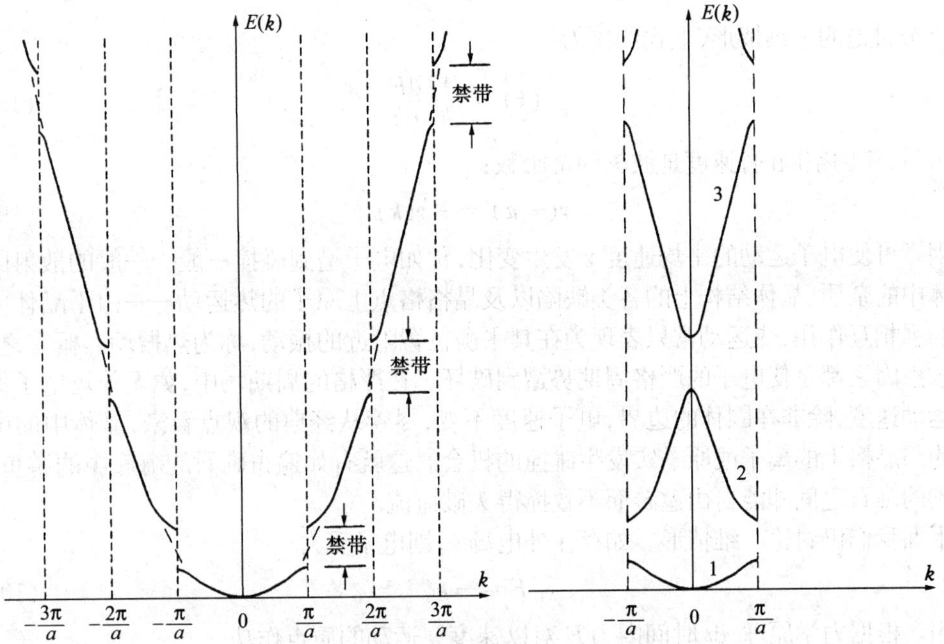

图 19.1-6 一维近自由电子近似能带

个 k 值。这表示每个能带中包含 N 个能级,N 为晶体包含的原子总数。这也与以前的讨论相符。不过由图还可见

$$E(k) = E(-k) \tag{19.1-16}$$

表示晶体中电子的色散关系为倒空间或 k 空间的偶函数。通常,当我们将波矢局限在第一布里渊区中时,常附加标记能带标号的整数 n 以资区别,而将波函数与能量记为 $\psi_{nk}(x)$ 与 $E_n(k)$。例如最低能带 $n=1$,依次递增。这也可与以前分析的来自不同原子能级的许可带相对应,较小的 n 与内层电子的能带相应。事实上在本节关于晶体电子的能带的介绍分别从两个不同的着眼点出发。前面着眼于原子间的相互作用;后面则在相互作用较弱的情形强调晶体结构周期性的影响。我们已经看到有许多相近的结论。事实上如能将这两种做法结合起来融会贯通,我们就能对晶体中的能带有比较正确而清晰的理解。

§19.2 固体的电导

固体的电导是一种与固体的电子性质关系最为密切、在实用上也是极有价值的输运现象。本节即讨论固体电子在能带中的分布与导电本领的关系。

电导本质上是材料对外加电场的响应。例如金属导体，在外电场作用下其中的电子作定向运动从而形成电流。由上节知固体中的电子分布于能带中，自然分析固体的电导离不开讨论外加电场对能带中的电子分布的影响。

上节已知某一能带中电子的能量与波矢有关，而且固体中的电子可在整个晶体中运动。量子力学的计算表明，当不存在外加电磁场时，除非遭遇散射，电子运动的平均速度保持不变。在三维空间这一速度 $\boldsymbol{v}$ 正比于色散关系 $E(\boldsymbol{k})$ 在三维 $\boldsymbol{k}$ 空间的梯度

$$\boldsymbol{v}(\boldsymbol{k}) = \frac{1}{\hbar}\nabla_{k}E(\boldsymbol{k}) \tag{19.2-1}$$

而在上节讨论的一维情形，上式约化为

$$v(k) = \frac{1}{\hbar}\frac{\mathrm{d}E}{\mathrm{d}k} \tag{19.2-2}$$

由此可见，在倒空间内，速度是波矢的奇函数：

$$\boldsymbol{v}(-\boldsymbol{k}) = -\boldsymbol{v}(\boldsymbol{k}) \tag{19.2-3}$$

散射因素可使电子运动的平均速度 $\boldsymbol{v}$ 发生变化，犹如电子遭到碰撞一般。一般的散射因素包括晶体中的杂质、晶体结构上的各类缺陷以及晶格格点上原子的热运动——由于晶体中原子之间的强相互作用，热运动常只表现为在其平衡位置附近的振动，称为热振动。概言之，任何一种散射因素都是使电子的严格周期势遭到破坏。在严格的周期场中，如无外场电子保持恒定的运动速度，除非在固体的边界，电子速度不变，尽管从经典的观点看来，晶体中的电子有太多的与晶格上的离子或原子实发生碰撞的机会。这就有如遍布礁石的海底中的游鱼，虽身处嶙峋的礁石之间却能自由遨游而不致撞得头破血流。

下面我们仍讨论一维情形。如存在外电场 $\mathscr{E}$，则电子受力

$$F = -e\mathscr{E} \tag{19.2-4}$$

的作用。根据力学原理，$\mathrm{d}t$ 时间内力 F 对以速度 v 运动的质点作功

$$\mathrm{d}E = Fv\mathrm{d}t \tag{19.2-5}$$

但由(19.2-2)式得

$$\mathrm{d}E = \frac{\mathrm{d}E}{\mathrm{d}k}\mathrm{d}k = \hbar v\mathrm{d}k \tag{19.2-6}$$

由以上两式得

$$F = \hbar\frac{\mathrm{d}k}{\mathrm{d}t} \tag{19.2-7}$$

上式表明，电场力使晶体中电子的波矢发生变化。由于电子的速度与波矢有关，从而即使电子的速度变化，产生加速。将(19.2-2)式对时间求导数，

$$\frac{\mathrm{d}v}{\mathrm{d}t} = \frac{1}{\hbar}\frac{\mathrm{d}}{\mathrm{d}t}\left(\frac{\mathrm{d}E}{\mathrm{d}k}\right) = \frac{1}{\hbar}\frac{\mathrm{d}}{\mathrm{d}k}\left(\frac{\mathrm{d}E}{\mathrm{d}k}\right)\frac{\mathrm{d}k}{\mathrm{d}t}$$

应用(19.2-7)式得

$$\frac{\mathrm{d}v}{\mathrm{d}t}=\frac{1}{\hbar^2}\frac{\mathrm{d}^2E}{\mathrm{d}k^2}F$$

或

$$F=\left(\frac{1}{\hbar^2}\frac{\mathrm{d}^2E}{\mathrm{d}k^2}\right)^{-1}\frac{\mathrm{d}v}{\mathrm{d}t} \tag{19.2-8}$$

上式表明:在外力的作用下,晶体中的电子宛如一质量为

$$m^*=\left(\frac{1}{\hbar^2}\frac{\mathrm{d}^2E}{\mathrm{d}k^2}\right)^{-1} \tag{19.2-9}$$

的质点。m^* 称为电子的有效质量。由上式可见,有效质量直接取决于晶体电子的能带结构 $E(k)$。(19.2-7)～(19.2-9)式均可推广至三维,(19.2-7)式在三维时化为

$$\boldsymbol{F}=\hbar\frac{\mathrm{d}\boldsymbol{k}}{\mathrm{d}t} \tag{19.2-10}$$

其他两式的三维推广具有张量形式,不再细述。由上式,回想牛顿第二定律用动量变化率表达外力的形式可知,就与外力的关系而言 $\hbar\boldsymbol{k}$ 犹如电子的动量一般,故称之为晶体动量或准动量。所以如此是因 $\hbar\boldsymbol{k}$ 并非是电子质量与速度的乘积,而且由于波矢在倒空间的周期性 $\hbar\boldsymbol{k}$ 在数值上也只能准确到一个布里渊区的范围。

对于自由电子,色散关系具有抛物线形式:

$$E=\frac{1}{2m}\hbar^2k^2$$

因而由(19.2-9)式得

$$m^*=m$$

即自由电子的有效质量即电子质量。值得一提的是在很多情形,金属中参与导电的价电子的能带与自由电子相近,因而金属中的导电电子亦可近似地看成其有效质量与电子的质量相等。

图 19.2-1 示意地画出能带中电子的有效质量及其在能带中的位置的关系。布里渊区中心 $k=0$ 处为能带底部,$E=E_b$,E_b 为能带底部能量,有效质量 m^* 为正值,到能带转折点 E_A

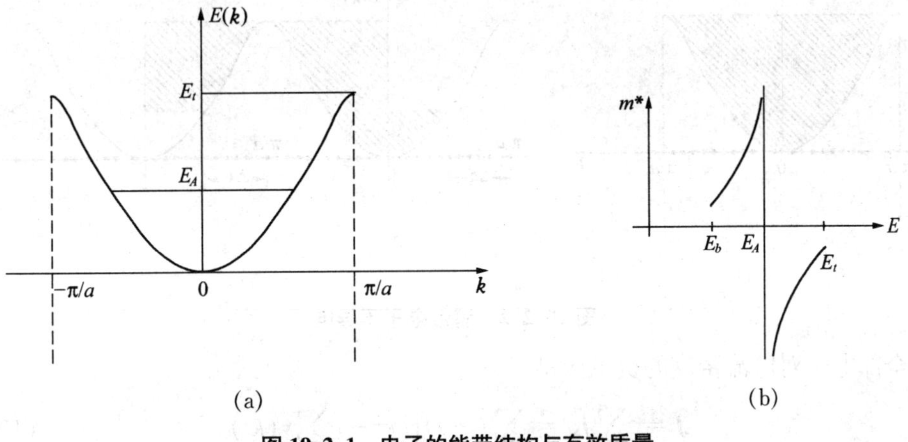

图 19.2-1 电子的能带结构与有效质量

处，色散关系 $E(k)$ 对 k 的二次导数 $\frac{\mathrm{d}^2E}{\mathrm{d}k^2}=0$，有效质量 $m^*=\infty$，而在布里渊区边界的能带顶部 E_t 附近，电子有效质量变为负的，如图所示。无疑，质点的质量不能小于零。这里的负有效质量只是表示晶体中其他电荷对所考虑的电子运动影响的综合效果。

根据以上的讨论知，在外电场 $\mathscr{E}$ 的作用下，固体中的每一个电子的波矢 $\boldsymbol{k}$ 均以等于 $\frac{1}{\hbar}(-e\mathscr{E})$ 的变化率随时间变化。在一维情形，如在 Δt 的时间内，施以外电场 $\mathscr{E}$，则每一电子的波矢均反电场方向移动：

$$\Delta k=\frac{-e\mathscr{E}}{\hbar}\Delta t \tag{19.2-11}$$

现在我们考虑一其中所有的能级或状态均为电子占满的情况。如图 19.2-2(a)所示即为一未加外场时为电子填满的能带，其中虚线表示电子填充的范围，在波矢由 $\left(-\frac{\pi}{a}\right)$ 至 $\left(\frac{\pi}{a}\right)$ 的全部倒空间的范围，与每一波矢 k 相应的能级都为电子所占满。现设在 $t=0$ 时刻施一向左的外电场 $\mathscr{E}<0$。由(19.2-11)式，至 Δt 时刻，所有电子的波矢均增加 $\Delta k=(-e\mathscr{E})\Delta t/\hbar$，如图 19.2-2(b)所示。这时在第一布里渊区内波矢在 $\left(-\frac{\pi}{a}\right)$ 至 $\left(-\frac{\pi}{a}+\Delta k\right)$ 范围内的状态出空，与其相应的能级不再为电子占据；而第二布里渊区波矢介于 $\left(\frac{\pi}{a}\right)$ 与 $\left(\frac{\pi}{a}+\Delta k\right)$ 范围的状态却为电子所占据。然而根据前面的讨论可知，波矢 k 与 $k'=k+n\frac{2\pi}{a}$ 的状态是相同的；也就是说现在时刻 $t=\Delta t$ 时为电子占据的波矢范围 $\left(\frac{\pi}{a}\sim\frac{\pi}{a}+\Delta k\right)$ 与 $t=0$ 时刻为电子占据的波矢范围 $\left(-\frac{\pi}{a}\sim-\frac{\pi}{a}+\Delta k\right)$ 是完全等价的。换言之，图 19.2-2(b)的电子分布与图 19.2-2(a)完全相同，即外场并未改变满带中的电子分布。容易证明，一个以速度 $\boldsymbol{v}$ 运动的电子对电流密度的贡献为

$$\boldsymbol{j}=-e\boldsymbol{v} \tag{19.2-12}$$

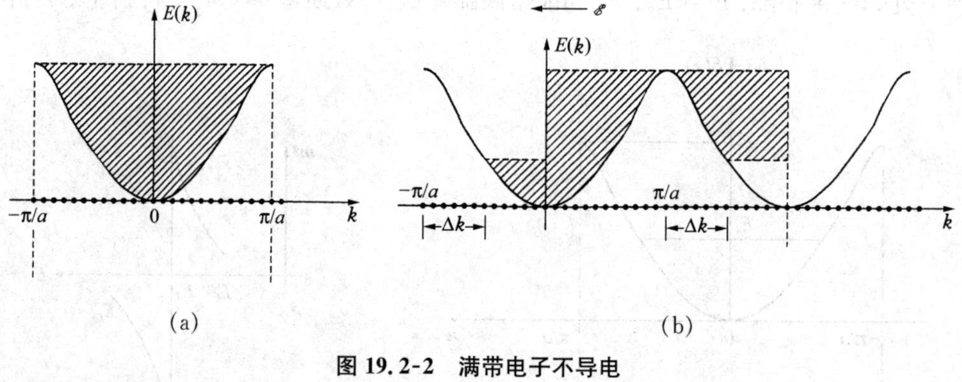

图 19.2-2　满带电子不导电

满带中全部电子对电流密度的贡献应是

$$\boldsymbol{J}=\sum_i\boldsymbol{j}_i=\sum_i(-e)\boldsymbol{v}_i=-e\sum_i\boldsymbol{v}(\boldsymbol{k}_i) \tag{19.2-13}$$

其中 $\boldsymbol{k}_i$ 为第 i 个电子的波矢，$\boldsymbol{v}_i$ 为该电子的平均速度，$\boldsymbol{j}_i$ 则为其对电流密度的贡献。式中求和遍及能带中全部状态，即第一布里渊区 $\left(-\dfrac{\pi}{a},\ \dfrac{\pi}{a}\right)$ 间的全部波矢。由(19.1-11)式可知波矢在布里渊区内是正负对称的，有一波矢 $\boldsymbol{k}$ 必相应有波矢$(-\boldsymbol{k})$。再由(19.2-3)与(19.2-12)式可知处于 $\boldsymbol{k}$ 状态的电子与处于$(-\boldsymbol{k})$状态的电子对电流的贡献恰好相互抵消。在满带之中，所有状态均为电子所占据，无论是否存在外电场必然是

$$\boldsymbol{J} = \boldsymbol{0} \tag{19.2-14}$$

也就是说，为电子全部填充的能带对电流毫无贡献，通常简述为满带不导电，尽管其中有无数的电子。相反，类似的分析表明不满的带中的电子能对电流作贡献，即成为导电电子。

在以上讨论的基础上，我们即能根据电子具体填充能带的情形来定性地判别固体的导电本领。如前所述，内层电子的能带都是填满的，它们对导电性没有贡献。因此我们只要分析价电子所处的能带——价带的填充情况。事实上不仅是导电性，许多固体的物理性质都取决于价带中的电子。

如果价带是满带，即价带也为电子填满，则这样的固体当为绝缘体。实际的绝缘体确实如此。而且价带与上面一个许可带之间的禁带宽度 E_g 常高达几个电子伏，以至常温下满带的电子无法因热激发而由满带进入其上的许可带成为能导电的电子。

半导体是一类极具实用价值的固体材料，晶体管及集成电路即以半导体为基材加工制作而成。原则上，低温下半导体中电子填充能带的情形与绝缘体相似，价带也被填满，也是满带，因而电导率很差。与绝缘体不同的是，价带上面的禁带宽度 E_g 较小，通常 $E_g < 3.5$ eV。例如，最重要的半导体材料硅的 E_g 为1.15 eV，而同为Ⅳ族元素半导体的 Ge 为 0.78 eV。作为绝缘体的金刚石，E_g 为 5.6 eV。由于半导体的禁带宽度较小，根据统计规律，室温下处于价带顶附近的电子有一定的概率获得足够的能量而跃迁入更高的许可带。置身于许可带中，大多数状态是空的，在外场作用下，电子分布不再保持波矢空间的对称性，从而能形成电流，即这里的电子是可导电的，故称此许可带为导带。值得注意的是，价带里一个波矢为 $\boldsymbol{k}$ 的电子受热激发跃迁入导带的同时价带中的这一状态就空缺了。有趣的是这一不为电子占据的空缺态也对导电有贡献。缺少状态 $\boldsymbol{k}_i$ 的能带对电流的贡献为

$$\boldsymbol{J}' = (-e)\sum_{j\neq i}\boldsymbol{v}(\boldsymbol{k}_j) = (-e)\sum_{j}\boldsymbol{v}(\boldsymbol{k}_j) - (-e)\boldsymbol{v}(\boldsymbol{k}_i)$$

考虑(19.2-13)与(19.2-14)式得

$$\boldsymbol{J}' = e\boldsymbol{v}(\boldsymbol{k}_i) \tag{19.2-15}$$

即除去一处于状态 $\boldsymbol{k}_i$ 的电子而外，所有满带中的电子对电流贡献的总和相当于一正电荷 e，该正电荷以 $\boldsymbol{v}(\boldsymbol{k}_i)$运动。由于这是因电子态的空缺引起的，故称之为空穴。可见满带中的一个电子激发入导带后同时产生了一对导电载流子——导带电子与满带中的空穴。不过由于大多数半导体的禁带宽度均大于 0.5 eV，室温下导带电子与价带空穴的数密度都很低，与导体相比导电率不高，故称半导体。然而半导体的电学性质的意义并不在其电导率的数值高低，而在于电导率对外加因素的敏感性。升温、光照、掺杂都能明显改变半导体的导电性。例如，只要掺入百万分之一或千万分之一的杂质就能使半导体的导电本领有数量级上的提高。而且，掺杂还能控制半导体中导电载流子的类型。例如硅中掺入Ⅴ族元素杂质，如磷、砷，结果形成大量的导带中的电子，使得常温下电子数密度远超过空穴，故称为电子型或 n 型半导体。如掺以Ⅲ族元素硼、镓等则形成大量价带中的空穴，使空穴数密度远超过电子，遂称之为

空穴型或 p 型半导体。

这里，我们还可以从原子间相互作用以及晶体结构的角度分析半导体导电机理的特征。以硅为例。硅为Ⅳ族元素，具有金刚石型结构。如前所述可知，每个硅原子有 4 个最近邻。相邻硅原子间以共用电子对的共价键结合。硅原子有 4 个价电子，与 4 个最近邻恰形成 4 根共价键，每个价键上均有一对共有电子，从而使每个硅原子的价电子看上去都有 8 个而成为稳定的满壳层。满壳层中的电子难以挣脱原子核的束缚，这就是半导体中导电电子甚少的原因。但如以一Ⅴ族元素，设为磷取代一个硅原子的位置，则由于磷有 5 个价电子，与 4 个最近邻硅原子形成共价键后尚多余一价电子。此价电子虽受 P^+ 的束缚，但这一库仑束缚力受硅晶体的介电屏蔽而大为减少，从而使其很容易受热激发而挣脱 P^+ 的束缚成为可在整个晶体中运动的电子，即导带电子。这就使掺Ⅴ族杂质的硅成为 n 型半导体。反之，如以硼原子取代硅原子，则由于硼只有 3 个价电子，与 4 个近邻硅原子形成稳定的满壳层共价键尚缺一个电子。在此情形，附近硅—硅共价键上的电子可以很容易因热激发而过来提供此一缺少的电子而使硅原子共价键上形成电子的缺失，这就相当于产生一价带中的空穴。因此，硅中掺硼等Ⅲ族杂质即成为 p 型半导体。

最后，我们将上述关于固体电子对外电场的响应应用于金属中的电子。

众所周知，金属中的价电子宛如自由电子，形成所谓自由电子气。我们在第五章中已知任何热力学系统都须遵循统计规律。因泡利不相容原理的限制，电子气体系须遵循量子力学的费米-狄喇克统计规律。即在一电子体系中，温度 T 时能量为 E 的状态为电子占据的概率为

$$f(E)=\frac{1}{\mathrm{e}^{\frac{E-E_{\mathrm{F}}}{k_B T}}+1} \tag{19.2-16}$$

上式称为费米分布函数。其中 k_B 为玻耳兹曼常量；而 E_{F} 为一参量，称为费米能级，其物理意义是占有概率为 1/2 的能级，因为 $E=E_{\mathrm{F}}$ 时 $f(E_{\mathrm{F}})=\frac{1}{2}$。由上式可见，如 $T=0$ 开，则

$$f(E)=\begin{cases}0 & (E>E_{\mathrm{F}})\\ 1 & (E<E_{\mathrm{F}})\end{cases} \tag{19.2-17}$$

即在绝对零度，电子将占满 E_{F} 以下的所有状态；而超过 E_{F} 的能级全是空的。现在我们利用上式及图 19.2-3 讨论低温下金属的电导。图 19.2-3(a)为一简化的金属价电子能带占有情形的示意图，表示外场为零时的平衡态分布。注意该图与图 19.2-2 的区别，现在能带并未被电子填满，即金属的价带是部分填充的能带，能量高或波矢接近布里渊区边界的状态是空的，这就为在施加外场时电子波矢的变化提供了充足的余地。施加外电场后，每一个电子的波矢都按(19.2-11)式的规律随时间变化使电子在倒空间分布不再对称，电场指向一边占有态减少，而逆电场方向一边的占有态增加。然而这一过程并不能无限期地持续进行下去，因为如前所述，晶体中不可避免地会存在各种各样的散射因素，散射的作用是当分布偏离平衡时促使体系回到平衡态。在外场与散射这两种作用相反的因素共同存在的情形电子的分布将会达到一偏离平衡的稳态，如图 19.2-3(b)所示。这一稳态分布与直流电流相对应，便可由此计算金属导体的直流电导率。图 19.2-3(b)与图 19.2-3(a)相比，整个占有态反电场方向移动 Δk，令

$$\tau=\hbar(\Delta k)/(-e\mathscr{E}) \tag{19.2-18}$$

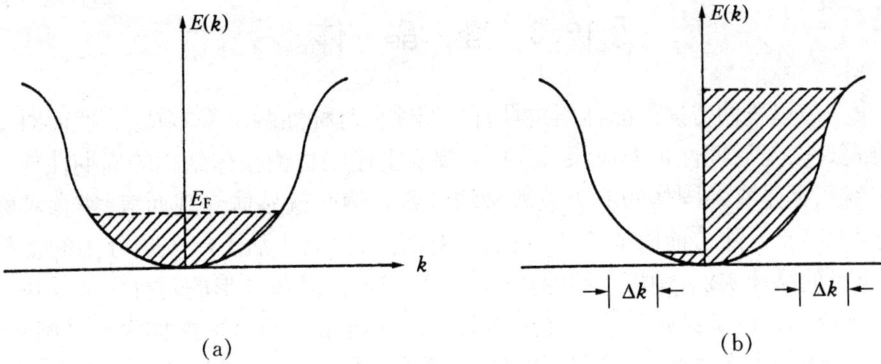

图 19.2-3 金属的导电性

称为电子散射的平均自由时间或弛豫时间，其物理意义是当外电场撤销后由非平衡态回复到平衡态的时间标度。

由于稳态时每个电子的波矢都变化 Δk，产生相同的速度增量

$$\Delta v = \frac{dv}{dk}\Delta k = \frac{\hbar\,\Delta k}{m} \tag{19.2-19}$$

上式中近似应用了金属中的自由电子的能量色散关系 $E(k) = \frac{\hbar^2 k^2}{2m}$。考虑到即使是部分占据的能带在平衡分布时的电流仍为零，如图 19.2-3(a)所示，得稳态电流密度为

$$J = \sum_i (-e)(\Delta v)_i$$

$(\Delta v)_i$ 为能带中第 i 个电子的速度增量。由于所有电子的 Δv 都相同，得 $J = n(-e)\Delta v$，这里 n 为能带中电子的数密度，于是将(19.2-19)及(19.2-18)两式代入上式得

$$J = \frac{ne^2\tau}{m}\mathscr{E} \tag{19.2-20}$$

对比欧姆定律的微分形式 $J = \sigma\mathscr{E}$，得金属电导率

$$\sigma = \frac{ne^2}{m}\tau \tag{19.2-21}$$

值得一提的是，一般而言，电子的散射弛豫时间与电子的能量有关，即 $\tau = \tau(E)$。不过由图 19.2-3可见相对于平衡态电子分布(图(a)所示)，稳态非平衡分布中只有能量在 E_F 附近的态的分布发生变化，例如波矢比 k_F 高 Δk 范围的态被电子占据，而比$(-k_F)$高 Δk 范围的态出空，其余部分的分布并未变化。这里 k_F 满足 $E_F = \frac{\hbar^2}{2m}k_F^2$，称为费米波矢。换言之，只有波矢长度接近费米波矢或能量接近费米能级的价电子才真正对金属导电性产生贡献，(19.2-21)式中的 τ 应取 E_F 附近的值 $\tau(E_F)$。对大多数金属而言，低温液氮温度下的平均自由时间在 $10^{-14} \sim 10^{-15}$数量级。随着温度上升，晶格热振动加剧，对电子的散射加强，导致 τ 的下降。这就是金属电阻随温度而上升的主要原因。相对于液氮温度，在 100 ℃时 τ 一般要下降一个数量级左右。相应地，从液氮到 100 ℃，一般金属的电阻率也有一个数量级左右的增加。可见，金属价带中电子的数密度并不随温度而有明显的变化。

§19.3 准晶体

在本章第一节里我们曾提到晶体结构具有周期性和对称性两个基本特点，然而对于对称性并未作详细叙述，对周期性也未作深入分析。事实上仔细讨论晶体结构的周期性与对称性并非本书的宗旨，而是有关固体的专著或教材的内容。然而就晶体外观而言，毕竟对称性是给人印象最深的特点。除去前面提到的雪花、宝石而外，每天生活不能须臾分离的食盐则是另一个最为常见的晶体实例；稍粗一些的盐粒都呈立方形。晶体外形的对称无疑反映内部组成粒子排列，即晶体的内部结构具有一定的对称性。一种常见的对称性称为 n 度旋转轴，即将晶体绕一固定的轴线旋转 $2\pi/n$ 后晶体与自身重合。例如，对过盐粒中心且垂直于立方面的轴线旋转 90°，盐粒与自身重合，说明食盐的结构具有 4 度旋转轴对称。同样盐粒具有 3 度转轴与 2 度转轴对称，3 度轴与体对角线重合；而 2 度轴则沿不相邻的平行立方边的中点的连线。事实上，2 度、3 度与 4 度转轴是立方体所具有的对称轴(见图 19.3-1)，氯化钠的晶体结构就具有立方的对称性。实际上氯离子 Cl^- 与钠离子 Na^+ 各自形成晶格常数相同的面心立方子晶格，彼此沿立方边错开半个晶格常数穿套而成 NaCl 晶体，如图 19.3-2 所示。

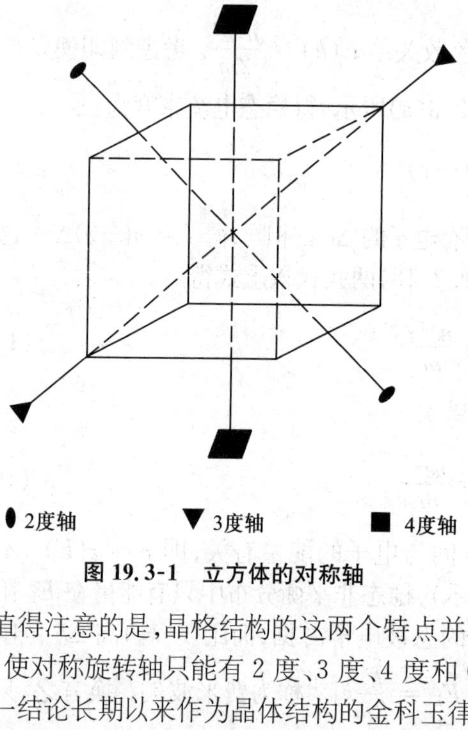

图 19.3-1 立方体的对称轴

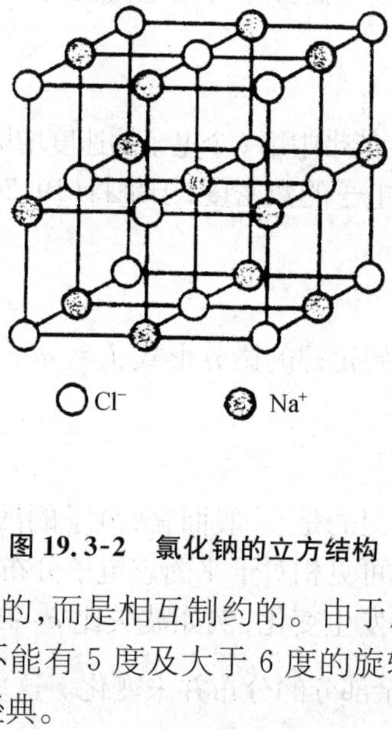

图 19.3-2 氯化钠的立方结构

更值得注意的是，晶格结构的这两个特点并不是独立的，而是相互制约的。由于周期性的制约，使对称旋转轴只能有 2 度、3 度、4 度和 6 度，而不能有 5 度及大于 6 度的旋转对称轴。这一结论长期以来作为晶体结构的金科玉律而奉为经典。

晶体的对称性可以通过一定的实验方法予以揭示，最常用的就是单晶体的 X 射线衍射(或中子束等其他射线的衍射)方法。由于晶体中的原子间距在 0.1 nm 数量级，与 X 射线的波长范围相当，故可以作为 X 射线的三维空间衍射光栅。分析 X 射线衍射斑点的分布与衍射斑的强度即可推断晶体的内部结构。如衍射斑的分布具有一定的对称性必反映晶体内部结构具有相应的对称性。例如使 X 射线沿不同的方向入射具有立方结构的晶体，衍射束斑会显示具有 3 度或 4 度对称分布。由此看来，晶体不应有 5 度对称的衍射图样，因为 5 度对称是与晶体结构的周期性相矛盾的。图 19.3-3 以二维形式表示具有 5 度对称的结构单元无论如何不能借助周期性的重复平移而填满全部二维平面而不留空隙,也就是说 5 度对称与周期性不相容。

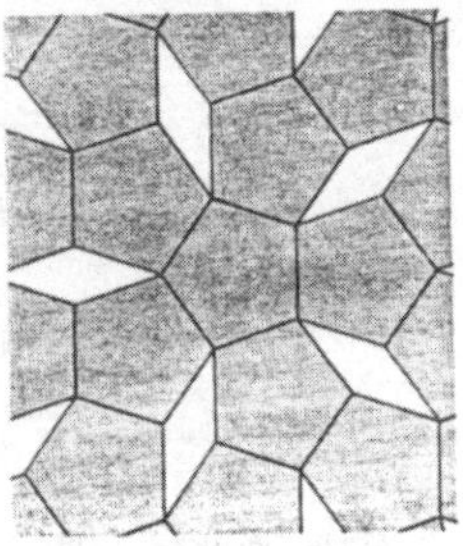

图 19.3-3 晶体周期性与 5 度对称不相容

然而 1984 年,侠期曼等人对骤冷的铝-锰合金(其中锰的原子比占 14%)作电子衍射的实验观测,却获得了由明锐的束斑组成的、具有 10 度对称的衍射图样,如图 19.3-4(a)所示,这表明样品的结构含有 5 度转轴的对称,引起学术界的震动。应该指出明锐的衍射束斑是晶体中组成原子在宏观范围排列规则性的特征,而5 度对称又与晶体必须具备的周期性相悖,这种材料被称为准晶体。其后又相继有关于 8 度、10 度、12 度对称性的实验报道,很快掀起了一个研究准晶体的热潮。在对准晶体的开拓性研究中,我国学者做出了出色的贡献。几乎紧随侠期曼等的报道,郭可信等人即发表了对骤冷的 Ti_2Ni 合金得到电子衍射图样,也具有明显的 10 度对称性,如图19.3-4(b)所示。

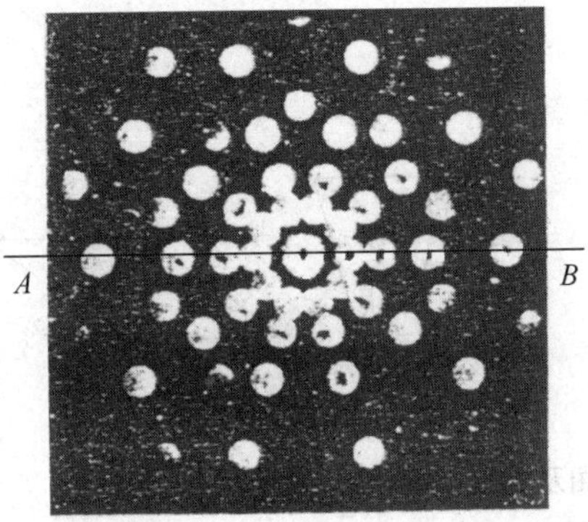

(a) Al-Mn 合金

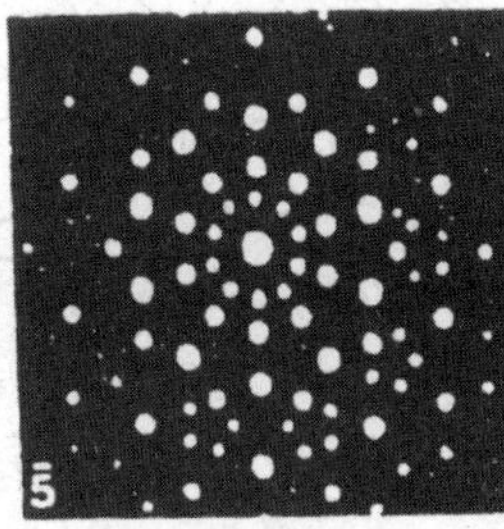

(b) Ti_2Ni 合金

图 19.3-4 准晶体的电子衍射图样

准晶体的结构特点可归结为具有长程的取向有序而无平移周期性,或者说其结构具有准周期性。事实上侠期曼等人当初论文的标题即是《具有长程取向序而无平移对称序的金属相》。所谓平移对称序即周期性的另一种表达方法。

图 19.3-4 的衍射图样中斑点的分布有一个很有趣的特点。如沿图中直线 AB 观察,其上排列的相邻衍射斑到中心的距离的比为一常数 $\tau = 1 + 2\cos\left(\frac{\pi}{5}\right) = \frac{1}{2}(1+\sqrt{5})$。这自然使人们联想起早年数学家潘罗斯提出的著名的拼图。潘罗斯拼图如图 19.3-5(a)所示。这一拼图明显具有二维的 5 度旋转对称,但是同样明显的是不具有平移周期性。这一拼图可以看成由胖瘦两种菱形编排而成,两种菱形的边长相等,而锐角分别为 72°与 36°,如图 19.3-5(b)所示。设菱形边长为 1,在胖菱形长对角线 AC 上截取一段 $AE = 1$, 注意$\triangle AED$ 为底角等于 $2\pi/5$ 的等腰三角形,可得 $DE = 2\cos\left(\frac{2\pi}{5}\right)$,即 $DE = \tau - 1$。同时 $AC = 1 + 2\cos\frac{\pi}{5} = \tau$。可见菱形中的各几何参量均与无理数 τ 有关。τ 具有如下性质:

$$\begin{cases} \tau^2 = \tau + 1 \\ \tau^3 = \tau^2 + \tau = 2\tau + 1 \\ \tau^4 = \tau^3 + \tau^2 = 3\tau + 2 \\ \tau^5 = \tau^4 + \tau^3 = 5\tau + 3 \\ \tau^6 = \tau^5 + \tau^4 = 8\tau + 5 \\ \tau^7 = \tau^6 + \tau^5 = 13\tau + 8 \end{cases} \tag{19.3-1}$$

不难看出,如将 τ^n 从 $n=0$ 开始组成数列 F_n,数列元素间满足

$$F_n = F_{n-1} + F_{n-2} \quad (n \geqslant 2) \tag{19.3-2}$$

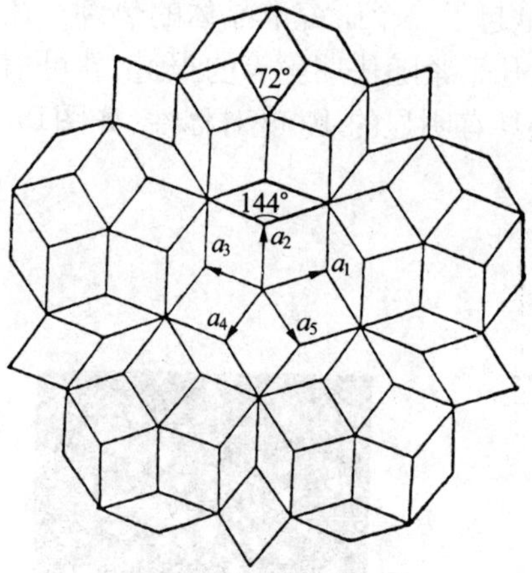

(a) 潘罗斯拼图

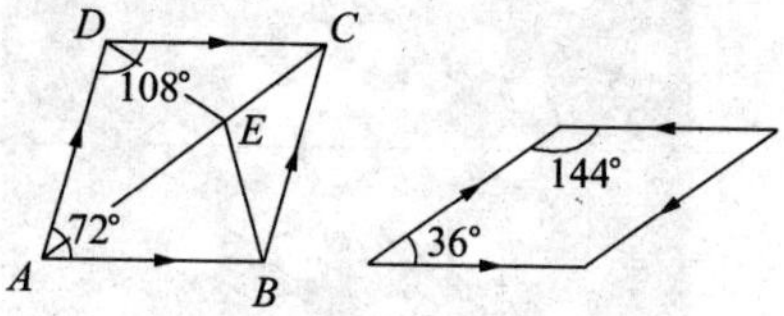

(b) 胖瘦菱形

图 19.3-5 潘罗斯拼图及其拼排单元

凡元素间满足上式的数列称为法布那奇数列。令 $F_0 = 1$, $F_1 = \tau$, 则得以 τ 为单位的法布那奇数列:

$$0, \tau, \tau, 2\tau, 3\tau, 5\tau, 8\tau, 13\tau, 21\tau, \cdots$$

值得注意的是,当 n 很大时,这一数列相邻元素的比也趋近于 τ:

$$\lim_{n\to\infty} F_n / F_{n-1} = \tau$$

如引进变量 $x = r\cos\alpha$, $y = r\sin\alpha$,且 $\operatorname{ctg}\alpha = \tau$, 则二元函数

$$f(x, y) = \sin\left(\frac{2\pi}{a}x\right)\sin\left(\frac{2\pi}{a}y\right) \tag{19.3-3}$$

与 r 的关系如图 19.3-6 所示。这一图形并不是周期的,但看起来又有点像周期函数,故称之为准周期函数。$f(x, y)$与无理数 τ 有关,准晶体的电子衍射分布同样的也与 τ 有关。这也是准晶体一词的来源。上面我们看到二维的潘罗斯拼图与 τ 的密切关系。现在常将潘罗斯拼图作为二维准晶体的模型。事实上曾有人采用与潘罗斯拼图相同的人工结构作光学衍射的测量,得到类似于图 19.3-7 的衍射图样,同样具有明显的 10 度对称,就是一个很好的证明。准晶体所以引起人们的注意,除去其特殊的结构性质而成为新一类固体而外,其特殊的物理性质更是一重要因素。

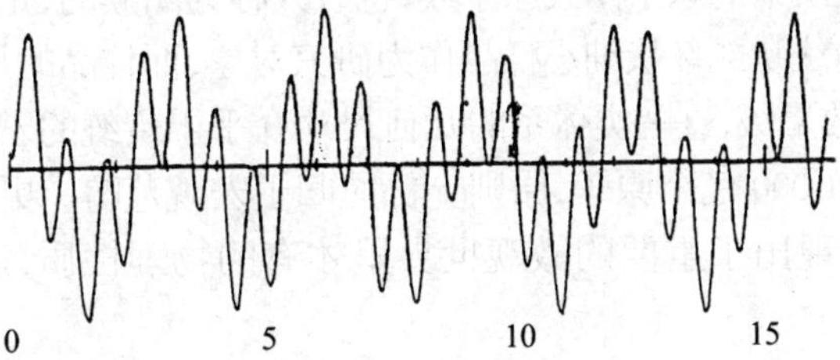

图 19.3-6 准周期函数

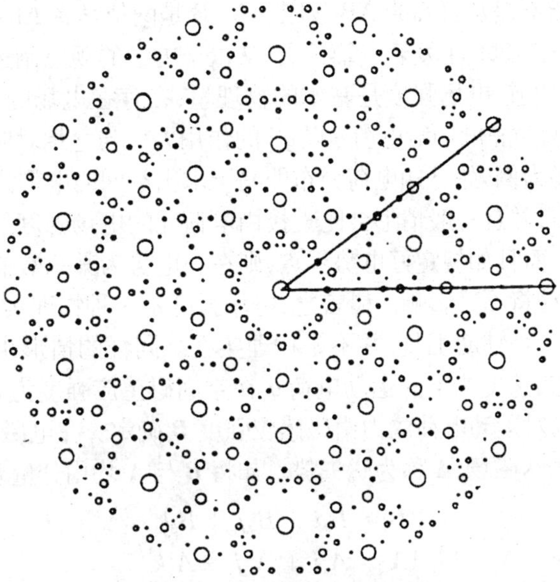

图 19.3-7 潘罗斯拼图的衍射花样

准晶体材料虽为合金,但电阻率极高,几近绝缘体。而且电阻率对温度相当灵敏,液氦与室温的电阻比可高达 50 倍。准晶体的电阻率随温度上升而下降,这一性质类似于半导体。准晶的电学性质与其成分及热处理等工艺因素关系极为灵敏。而且有的准晶体还具有相当稳定的化学性质,机械强度也高。同时准晶体的表面性质也很奇特,例如表面的摩擦力低因而极为耐磨等。目前,在对准晶体物理性质的探索与理解方面仍很不成熟。在准晶体这一物理学的新天地里,挑战与机遇都在等待着我们。

§19.4 介观体系

20 世纪之前,物理学研究的对象都是宏观体系,即体系的几何线度都是可以与人体身高相比拟或高低差不了几个数量级。到 20 世纪初,量子力学的建立一下子将研究的焦点引向尺度在 0.1 nm 的原子分子或电子、原子核这样的微观客体。嗣后,20 世纪物理学的一个明显的发展方面便是用组成宏观体系的微观粒子的运动规律解释宏观物理现象。用统计力学的方法解释气体的热力学规律,以及用固体中电子与原子的运动解释固体的许多电学、热学乃至光学性质都是很典型的例子。在微观、宏观之间,几何线度几乎跨过 10 个数量级,当中有极宽的空白,在很长的历史时期内未曾有人涉足其间。但是近 20 多年里情形发生了明显的变化,有两类体系吸引了人们的注意:一是所谓的原子团或原子簇,也有人称为团簇的,是其中包括几个到几千个原子的体系;一是基本由线状或环状细小样品作为研究对象,而样品的尺寸大多在微米以下,线宽及线厚则在 $10^{-2}\,\mu$m 数量级,这一类体系的几何尺寸介乎于传统的宏观与微观之间。不过体系中往往还包含 1 亿到 1 000 亿个原子,原则上仍应归于宏观范畴。更重要的是这一类原则上属于宏观范围的样品表现出了重要的微观世界里才有的物理性质,这类体系便被称为介观体系。

微观世界里最重要的性质便是波粒二象性,以电子为例,便是在微观领域电子表现出波性。对介观体系的研究,正是从对细小样品中电子表现的波性开始的。

提到介观体系不能不提及著名的 AB 效应。A、B 是两位学者 Aharanov 与 Bohm 姓氏的第一个字母,他们两人在 1959 年发表一篇论文,从量子力学的观点阐述了电势和磁矢势的作用。在静电学中,我们知道,电场强度是基本的物理量,在存在电场的空间里,决定对电荷的影响的是电场强度$\mathscr{E}$,例如静电场给电荷 q 以 $q\mathscr{E}$ 的作用力。与之相对照静电势 U 则是一辅助量。以点电荷系的电场为例,如已知电荷分布即易于求出空间的电势分布,再由 $\mathscr{E}=-\nabla U$ 即可求出空间的电场分布,并且一般情形会比直接由电荷元的电场强度经过矢量积分求得空间的电场分布来得简单。而且如规定好电势零点,则在一电势为某一数值但电场为零的等势无场的空间里,电荷的运动将不受影响。概言之,电场强度是一种物理实在,是可以探测其作用的结果的;而电势只是一种辅助工具,并不是物理实在。同样的情形也出现在磁学中。我们在第九章的学习中知道,速度为 $\boldsymbol{v}$ 的运动电荷 q 在空间磁感应强度为 $\boldsymbol{B}$ 处,将受到洛伦兹力 $q\boldsymbol{v}\times\boldsymbol{B}$ 的作用。即磁场对运动电荷的力由磁感应强度 $\boldsymbol{B}$ 确定。在电磁学中,与静电势相似也引进一矢量势 $\boldsymbol{A}$ 用以表达磁场,$\boldsymbol{A}$ 称为磁矢势。如将 $\boldsymbol{B}$ 与 $\boldsymbol{A}$ 均用分量表示为

$$\begin{cases}\boldsymbol{B}=B_x\boldsymbol{i}+B_y\boldsymbol{j}+B_z\boldsymbol{k}\\ \boldsymbol{A}=A_x\boldsymbol{i}+A_y\boldsymbol{j}+A_z\boldsymbol{k}\end{cases}\tag{19.4-1}$$

则 $\boldsymbol{B}$ 与 $\boldsymbol{A}$ 的关系可表达为

$$\begin{cases}B_x=\dfrac{\partial A_z}{\partial y}-\dfrac{\partial A_y}{\partial z}\\ B_y=\dfrac{\partial A_x}{\partial z}-\dfrac{\partial A_z}{\partial x}\\ B_z=\dfrac{\partial A_y}{\partial x}-\dfrac{\partial A_x}{\partial y}\end{cases}\tag{19.4-2}$$

或以一矢量式表示为

$$\boldsymbol{B}=\nabla\times\boldsymbol{A}\tag{19.4-3}$$

这里

$$\nabla=\boldsymbol{i}\frac{\partial}{\partial x}+\boldsymbol{j}\frac{\partial}{\partial y}+\boldsymbol{k}\frac{\partial}{\partial z}\tag{19.4-4}$$

仍为梯度算符。同样,$\boldsymbol{B}$ 与 $\boldsymbol{A}$ 相比,$\boldsymbol{B}$ 是基本的物理实在,$\boldsymbol{A}$ 为辅助量。在只有磁矢势 $\boldsymbol{A}$ 而磁感应强度 $\boldsymbol{B}$ 为零的空间内运动的电荷不受磁场的作用。A、B 两人的论文指出,从量子理论的观点来看,不仅 U 与 $\boldsymbol{A}$ 是物理实在,因为它们对电荷的作用可被观测;而且相对于$\mathscr{E}$与 $\boldsymbol{B}$ 而言还是更为根本的物理实在,因为已知 U 与 $\boldsymbol{A}$ 要求$\mathscr{E}$与 $\boldsymbol{B}$ 只须作一次微分运算。

A、B 两人设计了两种分别用以显示 $\boldsymbol{A}$ 与 U 的作用的实验。其一如图 19.4-1 所示,另一

如图 19.4-2所示。

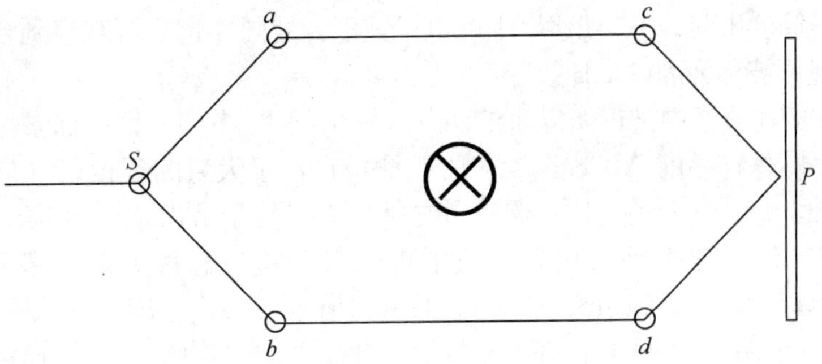

图 19.4-1 AB 效应示意

在图 19.4-1 的情形，由同一电子源 S 发出的两束相干电子束采用适当的方法使其各自在纸面上按路径 ac 与 bd 前进，并在观察屏上的 P 点重新汇合。在电子束路径之间置一垂直于纸面的长直通电螺线管。A、B 两人证明，两支电子波的相位差与螺线管内的磁感应通量 Φ 有关，如 Φ 变化 $\Delta\Phi = h/e$，那么两束电子波的相位差也变化 2π。电子波在观察屏处相遇要发生干涉，在观察屏上合成电子束的强度依赖于干涉结果，而干涉情形当然取决于彼此的相位差。如此，随着螺线管的电流变化干涉结果当呈周期性变化。管中磁通每增加或降低 h/e，干涉结果即合成电子束的强度就变化一个周期。这一现象以后便被称为 AB 效应。值得注意的是，根据经典的电磁理论，在电子束的行进通路上并无磁感应强度，即螺线管外 $\boldsymbol{B} = 0$。但管外 $\boldsymbol{A} \neq 0$，因此如果 AB 效应能得到实验证实无疑也就证实了磁矢势 $\boldsymbol{A}$ 对电子波的相位有影响，而且这种影响可以由电子波的干涉结果予以检测，因而 $\boldsymbol{A}$ 的物理实在性便得到证实。AB 效应提出一年之后便有人以真空中的实验予以证明。虽然有人对实验的可靠性提出质疑，但到 1985 年进行了极有说服力的实验，使 AB 效应成为学术界公认的物理事实。图 19.4-2与图 19.4-1 的差别在于将电子通路上的磁矢势改为静电势。图中在电子束的两条通路上均设置一长圆筒。当电子束通过 a，b 的某一时刻将电子束关断使之成为长度有限的电子束。在电子束进入圆筒前将两筒电势均设置为零。至两电子束均全部进入筒内的某一时刻将两筒电势分别置不同的数值，然后在电子束尚未从圆筒右方露头前再将两筒电势均恢复到零。按经典电磁理论，电子束在筒内通过的是有势无场的空间，不受静电相互作用。但

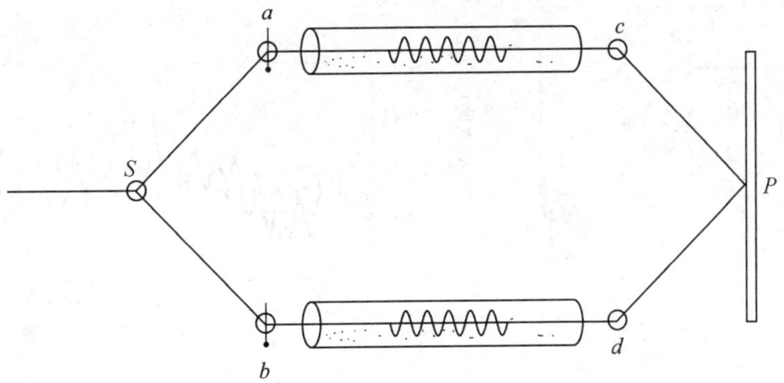

图 19.4-2 静电 AB 效应示意

A、B两人认为筒内虽无电场,但电势与磁矢势一样也能影响电子波的相位。两筒处于不同的电势,使其中通过的电子波产生相位差。因此如在实验中,当电子波在筒内时,固定一筒的电势而改变另一筒的电势,则在观察屏上的电子波汇合处同样也应可观察到合成电子束强度的变化。这一现象被称为静电AB效应。

自从AB效应在真空中被证实以来的四分之一世纪里,人们一直在探索作为大量原子聚集的凝聚态——固体样品内AB效应的实验观测。在作了大量的理论研究与具备了必要的实验条件的基础上,美国国际商用机器公司的研究人员终于首次成功地实现了固体样品上AB效应的测量。他们的样品是用扫描透射电子显微镜在硅片上做的多晶金环,直径约0.8 μm,线宽和厚度均为0.04 μm,如图19.4-3(a)所示。AA'与BB'为两对电极,实验时样品置于0.06 K的低温环境之中,在垂直于纸面方向施以均匀磁场,使电流通过一对电极流过样品,并利用另一对电极测量样品上的电压从而求得样品的电阻。实验结果如图19.4-3(b)所示,样品电阻随磁感应强度的增加而呈现明显的周期性变化——振荡磁电阻。而且两个相邻峰值磁阻相应的磁感应强度的差别ΔB与金环所围面积S的乘积,即金环内的磁通Φ的变化恰与h/e相等,明白无误地与AB效应相符,也是首次在凝聚态物质中验证了AB效应。事实上,设电子由样品P端进入,分成两束各沿样品左、右两半部分行进,再在Q点汇合。电子波在汇合处的干涉情形决定了样品的电阻。相长干涉相应于低电阻,相消干涉相应于高电阻。当然由于实验条件的限制,并没有在金环内部实现有势无场的物理环境,然而这一实验无疑证明了凝聚态材料中电子波干涉这一原本只在微观世界中才能观测到的现象。这一实验之所以在真空中的AB效应被证实1/4世纪之后才能实现,技术上的困难是相当重要的因素。这一实验观测的关键之处是保证电子波在通过样品时能始终保持其相干性。由第十三章的介绍我们知道波动相干的必要条件是频率稳定相等,频率不稳定或不等的波动无法在相遇处维持稳定的相位差。而由第十六章的讨论,电子的能量E与其波动频率ν之间存在固定的关系$E=h\nu$,因此电子波相干性的前提是其能量不发生变化。电子在固体材料中运动时会遭遇各种各样的碰撞。有的不改变其能量只改变其动量,例如与电离杂质的碰撞,这一类称为弹性散射。理论上已证明弹性散射并不影响电子波的相干性。另一类碰撞却会使电子能量变化,称为非弹性散射。电子由于晶体原子热振动遭致的散射就是最重要的非弹性散射,这时电子会与固体中的原子交换能量而改变电子波的频率,当然也就破坏了电子波的相干性。事实上这一非弹性散射正是焦耳热的物理基础,当电流流过导体时,电子将由外电场获得的能量以非弹性散射的形式传递给固体中的原子,使导体的温度升高。由此可见尽量减小

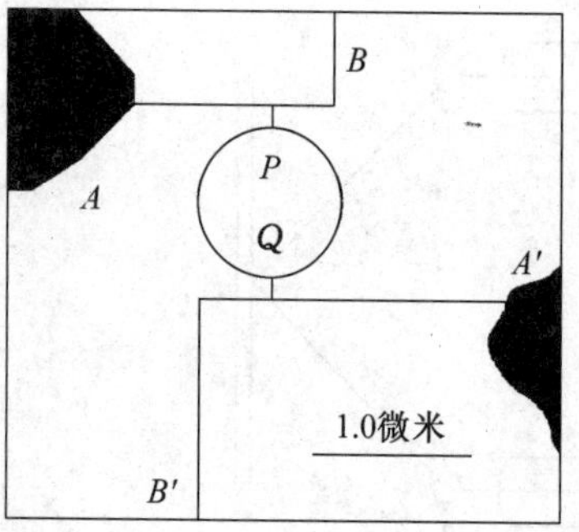

(a) 样品示意

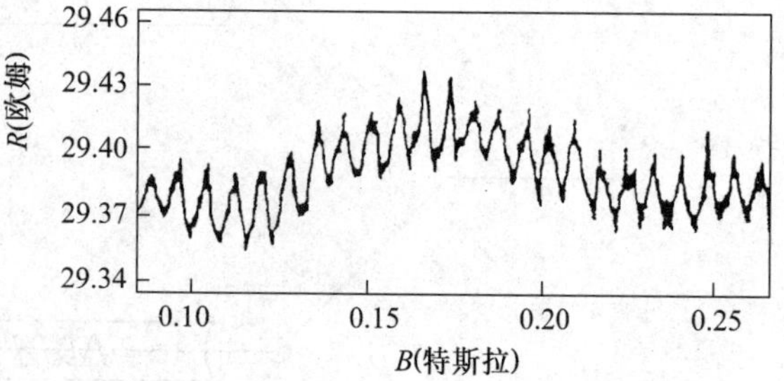

(b) 样品的振荡磁阻

图19.4-3 多晶金环的AB效应

电子在样品中的非弹性散射的概率是保持电子波的相干性的必要前提。减小样品尺寸,降低样品温度是达到这一要求的两个技术手段,这就是为什么图 19.4-3 所示的样品线度要在亚微米量级,温度要如此之低的原因;也是这一实验直到 20 世纪 80 年代中期才能成功进行的原因,因为这时这两个技术手段都能得以实现。

自此之后,一个有关物质中电子波的传播和干涉等量子力学现象的研究热潮便应运而生,一门物理学的新学科——介观物理学便随之建立起来。

值得一提的是,A、B 两人当年虽提出过如图 19.4-2 所示的关于静电 AB 效应的实验设想,但至今并无人在真空环境中实现。倒是在上述金环 AB 效应发表之后不久,有人用相近的方法在一定程度上实现了介观体系中静电 AB 效应的观测。

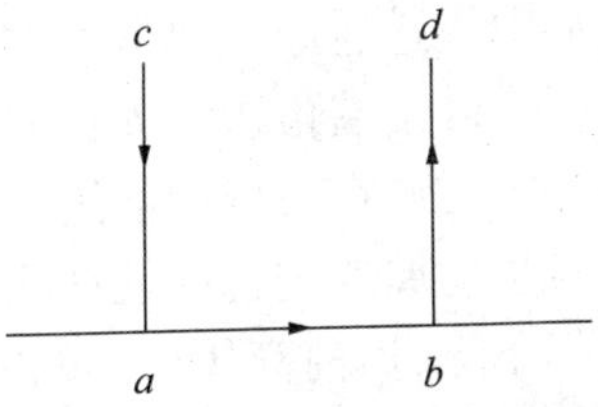

图 19.4-4 电流的经典通路

介观体系中电子的波动性还表现为所谓的非局域输运。根据经典的电磁理论,导体中任何一点的电流密度 $\boldsymbol{j}$ 与该处电场强度 $\mathscr{E}$ 成比例,比例系数即为电导率 σ。同时电流往往沿确定的路径通过。例如在图 19.4-4的情形,设在一细导线上接两电极 ac 与 bd,并在其上施加电压,则导线 ab 间有如图中箭头所示的电流通过;而在 a 的左方或 b 的右方应无电流。$cabd$ 即电流的经典通路。但在介观体系中,也出现了与这一经典图画迥异的现象。图 19.4-5 中图(a)与图(b)均为连接 4 个电极的一段约 1 μm 长的导线。4 个电极中两根通以电流,两根测量导线 ab 或 $a'b'$ 的电压。所有导线段均位于纸面内。显然导线 ab 与 $a'b'$ 为电流的经典通路,而图(b)与图(a)的区别是在电流的经典通路之外连一由相同材料做成的,直径约 0.5 微米的金属圆环。同样进行类似于图 19.4-3 所示的 AB 效应的实验。在垂直于纸面方向施加静磁场,并测量样品磁电阻与磁感应强度的关系。粗想起来,对图(a)与图(b)所示样品的实验结果应没有什么原则的区别。然而具体的实验结果则表现出明显的差别。图(a)与图(b)的实验结果分别如图(c)与图(d)所示,图(c)情形,随着磁感应强度的增加样品磁电阻表现出无规的起伏,其根源仍是样品中电子波的干涉,这里不再细述。而在图(d)情形,磁电阻除表现出与图(c)相似的无规起伏外,在其上还叠加了附加的周期性的"精细结构"。而且两个相邻附加峰之间的磁感应强度 $\boldsymbol{B}$ 的差值与图(b)中小环面积的乘积又是 h/e,表明这是小环中 AB 效应导致的结果。这表明由电极对处于介观体系的样品测量时,样品的电学性质受到电极以外区域的强烈影响。显然,小环处于电流的经典通路之外,这种电子波运行到经典通路之外的现象称为非局域输运,是介观体系的一个典型的物理现象。

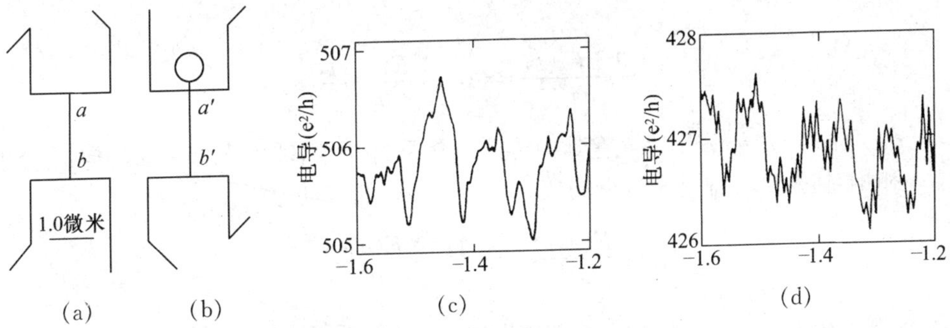

图 19.4-5 介观体系的非局域化输运

应当指出,虽然目前关于介观物理研究的对象都是一些线度在微米或以下的小样品,但判断一个体系是否属于介观范畴并不唯一地决定于体系的几何尺寸。对于是否属介观体系一个实用的判据是其中电子的非弹性散射的平均自由程 λ 要能与样品线度相比较，或大于样品线度 L：

$$\lambda \gtrsim L \tag{19.4-5}$$

其中 λ 为在相邻两次非弹性散射间电子在样品中能通过的直线距离。如上式满足，实际上电子在通过样品的全部途径上都不遭受非弹性散射从而始终保持电子波的相干性。因此判定体系是否属于介观除尺寸而外还与温度甚至所研究的物理问题的性质有关。温度直接影响 λ，温度高 λ 小，温度低 λ 大。因此一样品可能在常温属于宏观，低温下即可能进入介观。

推动介观物理学迅速发展的原因来自科学与技术两个方面。从科学上而言，电子在介观样品中不遭遇原子热振动的非弹性散射，经典物理中关于电阻等概念便失去了存在的基础，需要予以发展修正。如在完整性相当好的介观样品内甚至连弹性散射也不存在，电子的运动宛如电磁波在波导中前进不受任何散射。因此仅仅是关于输运的理论都会遇到新的挑战，而在科学发展的进程中往往机遇与挑战并存。另一方面随着电子工业的发展，电子元件的尺寸逐年下降，目前商用产品的线宽已可达 0.1 μm 甚至更低的量级，以至电子元件，例如晶体管，在低温下就可能进入介观领域。不久的将来甚至在常温也可能进入介观领域。这时，以将元件中电子当作服从牛顿力学的质点的半经典理论为基础建立起来的电子元件或器件原理将不再成立，需要代之以适用于介观体系的新原理。另一方面探索、发展、研制基于介观物理学的新一代电子元器件即所谓量子器件也已提上议事日程并成为当前电子元件的一个发展方向，这一类新型元器件的共同特点都是利用器件中电子波传播与干涉的量子力学性质。

阅读材料 19.1 负折射和光子晶体

光的折射现象是初中物理课里就讲授过的几何光学的基本内容之一。虽未提及光在不同介质交界面折射所遵循的定量规律——施奈尔定律 $n_1\sin\theta_1 = n_2\sin\theta_2$，这里 n_1 与 n_2 为交界面两边介质的折射率，而 θ_1 与 θ_2 则分别为入射线与折射线和界面法线之间的夹角；但入射线、法线及折射线处同一平面，且入射线与折射线分处法线两侧则是要求学生必须掌握的知识要点。于是，“分处两侧”作为折射现象的基本规律已根深蒂固地确立。与此相关，折射率 n 为真空中的光速 c 对介质中的光速 v 之比，$n = c/v$；而且，n 为正 $(n > 0)$ 亦已成为常识。光也是波动，光波是波长处于一定范围的电磁波。沿 x 方向传播的平面光波的电矢量 $E(x_1t)$ 满足波动方程

$$\frac{\partial^2 E(x_1t)}{\partial x^2} = \varepsilon\mu\,\frac{\partial^2 E(x_1t)}{\partial t^2}$$

其中 $\varepsilon = \varepsilon_0\varepsilon_r$ 与 $\mu = \mu_0\mu_r$ 分别为光在其中传播的介质的电容率和磁导率；而 ε_r 与 μ_r 分别为相对电容率和相对磁导率，都是无量纲的数。将上式与普通波动方程

$$\frac{\partial^2 E(x_1t)}{\partial x^2} = \frac{1}{v^2}\,\frac{\partial^2 E(x_1t)}{\partial t^2}$$

相比较，注意电磁波速 $v = 1/\sqrt{\mu\varepsilon}$ 而真空光速 $c = 1/\sqrt{\mu_0\varepsilon_0}$，得

$$n = \sqrt{\varepsilon_r\mu_r}$$

上式将光波的折射率或传播速度与介质的电学、磁学性质联系了起来，也从一个侧面表明了光波的电磁波本性。对于一般绝缘透明介质，$\varepsilon_r>0$，$\mu_r>0$，自然 $n>0$。

与此相对应的是一系列我们所熟知的光学现象，包括光波传播时电矢量 $\boldsymbol{E}$、磁矢量 $\boldsymbol{B}$ 的矢积同波矢 $\boldsymbol{k}$ 平行同方向，$\boldsymbol{E}\times\boldsymbol{B}\parallel\boldsymbol{k}$，也包括入射线与折射线“分居两侧”。

40 多年前，一位苏联的物理学家突发奇想，探讨如果有一种介质 ε_r 与 u_r 同时为负，即同时有 $\varepsilon_r<0$，$\mu_r<0$，将会出现何种情景。研究表明，介质的 ε_r 和 μ_r 都同电磁波的频率有关，虽然在自然界中不是没有 $\varepsilon_r<0$ 或者 $\mu_r<0$ 的介质，例如金属银、金和铝在光频的 ε_r 就是负的，而旋磁性材料的 μ_r 也是负的，但是同一频段 ε_r 和 μ_r 都同时为负的材料还真难找。不过，自此之后却引发了研究 ε_r 和 μ_r 同时为负的材料的电磁学性质的热潮。有的学者千方百计设计制造人工材料使其同时具有负的电容率和磁导率。由于这类材料有的性质在天然材料中并不存在，便将其统称为特异材料或超级材料。顾名思义，特异材料就是具有特异甚至怪异的性质，最引人注目也可能研究得最为广泛的当属负折射。负折射是 $\varepsilon_r<0$，$\mu_r<0$ 这两个条件同时满足的特异材料的性质，折射率是负的，即 $n<0$。于是，入射线和折射线不再分居法线两侧，而是共处一侧，即光线从真空进入负折射介质时，光线将向入射线一边弯折，而不像通常弯折向法线的另一边，如图 RM19-1 所示。

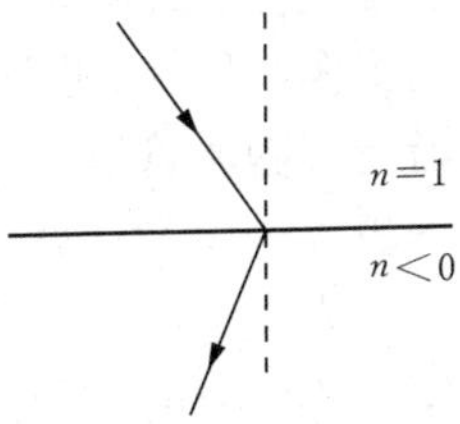

图 RM19-1

问题来了。折射率如何能成为负的呢？即使 ε_r 与 μ_r 同时为负，乘积 $\varepsilon_r\mu_r$ 仍为正，应和 ε_r 与 μ_r 同为正的情形无所区别。原因在于 ε_r 和 μ_r 本身。事实上由于任何介质都有电磁损耗，ε_r 和 μ_r 都应为复数。以 $\varepsilon_r=-1$ 和 $\mu_r=-1$ 的特殊情形为例，写成复数 $\varepsilon_r=e^{i\pi}$，$u_r=e^{i\pi}$，$\varepsilon_r\mu_r=e^{i2\pi}$，$n=\sqrt{\varepsilon_r\mu_r}=e^{i2\pi/2}=-1$！就是说此时开平方的结果理应取负值。于是应将这一公式写成 $n=\pm\sqrt{\varepsilon_r\mu_r}$，当 ε_r、μ_r 均为正时根式前取正号；如均为负则取负号。折射率为负，$n<0$，对应的折射便是负折射。由斯奈尔定律极易说明折射线向入射线一侧偏折。因为 $\sin\theta_2=\dfrac{n_1}{n_2}\sin\theta_1$，如 $n_1>0$，$n_2<0$，则 $\sin\theta_2<0$，表示同正常折射线相比，相对法线反向偏折。

负折射率导致许多特异现象接踵而至。例如，多普勒效应就要倒过来，如光源向观察者靠近将发生红移，即观测到的光波频率下降；又如要是水的折射率为负，那末其中游的鱼看上去就像是在空中飞。当然，更重要的是，由这一特异现象有可能开发出许多重要应用。

首先是可以用来做超级透镜。我们现在所熟悉的透镜，无论是会聚的还是发散的，都至少有一个曲面，通常都是球面；但负折射透镜可以是平面的。如图 RM19-2 所示，设一厚为 d 的板状负折射材料的折射率 n 为 -1，在其左侧(设为真空)距离 d' $(d'<d)$ 处有一点光源 O，则其发出的向右半边传输的光线都会经板的左侧面的负折射而会聚到板内的对称点 O'；并继续向右传播，又会在右侧面发生负折射而会聚到板的右侧一点 O''。显然 O'' 到板右侧的距离 $d''=d-d'$。不难看出，这同凸透镜的功能相似。光源 O 在 O'' 处成实像。在图 RM19-2 的 $n=-1$ 的情形，如果 O 处置一物体，比如说直立的烛焰，可以想到，在 O'' 处成正立实像，且大小不变。不仅如此，这种由负折射材料做成的透镜还能突破分辨本领的波长极限，因而能够观察到物体上尺寸小于波长 λ 的细节。所以，这种透镜又被称为超级透镜。实际上，由于波动性的限制，普通光学成像系统

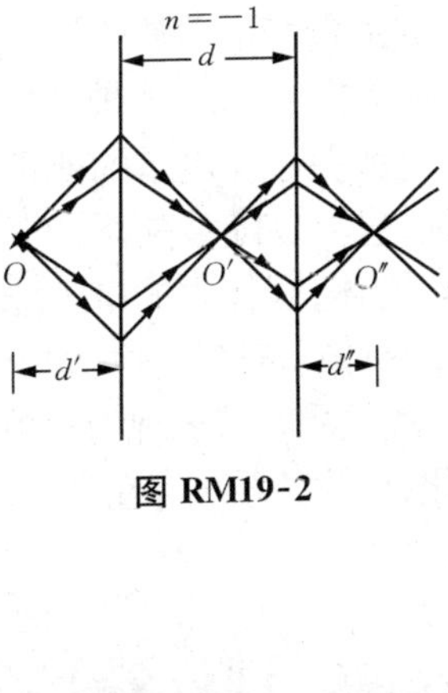

图 RM19-2

不可能有效分辨尺寸小于波长 λ 的细节。究其原因，是因为来自物体的光波包括远场和近场两部分。近场波是迅衰波，随距光源的距离而指数衰减(参见第十五章阅读材料)，因而难以获得其所携带的信息。可是物体的细节信息恰恰又是为近场波所携带的。于是，常规透镜的清晰度就会因此而打了折扣，因为常规透镜处理的只是远场波。2000 年英国的彭德利在《物理评论通讯》上发表文章，从理论上阐述采用负折射材料将迅衰波放大的可能性，从而可使透镜的分辨本领突破波长极限，看到小于波长的细节。之后的几年里，一方面有人质疑这一超级透镜理论，认为存在原理性的问题而不能实现；但同时也有人坚持不懈地从实验上探索超级透镜。终于在 2005 年实现超级透镜，其关键部分为一 35 nm 厚的薄银层，起负折射特异材料的作用。在 364 nm 波长的入射光的照射下，这一超级透镜的分辨本领比普通光学显微镜高十倍，可对尺寸在 60 nm 的物体成像。注意红细胞的直径为 4 000 nm 左右，可见这一超级透镜能分辨红细胞直径大约百分之一的细节。利用这类超级透镜可以做许多之前无法完成的工作。例如，可以观察蛋白质和脂肪如何从细胞进进出出，将来甚至可以看到蛋白质如何沿着细胞微管运动，从而可使生物学家更好地实时了解细胞的结构和功能；当然，也可借以进一步改进生产计算机芯片的光刻工艺的精度至纳米级，从而制造更小的芯片元件。

人类早就有隐身的梦想。而在军事上隐形武器或设备，包括隐形飞机和舰船更是各个国家争相研发的重要国防项目。特异材料提供了又一条隐身途径。依靠结构单元的特殊电磁学性质，可以制成 ε_r 和 μ_r 同时为负因而折射率为负的特异材料，这实际上就为我们提供了用结构单元自身的材料、结构和组装来调控介质折射率的一个自由度。以至于原则上可以设计特定的折射率的空间分布以使入射光线在介质内的行进按照我们的意志改变方向。如果使光线绕过物体又不畸变就能产生隐身的效果。2006 年杜克大学的科学家发表了他们关于微波波段的隐身工作。在要隐形的物体周围套一层特异材料壳，可以影响附近的微波束使之偏转，就像经过一块石头周围的水流一样，而且又不畸变，看上去好像既不存在物体也不存在隐形壳。不过这一隐形只对某一特定波长才有效。随后的研究继续向使用其他材料并向可见光宽频范围扩展，期望最终实现真正的隐身——在全可见光波段视而不见。

应该指出，虽然自然界里没有 ε_r 和 μ_r 同时为负的材料，但是负折射却并非特异材料的专利。事实上，有一类材料近年来颇为引人注目，既包括人造的也包括天然的，这就是光子晶体，光子晶体同样具有负折射性质，因而同样具有许多同特异材料相似的性质。

光子晶体一词可视为模仿固体晶态材料而来。通常晶体是指原子、分子等物质微粒在空间作周期性排列构成的材料。如果一材料的折射率在空间作周期性的变化则称为光子晶体。不过，光子晶体同普通晶体的相似性不仅在于几何学方面，更在于其色散关系。所谓色散关系是指在介质中传播的波动的角频率 ω 与波矢 $\boldsymbol{k}$ 之间的函数关系。对光波而言，在真空中沿任何方向都有 $\omega = ck$，即具有线性的色散关系。而在光子晶体中光波的色散关系要复杂得多，很像固体材料中电子的能带结构。所谓能带结构，就是固体晶态材料中的电子的能量和电子波的波矢之间的关系。由于波粒二象性，电子能量 $E = \hbar\omega$，$\hbar = h/2\pi$，h 为普朗克常数。从而，能带结构亦可看作电子波的角频率 ω 和波矢 $\boldsymbol{k}$ 之间的关系，简言之，就是电子的色散关系。电子的能带结构一般比较复杂。沿着一定的传播方向，电子的能量可以随波矢增加，也可以随波矢增加而下降，而且这种变化一般也不是线性的，甚至不是单调的。另外，如本章所述，固体中的电子能带具有不连续性，出现禁带或带隙，电子不可能具有带隙范围的能量。光子晶体同普通晶体物理上的相似性就在于其色散关系极像固体的能带结构。对不同的频带而言，色散关系既可表现为角频率随波矢增加，也可以相反。更重要的是，由于折射率在空间的周期性变化，色散关系也存在带隙，即在其中传播的光子的角频率不可能处于带隙之中。如果有角频率处于带隙中的光波从外部入射,并不能进入光子晶体内部,只能在表面全反射。正因为如此,光子晶体也被称为光子带隙材料。

光子晶体的负折射机理不同于前述的特异材料,因为一般而言光子晶体的 ε_r 与 μ_r 都是正的。光子晶体的负折射就是来源于其中光子的色散关系。粗略而言,如随波矢增加光子的角频率增加则表现为正折射;否则,如随着波矢增加光子的角频率下降则表现为负折射。目前,光子晶体已成为负折射研究的重要对象。值得一提的是,光子晶体的这类物理效应的基础是光波的衍射,即周期性的相干散射;而特异材料是不涉及衍射的。事实上,光子晶体中折射率变化区域的尺寸与周期同光波波长在同一数量级;而特异材料虽一般也由基本单元组装构成,但单元尺寸和间距均远较产生特异现象的电磁波波长为小,因而可视为准连续材料而用连续介质的参数 ε_r 和 μ_r 表征,也因此而被称为亚波长特异材料。最初人工实现的特异材料是用所谓的裂隙环振子做结构单元的。两个处于同一平面周长相近的圆形或方形导线环平行套在一起,各自在相对的一边开一小缝使之均不闭合,如图 RM19-3所示。单元的尺寸在毫米量级,而工作波长在微波波段,波长远大于单元的尺寸。

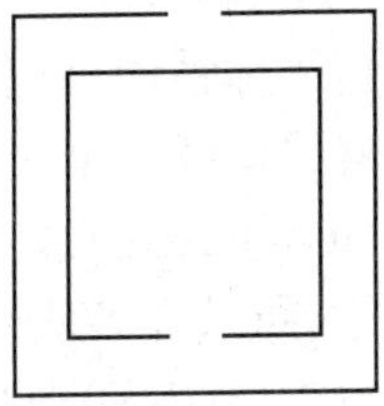

图 RM19-3 裂隙环振子

目前,作为研究对象的光子晶体许多也是人工制造的。例如,一排在同一平面上平行等距排列的相同圆柱体便可作为一维光子晶体的模型;沿不同方向对块状材料周期性地钻孔,并使柱状孔在块体内交叉也能构成光子晶体。但是,同特异材料的又一重要区别在于,在自然界中也存在天然的光子晶体。例如,蛋白石就是一种含有光子晶体结构的宝石,其绚烂美丽的幻影外观就源于其内部周期性分布的微结构。复旦大学物理系光子晶体研究组的首席科学家资剑教授及其同事刘晓晗教授等人的研究成果表明,雄孔雀尾羽锦缎般闪亮的色彩,包括独特的眼状花纹都是源自存在于尾羽中的光子晶体。一次他们去西双版纳旅行途中看见许多美丽的绿孔雀尾屏怒张、争奇斗艳,一下子激发出要研究其色彩机理的灵感。原来,孔雀尾羽从一根主干向旁边生出许多侧刺,而在每根刺的两边又都生出许多处于同一平面的小羽枝。每根小羽枝有一圆形缺口,横截面呈弯月形。缺口尺寸大约在 20～30 μm,就是这些缺口呈现出色彩。资剑教授他们用光学显微镜和扫描电子显微镜仔细观察羽枝的横截面和纵剖面,发现羽枝中央为 3 μm 尺寸的髓质,其外包有一表皮层。不同颜色羽枝皮层的结构不同,但竟然都可看成是由平行于表面层的长约 0.7 μm 的柱状黑色素形成的二维光子晶体!对于蓝、绿和黄色羽枝,光子晶体的结构单元都是方形,边长分别为 140 nm、150 nm 和 165 nm;而棕色羽枝的结构单元则为边长 150 nm 和 185 nm 的矩形。注意这些长度均和可见光波长处同一数量级,能有效对可见光波起衍射作用。除了这一结构周期上的区别而外,不同颜色羽枝表层内光子晶体的差别还在于其所包括的周期的总数。对蓝、绿羽枝,周期数为 9～12,即有 10～13 排黑色素柱;而黄色和棕色则分别为 6 和 4。

为了印证他们的实验观测,他们还进行了相应二维光子晶体的理论计算。计算表明二维光子晶体晶格常数即结构单元边长的变化导致光学带隙出现的频段变化,从而改变全反射波长。这就是不同色彩的根本原因。晶格常数增加,光子带隙中央的频率下降;这就对应于大结构单元羽枝呈现的颜色波长长,同实验观测完全一致。另外,表皮层包含的光子晶体周期数的多少决定光子晶体总体的宽度。光子晶体两边互相平行,相当于一个法布利-珀罗干涉器。显然,干涉器的宽度(也就是光子晶体的宽度)不同共振频率也不同,表明周期数的不同进一步增加了颜色的多样性。资剑教授等人的研究成果表明,雄孔雀打扮自己的策略实在高明,既简单又有效。改变由黑色素柱体形成的二维光子晶体的晶格常数便呈现出不同的颜色，而周期总数的变化又进一步使色彩丰富美丽。这又一次证明大自然的智慧是多么的神奇。

阅读材料　　19.2 碳纳米管和石墨烯

大约从上世纪 60 年代开始，凝聚态物理的研究前沿逐渐由传统的三维材料体系转向二维、一维甚至零维的低维体系。以电子而言，如果在一个体系中电子的运动在某一特定方向上受到明显的约束而使量子力学的效应表现出来，而在与之垂直的方向上运动则是自由的，这一体系便可视为二维体系。一片极薄的厚度仅为几十纳米的金属片就是一二维体系。同样可理解一维与零维体系；后者中的电子在任何方向上的运动均受到明显约束，犹如原子中的电子，因而这一体系常称为量子点或人造原子。在多数情形，空间约束的范围在 100 nm 以下，所以许多低维体系又称为纳米体系。近年来碳纳米管受到广泛重视。碳纳米管可分为单壁管(SCNT)与多壁管(MCNT)两种；都是典型的一维体系，因为其中的电子在横截面上的运动是受到约束的，只能在管轴方向自由运动。多壁管可视为若干管径不同的单壁管共轴套在一起，犹如一套用来打壁洞的筒径不一的圆筒。多壁管的壁间距约为0.34 nm，几乎和石墨中碳原子层的层间距(0.335 nm)相同。典型碳纳米管长为微米量级，而管径则在 1～20 nm 之间。根据结构特征，单壁碳纳米管可分为三种类型，即扶手椅式、锯齿式和手征式，分别由横截面处碳原子的位置及价键取向得名，如图 RM19-4 所示。碳纳米管两端均由头盔状的半个富勒烯(C_{60})分子封闭，如图的右方所示。富勒烯分子系由 60 个碳原子构成，形如一足球状的笼子，如图 RM19-5 所示。无论哪一种类型的 SCNT，都可看作由一单层石墨片(称为石墨烯)按一定的方式卷曲黏结而成。

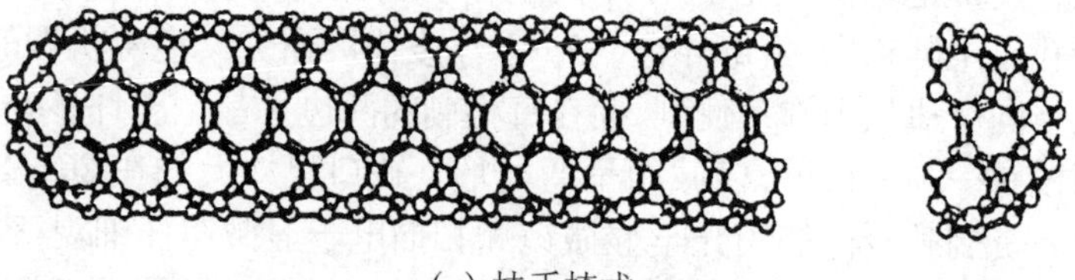

(a) 扶手椅式

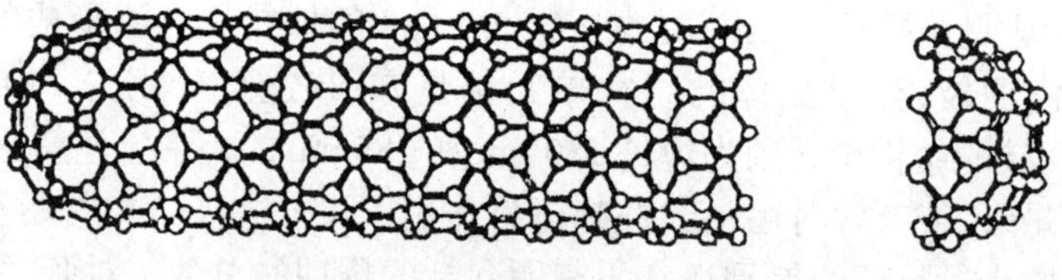

(b) 锯齿式

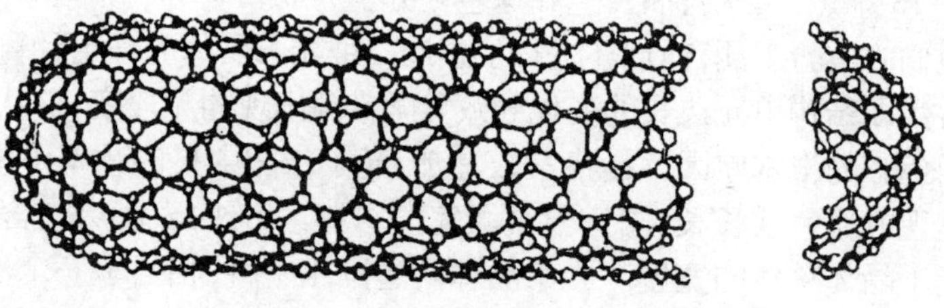

(c) 手征式

图 RM19-4　3 种类型的碳纳米管

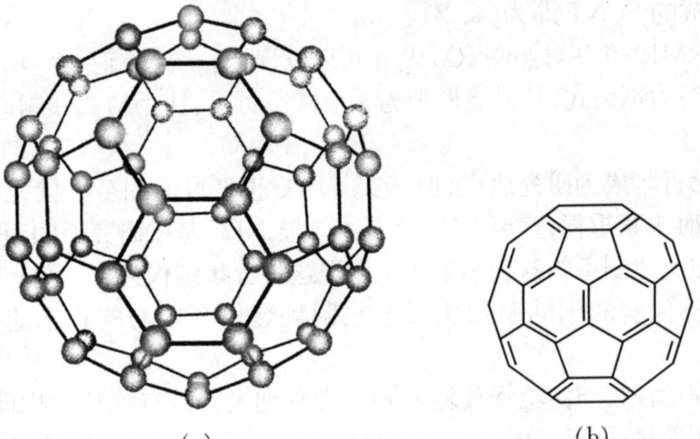

(a) (b)

图 RM19-5 C_{60}的分子模型及价键结构

图 RM19-6 所示为一单层石墨结构,碳原子形成蜂巢状六角网格,每个碳原子均位于网格交点处。图中 $\boldsymbol{a}_1$、$\boldsymbol{a}_2$ 称为原胞基矢;由基矢作边构成的平行四边形即为原胞。将原胞沿 $\boldsymbol{a}_1$ 及 $\boldsymbol{a}_2$ 方向作周期性重复便得到全部单层石墨。图示的原胞中共包含两个碳原子。虽然表观上每个原胞似乎包括 5 个碳原子,1 个在内部,4 个在顶角;但每个顶角碳原子均为共用同一个顶角的 4 个相邻原胞所共享。图中,作矢量 $\boldsymbol{OA}$ 连接两个分别位于 O 点及 A 点的碳原子,并过 O 及 A 分别作 $\boldsymbol{OA}$ 的垂线,如图中的虚线所示;再将虚线中间部分剪开,顺 $\boldsymbol{OA}$ 方向卷曲,并使 O 与 A 重合,B 与 B'重合,所成的圆筒便是 SCNT。

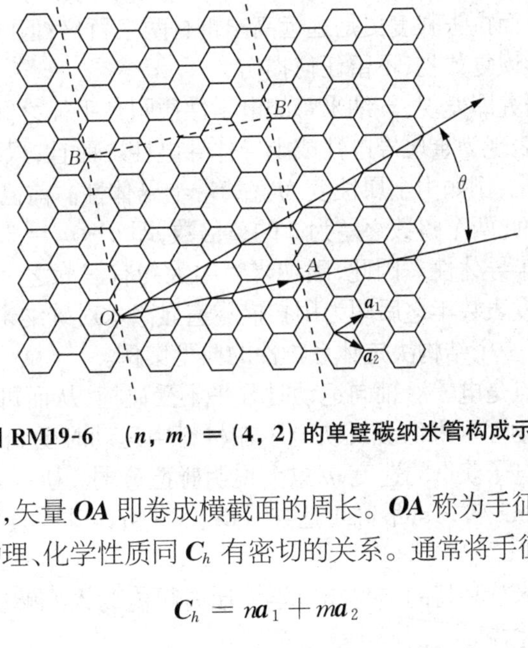

图 RM19-6 $(n, m) = (4, 2)$ 的单壁碳纳米管构成示意

这样卷成的 SCNT,矢量 $\boldsymbol{OA}$ 即卷成横截面的周长。$\boldsymbol{OA}$ 称为手征矢量,常用 $\boldsymbol{C}_h$ 代表。碳纳米管的结构特征与物理、化学性质同 $\boldsymbol{C}_h$ 有密切的关系。通常将手征矢量表示为

$$\boldsymbol{C}_h = n\boldsymbol{a}_1 + m\boldsymbol{a}_2$$

n 和 m 为两个整数,且习惯上取 $n \geqslant m$。于是,碳纳米管的结构便可用一组整数(n, m)表征。图 RM19-6中的矢量

$$\boldsymbol{OA} = 4\boldsymbol{a}_1 + 2\boldsymbol{a}_2$$

因此,根据 ***OA*** 卷成的 SCNT 即为(4, 2)。

仔细观察图 RM19-6 并对照图 RM19-4 可以发现,当 $n=m$ 时,即(n, n)碳纳米管当为扶手椅式,而$(n, 0)$为锯齿式,其他情形则为手征式。可见,扶手椅式和锯齿式均为手征式的特例。

碳纳米管虽然近年成为研究热点,但其实其历史也许可追溯至上世纪 70 年代研究碳纤维的时期,只是当时未获重视;直至 1993 年日本筑波 NEC 基础研究所的钣岛(S. Iijima)用电子显微镜在电弧放电法制备的富勒烯烟灰中发现这种管状结构为止。两年之后,钣岛研究组和位于美国加州圣何塞的国际商用机器公司阿玛登研究中心的白求恩研究组均制备出 SCNT。

随之而来的理论预言与实验观测均表明这类碳纳米管具有独特的物理、化学性质,预示着巨大的潜在应用前景;而且,1992 年筑波的研究人员又在研究富勒烯 C_{60} 时偶然发现了可大量制备碳纳米管的条件。自此,从上世纪末起便掀起了研究碳纳米管的热潮,至今方兴未艾。

众所周知,任何物质均由原子组成。地球上一共只有一百零几个元素,但构成的物质却是千差万别,其原因就是相同或不同的原子的组合方式,即物质的结构。结构不同性质也就不同。碳元素本身就是一个典型的例子。熟知的金刚石和石墨都是由碳原子构成的;但由于原子的空间排列即结构不同,二者性质迥异。前者晶莹剔透,坚硬无比,而后者则柔软润滑,外貌漆黑。同样,由 60 个碳原子构成的笼形富勒烯分子,尽管元素相同,其性状却既不像金刚石也不像石墨。碳纳米管是新近发现的又一组碳的结构形态,无疑可以预料具有独有的特性。事实上,现在已经发现的碳纳米管的性质就非常引人注目。

首先,碳纳米管可视为迄今人工能制备的最细的纤维,并且具有惊人的机械性质。其杨氏模量是钢材的五六倍,而抗张强度更是远远高出钢材两三百倍;但同时又是柔软能弯曲的,并且外力一经撤销,管形恢复如初,不留任何损伤。

早在 1992 年理论研究即发现,碳纳米管的电学性质同其手征之间存在十分密切的关系;手征不同可使碳纳米管表现为金属导电性或半导体导电性。而且,只要手征稍许变化就可导致导电性能发生巨大变化,例如由金属性变为宽禁带半导体性。前已指出,手征可由(n, m)表示。理论研究表明,如此两个整数之差为 3 的整倍数,即 $n-m=3i$, i 为整数,则碳纳米管表现出金属性;否则,为半导体性。因此,碳纳米管中大约有三分之一为金属性,其余均为半导体性。这一理论预言发表数年之后即为用扫描隧道显微术对碳纳米管的实验观测所证实。可见,碳纳米管又提供了一个结构决定体系物性的典型案例。

碳纳米管的另一特点是电子沿轴向运动时几乎不受碰撞,从而可以获得很高的电导率。通常引进迁移率 μ 这一物理量来综合反映电子在材料中运动时受到的碰撞。μ 的物理意义是单位电场强度作用下电子获得的速度,μ 愈大说明碰撞愈弱。研究表明碳纳米管中典型的电子室温迁移率为 $10^4\ cm^2/V \cdot s$,最高可达$10^5\ cm^2/V \cdot s$;而硅中典型的室温电子迁移率仅为 $1\,400\ cm^2/V \cdot s$。

值得一提的是碳纳米管独特的结构与电学性质有可能为人们解决电子元件小型化面临的技术极限提供一条新途径。

晶体管或晶体三极管是当代微电子学最基本的元件。上世纪 40 年代发明了双极型晶体;其后在 60 年代金属—氧化物—半导体场效应晶体管(MOSFET)问世。双极型晶体管的运行原理同时涉及电子和空穴这两种载流子的运动;而场效应晶体管的运行只依赖一种载流子，要么是电子要么是空穴，故又称之为单极型晶体管。自发明以来，几十年内晶体管的尺寸逐年下降，在同一芯片上集成的晶体管(主要是场效应晶体管)的数目越来越多，这为计算、通信等领域当代技术的发展提供了有力的硬件支持。正因为如此，才使得我们今天能生活在技术高度发达的信息时代。

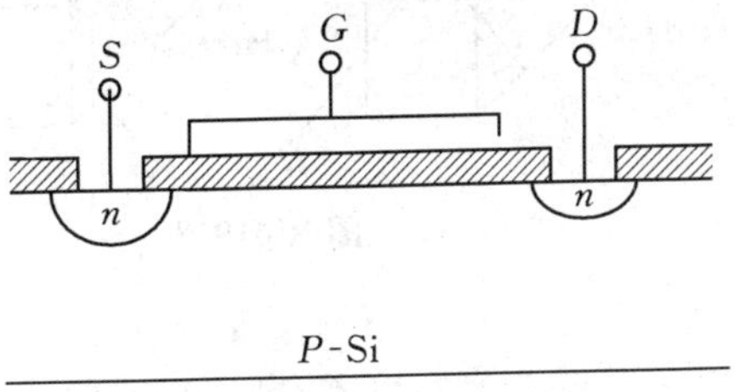

图 RM19-7 *n* 沟 MOSFET 示意

图 RM19-7 是 MOSFET 的剖面示意图，其中 S、D 和 G 是其 3 个电极，分别称为源极、漏极和栅极。MOSFET 的基本作用就是通过施加在栅极 G 上的电压来有效地控制流经 S-D 之间的电流。在图 RM19-7 所示的情形，器件的材料是 p 型硅。在 p 型硅表面形成一层绝缘的氧化物 SiO_2(图中阴影区)，再在其上覆盖一层金属作为栅极 G。此外，在两侧表面形成两个 n 型区，分别联接源极 S 和漏极 D。每个 n 区同 p 型衬底之间都形成所谓的 p-n 结。p-n 结具有单向导电的特性。如 p 区处高电势 n 区处低电势，称为正向，有较大电流通过；否则，p-n 结处反向，只有极小电流通过，可视为截止。S、D 之间其实就是以衬底 p 型硅为公共电极的两个背靠背串联的 p-n 结。因此，无论 S-D 间所加电压的极性如何总是截止的。但是，如在栅极 G 上施加电压使其处正电势，则在氧化物层之下的 p 型衬底表面有电场渗入。这一电场排斥荷正电的空穴，吸引带负电的电子。因此，只要栅极 G 的电压足够高可使表面附近的电子密度超过空穴，从 p 型转变为 n 型，从而在 S、D 之间形成 n 型的导电通道，称为沟道，流过 S、D 间的电流便随着栅压的升高而明显增加。显然，源漏之间的电流受栅压严密控制。由于这种源漏间电流受栅压控制的晶体管效应是通过进入半导体中的电场来实现的，就称为场效应晶体管。至于半导体中为何能存在电场是因为半导体的电导率不如金属，导电载流子的密度较低，不能在近表面处彻底屏蔽外加电场。这在一定程度上接近绝缘介质，众所周知，电容器的介质中可存在电场。

近年来场效应晶体管尺寸的下降碰到了许多困难，其中既有技术上受到的限制，也有原理上面临的极限。例如，以往在分析元器件工作原理时总是把电子看作遵循牛顿力学的准粒子。但是，当器件尺寸下降到一定程度时，电子运动的波动性会明显表现出来，不再遵从牛顿力学，从而使基于传统理论的器件功能失效。在 MOSFET 的情形，尺寸下降涉及的氧化物绝缘层的厚度已经面临经典极限。目前，氧化层厚度 d_{ox} 已降至 1 nm 左右，d_{ox} 如再要降低量子力学的隧道效应将使电子得以直接穿越绝缘层从而完全破坏晶体管效应；即便晶体管效应苟延残喘，由此导致的漏电流增加也会使器件功耗加大，同样也是一个尺寸下降中令人头疼的问题。因此，近年来从原理和技术两个方面探索器件尺寸得以继续下降的途径便成为普遍关注的热点。在这一过程中，人们发现，用具有半导体性的碳纳米管制作具有独特构型的 MOSFET 极可能给人们带来又一缕希望的曙光。

通常，为了使 MOSFET 正常运行，栅极的长度 L_G 要比半导体材料对外电场的屏蔽长度 λ(距表面 λ 之外电场不再存在)大几倍。λ 同氧化层厚度有关，计算表明 $\lambda \sim \sqrt{d_{ox}}$，可见，在缩短 L_G 的同时要降低 d_{ox}，但 d_{ox} 又因为量子力学的原理而不能太小。而在图 RM19-8 所示的模型中，碳纳米管的两端构成源极与漏极，栅极则为圆柱状同轴套在绝缘层之外，从而构成尺寸极小的 MOSFET，常称之为碳纳米管场效应晶体管(CNTFET)。这种几何构型的屏蔽长度 λ 比较短并且同氧化物厚度的关系不大。于是晶体管可以做得更短，从而可使尺寸下降的

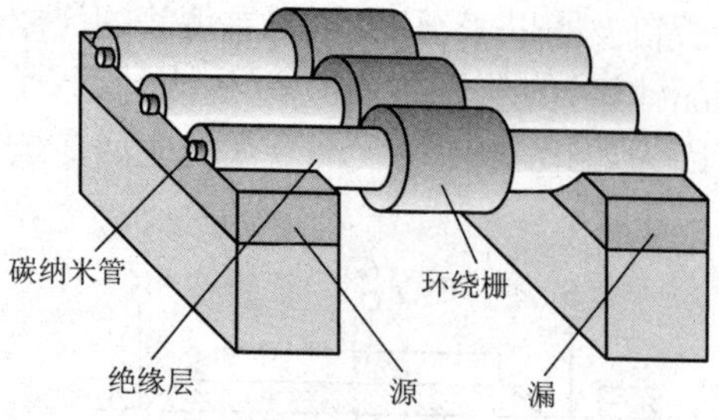

图 RM19-8

进程延续下去。

碳纳米管还有一个有趣的特性,可以用来做发光二极管(LED),而且制作方法甚至比常规的半导体 LED 简单。对于 CNTFET,可做得使其中只存在一种载流子,电子或空穴;也可以使两种载流子同时在其中运动而成为双极型的。在双极型 CNTFET 中,如果电子和空穴相遇就会复合发光。更为有趣的是,发光点还可由栅压控制使其沿管轴方向移动。理论计算表明,半导体性的碳纳米管的禁带宽度 E_g 和管径成反比,而电子—空穴发光的频率 ν 和 E_g 之间存在 $\nu=E_g/h$ 的关系,h 为普朗克常数。因此,便可由碳纳米管的管径来调控发光的波长。CNTFET 发光的逆过程是光电导,即吸收光子将其能量用来使一个价带电子激发至导带,从而同时形成一对载流子——导带中的电子和价带中的空穴。这一过程使电导率增加,故称之为光电导。2003 年实验上观察到碳纳米管的光电导效应。如此,一个 CNTFET 便能既作晶体管又能当光开关、发光器和光探测器,可谓器件中的多面手。

碳纳米管所以受到人们的重视,对其研究迅猛发展的一个重要原因便是,这是人们迄今已知的世界上唯一集优良机械、电学性质和化学稳定性于一身的材料。而且,对碳纳米管的研究还有一个显著特点,就是对其基本的科学原理的研究和对应用的研究可算是并驾齐驱,比翼双飞。

如前所述,单壁碳纳米管可看作单层石墨片卷曲而成。然而,在 2004 年之前,单层石墨片却并未引起人们多大的重视,一个原因是学术界一直认为二维晶体不可能存在,因为从热力学观点来看是不稳定的,会自然卷曲变形。然而 2004 年发生了巨大的变化。曼彻斯特大学的两位俄裔物理学家安德烈·海姆和康斯坦丁·诺沃塞洛夫发明了一种微机械劈裂技术,俗称胶带剥拉法,获得了单层石墨片。他们用胶带去粘石墨,拉出单层石墨;从此引发对这种特殊结构的碳的物质形态的研究热潮。由于石墨片为二维六角网格结构,每个碳原子有 3 个最近邻;因而碳原子间存在双键,类似于乙烯,故称之为石墨烯。

随后的研究表明石墨烯也同碳纳米管一样有许多独特的性质,从而预示着许多诱人的应用前景,益发将这一研究热潮推向前进,成为时下学术界的一大热点。而安德烈·海姆与康斯坦丁·诺沃塞洛夫也因对这一"二维材料石墨烯开创性的实验"研究而荣获 2010 年度诺贝尔物理学奖。

同碳纳米管相似,石墨烯也具有极高的机械强度。断裂强度比钢大两百多倍;劲度系数在 1~5 N/m 范围,而杨氏模量高达 0.5 TPa。这使石墨烯可用来制成压力传感器。

石墨烯的热导率在 5×10^3 W/m·K 上下,超过金刚石的热导率,成为热导率最高的物质。

石墨烯具有极好的导电性。其室温电子迁移率超过 15 000 cm^2/V·s,室温电阻率的理论极限为 $10^{-6}\,\Omega\cdot$cm,这一极限比银的室温电阻率还低。由于石墨烯的高热导和高电导特性,有望取代铜制作集成电路的互连引线。

研究表明,石墨烯的电子结构类似于石墨,为半金属或零禁带宽度的半导体。近年来不少工作致力于探索用石墨烯制作尺寸更小的晶体管的可能性,并且已取得令人瞩目的成果。石墨烯的导电本领受垂直于层面的外加电场的影响很明显,据此可制作场效应晶体管。到 2007 年已有人初步研制出顶部栅极场效应晶体管,只是性能相当差,电流的通、断比还不到

2。但一年之后研究人员就设法将这一通、断比一下子提高到 10^6 的水准；从而有可能据此制作非易失性存储器。2008 年研究人员甚至研制出一个原子厚、十个原子宽的世界上最小的晶体管。2010 年国际商用机器公司研制的石墨烯晶体管的开关速率已高达 100 GHz，超过了硅晶体管。这些都给人们采用石墨烯做材料将晶体管微型化的进程继续推进的设想带来希望。

此外，中国科学家发现石墨烯的氧化物有杀菌作用，能有效杀灭大肠杆菌之类的细菌，从而有望在卫生保健、食品保鲜等方面发挥重要作用。

总之，石墨烯将来极有可能会对人类的生活和发展带来巨大的积极的影响。

附 表

附表 1　基本物理常量 1986 年的推荐值

物　理　量	符　　号	数　　值
真空中光速	c	$299\,792\,458\ \mathrm{m\cdot s^{-1}}$
真空磁导率	μ_0	$12.566\,370\,614\times10^{-7}\ \mathrm{N\cdot A^{-2}}$
真空电容率	ε_0	$8.854\,187\,817\times10^{-12}\ \mathrm{F\cdot m^{-1}}$
万有引力常量	G	$6.672\,59\times10^{-11}\ \mathrm{m^3\cdot kg^{-1}\cdot s^{-2}}$
普朗克常量	H	$6.626\,075\,5\times10^{-34}\ \mathrm{J\cdot s}$
元电荷	e	$1.602\,177\,33\times10^{-19}\ \mathrm{C}$
磁通量子	Φ_0	$2.067\,834\,61\times10^{-15}\ \mathrm{Wb}$
玻尔磁子	μ_B	$9.274\,015\,4\times10^{-24}\ \mathrm{J\cdot T^{-1}}$
核磁子	μ_N	$5.050\,786\,6\times10^{-27}\ \mathrm{J\cdot T^{-1}}$
里德伯常量	R_∞	$10\,973\,731.534\ \mathrm{m^{-1}}$
玻尔半径	a_0	$0.529\,177\,249\times10^{-10}\ \mathrm{m}$
电子质量	m_e	$9.109\,389\,7\times10^{-31}\ \mathrm{kg}$
电子磁矩	μ_e	$9.284\,770\,1\times10^{-24}\ \mathrm{J\cdot T^{-1}}$
质子质量	m_p	$1.672\,623\,1\times10^{-27}\ \mathrm{kg}$
质子磁矩	μ_p	$1.410\,607\,61\times10^{-26}\ \mathrm{J\cdot T^{-1}}$
中子质量	m_n	$1.674\,928\,6\times10^{-27}\ \mathrm{kg}$
中子磁矩	μ_n	$0.966\,237\,07\times10^{-26}\ \mathrm{J\cdot T^{-1}}$
阿伏伽德罗常量	N_A	$6.022\,136\,7\times10^{23}\ \mathrm{mol^{-1}}$
摩尔气体常量	R	$8.314\,510\ \mathrm{J\cdot mol^{-1}\cdot K^{-1}}$
玻耳兹曼常量	k	$1.380\,658\times10^{-23}\ \mathrm{J\cdot K^{-1}}$
斯特藩常量	σ	$5.670\,51\times10^{-8}\ \mathrm{W\cdot m^{-2}\cdot K^{-4}}$

附表 2　保留单位和标准值

物　理　量	符　　号	数　　值
电子伏特	eV	$1.602\,177\,33\times10^{-19}\ \mathrm{J}$
原子质量单位	u	$1.660\,540\,2\times10^{-27}\ \mathrm{kg}$
标准大气压	atm	$101\,325\ \mathrm{Pa}$
标准重力加速度	g_n	$9.806\,65\ \mathrm{m\cdot s^{-2}}$

习题答案

第一章

1-1 $\bar{v}=70\ \mathrm{m\cdot s^{-1}}$, $v=60\ \mathrm{m\cdot s^{-1}}$, $a=20\ \mathrm{m\cdot s^{-2}}$ **1-2** (1) $x=(2t^2-8t+4)\mathrm{m}$; $a=4\ \mathrm{m\cdot s^{-2}}$, (2) $v_0=-8\ \mathrm{m\cdot s^{-1}}$, (3) $x=-4\ \mathrm{m}$, (4) $t=(2\pm\sqrt{2})\mathrm{s}$; $v=\pm4\sqrt{2}\ \mathrm{m\cdot s^{-1}}$ **1-3** (1) $v=3t^2$; $x=t^3-8$, (2) $v=0$, $x=-8\ \mathrm{m}$ **1-4** $a\geqslant\dfrac{(v_1-v_2)^2}{2d}$ **1-6** $\theta=\arctan\dfrac{v_0}{\sqrt{v_0^2+2gh}}$, $L_{\max}=\dfrac{v_0}{g}\sqrt{v_0^2+2gh}$ **1-7** (1) $\theta=14.57^\circ$, (2) $t=0.75\ \mathrm{s}$; $h=10.2\ \mathrm{m}$, (3) $10.2\ \mathrm{m}$; $81.5\ \mathrm{m}$ **1-8** $a/g=2.5\times10^{14}$ **1-9** $\boldsymbol{r}=R\cos\left(\dfrac{1}{2}bt^2\right)\boldsymbol{i}+R\sin\left(\dfrac{1}{2}bt^2\right)\boldsymbol{j}$, $\boldsymbol{v}=-Rbt\sin\left(\dfrac{1}{2}bt^2\right)\boldsymbol{i}+Rbt\cos\left(\dfrac{1}{2}bt^2\right)\boldsymbol{j}$ **1-10** $v_p=v_0/\cos\theta$, $a_p=\dfrac{v_0^2}{r\cos^3\theta}$ **1-11** (1) $t=1\ \mathrm{s}$, (2) $s=1.5\ \mathrm{m}$ **1-12** $v_t=v_0(1+2kv_0^2t)^{-1/2}$, $v_x=\dfrac{v_0}{1+kv_0x}$ **1-13** (1) $\theta=25.4^\circ$, (2) $T=0.21\ \mathrm{h}$ **1-15** $v=21.6\ \mathrm{km\cdot h^{-1}}$, $\alpha=73.9^\circ$ **1-16** $\boldsymbol{r}=\left[v_0t-R\sin\left(\dfrac{v_0}{R}t\right)\right]\boldsymbol{i}+R\left[1-\cos\left(\dfrac{v_0}{R}t\right)\right]\boldsymbol{j}$, $\boldsymbol{v}=v_0\left[1-\cos\left(\dfrac{v_0}{R}t\right)\right]\boldsymbol{i}+v_0\sin\left(\dfrac{v_0}{R}t\right)\boldsymbol{j}$, $\boldsymbol{a}=\dfrac{v_0^2}{R}\times\left[\sin\left(\dfrac{v_0}{R}t\right)\boldsymbol{i}+\cos\left(\dfrac{v_0}{R}t\right)\boldsymbol{j}\right]$

第二章

2-1 $\mu_0=\dfrac{m}{M}$, $\mu=\dfrac{m}{M}-\left(1+\dfrac{m}{M}\right)\dfrac{2s}{gt^2}$ **2-2** $H=R\left(1-\dfrac{4}{\sqrt{17}}\right)$ **2-3** (1) $F_1=\dfrac{(m_A+m_B)m_A}{m_B}\mu_0g$, (2) $F_2=\mu_0(m_A+m_B)g$, (3) $F_1=21.6\ \mathrm{N}$ **2-4** $a=\dfrac{M_1-2M_2}{M_1+4M_2}g$ **2-5** $r=2.28\times10^{11}\ \mathrm{m}$ **2-6** $v=\sqrt{v_0^2+2Rg(\cos\theta-1)}$, $T=m\dfrac{v_0^2}{R}+(3\cos\theta-2)mg$ **2-7** $\dfrac{\sin\beta-\mu\cos\beta}{\sin\alpha+\mu\cos\alpha}\leqslant\dfrac{m_A}{m_B}\leqslant\dfrac{\sin\beta+\mu\cos\beta}{\sin\alpha-\mu\cos\alpha}$ **2-8** $H=\dfrac{2}{3}R$ **2-9** $A=0.2\ \mathrm{m\cdot s^{-2}}$（向下运动） **2-10** (1) $a=g\tan\alpha$, (2) $F=(M+m)g\tan\alpha$, (3) $\theta=\arctan\left[\left(1+\dfrac{m}{M}\right)\tan\alpha\right]$ $a_m=\dfrac{g\sin\alpha}{M+m\sin^2\alpha}\sqrt{M^2+m^2\sin^2\alpha+2Mm\sin^2\alpha}$, $a=\dfrac{m\sin\alpha\cos\alpha}{M+m\sin^2\alpha}g$, $a'=-\dfrac{(M+m)\sin\alpha}{M+m\sin^2\alpha}g$ **2-11** (1) $n_{\min}=\sqrt{\dfrac{g(\sin\theta-\mu\cos\theta)}{4\pi^2r(\mu\sin\theta+\cos\theta)}}$, (2) $n_{\max}=\sqrt{\dfrac{g(\sin\theta+\mu\cos\theta)}{4\pi^2r(\cos\theta-\mu\sin\theta)}}$ **2-12** $a_A=\dfrac{g}{6}\sqrt{13-4\mu+\mu^2}$; $a_B=\dfrac{5-\mu}{6}g$ **2-13** $I=\Delta p=1\ \mathrm{kg\cdot m\cdot s^{-1}}$（$x$方向） **2-14** $h=\dfrac{m^2}{M^2-m^2}S$ **2-15** $N=45\ \mathrm{W}$ **2-16** $F=\dfrac{3Mgl}{L}$（方向向下） **2-17** $l=\dfrac{mR}{M+m}$ **2-18** $\left(1+\dfrac{m}{M}\right)^2x^2+y^2=R^2$ **2-19** $x=1.41\times10^4\ \mathrm{m}$ **2-20** $\omega=4.13\times10^{16}\ \mathrm{rad\cdot s^{-1}}$ **2-21** (1) $\theta=21\,524\ \mathrm{rad}$, (2) $t=287\ \mathrm{s}$ **2-22** (1) $a=1.28\ \mathrm{m\cdot s^{-2}}$, (2) $\beta=32\ \mathrm{rad\cdot s^{-2}}$, (3) $T=1.28\ \mathrm{N}$, (3) $F=20.9\ \mathrm{N}$ **2-23** (1) $M=\dfrac{1}{2}mgl$, (2) $\beta=\dfrac{3g}{2l}$, (3) $a_c=\dfrac{3}{4}g$, (4) $F=\dfrac{1}{4}mg$ **2-24** $\dfrac{\mathrm{d}s}{\mathrm{d}t}=\dfrac{L}{2m}$ **2-25** (1) $L=\sqrt{2m^2gl^3\sin\theta}$, (2) $\omega=\sqrt{2g/l}$

第三章

3-1 (1) $W_{\text{人}}=8.82\times10^3\ \mathrm{J}$, (2) $W_f=-8.82\times10^3\ \mathrm{J}$ **3-2** $W_f=-\dfrac{3}{2}\ \mathrm{J}$; $W_{\text{外}}=\dfrac{15}{2}\ \mathrm{J}$ **3-3** $W=$

$\frac{2}{25}mgl$ **3-4** (1) $f=2.45\times10^3$ N; $p=8.82\times10^4$ N, (2) $v=45\ \mathrm{m\cdot s^{-1}}$ **3-5** $W=\frac{1}{2}ka^2\theta^2+mga\sin\theta$ **3-6** (1) $m=1.8\times10^6$ kg, (2) $v=\sqrt{\frac{5}{3}t+100}$, (3) $F=\frac{1.5\times10^6}{\sqrt{\frac{5}{3}t+100}}$, (4) $s=2.8$ km **3-7** $\Delta s=\frac{Ml}{M-m}$ **3-8** (1) $\boldsymbol{a}=\frac{\boldsymbol{F}}{m}$, (2) $W_{地}=\boldsymbol{F}\cdot\boldsymbol{u}t+\frac{F^2t^2}{2m}$; $W_{东}=\frac{F^2t^2}{2m}$, (3) $\Delta E_{k1}=\boldsymbol{F}\cdot\boldsymbol{u}t=\frac{F^2t^2}{2m}$; $\Delta E_{k2}=\frac{F^2t^2}{2m}$ **3-9** $v=\sqrt{\frac{g}{l}(l^2-a^2)}$ **3-10** (1) $a=\frac{\mu}{1+\mu}l$, (2) $v=\sqrt{\frac{gl}{1+\mu}}$ **3-11** (1) $v=\frac{F-\mu mg}{\sqrt{km}}$, (2) $E_p=\frac{2(F-\mu mg)^2}{k}$ **3-12** $\theta=60°$ **3-13** $x=\frac{1}{5}(3l+2l\cos\theta)$ **3-14** $v=0.98\ \mathrm{m\cdot s^{-1}}$ **3-15** $F\geqslant(m_A+m_B)g$ **3-16** $v=\sqrt{\frac{2mgr^2h}{I+\frac{2}{3}Mr^2+mr^2}}$ **3-17** $v=185\ \mathrm{m\cdot s^{-1}}$ **3-18** (1) $v=\frac{M\sqrt{3gl}}{2m}$, (2) $x=\frac{2}{3}L$ **3-19** $m=\frac{M}{1+12\left(\frac{d}{l}\right)^2}$ **3-20** $v_0\leqslant\sqrt{gR(2\cos\theta-1)}$, $0<\theta<60°$ **3-21** $a=1$ **3-22** $P=2.5\times10^{-2}\ \mathrm{kg\cdot m\cdot s^{-1}}$, $E_k=2.1\times10^{-3}$ J, $E_p=4.2\times10^{-3}$ J **3-23** $h_1=\frac{1}{9}m$, $h_2=\frac{4}{9}m$ **3-24** $v=\sqrt{\frac{2m^2gh\cos^2\alpha}{(M+m)(M+m\sin^2\alpha)}}$

第四章

4-1 $\Delta x'=27.5$ m, $\Delta t'=2.5\times10^{-8}$ s **4-2** (1) $v=\frac{3}{5}c$, (2) $\Delta x'=-9.0\times10^8$ m **4-3** 0.8 s **4-4** $v_x=0.8c$ **4-5** $L=L_0[\cos^2\theta'(1-v^2/c^2)+\sin^2\theta']^{1/2}$, $\theta=\arctan\left(\frac{\tan\theta'}{\sqrt{1-v^2/c^2}}\right)$ **4-6** (1) $v=-\frac{c}{2}$, (2) $\Delta x'=5.20\times10^4$ m **4-7** $v=\frac{\sqrt{3}}{2}c$ **4-8** (1) $s=3\times10^{10}$ m, (2) $v=0.9c$ **4-9** (1) 1.36 km, (2) 4.6 km, (3) 14.70 km **4-10** (1) $v=0.8c$, (2) $v=0.65c$ **4-11** (1) $v=0.8c$, (2) $\Delta t'=3$ s **4-12** $v=0.86c$, $\theta=34.1°$ **4-13** $M_0=\frac{2m_0}{\sqrt{1-v^2/c^2}}$ **4-14** $t=\frac{d}{c}\left[1+\frac{(m_vc^2)^2}{2E^2}\right]$

第五章

5-1 $v=10.4\ \mathrm{m\cdot s^{-1}}$ **5-2** $P=6.6\times10^2$ W **5-3** (1) $v=2.54\ \mathrm{m\cdot s^{-1}}$, (2) $\Delta p=-249$ Pa **5-4** $V=S_B\sqrt{\frac{2(\rho'-\rho)gh}{\rho(S_A^2-S_B^2)}}$ **5-5** $h=\frac{Q^2}{2g}\left(\frac{1}{S_A^2}-\frac{1}{S_B^2}\right)$ **5-6** (1) $p_A=9.15\times10^4$ Pa; $p_B=1.013\times10^5$ Pa; $p_C=8.66\times10^4$ Pa, (2) $Q=3.1\times10^{-3}\ \mathrm{m^3\cdot s^{-1}}$ **5-7** (1) $v_A=2.42\ \mathrm{m\cdot s^{-1}}$, (2) $t=4.66\times10^2$ s, (3) $t=294.1$ s **5-8** $t=5.3$ s **5-9** 67 J **5-10** (1) $v_1=0.22\ \mathrm{m\cdot s^{-1}}$, (2) $Re=350$, 不发生; (3) $p=131.3$ Pa

第六章

6-1 $N=2.43\times10^6$ 个 **6-2** (1) $\rho_1=\frac{2mN_1}{V}$; $\rho_2=\frac{2mN_2}{V}$; $p_1=\frac{2N_1mv_0^2}{3V}$; $p_2=\frac{2N_2mv_0^2}{3V}$, (2) $\rho=\frac{m(N_1+N_2)}{V}$, $p=\frac{1}{3V}(N_1+N_2)mv_0^2$ **6-3** (1) $\rho_1=\frac{2mN_1}{V}$; $\rho_2=\frac{2mN_2}{V}$; $p_1=\frac{2N_1mv_1^2}{3V}$; $p_2=\frac{2N_2mv_2^2}{3V}$, (2) $\rho=\frac{m(N_1+N_2)}{V}$; $p=\frac{m(N_1v_1^2+N_2v_2^2)}{3v}$ **6-4** $\rho=0.180\ \mathrm{kg\cdot m^{-3}}$ **6-5** $h=2.3\times10^3$ m **6-6** $\overline{v^{-1}}=\sqrt{\frac{2m}{\pi kT}}$ **6-7** $\Delta N_1/\Delta N_2=0.78$ **6-8** $\Delta N/N=1.66\%$ **6-9** (1) $N=3.18\times10^{23}$ 个, (2) $500\ \mathrm{m\cdot s^{-1}}$,

(3) $\sqrt{\overline{v^2}} = 5.48\times10^2\ \mathrm{m\cdot s^{-1}}$ **6-10** (2) $A=\frac{3}{v_m^3}$， (3) $\bar{v}=\frac{3}{4}v_m$ **6-12** $n/n_0\approx 0.64$ **6-13** $T=3\,600$ s **6-14** $p\leqslant 1.5\times10^{-2}$ mmHg **6-15** $\overline{\varepsilon_{平}}=10^{-8}$ J；$\overline{\varepsilon_{转}}=0.67\times10^{-8}$ J；$\overline{\varepsilon_k}=1.67\times10^{-8}$ J **6-16** $\bar{v}_1/\bar{v}_2=\sqrt{\frac{M_2}{M_1}}$；$p=\frac{4E}{3V}$

第 七 章

7-1 $\mu=\left(\frac{M_1-M_2}{p_1-p_2}\right)\frac{RT}{V}$ **7-2** $\Delta l=10$ cm **7-3** (1) $p_2=2$ atm， (2) $p_2=2.8$ atm **7-4** (1) $W=Q=1.73\times10^3$ J；$\Delta U=0$， (2) $\Delta U=0$；$W=Q=1.92\times10^3$ J **7-5** (1) $Q=60$ J， (2) $Q=-70$ J， (3) $Q_{ad}=50$ J；$Q_{db}=10$ J **7-6** (1) $A=p_1^2/RT_1$， (2) $T=4T_1$；$W=\frac{3}{2}RT_1$ **7-7** (1) $Q=a(T_2-T_1)+b(T_2^2-T_1^2)+c\frac{T_1-T_2}{T_1T_2}$， (2) $\overline{C_p}=a+b(T_2+T_1)-\frac{C}{T_1T_2}$ **7-8** $W=3.098\times10^3$ J **7-9** $\Delta U=8\,540$ cal **7-13** $\Delta T=93.3$ K **7-14** $\Delta S=1.4\ \mathrm{J\cdot K^{-1}}$ **7-15** (1) $\Delta S_1=610\ \mathrm{J\cdot K^{-1}}$， (2) $\Delta S_2=-568\ \mathrm{J\cdot K^{-1}}$， (3) $42\ \mathrm{J\cdot K^{-1}}$

第 八 章

8-1 $E=5.1\times10^{12}\ \mathrm{N\cdot C^{-1}}$；$F=8.2\times10^{-7}$ N **8-2** $E=3.1\times10^6\ \mathrm{N\cdot C^{-1}}$；$Q=-30°$ **8-4** (1) $E=\frac{q}{4\pi\varepsilon_0 r}\left(r^2+\frac{l^2}{4}\right)^{-1/2}$， (2) $E=\frac{q}{4\pi\varepsilon_0 r^2}$， (3) $E=\frac{\lambda}{2\pi\varepsilon_0 r}$ **8-5** $E=\frac{\sigma x}{2\varepsilon_0(R^2+x^2)^{1/2}}$ **8-7** (1) $E_1=0$；$E_2=\frac{\lambda_1}{2\pi\varepsilon_0 r}$；$E_3=\frac{\lambda_1+\lambda_2}{2\pi\varepsilon_0 r}$， (2) $E_1=0$；$E_2=\frac{\lambda_1}{2\pi\varepsilon_0 r}$；$E_3=0$ **8-8** (1) $E=\frac{q}{4\pi\varepsilon_0(r^2-l^2)}$， (2) $E=\frac{q}{4\sqrt{2}\pi\varepsilon_0 lr}\sqrt{1-\frac{r}{\sqrt{r^2+4l^2}}}$ **8-9** (1) $\sigma_1=-\left(\frac{R_2}{R_1}\right)^2\sigma$， (2) $E=-\frac{R_2^2\sigma}{\varepsilon_0 r^2}$， (3) $E=0$ **8-10** (1) $W=\frac{q}{6\pi\varepsilon_0 l}$， (2) $W=\frac{q}{6\pi\varepsilon_0 l}$ **8-11** (1) $E_1=0$；$E_2=\frac{\lambda}{2\pi\varepsilon_0 r}$，$E_3=0$， (2) $V_1=\frac{\lambda}{2\pi\varepsilon_0}\ln\frac{b}{a}$；$V_2=\frac{\lambda}{2\pi\varepsilon_0}\ln\frac{b}{r}$；$V_3=0$， (3) $\Delta V=\frac{\lambda}{2\pi\varepsilon_0}\ln\frac{b}{a}$ **8-13** $U=\frac{\lambda R}{2\varepsilon_0(x^2+R^2)^{1/2}}$；$E=\frac{\lambda Rx}{2\varepsilon_0(x^2+R^2)^{3/2}}$ **8-14** (1) $\boldsymbol{E}_A=\frac{\sigma}{2\varepsilon_0}\boldsymbol{i}$；$\boldsymbol{E}_B=\frac{\sigma}{2\varepsilon_0}\boldsymbol{i}$；$\boldsymbol{E}=\frac{\sigma}{\varepsilon_0}\boldsymbol{i}$， (2) $\boldsymbol{E}=\frac{\sigma}{2\varepsilon_0}\boldsymbol{i}$ **8-15** (1) $U_A=1.86\times10^2$ V， (2) $U_P=1.48\times10^2$ V **8-16** $E=\frac{Q}{4\pi\varepsilon_0 r^2}$；$U=\frac{Q}{4\pi\varepsilon_0 r}$；$r<R_2$ 处 $U=\frac{Q}{4\pi\varepsilon_0 R_2}$ **8-17** (1) $U=\frac{q}{4\pi\varepsilon_0 R_2}$， (2) $U=0$， (3) $e=\frac{R_1}{R_2}q$；$U_{外}=\frac{(R_1-R_2)q}{4\pi\varepsilon_0 R_2^2}$ **8-18** $U_r=U_2+\frac{U_1-U_2}{\ln\frac{R_2}{R_1}}\ln\frac{R_2}{r}$ **8-19** $U=U_0\frac{C_1}{C_1+C_2}$ **8-20** $\sigma_0=-\frac{\lambda}{2\pi d}$ **8-21** (1) $U_r=\frac{1}{4\pi\varepsilon_0}\left(\frac{q}{r}-\frac{q}{R_1}+\frac{q+Q}{R_2}\right)$；$U_{R_1}=\frac{q+Q}{4\pi\varepsilon_0 R_2}$；$U_{R_2}=\frac{q+Q}{4\pi\varepsilon_0 R_2}$， (2) $U_r-U_{R_1}=\frac{q}{4\pi\varepsilon_0}\left(\frac{1}{r}-\frac{1}{R_1}\right)$， (3) $U_r=\frac{q}{4\pi\varepsilon_0}\left(\frac{1}{r}-\frac{1}{R_1}\right)$；$U_{R_1}=U_{R_2}=0$；$U_r-U_R=\frac{q}{4\pi\varepsilon_0}\left(\frac{1}{r}-\frac{1}{R_1}\right)$ **8-22** $I=4.65$ A **8-23** $U_{AB}=21$ V **8-24** $\mathscr{E}=1.6$ V **8-25** (1) $U_{AD}=10$ V， (2) $U_{ab}=4$ V， (3) $I=\frac{2}{3}$ A **8-26** $x=20$ km

第 九 章

9-1 (2) $R=\frac{1}{B}\sqrt{\frac{2mU}{e}}$， (3) $R=1.5\times10^{-2}$ m **9-2** (1) 1∶1∶2， (2) $R_{氘}=R_\alpha=0.14$ m **9-3** (1) $f=3.0\times10^4\ \mathrm{s^{-1}}$， (2) $T=3.3\times10^{-4}$ s， (3) $v=9.6\times10^4\ \mathrm{m\cdot s^{-1}}$， (4) $E_k=7.69\times10^{-18}$ J

9-4 $v = 7.04\times10^7\ \mathrm{m\cdot s^{-1}}$ **9-5** $U_{ab} = -2.2\times10^{-5}$ V **9-6** $2\times10^{-4}\ \mathrm{N\cdot m^{-1}}$ **9-7** $\boldsymbol{F} = \frac{\mu_0 Iid}{2\pi}\left(\frac{1}{a}-\frac{1}{b}\right)\boldsymbol{i}$

9-8 (1) $q = \frac{m\sqrt{2gh}}{Bl}$, (2) $q = 0.38$ C **9-9** $M_{max} = 2\ \mathrm{N\cdot m}$ **9-10** (1) $M = 7.85\times10^{-2}\ \mathrm{N\cdot m}$;沿 y 方向, (2) $W = 7.85\times10^{-2}\ \mathrm{N\cdot m}$ **9-11** (1) $\boldsymbol{F}_{合} = -\frac{\mu_0 I_1 I_2 a^2}{2\pi(d^2-a^2/4)}\boldsymbol{i}$, (2) $F = 1.6\times10^{-6}$ N **9-12** (1) $B_P = \frac{\mu_0 I}{4\pi x}\left(\frac{l_1}{\sqrt{l_1^2+x^2}}+\frac{l_2}{\sqrt{l_2^2+x^2}}\right)$, (2) $B_P = \frac{\mu_0 I}{2\pi x}$ **9-13** $B_0 = \frac{\mu_0 I}{8R}$ **9-14** $B = 7.2\times10^{-5}$ T; $\theta = 33.7°$

9-15 $B_1 = 0$; $B_2 = \frac{\mu_0 I}{2\pi x}\left(\frac{x^2-a^2}{b^2-a^2}\right)$; $B_3 = \frac{\mu_0 I}{2\pi x}$ **9-16** $B_1 = \frac{\mu_0 Ir}{2\pi r_1^2}$; $B_2 = \frac{\mu_0 I}{2\pi r}$; $B_3 = \frac{\mu_0 I}{2\pi r}\frac{r_3^2-r^2}{r_3^2-r_2^2}$; $B_4 = 0$

9-17 (1) $B_O = \frac{\mu_0 Ir^2}{2\pi a(R^2-r^2)}$; $B_{O'} = \frac{\mu_0 Ia}{2\pi(R^2-r^2)}$, (2) $B_O = 3.1\times10^{-6}$ T; $B_{O'} = 3.1\times10^{-4}$ T

9-18 $B = 12.53$ T

第 十 章

10-1 $\mathscr{E} = 1.5$ V,由 $D\rightarrow C$ **10-2** (1) $F = 0.5$ N, (2) $P = 2$ W, (3) $P = 2$ W **10-3** $\mathscr{E} = -3.68\times10^{-5}$ V; 方向由 $B\rightarrow A$;A 点电势高 **10-4** $\mathscr{E} = 6.86\times10^{-6}$ V; 顺时针方向 **10-5** $\mathscr{E} = 9.26\times10^{-3}$ N; A 点电势高 **10-7** $E = -2.5\times10^{-3}\ \mathrm{V\cdot m^{-1}}$ **10-8** (1) $\Phi = \frac{\mu_0 I_0 l}{2\pi}\ln\frac{b}{a}\sin\omega t$, (2) $\varepsilon = -\frac{\mu_0 I_0 l\omega}{2\pi}\ln\frac{b}{a}\cos\omega t$ **10-10** $B = 1.27\times10^{-4}$ T **10-11** $L = 7.4\times10^{-4}$ H **10-12** (1) $\Psi = 6.28\times10^{-3}\ \mathrm{T\cdot m^2}$, (2) $L = 6.28\times10^{-3}$ H **10-13** (1) $L = \frac{\mu_0 N^2 s}{l}$, (2) $L = 1.26\times10^{-3}$ H **10-14** $\mathscr{E} = 0.226$ V;与电流方向相反 **10-15** $\mathscr{E} = -1.4\times10^{-4}\cos100\pi t$ **10-16** (1) $L_1 = \frac{\mu_0 N_1^2 a^2}{2R}$; $L_2 = \frac{\mu_0 N_2^2 a^2}{2R}$, (2) $M = \frac{\mu_0 N_1 N_2 a^2}{2R}$, (3) $M = \sqrt{L_1 L_2}$ **10-17** (1) $W_m = 62.5$ J, (2) $t = 0.31$ s **10-18** (1) $\varepsilon = Bv^2\tan\theta\cdot t$, (2) $I = \frac{Bv\sin\theta}{r(1+\sin\theta+\cos\theta)}$ **10-19** $M = \frac{\mu_0\pi N_1 N_2 R^2 r^2}{2(R^2+l^2)^{3/2}}$

第 十 一 章

11-1 $C = \frac{\varepsilon_1 S_1+\varepsilon_2 S_2}{d}$ **11-2** $E = 2\times10^6\ \mathrm{V\cdot m^{-1}}$; $\sigma' = 1.23\times10^{-5}\ \mathrm{C\cdot m^{-2}}$ **11-3** $\sigma' = 7.08\times10^{-6}\ \mathrm{C\cdot m^{-2}}$

11-4 (1) $\sigma_1 = \frac{\varepsilon_0\varepsilon_{r1}V}{d}$; $\sigma_2 = \frac{\varepsilon_0\varepsilon_{r2}V}{d}$, (2) $D_1 = \frac{\varepsilon_0\varepsilon_{r1}V}{d}$; $D_2 = \frac{\varepsilon_0\varepsilon_{r2}V}{d}$, (3) $C = \frac{\varepsilon_0 S(\varepsilon_{r1}+\varepsilon_{r2})}{2d}$ **11-5** (1) $C = \frac{\varepsilon_1\varepsilon_2 S}{\varepsilon_1 d_2+\varepsilon_2 d_1}$, (2) $\sigma' = \varepsilon_0\sigma_0\left(\frac{1}{\varepsilon_2}-\frac{1}{\varepsilon_1}\right)$, (3) $U = \frac{\sigma_0 d_1}{\varepsilon_1}+\frac{\sigma_0 d_2}{\varepsilon_2}$, (4) $D_1 = D_2 = \sigma_0$ **11-6** (1) $D_1 = 0$; $E_1 = 0$; $D_2 = \frac{Q}{4\pi r^2}$; $E_2 = \frac{Q}{4\pi\varepsilon r^2}$; $E_3 = 0$; $U_{12} = \frac{Q}{4\pi\varepsilon}\left(\frac{1}{R_1}-\frac{1}{R_2}\right)$, (2) $\sigma'_{内} = \frac{Q}{4\pi R_1^2}\left(\frac{\varepsilon_0}{\varepsilon}-1\right)$; $\sigma'_{外} = \frac{Q}{4\pi R_2^2}\left(1-\frac{\varepsilon_0}{\varepsilon}\right)$, (3) $C = 4\pi\varepsilon\frac{R_1R_2}{R_2-R_1}$ **11-7** (1) $D = \frac{\lambda_0}{2\pi r}$; $p = \frac{\lambda_0}{2\pi r}\left(1-\frac{\varepsilon_0}{\varepsilon}\right)$, 方向均沿半径向外; $\sigma'_{内} = \frac{-\lambda_0}{2\pi R_1}\left(1-\frac{\varepsilon_0}{\varepsilon}\right)$; $\sigma'_{外} = \frac{\lambda_0}{2\pi R_2}\left(1-\frac{\varepsilon_0}{\varepsilon}\right)$, (2) $U_2 = \frac{\lambda_0}{2\pi\varepsilon}\ln\frac{R_2}{R_1}$, (3) $C = 2\pi\varepsilon l\Big/\ln\frac{R_2}{R_1}$ **11-8** (1) $H = nI$, $B = \mu nI$, $M = nI\left(\frac{\mu}{\mu_0}-1\right)$, (2) $i' = nI\left(\frac{\mu}{\mu_0}-1\right)$ **11-9** (1) $M_1 = \frac{Ir}{2\pi R^2}$; $B_1 = \frac{\mu_0 Ir}{2\pi R^2}$; $H_2 = \frac{I}{2\pi r}$; $B_2 = \frac{\mu_0\mu_r I}{2\pi r}$; $H_3 = \frac{I}{2\pi r}$; $B_3 = \frac{\mu_0 I}{2\pi r}$, (2) $I'_{内} = I'_{外} = (\mu_r-1)I$ **11-10** $R = 1.33$ m; $W = 1.18\times10^3$ J

11-11 (1) $w_1 = 1.11\times10^{-2}\ \mathrm{J\cdot m^{-3}}$; $w_2 = 2.22\times10^{-2}\ \mathrm{J\cdot m^{-3}}$, (2) $W_1 = 1.11\times10^{-7}$ J; $W_2 = 3.3\times10^{-7}$ J,

(3) $W=4.4\times10^{-7}$ J　**11-12** $W=\dfrac{\lambda^2}{4\pi\varepsilon}\ln\dfrac{b}{a}$　**11-14** $E=1.5\times10^{8}$ V·m^{-1}

第十二章

12-2 (1) $I_D=6.9\times10^{-2}$ A，(2) $B=2.76\times10^{-7}$ J　**12-4** (1) $E=-\dfrac{r}{2}\mu_0 n\dfrac{di}{dt}$，(2) $S=\dfrac{r}{2}\mu_0 n^2 i\dfrac{di}{dt}$；沿负 $\boldsymbol{r}^0$ 方向　**12-5** (1) $B=5.0\times10^{-4}$ T，(2) $E=7.5\times10^{-2}$ V·m^{-1}，(3) $S=30$ W·m^{-2}；沿负 $\boldsymbol{r}^0$ 方向　**12-6** (1) $E=\rho\dfrac{1}{\pi R^2}$；沿电流方向，(2) $B=\dfrac{\mu_0 Ir}{2\pi R^2}$ 与 I 成右手螺旋的方向，(3) $S=\dfrac{\rho I^2 r}{2\pi^2 R^4}$；沿负 $\boldsymbol{r}^0$ 方向　**12-8** $E=1.07\times10^{8}$ V·m^{-1}　**12-9** $E_0=1.23\times10^{4}$ V·m^{-1}，$B_0=4.09\times10^{-5}$ W·m^{-2}，$j=5.03\times10^{23}$ 光子/(m^2·s)　**12-10** (1) $P_{太}=3.8\times10^{26}$ W，(2) $P_{地}=1.73\times10^{17}$ W，(3) $t=1.5\times10^{11}$ a

第十三章

13-1 (1) 2 cm；0.5 Hz；π rad·s^{-1}；2 s；$\dfrac{\pi}{3}$，(2) $x=-1$ cm；$v=\sqrt{3}\pi$ cm·s^{-1}；$a=\pi^2$ cm·s^{-2}　**13-2** (1) 4 rad·s^{-1}；0.14 m；$-\dfrac{\pi}{4}$，(2) $x=0.14\cos\left(4t-\dfrac{\pi}{4}\right)$；$v=-0.56\sin\left(4t-\dfrac{\pi}{4}\right)$；$a=-2.24\cos\left(4t-\dfrac{\pi}{4}\right)$　**13-3** (1) 6.28×10^{-7} m·s^{-1}，(2) 6.63×10^{-29} N，(3) 3.32×10^{-40} J　**13-4** (1) $\dfrac{T}{6}$，(2) $\sqrt{2}Q_0$，(3) $\dfrac{T}{4}$；$\sqrt{2}Q_0$　**13-5** (1) $\dfrac{1}{2\pi}\sqrt{\dfrac{K}{m}}$，(2) 0.2 s；1 cm，(3) 以平衡位置为零势能参考点和坐标原点时总能量 $E=\dfrac{1}{2}kx^2+\dfrac{1}{2}mv^2$　**13-6** (1) $T_2=2\pi\sqrt{\dfrac{M+m}{K}}$；$T_2/T_1=\sqrt{\dfrac{M+m}{M}}$，(2) $A_2=\sqrt{\dfrac{M}{M+m}}A$　**13-7** $T=\dfrac{4}{D}\sqrt{\dfrac{\pi m}{\rho g}}$　**13-8** (1) 5×10^{-2} m；83.13°，(2) $\varphi_2=\dfrac{\pi}{6}$ 及 $\dfrac{7\pi}{6}$ 时，A 分别为极大和极小，(3) 1.55 cm；$\dfrac{3}{4}\pi$　**13-9** 442 Hz；2 Hz　**13-10** $y=1.0\times10^{-3}\cos880\pi\left(t-\dfrac{1}{172}\right)$　**13-11** $y=1.0\times10^{-2}\cos\left(\dfrac{4\pi}{5}t-2\pi x-\dfrac{\pi}{2}\right)$　**13-12** (1) 4×10^{-3} m；8.3×10^{-3} s；0.25 m，(2) $y=4\times10^{-3}\cos240\pi\left(t+\dfrac{x}{30}\right)$，(3) $y=4\times10^{-3}\cos240\pi\left(t-\dfrac{1}{3}\right)$；$v=-3.0\sin240\pi\left(t-\dfrac{1}{3}\right)$　**13-13** $y=0.02\cos\left[10\pi\left(t-\dfrac{x}{50}\right)-\dfrac{\pi}{2}\right]$　**13-14** 44.3 m·s^{-1}；$\sqrt{(10+y)g}$　**13-15** 2.4×10^{-11} m；2.4×10^{-5} m　**13-16** $\dfrac{3\pi}{2}\sqrt{\dfrac{m}{k}}$　**13-17** $\sqrt{4\pi^2(\nu_1^2-\nu_2^2)}$　**13-18** (1) 5.15×10^{3} Hz，(2) $\dfrac{1}{3}$　**13-19** $y=2A_1\cos kx\cos\omega t+\Delta A\cos(\omega t+kx)$　**13-20** (1) $y=2.0\times10^{-2}\cos\left[100\pi\left(t-\dfrac{x}{20}\right)-\dfrac{4\pi}{3}\right]$，(2) 波节 $x=\pm(0.2k+0.1)$；波腹 $x=\pm0.2k$ $(k=0, 1, 2, \cdots)$　**13-21** $y=2A\cos\left(\dfrac{\omega x}{v}+\dfrac{\varphi}{2}\right)\cos\left(\omega t-\dfrac{\omega l}{2v}+\dfrac{\varphi}{2}\right)$　**13-22** (1) $y_{+}=A\cos200\pi\left(t-\dfrac{1.5+x}{400}\right)$；$y_{-}=A\cos\left[200\pi\left(t+\dfrac{x-4.5}{400}\right)+\dfrac{\pi}{2}\right]$，(2) $x=0$；2 m；4 m　**13-23** 0.6 m；8.3 N　**13-24** (1) 919 Hz，(2) 912 Hz　**13-25** 7 200 m·s^{-1}　**13-26** 43.6 m·s^{-1}

第十四章

14-1 21 个　**14-2** (1) $\rho_m^2=mr_0\lambda$；$m=2n-1$；极大值；$m=2n$；极小值，(2) 2.83 mm　**14-3** 1.2 m

14-4 (1) 8.0 m; 2.7 m, (2) 4.0 m; 2.0 m **14-5** (1) 600 nm; 467 nm, (2) 3; 4, (3) 7; 9, (4) $\lambda=$ 700 nm; 525 nm; $k=4$, 5; 6, 8, 10 个半波带 **14-6** 428.6 nm **14-7** 0, ±10.3°, ±20.9°, ±32.4°, ±45.6°, ±63.2° **14-8** (1) 1.2 mm, (2) 0, ±1, ±2, ±3, ±4 共 9 条 **14-9** 0.295 m **14-10** 9.15×10^{-6} m **14-11** 8.41×10^{3} m **14-12** 0.3 nm **14-13** (1) 向膜一侧移动; (2) 5.4×10^{-6} m **14-14** 147 条; 1.36 mm **14-15** (1) 亮纹, (2) 1.48×10^{-6} m **14-16** 486.4 nm **14-17** (1) 2.947×10^{-5} m, (2) G_2 两表面不平行 **14-19** 正面:674 nm; 404 nm,反面:505 nm **14-20** 588.3 nm

第 十 五 章

15-1 $\frac{1}{8}I_0\sin^2 2\theta$ **15-2** 48.4°; 41.6°; 互为余角 **15-3** 2/5; 3/5 **15-4** 3.51° **15-5** 1.71×10^{-6} m **15-6** (1) 1.875×10^{-5} m, (2) 30°或 60° **15-7** 2.17 mm **15-8** 717 nm; 614 nm; 538 nm; 478 nm; 430 nm; 662 nm; 573 nm; 506 nm; 453 nm; 410 nm **15-9** 2.14 **15-10** 中央 $\Delta x_0=3.0\times10^{-2}$ m; 其他 $\Delta x_m=1.5\times10^{-2}$ m

第 十 六 章

16-1 2.2×10^{-14} m **16-2** 0.39 nm **16-3** $\frac{\hbar^2}{8mL^2}$ **16-4** 0.95 eV **16-5** $\frac{n^2\hbar^2\pi^2}{2mL^2}$ **16-6** 0.02; 0.01; 0 **16-7** $\pm\hbar\frac{n\pi}{a}$ **16-8** 81.8% **16-9** $\frac{1}{a}$ **16-10** $\frac{1}{2}\hbar\omega$ **16-11** 0; 0 **16-12** $c\mathrm{e}^{\mathrm{i}p_x x/\hbar}$

第 十 七 章

17-1 $r=a_0$ **17-2** 5.6×10^{-7} m **17-3** 3.4 eV **17-4** $\sqrt{6}\hbar$; $\sqrt{\frac{3}{4}}\hbar$ **17-5** 9.12×10^{-8} m; 1.22×10^{-7} m **17-6** 652 nm; 121 nm; 103 nm **17-7** 不能, $\lambda=121.8$ nm **17-8** 2.86 eV; $n=5$; $k=2$ **17-9** $Z=15$; 磷 **17-10** $1/\lambda_1+1/\lambda_2=1/\lambda_3$

主要参考书目

[1] 复旦大学《物理学》编写组. 物理学. 北京:高等教育出版社,1979

[2] 吴泽华,陈治中,黄正东. 大学物理. 杭州:浙江大学出版社,1998

[3] 赵凯华,罗蔚茵. 热学. 北京:高等教育出版社,1998

[4] 张三慧,臧庚媛,华基美. 大学物理学. 北京:清华大学出版社,1991

[5] 任兰亭,贾瑞皋. 大学物理教程. 山东:石油大学出版社,1998

[6] 陈宜生,周佩瑶,冯艳全. 物理效应及其应用. 天津:天津大学出版社,1996

[7] 陈金德,吕重明. 医护物理. 北京:科学技术文献出版社,1999

[8] 秦任甲. 医用物理学. 广西:广西师范大学出版社,2000

[9] 谭润初,陈促本,李晓原. 医用物理学. 广东:广东高等教育出版社,2000

[10] 〔美〕J · W · 凯恩,M · M · 斯特海姆. 生命科学物理学. 北京:科学出版社,1990

[11] 华中一. 头脑风暴. 上海:复旦大学出版社,2000

[12] 田晓岑,张萍. 大学物理. 2000,**19**(8):42～43

[13] 奇云. 现代物理知识. 1992,(2):30～31

[14] 章志鸣,沈元华,陈惠芬. 光学. 北京:高等教育出版社,1995

[15] 蒋平,徐至中. 固体物理简明教程. 上海:复旦大学出版社,2000

[16] 张礼. 近代物理学进展. 北京:清华大学出版社,1997

[17] 杨福家. 原子物理学. 北京:高等教育出版社,1985

[18] 吴百诗. 大学物理. 西安:西安交通大学出版社,1994

复旦大学出版社向使用《大学物理简明教程(第四版)》作为教材进行教学的教师免费赠送教学辅助课件以供参考,欢迎完整填写下面表格来索取课件。

教师姓名:______________

手机号码:______________

课程名称:____________________________

学生人数:______________

学校名称:____________________________

学校地址:____

院系名称:____________________________

课件发送邮箱(建议使用 QQ 邮箱):__________________

请将本页完整填写并拍照发送至以下电子邮箱。

电子邮箱:2648053254@qq. com, liangling@fudan. edu. cn

复旦大学出版社将免费赠送教师所需要的课件。

图书在版编目(CIP)数据

大学物理简明教程/梁励芬，蒋平编著. —4版. —上海：复旦大学出版社，2022.2
(复旦博学. 物理学系列)
ISBN 978-7-309-13258-8

Ⅰ.①大… Ⅱ.①梁… ②蒋… Ⅲ.①物理学-高等学校-教材 Ⅳ.①O4

中国版本图书馆 CIP 数据核字(2017)第 228278 号

大学物理简明教程
梁励芬　蒋　平　编著
责任编辑/梁　玲

复旦大学出版社有限公司出版发行
上海市国权路 579 号　邮编：200433
网址：fupnet@fudanpress.com　http://www.fudanpress.com
门市零售：86-21-65102580　团体订购：86-21-65104505
出版部电话：86-21-65642845
上海崇明裕安印刷厂

开本 787×1092　1/16　印张 35.5　字数 842 千
2022 年 2 月第 4 版第 1 次印刷

ISBN 978-7-309-13258-8/O · 644
定价：89.00 元